Karl-Dirk Kammeyer

Nachrichtenübertragung

Leserstimmen zu den Vorauflagen

„Stellt praktisch das umfassende deutsche Gesamtwerk zur Nachrichtenübertragungstechnik dar."
Professor Dr.-Ing. Edgar Zocher, Ohm-Hochschule Nürnberg

„Der didaktische Aufbau und die ausführliche Darstellung der formalen Methoden gefällt mir ausgezeichnet. Ferner ist der Stoffumfang beeindruckend."
Professor Dr.-Ing. Ulrich Rückert, Universität Paderborn

„Der Titel ist sehr bewährt, konnte schon immer mit gutem Gewissen empfohlen werden und ist für die Neuauflage weiter verbessert worden. Rundum vorbildlich."
Professor Dr.-Ing. habil. Rüdiger Hoffmann, TU Dresden

„Auch in der vierten Auflage das beste einschlägige Lehrbuch zum Thema in deutscher Sprache. Glückwunsch zur ausgezeichneten Neugestaltung!"
Professor Dr.-Ing. Horst Bessai, Universität Siegen

„Der enorme Umfang und die ausführliche Darstellung der Themen – ein echtes Nachschlagewerk! Besonders positiv ist die Aufnahme der MIMO-Technik und die Erweiterung der OFDM-Darstellung. Resümee insgesamt: Gelungene Weiterführung der bewährten 'Kammeyer-Übertragungstechnik-Bibel'."
Professor Dr.-Ing. Wolfgang Skupin, HTWG Konstanz

„Sehr umfassende und aktuelle Darstellung. Gut auch als Nachschlagewerk zu verwenden."
Professor Dr.-Ing. Ansgar Rehm, FH Osnabrück

„Aktualität und Vollständigkeit. Detaillierte, gut nachvollziehbare mathematische Darstellung vorzüglicher Formelsatz und sehr gute Grafik."
Professor Dr.-Ing. Roland Hoffmann, Hochschule Niederrhein

Karl-Dirk Kammeyer

Nachrichtenübertragung

5., durchgesehene und ergänzte Auflage

Mit 475 Abbildungen und 38 Tabellen

Herausgegeben von
Martin Bossert und Norbert Fliege

STUDIUM

Bibliografische Information der Deutschen Nationalbibliothek
Die Deutsche Nationalbibliothek verzeichnet diese Publikation in der Deutschen Nationalbibliografie; detaillierte bibliografische Daten sind im Internet über <http://dnb.d-nb.de> abrufbar.

Prof. Dr.-Ing. Karl-Dirk Kammeyer hat 1972 das Diplom in Elektrotechnik an der TU Berlin abgeschlossen; 1977 promovierte er an der Universität Erlangen mit einem Thema über digitale Filter. Nach einer fünfjährigen Lehr- und Forschungstätigkeit an der Universität Paderborn, die er 1985 mit der Habilitation abschloss, wurde er an die TU Hamburg-Harburg auf eine Professur für digitale Signalverarbeitung und 1995 schließlich auf einen Lehrstuhl für Nachrichtentechnik an die Universität Bremen berufen. Bis 2010 leitete er den Arbeitsbereich Nachrichtentechnik am Institut für Telekommunikation und Hochfrequenztechnik; seitdem betreut er dort als Professor i.R. weiterhin Forschungsprojekte auf den Gebieten der digitalen Signalverarbeitung und der Mobilfunkkommunikation. Er ist Autor mehrerer Lehrbücher.

1. Auflage 1992
2. Auflage 1996
3. Auflage 2004
4. Auflage 2008
5., durchgesehene und ergänzte Auflage 2011

Lektorat: Reinhard Dapper | Walburga Himmel

Vieweg+Teubner Verlag ist eine Marke von Springer Fachmedien.
Springer Fachmedien ist Teil der Fachverlagsgruppe Springer Science+Business Media.
www.viewegteubner.de

Umschlaggestaltung: KünkelLopka Medienentwicklung, Heidelberg
Druck und buchbinderische Verarbeitung: AZ Druck und Datentechnik, Berlin
Gedruckt auf säurefreiem und chlorfrei gebleichtem Papier
Printed in Germany

ISBN 978-3-8348-0896-7

Vorwort

Die erste Auflage des vorliegenden Lehrbuchs erschien 1992, also vor fast zwanzig Jahren. Nach wie vor findet es unter Studenten und Dozenten an deutschsprachigen Hochschulen, aber auch in Entwicklungslabors der Industrie erfreulich große Akzeptanz. Viele Zuschriften bestärken den Autor darin, dass die Auswahl des Stoffes weiterhin aktuell ist und die didaktische Darstellung von den Lesern gut angenommen wird. Die grundsätztliche Konzeption der Erstauflage wurde beibehalten, indem sich das Buch auf die Probleme der reinen Übertragungstechnik beschränkt, während die Bereiche der Informationstheorie und Kanalcodierung weitgehend ausgeklammert bleiben. Im Einzelnen haben jedoch die dramatischen Veränderungen in der Multimedia-Landschaft in den letzten 20 Jahren ihren Niederschlag in den fünf Auflagen des Buches gefunden. So wurden die Betrachtungen analoger Übertragungstechnik gegenüber der ersten Auflage zugunsten neuer Konzepte digitaler Verfahren deutlich reduziert. Dennoch bleibt die sorgfältige Darlegung der theoretischen Grundlagen analoger Modulationstechnik wie in den vorangegangenen Auflagen ein wichtiger Bestandteil des Buches, da nach Überzeugung des Autors erst die genaue Kenntnis der traditionellen Verfahren ein tieferes Verständnis der modernen Konzepte ermöglicht.

Ein aktuelles Beispiel für wichtige neue Verfahren besteht im Einsatz so genannter MIMO-Systeme, also Mehrantennen-Konfigurationen, die durch Nutzung von räumlicher Diversität das Übertragungsverhalten verbessern oder durch räumliches Multiplex die Rate vervielfachen können. Diese Techniken sind heute Bestandteil von Standards zur drahtlosen Übertragung. Seit der dritten Auflage ist diesem Thema ein Kapitel gewidmet, das im Folgenden weiter vertieft wurde. Ein anderes Beispiel für eine moderne Schlüsseltechnologie ist das Mehrträgerverfahren OFDM. Dieses war bereits in der Erstauflage 1992 Gegenstand dieses Buches. Inzwischen haben sich aber zahlreiche neue Aspekte ergeben, die im Folgenden – bis hin zur hier vorliegenden fünften Auflage – schrittweise Aktualisierungen und Erweiterungen erforderlich gemacht haben.

Die übrigen Kapitel wurden – abgesehen von der Beseitigung kleinerer Fehler und Unstimmigkeiten – weitgehend unverändert übernommen. Der Inhalt der 18 Kapitel wird im Folgenden kurz zusammengefasst: Die beiden einleitenden Kapitel zur Systemtheorie deterministischer und stochastischer Signale sowie die theoretische Analyse von Übertragungskanälen bilden die elementaren Voraussetzungen zum Verständnis des weiteren Stoffes. Teil II behandelt die klassischen analogen Modulationsverfahren, die zwar gegenüber der ursprünglichen Version inhaltlich gestrafft, jedoch wegen ihres grundlegenden Charakters und als Basis für das Verständnis moderner digitaler Verfahren beibehalten wurden. Den Schwerpunkt des Buches bildet naturgemäß Teil III, der der digitalen Übertragung gewidmet ist. In acht Kapiteln werden die prinzipiellen Zusammenhänge zur Digitalisierung analoger Signale, zu Prinzipien der digitalen Basisband- und modulierten Übertragung, kohärenten und inkohärenten Demodulation einschließlich der Synchronisationsverfahren, zum Maximum-Likelihood-Empfänger für AWGN-Kanäle, zur klassischen sowie Viterbi-Entzerrung und schließlich zur Kanalschätzung dargelegt. Der IV. Teil des Buches richtet sich ausschließlich auf die Mobilfunk-Kommunikation. Das erste der vier Kapitel bringt zunächst eine Übersicht über die wichtigsten heutigen Mobilfunkstandards, um sich dann einigen theoretischen Grundlagen zuzuwenden, z.B. der geschlossenen Berechnung von Bitfehlerwahrscheinlichkeiten unter verschiedenen Mobilfunk-Bedingungen und der Beschreibung von Diversitätseinflüssen. Das anschließende Kapitel zum Thema der heute so bedeutsam gewordenen Mehrträgertechnik bringt alle wichtigen Aspekte des OFDM-Verfahrens wie z.B. die Kanalschätzung und Entzerrung, Maßnahmen zur Reduktion von Einhüllenden-Schwankungen bis hin zu technischen Aspekten beim Übergang auf den analogen Kanal. Als aktuelle Anwendungsbeispiele werden der WLAN-Standard IEEE802.11a sowie die digitalen Rundfunk- und Fernsehverfahren DAB und DVB-T betrachtet; eine kurze Betrachtung des in der Entwicklung befindlichen Mobilfunksystems *Long Term Evolution* (LTE) wird neu hinzugenommen. Auch das im darauf folgenden Kapitel behandelte Codemultiplex-Verfahren gehört zu den Standard-Technologien der heutigen Mobilfunktechnik; größte Verbreitung hat es mit dem UMTS-Standard gefunden. Es erfolgt eine ausführliche Darstellung der physikalischen Schicht; als Besonderheit wird auch die Kombination mit OFDM, das so genannte Mehrträger-CDMA besprochen. Den Abschluss des vierten Teiles bildet ein Kapitel über die Grundlagen von Mehrantennen-Systemen. Derartige Konzepte erschließen durch die Einbeziehung des Raumes bisher nicht genutzte Ressourcen und spielen deshalb für die heutige Mobilfunkgeneration eine bedeutende Rolle. Die Ziele liegen einmal in einer Verbesserung der Zuverlässigkeit der Übertragung – dies kann z.B. durch Nutzung von Empfangs- oder Sendediversität erfolgen – zum anderen in der Erhöhung der Übertragungsrate durch simultane Parallelübertragung mehrerer Datenströme (spatial multiplexing). Dies erfordert den Einsatz mehrerer Antennen am Sender *und* am Empfänger (*MIMO*-Systeme, Multiple Input/Multiple Output). Im vorliegenden Kapitel wird versucht, eine Systematik über die verschiedenen Konzepte zu geben, die sich einerseits an den Sender- und Empfänger-Konfigurationen orientiert, aber auch daran, wie viel Kenntnis über den Kanalzustand *am Sender* vorliegt. Anhand praktischer Messungen, die mit Hilfe eines Hardware-Demonstrators innerhalb von Gebäuden durchgeführt wurden, kann abschließend die hohe Leistungsfähigkeit dieser zukunftsweisenden Verfahren unter Beweis gestellt werden.

Hinweise: Aktuelle Korrekturen und Mitteilungen über die vorliegende Auflage werden auf der Internet-Seite des Arbeitsbereichs Nachrichtentechnik unter der Adresse *http://www.ant.uni-bremen.de* unter der Rubrik *Research/Books* veröffentlicht. Der Autor ist besonders dankbar für Kritik, Hinweise auf Fehler und sonstige (positive wie negative) Anmerkungen zu diesem Buch. Sie können unter der e-mail-Adresse *ntbuch@ant.uni-bremen.de* übermittelt werden.

In Leserzuschriften wird häufig Bedauern darüber geäußert, dass dieses Lehrbuch keine Übungsaufgaben enthält – um den Umfang in Grenzen zu halten, ist dies auch weiterhin nicht vorgesehen. Inzwischen wurde jedoch vom Autor dieses Buches, von P. Klenner und M. Petermann der Ergänzungsband *Übungen zur Nachrichtenübertragung* (Vieweg + Teubner, 2009) veröffentlicht, der Aufgaben in enger Anlehnung an das vorliegende Lehrbuch einschließlich Lösungen enthält und zur Vertiefung des theoretischen Stoffes empfohlen wird.

Danksagung

Zum Schluss bleibt der Dank an die Herren Dr.-Ing. Peter Klenner und Dipl.-Ing. Mark Petermann, die in den letzten Jahren meine Vorlesungen über Nachrichtentechnik betreut haben und die mir immer wertvolle Gesprächspartner über die Inhalte des vorliegenden Buches waren. Herr Petermann hat den endgültigen Textumbruch zu dieser fünften Auflage vorgenommen, wofür ihm mein ausdrücklicher Dank gilt.

Bremen, im Mai 2011 K.D. Kammeyer

Inhaltsverzeichnis

Kapitel 1

Systemtheoretische Grundlagen

Die Grundlage zur mathematischen Beschreibung von Nachrichtenübertragungssystemen bildet die klassische Systemtheorie. Obwohl vorausgesetzt wird, dass der Leser mit den Grundzügen dieses Stoffes vertraut ist, soll in diesem Kapitel eine knappe Übersicht gegeben werden. Dies geschieht vor allem deswegen, weil sich die Kenntnisse üblicherweise auf reelle Zeitsignale beziehen – eine Erweiterung auf komplexe Zeitsignale ist jedoch in Hinblick auf die effiziente Beschreibung nachrichtentechnischer Systeme von sehr großer Bedeutung, so dass auf diese Verallgemeinerung im vorliegenden Kapitel großer Wert gelegt wird. Zunächst werden in Abschnitt 1.1 einige Klassifikationsmerkmale für Signale aufgeführt. In Abschnitt 1.2 wird noch einmal eine kurze Übersicht über die Eigenschaften der Fourier-Transformation gegeben. Ausgehend von der Definition der für die Nachrichtentechnik zentralen Hilbert-Transformation in Abschnitt 1.3 werden dann das analytische Signal (Abschnitt 1.3.4) sowie die *Komplexe Einhüllende* (Abschnitt 1.4.1) eingeführt. Damit kommt man zu einer Beschreibung reeller Bandpass-Systeme im äquivalenten Basisband, was im Allgemeinen auf komplexwertige Systeme führt (Abschnitt 1.4.3). In Abschnitt 1.5 werden die Grundstrukturen von Nachrichtenempfängern diskutiert; dabei wird dem klassischen Zwischenfrequenz-Empfänger (Abschnitt 1.5.2) die moderne Form direktmischender Systeme gegenübergestellt (Abschnitt 1.5.4). Den Abschluss des Kapitels bildet Abschnitt 1.6 mit einer zusammenfassenden Beschreibung von Rauschsignalen. Besonderes Gewicht hat dabei der Abschnitt 1.6.2 mit der Herleitung der äquivalenten Basisbandbeschreibung stationärer Bandpass-Rauschprozesse.

1.1 Klassifikationen von Signalen

Zur Übertragung von Nachrichten zwischen räumlich entfernten Sende- und Empfangsstationen werden sehr unterschiedliche Übertragungsmedien genutzt wie Leitungsverbindungen, terrestrische sowie Satelliten-Funkverbindungen oder optische Kabel. Grundsätzlich ist es erforderlich, die abstrakte Nachricht physikalischen Größen wie z.B. der elektrischen Spannung, Feldstärke, Schalldruck, Lichtstärke u.a.m. aufzuprägen. Diese physikalische Erscheinungsform von Nachrichten nennen wir Signale; im Allgemeinen sind solche Signale zeitabhängige Größen. Im Interesse einer allgemeingültigen Beschreibung werden wir die Signale stets als dimensionslos auffassen.

Signale lassen sich unter verschiedenen Gesichtspunkten klassifizieren. Betrachten wir zunächst den Aspekt der im Signal enthaltenen *Information:* Ein Signal, welches eine dem Empfänger unbekannte Nachricht enthält, weist Zufallscharakter auf, denn andernfalls wäre der Empfänger in der Lage, aus der Vergangenheit des Signals auf die zukünftig empfangene Nachricht zu schließen. Solche *Zufallssignale* – oder auch *stochastischen Signale* – besitzen für die Nachrichtentechnik eine außerordentliche Bedeutung. Sie sind im Gegensatz zu den *deterministischen Signalen,* also Signalen, deren Verlauf prinzipiell durch geschlossene Ausdrücke beschrieben werden kann, nur mit den Mitteln der Statistik zu behandeln, also durch Angaben bestimmter Mittelwerte, Korrelationen oder Verteilungen. Die zu übertragenden Nutzsignale weisen also im Allgemeinen Zufallscharakter auf. Hinzu kommen dann üblicherweise zahlreiche Störgrößen, die in der Regel ebenfalls stochastischer Natur sind, z.B. additives Rauschen oder Quantisierungseffekte. Die stochastische Behandlung des Übertragungssystems ist somit auch in Hinblick auf die Analyse der Signal-Störverhältnisse von Übertragungsstrecken von Bedeutung.

Die Systemtheorie stochastischer und deterministischer Signale wird im Folgenden als bekannt vorausgesetzt. Zum ergänzenden Studium wird z.B. auf [Pap62, Sch91, Unb90, Fli91, FB08] hingewiesen. Den besonderen Verhältnissen bei der Erweiterung auf komplexe Signale und komplexwertige Systeme, die bei der Behandlung von Modulationssystemen eine große Rolle spielen, ist das vorliegende Kapitel gewidmet.

Ein zweiter Gesichtspunkt zur Klassifikation von Signalen liegt in der Unterscheidung zwischen Signalen *endlicher Energie* und solchen *endlicher Leistung.* Dazu definiert man *Energiesignale* als Signale mit der Eigenschaft

$$\int_{-\infty}^{\infty} |x(t)|^2 \, dt < M_1 < \infty, \tag{1.1.1}$$

während für *Leistungssignale*

$$0 < \lim_{T \to \infty} \frac{1}{2T} \int_{-T}^{T} |x(t)|^2 \, dt < M_2 < \infty \tag{1.1.2}$$

gilt. Stochastische Signale sind in der Regel Leistungssignale (z.B. stationäre Rauschprozesse), ebenso alle periodischen Schwingungsformen, während gebräuchliche Einzelimpulse wie Rechteck-, Dreieck- und Gaußimpulse endliche Energie aufweisen.

Wir kommen zu einem dritten wichtigen Klassifikationsmerkmal. Signale, die in der Nachrichtentechnik eine Rolle spielen, sind in der Regel abhängig von der Zeit. Zu unterscheiden ist dabei zwischen *zeitkontinuierlichen* und *zeitdiskreten* Signalen. Letztere gewinnen für die Nachrichtentechnik zunehmend an Bedeutung. Zeitdiskrete Signale können – z.B. in Simulationssystemen – auf dem Rechner synthetisch erzeugt worden sein, im Allgemeinen gehen sie aber aus der Abtastung kontinuierlicher Signale durch einen Analog-Digitalumsetzer hervor.

$$x_d(k) \triangleq x(kT_A), \quad T_A \triangleq \frac{1}{f_A}. \tag{1.1.3}$$

Hierbei bezeichnet T_A das *Abtastintervall* und f_A die *Abtastfrequenz;* k gibt den Zeitindex an. Zeitdiskrete Signale lassen sich ebenso nach den Kriterien stochastisch – deterministisch oder Leistungs – Energiesignal klassifizieren.

Ein *zeitdiskretes Energiesignal* erfüllt die Bedingung

$$\sum_{k=-\infty}^{\infty} |x_d(k)|^2 < M_3 < \infty, \tag{1.1.4}$$

während für ein *zeitdiskretes Leistungssignal* gilt

$$0 < \lim_{N\to\infty} \frac{1}{2N+1} \sum_{k=-N}^{N} |x_d(k)|^2 < M_4 < \infty. \tag{1.1.5}$$

Bei zeitdiskreter Signalverarbeitung ist vielfach auch die Amplitude quantisiert, d.h. auf endlich viele Stufen beschränkt – wir bezeichnen solche Signale als *digitale Signale.*

Bezüglich des dritten Klassifikationsmerkmals lassen sich vier prinzipielle Signalformen unterscheiden, die in **Bild 1.1.1** dargestellt sind.

1.2 Fourier-Transformation

1.2.1 Zusammenfassung der wichtigsten Eigenschaften

Ein Zeitsignal $x(t)$ wird mittels der Fourier-Transformation in den Spektralbereich transformiert; Hin- und Rücktransformation lauten

$$\mathcal{F}\{x(t)\} \triangleq \int_{-\infty}^{\infty} x(t)\, e^{-j\omega t} dt = X(j\omega) \tag{1.2.1a}$$

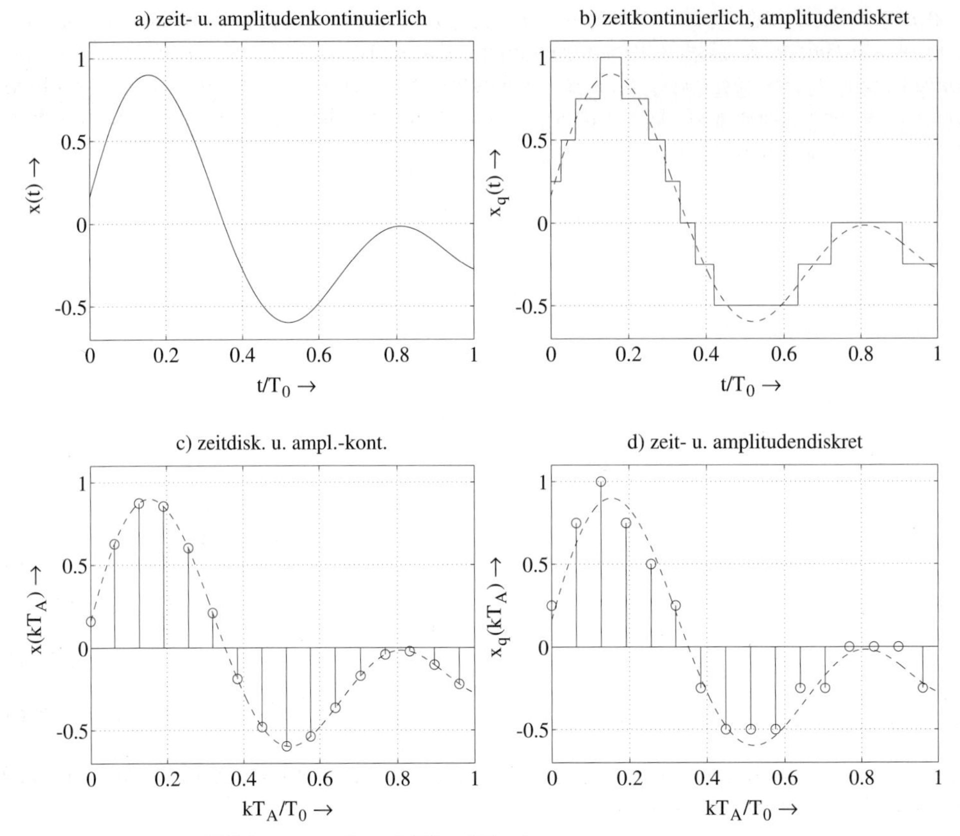

Bild 1.1.1: Signal-Klassifikation
a) zeit- und amplitudenkontinuierlich
b) zeitkontinuierlich, amplitudendiskret
c) zeitdiskret, amplitudenkontinuierlich
d) zeit- und amplitudendiskret

$$\mathcal{F}^{-1}\{X(j\omega)\} \triangleq \frac{1}{2\pi}\int_{-\infty}^{\infty} X(j\,\omega)\,e^{j\omega t}d\omega = x(t). \tag{1.2.1b}$$

Bei zeitdiskreten Signalen ist die *zeitdiskrete Fourier-Transformation* anzuwenden (DTFT, Discrete-Time Fourier Transform), die für den Übergang vom Zeit- in den Frequenzbereich eine *Summen*transformation vorsieht. Das Transformationspaar lautet mit der auf die Abtastfrequenz normierten Frequenz $\Omega = \omega \cdot T_A = 2\pi\, f/f_A$

$$\mathrm{DTFT}\{x_d(k)\} \triangleq \sum_{k=-\infty}^{\infty} x_d(k)\,\mathrm{e}^{-j\,\Omega\,k} = X_d(\mathrm{e}^{j\,\Omega}) \tag{1.2.2a}$$

$$\mathrm{IDTFT}\{X_d(\mathrm{e}^{j\,\Omega})\} \triangleq \frac{1}{2\pi}\int_{-\pi}^{\pi} X_d(\mathrm{e}^{j\,\Omega})\,e^{j\,\Omega\,k}d\Omega = x_d(k). \tag{1.2.2b}$$

In Tabelle 1.2.1 sind einige Korrespondenzen der Fourier-Transformation für nachrichtentechnisch wichtige Signale wiedergegeben. Dabei ist gemäß Abschnitt 1.1 zwischen *Energie-* und *Leistungssignalen* zu unterscheiden. Erstere besitzen wie erläutert endliche Energie, die sich über das *Parsevalsche Theorem* sowohl im Zeit- als auch im Frequenzbereich berechnen lässt:

$$\int_{-\infty}^{\infty} |x(t)|^2 \, dt = \frac{1}{2\pi} \int_{-\infty}^{\infty} |X(j\omega)|^2 \, d\omega. \tag{1.2.3}$$

Wichtige Energiesignale sind der

$$\textit{Rechteckimpuls:} \quad \mathrm{rect}(t/T) = \begin{cases} 1 & \text{für } |t|/T < 1/2 \\ 1/2 & \text{für } |t|/T = 1/2 \\ 0 & \text{sonst,} \end{cases} \tag{1.2.4a}$$

$$\textit{Dreieckimpuls:} \quad \mathrm{tri}(t/T) = \begin{cases} 1 - |t|/T & \text{für } |t|/T \leq 1 \\ 0 & \text{sonst,} \end{cases} \tag{1.2.4b}$$

$$\textit{si-Impuls:} \quad \mathrm{si}(\pi t/T) = \frac{\sin(\pi t/T)}{\pi t/T}, \tag{1.2.4c}$$

$$\textit{Gaußimpuls:} \quad g_{\mathrm{Gauss}}(t) = e^{-(\alpha t)^2}; \tag{1.2.4d}$$

der Gaußimpuls besitzt die bemerkenswerte Eigenschaft, im Zeit- wie im Frequenzbereich die gleiche Charakteristik aufzuweisen.

In der Nachrichtentechnik werden häufig *periodische Signalformen* als Testsignale verwendet; diese sind grundsätzlich Leistungssignale. Ihre Spektren sind durch Linienspektren charakterisiert, also durch Dirac-Impulse, deren Gewichte den Koeffizienten der zugehörigen Fourierreihen-Entwicklung entsprechen.

Einige wichtige Eigenschaften der Fourier-Transformation sind in Tabelle 1.2.2 zusammengestellt. Von besonderem Interesse ist der Frequenzverschiebungssatz: Multipliziert man ein Zeitsignal mit einer komplexen Exponentialschwingung der Frequenz ω_0, so verschiebt sich das zugehörige Spektrum um diese Frequenz – hiervon wird später beim Vorgang der Modulation Gebrauch gemacht, weshalb diese Beziehung auch als *Modulationssatz* bezeichnet wird.

Für die Behandlung linearer Systeme ist der *Faltungssatz* entscheidend: Die Faltung eines Eingangssignals $x(t)$ mit der Impulsantwort eines Systems $h(t)$ führt im Frequenzbereich zur multiplikativen Verknüpfung des Eingangsspektrums mit der Übertragungsfunktion $H(j\omega)$.

Tabelle 1.2.1: Korrespondenzen der Fourier-Transformation

$x(t)$	$X(j\omega)$	Bemerkungen
$\delta_0(t)$	1	Dirac-Impuls
1	$2\pi \cdot \delta_0(\omega)$	Gleichgröße
$\varepsilon(t) = \begin{cases} 1 & \text{für } t > 0 \\ 1/2 & \text{für } t = 0 \\ 0 & \text{für } t < 0 \end{cases}$	$\frac{1}{j\,\omega} + \pi \cdot \delta_0(\omega)$	Sprungfunktion
$\mathrm{sgn}(t) = 2\,\varepsilon(t) - 1$	$\frac{2}{j\,\omega}$	Signumfunktion
$\frac{1}{\pi\,t}$	$-j \cdot \mathrm{sgn}\,(\omega)$	Hilbert-Transformator
$\frac{1-\cos(\omega_g t)}{\pi\,t}$	$-j \cdot \mathrm{sgn}\,(\omega) \cdot \mathrm{rect}(\frac{\omega}{2\omega_g})$	bandbegr. Hilbert-Tr.
$\mathrm{rect}(\frac{t}{T})$	$T \cdot \mathrm{si}(\omega T/2)$	Rechteckimpuls
$\mathrm{tri}(\frac{t}{T})$	$T \cdot \mathrm{si}^2(\omega T/2)$	Dreieckimpuls
$\mathrm{si}(\pi \frac{t}{T})$	$T \cdot \mathrm{rect}(\omega T/(2\pi))$	si-Impuls
$\varepsilon(t) \cdot e^{-\alpha t}$	$\frac{1}{\alpha + j\omega}$	einseit. Exp.-Impuls
$e^{-\alpha\|t\|}$	$\frac{2\alpha}{\omega^2+\alpha^2}$	zweiseit. Exp.-Impuls
$e^{-(\alpha t)^2}$	$\frac{\sqrt{\pi}}{\alpha}\,\mathrm{e}^{-(\omega/(2\alpha))^2}$	Gaußimpuls
$\cos(\omega_0 t)$	$\pi\,[\delta_0(\omega - \omega_0) + \delta_0(\omega + \omega_0)]$	Kosinus-Schwingung
$\sin(\omega_0 t)$	$\frac{\pi}{j}\,[\delta_0(\omega - \omega_0) - \delta_0(\omega + \omega_0)]$	Sinus-Schwingung
$e^{j\omega_0 t}$	$2\pi\,\delta_0(\omega - \omega_0)$	komplexe Exp.-Schwg.
$\mathrm{sgn}\{\cos(\omega_0 t)\}$	$\pi \sum\limits_{\nu=1}^{\infty} \frac{1}{2\nu-1} \big[\delta_0(\omega - (2\nu-1)\omega_0)$ $+\delta_0(\omega + (2\nu-1)\omega_0)\big]$	Rechteckschwingung
$\sum\limits_{n=-\infty}^{\infty} \delta_0(t - nT)$	$\frac{2\pi}{T} \sum\limits_{n=-\infty}^{\infty} \delta_0(\omega - n\frac{2\pi}{T})$	Dirac-Kamm

Tabelle 1.2.2: Eigenschaften der Fourier-Transformation

$x(t)$	$X(j\omega)$	Bemerkungen
$X(jt)$	$2\pi \cdot x(-\omega)$	Symmetrie
$x(at)$	$\frac{1}{\lvert a\rvert} \cdot X(j\,\frac{\omega}{a})$	Ähnlichkeit
$x(t-t_0)$	$\mathrm{e}^{-j\,\omega t_0} \cdot X(j\omega)$	Zeitverzögerung
$\mathrm{e}^{j\,\omega_0 t} \cdot x(t)$	$X(j(\omega-\omega_0))$	Frequenzverschiebung
$\frac{d\,x(t)}{dt}$	$j\,\omega \cdot X(j\omega)$	zeitliche Differentiation
$h(t) * x(t) \triangleq \int_{-\infty}^{\infty} h(\tau)x(t-\tau)\,d\tau$	$H(j\omega) \cdot X(j\omega)$	Faltung im Zeitbereich
$r_{xx}^E(\tau) = \int_{-\infty}^{\infty} x^*(t)x(t+\tau)\,dt$	$\lvert X(j\omega)\rvert^2$	Energie-AKF[1]
$x(t) \cdot y(t)$	$\frac{1}{2\pi} X(j\omega) * Y(j\omega)$	Mult. im Zeitbereich
$x(-t)$	$X(-j\omega)$	Zeitumkehr
$x^*(t)$	$X^*(-j\omega)$	konjug. kompl. Zeitsig.
$x \in \mathbb{R}$	$X(j\omega) = X^*(-j\omega)$	reelles Zeitsignal
$j\,x \in \mathbb{R}$	$X(j\omega) = -X^*(-j\omega)$	imaginäres Zeitsignal
$x(t) = x^*(-t)$	$X(j\omega) \in \mathbb{R}$	konjug. gerades Zeitsig.
$x(t) = -x^*(-t)$	$j\,X(j\omega) \in \mathbb{R}$	konjug. unger. Zeitsig.

1.2.2 Symmetrie der Spektren reeller Zeitsignale

Unter der Voraussetzung *reeller* Zeitsignale lassen sich bestimmte Symmetrieeigenschaften der Spektralfunktion ableiten.

$$X(j\omega) = \underbrace{\int_{-\infty}^{\infty} x(t)\cos(\omega t)dt}_{\mathrm{Re}\{X(j\omega)\}} - j \underbrace{\int_{-\infty}^{\infty} x(t)\sin(\omega t)dt}_{\mathrm{Im}\{X(j\omega)\}} \qquad (1.2.5)$$

[1]Das Symbol x^* bezeichnet den konjugiert komplexen Wert von x; der Allgemeinheit wegen werden hier bereits komplexe Zeitsignale einbezogen, die erst in Abschnitt 1.4 eingehend besprochen werden.

Hierbei ist der Realteil der Spektralfunktion eine gerade Funktion von ω, während der Imaginärteil ungerade in ω ist. Es gilt also für reelle Zeitfunktionen $x(t)$

$$\begin{aligned} \mathrm{Re}\{X(j\omega)\} &= \mathrm{Re}\{X(-j\omega)\}, \ \mathrm{Im}\{X(j\omega)\} = -\mathrm{Im}\{X(-j\omega)\}, \\ X(j\omega) &= X^*(-j\omega), \\ |X(j\omega)| &= |X(-j\omega)|; \qquad \arg\{X(j\omega)\} = -\arg\{X(-j\omega)\} \end{aligned} \tag{1.2.6}$$

wobei das Symbol * die Konjugation beschreibt. Gemäß (1.2.6) ist also der Betrag der Spektralfunktion eines reellen Zeitsignals stets eine gerade Funktion von ω, während die Phase bezüglich ω ungerade verläuft.

Die Fourier-Transformierte *reeller* Zeitsignale ist somit bezüglich positiver und negativer Frequenzen *redundant.* Umgekehrt kann man folgern, dass bei Verletzung der spektralen Symmetriebedingung (1.2.6) das zugehörige Zeitsignal zwangsläufig *komplex* sein muss. Komplexe Zeitsignale werden in Abschnitt 1.4 behandelt – sie spielen für die moderne Nachrichtentechnik eine sehr wichtige Rolle.

1.3 Hilbert-Transformation

1.3.1 Definition und Eigenschaften

Man kann sich die Frage stellen, welche Eigenschaften Zeitsignale aufweisen, wenn Real- und Imaginärteil ihrer Spektralfunktion vertauscht werden. Soll sich wiederum ein reelles Zeitsignal ergeben, so müssen die Symmetriebedingungen (1.2.6) hergestellt werden.

Wir gehen von einem reellen Zeitsignal $x(t)$ mit

$$X(j\omega) = \mathrm{Re}\{X(j\omega)\} + j\,\mathrm{Im}\{X(j\omega)\}$$

aus und betrachten das reelle Zeitsignal $\hat{x}(t)$, für das gilt

$$\hat{X}(j\omega) = \mathrm{Im}\{X(j\omega)\}\,\mathrm{sgn}(\omega) - j\,\mathrm{Re}\{X(j\omega)\}\,\mathrm{sgn}(\omega), \tag{1.3.1a}$$

wobei $\mathrm{sgn}(\omega)$ die Signumfunktion bezeichnet. Es ist also

$$\mathrm{Re}\left\{\hat{X}(j\omega)\right\} = \mathrm{Im}\{X(j\omega)\}\,\mathrm{sgn}(\omega)$$

und

$$\mathrm{Im}\left\{\hat{X}(j\omega)\right\} = -\mathrm{Re}\{X(j\omega)\}\,\mathrm{sgn}(\omega). \tag{1.3.1b}$$

Gleichung (1.3.1a) lässt sich kompakt schreiben als

$$\hat{X}(j\omega) = -j\,X(j\omega)\,\mathrm{sgn}(\omega). \tag{1.3.2a}$$

Diese Gleichung stellt die Spektralbereichsformulierung der so genannten *Hilbert-Transformation* eines reellen Zeitsignals $x(t)$ dar. Sie lässt sich auch in der folgenden Form schreiben:

$$\hat{X}(j\omega) = \begin{cases} X(j\omega) \cdot \mathrm{e}^{-j\frac{\pi}{2}} & \text{für } \omega > 0 \\ 0 & \text{für } \omega = 0 \\ X(j\omega) \cdot \mathrm{e}^{+j\frac{\pi}{2}} & \text{für } \omega < 0. \end{cases} \tag{1.3.2b}$$

Die Hilbert-Transformation bewirkt also eine konstante Phasendrehung von $-90°$ im positiven und $+90°$ im negativen Spektralbereich.

Die Hilbert-Transformation hat für die Nachrichtentechnik eine große Bedeutung, sowohl zur systemtheoretischen Behandlung von Signalen und Systemen, als auch für die praktische Realisierung von Modulatoren und Demodulatoren.

Wir können Gleichung (1.3.2a) interpretieren als Spektralfunktion des Ausgangssignals eines linearen Übertragungssystems mit der Übertragungsfunktion

$$H_{\mathcal{H}}(j\omega) = -j\,\mathrm{sgn}\,(\omega)\,, \tag{1.3.3a}$$

an dessen Eingang das Signal $x(t)$ liegt, von dem wir ursprünglich ausgegangen waren.

$$\hat{X}(j\omega) = H_{\mathcal{H}}(j\omega) \cdot X(j\omega) \tag{1.3.3b}$$

$H_{\mathcal{H}}(j\omega)$ stellt die Übertragungsfunktion eines idealen Hilbert-Transformators dar (**Bild 1.3.1**). Sie erfüllt die Symmetriebedingung (1.2.6), so dass die Impulsantwort des idealen Hilbert-Transformators reell sein muss.

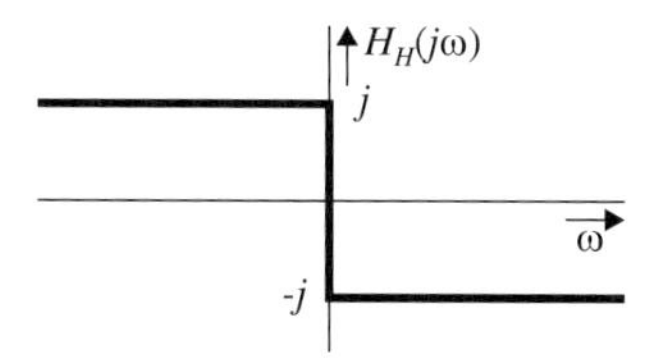

Bild 1.3.1: Übertragungsfunktion des idealen Hilbert-Transformators

Die Impulsantwort des idealen Hilbert-Transformators gewinnt man aus der inversen Fourier-Transformation von (1.3.3a). Zu ihrer Berechnung gehen wir zunächst von einem bandbegrenzenden Hilbert-Transformator aus; **Bild 1.3.2** zeigt seine Übertragungsfunktion.

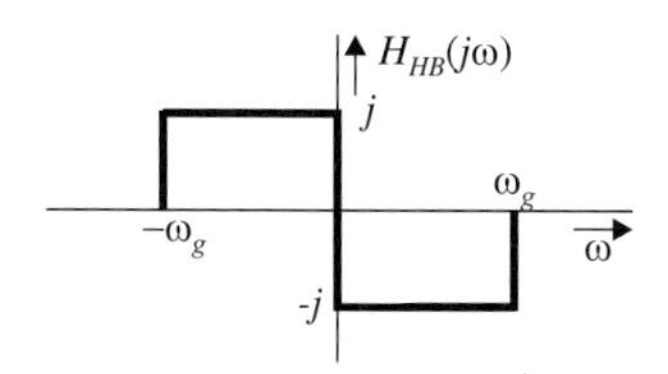

Bild 1.3.2: Hilbert-Transformator mit Bandbegrenzung

Die inverse Fourier-Transformation dieser Übertragungsfunktion lautet

$$h_{\mathcal{HB}}(t) = \frac{1 - \cos\omega_g t}{\pi t}. \tag{1.3.4}$$

Zur graphischen Veranschaulichung des Verlaufs muss zunächst der Funktionswert zum Zeitpunkt $t = 0$ bestimmt werden. Wir bilden den Grenzwert

$$\lim_{t \to 0} \frac{1 - \cos\omega_g t}{\pi t} = \lim_{t \to 0} \frac{\omega_g \sin\omega_g t}{\pi} = 0.$$

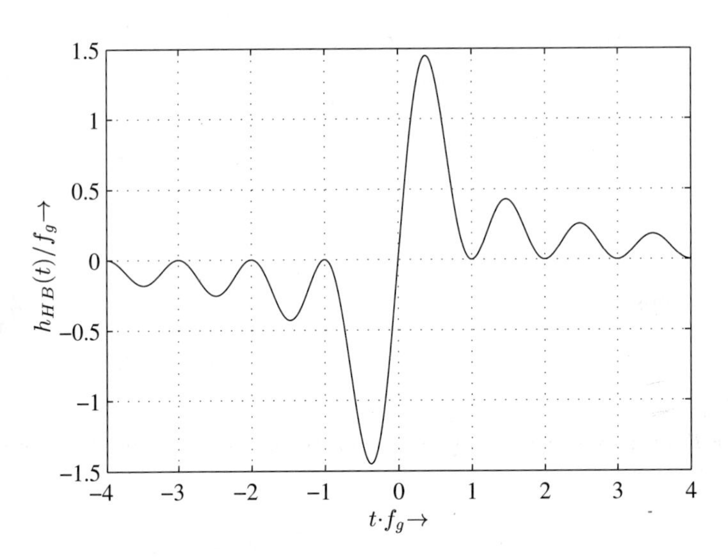

Bild 1.3.3: Impulsantwort eines bandbegrenzenden Hilbert-Transformators

Den allgemeinen, nicht bandbegrenzenden Hilbert-Transformator gewinnt man aus (1.3.4) durch den Grenzübergang $\omega_g \to \infty$.

$$h_{\mathcal{H}}(t) = \frac{1}{\pi t} \cdot \left[1 - \lim_{\omega_g \to \infty} \cos\omega_g t\right] \tag{1.3.5}$$

Im Sinne der Distributionentheorie hat der hier enthaltene Grenzwert den Wert null [Fli91], so dass folgt

$$h_{\mathcal{H}}(t) = \begin{cases} \frac{1}{\pi t} & \text{für} \quad t \neq 0 \\ 0 & \text{für} \quad t = 0. \end{cases} \tag{1.3.6}$$

Die in (1.3.2a), (1.3.2b) eingeführte Spektralbereichsformulierung der Hilbert-Transformation kann nun im Zeitbereich über die Faltung von $x(t)$ und $h_{\mathcal{H}}(t)$ ausgedrückt werden.

$$\hat{x}(t) = x(t) * h_{\mathcal{H}}(t) = \frac{1}{\pi} \int_{-\infty}^{\infty} x(t') \, \frac{1}{t - t'} \, dt' \stackrel{\Delta}{=} \mathcal{H}\{x(t)\} \tag{1.3.7}$$

In diesem Integralausdruck ist t ein fester Parameter. Der Integrand wird unendlich, wenn die Integrationsvariable t' den Wert t annimmt. Das Integral ist als *Cauchyscher Hauptwert* zu verstehen, d.h. es ist der Grenzwert

$$\lim_{\varepsilon \to 0} \left[\int_{-\infty}^{t-\varepsilon} \frac{x(t')}{t-t'}\, dt' + \int_{t+\varepsilon}^{\infty} \frac{x(t')}{t-t'}\, dt' \right]$$

zu berechnen.

Einige Sätze der Hilbert-Transformation

Bezeichnet $\hat{x}(t) = \mathcal{H}\{x(t)\}$ die Hilbert-Transformierte von $x(t)$, so gelten folgende Sätze:

Linearität:

$$\mathcal{H}\{a_1 x_1(t) + a_2 x_2(t)\} = a_1 \mathcal{H}\{x_1(t)\} + a_2 \mathcal{H}\{x_2(t)\} \tag{1.3.8}$$

Zeitinvarianz:

$$\hat{x}(t-t_0) = \mathcal{H}\{x(t-t_0)\} \tag{1.3.9}$$

Umkehrung:

$$x(t) = -\mathcal{H}\{\hat{x}(t)\} \quad \Rightarrow \quad x(t) = -\mathcal{H}\{\mathcal{H}\{x(t)\}\} \tag{1.3.10}$$

Orthogonalität:
Das Signal $x(t)$ und seine Hilbert-Transformierte $\hat{x}(t)$ seien reelle *Energiesignale*; dann gilt

$$\int_{-\infty}^{\infty} x(t)\, \hat{x}(t)\, dt = 0, \qquad \text{(Orthogonalität).} \tag{1.3.11a}$$

Sind $x(t)$ und $\hat{x}(t)$ *Leistungssignale*, so lautet die entsprechende Orthogonalitätsbeziehung

$$\lim_{T \to \infty} \frac{1}{2T} \int_{-T}^{T} x(t)\hat{x}(t)\, dt = 0. \tag{1.3.11b}$$

Filterung:
Die Signale $x(t)$ und $\hat{x}(t)$ durchlaufen jeweils ein gleiches Filter mit der Impulsantwort $h(t)$.

$$y(t) = x(t) * h(t); \quad \hat{y}(t) = \hat{x}(t) * h(t)$$

Dann sind die Filter-Ausgangssignale wiederum Hilberttransformierte voneinander

$$\hat{y}(t) = \mathcal{H}\{y(t)\},$$

d.h. es gilt allgemein

$$\mathcal{H}\{x(t) * h(t)\} = \mathcal{H}\{x(t)\} * h(t) = x(t) * \mathcal{H}\{h(t)\}. \tag{1.3.12}$$

Gerade und ungerade Zeitfunktionen:

$$x(t) = \ \ x(-t) \quad \Rightarrow \quad \hat{x}(t) = -\hat{x}(-t) \tag{1.3.13a}$$

$$x(t) = -x(-t) \quad \Rightarrow \quad \hat{x}(t) = \ \ \hat{x}(-t) \tag{1.3.13b}$$

Das reelle Spektrum eines geraden Zeitsignals wird durch die Hilbert-Transformation rein imaginär, die zugehörige Zeitfunktion also ungerade; umgekehrt gilt, dass ein ungerades Signal mit imaginärem Spektrum durch die Hilbert-Transformation ein reelles Spektrum erhält, also im Zeitbereich gerade wird.

- **Beispiel:** *Hilbert-Transformierte eines einmaligen Rechteckimpulses*
  Es sei

$$r(t) = \operatorname{rect}\left(\frac{t}{T}\right) = \begin{cases} 1 & \text{für } -\frac{T}{2} < t < \frac{T}{2} \\ \frac{1}{2} & \text{für } \quad |t| = \frac{T}{2} \\ 0 & \text{sonst.} \end{cases}$$

Aus (1.3.7) ergibt sich dann

$$\mathcal{H}\{r(t)\} = \frac{1}{\pi} \int_{-\infty}^{\infty} \frac{r(t')}{t-t'}\, dt' = \frac{1}{\pi} \int_{-T/2}^{T/2} \frac{1}{t-t'}\, dt'.$$

Das auftretende Integral ist im Sinne des *Cauchyschen Hauptwertes* zu bestimmen. Es sind die Zeitbereiche $|t| \leq \frac{T}{2}$ und $|t| > \frac{T}{2}$ zu unterscheiden, im letzteren Fall bleibt der Integrand endlich, so dass sich

$$\int_{-T/2}^{T/2} \frac{1}{t-t'}\, dt' = -\left\{\ln|t-t'|\right\}_{-T/2}^{T/2} = \ln\left|\frac{t+T/2}{t-T/2}\right| \qquad \text{für } |t| > \frac{T}{2}$$

ergibt. Im Falle $|t| \leq \frac{T}{2}$ schreiben wir

$$\begin{aligned} \int_{-T/2}^{T/2} \frac{1}{t-t'}\, dt' &= \lim_{\varepsilon \to 0} \left[\int_{-T/2}^{t-\varepsilon} \frac{1}{t-t'}\, dt' + \int_{t+\varepsilon}^{T/2} \frac{1}{t-t'} dt' \right] \\ &= \lim_{\varepsilon \to 0} \ln \left[\frac{t+T/2}{\varepsilon} \cdot \left| \frac{\varepsilon}{t-T/2} \right| \right] = \ln \left| \frac{t+T/2}{t-T/2} \right|. \end{aligned}$$

Wir erhalten als Ergebnis

$$\mathcal{H}\{r(t)\} = \frac{1}{\pi} \ln\left|\frac{t+T/2}{t-T/2}\right|;$$

der Verlauf ist in **Bild 1.3.4** wiedergegeben. Einige weitere Beispiele zur Hilbert-Transformation sind in Tabelle 1.3.1 zusammengestellt; zusätzliche Korrespondenzen finden sich im Anhang A.

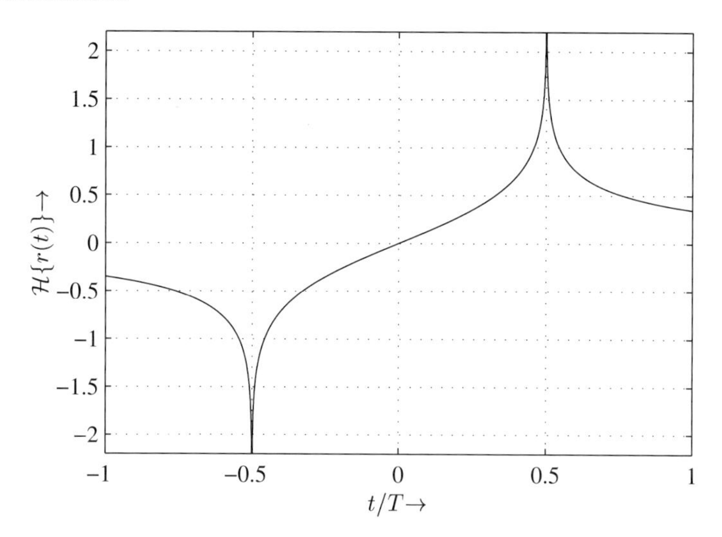

Bild 1.3.4: Hilbert-Transformierte eines Rechteckimpulses

Tabelle 1.3.1: Korrespondenzen zur Hilbert-Transformation

$x(t)$	$\hat{x}(t)$	Voraussetzungen
$\cos(\omega_0 t)$	$\sin(\omega_0 t)$	$\omega_0 > 0$
$\sin(\omega_0 t)$	$-\cos(\omega_0 t)$	$\omega_0 > 0$
$\delta_0(t)$	$\frac{1}{\pi t}$	—
$\frac{\sin \omega_g t}{\omega_g t}$	$\frac{1-\cos \omega_g t}{\omega_g t}$	—
$s(t)\cos\omega_0 t$	$s(t)\sin\omega_0 t$	$S(j\omega) = 0$ für $\lvert\omega\rvert \geq \omega_0$

1.3.2 Approximation durch reale Systeme

Die Impulsantwort (1.3.6) des idealen Hilbert-Transformators beschreibt ein nicht realisierbares System, da es *nichtkausal* ist. Zur praktischen Ausführung der Hilbert-Transformation ist man daher stets auf Approximationen angewiesen. Wir betrachten die *Approximation eines Hilbert-Transformators durch ein nichtrekursives, zeitdiskretes System.*

Seine Impulsantwort erhält man durch Abtastung der zeitkontinuierlichen Impulsantwort des Hilbert-Transformators; die Abtastfrequenz sei f_A. Zur Einhaltung des Abtasttheorems [KK09] ist dabei von der bandbegrenzten Form (1.3.4) auszugehen; setzt man dort $\omega_g = \pi f_A$, so ergibt sich für die Impulsantwort des zeitdiskreten Hilbert-Transformators mit $t \to k/f_A$ und Normierung auf f_A.

$$h_{\mathcal{H}}(k) = \frac{1 - \cos \pi k}{\pi k} = \begin{cases} \frac{2}{\pi k} & \text{für} \quad k \quad \text{ungerade} \\ 0 & \text{für} \quad k \quad \text{gerade} \end{cases} \tag{1.3.14}$$

Diese nichtkausale Impulsantwort ist in **Bild 1.3.5** dargestellt. Hieraus ist ein kausales und damit realisierbares System zu gewinnen, indem nach einer Fensterbewertung mit einer zeitbegrenzten Funktion $f(k)$ eine zeitliche Verschiebung von k_0 Abtastintervallen vorgesehen wird.

$$\tilde{h}_{\mathcal{H}}(k) = h_{\mathcal{H}}(k - k_0) \cdot f(k - k_0) \qquad \text{mit } f(k) = 0 \text{ für } |k| > k_0 \tag{1.3.15}$$

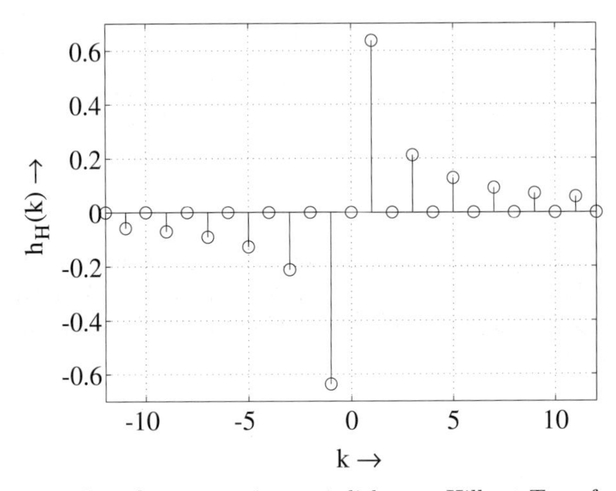

Bild 1.3.5: Impulsantwort eines zeitdiskreten Hilbert-Transformators

Die Auswirkung der Fensterung wird betrachtet. Die Form der Fensterfunktion kann dabei beliebig sein, es soll lediglich gelten

$$f(k) = f(-k). \tag{1.3.16}$$

Für die Übertragungsfunktion des realen Hilbert-Transformators nach (1.3.5) ergibt sich dann

$$\tilde{H}_{\mathcal{H}}(e^{j\Omega}) = \frac{1}{2\pi} \left[H_{\mathcal{H}}(e^{j\Omega}) * F(e^{j\Omega}) \right] e^{-j\Omega k_0}, \tag{1.3.17a}$$

wobei $F(e^{j\Omega})$ reell ist wegen der angesetzten Symmetrie (1.3.16) und gerade in Ω, da $f(k)$ reell ist. $H_{\mathcal{H}}(e^{j\Omega})$ ist die Übertragungsfunktion eines idealen zeitdiskreten Hilbert-Transformators und damit imaginär und ungerade in Ω.

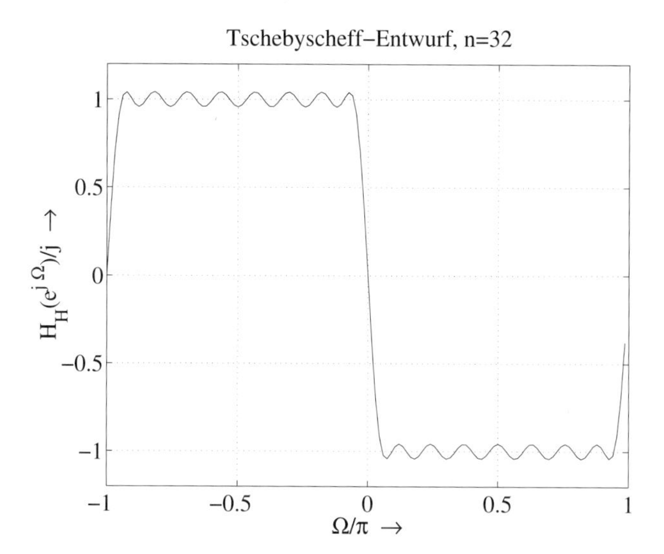

Bild 1.3.6: Übertragungsfunktion eines realen Hilbert-Transformators nach [PM72] (FIR-Filter mit 33 Koeffizienten; Tschebyscheff-Approximation)

Die Faltung einer reellen geraden mit einer imaginären ungeraden Funktion ergibt eine imaginäre ungerade Funktion. Sieht man von der konstanten Grundverzögerung k_0 ab, so zeigt die nichtrekursive Approximation (1.3.15) also im *Phasengang die Eigenschaften eines idealen Hilbert-Transformators*

$$\arg\left\{\tilde{H}_{\mathcal{H}}(e^{j\Omega})\right\} = \begin{cases} -\pi/2 - \Omega k_0 & \text{für} \quad 0 < \Omega < \pi \\ +\pi/2 - \Omega k_0 & \text{für} \quad -\pi < \Omega < 0, \end{cases} \tag{1.3.17b}$$

während der Amplitudengang infolge der Fensterung verfälscht wird. **Bild 1.3.6** zeigt ein praktisches Beispiel, wobei der Phasenterm $\exp(-j\Omega k_0)$ unterdrückt wurde.

Hilbert-Transformatoren lassen sich auch durch rekursive Systeme approximieren. Hierzu verwendet man digitale Allpässe, wodurch der Amplitudengang exakt konstant verläuft, während die Phase $-\pi/2 \cdot \text{sgn}\,(\omega)$ nur näherungsweise realisiert wird.

In einer Vielzahl von Anwendungsfällen interessiert der absolute Phasengang nur in zweiter Linie, während eine möglichst gut approximierte Phasendrehung von 90° zwischen zwei Signalen von entscheidender Bedeutung ist (z.B. zur Erzeugung von Einseitenbandsignalen). Hierfür finden sogenannte 90°- oder Quadraturnetzwerke Anwendung, die mit relativ geringem Aufwand realisiert werden können [Bed60]. Ein Beispiel ist in **Bild 1.3.7** gezeigt .

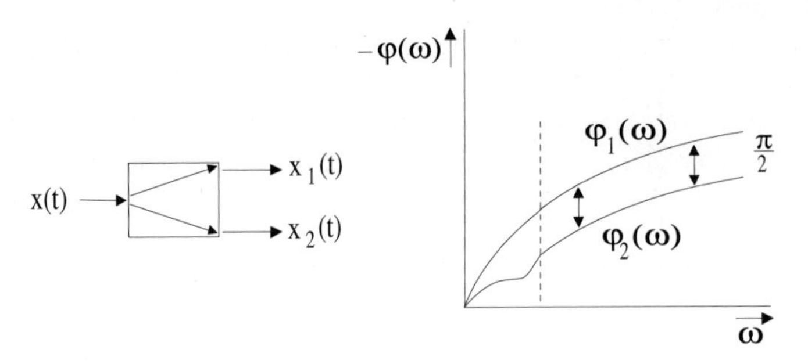

Bild 1.3.7: Eigenschaften eines rekursiven Quadraturnetzwerks

1.3.3 Hilbert-Transformatoren für Bandpass-Signale

Wegen der Approximation einer unendlich steilen Filterflanke ist die Realisierung des Hilbert-Transformators im Bereich kleiner Frequenzen besonders problematisch. Erheblich entschärft werden die Entwurfsanforderungen, wenn die Hilbert-Transformation auf Bandpass-Signale angewendet werden soll.

Für ein Eingangssignal

$$X_{\mathrm{BP}}(j\omega) = \begin{cases} X_{\mathrm{BP}}(j\omega) & \text{für} \quad \omega_0 - B/2 < |\omega| < \omega_0 + B/2 \\ 0 & \text{sonst} \end{cases} \tag{1.3.18}$$

ist an einen Hilbert-Transformator lediglich die Forderung zu stellen

$$H_{\mathcal{H}}^{\mathrm{BP}}(j\omega) = \begin{cases} -j & \text{für} \quad \omega_0 - B/2 < \omega < \omega_0 + B/2 \\ +j & \text{für} \quad -\omega_0 - B/2 < \omega < -\omega_0 + B/2 \\ \text{beliebig} & \text{sonst.} \end{cases} \tag{1.3.19}$$

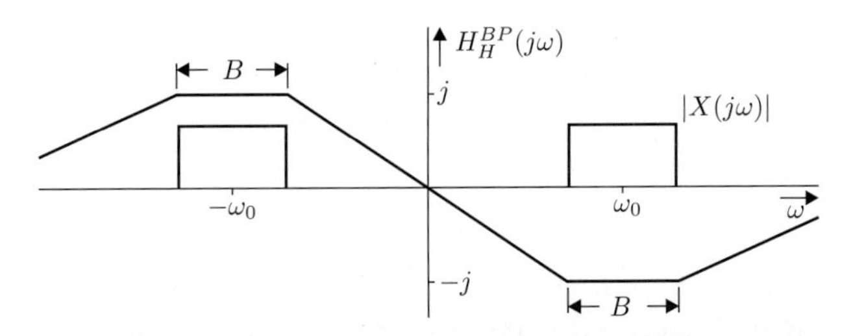

Bild 1.3.8: Erläuterung der Entwurfsbedingungen für einen Bandpass-Hilbert-Transformator

Beschreibt $h_{\mathrm{TP}}(t)$ die Impulsantwort eines Tiefpasses mit der Eigenschaft

$$H_{\mathrm{TP}}(j\omega) = \begin{cases} 1 & \text{für} \quad |\omega| < B/2 \\ 0 & \text{für} \quad |\omega| > 2\omega_0 - B/2 \\ \text{beliebig} & \text{sonst,} \end{cases} \tag{1.3.20}$$

so erhält man die Impulsantwort eines Hilbert-Transformators für das in **Bild 1.3.8** skizzierte Bandpass-Signal offenbar durch

$$\begin{aligned} h_H^{\mathrm{BP}}(t) = \hat{h}_{\mathrm{BP}}(t) \quad &= \quad 2 \cdot h_{\mathrm{TP}}(t) \cdot \sin \omega_0 t \\ &\circ\!\!-\!\!\bullet \\ H_{\mathcal{H}}^{\mathrm{BP}}(j\omega) \quad &= \quad -j \left[H_{\mathrm{TP}}\left(j(\omega - \omega_0)\right) - H_{\mathrm{TP}}\left(j(\omega + \omega_0)\right) \right]. \end{aligned} \tag{1.3.21}$$

Bild 1.3.9 verdeutlicht diesen Entwurf. Für den zugrunde liegenden Tiefpass kann bei hinreichend großem ω_0 offensichtlich ein breiter Übergang vom Durchlass- in den Sperrbereich zugelassen werden; der Realisierungsaufwand ist damit gering. Wir kommen noch

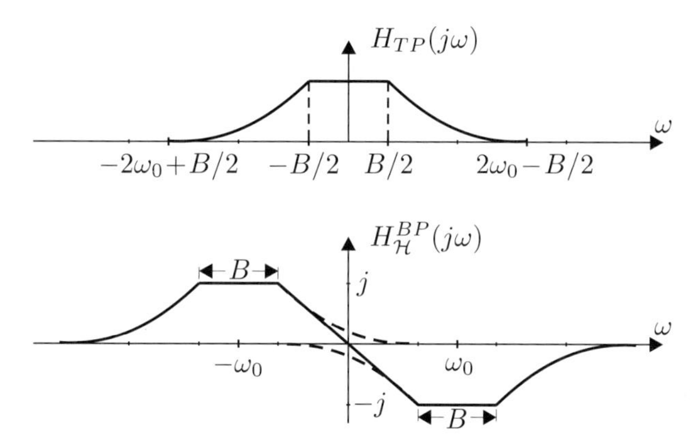

Bild 1.3.9: Bandpass-Hilbert-Transformator

einmal auf das häufig wieder kehrende Problem eines Quadratur-Netzwerkes zurück – hier nun in Anwendung auf Bandpass-Signale. Häufig ist mit der Hilbert-Transformation eine Filteraufgabe verbunden – z.B. zur Unterdrückung unerwünschter breitbandiger Rauschgrößen.

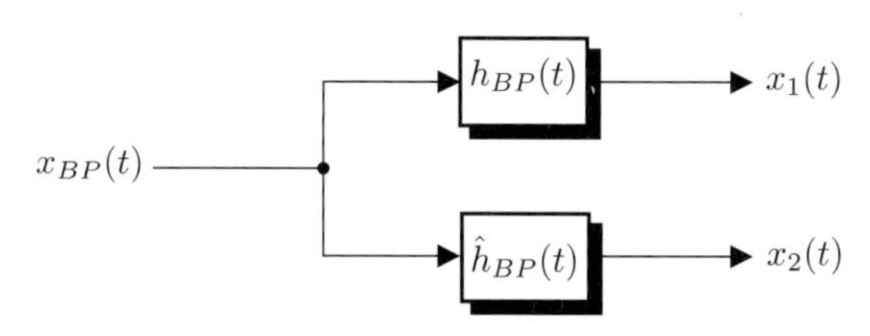

Bild 1.3.10: Quadraturnetzwerk für Bandpass-Signale

Eine typische Empfängerkonstellation zeigt **Bild 1.3.10**, wobei die Impulsantworten der beiden Empfangsfilter durch

$$h_{\mathrm{BP}}(t) = 2 \cdot h_{\mathrm{TP}}(t) \cdot \cos \omega_0 t \tag{1.3.22a}$$

$$\hat{h}_{\mathrm{BP}}(t) = 2 \cdot h_{\mathrm{TP}}(t) \cdot \sin \omega_0 t \tag{1.3.22b}$$

beschrieben werden.

Die beiden Ausgangssignale berechnet man gemäß

$$x_1(t) = x_{\mathrm{BP}}(t) * h_{\mathrm{BP}}(t) \tag{1.3.23a}$$

$$x_2(t) = x_{\mathrm{BP}}(t) * \hat{h}_{\mathrm{BP}}(t) \tag{1.3.23b}$$

$$X_1(j\omega) = X_{\mathrm{BP}}(j\omega)\left[H_{\mathrm{TP}}\left(j(\omega-\omega_0)\right) + H_{\mathrm{TP}}\left(j(\omega+\omega_0)\right)\right] \tag{1.3.24a}$$

$$X_2(j\omega) = -j\, X_{\mathrm{BP}}(j\omega)\left[H_{\mathrm{TP}}\left(j(\omega-\omega_0)\right) - H_{\mathrm{TP}}\left(j(\omega+\omega_0)\right)\right]. \tag{1.3.24b}$$

Bild 1.3.11 verdeutlicht, dass unter der Voraussetzung

$$H_{\mathrm{TP}}(j\omega) = 0 \qquad \text{für} \quad |\omega| > 2\omega_0 - \frac{B}{2}$$

die Ausgangssignale des Quadraturnetzwerkes stets exakt hilberttransformiert zueinander sind, auch dann, wenn sie durch nicht ideale Verläufe im Durchlassbereich von $H_{\mathrm{TP}}(j\omega)$ verformt werden.

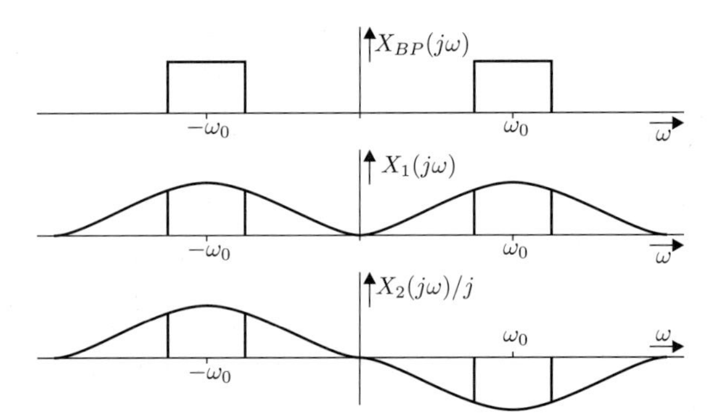

Bild 1.3.11: Spektraldarstellung der Ausgangssignale eines nichtrekursiven Quadraturnetzwerkes

1.3.4 Analytische Signale

Die beiden Impulsantworten des Quadraturnetzwerkes in Bild 1.3.10 werden in komplexer Schreibweise zusammengefasst[2].

$$h^+(t) = h_{\mathrm{BP}}(t) + j\hat{h}_{\mathrm{BP}}(t) = 2 \cdot h_{\mathrm{TP}}(t) \cdot e^{j\omega_0 t} \tag{1.3.25}$$

[2] Die Schreibweise h^+ klärt sich später anhand von Gleichung (1.3.30) bzw. (1.3.33a).

Daraus gewinnt man eine kompakte Formulierung des Gesamtsystems, indem auch die beiden Ausgangssignale als ein komplexes Signal aufgefasst werden.

$$\begin{aligned} x_1(t) + j\, x_2(t) &= x_{\mathrm{BP}}(t) * h_{\mathrm{BP}}(t) + j\, x_{\mathrm{BP}}(t) * \hat{h}_{\mathrm{BP}}(t) \\ &= x_{\mathrm{BP}}(t) * h^+(t) \end{aligned} \tag{1.3.26}$$

Real- und Imaginärteil dieses Signals sind zueinander hilberttransformiert

$$x_1(t) + j\, x_2(t) = x_1(t) + j\, \mathcal{H}\left\{x_1(t)\right\} = x_1(t) + j\, \hat{x}_1(t) \tag{1.3.27}$$

unter der Annahme, dass das System $h^+(t)$ ein ideales Quadraturnetzwerk darstellt. Wir wollen im Folgenden das Spektrum von $x_1(t) + j\, \hat{x}_1(t)$ untersuchen. Es gilt

$$\mathcal{F}\left\{x_1(t)\right\} = X_1(j\omega) \tag{1.3.28a}$$

$$\mathcal{F}\left\{\hat{x}_1(t)\right\} = -j\, \mathrm{sgn}\,(\omega) \cdot X_1(j\omega) \tag{1.3.28b}$$

und damit wegen der Linearität der Fourier-Transformation

$$\begin{aligned} \mathcal{F}\left\{x_1(t) + j\, \hat{x}_1(t)\right\} &= X_1(j\omega) + j\left[-j\, \mathrm{sgn}\,(\omega) \cdot X_1(j\omega)\right] \\ &= X_1(j\omega)\left[1 + \mathrm{sgn}\,(\omega)\right]. \end{aligned} \tag{1.3.29}$$

Mit der Definition der Signum-Funktion

$$\mathrm{sgn}\,(\omega) = \begin{cases} 1 & \text{für} \quad \omega > 0 \\ 0 & \text{für} \quad \omega = 0 \\ -1 & \text{für} \quad \omega < 0 \end{cases}$$

ergibt sich aus (1.3.29)

$$\mathcal{F}\left\{x_1(t) + j\hat{x}_1(t)\right\} = \begin{cases} 2X_1(j\omega) & \text{für} \quad \omega > 0 \\ X_1(0) & \text{für} \quad \omega = 0 \\ 0 & \text{für} \quad \omega < 0. \end{cases} \tag{1.3.30}$$

Bild 1.3.12 veranschaulicht die Berechnung dieser Spektralfunktion; konjugiert komplexe Spektren sind durch eine Schraffur angedeutet.

Wir halten also das folgende wichtige Ergebnis fest:

- *Ein komplexes Zeitsignal, dessen Imaginärteil die Hilberttransformierte seines Realteils ist, besitzt stets ein Spektrum, das für negative Frequenzen verschwindet. Man nennt solche Signale* **analytische Signale**.

Auch die komplexe Impulsantwort des oben betrachteten Quadraturnetzwerkes (1.3.25) ist ein analytisches Signal. Die Eigenschaft (1.3.30) lässt sich auch mit Hilfe des Modulationssatzes der Fourier-Transformation zeigen

$$\begin{aligned} h^+(t) &= 2 \cdot h_{\mathrm{TP}}(t) \cdot \mathrm{e}^{j\omega_0 t} \\ &\circ\!\!-\!\!\bullet \\ H^+(j\omega) &= 2 \cdot H_{\mathrm{TP}}\left(j(\omega - \omega_0)\right); \end{aligned} \tag{1.3.31}$$

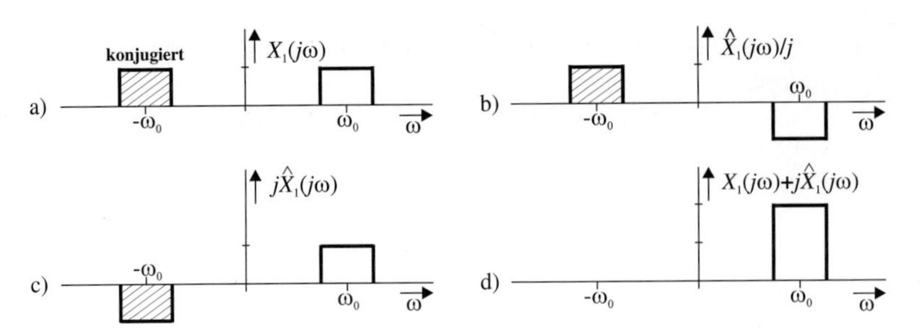

Bild 1.3.12: Spektrum eines analytischen Signals

die Übertragungsfunktion des zugrunde liegenden Tiefpasses wird einseitig an die Stelle $\omega = \omega_0$ verschoben. Ist die Bedingung $\omega_0 \geq B/2$ erfüllt, so gilt

$$H_{\mathrm{TP}}\left(j(\omega - \omega_0)\right) = 0 \qquad \text{für } \omega < 0. \tag{1.3.32}$$

Wegen dieser Eigenschaft, dass das Spektrum eines analytischen Signals nur für positive Frequenzen verschieden von Null ist, führen wir eine geeignete Nomenklatur ein: Allgemein ist einem reellen Signal $x(t)$ ein analytisches Signal

$$x^+(t) = x(t) + j\,\hat{x}(t) \tag{1.3.33a}$$

zugeordnet. Es ist also

$$x(t) = \mathrm{Re}\left\{x^+(t)\right\} \tag{1.3.33b}$$

$$\hat{x}(t) = \mathrm{Im}\left\{x^+(t)\right\}. \tag{1.3.33c}$$

Insbesondere gilt für die konjugiert Komplexe eines analytischen Signals

$$\left[x^+(t)\right]^* = x(t) - j\,\hat{x}(t) \triangleq x^-(t) \tag{1.3.34a}$$

$$X^-(j\omega) = \begin{cases} 0 & \text{für} \quad \omega > 0 \\ X(0) & \text{für} \quad \omega = 0 \\ 2X(j\omega) & \text{für} \quad \omega < 0. \end{cases} \tag{1.3.34b}$$

1.3.5 Zusammenhang zwischen Real- und Imaginärteil der Übertragungsfunktionen eines kausalen Systems.

Im folgenden wird gezeigt, dass der Real- und der Imaginärteil der Übertragungsfunktion eines *kausalen* Systems stets über die Hilbert-Transformation verknüpft sind. Für die Impulsantwort eines kausalen Systems gilt

$$h(t) = 0 \quad \text{für } t < 0. \tag{1.3.35}$$

Sie lässt sich in einen geraden und einen ungeraden Anteil zerlegen:

$$h(t) = h_g(t) + h_u(t), \qquad h(t) \in \mathbb{R} \tag{1.3.36a}$$

mit

$$h_g(t) = \frac{1}{2}[h(t) + h(-t)] \tag{1.3.36b}$$

$$h_u(t) = \frac{1}{2}[h(t) - h(-t)]. \tag{1.3.36c}$$

Wegen der Eigenschaft (1.3.35) gilt

$$h_u(t) = h_g(t) \cdot \operatorname{sgn}(t)\,. \tag{1.3.37}$$

Die Fourier-Transformierte des geraden Anteils der Impulsantwort entspricht dem Realteil, die Fourier-Transformierte des ungeraden Anteils dem Imaginärteil der Übertragungsfunktion.

$$\mathcal{F}\{h_g(t)\} \triangleq H_g(j\omega) = \mathrm{Re}\{H(j\omega)\} \tag{1.3.38a}$$

$$\mathcal{F}\{h_u(t)\} \triangleq H_u(j\omega) = j\,\mathrm{Im}\{H(j\omega)\} \tag{1.3.38b}$$

Mit (1.3.37) gilt weiterhin[3]

$$\mathcal{F}\{h_u(t)\} = \frac{1}{2\pi} H_g(j\omega) * \mathcal{F}\{\operatorname{sgn}(t)\} \tag{1.3.39a}$$

$$\mathcal{F}\{\operatorname{sgn}(t)\} = \int_{-\infty}^{\infty} \operatorname{sgn}(t)\, e^{-j\omega t}\, dt = -2j \int_{0}^{\infty} \sin(\omega t)\, dt = -j\,\frac{2}{\omega}. \tag{1.3.39b}$$

Damit ergibt sich aus (1.3.39a)

$$H_u(j\omega) = -\frac{j}{\pi} \int_{-\infty}^{\infty} \frac{H_g(j\omega')}{\omega - \omega'}\, d\omega' \tag{1.3.40}$$

und schließlich mit (1.3.38a,b) und der Umkehreigenschaft der Hilberttransformation (1.3.10)

$$\mathrm{Im}\{H(j\omega)\} = -\frac{1}{\pi} \int_{-\infty}^{\infty} \frac{\mathrm{Re}\{H(j\omega')\}}{\omega - \omega'}\, d\omega' \tag{1.3.41}$$

$$\mathrm{Re}\{H(j\omega)\} = \frac{1}{\pi} \int_{-\infty}^{\infty} \frac{\mathrm{Im}\{H(j\omega')\}}{\omega - \omega'}\, d\omega'. \tag{1.3.42}$$

[3] In (1.3.39b) wird die im Sinne der Distributionentheorie gültige Beziehung $\lim_{T\to\infty} \cos(\omega T) = 0$ benutzt.

Real- und Imaginärteile der Spektralfunktionen kausaler Zeitsignale sind also über die Hilbert-Transformation miteinander verknüpft. Dabei bezieht sich hier die Hilbert-Transformation auf Spektralfunktionen und nicht – wie bisher betrachtet – auf Funktionen der Zeit. Mit den vorangegangenen Überlegungen ist ein deutlicher Zusammenhang zwischen analytischen Zeitsignalen und den Spektren kausaler Zeitsignale hergestellt. (Weiter gehende Behandlung analytischer Signale vgl. z.B. [Bed62, Voe66, Küh70, Leu74, Kle83]).

1.4 Äquivalente Tiefpass-Darstellung von Bandpass-Signalen und -Systemen

1.4.1 Tiefpass-Darstellung von Bandpass-Signalen

Wir gehen von einem reellen Bandpass-Signal $x_{\mathrm{BP}}(t)$ aus. Für seine Spektralfunktion gilt nach Abschnitt 1.2

$$X_{\mathrm{BP}}(j\omega) = X^*_{\mathrm{BP}}(-j\omega). \tag{1.4.1}$$

Betrachten wir nun das zugehörige analytische Signal

$$x^+_{\mathrm{BP}}(t) = x_{\mathrm{BP}}(t) + j\hat{x}_{\mathrm{BP}}(t) \circ\!\!-\!\!\bullet\; X^+_{\mathrm{BP}}(j\omega) = \begin{cases} 2X_{\mathrm{BP}}(j\omega) & \text{für} \quad \omega > 0 \\ 0 & \text{für} \quad \omega < 0, \end{cases} \tag{1.4.2}$$

so wird die Spektralfunktion im Bereich negativer Frequenzen ausgelöscht, wie im letzten Abschnitt gezeigt wurde. Ein dem Bandpass-Signal *äquivalentes Tiefpass-* (oder *Basisband-*) Signal $x_{\mathrm{TP}}(t)$ erhält man, indem das einseitige Spektrum von $x^+_{\mathrm{BP}}(t)$ von der Bandpass-Mittenfrequenz ω_0 zur Frequenz Null verschoben wird. Man erreicht dies im Zeitbereich durch Multiplikation mit $e^{-j\omega_0 t}$. Das äquivalente Tiefpass-Signal wird definiert als

$$x_{\mathrm{TP}}(t) = \frac{1}{\sqrt{2}}\, x^+_{\mathrm{BP}}(t)\, e^{-j\omega_0 t} \tag{1.4.3a}$$

$$\circ\!\!-\!\!\bullet$$

$$X_{\mathrm{TP}}(j\omega) = \frac{1}{\sqrt{2}}\, X^+_{\mathrm{BP}}(j(\omega + \omega_0)). \tag{1.4.3b}$$

- *Der Faktor $1/\sqrt{2}$ wird hier eingeführt, um im Bandpass- wie im Tiefpass-Bereich die gleiche Leistung zu erhalten*[4].

[4] Die Normierung ist in der Literatur nicht einheitlich geregelt. Verschiedentlich wird der Faktor $1/\sqrt{2}$ auch weggelassen; in dem Falle verdoppelt sich die Leistung beim Übergang vom Bandpass- in den Tiefpass-Bereich. Solange Signal-Stör-Verhältnisse betrachtet werden, ändert sich damit an den prinzipiellen Ergebnissen nichts, da Nutz- und Störsignale beiderseits eine Leistungsverdopplung erfahren.

Das so gewonnene äquivalente Basisbandsignal wird auch als *Komplexe Einhüllende* – oder *Komplexe Hüllkurve* – des Bandpass-Signals $x_{\mathrm{BP}}(t)$ bezüglich der Frequenz ω_0 bezeichnet. **Bild 1.4.1** verdeutlicht die Bildung der komplexen Einhüllenden im Spektralbereich. Das äquivalente Basisbandsignal ist nun nicht mehr notwendig reell, was daran deutlich wird, dass die dazu erforderliche Symmetriebedingung (1.2.6) für $X_{\mathrm{TP}}(j\omega)$ i.a. offensichtlich verletzt ist (vgl. Bild 1.4.1c). Im Allgemeinen ist die Komplexe Einhüllende auch nicht analytisch, es sei denn, sie wurde nicht bezüglich der Mittenfrequenz ω_0 des Bandpass-Signals, sondern bezüglich einer Frequenz $\tilde{\omega}_0 \leq \omega_0 - B/2$ gebildet. In diesem Falle verschwindet $x_{\mathrm{BP}}^{+}(t)\, e^{-j\tilde{\omega}_0 t}$ für negative Frequenzen. Das Resultat ist das analytische Signal eines verschobenen Bandpass-Signals mit der Mittenfrequenz $\omega_0 - \tilde{\omega}_0 \geq B/2$.

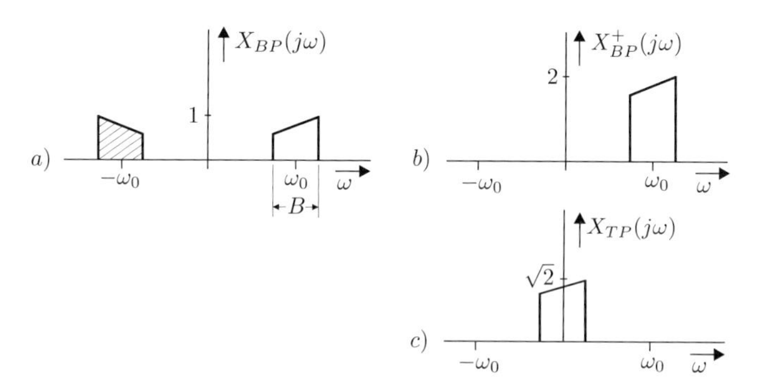

Bild 1.4.1: Veranschaulichung der äquivalenten Tiefpassdarstellung

Eine Bedingung dafür, dass sich für $x_{\mathrm{TP}}(t)$ ein *reelles* Signal ergibt, gewinnt man aus (1.4.3a).

$$\begin{aligned} \sqrt{2}\,\mathrm{Im}\,\{x_{\mathrm{TP}}(t)\} &= \hat{x}_{\mathrm{BP}}(t)\cos\omega_0 t - x_{\mathrm{BP}}(t)\sin\omega_0 t \overset{!}{=} 0 \\ \hat{x}_{\mathrm{BP}}(t)\cos\omega_0 t &\overset{!}{=} x_{\mathrm{BP}}(t)\sin\omega_0 t \end{aligned} \tag{1.4.4}$$

Diese Bedingung im Zeitbereich ist äquivalent zu der folgenden Forderung an die Spektralfunktion des Bandpass-Signals. Für ein reelles Signal $x_{\mathrm{TP}}(t)$ muss gelten

$$X_{\mathrm{TP}}(j\omega) = X_{\mathrm{TP}}^{*}(-j\omega). \tag{1.4.5a}$$

Nach Gleichung (1.4.3b) ergibt sich daraus für das analytische Bandpass-Signal

$$X_{\mathrm{BP}}^{+}(j(\omega + \omega_0)) = X_{\mathrm{BP}}^{+^*}(j(-\omega + \omega_0)). \tag{1.4.5b}$$

Wegen der Gültigkeit von

$$2X_{\mathrm{BP}}(j\omega) = \begin{cases} X_{\mathrm{BP}}^{+}(j\omega) & \text{für} \quad \omega > 0 \\ X_{\mathrm{BP}}^{+^*}(j\omega) & \text{für} \quad \omega < 0 \end{cases}$$

folgt daraus die Bedingung

$$\begin{aligned} X_{\mathrm{BP}}(j(\omega_0 + \omega)) &= X_{\mathrm{BP}}^{*}(j(\omega_0 - \omega)) \\ X_{\mathrm{BP}}(j(-\omega_0 - \omega)) &= X_{\mathrm{BP}}^{*}(j(-\omega_0 + \omega)). \end{aligned} \qquad \text{für } |\omega| \leq B/2 \tag{1.4.6}$$

Die Symmetrieforderung ist in **Bild 1.4.2** verdeutlicht.

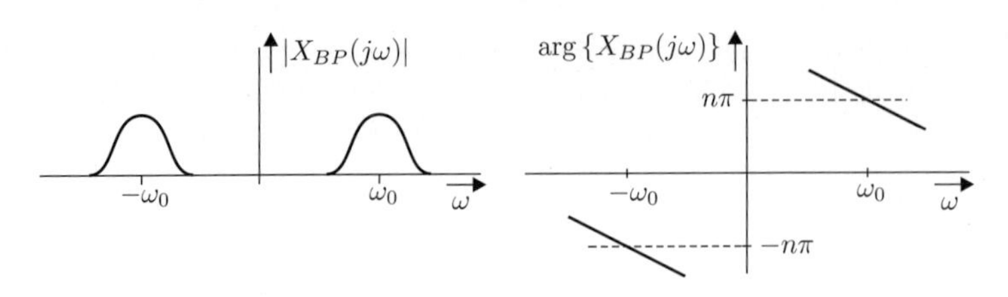

Bild 1.4.2: Bandpass-Signal für ein reelles äquivalentes Basisbandsignal

Das Bandpass-Spektrum muss also bezüglich seiner Mittenfrequenz einen geraden Betrags- und einen ungeraden Phasenverlauf aufweisen. Dann führt (1.4.3a) auf ein reelles Zeitsignal.

1.4.2 Strukturen von Quadraturmischern

Aus der Formulierung (1.4.3a) lässt sich unmittelbar eine Schaltungsstruktur herleiten, mit der ein beliebiges reelles Bandpass-Signal ins Basisband transformiert wird. Man nennt diesen Vorgang *Quadraturmischung* – er ist von großer Bedeutung für eine Vielzahl von Nachrichtenübertragungssystemen, insbesondere im Zusammenhang mit modernen, zeitdiskreten Systemkonzepten.

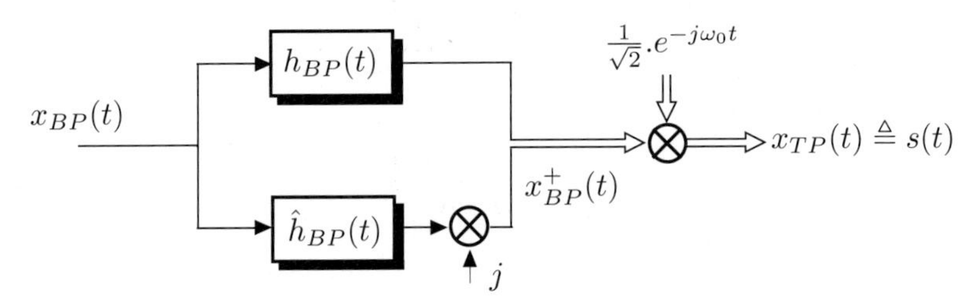

Bild 1.4.3: Quadraturmischer zur Erzeugung eines äquivalenten Basisbandsignals (Bandpass-Struktur)

Bild 1.4.3 zeigt diese Struktur, wobei eine Bandbegrenzung im Bandpassbereich einbezogen ist. Die Komplexe Einhüllende am Ausgang dieses Systems wird hier wie im gesamten weiteren Verlauf des Buches mit $s(t)$ bezeichnet. Für die Bandpass-Impulsantwort $h_{\mathrm{BP}}(t)$ und deren Hilberttransformierte $\hat{h}_{\mathrm{BP}}(t)$ sind (1.3.22a) und (1.3.22b) einzusetzen.

Aus der obigen Schaltungsstruktur für einen Quadraturmischer lässt sich eine alternative Realisierungsform entwickeln. Dazu gehen wir von der in Gleichung (1.3.25) formulierten analytischen Impulsantwort eines Quadraturnetzwerkes aus.

$$h^+(t) = 2 \cdot h_{\mathrm{TP}}(t)\, e^{j\omega_0 t} \qquad (1.4.7)$$

Das äquivalente Basisbandsignal gemäß **Bild 1.4.3** ist damit

$$\begin{aligned} x_{\mathrm{TP}}(t) &= \frac{1}{\sqrt{2}} \left[x_{\mathrm{BP}}(t) * h^{+}(t)\right] e^{-j\omega_0 t} \\ &= \left[\int_{-\infty}^{\infty} \sqrt{2}\, h_{\mathrm{TP}}(\tau)\, e^{j\omega_0 \tau}\, x_{\mathrm{BP}}(t-\tau) d\tau\right] e^{-j\omega_0 t}. \end{aligned} \tag{1.4.8a}$$

Der Term $e^{-j\omega_0 t}$ kann hier in das Integral hineingezogen werden, da er nicht von der Integrationsvariablen τ abhängt.

$$x_{\mathrm{TP}}(t) = \int_{-\infty}^{\infty} \sqrt{2}\, h_{\mathrm{TP}}(\tau) \underbrace{e^{-j\omega_0 (t-\tau)}\, x_{\mathrm{BP}}(t-\tau)}_{\triangleq\, \tilde{x}(t-\tau)} d\tau \tag{1.4.8b}$$

Wir erhalten nach Normierung

$$x_{\mathrm{TP}}(t) \triangleq s(t) = \sqrt{2}\, h_{\mathrm{TP}}(t) * \tilde{x}(t), \tag{1.4.9}$$

wobei $\tilde{x}(t) = x_{\mathrm{BP}}(t)\, e^{-j\omega_0 t}$.

Diese Vorschrift verlangt keine explizite Hilbert-Transformation; statt dessen sind komplexe Multiplikation und Filterung vertauscht. Die Strukturen nach den **Bildern 1.4.3** und **1.4.4** sind äquivalent.

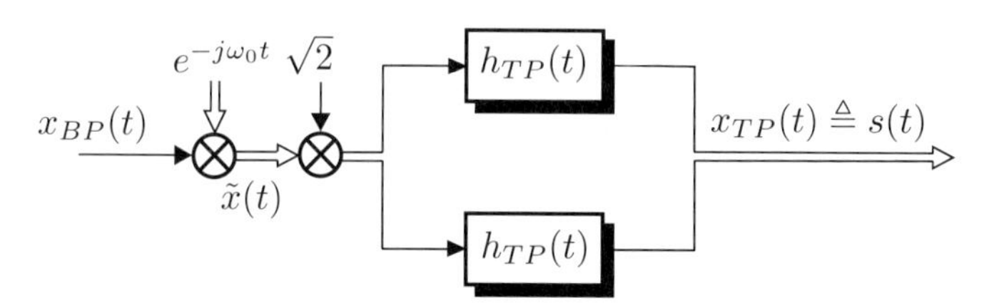

Bild 1.4.4: Quadraturmischer in Tiefpass-Struktur

1.4.3 Basisband-Darstellung von Bandpass-Übertragungssystemen

Im letzten Abschnitt wurde verdeutlicht, dass Bandpass-Signale im Basisband beschrieben werden können, wobei diese Signale dann als komplexe Zeitsignale anzusetzen sind. Man kann diese Betrachtungen auf die Impulsantwort $h_{\mathrm{BP}}(t)$ eines beliebigen Bandpasses anwenden, der auf äquivalente Weise in den Tiefpassbereich transformiert wird ($\omega_0 \hat{=}$ Mittenfrequenz des Bandpasses).[5]

[5] Im Folgenden werden Real- und Imaginärteile eines komplexen Zeitsignals $x(t)$ stets durch $x'(t)$ und $x''(t)$ gekennzeichnet.

$$\begin{aligned} h_{\mathrm{TP}}(t) &= h'(t) + jh''(t) \\ &\stackrel{\Delta}{=} \frac{1}{2}\,h^{+}_{\mathrm{BP}}(t)\,e^{-j\omega_0 t} = \frac{1}{2}\left[h_{\mathrm{BP}}(t) + j\hat{h}_{\mathrm{BP}}(t)\right]e^{-j\omega_0 t} \end{aligned} \qquad (1.4.10)$$

- *Im Unterschied zur Transformationsvorschrift für Signale* (1.4.3a, 1.4.3b) *wird hier bei der Basisbandbeschreibung von Systemen statt* $1/\sqrt{2}$ *der Faktor* $1/2$ *eingeführt, um im Bandpass- und Tiefpassbereich die gleiche Bewertung der Spektren durch das System zu erreichen* [6].

Gleichung (1.4.10) eröffnet die Möglichkeit, Bandpass-Übertragungssysteme vollständig im Basisbandbereich zu formulieren.

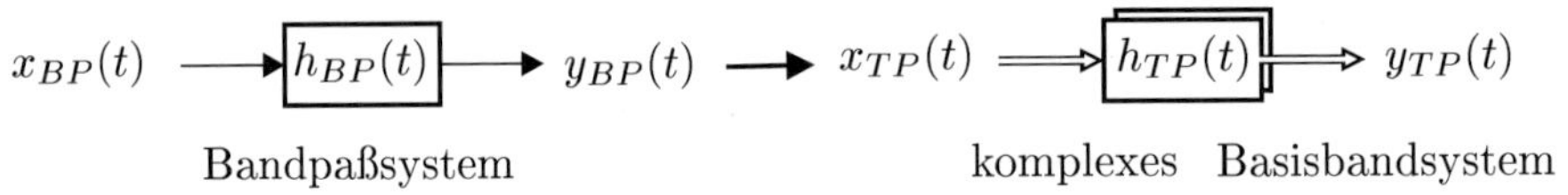

Bild 1.4.5: Äquivalente Basisband-Darstellung eines Bandpass-Systems

Das im Allgemeinen komplexe Ausgangssignal des äquivalenten Tiefpass-Systems ist das Resultat einer komplexen Faltung

$$y_{\mathrm{TP}}(t) = x_{\mathrm{TP}}(t) * h_{\mathrm{TP}}(t). \qquad (1.4.11)$$

Mit

$$x_{\mathrm{TP}}(t) \stackrel{\Delta}{=} x'(t) + jx''(t) \quad \text{und} \quad h_{\mathrm{TP}}(t) \stackrel{\Delta}{=} h'(t) + jh''(t)$$

erhält man ausgeschrieben das komplexe Signal

$$y_{\mathrm{TP}}(t) = x'(t) * h'(t) - x''(t) * h''(t) + j\left[x'(t) * h''(t) + x''(t) * h'(t)\right], \qquad (1.4.12)$$

das wiederum als komplexe Einhüllende des gefilterten Bandpass-Signals interpretiert werden kann.

$$y_{\mathrm{TP}}(t) \stackrel{\Delta}{=} y'(t) + jy''(t) = \frac{1}{\sqrt{2}}\,y^{+}_{\mathrm{BP}}(t)\,e^{-j\omega_0 t} \qquad (1.4.13)$$

Die komplexe Faltung (1.4.12) enthält insgesamt vier reelle Faltungsoperationen; das Blockschaltbild ist in **Bild 1.4.6** wiedergegeben.

Im Folgenden werden einige Eigenschaften von komplexen Systemen diskutiert. Die Übertragungsfunktion erhält man wie gewohnt durch Fourier-Transformation der Impulsantwort (der Index „TP" wird im Folgenden unterdrückt).

$$h(t) = h'(t) + jh''(t) \qquad (1.4.14a)$$

$$\circ\!\!-\!\!\bullet$$

$$H(j\omega) = \mathcal{F}\{h'(t)\} + j\mathcal{F}\{h''(t)\} \qquad (1.4.14b)$$

[6] Andernfalls würde sich bei der Hintereinanderschaltung mehrerer Systeme im Basisband eine Akkumulation des Übertragungsfaktors ergeben.

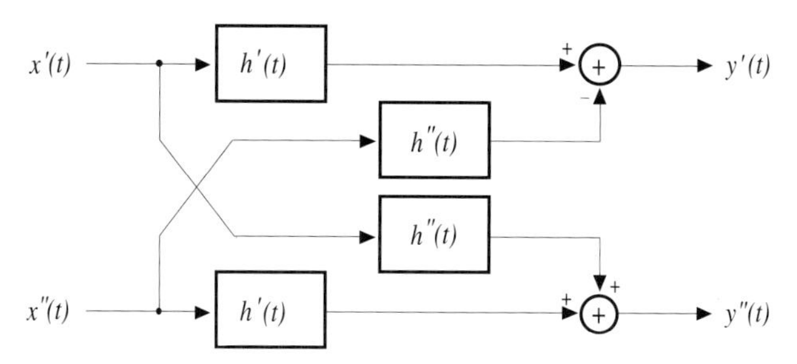

Bild 1.4.6: Komplexe Faltung

Hierbei beschreiben $\mathcal{F}\{h'(t)\}$ und $\mathcal{F}\{h''(t)\}$ nicht etwa Real- und Imaginärteil von $H(j\omega)$, da beide ihrerseits komplex sind. Wir folgen den Festlegungen in [Mee83] und definieren[7]

$$\mathcal{F}\{h'(t)\} = \mathrm{Ra}\{H(j\omega)\} \tag{1.4.15a}$$
$$\mathcal{F}\{h''(t)\} = \mathrm{Ia}\{H(j\omega)\}. \tag{1.4.15b}$$

Dabei sind $\mathcal{F}\{h'(t)\}$ und $\mathcal{F}\{h''(t)\}$ Fourier-Transformierte reeller Zeitsignale, so dass gilt

$$\begin{aligned} \mathrm{Ra}\{H(j\omega)\} &= \mathrm{Ra}\{H(-j\omega)\}^* \\ \mathrm{Ia}\{H(j\omega)\} &= \mathrm{Ia}\{H(-j\omega)\}^*, \end{aligned} \tag{1.4.16}$$

wohingegen $H(j\omega)$ und $H(-j\omega)$ im Allgemeinen nicht konjugiert komplex zueinander sind.

Die Ausdrücke $\mathrm{Ra}\{H(j\omega)\}$ und $\mathrm{Ia}\{H(j\omega)\}$ sind auf folgende Weise zu berechnen. Es gilt

$$\mathrm{Ra}\{H(j\omega)\} = \mathcal{F}\left\{\frac{1}{2}[h(t) + h^*(t)]\right\} \tag{1.4.17a}$$
$$\mathrm{Ia}\{H(j\omega)\} = \mathcal{F}\left\{\frac{1}{2j}[h(t) - h^*(t)]\right\}. \tag{1.4.17b}$$

Die Fourier-Transformierte eines konjugiert komplexen Zeitsignals ist gemäß Tabelle 1.2.2, Seite 7,

$$\mathcal{F}\{h^*(t)\} = H^*(-j\omega), \tag{1.4.18}$$

so dass wegen der Linearität der Fourier-Transformation aus (1.4.17a) und (1.4.17b) folgt

$$\mathrm{Ra}\{H(j\omega)\} = \frac{1}{2}[H(j\omega) + H^*(-j\omega)] \tag{1.4.19a}$$
$$\mathrm{Ia}\{H(j\omega)\} = \frac{1}{2j}[H(j\omega) - H^*(-j\omega)]. \tag{1.4.19b}$$

[7] Zur Definition von $\mathrm{Ra}\{\cdot\}$, $\mathrm{Ia}\{\cdot\}$ ist die Laplace-Übertragungsfunktion (oder die z-Übertragungsfunktion bei zeitdiskreten Systemen) zu betrachten. Ist $H(s)$ eine holomorphe (analytische) Funktion der komplexen Variablen s, so sind auch $\underline{\mathrm{Ra}}\{H(s)\}$ und $\underline{\mathrm{Ia}}\{H(s)\}$ analytische Funktionen von s.

Für die Z-Übertragungsfunktion zeitdiskreter Systeme gilt entsprechend

$$\mathrm{Ra}\{H(z)\} = \frac{1}{2}\left[H(z) + H^*(z^*)\right] \tag{1.4.20a}$$

$$\mathrm{Ia}\{H(z)\} = \frac{1}{2j}\left[H(z) - H^*(z^*)\right]. \tag{1.4.20b}$$

1.5 Empfängerstrukturen

1.5.1 Prinzip des Frequenzmultiplex

Zur Übertragung eines Signals über einen vorgegebenen Kanal ist eine Anpassung an die Eigenschaften dieses Kanals, insbesondere an seine spektralen Eigenschaften, vorzunehmen. Üblicherweise zeigen reale Übertragungskanäle Bandpass-Charakter. Die zu übertragenden Signale, z.B. Sprach-, Musik- und Bildsignale, binäre Datenfolgen u.ä. sind in der Regel Tiefpass-Signale; man bezeichnet sie vielfach als *NF-Signale* (Niederfrequenz). Sie müssen also spektral verschoben werden; dies leistet die Modulation.

Prinzipiell ist zwischen *linearen* und *nichtlinearen Modulationsformen* zu unterscheiden. Durch lineare Verfahren wird die spektrale Verschiebung im Idealfall ohne Verformung des ursprünglichen Basisbandspektrums erreicht. Im Modulationsband liegt dann z.B. bei Amplitudenmodulation die doppelte NF-Bandbreite (als oberes und unteres Seitenband) vor, während Einseitenbandverfahren die einfache NF-Bandbreite erfordern.

Im Gegensatz hierzu entsteht bei nichtlinearen Modulationsformen in der Regel ein Modulationsspektrum mit erheblich höherer Bandbreite. Der Sinn solcher Übertragungsverfahren liegt in erster Linie in der geringen Empfindlichkeit gegenüber additiven Einstreuungen auf dem Übertragungsweg. Bei klassischen nichtlinearen Modulationsformen wie z.B. der Frequenzmodulation ergibt sich der sogenannte Schwellwerteffekt – oberhalb einer Rauschschwelle ist dabei ein im Vergleich zu linearen Modulationsverfahren erheblich größeres Signal-Störverhältnis am Empfänger zu erreichen. Hier wird eine weitere grundsätzliche Aufgabe der Modulation deutlich, nämlich die Anpassung der Übertragungsform an die gegebenen Verhältnisse im Sinne der fundamentalen Beziehungen zwischen Bandbreite und Signal-Störverhältnis (Shannonsche Kanalkapazität).

Schließlich besteht die Aufgabe der *Mehrfachausnutzung von Kanälen*. In modernen, digitalen PCM-Übertragungssystemen wird hierzu das Prinzip der Zeitmultiplex-Übertragung verwendet – dabei werden verschiedene diskrete Signale in gleicher Frequenzlage, jedoch zeitlich versetzt, übertragen. In Abschnitt 8.4 wird diese Technik erläutert. Die klassische Form der Kanal-Mehrfachausnutzung besteht in der *Frequenzmultiplex*-Technik. Verschiedene zu übertragende NF-Signale werden durch Modulatoren unterschiedlicher Trägerfrequenzen so in den Bandpassbereich verschoben, dass der Kanal schließlich durch eine Reihe von überlappungsfrei angeordneten Spektren belegt wird. Am Empfänger können diese verschiedenen Signale durch geeignete Demodulatoren wieder getrennt werden. **Bild 1.5.1** verdeutlicht die Frequenz-Multiplex-Technik anhand einer Zweiseitenbandübertragung (vgl. Kapitel 3). Für den Abstand der Trägerfrequenzen gilt

$$|f_\nu - f_{\nu-1}| \geq b;$$

b ist also die Bandbreite eines Einzelkanals.

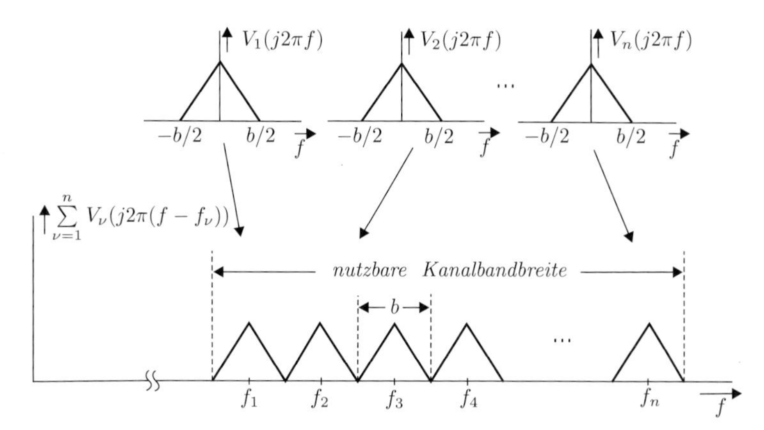

Bild 1.5.1: Prinzip der Frequenzmultiplex-Technik

Die klassischen Modulationsverfahren gehen von einer sinusförmigen Trägerschwingung aus

$$x(t) = a\,\cos\left[\omega t + \varphi\right]. \tag{1.5.1}$$

Sie ist prinzipiell durch die drei Parameter Amplitude, Frequenz und Phase festgelegt. Die zeitliche Veränderung eines der drei Parameter führt zu den gebräuchlichen Modulationsformen

- *Amplitudenmodulation*
- *Frequenzmodulation*
- *Phasenmodulation.*

Die Modulation sinusförmiger Träger wird sowohl zur Übertragung analoger als auch digitaler Signale genutzt. Analoge Modulationsformen werden in Teil II dieses Buches behandelt, während die Teile III und IV sich ausschließlich digitalen Verfahren widmen. Es sollte aber angemerkt werden, dass die folgenden Betrachtungen über Grundstrukturen von Empfängern gleichermaßen für analoge und digitale Modulation Gültigkeit besitzen.

1.5.2 Geradeaus-Empfänger

Die wichtigste Aufgabe eines Empfängers – z.B. eines Rundfunkempfängers – besteht in der Auswahl des gewünschten Kanals aus einer großen Zahl von Nachrichtensignalen, die den Empfänger gleichzeitig, aber in unterschiedlichen Frequenzlagen erreichen (Frequenzmultiplex). Hierzu ist ein Bandpassfilter mit der Bandbreite b eines Einzelkanals einzusetzen, wobei größtes Gewicht auf möglichst gute Selektivität gegenüber den Nachbarsendern zu legen ist – daneben hat dieses Filter die Funktion der Rausch-Bandbegrenzung. Zur Abstimmung auf den gewünschten Sender wurde in der Frühzeit der Rundfunktechnik (ca. bis 1930) der Empfänger-Eingangsbandpass (RF-Filter $\hat{=}$ Radio Frequency Filter) mit variabler Mittenfrequenz ausgestattet. Eine solche einfache Empfangsstruktur wird als *Geradeaus-Empfänger* bezeichnet. Das hier liegende technische Problem besteht in der Realisierung der nötigen Selektivität mit einem *abstimmbaren* Filter, zudem noch in der RF-Lage, also in einem sehr hochfrequenten Bereich. Diese Schwierigkeit führte dann sehr zum wesentlich günstigeren *Superheterodyn-Empfänger*. Dieses heute in den meisten Geräten verwendete Prinzip wird im nächsten Abschnitt behandelt.

Zu den weiteren Aufgaben des Empfängers gehört die Regelung des empfangenen Signalpegels, um die großen Dämpfungsunterschiede auf den verschiedenen Übertragungswegen auszugleichen (AGC $\hat{=}$ Automatic Gain Control). Solche Amplitudenregelkreise stellen nichtlineare Systeme dar; sie sind deshalb am *Ausgang* der selektiven Filter vorzusehen, um unerwünschte Mischvorgänge mit benachbarten Sendern zu vermeiden.

Einige Besonderheiten treten in Empfängern für digitale Übertragungsverfahren hinzu. Vielfach ist das angesprochene selektive Bandpass-Filter durch ein Entzerrernetzwerk zu ergänzen, um lineare Verzerrungen des Übertragungskanals zu kompensieren. Häufig werden derartige Entzerrer adaptiv ausgeführt.

Schließlich erfolgt die Demodulation des empfangenen Signals. Hierunter versteht man die Verschiebung des empfangenen Bandpass-Signals in den Basisbandbereich – die systemtheoretischen Zusammenhänge wurden im Abschnitt 1.4 erläutert – und die Detektion des im empfangenen Signal enthaltenen Nachrichtensignals. Demodulatoren können je nach gewählter Modulationsart aus linearen oder nichtlinearen Systemen bestehen. Konkrete Demodulatoren für analoge Modulationsarten werden in Abschnitt 3.4, für digitale Modulationsformen in Kapitel 10 behandelt. Dem Demodulator folgt bei analoger Übertragung eine Einheit zur Weiterverarbeitung des NF-Signals, also eines Sprach- , Audio- oder Bildsignals; im Falle der digitalen Übertragung erfolgt eine Datenentscheidung mit anschließender Weiterverarbeitung.

Die im Vorangegangenen angesprochenen prinzipiellen Aufgaben eines Empfängers sind in dem in **Bild 1.5.2** wiedergegebenen grundsätzlichen Empfänger-Blockschaltbild in Geradeaus-Struktur veranschaulicht.

1.5.3 Superheterodyn-Prinzip

Das Grundprinzip der Superheterodyn-Struktur besteht darin, die variable Selektion nicht durch ein RF-Filter mit veränderlicher Mittenfrequenz, sondern durch einen festen Bandpass in einer herabgesetzten Frequenzlage, im so genannten *Zwischenfrequenz-*(ZF-) Bereich, zu erreichen. Dazu wird nun das empfangene RF-Signal spektral so verschoben, dass der ausgewählte Kanal in den Durchlassbereich des ZF-Filters fällt. Die spektrale

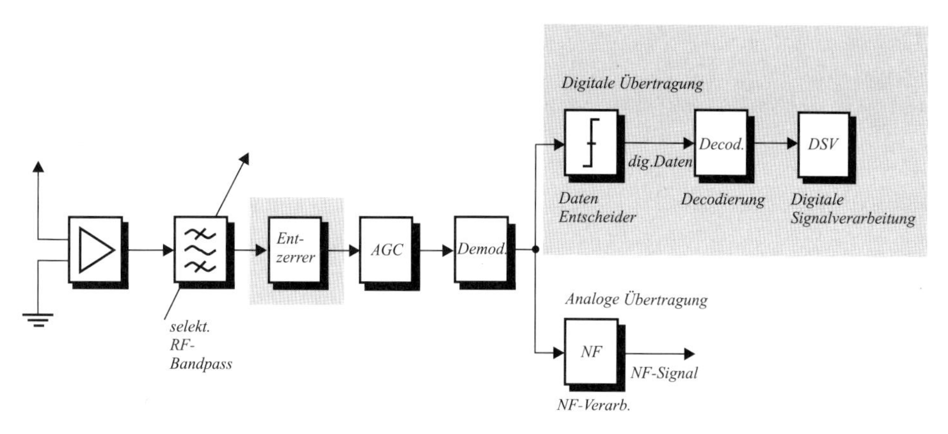

Bild 1.5.2: Blockschaltbild eines Geradeaus-Empfängers

Verschiebung wird durch Mischung des RF-Signals mit der sinusförmigen Schwingung eines einstellbaren Oszillators (*Local Oscillator*) erreicht. Das prinzipielle Blockschaltbild eines Superheterodyn-Empfängers zeigt **Bild 1.5.3**.

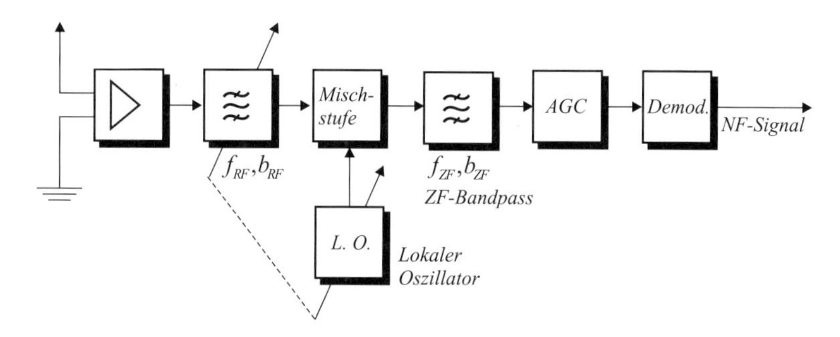

Bild 1.5.3: Blockschaltbild eines Superheterodyn-Empfängers

Wir wollen den Vorgang der Zwischenfrequenz-Umsetzung formal beschreiben. Bezeichnet

$$x(t) = \sqrt{2} \sum_{\nu} \mathrm{Re}\left\{s_{\nu}(t) \cdot \mathrm{e}^{j\omega_{\nu} t}\right\} \tag{1.5.2}$$

das am Empfänger ankommende RF-Signal, bestehend aus der Überlagerung einer Anzahl von modulierten Signalen mit den komplexen Einhüllenden $s_{\nu}(t)$, so ergibt sich nach der Multiplikation mit dem Oszillatorsignal („Mischung“)

$$\begin{aligned} y(t) &= x(t) \cos(\omega_{\mathrm{OSZ}} t) \\ &= \frac{1}{\sqrt{2}} \sum_{\nu} \mathrm{Re}\left\{s_{\nu}(t)\, \mathrm{e}^{j\omega_{\nu} t} \left[\mathrm{e}^{j\omega_{\mathrm{OSZ}} t} + \mathrm{e}^{-j\omega_{\mathrm{OSZ}} t}\right]\right\} \\ &= \frac{1}{\sqrt{2}} \sum_{\nu} \mathrm{Re}\left\{s_{\nu}(t) \left[\mathrm{e}^{j(\omega_{\nu}+\omega_{\mathrm{OSZ}})t} + \mathrm{e}^{j(\omega_{\nu}-\omega_{\mathrm{OSZ}})t}\right]\right\}. \end{aligned}$$

Sind die Bedingungen

$$\omega_{\mathrm{OSZ}} - \omega_n = \omega_{\mathrm{ZF}} \quad \text{und} \quad \omega_{\mathrm{OSZ}} - \omega_m = -\omega_{\mathrm{ZF}} \tag{1.5.3}$$

erfüllt, so fallen das n-te und das m-te Teilsignal in den Durchlassbereich des ZF-Filters; wird dieses als idealer Bandpass angenommen, so ergibt sich

$$y_{\mathrm{ZF}}(t) = \frac{1}{\sqrt{2}} \operatorname{Re}\left\{ [s_n^*(t) + s_m(t)]\, \mathrm{e}^{j\omega_{\mathrm{ZF}} t} \right\}. \tag{1.5.4}$$

Es werden also zwei Modulationssignale ausgefiltert, deren ursprüngliche Trägerfrequenzen um die doppelte Zwischenfrequenz auseinanderliegen

$$f_m - f_n = 2\, f_{\mathrm{ZF}}. \tag{1.5.5}$$

Man nennt diese beiden Frequenzen ein *Spiegelfrequenz*-Paar. Zur eindeutigen Ausfilterung eines gewünschten Kanals muss eines der beiden Spiegelfrequenz-Signale unterdrückt werden. Dies kann nur *vor* der Zwischenfrequenz-Mischung durch das eingangsseitige RF-Filter erfolgen.

Bild 1.5.4 verdeutlicht die ZF-Umsetzung schematisch (a) ohne und (b) mit Spiegelfrequenz-Unterdrückung.

Die Dämpfung des Spiegelspektrums hängt also ausschließlich von der Selektivität des RF-Vorkreises ab. Nimmt man die Mittenfrequenz des RF-Filters bei der Trägerfrequenz des gewählten Modulationssignals an (die Mittenfrequenz des RF-Vorfilters muss demnach entsprechend der Sendereinstellung veränderlich sein), so ist seine erforderliche Bandbreite

$$b_{\mathrm{RF}} \leq 4\, f_{\mathrm{ZF}} - b. \tag{1.5.6}$$

Da üblicherweise die festgelegte Zwischenfrequenz wesentlich größer als die Bandbreite b des Einzelkanals ist, sind die Anforderungen an den RF-Bandpass im Zusammenhang mit der Superheterodyn-Struktur wesentlich geringer als beim Geradeaus-Empfänger, in dem die Selektivität allein durch ein veränderliches RF-Filter erreicht werden muss.

1.5.4 Direktmischende Strukturen

Die Überlagerung von Spiegelspektren wird vermieden, wenn aus dem ankommenden RF-Signal unmittelbar die Komplexe Einhüllende gebildet wird, ohne erst über einen ZF-Bereich zu gehen. Zur Bildung der Komplexen Einhüllenden wurden in Abschnitt 1.4 zwei verschiedene Strukturen gemäß **Bild 1.4.3** und **Bild 1.4.4** hergeleitet – wir betrachten hier die Tiefpass-Struktur. Das empfangene Signalgemisch im RF-Band (Radio-Frequency) lautet

$$x(t) = \sqrt{2}\,\mathrm{Re}\Big\{ \sum_{\nu} s_\nu(t)\, e^{j\omega_\nu t} \Big\} = \frac{1}{\sqrt{2}} \sum_{\nu} \big[s_\nu(t)\, e^{j\omega_\nu t} + s_\nu^*(t)\, e^{-j\omega_\nu t} \big]. \tag{1.5.21a}$$

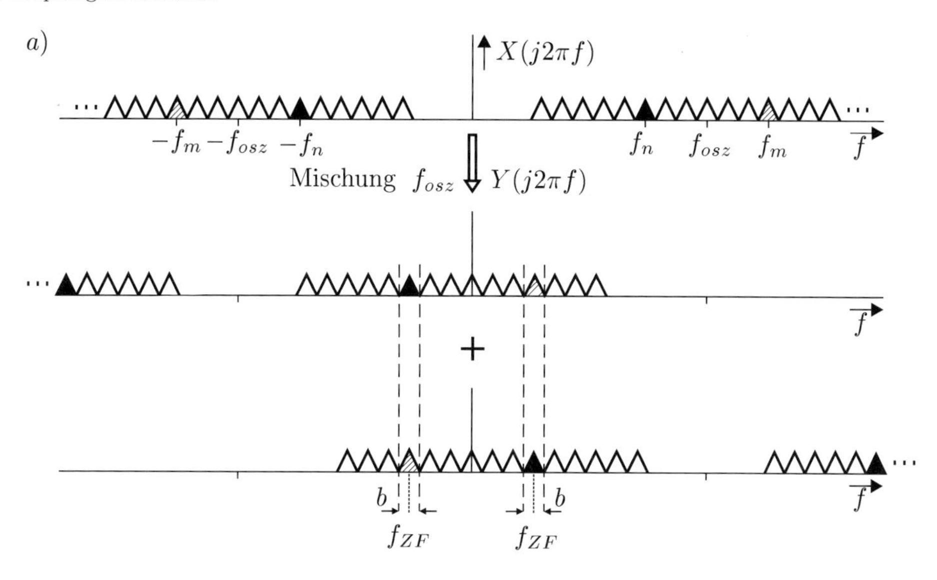

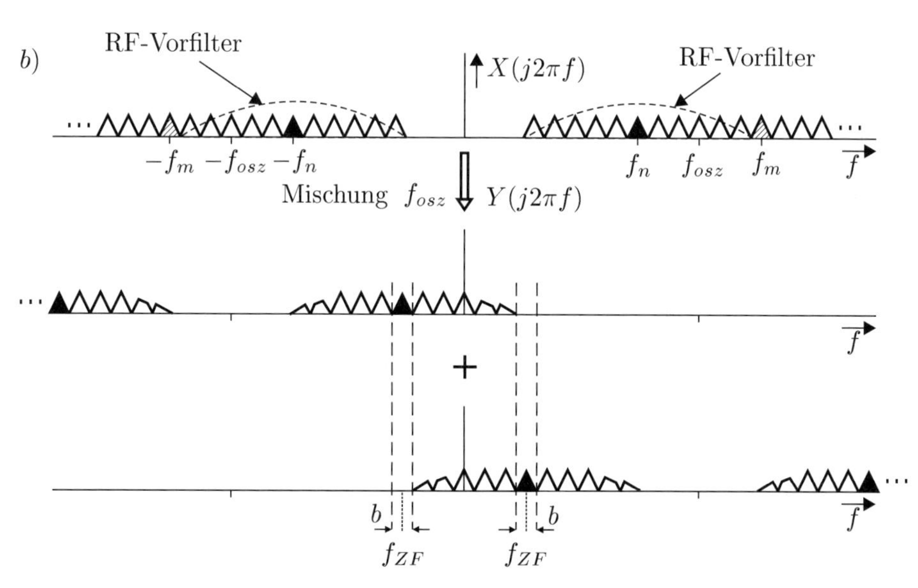

Bild 1.5.4: Schematische Darstellung der ZF-Umsetzung
a) ohne
b) mit Spiegelfrequenzunterdrückung

Hieraus gewinnt man die Komplexe Einhüllende bezüglich der Trägerfrequenz des ausgewählten Kanals ω_n durch Multiplikation mit der *komplexen* Trägerschwingung des Kanals n.

$$\begin{aligned} x(t) \cdot \sqrt{2}\, \mathrm{e}^{-j\omega_n t} &= \sum_{\nu} \left[s_\nu(t)\, e^{j(\omega_\nu - \omega_n)t} + s_\nu^*(t)\, e^{-j(\omega_\nu + \omega_n)t} \right] \qquad (1.5.21b) \\ &= s_n(t) + \sum_{\nu \neq n} s_\nu(t)\, \mathrm{e}^{j(\omega_\nu - \omega_n)t} + \sum_{\nu} s_\nu^*(t)\, \mathrm{e}^{-j(\omega_\nu + \omega_n)t} \end{aligned}$$

In den Frequenzbereich $-\pi\, b \leq \omega \leq \pi\, b$ fällt nur ein einziges Signal $s_n(t)$, das durch einen Tiefpass ausgefiltert wird. Dieser Tiefpass stellt das äquivalente Tiefpass-System zu dem im Geradeaus-Empfänger benutzten RF-Bandpass dar

$$H_{\mathrm{TP}}(j\omega) = \begin{cases} 1 & \text{für } |\omega| \leq \pi\, b \\ 0 & \text{sonst.} \end{cases}$$

Für eine praktische Realisierung sind die bekannten Approximationen idealer Tiefpässe anzuwenden. Der Empfangstiefpass übernimmt die Selektivitäts-Funktion des RF- bzw. ZF-Filters. Die Realisierung des beschriebenen direktmischenden Empfängers kann nach Bild 1.4.4 erfolgen – eine gleichwertige Alternative stellt die Bandpass-Struktur nach Bild 1.4.3 dar.

Die hier hergeleiteten direktmischenden Empfängerstrukturen finden heute vornehmlich im Bereich der digitalen Übertragung Verwendung. In klassischen analogen Modulationssystemen hingegen wird der Empfänger fast ausschließlich in der Superheterodyn-Struktur realisiert. Der hauptsächliche Grund hierfür liegt in der begrenzten Genauigkeit analoger Empfänger-Bausteine: So erfordert z.B. die Struktur nach Bild 1.4.4 zwei möglichst identische Tiefpässe und die Struktur nach Bild 1.4.3 jeweils ein Paar von exakt zueinander hilberttransformierten Bandpässen – in beiden Fällen müssen Real- und Imaginärteil der zugesetzten komplexen Trägerschwingung eine Phasendrehung um exakt 90° aufweisen. Bei Ungenauigkeiten kann es zu empfindlichen Verzerrungen nach der Demodulation kommen. Inzwischen werden allerdings auch für klassische FM- oder AM-Empfänger digitale Realisierungsformen diskutiert. Folgerichtig werden in diesen Fällen die hier diskutierten direktmischenden Strukturen bevorzugt [Kam86].

1.6 Rauschsignale

1.6.1 Beschreibung von stochastischen Prozessen

Die bisher behandelten Signale waren deterministisch, was bedeutet, dass ihr zeitlicher Verlauf durch mathematische Beschreibungen vollständig festgelegt ist. Für den überwiegenden Teil nachrichtentechnischer Signale gilt dies jedoch nicht; ihr zeitlicher

Verlauf ist zufällig. Solche *stochastischen Signale* sind nur durch ihre Statistik, also durch bestimmte Erwartungswerte oder Wahrscheinlichkeiten, festgelegt. Ändert sich die Statistik mit der Zeit nicht, so nennt man den Prozess *stationär*. Neben den rauschartigen Störsignalen sind auch die Nutzsignale von zufälliger Natur, da ja unbekannte (zufällige) Nachrichten zum Empfänger übermittelt werden. Führt man an einem stochastischen Prozess individuelle Messungen durch, so erhält man sogenannte *Musterfunktionen* – verschiedene einem stationären Prozess entnommene Musterfunktionen weisen völlig unterschiedliche, eben zufällige zeitliche Verläufe auf, wobei jeweils die gleiche Statistik zugrunde liegt.

Im Folgenden ist zwischen dem abstrakten Prozess, also der Gesamtheit aller möglichen Musterfunktionen, und seinen Realisierungen, d.h. den individuell gemessenen Musterfunktionen, begrifflich zu unterscheiden. Im Rahmen dieses Buches werden

- *Prozesse durch Großbuchstaben,* z.B. $N(t)$
- *Musterfunktionen durch Kleinbuchstaben,* z.B. $n(t)$

gekennzeichnet.

Wahrscheinlichkeitsdichtefunktion. Die Betrachtung des Prozesses zu einem vorgegebenen Zeitpunkt t_1 führt zu der Zufallsvariablen $N(t_1)$. Für die Zufallsvariable kann die *Amplitudenverteilung* angegeben werden, die als Wahrscheinlichkeitsdichtefunktion definiert ist[8].

$$p_N(n, t_1) = \lim_{\Delta n \to 0} \frac{1}{\Delta n} \Pr\{n < N(t_1) \leq n + \Delta n\} \tag{1.6.1a}$$

Ist der betrachtete Prozess stationär, so ergibt sich für jeden Zeitpunkt die gleiche Verteilung; vereinfachend kann man dann schreiben

$$p_N(n) = \lim_{\Delta n \to 0} \frac{1}{\Delta n} \Pr\{n < N \leq n + \Delta n\}. \tag{1.6.1b}$$

Wichtig ist noch die *Verbund-Wahrscheinlichkeitsdichtefunktion*, kurz die Verbunddichte, zweier oder mehrerer Zufallsvariablen. Für die beiden Variablen N_1 und N_2 schreiben wir[9]

$$p_{N_1,N_2}(n_1, n_2) = \lim_{\substack{\Delta n_1 \to 0 \\ \Delta n_2 \to 0}} \frac{1}{\Delta n_1 \Delta n_2} \Pr\{n_1 < N_1 \leq n_1 + \Delta n_1, n_2 < N_2 \leq n_2 + \Delta n_2\}; \tag{1.6.2a}$$

für *statistisch unabhängige* Zufallsvariablen gilt insbesondere

$$p_{N_1,N_2}(n_1, n_2) = p_{N_1}(n_1) \cdot p_{N_2}(n_2). \tag{1.6.2b}$$

Mit Hilfe der Wahrscheinlichkeitsdichtefunktion können verschiedene Erwartungswerte (Mittelwerte) definiert werden.

[8] $\Pr\{\mathcal{E}\}$ gibt die Wahrscheinlichkeit des Ereignisses $\mathcal{E}$ an.

[9] $\Pr\{\mathcal{E}_1, \mathcal{E}_2\}$ beschreibt die Verbundwahrscheinlichkeit der Ereignisse $\mathcal{E}_1$ und $\mathcal{E}_2$.

- *linearer Mittelwert (Moment erster Ordnung):*

$$\mathrm{E}\{N\} \stackrel{\Delta}{=} m_N = \int_{-\infty}^{\infty} n \cdot p_N(n)\, dn \tag{1.6.3a}$$

- *quadratischer Mittelwert (Moment zweiter Ordnung):*

$$\mathrm{E}\{N^2\} = \int_{-\infty}^{\infty} n^2 \cdot p_N(n)\, dn \tag{1.6.3b}$$

- *Varianz (Zentralmoment zweiter Ordnung):*

$$\mathrm{Var}\{N\} \stackrel{\Delta}{=} \sigma_N^2 = \mathrm{E}\{[N - \mathrm{E}\{N\}]^2\} \tag{1.6.3c}$$

Bei mittelwertfreien Zufallsvariablen, also mit $\mathrm{E}\{N\} = 0$, sind Varianz und quadratischer Mittelwert identisch.

Häufig tritt eine additive Überlagerung von Zufallsvariablen auf. Bezeichnen $p_{N_1}(n_1)$ und $p_{N_2}(n_2)$ die einzelnen Amplitudendichten, so gilt bei *statistischer Unabhängigkeit* von N_1 und N_2

$$N = N_1 + N_2 \quad \Rightarrow \quad p_N(n) = p_{N_1}(n) * p_{N_2}(n). \tag{1.6.4}$$

Zwei Zufallsvariablen sind *unkorreliert*, wenn die Bedingung

$$\mathrm{E}\{N_1 \cdot N_2\} = \mathrm{E}\{N_1\} \cdot \mathrm{E}\{N_2\} \tag{1.6.5}$$

erfüllt ist – die statistische Unabhängigkeit schließt stets die Unkorreliertheit ein. Speziell für *gaußverteilte Zufallsvariablen* (siehe (1.6.7a)) *impliziert bereits die Unkorreliertheit die statistische Unabhängigkeit.* Bei der Addition von unkorrelierten Zufallsvariablen addieren sich die Einzelvarianzen.

$$N = N_1 + N_2 \quad \Rightarrow \quad \sigma_N^2 = \sigma_{N_1}^2 + \sigma_{N_2}^2 \tag{1.6.6}$$

Die Beziehung (1.6.4) hängt eng mit dem *Zentralen Grenzwertsatz* der Wahrscheinlichkeitstheorie zusammen:

- *Summiert man eine große Anzahl von statistisch unabhängigen Zufallsvariablen mit gleichen Dichtefunktionen, so ergibt sich asymptotisch stets eine Gaußverteilung, die auch als Normalverteilung bezeichnet wird.*

Der Zentrale Grenzwertsatz wird in Anhang C.3 anschaulich demonstriert.

Die *Gaußverteilung* hat folgende Form:

$$p_N(n) = \frac{1}{\sqrt{2\pi}\sigma_N}\, e^{-[n-m_N]^2/(2\sigma_N^2)}. \tag{1.6.7a}$$

Eine weitere wichtige Verteilung ist die *Rayleighverteilung*, die sich aus dem Betrag einer komplexen Zufallsvariablen mit statistisch unabhängigen, normalverteilten, mittelwertfreien Real- und Imaginärteilen ergibt.

$$R = \sqrt{N_1^2 + N_2^2} \Rightarrow p_R(r) = \begin{cases} \frac{2r}{\sigma_N^2} \, e^{-r^2/\sigma_N^2} & \text{für } r \geq 0 \\ 0 & \text{für } r < 0 \end{cases} \qquad \text{mit } \sigma_N^2 = \sigma_{N_1}^2 + \sigma_{N_2}^2 \tag{1.6.7b}$$

Nachzutragen bleibt, dass bei praktischen Problemstellungen die theoretischen Erwartungswerte in der Regel unbekannt sind; sie müssen aus dem zeitlichen Verlauf der gemessenen Musterfunktion geschätzt werden[10], z.B.

$$\mathrm{E}\{N\} \approx \hat{m}_N = \frac{1}{K} \sum_{k=0}^{K-1} n(t_k) \tag{1.6.7c}$$

$$\mathrm{Var}\{N\} \approx \hat{\sigma}_N^2 = \frac{1}{K} \sum_{k=0}^{K-1} [n(t_k) - \hat{m}_N]^2 = \frac{1}{K} \sum_{k=0}^{K-1} n^2(t_k) - \hat{m}_N^2. \tag{1.6.7d}$$

Korrelationsfunktionen. Von den bis hierher betrachteten Beschreibungsformen sind noch keine Aussagen über die statistischen Eigenschaften der *zeitlichen* Entwicklung der Prozesse abzuleiten. Aufschluss hierüber geben die *Korrelationsfunktionen*. Man definiert für den reellen Prozess $N(t)$ die

- *Autokorrelationsfunktion:*

$$r_{NN}(t_1, t_2) = \mathrm{E}\{N(t_1) \cdot N(t_2)\} \tag{1.6.5a}$$

sowie zwischen zwei reellen Prozessen $N_1(t)$ und $N_2(t)$ die

- *Kreuzkorrelationsfunktion*

$$r_{N_1 N_2}(t_1, t_2) = \mathrm{E}\{N_1(t_1) \cdot N_2(t_2)\}. \tag{1.6.5b}$$

Prozesse, deren *Momente erster und zweiter Ordnung unabhängig vom absoluten Messzeitpunkt* sind, bezeichnet man als **schwach stationär**. Für den linearen Mittelwert muss dann also gelten

$$m_N(t) = m_N \quad \forall\, t \in \mathbb{R}; \tag{1.6.6a}$$

weiterhin dürfen die Auto- und Kreuzkorrelationsfunktionen nur noch von der Zeit*differenz* $\tau = t_2 - t_1$ abhängen:

$$r_{NN}(\tau) = \mathrm{E}\{N(t) \cdot N(t + \tau)\} \tag{1.6.6b}$$

$$r_{N_1 N_2}(\tau) = \mathrm{E}\{N_1(t) \cdot N_2(t + \tau)\}. \tag{1.6.6c}$$

[10] Voraussetzung hierfür ist die so genannte *Ergodizität*, die die Gültigkeit der Beziehung $\mathrm{E}\{f(N(t))\} = \lim_{K \to \infty} \frac{1}{K} \sum_{k=0}^{K-1} f(n(t_k))$ fordert.

Befreit man die Prozesse von ihren Mittelwerten, so kommt man zur *Auto-* und *Kreuzkovarianzfunktion*

$$c_{NN}(\tau) = \mathrm{E}\{[N(t) - m_N] \cdot [N(t+\tau) - m_N]\} = r_{NN}(\tau) - m_N^2 \tag{1.6.7a}$$

$$c_{N_1N_2}(\tau) = \mathrm{E}\{[N_1(t) - m_{N_1}] \cdot [N_2(t+\tau) - m_{N_2}]\} = r_{N_1N_2}(\tau) - m_{N_1}m_{N_2}. \tag{1.6.7b}$$

Bei mittelwertfreien Prozessen sind die Kovarianz- und Korrelationsfunktionen identisch. Für Auto- und Kreuzkorrelationsfunktionen reeller, stationärer Prozesse gelten folgende Symmetrieeigenschaften:

$$r_{NN}(-\tau) = r_{NN}(\tau) \quad \text{und} \quad r_{N_1N_2}(-\tau) = r_{N_2N_1}(\tau). \tag{1.6.8}$$

Zwei Prozesse $N_1(t)$ und $N_2(t)$ heißen *unkorreliert*, wenn gilt

$$r_{N_1N_2}(\tau) = m_1 \cdot m_2 \qquad \forall\, \tau \in \mathbb{R}. \tag{1.6.9a}$$

Ist insbesondere[11]

$$r_{N_1N_2}(\tau) = 0 \qquad \forall\, \tau \in \mathbb{R}, \tag{1.6.9b}$$

so nennt man $N_1(t)$ und $N_2(t)$ *orthogonal*. Orthogonale Prozesse sind also unkorrelierte Prozesse, von denen mindestens einer den Mittelwert null hat.

Spektrale Leistungsdichte. Zu den Spektraleigenschaften stochastischer Prozesse kommt man über das *Wiener-Khintschine-Theorem.* Danach erhält man die *spektrale Autoleistungsdichte,* auch kurz *spektrale Leistungsdichte* oder *Leistungsdichtespektrum* genannt, aus der Fourier-Transformation der Autokorrelationsfunktion.

$$S_{NN}(j\omega) = \mathcal{F}\{r_{NN}(\tau)\} \tag{1.6.10}$$

Da die Autokorrelationsfunktion einen geraden Verlauf bezüglich τ aufweist, ist die spektrale Leistungsdichte *reell*; sie ist zudem *nichtnegativ*, da sie die Verteilung der *Leistung* über der Frequenz beinhaltet. Die Gesamtleistung des Prozesses errechnet man durch Integration der spektralen Leistungsdichte über alle Frequenzen.

$$\mathrm{E}\{|N(t)|^2\} = \sigma_N^2 + m_N^2 = r_{NN}(0) = \frac{1}{2\pi} \int_{-\infty}^{\infty} S_{NN}(j\omega)\, d\omega \tag{1.6.11}$$

Gelegentlich interessiert noch die Kreuzleistungsdichte zweier Prozesse $N_1(t)$ und $N_2(t)$, die als Fourier-Transformierte der Kreuzkorrelationsfunktion definiert ist.

$$S_{N_1N_2}(j\omega) = \mathcal{F}\{r_{N_1N_2}(\tau)\} \tag{1.6.12}$$

Weißes Rauschen. Einen für die Nachrichtentechnik sehr wichtigen Sonderfall stellt das *weiße Rauschen* dar. Es ist durch eine konstante spektrale Leistungsdichte[12] $N_0/2$

[11] Gelegentlich wird die Orthogonalität auch speziell für $\tau = 0$ definiert.

[12] Zur Begründung der Definition $N_0/2$ siehe (1.6.17c).

über das gesamte Frequenzband definiert; aufgrund von (1.6.10) wird die Autokorrelationsfunktion dann durch einen Dirac-Impuls beschrieben.

$$S_{NN}(j\omega) = \frac{N_0}{2} \quad \forall\, \omega \in \mathbb{R} \tag{1.6.13a}$$

$$\circ\!\!-\!\!\bullet$$

$$r_{NN}(\tau) = \frac{N_0}{2} \cdot \delta_0(\tau) \tag{1.6.13b}$$

Setzt man (1.6.13a,b) in (1.6.11) ein, so stellt man fest, dass die Leistung des weißen Rauschprozesses unbegrenzt ist.

- *Weißes Rauschen ist also ein unrealistischer theoretischer Modellprozess – praktische Bedeutung hat dieser Prozess immer nur in Verbindung mit einer Bandbegrenzung (siehe (1.6.17c)).*

Einfluss eines linearen Systems. Am Eingang eines linearen Systems mit der Impulsantwort $h(t)$ liege ein schwach stationärer Rauschprozess $U(t)$; der Rauschprozess am Systemausgang sei $Y(t)$. Für die Autokorrelationsfunktion des Ausgangsprozesses und für die Kreuzkorrelation zwischen Eingangs- und Ausgangsprozess gelten dann die *Wiener-Lee-Beziehungen:*

$$r_{YY}(\tau) = r_{UU}(\tau) * r_{hh}^{E}(\tau) \tag{1.6.14a}$$

$$r_{UY}(\tau) = r_{UU}(\tau) * h(\tau); \tag{1.6.14b}$$

$r_{hh}^{E}(\tau)$ bezeichnet die in Tabelle 1.2.2, Seite 7, definierte Energie-Autokorrelationsfunktion für das System $h(t)$. Für die Nachrichtentechnik ist die Beziehung (1.6.14b) besonders interessant, da sie die Grundlage zur Schätzung der Impulsantwort eines linearen Systems beinhaltet: Setzt man für den Eingangsprozess weißes Rauschen mit der spektralen Leistungsdichte $N_0/2$, so ergibt die Kreuzkorrelierte zwischen Eingangs- und Ausgangsprozess direkt die Impulsantwort des Systems.

$$r_{UU}(\tau) = \frac{N_0}{2} \cdot \delta_0(\tau) \quad \Rightarrow \quad r_{UY}(\tau) = \frac{N_0}{2} \cdot h(\tau) \tag{1.6.15}$$

Im Spektralbereich gelten die (1.6.14a,b) entsprechenden Beziehungen

$$S_{YY}(j\omega) = S_{UU}(j\omega) \cdot |H(j\omega)|^2 \tag{1.6.16a}$$

$$S_{UY}(j\omega) = S_{UU}(j\omega) \cdot H(j\omega). \tag{1.6.16b}$$

Nimmt man einen weißen Eingangsprozess mit der spektralen Leistungsdichte $N_0/2$ an, so ist die spektrale Leistungsdichte am Systemausgang

$$S_{YY}(j\omega) = \frac{N_0}{2} \cdot |H(j\omega)|^2. \tag{1.6.17a}$$

Für einen idealen Bandpass der Bandbreite b

$$H_{\mathrm{BP}}(j\omega) = \begin{cases} 1 & \text{für} \quad \omega_0 - \pi\, b \le |\omega| \le \omega_0 + \pi\, b \\ 0 & \text{sonst} \end{cases} \tag{1.6.17b}$$

ergibt sich mit (1.6.11) und (1.6.17a) am Systemausgang die Leistung

$$\mathrm{E}\{Y^2(t)\} = \frac{N_0}{2} \cdot 2\,b = N_0 \cdot b. \tag{1.6.17c}$$

1.6.2 Äquivalente Basisbanddarstellung stationärer Bandpass-Rauschprozesse

Wie in Abschnitt 1.5 beschrieben wird in modernen Empfängern das Bandpass-Signal zunächst in den Tiefpassbereich transformiert. Dabei entsteht ein komplexes Basisbandsignal, die sogenannte *Komplexe Einhüllende*, deren grundlegende systemtheoretische Eigenschaften in Abschnitt 1.4.1 anhand determinierter Signale erörtert wurden. Praktisch auftretende Signale, seien es die Nachrichtensignale selbst oder auch die ihnen überlagerten Störungen, sind in der Regel jedoch eher durch Zufallssignale zu beschreiben. Es stellt sich damit die Aufgabe, die statistischen Eigenschaften eines vorgegebenen Bandpass-Prozesses in der zugehörigen Basisbanddarstellung zu formulieren.

Es sei $N_{\mathrm{BP}}(t)$ ein reeller, schwach stationärer und mittelwertfreier Bandpass-Prozess mit der spektralen Leistungsdichte

$$S_{N_{\mathrm{BP}}N_{\mathrm{BP}}}(j\omega) = \begin{cases} S_{N_{\mathrm{BP}}N_{\mathrm{BP}}}(-j\omega) & \text{für} \quad \omega_0 - \pi\,b < |\omega| < \omega_0 + \pi\,b \\ 0 & \text{sonst.} \end{cases} \tag{1.6.18}$$

Dem reellen Bandpass-Prozess wird nun die Komplexe Einhüllende

$$N_{\mathrm{TP}}(t) = N'(t) + jN''(t) \tag{1.6.19}$$

zugeordnet. Sie repräsentiert die äquivalente Basisbanddarstellung bezüglich ω_0 und ist durch die folgende Beziehung definiert[13]:

$$N_{\mathrm{BP}}(t) = \sqrt{2}\,\mathrm{Re}\left\{N_{\mathrm{TP}}(t)e^{j\omega_0 t}\right\} = \frac{1}{\sqrt{2}}\left[N_{\mathrm{TP}}(t)e^{j\omega_0 t} + N_{\mathrm{TP}}^*(t)e^{-j\omega_0 t}\right]. \tag{1.6.20}$$

Es sollen nun allgemein gültige Aussagen über die Autokorrelationsfunktion des komplexen Basisbandprozesses abgeleitet werden. Dazu schreibt man die Autokorrelationsfunktion des reellen Bandpass-Prozesses

$$r_{N_{\mathrm{BP}}N_{\mathrm{BP}}}(\tau) = \mathrm{E}\left\{N_{\mathrm{BP}}(t)\,N_{\mathrm{BP}}(t+\tau)\right\} \tag{1.6.21}$$

hin und setzt die in (1.6.20) gegebene Definition von $N_{\mathrm{TP}}(t)$ ein. Man erhält

$$\begin{aligned} r_{N_{\mathrm{BP}}N_{\mathrm{BP}}}(\tau) = \; & \tfrac{1}{2}\Big[\, \mathrm{E}\left\{N_{\mathrm{TP}}(t)\,N_{\mathrm{TP}}(t+\tau)\right\}\, e^{j\omega_0(2t+\tau)} \\ + \; & \mathrm{E}\left\{N_{\mathrm{TP}}^*(t)\,N_{\mathrm{TP}}(t+\tau)\right\}\, e^{j\omega_0\tau} \\ + \; & \mathrm{E}\left\{N_{\mathrm{TP}}(t)\,N_{\mathrm{TP}}^*(t+\tau)\right\}\, e^{-j\omega_0\tau} \\ + \; & \mathrm{E}\left\{N_{\mathrm{TP}}^*(t)\,N_{\mathrm{TP}}^*(t+\tau)\right\}\, e^{-j\omega_0(2t+\tau)}\,\Big]. \end{aligned} \tag{1.6.22}$$

[13] Beachte, dass der Normierungsfaktor $\sqrt{2}$ wie auch bei deterministischen Signalen gleiche Leistungen im Bandpass- und Tiefpass-Bereich bewirkt.

Da $N_{\mathrm{BP}}(t)$ als schwach stationärer Prozess vorausgesetzt wurde, muss die Autokorrelationsfunktion unabhängig vom absoluten Messzeitpunkt t sein. Das bedeutet, dass in (1.6.22) diejenigen Terme verschwinden müssen, die eine Abhängigkeit von t enthalten, also der erste und der letzte Summand:

$$\mathrm{E}\left\{N_{\mathrm{TP}}(t)\, N_{\mathrm{TP}}(t+\tau)\right\} = \mathrm{E}\left\{N_{\mathrm{TP}}^*(t)\, N_{\mathrm{TP}}^*(t+\tau)\right\} = 0. \tag{1.6.23}$$

Damit erhält (1.6.22) die Form

$$\begin{aligned} r_{N_{\mathrm{BP}}N_{\mathrm{BP}}}(\tau) = \frac{1}{2} [&\mathrm{E}\left\{N_{\mathrm{TP}}^*(t)\, N_{\mathrm{TP}}(t+\tau)\right\} e^{j\omega_0\tau} \\ &+\mathrm{E}\left\{N_{\mathrm{TP}}(t)\, N_{\mathrm{TP}}^*(t+\tau)\right\} e^{-j\omega_0\tau}]. \end{aligned} \tag{1.6.24}$$

Man definiert die Autokorrelationsfunktion des komplexen Prozesses $N_{\mathrm{TP}}(t)$:

$$r_{N_{\mathrm{TP}}N_{\mathrm{TP}}}(\tau) = \mathrm{E}\left\{N_{\mathrm{TP}}^*(t)\, N_{\mathrm{TP}}(t+\tau)\right\}; \tag{1.6.25}$$

setzt man sie in (1.6.24) ein, so ergibt sich der elementare Zusammenhang

$$\begin{aligned} r_{N_{\mathrm{BP}}N_{\mathrm{BP}}}(\tau) &= \frac{1}{2}\left[r_{N_{\mathrm{TP}}N_{\mathrm{TP}}}(\tau)\, e^{j\omega_0\tau} + r_{N_{\mathrm{TP}}N_{\mathrm{TP}}}^*(\tau)\, e^{-j\omega_0\tau}\right] \\ &= \mathrm{Re}\left\{r_{N_{\mathrm{TP}}N_{\mathrm{TP}}}(\tau)\, e^{j\omega_0\tau}\right\}. \end{aligned} \tag{1.6.26}$$

Aus der Bedingung (1.6.23) lassen sich Beziehungen für die einzelnen Korrelationsfunktionen des Real- und Imaginärteils der komplexen Einhüllenden herleiten. Nach Einsetzen von (1.6.19) erhält man

$$\mathrm{E}\left\{N'(t)\, N'(t+\tau)\right\} - \mathrm{E}\left\{N''(t)\, N''(t+\tau)\right\} = 0 \tag{1.6.27a}$$

$$\mathrm{E}\left\{N'(t)\, N''(t+\tau)\right\} + \mathrm{E}\left\{N''(t)\, N'(t+\tau)\right\} = 0 \tag{1.6.27b}$$

und damit die Beziehungen:

$$r_{N'N'}(\tau) = r_{N''N''}(\tau) \tag{1.6.28a}$$

$$r_{N'N''}(\tau) = -r_{N'N''}(-\tau) \tag{1.6.28b}$$

$$r_{N'N''}(0) = 0. \tag{1.6.28c}$$

Die komplexe Autokorrelationsfunktion (1.6.25) setzt sich somit folgendermaßen aus den Einzel-Korrelationsfunktionen zusammen:

$$\begin{aligned} r_{N_{\mathrm{TP}}N_{\mathrm{TP}}}(\tau) &= r_{N'N'}(\tau) + r_{N''N''}(\tau) + j\cdot r_{N'N''}(\tau) - j\cdot \underbrace{r_{N''N'}(\tau)}_{r_{N'N''}(-\tau)} \\ &= 2\left[r_{N'N'}(\tau) + j\cdot r_{N'N''}(\tau)\right]. \end{aligned} \tag{1.6.29}$$

Der Realteil der komplexen Autokorrelationsfunktion entspricht also der doppelten Autokorrelationsfunktion des Realteils (oder des Imaginärteils) des Prozesses, während ihr Imaginärteil durch die doppelte Kreuzkorrelierte aus Real- und Imaginärteil des Prozesses gegeben ist.

Die Eigenschaften schwach stationärer komplexer Prozesse lassen sich folgendermaßen zusammenfassen:

- *Definition:* $r_{N_{\mathrm{TP}}N_{\mathrm{TP}}}(\tau) = \mathrm{E}\{N^*_{\mathrm{TP}}(t)\, N_{\mathrm{TP}}(t+\tau)\}$, *vgl. (1.6.25)*
- *Damit ist die Autokorrelationsfunktion invariant gegenüber einer Multiplikation des Prozesses mit* $e^{j\alpha}$ *(Rotationsinvarianz).*
- *Die Autokorrelationsfunktionen des Realteils und des Imaginärteils sind identisch, vgl. (1.6.28a).*
- *Die Kreuzkorrelierte von Real- und Imaginärteil ist ungerade, vgl. (1.6.28b).*
- *Die Kreuzkorrelierte an der Stelle null verschwindet, vgl. (1.6.28c).*
- *Die Autokorrelationsfunktion ist konjugiert gerade:* $r_{N_{\mathrm{TP}}N_{\mathrm{TP}}}(-\tau) = r^*_{N_{\mathrm{TP}}N_{\mathrm{TP}}}(\tau)$.
- *Für die Kreuzkorrelationsfunktion zweier komplexer Prozesse gilt* $r_{N_{TP1}N_{TP2}}(-\tau) = r^*_{N_{TP2}N_{TP1}}(\tau)$.
- *Komplexe schwach stationäre Prozesse sind mittelwertfrei*[14]: $m_N(t) = 0\ \forall t \in \mathbb{R}$.
- *Schwach stationäre Gaußprozesse sind gleichzeitig streng stationär*[15].

Spektrale Leistungsdichte komplexer Prozesse. Die spektrale Leistungsdichte ist auch für komplexe Prozesse über das *Wiener-Khintschine-Theorem* definiert. Aus (1.6.29) ergibt sich

$$\begin{aligned} S_{N_{\mathrm{TP}}N_{\mathrm{TP}}}(j\omega) &= \mathcal{F}\{r_{N_{\mathrm{TP}}N_{\mathrm{TP}}}(\tau)\} = 2\cdot[\mathcal{F}\{r_{N'N'}(\tau)\} + j\cdot\mathcal{F}\{r_{N'N''}(\tau)\}] \\ &= 2\cdot[S_{N'N'}(j\omega) + j\, S_{N'N''}(j\omega)]. \end{aligned} \tag{1.6.30}$$

Da die komplexe Autokorrelationsfunktion eine *konjugiert gerade* Symmetrie aufweist, ist die spektrale Leistungsdichte reell. Sie ist jedoch *nicht notwendig gerade in* ω – dies ist nur der Fall, wenn der Imaginärteil der Autokorrelationsfunktion null ist, wenn also *die Kreuzkorrelierte von Real- und Imaginärteil des komplexen Prozesses identisch verschwindet.*

Es gelten folgende Symmetrieeigenschaften: Da $N'(t)$ ein reeller Prozess ist, ergibt sich ein gerades Leistungsdichtespektrum.

$$S_{N'N'}(j\omega) = S_{N'N'}(-j\omega) \in \mathbb{R} \tag{1.6.31a}$$

Ferner ist das Kreuzspektrum imaginär und ungerade

$$j\, S_{N'N''}(j\omega) = -j\, S_{N'N''}(-j\omega) \in \mathbb{R} \tag{1.6.31b}$$

wegen der ungeraden Symmetrie der Kreuzkorrelierten. **Bild 1.6.1** zeigt die Zerlegung der spektralen Leistungsdichte in gerade und ungerade Anteile.

[14] Andernfalls hätte der zugeordnete Bandpass-Prozess bei ω_0 eine Spektrallinie und wäre damit *zyklostationär.*

[15] Bei Gaußprozessen ist die Statistik höherer Ordnung durch die Statistik erster und zweiter Ordnung vollständig determiniert.

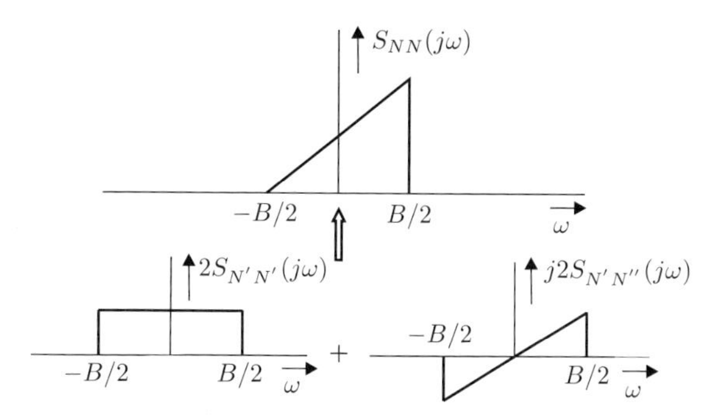

Bild 1.6.1: Zerlegung des äquivalenten Basisbandspektrums in gerade und ungerade Anteile

Der Zusammenhang des äquivalenten Basisbandspektrums mit dem Spektrum des Bandpass-Prozesses ergibt sich aus der entsprechenden Beziehung für die Autokorrelationsfunktion (1.6.26) – nach Fourier-Transformation erhält man unter Nutzung des Modulationssatzes

$$S_{N_{\mathrm{BP}}N_{\mathrm{BP}}}(j\omega) = \frac{1}{2}\left[S_{N_{\mathrm{TP}}N_{\mathrm{TP}}}(j(\omega - \omega_0)) + S_{N_{\mathrm{TP}}N_{\mathrm{TP}}}(-j(\omega + \omega_0))\right]. \tag{1.6.32}$$

Dieser Zusammenhang ist in **Bild 1.6.2** dargestellt. Es zeigt sich, dass das Basisbandspektrum gegenüber dem Bandpassspektrum *verdoppelt* ist: Da im Basisband nur die halbe Gesamtbandbreite vorliegt, sind die Leistungen im Tiefpass- und im Bandpass-Bereich gleich.

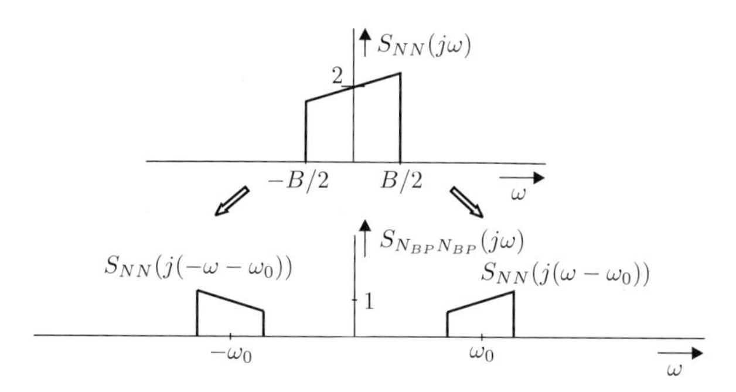

Bild 1.6.2: Leistungsdichtespektrum eines Bandpass-Prozesses mit dem zugehörigen Basisbandspektrum

Zusammenfassend gelten folgende Aussagen über das Spektrum eines äquivalenten Tiefpass-Prozesses:

- *Die spektrale Leistungsdichte eines äquivalenten Basisbandprozesses ist gegenüber dem zugeordneten Bandpass-Spektrum um den Faktor 2 verstärkt.*
- *Der gerade Anteil des äquivalenten Tiefpass-Spektrums entspricht dem doppelten Spektrum des Realteils (bzw. Imaginärteils) des Prozesses.*

- *Der ungerade Anteil des äquivalenten Tiefpass-Spektrums entspricht dem doppelten Kreuzspektrum zwischen Real- und Imaginärteil des Prozesses.*

Der Ausnahmefall eines geraden Leistungsdichtespektrums liegt für ein komplexes Basisbandsignal dann vor, wenn das Kreuzspektrum zwischen Real- und Imaginärteil identisch verschwindet. Umgekehrt lässt sich hieraus die folgende Aussage ableiten:

- *Die Kreuzkorrelationsfunktion von Real- und Imaginärteil eines äquivalenten Basisbandprozesses verschwindet identisch, wenn die spektrale Leistungsdichte des zugeordneten Bandpass-Prozesses symmetrisch bezüglich der Mittenfrequenz ist.*

Ein Beispiel hierfür ist ein Prozess, der aus einem weißen Rauschprozess durch Filterung mit einem symmetrischen Bandpass hervorgegangen ist. Dabei bezieht sich die Symmetrieforderung auf den Betragsfrequenzgang allein, die Phasenbeziehungen sind in diesem Zusammenhang ohne Belang. Ein Bandpass-Prozess mit diesen Eigenschaften kann im Basisband durch zwei unkorrelierte Rauschprozesse mit spektralen Leistungsdichten modelliert werden, die dem zur Frequenz null verschobenen Spektrum des Bandpass-Prozesses entsprechen.

Einige praktische Hinweise zur Rechnersimulation von komplexen Rauschprozessen finden sich in Anhang C.

1.6.3 Die Autokorrelationsmatrix

Wir betrachten einen schwach stationären, komplexen Prozess $N(t)$ zu den äquidistanten Zeitpunkten $t,\, t+T,\, t+2T, \cdots, t+(K-1)T$ und bilden aus den zugehörigen Zufallsvariablen den Spaltenvektor

$$\begin{aligned}\mathbf{N} &= [N(t),\, N(t+T),\, N(t+2T), \cdots,\, N(t+(K-1)T)]^T \\ &\triangleq [N_0,\, N_1,\, N_2,\, \cdots N_{K-1}]^T\end{aligned}$$

sowie den dazu hermiteschen Vektor

$$\mathbf{N}^H = [N_0^*,\, N_1^*,\, N_2^*,\, \cdots N_{K-1}^*].$$

Hiermit werden die $K \times K$ *Autokorrelationsmatrix* $\mathbf{R}_{NN}$ und die *Autokovarianzmatrix* $\mathbf{C}_{NN}$ definiert.

$$\begin{aligned}\mathbf{R}_{NN} &= \mathrm{E}\{\mathbf{N} \cdot \mathbf{N}^H\}; \\ \mathbf{C}_{NN} &= \mathrm{E}\{[\mathbf{N} - m_N \cdot \mathbf{e}] \cdot [\mathbf{N} - m_N \mathbf{e}]^H\} \quad \text{mit } \mathbf{e} = [1,\, 1,\, \cdots,\, 1]^T\end{aligned} \tag{1.6.33a}$$

Komplexe schwach stationäre Prozesse sind stets mittelwertfrei (siehe Eigenschaften auf Seite 42). In dem Falle sind Kovarianz- und Autokorrelationsmatrix identisch, so dass im Folgenden die Autokovarianzmatrix nicht gesondert betrachtet werden muss. Mit

$$\mathrm{E}\{N(t+kT) \cdot N^*(t+\ell T)\} = r_{NN}((k-\ell)T) \quad \text{und} \quad r_{NN}((\ell-k)T) = r_{NN}^*((k-\ell)T)$$

erhält man nach elementweiser Ausmultiplikation für die Autokorrelationsmatrix

$$\mathbf{R}_{NN} = \begin{pmatrix} r_{NN}(0) & r^*_{NN}(T) & \cdots & r^*_{NN}((K-1)T) \\ r_{NN}(T) & r_{NN}(0) & \cdots & r^*_{NN}((K-2)T) \\ \vdots & \vdots & \ddots & \vdots \\ r_{NN}((K-1)T) & r_{NN}((K-2)T) & \cdots & r_{NN}(0) \end{pmatrix}; \quad (1.6.34)$$

sie ist eine *hermitesche Toeplitzmatrix*, d.h. es gilt

$$\mathbf{R}_{NN} = \mathbf{R}^H_{NN}. \quad (1.6.35)$$

Die Autokorrelationsmatrix bildet die Grundlage zur Lösung zahlreicher nachrichtentechnischer Probleme. Sie bietet z.B. die Möglichkeit, die in (1.6.1a,b) formulierte Amplitudenstatistik mit den Korrelations-, d.h. den Spektraleigenschaften des Prozesses zu verbinden. Dazu bilden wir die Verbunddichte zeitlich aufeinander folgender Prozess-Abtastwerte:

$$p_{\mathbf{N}}(\mathbf{n}) = p_{N_0, N_1, \cdots N_{K-1}}\big(n_0, n_1, \cdots n_{K-1}\big). \quad (1.6.36)$$

Für einen *komplexen Gaußprozess* wird in Anhang D.2 die geschlossene Form

$$p_{\mathbf{N}}(\mathbf{n}) = \frac{1}{\pi^K \det(\mathbf{R}_{NN})} e^{-\mathbf{n}^H \mathbf{R}^{-1}_{NN}\mathbf{n}}, \qquad \mathbf{N}, \mathbf{n} \in \mathbb{C}^K \quad (1.6.37a)$$

hergeleitet. Für einen *reellen* Gaußprozess $N'(t)$ gilt

$$p_{\mathbf{N}'}(\mathbf{n}') = \frac{1}{\sqrt{(2\pi)^K \det(\mathbf{R}_{N'N'})}} e^{-\frac{1}{2}\mathbf{n}'^T \mathbf{R}^{-1}_{N'N'}\mathbf{n}'}, \qquad \mathbf{N}', \mathbf{n}' \in \mathbb{R}^K. \quad (1.6.37b)$$

1.6.4 Wiener-Filter

Ein grundsätzliches nachrichtentechnisches Problem besteht darin, dass ein gesendetes Quellensignal auf dem Übertragungswege durch additives Rauschen gestört wird. Am Empfänger stellt sich damit die Aufgabe, das ungestörte Sendesignal zu schätzen; geschieht dies durch ein lineares Filter, so ist dieses im Sinne eines vorzugebenden Optimalitätskriteriums zu entwerfen. Von Norbert Wiener wurde diese Aufgabe 1950 formuliert [Wie50]. Im Folgenden soll das Wiener-Optimalfilter für den zeitdiskreten Fall hergeleitet werden. Ausgangspunkt ist das in **Bild 1.6.3** dargestellte System. Es werden komplexe Signale angesetzt, um auch die äquivalente Basisbanddarstellung von Bandpass-Übertragungssystemen einbeziehen zu können.

Für das gesendete Signal wird ein stationärer Zufallsprozess $S(k)$ angesetzt. Das additive Störsignal wird durch den stationären Prozess $N(k)$ beschrieben, so dass das empfangene Signal aus Musterfunktionen des Prozesses

$$X(k) = S(k) + N(k) \quad (1.6.38a)$$

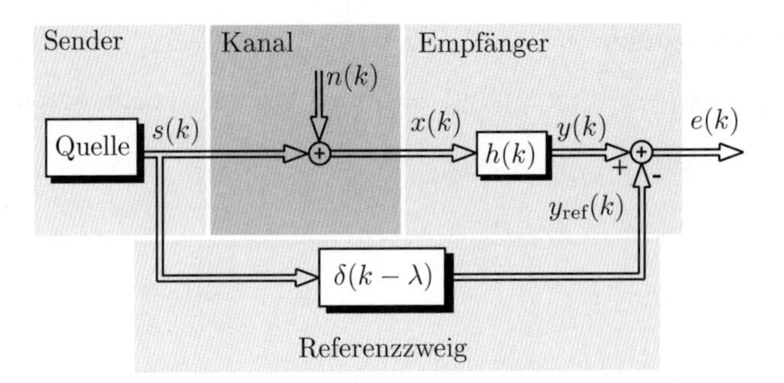

Bild 1.6.3: Signalschätzung mit Hilfe eines Wiener-Filters

besteht. Das Signal $Y(k)$ am Ausgang des Wiener-Filters wird mit einem Referenzsignal $Y_{\text{ref}}(k)$ verglichen – das Wienersche Optimalitätskriterium besteht in der *Minimierung der Leistung des Differenzsignals* $E(k) = Y(k) - Y_{\text{ref}}(k)$. Je nachdem, wie das Referenzsignal festgelegt wird, unterscheidet man zwischen

$$
\begin{array}{lll}
\textit{Optimalfilterung:} & Y_{\text{ref}}(k) \triangleq S(k), & \lambda = 0 \\
\textit{Prädiktion:} & Y_{\text{ref}}(k) \triangleq S(k+\lambda), & \lambda > 0 \\
\textit{Interpolation:} & Y_{\text{ref}}(k) \triangleq S(k+\lambda), & \lambda < 0.
\end{array}
$$

Für das Optimalfilter wird ein kausales nichtrekursives System angesetzt. Mit den Definitionen des Koeffizientenvektors $\mathbf{h}$ und des Empfangssignalvektors $\mathbf{X}$ bzw. $\mathbf{X}^*$ mit konjugiert komplexen Elementen

$$
\mathbf{h} = \begin{pmatrix} h(0) \\ h(1) \\ \vdots \\ h(n) \end{pmatrix}, \quad \mathbf{X} = \begin{pmatrix} X(k) \\ X(k-1) \\ \vdots \\ X(k-n) \end{pmatrix} \quad \text{und} \quad \mathbf{X}^* = \begin{pmatrix} X^*(k) \\ X^*(k-1) \\ \vdots \\ X^*(k-n) \end{pmatrix} \tag{1.6.38b}
$$

kann das Filter-Ausgangssignal als Skalarprodukt geschrieben werden:

$$
Y(k) = \mathbf{X}^T \mathbf{h} \quad \text{bzw.} \quad Y^*(k) = \mathbf{h}^H \mathbf{X}^*. \tag{1.6.38c}
$$

Die Impulsantwort des Wienerschen Optimalfilters ergibt sich aus[16]

$$
\begin{aligned}
\mathbf{h}_{\text{opt}} &= \underset{\mathbf{h}}{\operatorname{argmin}} \left\{ \mathrm{E}\{|Y(k) - Y_{\text{ref}}(k)|^2\} \right\} \\
&= \underset{\mathbf{h}}{\operatorname{argmin}} \left\{ \mathrm{E}\left\{ [\mathbf{h}^H \mathbf{X}^* - S^*(k+\lambda)][\mathbf{X}^T \mathbf{h} - S(k+\lambda)] \right\} \right\}.
\end{aligned} \tag{1.6.39a}
$$

[16]Es sei $F(x)$ eine reellwertige Funktion der i.A. komplexen Variablen x. Dann bezeichnet der Ausdruck $x_{\min} = \operatorname{argmin}_x\{F(x)\}$ diejenigen Argumente, bei denen die Funktion ihren Minimalwert annimmt – die entsprechende Aussage gilt für argmax_x bezüglich des Maximums.

Nach der Ausmultiplikation erhält man

$$\begin{aligned}\mathbf{h}_{\text{opt}} &= \underset{\mathbf{h}}{\operatorname{argmin}}\left\{\mathbf{h}^H \mathrm{E}\{\mathbf{X}^*\mathbf{X}^T\}\,\mathbf{h} - \mathbf{h}^H \mathrm{E}\{\mathbf{X}^* S(k+\lambda)\} - \mathrm{E}\{S^*(k+\lambda)\mathbf{X}^T\}\,\mathbf{h}\right.\\ &\quad \left. + \mathrm{E}\{|S(k+\lambda)|^2\}\right\}. \qquad (1.6.39\text{b})\end{aligned}$$

Für die hier auftretenden Erwartungswerte gilt

$$\mathrm{E}\{|S(k+\lambda)|^2\} \triangleq \sigma_S^2 \qquad (1.6.40\text{a})$$

$$\begin{aligned}\mathrm{E}\{\mathbf{X}^* \cdot S(k+\lambda)\} &= \mathrm{E}\{[X^*(k), X^*(k-1), \cdots, X^*(k-n)]^T \cdot S(k+\lambda)\}\\ &= [r_{XS}(\lambda), r_{XS}(\lambda+1), \cdots, r_{XS}(\lambda+n)]^T\\ &\triangleq \mathbf{r}_{XS}^{(\lambda)} \qquad (1.6.40\text{b})\end{aligned}$$

$$\mathrm{E}\{\mathbf{X}^*\mathbf{X}^T\} \triangleq \mathbf{R}_{XX}. \qquad (1.6.40\text{c})$$

In (1.6.40c) ist zu beachten, dass die Elemente des Vektors $\mathbf{X}^*$ im Unterschied zur Definition von $\mathbf{N}$ in (1.6.33a) *zeitlich abfallend* angeordnet sind; deshalb ist der Ausdruck konjugiert komplex zu formulieren. Gleichung (1.6.39b) erhält damit die Form

$$\mathbf{h}_{\text{opt}} = \underset{\mathbf{h}}{\operatorname{argmin}}\left\{\mathbf{h}^H \mathbf{R}_{XX}\mathbf{h} - \mathbf{h}^H \mathbf{r}_{XS}^{(\lambda)} - \mathbf{r}_{XS}^{(\lambda)H}\mathbf{h} + \sigma_S^2\right\}. \qquad (1.6.41\text{a})$$

Zur Bestimmung des Minimums kann die Ableitung dieses Ausdrucks nach $\mathbf{h}^H$ null gesetzt werden – eine elegantere Methode besteht jedoch darin, eine *quadratische Ergänzung* vorzunehmen: Der mit (1.6.41a) identische Ausdruck

$$\mathbf{h}_{\text{opt}} = \underset{\mathbf{h}}{\operatorname{argmin}}\left\{\left(\mathbf{h}^H\mathbf{R}_{XX} - \mathbf{r}_{XS}^{(\lambda)H}\right)\mathbf{R}_{XX}^{-1}\left(\mathbf{R}_{XX}\mathbf{h} - \mathbf{r}_{XS}^{(\lambda)}\right) - \mathbf{r}_{XS}^{(\lambda)H}\mathbf{R}_{XX}^{-1}\mathbf{r}_{XS}^{(\lambda)} + \sigma_S^2\right\} \qquad (1.6.41\text{b})$$

enthält im ersten Term eine quadratische Abhängigkeit vom Koeffizientenvektor $\mathbf{h}$, während die anderen beiden Summanden unabhängig von $\mathbf{h}$ sind. Man erhält also das globale Minimum durch Nullsetzen des ersten Summanden und gewinnt so das lineare Gleichungssystem

$$\mathbf{R}_{XX}\mathbf{h}_{\text{opt}} - \mathbf{r}_{XS}^{(\lambda)} = \mathbf{0}, \qquad (1.6.41\text{c})$$

woraus die Lösung für das Wiener-Optimalfilter folgt.

$$\mathbf{h}_{\text{opt}} = \mathbf{R}_{XX}^{-1}\,\mathbf{r}_{XS}^{(\lambda)} \qquad (1.6.42\text{a})$$

Diese Beziehung wird als *Wiener-Hopf-Gleichung* bezeichnet. Werden das Sendesignal $S(k)$ und die Störung $N(k)$ als unkorreliert angenommen, so gilt insbesondere

$$\begin{aligned}\mathbf{R}_{XX} &= \mathbf{R}_{SS} + \mathbf{R}_{NN}\\ \mathbf{r}_{XS}^{(\lambda)} &= \mathbf{r}_{SS}^{(\lambda)} + \underbrace{\mathbf{r}_{NS}^{(\lambda)}}_{=\mathbf{0}} = \mathbf{r}_{SS}^{(\lambda)}.\end{aligned}$$

Damit wird aus (1.6.42a)

$$\mathbf{h}_{\text{opt}} = [\mathbf{R}_{SS} + \mathbf{R}_{NN}]^{-1}\,\mathbf{r}_{SS}^{(\lambda)}. \qquad (1.6.42\text{b})$$

Orthogonalitätsprinzip. Wir bilden die Kreuzkorrelierte zwischen dem Fehlersignal am Ausgang des Wiener-Filters und den im Filter vorhandenen Zustandswerten.

$$\begin{aligned}\mathbf{r}_{XE} &= \mathrm{E}\{[X^*(k), X^*(k-1), \cdots, X^*(k-n)]^T \cdot E(k)\} = \mathrm{E}\{\mathbf{X}^* \cdot E(k)\} \\ &= \mathrm{E}\{\mathbf{X}^*[\mathbf{X}^T\mathbf{h}_{\text{opt}} - S(k+\lambda)]\} = \underbrace{\mathrm{E}\{\mathbf{X}^*\mathbf{X}^T\}}_{\mathbf{R}_{XX}}\,\mathbf{h}_{\text{opt}} - \underbrace{\mathrm{E}\{\mathbf{X}^*S(k+\lambda)\}}_{\mathbf{r}_{XS}^{(\lambda)}}\end{aligned} \tag{1.6.43}$$

Setzt man hier die Optimalfilter-Lösung (1.6.42a) ein, so erhält man

$$\mathbf{r}_{XE} = \mathbf{R}_{XX}\,\mathbf{R}_{XX}^{-1}\,\mathbf{r}_{XS}^{(\lambda)} - \mathbf{r}_{XS}^{(\lambda)} = \mathbf{0} \tag{1.6.44a}$$

und nach Auslösung in die n Vektorelemente

$$\mathrm{E}\{E(k) \cdot X^*(k-\nu)\} = 0 \quad \text{für } 0 \le \nu \le n. \tag{1.6.44b}$$

Der Fehler am Optimalfilter-Ausgang ist also orthogonal zu den im Filter verarbeiteten Zustandswerten.

Nichtkausales Wiener-Filter. Bisher wurde für das Wiener-Filter Kausalität vorausgesetzt. Gibt man diese Forderung auf, so bedeutet dies, dass für das geschätzte Signal eine Verzögerung zugelassen wird. Die Vektor-Definitionen (1.6.38b) werden auf folgende Weise modifiziert:

$$\mathbf{h} = \begin{pmatrix} h(-\frac{n}{2}) \\ \vdots \\ h(0) \\ \vdots \\ h(\frac{n}{2}) \end{pmatrix}, \quad \mathbf{X} = \begin{pmatrix} X(k+\frac{n}{2}) \\ \vdots \\ X(k) \\ \vdots \\ X(k-\frac{n}{2}) \end{pmatrix} \quad \text{und} \quad \mathbf{X}^* = \begin{pmatrix} X^*(k+\frac{n}{2}) \\ \vdots \\ X^*(k) \\ \vdots \\ X^*(k-\frac{n}{2}) \end{pmatrix}. \tag{1.6.45}$$

Mit dieser Festlegung können die Terme $\mathbf{R}_{SS}\mathbf{h}_{\text{opt}}$ und $\mathbf{R}_{NN}\mathbf{h}_{\text{opt}}$ in (1.6.42b) als nichtkausale Faltungen interpretiert werden (vgl. Anhang B, Seite 771, und Abschnitt 12.6.1, Seite 469). Aus (1.6.42b) folgt dann für $\lambda = 0$

$$r_{SS}(k) * h_{\text{opt}}(k) + r_{NN}(k) * h_{\text{opt}}(k) = r_{SS}(k), \quad -\infty < k < \infty. \tag{1.6.46a}$$

Die zeitdiskrete Fourier-Transformation (DTFT, Discrete-Time Fourier Transform) dieser Gleichung liefert die Übertragungsfunktion des Wienerschen Optimalfilters

$$H_{\text{opt}}(e^{j\Omega}) = \frac{S_{SS}(e^{j\Omega})}{S_{SS}(e^{j\Omega}) + S_{NN}(e^{j\Omega})}; \tag{1.6.46b}$$

entsprechend dem nichtkausalen Ansatz ist sie reell.

Kapitel 2

Eigenschaften von Übertragungskanälen

Im folgenden Kapitel werden die wichtigsten prinzipiellen Einflüsse diskutiert, denen ein Nachrichtensignal bei der Übertragung über einen realen Kanal ausgesetzt ist. Ausgangspunkt bildet die Definition verzerrungsfreier Übertragung. Unter dem Aspekt der Bandbegrenzung und der Kausalität werden in Abschnitt 2.1 abgeschwächte Forderungen an verzerrungsfreie Kanäle eingeführt, die mit der Approximation idealisierter Systeme verbunden sind. Hier ergibt sich bereits die bekannte erste Nyquistbedingung, die für die gesamte Nachrichtentechnik, insbesondere für die digitale Übertragung, von zentraler Bedeutung ist. Nach dem Ähnlichkeitssatz der Fourier-Transformation stehen Bandbreite und Zeitdauer in reziprokem Verhältnis zueinander. Für eine bandbreite-effiziente Nachrichtenübertragung ist ein minimales Zeit-Bandbreiteprodukt von besonderem Interesse – die Verhältnisse werden in Abschnitt 2.2 dargestellt. Abschnitt 2.3 bringt dann eine Diskussion der Eigenschaften realer Übertragungskanäle, also linearer und nichtlinearer Verzerrungen, zeitvarianter Einflüsse sowie additiver Störungen. Als Beispiele für reale Übertragungsmedien werden schließlich in Abschnitt 2.4 das Fernsprechnetz und in Abschnitt 2.5 der Funkkanal mit den bekannten Fading-Einflüssen angeführt.

2.1 Verzerrungsfreie Übertragung – Approximation idealisierter Übertragungskanäle

2.1.1 Definition der Verzerrungsfreiheit

Wir setzen ein lineares, zeitinvariantes Übertragungssystem an, das durch die Impulsantwort $h(t)$ bzw. die Übertragungsfunktion $H(j\omega)$ charakterisiert wird.

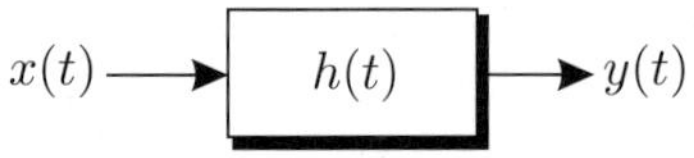

$x(t) \longrightarrow$ [$h(t)$] $\longrightarrow y(t)$

Bild 2.1.1: Lineares, zeitinvariantes Übertragungssystem

Die strengste Definition der Verzerrungsfreiheit verlangt die formgetreue, unverzögerte Übertragung

$$y(t) = x(t), \tag{2.1.46a}$$

so dass mit

$$y(t) = h(t) * x(t)$$

für die Kanalimpulsantwort ein Dirac-Impuls $\delta_0(t)$ gefordert werden muss.

$$h_0(t) = \delta_0(t) \circ\!\!-\!\!\bullet\ H_0(j\omega) = 1 \qquad \forall \quad \omega \in \mathbb{R} \tag{2.1.46b}$$

Aus physikalischen Gründen ist eine solche Übertragung prinzipiell nicht realisierbar. Entschärft wird diese strenge Definition der Verzerrungsfreiheit, indem eine in vielen Fällen nicht störende konstante Verzögerung t_0 neben einem konstanten Bewertungsfaktor a zugelassen wird

$$y(t) = a \cdot x(t - t_0), \tag{2.1.46c}$$

woraus für den Kanal folgt

$$h_1(t) = a \cdot \delta_0(t - t_0) \circ\!\!-\!\!\bullet\ H_1(j\omega) = a \cdot e^{-j\omega t_0} \qquad \forall \quad \omega \in \mathbb{R}. \tag{2.1.46d}$$

Unter praktischen Gesichtspunkten kann man davon ausgehen, dass das zu übertragende Signal eine endliche Bandbreite aufweist. Daher kann auch die Bandbreite des Übertragungskanals begrenzt werden. Im Allgemeinen ist dies sogar erwünscht, da auf diese Weise breitbandige Rauschkomponenten außerhalb des Nutzbandes unterdrückt werden. Eine derartige Definition eines verzerrungsfreien Kanals führt zur Forderung eines idealen Tiefpasses[1].

[1] f_N bezeichnet hier die *Nyquistfrequenz*, deren Bedeutung im nachfolgenden Abschnitt erläutert wird.

$$H_2(j\omega) = \begin{cases} a \cdot e^{-j\omega t_0} & \text{für} \quad |\omega| < \omega_N \\ \frac{a}{2} \cdot e^{-j\omega t_0} & \text{für} \quad |\omega| = \omega_N \\ 0 & \text{sonst} \end{cases} \tag{2.1.5a}$$

$$h_2(t) = 2f_N \cdot a \cdot \frac{\sin(\omega_N(t-t_0))}{\omega_N(t-t_0)} = \frac{a}{T} \cdot \text{si}\left(\frac{\pi}{T}(t-t_0)\right) \tag{2.1.5b}$$

$$\text{mit } f_N \triangleq \frac{1}{2T}$$

Die Gleichungen (2.1.5a) und (2.1.5b) beschreiben ein nichtkausales System. Auch ein im Sinne dieser dritten Definition verzerrungsfreier Übertragungskanal ist somit nicht realisierbar. Ein reales System ergibt sich erst mit einer Begrenzung der Impulsantwort auf eine endliche Länge. Dazu führen wir eine Fensterfunktion $f(t)$ ein mit den Eigenschaften

$$\begin{aligned} f(t) &= f(-t) \circ\!\!-\!\!\bullet\ F(j\omega) \quad \in \mathbb{R}, \\ f(t) &= 0 \qquad \text{für} \quad |t| > t_0. \end{aligned} \tag{2.1.6}$$

Hieraus gewinnt man mit

$$\begin{aligned} h_3(t) &= h_2(t) \cdot f(t-t_0) \\ &= \begin{cases} 2f_N \cdot a \cdot f(t-t_0) \cdot \text{si}(\omega_N(t-t_0)) & \text{für } 0 \le t \le 2t_0 \\ 0 & \text{sonst} \end{cases} \end{aligned} \tag{2.1.7}$$

eine kausale Impulsantwort.

Die Betrachtungen zur Realisierung von Hilbert-Transformatoren durch nichtrekursive Systeme in Abschnitt 1.3.2 zeigen, dass die hier diskutierte Maßnahme der Fensterbewertung zu einer Verzerrung des Betragsfrequenzgangs des Übertragungskanals, nicht aber des Phasenganges führt: Das System bleibt unter der Bedingung (2.1.6) linearphasig. Gebräuchliche Fensterfunktionen sind z.B. (vgl. [KK09])

- Rechteckfenster
- Hamming- und Hannfenster
- Papoulisfenster
- Kaiserfenster
- Dolph-Tschebyscheff-Fenster.

Im **Bild 2.1.2** sind zwei Beispiele wiedergegeben, wobei die verschiedenen Impulsantworten und Betragsfrequenzgänge einander gegenübergestellt sind. Die Länge der Fensterfunktion wurde in beiden Fällen mit $2t_0 = 8T = 4/f_N$ festgelegt.

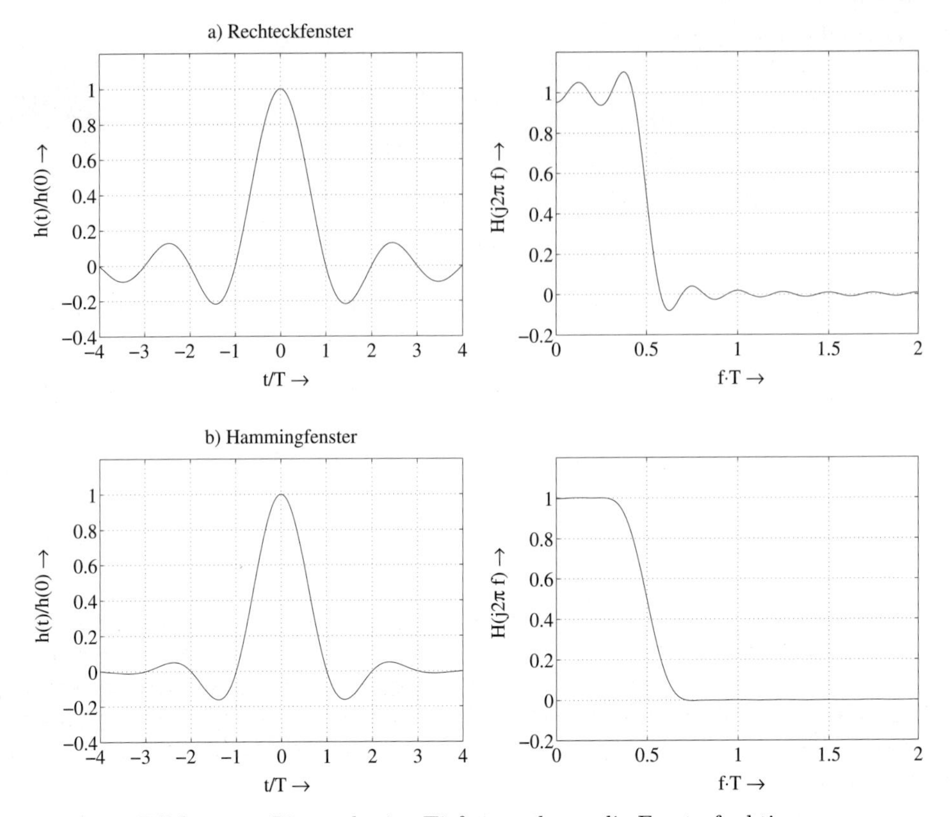

Bild 2.1.2: Linearphasige Tiefpässe, denen die Fensterfunktionen a) Rechteck, b) Hamming zugrunde liegen

2.1.2 Die erste Nyquist Bedingung

Allen Impulsantworten, die aus der Fensterbewertung von si-Funktionen hervorgegangen sind, ist gemeinsam, dass sie äquidistante Nullstellen zu den Zeitpunkten

$$t_\nu = t_0 \pm \nu \cdot \frac{1}{2f_N} = t_0 \pm \nu \cdot T, \qquad \nu = 1, 2, 3, \ldots \tag{2.1.8}$$

aufweisen. Daraus lässt sich eine allgemeine Eigenschaft der hier betrachteten Kanäle für beliebige Formen der Fensterfunktionen ableiten. Tastet man die Impulsantworten mit einer Abtastfrequenz

$$f_A = 1/T = 2 \cdot f_N$$

ab, so ergibt sich die Abtastfolge

$$h_3(kT) = 2f_N \cdot a \cdot f(kT - t_0) \frac{\sin(\pi k - \pi t_0/T)}{\pi k - \pi t_0/T}. \tag{2.1.9}$$

Ohne Beschränkung der Allgemeinheit kann t_0 so gewählt werden, dass gilt

$$t_0 = k_0 T, \qquad k_0 \in \mathbb{N}; \tag{2.1.10}$$

wir erhalten dann mit $f(0) = 1$

$$h_3(kT) = \begin{cases} 2f_N \cdot a & \text{für } k = k_0 \\ 0 & \text{sonst.} \end{cases} \tag{2.1.11a}$$

Die zugehörige zeitdiskrete Fourier-Transformierte nach (1.2.2a), Seite 4, ist

$$H_3(e^{j\Omega}) = 2f_N \cdot a \cdot e^{-j\Omega k_0} \qquad \text{mit} \quad \Omega = \omega \cdot T. \tag{2.1.11b}$$

Andererseits gilt für das Spektrum einer aus $h_3(t)$ gewonnenen Abtastfolge allgemein [Fli91]

$$H_3(e^{j\Omega}) = f_A \sum_{i=-\infty}^{\infty} H_3(j(\omega - 2\pi f_A \cdot i)), \qquad f_A = 2f_N, \tag{2.1.12}$$

so dass der Vergleich von (2.1.11b) und (2.1.12) die folgende Beziehung liefert

$$\sum_{i=-\infty}^{\infty} H_3(j(\omega - 2 \cdot \omega_N \cdot i)) = a \cdot e^{-j\omega t_0}. \tag{2.1.13}$$

Diese Bedingung gilt allgemein für alle Übertragungssysteme, die aus dem idealen Tiefpass (Grenzfrequenz f_N) durch Fensterbewertung der Impulsantwort hervorgegangen sind. Man bezeichnet sie als **erste Nyquistbedingung**, die in engem Zusammenhang mit dem Abtasttheorem steht. Eine zentrale Bedeutung hat diese Nyquistbedingung für die digitale Übertragung über bandbegrenzte Kanäle; im Abschnitt 8.1.3 werden wir hierauf zurückkommen.

Die Beziehung (2.1.13) soll im folgenden noch anschaulich interpretiert werden. Wird die zeitliche Ausdehnung $2t_0$ der Fensterfunktion $f(t)$ hinreichend groß angesetzt, so kann näherungsweise gesetzt werden (vgl. Bild 2.1.2).

$$H_3(j\omega) \approx 0 \qquad \text{für} \quad |f| \geq 2f_N \tag{2.1.14}$$

Unter dieser Bedingung verbleiben von der Summe in (2.1.13) nur zwei Terme; mit $a = 1$ gilt:

$$H_3(j\omega) + H_3(j(\omega - 2\omega_N)) = e^{-j\omega t_0} \qquad \text{für} \quad 0 \leq \omega \leq 2\omega_N, \tag{2.1.15a}$$

$$H_3(j\omega) + H_3(j(\omega + 2\omega_N)) = e^{-j\omega t_0} \qquad \text{für} \quad -2\omega_N \leq \omega \leq 0. \tag{2.1.15b}$$

Hieraus ist unmittelbar eine allgemein gültige Symmetriebedingung bezüglich der Frequenz ω_N herzuleiten. Wir betrachten den Frequenzbereich

$$0 \leq \omega \leq 2\omega_N$$

und bedenken dabei, dass für negative Frequenzen stets die entsprechenden Aussagen gelten.

Die hier betrachteten gefensterten Impulsantworten sind gerade bezüglich $t = t_0$. Die zugehörigen Übertragungsfunktionen sind daher als

$$H_3(j\omega) = H_{30}(j\omega) \cdot e^{-j\omega t_0}, \qquad H_{30}(j\omega) \in \mathbb{R} \tag{2.1.16}$$

zu schreiben, wobei $H_{30}(j\omega)$ die reelle Übertragungsfunktion des zugeordneten nichtkausalen Nullphasen-Systems darstellt. Damit folgt aus (2.1.15a)

$$H_{30}(j\omega) \cdot e^{-j\omega t_0} = e^{-j\omega t_0} - H_{30}(j(\omega - 2\omega_N)) \cdot e^{-j(\omega - 2\omega_N)t_0},$$

also

$$H_{30}(j\omega) = 1 - H_{30}(j(\omega - 2\omega_N))e^{+j2\omega_N t_0}, \quad 0 \le \omega \le \omega_N. \tag{2.1.17}$$

Mit der Festlegung (2.1.10) gilt

$$e^{j2\omega_N t_0} = e^{j2\omega_N T \cdot k_0} = e^{j2\pi \cdot k_0} = 1,$$

so dass sich aus (2.1.17) ergibt

$$\begin{aligned} H_{30}(j\omega) &= 1 - H_{30}(j(\omega - 2\omega_N)) \\ &= 1 - H_{30}(j(2\omega_N - \omega)). \end{aligned} \tag{2.1.18}$$

Substituiert man noch

$$\omega = \omega_N + \Delta\omega \qquad ; \quad -\omega_N \le \Delta\omega \le \omega_N,$$

so ergibt sich die folgende Symmetriebedingung

$$H_{30}(j(\omega_N + \Delta\omega)) = 1 - H_{30}(j(\omega_N - \Delta\omega)), \quad -\omega_N \le \Delta\omega \le \omega_N, \tag{2.1.19}$$

die in **Bild 2.1.3** verdeutlicht wird.

- *Übertragungssysteme, deren Impulsantworten äquidistante Nullstellen im Abstand $T = 1/2f_N$ aufweisen, bezeichnet man als Nyquistsysteme. Sind sie zusätzlich linearphasig und auf das Intervall $|f| < 2f_N$ bandbegrenzt, so weist die Übertragungsfunktion eine Flankensymmetrie bezüglich der „Nyquistfrequenz" $f_N = 1/(2T)$ auf. Man spricht dann von einer Nyquistflanke.*

Tiefpässe, die auf einer Fensterbewertung der Impulsantwort eines idealen Tiefpasses basieren, sind grundsätzlich Nyquistsysteme. **Bild 2.1.4** verdeutlicht dies anhand einer Rechteck- und einer Hamming-Fensterung.

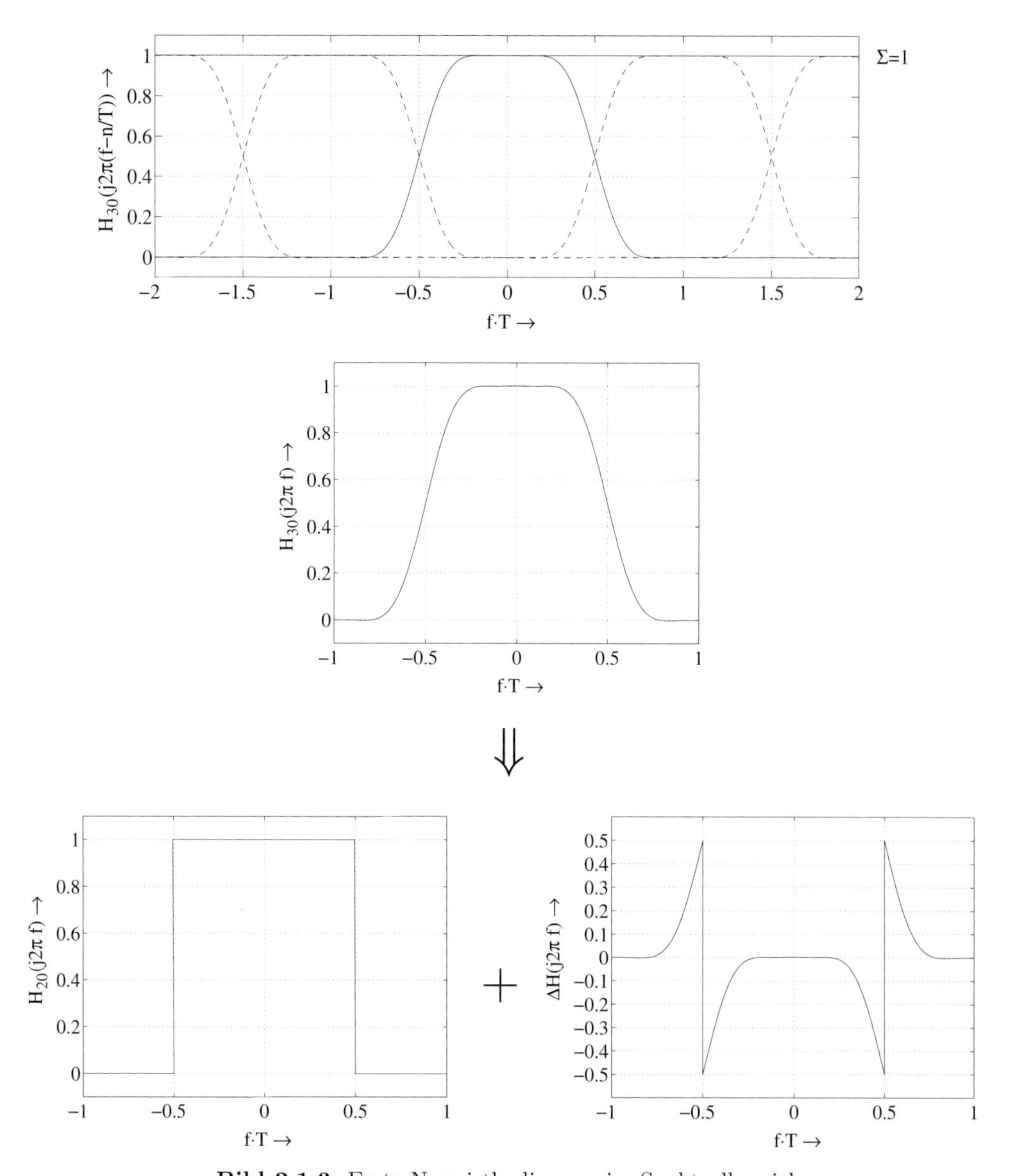

Bild 2.1.3: Erste Nyquistbedingung im Spektralbereich

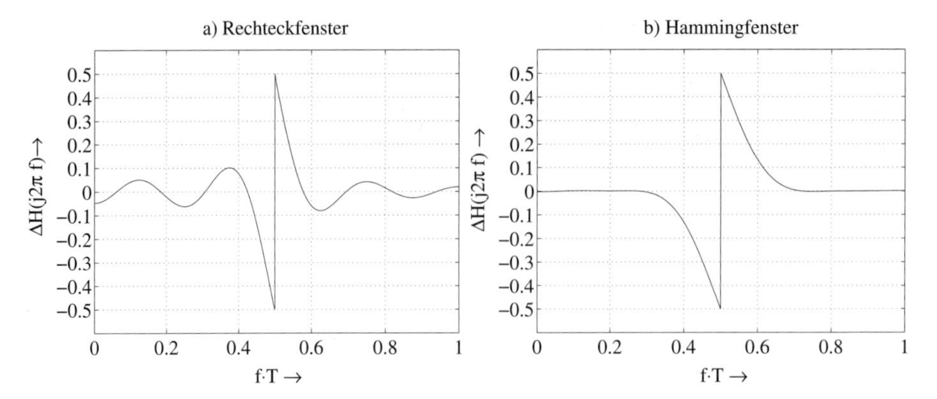

Bild 2.1.4: Interpretation der Tiefpässe nach Bild 2.1.2 als Nyquistfilter: $\Delta H(j\omega)$ für a) Rechteckfenster, b) Hammingfenster

2.1.3 Filter mit Kosinus-roll-off-Flanke

Zur digitalen Signalübertragung sind Impulsformungsfilter gebräuchlich, die eine kosinusförmige Flanke vom Durchlass- in den Sperrbereich aufweisen.

$$H_c(j\omega) = \begin{cases} 1 & \text{für } \frac{|\omega|}{\omega_N} \leq 1-r \\ \frac{1}{2}\left[1+\cos\left[\frac{\pi}{2r}\left(\frac{|\omega|}{\omega_N}-(1-r)\right)\right]\right] & \text{für } 1-r \leq \frac{|\omega|}{\omega_N} \leq 1+r \\ 0 & \text{für } \frac{|\omega|}{\omega_N} \geq 1+r \end{cases}$$

$$h_c(t) = 2f_N \cdot \frac{\sin(\omega_N t)}{\omega_N t} \cdot \frac{\cos(r\omega_N t)}{1-(4rf_N t)^2} \quad \text{(nichtkausale Darstellung)} \qquad (2.1.20)$$

Man nennt solche Impulsformer *Kosinus-roll-off-Filter*; der Parameter r beschreibt die Breite des Übergangs vom Durchlass- in den Sperrbereich, also die Flankensteilheit. Er wird als *Roll-off-Faktor* bezeichnet; $r = 0$ beschreibt den idealen Tiefpass, $r = 1$ die reine Kosinusflanke.

Aufgrund der angesetzten Symmetrie der Filterflanke ist für alle Werte von r die erste Nyquistbedingung erfüllt: Die Impulsantwort (2.1.20) zeigt äquidistante Nullstellen zu den Zeitpunkten $t_\nu = \pm\nu/2f_N; \nu = 1, 2, 3, \ldots$.

In den **Bildern 2.1.5a-c** sind die Frequenzgänge und die zugehörigen Impulsantworten für verschiedene Roll-off-Faktoren dargestellt. Man erkennt, dass offenbar ein Zusammenhang zwischen der Filterbandbreite und der Form der Impulsantwort besteht: Schmalbandige Filter führen zu starken Überschwingern vor und nach dem Hauptimpuls, während bei breitbandigen Systemen Vor- und Nachschwinger deutlich abgeschwächt sind.

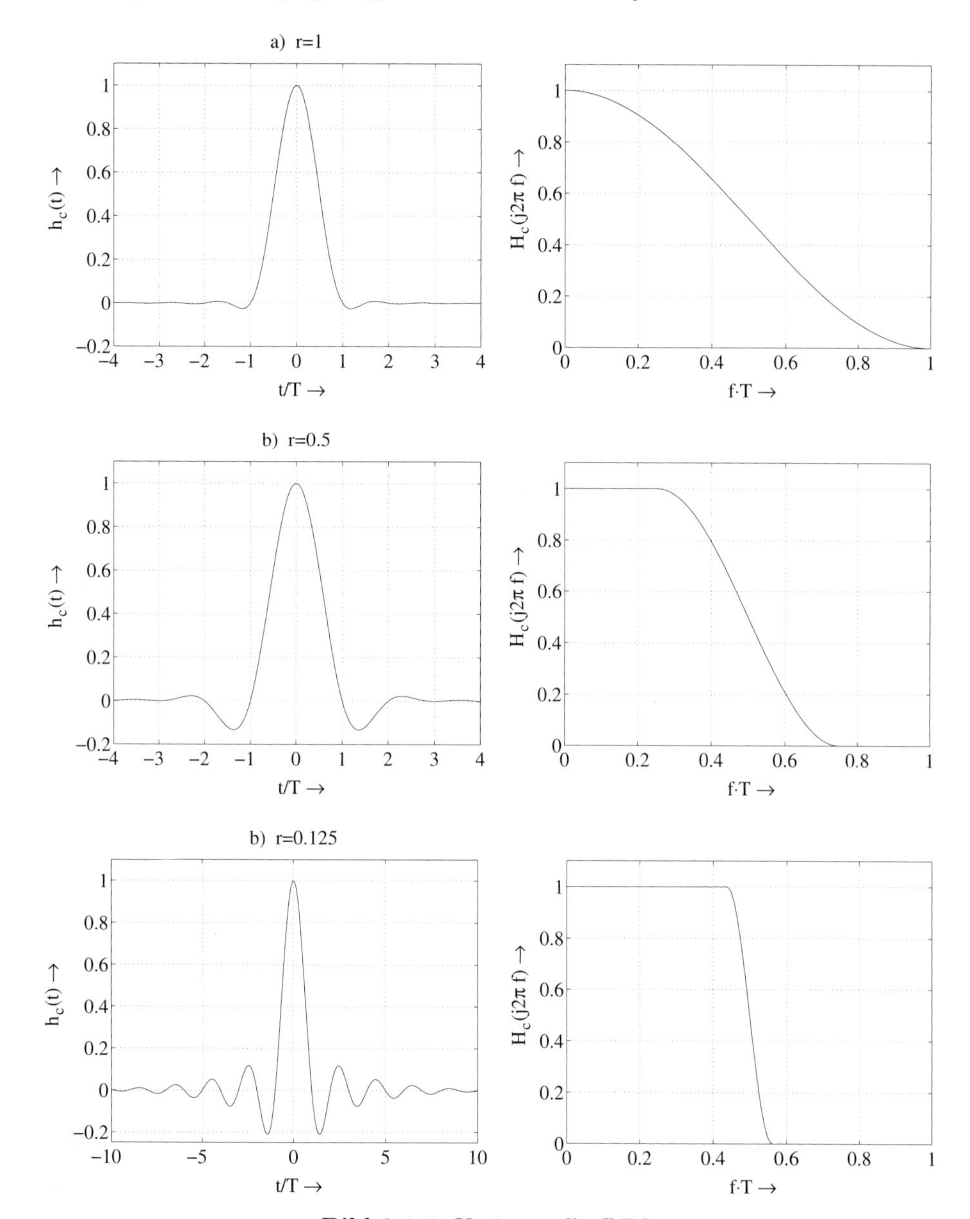

Bild 2.1.5: Kosinus-roll-off-Filter

Im vorliegenden Abschnitt wurden verschiedene Stufen der Definition verzerrungsfreier Übertragung betrachtet. Dabei war festzustellen, dass diejenigen Forderungen, die keinerlei Beeinflussung des Spektrums des übertragenen Signals im gesamten oder auch in einem eingeschränkten Frequenzband vorsehen, zu nicht realisierbaren Systemen führen. Werden dann realisierbare Approximationen einbezogen, so ergeben sich zwar linearphasige, jedoch mit Verfälschungen des Betragsfrequenzgangs behaftete Systeme; in Abschnitt 8.1.3 wird gezeigt, dass diese Nyquistsysteme die strenge Forderung der Verzerrungsfreiheit bei digitaler Übertragung erfüllen.

2.2 Zeitdauer-Bandbreite-Produkt

Im letzten Abschnitt wurde deutlich, dass die Form der Impulsantwort von Übertragungskanälen mit der Bandbreite des Systems zusammenhängt. Wir wollen hier versuchen, eine allgemein gültige Gesetzmäßigkeit zwischen der Bandbreite eines Kanals und der zeitlichen Dauer seiner Impulsantwort herzustellen. Dabei besteht zunächst die Schwierigkeit, die Bandbreite wie auch die Zeitdauer geeignet zu definieren, denn prinzipiell besitzen streng bandbegrenzte Systeme eine unendlich lange Impulsantwort; andererseits führen Impulse endlicher Länge zu unendlich ausgedehnten Spektren. Wir setzen zunächst einen Kanal mit einer reellen, geraden, also nichtkausalen Impulsantwort

$$h(t) = h(-t)$$

an, die ihr Maximum im Zeitnullpunkt hat. Die zugehörige Übertragungsfunktion $H(j\omega)$ ist reell. Als Zeitdauer T wird nun die Breite eines Rechteckimpulses der Höhe $h(0)$

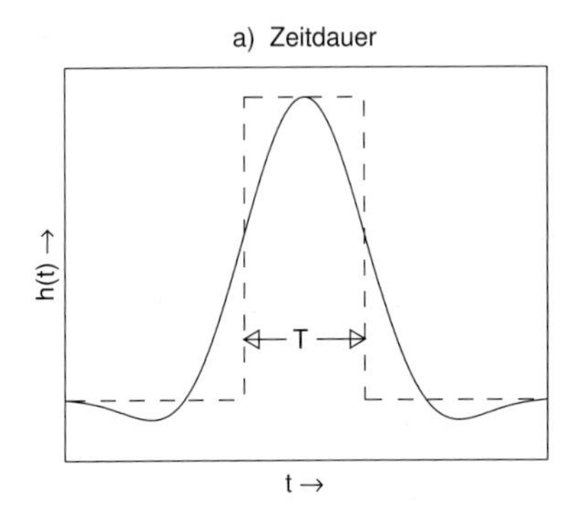

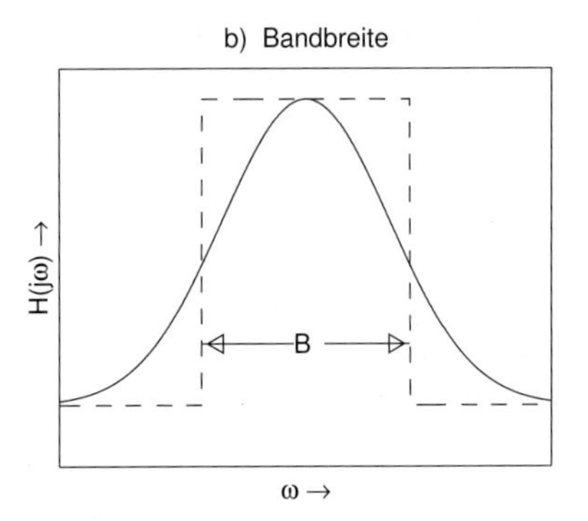

Bild 2.2.1: Einfache Definition von Zeitdauer und Bandbreite

definiert, dessen Fläche mit der der betrachteten Impulsantwort übereinstimmt.

$$T = \frac{1}{h(0)} \cdot \int_{-\infty}^{\infty} h(t)\, dt \tag{2.2.1a}$$

Entsprechend wird die Bandbreite B definiert[2]

$$B = \frac{1}{H(0)} \int_{-\infty}^{\infty} H(j\omega)\, d\omega. \tag{2.2.1b}$$

$H(j\omega)$ und $h(t)$ hängen über die Fourier-Transformation zusammen, für die in (2.2.1a) und (2.2.1b) enthaltenen Integrale gilt dementsprechend

$$\int_{-\infty}^{\infty} h(t)dt = H(0) \tag{2.2.2a}$$

$$\int_{-\infty}^{\infty} H(j\omega)d\omega = 2\pi \cdot h(0). \tag{2.2.2b}$$

Damit folgt aus (2.2.2a) und (2.2.2b)

$$B \cdot T = 2\pi. \tag{2.2.3}$$

- *Das Produkt aus Bandbreite und Zeitdauer (im Sinne der obigen Definitionen) ist eine Konstante. Diese Aussage ist von fundamentaler Bedeutung für die Nachrichtenübertragung.*

Wir haben die Konstanz des Zeitdauer-Bandbreite-Produktes auf der Grundlage einer sehr groben Definition der Größen T und B abgeleitet: An die Form der betrachteten Impulse wurden einschränkende Bedingungen geknüpft, die im Allgemeinen nicht erfüllt sind (z.B. gerade Funktionen für $h(t)$). Das prinzipielle Ergebnis der Reziprozität zwischen Bandbreite und Zeitdauer erweist sich jedoch auch auf der Basis anderer Definitionen der Größen als richtig. Wir betrachten hierzu eine Zeitdauer-Festlegung, die im Sinne eines Moments zweiter Ordnung definiert ist. Ohne Beschränkung der Allgemeinheit wird die Energie des Impulses auf eins normiert.

$$\int_{-\infty}^{\infty} h^2(t)dt = \frac{1}{2\pi} \int_{-\infty}^{\infty} |H(j\omega)|^2\, d\omega = 1 \tag{2.2.4}$$

Im übrigen sollen für den Impuls $h(t)$ weitgehend beliebige Eigenschaften zugelassen werden, wir fordern nur, dass die Funktionen

$$t \cdot h(t) \qquad \text{und} \qquad \omega \cdot |H(j\omega)|$$

quadratisch integrierbar sind. Außerdem legen wir ohne Beschränkung der Allgemeinheit den Zeitmaßstab so fest, dass der Schwerpunkt des Impulses im Zeitnullpunkt liegt.

$$\int_{-\infty}^{\infty} t \cdot h^2(t)dt = 0 \tag{2.2.5}$$

[2]Mit B wird stets die auf die Kreisfrequenz bezogene Bandbreite bezeichnet; demgegenüber bedeutet b die Bandbreite in Hz. Es gilt also $B = 2\pi b$.

Dann lauten die Definitionen der Zeitdauer und der Bandbreite [Pap62], [Sch91]

$$T = \sqrt{\int_{-\infty}^{\infty} t^2 \cdot h^2(t)\, dt} \tag{2.2.6a}$$

$$B = \sqrt{\frac{1}{2\pi}\int_{-\infty}^{\infty} \omega^2 \cdot |H(j\omega)|^2\, d\omega}. \tag{2.2.6b}$$

Zum anschaulichen Verständnis dieser Definition zieht man eine Parallele zur Definition der *Varianz* einer Zufallsvariablen gemäß (1.6.3b,c), Seite 36: Die Wurzel aus der Varianz gibt die *Streuung* der Variablen um ihren Mittelwert an, also den effektiven Variationsbereich der Amplitude. Macht man sich klar, dass $h^2(t)$ in (2.2.6a) die Verteilungsdichte der *Energie* des Impulses *über der Zeit darstellt*, so wird die Definition der effektiven Impulsdauer im Sinne einer effektiven Energie-Konzentration unmittelbar plausibel. Die entsprechenden Überlegungen gelten für die Bandbreiten-Definition[3].

Im Folgenden wird gezeigt, dass mit den Festlegungen (2.2.6a) und (2.2.6b) die Beziehung

$$B \cdot T \geq \frac{1}{2} \quad \text{bzw.} \quad b \cdot T \geq \frac{1}{4\pi} \tag{2.2.7}$$

Gültigkeit hat. Sie wird in Anlehnung an die Quantenmechanik als *Unschärferelation der Nachrichtentechnik* bezeichnet.

Zum Nachweis von (2.2.7) gehen wir von der Schwarzschen Ungleichung in der Form

$$\left[\int_{-b}^{b} x_1(t) \cdot x_2(t) dt\right]^2 \leq \int_{-b}^{b} x_1^2(t) dt \cdot \int_{-b}^{b} x_2^2(t) dt \tag{2.2.8a}$$

mit x_1, x_2 reell aus.

Im Folgenden setzen wir speziell

$$x_1(t) = t \cdot h(t) \tag{2.2.8b}$$

$$x_2(t) = \frac{dh(t)}{dt}. \tag{2.2.8c}$$

Damit ist die linke Seite von (2.2.8a) durch partielle Integration zu lösen.

$$\int t \cdot h(t) \cdot \frac{dh(t)}{dt} dt = \int \underbrace{t}_{u} \cdot \underbrace{h(t)\, dh}_{dv} = uv - \int v du$$

$$\frac{dv}{dh} = h(t) \qquad \rightarrow \qquad v = \frac{1}{2} h^2(t)$$

$$\int t \cdot h(t) \frac{dh(t)}{dt} dt = \frac{1}{2} t \cdot h^2(t) - \frac{1}{2} \int h^2(t) dt$$

[3] In einigen Lehrbüchern fehlt der Faktor $1/2\pi$ in der Bandbreitendefinition – dies ist nicht korrekt, da im Sinne der obigen Erklärung die Beziehung (2.2.4) zu beachten ist.

Für die Integrationsgrenzen $b \to \infty$ gilt

$$\lim_{t \to \infty} \quad t \cdot h^2(t) = 0$$

$$\int_{-\infty}^{\infty} h^2(t) dt = 1,$$

so dass sich für die linke Seite der Ungleichung (2.2.8a) der Wert 1/4 ergibt. Die rechte Seite enthält zwei Integral-Ausdrücke, von denen der Erste mit dem Quadrat der Zeitdauer-Definition (2.2.6a) übereinstimmt, wenn (2.2.8b) eingesetzt wird. Der zweite Ausdruck ist über das Parsevalsche Theorem (1.2.3), Seite 5, zu bestimmen, wobei die Korrespondenz

$$\frac{dh(t)}{dt} \circ\!\!-\!\!\bullet \; j\omega \cdot H(j\omega)$$

genutzt wird. Aufgrund der Bandbreiten-Definition (2.2.6b) ergibt sich

$$\begin{aligned} \int_{-\infty}^{\infty} \left[\frac{dh(t)}{dt}\right]^2 dt &= \frac{1}{2\pi} \int_{-\infty}^{\infty} |\omega \cdot H(j\omega)|^2 d\omega \\ &= B^2. \end{aligned} \tag{2.2.9}$$

Man erhält schließlich aus der Ungleichung (2.2.8a)

$$\frac{1}{4} \leq T^2 \cdot B^2 \tag{2.2.10}$$

und damit die Beziehung (2.2.7).

Minimales Zeit-Bandbreiteprodukt. Wir suchen nach derjenigen speziellen Impulsform, für die sich das geringste Zeit-Bandbreiteprodukt ergibt. In der Ungleichung (2.2.8a) gilt das Gleichheitszeichen dann, wenn

$$x_2(t) = a \cdot x_1(t)$$

gesetzt wird (a ist eine beliebige Konstante). Mit den Substitutionen (2.2.8b) und (2.2.8c) ergibt sich daraus die Differentialgleichung

$$\frac{dh(t)}{dt} = a \cdot t \cdot h(t); \tag{2.2.11}$$

ihre Lösung führt mit $\alpha = -a > 0$ auf einen Gaußimpuls.

$$h(t) = A \cdot e^{-\alpha t^2/2} \tag{2.2.12}$$

Der Skalierungsfaktor A wird über die Normierungsbedingung (2.2.4) bestimmt:

$$A = \sqrt[4]{\frac{2\alpha}{\pi}}.$$

Die vorangegangenen Überlegungen zeigen, dass unter den Definitionen (2.2.6a) und (2.2.6b) der Gaußimpuls eine besondere Eignung für die Nachrichtenübertragung besitzt, da mit ihm das geringstmögliche Zeit-Bandbreite-Produkt erreicht wird.

Es soll aber darauf hingewiesen werden, dass mit anderen Signalformen oftmals Zeit-Bandbreite-Produkte erreicht werden, die nur geringfügig größer als im Falle des Gaußimpulses sind (vgl. auch [Sch91]). Als Beispiel wird ein idealisierter Nyquistkanal mit der in **Bild 2.2.2** abgebildeten Übertragungsfunktion betrachtet. Die zugehörige Impulsant-

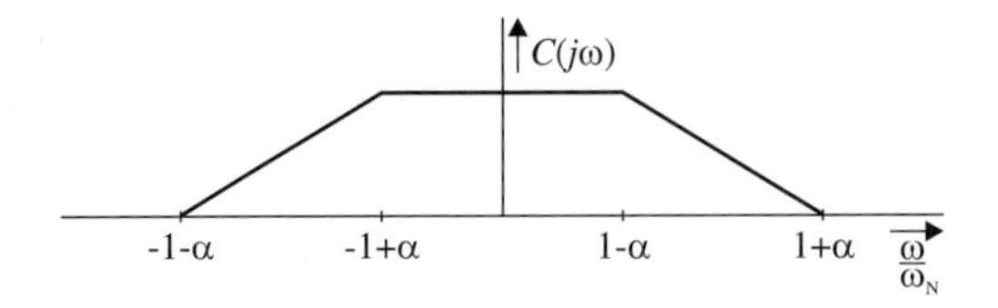

Bild 2.2.2: Idealisierter Nyquist-Kanal

wort lautet

$$h(t) = A \cdot \frac{\sin(\omega_N t)}{\omega_N t} \cdot \frac{\sin(\alpha\omega_N t)}{\alpha\omega_N t}.$$

Der optimale Wert

$$B \cdot T = \frac{1}{2} \cdot 1,069$$

wird für $\alpha = 0,815$ erreicht.

Für den Fall $\alpha = 1$ (d.h. für eine dreieckförmige Spektralfunktion) ergibt sich

$$B \cdot T = \frac{1}{2} \cdot 1,095.$$

Abschließend wird erwähnt, dass in der Literatur weitere, von (2.2.1a), (2.2.1b), (2.2.6a) und (2.2.6b) abweichende Definitionen der Zeitdauer und Bandbreite zur Untersuchung des Zeit-Bandbreiteproduktes verwendet werden. So findet sich in [Sch91] eine sehr praxisnahe Definition dieser Größen.

$$\frac{|h(t)|}{\max\{|h(t)|\}} \leq q \quad \text{für} \quad t \leq t_1, \quad t \geq t_1 + T \tag{2.2.13a}$$

$$\frac{|H(j\omega)|}{\max\{|H(j\omega)|\}} \leq q \quad \text{für} \quad |\omega| \geq \frac{B}{2} \tag{2.2.13b}$$

Hier stellt q eine wählbare Schranke dar, die den aktuellen praktischen Anforderungen angepasst werden kann.
In [JS62] wird eine tabellarische Zusammenstellung von Filterentwürfen mit günstigen Zeit-Bandbreiteprodukten gegeben.

2.3 Eigenschaften realer Kanäle

In der klassischen Systemtheorie werden vornehmlich Systeme behandelt, die durch Linearität und Zeitinvarianz gekennzeichnet sind. Man spricht dabei von *LTI-Systemen* (*Linear Time Invariant*). Reale Übertragungskanäle besitzen diese Eigenschaften im Allgemeinen nicht, so dass neben linearen Verzerrungen mit Nichtlinearitäten, zeitlicher Veränderung der Kanalparameter sowie mit zahlreichen additiven Störungen wie Rauschen, Impulsen u.a.m. zu rechnen ist. Einige nichtideale Kanaleigenschaften werden im Folgenden diskutiert.

2.3.1 Lineare Verzerrungen

Der Kanal wird zunächst als LTI-System aufgefasst und ist dementsprechend durch die Übertragungsfunktion $H(j\omega)$ zu beschreiben.

$$Y(j\omega) = H(j\omega) \cdot X(j\omega) \tag{2.3.1}$$

Das Spektrum des Eingangssignals wird multiplikativ verändert. Das Superpositionsprinzip behält dabei seine Gültigkeit: Es liegen reine lineare Verzerrungen vor. Diese lassen sich unterscheiden nach Verzerrungen des Betragsspektrums – man spricht hier auch von *Dämpfungsverzerrungen* – und nach solchen der Phase, d.h. *Phasenverzerrungen.*

Zur Beschreibung der Phasenverzerrungen von Nachrichtenübertragungssystemen wird vornehmlich die *Gruppenlaufzeit* benutzt, die definiert ist als

$$\tau_g(\omega) = -\frac{d\varphi(\omega)}{d\omega}, \quad \varphi(\omega) = \arg\{H(j\omega)\}, \tag{2.3.2a}$$

im Unterschied zur so genannten *Phasenlaufzeit*

$$\tau_p(\omega) = -\frac{\varphi(\omega)}{\omega}. \tag{2.3.2b}$$

Um die Bedeutung der Gruppenlaufzeit für die Nachrichtenübertragung – insbesondere den prinzipiellen Unterschied zur Phasenlaufzeit – aufzuzeigen, wird die Übertragung eines Bandpass-Signals unter dem Einfluss von Phasenverzerrungen betrachtet.

Nach den Betrachtungen in Abschnitt 1.4 ist ein Bandpass-Signal $x_{\mathrm{BP}}(t)$ über das analytische Signal $x^+_{\mathrm{BP}}(t)$ durch die Komplexe Einhüllende $x_{\mathrm{TP}}(t)$ auszudrücken. Bezüglich der Mittenfrequenz ω_0 gilt gemäß (1.4.3a), Seite 22, für den äquivalenten Tiefpassbereich

$$x_{\mathrm{BP}}(t) = \mathrm{Re}\left\{x^+_{\mathrm{BP}}(t)\right\} = \sqrt{2}\,\mathrm{Re}\left\{x_{\mathrm{TP}}(t) \cdot e^{j\omega_0 t}\right\}. \tag{2.3.3}$$

Wir untersuchen die Auswirkungen der Übertragung über einen schmalbandigen Bandpass-Kanal. Für seine Übertragungsfunktion $H_{\mathrm{BP}}(j\omega)$ soll gelten

$$H_{\mathrm{BP}}^{+}(j\omega) = \begin{cases} 2\,H_{0\mathrm{BP}}(j\omega)\cdot e^{j\varphi(\omega)} & \text{für} \quad |\omega-\omega_0| \le \pi\, b \\ 0 & \text{sonst,} \end{cases} \tag{2.3.4}$$

wobei $H_{0\mathrm{BP}}(j\omega)$ als reeller Faktor zu verstehen ist, der die Bandbegrenzung von $x_{\mathrm{BP}}(t)$ beschreibt, während $\varphi(\omega)$ eine zusätzliche Phasenverzerrung beinhaltet.

Die Bandbreite b des Schmalbandkanals wird als so gering angenommen, dass der Phasengang in eine Taylorreihe entwickelt werden kann, die nach dem linearen Glied abgebrochen wird.

$$\varphi(\omega) \approx \varphi(\omega_0) + (\omega-\omega_0)\cdot \left.\frac{d\varphi(\omega)}{d\omega}\right|_{\omega_0} \tag{2.3.5a}$$

Mit den Definitionen (2.3.2a) und (2.3.2b) ergibt sich

$$\varphi(\omega) \approx -\omega_0\cdot\tau_p(\omega_0) - (\omega-\omega_0)\tau_g(\omega_0). \tag{2.3.5b}$$

Damit erhält man für die Spektralfunktion der analytischen Bandpass-Impulsantwort

$$H_{\mathrm{BP}}^{+}(j\omega) \approx \begin{cases} 2\,H_{0\mathrm{BP}}(j\omega)\cdot e^{-j(\omega_0\tau_p(\omega_0)+(\omega-\omega_0)\tau_g(\omega_0))} & \text{für} \quad |\omega-\omega_0| \le \pi b \\ 0 & \text{sonst} \end{cases} \tag{2.3.6}$$

und schließlich für die Übertragungsfunktion des äquivalenten Tiefpass-Systems

$$H_{\mathrm{TP}}(j\omega) = \frac{1}{2}\,H_{\mathrm{BP}}^{+}(j(\omega+\omega_0)) \approx \begin{cases} H_{0\mathrm{BP}}(j(\omega+\omega_0))\cdot e^{-j(\omega_0\tau_p(\omega_0)+\omega\tau_g(\omega_0))} & \\ & \text{für} \quad |\omega| \le \pi b \\ 0 & \text{sonst.} \end{cases} \tag{2.3.7}$$

Die komplexe Einhüllende des Bandpass-Ausgangssignals lautet damit im Spektralbereich

$$\begin{aligned} Y_{\mathrm{TP}}(j\omega) &\approx H_{0\mathrm{BP}}(j(\omega+\omega_0))\cdot X_{\mathrm{TP}}(j\omega)\cdot e^{-j\omega_0\tau_p(\omega_0)}\cdot e^{-j\omega\tau_g(\omega_0)} \\ &= \tilde{X}_{\mathrm{TP}}(j\omega)\cdot e^{-j\omega_0\tau_p(\omega_0)}\cdot e^{-j\omega\tau_g(\omega_0)}, \end{aligned} \tag{2.3.8}$$

wobei $\tilde{X}_{\mathrm{TP}}(j\omega)$ das bandbegrenzte Signal symbolisiert.

Im Zeitbereich ergibt sich für das Filter-Ausgangssignal in äquivalenter Tiefpasslage

$$y_{\mathrm{TP}}(t) \approx e^{-j\omega_0\tau_p(\omega_0)}\cdot \tilde{x}_{\mathrm{TP}}(t-\tau_g(\omega_0)) \tag{2.3.9}$$

und für das entsprechende Bandpass-Signal

$$\begin{aligned} y_{\mathrm{BP}}(t) &= \sqrt{2}\,\mathrm{Re}\left\{y_{\mathrm{TP}}(t)\cdot e^{j\omega_0 t}\right\} \\ &= \sqrt{2}\,\mathrm{Re}\left\{\tilde{x}_{\mathrm{TP}}(t-\tau_g(\omega_0))\cdot e^{j\omega_0(t-\tau_p(\omega_0))}\right\}. \end{aligned} \tag{2.3.10}$$

Wir folgern aus diesen Überlegungen, dass bei der Übertragung eines schmalen Bandpass-Signals die zugehörige komplexe Einhüllende um die Gruppenlaufzeit an der Stelle des Trägers verzögert wird, während die Trägerschwingung eine Verzögerung um die Phasenlaufzeit erfährt. Dieser Sachverhalt wird in **Bild 2.3.1** an einem Beispiel verdeutlicht.

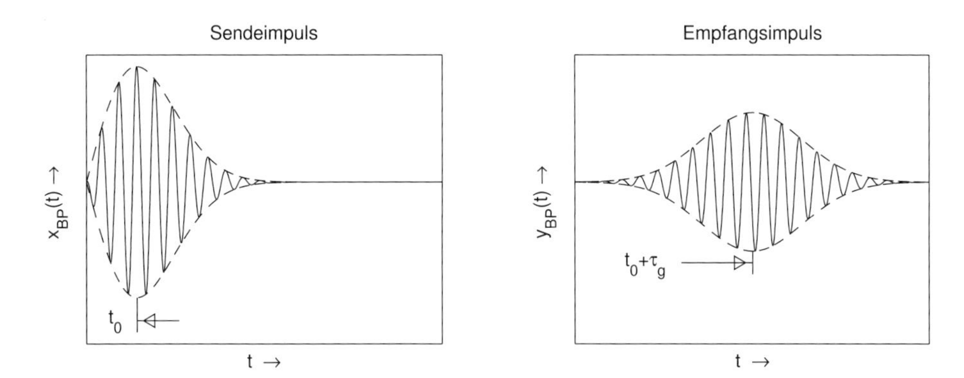

Bild 2.3.1: Zur Erläuterung der Gruppenlaufzeit

In den vorangegangenen Betrachtungen wurde ein Schmalbandsystem behandelt, in dem der Phasengang näherungsweise linearisiert werden konnte. Bei den meisten praktischen Kanälen ist die Gruppenlaufzeit innerhalb des Übertragungsbandes nicht konstant; es kommt darum zu Phasenverzerrungen des Signals. Dies wird mit *linearphasigen Übertragungssystemen* vermieden, bei denen Gruppenlaufzeit und Phasenlaufzeit gleich sind.

$$\varphi(\omega) = -\omega t_0 \rightarrow \tau_p(\omega) = \tau_g(\omega) = t_0 \tag{2.3.11}$$

In diesem Falle bewirkt die Übertragung eine konstante Verzögerung um die Zeit t_0. Damit ist die formgetreue Signalübertragung gewährleistet, wie das Zeitverschiebungstheorem der Fourier-Transformation zeigt.

$$Y(j\omega) = X(j\omega) \cdot e^{-j\omega t_0} \bullet\!\!-\!\!\circ\; y(t) = x(t - t_0) \tag{2.3.12}$$

Linearphasigkeit ist exakt nur mit Systemen endlicher Impulsantwort, also mit digitalen nichtrekursiven Systemen erreichbar. Reale Übertragungskanäle besitzen diese Eigenschaft daher in aller Regel nicht. Als Beispiel wird in Abschnitt 2.4 die Übertragungsfunktion eines Fernsprechkanals betrachtet.

2.3.2 Nichtlineare Verzerrungen

Nichtlineare Verzerrungen in Übertragungskanälen entstehen durch nichtideale Eigenschaften von Teilkomponenten wie Verstärkern, Kompandern und Ähnlichem. Bei der

Sprachübertragung kommen die Nichtlinearitäten realer Schallwandler hinzu. Übertragungssignale, die nichtlineare Modulationsverfahren enthalten, erfahren nichtlineare Verzerrungen infolge linearer Verzerrungen auf dem HF-Übertragungsweg – in Abschnitt 4.3 wird dieses Verhalten anhand der Frequenzmodulation erläutert.

Solange es um reine Sprachübertragung mit dem Ziel einer möglichst guten Sprachverständlichkeit geht, sind relativ starke nichtlineare Verzerrungen tolerierbar: Als Beispiel kann hier wieder die Fernsprechübertragung betrachtet werden. Wesentlich strengere Anforderungen stellt jedoch die digitale Übertragung – z.B. im Falle der Datenübertragung über das öffentliche Fernsprechnetz.

Nichtlineare Verzerrungen sind sehr schwer zu kompensieren; allerdings sind sie in praktischen Fernsprechverbindungen üblicherweise hinreichend gering (im Falle der Datenübertragung entfallen die meist stark nichtlinearen Schallwandler). In handelsüblichen Modems wird daher auf eine Entzerrung nichtlinearer Verzerrungen verzichtet.

Die klassischen Messmethoden nichtlinearer Kanalverzerrungen bestehen in der Bestimmung des Klirrfaktors, oder in der Differenztonmethode. Nachteil solcher Verfahren ist die Festlegung auf sinusförmige Testsignale, also auf realitätsferne Bedingungen. Deshalb ist man bestrebt, das zu übertragende Signal durch Rauschsignale zu modellieren. Bei der Übertragung über nichtlineare Kanäle ergeben sich dann Intermodulationsverzerrungen, d.h. Mischprodukte aus den verschiedenen Spektralanteilen, die mit Hilfe der so genannten *Rauschklirrmessung* erfasst werden können. Dabei wird das rauschartige Sendesignal $x(t)$ vor der Übertragung durch eine schmalbandige Bandsperre gefiltert; das Spektrum von $x_B(t)$ enthält dann in der Umgebung der Frequenz ω_1 eine schmale Lücke. Nach der Übertragung fallen in diese Lücke infolge von Intermodulationsverzerrungen verschiedene Spektralanteile. Die Leistung dieser Intermodulationsanteile ist ein Maß für die nichtlinearen Verzerrungen. Man definiert den so genannten *NPR-Wert* (*<u>N</u>oise <u>P</u>ower <u>R</u>atio*)

$$NPR = \frac{\int\limits_{(B)} |Y_B(j\omega)|^2 d\omega}{\int\limits_{(B)} |Y_0(j\omega)|^2 d\omega}, \tag{2.3.13}$$

wobei B die Bandbreite der oben erläuterten Bandsperre bezeichnet. $Y_B(j\omega)$ und $Y_0(j\omega)$ bedeuten das am Kanalausgang gemessene Spektrum mit bzw. ohne Einsatz der sendeseitigen Bandsperre (vgl. **Bild 2.3.2**).

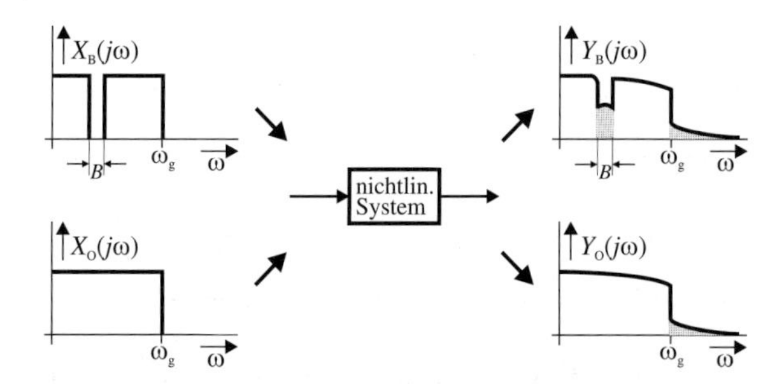

Bild 2.3.2: Zur Definition der „Rauschklirrmessung“

Prinzipiell sind nichtlineare Systeme in *gedächtnislose* und *gedächtnisbehaftete* Systeme einzuteilen. Die erst genannten führen zu ausschließlich nichtlinearen Verzerrungen, während letztere eine Überlagerung von linearen und nichtlinearen Verzerrungen bewirken. Reale Übertragungskanäle sind stets gedächtnisbehaftet – die klare Trennung der beiden genannten Einflüsse ist bei einer Reihe von Problemstellungen von Interesse. Die Lösung dieses oftmals schwierigen Problems gelingt auf der Grundlage des sogenannten *Linearen Ersatzsystems* [Sch68, Kam87], das im Folgenden hergeleitet werden soll.

Ein gedächtnisbehaftetes, zeitinvariantes, nichtlineares System wird durch ein stationäres Rauschsignal $x(k)$ erregt. Am Systemausgang erscheint das ebenfalls rauschartige Signal $y(k)$. In Hinblick auf die Allgemeingültigkeit werden komplexe Systeme einbezogen. Zur Trennung der linearen und nichtlinearen Verzerrungen wird ein lineares Ersatzsystem eingeführt, das durch eine endliche Impulsantwort $h_\ell(k)$ angenähert wird (vgl. **Bild 2.3.3**). Wegen der einfacheren geschlossenen Behandlung werden im Folgenden zeitdiskrete Signale und Systeme betrachtet. Um auch die äquivalente Basisband-Repräsentation von Bandpass-Systemen in die Analyse einbeziehen zu können, werden alle Signale sowie die Impulsantwort komplex angesetzt. Die Definition eines optimalen linearen Ersatzsystems

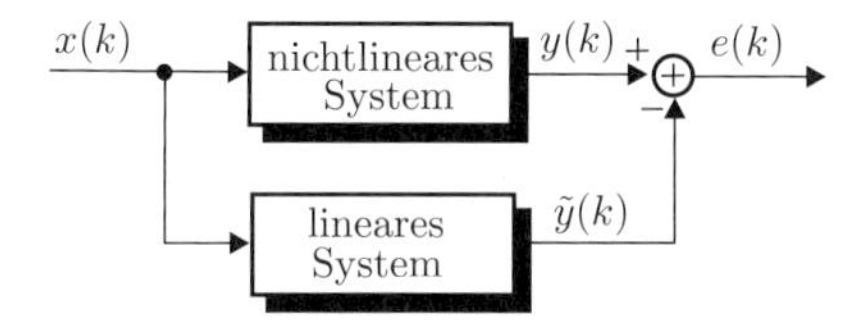

Bild 2.3.3: Definition eines linearen Ersatzsystems

erfolgt nun im Sinne eines Wienerschen Optimierungsproblems: Die Impulsantwort des linearen Ersatzsystems $h_\ell(k)$ wird so bestimmt, dass die Leistung der Differenz der Ausgangssignale von nichtlinearem und linearem System minimal wird – da im Folgenden theoretische Erwartungswerte bestimmt werden, sind die Signale als Zufallsprozesse aufzufassen und daher mit Großbuchstaben zu kennzeichnen (vgl. Abschnitt 1.6.1, Seite 34).

$$E\{|Y(k) - \tilde{Y}(k)|^2\} \Rightarrow \min_{h_\ell} \tag{2.3.14}$$

Die Impulsantwort $h_\ell(k)$ wird in einem Vektor $\mathbf{h}_\ell$ zusammengefasst – zusätzlich wird aus formalen Gründen der Vektor $\mathbf{h}_\ell^*$ definiert, der die konjugiert komplexen Elemente enthält.

$$\mathbf{h}_\ell = [\, h_\ell(0), h_\ell(1), \cdots, h_\ell(n)\,]^T, \quad \mathbf{h}_\ell^* = [\, h_\ell^*(0), h_\ell^*(1), \cdots, h_\ell^*(n)\,]^T \tag{2.3.15}$$

Ebenso wird der Eingangsprozess mit seinen Vergangenheitswerten als Vektor geschrieben.

$$\mathbf{X}(k) = [X(k),\ X(k-1),\ \cdots, X(k-n)]^T$$

Damit kann das Ausgangssignal des Ersatzsystems in der Form[4]

$$\tilde{Y}(k) = \mathbf{h}_\ell^T \cdot \mathbf{X}(k) \qquad \text{bzw.} \qquad \tilde{Y}^*(k) = \mathbf{X}^H(k) \cdot \mathbf{h}_\ell^* \tag{2.3.16}$$

[4] $\mathbf{X}^H$ bezeichnet den hermiteschen Vektor.

geschrieben werden. Aus (2.3.14) ergibt sich dann folgende Minimierungsaufgabe

$$\mathrm{E}\{[Y(k) - \mathbf{h}_\ell^T \cdot \mathbf{X}(k)][Y^*(k) - \mathbf{X}^H(k) \cdot \mathbf{h}_\ell^*]\} = \min_{h_\ell}; \tag{2.3.17a}$$

nach Ausmultiplikation erhält man

$$\begin{aligned} &\mathrm{E}\{|Y(k)|^2\} - \mathrm{E}\{Y(k)\mathbf{X}^H(k)\} \cdot \mathbf{h}_\ell^* - \mathbf{h}_\ell^T \cdot \mathrm{E}\{\mathbf{X}(k)Y^*(k)\} \\ &+ \mathbf{h}_\ell^T \cdot \mathrm{E}\{\mathbf{X}(k)\mathbf{X}^H(k)\} \cdot \mathbf{h}_\ell^* = \min_{\mathbf{h}_\ell}. \end{aligned} \tag{2.3.17b}$$

Definiert man den Kreuzkorrelationsvektor $\mathbf{r}_{XY}^*$ mit konjugiert komplexen Elementen

$$\begin{aligned} \mathbf{r}_{XY}^* &= \mathrm{E}\{Y^*(k) \cdot \mathbf{X}(k)\} = \mathrm{E}\{Y^*(k)\big[X(k),\, X(k-1), \cdots, X(k-n)\big]^T\} \\ &= \mathrm{E}\{\big[Y^*(k)X(k),\, Y^*(k+1)X(k), \cdots, Y^*(k+n)X(k)\big]^T\} \\ &= [r_{XY}^*(0), r_{XY}^*(1), \ldots, r_{XY}^*(n)]^T \end{aligned} \tag{2.3.18}$$

und berücksichtigt, dass der Ausdruck $\mathrm{E}\{\mathbf{X}(k)\mathbf{X}^H(k)\}$ die auf Seite 45 definierte Autokorrelationsmatrix mit konjugiert komplexen Elementen darstellt[5]

$$\mathbf{R}_{XX}^* = \mathrm{E}\{\mathbf{X}(k)\mathbf{X}^H(k)\} = \begin{pmatrix} r_X(0) & r_{XX}(1) & \ldots & r_{XX}(n) \\ r_{XX}^*(1) & r_{XX}(0) & \ldots & r_{XX}(n-1) \\ \vdots & & \ddots & \vdots \\ r_{XX}^*(n) & & \ldots & r_{XX}(0) \end{pmatrix}, \tag{2.3.19}$$

so lässt sich (2.3.17b) in der Form

$$\underbrace{\mathrm{E}\{|Y(k)|^2\}}_{\sigma_Y^2} - \mathbf{r}_{XY}^T \mathbf{h}_\ell^* - \mathbf{h}_\ell^T \mathbf{r}_{XY}^* + \mathbf{h}_\ell^T \mathbf{R}_{XX}^* \mathbf{h}_\ell^* \Rightarrow \min_{\mathbf{h}_\ell} \tag{2.3.20}$$

schreiben. Nach der Konjugation aller Elemente und einer einfachen Umformung (quadratische Ergänzung) erhält man hieraus

$$[\mathbf{h}_\ell^H \mathbf{R}_{XX} - \mathbf{r}_{XY}^H]\, \mathbf{R}_{XX}^{-1}\, [\mathbf{R}_{XX}\mathbf{h}_\ell - \mathbf{r}_{XY}] - \mathbf{r}_{XY}^H \mathbf{R}_{XX}^{-1} \mathbf{r}_{XY} + \sigma_Y^2 \Rightarrow \min_{\mathbf{h}_\ell}. \tag{2.3.21}$$

Dieser Ausdruck wird in Abhängigkeit von $\mathbf{h}_\ell$ offenbar dann minimal, wenn gilt

$$\mathbf{R}_{XX}\, \mathbf{h}_\ell - \mathbf{r}_{XY} = \mathbf{0} \qquad \Rightarrow \qquad \mathbf{h}_\ell = \mathbf{R}_{XX}^{-1}\, \mathbf{r}_{XY}. \tag{2.3.22}$$

Die Berechnung des optimalen Koeffizientensatzes für das lineare Ersatzsystem erfordert die Inversion der Autokorrelationsmatrix $\mathbf{R}_{XX}$. Wir unterstellen Rauschprozesse $X(k)$, deren Autokorrelationsmatrizen regulär sind – bei praktisch auftretenden Prozessen ist dies üblicherweise der Fall.

[5] Konjugiert komplexe Elemente deshalb, weil hier im Unterschied zu (1.6.34) die Elemente von $\mathbf{X}(k)$ in *zeitlich umgekehrter Reihenfolge* sortiert sind.

Die minimale mittlere Leistung des Differenzsignals $e(k)$ ist aus (2.3.21) unmittelbar abzulesen:

$$\min\{\mathrm{E}\{|Y(k) - \tilde{Y}(k)|^2\}\} = \sigma_Y^2 - \mathbf{r}_{XY}^H \, \mathbf{R}_{XX}^{-1} \, \mathbf{r}_{XY}. \tag{2.3.23}$$

Sie ist zu deuten als die Leistung desjenigen Anteils im Ausgangssignal des nichtlinearen Systems, der ausschließlich durch nichtlineare Verzerrungen hervorgerufen wird. Die linearen Verzerrungen werden durch die Eigenschaften des Ersatzsystems charakterisiert.

Eine kurze Überlegung führt zum bekannten *Orthogonalitätsprinzip*, das für alle Systeme gilt, die im Sinne einer Wienerschen Optimierungsaufgabe entworfen wurden. Wir betrachten die Korrelation zwischen dem Differenzsignal $e(k) = y(k) - \tilde{y}(k)$ und den Zustandsgrößen $x(k-\nu)$; $\nu = 0, \ldots, n$.

$$\mathbf{r}_{XE}^* = \mathrm{E}\{\mathbf{X}(k) \cdot E^*(k)\} \tag{2.3.24}$$

Mit (2.3.16) ergibt sich

$$\begin{aligned} \mathbf{r}_{XE}^* &= \mathrm{E}\{\mathbf{X}(k) \cdot [Y^*(k) - \mathbf{X}^H(k)\,\mathbf{h}_\ell^*]\} = \mathrm{E}\{\mathbf{X}(k) \cdot Y^*(k)\} - \mathrm{E}\{\mathbf{X}(k)\mathbf{X}^H(k)\}\mathbf{h}_\ell^* \\ &= \mathbf{r}_{XY}^* - \mathbf{R}_{XX}^* \mathbf{h}_\ell^* \end{aligned} \tag{2.3.25}$$

bei Berücksichtigung der Definitionen (2.3.18) und (2.3.19). Setzt man hier die optimale Lösung für den Koeffizientenvektor $\mathbf{h}_\ell$ gemäß (2.3.22) ein, so erhält man

$$\mathbf{r}_{XE} = \mathbf{r}_{XY} - \mathbf{R}_{XX} \cdot \mathbf{R}_{XX}^{-1} \cdot \mathbf{r}_{XY} \equiv \mathbf{0}. \tag{2.3.26}$$

Die Wienersche Lösung führt also zur Orthogonalität zwischen dem Differenzsignal $e^*(k)$, das den nichtlinearen Anteil repräsentiert, und den Zustandswerten des linearen Ersatzsystems.

Abschließend wird der Spezialfall von weißem Eingangsrauschen (mittelwertfrei) betrachtet, für den sich die Verhältnisse vereinfachen. Dabei gilt

$$\begin{aligned} r_{XX}(\lambda) &= \sigma_X^2 \, \delta(\lambda), \quad \text{also} \\ \mathbf{R}_{XX} &= \sigma_X^2 \begin{bmatrix} 1 & & \mathbf{0} \\ & 1 & \\ & & \ddots & \\ \mathbf{0} & & & 1 \end{bmatrix} = \sigma_X^2 \cdot \mathbf{I} \quad , \end{aligned} \tag{2.3.27}$$

so dass sich für die Inverse der Autokorrelationsmatrix eine Einheitsmatrix ergibt.

$$\mathbf{R}_{XX}^{-1} = \frac{1}{\sigma_X^2} \cdot \mathbf{I} \tag{2.3.28}$$

Die Lösung für den Koeffizientenvektor gemäß (2.3.22) lautet also für weißes Eingangsrauschen

$$\mathbf{h}_\ell = \frac{1}{\sigma_X^2} \, \mathbf{r}_{XY}. \tag{2.3.29}$$

Das Problem der Lösung einer Aufgabe im Sinne minimaler Fehlerleistung (MMSE = *Minimum Mean Square Error*) wurde hier anhand der Fragestellung eines linearen Ersatzsystems für nichtlineare Übertragungssysteme eingeführt. Die Bedeutung dieses Prinzips für die Nachrichtentechnik geht jedoch weit über diese spezielle Problemstellung hinaus. Wir werden auf diese fundamentale Optimierungsmethode mehrfach in Zusammenhang mit Entzerrungsproblemen, Kanalschätzung, Impulsformung, Minimierung von Rauscheinflüssen usw. zurückkommen.

2.3.3 Frequenzverwerfung als Beispiel für einen zeitvarianten Kanal

In Abschnitt 2.5.2 wird der Mobilfunkkanal als Beispiel für ein reales Übertragungsmedium betrachtet. Dabei wird erläutert, dass infolge von Eigenbewegungen der Mobilstationen Dopplerverschiebungen entstehen; das gesamte Empfangsspektrum wird dabei gegenüber dem gesendeten Spektrum also um bestimmte Frequenzen verschoben. Auch im öffentlichen Fernsprechnetz tritt dieses Phänomen der *Frequenzverwerfung* auf. Sie wird durch vorhandene reale Trägerfrequenzsysteme hervorgerufen, wobei unter Verwendung von Einseitenbandmodulation infolge unkorrekter Trägerabstimmungen am Empfänger eine Verschiebung des Spektrums um eine konstante Frequenz entsteht – im öffentlichen Fernsprechnetz kann diese Verschiebung bis zu 7 Hz betragen. **Bild 2.3.4** stellt die Spektren des gesendeten und empfangenen Signals, $X(j\omega)$ und $Y(j\omega)$, einander gegenüber. Die mathematische Beschreibung der

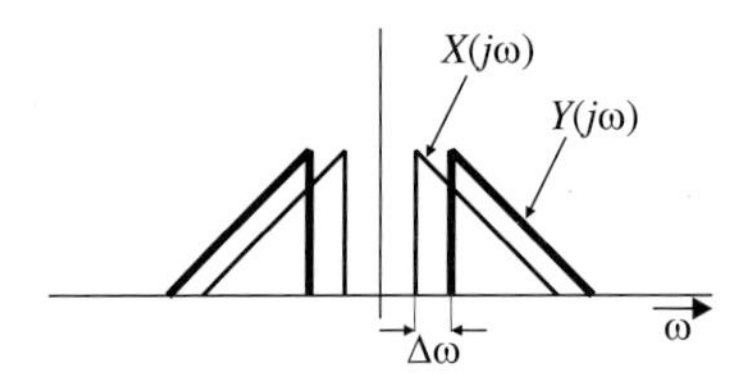

Bild 2.3.4: Frequenzverwerfung

Frequenzverwerfung erfolgt mit Hilfe des zum Sendesignal $x(t)$ gehörigen analytischen Signals (vgl. hierzu auch **Bild 2.3.5**).

$$x^+(t) \quad = \quad x(t) + j \cdot \mathcal{H}\{x(t)\} \tag{2.3.30a}$$

$$\circ\!\!-\!\!\bullet$$

$$X^+(j\omega) \quad = \quad \begin{cases} 2X(j\omega) & \text{für } \omega > 0 \\ 0 & \text{für } \omega < 0 \end{cases} \tag{2.3.30b}$$

Hieraus gewinnt man das spektral verschobene analytische Signal durch Anwendung des Modulationstheorems der Fourier-Transformation

$$Y^+(j\omega) \quad = \quad X^+(j(\omega - \Delta\omega)) \tag{2.3.31a}$$

$$\bullet\!\!-\!\!\circ$$

$$y^+(t) \quad = \quad x^+(t) \cdot e^{j\Delta\omega t}. \tag{2.3.31b}$$

Der Realteil des analytischen Zeitsignals beschreibt das Kanal-Ausgangssignal.

$$y(t) = \mathrm{Re}\left\{x^+(t) \cdot e^{j\Delta\omega t}\right\} = x(t) \cdot \cos(\Delta\omega t) - \mathcal{H}\left\{x(t)\right\} \cdot \sin(\Delta\omega t) \tag{2.3.32}$$

Die zugehörige Kanal-Impulsantwort ist zeitvariant: Setzen wir in (2.3.32) als erregendes Signal einen Dirac-Impuls zum Zeitpunkt t_0

$$x(t) = \delta_0(t - t_0),$$

so ergibt sich

$$\begin{aligned} h(t, t_0) &= \delta_0(t - t_0) \cdot \cos(\Delta\omega t) - \mathcal{H}\left\{\delta_0(t - t_0)\right\} \cdot \sin(\Delta\omega t) \\ &= \delta_0(t - t_0) \cdot \cos(\Delta\omega t) - \frac{1}{t - t_0} \cdot \sin(\Delta\omega t), \qquad (2.3.33) \\ \Rightarrow h(t, t_0) &\neq h(t - t_0) \qquad \text{für} \qquad \Delta\omega \neq 0. \end{aligned}$$

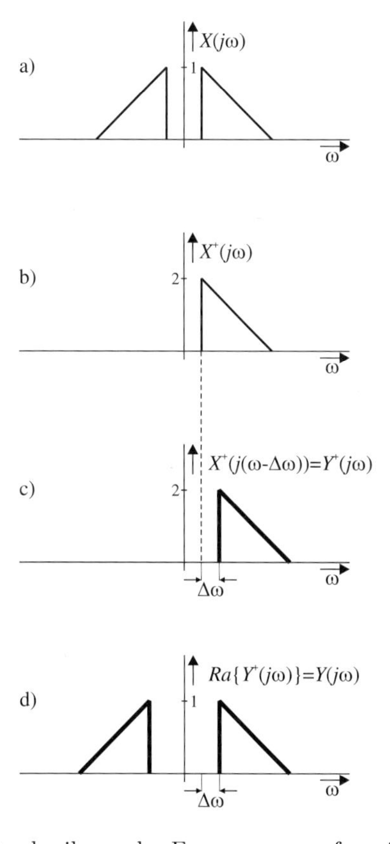

Bild 2.3.5: Zur Beschreibung der Frequenzverwerfung im Spektralbereich

Es liegt ein linearer, zeitvarianter Kanal vor. Die praktischen Auswirkungen der Frequenzverwerfung sind unterschiedlich gravierend für Sprachübertragung einerseits und digitale Datenübertragung andererseits.

Betrachten wir zunächst die Übertragung eines analogen Signals – z. B. eines Musiksignals. Einzelne Töne bestehen aus einer Grundschwingung und dazu harmonischen Oberschwingungen (ganzzahlig Vielfachen der Grundfrequenz). Nach der Einwirkung einer Frequenzverwerfung sind diese Oberschwingungen nicht mehr harmonisch zueinander, da alle Frequenzen um einen konstanten additiven Term verändert werden.

Bei der Sprachübertragung im Fernsprechbereich kann – anders als bei der Übertragung hoch qualitativer Audiosignale – eine Frequenzverwerfung um wenige Hz toleriert werden, ohne dass die Sprachverständlichkeit merklich beeinträchtigt wird. Im Gegensatz hierzu führt die Frequenzverwerfung bei der Datenübertragung zu Problemen – insbesondere bei schneller Datenübertragung, die im Empfänger eine synchrone phasenkohärente Demodulation erfordert. In handelsüblichen Modems muss daher eine Trägerregelung vorgesehen werden, die die beschriebenen Einflüsse ausgleicht. Mit der Frequenzverwerfung hängt die Erscheinung des *Phasenjitters* eng zusammen, ebenfalls hervorgerufen durch Dopplereinflüsse im Funkkanal oder durch nichtideale Eigenschaften von Einseitenband-Modulatoren und -Demodulatoren. Im öffentlichen Fernsprechnetz entstehen ungewollte Phasenmodulationen mit der Netzfrequenz oder Vielfachen davon bei Phasenhüben von 10° und darüber. Zur schnellen Datenübertragung werden üblicherweise mehrstufige Phasenmodulationsverfahren benutzt, so dass die hierbei stark störenden Auswirkungen von Phasenjitter durch leistungsfähige Trägerphasenregelungen kompensiert werden müssen.

2.3.4 Additive Störungen

Dem Nutzsignal werden bei der Übertragung über reale Kanäle additive Störgrößen überlagert. Vornehmlich sind dies *impulsartige Störungen* (z.B. Wählimpulse im Fernsprechnetz), *Netzeinstreuungen*, Überlagerung von *Fremdsendern, rauschartige Störgrößen* wie z.B. thermisches Rauschen von Verstärker-Bauelementen, atmosphärisches Rauschen, *Interferenz durch andere Teilnehmer* in Mobilfunknetzen und vieles mehr.

Ein häufig verwendetes Modell basiert auf der Annahme von gaußverteilten additiven Rauschgrößen. Dazu ist festzustellen, dass andersartige additive Störeinflüsse oftmals wesentlich empfindlichere Auswirkungen auf die Übertragung hervorrufen und auch oftmals viel eher den praktischen Übertragungsbedingungen entsprechen, z.B. Impulsstörungen bei der Datenübertragung. Dennoch hat sich die Betrachtung gaußverteilter Störeinflüsse gewissermaßen als „genormter Störkanal“ für den Vergleich verschiedener Übertragungsverfahren als zweckmäßig erwiesen.

Die Auswirkungen additiver Störungen sind bei analoger und digitaler Übertragung grundverschieden. Betrachten wir als Beispiel eine analoge Übertragungsstrecke, die aufgrund der auf den Übertragungsleitungen vorhandenen Dämpfungen in gewissen Abständen (Verstärkerfeldlängen) Verstärker aufweist, um den Pegel jeweils wieder anzuheben. Es ergibt sich eine *Akkumulation der Rauschgröße*, da in den verschiedenen Verstärkerstufen (und zusätzlich längs der Übertragungsleitung) Rauschquellen anzusetzen sind und das Gesamtrauschen in jedem Verstärker mit dem Nutzsignal angehoben wird. Man definiert das Signal- zu Störverhältnis ($S/N \triangleq$ *Signal-to-Noise-Ratio*) als das Leistungsverhältnis von Nutzsignal $s(t)$ zu Störung $n(t)$.

$$S/N = \frac{\mathrm{E}\{|S(t)|^2\}}{\mathrm{E}\{|N(t)|^2\}} = \frac{\sigma_S^2}{\sigma_N^2} \quad \text{für stationäre Prozesse} \tag{2.3.34}$$

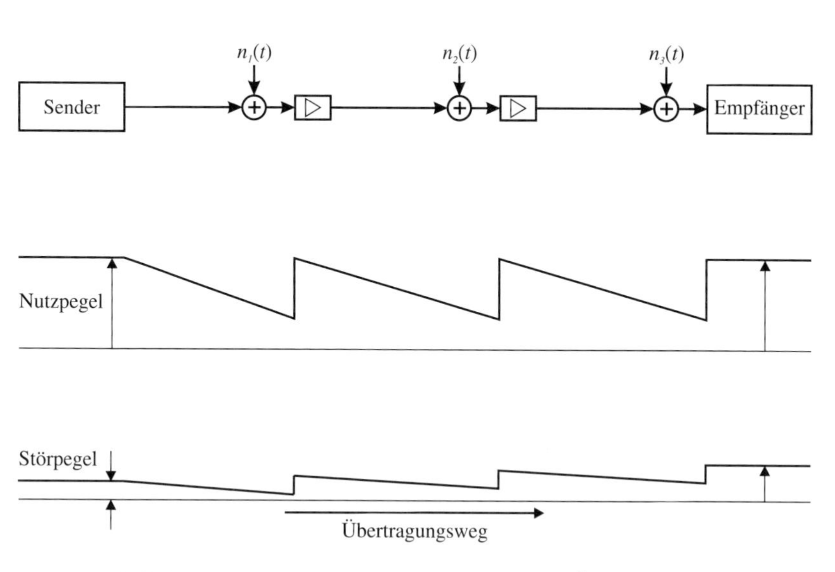

Bild 2.3.6: Pegelverhältnisse bei analoger Übertragung

Nutz- und Störsignale werden hier als Zufallsprozesse aufgefasst und daher durch Großbuchstaben gekennzeichnet. Wegen der stets vorausgesetzten Ergodizität können in (2.3.34) die Erwartungswerte $\mathrm{E}\{\cdot\}$ durch zeitliche Mittelwerte ersetzt werden. Als logarithmisches Maß wird definiert

$$S/N_{\mathrm{dB}} = 10 \cdot \log_{10}(S/N) \qquad [\text{Einheit : dB} \mathrel{\hat{=}} \text{Dezibel}].$$

Typische Werte z.B. für den Fernsprechkanal liegen bei 30-40 dB; bei hoch qualitativer analoger Audio-Signalübertragung werden um 60-70 dB erreicht (z.B. UKW-Rundfunk, HIFI-Tonband).

Andersartig sind die Auswirkungen additiver Störungen bei digitaler Übertragung. **Bild 2.3.7** zeigt die prinzipielle Anordnung eines digitalen Übertragungssystems. Im Einzelnen wird über Teilkomponenten solcher Systeme in Teil III des Buches ausführlich zu sprechen sein.

Nach der Abtastung und Analog-Digital-Umsetzung des Quellensignals ergibt sich ein zeit- und amplitudendiskretes Signal, das nunmehr als Zahlenfolge aufzufassen ist. Anschließend folgt die Codierung: Prinzipiell unterscheidet man hier zwischen *Quellencodierung*, die das Ziel hat, den Nachrichtenfluss der Quelle durch eine möglichst geringe digitale Symbolrate darzustellen (Redundanz- bzw. Irrelevanzminderung), und *Kanalcodierung*, bei der man bestimmte Kontrollsymbole, also gezielte Redundanz, hinzufügt, um am Empfänger eine nachträgliche Korrektur von Übertragungsfehlern zu ermöglichen. Das Problem der Kanalcodierung wird in diesem Buch ausgeklammert; vgl. hierzu z.B. [Bos99b, Fri96, KK01, NFK07]. Aus den empfangenen binären Symbolen wird nach Decodierung, Digital-Analog-Umsetzung und einer Glättung (Rekonstruktionstiefpass) das gesendete Signal rekonstruiert.

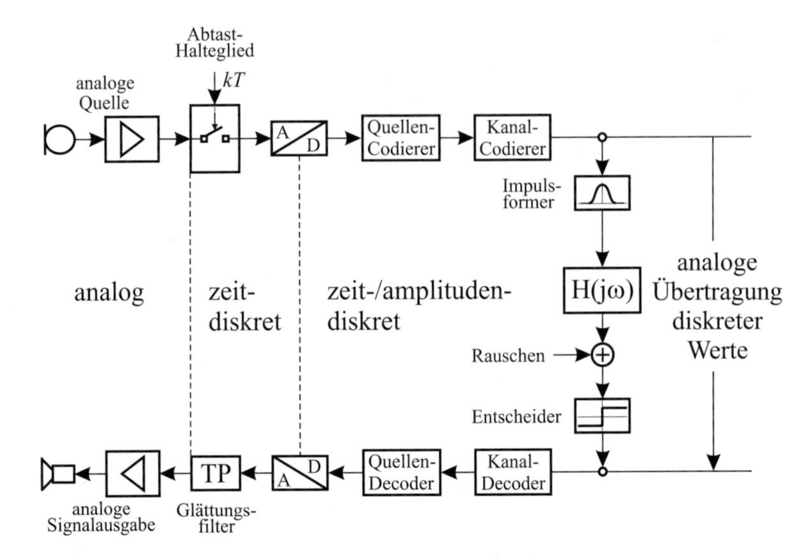

Bild 2.3.7: Prinzip der digitalen Übertragung

Zwischen dem Ausgang des Codierers und dem Eingang des Decodierers liegt der *Digital-Kanal*. Zwei wichtige Merkmale sind die maximale *Übertragungsrate*, also die in einer Sekunde übertragene Anzahl von Binärsymbolen, und die Bitfehlerwahrscheinlichkeit. Beide Größen hängen von den physikalischen Eigenschaften des Übertragungskanals, insbesondere von seiner Bandbreite (lineare Verzerrungen) und der nutzbaren Dynamik (S/N-Verhältnis) ab.

Der prinzipielle Einfluss von additiven Rauschstörungen kann anschaulich dargestellt werden. Wir denken uns einen Übertragungsweg in der Form nach **Bild 2.3.6** mit Regenerationsverstärkern in gewissen Abständen. Werden diese Abstände nun so gewählt, dass in jedem Verstärker eine fehlerfreie Erkennung der binären Daten möglich ist, so wird das am Verstärkereingang vorhandene Rauschen eliminiert, indem am Ausgang der Teilsysteme die ursprüngliche binäre Symbolfolge neu generiert wird. Es kommt also zu keiner Akkumulation der Rauschpegel wie im analogen Fall. Charakteristisch für digitale Übertragungssysteme ist also, dass bei fehlerfreier Erkennung der Binärsymbole das empfangene Siganl *unverfälscht rekonstruiert* werden kann, *unabhängig von den physikalischen Eigenschaften des Übertragungskanals.*

Wird hingegen der Rauschpegel auf dem Übertragungsweg sehr groß, so kann dies im Detektor zu Fehlentscheidungen führen – in diesem Falle ergibt sich für das rekonstruierte analoge Empfangssignal ein schlagartiges Absinken des S/N-Verhältnisses. Man bezeichnet diese Eigenschaft als *Schwellwertverhalten.*

Das Schwellwertverhalten ist charakteristisch vor allem für digitale Übertragungsverfahren und – neben der Möglichkeit der Fehlerkorrektur – das hauptsächliche Motiv für die Einführung digitaler Systeme (zellularer Mobilfunk, Internet, PCM-Fernsprechverbindungen, digitale Satelliten-Tonübertragung, Compact Disc, digitale Magnetbandaufzeichnung, digitaler terrestrischer Tonrundfunk u.a.m.). Aber auch bei bestimmten analogen Übertragungsverfahren ist ein solches Schwellwertverhalten zu beobachten, z.B. bei Frequenzmodulation, die aus diesem Grunde zur rauscharmen Übertragung (oberhalb der Schwelle) geeignet ist (UKW-Rundfunk).

Es wurde bereits darauf hingewiesen, dass zwischen den Beschreibungsmerkmalen des digitalen Kanals und den physikalischen Eigenschaften des zugrunde liegenden Übertragungsmediums ein Zusammenhang besteht. Die mathematische Ableitung dieses Zusammenhangs fußt auf der Shannonschen Informationstheorie [Sha48], die darüber hinaus eine Theorie der Codierung liefert. Die Informationstheorie wird im Rahmen des vorliegenden Buches nicht behandelt. Wegen der fundamentalen Bedeutung soll hier aber die *Kanalkapazität gestörter kontinuierlicher Kanäle* wiedergegeben werden. Nimmt man einen auf die Bandbreite b begrenzten Kanal an, auf dem gaußverteiltes Rauschen mit einem Signal-zu-Störverhältnis von S/N überlagert wird (AWGN-Kanal), so bezeichnet die Kanalkapazität

$$C = b \cdot \log_2 (1 + S/N) \text{ in bit/s} \tag{2.3.35a}$$

die Quellbitrate, die bei beliebig hohem Kanalcodierungsaufwand mit beliebig geringer Fehlerrate zu übertragen ist. Dabei ist das gesendete Signal als *gaußverteilt* anzunehmen, was bei den gebräuchlichen digitalen Modulationsverfahren in der Regel nicht zutrifft. Die Kanalkapazität stellt eine obere Grenze dar, die prinzipiell nicht überschritten werden kann. Shannon hat diese Grenze 1948 hergeleitet – allerdings gibt er keine konkreten Codes an, mit denen diese Grenze erreicht werden kann. In vielen Fällen gilt

$$S/N \gg 1,$$

womit sich die Beziehung (2.3.35a) auf die Form

$$C \approx \frac{b}{3} \cdot S/N_{dB} \tag{2.3.35b}$$

vereinfacht.

Die angegebenen Beziehungen für die Kanalkapazität demonstrieren ein fundamentales Prinzip der Nachrichtentechnik: Bandbreite und der S/N-Wert sind *reziprok* zueinander (*Austauschbarkeit von Bandbreite und* S/N). Das bedeutet einerseits, dass auch bei geringer Kanalbandbreite beliebig hohe Übertragungsraten zu erzielen sind, solange nur die Dynamik, also das S/N-Verhältnis genügend groß ist. Ein Beispiel hierfür ist die Datenübertragung mit hoher Stufigkeit. Umgekehrt kann bei Kanälen mit starker Rauscheinwirkung die Übertragungsrate durch Vergrößerung der Bandbreite gesteigert werden; bei der „Spread Spectrum"-Technik wird dies ausgenutzt (siehe Kapitel 17).

Abschließend werden in der nachfolgenden Tabelle die Kanalkapazitäten für Beispiele praktischer Übertragungskanäle aufgeführt.

Die Werte der Kanalkapazität galten lange Zeit als theoretische Grenzwerte, die unter realen Bedingungen bei praktisch vertretbarem Kanalcodierungsaufwand nicht annähernd

Tabelle 2.3.1: Kanalkapazitäten

Kanal	b	S/N_{dB}	C
Telegraphiekanal (50 Baud)	25 Hz	15 dB	125 bit/s
Fernsprechkanal	3,1 kHz	40 dB	40 kbit/s
Rundfunk Mittelwelle	6 kHz	50 dB	100 kbit/s
Rundfunk UKW	15 kHz	70 dB	350 kbit/s
Fernsehkanal	5 MHz	45 dB	75 Mbit/s

erreichbar sind. Vor einigen Jahren wurde dann von Berrou, Glavieux und Thitimajshima die Klasse der so genannten *Turbocodes* eingeführt [BGT93, BG93], mit denen man sich der Shannon-Grenze bis auf ca. 0,3 dB nähert – 50 Jahre nach dem Erscheinen der klassischen Arbeiten von Shannon sind somit seine theoretisch vorausgesagten Grenzen für die Übertragungskapazität durch praktisch implementierte Systeme erreicht.

2.4 Das Fernsprechnetz

Das weltweit größte bestehende Kommunikationsnetz ist das Fernsprechnetz. Dabei liegt der weitaus größte Anteil der gesamten Investitionen in den Ortskabeln – in der Bundesrepublik Deutschland sind dies nahe 50 %. In diesem Bereich findet bis heute zum großen Teil analoge Basisbandübertragung statt – die Sprachsignale werden in der Originallage übertragen. Daneben existiert ein wesentlicher Anteil von Modem-Datenübertragung sowie neue Konzepte wie *ISDN* (*Integrated Services Digital Network*) [Boc88]) oder *ADSL* (*Asymmetric Digital Subscriber Line*), die das analoge, ursprünglich für die reine Sprachübertragung konzipierte Telefonnetz zur digitalen Übertragung nutzen.

Die Übertragung im Ortsbereich erfolgt wie erwähnt über die vorhandenen Ortskabel. Dabei sind generell für jede Verbindung zwei Gesprächsrichtungen vorzusehen. Investiert man für jede Übertragungsrichtung ein Leiterpaar, so spricht man von einer *Vierdrahtverbindung*. Im Ortsbereich werden aus Kostengründen *Zweidrahtverbindungen* vorgesehen. Dabei laufen beide Gesprächsrichtungen über ein und dasselbe Leiterpaar – Hin- und Rücksignale liegen im Basisband, also im gleichen Frequenzbereich (Zweidraht-Frequenzgleichlage). Die Trennung der beiden Signale erfolgt über eine so genannte *Gabelschaltung*, die wegen ihrer großen Bedeutung für den Fernsprechverkehr kurz erläutert werden soll. Die **Bilder 2.4.1a** und **b** zeigen jeweils das Schaltbild einer Gabelschaltung für die beiden Fälle „Senden“ und „Empfangen“. Bild 2.4.1a verdeutlicht den Sendebetrieb. Dabei wird im mittleren Zweig eine Spannungsquelle u_s angesetzt, die die Sprechkapsel im Handapparat symbolisiert. Die Größe Z_W steht für den Wellenwiderstand der abge-

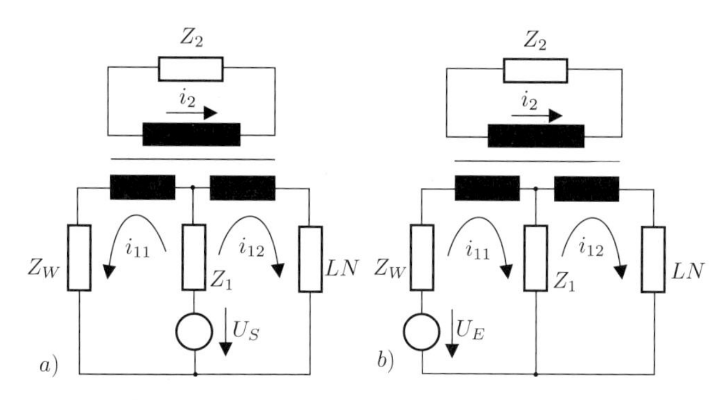

Bild 2.4.1: Gabelschaltung: a) Sendebetrieb, b) Empfangsbetrieb

henden Leitung. LN bezeichnet eine im Handapparat vorgesehene Leitungsnachbildung; im Idealfall ist $Z_W = LN$, so dass in diesem Falle gilt $i_{11} = i_{12}$.

Der Strom i_2 auf der Sekundärseite des Übertragers wird damit null; am Widerstand Z_2, der die Hörkapsel darstellt, fällt also keine Spannung ab. Das gesendete Sprachsignal ist somit im eigenen Hörer nicht hörbar.

Im Empfangsbetrieb (**Bild 2.4.1b**) wird das von der Leitung kommende Signal durch eine Spannungsquelle u_E dargestellt. In diesem Falle durchfließen die Ströme i_{11}, i_{12} den Primärkreis des Übertragers in gleicher Richtung; auf der Sekundärseite entsteht der Strom i_2, der zu einem Spannungsabfall an Z_2 führt. Das empfangene Signal wird hörbar.

Die Gabelschaltung wird überall dort eingesetzt, wo von Zweidraht- auf Vierdraht-Übertragung übergegangen wird oder umgekehrt. Das ist wie eben besprochen im Handapparat der Fall oder aber in den Leitungsverstärkern, die in gewissen Abständen (Verstärkerfeldlängen) eingefügt werden müssen. **Bild 2.4.2** zeigt eine Zweidrahtverbindung mit je einem Leitungsverstärker für jede Richtung. Die erläuterte Entkopplung der beiden

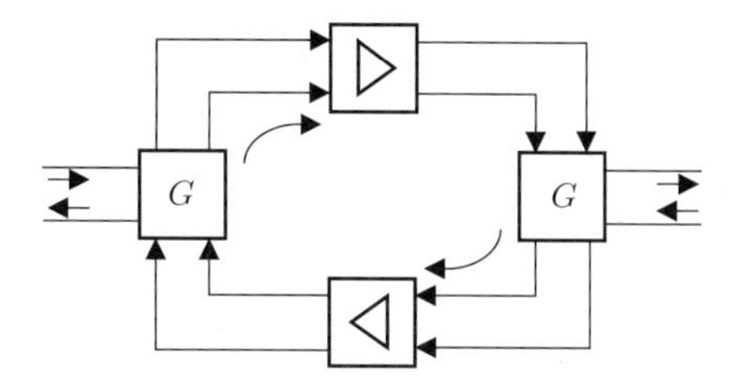

Bild 2.4.2: Zweidrahtverbindung mit Leitungsverstärkern

Gesprächsrichtungen beim Übergang von Zwei- auf Vierdraht durch eine Gabelschaltung ist nur möglich, wenn die Leitungsnachbildung LN den wirklichen Verhältnissen sehr nahe kommt. In der Praxis ist das oftmals nicht der Fall; es ergibt sich das so genannte *Nebensprechen.* Besonders gravierend ist dieses Problem bei der Datenübertragung über das Fernsprechnetz. Bei ungünstigen Verhältnissen kann das empfangene (möglicherweise stark gedämpfte) Signal durch das abgehende Signal so stark gestört werden, dass eine sichere Datenerkennung nicht möglich ist. In modernen Modem-Konzeptionen werden daher oftmals adaptive Netzwerke zur Echo-Kompensation vorgesehen.

Nebensprechen entsteht auch durch Überkoppeln zwischen verschiedenen Leiterpaaren, die in einem Kabel zusammengefasst sind. Man unterscheidet zwischen Nah- und Fernnebensprechen (**Bild 2.4.3**). Dieser Effekt kann bei der praktischen Kabelausführung durch

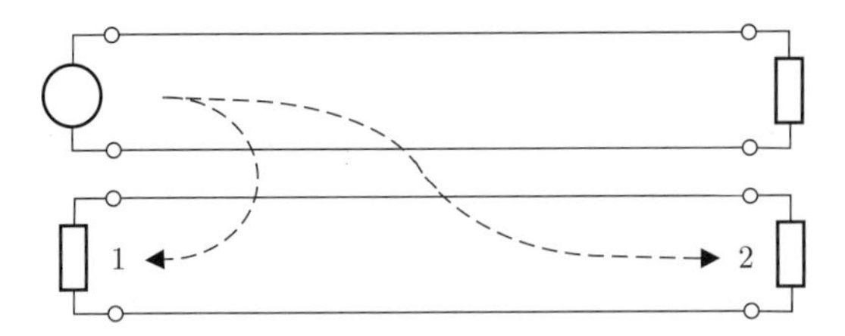

Bild 2.4.3: Veranschaulichung von Nebensprechen

bestimmte Verseilungsarten gemildert werden. Zur tiefer gehenden Beschäftigung mit den angesprochenen Problemen wird auf die Literatur verwiesen (z.B. [Boc77], [RS82]).

Die in Abschnitt 2.3.2 besprochenen nichtidealen Eigenschaften realer Kanäle finden sich – mehr oder minder ausgeprägt – im Fernsprechnetz wieder. *Nichtlineare Verzerrungen* ergeben sich z.B. in hohem Maße aus den unzulänglichen Eigenschaften der elektroakustischen Wandler (Sprech- und Hörkapseln). Es zeigt sich jedoch, dass hierdurch die Sprachverständlichkeit nur unwesentlich beeinträchtigt wird, so dass keine besonderen Maßnahmen ergriffen werden müssen. *Zeitvariantes* Übertragungsverhalten tritt in erster Linie in Form von *Phasenjitter* und *Frequenzverwerfung* auf. Diese Einflüsse ergeben sich aus den Unzulänglichkeiten der Einseitenband-Modulatoren und -Demodulatoren im Trägerfrequenz-System (siehe Abschnitt 6.1). Frequenzverwerfungen können bis zu einigen Hz betragen; Phasenjitter besteht aus einer Phasenmodulation mit Vielfachen der Netzfrequenz, der Phasenhub ist in der Regel auf $\pm 10°$ beschränkt. Frequenzverwerfung und Phasenjitter sind für die Sprachübertragung weitgehend unerheblich, bereiten aber bei der Nutzung des Fernsprechnetzes zur digitalen Datenübertragung erhebliche Probleme. In diesem Falle müssen leistungsfähige Phasenregelkreise zum Einsatz kommen. Wir kommen zu den *additiven Störungen* im Fernsprechnetz. Der typische Störabstand bei rauschartigen Einflüssen liegt oberhalb von 30 dB. Die Ursache für additive Störungen liegt vor allem im Rauschen passiver und aktiver Bauelemente im TF-System, in den Einstreuungen durch Rundfunksender, Nebensprechen infolge unkorrekt abgeschlossener Gabelschaltungen und schließlich im Quantisierungsrauschen bei PCM-Übertragung. Ein besonderes Problem im Fernsprechnetz liegt in der Überlagerung *impulsartiger Störungen*. Sie ergeben sich aus Wähl- und Gebührenzählimpulsen, Erschütterungen mechanischer Kontakte und aus Übertragungsfehlern bei PCM.

Schließlich bleiben die *linearen Verzerrungen* auf den Fernsprech-Übertragungswegen zu betrachten. Grundsätzlich besteht eine Bandbegrenzung auf den Frequenzbereich $300\,\text{Hz} \leq f \leq 3400\,\text{Hz}$, die zur Minderung von Nebensprechen gezielt in den Leitungsverstärkern vorgenommen wird (die Ortskabel selbst sind erheblich breitbandiger). Hinzu treten sehr starke Gruppenlaufzeitverzerrungen, die in besonderem Maße durch die vielfach noch vorhandenen pupinisierten Kabel hervorgerufen werden. In der Frühzeit der Fernsprech-Technik wurden zur Minderung der Kabeldämpfungen in gewissen Abständen (durchschnittlich 1,7 km) Spulen eingefügt – so genannte *Pupin-Spulen*. In einem eingeschränkten Frequenzband (bis ca. 4,5 kHz) konnte dadurch eine erhebliche Verminderung der Dämpfung erreicht werden, allerdings mit dem Nachteil stark erhöhter Gruppenlaufzeit-Verzerrungen im Durchlassband. Für die Sprachübertragung ist dieser Nachteil unerheblich, während bei digitaler Datenübertragung ein erhöhter Entzerrungsaufwand nötig wird.

Die linearen Verzerrungen eines typischen Fernsprechkanals sind in **Bild 2.4.4** dargestellt. Der Verlauf der Betrags-Übertragungsfunktion verdeutlicht die Bandbegrenzung auf ca. 3.4 kHz – Untersuchungen haben gezeigt, dass die Silbenverständlichkeit nicht nennenswert beeinflusst wird. Auch die typischerweise sehr starken Gruppenlaufzeit-Verzerrungen beeinträchtigen die Qualität der Sprachübertragung nur geringfügig, da das menschliche Gehör gegenüber Phasenverzerrungen weitgehend unempfindlich ist.

Probleme bereiten die dargestellten Kanaleigenschaften hingegen im Falle der digitalen Übertragung, was vielleicht am deutlichsten bei der Betrachtung der Impulsantwort wird. Da das Fernsprechnetz in starkem Umfang für die digitale Datenübertragung genutzt wird, ist in diesem Falle der Einsatz aufwändiger Entzerrer-Netzwerke notwendig, über die in Kapitel 12 berichtet wird.

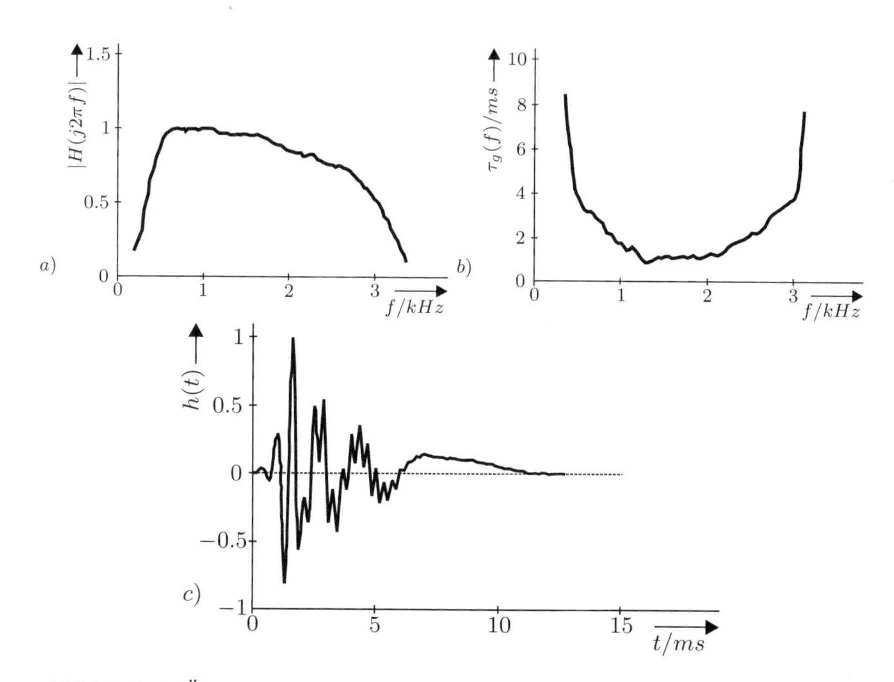

Bild 2.4.4: Übertragungseigenschaften eines Fernsprechkanals
a) Betragsfrequenzgang, b) Gruppenlaufzeit, c) Impulsantwort

2.5 Der Funkkanal

2.5.1 Zeitinvariante Mehrwegekanäle

Bei drahtloser Übertragung tritt das Phänomen der Mehrwegeausbreitung auf. Bedingt durch Reflexionen z.B. an Gebäuden oder an Bergen erreicht das von einer Sendeantenne abgestrahlte Signal den Empfänger auf verschiedenen Wegen mit unterschiedlichen Laufzeiten. Die einzelnen Echo-Komponenten sind unterschiedlichen Dämpfungseinflüssen ausgesetzt; dabei kann das Signal mit der kürzesten Laufzeit – der zugeordnete Ausbreitungsweg soll als „direkter Pfad“ bezeichnet werden – durchaus eine stärkere Dämpfung erfahren als einzelne reflektierte Signalanteile. **Bild 2.5.1** veranschaulicht eine mögliche Ausbreitungssituation bei terrestrischer Übertragung. Geht man zunächst von zeitlich

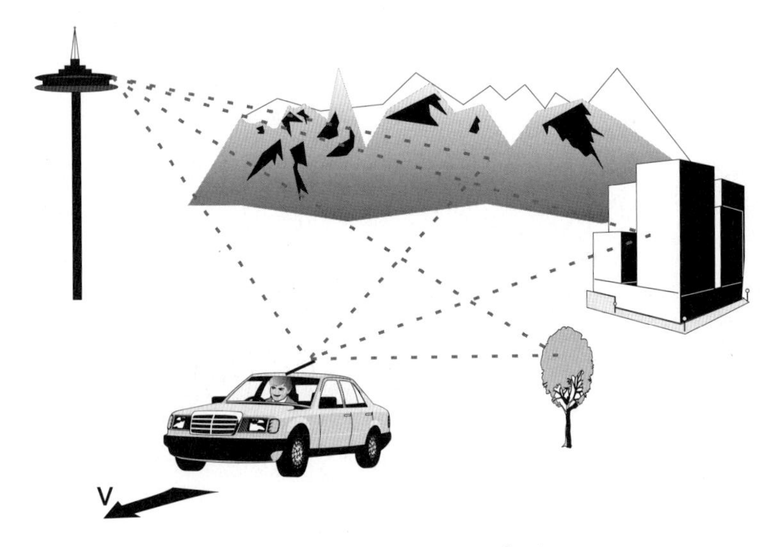

Bild 2.5.1: Mehrwegeausbreitung

konstanten Übertragungsbedingungen aus, so lässt sich der Mehrwegekanal als lineares, zeitinvariantes System modellieren. Das gesendete Signal – grundsätzlich ein Bandpass-Signal – erfährt auf den verschiedenen Echo-Pfaden unterschiedliche Verzögerungen τ_ν und Amplitudenbewertungen ρ_ν. Nimmt man ℓ Ausbreitungspfade an und rechnet eine sende- und empfangsseitige Bandbegrenzung durch Filter mit der Gesamtimpulsantwort $g_{\text{BP}}(t)$ ein, so ergibt sich für die Impulsantwort des Übertragungskanals

$$h_{\text{BP}}(t) = \sum_{\nu=0}^{\ell-1} \rho_\nu \cdot \delta_0(t-\tau_\nu) * g_{\text{BP}}(t) = \sum_{\nu=0}^{\ell-1} \rho_\nu \cdot g_{\text{BP}}(t-\tau_\nu). \tag{2.5.1}$$

Mit dem Zeitverzögerungssatz der Fourier-Transformation (Tabelle 1.2.2, Seite 7) erhält man für die Übertragungsfunktion des Mehrwegekanals

$$H_{\mathrm{BP}}(j\omega) = G_{\mathrm{BP}}(j\,\omega) \cdot \sum_{\nu=0}^{\ell-1} \rho_\nu e^{-j\omega\tau_\nu}. \tag{2.5.2}$$

Bild 2.5.2 zeigt den Betragsfrequenzgang eines Mehrwegekanals mit zufällig gewählten Parametern. Das Beispiel demonstriert, dass sich im Übertragungsband $f_0 - b/2 \le f \le f_0 + b/2$ starke lineare Verzerrungen ergeben.

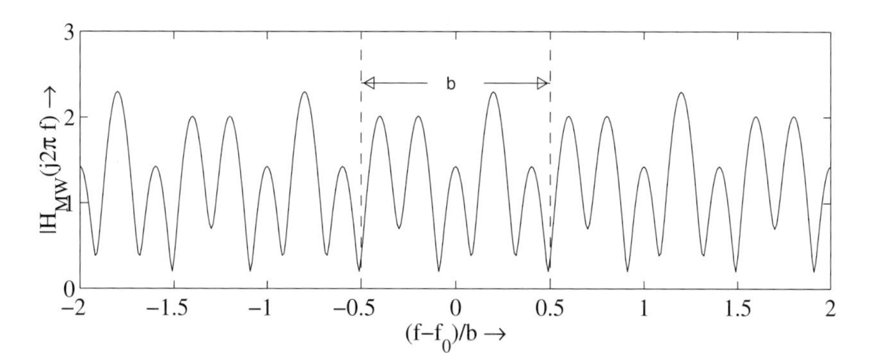

Bild 2.5.2: Betragsfrequenzgang eines Mehrwegekanals
$\rho_0 = 1,\ \rho_1 = 0{,}3,\ \rho_2 = 0.8,\ \tau_0 = 0,\ \tau_1 = 2/b,\ \tau_2 = 5/b$

Zur äquivalenten Basisbanddarstellung eines Mehrwegekanals kommt man über das zur Impulsantwort gehörige analytische Signal.

$$h^+_{\mathrm{BP}}(t) = \sum_{\nu=0}^{\ell-1} \rho_\nu\, g^+_{\mathrm{BP}}(t-\tau_\nu) \tag{2.5.3}$$

Gemäß (1.4.10) ergibt sich

$$\begin{aligned} h_{\mathrm{TP}}(t) &= \frac{1}{2}\, e^{-j\omega_0 t} \cdot h^+_{\mathrm{BP}}(t) = \frac{1}{2} \sum_{\nu=0}^{\ell-1} \rho_\nu\, e^{-j\omega_0 t}\, g^+_{\mathrm{BP}}(t-\tau_\nu) \\ &= \sum_{\nu=0}^{\ell-1} \rho_\nu\, e^{-j\omega_0\tau_\nu} \underbrace{\frac{1}{2}\, e^{-j\omega_0(t-\tau_\nu)}\, g^+_{\mathrm{BP}}(t-\tau_\nu)}_{=\, g_{\mathrm{TP}}(t-\tau_\nu)\, \in\, \mathbb{R}}. \end{aligned} \tag{2.5.4}$$

Die hier eingeführte Tiefpass-Impulsantwort $g_{\mathrm{TP}}(t)$ beschreibt die Hintereinanderschaltung der Sende- und Empfangstiefpässe und ist im Allgemeinen reell.

Damit ergibt sich für die Tiefpass-Impulsantwort

$$h_{\mathrm{TP}}(t) = \sum_{\nu=0}^{\ell-1} \underbrace{\rho_\nu\, e^{-j\omega_0\tau_\nu}}_{r_\nu\, \in\, \mathbb{C}} \cdot g_{\mathrm{TP}}(t-\tau_\nu) = \sum_{\nu=0}^{\ell-1} r_\nu \cdot g_{\mathrm{TP}}(t-\tau_\nu). \tag{2.5.5}$$

Im Allgemeinen ist diese Impulsantwort *komplex*, solange nicht sämtliche Werte $\omega_0 \tau_\nu$ ganzzahlig Vielfache von π sind.

Aus (2.5.5) folgt die äquivalente Basisband-Übertragungsfunktion durch Fourier-Transformation, wobei $H_{\mathrm{TP}}(j\omega)$ die zu $H_{\mathrm{BP}}(j\omega)$ gehörige normierte Tiefpass-Übertragungsfunktion bezeichnet:

$$H_{\mathrm{TP}}(j\omega) = \begin{cases} G_{\mathrm{TP}}(j\omega) \cdot \sum_{\nu=0}^{\ell-1} \rho_\nu \, e^{-j(\omega\tau_\nu + \psi_\nu)} & \text{für} \quad |\omega| \leq B/2 \\ 0 & \text{sonst} \end{cases} \tag{2.5.6}$$

$$\text{mit} \quad \psi_\nu = \omega_0 \, \tau_\nu .$$

Zweiwegekanal. Zur Veranschaulichung der abgeleiteten Beziehungen betrachten wir einen Zweiwegekanal ($\ell = 2$, $r_0 = 1$, $r_1 = r, \tau_0 = 0$, $\tau_1 = \tau$). Gemäß (2.5.5) ergibt sich dann die äquivalente Tiefpass-Impulsantwort

$$h_{\mathrm{ZW}}(t) = g_{\mathrm{TP}}(t) + r \cdot g_{\mathrm{TP}}(t - \tau). \tag{2.5.7}$$

Für die Gesamtimpulsantwort $g_{\mathrm{TP}}(t)$ aus Sende- und Empfangstiefpass wird hier ein *Nyquistimpuls* gesetzt, der die Bedingung äquidistanter Nullstellen gemäß (2.1.8) erfüllt; vielfach werden Kosinus-roll-off-Impulse verwendet. **Bild 2.5.3** zeigt die Impulsantwort eines Zweiwegekanals unter Einbeziehung eines Kosinus-roll-off-Filters mit einem Roll-off-Faktor von 0,3. Beträgt die Verzögerung zwischen den beiden Ausbreitungspfaden τ ein ganzzahliges Vielfaches der Symboldauer T, so erhält man nach der Symboltakt-Abtastung bei Einhaltung der korrekten Abtastphase genau zwei nicht verschwindende Werte – im Beispiel nach **Bild 2.5.3a** ergibt sich[6]

$$h_{\mathrm{ZW}}(iT) = \delta(i) + 0.9 \cdot \delta(i - 2).$$

Beträgt die Verzögerung τ hingegen nicht ganzzahlig Vielfache der Symboldauer, so kann die Symboltakt-Impulsantwort erheblich verlängert werden, wie das Beispiel in **Bild 2.5.3b** zeigt. Diese Verlängerung kann in Hinblick auf die Entzerrung Probleme bereiten: Als optimaler Entzerrer wird sich der in Abschnitt 13.2 behandelte Viterbi-Detektor erweisen. Der Realisierungsaufwand dieser Struktur steigt exponentiell mit der Länge der Symboltakt-Impulsantwort. Aufgrund der vorangegangenen Betrachtungen kann also der Entzerrungsaufwand bei Verwendung von Sende- und Empfangsfiltern mit geringem Roll-off-Faktor relativ hoch werden, auch wenn die eigentliche Kanalimpulsantwort kurz ist.

Im anschließenden Abschnitt wird gezeigt, dass Mobilfunkkanäle durch stochastische Modelle beschrieben werden; dabei werden die Abtastwerte der Kanal-Impulsantwort als statistisch unabhängige Zufallsvariablen aufgefasst. Bezüglich der Bitfehlerrate ist ein solcher Kanal vorteilhaft, da diese *Kanaldiversität* konstruktiv genutzt werden kann. Durch den Einfluss der Sende- und Empfangsfilter wird die Kanalimpulsantwort zwar länger – die Kanaldiversität erhöht sich dadurch jedoch nicht, da die Abtastwerte korreliert werden.

[6] Definition der zeitdiskreten Impulsfolge: $\delta(k) = \begin{cases} 1 & \text{für } k = 0 \\ 0 & \text{sonst.} \end{cases}$

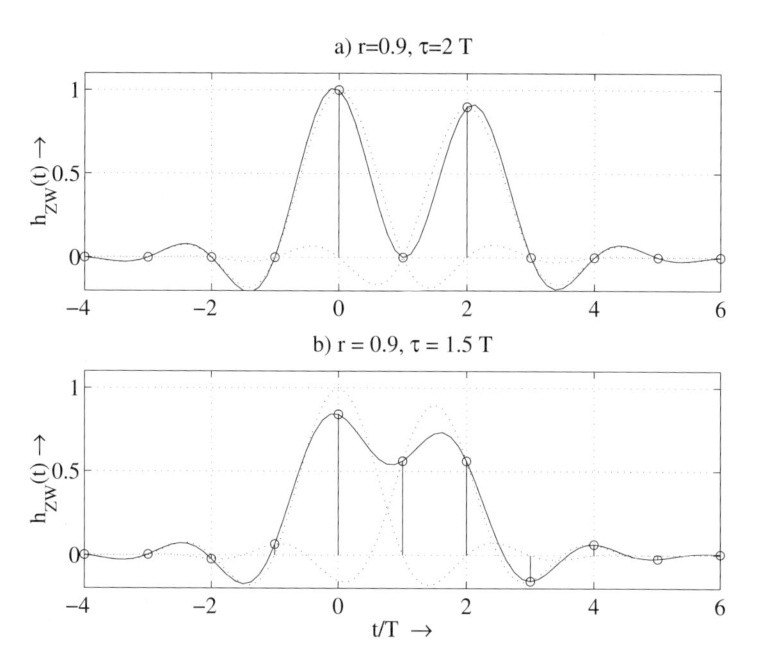

Bild 2.5.3: Impulsantworten von Zweiwegekanälen
Sende- und Empfangsfilter jeweils Wurzel-Kosinus-Charakteristiken mit Roll-off-Faktor $0,3$

Die Übertragungsfunktion eines Zweiwegekanals ist gemäß (2.5.6)

$$H_{\mathrm{ZW}}(j\omega) = [1 + re^{-j\omega\tau}] \cdot G_{\mathrm{TP}}(j\omega), \tag{2.5.8a}$$

woraus die Betrags-Übertragungsfunktion

$$|H_{\mathrm{ZW}}(j\omega)| = \sqrt{1 + |r|^2 + 2|r|\cos(\omega\tau + \psi)} \cdot |G_{\mathrm{TP}}(j\omega)| \tag{2.5.8b}$$

und die Gruppenlaufzeit

$$\tau_{gZW}(\omega) = \tau \cdot |r| \frac{|r| + \cos(\omega\tau + \psi)}{1 + |r|^2 + 2|r|\cos(\omega\tau + \psi)} + \tau_g(\omega)|_{G_{\mathrm{TP}}(j\omega)} \tag{2.5.8c}$$

folgen. **Bild 2.5.4** zeigt das Beispiel eines Zweiwegekanals mit den Parametern

$$|r| = \rho = 0,8; \qquad \psi = -\pi/4,$$

wobei die Einflüsse der Sende- und Empfangsfilter nicht dargestellt wurden. Dieses Beispiel verdeutlicht, dass die Betragsübertragungsfunktion des Mehrwege-Basisbandkanals im Allgemeinen nicht gerade ist, was sich aus der zugehörigen komplexen Impulsantwort erklärt.

Ferner wird deutlich, dass der Frequenzgang im Abstand von $\Delta f = 1/\tau$ Einbrüche aufweist. Gilt für die Übertragungsbandbreite

$$b > 1/\tau, \tag{2.5.9}$$

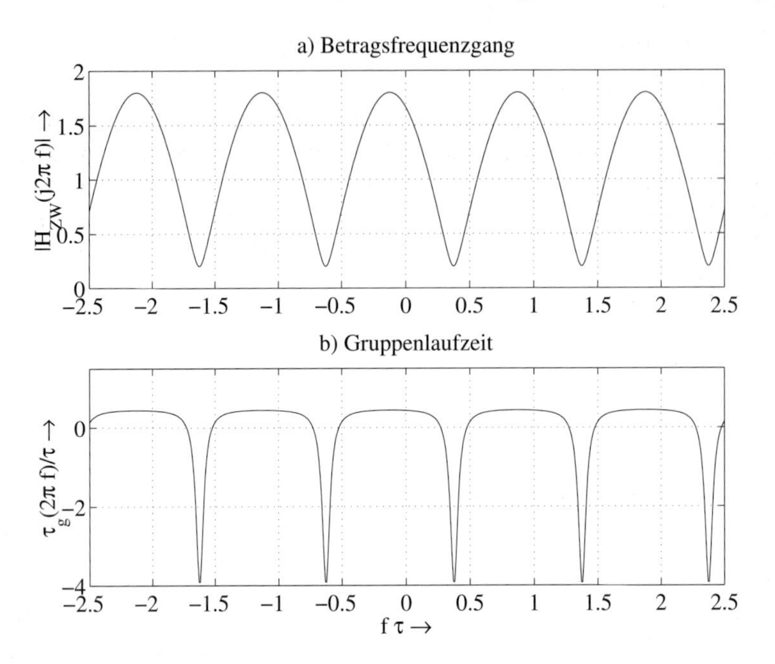

Bild 2.5.4: Beispiel eines Zweiwegekanals ($r = 0,8 \cdot \exp(-j\pi/4)$)

so spricht man von *frequenzselektiven Mehrwegekanälen.* Ist die Echolaufzeit hingegen klein gegenüber der inversen Bandbreite

$$b \ll 1/\tau, \tag{2.5.10a}$$

so kann für (2.5.8b) näherungsweise

$$|H_{\mathrm{ZW}}(j\omega)| \approx \sqrt{1 + |r|^2 + 2|r| \cos \psi} \tag{2.5.10b}$$

geschrieben werden. In diesem Falle führt also eine Zweiwegeübertragung zu einer im gesamten Übertragungsband $-\pi b \leq \omega \leq \pi b$ näherungsweise konstanten Abschwächung oder – je nach Phasendrehung ψ der reflektierten Welle – auch Verstärkung des empfangenen Signals („Flache Kanäle“). Wir wollen aus diesem Grunde bei Erfüllung der Bedingung (2.5.10a) den Begriff *nichtselektiver Mehrwegekanal* verwenden. Minimal- und Maximalwerte einer Zweiwegekanal-Übertragungsfunktion sind

$$\min\{|H_{\mathrm{ZW}}(j\omega)|\} = 1 - |r| \quad \text{und} \quad \max\{|H_{\mathrm{ZW}}(j\omega)|\} = 1 + |r|; \tag{2.5.11}$$

mit $|r| = 1$ enthält der Kanal vollständige Auslöschungen im Abstand $\Delta f = 1/\tau$.

2.5.2 Mobilfunkkanal

Die vorangegangenen Betrachtungen basierten auf der Annahme zeitlich konstanter Mehrwegeparameter. Unter praktischen Übertragungsbedingungen trifft diese Annahme nicht zu: Bei Bewegungen des Empfängers (mobiler Empfang) aber auch bei Streuungen und Reflexionen in der Ionosphäre oder Troposphäre ergeben sich *zeitvariante Übertragungsbedingungen.* Unter der vorläufigen Annahme endlich vieler Ausbreitungswege mit den diskreten Laufzeiten $\tau_0, \cdots, \tau_{N-1}$ ist dann für die Kanalimpulsantwort zu schreiben

$$h(t,\tau) = \sum_{\nu=0}^{N-1} r_\nu(t) \cdot \delta_0(\tau - \tau_\nu); \tag{2.5.12}$$

hierbei bedeuten

- t den absoluten Messzeitpunkt
- τ die Differenz zwischen Mess- und Erregungszeitpunkt.

Die komplexen Größen $r_\nu(t) = |r_\nu(t)| \cdot \exp(-j\psi_\nu(t))$ beschreiben die zeitlichen Veränderungen der Amplituden und Phasen auf den verschiedenen Ausbreitungspfaden. Liegt am Ausgang des Senders die komplexe Einhüllende $s(t)$, so berechnet sich das Signal nach Durchlaufen des Mobilfunkkanals gemäß

$$y(t) = \int_{-\infty}^{\infty} s(t-\tau) \cdot h(t,\tau)\, d\tau = \sum_{\nu=0}^{N-1} r_\nu(t) \cdot s(t-\tau_\nu). \tag{2.5.13}$$

Als Beispiel wird die Übertragung eines unmodulierten Signals betrachtet; die gesendete komplexe Einhüllende ist also eine Konstante

$$s(t) = s_0 = 1.$$

Das empfangene Signal enthält dann zeitliche Schwankungen der Form

$$y_r(t) = \sum_\nu r_\nu(t) = \sum_\nu |r_\nu(t)| \cdot e^{-j\psi_\nu(t)}. \tag{2.5.14}$$

Bei ungünstigen Phasenkonstellationen kann es zu Auslöschungen, also zu Fading kommen, während günstige Phasenlagen eine Verstärkung des Signals hervorrufen. In einem bewegten Empfänger verändern sich die Phasen zeitlich; man spricht daher von *zeitselektivem Fading.*

Rayleigh- und Rice-Fading. Die empfangene Komplexe Einhüllende setzt sich also aus einer Vielzahl gestreuter Komponenten zusammen. Laufzeiten, Einzelamplituden und -phasen verhalten sich dabei zufällig, so dass die Größe $y_r(t)$ als Zufallsprozess $Y_r(t)$ anzusetzen ist. Geht man von einer hinreichend großen Anzahl von Streukomponenten aus, so ist der Ansatz eines komplexen Gaußprozesses zulässig: Real- und Imaginärteil

$Y_r'(t)$ und $Y_r''(t)$ sind als unkorrelierte, gaußverteilte Zufallsprozesse anzusetzen. Für den Betrag der komplexen Einhüllenden

$$X_{\text{Ray}} \triangleq |Y_r(t)| = \sqrt{Y_r'^2(t) + Y_r''^2(t)}$$

ergibt sich eine *Rayleigh-Verteilung* (siehe (1.6.7b) auf Seite 37)

$$p_{X_{\text{Ray}}}(x) = \begin{cases} \frac{2x}{\sigma_Y^2}\, e^{-x^2/\sigma_Y^2} & \text{für } x \geq 0 \\ 0 & \text{sonst.} \end{cases} \tag{2.5.15}$$

Dabei bezeichnet σ_Y^2 die Leistung des komplexen Prozesses $Y_r(t)$; der Mittelwert der rayleighverteilten Betragseinhüllenden beträgt $\sigma_Y/2 \cdot \sqrt{\pi}$.

Die Phase der empfangenen Einhüllenden $\psi_{\text{Ray}}(t) = \arg\{Y_r(t)\}$ ist gleichverteilt im Intervall $[-\pi, \pi]$.

$$p_{\Psi_{\text{Ray}}}(\psi) = \begin{cases} \frac{1}{2\pi} & \text{für } -\pi \leq \psi \leq \pi \\ 0 & \text{sonst} \end{cases} \tag{2.5.16}$$

Wegen der sich ergebenden Verteilung des Betrages des empfangenen Signals bezeichnet man den Fall, dass sich am Empfänger eine Vielzahl gestreuter Komponenten überlagert, als *Rayleigh-Fading.*

Ist dem empfangenen Signal eine Direktkomponente, also ein Signal y_0 mit konstanter Amplitude, überlagert, so ergibt sich das so genannte *Rice-Fading.*

$$Y_{\text{Rice}}(t) = Y_r'(t) + j\,Y_r''(t) + y_0 \quad y_0 \in \mathbb{R} \tag{2.5.17}$$

Man definiert den *Rice-Faktor* als Verhältnis der Leistungen des direkten Signals zu den gestreuten Komponenten:

$$C = \frac{|y_0|^2}{\text{E}\{|Y_r(t)|^2\}} = \frac{|y_0|^2}{\sigma_Y^2}. \tag{2.5.18}$$

Für den Betrag des Signals (2.5.17) $|Y_{\text{Rice}}(t)| \triangleq X_{\text{Rice}}(t)$ ergibt sich die Verteilungsdichte [OL10]

$$p_{X_{\text{Rice}}}(x) = \begin{cases} \frac{2x}{\sigma_Y^2}\, e^{-([x/\sigma_Y]^2 + C)} \cdot \text{I}_0(2\frac{x}{\sigma_Y} \cdot \sqrt{C}) & \text{für } x \geq 0 \\ 0 & \text{sonst,} \end{cases} \tag{2.5.19}$$

die als *Rice-Verteilung* bezeichnet wird. $\text{I}_0(\cdot)$ bedeutet dabei die modifizierte Besselfunktion erster Art nullter Ordnung; σ_Y^2 ist die Leistung des komplexen Rayleigh-Prozesses $\text{E}\{|Y_r(t)|^2\}$.

Im Gegensatz zum Rayleigh-Prozess ist die Phase des Empfangssignals unter Rice-Fading-Bedingungen nicht mehr gleichverteilt. Für die Verteilungsdichte gilt die geschlossene Formulierung

$$p_{\Psi_{\text{Rice}}}(\psi) = \frac{1}{2\pi}\, e^{-C} \left[1 + \sqrt{\pi \cdot C}\, \cos(\psi)\, e^{C\, \cos^2(\psi)} \cdot \left[1 + \text{erf}\big(\sqrt{C}\, \cos(\psi)\big)\right]\right]$$
$$\text{für } -\pi \leq \psi \leq \pi \tag{2.5.20}$$

Mit steigender Leistung der Direktkomponente variiert $\psi(t)$ in zunehmend engeren Grenzen. Zur Veranschaulichung sind in **Bild 2.5.5** die Verteilungsdichten des Betrags und der Phase eines Rice-Prozesses mit $\sigma_Y^2 = y_0^2$ einem Rayleigh-Prozess gegenübergestellt. In die nach (2.5.15), (2.5.16), (2.5.19) und (2.5.20) berechneten Kurven sind Schätzwerte eingetragen ($\times$), die aus endlichen Musterfunktionen (100 000 Abtastwerte) gewonnen wurden.

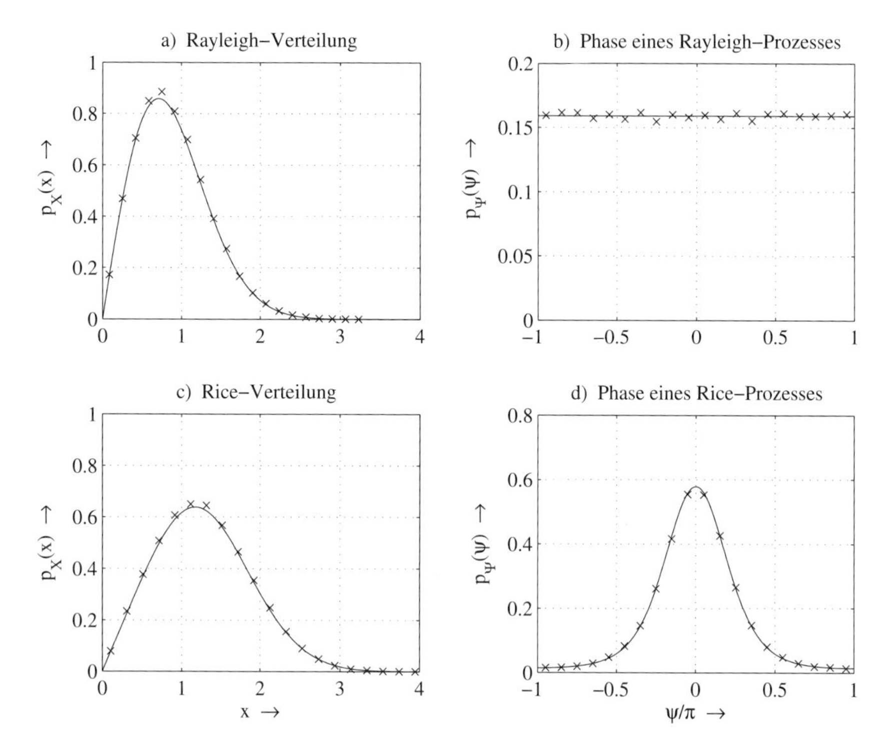

Bild 2.5.5: Verteilungsdichtefunktionen der Betragseinhüllenden und der Phase a,b) bei Rayleigh-, c,d) bei Rice-Fading ($\sigma_S^2 = s_0^2 = 1$)

Doppler-Einflüsse. Die bisherigen Betrachtungen bezogen sich auf die möglichen Amplitudenverteilungen des Empfangssignals. Wir wollen uns jetzt den Spektraleigenschaften zuwenden. Dabei gehen wir von einem bewegten Empfänger aus (Mobilfunk) und unterstellen zunächst den Empfang einer einzigen direkten Komponente. Das übertragene Signal – wieder als unmoduliertes Trägersignal angenommen – erfährt eine Frequenzverschiebung infolge des *Doppler-Effektes*:

$$f_D = \frac{v_E}{c_0} \cdot f_0 \cdot \cos\alpha. \tag{2.5.21}$$

Hierbei bedeuten v_E die Geschwindigkeit des bewegten Empfängers, c_0 die Lichtgeschwindigkeit in Luft, f_0 die Trägerfrequenz auf dem HF-Übertragungspfad und α den Winkel zwischen der Einfalls- und der Bewegungsrichtung. Die maximale Dopplerverschiebung

$$\pm f_{D\max} = \pm \frac{v_E}{c_0} \cdot f_0 \tag{2.5.22}$$

ergibt sich offenbar für $\alpha = 0$, d.h. der Empfänger bewegt sich auf den Sender zu, oder $\alpha = \pi$, wobei sich der Empfänger vom Sender fort bewegt. Die Dopplerverschiebung verschwindet, falls das Signal senkrecht zur Bewegungsrichtung einfällt.

Es wird nun der Fall von nicht frequenzselektivem Rayleigh-Fading betrachtet. Dabei wird unterstellt, dass eine sehr große Anzahl von Streukomponenten gleichmäßig aus allen Richtungen einfällt, wobei die Laufzeiten in etwa den gleichen Wert $\bar{\tau}$ aufweisen. Das empfangene Signal hat dann die Form

$$y(t) = s(t - \bar{\tau}) \cdot \sum_{\nu=0}^{N-1} r_\nu(t) \tag{2.5.23}$$

Der Einfallswinkel α wird als eine im Intervall $[-\pi, \pi]$ gleichverteilte Zufallsvariable aufgefasst; man nennt eine derartige Ausbreitungssituation *isotrop*. Hieraus gelingt es zunächst sehr einfach, die Verteilungsdichte der Dopplerfrequenzen zu bestimmen. Dabei werden folgende allgemeine Zusammenhänge benutzt.

Es seien $p_X(x)$ die Verteilungsdichte einer Zufallsvariablen X und $p_Y(y)$ die Verteilungsdichte einer Zufallsvariablen Y. Die Variablen X und Y seien durch die Vorschrift

$$Y = g(X) \tag{2.5.24a}$$

miteinander verknüpft. Dann gilt

$$p_Y(y) = p_X(g^{-1}(y)) \cdot \left| \frac{d(g^{-1}(y))}{dy} \right| ; \tag{2.5.24b}$$

$g^{-1}(\cdot)$ bezeichnet die Umkehrung von $g(\cdot)$. Angewendet auf die Dopplerverschiebung des Rayleigh-Prozesses erhält man hieraus

$$p_{F_D}(f_D) = p_\alpha[\arccos(f_D/f_{D\max})] \cdot \left| \frac{d\,[\arccos(f_D/f_{D\max})]}{d\,f_D} \right| . \tag{2.5.25}$$

Mit der Gleichverteilung

$$p_\alpha[\arccos(f_D/f_{D\max})] = \begin{cases} \frac{1}{\pi} & \text{für } |f_D| \le f_{D\max} \\ 0 & \text{sonst} \end{cases}$$

und der Ableitung

$$\frac{d\,\arccos(f_D/f_{D\max})}{d\,f_D} = \frac{1}{f_{D\max}} \cdot \frac{-1}{\sqrt{1-(f_D/f_{D\max})^2}}$$

folgt aus (2.5.25)

$$p_{F_D}(f_D) = \begin{cases} \frac{1}{\pi} \frac{1/f_{D\max}}{\sqrt{1-(f_D/f_{D\max})^2}} & \text{für } |f_D| \leq f_{D\max} \\ 0 & \text{sonst.} \end{cases} \tag{2.5.26}$$

Eine kurze Überlegung zeigt, dass die ermittelte Verteilungsdichte der Dopplerfrequenzen direkt proportional der spektralen Leistungsdichte des Empfangssignals sein muss. Wir stellen uns das Empfangssignal als eine Überlagerung sehr vieler diskreter Frequenzlinien gleicher Amplituden vor. Die Verteilungsdichte (2.5.26) gibt die Anzahl von Spektrallinien an, die in ein Frequenzintervall Δf fallen. Die Leistung in diesem Frequenzintervall ergibt sich aus der Addition der Leistungen aller Linien innerhalb Δf, da untereinander unkorrelierte, zufällige Phasen angenommen werden. Die Verteilungsdichte der Dopplerfrequenzen entspricht also der spektralen Verteilung der Leistung, also dem Leistungsdichtespektrum[7]:

$$S_{YY}(j2\pi f_D) = \begin{cases} \frac{1}{\pi} \frac{\sigma_Y^2/f_{D\max}}{\sqrt{1-(f_D/f_{D\max})^2}} & \text{für } \left|\frac{f_D}{f_{D\max}}\right| \leq 1 \\ 0 & \text{sonst;} \end{cases} \tag{2.5.27}$$

σ_Y^2 bezeichnet dabei die gesamte Leistung des komplexen Empfangssignals.

Bild 2.5.6 zeigt das Leistungsdichtespektrum des Empfangssignals für Rice-Fading. Als Einfallswinkel für die Direktkomponente wurde $\alpha_0 = \pi/4$ angenommen, womit für deren Dopplerfrequenz aus (2.5.21) folgt $f_D = f_{D\max}/\sqrt{2}$.

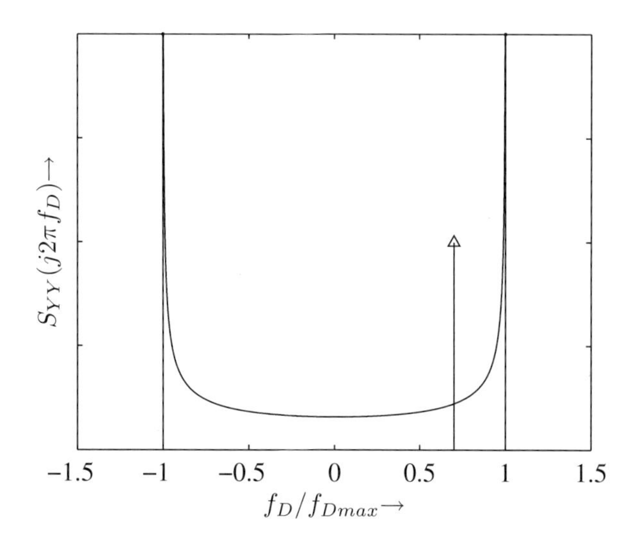

Bild 2.5.6: Leistungsdichtespektrum eines unmodulierten Empfangssignals bei Rice-Fading, Einfallswinkel der Direktkomponente $\alpha = \pi/4$

[7] Dieses Spektrum wird vielfach als „Jakes-Spektrum“ bezeichnet.

Aus den vorangegangenen Betrachtungen lässt sich ein Modell für einen nicht frequenzselektiven Rice-Kanal ableiten. Bezeichnet man die nicht gestörte komplexe Einhüllende des übertragenen Signals mit $s(t)$, so werden die zeitvarianten Schwundeinflüsse durch Multiplikation mit der komplexen Gaußgröße erfasst; die Erzeugung von $y_r(t)$ erfolgt gemäß der Darstellung in **Bild 2.5.7**: Zwei unkorrelierte, weiße, gaußverteilte Rauschprozesse werden zunächst durch zwei reelle Tiefpässe mit der Übertragungsfunktion

$$G_{\mathrm{TP}}(j2\pi f) = \begin{cases} \frac{A}{\sqrt[4]{1-(f/f_{D\max})^2}} & \text{für} \left|\frac{f}{f_{D\max}}\right| < 1 \\ 0 & \text{sonst} \end{cases} \tag{2.5.28}$$

gefiltert. Die Konstante A wird so gewählt, dass sich in Verbindung mit der Leistung der Quellen G_1 bzw. G_2 an den Filterausgängen jeweils die Leistungen $\sigma_Y^2/2$ ergeben (es sei $\sigma_S^2 = 1$). Damit erhält man Musterfunktionen des Rayleigh-Prozesses $Y_r(t)$, deren Spektralverteilungen (2.5.27) genügen. Addiert man noch eine Direktkomponente mit einer festen Frequenzverschiebung f_{D0}

$$y_0 \cdot e^{j2\pi f_{D0} t},$$

so ergibt sich eine Spektralverteilung gemäß Bild 2.5.6; die Betragseinhüllende dieses Signals ist riceverteilt.

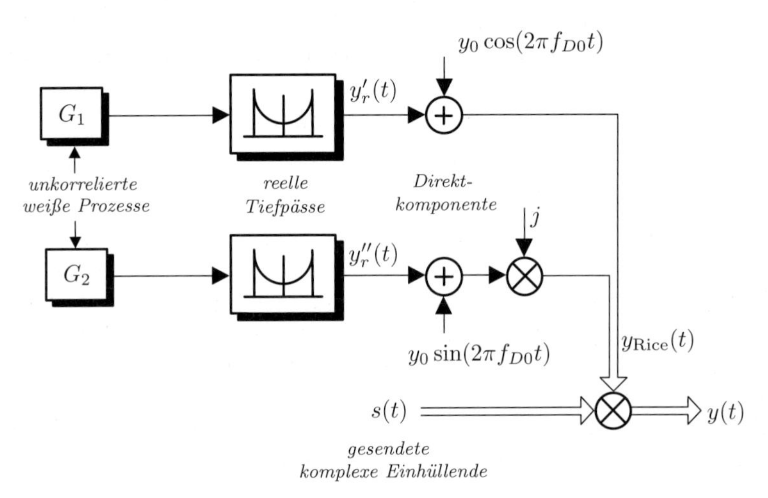

Bild 2.5.7: Modell für einen nicht frequenzselektiven Kanal

Frequenzselektives Fading. Die vorangegangenen Betrachtungen beruhten auf der Annahme, dass die am Empfänger eintreffenden Streukomponenten untereinander näherungsweise gleiche Verzögerungszeiten aufweisen. Der Ansatz gleichverteilter Einfallswinkel führte zur Spektralverteilung (2.5.27). Unter praktischen Übertragungsbedingungen tritt sehr häufig der Fall auf, dass die empfangenen Streukomponenten sich clusterartig auf eine Anzahl von ℓ Pfaden mit unterschiedlichen Laufzeiten verteilen. In diesem Falle ist von einem *frequenzselektiven* Kanalmodell auszugehen. Unterstellt man

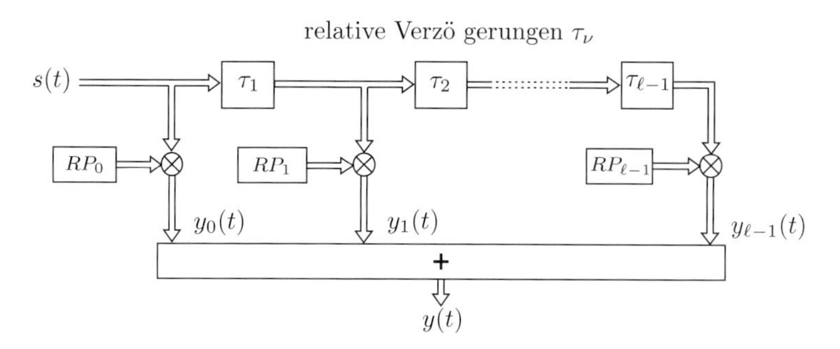

Bild 2.5.8: Diskretes Modell für einen frequenzselektiven Kanal

zunächst endlich viele diskrete Verzögerungszeiten, so erhält man das in **Bild 2.5.8** wiedergegebene Modellsystem. Die Symbole $RP_0, \ldots, RP_{\ell-1}$ repräsentieren komplexe Rice- oder Rayleigh-Prozesse in der im **Bild 2.5.7** angedeuteten Form. In den ℓ verschiedenen Pfaden können die Dopplerfrequenzen sowie die Direktkomponenten unterschiedlich sein.

Eine allgemeinere Formulierung frequenzselektiver Kanäle ergibt sich unter dem Ansatz *kontinuierlich verteilter Laufzeiten*. Das empfangene Signal wird dabei als ein Kontinuum von Mehrwegekomponenten aufgefasst. Die mittleren Echo-Profile beschreibt man mit Hilfe des sogenannten *Verzögerungs-Leistungsdichtespektrum* („Power Delay Spectrum"), das eine Aussage der Leistungsverteilung über der Verzögerungszeit beinhaltet. Mit der als Zufallsprozess aufgefassten zeitvarianten Kanalimpulsantwort $H(t, \tau)$ ist es definiert als[8]

$$\phi(\tau) = \mathrm{E}\{|H(t, \tau)|^2\}; \tag{2.5.29}$$

unter der Annahme der schwachen Stationarität ist der Erwartungswert unabhängig vom absoluten Messzeitpunkt t.

Zur Charakterisierung frequenzselektiver Kanäle wurden von der europäischen Arbeitsgruppe COST 207 in Hinblick auf Mobiltelefonie im Frequenzband um 900 MHz für bestimmte Übertragungssituationen typische Verzögerungs-Leistungsdichtespektren festgelegt [COS89]. Standard-Szenarien sind z.B. hügelige Landschaften („Hilly Terrain") oder städtische Umgebungen („Typical Urban" oder „Bad Urban") In **Bild 2.5.9** werden zwei Beispiele wiedergegeben. Anhand des Verzögerungs-Leistungsdichtespektrums werden zwei charakteristische Kanalparameter definiert. Die *mittlere relative Verzögerungszeit* ergibt sich dann aus dem ersten Moment in der Form

$$\bar{\tau} = \frac{1}{P_m} \int_{\tau_{\min}}^{\tau_{\max}} \tau \cdot \phi(\tau) d\tau; \tag{2.5.30a}$$

dabei wurde auf die mittlere Leistung

$$P_m = \int_{\tau_{\min}}^{\tau_{\max}} \phi(\tau) d\tau \tag{2.5.30b}$$

[8]Die Impulsantwort wird hier als Zufallsprozess aufgefasst und muss daher durch einen Großbuchstaben gekennzeichnet werden; $H(t, \tau)$ darf nicht mit der Übertragungsfunktion verwechselt werden!

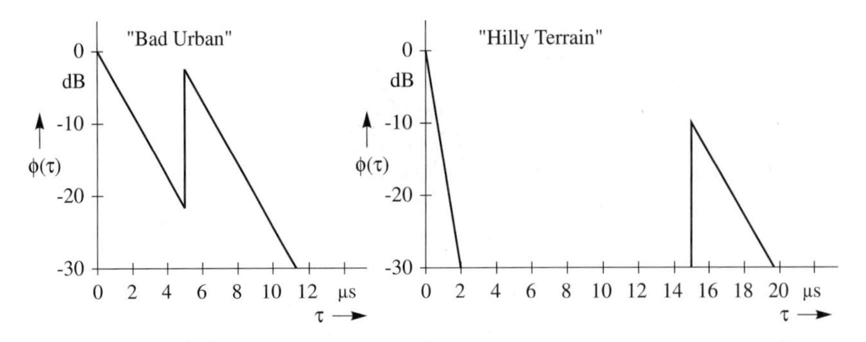

Bild 2.5.9: Verzögerungs-Leistungsdichtespektren nach COST 207

normiert. Die mittlere Impulsverbreiterung lässt sich mit Hilfe des zweiten Moments von $\phi(\tau)$ ausdrücken, indem man für die mittlere Zeitdauer die Definition in Abschnitt 2.2 anwendet. Als *„Delay-Spread"* wird also definiert

$$\Delta\tau = \sqrt{\frac{1}{P_m}\int\limits_{\tau_{\min}}^{\tau_{\max}} \tau^2\phi(\tau)d\tau - \bar{\tau}^2}. \tag{2.5.31}$$

Diese Größe gibt Aufschluss darüber, ob bei vorgegebener Übertragungsbandbreite b frequenzselektive oder nichtselektive Verhältnisse vorliegen. Erklärt man den Kehrwert des Delay-Spread zur so genannten *Kohärenzbandbreite*

$$b_c = \frac{1}{\Delta\tau}, \tag{2.5.32}$$

so spricht man unter der Bedingung, dass b_c klein gegenüber der Signalbandbreite b ist, von einem frequenzselektiven Kanal, während für $b_c \gg b$ nicht frequenzselektive Verhältnisse vorliegen. Im zweiten Falle kann das Modell nach Bild 2.5.7 verwendet werden, im ersten Falle jenes nach Bild 2.5.8.

Den Abschluss der Betrachtungen über Mobilfunkkanäle bildet ein Beispiel. **Bild 2.5.10** zeigt einen Ausschnitt der zeitabhängigen Betragsimpulsantwort $|h(t,\tau)|$ für den Fall „Bad Urban"; die maximale Dopplerfrequenz beträgt 100 Hz. Die Simulation dieses Beispiels wurde gemäß dem Modell nach Bild 2.5.8 durchgeführt.

Eine statistische Beschreibung von Mobilfunkkanälen, in der Zeit- und Frequenzselektivität gleichermaßen berücksichtigt werden, stellt die *Scattering Function* $P_s(\tau, f_d)$ dar. In ihr wird das Dopplerspektrum über der Laufzeit τ aufgelöst. **Bild 2.5.11** zeigt die Scattering Function für einen „Bad Urban" Kanal bei einer maximalen Dopplerfrequenz von $f_{D\max} = 40$ Hz. Man erkennt längs der Zeitrichtung die beiden Echo-Cluster im Abstand von etwa 5 μs (siehe Bild 2.5.9). In Frequenzrichtung ist der typische Verlauf des Jakes-Spektrums sichtbar.

Die Scattering Function wurde anhand eines von H. Schulze angegebenen Mobilfunk-Kanalmodells [Sch89] ermittelt. Dabei wird eine zeit- und frequenzdiskrete Kanalimpul-

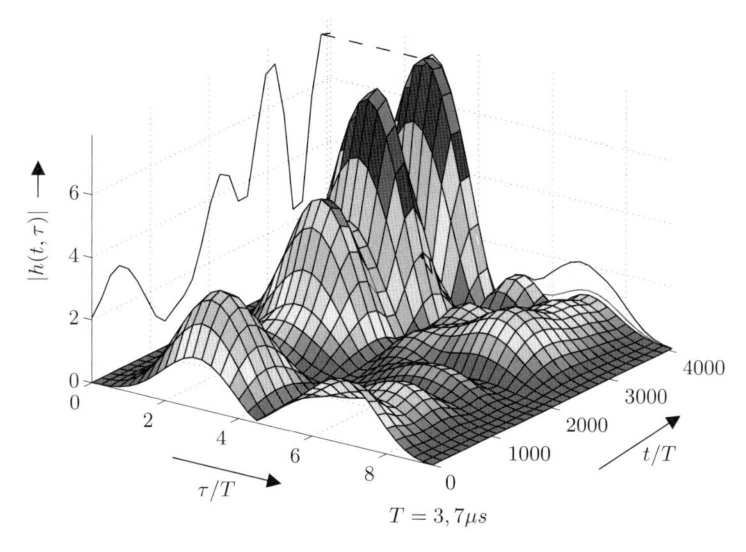

Bild 2.5.10: Zeitvariante Impulsantwort eines Fading Kanals („Bad Urban")

santwort der Form

$$h(t,\tau) = \frac{1}{\sqrt{N}} \sum_{\nu=0}^{N-1} e^{j(\omega_\nu t + \psi_\nu)} \cdot \delta_0(\tau - \tau_\nu); \tag{2.5.33}$$

angesetzt. Die Dopplerfrequenzen ω_ν werden gemäß dem Jakes-Spektrum, die Laufzeiten τ_ν gemäß dem Verzögerungs-Leistungsdichtespektrum statistisch ausgewürfelt; für die Phasen ψ_ν wird eine Gleichverteilung angenommen. Dieses Modell ist äußerst recheneffizient, da auf die Implementierung von schmalbandigen Filtern zur Begrenzung auf die maximale Dopplerfrequenz verzichtet werden kann. Bereits bei relativ kleinen Werten für N (typisch 100) werden die statistischen Eigenschaften von Mobilfunkkanälen sehr gut erfasst.

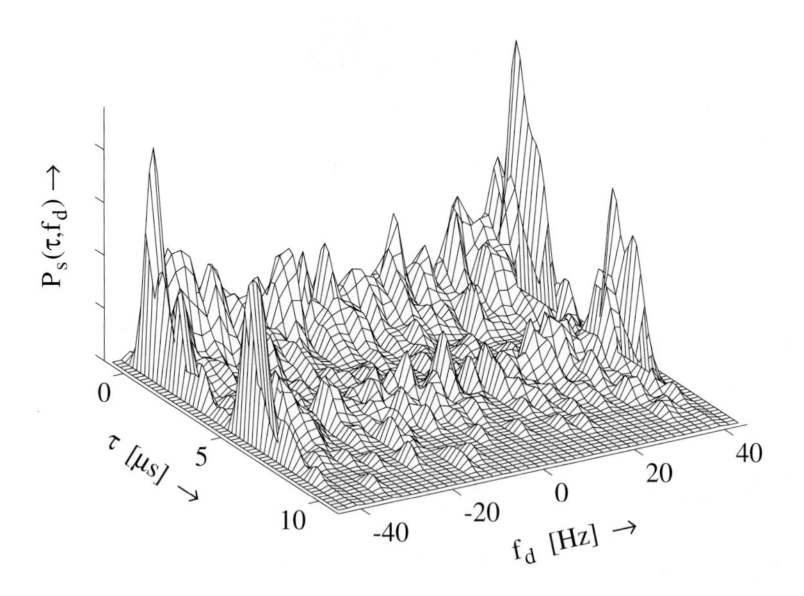

Bild 2.5.11: Scattering Function („Bad Urban", $f_{D\max} = 40$ Hz)

Kapitel 3

Analoge Modulationsverfahren

Die moderne Multimedia-Welt wird heute vornehmlich von digitalen Techniken bestimmt. Dennoch existieren nach wie vor ältere analoge Systeme, die in der nächsten Zukunft nicht vollständig ersetzt werden können. Dies gilt z.B. für den Bereich des Hörrundfunks. Auch wenn das DAB-System (Digital Audio Broadcasting) bereits vollständig standardisiert ist und in verschiedenen Pilotversuchen erprobt wurde, so steht doch zu erwarten, dass der klassische UKW-Rundfunk noch eine Weile in Betrieb bleiben wird. Aus diesem Grunde ist es zweckmäßig, sich mit analogen Übertragungsverfahren auch heute noch auseinander zu setzen. Als didaktisches Argument kommt hinzu, dass die klassischen Modulationsverfahren die fundamentale Grundlage und somit die Voraussetzung zum Verständnis der modernen digitalen Verfahren bilden.
Bei analogen wie digitalen Modulationsverfahren geht es darum, die ursprünglich im Tiefpassbereich liegenden Quellensignale wie Sprach-, Musik- oder Bildsignale in den Bandpassbereich zu verschieben, in dem eine Übertragung, z.B. über Funkkanäle, möglich ist. Die klassische Lösung hierfür besteht in der Modulation eines sinusförmigen Trägers durch das Quellensignal. In diesem Kapitel folgt zunächst die Definition der verschiedenen gebräuchlichen analogen Modulationsformen. Dabei ist grundsätzlich zwischen linearen Verfahren wie der Amplitudenmodulation und nichtlinearen Formen, also Frequenz- und Phasenmodulation, zu unterscheiden. In Abschnitt 3.2 folgt die Analyse der Spektraleigenschaften modulierter Signale. Schließlich gibt Abschnitt 3.3 eine Übersicht über die prinzipiellen Demodulationsvorschriften, die auf der Grundlage der komplexen Einhüllenden der verschiedenen Modulationssignale definiert werden.

3.1 Definitionen analoger Modulationsformen

3.1.1 Amplitudenmodulation

Das zu übertragende analoge Quellensignal wird als mittelwertfrei angenommen und im folgenden mit

$$v(t) \in [-1, 1] \tag{3.1.1a}$$

bezeichnet; es wird als dimensionslos und von der Zeit abhängig betrachtet. Das Quellensignal $v(t)$ soll Tiefpasscharakter aufweisen. Eine Verschiebung in den Bandpassbereich ist prinzipiell nach dem Modulationssatz der Fourier-Transformation (siehe Tabelle 1.2.2, Seite 7) durch Multiplikation mit einer sinusförmigen Trägerschwingung möglich. Der konstanten Amplitude a_0 eines unmodulierten Trägers

$$x_0(t) = a_0 \cdot \cos(\omega_0\, t + \varphi_0) \tag{3.1.1b}$$

mit der Trägerfrequenz $f_0 = \omega_0/2\pi$ (Anfangsphase φ_0) wird nun das zu übertragende Signal in folgender Weise aufgeprägt

$$a_0 \quad \Rightarrow \quad a(t) = a_0 + a_1\, v(t). \tag{3.1.2}$$

Die Abweichnung der Amplitude von ihrem Mittelwert a_0 ist also proportional zu $v(t)$; das Resultat ist ein *amplitudenmoduliertes Signal.*

$$x_{\mathrm{AM}}(t) = [a_0 + a_1\, v(t)]\, \cos(\omega_0 t + \varphi_0) \tag{3.1.3}$$

Erfüllt das modulierende Signal die Bedingung

$$V(j\omega) = 0 \qquad \text{für } |\omega| \geq \omega_0, \tag{3.1.4}$$

so ist gemäß Tabelle 1.3.1 die Hilberttransformierte der AM-Schwingung

$$\mathcal{H}\{x_{\mathrm{AM}}(t)\} = [a_0 + a_1\, v(t)]\, \sin(\omega_0 t + \varphi_0) \tag{3.1.5}$$

und somit das zugehörige analytische Signal

$$x^+_{\mathrm{AM}}(t) = [a_0 + a_1\, v(t)]\, e^{j(\omega_0 t + \varphi_0)}. \tag{3.1.6}$$

Die Ausmultiplikation von (3.1.6) zeigt, dass das AM-Signal neben dem zu übertragenden Signal $v(t)$ noch die unmodulierte Trägerschwingung

$$a_0\, e^{j(\omega_0 t + \varphi_0)}$$

enthält; normiert man die Darstellung auf die Trägeramplitude, so erhält man die Form

$$\frac{1}{a_0}\, x^+_{\mathrm{AM}}(t) = [1 + m\, v(t)]\, e^{j(\omega_0 t + \varphi_0)}. \tag{3.1.7}$$

Die Größe $m = a_1/a_0$ wird als *Modulationsgrad* bezeichnet.

Von dieser Form der AM-Übertragung mit Trägerzusatz ist die so genannte *reine Zweiseitenband-Übertragung* zu unterscheiden. Dabei wird in (3.1.5) $a_0 = 0$ gesetzt; das übertragene Signal enthält den unmodulierten Träger nicht explizit, falls das Basisbandsignal gleichanteilfrei ist. Zur Unterscheidung gegenüber der Form (3.1.7) wird ein solches Signal mit dem Index ZSB gekennzeichnet.

$$x_{\mathrm{ZSB}}(t) = a_1\, v(t)\, \cos(\omega_0 t + \varphi_0) \tag{3.1.8a}$$

$$x^+_{\mathrm{ZSB}}(t) = a_1\, v(t)\, e^{j(\omega_0 t + \varphi_0)} \tag{3.1.8b}$$

In **Bild 3.1.1** sind die Zeitverläufe zweier AM-Signale und eines reinen Zweiseitenbandsignals dargestellt. Die Linearität dieser Modulationsform ist unmittelbar durch den Nachweis der Gültigkeit des Superpositionsprinzips zu zeigen:

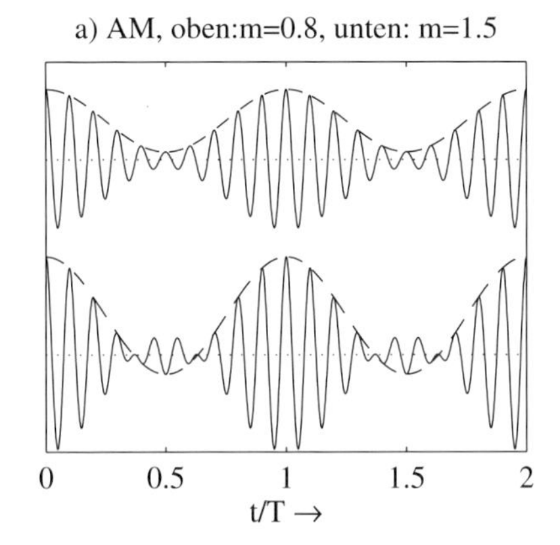

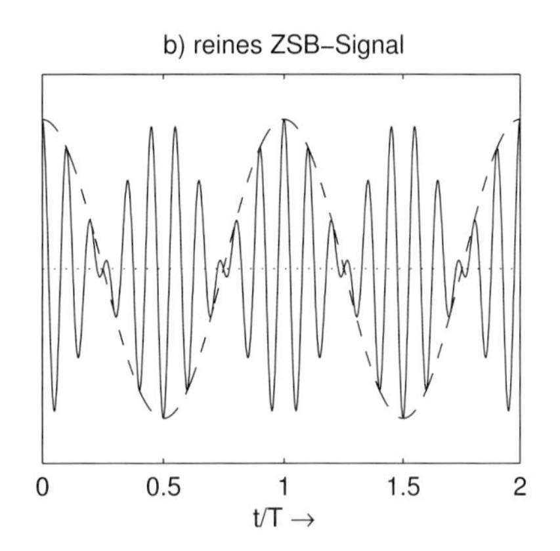

Bild 3.1.1: Zeitverläufe amplitudenmodulierter Signale

$$x^+_{\mathrm{ZSB1}}(t) = a_1\, v_1(t)\, e^{j(\omega_0 t + \varphi_0)}$$

$$x^+_{\mathrm{ZSB2}}(t) = a_1\, v_2(t)\, e^{j(\omega_0 t + \varphi_0)}$$

$$\begin{aligned} x^+_{\mathrm{ZSB1,2}}(t) &= a_1[K_1 v_1(t) + K_2 v_2(t)]\, e^{j(\omega_0 t + \varphi_0)} \\ &= K_1\, x^+_{\mathrm{ZSB1}}(t) + K_2\, x^+_{\mathrm{ZSB2}}(t). \end{aligned}$$

Ebenso gilt die Linearität für ein AM-Signal der Form (3.1.3), wenn man von der Überlagerung des unmodulierten Trägers mit konstanter Amplitude absieht. *Amplitudenmodulationsverfahren sind lineare Modulationsformen.*

3.1.2 Winkelmodulation

Zur Klasse der Winkelmodulation fasst man die Phasen- und Frequenzmodulation zusammen. Wir kommen zunächst zur Definition der *Phasenmodulation.* In diesem Falle wird die Momentanphase der Trägerschwingung (3.1.1b) durch das modulierende Signal zeitlich verändert.

$$\varphi_0 \quad \Rightarrow \quad \varphi(t) = \Delta\Phi\, v(t) + \varphi_0 \tag{3.1.9}$$

Der Faktor $\Delta\Phi$ beschreibt hierbei die maximale Abweichung der Phase von der des unmodulierten Trägers; er wird als *Phasenhub* bezeichnet. Die Definition eines phasenmodulierten Signals lautet damit

$$x_{\mathrm{PM}}(t) = a_0 \cos(\omega_0 t + \Delta\Phi\, v(t) + \varphi_0). \tag{3.1.10a}$$

Für das zugehörige analytische Signal schreiben wir

$$x^+_{\mathrm{PM}}(t) = a_0\, e^{j(\omega_0 t + \Delta\Phi\, v(t) + \varphi_0)}. \tag{3.1.10b}$$

Im nächsten Abschnitt wird gezeigt, dass (3.1.10b) streng genommen kein analytisches Signal darstellt, da die Bedingung

$$X^+_{\mathrm{PM}}(j\omega) = 0 \qquad \text{für}\, \omega < 0$$

auch für streng bandbegrenzte Signale $v(t)$ immer nur näherungsweise gelten kann. Sie ist umso besser erfüllt, je höher die Trägerfrequenz des PM-Signals liegt. Unter praktischen Gesichtspunkten ist eine Übertragung jedoch stets mit einer Bandbegrenzung verbunden, so dass mit der Beziehung (3.1.10b) gearbeitet werden kann (vgl. auch [Fet77]).

Die *Phasenmodulation* ist eine *nichtlineare Modulationsform.* Man zeigt dies anhand der Überprüfung des Superpositionsprinzips. Mit

$$x^+_{\mathrm{PM1}}(t) = a_0\, e^{j(\omega_0 t + \Delta\Phi\, v_1(t) + \varphi_0)}$$

und

$$x^+_{\mathrm{PM2}}(t) = a_0\, e^{j(\omega_0 t + \Delta\Phi\, v_2(t) + \varphi_0)}$$

folgt

$$\begin{aligned} x^+_{\mathrm{PM1,2}}(t) &= a_0\, e^{j(\omega_0 t + \Delta\Phi[v_1(t) + v_2(t)] + \varphi_0)} \\ &= a_0^{-1}\, e^{-j(\omega_0 t + \varphi_0)} \cdot x^+_{\mathrm{PM1}}(t) \cdot x^+_{\mathrm{PM2}}(t). \end{aligned}$$

Das Superpositionsprinzip ist verletzt.

Die *Frequenzmodulation* ist mit der Phasenmodulation eng verwandt. Die Trägerschwingung wird dabei in ihrer Momentanfrequenz $\omega(t)$ durch $v(t)$ so verändert, dass gilt

$$\omega(t) = \omega_0 + \Delta\Omega\, v(t); \qquad \Delta\Omega = 2\pi\Delta F. \tag{3.1.11}$$

Hierbei beschreibt ΔF die maximale Abweichung der Momentanfrequenz von der Frequenz des unmodulierten Trägers; ΔF wird als Frequenzhub, $\Delta\Omega$ als Kreisfrequenzhub bezeichnet.

Wir schreiben zunächst für die frequenzmodulierte Schwingung allgemein

$$x_{\mathrm{FM}}(t) = a_0 \cos[\psi(t) + \varphi_0]. \tag{3.1.12}$$

Die Feststellung des Zusammenhangs von $\psi(t)$ mit dem modulierenden Signal $v(t)$ erfordert eine klare Definition der Momentanfrequenz für den Fall, dass diese nicht konstant ist.

Unterstellt man zunächst nur hinreichend langsame Veränderungen der Momentanfrequenz derart, dass $\omega(t)$ in einem Intervall $t_0 - \Delta t/2 \leq t \leq t_0 + \Delta t/2$ als konstant angenommen werden kann, so gilt gemäß der gewohnten Frequenzdefinition

$$\omega(t_0) \approx \frac{\psi(t_0 + \Delta t/2) - \psi(t_0 - \Delta t/2)}{\Delta t}. \tag{3.1.13a}$$

Zum exakten Wert der Momentanfrequenz zum Zeitpunkt t_0 kommt man durch einen Grenzübergang für $\Delta t \to 0$.

$$\omega(t_0) = \lim_{\Delta t \to 0} \frac{\psi(t_0 + \Delta t/2) - \psi(t_0 - \Delta t/2)}{\Delta t} \tag{3.1.13b}$$

Eine sinnvolle Definition der Momentanfrequenz ist also durch den Differentialquotienten

$$\omega(t) = \frac{d\,\psi(t)}{dt} \tag{3.1.14}$$

gegeben. Setzen wir hier nun die Bedingung (3.1.11) ein, so ergibt sich für ein frequenzmoduliertes Signal

$$\omega_0 + \Delta\Omega\, v(t) = \frac{d\,\psi(t)}{dt}, \tag{3.1.15}$$

woraus die Momentanphase durch Integration zu gewinnen ist

$$\psi(t) = \omega_0 t + \Delta\Omega \int_0^t v(t')\, dt' + \psi_0. \tag{3.1.16}$$

Hierbei berücksichtigt ψ_0 den Anfangswert der Phase zum Zeitpunkt $t = 0$. Setzt man die gewonnene Beziehung in (3.1.12) ein, so ist diese Anfangsphase in die Konstante φ_0 mit einzubeziehen. Die Definition einer frequenzmodulierten Schwingung lautet somit

$$x_{\mathrm{FM}}(t) = a_0 \cos\left[\omega_0 t + \Delta\Omega \int_0^t v(t')\, dt' + \varphi_0\right]. \tag{3.1.17}$$

Diese Formulierung zeigt große Ähnlichkeit mit der phasenmodulierten Schwingung nach (3.1.10a). Der Unterschied besteht nur darin, dass im Falle des FM-Signals eine *Phasenmodulation mit integriertem NF-Signal* vorliegt. Für sinusförmige Modulation bedeutet dies, dass die Phasenmodulation eines FM-Signals gegenüber der eines PM-Signals um 90° gedreht ist. **Bild 3.1.2** zeigt hierfür ein Beispiel; das modulierende Kosinus-Signal ist jeweils gestrichelt eingetragen. Wegen der formalen Gleichheit können in den folgenden Abschnitten FM und PM weitgehend einheitlich behandelt werden.

Für die Formulierung des zu einem FM-Signal gehörigen analytischen Signals gilt die bereits für die Phasenmodulation erläuterte Einschränkung. Unter der Annahme hinreichend hoher Trägerfrequenz ist näherungsweise

$$x_{\mathrm{FM}}^{+}(t) = a_0\, e^{j(\omega_0 t + \Delta\Omega \int_0^t v(t')dt' + \varphi_0)} \tag{3.1.18}$$

zu schreiben.

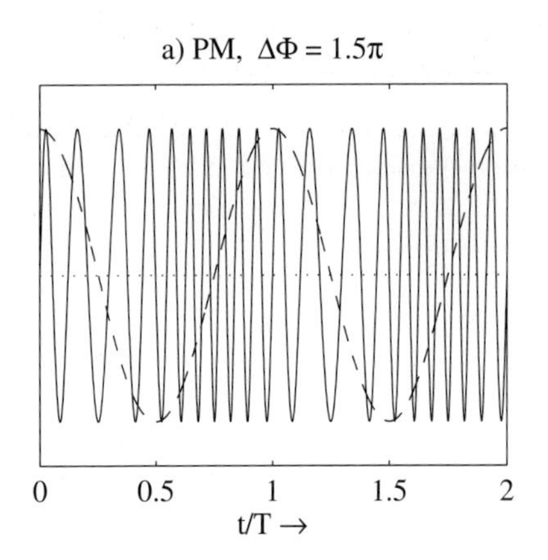

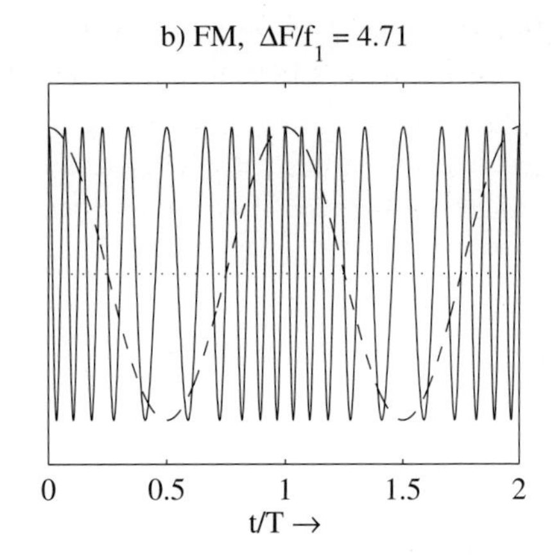

Bild 3.1.2: Zeitverläufe winkelmodulierter Signale

3.1.3 Einseitenbandmodulation

Eine Sonderstellung unter den klassischen Modulationsformen nehmen die Einseitenbandverfahren ein (SSB $\hat{=}$ Single Side Band). Im Folgenden wird gezeigt, dass es sich hier um eine Mischform zwischen Amplituden- und Phasenmodulation handelt. Bei der Definition von Einseitenbandsignalen ist zu unterscheiden zwischen solchen, die das obere Seitenband (OSB) und solchen, die das untere Seitenband (USB) benutzen. Ihre Definitionen lauten

$$\begin{aligned} x_{\mathrm{OSB}}(t) &= a_1 \cdot \mathrm{Re}\left\{ [v(t) + j\hat{v}(t)]\, e^{j(\omega_0 t + \varphi_0)} \right\} \\ &= a_1 \cdot [v(t)\cos(\omega_0 t + \varphi_0) - \hat{v}(t)\sin(\omega_0 t + \varphi_0)] \end{aligned} \tag{3.1.19a}$$

$$\begin{aligned} x_{\mathrm{USB}}(t) &= a_1 \cdot \mathrm{Re}\left\{ [v(t) - j\hat{v}(t)]\, e^{j(\omega_0 t + \varphi_0)} \right\} \\ &= a_1 \cdot [v(t)\cos(\omega_0 t + \varphi_0) + \hat{v}(t)\sin(\omega_0 t + \varphi_0)], \end{aligned} \tag{3.1.19b}$$

wobei

$$\hat{v}(t) = \mathcal{H}\{v(t)\}$$

die Hilberttransformierte des zu übertragenden Signals bezeichnet. Die Formulierung von Einseitenbandsignalen basiert also auf dem zum NF-Signal gehörigen analytischen Signal (bzw. im Falle des unteren Seitenbandes auf dem konjugierten analytischen Signal). Aufgrund der Betrachtungen in Abschnitt 1.3.4 wird offensichtlich, dass bei der Formulierung (3.1.19a,b) jeweils nur ein Seitenband übertragen wird, da im Falle

$$v^{+}(t) = v(t) + j\hat{v}(t) \tag{3.1.20a}$$

das Spektrum bei positiven, im Falle

$$v^{-}(t) = v(t) - j\hat{v}(t) \tag{3.1.20b}$$

das Spektrum bei negativen Frequenzen verschwindet. Einzelheiten über Spektralbedingungen bei Einseitenbandsignalen werden im nächsten Abschnitt diskutiert.

Abschließend soll gezeigt werden, dass ein Einseitenbandsignal sowohl eine Amplituden- als auch eine Phasenmodulation enthält. Dazu gehen wir von der OSB-Form (3.1.19a) aus und schreiben für das analytische Signal

$$x^+_{\mathrm{OSB}}(t) = a_1 \cdot v^+(t)\, e^{j(\omega_0 t + \varphi_0)}. \tag{3.1.21}$$

In [Küh70] wird nachgewiesen, dass das analytische Signal $v^+(t)$ unter der Bedingung eines nichtnegativen modulierenden Signals

$$\mathrm{Re}\{v^+(t)\} = v(t) \geq 0 \tag{3.1.22a}$$

stets in der Form

$$v^+(t) = e^{r^+(t)} = e^{r(t)}\, e^{j\hat{r}(t)} \tag{3.1.22b}$$

zu schreiben ist. Wir wollen diesen Nachweis hier nicht führen, jedoch zumindest zeigen, dass der Ausdruck

$$e^{r^+(t)}$$

stets ein analytisches Signal sein muss und also Gleichung (3.1.22b) überhaupt erfüllt werden kann.

Da $r^+(t)$ als analytisches Signal angesetzt wurde, gilt

$$R^+(j\omega) = 0 \qquad \text{für} \quad \omega < 0. \tag{3.1.23a}$$

Daraus folgt für das Quadrat von $r^+(t)$

$$\mathcal{F}\left\{[r^+(t)]^2\right\} = \frac{1}{2\pi} R^+(j\omega) * R^+(j\omega) = 0 \qquad \text{für} \quad \omega < 0. \tag{3.1.23b}$$

Die mehrfache Anwendung von (3.1.23b) zeigt, dass auch für beliebige Potenzen von $r^+(t)$ gilt

$$\mathcal{F}\left\{[r^+(t)]^n\right\} = 0 \qquad \text{für} \quad \omega < 0; \tag{3.1.23c}$$

$[r^+(t)]^n$ ist also stets ein analytisches Signal.

Man entwickelt nun die Exponentialfunktionen in (3.1.22b) in eine Potenzreihe.

$$e^{r^+(t)} = \sum_{\nu=0}^{\infty} \frac{1}{\nu!} \left[r^+(t)\right]^{\nu} \tag{3.1.24}$$

Sämtliche Terme dieser Reihe mit Indizes $\nu \neq 0$ sind analytische Signale wegen der Gültigkeit von (3.1.23c). Eine Ausnahme bildet der erste Summand ($\nu = 0$). Er stellt einen Gleichanteil dar; sein Spektrum besitzt eine Linie bei $\omega = 0$. Man erkennt hier die Notwendigkeit der Bedingung (3.1.22b), die ja dazu führt, dass auch $v^+(t)$ eine Spektrallinie bei $\omega = 0$ enthält.

Die vorangegangenen Überlegungen verdeutlichen, dass das analytische Signal $v^+(t)$ (mit nichtnegativem Realteil) in der Form (3.1.22b) dargestellt werden kann.

Wir kommen auf das Problem des Einseitenbandsignals zurück. Mit (3.1.22b) ist das obere Seitenband-Signal (3.1.21) über das analytische Hilfssignal $r^+(t)$ zu formulieren.

$$\begin{aligned} x^+_{\text{OSB}}(t) &= a_1 e^{r^+(t)} e^{j\,(\omega_0 t + \varphi_0)} = a_1 e^{r(t) + j\,\hat{r}(t)} e^{j\,(\omega_0 t + \varphi_0)} \\ &= a_1 e^{r(t)} e^{j\,[\omega_0 t + \hat{r}(t) + \varphi_0]} \end{aligned} \tag{3.1.25}$$

Man bezeichnet ein solches Signal als *Exponential-Einseitenbandsignal*; es enthält eine Amplituden- und eine Phasenmodulation. Schreiben wir allgemein

$$a(t) := e^{r(t)}, \tag{3.1.26a}$$

so gilt

$$\hat{r}(t) = \mathcal{H}\left\{\ln\left[a(t)\right]\right\} \tag{3.1.26b}$$

und damit für das Exponential-Einseitenbandsignal

$$x^+_{\text{OSB}}(t) = a_1 \cdot a(t)\, e^{j[\omega_0 t + \mathcal{H}\{\ln[a(t)]\} + \varphi_0]} \qquad \text{mit} \quad a(t) > 0. \tag{3.1.26c}$$

Wir ziehen aus den vorangegangenen Überlegungen den Schluss, dass *ein mit $a(t)$ amplitudenmoduliertes Signal durch zusätzliche Phasenmodulation mit $\mathcal{H}\{\ln[a(t)]\}$ in ein Einseitenbandsignal übergeht.*

Wegen der formalen Übereinstimmung von (3.1.26a,b) mit der allgemein gültigen Beziehung zwischen Dämpfungs- und Phasenmaß minimalphasiger Netzwerke wird ein Exponential-Einseitenbandsignal auch als *Minimalphasensignal* bezeichnet [Küh 70].

Es bleibt der Zusammenhang zwischen der Formulierung (3.1.25) und der ursprünglichen Definition eines Einseitenbandsignals (3.1.19a,b) herzustellen. Mit (3.1.22b) gilt

$$e^{r(t)} = |v^+(t)| = \sqrt{v^2(t) + \hat{v}^2(t)}$$

und weiterhin

$$\hat{r}(t) = \mathcal{H}\left\{\ln|v^+(t)|\right\},$$

so dass aus (3.1.25) folgt

$$x_{\text{OSB}}(t) = a_1 \cdot |v^+(t)| \cos\left(\omega_0 t + \mathcal{H}\left\{\ln|v^+(t)|\right\} + \varphi_0\right). \tag{3.1.27a}$$

Entsprechend gilt für ein unteres Seitenbandsignal

$$x_{\text{USB}}(t) = a_1 \cdot |v^+(t)| \cos\left(\omega_0 t - \mathcal{H}\left\{\ln|v^+(t)|\right\} + \varphi_0\right). \tag{3.1.27b}$$

Hierbei wurde ein nichtnegatives modulierendes Signal $v(t)$ unterstellt gemäß der Bedingung (3.1.22a). Ist jedoch diese Bedingung nicht erfüllt, d.h. gilt

$$\text{Min}\{v(t)\} = v_{\min} < 0,$$

so lässt sich (3.1.27a,b) auf folgende Weise verallgemeinern. Wir schreiben

$$v(t) = v_{\min} + \underbrace{[v(t) - v_{\min}]}_{=\bar{v}(t) \geq 0}$$

und können damit ein allgemeines Einseitenbandsignal als

$$x^+_{\substack{OSB\\USB}}(t) = a_1 \cdot \left[v_{\min} + |\overline{v}^+(t)|\, e^{\pm j\mathcal{H}\left\{\ln|\overline{v}^+(t)|\right\}}\right] e^{j\,(\omega_0 t+\varphi_0)}$$

formulieren.

Der erläuterten amplituden- und phasenmodulierten Schwingung ist also im Falle von $v_{\min} < 0$ ein Trägeranteil zu überlagern.

Abschließend untersuchen wir die Linearität der Einseitenbandmodulation. Sie ist, wie im Vorangegangenen gezeigt wurde, zu deuten als eine Mischform zwischen Amplituden- und Phasenmodulation: Die reine Amplitudenmodulation ist eine lineare, die Phasenmodulation eine nichtlineare Modulationsform. Zur Klärung der Linearitätsfrage bei der Einseitenbandmodulation gehen wir vom analytischen Signal (3.1.21) aus.

Die modulierenden Signale $v_1(t)$ und $v_2(t)$ führen zu

$$\begin{aligned} x^+_{\text{OSB1}}(t) &= [v_1(t) + j\hat{v}_1(t)]\, e^{j(\omega_0 t+\varphi_0)} \\ x^+_{\text{OSB2}}(t) &= [v_2(t) + j\hat{v}_2(t)]\, e^{j(\omega_0 t+\varphi_0)}. \end{aligned}$$

Die Modulation durch eine Linearkombination beider Signale liefert

$$\begin{aligned} x^+_{\text{OSB1,2}}(t) &= [(K_1 v_1(t) + K_2 v_2(t)) + j(K_1\hat{v}_1(t) + K_2\hat{v}_2(t))]\, e^{j(\omega_0 t+\varphi_0)} \\ &= [K_1(v_1(t) + j\hat{v}_1(t)) + K_2(v_2(t) + j\hat{v}_2(t))]\, e^{j(\omega_0 t+\varphi_0)} \\ &= K_1 x^+_{\text{OSB1}}(t) + K_2 x^+_{\text{OSB2}}(t). \end{aligned}$$

Das Superpositionsprinzip ist also erfüllt; die *Einseitenbandmodulation* ist somit eine *lineare Modulationsform.*

3.1.4 Übersicht

Der Übersicht halber werden abschließend die analytischen Signale zu den hier betrachteten klassischen Modulationsformen in einer Liste zusammengestellt. Die zugehörigen reellen Bandpass-Signale gewinnt man daraus stets durch Realteilbildung.

Lineare Modulationsformen:

- Amplitudenmodulation mit Träger

$$x^+_{\text{AM}}(t) = a_0\,[1 + m \cdot v(t)]\, e^{j(\omega_0 t+\varphi_0)} \tag{3.1.28a}$$

- Reine Zweiseitenbandmodulation

$$x^+_{\text{ZSB}}(t) = a_1 v(t)\, e^{j(\omega_0 t+\varphi_0)} \tag{3.1.28b}$$

- Einseitenbandmodulation

$$\begin{aligned} x^+_{\mathrm{OSB}}(t) &= a_1 \left[v(t) + j\hat{v}(t)\right] e^{j(\omega_0 t+\varphi_0)} \\ x^+_{\mathrm{USB}}(t) &= a_1 \left[v(t) - j\hat{v}(t)\right] e^{j(\omega_0 t+\varphi_0)} \end{aligned} \tag{3.1.28c}$$

- Einseitenbandmodulation mit Trägerzusatz

$$x^+_{\substack{OSB\\USB}}(t) = a_0 \left[1 + m(v(t) \pm j\hat{v}(t))\right] e^{j(\omega_0 t+\varphi_0)}; \tag{3.1.28d}$$

gilt speziell $m \leq 1$, so ist (3.1.28d) zu schreiben als

- Exponential-Einseitenbandsignal ($\min\{v(t)\} \geq 0$)

$$\begin{aligned} x^+_{\substack{OSB\\USB}}(t) &= a_1 |\bar{v}^+(t)|\, e^{j\,(\omega_0 t \pm \mathcal{H}\{\ln|\bar{v}^+(t)|\}+\varphi_0)} \\ &\quad \text{mit } |\bar{v}^+(t)| = |1 + m(v(t) + j\hat{v}(t))|\ ,\ m \leq 1. \end{aligned} \tag{3.1.28e}$$

Nichtlineare Modulationsformen:

- Phasenmodulation

$$x^+_{\mathrm{PM}}(t) = a_0\, e^{j\,(\omega_0 t + \Delta\Phi\, v(t) + \varphi_0)} \tag{3.1.29a}$$

- Frequenzmodulation

$$x^+_{\mathrm{FM}}(t) = a_0\, e^{j\,(\omega_0 t + \Delta\Omega\, \int_0^t v(t')dt' + \varphi_0)} \tag{3.1.29b}$$

3.2 Spektraleigenschaften

In den folgenden Betrachtungen über die Spektraleigenschaften der im letzten Abschnitt definierten Modulationsarten gehen wir prinzipiell von den zugehörigen analytischen Signalen aus. Wegen der aus den Abschnitten 1.3.4 und 1.4.3 bekannten Zusammenhänge sind aus den Spektren der analytischen Signale unmittelbar diejenigen der reellen Zeitsignale zu gewinnen. Wir erinnern uns an die Beziehung (1.4.19a)

$$\mathrm{Ra}\{X^+(j\omega)\} = \frac{1}{2}\left\{X^+(j\omega) + \left[X^+(-j\omega)\right]^*\right\}. \tag{3.2.1}$$

Wegen der Eigenschaft des analytischen Signals

$$X^+(j\omega) = 0 \ \text{ für } \omega < 0 \quad \rightarrow \quad X^+(-j\omega) = 0 \ \text{ für } \omega > 0 \tag{3.2.2a}$$

folgt hieraus

$$X(j\omega) = \begin{cases} \frac{1}{2} X^+(j\omega) & \text{für } \omega > 0 \\ \frac{1}{2}\left[X^+(-j\omega)\right]^* & \text{für } \omega < 0, \end{cases} \tag{3.2.2b}$$

was im Einklang mit der Beziehung (1.3.30) steht:

$$X^+(j\omega) = \begin{cases} 2\,X(j\omega) & \text{für } \omega > 0 \\ 0 & \text{für } \omega < 0. \end{cases} \tag{3.2.2c}$$

3.2.1 Lineare Modulationsformen

Amplitudenmodulation. Wir beginnen mit der Betrachtung eines reinen Zweiseitenbandsignals nach Gleichung (3.1.28b). Die zugehörige Fourier-Transformierte erhält man unter Berücksichtigung des Frequenzverschiebungstheorems.

$$\begin{aligned} x^+_{\text{ZSB}}(t) &= a_1 v(t)\, e^{j\varphi_0}\, e^{j\omega_0 t} \\ &\circ\!\!-\!\!\bullet \\ X^+_{\text{ZSB}}(j\omega) &= a_1 e^{j\varphi_0}\, V(j(\omega - \omega_0)) \end{aligned} \tag{3.2.3}$$

Da $v(t)$ als ein reelles Signal vorausgesetzt wird, gilt

$$V(j\omega) = V^*(-j\omega)$$

und somit für $|\Delta\omega| \le 2\pi\, b_{\text{NF}}$ ($\hat{=}$ Bandbreite des modulierenden Signals)

$$\begin{aligned} e^{-j\varphi_0} X^+_{\text{ZSB}}(j(\omega_0 + \Delta\omega)) &= a_1 V(j\Delta\omega) \\ e^{-j\varphi_0} X^+_{\text{ZSB}}(j(\omega_0 - \Delta\omega)) &= a_1 V(-j\Delta\omega) = a_1 V^*(j\Delta\omega) \\ e^{-j\varphi_0} X^+_{\text{ZSB}}(j(\omega_0 + \Delta\omega)) &= \left[e^{-j\varphi_0}\, X^+_{\text{ZSB}}(j(\omega_0 - \Delta\omega))\right]^*. \end{aligned} \tag{3.2.4}$$

Abgesehen von der Phasendrehung φ_0 des Trägers sind das obere und das untere Seitenband konjugiert komplex zueinander. Das Betragsspektrum eines Zweiseitenbandsignals ist also stets symmetrisch bezüglich der Trägerfrequenz

$$|X^+_{\text{ZSB}}(j(\omega_0 + \Delta\omega))| = |X^+_{\text{ZSB}}(j(\omega_0 - \Delta\omega))|. \tag{3.2.5}$$

Die Bandbreite eines Zweiseitenbandsignals beträgt $2b_{\text{NF}}$, also die doppelte NF-Bandbreite. Die Betrachtungen lassen sich unmittelbar auf amplitudenmodulierte Signale mit Trägerzusatz erweitern. Aus (3.1.28a) erhält man

$$\begin{aligned} x^+_{\text{AM}}(t) &= a_0\,[1 + m\,v(t)]\; e^{j\varphi_0}\, e^{j\omega_0 t} \\ &\circ\!\!-\!\!\bullet \\ X^+_{\text{AM}}(j\omega) &= a_0 e^{j\varphi_0}\,[2\pi\,\delta_0(\omega - \omega_0) + m\,V(j(\omega - \omega_0))] \\ &= a_0 e^{j\varphi_0} 2\pi\,\delta_0(\omega - \omega_0) + m\,X^+_{\text{ZSB}}(j\omega). \end{aligned} \tag{3.2.6}$$

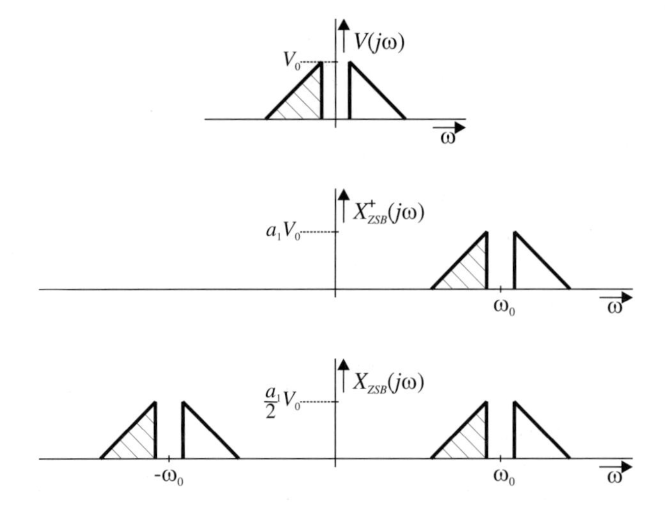

Bild 3.2.1: Spektrum eines reinen Zweiseitenbandsignals ($\varphi_0 = 0$) (Die Schraffur im unteren Seitenband deutet die konjugiert komplexe Form an.)

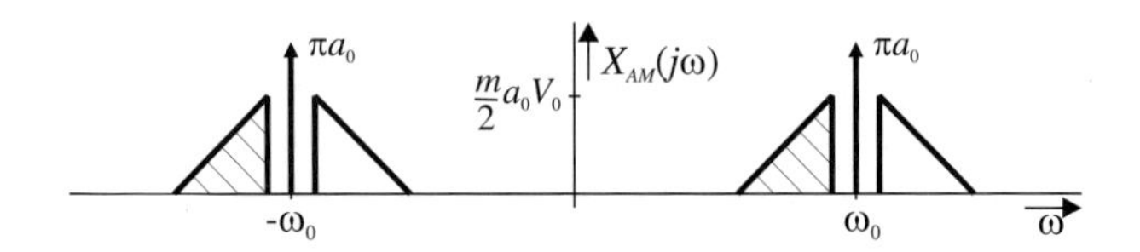

Bild 3.2.2: Spektrum eines AM-Signals mit Trägerzusatz($\varphi_0 = 0$)

Unter dem Gesichtspunkt einer leistungseffizienten Übertragung interessiert das Verhältnis zwischen der Leistung des zugesetzten Trägers und derjenigen der informationstragenden Seitenbänder. Allgemein ist eine solche Aussage nicht zu formulieren, da die Leistung der Seitenbandanteile bei der Aussteuerungsfestlegung

$$|v(t)| \leq 1$$

von der Verteilungsdichtefunktion des NF-Signals in diesem Intervall abhängig ist. Wir betrachten den Spezialfall sinusförmiger Modulation

$$\begin{aligned} x_{\mathrm{AM}}^{+}(t) &= a_0 e^{j\varphi_0} \left[1 + m \cos \omega_1 t\right] e^{j\omega_0 t} \\ &= a_0 e^{j\varphi_0} \left[e^{j\omega_0 t} + \frac{m}{2}(e^{j(\omega_0 - \omega_1)t} + e^{j(\omega_0 + \omega_1)t})\right]. \end{aligned} \tag{3.2.7}$$

Die Gesamtleistung P_{AM} des AM-Signals setzt sich additiv (wegen der Orthogonalität der Teilsignale) aus drei Anteilen zusammen:

$$P_{\mathrm{AM}} = P_{\text{Träger}} + P_{\mathrm{OSB}} + P_{\mathrm{USB}}.$$

Mit

$$P_{\text{Träger}} = 1$$

und

$$P_{\text{OSB}} = P_{\text{USB}} = \frac{m^2}{4}$$

gilt also

$$\frac{P_{\text{OSB}}}{P_{\text{AM}}} = \frac{P_{\text{USB}}}{P_{\text{AM}}} = \frac{m^2}{4 + 2m^2}. \tag{3.2.8}$$

Für den Wert $m = 1$ besteht demnach bei sinusförmiger Modulation die gesamte Übertragungsleistung aus dem sechsfachen Wert eines einzelnen informationstragenden Seitenbandes. Für reale Audio-Signale, Sprache oder Musik, ist das Leistungsverhältnis im Allgemeinen weitaus ungünstiger. Es kommt hinzu, dass üblicherweise bei der praktischen AM-Übertragung mit Trägerzusatz ein Modulationsgrad gewählt wird, der deutlich unter eins liegt (Vermeidung von Übermodulation!), so dass in der Regel der weitaus größte Anteil der gesamten Sendeleistung für die Übertragung des unmodulierten Trägers investiert wird.

Einseitenbandmodulation. Aus den analytischen Signalen (3.1.28c)

$$x^+_{\text{OSB}}(t) = a_1\, v^+(t)\, e^{j\varphi_0}\, e^{j\omega_0 t}$$

$$x^+_{\text{USB}}(t) = a_1\, v^-(t)\, e^{j\varphi_0}\, e^{j\omega_0 t}$$

gewinnt man durch Anwendung des Frequenzverschiebungstheorems die Spektren von oberen und unteren Seitenbandsignalen.

$$X^+_{\text{OSB}}(j\omega) = a_1\, e^{j\varphi_0}\, V^+(j(\omega - \omega_0)) \tag{3.2.9a}$$

$$X^+_{\text{USB}}(j\omega) = a_1\, e^{j\varphi_0}\, V^-(j(\omega - \omega_0)) \tag{3.2.9b}$$

Wegen der Bedingung

$$V^+(j\omega) = 0 \qquad \text{für } \omega < 0$$

$$V^-(j\omega) = 0 \qquad \text{für } \omega > 0$$

folgt aus (3.2.9a,b)

$$X^+_{\text{OSB}}(j\omega) = 0 \qquad \text{für } \omega < \omega_0 \tag{3.2.10a}$$

$$X^+_{\text{USB}}(j\omega) = 0 \qquad \text{für } \omega > \omega_0. \tag{3.2.10b}$$

In **Bild 3.2.3** werden die Spektraleigenschaften von Einseitenbandsignalen verdeutlicht.

Die Probleme der schaltungstechnischen Realisierung von Einseitenbandsignalen liegen in der Hilberttransformation des modulierenden Signals. Insbesondere dann, wenn dieses Signal Spektralanteile bei niedrigen Frequenzen aufweist, ist hoher Aufwand in die Realisierung eines entsprechend steilflankigen Hilberttransformators zu investieren. Für ein übliches Sprachsignal beträgt die untere Grenzfrequenz 300 Hz, so dass auf Grund des relativ breiten Übergangsbereichs von -300 bis +300 Hz moderate Anforderungen an den Hilberttransformator zu stellen sind. Aus diesem Grunde wird die Einseitenbandtechnik im so genannten *Trägerfrequenz-System* im Fernsprechnetz angewendet (siehe hierzu Abschnitt 6.1). Größere Probleme erhält man demgegenüber z.B. bei Fersehbild-Signalen:

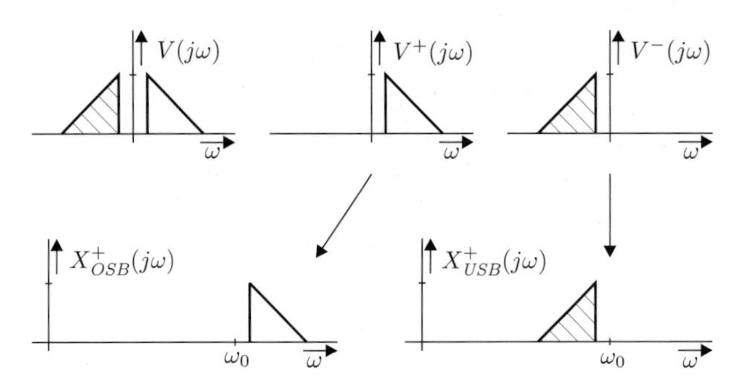

Bild 3.2.3: Spektren von Einseitenbandsignalen ($\varphi_0 = 0$)
(Schraffierte Teilspektren: konjugiert komplex)

Das BAS-Signal[1] reicht spektral bis zur Frequenz null herunter; ein Einseitenbandsignal ist für diesen Fall nicht mehr zu realisieren. Zur Fernsehübertragung wird deshalb die Restseitenbandmodulation angewendet.

Restseitenbandmodulation. Nach den Überlegungen in Abschnitt 1.3.2 ist eine Hilberttransformation stets nur näherungsweise möglich; dabei wird durch rekursive Systeme bei ideal konstantem Dämpfungsgang die Phasenbedingung nur näherungsweise erfüllt, während umgekehrt nichtrekursive Systeme die ideale Phasenbeziehung erreichen, jedoch nur eine Approximation des konstanten Frequenzgangs. Wir setzen für die folgenden Betrachtungen einen nichtrekursiven Hilberttransformator voraus, dessen Übertragungsfunktion lautet (siehe **Bild 3.2.4**)

$$\tilde{H}_{\mathcal{H}}(j\omega) = \begin{cases} -j\,[1 - \Delta H(j\omega)] & \text{für } \omega \geq 0 \\ +j\,[1 - \Delta H(j\omega)] & \text{für } \omega \leq 0, \end{cases} \tag{3.2.11}$$

wobei für $\Delta H(j\omega)$ unter der Bedingung nichtrekursiver Approximation bei nichtkausaler Schreibweise gilt

$$\Delta H(j\omega) = \Delta H(-j\omega) \in \mathbb{R} \tag{3.2.12a}$$

$$\Delta H(0) = 1. \tag{3.2.12b}$$

Unter dem Einfluss einer solchen realen Hilberttransformation wird aus dem modulierenden Signal $v(t)$ kein exaktes analytisches Signal erzeugt; wir schreiben im Spektralbereich

$$\begin{aligned} \tilde{V}^+(j\omega) &= V(j\omega) + j\tilde{H}_{\mathcal{H}}(j\omega)\,V(j\omega) \\ &= V(j\omega)\left[1 + j\tilde{H}_{\mathcal{H}}(j\omega)\right] \end{aligned} \tag{3.2.13a}$$

$$\tilde{V}^-(j\omega) = V(j\omega)\left[1 - j\tilde{H}_{\mathcal{H}}(j\omega)\right]. \tag{3.2.13b}$$

Das reale Quadraturnetzwerk, welches zur Einseitenbanderzeugung auf das NF-Signal

[1] Bild-Austast-Synchron-Signal

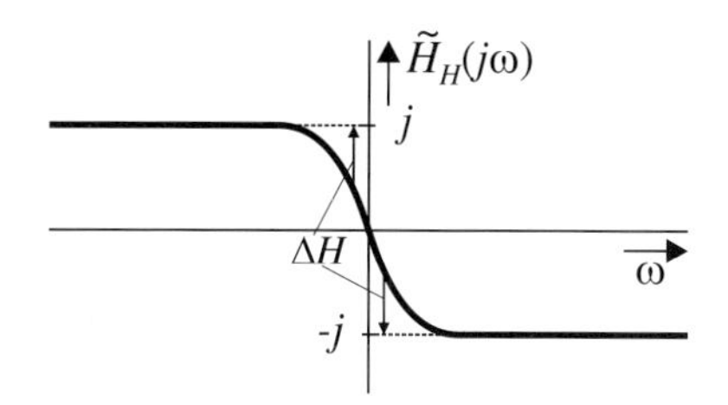

Bild 3.2.4: Übertragungsfunktion eines realen nichtrekursiven Hilberttransformators

angewendet wird, hat also die Übertragungsfunktion

$$H_{\text{OSB}}(j\omega) = 1 + j\tilde{H}_{\mathcal{H}}(j\omega) \tag{3.2.14a}$$

$$H_{\text{USB}}(j\omega) = 1 - j\tilde{H}_{\mathcal{H}}(j\omega), \tag{3.2.14b}$$

woraus sich mit (3.2.11) ergibt

$$H_{\text{OSB}}(j\omega) = \begin{cases} 2 - \Delta H(j\omega) & \text{für } \omega > 0 \\ \Delta H(j\omega) & \text{für } \omega < 0 \end{cases} \tag{3.2.15a}$$

$$H_{\text{USB}}(j\omega) = \begin{cases} \Delta H(j\omega) & \text{für } \omega > 0 \\ 2 - \Delta H(j\omega) & \text{für } \omega < 0. \end{cases} \tag{3.2.15b}$$

Es handelt sich um reelle Übertragungsfunktionen; die zugehörigen Impulsantworten sind komplex wegen der Unsymmetrie von $H_{\text{OSB}}(j\omega)$ und $H_{\text{USB}}(j\omega)$ bezüglich $\omega = 0$.

In **Bild 3.2.5** werden die Verhältnisse verdeutlicht, wobei die für nichtrekursive Hilberttransformatoren gültigen Bedingungen (3.2.12a,b) berücksichtigt werden. Man erkennt, dass die Übertragungsfunktionen $H_{\text{OSB}}(j\omega)$ und $H_{\text{USB}}(j\omega)$ jeweils Nyquistflanken bezüglich der Frequenz $\omega = 0$ aufweisen. Die Wirkung der realen nichtrekursiven Hilberttransformation (mit idealer Erfüllung der Phasenbedingung) lässt sich nach den vorangegangenen Überlegungen auch auf folgende Weise interpretieren.

Wir gehen von einem reinen Zweiseitenbandsignal aus. Daraus gewinnt man dann ein reales *Einseitenbandsignal* (mit unvollständiger Unterdrückung des jeweils nicht zu übertragenden Seitenbandes) durch eine Filterung mit einem Tiefpass (für USB) bzw. Hochpass (für OSB), der bezüglich der Trägerfrequenz eine *Nyquistflanke* aufweist. Das entstehende Signal bezeichnet man als *Restseitenbandsignal* (RSB oder VSB$\hat{=}$ Vestigial Side Band). Wir halten also folgende Definition fest:

- *Ein Restseitenbandsignal ergibt sich durch Filterung eines Zweiseitenbandsignals mit einem Nyquist-Filter der Nyquistfrequenz ω_0. Die Wirkung dieses Nyquistfilters entspricht derjenigen eines realen nichtrekursiven Hilberttransformators zur Erzeugung eines näherungsweise analytischen NF-Signals.*

Die Erzeugung eines Restseitenbandsignals durch Tiefpass- bzw. Hochpass-Filterung eines ZSB-Signals wird in **Bild 3.2.6** verdeutlicht.

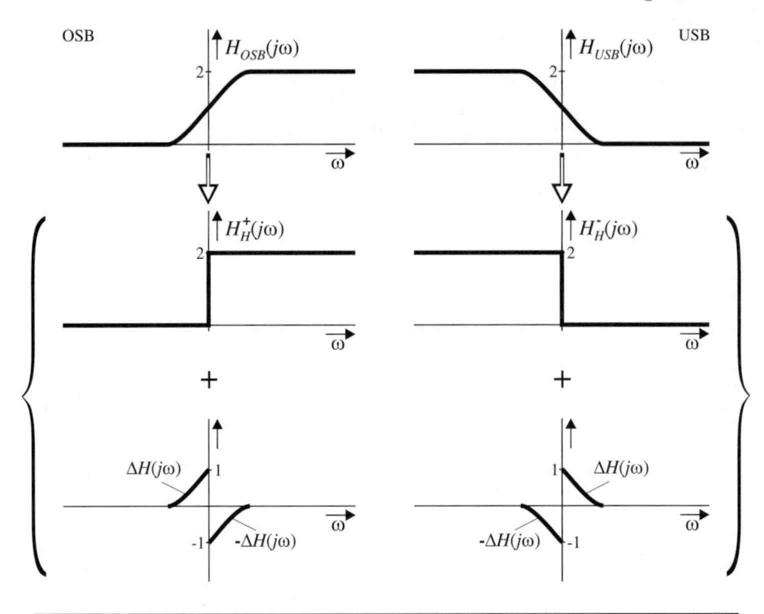

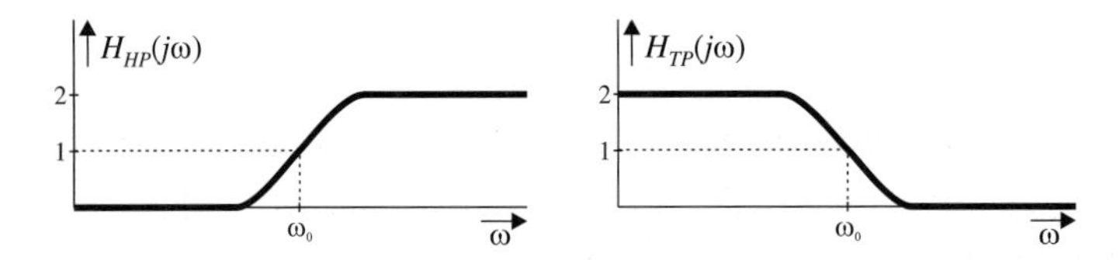

Bild 3.2.5: Erläuterung der Restseitenband-Erzeugung

3.2.2 Winkelmodulation

Man wird erwarten, dass die Berechnung der Spektren nichtlinear modulierter Signale größere Schwierigkeiten bereitet als die der linearen Formen AM oder ESB. In der Tat gelingt die geschlossene Formulierung der Spektren von FM- oder PM-Signalen auch nur für spezielle modulierende Signale.

Wir betrachten den Fall sinusförmiger Modulation

$$v(t) = \cos(\omega_1 t). \tag{3.2.16}$$

Damit wird das dem entsprechenden phasenmodulierten Signal zugehörige analytische Signal nach (3.1.29a)

$$x_{\mathrm{PM}}^{+}(t) = a_0 \, e^{j\,(\omega_0 t + \Delta\Phi \cos \omega_1 t + \varphi_0)}, \tag{3.2.17a}$$

bzw. das frequenzmodulierte Signal nach (3.1.29b)

$$x_{\mathrm{FM}}^{+}(t) = a_0 \, e^{j\,(\omega_0 t + \frac{\Delta\Omega}{\omega_1}\, \sin \omega_1 t + \varphi_0)}. \tag{3.2.17b}$$

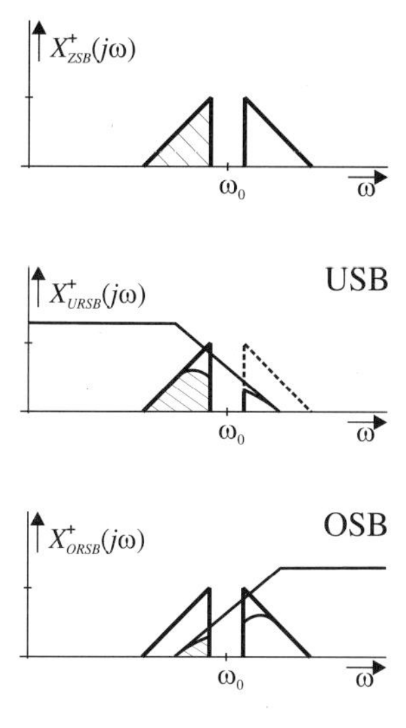

Bild 3.2.6: Veranschaulichung der Erzeugung eines Restseitenbandsignals aus einem ZSB-Signal durch Nyquist-Filterung

Der im Falle der Frequenzmodulation auftretende Phasenhub $\Delta\Omega/\omega_1$ wird als *Modulationsindex*

$$\eta = \frac{\Delta\Omega}{\omega_1} \tag{3.2.18}$$

bezeichnet; er spielt für die Berechnung des FM-Spektrums eine entscheidende Rolle.

In Abschnitt 3.1.3 wurde auf die enge Verwandtschaft zwischen FM und PM hingewiesen, die sich hier wieder im Vergleich der Gleichungen (3.2.17a) und (3.2.17b) zeigt. Für die Spektren bedeutet dies lediglich veränderte Phasenbeziehungen; die Betragsspektren von sinusförmig modulierten FM- und PM-Signalen sind für $\Delta\Phi = \eta$ identisch.

Im Folgenden konzentrieren wir uns auf die Berechnung des Spektrums eines sinusförmig modulierten FM-Signals. Gleichung (3.2.17b) schreiben wir hierzu in der Form

$$x^+_{\mathrm{FM}}(t) = a_0\, e^{j(\omega_0 t + \varphi_0)}\, e^{j\eta \sin \omega_1 t}$$

und entwickeln den letzten Term in eine Fourierreihe.

$$e^{j\eta \sin \omega_1 t} = \sum_{\nu=-\infty}^{\infty} c_\nu\, e^{j\nu\omega_1 t} \tag{3.2.19a}$$

Zur Bestimmung der Koeffizienten c_ν nutzen wir die Orthogonalität der Summenglieder.

$$\int_{-\pi}^{\pi} e^{j\nu\omega_1 t}\, e^{j\mu\omega_1 t}\, d(\omega_1 t) = \begin{cases} 2\pi & \text{für } \nu = -\mu \\ 0 & \text{sonst} \end{cases} \tag{3.2.19b}$$

Die Bestimmungsgleichung für die Fourier-Koeffizienten folgt hiermit aus (3.2.19a).

$$c_\nu = \frac{1}{2\pi} \int_{-\pi}^{\pi} e^{-j\nu\omega_1 t}\, e^{j\eta \sin \omega_1 t}\, d(\omega_1 t) \tag{3.2.19c}$$

Das hier auftretende Integral beinhaltet die Definition der Besselfunktion erster Art ν-ter Ordnung [BS00]

$$J_\nu(\eta) = \frac{1}{2\pi}\int_{-\pi}^{\pi} e^{j(\eta \sin x - \nu x)} dx, \tag{3.2.20}$$

so dass sich für das analytische Signal eines sinusförmig modulierten FM-Signals schreiben lässt

$$x_{\mathrm{FM}}^{+}(t) = a_0\, e^{j(\omega_0 t + \varphi_0)} \sum_{\nu=-\infty}^{\infty} J_\nu(\eta)\, e^{j\nu\omega_1 t}. \tag{3.2.21}$$

Für die hier auftretenden negativen Indizes der Besselfunktion ist die Beziehung

$$J_{-\nu}(\eta) = (-1)^\nu\, J_\nu(\eta) \tag{3.2.22}$$

zu berücksichtigen. Die Verläufe einiger Besselfunktionen sind in **Bild 3.2.7** wiedergegeben.

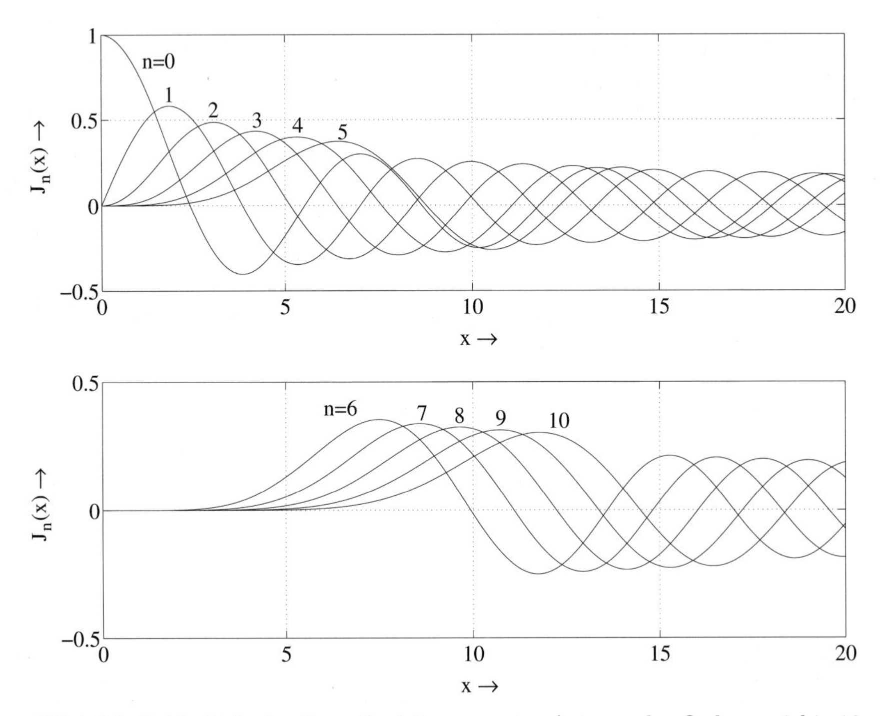

Bild 3.2.7: Verläufe der Besselfunktionen erster Art von der Ordnung 0 bis 10

Nutzt man die Symmetrieeigenschaften der Besselfunktionen (3.2.22) aus, so erhält (3.2.21) die Form

$$\begin{aligned} x_{\mathrm{FM}}^{+}(t) &= a_0 e^{j\varphi_0} \Big(J_0(\eta)\, e^{j\omega_0 t} \\ &+ \sum_{\nu=1}^{\infty} J_\nu(\eta) \Big[e^{j(\omega_0+\nu\omega_1)t} + (-1)^\nu\, e^{j(\omega_0-\nu\omega_1)t} \Big] \Big). \end{aligned} \tag{3.2.23}$$

Mit der Korrespondenz

$$\mathcal{F}\left\{e^{j\omega_\nu t}\right\} = 2\pi\,\delta_0(\omega - \omega_\nu)$$

ergibt sich das Spektrum des analytischen Signals zu

$$\begin{aligned} X^+_{\mathrm{FM}}(j\omega) &= 2\pi\,a_0\,e^{j\varphi_0}\Big(J_0(\eta)\,\delta_0(\omega-\omega_0) \\ &+ \sum_{\nu=1}^{\infty} J_\nu(\eta)\left[\delta_0(\omega-(\omega_0+\nu\omega_1)) + (-1)^\nu\,\delta_0(\omega-(\omega_0-\nu\omega_1))\right]\Big). \end{aligned} \tag{3.2.24}$$

Das sinusförmig modulierte FM-Signal enthält also Spektrallinien an der Stelle des Trägers ω_0 und auf beiden Seiten des Trägers im Abstand von ganzzahligen Vielfachen der modulierenden Frequenz ω_1. Sieht man von der Phasendrehung φ_0 des Trägers ab, so erweist sich das Spektrum als reell. Dabei sind die Spektrallinien oberhalb und unterhalb des Trägers mit geradzahligen Ordnungszahlen paarweise gleich, während diejenigen mit ungeradzahligen Ordnungszahlen negativ gleich sind. Im **Bild 3.2.8** sind die Spektren analytischer FM-Signale für die Beispiele $\eta = 1$ und $\eta = 10$ wiedergegeben. Die

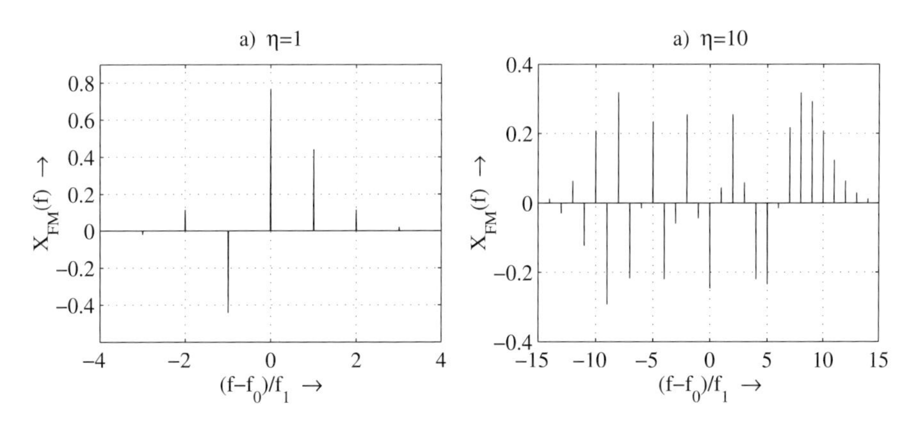

Bild 3.2.8: Spektren von FM-Signalen bei sinusförmiger Modulation($a_0 = 1$, $\varphi_0 = 0$)

Formulierung (3.2.24) zeigt, dass $x^+_{\mathrm{FM}}(t)$ streng genommen kein analytisches Signal ist: Für

$$\nu > \frac{\omega_0}{\omega_1}$$

ergibt der Term $\delta(\omega - (\omega_0 - \nu\omega_1))$ Spektrallinien bei negativen Frequenzen. Die Stärke dieser Spektrallinien hängt vom Index ν ab, also vom Verhältnis ω_0/ω_1, sowie vom Modulationsindex. Bild 3.2.7 verdeutlicht, dass z.B. für den Fall $\eta = 5$ alle Besselfunktionen mit Ordnungszahlen $\nu \geq 10$ mit guter Näherung verschwinden. Das bedeutet, dass die Trägerfrequenz ω_0 in diesem Falle mindestens den 10-fachen Wert der Frequenz ω_1 des modulierenden Signals betragen muss. Bei praktisch verwendeten Trägerfrequenzen (oder den Zwischenfrequenzen handelsüblicher FM-Empfänger) ist dies weit übererfüllt. Darin liegt nochmals eine Bestätigung dafür, dass das komplexe Signal (3.1.29b) unter praktischen Gesichtspunkten als analytisches Signal betrachtet werden kann.

Unabhängig davon, ob $x^+_{\rm FM}(t)$ ein streng analytisches Signal ist, gilt exakt für die reelle FM-Schwingung

$$x_{\rm FM}(t) = {\rm Re}\{x^+_{\rm FM}(t)\}$$

und damit für das zugehörige Spektrum

$$\begin{aligned} X_{\rm FM}(j\omega) &= {\rm Ra}\{X^+_{\rm FM}(j\omega)\} \\ &= \frac{1}{2}\{X^+_{\rm FM}(j\omega) + \left[X^+_{\rm FM}(-j\omega)\right]^*\}. \end{aligned} \tag{3.2.25a}$$

Mit (3.2.24) erhalten wir

$$\begin{aligned} X_{\rm FM}(j\omega) &= \pi a_0\Big(e^{j\varphi_0}\sum_{\nu=-\infty}^{\infty} J_\nu(\eta)\,\delta_0(\omega-(\omega_0+\nu\omega_1)) \\ &+ e^{-j\varphi_0}\sum_{\nu=-\infty}^{\infty} J_\nu(\eta)\,\delta_0(-\omega-(\omega_0+\nu\omega_1))\Big). \end{aligned} \tag{3.2.25b}$$

Wir untersuchen den Fall einer Zweiton-FM-Modulation:

$$v(t) = a_1\cos\omega_1 t + a_2\cos\omega_2 t, \qquad a_1 + a_2 = 1. \tag{3.2.26}$$

Das zugehörige analytische FM-Signal ist

$$x^+_{\rm FM}(t) = a_0 e^{j\varphi_0}\, e^{j[\omega_0 t + \eta_1\sin\omega_1 t + \eta_2\sin\omega_2 t]} \tag{3.2.27}$$

mit

$$\begin{aligned} \eta_1 &= \Delta\Omega\, a_1/\omega_1 = \Delta\Omega_1/\omega_1 \\ \eta_2 &= \Delta\Omega\, a_2/\omega_2 = \Delta\Omega_2/\omega_2. \end{aligned}$$

Die Spektralanalyse für monofrequente FM-Modulation kann hier eingesetzt werden. Es gilt mit (3.2.21)

$$\begin{aligned} e^{j[\eta_1\sin\omega_1 t + \eta_2\sin\omega_2 t]} &= e^{j\eta_1\sin\omega_1 t}\, e^{j\eta_2\sin\omega_2 t} \\ &= \sum_{\nu=-\infty}^{\infty}\sum_{\mu=-\infty}^{\infty} J_\nu(\eta_1)\, J_\mu(\eta_2)\, e^{j(\nu\omega_1+\mu\omega_2)t} \end{aligned} \tag{3.2.28}$$

und damit für (3.2.27)

$$x^+_{\rm FM}(t) = a_0 e^{j\varphi_0}\sum_{\nu=-\infty}^{\infty}\sum_{\mu=-\infty}^{\infty} J_\nu(\eta_1)\, J_\mu(\eta_2)\, e^{j[\omega_0+(\nu\omega_1+\mu\omega_2)]t}. \tag{3.2.29a}$$

Hieraus erhält man für das Spektrum eines zweitonmodulierten FM-Signals

$$X^+_{\rm FM}(j\omega) = 2\pi a_0\, e^{j\varphi_0}\sum_{\nu=-\infty}^{\infty}\sum_{\mu=-\infty}^{\infty} J_\nu(\eta_1)\, J_\mu(\eta_2)\, \delta_0(\omega-(\omega_0+\nu\omega_1+\mu\omega_2)). \tag{3.2.29b}$$

Es ergeben sich danach Spektrallinien an den Stellen

$$\omega = \omega_0 + \nu\omega_1 + \mu\omega_2 \qquad \text{mit } \nu, \mu = 0, \pm 1, \pm 2, \cdots . \tag{3.2.29c}$$

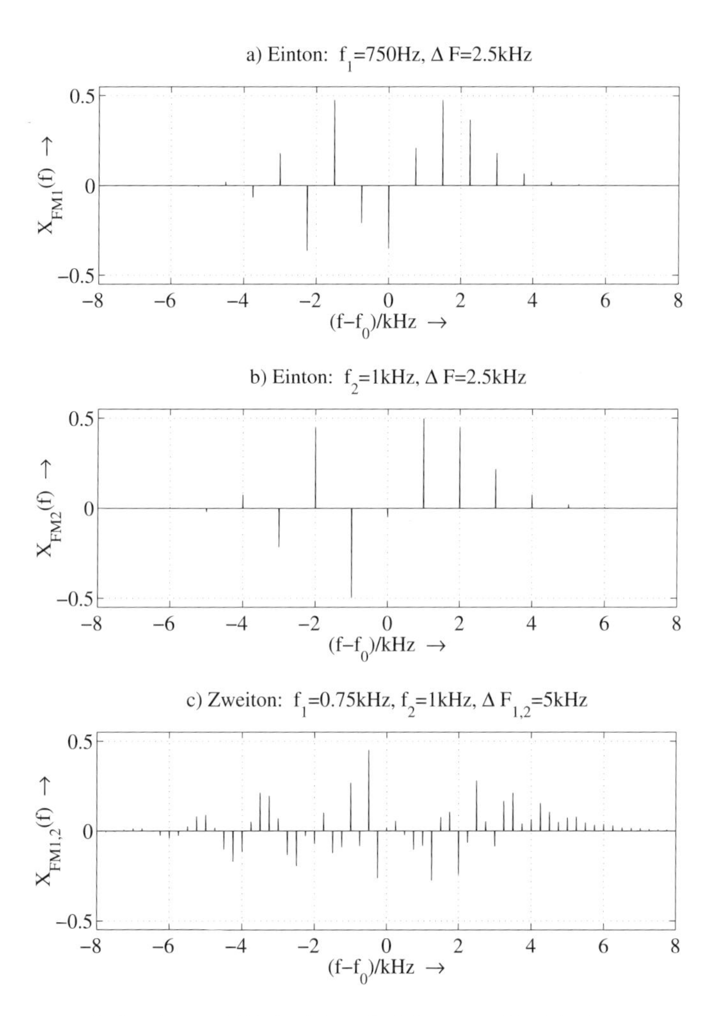

Bild 3.2.9: FM-Spektren bei Zweiton-Modulation

Bild 3.2.9c verdeutlicht dieses Ergebnis für den Fall $f_1 = 0,75$kHz, $\eta_1 = 3,33$; $f_2 = 1$kHz, $\eta_2 = 2,5$. Zum Vergleich sind in den Teilbildern 3.2.9a,b die Spektren der einzelnen monofrequent modulierten FM-Schwingungen dargestellt. Es wird deutlich, dass sich Bild 3.2.9c nicht aus der linearen Überlagerung der beiden Einzelspektren ergibt, was nochmals den nichtlinearen Charakter der Frequenzmodulation unterstreicht. Die geschlossene Berechnung der Spektraleigenschaften ist für beliebige Formen von modulierenden Signalen nicht ohne weiteres möglich. Für allgemeine periodische Signale, die sich in eine Fourierreihe der Form

$$v(t) = \sum_{i=1}^{\infty} a_i \cos(i\omega_1 t) + b_i \sin(i\omega_1 t) \tag{3.2.30a}$$

entwickeln lassen, ist mit Hilfe der vorangegangenen Überlegungen eine geschlossene Form des analytischen Signals abzuleiten:

$$x_{\mathrm{FM}}^{+}(t) = a_0 e^{j(\omega_0 t+\varphi_0)} \prod_{i=1}^{\infty} \sum_{\nu=-\infty}^{\infty} \sum_{\mu=-\infty}^{\infty} J_\nu(a_i\,\eta_i)\, J_\mu(-b_i\,\eta_i)\, e^{j\mu\pi/2}\, e^{j(\nu+\mu)i\omega_1 t} \tag{3.2.30b}$$

mit $\eta_i = \Delta\Omega/(i\,\omega_1)$.

Es ergeben sich oberhalb und unterhalb der Trägerfrequenz Spektrallinien im Abstand von Vielfachen der Grundfrequenz f_1 des periodischen Signals $v(t)$.

Die behandelten Beispiele von Spektren frequenzmodulierter Schwingungen verdeutlichen, dass ein FM-Signal grundsätzlich nicht bandbegrenzt ist – das gilt auch bei Erfüllung strenger Bandbegrenzung des modulierenden Signals. Unter praktischen Gesichtspunkten muss jedoch zur Übertragung eine Begrenzung des FM-Signals auf ein endliches Frequenzband erfolgen. Die damit prinzipiell verbundenen nichtlinearen Verzerrungen des am Empfänger wiedergewonnenen NF-Signals werden in Abschnitt 4.3 analysiert.

3.3 Äquivalente Tiefpassdarstellung von Modulationssignalen

3.3.1 Eigenschaften

Das einem reellen Bandpasssignal $x(t)$ zugeordnete äquivalente Tiefpass-Signal – auch als *Komplexe Einhüllende* bezeichnet – wurde in Abschnitt 1.4.1 über das analytische Signal $x^{+}(t)$ eingeführt. Es wird für die im folgenden behandelten klassischen Modulationssignale mit dem Buchstaben s bezeichnet und entsprechend indiziert. Nach (1.4.3a), Seite 22, gilt

$$s(t) = \frac{1}{\sqrt{2}}\, x^{+}(t)\, e^{-j\omega_0 t}. \tag{3.3.1a}$$

Schwierigkeiten ergeben sich – zumindest theoretisch – falls das analytische Signal streng nicht existiert; im letzten Abschnitt wurde gezeigt, dass dies bei FM- oder PM-Signalen der Fall ist. Deshalb wird eine allgemeiner gefasste Definition benutzt. Wir schreiben

$$x(t) = \sqrt{2}\,\mathrm{Re}\left\{s(t)\, e^{j\omega_0 t}\right\} \tag{3.3.1b}$$

und erklären damit $s(t)$ allgemein als komplexe Einhüllende von $x(t)$ bezüglich der Frequenz ω_0. Dabei muss auch ω_0 nicht zwingend die Mittenfrequenz des Bandpasssignals $x(t)$ bzw. – falls wir $x(t)$ als eine der betrachteten Modulationsformen auffassen – die Trägerfrequenz bedeuten. Auf die Auswirkungen einer Quadratur-Basisbandmischung mit unkorrekter Trägerfrequenz werden wir zurückkommen.

Für ein streng bandbegrenztes Signal $s(t)$

$$S(j\omega) = 0 \qquad \text{für } |\omega| > \omega_0 \tag{3.3.2a}$$

ist der Ausdruck

$$s(t)\, e^{j\omega_0 t} \Rightarrow \frac{1}{\sqrt{2}}\, x^+(t) \tag{3.3.2b}$$

ein analytisches Signal, so dass unter dieser Bedingung die Definitionen (3.3.1a,b) äquivalent sind.

Wir formulieren die komplexen Einhüllenden der verschiedenen Modulationssignale mit Hilfe von (3.3.1b) und betonen nochmals, dass die dabei gewonnenen Ausdrücke exakt die komplexen Einhüllenden beschreiben, gleichgültig ob (3.3.2b) auf ein analytisches Signal führt oder nicht.[2]

Für die verschiedenen Modulationsarten erhalten wir die folgenden komplexen Einhüllenden bezüglich ihrer Trägerfrequenzen[3]:

- *Amplitudenmodulation mit Träger*

$$s_{\mathrm{AM}}(t) = a_0\, [1 + m\, v(t)]\, e^{j\varphi_0} \tag{3.3.3a}$$

- *Reine Zweiseitenbandmodulation*

$$s_{\mathrm{ZSB}}(t) = a_1\, v(t)\, e^{j\varphi_0} \tag{3.3.3b}$$

- *Einseitenbandmodulation*

$$s^{\pm}_{\mathrm{ESB}} = a_1\, v^{\pm}(t)\, e^{j\varphi_0}. \tag{3.3.3c}$$

  Die komplexe Einhüllende eines Einseitenbandsignals ist im Gegensatz zu sämtlichen anderen Modulationsformen ein analytisches bzw. konjugiert analytisches Signal; sie wird deshalb wie gewohnt mit „+" bzw. „-" indiziert. Dabei beschreibt s^+_{ESB} das obere und s^-_{ESB} das untere Seitenband.

- *Einseitenbandmodulation mit Trägerzusatz*

$$s^{\pm}_{\mathrm{ESBT}}(t) = a_0\, \left[1 + m\, v^{\pm}(t)\right]\, e^{j\varphi_0} \tag{3.3.3d}$$

[2]Es sei allerdings angemerkt, dass zur korrekten Bildung der komplexen Einhüllenden durch ein reales Quadraturnetzwerk die Bedingung (3.3.2a) erfüllt sein muss, da andernfalls die im letzten Abschnitt erläuterten Überlappungen der Spektren nicht mehr eliminiert werden können.

[3]Der gemäß (3.3.1a) vorzusehende Faktor $\frac{1}{\sqrt{2}}$ wird im Folgenden in die Konstanten a_0 bzw. a_1 hineingezogen.

- *Phasenmodulation*

$$s_{\mathrm{PM}}(t) = a_0\, e^{j[\Delta\Phi\, v(t)+\varphi_0]} \tag{3.3.3e}$$

- *Frequenzmodulation*

$$s_{\mathrm{FM}}(t) = a_0\, e^{j[\Delta\Omega \int_0^t v(t')dt'+\varphi_0]}. \tag{3.3.3f}$$

Die komplexen Einhüllenden besitzen Eigenschaften, die für die einzelnen Modulationsformen signifikant sind. Trägt man zum Beispiel die entsprechenden Ortskurven auf, also $\mathrm{Im}\{s(t)\}$ als Funktion von $\mathrm{Re}\{s(t)\}$ mit der Zeit als Parameter, so ergeben sich für die verschiedenen Formen der Amplitudenmodulation die in **Bild 3.3.1** wiedergegebenen Darstellungen. Es ist hierbei zu berücksichtigen, dass die frequenzrichtige Bildung der Einhüllenden vorausgesetzt wurde, also $\varphi_0 = \mathrm{const.}$ Ist dies nicht der Fall, so ist φ_0 durch

$$\varphi_0 = \Delta\omega_0\, t$$

zu ersetzen, d.h. die dargestellten Ortskurven rotieren mit der Winkelgeschwindigkeit $\Delta\omega_0$ (Frequenz-Fehleinstellung am Empfänger) um den Ursprung. Für die Phasen- und Frequenzmodulation ergeben sich als Ortskurven die in **Bild 3.3.2** dargestellten Kreisbögen mit den Öffnungswinkeln[4] des zweifachen Phasenhubs bei PM bzw. des zweifachen Modulationsindex bei FM. Im letzteren Falle wurde ein gleichanteilfreier Sinus als modulierendes Signal angenommen – bei nicht sinusförmigen Signalen richtet sich der Öffnungswinkel in **Bild 3.3.2b** nach der speziellen Amplitudenverteilung des modulierenden Signals.

Im übrigen gilt für nicht frequenzrichtig gebildete Einhüllende hier das gleiche wie bei AM: Die Kreisbögen rotieren dann mit $\Delta\omega_0$ um den Ursprung. Nicht so eindeutig wie in den vorangegangenen Fällen lässt sich die Ortskurve der Einhüllenden eines Einseitenbandsignals angeben. Ihre Form ist stark abhängig vom individuellen modulierenden Signal. So ergibt sich im Falle der sinusförmigen Modulation ein Kreis:

$$s^{\pm}_{\mathrm{ESB}}(t) = a_1\, v^{\pm}(t) = a_1(\cos\omega_1 t \,\pm\, j\,\sin\omega_1 t) = a_1\, e^{\pm j\omega_1 t}.$$

Hingegen ist die Bedingung $|s(t)| = \mathrm{const.}$ bei Zweitonmodulation bereits verletzt:

$$\begin{aligned} s^{\pm}_{\mathrm{ESB}}(t) &= a_1\left[\cos\omega_1 t + \cos\omega_2 t \pm j(\sin\omega_1 t + \sin\omega_2 t)\right] \\ |s^{\pm}_{\mathrm{ESB}}(t)| &= \sqrt{2}\, a_1\sqrt{1+\cos\Delta\omega t} = 2\, a_1 |\cos\frac{\Delta\omega}{2} t|. \end{aligned}$$

In **Bild 3.3.3** sind für verschiedene Signale $v(t)$ die komplexen Einhüllenden von Einseitenbandsignalen dargestellt.

---

[4]Bei entsprechendem Phasenhub kann der Öffnungswinkel selbstverständlich den Wert 2π überschreiten. In dem Falle entsteht ein Vollkreis.

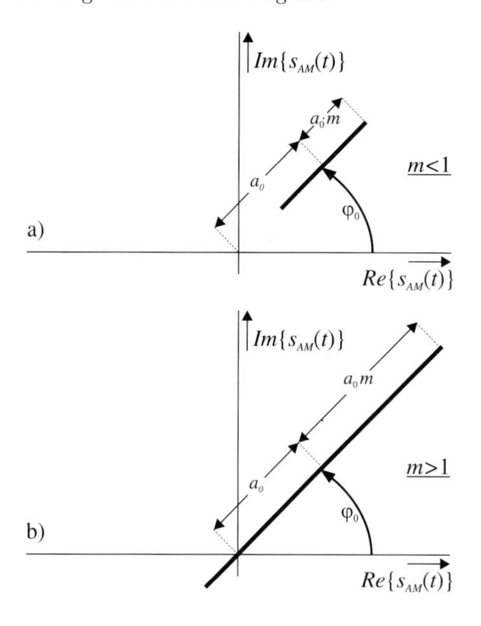

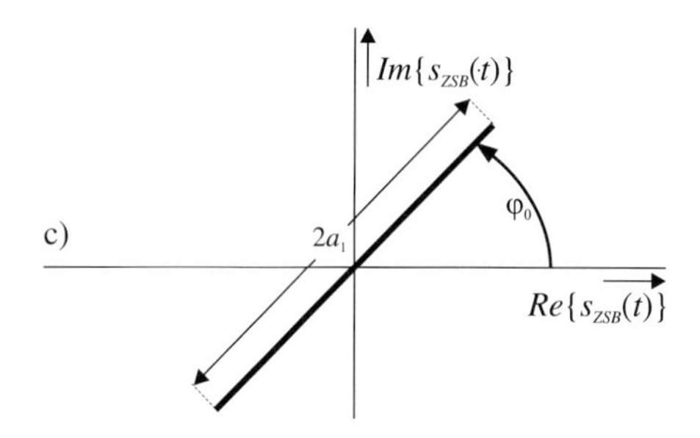

Bild 3.3.1: Komplexe Einhüllende bei Amplitudenmodulation
a) mit Träger, $m < 1$
b) mit Träger, übermoduliert, $m > 1$
c) reines Zweiseitenbandsignal

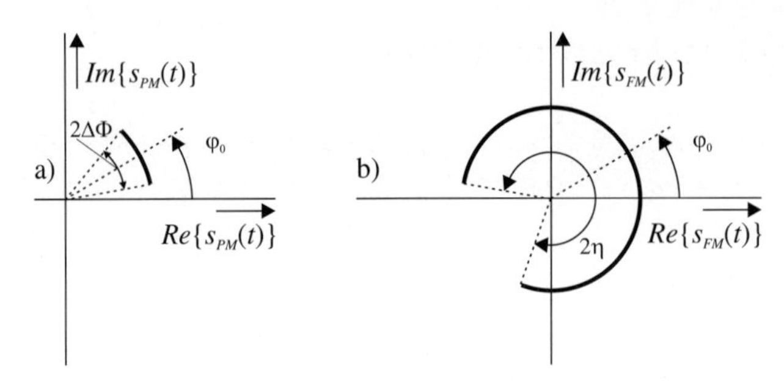

Bild 3.3.2: Komplexe Einhüllende bei Winkelmodulation
a) Phasenmodulation
b) Frequenzmodulation

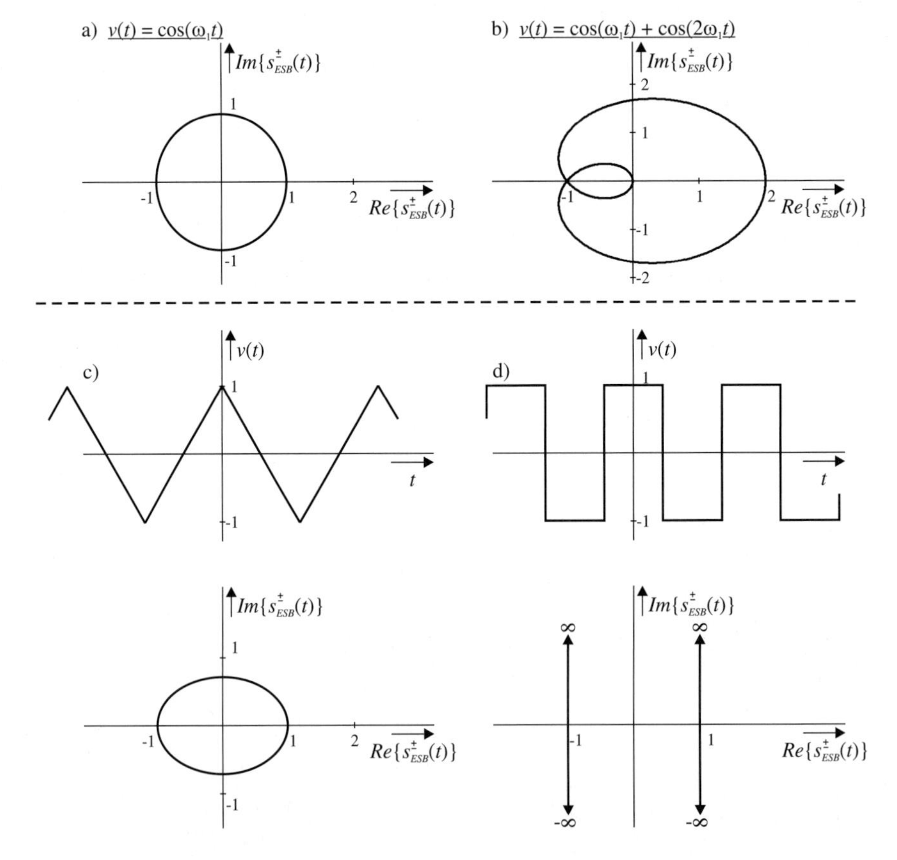

Bild 3.3.3: Komplexe Einhüllende verschiedener Einseitenbandsignale

3.3.2 Demodulationsvorschriften

Anhand der vorangegangenen Systematik lassen sich fundamentale Demodulationsvorschriften für die verschiedenen Modulationsformen auf der Basis ihrer komplexen Einhüllenden ableiten.

Einhüllenden-Demodulation. Bilden wir den Betrag der komplexen Einhüllenden

$$|s_{\mathrm{AM}}(t)| = a_0 |1 + m\, v(t)|, \tag{3.3.4a}$$

so kommen wir zur einfachsten Form der *Hüllkurven-* oder *Einhüllenden-Demodulation*. Sie ist ausschließlich für *nicht übermodulierte* AM-Signale ($m \leq 1$) anwendbar, da in dem Falle gilt

$$|s_{\mathrm{AM}}(t)| = a_0 (1 + m\, v(t)) \geq 0. \tag{3.3.4b}$$

Dem demodulierten Signal ist ein Gleichanteil überlagert, der bei vielen Anwendungen – z.B. bei der Hörrundfunk-Übertragung – nicht stört.

Der große Vorteil dieser Demodulationsform besteht darin, dass sie keine phasenkohärente Quadraturmischung erfordert, also ohne Träger-Rückgewinnung auskommt (*inkohärente Demodulation*). Andererseits ist ihre Anwendbarkeit auf AM-Signale mit $m \leq 1$ beschränkt. Für alle anderen Anwendungen führt sie zu nichtlinearen Verzerrungen. **Bild 3.3.4a** demonstriert dies anhand eines übermodulierten AM-Signals; für $m > 1$ gilt

$$|s_{\mathrm{AM}}(t)| = \begin{cases} a_0(1 + m\, v(t)) & \text{für } v(t) \geq -1/m \\ -a_0(1 + m\, v(t)) & \text{für } v(t) < -1/m. \end{cases} \tag{3.3.5a}$$

Für eine reine Zweiseitenbandmodulation entsteht durch Einhüllendendemodulation das gleichgerichtete NF-Signal (**Bild 3.3.4b**)

$$|s_{\mathrm{ZSB}}(t)| = a_1 |v(t)|. \tag{3.3.5b}$$

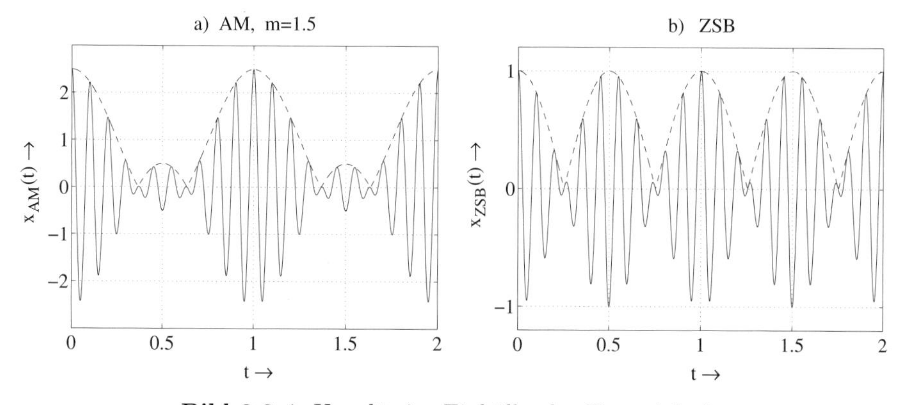

Bild 3.3.4: Unzulässige Einhüllenden-Demodulation

Kohärente Demodulation. Bei übermodulierten AM- und reinen Zweiseitenbandsignalen ist eine kohärente Demodulation erforderlich. Wird durch eine geeignete Trägerregelung die Phase $\hat{\varphi}_0$ ermittelt und stimmt diese mit der Phase des empfangenen Signals überein

$$\hat{\varphi}_0 = \varphi_0, \tag{3.3.6a}$$

so ergibt sich für beliebiges reelles m

$$\mathrm{Re}\left\{e^{-j\hat{\varphi}_0} \cdot s_{\mathrm{AM}}(t)\right\} = a_0\,(1 + m\,v(t)) \tag{3.3.6b}$$

bzw. für Zweiseitenbandsignale

$$\mathrm{Re}\left\{e^{-j\hat{\varphi}_0} \cdot s_{\mathrm{ZSB}}(t)\right\} = a_1\,v(t). \tag{3.3.6c}$$

Bei Verzicht auf eine phasenkohärente Quadraturmischung ergibt (3.3.6b) im Falle einer *Frequenzabweichung* $\Delta\omega_0$ des zugesetzten Trägers

$$\mathrm{Re}\left\{e^{j\Delta\omega_0 t} \cdot s_{\mathrm{AM}}(t)\right\} = a_0\,[1 + m\,v(t)]\,\cos(\Delta\omega_0 t) \tag{3.3.7a}$$

bzw.

$$\mathrm{Re}\left\{e^{j\Delta\omega_0 t} \cdot s_{\mathrm{ZSB}}(t)\right\} = a_1\,v(t)\,\cos(\Delta\omega_0 t); \tag{3.3.7b}$$

das Resultat ist also eine *Schwebung* im demodulierten Signal entsprechend der Differenzfrequenz zwischen dem empfangenen und dem zur Demodulation benutzten Träger.

Demodulation von Einseitenbandsignalen. Zur unverzerrten Wiedergewinnung des gesendeten Signals führt bei Einseitenbandmodulation nur die *phasenkohärente Demodulation.* Stimmt die am Empfänger ermittelte Phase $\hat{\varphi}_0$ mit der des empfangenen Signals überein

$$\hat{\varphi}_0 = \varphi_0, \tag{3.3.8a}$$

so ist

$$\mathrm{Re}\left\{e^{-j\hat{\varphi}_0} \cdot s^{\pm}_{\mathrm{ESB}}(t)\right\} = a_1\,\mathrm{Re}\{v^{\pm}(t)\} = a_1\,v(t). \tag{3.3.8b}$$

Wir betrachten noch den Fall, dass (3.3.8a) infolge nicht-phasenkohärenter Basisbandmischung verletzt ist. Man erhält dann mit $\Delta\varphi_0 = \varphi_0 - \hat{\varphi}_0$

$$\begin{aligned}\mathrm{Re}\left\{e^{-j\hat{\varphi}_0} \cdot s^{\pm}_{\mathrm{ESB}}(t)\right\} &= a_1\mathrm{Re}\left\{e^{j\Delta\varphi_0} \cdot v^{\pm}(t)\right\} \\ &= a_1\left[v(t)\cos(\Delta\varphi_0) \mp \hat{v}(t)\sin(\Delta\varphi_0)\right].\end{aligned} \tag{3.3.8c}$$

Für konstantes $\Delta\varphi_0$ bedeutet dies eine konstante Phasendrehung des NF-Signals um $\Delta\varphi_0$ (für $\Delta\varphi_0 = \pi/2$ entsteht zum Beispiel das hilberttransformierte Signal). Bei verschiedenen Anwendungen ist eine solche Phasenverzerrung ohne Belang – etwa bei Sprachübertragung.

Im Falle einer Frequenzdifferenz $\Delta\omega_0$ zwischen dem empfangenen und dem zur Demodulation zugesetzten Träger ist

$$\Delta\varphi_0 \Rightarrow \Delta\omega_0 t$$

zu setzen; (3.3.8c) hat dann die Form

$$\mathrm{Re}\{e^{j\Delta\omega_0 t} \cdot s^{\pm}_{\mathrm{ESB}}(t)\} = a_1\,\left[v(t)\cos\Delta\omega_0 t \mp \hat{v}(t)\sin\Delta\omega_0 t\right]. \tag{3.3.8d}$$

In Abschnitt 2.3.3 wurde gezeigt, dass (3.3.8d) ein Signal darstellt, dessen Spektrum um $+\Delta\omega$ gegenüber dem Spektrum des Sendesignals versetzt wurde. Dieses Phänomen – es wird als *Frequenzverwerfung* bezeichnet – hat einige bemerkenswerte Konsequenzen. So würde z.B. ein periodisches (nicht sinusförmiges) Sendesignal, dessen Spektralanteile ja ausschließlich aus harmonischen der Grundfrequenz bestehen, nach Durchlaufen des obigen Systems keine zueinander harmonischen Frequenzkomponenten mehr aufweisen – das Signal ist nicht mehr periodisch. Für reine Sprachübertragung ist diese Erscheinung zu tolerieren, da die Sprachverständlichkeit nicht wesentlich leidet, solange die Frequenzverwerfung in gewissen Grenzen bleibt ($\Delta f_0 < 7\text{Hz}$). Aus diesem Grunde kann im öffentlichen Wählnetz die Einseitenbandtechnik – ohne kohärente Träger an den Empfängern – eingesetzt werden (Trägerfrequenztechnik im TF-System, siehe Abschnitt 6.1).

Wird das öffentliche Wählnetz hingegen zur Datenübertragung genutzt, so sind zur Kompensation der geschilderten Frequenzverwerfung geeignete Trägerregelungsmaßnahmen erforderlich, über die in Abschnitt 10.3 berichtet wird.

Kompatible Einseitenbandmodulation. Wir stellen die theoretisch interessante Frage, ob ein Einseitenbandsignal so gebildet werden kann, dass eine fehlerfreie Wiedergewinnung des modulierenden Signals durch Einhüllenden-Demodulation möglich ist. In diesem Falle bestünde Kompatibilität zu den vorhandenen AM-Tonrundfunkempfängern – denkbar wäre dann eine bandbreitesparende Übertragung im konventionellen Mittel-, Kurz- und Langwellenbereich.

Wir gehen zur Klärung dieser Frage auf das in Abschnitt 3.1.1 eingeführte Exponential-Einseitenbandsignal zurück. Nach (3.1.26c) geht ein mit $a(t)$ amplitudenmoduliertes Signal dadurch in ein Einseitenbandsignal über, dass es zusätzlich mit $\mathcal{H}\{\ln(a(t))\}$ phasenmoduliert wird. Die zugehörige komplexe Einhüllende hat also dann die Form

$$s_{\mathrm{ESB}}^{\pm}(t) = a(t)\, e^{\pm j\,\mathcal{H}\{\ln(a(t))\}} \qquad a(t) > 0. \tag{3.3.9}$$

Soll ein solches ESB-Signal durch Einhüllenden-Demodulation demoduliert werden, so muss $a(t)$ das modulierende Signal direkt enthalten.

$$a(t) = 1 + m\,v(t) \qquad m < 1 \tag{3.3.10a}$$

Somit erhält man für das kompatible Einseitenbandsignal die Form

$$s_{ESBc}^{\pm}(t) = [1 + m\,v(t)]\, e^{\pm j\mathcal{H}\{\ln(1+m\,v(t))\}}. \tag{3.3.10b}$$

Bild 3.3.5 zeigt das Blockschaltbild eines entsprechenden Senders. Aufgrund der hier enthaltenen Phasenmodulation ist das einseitige Spektrum unendlich ausgedehnt. Eingehende Untersuchungen zeigen, dass auch unter praktischen Gesichtspunkten die erforderliche Übertragungsbandbreite größer ist als die eines Zweiseitenbandsignals. Der Einsatz der kompatiblen Einseitenbandmodulation zur bandbreiteeffizienten Übertragung kommt also nicht in Betracht [Ket64, Ket67].

Demodulation von Restseitenbandsignalen. Wir wollen abschließend zeigen, dass die ideale Demodulationsvorschrift für Einseitenbandsignale (3.3.10b) auch für *Restseitenbandsignale* anwendbar ist, dass also mit $\hat{\varphi}_0 = \varphi_0$ gilt

$$\mathrm{Re}\left\{e^{-j\hat{\varphi}_0}\cdot s_{\mathrm{RSB}}(t)\right\} = a_1\, v(t). \tag{3.3.11}$$

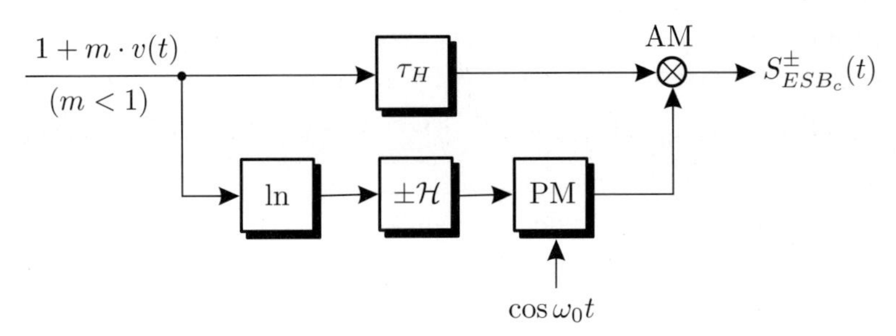

Bild 3.3.5: Blockschaltbild eines Modulators zur Erzeugung eines kompatiblen Einseitenbandsignals

Hierzu gehen wir von der Spektralbereichs-Formulierung (3.2.15a,b) aus und bekommen damit für die Fourier-Transformierte der komplexen RSB-Einhüllenden (oberes Seitenband)[5]

$$
\begin{aligned}
S_{\text{RSB}}(j\omega) &= a_1\, V(j\omega)\, H_{\text{OSB}}(j\omega) \\
&= \begin{cases} a_1\, V(j\omega)\, [2 - \Delta H(j\omega)] & \text{für } \omega > 0 \\ a_1\, V(j\omega)\, \Delta H(j\omega) & \text{für } \omega < 0. \end{cases}
\end{aligned}
\tag{3.3.12a}
$$

Der Realteilbildung im Zeitbereich entspricht im Spektralbereich

$$
\text{Ra}\{S_{\text{RSB}}(j\omega)\} = \frac{1}{2}\, [S_{\text{RSB}}(j\omega) + S^*_{\text{RSB}}(-j\omega)] \tag{3.3.12b}
$$

$$
= \begin{cases} \frac{a_1}{2}[V(j\omega)\,(2 - \Delta H(j\omega)) + V^*(-j\omega)\,\Delta H^*(-j\omega)]; & \omega > 0 \\ \frac{a_1}{2}[V(j\omega)\,\Delta H(j\omega) + V^*(-j\omega)\,(2 - \Delta H^*(-j\omega))]; & \omega < 0. \end{cases}
$$

Wegen

$$
V^*(-j\omega) = V(j\omega) \tag{3.3.12c}
$$

und

$$
\Delta H(j\omega) = \Delta H(-j\omega) = \Delta H^*(-j\omega) \in \mathbb{R} \tag{3.3.12d}
$$

ergibt sich aus (3.3.12b)

$$
\text{Ra}\{S_{\text{RSB}}(j\omega)\} = a_1\, V(j\omega). \tag{3.3.13}
$$

Damit ist die Gültigkeit von (3.3.11) nachgewiesen. Fundamentale Voraussetzung hierfür war die Erfüllung der Flankensymmetrie gemäß (3.3.12d) – also die Einhaltung einer korrekten Nyquistflanke um den Träger. Wie schon früher zeigt sich, dass die erste Nyquistbedingung von grundsätzlicher Bedeutung für die Nachrichtenübertragung ist.

Nachzutragen bleibt der Einfluss einer Basisbandmischung mit einem Frequenzfehler $\Delta\omega_0$ auf die RSB-Demodulation. Wir erhalten zunächst

$$
\text{Re}\left\{e^{j\Delta\omega_0 t} \cdot s_{\text{RSB}}(t)\right\} = \text{Re}\left\{s_{\text{RSB}}(t)\right\} \cos(\Delta\omega_0 t) - \text{Im}\left\{s_{\text{RSB}}(t)\right\} \sin(\Delta\omega_0 t). \tag{3.3.14}
$$

[5] Entsprechend dem Vorgehen in Abschnitt 3.2.1 setzen wir hier ohne Beschränkung der Allgemeinheit für das äquivalente RSB-Basismodell eine reelle Übertragungsfunktion an. Zur praktischen Realisierung ist diese durch ein linearphasiges System zu ersetzen.

Dabei ist nach (3.3.11)

$$\mathrm{Re}\,\{s_{\mathrm{RSB}}(t)\} = a_1\, v(t).$$

Der Imaginärteil wird entsprechend zu (3.3.12b) über den Spektralbereich bestimmt. Es ergibt sich

$$\begin{aligned}\mathrm{Ia}\{S_{\mathrm{RSB}}(j\omega)\} &= \frac{1}{2j}\,[S_{\mathrm{RSB}}(j\omega) - S^*_{\mathrm{RSB}}(-j\omega)] \\ &= \begin{cases} \frac{a_1}{j}\, V(j\omega)\,[1 - \Delta H(j\omega)] & \text{für } \omega > 0 \\ \frac{a_1}{j}\, V(j\omega)\,[-1 + \Delta H(j\omega)] & \text{für } \omega < 0 \end{cases} \\ &= -j\, a_1\, \mathrm{sgn}\{\omega\} V(j\omega)\,[1 - \Delta H(j\omega)]\,; \end{aligned} \tag{3.3.15a}$$

daraus folgt im Zeitbereich

$$\mathrm{Im}\,\{s_{\mathrm{RSB}}(t)\} = a_1[\hat{v}(t) - \hat{v}(t) * \Delta h(t)] \tag{3.3.15b}$$

mit

$$\Delta h(t) \triangleq \frac{1}{\pi}\int_0^\infty \Delta H(j\omega)\cos{(\omega t)}\, d\omega \in \mathbb{R}.$$

Das bei nicht phasenkohärenter Basisbandmischung entstehende demodulierte Signal hat mit (3.3.14) also die Form

$$\begin{aligned}\mathrm{Re}\left\{e^{j\Delta\omega_0 t}\cdot s_{\mathrm{RSB}}(t)\right\} &= a_1\,[v(t)\cos{(\Delta\omega_0 t)} - \hat{v}(t)\sin{(\Delta\omega_0 t)}] \\ &+ a_1\,[\hat{v}(t) * \Delta h(t)]\,\sin{(\Delta\omega_0 t)}. \end{aligned} \tag{3.3.16}$$

Der erste Term in (3.3.16) beschreibt wie schon bei der reinen Einseitenbandübertragung eine Frequenzverwerfung des empfangenen Signals. Es kommt ein weiterer additiver Anteil hinzu, der aus dem um 90° gedrehten modulierenden Signal im Bereich der Nyquistflanke besteht. Die Amplitude dieses Signalanteils erfährt eine Schwebung mit der Differenzfrequenz $\Delta\omega_0$. Für das untere Seitenband lassen sich auf äquivalente Weise die entsprechenden Beziehungen herleiten.

Demodulation winkelmodulierter Signale. Die Gewinnung der *Momentanphase* eines phasenmodulierten Signals ist formal durch

$$\begin{aligned}\mathrm{Im}\,\{\ln s_{\mathrm{PM}}(t)\} &= \mathrm{Im}\,\{\ln a_0 + j(\Delta\Phi\, v(t) + \varphi_0)\} \\ &= \Delta\Phi\, v(t) + \varphi_0 \end{aligned} \tag{3.3.17}$$

darstellbar. Das gilt auch dann, wenn a_0 nicht konstant, sondern zeitlich veränderlich ist, was sich bei winkelmodulierten Signalen prinzipiell unter dem Einfluss linearer Kanalverzerrungen ergibt. Wir werden auf dieses Phänomen in Abschnitt 4.3 zurückkommen.

Eine konstante Phasenabweichung φ_0 des Empfängerträgers bewirkt die Überlagerung einer Gleichgröße. Zeitvariante Phasenabweichungen (z.B. $\varphi_0 \Rightarrow \Delta\omega_0 t$) müssen ausgeschlossen werden; Phasendemodulatoren setzen also eine Quadraturmischung mit exaktem Träger voraus.

Zur *Demodulation frequenzmodulierter Signale* ist das PM-Demodulatorausgangssignal zu differenzieren; wir erhalten aus (3.3.17)

$$\frac{d}{dt}\mathrm{Im}\left\{\ln s_{\mathrm{FM}}(t)\right\} = \mathrm{Im}\left\{\frac{1}{s_{\mathrm{FM}}(t)}\,\frac{d\,s_{\mathrm{FM}}(t)}{dt}\right\} = \mathrm{Im}\left\{\frac{\dot{s}_{\mathrm{FM}}(t)}{s_{\mathrm{FM}}(t)}\right\} \tag{3.3.18a}$$

und damit die ideale FM-Demodulationsvorschrift. Diese führt auch dann zur korrekten Momentanfrequenz, wenn das Signal eine zeitvariante AM-Störung enthält:

$$a_0 \;\Rightarrow\; a(t) > 0.$$

$$\mathrm{Im}\left\{\frac{\dot{s}_{\mathrm{FM}}(t)}{s_{\mathrm{FM}}(t)}\right\} = \mathrm{Im}\left\{\frac{\dot{a}(t)\,e^{j\varphi(t)} + a(t)\,j\dot{\varphi}(t)\,e^{j\varphi(t)}}{a(t)\,e^{j\varphi(t)}}\right\} = \dot{\varphi}(t) \tag{3.3.18b}$$

Mit

$$\varphi(t) = \Delta\Omega \int_0^t v(t')\,dt' + \varphi_0$$

ergibt sich daraus

$$\mathrm{Im}\left\{\frac{\dot{s}_{\mathrm{FM}}(t)}{s_{\mathrm{FM}}(t)}\right\} = \begin{cases} \Delta\Omega\, v(t) & \text{für } \varphi_0 = \mathrm{const} \\ \Delta\Omega\, v(t) + \Delta\omega_0 & \text{für } \varphi_0 = \Delta\omega_0 t. \end{cases} \tag{3.3.18c}$$

Im Falle von Trägerfrequenz-Abweichungen zwischen Sender und Empfänger enthält das demodulierte Signal also lediglich einen Gleichanteil – eine phasenkohärente Quadraturmischung ist demnach nicht erforderlich.

Die in diesem Abschnitt gewonnenen Ergebnisse über prinzipielle Algorithmen zur Demodulation sind in der Tabelle 3.3.1 summarisch zusammengefasst.

3.3.3 Komplexe Sender- und Empfängerstrukturen

Sender. Die allgemeine Formulierung eines modulierten Signals nach (3.3.1b) basiert auf der komplexen Einhüllenden $s(t)$. Zur Übertragung ist noch eine Bandbegrenzung vorzunehmen, um eine Beschränkung des gesendeten Signals auf das zur Verfügung stehende Frequenzband sicherzustellen. Wir schreiben also für das analytische Sendesignal

$$x^+(t) = \left[s(t)\,e^{j\omega_0 t}\right] * g_{\mathrm{BP}}^+(t). \tag{3.3.19a}$$

Allgemein gilt

$$\begin{aligned} \left[s(t)\,e^{j\omega_0 t}\right] * g_{\mathrm{BP}}^+(t) &= \int_{-\infty}^{\infty} g_{\mathrm{BP}}^+(\tau)\,s(t-\tau)\,e^{j\omega_0(t-\tau)} d\tau \\ &= e^{j\omega_0 t}\int_{-\infty}^{\infty} g_{\mathrm{BP}}^+(\tau)\,e^{-j\omega_0\tau}\,s(t-\tau)\,d\tau, \end{aligned} \tag{3.3.19b}$$

wobei

$$g_{\mathrm{BP}}^+(\tau)\,e^{-j\omega_0\tau} \triangleq g_{\mathrm{TP}}(\tau) \tag{3.3.19c}$$

Tabelle 3.3.1: Prinzipielle Eigenschaften von Demodulatoren

Mod.	Demod.	demod. Signal	$\Delta\varphi_0 = const$	$\Delta\varphi_0 = \Delta\omega_0 t$
AM $m \leq 1$	$\lvert s(t) \rvert$	Gleichanteil	—	—
AM $m > 1$	$\mathrm{Re}\{e^{-\hat{\varphi}_0} s(t)\}$ $\lvert s(t) \rvert$	Gleichanteil nichtl. Verz.	Fakt. $\cos\Delta\varphi_0$ —	Schweb. $\Delta\omega_0$ —
reines ZSB	$\mathrm{Re}\{e^{-\hat{\varphi}_0} s(t)\}$ $\lvert s(t) \rvert$	unverzerrt nichtl. Verz.	Fakt. $\cos\Delta\varphi_0$ —	Schweb. $\Delta\omega_0$ —
ESB ESB_{kompat}	$\mathrm{Re}\{e^{-\hat{\varphi}_0} s(t)\}$ $\lvert s(t) \rvert$	unverzerrt unverzerrt	Phas.verz. —	Freq.verw. —
RSB	$\mathrm{Re}\{e^{-\hat{\varphi}_0} s(t)\}$	unverzerrt	Phas.verz.; Fakt. $\cos\Delta\varphi_0$ um Nyq.flanke	Freq.verw.; Schweb. $\Delta\omega_0$ um Nyq.flanke
PM	$\arg\{s(t)\}$	unverzerrt	Gleichanteil	überlagerte Rampe
FM	$\mathrm{Im}\{\dot{s}(t)/s(t)\}$	unverzerrt	—	Gleichanteil

definitionsgemäß die äquivalente Basisband-Impulsantwort des Bandpasses $g_{\mathrm{BP}}(t)$ darstellt. Wir können also anstelle von (3.3.19a) schreiben

$$x^+(t) = [s(t) * g_{\mathrm{TP}}(t)]\, e^{j\omega_0 t}, \qquad (3.3.19\mathrm{d})$$

woraus sich durch Realteilbildung das gesendete Signal ergibt.

$$x(t) = \mathrm{Re}\left\{[s(t) * g_{\mathrm{TP}}(t)]\, e^{j\omega_0 t}\right\} \qquad (3.3.20)$$

Für Modulationsformen, deren Spektren zweiseitig um die Trägerfrequenz ω_0 angeordnet sind, wird für das bandbegrenzende Filter ein idealer, zu ω_0 symmetrischer Bandpass angestrebt; die zugehörige äquivalente Basisband-Impulsantwort ist für diesen Fall reell.

$$g_{\mathrm{TP}}(t) = g^*_{\mathrm{TP}}(t)$$

Wir erhalten damit die in **Bild 3.3.6** wiedergegebene Senderstruktur. Eine weitere Vereinfachung ergibt sich bei Amplitudenmodulation: In diesem Falle ist die komplexe Einhüllende reell, so dass im Blockschaltbild 3.3.6 der untere Zweig entfällt.

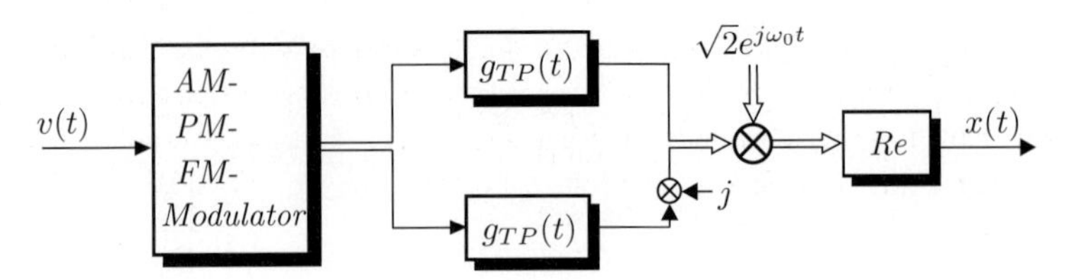

Bild 3.3.6: Komplexe Senderstruktur für AM, PM und FM

Für einen Einseitenbandsender lässt sich aus Bild 3.3.6 eine spezifische Struktur herleiten. Die komplexe Einhüllende ist in diesem Falle ein analytisches (OSB) bzw. konjugiert analytisches (USB) Signal

$$s^{\pm}_{\mathrm{ESB}}(t) = a_1 \left[v(t) \pm j\hat{v}(t)\right]. \tag{3.3.21}$$

Für das bandbegrenzende Filter $G_{\mathrm{BP}}(j\omega)$ kann hier – ebenso wie bei den Modulationsformen AM, FM und PM – ein zu ω_0 symmetrischer Bandpass gesetzt werden, da die jeweilige Seitenband-Unterdrückung bereits durch die Bildung der analytischen komplexen Einhüllenden erfolgt ist. Mit der Forderung

$$G_{\mathrm{BP}}(j\omega) = \begin{cases} 1 & \text{für } \omega_0 - 2\pi\, b_{\mathrm{ESB}} \le |\omega| \le \omega_0 + 2\pi\, b_{\mathrm{ESB}} \\ 0 & \text{sonst} \end{cases} \tag{3.3.22}$$

wird die äquivalente Basisband-Impulsantwort reell. Aus (3.3.20) ergibt sich damit

$$x_{\mathrm{ESB}}(t) = a_1 \,\mathrm{Re}\left\{\left[(v(t) \pm j\hat{v}(t)) * g_{\mathrm{TP}}(t)\right] e^{j\omega_0 t}\right\}. \tag{3.3.23a}$$

Aufgrund der Eigenschaft (1.3.12) auf Seite 11

$$\hat{v}(t) * g_{\mathrm{TP}}(t) = v(t) * \hat{g}_{\mathrm{TP}}(t)$$

erhält man aus (3.3.23a)

$$\begin{aligned} x_{\mathrm{ESB}}(t) &= \mathrm{Re}\left\{\left[v(t) * \left[g_{\mathrm{TP}}(t) \pm j\hat{g}_{\mathrm{TP}}(t)\right]\right] e^{j\omega_0 t}\right\} \\ &= \left[v(t) * g_{\mathrm{TP}}(t)\right] \cdot \cos(\omega_0 t) \mp \left[v(t) * \hat{g}_{\mathrm{TP}}(t)\right] \cdot \sin(\omega_0 t). \end{aligned} \tag{3.3.23b}$$

Eine entsprechende Senderstruktur ist in **Bild 3.3.7** wiedergegeben. Eine besondere

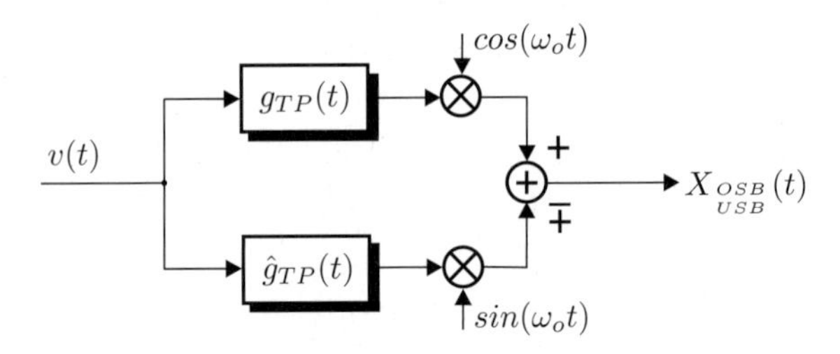

Bild 3.3.7: Einseitenbandsender

Form zur Erzeugung von *Restseitenbandsignalen* muss nicht unterschieden werden. Im

Abschnitt 3.2.1 wurde gezeigt, dass sich ein solches Signal mit einer korrekten Nyquistflanke dann ergibt, wenn ein realer nichtrekursiver Hilberttransformator zur Erzeugung der komplexen Einhüllenden eingesetzt wird. Der Imaginärteil der analytischen Tiefpass-Impulsantwort in Bild 3.3.7 ist demnach entsprechend zu modifizieren ($\hat{H}_{\mathrm{TP}}(j\omega)$ mit endlicher Flankensteilheit im Bereich um $\omega = 0$).

Empfänger. In Abschnitt 1.5, Seite 28ff, wurden die prinzipiellen Empfänger-Konfigurationen besprochen. Im Zusammenhang mit analogen Übertragungsverfahren ist die am weitesten verbreitete Form die Superheterodyn-Struktur. Die Senderselektion findet dabei in einer Zwischenfrequenzebene, also im Bandpassbereich statt. Demgemäß ist diese Systemstruktur reell. Der Nachteil des Superheterodyn-Empfängers liegt in dem in Abschnitt 1.5.2 erläuterten Spiegelfrequenz-Problem, das mit der *direktmischenden Empfängerstruktur* vermieden wird. Hierzu müssen die Zwischenfrequenzfilter in das äquivalente Basisband transformiert werden. Die Form des so gewonnenen Basisbandfilters hängt von der Modulationsart ab. Wir betrachten zunächst diejenigen modulierten Signale, deren Spektren beiderseits des Trägers, also im Intervall

$$\omega_n - \pi\, b \leq |\omega| \leq \omega_n + \pi\, b$$

verteilt sind. Es sind dies alle Modulationsformen mit Ausnahme von Einseitenband- bzw. Restseitenbandmodulation. Eine fehlerfreie Signalselektion würde in einem Superheterodyn-Empfänger durch einen symmetrischen ZF-Bandpass der Form

$$H_{\mathrm{ZF}}(j(\omega_{\mathrm{ZF}} - \Delta\omega)) = \begin{cases} H^*_{\mathrm{ZF}}(j(\omega_{\mathrm{ZF}} + \Delta\omega)) & \text{für } -\pi\, b \leq \Delta\omega \leq \pi\, b \\ 0 & \text{sonst} \end{cases} \tag{3.3.24a}$$

erreicht. Entsprechend den Betrachtungen in Abschnitt 1.4 führt die Basisbandtransformation dieses symmetrischen Bandpasses auf einen Tiefpass der Form

$$H_{\mathrm{TP}}(j\omega) = \begin{cases} H^*_{\mathrm{TP}}(-j\omega) & \text{für } |\omega| \leq \pi\, b \\ 0 & \text{sonst,} \end{cases} \tag{3.3.24b}$$

also ein Filter mit *reeller Impulsantwort.*

Für die Modulationsformen AM, ZSB, PM und FM erhalten wir damit die in **Bild 3.3.8** dargestellte Empfänger-Basisbandstruktur, die mit dem bereits in Abschnitt 1.4.2 entwickelten Quadraturnetzwerk in Tiefpass-Struktur gemäß Bild 1.4.4, Seite 25, identisch ist.

Eine hiervon abweichende Form ergibt sich bei Empfängern für *Einseitenband- oder Restseitenband-Signale.* Wir betrachten zunächst ein Empfangssignal, das sich aus einer Anzahl von Einseitenbandsignalen zusammensetzt.

$$x^{+}_{\mathrm{ESB}}(t) = \sum_{\nu} s^{\pm}_{ESB\nu}(t) \cdot e^{j\omega_\nu t} \tag{3.3.25a}$$

Die einzelnen komplexen Einhüllenden $s^{\pm}_{\mathrm{ESB}}(t)$ sind hierbei analytische (OSB) oder konjugiert analytische (USB) Signale.

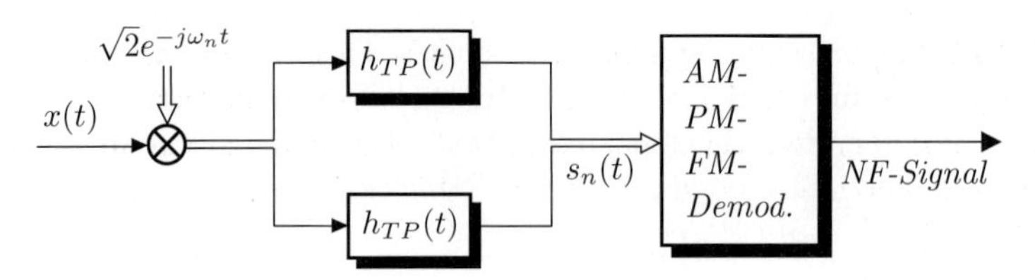

Bild 3.3.8: Komplexe Basisband-Empfängerstruktur für AM, PM und FM

Nach der komplexen Trägermultiplikation mit der Frequenz ω_n des herauszufilternden Signals

$$x_{\text{ESB}}^{+}(t)\, e^{-j\omega_n t} = s_{ESB_n}^{\pm}(t) + \sum_{\nu \neq n} s_{ESB\nu}(t)\, e^{j(\omega_\nu - \omega_n)t} \tag{3.3.25b}$$

liegt das zu selektierende Band im Frequenzintervall

$$0 < \omega \leq 2\pi\, b_{\text{ESB}} \qquad \text{(OSB)}$$

bzw.

$$-2\pi\, b_{\text{ESB}} \leq \omega < 0 \qquad \text{(USB).}$$

Das zur Selektion geeignete ideale Filter muss also die Übertragungsfunktion

$$H_{\text{ESB}}^{+}(j\omega) = \begin{cases} 1 & \text{für } 0 < \omega \leq 2\pi\, b_{\text{ESB}} \\ 0 & \text{sonst} \end{cases} \tag{3.3.26a}$$

bzw.

$$H_{\text{ESB}}^{-}(j\omega) = \begin{cases} 1 & \text{für } -2\pi\, b_{\text{ESB}} \leq \omega < 0 \\ 0 & \text{sonst} \end{cases} \tag{3.3.26b}$$

aufweisen (**Bild 3.3.9** verdeutlicht diese Forderung).

Den Übertragungsfunktionen (3.3.26a,b) sind komplexe Impulsantworten zugeordnet. Es sind dies die analytische bzw. konjugiert analytische Impulsantwort des idealen Tiefpasses mit der Grenzfrequenz b_{ESB}. Es gilt also

$$h_{\text{ESB}}^{\pm}(t) = h_{\text{TP}}(t) \pm j\, \hat{h}_{\text{TP}}(t) \tag{3.3.27a}$$

mit

$$h_{\text{TP}}(t) = 2b_{\text{ESB}}\, \frac{\sin(2\pi\, b_{\text{ESB}} t)}{2\pi\, b_{\text{ESB}} t} \tag{3.3.27b}$$

und mit (1.3.4)

$$\hat{h}_{\text{TP}}(t) = 2b_{\text{ESB}}\, \frac{1 - \cos(2\pi\, b_{\text{ESB}} t)}{2\pi\, b_{\text{ESB}} t}. \tag{3.3.27c}$$

Die Selektion der komplexen Einhüllenden eines der ankommenden ESB-Signale erfordert also eine *komplexe* Filterung im Basisband. Gemäß der kohärenten Demodulation von ESB-Signalen wird jedoch nur der Realteil des gefilterten Signals verwertet; damit erhält man die in **Bild 3.3.10** gezeigte Struktur eines ESB-Empfängers – im Unterschied zu der Form nach Bild 3.3.8 sind hier zwei *unterschiedliche Teilfilter* (mit zueinander hilbert-transformierten Impulsantworten) einzusetzen. Die Empfängerstruktur nach Bild 3.3.10 ist vollständig symmetrisch zum Sender gemäß Bild 3.3.7.

Nachzutragen bleibt die Struktur eines zur Restseitenband-Übertragung geeigneten Empfängers. Die Filterflanke geht um $\Delta b = b_{\mathrm{RSB}} - b_{\mathrm{ESB}}$ über die Trägerfrequenz, im Falle des äquivalenten Tiefpasses also über $f = 0$, hinaus. Das ideale RSB-Basisbandfilter hat also im Falle der oberen Seitenbandübertragung die Übertragungsfunktion

$$H_{\mathrm{RSB}}(j\omega) = \begin{cases} 1 & \text{für} - 2\pi\Delta b < \omega < 2\pi\, b_{\mathrm{ESB}} \\ 0 & \text{sonst.} \end{cases} \tag{3.3.28a}$$

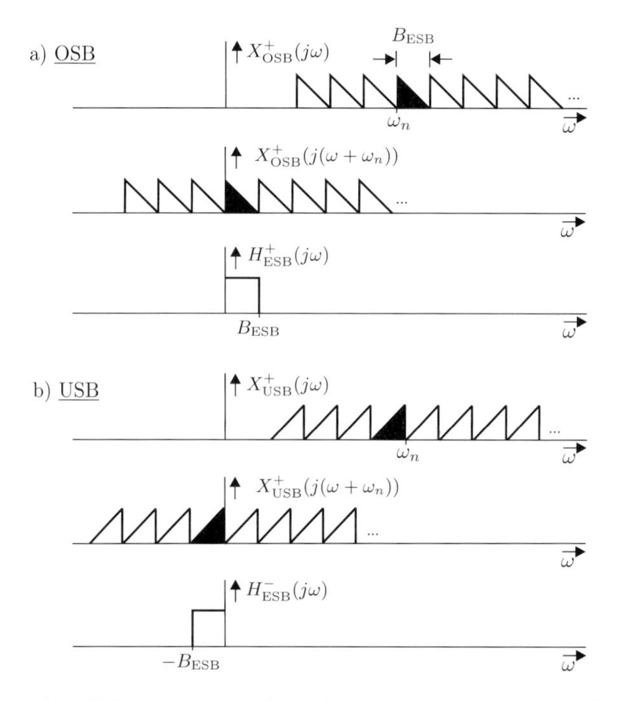

Bild 3.3.9: Zur Erläuterung von komplexen Einseitenband-Empfangsfiltern

Sie lässt sich in einen idealen analytischen Einseitenband-Tiefpass $H^+_{\mathrm{ESB}}(j\omega)$ und eine konjugiert analytische Ergänzung

$$\Delta H^-_{\mathrm{RSB}}(j\omega) := \begin{cases} 1 & \text{für} - 2\pi\Delta b < \omega < 0 \\ 0 & \text{sonst} \end{cases} \tag{3.3.28b}$$

mit der Impulsantwort

$$\Delta h^-_{\mathrm{RSB}} \quad = \quad \Delta b \left[\frac{\sin(2\pi\Delta bt)}{2\pi\Delta bt} - j \frac{1 - \cos(2\pi\Delta bt)}{2\pi\Delta bt} \right]$$

$$=: \quad \Delta h_{\mathrm{TP}}(t) - j\Delta \hat{h}_{\mathrm{TP}}(t). \tag{3.3.28c}$$

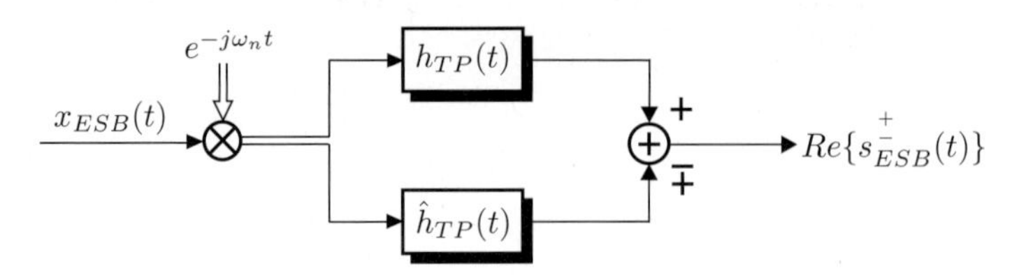

Bild 3.3.10: Einseitenband-Empfänger in Basisband-Struktur

zerlegen. Die resultierende komplexe Impulsantwort des Restseitenband-Empfängers lautet damit

$$h_{\mathrm{RSB}}(t) = h_{\mathrm{TP}}(t) + \Delta h_{\mathrm{TP}}(t) + j(\hat{h}_{\mathrm{TP}}(t) - \Delta\hat{h}_{\mathrm{TP}}(t)). \tag{3.3.30}$$

Die prinzipielle Struktur des RSB-Empfängers bleibt gegenüber der ESB-Form in Bild 3.3.10 unverändert. Es sind lediglich den Teil-Impulsantworten $h_{\mathrm{TP}}(t)$ und $\hat{h}_{\mathrm{TP}}(t)$ die Ergänzungen $\Delta h_{\mathrm{TP}}(t)$ und $-\Delta\hat{h}_{\mathrm{TP}}(t)$ hinzuzufügen. Real- und Imaginärteil von $h_{\mathrm{RSB}}(t)$ sind nun nicht mehr Hilberttransformierte voneinander – die Impulsantwort ist kein analytisches Signal entsprechend der Spektralbedingung (3.3.28a) mit $\Delta b > 0$.

3.4 Praktische Systeme zur Demodulation

3.4.1 Einhüllenden-Demodulation von AM-Signalen

Das grundsätzliche Blockschaltbild eines Einhüllenden-Demodulators für nicht übermodulierte AM-Signale ist in **Bild 3.4.1** wiedergegeben. Es enthält im Kern eine Gleichrichter-Anordnung mit anschließender Tiefpassfilterung (Grenzfrequenz f_{NF}) zur Bildung der Hüllkurve. Der im Tiefpass-Ausgangssignal enthaltene Gleichanteil wird durch kapazitive Kopplung entfernt. Am Eingang des Empfängers ist ein Regelverstärker vorzusehen, der übertragungsbedingte Amplitudenschwankungen ausgleicht. Wichtig ist, dass die Zeitkonstante dieses Regelverstärkers erheblich größer ist als die inverse Bandbreite des NF-Signals, um eine Beeinflussung des in der Amplitude enthaltenen Nutzsignals zu vermeiden. Es können deshalb nur verhältnismäßig langsame multiplikative Störungen korrigiert werden.

Das Signal am Ausgang der Gleichrichterschaltung lautet

$$|x_{\mathrm{AM}}(t)| = \big|1 + m\,v(t)\big| \cdot \big|\cos(\omega_0 t)\big|. \tag{3.4.1}$$

Für $m < 1$ gilt mit $|v(t)| \le 1$

$$1 + m\,v(t) > 0, \tag{3.4.2}$$

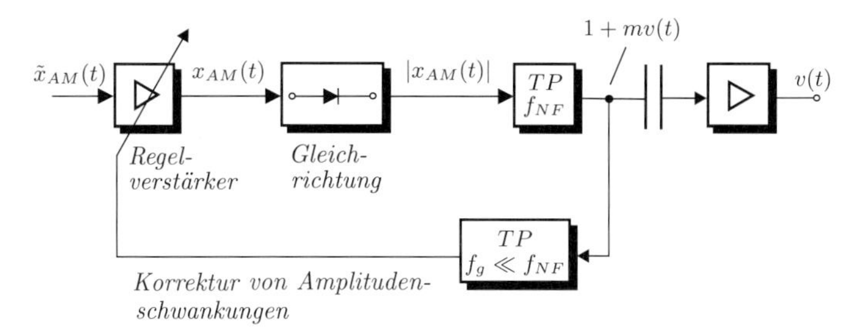

Bild 3.4.1: Prinzipschaltbild eines Einhüllenden-Demodulators

so dass (3.4.1) ergibt

$$|x_{\mathrm{AM}}(t)| = \big(1 + m\,v(t)\big) \cdot \big|\cos(\omega_0 t)\big| \tag{3.4.3}$$

Die Fourier-Entwicklung des Kosinus-Betrages ist

$$|\cos(\omega_0 t)| = \frac{2}{\pi} + \frac{4}{\pi}\left[\frac{1}{3} \cdot \cos(2\omega_0 t) - \frac{1}{15}\cos(4\omega_0 t) + \cdots\right]. \tag{3.4.4}$$

Damit erhält man für das gleichgerichtete AM-Signal das in **Bild 3.4.2** skizzierte Spektrum. Durch die angedeutete Tiefpass-Filterung ist hieraus das übertragene Signal un-

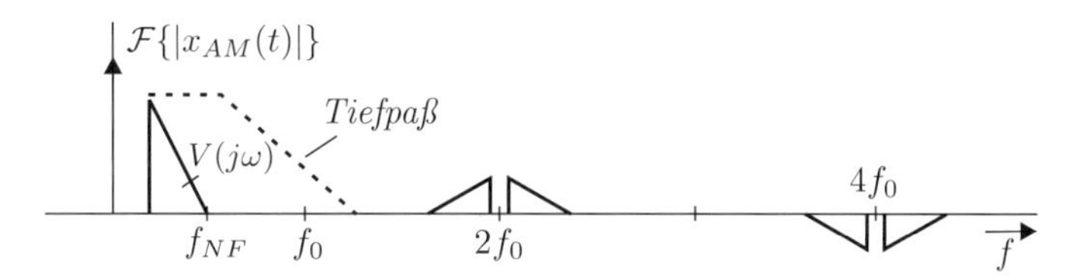

Bild 3.4.2: Spektrum eines gleichgerichteten AM-Signals

verfälscht wiederzugewinnen, sofern gilt

$$2f_0 - f_{\mathrm{NF}} > f_{\mathrm{NF}} \to f_0 > f_{\mathrm{NF}}. \tag{3.4.5}$$

In praktischen Übertragungssystemen ist diese Bedingung weit übererfüllt, so dass an die Flankensteilheit des Tiefpasses nur sehr geringe Anforderungen zu stellen sind.

3.4.2 FM-Demodulation mit Amplitudenbegrenzung

Das klassische Verfahren zur Detektion der Momentanfrequenz eines FM-Signals basiert auf einer *FM-AM-Umsetzung* mit *anschließender Einhüllenden-Demodulation.* Dabei ist es besonders wichtig, dass die im empfangenen FM-Signal vorhandenen Amplitudenvariationen (z.B. infolge einer Filterung auf dem Übertragungswege, vgl. Abschnitt 4.3) am Demodulatoreingang entfernt werden, da sich andernfalls eine Überlagerung dieser Störung am Ausgang des FM-AM-Umsetzers ergibt. In praktischen Schaltungen erfolgt

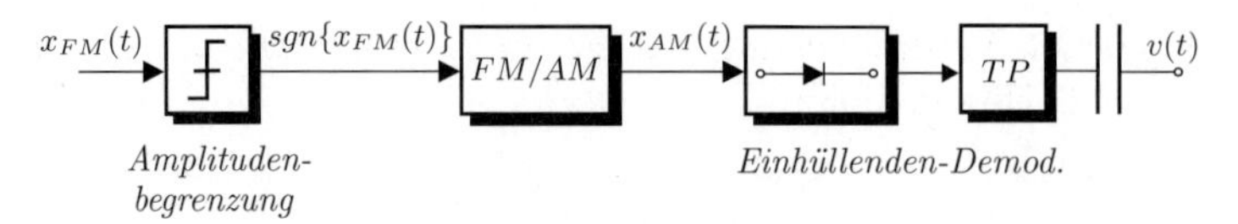

Bild 3.4.3: Prinzipschaltbild eines FM-Demodulators

dies durch eine „harte“ Amplitudenbegrenzung. **Bild 3.4.3** zeigt das Prinzipschaltbild eines FM-Demodulators.

Amplitudenbegrenzung. Es wird zunächst der Einfluss der Amplitudenbegrenzung analysiert.

$$\mathrm{sgn}\{x_{\mathrm{FM}}(t)\} = \mathrm{sgn}\{\cos\varphi(t)\}$$

$$\text{mit} \quad \varphi(t) = \omega_0 t + \Delta\Omega \int_0^t v(t')dt' \tag{3.4.6}$$

Betrachtet man den sgn-Term in Abhängigkeit von der Variablen φ, so stellt dieser eine Rechteckfunktion der Periode 2π dar und kann somit in eine Fourierreihe entwickelt werden – dabei spielt es keine Rolle, dass φ seinerseits von t abhängt.

$$\mathrm{sgn}\{\cos\varphi(t)\} = \frac{4}{\pi}\sum_{\nu=0}^{\infty}\frac{(-1)^\nu}{2\nu+1}\cos[(2\nu+1)\varphi(t)] \tag{3.4.7}$$

Für die Argumente der Kosinusterme gilt

$$(2\nu+1)\cdot\varphi(t) = (2\nu+1)\cdot\omega_0 t + (2\nu+1)\Delta\Omega\int_0^t v(t')dt'. \tag{3.4.8}$$

Gleichung (3.4.7) beinhaltet also die Überlagerung unendlich vieler FM-Signale mit den Trägerfrequenzen

$$\{f_0, 3f_0, 5f_0, \ldots\}$$

und den zugehörigen Frequenzhüben

$$\{\Delta F, 3\Delta F, 5\Delta F, \ldots\},$$

wobei das Teilsignal mit dem Index $\nu = 0$ das ursprüngliche (jetzt von der AM-Störung befreite) FM-Signal darstellt. Es ist dann verzerrungsfrei wiederzugewinnen, wenn das Spektrum sich nicht mit dem Spektrum des nächstfolgenden FM-Signal bei $3f_0$ überlagert. Streng genommen ist diese Bedingung nicht einzuhalten, da ein FM-Signal theoretisch eine unendliche Bandbreite aufweist. Unter praktischen Gesichtspunkten ist jedoch von einer Bandbegrenzung auszugehen. Setzt man für die technisch relevante FM-Bandbreite (vgl. Abschnitt 4.3.2) den Wert b_{FM} ein, so lautet die Bedingung für die Überlappungsfreiheit der Spektren

$$f_0 + b_{\mathrm{FM}}/2 < 3f_0 - 3b_{\mathrm{FM}}/2,$$

wenn man infolge der Verdreifachung des Frequenzhubes in etwa die dreifache FM-Bandbreite annimmt. Hieraus folgt

$$b_{\mathrm{FM}} < f_0, \tag{3.4.9}$$

was unter praktischen Bedingungen stets erfüllt ist. Beispielsweise beträgt die Bandbreite eines UKW-Signals ca. 400 kHz, als Zwischenfrequenz wird der Wert $f_0 = 10,7\,\mathrm{MHz}$ benutzt.

Die erläuterte Wirkung der Amplitudenbegrenzung eines FM-Signals wird in **Bild 3.4.4** veranschaulicht. Als Beispiel dient ein mit einer 1 kHz-Schwingung moduliertes FM-Signal der Trägerfrequenz $f_0 = 20\,\mathrm{kHz}$; der Frequenzhub beträgt 5 kHz. Man sieht, dass das FM-Spektrum um f_0 durch Tiefpassfilterung nahezu ideal wiederzugewinnen ist.

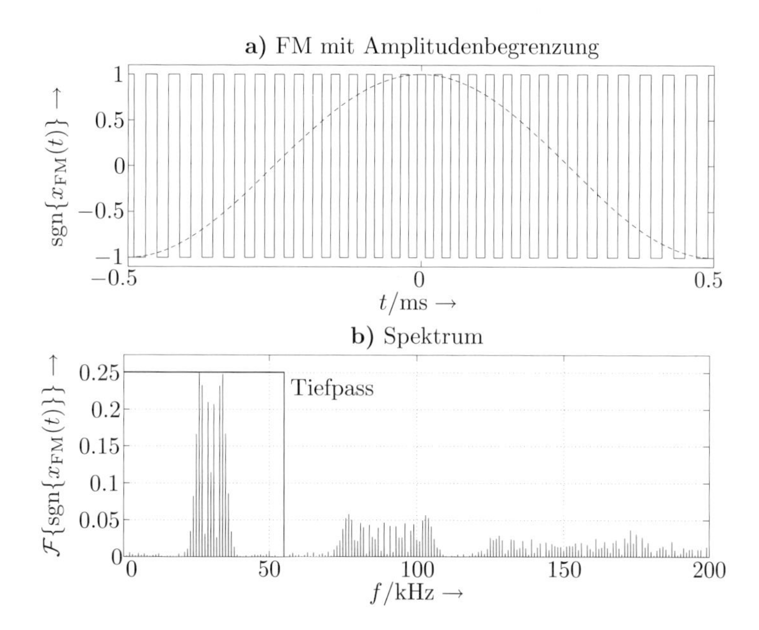

Bild 3.4.4: Amplitudenbegrenztes FM-Signal ($f_0 = 20$ kHz, $f_1 = 1\,\mathrm{kHz}, \Delta F = 5\,\mathrm{kHz}$)

Die Begrenzung der Amplitude des FM-Signals wurde hier als eine sehr einfache schaltungstechnische Maßnahme zur AM-Unterdrückung eingeführt. Die systemtheoretische Bedeutung des Ergebnisses geht jedoch weit über diese technische Anwendung hinaus. Bei Einhaltung der Bandbreitebedingungen enthält das amplitudenbegrenzte FM-Signal die *Informationen über das kontinuierliche NF-Signal allein in den Nulldurchgängen.* Es stellt somit eine zeitdiskrete Darstellung eines analogen Signals dar; insofern besteht eine gewisse Beziehung zum Abtasttheorem – wobei hier allerdings keine äquidistante Abtastung vorliegt.

FM-AM-Umwandlung. In dem konventionellen FM-Demodulator gemäß Bild 3.4.3 besteht die Aufgabe, ein frequenzmoduliertes in ein (zusätzlich) amplitudenmoduliertes

Signal zu überführen. Im Prinzip kann dies durch zeitliche Ableitung erreicht werden.

$$-\frac{1}{a_0}\frac{dx_{\mathrm{FM}}(t)}{dt} = \frac{d\varphi(t)}{dt}\cdot\sin\varphi(t) = [\omega_0 + \Delta\Omega\cdot v(t)]\cdot\sin\left[\omega_0 t + \Delta\Omega\int_0^t v(t')dt'\right] \quad (3.4.10)$$

Durch Einhüllenden-Demodulation und Normierung auf den Frequenzhub gewinnt man hieraus

$$\frac{\dot{\varphi}(t)}{\Delta\Omega} = \frac{\omega_0}{\Delta\Omega} + v(t), \quad (3.4.11)$$

also das modulierende Signal mit einer überlagerten Gleichgröße $\omega_0/\Delta\Omega$. Diese Gleichgröße ist unter realistischen Frequenzbedingungen außerordentlich groß (UKW: $\omega_0/\Delta\Omega = 10,7\,\mathrm{MHz}/75\,\mathrm{kHz} = 143$); aus diesem Grunde ist eine einfache Differentiation zur praktischen Demodulation nicht geeignet. Um das geschilderte Problem zu vermeiden, kann statt eines Differenzierers ein steilflankiger Bandpass verwendet werden, dessen obere oder untere Flanke symmetrisch zur Trägerfrequenz liegt. Man nennt eine solche Form *Flankendemodulator*. Der Nachteil dieses Verfahrens besteht in der mangelhaften Linearität, da der vorauszusetzende lineare Verlauf der Filterflanke in der Praxis schwer zu realisieren ist. Praktisch eingesetzte analoge Demodulatoren sind der *Riegger-Kreis* und vor allem der *Ratiodetektor*, der zusätzlich eine AM-Unterdrückung bewirkt. Bezüglich schaltungstechnischer Einzelheiten wird auf die umfangreiche Literatur verwiesen (z.B. [Wos60, Pan65, RS82]).

PLL-Demodulator. Eine Alternative zur FM-Demodulation durch FM-AM-Umwandlung stellt der so genannte PLL- („Phase-Locked-Loop-") Demodulator dar, der kurz erläutert werden soll. **Bild 3.4.5** zeigt das Prinzipschaltbild. Der PLL-Demodulator

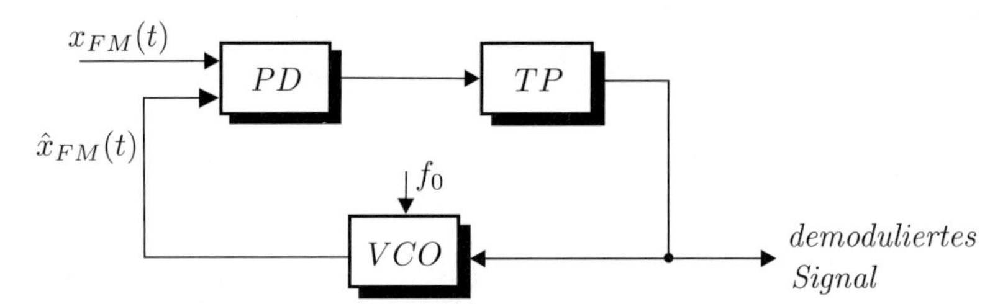

Bild 3.4.5: PLL-Demodulator

besteht aus den Komponenten *Phasendiskriminator* (PD), *Tiefpass* (TP) und *spannungsgesteuertem Oszillator* (VCO = „Voltage-Controlled Oscillator"). Der VCO wird auf die Trägerfrequenz f_0 voreingestellt. Im synchronisierten Zustand liegt dann das um 90° phasengedrehte FM-Signal am Ausgang des VCO. Ist das FM-Signal unmoduliert, so entsteht nach dem Phasendiskriminator (der üblicherweise durch einen Multiplizierer realisiert wird) und der Tiefpassfilterung das Signal Null: Der VCO schwingt dann auf der voreingestellten Frequenz f_0. Ist das Eingangssignal moduliert, dann bewirkt der geschlossene Regelkreis, dass die Phasenabweichung zwischen $x_{\mathrm{FM}}(t)$ und $\hat{x}_{\mathrm{FM}}(t)$ möglichst nahe $\pi/2$ ist; das Eingangssignal des VCO muss dementsprechend der Abweichung der Momentanfrequenz von f_0 folgen und stellt somit das demodulierte Signal dar. Auf nähere Einzelheiten der Eigenschaften von Phasenregelkreisen soll hier nicht weiter eingegangen werden (vgl. z.B. [Gar79]).

3.4.3 Digitale FM-Demodulation

In den letzten Jahren ist das Interesse an vollständig digitalen Empfängerkonzepten stark gestiegen. Die Vorteile solcher Lösungen liegen vor allem in der absoluten Reproduzierbarkeit des Systemverhaltens (keine Temperatur- und Alterungsabhängigkeit, keine Abstimmungsprobleme), verbunden mit einer im Prinzip beliebigen Genauigkeit der Verarbeitung bei entsprechender Steigerung des Aufwandes (Auflösung der Signale). Zu den vorgeschlagenen Lösungen zur digitalen Frequenzdemodulation gehört die Umsetzung des im letzten Abschnitt angesprochenen PLL-Demodulators in eine digitale Struktur [Ros89]. Weitere Verfahren werden z.B. in [Ray80, Hau83, vGea85] genannt. Im folgenden wird ein in [Kam86] eingeführter digitaler FM-Demodulator erläutert. Das Blockschaltbild ist in **Bild 3.4.6** wiedergegeben. Das abgetastete FM-Signal wird zunächst in ein kom-

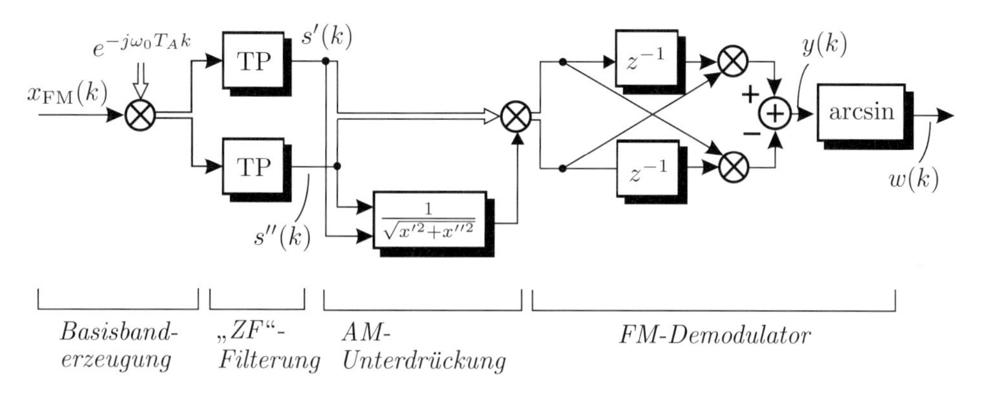

Bild 3.4.6: Digitaler FM-Demodulator

plexes Basisbandsignal überführt. Die zur Unterdrückung der doppelten Trägerfrequenz erforderlichen Tiefpässe haben gleichzeitig die Funktion einer „ZF-Filterung“ - hier im Basisband durchgeführt. Es folgt anschließend eine Normierung des komplexen Signals $s_{\rm FM}(k) = s'(k) + js''(k)$ auf den Betrag eins; man erhält dann ein Signal der Form

$$s_0(k) = s_0'(k) + j\, s_0''(k) = \cos[\varphi(k)] + j \sin[\varphi(k)] \tag{3.4.12}$$

$$\text{mit} \qquad \varphi(k) = \Delta\Omega \int_0^{kT_A} v(t')dt'.$$

Im nachfolgenden Multiplikationsnetzwerk wird gebildet

$$\begin{aligned} y(k) &= s_0''(k) \cdot s_0'(k-1) - s_0'(k) \cdot s_0''(k-1) \\ &= \sin[\varphi(k) - \varphi(k-1)] = \sin\left[\Delta\Omega \int_{(k-1)T_A}^{kT_A} v(t')dt'\right]. \end{aligned} \tag{3.4.13}$$

Ist die Abtastfrequenz hinreichend hoch, so kann das hier auftretende Integral durch die Rechteckformel approximiert werden.

$$\Delta\Omega \int_{(k-1)T_A}^{kT_A} v(t')dt' \approx \Delta\Omega\, T_A \cdot v(kT_A) \tag{3.4.14}$$

Aus (3.4.13) ist das Sinus-Argument eindeutig durch arcsin-Bildung zu gewinnen, falls gilt

$$|\Delta\Omega\, T_A\, v(kT_A)| < \pi/2 \rightarrow f_A > 4\Delta F. \tag{3.4.15}$$

Diese Bedingung ist bereits aufgrund des Abtasttheorems, d.h. zur korrekten zeitdiskreten Erfassung des FM-Signals zu erfüllen. Als Ausgangssignal des digitalen FM-Demodulators erhält man also

$$w(k) = \Delta\Omega \int_{(k-1)T_A}^{kT_A} v(t')dt' \approx \Delta\Omega\, T_A \cdot v(kT_A). \tag{3.4.16}$$

Die Approximation des Integrals hat lediglich eine leichte lineare Verzerrung zur Folge, wie folgende Betrachtung zeigt.

$$\int_{(k-1)T_A}^{kT_A} v(t')dt' = \int_{-\infty}^{kT_A} v(t')dt' - \int_{-\infty}^{(k-1)T_A} v(t')dt' \tag{3.4.17a}$$

Mit der Korrespondenz

$$\int_{-\infty}^{t} v(t')dt' \circ\!\!-\!\!\bullet \frac{1}{j\omega} V(j\omega) \tag{3.4.17b}$$

gilt

$$\int\limits_{t-T_A}^{t} v(t')dt' \circ\!\!-\!\!\bullet \frac{1}{j\omega}\left[V(j\omega) - V(j\omega)\cdot e^{-j\omega T_A}\right] = T_A \cdot e^{-j\omega T_A/2} \cdot \frac{\sin(\omega T_A/2)}{\omega T_A/2} \cdot V(j\omega). \tag{3.4.17c}$$

Das demodulierte Signal erfährt also neben einer belanglosen zeitlichen Verzögerung um $T_A/2$ eine $\sin(x)/x$-förmige Verzerrung des Betragsspektrums, die wegen $f_{\mathrm{NF}} \ll f_A$ außerordentlich gering ist. Der in diesem Abschnitt beschriebene FM-Demodulator wurde für eine vollständig digitale UKW-Zwischenfrequenzstufe schaltungstechnisch realisiert [Kam86]. Im Vergleich mit herkömmlichen analogen Schaltungen zeichnet sich der digitale Demodulator durch eine außerordentlich hohe Linearität aus. Der Grund hierfür liegt einmal in der nahezu fehlerfreien Realisierung der idealen Demodulationsvorschrift (3.3.18b), zum anderen in den optimierten digitalen linearphasigen Zwischenfrequenzfiltern, die im Gegensatz zu analogen ZF-Filtern keinerlei Phasenverzerrungen einbringen.

Kapitel 4

Einflüsse linearer Verzerrungen

In Kapitel 2 wurden prinzipielle Eigenschaften nichtidealer Übertragungskanäle diskutiert. Hierzu gehören die linearen Verzerrungen, die infolge gedächtnisbehafteter linearer Kanäle entstehen. Unter Anwendung der in Kapitel 1 hergeleiteten systemtheoretischen Zusammenhänge wird in Abschnitt 4.1 zunächst die äquivalente Basisbanddarstellung von Bandpasskanälen formuliert. Es folgt dann die Untersuchung der Auswirkungen linearer Verzerrungen auf lineare Modulationsformen (Abschnitt 4.2), wobei bezüglich Amplitudenmodulation zwischen kohärenter und inkohärenter Demodulation zu unterscheiden ist. In Verbindung mit Winkelmodulation bewirken lineare Kanalverzerrungen nichtlineare Verzerrungen nach der Demodulation. Abschnitt 4.3 widmet sich dementsprechend den verschiedenen Möglichkeiten zur Analyse nichtlinearer Verzerrungen. Einen Sonderfall stellt die Winkelmodulation insofern dar, als sie die adaptive Korrektur linearer Kanalverzerrungen erlaubt – die Lösung hierzu besteht in dem so genannten Konstant-Modulus-Algorithmus, der in Abschnitt 4.3.3 hergeleitet wird.

4.1 Äquivalente Basisband-Darstellung des Übertragungskanals

Wir setzen für den Übertragungskanal eine Bandpass-Übertragungsfunktion mit reeller Impulsantwort an.

$$H_{\mathrm{BP}}(j\omega) \bullet\!\!-\!\!\circ\; h_{\mathrm{BP}}(t) \in \mathbb{R} \tag{4.1.1}$$

Für die Analyse der Auswirkungen auf die verschiedenen Modulationsformen erweist sich eine komplexe Beschreibung im Basisband als günstig. Wir greifen daher die Betrachtungen in Kapitel 1 auf und formulieren die äquivalente Basisband-Übertragungsfunktion des Kanals (bezüglich des Faktors 1/2 siehe Abschnitt 1.4.3, Seite 25)

$$H_{\mathrm{TP}}(j\omega) = \frac{1}{2} H_{\mathrm{BP}}^{+}(j(\omega + \omega_0)); \tag{4.1.2}$$

ω_0 bezeichnet dabei die bei der Modulation verwendete Trägerfrequenz. Die zugehörige Impulsantwort ist im Allgemeinen komplex

$$\begin{aligned} h_{\mathrm{TP}}(t) &= \frac{1}{2} h_{\mathrm{BP}}^{+}(t) e^{-j\omega_0 t} \\ &= \frac{1}{2} [h_{\mathrm{BP}}(t)\cos(\omega_0 t) + \hat{h}_{\mathrm{BP}}(t)\sin(\omega_0 t)] \\ &+ \frac{j}{2} [\hat{h}_{\mathrm{BP}}(t)\cos(\omega_0 t) - h_{\mathrm{BP}}(t)\sin(\omega_0 t)]. \end{aligned} \tag{4.1.3}$$

Abgekürzt wird gesetzt

$$\begin{aligned} h_{\mathrm{TP}}(t) &= h'_{\mathrm{TP}}(t) + j h''_{\mathrm{TP}}(t) \\ &\circ\!\!-\!\!\bullet \\ H_{\mathrm{TP}}(j\omega) &= \mathrm{Ra}\{H_{\mathrm{TP}}(j\omega)\} + j\,\mathrm{Ia}\{H_{\mathrm{TP}}(j\omega)\}. \end{aligned} \tag{4.1.4}$$

Für die Teilübertragungsfunktionen $\mathrm{Ra}\{H_{\mathrm{TP}}(j\omega)\}$ und $\mathrm{Ia}\{H_{\mathrm{TP}}(j\omega)\}$ übernehmen wir die Definitionen (1.4.15b) auf Seite 27.

$$\mathrm{Ra}\{H_{\mathrm{TP}}(j\omega)\} = \frac{1}{2}[H_{\mathrm{TP}}(j\omega) + H_{\mathrm{TP}}^{*}(-j\omega)] \tag{4.1.5a}$$

$$\mathrm{Ia}\{H_{\mathrm{TP}}(j\omega)\} = \frac{1}{2j}[H_{\mathrm{TP}}(j\omega) - H_{\mathrm{TP}}^{*}(-j\omega)]. \tag{4.1.5b}$$

Die Bedingung dafür, dass eine reelle Basisband-Impulsantwort vorliegt, dass also $h''_{\mathrm{TP}}(t)$ bzw. $\mathrm{Ia}\{H_{\mathrm{TP}}(j\omega)\}$ verschwindet, lautet

$$H_{\mathrm{TP}}(j\omega) = H_{\mathrm{TP}}^{*}(-j\omega), \tag{4.1.6a}$$

oder auf die Bandpass-Übertragungsfunktion bezogen

$$H_{\mathrm{BP}}(j(\omega_0 + \omega)) = H_{\mathrm{BP}}^{*}(j(\omega_0 - \omega)). \tag{4.1.6b}$$

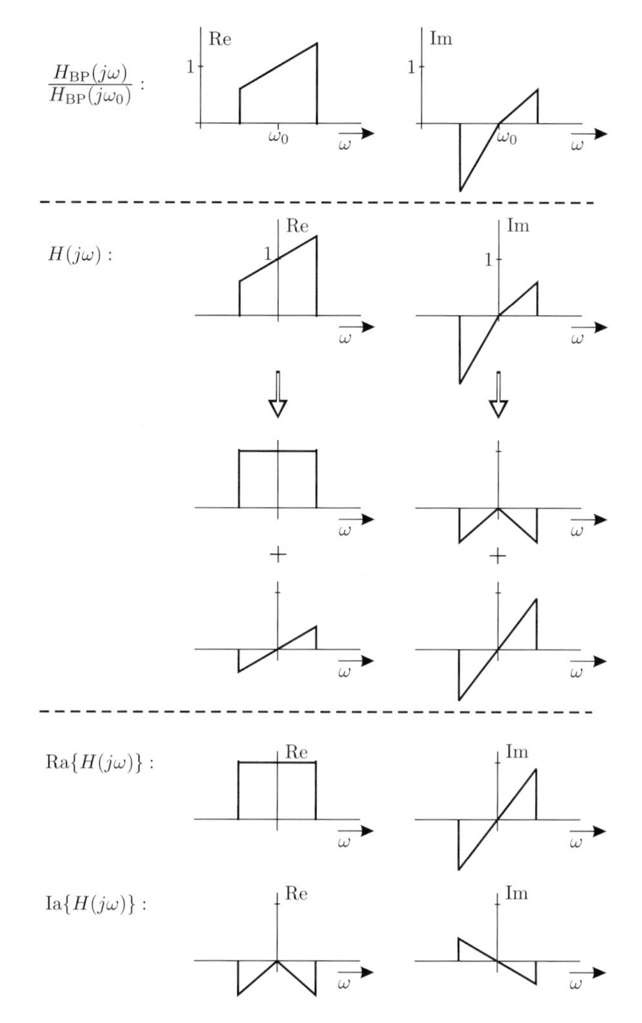

Bild 4.1.1: Zusammensetzung der normierten Übertragungsfunktion aus geraden und ungeraden Anteilen

Im Zusammenhang mit der Betrachtung linearer Verzerrungen der verschiedenen Modulationssignale ist die auf die Übertragungsfunktion an der Stelle des Trägers bezogene Kanalübertragungsfunktion von Interesse. Wir definieren eine entsprechende *normierte Basisband-Übertragungsfunktion*

$$H(j\omega) = \frac{H_{\mathrm{TP}}(j\omega)}{H_{\mathrm{TP}}(0)} = \frac{H_{\mathrm{BP}}^{+}(j(\omega_0 + \omega))}{H_{\mathrm{BP}}^{+}(j\omega_0)} \tag{4.1.7}$$

mit der zugehörigen komplexen Impulsantwort

$$h(t) = h'(t) + jh''(t) = \frac{h_{\mathrm{TP}}(t)}{H_{\mathrm{TP}}(0)}. \tag{4.1.8}$$

Dabei gilt insbesondere

$$\mathrm{Re}\{H(0)\} = 1, \quad \text{und} \quad \mathrm{Im}\{H(0)\} = 0. \tag{4.1.9}$$

Die Teil-Übertragungsfunktionen $\mathrm{Ra}\{H(j\omega)\}$ und $\mathrm{Ia}\{H(j\omega)\}$ sind definiert als

$$\begin{aligned}\mathrm{Ra}\{H(j\omega)\} &= \frac{1}{2}[H(j\omega) + H^*(-j\omega)] \\ &= \frac{1}{2}\left[\frac{H_{\mathrm{BP}}^+(j(\omega_0+\omega))}{H_{\mathrm{BP}}^+(j\omega_0)} + \left[\frac{H_{\mathrm{BP}}^+(j(\omega_0-\omega))}{H_{\mathrm{BP}}^+(j\omega_0)}\right]^*\right] \qquad (4.1.10) \\ \mathrm{Ia}\{H(j\omega)\} &= \frac{1}{2j}[H(j\omega) - H^*(-j\omega)] \\ &= \frac{1}{2j}\left[\frac{H_{\mathrm{BP}}^+(j(\omega_0+\omega))}{H_{\mathrm{BP}}^+(j\omega_0)} - \left[\frac{H_{\mathrm{BP}}^+(j(\omega_0-\omega))}{H_{\mathrm{BP}}^+(j\omega_0)}\right]^*\right]. \qquad (4.1.11)\end{aligned}$$

$\mathrm{Ia}\{H(j\omega)\}$ beschreibt offensichtlich die Abweichung der normierten Übertragungsfunktion von einer konjugiert geraden Symmetrie bezüglich der Trägerfrequenz ω_0. Die Zerlegung der normierten Kanal-Übertragungsfunktion in gerade und ungerade Anteile wird anhand von **Bild 4.1.1** veranschaulicht.

4.2 Kanalverzerrungen bei linearen Modulationsverfahren

Wir betrachten zunächst die Amplitudenmodulation. Die komplexe Einhüllende eines unverzerrten AM-Signals lautet

$$s_{\mathrm{AM}}(t) = [1 + m\,v(t)] \cdot e^{j\varphi_0}, \tag{4.2.1}$$

wobei die Trägeramplitude auf eins gesetzt wurde. Der Einfluss von linearen Kanalverzerrungen wird durch die Faltung mit der komplexen Basisband-Impulsantwort $h_{\mathrm{TP}}(t)$ beschrieben.

$$\tilde{s}_{\mathrm{AM}}(t) = e^{j\varphi_0}[1 + m\,v(t)] * h_{\mathrm{TP}}(t) \tag{4.2.2}$$

Berücksichtigen wir, dass gilt

$$1 * h_{\mathrm{TP}}(t) = \int_{-\infty}^{\infty} h_{\mathrm{TP}}(\tau)d\tau = H_{\mathrm{TP}}(0), \tag{4.2.3}$$

so ergibt (4.2.2)

$$\begin{aligned}\tilde{s}_{\mathrm{AM}}(t) &= e^{j\varphi_0}[H_{\mathrm{TP}}(0) + m\,v(t) * h_{\mathrm{TP}}(t)] \\ &= e^{j\varphi_0} H_{\mathrm{TP}}(0)\left[1 + m\,v(t) * \frac{h_{\mathrm{TP}}(t)}{H_{\mathrm{TP}}(0)}\right]. \qquad (4.2.4)\end{aligned}$$

Unter Verwendung der normierten Basisband-Impulsantwort nach (4.1.8) schreibt man

$$\begin{aligned}\tilde{s}_{\mathrm{AM}}(t) &= e^{j\varphi_0} H_{\mathrm{TP}}(0)\,[1 + m\,v(t) * h(t)] \\ &= e^{j\varphi_0} H_{\mathrm{TP}}(0)\,[1 + m\,v(t) * (h'(t) + jh''(t))]\,. \end{aligned} \tag{4.2.5}$$

Definiert man die zeitabhängige Phase

$$\psi(t) = \arg\{1 + m\; v(t) * [h'(t) + jh''(t)]\}\,, \tag{4.2.6}$$

so wird deutlich, dass das amplitudenmodulierte Signal infolge der linearen Kanalverzerrungen eine *zusätzliche Phasenmodulation* erfährt.

$$\tilde{s}_{\mathrm{AM}}(t) = H_{\mathrm{TP}}(0) e^{j\varphi_0} |1 + m\,v(t) * h(t)| e^{j\psi(t)} \tag{4.2.7}$$

Diese Phasenmodulation verschwindet nur dann, wenn gilt

$$v(t) * h''(t) \equiv 0 \quad \text{also} \quad h''(t) \equiv 0, \tag{4.2.8}$$

wenn also gemäß den Betrachtungen im letzten Abschnitt die normierte Kanal-Übertragungsfunktion *konjugiert gerade bezüglich der Trägerfrequenz* ist.

Wir betrachten den Einfluss der linearen Kanalverzerrungen auf das demodulierte Signal und unterscheiden dabei zwischen den beiden prinzipiellen Demodulationsverfahren.

4.2.1 Kohärente AM-Demodulation

Wird zur Demodulation der kohärente Träger mit der korrekten Phasenlage benutzt, so erhält man mit (4.2.5)

$$\begin{aligned}\tilde{v}(t) &= \mathrm{Re}\left\{|H_{\mathrm{TP}}(0)|^{-1}\, e^{-j[\varphi_o + \arg\{H_{\mathrm{TP}}(0)\}]}\, \tilde{s}_{\mathrm{AM}}(t)\right\} \\ &= \mathrm{Re}\{1 + m\,v(t) * [h'(t) + jh''(t)]\} \\ &= 1 + m\,v(t) * h'(t). \end{aligned} \tag{4.2.9}$$

Es ergibt sich eine *rein lineare Verzerrung* des wiedergewonnenen Signals, die nur vom bezüglich ω_0 konjugiert geraden Anteil der normierten Kanalübertragungsfunktion abhängt. Die *äquivalente NF-Übertragungsfunktion* des gesamten Modulationssystems lautet

$$H_{\mathrm{NF}}(j\omega) = \mathrm{Ra}\{H(j\omega)\} = \frac{1}{2}[H(j\omega) + H^*(-j\omega)]. \tag{4.2.10}$$

Ein Beispiel ist in **Bild 4.2.1** wiedergegeben.

4.2.2 Einhüllenden-Demodulation

Die zugehörige Demodulationsvorschrift lautet

$$\begin{aligned}\tilde{v}(t) &= |\tilde{s}_{\mathrm{AM}}(t)| = |1 + mv(t) * [h'(t) + jh''(t)]\,| \\ &= \sqrt{[1 + mv(t) * h'(t)]^2 + m^2[v(t) * h''(t)]^2}. \end{aligned} \tag{4.2.11}$$

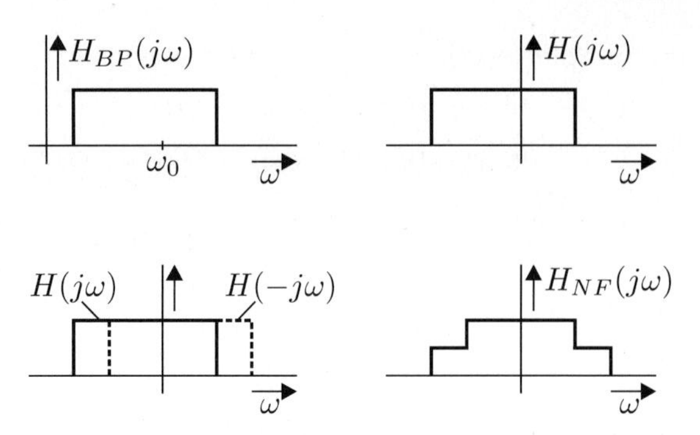

Bild 4.2.1: Beispiel einer äquivalenten NF-Basisband-Übertragungsfunktion bei kohärenter AM-Demodulation

Hierbei sind zwei Fälle zu unterscheiden. Für den Fall einer bezüglich ω_0 *konjugiert geraden* normierten Kanalübertragungsfunktion, also mit

$$h''(t) \equiv 0,$$

enthält das demodulierte Signal (bei Vermeidung von Übermodulation) wie bei der kohärenten Demodulation *nur lineare Verzerrungen*

$$\tilde{v}(t) = \sqrt{[1 + mv(t) * h'(t)]^2} = 1 + m\,v(t) * h'(t) \qquad \text{für } m\,|v(t) * h'(t)| \leq 1. \tag{4.2.12}$$

Die äquivalente NF-Übertragungsfunktion für das Nutzsignal ist somit identisch mit (4.2.9).

Ist die Kanal-Übertragungsfunktion hingegen *nicht konjugiert gerade* bezüglich ω_0, so ergeben sich *nichtlineare Verzerrungen* des demodulierten Signals. Es werden folgende Abkürzungen eingeführt

$$v_1(t) := v(t) * h'(t) \tag{4.2.13a}$$

$$v_2(t) := v(t) * h''(t). \tag{4.2.13b}$$

Damit erhält man aus (4.2.11)

$$\tilde{v}(t) = [1 + mv_1(t)]\sqrt{1 + \left[\frac{mv_2(t)}{1 + mv_1(t)}\right]^2}. \tag{4.2.14}$$

Nimmt man den praktisch interessanten Fall geringfügiger Unsymmetrien, also

$$\max|v(t) * h''(t)| \ll \max|v(t) * h'(t)| \tag{4.2.15}$$

an, so erhält man mit der Reihenentwicklung

$$\sqrt{1 + x^2} = 1 + \frac{1}{2}x^2 - \frac{1}{8}x^4 \cdots$$

aus (4.2.14) näherungsweise

$$\begin{aligned}\tilde{v}(t) &\approx [1 + m\,v_1(t)]\left[1 + \frac{1}{2}\cdot\frac{m^2 v_2^2(t)}{(1+mv_1(t))^2}\right]\\ \tilde{v}(t) &\approx 1 + m\,v_1(t) + \frac{m^2 v_2^2(t)}{2(1+mv_1(t))}. \end{aligned} \tag{4.2.16}$$

Diese Formulierung zeigt, dass neben einer linearen Verzerrung

$$m\,v_1(t) = m\,v(t) * h'(t),$$

die wiederum durch die äquivalente NF-Übertragungsfunktion nach (4.2.10) gegeben ist, nun ein nichtlinearer Anteil hinzutritt.

4.2.3 Einseitenband-Demodulation

Die unverzerrte komplexe Einhüllende eines Einseitenbandsignals

$$s_{\mathrm{ESB}}^{\pm}(t) = [v(t) \pm j\hat{v}(t)]\, e^{j\varphi_0} \tag{4.2.17}$$

bekommt unter dem Einfluss eines linearen Übertragungskanals die Form

$$\begin{aligned}\tilde{s}_{\mathrm{ESB}}^{\pm}(t) &= e^{j\varphi_0}\,[v(t) \pm j\,\hat{v}(t)] * h_{\mathrm{TP}}(t)\\ &= e^{j\varphi_0}\,H_{\mathrm{TP}}(0)\,[v(t) \pm j\,\hat{v}(t)] * [h'(t) + jh''(t)]\,. \end{aligned} \tag{4.2.18}$$

Zur kohärenten Demodulation wird der am Empfänger detektierte Träger mit der Phasenlage

$$-(\varphi_0 + \arg\{H_{\mathrm{TP}}(0)\})$$

benutzt; für das demodulierte Signal ergibt sich dann

$$\begin{aligned}\tilde{v}(t) &= \mathrm{Re}\left\{|H_{\mathrm{TP}}(0)|^{-1}\, e^{-j(\varphi_0+\arg\{H_{\mathrm{TP}}(0)\})}\cdot \tilde{s}_{\mathrm{ESB}}^{\pm}(t)\right\}\\ &= v(t) * h'(t) \mp \hat{v}(t) * h''(t). \end{aligned} \tag{4.2.19}$$

Das negative Vorzeichen steht hier für die OSB-, das positive für die USB-Übertragung. Wegen der fundamentalen Eigenschaft der Hilbert-Transformation

$$\hat{v}(t) * h''(t) = v(t) * \hat{h}''(t) \qquad \text{mit } \hat{h}''(t) = \mathcal{H}\{h''(t)\}$$

lässt sich (4.2.19) in die Form

$$\tilde{v}(t) = v(t) * \left[h'(t) \mp \hat{h}''(t)\right]. \tag{4.2.20}$$

umschreiben. Lineare Verzerrungen bei Einseitenbandübertragung bewirken also lineare Verzerrungen des demodulierten Signals. Die äquivalente NF-Übertragungsfunktion lautet

$$H_{\mathrm{NF}}(j\omega) = \begin{cases} \mathrm{Ra}\{H(j\omega)\} - \mathrm{Ia}\{\hat{H}(j\omega)\} & \text{für OSB}\\ \mathrm{Ra}\{H(j\omega)\} + \mathrm{Ia}\{\hat{H}(j\omega)\} & \text{für USB.} \end{cases} \tag{4.2.21}$$

Diese Übertragungsfunktionen können folgendermaßen interpretiert werden. Es gilt

$$\begin{aligned} \text{Ra}\{H(j\omega)\} &= \frac{1}{2}\left[H(j\omega) + H^*(-j\omega)\right] \\ \text{Ia}\{\hat{H}(j\omega)\} &= \begin{cases} -j\frac{1}{2j}\left[H(j\omega) - H^*(-j\omega)\right] & \text{für}\, \omega > 0 \\ +j\frac{1}{2j}\left[H(j\omega) - H^*(-j\omega)\right] & \text{für}\, \omega < 0, \end{cases} \end{aligned}$$

also für die OSB-Übertragung

$$H_{\text{NF}}(j\omega) = \begin{cases} H(j\omega) & \text{für } \omega > 0 \\ H^*(-j\omega) & \text{für } \omega < 0 \end{cases} \tag{4.2.22}$$

bzw. für die USB-Übertragung

$$H_{\text{NF}}(j\omega) = \begin{cases} H^*(-j\omega) & \text{für } \omega > 0 \\ H(j\omega) & \text{für } \omega < 0. \end{cases} \tag{4.2.23}$$

In **Bild 4.2.2** werden diese NF-Übertragungsfunktionen veranschaulicht.

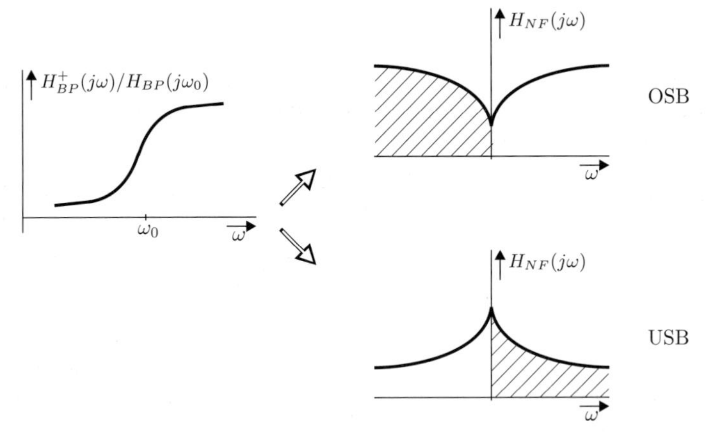

Bild 4.2.2: Zur Veranschaulichung der äquivalenten NF-Übertragungsfunktion bei Einseitenband-Modulation

4.3 Lineare Kanalverzerrungen bei Winkelmodulation

Phasen- und Frequenzmodulation stellen nichtlineare Modulationsformen dar. Es ist daher zu vermuten, dass lineare Verzerrungen auf dem Übertragungsweg nichtlineare Verzerrungen des demodulierten Signals zur Folge haben.

Für die komplexe Einhüllende eines unverzerrten winkelmodulierten Signals schreiben wir allgemein

$$s_{\mathrm{WM}}(t) = e^{j\varphi_0}\, e^{j\varphi(t)}. \tag{4.3.1}$$

Unter dem Einfluss eines linearen Kanals ergibt sich hieraus

$$\begin{aligned} \tilde{s}_{\mathrm{WM}}(t) &= e^{j\varphi_0}\, e^{j\varphi(t)} * h_{\mathrm{TP}}(t) \\ &= H_{\mathrm{TP}}(0)\, e^{j\varphi_0}\, e^{j\varphi(t)} * [h'(t) + jh''(t)]\,. \end{aligned} \tag{4.3.2}$$

Durch lineare Verzerrungen erfährt ein winkelmoduliertes Signal *nichtlineare Verzerrungen der Momentanphase*

$$\begin{aligned} \tilde{\varphi}(t) = \;& \arg\Big\{h'(t) * \cos\varphi(t) - h''(t) * \sin\varphi(t) \\ & +j\,[h''(t) * \cos\varphi(t) + h'(t) * \sin\varphi(t)]\Big\} \end{aligned} \tag{4.3.3a}$$

sowie eine zusätzliche *Amplitudenmodulation*

$$a(t) = \sqrt{[h'(t) * \cos\varphi(t) - h''(t) * \sin\varphi(t)]^2 + [h''(t) * \cos\varphi(t) + h'(t) * \sin\varphi(t)]^2}. \tag{4.3.3b}$$

Letztere wird aufgrund der idealen Demodulationsvorschriften (3.3.17) und (3.3.18c), S. 125, beseitigt und wirkt sich auf das demodulierte Signal nicht aus. Wir betrachten zunächst die Phasendemodulation. Nach (3.3.17) gilt

$$\begin{aligned} \Delta\Phi \cdot \tilde{v}(t) &= \mathrm{Im}\{\ln(\tilde{s}_{\mathrm{PM}}(t))\} = \mathrm{Im}\left\{\ln\left[H_{\mathrm{TP}}(0) e^{j\varphi_0} a(t) e^{j\tilde{\varphi}(t)}\right]\right\} \\ &= \mathrm{Im}\left\{\ln(|H_{\mathrm{TP}}(0)| a(t)) + \ln\left[e^{j(\tilde{\varphi}(t)+\varphi_0+\arg\{H_{\mathrm{TP}}(0)\})}\right]\right\} \\ &= \tilde{\varphi}(t) + \varphi_0 + \arg\{H_{\mathrm{TP}}(0)\}. \end{aligned} \tag{4.3.4}$$

Die konstanten Phasenterme φ_0 und $\arg\{H_{\mathrm{TP}}(0)\}$ werden durch eine geeignete Trägerphasenregelung beseitigt; das demodulierte Signal besteht dann aus der gemäß (4.3.3a) verzerrten Momentanphase.

Für die Frequenzmodulation ergeben sich ähnliche Verhältnisse. Nach (3.3.18a) gilt

$$\begin{aligned} \Delta\Omega \cdot \tilde{v}(t) &= \mathrm{Im}\left\{\frac{\frac{d}{dt}(\tilde{s}_{\mathrm{FM}}(t))}{\tilde{s}_{\mathrm{FM}}(t)}\right\} = \mathrm{Im}\left\{\frac{H_{\mathrm{TP}}(0) e^{j\varphi_0} \frac{d}{dt}(a(t) e^{j\tilde{\varphi}(t)})}{H_{\mathrm{TP}}(0) e^{j\varphi_0} a(t) \cdot e^{j\tilde{\varphi}(t)}}\right\} \\ &= \mathrm{Im}\left\{\frac{\dot{a}(t)}{a(t)} + j\dot{\tilde{\varphi}}(t)\right\} = \frac{d\tilde{\varphi}(t)}{dt}. \end{aligned} \tag{4.3.5}$$

Es stellt sich die Frage nach einer effizienten Berechnungsmethode für die Größe $a(t)$ und vor allem für $\tilde{\varphi}(t)$. Aufgrund der nichtlinearen Zusammenhänge ist eine solche Berechnung für ein allgemeines Modulationssignal mit außerordentlichen Schwierigkeiten verbunden. Die geschlossene Formulierung gelingt auf einfache Weise nur bei sinusförmiger Modulation, wie wir später sehen werden. Für allgemeine Modulationssignale sind Näherungen anzugeben.

4.3.1 Quasistationäres Modell

Zunächst soll ein einfaches Näherungsverfahren betrachtet werden, das in der Literatur die Bezeichnung *Quasistationäres Modell* trägt. Es gilt ausschließlich für *langsame NF-Vorgänge.*

Wir betrachten ein frequenzmoduliertes Signal, wobei die modulierende Größe eine so geringe Bandbreite aufweisen soll, dass das Kanal-Ausgangssignal zu jedem Zeitpunkt als stationäre Schwingung konstanter Momentanfrequenz aufgefasst werden kann.

$$\tilde{s}_{\mathrm{FM}}(t) \approx H\Big(j\,\Delta\Omega\,v(t)\Big)\cdot s_{\mathrm{FM}}(t). \tag{4.3.6}$$

Eine formale Ableitung dieser Näherung lässt sich wie folgt durchführen. Korrekt gilt für das linear verzerrte FM-Signal

$$\tilde{S}_{\mathrm{FM}}(j\omega) = H(j\omega)\cdot S_{\mathrm{FM}}(j\omega). \tag{4.3.7}$$

Wir entwickeln die Übertragungsfunktion $H(j\omega)$ in eine Taylorreihe

$$H(j\omega) = H(0) + H^{(1)}(0)\cdot\omega + \frac{1}{2!}H^{(2)}(0)\cdot\omega^2 + \cdots + \frac{1}{n!}H^{(n)}(0)\cdot\omega^n, \tag{4.3.8}$$

wobei $H^{(\nu)}(0)$ die ν-te Ableitung der Übertragungsfunktion nach ω an der Stelle $\omega = 0$ bezeichnet. Damit wird (4.3.7)

$$\tilde{S}_{\mathrm{FM}}(j\omega) = \sum_{\nu=0}^{\infty}\frac{1}{\nu!}\,H^{(\nu)}(0)\,\omega^{\nu}\,S_{\mathrm{FM}}(j\omega). \tag{4.3.9}$$

Wir benutzen die Korrespondenz

$$\omega^{\nu}\,S_{\mathrm{FM}}(j\omega) \quad \bullet\!\!-\!\!\!-\!\!\circ \quad (j)^{-\nu}\,\frac{d^{\nu}s_{\mathrm{FM}}(t)}{dt^{\nu}}$$

und erhalten aus (4.3.9) die Zeitbereichsformulierung

$$\tilde{s}_{\mathrm{FM}}(t) = \sum_{\nu=0}^{\infty}\frac{1}{\nu!}H^{(\nu)}(0)\,(j)^{-\nu}\frac{d^{\nu}s_{\mathrm{FM}}(t)}{dt^{\nu}}. \tag{4.3.10}$$

Für das unverzerrte FM-Signal gilt

$$\frac{d}{dt}\,s_{\mathrm{FM}}(t) = j\,\dot{\varphi}(t)\,s_{\mathrm{FM}}(t) \tag{4.3.11a}$$

$$\frac{d^2}{dt^2}\,s_{\mathrm{FM}}(t) = j\,\ddot{\varphi}(t)\,s_{\mathrm{FM}}(t) - (\dot{\varphi}(t))^2\,s_{\mathrm{FM}}(t). \tag{4.3.11b}$$

Bei Vernachlässigung von höheren Ableitungen von $\varphi(t)$ sowie höheren Potenzen von $\dot{\varphi}(t)$ ergibt (4.3.10) näherungsweise

$$\tilde{s}_{\mathrm{FM}}(t) \approx s_{\mathrm{FM}}(t)\left[H(0) + H^{(1)}(0)\cdot\dot{\varphi}(t) + \frac{1}{2}H^{(2)}(0)\cdot(\dot{\varphi}(t))^2\right]. \tag{4.3.12}$$

Der in eckigen Klammern stehende Ausdruck stellt die ersten beiden Glieder der Reihenapproximation (4.3.8) dar.

$$H(j\Delta\omega) \approx H(0) + H^{(1)}(0)\,\Delta\omega + \frac{1}{2}H^{(2)}(0)\,\Delta\omega^2 \tag{4.3.13}$$

Setzt man hier

$$\Delta\omega = \Delta\Omega\, v(t),$$

so ergibt sich die Näherung (4.3.6). Es gilt also

$$a(t) = |\tilde{s}_{\mathrm{FM}}(t)| \approx \left|H\Big(j\Delta\Omega\, v(t)\Big)\right| \tag{4.3.14}$$

$$\tilde{\varphi}(t) = \arg\{\tilde{s}_{\mathrm{FM}}(t)\} \approx \varphi(t) + \arg\{H\Big(j\Delta\Omega\, v(t)\Big)\}. \tag{4.3.15}$$

Das Ausgangssignal eines idealen FM-Demodulators gewinnt man aus der zeitlichen Ableitung von (4.3.15)

$$\frac{d}{dt}\arg\{\tilde{s}_{\mathrm{FM}}(t)\} \approx \dot{\varphi}(t) + \frac{d}{dt}\arg\{H(j\Delta\Omega\, v(t))\}. \tag{4.3.16}$$

Zur Ableitung des zweiten Terms benutzen wir die Kettenregel

$$\frac{d}{dt}\arg\{H(j\Delta\Omega\, v(t))\} = \frac{d\arg\{H(j\Delta\Omega\, v(t))\}}{d(\Delta\Omega\, v(t))} \cdot \frac{d\Delta\Omega\, v(t))}{dt}. \tag{4.3.17}$$

Mit der Definition der Gruppenlaufzeit

$$\frac{d}{d\omega}\arg\{H(j\omega)\} = -\tau_g(\omega)$$

erhält man die quasistationäre Näherung für das demodulierte Signal.

$$\tilde{v}(t) \approx \frac{1}{\Delta\Omega} \cdot \frac{d\,\tilde{\varphi}(t)}{dt} = v(t) - \tau_g\Big(\Delta\Omega\, v(t)\Big) \cdot \dot{v}(t) \tag{4.3.18}$$

Ist die Gruppenlaufzeit im Frequenzintervall $-\Delta\Omega \leq \omega \leq \Delta\Omega$ nicht konstant, so führt der zweite Term in (4.3.18) zu nichtlinearen Verzerrungen.

Wir betrachten den Spezialfall eines linearphasigen Übertragungskanals mit der konstanten Gruppenlaufzeit

$$\tau_g(\omega) = t_0 \qquad \text{für } -\Delta\Omega \leq \omega \leq \Delta\Omega. \tag{4.3.19}$$

Nach der Näherung (4.3.18) ergeben sich lineare Verzerrungen der Form

$$\tilde{v}(t) = [v(t) - t_0 \cdot \dot{v}(t)]\,. \tag{4.3.20}$$

Dieses Ergebnis ist offensichtlich nicht korrekt: Ein linearphasiger und ansonsten idealer Kanal ruft am Empfänger ein ideales, lediglich zeitlich verzögertes demoduliertes Signal $v(t - t_0)$ hervor. Das quasistationäre Modell liefert unter idealen Übertragungsbedingungen also fälschlicherweise lineare Verzerrungen, die allerdings für sehr geringe NF-Bandbreiten ($\dot{v}(t) \to 0$) vernachlässigbar sind.

Umgekehrt beschreibt das Modell die Auswirkungen nichtidealer Kanäle nur näherungsweise. So hängt nach (4.3.14) die eingebrachte Amplitudenmodulation ausschließlich von der Betragsübertragungsfunktion des Kanals ab, während die entstehenden Verzerrungen der Momentanfrequenz gemäß (4.3.18) allein durch die Gruppenlaufzeit bestimmt werden. Beide Aussagen sind nicht korrekt:

- *Ein FM-Signal erfährt auch eine Amplitudenmodulation infolge einer reinen Phasenverzerrung des Kanals, und es erfährt eine Phasenverzerrung (und damit eine Verzerrung der Momentanfrequenz) aufgrund eines nichtidealen Amplitudengangs des Kanals.*

Die letzte Aussage bedeutet, dass auch bei linearphasigen Übertragungssystemen nichtlineare Verzerrungen des demodulierten Signals entstehen können: Ein Entzerrer für FM-Systeme hat sich deshalb nicht allein auf die Korrektur der Gruppenlaufzeit zu beschränken. In [Kam86] wurden Optimierungen von linearphasigen Zwischenfrequenzfiltern für UKW-Empfänger durchgeführt.

Das quasistationäre Modell ist in vielen Fällen zur überschlägigen Abschätzung der Auswirkungen linearer Kanalverzerrungen auf das demodulierte Signal und zur Beschreibung der durch den Kanal eingebrachten Amplitudenmodulation sehr gut geeignet. Das folgende Beispiel soll dies belegen.

- **Beispiel: Zweiwegeübertragung.**

  Wir setzen einen Kanal mit der äquivalenten Basisband-Impulsantwort

$$h(t) = \delta_0(t) + r \cdot \delta_0(t-\tau), \quad r \stackrel{\Delta}{=} \rho \cdot e^{j\psi} \tag{4.3.21}$$

an. Die Komplexe Einhüllende eines über diesen Kanal übertragenen FM-Signals lautet

$$s_{\mathrm{ZW}}(t) = e^{j\varphi(t)} + \rho\, e^{j(\varphi(t-\tau)+\psi)} \quad \text{mit } \varphi(t) = \Delta\Omega \int_0^t v(t')\, dt'. \tag{4.3.22}$$

Der Betrag dieser Einhüllenden ist für $\rho \neq 0$ entsprechend den vorangegangenen Überlegungen offenbar nicht konstant. Das demodulierte Signal lässt sich geschlossen berechnen: Mit der Demodulationsvorschrift (3.3.18c) auf Seite 126 ergibt sich

$$\begin{aligned} \tilde{v}(t) &= \frac{1}{2\Delta\Omega}\left[\dot{\varphi}(t) + \dot{\varphi}(t-\tau) + (1-\rho^2)\,\frac{\dot{\varphi}(t) - \dot{\varphi}(t-\tau)}{|s_{\mathrm{ZW}}(t)|^2}\right] \\ &= \frac{1}{2}\left[v(t) + v(t-\tau) + (1-\rho^2)\,\frac{v(t) - v(t-\tau)}{|s_{\mathrm{ZW}}(t)|^2}\right]. \end{aligned} \tag{4.3.23}$$

Zum Vergleich dieser exakten Berechnung der Zweiwegekanal-Verzerrungen mit dem quasistationären Modell werden zwei Beispiele, $\rho = 0,8$ und $\rho = 1,25$, betrachtet; das erste Beispiel ist ein *minimalphasiger*, das zweite ein *maximalphsiger* Kanal. In beiden Fällen sei die Laufzeit $\tau = 100\mu s$, die Phasendrehung $\psi = -\pi/4$

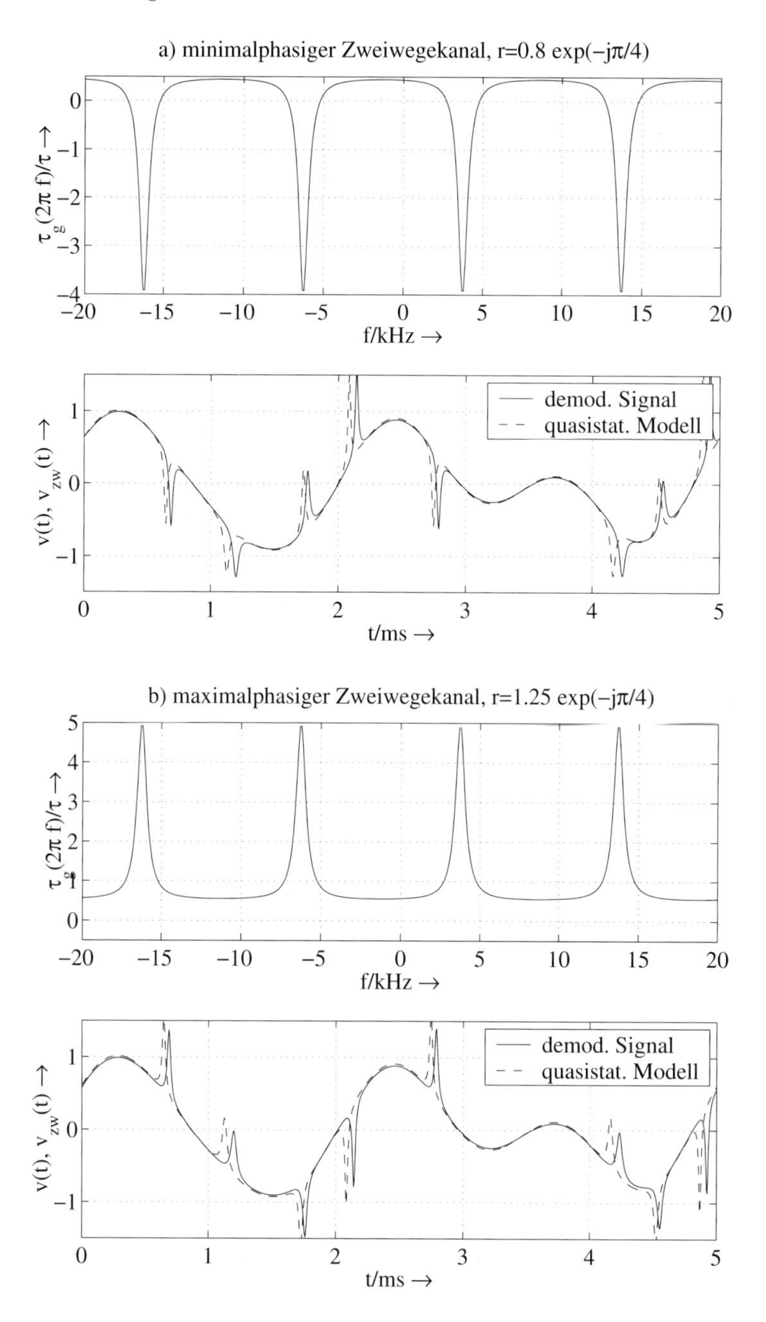

Bild 4.3.1: Quasistationäres Modell für Zweiwegekanäle
$h_{\mathrm{ZW}} = \delta_0(t) + r\,\delta_0(t-\tau)$; $\tau = 0,1$ms; $\Delta F = 10$ kHz

und der Frequenzhub $\Delta F = 10$ kHz. Als modulierendes Signal dient ein auf 1 kHz bandbegrenztes Zufallssignal.

In den oberen Teilbildern von **Bild 4.3.1a** und **b** werden die Gruppenlaufzeit-Verläufe dargestellt (vgl. auch Bild 2.5.4 auf Seite 84); darunter findet sich jeweils das verzerrte demodulierte Signal in der Gegenüberstellung der exakten Verläufe (—) mit dem quasistationären Modell (- -). Die Signale enthalten die für eine FM-Mehrwegeübertragung charakteristischen Störimpulse, die anhand des quasistationären Modells sehr anschaulich erklärt werden können: Die Momentanfrequenz des FM-Signals variiert im Bereich $-10\text{kHz} \leq f \leq 10\text{kHz}$ und durchläuft dabei die nach unten bzw. oben gerichteten scharfen Spitzen in den Gruppenlaufzeiten. Diese Spitzen finden sich nach (4.3.18) bewertet mit $\dot{v}(t)$ im demodulierten Signal wieder. Die Polarität richtet sich also nach der Steigung des demodulierten Signals: beim minimalphasigen Kanal ergeben sich an positven Flanken von $v(t)$ positive Störimpulse, beim maximalphasigen Kanal negative.

Das quasistationäre Modell gibt den exakten Verlauf relativ gut wieder, enthält aber aufgrund der Stationaritätsannahme nicht die aus der Gruppenlaufzeit ablesbare Grundverzögerung von ca. $\tau/2$.

4.3.2 Numerische Lösung für sinusförmige Modulation

Für den Fall einer sinusförmigen Frequenzmodulation wurde in Abschnitt 3.2.2 eine geschlossene Reihendarstellung hergeleitet. Für die komplexe Einhüllende gilt

$$s_{\mathrm{FM}}(t) = e^{j\eta \sin \omega_1 t} = \sum_{\nu=-\infty}^{\infty} J_\nu(\eta) e^{j\nu\omega_1 t}. \tag{4.3.24}$$

Der Einfluss eines nichtidealen Übertragungskanals lässt sich mit Hilfe der zugehörigen äquivalenten Basisband-Übertragungsfunktion beschreiben.

$$H(j\omega) = \frac{H_{\mathrm{TP}}(j\omega)}{H_{\mathrm{TP}}(0)}$$

Für die verzerrte FM-Einhüllende gilt

$$\begin{aligned} \tilde{s}_{\mathrm{FM}}(t) &= e^{j\eta \sin \omega_1 t} * h_{\mathrm{TP}}(t) \\ &= \sum_{\nu=-\infty}^{\infty} J_\nu(\eta)\, H_{\mathrm{TP}}(j\nu\omega_1)\, e^{j\nu\omega_1 t} \\ &= H_{\mathrm{TP}}(0) \cdot \sum_{\nu=-\infty}^{\infty} J_\nu(\eta)\, H(j\nu\omega_1)\, e^{j\nu\omega_1 t}. \end{aligned} \tag{4.3.25}$$

Hieraus gewinnt man eine geschlossene Form für das demodulierte Signal

$$\Delta\Omega \cdot \tilde{v}(t) = \mathrm{Im}\left\{ \frac{\frac{d}{dt}(\tilde{s}_{\mathrm{FM}}(t))}{\tilde{s}_{\mathrm{FM}}(t)} \right\}$$

$$= \operatorname{Im}\left\{\frac{\sum_{\nu=-\infty}^{\infty} j\nu\omega_1 J_\nu(\eta)\, H(j\nu\omega_1)\, e^{j\nu\omega_1 t}}{\sum_{\nu=-\infty}^{\infty} J_\nu(\eta)\, H(j\nu\omega_1)\, e^{j\nu\omega_1 t}}\right\}$$

$$= \operatorname{Re}\left\{\frac{\sum_{\nu=-\infty}^{\infty} \nu\omega_1 J_\nu(\eta)\, H(j\nu\omega_1)\, e^{j\nu\omega_1 t}}{\sum_{\nu=-\infty}^{\infty} J_\nu(\eta)\, H(j\nu\omega_1)\, e^{j\nu\omega_1 t}}\right\}. \tag{4.3.26}$$

Dieser Ausdruck ist für beliebige Kanalkonstellationen mit Rechner-Programmen numerisch auszuwerten.

- **Beispiel: Schmalband-FM**

  Zur Veranschaulichung wird der Fall einer reinen Bandbegrenzung betrachtet. Es sei

$$H(j\omega) = \begin{cases} 1 & \text{für } |\omega| < 2\omega_1 \\ 0 & \text{sonst;} \end{cases} \tag{4.3.27}$$

oberhalb und unterhalb des Trägers wird also nur je eine Spektrallinie berücksichtigt. Damit gilt

$$\tilde{s}_{\text{FM}}(t) = J_{-1}(\eta)e^{-j\omega_1 t} + J_0(\eta) + J_1(\eta)e^{j\omega_1 t}, \tag{4.3.28a}$$

woraus wegen der allgemein gültigen Beziehung $J_{-1}(\eta) = -J_1(\eta)$ folgt

$$\tilde{s}_{\text{FM}}(t) = J_0(\eta) + J_1(\eta) \cdot 2j \sin\omega_1 t. \tag{4.3.28b}$$

Der Betrag der komplexen Einhüllenden ist nun nicht mehr wie im Idealfall konstant, sondern es gilt

$$|\tilde{s}_{\text{FM}}(t)| = J_0(\eta) \cdot \sqrt{1 + 4\left[\frac{J_1(\eta)}{J_0(\eta)}\right]^2 \sin^2\omega_1 t}. \tag{4.3.29}$$

Für das demodulierte Signal erhält man aus (3.3.18c)

$$\tilde{v}(t) = \frac{1}{\Delta\Omega}\operatorname{Im}\left\{\frac{\frac{d}{dt}(\tilde{s}_{\text{FM}}(t))}{\tilde{s}_{\text{FM}}(t)}\right\}$$

$$= \frac{2}{\eta}\,\frac{\cos\omega_1 t}{\frac{J_0(\eta)}{J_1(\eta)} + 4\frac{J_1(\eta)}{J_0(\eta)}\sin^2\omega_1 t}. \tag{4.3.30}$$

Bild 4.3.2 zeigt die Verläufe der Betragseinhüllenden und des demodulierten Signals für zwei verschiedene Werte von η.

Der Spezialfall eines *Schmalband-FM-Signals* ergibt sich unter der Bedingung

$$\eta \ll 1. \tag{4.3.31}$$

In diesem Falle gilt

$$J_1(\eta) \ll J_0(\eta);$$

damit erhält man mit

$$\left.\begin{array}{ll} J_1(\eta) & \approx \eta/2 \\ J_0(\eta) & \approx 1 \end{array}\right\} \quad \text{für } \eta \ll 1$$

näherungsweise für das demodulierte Signal

$$\tilde{v}(t) \approx \frac{2}{\eta} \cdot \frac{J_1(\eta)}{J_0(\eta)} \cdot \cos \omega_1 t \approx \cos \omega_1 t. \tag{4.3.32}$$

Die erforderliche Übertragungsbandbreite für ein Schmalband-FM-Signal beträgt

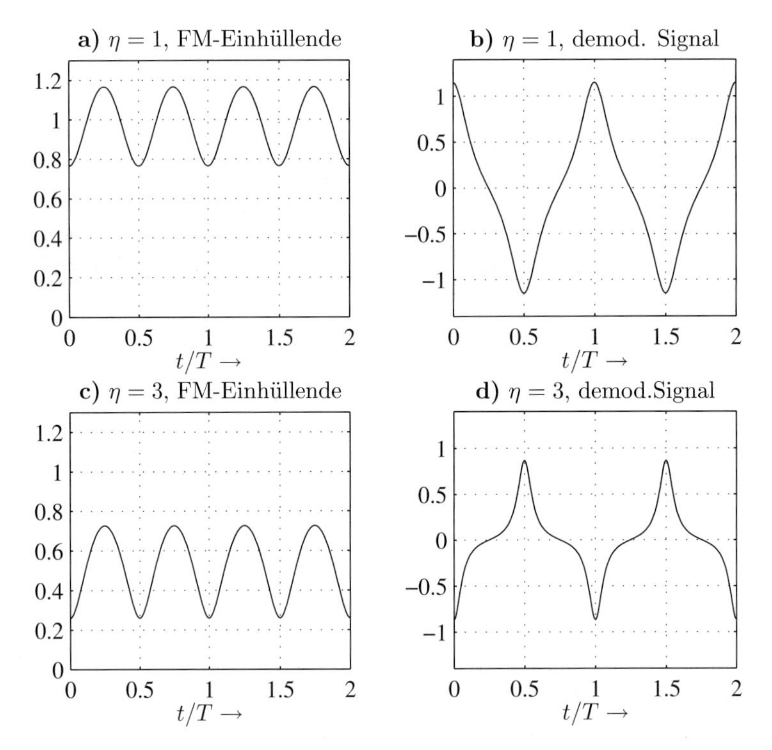

Bild 4.3.2: Zeitverläufe der Betragseinhüllenden und des demodulierten Signals bei Bandbegrenzung auf $b = 2f_1$

somit

$$b_{\mathrm{FM}} > 2f_1,$$

also die doppelte NF-Bandbreite.

Im Falle der klassischen Tonrundfunk-Übertragung im UKW-Band ist die Bedingung (4.3.31) nicht erfüllt; es liegt kein Schmalband FM-Signal vor. In diesem Zusammenhang stellt sich die Frage nach einer in der Praxis tolerierbaren Bandbegrenzung des FM-Signals. Geht man davon aus, dass bei Erfassung von 99% der Gesamtleistung des FM-Signals die nichtlinearen Verzerrungen nach der Demodulation in vertretbaren Grenzen verbleiben (etwa 1 % Klirrfaktor), so sind oberhalb und unterhalb der Trägerfrequenz jeweils $\eta + 2$ Spektrallinien zu übertragen. Diese Überlegung führt zur so genannten *Carson-Bandbreite*, die als praktische Abschätzungsformel häufig benutzt wird.

$$b_c = 2f_1(\eta + 2) = 2(\Delta F + 2f_1) \tag{4.3.33}$$

Zur Veranschaulichung sind in den Bildern 4.3.3 zwei FM-Spektren unter Sinus-Modulation wiedergegeben, in die die Carson-Bandgrenzen eingetragen wurden.

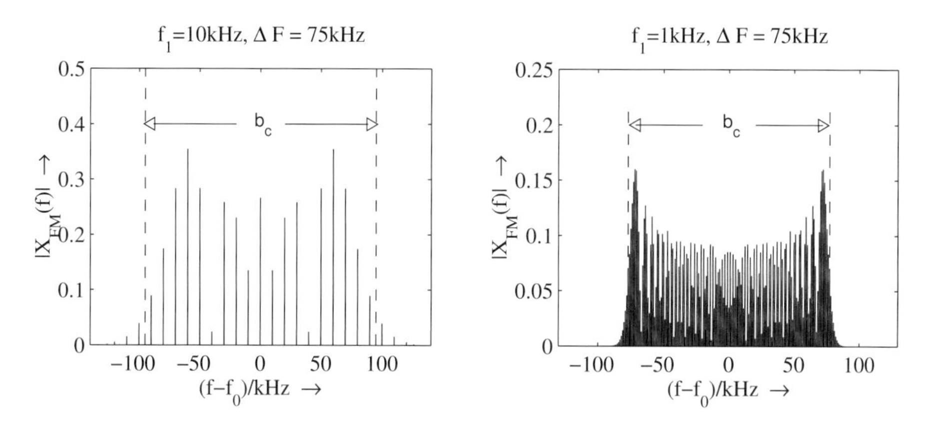

Bild 4.3.3: Veranschaulichung der Carson-Bandbreite

4.3.3 Konstant-Modulus-Algorithmus (CMA) zur Entzerrung winkelmodulierter Signale

Aus den vorangegangenen Betrachtungen wurde deutlich, dass bei der Übertragung mit Winkelmodulation infolge *linearer Kanalverzerrungen* starke *nichtlineare Verzerrungen nach der Demodulation* entstehen können. Dies bedeutet eine entscheidende Einschränkung der Empfangsqualität – z.B. beim UKW-Hörrundfunk – wenn ungünstige Übertragungsbedingungen wie etwa Mehrwegeausbreitung vorliegen. Es ist daher nahe liegend, Ansätze zur Korrektur der Auswirkungen linearer Kanalverzerrungen zu untersuchen. Prinzipiell bestehen hierzu die beiden Möglichkeiten der Signalkorrektur *vor* oder *nach dem Demodulator*. Die letztgenannte Methode soll hier nicht weiter verfolgt werden, da sie wegen des nichtlinearen Charakters des Phasen- oder Frequenzdemodulators den Einsatz nichtlinearer Netzwerke erfordert. Günstiger erscheint es, am *Demodulatoreingang einen linearen Entzerrer* vorzusehen (siehe **Bild 4.3.4**).

Die Aufgabenstellung weist Ähnlichkeiten mit dem Problem der Entzerrung im Bereich der digitalen Datenübertragung auf, das im Kapitel 12 behandelt wird. Der entscheidende Unterschied besteht jedoch darin, dass bei analoger Übertragung – anders als bei der digitalen Datenübertragung – kein Referenzsignal zur adaptiven Entzerrereinstellung zur

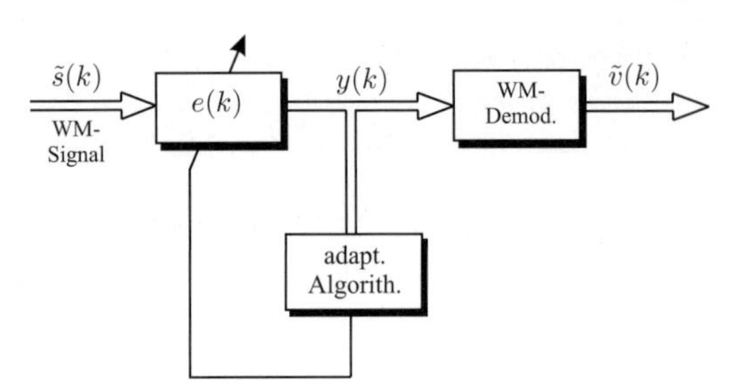

Bild 4.3.4: Prinzipschaltbild eines Empfängers für winkelmodulierte Signale mit adaptiver Entzerrung

Verfügung steht; man bezeichnet solche Systeme als *blinde Entzerrer.* Es muss also ein geeignetes Kriterium vom empfangenen Signal selbst abgeleitet werden. Für den speziellen Fall der Winkelmodulation liefert die Lösung dieses Problems der so genannte „Konstant-Modulus-Algorithmus“ (CMA), der Mitte der achtziger Jahre von verschiedenen Autoren unabhängig voneinander entwickelt wurde [TA83, Man85, Kam86].

Der Grundgedanke des CMA besteht darin, dass ein *winkelmoduliertes Signal infolge linearer Verzerrungen eine Amplitudenmodulation erfährt.* Diese AM-Störung ist bezüglich der Erkennung des in der Momentanphase enthaltenen Signals an sich bedeutungslos, da sie von einem PM- oder FM-Demodulator unterdrückt wird. Im Zusammenhang mit der adaptiven Entzerrung kann sie jedoch als *Kriterium zur Einstellung der Entzerrerkoeffizienten* genutzt werden: Ist am Entzerrerausgang keine Amplitudenvariation mehr vorhanden, so kann der Kanal als entzerrt betrachtet werden; am Demodulatorausgang verschwinden dann auch die nichtlinearen Verzerrungen.

Zur Herleitung des CMA gehen wir von dem linear verzerrten WM-Signal in komplexer Basisbandlage (in zeitdiskreter Schreibweise) aus

$$\tilde{s}(k) = a(k) \cdot e^{j\tilde{\varphi}(k)}, \tag{4.3.34}$$

das neben der nichtlinear verzerrten Phase eine Amplitudenvariation enthält. Am Ausgang des Entzerrers liegt das Signal

$$y(k) = \sum_{\nu=0}^{n} e_\nu \cdot \tilde{s}(k-\nu). \tag{4.3.35}$$

Zur kompakten Formulierung benutzen wir die in Anhang B ausgeführte vektorielle Signalbeschreibung.

$$\mathbf{e} = \begin{pmatrix} e_0 \\ e_1 \\ \vdots \\ e_{n-1} \end{pmatrix} ; \quad \mathbf{s}(k) = \begin{pmatrix} \tilde{s}(k) \\ \tilde{s}(k-1) \\ \vdots \\ \tilde{s}(k-n) \end{pmatrix} ; \quad \mathbf{s}^*(k) = \begin{pmatrix} \tilde{s}^*(k) \\ \tilde{s}^*(k-1) \\ \vdots \\ \tilde{s}^*(k-n) \end{pmatrix} . \tag{4.3.36}$$

Das Entzerrer-Ausgangssignal lautet damit

$$y(k) = \mathbf{e}^T \mathbf{s}(k) \quad \text{bzw.} \quad y^*(k) = \mathbf{e}^H \mathbf{s}^*(k). \tag{4.3.37}$$

Der CMA basiert auf der Minimierung der Amplitudenvariationen. Wir formulieren also die folgende Zielfunktion[1]

$$F_{\text{CMA}} = \text{E}\left\{[|Y(k)|^2 - 1]^2\right\}, \tag{4.3.38}$$

zu deren Minimierung der *Gradientenalgorithmus* eingesetzt wird. Damit bezeichnet man Verfahren, bei denen die zu optimierende Größe – in diesem Falle also der Koeffizientenvektor $\mathbf{e}$ – schrittweise in Richtung des steilsten Abfalls der Zielfunktion („steepest descent") verändert wird[2]:

$$\mathbf{e}(i+1) = \mathbf{e}(i) - \mu \cdot \frac{\partial F_{\text{CMA}}}{\partial \mathbf{e}^H}. \tag{4.3.39a}$$

Die Konstante μ bezeichnet eine positive, reelle Schrittweite, mit der die Adaptionsgeschwindigkeit beeinflusst werden kann. Formal ist zu beachten, dass die Ableitung nach dem *Zeilenvektor* $\mathbf{e}^H$ als *Spaltenvektor* aufgefasst wird.

Da der Erwartungswert in der strengen Definition der Zielfunktion (4.3.38) nicht verfügbar ist, wird dieser durch den *Momentanwert* $\hat{F}_{\text{CMA}}(k)$ abgeschätzt; man bezeichnet den Adaptionsalgorithmus dann als *stochastischen Gradientenalgorithmus*[3].

$$\mathbf{e}(k+1) = \mathbf{e}(k) - \mu \cdot \frac{\partial \hat{F}_{\text{CMA}}(k)}{\partial \mathbf{e}^H(k)} = \mathbf{e}(k) - \mu \cdot \frac{\partial}{\partial \mathbf{e}^H(k)} [|y(k)|^2 - 1]^2 \tag{4.3.39b}$$

In (4.3.39a) und (4.3.39b) ist noch zu beachten, dass $\partial \hat{F}/\partial \mathbf{e}^H$ im Sinne der so genannten *Wirtinger-Ableitung* definiert ist. Für die Ableitung der Funktion $F(x)$ nach der komplexen Variablen $x = x' + jx''$ gilt danach

$$\frac{\partial F(x)}{\partial x} = \frac{\partial F(x)}{\partial x'} + \frac{\partial F(x)}{\partial j\, x''} = \frac{\partial F(x)}{\partial x'} - j\, \frac{\partial F(x)}{\partial x''}. \tag{4.3.40}$$

Die Begründung für die konjugiert komplexe Definition der Ableitung nach einer komplexen Variablen liegt in der Eigenschaft

$$\frac{\partial x}{\partial x^*} = \frac{1}{2}\left[\frac{\partial (x' + jx'')}{\partial x'} - j \frac{\partial (x' + jx'')}{\partial (-x'')}\right] = 1 - j(-j) = 0, \tag{4.3.41}$$

wodurch sich der mathematische Formalismus stark vereinfacht: Leitet man nach x^* ab, so sind alle Terme, die x enthalten, als Konstante zu behandeln.

[1] Da das Entzerrer-Ausgangssignal in der strengen Erwartungswert-Definition als Zufallsprozess aufzufassen ist, wird es durch den Großbuchstaben Y gekennzeichnet.

[2] Der stochastische Gradientenalgorithmus wird nochmals ausführlicher im Zusammenhang mit adaptiven Entzerrern zur Datenübertragung in Abschnitt 12.4 behandelt.

[3] Da man i. A. zu jedem Abtastzeitpunkt einen Iterationsschritt ausführt, wird der Iterationsindex $i = k$ gesetzt.

Damit ergibt sich für den Differentialquotienten in (4.3.39b) mit (4.3.37)

$$\begin{aligned} \frac{\partial \hat{F}_{\mathrm{CMA}}(k)}{\partial \mathbf{e}^H(k)} &= 2\big(|y(k)|^2 - 1\big) \cdot \frac{\partial\big(y^*(k)y(k)\big)}{\partial \mathbf{e}^H(k)} = 2\big(|y(k)|^2 - 1\big) \cdot y(k) \, \frac{\partial \mathbf{e}^H(k)\, \mathbf{s}^*(k)}{\partial \mathbf{e}^H(k)} \\ &= 2\big(|y(k)|^2 - 1\big) \cdot y(k) \cdot \mathbf{s}^*(k). \end{aligned} \tag{4.3.42}$$

Setzt man diese Beziehung in (4.3.39b) ein, so erhält man den Adaptionsalgorithmus für den CMA-Entzerrer

$$\mathbf{e}(k+1) = \mathbf{e}(k) - \mu \cdot \big(|y(k)|^2 - 1\big) \cdot y(k) \cdot \mathbf{s}^*(k), \tag{4.3.43}$$

wobei der Faktor 2 in die Schrittweite μ hineingezogen wurde. Der Vektor $\mathbf{s}^*(k)$ enthält die *konjugiert komplexen* Abtastwerte des Empfangssignals $\tilde{s}^*(k), \cdots, \tilde{s}^*(k-n)$. **Bild 4.3.5** zeigt das Blockschaltbild eines adaptiven CMA-Entzerrers[4].

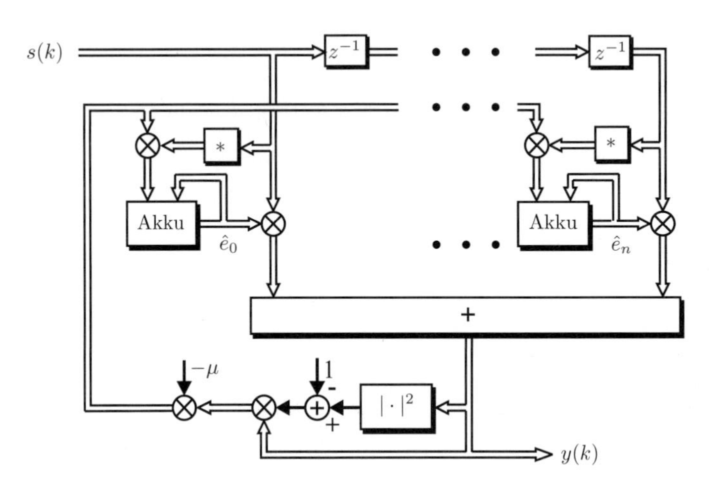

Bild 4.3.5: CMA-Entzerrer

[4]Mit „Akku“ werden Akkumulatoren bezeichnet, die die rekursive Aufsummation der Koeffizienten gemäß Vorschrift (4.3.43) realisieren.

Kapitel 5

Additive Störungen

Neben den linearen Verzerrungen stellen additive Störungen die gewichtigsten nichtidealen Einflüsse auf dem Übertragungswege dar. In Abschnitt 5.1 wird der Fall unvollständig gedämpfter benachbarter Sendesignale untersucht, was z.B. bei der Rundfunkübertragung infolge sehr dicht angeordneter Sendefrequenzen ein großes Problem darstellt. Die Auswirkungen auf das demodulierte Signal werden für Amplituden- und Frequenzmodulation analysiert. Additive Störungen durch Rauschsignale werden in Abschnitt 5.2 untersucht, wiederum für lineare Modulationsformen und Frequenzmodulation. Im letzteren Fall ergibt sich der bekannte Schwellwert-Effekt als Konsequenz aus dem nichtlinearen Charakter der Frequenzmodulation. Diese Erscheinung macht die günstigen Störabstandseigenschaften der Frequenzmodulation aus, wodurch sie in die Nähe einer digitalen Übertragung gerückt wird. Den Abschluss des Kapitels bildet ein Vergleich der verschiedenen Modulationsarten bezüglich der Auswirkungen additiver Rauschstörungen. Dies erfolgt zunächst auf der Basis gleicher Sendeleistungen und dann – unter Einbeziehung des Bandbreitebedarfs – im Sinne der Informationstheorie, also unter dem Aspekt der Ausnutzung der Kanalkapazität.

5.1 Einflüsse von Störsendern

5.1.1 Lineare Modulationsformen

Dem empfangenen amplitudenmodulierten Signal ist ein zweites AM-Signal überlagert. Die beiden Trägerfrequenzen unterscheiden sich um $\Delta\omega$. Es wird angenommen, dass das störende Signal um den Faktor ρ abgeschwächt, jedoch ansonsten unverzerrt ist. Die Komplexe Einhüllende des resultierenden Signals ist damit

$$\begin{aligned} \tilde{s}_{\mathrm{AM}}(t) &= [1+m_1 v_1(t)]\, e^{j\varphi_1} + \rho\,[1+m_2 v_2(t)]\, e^{j(\Delta\omega t+\varphi_2)} \\ &\stackrel{\Delta}{=} e^{j\varphi_1}\left[a_1(t) + \rho\, a_2(t) e^{j(\Delta\omega t+\Delta\varphi)}\right]. \end{aligned} \quad (5.1.1)$$

Kohärente Demodulation. Am Demodulator-Ausgang ergibt sich

$$\begin{aligned} \tilde{v}(t) &= \mathrm{Re}\left\{e^{-j\varphi_1}\tilde{s}_{\mathrm{AM}}(t)\right\} \\ &= a_1(t) + \rho\, a_2(t)\, \cos(\Delta\omega t + \Delta\varphi), \end{aligned} \quad (5.1.2)$$

wenn der am Empfänger zugesetzte Träger phasenkohärent mit demjenigen des AM-Signals 1 ist.

Im demodulierten Signal erhält man also das additive Störsignal

$$\Delta v(t) = \rho\cdot[1+m_2 v_2(t)]\cos(\Delta\omega t+\Delta\varphi). \quad (5.1.3)$$

Bei hinreichend großer Differenzfrequenz $\Delta\omega$ liegt dieses Störsignal außerhalb des Nutzbandes des zu empfangenden Signals und wirkt sich daher nicht störend aus. Ist dies jedoch nicht der Fall – etwa bei Überreichweiten von Sendern gleicher Trägerfrequenzlage – so äußert sich die Störung als hörbarer Pfeifton (Trägeranteil des Störsenders), dem ein störendes NF-Signal mit periodisch variierendem Pegel überlagert ist.

Wir fassen jetzt Nutz- und Störsignale als Zufallsprozesse auf (gekennzeichnet durch Großbuchstaben) und bestimmen das Signal–Störverhältnis nach der Demodulation. Für die Leistung des Nutzsignals erhält man nach Abtrennung des Gleichanteils

$$\mathrm{E}\left\{m_1^2\, V_1^2(t)\right\} = m_1^2\sigma_{V_1}^2. \quad (5.1.4a)$$

Die Berechnung der Störleistung führt über die zugehörige Komplexe Einhüllende.

$$\mathrm{E}\left\{|S_{\Delta v}(t)|^2\right\} = \mathrm{E}\{\rho^2|1+m_2\, V_2(t)|^2\} = \rho^2(1+m_2^2\sigma_{V_2}^2) \quad (5.1.4b)$$

Das zugehörige reelle Bandpass-Signal (5.1.3) besitzt unter der Bedingung, dass die Bandbreite von $v_2(t)$ kleiner als $\Delta\omega$ ist, die halbe Leistung

$$\mathrm{E}\left\{(\Delta V(t))^2\right\} = \frac{\rho^2}{2}(1+m_2^2\sigma_{V_2}^2). \quad (5.1.4c)$$

Es gilt also

$$\left(\frac{S}{N}\right)_{\mathrm{NF}} = \frac{2\, m_1^2\sigma_{V_1}^2}{\rho^2(1+m_2^2\sigma_{V_2}^2)}. \quad (5.1.5)$$

Das S/N-Verhältnis auf der HF-Seite wird im äquivalenten Tiefpass-Bereich berechnet und ist durch den Ausdruck

$$\left(\frac{S}{N}\right)_{\mathrm{HF}} = \frac{1+m_1^2\sigma_{V_1}^2}{\rho^2\left(1+m_2^2\sigma_{V_2}^2\right)} \tag{5.1.6}$$

gegeben, so dass sich als „Übersetzungsfaktor" der S/N-Verhältnisse zwischen NF- und HF-Bereich ergibt

$$\gamma_{\mathrm{AM}} = \frac{(S/N)_{\mathrm{NF}}}{(S/N)_{\mathrm{HF}}} = \frac{2\,m_1^2\sigma_{V_1}^2}{1+m_1^2\sigma_{V_1}^2}. \tag{5.1.7}$$

Setzt man für $\sigma_V^2 = 1/2$, was der mittleren Leistung eines Sinus der Amplitude eins entspricht, so folgt aus (5.1.7)

$$\gamma_{\mathrm{AM}} = \frac{m_1^2}{1+m_1^2/2}\,; \qquad 0 \le \gamma_{\mathrm{AM}} \le 2/3. \tag{5.1.8}$$

Die Verhältnisse für Zweiseitenband-Modulation ohne Träger lassen sich aus den vorangegangenen Betrachtungen ableiten; für den „Übersetzungsfaktor" zwischen NF- und HF-Bereich gilt

$$\gamma_{\mathrm{ZSB}} = 2. \tag{5.1.9}$$

Zur Behandlung eines durch einen benachbarten Sender gestörten *Einseitenbandsignals* gehen wir von der komplexen Einhüllenden des Gesamtsignals aus.

$$\tilde{s}_{\mathrm{ESB}}(t) = e^{j\varphi_1}\left[v_1(t) + j\hat{v}_1(t) + \rho[v_2(t) + j\hat{v}_2(t)]e^{j(\Delta\omega t + \Delta\varphi)}\right] \tag{5.1.10}$$

Die Demodulation erfolgt kohärent bezüglich des Trägers des zu empfangenden ESB-Signals

$$\begin{aligned}\tilde{v}(t) &= \mathrm{Re}\left\{e^{-j\varphi_1}\tilde{s}_{\mathrm{ESB}}(t)\right\}\\ &= v_1(t) + \rho\left[v_2(t)\cos(\Delta\omega t + \Delta\varphi) - \hat{v}_2(t)\sin(\Delta\omega t + \Delta\varphi)\right].\end{aligned} \tag{5.1.11}$$

Es ergibt sich das additive Störsignal

$$\Delta v(t) = \rho[v_2(t)\cos(\Delta\omega t + \Delta\varphi) - \hat{v}_2(t)\sin(\Delta\omega t + \Delta\varphi)] \tag{5.1.12}$$

mit einer Leistung von $\rho^2\sigma_{V_2}^2$.

Für das S/N-Verhältnis im NF-Band erhält man hieraus

$$\left(\frac{S}{N}\right)_{\mathrm{NF}} = \frac{\sigma_{V_1}^2}{\rho^2\sigma_{V_2}^2}. \tag{5.1.13a}$$

Berücksichtigt man das S/N-Verhältnis auf der HF-Seite

$$\left(\frac{S}{N}\right)_{\mathrm{HF}} = \frac{2\sigma_{V_1}^2}{\rho^2(2\sigma_{V_2}^2)} = \frac{\sigma_{V_1}^2}{\rho^2\sigma_{V_2}^2}, \tag{5.1.13b}$$

so ergibt sich als „Übersetzungsfaktor“ zwischen NF- und HF-Band

$$\gamma_{\text{ESB}} = 1. \tag{5.1.14}$$

Einhüllenden-Demodulation. Zur Wiedergewinnung des modulierenden Signals ist bei nicht übermodulierten AM-Signalen der Betrag der komplexen Einhüllenden zu bilden und der Gleichanteil zu unterdrücken.

$$\begin{aligned}\tilde{v}(t) &= [|\tilde{s}_{\text{AM}}(t)| - 1]\,\frac{1}{m_1} \\ &= \left[|a_1(t) + \rho \cdot a_2(t)\; e^{j(\Delta\omega t + \Delta\varphi)}| - 1\right]\frac{1}{m_1}.\end{aligned} \tag{5.1.15a}$$

Mit $m_1,\ m_2 < 1$ gilt

$$\begin{aligned}a_1(t) &= 1 + m_1\, v_1(t) > 0 \\ a_2(t) &= 1 + m_2\, v_2(t) > 0.\end{aligned}$$

Wir treffen die folgende Fallunterscheidung:

$$|\tilde{s}_{\text{AM}}(t)| = \begin{cases} a_1(t) \cdot \left|1 + \rho \frac{a_2(t)}{a_1(t)} e^{j(\Delta\omega t + \Delta\varphi)}\right| & \text{für } \frac{a_1(t)}{\rho a_2(t)} \geq 1 \\ \rho\, a_2(t) \cdot \left|1 + \frac{a_1(t)}{\rho a_2(t)} e^{-j(\Delta\omega t + \Delta\varphi)}\right| & \text{für } \frac{a_1(t)}{\rho a_2(t)} \leq 1. \end{cases} \tag{5.1.15b}$$

Für den Betrags-Term gilt

$$\left|1 + \alpha e^{j\psi}\right| = \sqrt{|1 + \alpha e^{j\psi}|^2} = \left|\sqrt{1 + \alpha e^{j\psi}}\right|^2. \tag{5.1.16a}$$

Entwickelt man den Wurzel-Ausdruck in eine Reihe

$$\sqrt{1 + \alpha e^{j\psi}} = \sum_{\nu=0}^{\infty} c_\nu \left[\alpha e^{j\psi}\right]^\nu \tag{5.1.16b}$$

mit den Koeffizienten (vgl [BS00])

$$c_0 = 1, \quad c_1 = \frac{1}{2}, \quad c_2 = \frac{1 \cdot 1}{2 \cdot 4}, \quad c_3 = \frac{1 \cdot 1 \cdot 3}{2 \cdot 4 \cdot 6}, \quad \ldots,$$

so ergibt (5.1.16a)

$$\left|1 + \alpha\; e^{j\psi}\right| = \sum_{\nu=0}^{\infty}\sum_{\mu=0}^{\infty} c_\nu\; c_\mu\; \alpha^{\nu+\mu}\; e^{j(\nu-\mu)\psi}. \tag{5.1.17a}$$

Im folgenden wird vereinfachend angenommen, dass das Spektrum des Störsenders außerhalb des Nutzbandes von $v_1(t)$ liegt. Nach einer NF-Bandbegrenzung können demzufolge alle Terme mit $\nu \neq \mu$ in (5.1.17a) unberücksichtigt bleiben; es gilt also

$$\left|1 + \alpha\; e^{j\psi}\right|_{\text{NF}} = 1 + \sum_{\nu=1}^{\infty} c_\nu^2\; \alpha^{2\nu}. \tag{5.1.17b}$$

Aus (5.1.17b) erhält man damit

$$\tilde{v}(t) = \begin{cases} v_1(t) + \frac{a_1(t)}{m_1} \sum_{\nu=1}^{\infty} c_\nu^2 \left[\frac{\rho a_2(t)}{a_1(t)}\right]^{2\nu} & \text{für } \frac{a_1(t)}{\rho a_2(t)} \geq 1 \\ \frac{\rho}{m_1} a_2(t) + \frac{\rho}{m_1} a_2(t) \sum_{\nu=1}^{\infty} c_\nu^2 \left[\frac{a_1(t)}{\rho a_2(t)}\right]^{2\nu} & \text{für } \frac{a_1(t)}{\rho a_2(t)} \leq 1. \end{cases} \tag{5.1.18}$$

Hieraus ist das Störsignal

$$\Delta v(t) = \tilde{v}(t) - v(t) \tag{5.1.19}$$

geschlossen zu berechnen. **Bild 5.1.1** zeigt dazu ein Beispiel, wobei von der Summe in (5.1.18) nur jeweils ein Term berücksichtigt wurde.

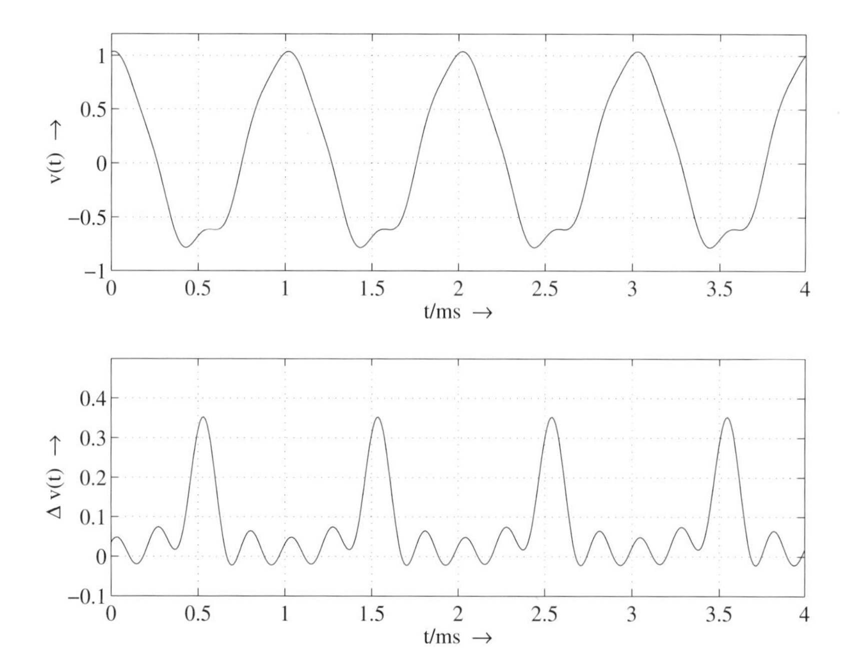

Bild 5.1.1: Einfluss eines Störsenders bei Einhüllendendemodulation ($b_{\mathrm{NF}} = 5\mathrm{kHz}$) $\rho = 0,3$; $m_1 = 0,95$; $m_2 = 0,5$; $f_1 = 1\mathrm{kHz}$; $f_2 = 4\mathrm{kHz}$; $\Delta f = 10\mathrm{kHz}, \Delta\varphi = \pi/4$

Die vorangegangene Fehleranalyse zeigt, dass es bei Einhüllenden-Demodulation zu nichtlinearen Verzerrungen infolge unvollständig gedämpfter Nachbarsender kommt. Dies gilt auch dann, wenn die Trägerfrequenz des Störsenders außerhalb des NF-Übertragungsbandes liegt. Die Maxima des Störsignals entstehen in Bereich der negativen Extremwerte des modulierenden Signals $v_1(t)$, was aus der Formulierung (5.1.18) und anhand des in Bild (5.1.1) dargestellten Beispiels deutlich wird.

5.1.2 Frequenzmodulation

Ein empfangenes FM-Signal werde durch ein zweites FM-Signal mit einem Trägerabstand Δf gestört. Es wird vereinfachend angenommen, dass das Störsignal durch das Zwischenfrequenzfilter um einen bestimmten Faktor abgeschwächt wird, jedoch keine lineare Verzerrung erfährt; d.h. der Dämpfungsverlauf des ZF-Filters möge im Bereich der Trägerfrequenz des Störsenders konstant sein. Am Eingang der Demodulationsstufe wird das Amplitudenverhältnis von Stör- und Nutzsender mit ρ bezeichnet.

Die Komplexe Einhüllende dieses Signals bezüglich des Trägers des zu empfangenden Signals hat die Form

$$s_{\text{FM}}(t) = e^{j\varphi_1(t)} + \rho\, e^{j\varphi_2(t)}, \tag{5.1.20a}$$

wobei abkürzend

$$\varphi_1(t) = \Delta\Omega_1 \int_{-\infty}^{t} v_1(t')\, dt' \quad \text{und} \quad \varphi_2(t) = \Delta\omega t + \Delta\Omega_2 \int_{-\infty}^{t} v_2(t')\, dt' \tag{5.1.20b}$$

gesetzt wurden.

Das Signal am Ausgang eines idealen Demodulators ist durch die Komplexe Einhüllende zu beschreiben:

$$\tilde{w}(t) = \text{Im}\left\{\frac{\dot{s}_{\text{FM}}(t)}{s_{\text{FM}}(t)}\right\}. \tag{5.1.21a}$$

Nach Einsetzen von (5.1.20a) und Ausführung der Differentiation ergibt sich

$$\begin{aligned}\tilde{w}(t) &= \text{Im}\left\{j\,\frac{\dot{\varphi}_1(t) + \rho\,\dot{\varphi}_2(t)\,e^{j\Delta\varphi(t)}}{1 + \rho\,e^{j\Delta\varphi(t)}}\right\} \qquad (5.1.21b)\\ &= \text{Im}\left\{j\dot{\varphi}_1(t) + j\,\Delta\dot{\varphi}(t)\frac{\rho e^{j\Delta\varphi(t)}}{1 + \rho\,e^{j\Delta\varphi(t)}}\right\}, \quad \Delta\varphi(t) = \varphi_2(t) - \varphi_1(t).\end{aligned}$$

Der ungestörte Nutzanteil im Demodulator-Ausgangssignal ist $\dot{\varphi}_1(t)$; demnach beträgt die durch den Nachbarsender hervorgerufene Störgröße

$$\Delta w(t) = \text{Re}\left\{\Delta\dot{\varphi}(t)\frac{\rho \cdot e^{j\Delta\varphi(t)}}{1 + \rho e^{j\Delta\varphi(t)}}\right\}. \tag{5.1.22a}$$

Unter Verwendung der Reihenentwicklung

$$\frac{x}{1+x} = \sum_{\nu=1}^{\infty}(-1)^{\nu+1}\,x^{\nu} \quad \text{für } |x| < 1 \tag{5.1.22b}$$

ergibt sich schließlich unter der Voraussetzung $|\rho| < 1$

$$\begin{aligned}\Delta w(t) &= \text{Re}\left\{\Delta\dot{\varphi}(t)\sum_{\nu=1}^{\infty}(-1)^{\nu+1}\rho^{\nu} e^{j\nu\Delta\varphi(t)}\right\}\\ &= \Delta\dot{\varphi}(t)\sum_{\nu=1}^{\infty}(-1)^{\nu+1}\rho^{\nu}\,\cos(\nu\Delta\varphi(t)). \qquad (5.1.23)\end{aligned}$$

Das Störsignal am Demodulator-Ausgang besteht also aus einer Summe von in Amplitude und Frequenz durch die Differenz der beiden NF-Größen

$$\delta w(t) = \Delta\Omega_2 v_2(t) - \Delta\Omega_1 v_1(t) \tag{5.1.24}$$

modulierten Signalen; die Trägerfrequenzen liegen bei Vielfachen von Δf.

$$\Delta w(t) = \sum_{\nu=1}^{\infty} (-1)^{\nu+1} \rho^{\nu} \left[\Delta\omega + \delta w(t)\right] \cdot \cos\left[\nu \Delta\omega t + \nu \int_{-\infty}^{t} \delta w(t')\, dt'\right] \tag{5.1.25}$$

In der Praxis kann in der Regel von einer wirksamen Nachbarkanalunterdrückung ausgegangen werden, so dass mit

$$\rho \ll 1$$

in (5.1.25) nur der Störanteil im Bereich um Δf berücksichtigt zu werden braucht.

$$\begin{aligned} \Delta w(t) \quad \approx \quad & \rho \left[\Delta\omega + \Delta\Omega_2 v_2(t) - \Delta\Omega_1 v_1(t)\right] \\ & \cdot \cos\left[\Delta\omega t + \int_{-\infty}^{t} \left[\Delta\Omega_2 v_2(t') - \Delta\Omega_1 v_1(t')\right] dt'\right] \end{aligned} \tag{5.1.26}$$

Als Beispiel betrachten wir das Spektrum dieser Störgröße für den Spezialfall des unmodulierten Nutzsenders ($\Delta\Omega_1 = 0$) und sinusförmige Modulation des Störsenders: $v_2(t) = \cos\omega_2(t)$.

$$\Delta w(t) \approx \rho(\Delta\omega + \Delta\Omega_2 \cos(\omega_2 t)) \cdot \cos\left[\Delta\omega t + \eta_2 \sin(\omega_2 t)\right] \tag{5.1.27}$$

Für das Spektrum ergibt sich

$$\begin{aligned} \Delta W(j\omega) \quad \approx \quad & \rho\, \Delta\omega\, X_{\mathrm{FM2}}(j\omega) \\ & + \frac{\rho}{2} \Delta\Omega_2 \left[X_{\mathrm{FM2}}(j(\omega + \omega_2)) + X_{\mathrm{FM2}}(j(\omega - \omega_2))\right], \end{aligned} \tag{5.1.28}$$

wobei für $X_{\mathrm{FM2}}(j\omega)$ das Spektrum des Störsenders bei Δf zu setzen ist. Nimmt man für die Bandbreite von $X_{\mathrm{FM2}}(j\omega)$ den Carson-Wert an, so konzentriert sich die Leistung der additiven Störgröße auf den Frequenzbereich

$$\Delta f - (\Delta F_2 + 3f_2) \leq |f| \leq \Delta f + (\Delta F_2 + 3f_2). \tag{5.1.29}$$

Im praktischen Übertragungsfall wird dann der überwiegende Anteil der Störleistung außerhalb des NF-Bandes des empfangenen Nutzsenders liegen, da üblicherweise gilt $f_{\mathrm{NF}} \ll \Delta f$. Voraussetzung hierzu ist allerdings, dass die Amplitude des Störsenders durch ein geeignetes Zwischenfrequenzfilter vor der Demodulation so weit gedämpft wird, dass die obige Abschätzung ihre Gültigkeit behält. Dabei können die Anforderungen an die Sperrdämpfung erheblich sein, da am Empfängereingang Störsenderpegel auftreten können, die weit über denen des Nutzsenders liegen.

Zur Veranschaulichung der vorangegangenen Betrachtungen wird der Fall eines sinusförmig modulierten Nutzsenders betrachtet, dem ein sinusförmig modulierter Störsender im Abstand von $\Delta f = 75$ kHz überlagert ist; das Amplitudenverhältnis beträgt

$\rho = 1/10$. Die Frequenzhübe beider FM-Signale sind gleich ($\Delta F = 75$ kHz); die NF-Frequenzen stehen im Verhältnis 1:3 ($f_1 = 1$ kHz, $f_2 = 3$ kHz). Der Zeitverlauf des gemäß (5.1.27) berechneten Fehlersignals sowie das resultierende Demodulator-Ausgangssignal sind in **Bild 5.1.2** dargestellt.

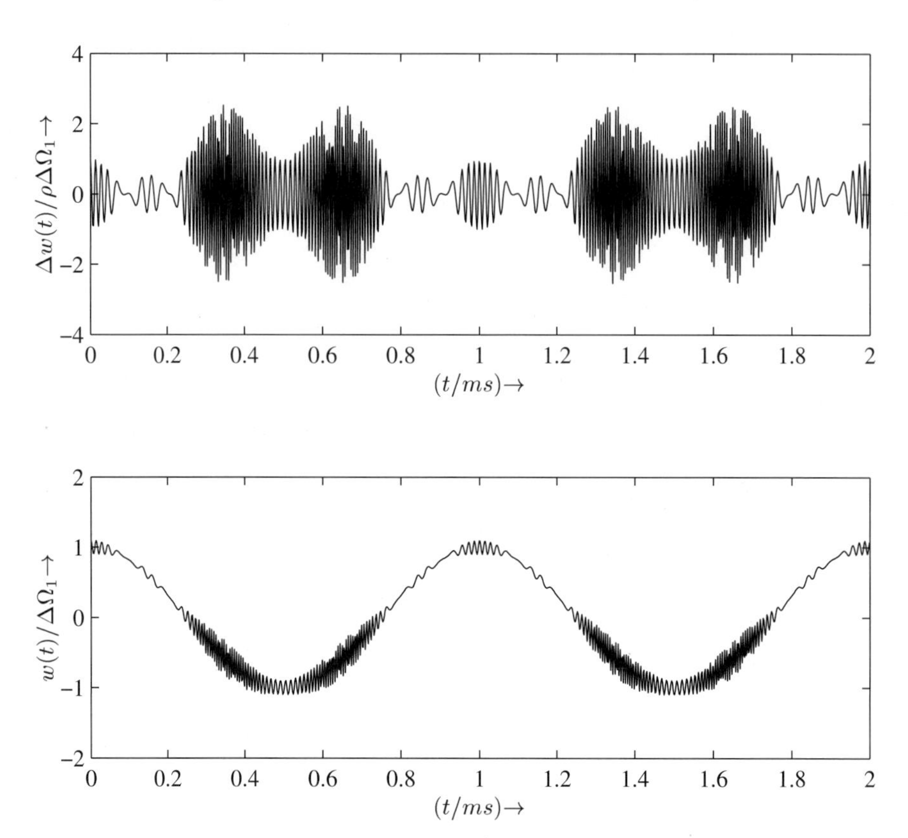

Bild 5.1.2: Fehlereinflüsse infolge eines benachbarten FM-Störsenders ($\rho = 1/10$, $\Delta f = 75$ kHz, $\Delta F_1 = \Delta F_2 = 75$ kHz, $f_1 = 1$ kHz, $f_2 = 3$ kHz)

Abschließend wird das Signal–Störverhältnis am Demodulatorausgang betrachtet und demjenigen auf der HF-Ebene gegenübergestellt – Nutz- und Störsignale werden wieder als Zufallssignale angenommen. Die Leistung des NF-Nutzsignals ist

$$\mathrm{E}\{\Delta\Omega_1^2 \cdot V_1^2(t)\} = \Delta\Omega_1^2 \sigma_{V_1}^2 . \tag{5.1.30}$$

Die Störleistung bestimmen wir aus (5.1.26); für mittelwertfreie und unkorrelierte Prozesse $V_1(t)$ und $V_2(t)$ gilt

$$\sigma_{\Delta W}^2 = \frac{\rho^2}{2}\left[\Delta\omega^2 + \Delta\Omega_1^2\sigma_{V_1}^2 + \Delta\Omega_2^2\sigma_{V_2}^2\right]; \tag{5.1.31}$$

der Faktor 1/2 ergibt sich aus dem Kosinusterm. Damit ist das Signal-Störverhältnis

$$\left(\frac{S}{N}\right)_{\mathrm{NF}} = \frac{\frac{2}{\rho^2}(\frac{\Delta\Omega_1}{\Delta\omega})^2\sigma_{V_1}^2}{1+(\frac{\Delta\Omega_1}{\Delta\omega})^2\sigma_{V_1}^2+(\frac{\Delta\Omega_2}{\Delta\omega})^2\sigma_{V_2}^2}. \tag{5.1.32}$$

Das HF-S/N-Verhältnis ist durch das quadrierte Amplitudenverhältnis gegeben

$$\left(\frac{S}{N}\right)_{\mathrm{HF}} = \frac{1}{\rho^2}, \tag{5.1.33}$$

womit sich als Übersetzungsfaktor der S/N-Verhältnisse zwischen NF- und HF-Band

$$\gamma_{\mathrm{FM}} = \frac{(S/N)_{\mathrm{NF}}}{(S/N)_{\mathrm{HF}}} = \frac{2\cdot(\frac{\Delta\Omega_1}{\Delta\omega})^2\sigma_{V_1}^2}{1+(\frac{\Delta\Omega_1}{\Delta\omega})^2\sigma_{V_1}^2+(\frac{\Delta\Omega_2}{\Delta\omega})^2\sigma_{V_2}^2} \tag{5.1.34}$$

ergibt. Dabei ist allerdings keine Begrenzung auf die NF-Bandbreite berücksichtigt. Im Allgemeinen wird bei hinreichend hoher Trägerdifferenz nur ein Bruchteil der gesamten Störleistung ins Nutzband fallen; eine geschlossene Formulierung dieses Anteils ist bei modulierten Signalen nicht ohne weiteres anzugeben. Die Verhältnisse vereinfachen sich aber dann, wenn beide Träger als unmoduliert angesetzt werden. Aus (5.1.27) folgt dann

$$\Delta w_0(t) = \rho\cdot\Delta\omega\cdot\cos(\Delta\omega t) \tag{5.1.35}$$

mit der zugehörigen Störleistung

$$\sigma_{\Delta W_o}^2 = \frac{\rho^2}{2}\,\Delta\omega^2. \tag{5.1.36}$$

Setzt man diese Störleistung zur Nutzleistung bei Vollaussteuerung in Beziehung, so ergibt sich das S/N-Verhältnis

$$\left(\frac{S}{N_0}\right)_{\mathrm{NF}} = \frac{2}{\rho^2}\cdot\left(\frac{\Delta\Omega}{\Delta\omega}\right)^2\cdot\sigma_{V_1}^2, \tag{5.1.37}$$

das unter der Bedingung $\Delta\omega \to B_{\mathrm{NF}}$ minimal wird. Der Übersetzungsfaktor $\gamma_{0_{\mathrm{FM}}}$ lautet unter diesen vereinfachenden Annahmen

$$\gamma_{0_{\mathrm{FM}}} = 2\left(\frac{\Delta\Omega}{\Delta\omega}\right)^2\sigma_{V_1}^2 \tag{5.1.38a}$$

$$\min\{\gamma_{0_{\mathrm{FM}}}\} = 2\left(\frac{\Delta F}{b_{\mathrm{NF}}}\right)^2\sigma_{V_1}^2. \tag{5.1.38b}$$

Für UKW-Rundfunkübertragung ergibt sich hieraus mit den Werten $\Delta F = 75$ kHz, $b_{\mathrm{NF}} = 15$ kHz (Mono) bei sinusförmiger Modulation ($\sigma_{V_1}^2 = 1/2$)

$$\min\{\gamma_{0_{\mathrm{FM}}}\} = 25.$$

5.2 Störungen durch additives Rauschen

5.2.1 Lineare Modulationsformen

Kohärente Demodulation. Es werden zunächst die Verhältnisse bei *Amplitudenmodulation* mit Träger untersucht. Im HF-Band wird ein weißer Störprozess $N_{\mathrm{BP}}(t)$ mit einer konstanten spektralen Leistungsdichte angesetzt. Am Eingang des Empfängers liege ein ideales ZF-Filter, so dass ein Bandpass-Rauschsignal gemäß **Bild 5.2.1a** entsteht. Die folgenden Betrachtungen werden im äquivalenten Basisband durchgeführt; das Leistungsdichtespektrum der dem Bandpass-Rauschprozess zugeordneten komplexen Einhüllenden

$$N(t) = N'(t) + jN''(t) \tag{5.2.1}$$

ist in **Bild 5.2.1b** wiedergegeben. Der Wert der spektralen Leistungsdichte wird im Bandpassbereich mit $N_0/2$ festgelegt. Dementsprechend weist die zugehörige Leistungsdichte im äquivalenten Basisband gemäß (1.6.32) den doppelten Wert, also N_0 auf. Die Gesamtleistungen im Bandpass- und Basisbandbereich sind gleich.

$$\mathrm{E}\{N_{\mathrm{BP}}^2(t)\} = \frac{N_0}{2} \cdot (4b_{\mathrm{NF}}) = 2\,N_0\,b_{\mathrm{NF}} \tag{5.2.2a}$$

$$\mathrm{E}\left\{|N(t)|^2\right\} = \frac{1}{2\pi}\int_{-B_{\mathrm{NF}}}^{B_{\mathrm{NF}}} N_0 d\omega = 2\,N_0\,b_{\mathrm{NF}} \tag{5.2.2b}$$

Solange im Folgenden die Signale als Musterfunktionen zu verstehen sind, werden sie mit kleinen Buchstaben bezeichnet; werden jedoch Erwartungswerte gebildet, so sind sie als Prozesse aufzufassen, also mit Großbuchstaben zu kennzeichnen. Die gestörte Komplexe Einhüllende des am ZF-Filter-Ausgang liegenden AM-Signals ist[1]

$$\tilde{s}_{\mathrm{AM}}(t) = a_{\mathrm{AM}}[1 + m\,v(t)]e^{j\varphi_0} + n(t). \tag{5.2.3}$$

Zur *kohärenten Demodulation* ist die Vorschrift

$$\mathrm{Re}\{\tilde{s}_{\mathrm{AM}}(t)e^{-j\varphi_0}\} = \mathrm{Re}\{a_{\mathrm{AM}}[1 + m\,v(t)] + n(t)\,e^{-j\varphi_0}\} \tag{5.2.4}$$

auszuführen, wobei wir abkürzend die neue Rauschgröße

$$\tilde{n}(t) = n(t)e^{-j\varphi_0} = \tilde{n}'(t) + j\tilde{n}''(t) \tag{5.2.5}$$

einführen, deren statistische Eigenschaften unverändert gegenüber denen des Prozesses $N(t)$ sind[2].

[1] Da die verschiedenen Modulationsverfahren später auf der Basis gleicher Sendeleistungen verglichen werden sollen (siehe Abschnitt 5.3.1), werden die Trägeramplituden mit a_{AM}, a_{ZSB}, a_{ESB}, a_{FM} gekennzeichnet. Der in Bild 1.4.3 eingeführte Skalierungsfaktor $1/\sqrt{2}$ ist hierbei in die Trägeramplitude einbezogen.

[2] Gemäß den auf Seite 41 aufgeführten Eigenschaften sind schwach stationäre komplexe Rauschprozesse rotationsinvariant.

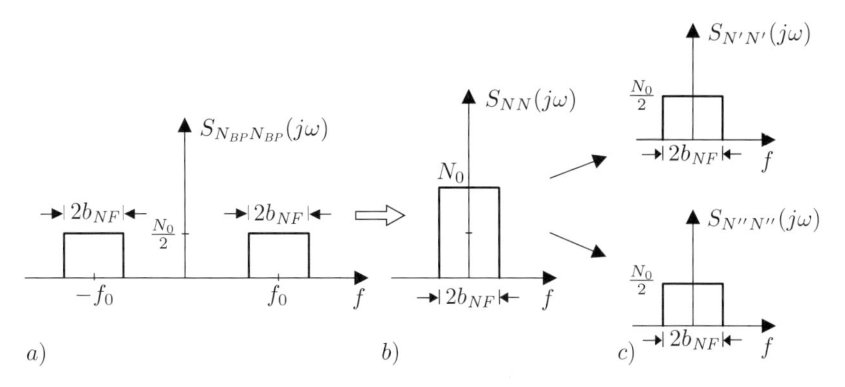

Bild 5.2.1: Leistungsdichtespektrum des Bandpass-Rauschprozesses und seiner zugehörigen komplexen Einhüllenden

Nach Abtrennung des Gleichanteils erhält man das gestörte demodulierte Signal

$$\tilde{v}(t) = a_{\text{AM}} \cdot m\, v(t) + \tilde{n}'(t); \tag{5.2.6}$$

das S/N-Verhältnis am Demodulatorausgang lautet damit

$$\left(\frac{S}{N}\right)_{\text{NF}} = \frac{a_{\text{AM}}^2 m^2 \sigma_V^2}{\frac{N_0}{2}(2b_{\text{NF}})} = \frac{a_{\text{AM}}^2 m^2 \sigma_V^2}{N_0 b_{\text{NF}}}. \tag{5.2.7}$$

Es stellt sich wiederum die Frage nach dem „Übersetzungsverhältnis“ der S/N-Verhältnisse zwischen NF- und HF-Bereich. Das S/N-Verhältnis im HF-Band wird im äquivalenten Tiefpass-Bereich bestimmt; es gilt mit (5.2.2b)

$$\left(\frac{S}{N}\right)_{\text{HF}} = \frac{a_{\text{AM}}^2 [1 + m^2 \sigma_V^2]}{2 N_0 b_{\text{NF}}}, \tag{5.2.8}$$

womit folgt

$$\left.\frac{(S/N)_{\text{NF}}}{(S/N)_{\text{HF}}}\right|_{\text{AM}} = \frac{a_{\text{AM}}^2 m^2 \sigma_V^2}{N_0 b_{\text{NF}}} \cdot \frac{2 N_0 b_{\text{NF}}}{a_{\text{AM}}^2} \cdot \frac{1}{1 + m^2 \sigma_V^2}$$

$$\gamma_{\text{AM}} = 2 \cdot \frac{m^2 \sigma_V^2}{[1 + m^2 \sigma_V^2]}. \tag{5.2.9}$$

Es ergibt sich der gleiche Faktor γ_{AM} wie bei der Betrachtung der Störung durch einen benachbarten AM-Sender.

Für *reine Zweiseitenband-Modulation* lassen sich die entsprechenden Beziehungen aus den vorangegangenen Betrachtungen herleiten. Das empfangene Signal wird durch die Komplexe Einhüllende

$$\tilde{s}_{\text{ZSB}}(t) = [a_{\text{ZSB}} v(t) + \tilde{n}(t)]\, e^{j\varphi_0} \tag{5.2.10}$$

beschrieben. Bei kohärenter Demodulation ergibt sich das S/N-Verhältnis

$$\left(\frac{S}{N}\right)_{\text{NF}} = \frac{a_{\text{ZSB}}^2 \sigma_V^2}{N_0 b_{\text{NF}}}. \tag{5.2.11}$$

Mit dem HF-S/N-Verhältnis

$$\left(\frac{S}{N}\right)_{\text{HF}} = \frac{a_{\text{ZSB}}^2 \sigma_V^2}{2N_0 b_{\text{NF}}} \tag{5.2.12}$$

folgt hieraus

$$\gamma_{\text{ZSB}} = \left.\frac{(S/N)_{\text{NF}}}{(S/N)_{\text{HF}}}\right|_{\text{ZSB}} = 2. \tag{5.2.13}$$

Die bisher behandelte kohärente ZSB-Demodulation soll in Beziehung zur *Einseitenband-Modulation* gesetzt werden. Bei der Einseitenband-Modulation ist für das überlagerte Rauschsignal abweichend von Bild 5.2.1 die halbe Bandbreite einzusetzen, so dass gilt

$$\text{E}\{N_{BP,ESB}^2(t)\} = N_0\, b_{\text{NF}}. \tag{5.2.14}$$

Die zugehörige Komplexe Einhüllende dieses Rauschsignals bezüglich des Trägers ist ein analytisches (bzw. konjugiert analytisches) Signal

$$n_{\text{ESB}}^+(t) = n'_{\text{ESB}}(t) + j\hat{n}'_{ESB}(t) \tag{5.2.15}$$

mit der Leistung

$$\text{E}\{|N_{\text{ESB}}^+(t)|^2\} = N_0 b_{\text{NF}}. \tag{5.2.16}$$

Für die Leistungen des Real- bzw. Imaginärteils des komplexen Rauschprozesses gilt

$$\text{E}\{N_{\text{ESB}}^{\prime 2}(t)\} = \text{E}\{\hat{N}_{\text{ESB}}^{\prime 2}(t)\} = \frac{N_0}{4}\,(2\,b_{\text{NF}}) = \frac{N_0}{2}\,b_{\text{NF}}. \tag{5.2.17}$$

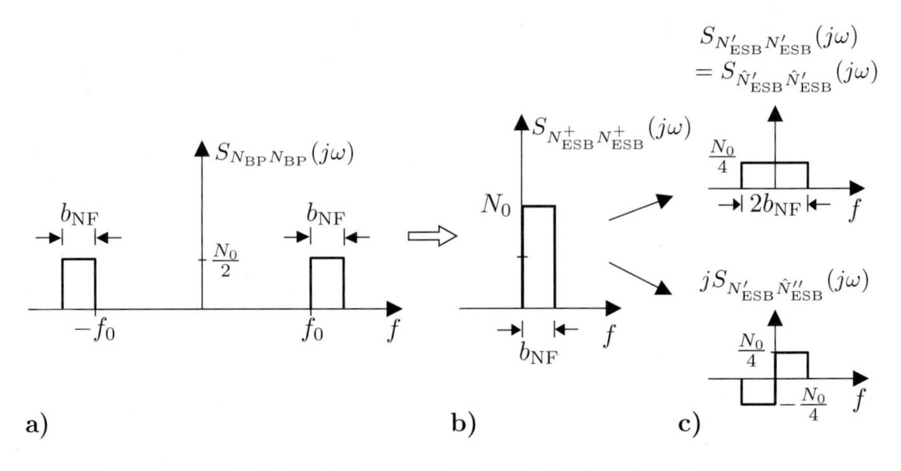

Bild 5.2.2: Spektrale Leistungsdichten des ESB-Rauschprozesses

Die spektralen Leistungsdichten des Bandpass- bzw. äquivalenten Tiefpass-Prozesses sind in **Bild 5.2.2** veranschaulicht. Dabei gilt

$$S_{N_{\text{ESB}}^+ N_{\text{ESB}}^+}(j\omega) = 2 \cdot \left[S_{N'_{\text{ESB}}N'_{\text{ESB}}}(j\omega) + jS_{N'_{\text{ESB}}\hat{N}'_{\text{ESB}}}(j\omega)\right], \tag{5.2.18}$$

was aus den Teilbildern b und c deutlich wird.

Das empfangene Einseitenbandsignal wird durch seine Komplexe Einhüllende dargestellt (hier für das obere Seitenband).

$$\tilde{s}_{\mathrm{ESB}}(t) = a_{\mathrm{ESB}}[v(t) + j\hat{v}(t)]\, e^{j\varphi_0} + N^{+}_{\mathrm{ESB}}(t) \tag{5.2.19}$$

Bei kohärenter Demodulation (mit korrekter Trägerphase) ergibt sich

$$\tilde{v}(t) = a_{\mathrm{ESB}}\, v(t) + \tilde{n}'_{\mathrm{ESB}}(t); \qquad \tilde{n}_{\mathrm{ESB}}(t) = e^{-j\varphi_0} n_{\mathrm{ESB}}(t) \tag{5.2.20}$$

und daraus das S/N-Verhältnis am Demodulator-Ausgang

$$\left(\frac{S}{N}\right)_{\mathrm{NF}} = \frac{a^2_{\mathrm{ESB}}\sigma^2_V}{\frac{N_0}{2}\, b_{\mathrm{NF}}}. \tag{5.2.21}$$

Dem gegenüber steht das HF-S/N-Verhältnis

$$\left(\frac{S}{N}\right)_{\mathrm{HF}} = \frac{a^2_{\mathrm{ESB}}[\sigma^2_V + \sigma^2_{\hat{V}}]}{N_0 b_{\mathrm{NF}}} = \frac{2\, a^2_{\mathrm{ESB}}\sigma^2_V}{N_0 b_{\mathrm{NF}}}, \tag{5.2.22}$$

woraus sich schließlich der NF-HF-Übersetzungsfaktor

$$\gamma_{\mathrm{ESB}} = \left.\frac{(S/N)_{\mathrm{NF}}}{(S/N)_{\mathrm{HF}}}\right|_{\mathrm{ESB}} = 1 \tag{5.2.23}$$

ergibt. Sämtliche hier abgeleiteten Faktoren γ decken sich mit denjenigen aus Abschnitt 5.1.1 zur Beschreibung des Einflusses eines benachbarten Störsenders gleicher Modulationsart.

Einhüllenden-Demodulation. Zur Demodulation nicht übermodulierter AM-Signale ist die Einhüllenden-Demodulation anwendbar. Von der Komplexen Einhüllenden des empfangenen Signals

$$\begin{aligned} \tilde{s}_{\mathrm{AM}}(t) &= a_{\mathrm{AM}}[1 + m\, v(t)]\, e^{j\varphi_0} + n(t) \\ &= e^{j\varphi_0}[a_{\mathrm{AM}}(1 + m\, v(t)) + \tilde{n}(t)] \end{aligned} \tag{5.2.24}$$

wird der Betrag bestimmt.

$$|\tilde{s}_{\mathrm{AM}}(t)| = |a_{\mathrm{AM}}[1 + m\, v(t)] + \tilde{n}'(t) + j\tilde{n}''(t)| \tag{5.2.25}$$

Für sehr kleine Rauschgrößen, also für

$$\mathrm{E}\{\tilde{N}''^2(t)\} \ll a^2_{\mathrm{AM}}[1 + m^2\, \sigma^2_V(t)], \tag{5.2.26}$$

lässt sich der Betrag in (5.2.25) durch den Realteil abschätzen, so dass näherungsweise gilt

$$|\tilde{s}_{\mathrm{AM}}(t)| - a_{\mathrm{AM}} \approx a_{\mathrm{AM}} \cdot m\, v(t) + \tilde{n}'(t). \tag{5.2.27}$$

- *Für großes S/N-Verhältnis liefert die Einhüllenden-Demodulation also das gleiche Ergebnis wie die kohärente Demodulation (vgl. (5.2.6)).*

Dementsprechend gelten in beiden Fällen die Gleichungen (5.2.7) und (5.2.9).

Im Falle eines starken Rauschsignals, d.h. für *geringes S/N-Verhältnis*, wird der Betrag der komplexen Einhüllenden auf folgende Weise abgeschätzt. Zunächst setzt man den komplexen Basisband-Rauschprozess in Polarkoordinaten an

$$n(t) = n'(t) + jn''(t) = |n(t)|\, e^{j\psi(t)} \tag{5.2.28}$$

mit $\psi(t) = \arg\{n(t)\}$. Damit ist

$$\begin{aligned} \tilde{s}_{\mathrm{AM}}(t) &= \left| a_{\mathrm{AM}}[1 + m\, v(t)] + |n(t)|\, e^{j\psi(t)} \right| \\ &= |n(t)| \cdot \left| 1 + \frac{a_{\mathrm{AM}}[1 + m\, v(t)]}{|n(t)|}\, e^{-j\psi(t)} \right| \\ &= |n(t)| \cdot \left| 1 + \frac{a_{\mathrm{AM}}[1 + m\, v(t)]}{|n(t)|} \cdot \cos\psi(t) - j\frac{a_{\mathrm{AM}}[1 + m\, v(t)]}{|n(t)|} \cdot \sin\psi(t) \right|. \end{aligned} \tag{5.2.29}$$

Für geringes S/N-Verhältnis ist der Imaginärteil des zweiten Faktors im Mittel klein gegenüber eins, so dass sein Betrag durch den Realteil abzuschätzen ist; man erhält damit

$$|\tilde{s}_{\mathrm{AM}}(t)| \approx |n(t)| + a_{\mathrm{AM}} \cdot [1 + m\, v(t)] \cdot \cos\psi(t). \tag{5.2.30}$$

Bei allen Formen der kohärenten Demodulation ergab sich ein demoduliertes Signal, dem *additiv* eine Rauschgröße überlagert ist. Im Falle der Einhüllenden-Demodulation hingegen ist bei geringem S/N-Verhältnis das Nutzsignal *multiplikativ* mit der Störgröße $\cos\psi(t)$ verknüpft: Das übertragene Signal $v(t)$ ist somit nicht mehr erkennbar. Mit steigendem Rauschpegel nimmt also das S/N-Verhältnis am Demodulatorausgang überproportional ab. Man spricht vom sogenannten *Schwellwert-Effekt* der Einhüllenden-Demodulation, der in **Bild 5.2.3** qualitativ veranschaulicht wird. (Weitere Betrachtungen hierzu finden sich in [Lat83],[Car81],[Pan65] u.a.).

5.2.2 Frequenzmodulation

Auch bei der frequenzmodulierten Übertragung unter dem Einfluss additiven Rauschens ergibt sich ein Schwellwert-Effekt, auf den wir später zu sprechen kommen. Zunächst wird das Störverhalten der FM oberhalb dieser Schwelle, also für großes S/N-Verhältnis, untersucht. Für die Komplexe Einhüllende gilt

$$\tilde{s}_{\mathrm{FM}}(t) = a_{\mathrm{FM}} e^{j\varphi(t)} + n(t) \tag{5.2.31}$$

mit

$$\varphi(t) = \Delta\Omega \int_0^t v(t')\, dt' + \varphi_0.$$

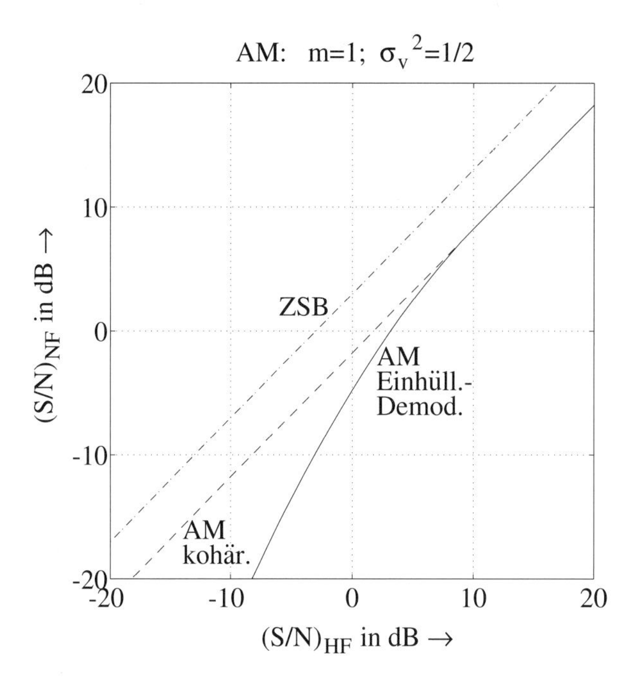

Bild 5.2.3: Zum Schwellwert-Effekt bei AM-Einhüllenden-Demodulation

Wir unterstellen hierbei $a_{\mathrm{FM}} = \mathrm{const}$, was – unter dem Einfluss der ZF-Filterung – nur für kleine Frequenzhübe erfüllt ist. Im Weiteren wird eine modifizierte Rauschgröße

$$\tilde{n}(t) = n(t)\, e^{-j\varphi(t)} = \tilde{n}'(t) + j\tilde{n}''(t) \tag{5.2.32}$$

eingeführt, deren Spektraleigenschaften bei hinreichend kleinem Frequenzhub gegenüber denen von $n(t)$ unverändert sind. Hiermit ergibt (5.2.31)

$$\tilde{s}_{\mathrm{FM}}(t) = [a_{\mathrm{FM}} + \tilde{n}(t)]\, e^{j\varphi(t)}. \tag{5.2.33}$$

Die Demodulation erfolgt nach der Vorschrift

$$\begin{aligned}
\tilde{w}(t) &= \mathrm{Im}\left\{\frac{\dot{\tilde{s}}_{\mathrm{FM}}(t)}{\tilde{s}_{\mathrm{FM}}(t)}\right\} \\
&= \mathrm{Im}\left\{\frac{\dot{\tilde{n}}(t)\, e^{j\varphi(t)} + [a_{\mathrm{FM}} + \tilde{n}(t)]\, j\dot{\varphi}(t)\, e^{j\varphi(t)}}{[a_{\mathrm{FM}} + \tilde{n}(t)]\, e^{j\varphi(t)}}\right\} \\
&= \mathrm{Im}\left\{\frac{\dot{\tilde{n}}(t)}{a_{\mathrm{FM}} + \tilde{n}(t)}\right\} + \dot{\varphi}(t).
\end{aligned} \tag{5.2.34}$$

Vernachlässigt man im Nenner des Störterms $\tilde{n}(t)$ gegenüber a_{FM}, so erhält man die Näherung

$$\tilde{w}(t) \approx \frac{1}{a_{\mathrm{FM}}} \cdot \frac{d\,\tilde{n}''(t)}{dt} + \Delta\Omega\, v(t). \tag{5.2.35}$$

Für die spektrale Leistungsdichte der überlagerten Störgröße ergibt sich damit unter Berücksichtigung von $S_{N''N''}(j\omega) = \frac{N_0}{2}$

$$\frac{1}{a_{\mathrm{FM}}^2}\, S_{N''N''}(j\omega)\,\omega^2 = \frac{1}{a_{\mathrm{FM}}^2}\,\frac{N_0}{2}\omega^2. \tag{5.2.36}$$

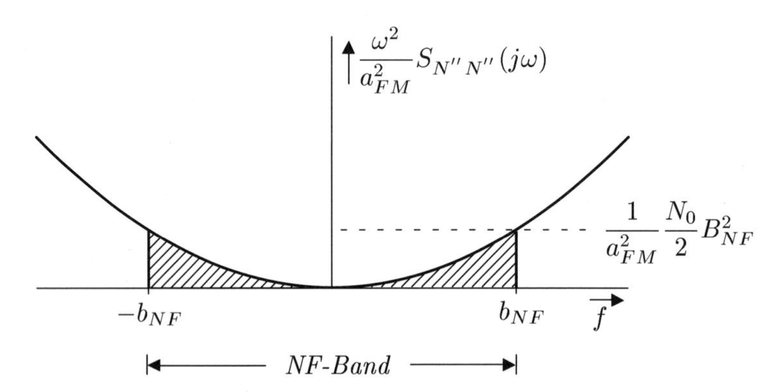

Bild 5.2.4: Spektrale Leistungsdichte des Störsignals nach der FM-Demodulation

Für die Gesamtleistung der NF-Störgröße berücksichtigt man nur die NF-Bandbreite; durch Integration erhält man

$$\frac{1}{2\pi}\int\limits_{-2\pi b_{\mathrm{NF}}}^{2\pi b_{\mathrm{NF}}} \frac{N_0}{2a_{\mathrm{FM}}^2}\,\omega^2\,d\omega = \frac{2}{3}\,(2\pi)^2\,\frac{N_0}{2a_{\mathrm{FM}}^2}\,b_{\mathrm{NF}}^3. \tag{5.2.37}$$

Hieraus ergibt sich das S/N-Verhältnis am Demodulator-Ausgang.

$$\left(\frac{S}{N}\right)_{\mathrm{NF}} = \frac{\Delta\Omega^2\cdot\sigma_V^2}{(2\pi)^2\,N_0 b_{\mathrm{NF}}^3}\,3a_{\mathrm{FM}}^2 \tag{5.2.38}$$

Wir definieren die Größe

$$\eta_{\min} = \frac{\Delta\Omega}{2\pi\,b_{\mathrm{NF}}} \tag{5.2.39}$$

und erhalten aus (5.2.38) den Ausdruck

$$\left(\frac{S}{N}\right)_{\mathrm{NF}} = 3\,a_{\mathrm{FM}}^2\,\frac{\eta_{\min}^2\sigma_V^2}{N_0\,b_{\mathrm{NF}}}. \tag{5.2.40}$$

Wie bereits in den vorangegangenen Abschnitten soll ein Vergleich mit dem S/N-Verhältnis auf der HF-Seite durchgeführt werden. Zur Berechnung der HF-Rauschleistung ist die Leistungsdichte $\frac{N_0}{2}$ über die FM-Bandbreite zu integrieren

$$N_{\mathrm{HF}} = \frac{N_0}{2}\cdot 2\,b_{\mathrm{FM}} = N_0\,b_{\mathrm{FM}},$$

wobei man für b_{FM} die Abschätzung nach der Carson-Formel einsetzt

$$b_{\mathrm{FM}} = 2\, b_{\mathrm{NF}}(\eta_{\min} + 2).$$

Für das HF-S/N-Verhältnis ergibt sich damit

$$\left(\frac{S}{N}\right)_{\mathrm{HF}} = \frac{a_{\mathrm{FM}}^2}{2\, N_0\, b_{\mathrm{NF}}\, (\eta_{\min} + 2)}. \tag{5.2.41}$$

Für den Übersetzungsfaktor zwischen NF- und HF-Band erhält man aus (5.2.40) und (5.2.41) schließlich

$$\gamma_{\mathrm{FM}} = \left.\frac{(S/N)_{\mathrm{NF}}}{(S/N)_{\mathrm{HF}}}\right|_{\mathrm{FM}} = 6\, \eta_{\min}^2(\eta_{\min} + 2)\, \sigma_V^2. \tag{5.2.42}$$

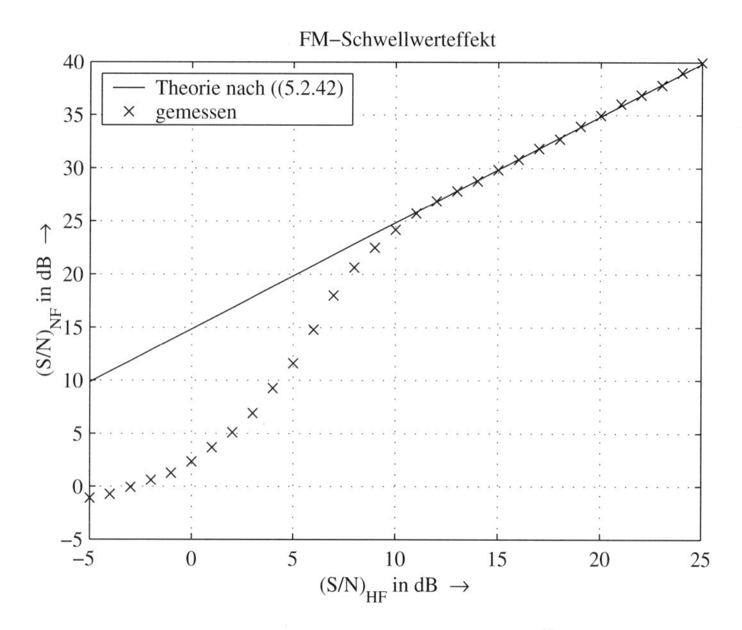

Bild 5.2.5: ´Signal-Störverhältnisse bei FM-Übertragung
$\Delta F = 5$ kHz, $b_{\mathrm{NF}} = 3$ kHz, $f_1 = 200$ Hz

Die hier wiedergegebene Rauschanalyse gilt für großes S/N-Verhältnis. Weitergehende Untersuchungen zeigen, dass mit wachsender Kanal-Rauschleistung das S/N-Verhältnis ab einer bestimmten Schwelle, die etwa bei $(S/N)_{\mathrm{HF}} = 10$dB liegt, überproportional abnimmt. In **Bild 5.2.5** wird diese Erscheinung anhand von Simulationsergebnissen veranschaulicht; man spricht vom *Schwellwert-Effekt der FM.*

Eine korrekte mathematische Analyse des beschriebenen Vorgangs ist relativ kompliziert und soll hier übergangen werden [Ric63]. Man kann sich aber das Schwellwert-Phänomen auf anschauliche Weise recht gut klar machen. Hierzu betrachtet man die graphische Darstellung der gestörten komplexen Einhüllenden in **Bild 5.2.6**. Der das Nutzsignal repräsentierende Zeiger würde im ungestörten Fall mit $\varphi(t)$ um seine Ruhelage pendeln (*Pendelzeiger-Diagramm*). Ist eine relativ kleine Rauschgröße überlagert, so ergeben sich geringfügige Abweichungen wie in Bild 5.2.6a dargestellt. Bei starken Rauschsignalen kann es hingegen zu so großen Rauschwolken kommen, dass der Ursprung in der in Bild 5.2.6b gezeigten Weise eingeschlossen ist. Dann vollführt der resultierende Zeiger der komplexen Einhüllenden einen vollen Umlauf; die Phase ändert sich während dieser Zeit um 2π. Die differenzierte Phase enthält somit einen Störimpuls (vgl.Bild 5.2.6b).

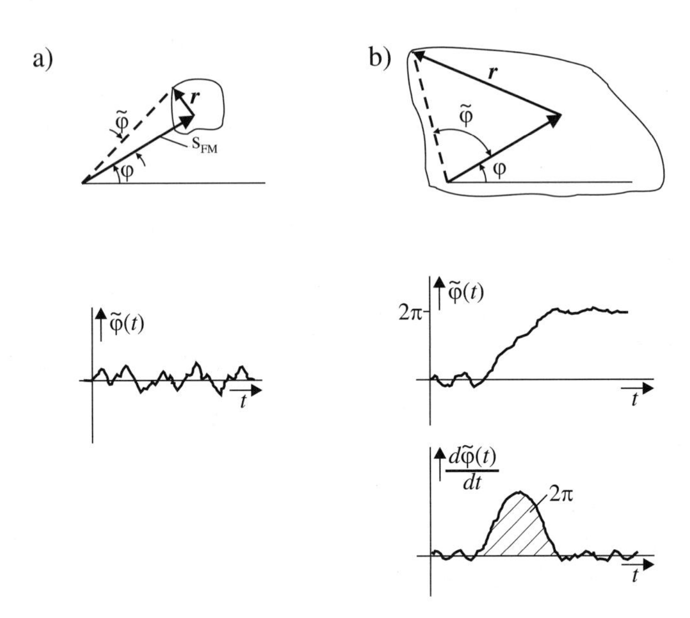

Bild 5.2.6: Veranschaulichung des Schwellwert-Effektes a) oberhalb, b) unterhalb der Schwelle

Mit wachsendem Rauschpegel steigt die Häufigkeit solcher Störimpulse an, woraus sich der überproportionale Abfall der (S/N)-Kurve nach Bild 5.2.5 erklärt. **Bild 5.2.7** zeigt einen Ausschnitt des demodulierten Signals bei einem HF-S/N-Verhältnis von 5 dB, also unterhalb der Schwelle. Im Bereich um $t = 1,2$ ms ist ein deutlicher Störimpuls zu erkennen.

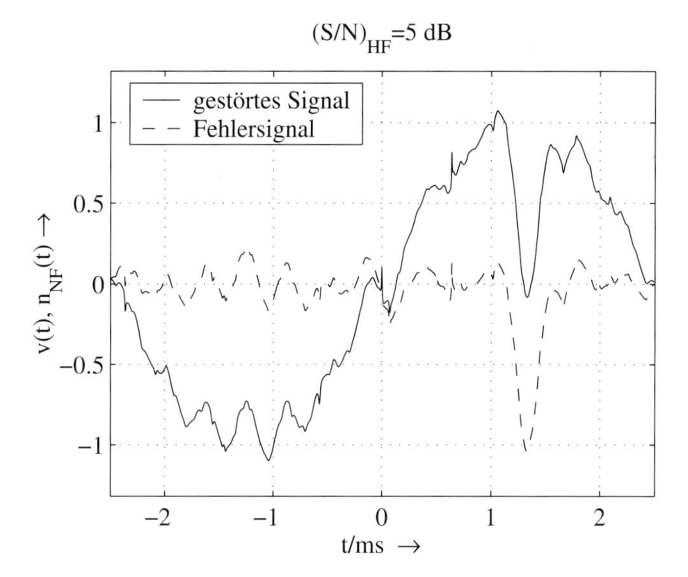

Bild 5.2.7: Ausschnitt des demodulierten Signals unterhalb der FM-Schwelle

5.3 Vergleich der Modulationsarten

5.3.1 Vergleich unter gleichen Sendeleistungen

Die Einseitenband-Modulation dient in den folgenden Betrachtungen als Referenz, da sich hier die Verhältnisse auf der HF-Seite unverändert im NF-Band wiederfinden. Sie ist somit äquivalent zur Basisband-Übertragung. Der Vergleich mit den anderen Modulationsformen findet auf der Grundlage gleicher Sendeleistungen statt; dementsprechend sind also die verschiedenen Trägeramplituden festzulegen. Für die Leistungen der verschiedenen komplexen Einhüllenden gilt

$$\mathrm{E}\{|S_{\mathrm{ESB}}(t)|^2\} = a_{\mathrm{ESB}}^2(\sigma_V^2 + \sigma_{\hat{V}}^2) = 2\,a_{\mathrm{ESB}}^2\sigma_V^2 \quad (5.3.1a)$$

$$\mathrm{E}\{|S_{\mathrm{ZSB}}(t)|^2\} = a_{\mathrm{ZSB}}^2\sigma_V^2 \quad (5.3.1b)$$

$$\mathrm{E}\{|S_{\mathrm{AM}}(t)|^2\} = a_{\mathrm{AM}}^2[1 + m^2\sigma_V^2] \quad (5.3.1c)$$

$$\mathrm{E}\{|S_{\mathrm{FM}}(t)|^2\} = a_{\mathrm{FM}}^2. \quad (5.3.1a)$$

Aus den Forderungen

$$\mathrm{E}\{|S_{\mathrm{ESB}}(t)|^2\} = \mathrm{E}\{|S_{\mathrm{ZSB}}(t)|^2\} = \mathrm{E}\{S_{\mathrm{AM}}|^2\} = \mathrm{E}\{|S_{\mathrm{FM}}(t)|^2\}$$

ergibt sich für die Trägeramplituden

$$a_{\mathrm{ZSB}}^2 = 2\,a_{\mathrm{ESB}}^2 \quad (5.3.2a)$$

$$a_{\mathrm{AM}}^2 = 2\frac{\sigma_V^2}{1 + m^2\sigma_V^2} \cdot a_{\mathrm{ESB}}^2 \quad (5.3.2b)$$

$$a_{\mathrm{FM}}^2 = 2\,\sigma_V^2\, a_{\mathrm{ESB}}^2. \tag{5.3.2c}$$

Das S/N-Verhältnis am Ausgang eines Einseitenband-Demodulators ist nach (5.2.21)

$$\left(\frac{S}{N}\right)_{\mathrm{NF,ESB}} = \frac{2\,a_{\mathrm{ESB}}^2 \sigma_V^2}{N_0 b_{\mathrm{NF}}} \triangleq \left(\frac{S}{N}\right)_0. \tag{5.3.3}$$

Wir setzen hierzu die NF-S/N-Verhältnisse der übrigen Modulationsformen in Beziehung, indem wir die Größen

$$\alpha_{ZSB,AM,FM} = \frac{(S/N)_{\mathrm{NF/ZSB,AM,FM}}}{(S/N)_0} \tag{5.3.4}$$

einführen. Sie ergeben sich durch Einsetzen von (5.3.2a-c) in (5.2.11), (5.2.7) und (5.2.40):

$$\alpha_{\mathrm{ZSB}} = 1 \tag{5.3.5a}$$

$$\alpha_{\mathrm{AM}} = \frac{m^2\sigma_V^2}{1+m^2\sigma_V^2} < 1 \tag{5.3.5b}$$

$$\alpha_{\mathrm{FM}} = 3\,\sigma_V^2\,\eta_{\min}^2. \tag{5.3.5c}$$

Die reine Zweiseitenband-Übertragung erweist sich damit bezüglich additiver Rauschstörungen als genauso effizient wie die Einseitenband-Übertragung.

Im Gegensatz hierzu vermindert sich bei Amplitudenmodulation mit Träger das Ausgangs-S/N-Verhältnis. Der maximale Wert α ergibt unter der Voraussetzung sinusförmiger Modulation bei maximalem Modulationsgrad $m = 1$:

$$\max\{\alpha_{\mathrm{AM}}\} = 1/3;$$

der Störabstandsverlust gegenüber Einseitenband-Modulation oder Zweiseitenband-Modulation beträgt also mindestens 4,8 dB.

Einen deutlichen Störabstandsgewinn erreicht man bei der FM-Übertragung, die immer dann der Einseitenband-Modulation überlegen ist, wenn (bei sinusförmiger Modulation) gilt

$$\eta_{\min} > \sqrt{2/3}.$$

In praktischen Modulationssystemen ist der Modulationsindex erheblich größer als dieser Wert. So gilt für den (Mono-) UKW-Rundfunk $\eta_{\min} = 5$ und damit

$$\alpha_{\mathrm{FM}} = 37,5.$$

Dieses bedeutet einen Störabstandsgewinn gegenüber Einseitenband-Modulation von 15,7 dB.

5.3.2 Informationstheoretischer Vergleich

Der im letzten Abschnitt durchgeführte Vergleich der verschiedenen Modulationsformen basiert auf der Annahme konstanter Sendeleistung. Dabei geht in die Betrachtungen nicht ein, wie diese Sendeleistung spektral verteilt ist. So hatte sich gezeigt, dass die Frequenzmodulation den linearen Modulationsformen bezüglich des am Demodulator-Ausgang erreichbaren S/N-Verhältnisses weit überlegen ist. Andererseits benötigt die FM aber auch eine wesentlich größere Bandbreite. Eine Aussage über die effiziente Nutzung der Übertragungskapazität des Kanals ist somit von den vorangegangenen Betrachtungen nicht abzuleiten. Eine solche Aussage gewinnt man aus der Einbeziehung der *Shannon'schen Kanalkapazität.* Sie wurde bereits in Abschnitt 2.3.4 eingeführt. Danach beträgt die Kapazität eines Kanals mit der Bandbreite b und den durch S/N festgelegten Rauscheinflüssen

$$C = b \cdot \mathrm{ld}(1 + S/N)\ \frac{\mathrm{bit}}{\mathrm{s}}. \tag{5.3.6}$$

Ein informationstheoretischer Vergleich der Modulationsformen geht von folgenden Annahmen aus:

- *Die Kanalkapazität C_{HF} des Übertragungskanals wird voll ausgenutzt.*
- *Ein idealer Empfänger setzt den Informationsfluss C_{HF} ohne Verlust in den NF-Bereich um.*

Dann gilt mit (5.3.6)

$$C_{\mathrm{HF}} = b_{\mathrm{HF}} \cdot \mathrm{ld}[1 + (S/N)_{\mathrm{HF}}] \tag{5.3.7a}$$

$$C_{\mathrm{NF}} = b_{\mathrm{NF}} \cdot \mathrm{ld}[1 + (S/N)_{\mathrm{NF}}]; \tag{5.3.7b}$$

$$b_{\mathrm{HF}} \cdot \mathrm{ld}[1 + (S/N)_{\mathrm{HF}}] = b_{\mathrm{NF}} \cdot \mathrm{ld}[1 + (S/N)_{\mathrm{NF}}]. \tag{5.3.7c}$$

Mit der Definition des Bandbreiten-Verhältnisses

$$\beta = \frac{b_{\mathrm{HF}}}{b_{\mathrm{NF}}} \tag{5.3.8}$$

ergibt sich unter den oben angeführten informationstheoretischen Annahmen der folgende Zusammenhang für die S/N-Verhältnisse auf der NF- und der HF-Seite:

$$\left(\frac{S}{N}\right)_{\mathrm{NF}} = \left[1 + \left(\frac{S}{N}\right)_{\mathrm{HF}}\right]^{\beta} - 1. \tag{5.3.9}$$

Wir verwenden wie schon im letzten Abschnitt die *Einseitenband-Übertragung als Referenz* und beschreiben das HF-S/N-Verhältnis durch

$$\left(\frac{S}{N}\right)_{0} = \frac{S_{\mathrm{HF}}}{b_{\mathrm{ESB}} N_0} = \frac{S_{\mathrm{HF}}}{b_{\mathrm{NF}} N_0}. \tag{5.3.10a}$$

Dann gilt für die anderen Modulationsformen

$$\left(\frac{S}{N}\right)_{\mathrm{HF}} = \frac{S_{\mathrm{HF}}}{b_{\mathrm{HF}} N_0} = \frac{S_{\mathrm{HF}}}{\beta\, b_{\mathrm{NF}} N_0} = \frac{1}{\beta}\left(\frac{S}{N}\right)_{0}. \tag{5.3.10b}$$

Aus (5.3.9) folgt damit der allgemein gültige Zusammenhang bei idealer Ausnutzung der Kanalkapazität

$$\left(\frac{S}{N}\right)_{\mathrm{NF}} = \left[1 + \frac{1}{\beta}\left(\frac{S}{N}\right)_0\right]^\beta - 1. \tag{5.3.11}$$

In **Bild 5.3.1** sind die hieraus resultierenden Idealkurven für verschiedene Werte β dargestellt.

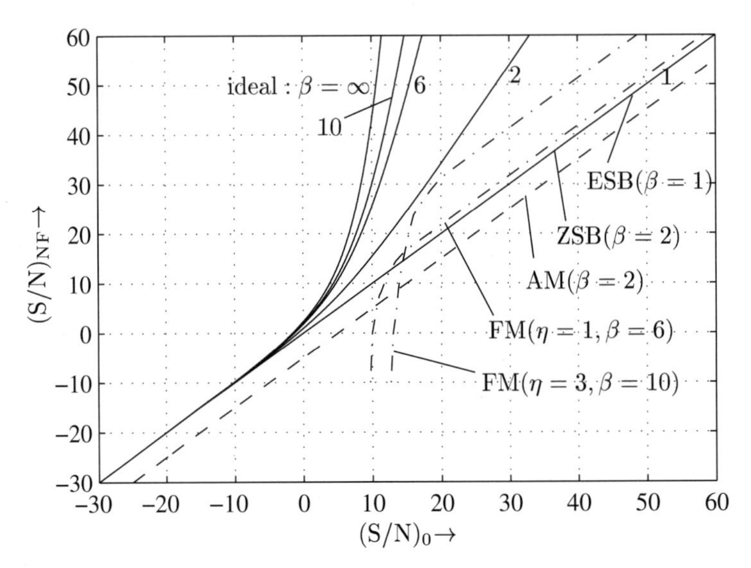

Bild 5.3.1: Ideales Übertragungsverhalten und Vergleich mit den realen Verhältnissen bei den verschiedenen Modulationsformen

Wir betrachten nun die Verhältnisse bei den verschiedenen Modulationsarten. Für *Einseitenband-Modulation* gilt vereinbarungsgemäß

$$\left.\left(\frac{S}{N}\right)_{\mathrm{NF}}\right|_{\mathrm{ESB}} = \left(\frac{S}{N}\right)_0 \tag{5.3.12a}$$

mit

$$\beta_{\mathrm{ESB}} = \frac{b_{\mathrm{ESB}}}{b_{\mathrm{NF}}} = 1. \tag{5.3.12b}$$

Der optimale informationstheoretische Zusammenhang ist nach Einsetzen von $\beta = 1$ in (5.3.11) erfüllt.

Bei *Zweiseitenband-Übertragung* ohne Träger gilt die Beziehung (5.3.5a)

$$\left.\left(\frac{S}{N}\right)_{\mathrm{NF}}\right|_{\mathrm{ZSB}} = \left(\frac{S}{N}\right)_0 \tag{5.3.13a}$$

mit

$$\beta_{\mathrm{ZSB}} = \frac{b_{\mathrm{ZSB}}}{b_{\mathrm{NF}}} = 2. \tag{5.3.13b}$$

Andererseits ergibt der ideale Zusammenhang (5.3.11) mit $\beta = 2$

$$\left(\frac{S}{N}\right)_{\mathrm{NF},\,\beta=2} = \left(\frac{S}{N}\right)_0 + \frac{1}{4}\left(\frac{S}{N}\right)_0^2 . \tag{5.3.13c}$$

Der Vergleich von (5.3.13a) und (5.3.13c) zeigt, dass die reine ZSB-Übertragung nicht optimal im Sinne der Informationstheorie ist. Entsprechendes gilt für die *Amplitudenmodulation mit Träger.* Für sinusförmige Modulation ergibt sich bei $m = 1$ aus (5.3.5b)

$$\left(\frac{S}{N}\right)_{\mathrm{NF}}\Bigg|_{\mathrm{AM}} = \frac{1}{3}\left(\frac{S}{N}\right)_0 ; \tag{5.3.14}$$

mit $\beta = 2$ ist der Zusammenhang (5.3.11) nicht erfüllt.

Schließlich bleibt die Frequenzmodulation zu betrachten. Nach (5.2.40) gilt mit (5.3.2c)und (5.3.3) für sinusförmige Modulation

$$\left(\frac{S}{N}\right)_{\mathrm{NF,FM}} = \frac{3}{2}\,\eta_{\min}^2 \left(\frac{S}{N}\right)_0 . \tag{5.3.15}$$

Zur Beschreibung des Bandbreite-Verhältnisses setzen wir die Carson-Beziehung ein.

$$\beta_{\mathrm{FM}} = 2\,(\eta_{\min} + 2) \tag{5.3.16}$$

Damit ergibt (5.3.15)

$$\left(\frac{S}{N}\right)_{\mathrm{NF,FM}} = \frac{3}{8}\,(\beta - 4)^2 \left(\frac{S}{N}\right)_0 , \tag{5.3.17a}$$

wogegen die ideale Beziehung (5.3.11) für

$$\frac{1}{\beta}\left(\frac{S}{N}\right)_0 \gg 1$$

lauten müsste

$$\left(\frac{S}{N}\right)_{\mathrm{NF},\,\beta} \approx \left[\frac{1}{\beta}\left(\frac{S}{N}\right)_0\right]^{\beta} . \tag{5.3.17b}$$

Das ideale (S/N)-Verhältnis steigt exponentiell mit β an, das reale (S/N)-Verhältnis für FM nur mit dem Quadrat des Bandbreite-Verhältnisses. Die *Frequenzmodulation ist somit im Sinne der Informationstheorie nicht optimal.*

Kapitel 6

Zwei Systembeispiele für analoge Modulation

Dieses abschließende Kapitel über analoge Modulation ist zwei konkreten Systemkonzepten gewidmet. Es folgt zunächst die Erläuterung der im Fernsprechbereich noch bis vor kurzem benutzten analogen Trägerfrequenztechnik als ein Beispiel für ein hierarchisches Konzept zur Mehrfachausnutzung von Übertragungskanälen mittels Frequenzmultiplex. Aufgrund der verhältnismäßig geringen qualitativen Ansprüche an die Sprachübertragung wird unter dem Gesichtspunkt einer optimalen Bandbreite-Effizienz Einseitenbandmodulation angewendet. Als Beispiel für eine Audioübertragung hoher Qualität wird dann in Abschnitt 6.2 der UKW-Stereo-Hörrundfunk betrachtet. Nach einer Übersicht über die Hörrundfunk- und Fernseh-Frequenzbänder werden die einzelnen Teilkomponenten eines UKW-Empfängers vor dem Hintergrund der in den vorangegangenen Abschnitten besprochenen systemtheoretischen Eigenschaften der Frequenzmodulation erläutert. Zunächst wird auf einen günstigen Entwurf von Zwischenfrequenzfiltern in Hinblick auf minimale Verzerrungen eingegangen. Dabei werden digitale nichtrekursive Filter zugrunde gelegt, die streng linearphasig entworfen werden können und somit keinerlei Phasenverzerrungen einbringen. Im weiteren folgt die Darstellung der UKW-Preemphase und Deemphase als Konsequenz aus der FM-Rauschanalyse in Abschnitt 5.2.2. Mit der Darstellung des UKW-Stereo-Systems und des ARI-Systems zur Übermittlung von Verkehrsnachrichten schließt dieses Kapitel ab.

6.1 Trägerfrequenztechnik im Fernsprechnetz

Moderne Fernsprechsysteme basieren auf dem Zeitmultiplex-Prinzip – ein entsprechendes hierarchisches PCM-Konzept wird in Abschnitt 8.4.2 besprochen. Die Zeitmultiplex-Technik kann ausschließlich in digitalen Übertragungssystemen eingesetzt werden. In der Zeit vor der vollständigen Digitalisierung des Fernsprechnetzes konnte die Kanal-Mehrfachausnutzung daher ausschließlich mit Hilfe des *Frequenzmultiplex* erfolgen. Heute sind diese so genannten *Trägerfrequenzsysteme* in Deutschland weitgehend durch PCM-Technik ersetzt. Dennoch soll das Trägerfrequenzkonzept hier als Beispiel für ein umfassendes hierarchisches Konzept besprochen werden, zumal es eine interessante Anwendung der Einseitenbandmodulation vorsieht.

Die Einseitenbandmodulation bietet im Vergleich zu allen anderen Modulationsverfahren die größte Bandbreite-Effizienz. Der Träger wird in diesem Falle nicht mit übertragen. Bei der Demodulation kann am Empfänger ein Träger mit beliebiger Phase zugesetzt werden. Die daraus resultierenden Phasenverzerrungen des demodulierten Signals sind im Falle eines Sprachsignals ohne Belang, da das menschliche Gehör diese nicht wahrnimmt. Ebenso sind geringe Frequenzunterschiede zwischen Sende- und Empfangsträger unproblematisch; sie führen zu einer Frequenzverwerfung (bis zu 5 Hz), die die Sprachverständlichkeit nicht beeinträchtigt. Schwierigkeiten bereitet der nicht phasenkohärent zugesetzte Empfangsträger, wenn Sprachkanäle zur digitalen Datenübertragung benutzt werden. In diesem Falle ist eine Trägerphasenregelung erforderlich (vgl. Abschnitt 10.3).

Grundlage des Trägerfrequenzsystems bilden die Grundprimärgruppen, in denen jeweils 12 Fernsprechkanäle mittels Einseitenbandmodulation in Frequenz-Getrenntlage zusammengefügt werden. Daraus entsteht durch Zusammenfassung von Primärgruppen zu Sekundärgruppen, Kombination mehrerer Sekundärgruppen zu Tertiärgruppen usw. die Hierarchie des Trägerfrequenzsystems.

Grundprimärgruppe. Jeder einzelne Sprachkanal hat eine obere Bandgrenze von 3,4 kHz. Jeweils 12 Sprachkanäle werden mittels Einseitenbandmodulation mit Trägern im Abstand von 4 kHz zu einer Grundprimärgruppe zusammengefasst. Aus Realisierungsgründen (Vermeidung steiler Filterflanken bei hohen Frequenzen) geschieht dies in zwei Schritten (vgl. **Bild 6.1.1**). Zunächst werden je 3 Sprachkanäle mit den Trägern 12, 16, 20 kHz in Einseitenbandsignale umgesetzt (*Vorgruppenmodulation,* obere Seitenbänder). Vier dieser Vorgruppen bilden die Grundprimärgruppe durch Einseitenbandmodulation mit den Trägern 84, 96, 108, 120 kHz. Hier werden jeweils die unteren Seitenbänder benutzt, so dass in der Primärgruppe die Sprachbänder in *Kehrlage* entstehen. Die Grundprimärgruppe erstreckt sich über das Frequenzband 60 kHz $\leq f \leq$ 108 kHz.

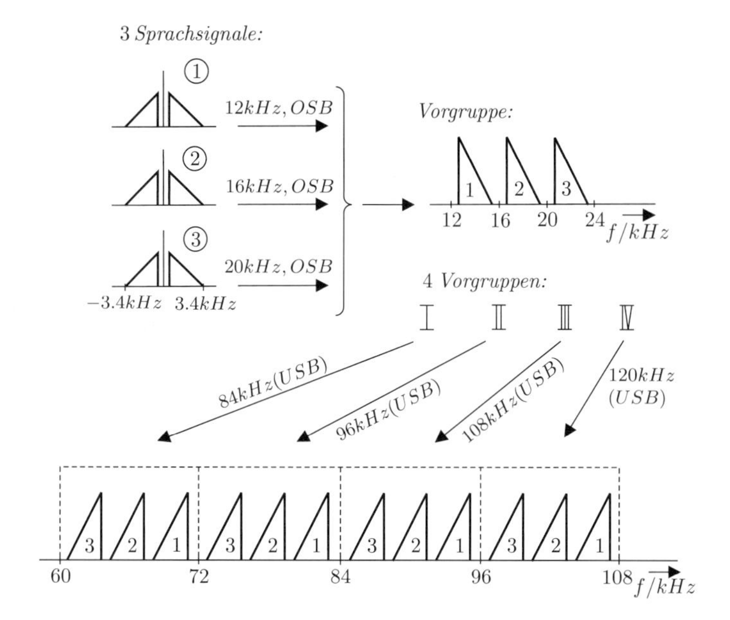

Bild 6.1.1: Zur Bildung der TF-Grundprimärgruppe

Grundsekundärgruppe. Die nächst höhere Stufe der Trägerfrequenz-Hierarchie wird von den Sekundärgruppen gebildet. Jede dieser Gruppen setzt sich aus 5 Grundprimärgruppen zusammen, die durch Einseitenbandmodulation der Träger 420, 488, 516, 564, 612 kHz im Frequenzband 312 kHz $\leq f \leq$ 552 kHz angeordnet sind. Da hier wiederum die unteren Seitenbänder benutzt werden, liegen die Sprachspektren in der Sekundärgruppe in *Regellage* (siehe **Bild 6.1.2**). Jede Sekundärgruppe umfasst 60 Sprachkanäle.

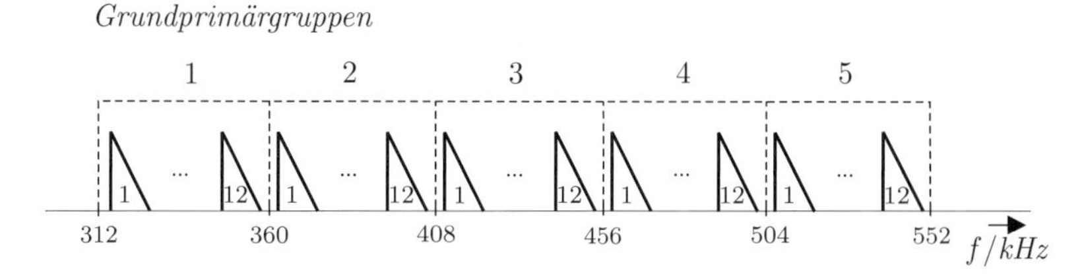

Bild 6.1.2: Aufbau einer Grundsekundärgruppe

Höherstufige TF-Systeme. Die Zusammenfassung von 300 Sprachkanälen gestattet das *V300-System*. Es ist wiederum aus 5 Grundsekundärgruppen zusammengesetzt. Durch Einseitenbandmodulation mit dem Träger 612 kHz wird eine der Sekundärgruppen in das Frequenzband 60 kHz $\leq f \leq$ 300 kHz verschoben (USB). Es schließt sich dann eine zweite unveränderte Grundsekundärgruppe im Band 312 kHz $\leq f \leq$ 552 kHz an. Im Weiteren folgen drei Sekundärgruppen nach Einseitenbandmodulation (USB) mit den Trägern 1160, 1368, 1620 kHz. Mit Ausnahme der zweiten Sekundärgruppe liegen alle

Sprachbänder in Kehrlage. **Bild 6.1.3** zeigt den Aufbau des V300-Systems. Höherstufige TF-Systeme sind in Tabelle 6.1.1 aufgeführt.

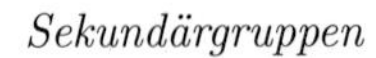

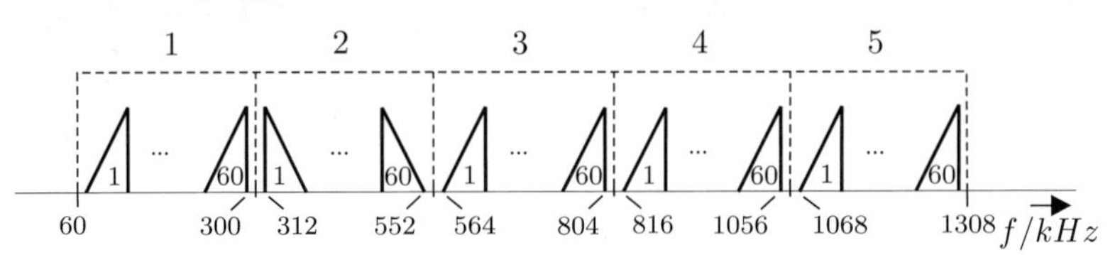

Bild 6.1.3: Aufbau eines V300-Systems

Tabelle 6.1.1: Trägerfrequenz-System

System	Band (kHz)	Kanäle	Übertragungsmedium
Z 12	60...108 6...54	12 12	Symmetrische Kabel, Zweidraht
V 120	12...552	120	symm. Kabel, Vierdraht
V 300	60...1364	300	Koaxialkabel,Vierdraht (Richtfunk, GHz-Bereich)
V 960	60...4287	960	Koaxialkabel, Vierdraht (Richtfunk)
V 2700	300...12435	2700	Koaxialkabel,Vierdraht (Richtfunk)
V 10800	4332...59684	10800	Koaxialkabel,Vierdraht (Richtfunk)

6.2 UKW-Hörrundfunk

6.2.1 Frequenzbänder für Hörrundfunk und Fernsehen

Für den Hörrundfunk werden die folgenden Frequenzbänder genutzt (in Klammern sind die zugehörigen Wellenlängen angegeben):

Tabelle 6.2.1: Wellenbereiche des Hörrundfunks

Langwelle (LW):	150 ... 285 kHz	(2 ... 1,05 km)
Mittelwelle (MW):	525 ... 1605 kHz	(570 ... 185 m)
Kurzwelle (KW):	6 ... 26 MHz	(49 ... 11 m)
Ultrakurzwelle (UKW):	87 ... 108 MHz	(3,5 ... 2,8 m).

In den Wellenbereichen *LW, MW* und *KW* wird *Amplitudenmodulation* angewendet. Der Träger wird mit übertragen, so dass am Empfänger eine Einhüllenden-Demodulation erfolgen kann. Die NF-Signale werden auf ca. 4,5 kHz bandbegrenzt – wegen der Zweiseitenbandübertragung ist der Trägerabstand demzufolge auf 9 kHz festgelegt. Dies bedeutet, dass im LW-Band 15, im MW-Band 121 Kanäle vorgesehen sind. Bei KW werden aus übertragungstechnischen Gründen (Ausbreitungsbedingungen bei Reflexion an der Ionosphäre) nicht alle Bänder belegt. LW, MW und KW werden vertikal polarisiert abgestrahlt. Es sind Übertragungsverfahren mit sehr großen Reichweiten, wobei die Übertragungsqualität wegen der geringen Bandbreite und der Verwendung von Amplitudenmodulation stark eingeschränkt ist.

Eine Tonrundfunkübertragung mit hohem Qualitätsanspruch stellt das *UKW*-System dar. Der Frequenzbereich der NF-Signale wird auf 30 Hz ... 15 kHz festgelegt. Zur Übertragung wird *Frequenzmodulation* verwendet, also ein Modulationsverfahren mit sehr günstigen Störabstands-Eigenschaften. Der hierfür zu zahlende Preis besteht in der erforderlichen hohen Übertragungsbandbreite von ca. 300-400 kHz.

UKW-Signale werden horizontal polarisiert abgestrahlt; die Reichweiten sind sehr gering (ca. 100 km bei Sendeleistungen bis maximal 100 kW). Dies hat aber den Vorteil, dass die Frequenzbänder durch räumlich hinreichend voneinander getrennte Sender mehrfach belegt werden können, was angesichts der geringen Kanalanzahl (Kanäle 1 ... 70 im 300 kHz-Abstand) besonders wichtig ist. Einige Details bezüglich der Belegung der UKW-Bänder werden im folgenden Abschnitt ergänzt.

Zur *Fernsehübertragung* werden die in Tabelle 6.2.3 aufgeführten Frequenzbänder verwendet. Das Band II ist dabei ausgespart; es entspricht dem UKW-Band. Die Kanalabstände im VHF-Band („Very High Frequency") betragen 7 MHz, während die Kanäle im UHF-Band („Ultra High Frequency") um 8 MHz auseinander liegen.

Das Videosignal einschließlich der Synchronisierimpulse für Zeilen- und Bildende (Bild-

Tabelle 6.2.2: Frequenzbänder zur Fernsehübertragung

	Band	Frequenzen	Wellenlängen	Kanäle
VHF	I	41 ... 68 MHz	7,3 ... 4,4 m	2,3,4
	III	174 ... 230 MHz	1,7 ... 1,3 m	5 ... 12
UHF	IV	470 ... 605 MHz	6,4 ... 5,0 dm	21 ... 37
	V	605 ... 790 MHz	5,0 ... 3,8 dm	38 ... 60
SHF	VI	11,7 ... 12,7 GHz	2,56 ... 2,36 cm	

Austast-Synchron-(BAS-) Signal) weist eine Bandbreite von 5 MHz auf. Zur Übertragung des *Videosignals* erfolgt eine *Restseitenbandmodulation* (oberes Seitenband). Das *Tonsignal* wird gesondert *frequenzmoduliert* auf einem Träger um 5,5 MHz oberhalb des Bildträgers übertragen. Die Kennwerte für die Ton-Frequenzmodulation sind durch den Frequenzhub von 50 kHz und die Übertragungsbandbreite von 500 kHz (±250 kHz) gegeben. Man erhält insgesamt eine Bandbreite von 7 MHz für das Fernsehsignal, was den festgelegten Trägerabständen entspricht.

6.2.2 Optimierung der UKW-ZF-Filter

Ein optimaler Entwurf von Zwischenfrequenzfiltern für FM-Empfänger muss prinzipiell den günstigsten Kompromiss zwischen Nachbarsender-Unterdrückung und Linearität des demodulierten Signals beinhalten. Im Folgenden wird die Lösung dieser Aufgabe anhand des konkreten Beispiels eines UKW-Stereo-Empfängers demonstriert.

Eine grobe Aussage über die mindestens erforderliche Bandbreite im Hinblick auf tolerierbare nichtlineare Verzerrungen gewinnt man aus der Carson'schen Abschätzung (4.3.33), Seite 155. Setzt man hier $\Delta F = 75$ kHz und $f_1 = 57$ kHz (Bandgrenze des Stereo-Multiplex-Signals) ein, so ergibt sich

$$b_{\text{FM}} \geq 380\text{kHz}. \tag{6.2.1}$$

Die Anforderungen bezüglich Nachbarsender-Unterdrückung verdeutlicht ein Blick auf den Frequenzplan für das UKW-Band: Der Bereich von 88 MHz bis 104 MHz ist in 55 Kanäle aufgeteilt, die jeweils um 300 kHz auseinander liegen. Daneben existieren um ± 100 kHz versetzte Zwischenkanäle, üblicherweise mit + und − gekennzeichnet. Die Verteilung der Sendefrequenzen wurde so vorgenommen, dass verschiedene Sender mit einander überdeckenden Reichweiten um mindestens 400 kHz auseinander liegen. Ein kurzer Ausschnitt aus der UKW-Sender-Tabelle soll dieses verdeutlichen. Sender mit überdeckenden Reichweiten sind hier Kreuzberg/Rhön (Kanal 31 $\hat{=}$ 96,3 MHz) und Feldberg/Taunus (Kanal $32^+ \hat{=} 96,7$ MHz); der Frequenzabstand beträgt 400 kHz.

Der Nachbarsender-Abstand kann in ungünstigen Grenzfällen auch geringer sein als

Tabelle 6.2.3: Ausschnitt aus der UKW-Sender Tabelle

Standort	Sender	Leistung	Kanal	Frequenz
Hornisgrinde II	SWR	80 kW	31^-	96,2 MHz
Berlin II	SFB	60 kW	31	96,3 MHz
Heide II	NDR	15 kW	31	96,3 MHz
Kreuzberg/Rhön	BR	100 kW	31	96,3 MHz
Dannenberg III	NDR	15 kW	31^+	96,4 MHz
Brotjacklriegel II	BR	100 kW	32^-	96,5 MHz
Langenberg	BFBS	60 kW	32^-	96,5 MHz
Waldenburg II	SWR	100 kW	32^-	96,5 MHz
Feldberg/Taunus	HR	100 kW	32^+	96,7 MHz

400 kHz, z.B. bei Überreichweiten entfernter Sender. Bei stationärem Empfang kann dieses Problem durch günstige Ausrichtung der Antenne gemildert werden, wogegen bei mobilen Empfängern verschärfte Anforderungen an die Selektivität der ZF-Filter gestellt werden müssen, was nur auf Kosten von höheren nichtlinearen Verzerrungen möglich ist.

Moderne UKW-Empfänger werden heute vielfach in digitaler Form realisiert. Dabei eröffnen sich für die Optimierung der ZF-Filter neue Möglichkeiten. Liegen bei Analogfiltern – etwa bei Keramikfiltern – die Formen der Resonanzkurven durch die vorgegebene Technologie in relativ engen Grenzen fest, so erlaubt der Einsatz digitaler Systeme den Entwurf von prinzipiell beliebigen Verläufen des Frequenzgangs. Bei Verwendung nichtrekursiver Filter kann darüber hinaus eine streng konstante Gruppenlaufzeit erreicht werden.

Das im Folgenden angestrebte Ziel besteht in der Entwicklung einer für die FM-Übertragung günstigen Filterform. Als Optimierungskriterium sollen dabei die nichtlinearen Verzerrungen dienen, wobei hier zur Beurteilung der Klirrfaktor bei monofrequenter Modulation dient. In Abschnitt 2.3.2 wurden zur Beschreibung von Nichtlinearitäten verschiedene Methoden erläutert, die auch die Verwendung von realistischen rauschartigen Quellensignalen erlauben, die hier aber nicht berücksichtigt werden sollen[1].

Klirrfaktor-Analyse. Die dargelegten Randbedingungen für die ZF-Filterung legen eine bestimmte Sperrbereichs-Grenzfrequenz f_{FM} fest, wodurch die Selektivität gegenüber Nachbarsendern sichergestellt wird. Frei wählbar ist dagegen die Übergangsflanke vom Durchlass- in den Sperrbereich; die Form dieser Flanke ist in Hinblick auf minimale nichtlineare Verzerrungen des demodulierten Signals zu optimieren. Als Modellsystem wird ein Filtertyp mit der bekannten Kosinus-roll-off-Charakteristik angesetzt. Der Vor-

[1] In [Kam86] wurde eine ZF-Filter-Optimierung auf der Basis des linearen Ersatzsystems gemäß Seite 67 durchgeführt.

teil besteht darin, dass die zugehörige Impulsantwort geschlossen anzugeben ist und die Filterform im übrigen durch einen einzigen Parameter r erklärt wird. Das Modellfilter wird in äquivalenter Basisbandlage angesetzt.

$$|H(j2\pi f)| = \begin{cases} 1 & \text{für} \quad 0 \leq \frac{|f|}{f_{\mathrm{FM}}} \leq (1-r) \\ \cos^2\left[\frac{\pi}{2}\frac{|f|-(1-r)f_{\mathrm{FM}}}{f_{\mathrm{FM}}\cdot r}\right] & \text{für} \quad (1-r) \leq \frac{|f|}{f_{\mathrm{FM}}} \leq 1 \\ 0 & \text{sonst} \end{cases} \tag{6.2.2}$$

Der Fall $r = 0$ beschreibt den Grenzfall eines idealen Tiefpasses, $r = 1$ ein Filter mit einer reinen Kosinusflanke (vgl. **Bild 6.2.1**). Bei Vorgabe des Frequenzgangs lässt sich für mo-

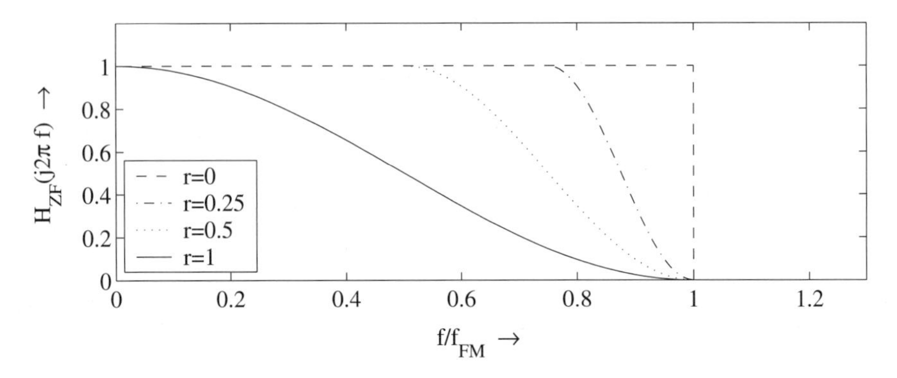

Bild 6.2.1: Modellfrequenzgänge für linearphasige, digitale ZF-Filter

nofrequente Modulation der Klirrfaktor des demodulierten Signals aus der geschlossenen Formulierung des verzerrten NF-Signals (4.3.26) numerisch berechnen. **Bild 6.2.2** zeigt den so gewonnenen Klirrfaktor als Funktion der Modulationsfrequenz f_1 und der Form der Filterflanke, ausgedrückt durch den Parameter r. Auffällig ist der sägezahnförmige Verlauf im Falle von $r = 0$. Er erklärt sich daraus, dass zunächst mit steigender Modulationsfrequenz der Modulationsindex abfällt, was bei strenger Bandbegrenzung zu einem abfallenden Klirrfaktor führt, da die Gesamtleistung der außerhalb des Übertragungsbandes liegenden Spektrallinien abnimmt. Bei weiterer Steigerung der Modulationsfrequenz fällt schließlich die im Übertragungsband vorhandene Spektrallinie mit maximaler Frequenz schlagartig in das Sperrband; ein sprunghaftes Anwachsen des Klirrfaktors ist die Folge. Die weitere Erhöhung der Modulationsfrequenz führt dann wieder zu einem Abfall des Klirrfaktors bis zum Heraustreten der nächsten Spektrallinie aus dem Übertragungsband.

Das Ziel für ein günstiges ZF-Filter muss darin bestehen, die nichtlinearen Verzerrungen in einem *möglichst breiten NF-Bereich* minimal zu halten. Dies ist bei einem Roll-off-Faktor r knapp unter eins der Fall, wie in **Bild 6.2.2** demonstriert wird. Dort sind dem Fall eines idealen ZF-Tiefpasses die Klirrfaktoren bei zwei verschiedenen Roll-off-Faktoren gegenübergestellt. Für $r = 0,5$ erhält man deutlich angestiegene Verzerrungen, während man mit $r = 0,93$ bis $f_1 = 25$ kHz unterhalb von 1 % bleibt. Für den Entwurf von ZF-Filtern ist also eine lang auslaufende Filterflanke vorzusehen, was auch in Hinblick auf die erforderliche Filterordnung vorteilhaft ist. Das Beispiel eines praktischen ZF-Filter-Entwurfes (FIR-Filter der Ordnung $n = 20$) zeigt **Bild 6.2.3**.

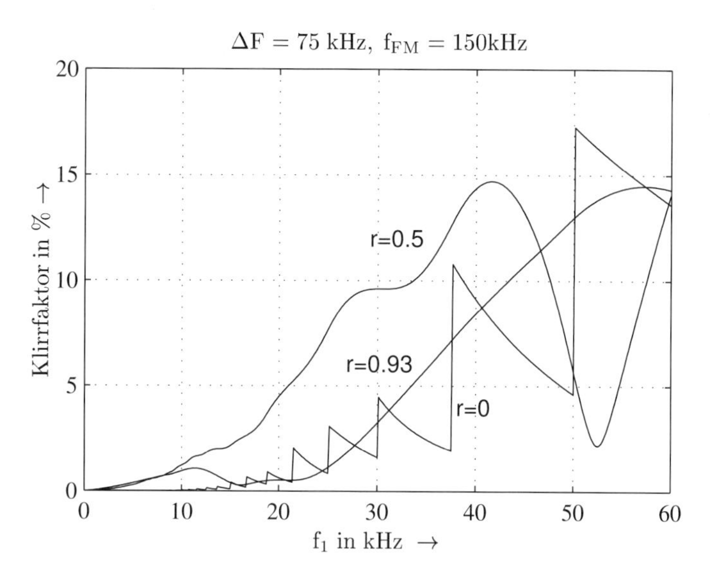

Bild 6.2.2: Klirrfaktor des demodulierten Signals als Funktion der ZF-Filter Form (r) und der Modulationsfrequenz f_1 ($\Delta F = 75$ kHz)

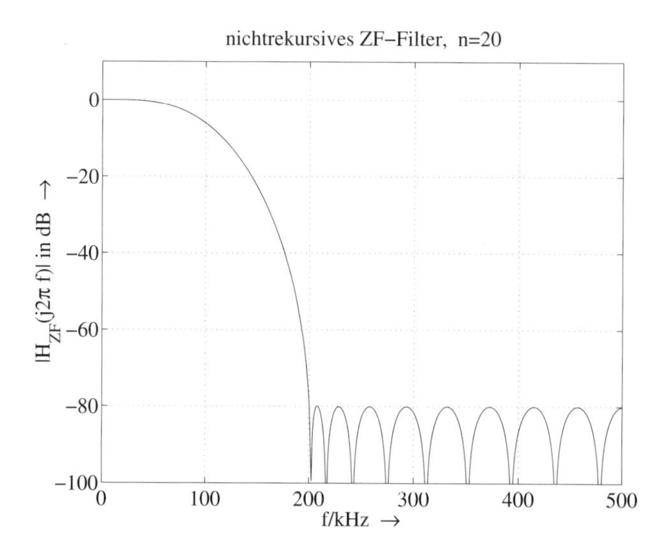

Bild 6.2.3: Entwurf eines linearphasigen ZF-Filters für UKW-Empfänger

6.2.3 UKW-Preemphase und -Deemphase

Die Rauschanalyse frequenzmodulierter Signale in Abschnitt 5.2.2 hat gezeigt, dass sich bei weißem Kanalrauschen am Demodulatorausgang ein Rauschsignal ergibt, dessen Leistungsdichtespektrum quadratisch mit der Frequenz anwächst (vgl. Bild 5.2.4 auf Seite 174). Diese Form der Störung ist für die Hörrundfunk-Übertragung besonders ungünstig, da die Leistungsdichte des übertragenen Audiosignals in der Regel mit wachsender Frequenz abnimmt, also einen dem Störsignal-Spektrum entgegengesetzten Verlauf aufweist. Es ist daher nahe liegend, am Sender vor der Modulation eine Filterung des Audiosignals vorzusehen, durch die hohe Spektralanteile angehoben werden (*Preemphase*). Am Empfänger ist dann nach der Demodulation eine inverse Filterung auszuführen (*Deemphase*), womit das Nutzsignal wieder korrigiert wird – gleichzeitig wird das Störsignal mit ansteigender Frequenz gedämpft.

Für die Preemphase und Deemphase werden im UKW-Tonrundfunk die einfachen Netzwerke nach **Bild 6.2.4a,b** benutzt. Für Richtfunk- und Fernsehtonübertragung sind höhergradige Systeme vereinbart, auf die hier nicht eingegangen werden soll.

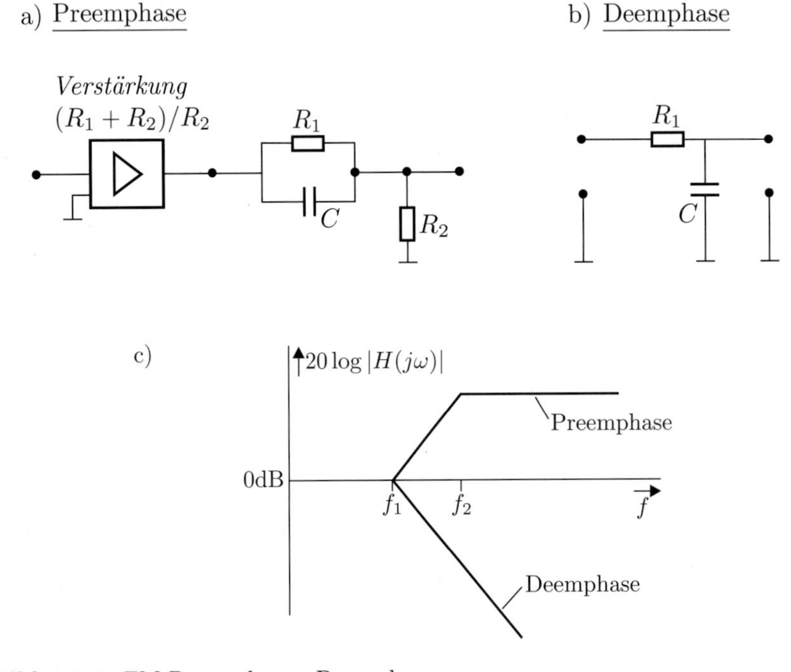

Bild 6.2.4: FM-Preemphase - Deemphase
a) Netzwerk zur Preemphase, b)Netzwerk zur Deemphase,
c) schematische Dämpfungsverläufe

Für die Zeitkonstante $\tau_1 = R_1 C$ ist im europäischen UKW-Netz 50 μs festgelegt, woraus sich eine untere Grenzfrequenz von

$$f_1 = 3,2 \text{ kHz}$$

ergibt (amerikanische Norm: $\tau_1 = 75\ \mu$s, $f_1 = 2,2$ kHz). Das Preemphase-Netzwerk wird so dimensioniert, dass die obere Grenzfrequenz f_2 außerhalb des Audio-Bandes liegt. Die Hintereinanderschaltung der Netzwerke a) und b) ergibt dann im Audio-Band eine konstante Übertragungsfunktion.

6.2.4 UKW-Stereophonie

Bei der Einführung der stereophonen Rundfunkübertragung zu Beginn der sechziger Jahre war der Aspekt der Kompatibilität zu den bis dahin vorhandenen UKW-Mono-Empfängern zu berücksichtigen. Die Lösung hierzu bietet das so genannte *Stereo-Multiplex-Signal, (MPX)*, dessen Spektrum in **Bild 6.2.5** wiedergegeben ist. Es enthält

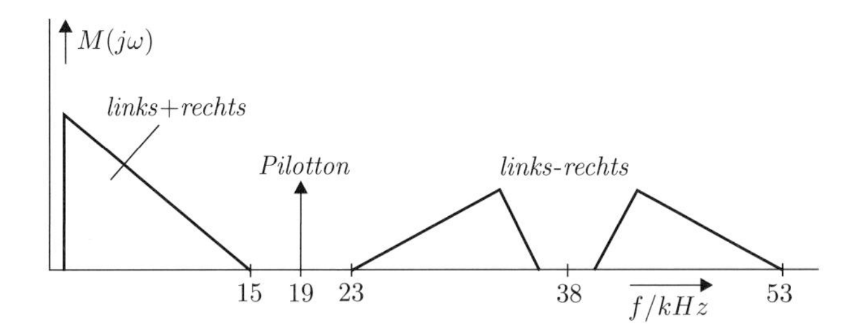

Bild 6.2.5: Spektrum eines Stereo-Multiplex-Signals

neben dem Summen-(Mono-) Signal in originaler Frequenzlage das Differenzsignal zwischen linkem und rechtem Kanal nach einer Zweiseitenbandmodulation mit dem Hilfsträger $f_H = 38$ kHz. Der Träger selbst wird unterdrückt. Um im Empfänger eine phasenrichtige Demodulation des Differenzsignals zu ermöglichen, wird ein *Stereo-Pilotton* mit exakt der halben Hilfsträgerfrequenz $f_P = 19$ kHz hinzugefügt. Das gesamte Stereo-Multiplexsignal dient als modulierendes Signal für den UKW-FM-Modulator. Wird als Empfänger ein Monogerät verwendet, so erhält man am Demodulatorausgang zunächst das Stereo-Multiplexsignal und nach einer 15 kHz-Tiefpassfilterung allein das Summen- d.h. Monosignal.

Zur Stereo-Decodierung bestehen mehrere Möglichkeiten. Zum einen können das Summensignal und das modulierte Differenzsignal durch Filter getrennt werden. Nach einer kohärenten Demodulation des Differenzsignals (durch Multiplikation mit dem in der Frequenz verdoppelten Pilotton) erhält man die Signale

$$x_\ell(t) + x_r(t) \quad \text{und} \quad x_\ell(t) - x_r(t),$$

woraus sich nach Addition und Subtraktion die getrennten Signale $2x_\ell(t)$ und $2x_r(t)$ ergeben (vgl. **Bild 6.2.7a**).

Eine Alternative eröffnet sich aus der Beobachtung des in **Bild 6.2.6a** wiedergegebenen Zeitverlaufs eines Stereo-Multiplexsignals (Pilotton unterdrückt). Es enthält zu den Zeitpunkten der Maxima des 38 kHz-Trägers allein das linke, während der Minima allein das rechte Signal. Man zeigt dieses anhand der Formulierung des Stereo-Multiplexsignals. Mit

$$m(t) = x_\ell(t) + x_r(t) + [x_\ell(t) - x_r(t)]\cos(2\pi f_H t) \tag{6.2.3}$$

gilt für $\cos(2\pi f_H t_+) = 1$

$$\Rightarrow \quad m(t_+) = x_\ell(t_+) + x_r(t_+) + [x_\ell(t_+) - x_r(t_+)] = 2x_\ell(t_+) \tag{6.2.4a}$$

und für $\cos(2\pi f_H t_-) = -1$

$$\Rightarrow \quad m(t_-) = x_\ell(t_-) + x_r(t_-) - [x_\ell(t_-) - x_r(t_-)] = 2x_r(t_-). \tag{6.2.4b}$$

Bild 6.2.6b zeigt im oberen Teil das abgetastete Signal $m(t_+)$ und in der unteren Spur $m(t_-)$. Die kontinuierlichen Signale $x_\ell(t)$ und $x_r(t)$ gewinnt man hieraus durch Tiefpassfilterung. Der aus diesen Überlegungen resultierende Schalter-Decoder ist in **Bild 6.2.7b** dargestellt.

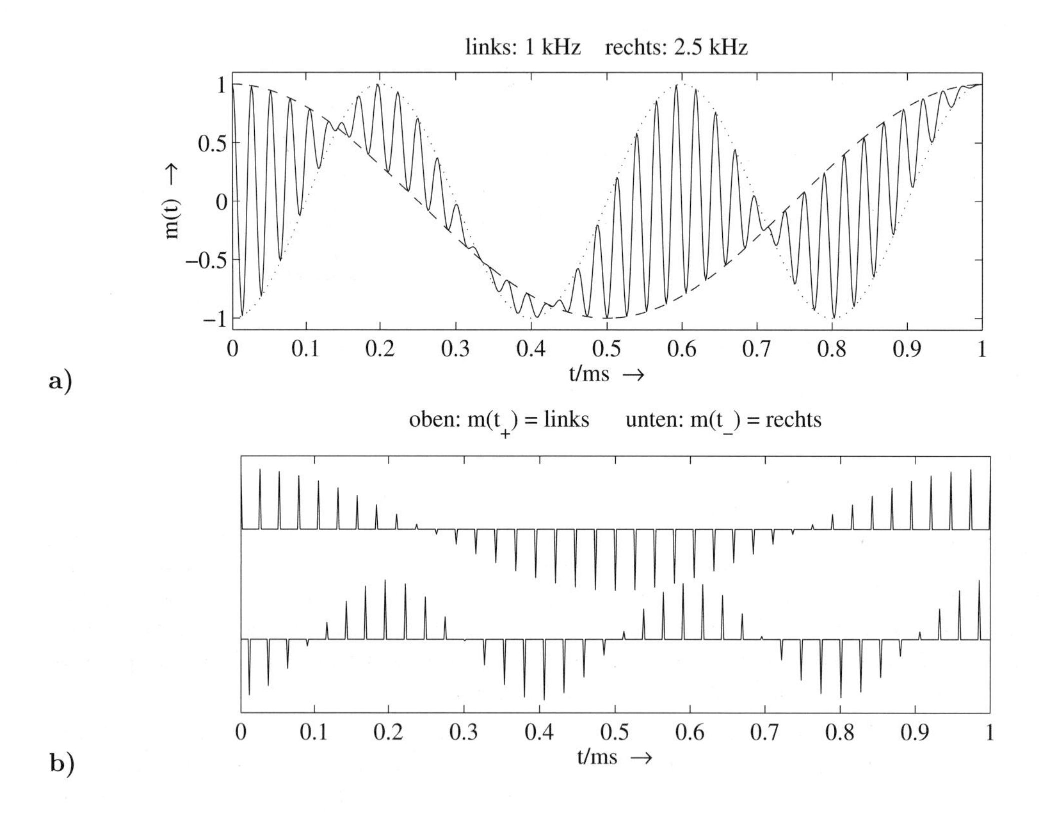

Bild 6.2.6: Stereo-Multiplex-Signal:
a) kontinuierliches Signal,
b) nach Abtastung zu den Hilfsträger-Maxima und -Minima

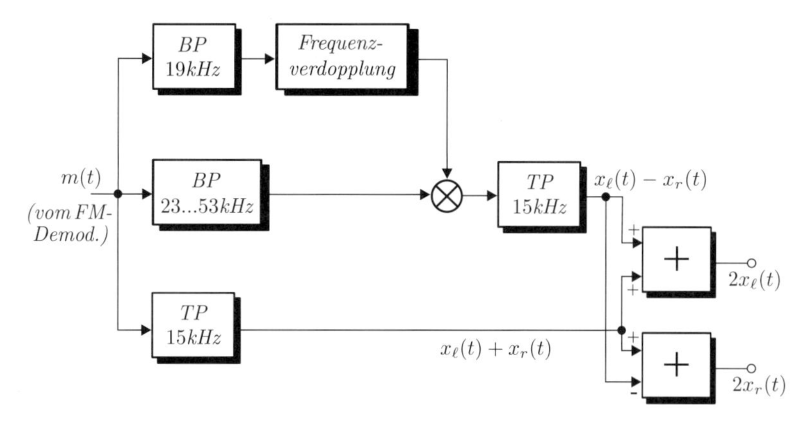

a) *Stereo - Decoder bei kohärenter Differenzsignal - Demodulation*

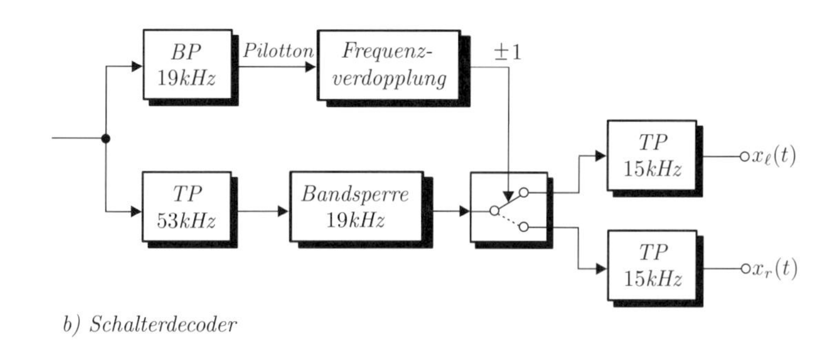

b) *Schalterdecoder*

Bild 6.2.7: Prinzipschaltbilder für zwei Stereo-Decoder

6.2.5 Verkehrsfunk

Seit Mitte der siebziger Jahre strahlen einige UKW-Sender Verkehrsnachrichten aus. Autoradios werden daraufhin mit dem sogenannten *ARI-System* (Autofahrer-Rundfunk-Information) ausgestattet. Dieses System ermöglicht die automatische Erkennung von Verkehrssendern sowie die Erkennung von Verkehrsdurchsagen, woraufhin andere Tonträger (z.B. Kassettenrecorder oder CD-Spieler) für die Dauer der Durchsage ausgeblendet werden, bzw. die Lautstärke der laufenden Sendung angehoben wird.

Im ARI-System wird am Rande des Stereo-Multiplexsignals ein stationärer 57 kHz-Hilfsträger übertragen, der die grundsätzliche Kennzeichnung als Verkehrssender beinhaltet. Für eine zusätzliche Bereichskennung wird dieser Hilfsträger mit tiefen Frequenzen $23,75 \ldots 53,98$ Hz (regional nach Zonen A bis F unterteilt) amplitudenmoduliert. Im Falle einer Verkehrsdurchsage erfolgt eine zusätzliche Amplitudenmodulation mit 125 Hz. Das prinzipielle Blockschaltbild eines ARI-Decoders zeigt **Bild 6.2.8**. Ein weiter gehendes Verfahren zur Übertragung von digitalen Zusatzdaten ist das „*Radio Data System*" (RDS). Es ermöglicht die Übermittlung verschiedener Informationen wie Sendername, alternative Sendefrequenzen für das gleiche Programm, Programmtyp (Nachrichten, Musik u.ä.), Uhrzeit, ARI-Informationen in digitaler Form u.a.m. Als Modulationsverfahren wird ein digitales Zweiseitenbandverfahren eingesetzt, wobei als Träger der um 90° gedrehte ARI-Pilotton von 57 kHz dient. Durch die 90°-Phasendrehung sind das ARI- und RDS-Signal unabhängig voneinander zu detektieren – Voraussetzung hierzu ist eine kohärente Demodulation.

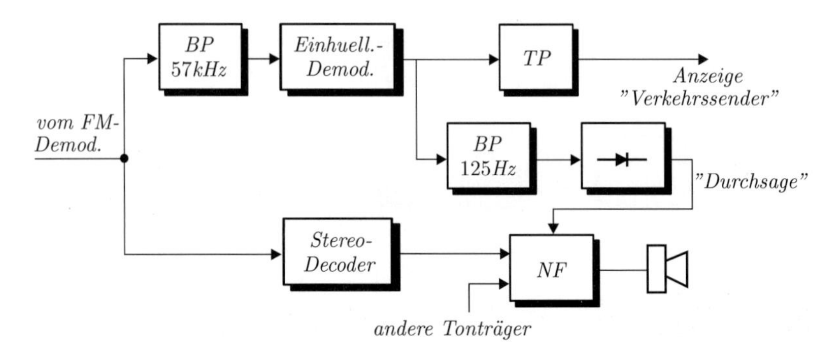

Bild 6.2.8: ARI-Decoder

Kapitel 7

Diskretisierung analoger Quellensignale

Bevor die digitale Übertragungstechnik behandelt wird, soll zunächst der Frage der Digitalisierung analoger Quellensignale nachgegangen werden. Dazu werden im nächsten Abschnitt zunächst die Pulsamplituden- und Pulsphasen- bzw. Pulsdauermodulation behandelt, die als zeitdiskrete, jedoch noch amplitudenkontinuierliche Signaldarstellungen zu betrachten sind. Große technische Bedeutung haben diese Signalformen für die Übertragung heute nicht mehr; lediglich die Pulsamplitudenmodulation ist wichtig als Vorstufe zur Pulscodemodulation (PCM). Diese wird in Abschnitt 7.2 diskutiert, wobei man zwischen linearer und nichtlinearer Quantisierung unterscheidet. Zur Verminderung der Quellbitrate wird die differentielle Pulscodemodulation (DPCM) angewendet, die in Abschnitt 7.3 behandelt wird. Sie basiert auf dem Prinzip der linearen Prädiktion, der in diesem Zusammenhang einige Aufmerksamkeit zu widmen ist. In modernen Sprachcodern dienen die Prädiktorkoeffizienten zur parametrischen Beschreibung von Sprachabschnitten. Das Grundprinzip solcher LPC-Sprachcoder (Linear Predictive Coding) wird in Abschnitt 7.3.4 besprochen. Schließlich wird in Abschnitt 7.4 die Deltamodulation betrachtet, die vom DPCM-Prinzip abgeleitet ist: Wird die Abtastfrequenz stark erhöht, so kann das Differenzsignal schließlich durch nur noch ein Bit dargestellt werden. Hiervon abgeleitet ist die in Abschnitt 7.4.2 erläuterte Sigma-Delta-Modulation, die eine moderne Realisierungsform für Analog-Digital-Umsetzer darstellt.

7.1 Zeitdiskrete, amplitudenkontinuierliche Darstellung

7.1.1 Pulsamplitudenmodulation

Grundlage zur zeitdiskreten Darstellung analoger bandbegrenzter Signale ist das Abtasttheorem. Als mathematisches Modell für den Abtastvorgang benutzen wir eine Dirac-Impulsfolge, die mit äquidistanten Abtastwerten des kontinuierlichen Signals $v(t)$ gewichtet ist.

$$\begin{aligned} v_T(t) &= v(t) \cdot \sum_{k=-\infty}^{\infty} \delta_0(t-kT) \\ &= \sum_{k=-\infty}^{\infty} v(kT) \cdot \delta_0(t-kT). \end{aligned} \tag{7.1.1}$$

Zur Berechnung des Spektrums von $v_T(t)$ ist das aus der Systemtheorie bekannte Theorem der Faltung im Frequenzbereich heranzuziehen. Wegen der bekannten Korrespondenz (siehe Tabelle 1.2.1, S. 7)

$$\sum_{k=-\infty}^{\infty} \delta_0(t-kT) \quad \circ\!\!-\!\!\bullet \quad \frac{2\pi}{T} \sum_{\nu=-\infty}^{\infty} \delta_0(\omega - \nu\frac{2\pi}{T})$$

erhält man das wichtige Ergebnis

$$V_T(j\omega) = \frac{1}{T} \sum_{\nu=-\infty}^{\infty} V(j(\omega - \nu\frac{2\pi}{T})). \tag{7.1.2}$$

Man erkennt anhand der in **Bild 7.1.1** veranschaulichten Zusammenhänge, dass das ursprüngliche Spektrum $V(j\omega)$ infolge der zeitlichen Abtastung periodisch an den Frequenzstellen $\pm\nu \cdot \frac{2\pi}{T}$ zu wiederholen ist. Dabei ist das ursprüngliche Spektrum im Bereich $-b \leq f \leq b$ unverfälscht vorhanden, sofern die Bedingung

$$2b < 1/T = f_A \tag{7.1.3}$$

erfüllt ist. Dies ist die Aussage des Abtasttheorems:

- *Wird ein zeitkontinuierliches Signal der Bandbreite b mit einer Abtastfrequenz f_A abgetastet, die größer ist als die doppelte Bandbreite, so ist das ursprüngliche analoge Signal durch Filterung mit einem idealen Tiefpass der Grenzfrequenz $f_A/2$ wiederzugewinnen.*

Die Signaldarstellung (7.1.1) wird als *Pulsamplitudenmodulation* (PAM) bezeichnet. Wir wollen sie im Rahmen der vorliegenden Darstellung den *Basisband-Repräsentationen*

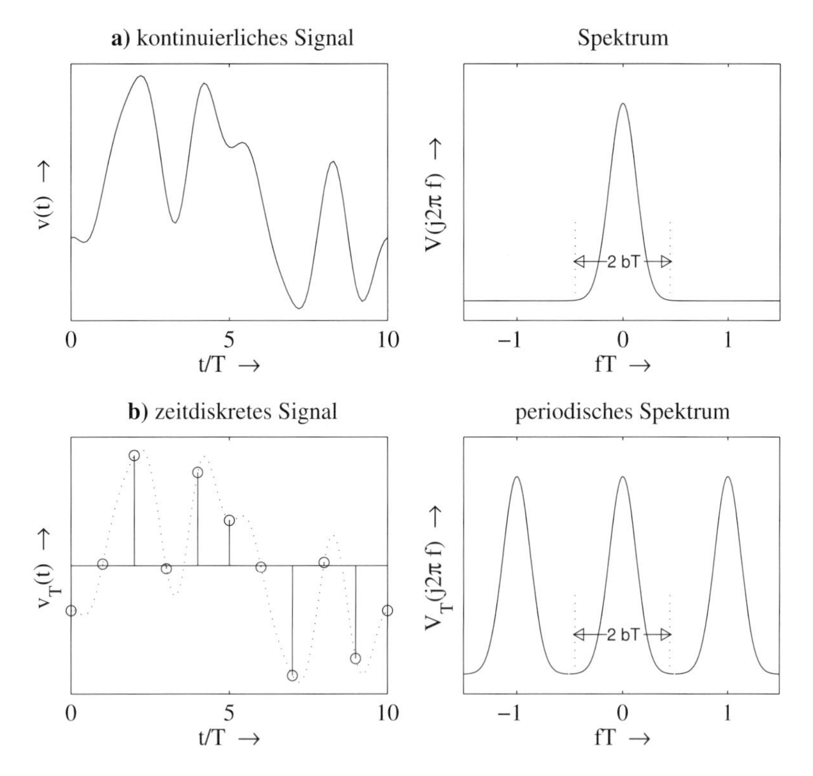

Bild 7.1.1: Zur Veranschaulichung der Spektren zeitdiskreter Signale
a) kontinuierliches Zeitsignal, Spektrum
b) diskretes Zeitsignal, periodisches Spektrum

zuordnen, da das ursprüngliche Spektrum im Tiefpassbereich nach der Abtastung unverfälscht vorhanden ist. Es sei jedoch vermerkt, dass eine spektrale Verschiebung des Signals in eine prinzipiell neue Frequenzlage möglich ist; etwa durch Ausfiltern eines der Spiegelspektren durch einen geeigneten Bandpass – der geschilderte Abtastvorgang enthält also auch Modulationsvorgänge im Sinne der Definition in Abschnitt 3.1.

Die Form der Pulsamplitudenmodulation, wie sie in (7.1.1) eingeführt wurde, hat den Charakter eines mathematischen Modells: Die Abtastwerte des Signals $v(t)$ sind hier als Gewichte von Dirac-Impulsen zu verstehen – solche Impulse sind aber technisch nicht darstellbar. Eine technisch relevante Signaldarstellung mittels PAM könnte beispielsweise durch schmale Rechteck-Impulse erfolgen, deren Höhen proportional zu den abgetasteten Signalwerten sind. Eine solche PAM-Rechteckfolge gewinnt man durch Faltung von (7.1.1) mit einem rechteckförmigen Einzelimpuls.

$$v_{\Delta T}(t) = v_T(t) * \mathrm{rect}\left(\frac{t}{\Delta T}\right) \tag{7.1.4}$$

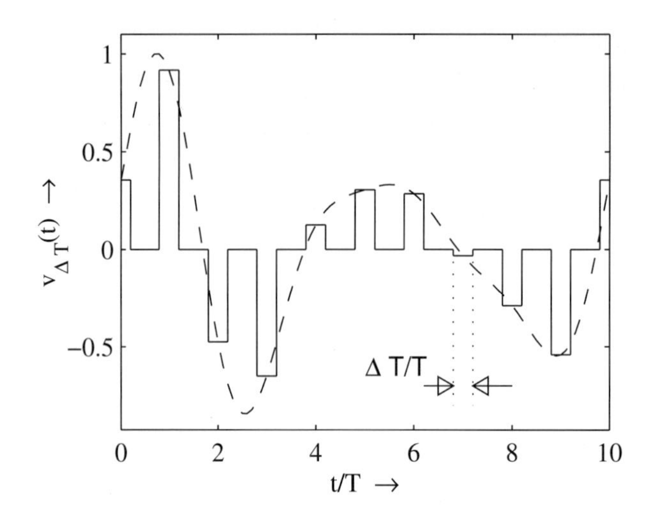

Bild 7.1.2: PAM mit einzelnen Rechteckimpulsen der Breite ΔT

Zur Berechnung des Spektrums von $v_{\Delta T}(t)$ ist die Korrespondenz

$$\operatorname{rect}\left(\frac{t}{\Delta T}\right) \circ\!\!-\!\!\bullet \; \Delta T \frac{\sin(\omega \Delta T/2)}{\omega \Delta T/2} \tag{7.1.5}$$

zu verwenden; das Faltungstheorem der Fourier-Transformation liefert

$$V_{\Delta T}(j\omega) = \frac{\Delta T}{T} \frac{\sin(\omega \Delta T/2)}{\omega \Delta T/2} \cdot \sum_{\nu=-\infty}^{\infty} V\left(j\left(\omega - \nu \frac{2\pi}{T}\right)\right). \tag{7.1.6}$$

Bild 7.1.3 verdeutlicht das Spektrum (7.1.6) für verschiedene Werte ΔT. Auf den Grenzfall $\Delta T = T$ wird besonders hingewiesen: Er beschreibt die Treppendarstellung eines zeitdiskret erfassten Signals; üblicherweise liegt diese Form am Ausgang eines D/A-Umsetzers vor. Das ursprüngliche Spektrum wird durch eine si-Funktion multiplikativ verzerrt. Eine Korrektur durch ein lineares (zeitdiskretes oder zeitkontinuierliches) Netzwerk ist bei Kenntnis des Verhältnisses $\Delta T/T$ stets möglich.

Bei der A/D-Umsetzung entsteht eine derartige si-Verzerrung nicht: Zwar liegt am Ausgang des Sample-and-Hold-Kreises ebenfalls ein treppenförmiges Signal vor, jedoch dient die Haltezeit nur dazu, der Verarbeitungszeit für die Umsetzung der Spannungswerte in digitale Größen Rechnung zu tragen. Die entstehende Zahlenfolge repräsentiert äquidistante Abtastwerte des Analogsignals.

Es stellt sich die Frage, ob ein PAM-Signal der bislang diskutierten Form zur effizienten zeitdiskreten Übertragung geeignet ist. Die Spektren in Bild 7.1.3 verdeutlichen, dass das PAM-Signal eine im Prinzip unbegrenzte Bandbreite aufweist. Bezieht man die endliche Kanalbandbreite ein, so liegt es nahe, ein PAM-Signal zu generieren, das von vornherein aus Einzelimpulsen endlicher Bandbreite zusammengesetzt ist.

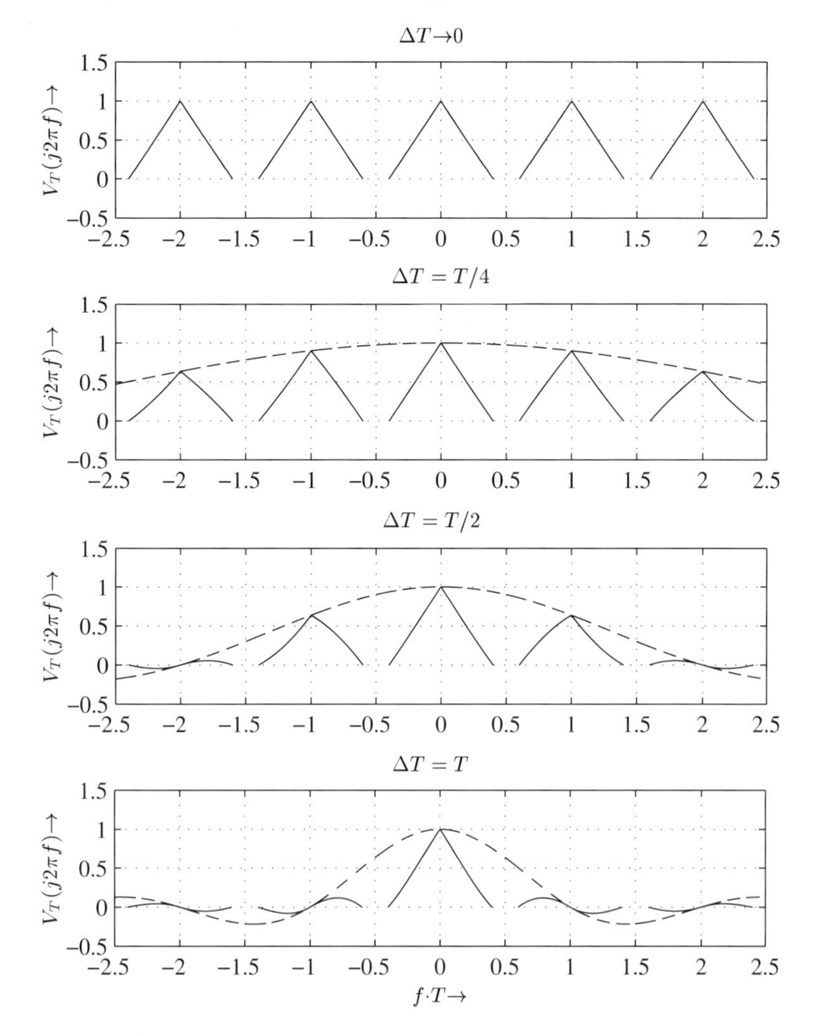

Bild 7.1.3: $\sin x/x$-Verzerrung von PAM-Signalen mit rechteckförmigen Einzelimpulsen

Wir wählen einen $\sin(x)/x$-Impuls mit einer Bandbreite gleich der des ursprünglichen analogen Signals, also $b = f_A/2 = 1/2T$.

$$\frac{\sin(\pi t/T)}{\pi t/T} \circ\!\!-\!\!\bullet\; T \cdot \mathrm{rect}\left(\frac{\omega}{2\pi f_A}\right) \tag{7.1.7}$$

Diese Impulsform hat neben der Eigenschaft der strengen Bandbegrenzung den Vorteil, dass sich benachbarte Impulse zwar überlagern, in den Zeitpunkten kT, in denen die zu übertragenden Signalwerte $v(kT)$ auftreten, aber nicht beeinflussen; in **Bild 7.1.4** wird dieser Sachverhalt veranschaulicht. Man spricht von intersymbolinterferenzfreier Übertragung – wir werden auf diese Zusammenhänge in Abschnitt 8.1.3 zurückkommen.

Die Faltung von (7.1.7) und (7.1.1) führt auf

$$v_b(t) = \sum_{k=-\infty}^{\infty} v(kT) \cdot \mathrm{si}\left(\pi \frac{t-kT}{T}\right). \tag{7.1.8}$$

Gleichung (7.1.8) stellt die aus der Systemtheorie bekannte fundamentale Interpolationsbeziehung dar, die die Grundlage des Abtasttheorems bildet: Für bandbegrenzte Signale $v(t)$ der Bandbreite $\pm 1/2T$ gilt [KK09]

$$\sum_{k=-\infty}^{\infty} v(kT) \cdot \mathrm{si}\left(\pi \frac{t-kT}{T}\right) = v(t). \tag{7.1.9}$$

Das Signal $v(t)$ kann aus seinen Abtastwerten durch Interpolation mit $\sin(x)/x$-Impulsen rekonstruiert werden.

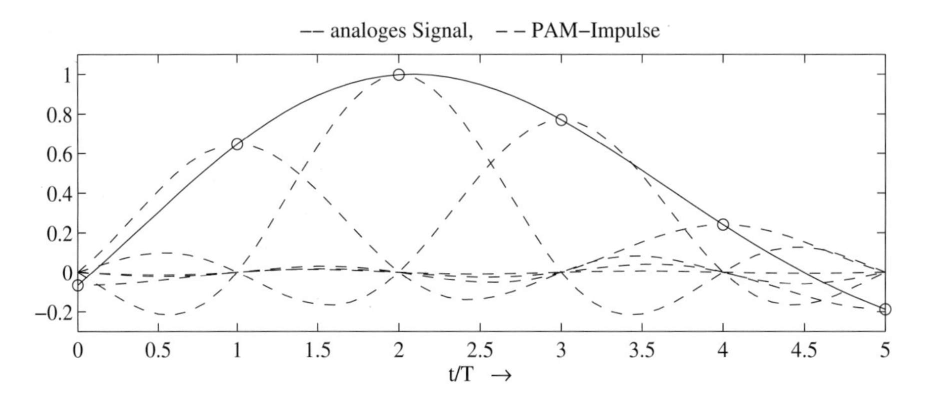

Bild 7.1.4: PAM mit bandbegrenzten, symbolinterferenzfreien Einzelimpulsen

Für die Übertragung mit bandbegrenzten PAM-Signalen bedeuten die vorangegangenen Überlegungen das Folgende: Wird eine Formung der Einzelimpulse derart vorgenommen, dass einerseits eine strenge Begrenzung auf die ursprüngliche Bandbreite des analogen Signals vorliegt und darüber hinaus die Beeinflussung benachbarter Symbole zu den Abtastzeitpunkten vermieden wird, so ist das resultierende übertragene PAM-Signal *identisch mit dem ursprünglichen Analogsignal.* Die Übertragung erfolgt also zeitkontinuierlich und nicht – wie in diesem Abschnitt eigentlich beabsichtigt – zeitdiskret durch PAM.

Die Pulsamplitudenmodulation durch zeitbegrenzte Impulse hat für die Signalübertragung wegen ihrer ineffizienten Spektraleigenschaften keine reale Bedeutung; ihre Bedeutung liegt vielmehr in einer Signalvorstufe zur Pulscodemodulation, die in Abschnitt 7.2 behandelt wird.

7.1.2 Pulsdauer-, Pulsphasenmodulation

Zur Auslegung von hochfrequenten Senderendstufen mit hoher Leistung war es noch vor einigen Jahren vorteilhaft, Pulsmodulationsverfahren mit festen Pulsamplituden zu verweden. Lösungen hierzu bieten die Pulsdauer- und Pulsphasenmodulation (PDM, PPM). Letztere wurde bei frühen Richtfunkstrecken im GHz-Bereich verwendet (PPM24); heute hat die PPM keine besondere Bedeutung mehr, da sie durch Frequenzmodulation ersetzt wurde. Neue Anwendungen ergeben sich möglicherweise wieder im Zusammenhang mit optischer Breitbandübertragung. Die beiden genannten Verfahren werden in **Bild 7.1.5** veranschaulicht.

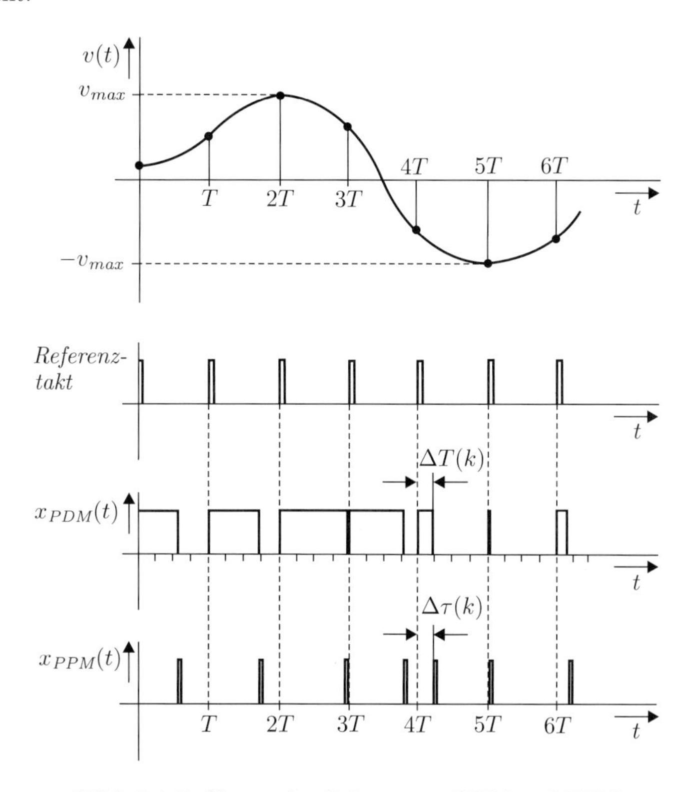

Bild 7.1.5: Veranschaulichung von PDM und PPM

Bei der PDM ist die Impulsbreite zum Zeitpunkt kT proportional zum Abtastwert $v(kT)$, wobei zur Erfassung auch negativer Signalpegel ein Gleichanteil vorgesehen werden muss; es gilt für symmetrisch ausgesteuerte Signale $-v_{max} \leq v(t) \leq v_{max}$

$$\Delta T(k) = \frac{T}{2}\left(1 + \frac{v(kT)}{v_{max}}\right). \qquad (7.1.10a)$$

Entsprechende Bedingungen erhält man für die Pulsphasenmodulation; für den Zeitversatz der übertragenen Impulse gegenüber einem festen Referenztakt der Frequenz $1/T$

gilt

$$\Delta\tau(k) = \frac{T}{2}\left(1 + \frac{v(kT)}{v_{max}}\right). \tag{7.1.10b}$$

Eine mögliche Realisierung für die PDM- und PPM-Erzeugung zeigt **Bild 7.1.6**. Die Funktionsweise dieser Prinzipschaltung wird anhand des Zeitdiagramms in **Bild 7.1.7** deutlich.

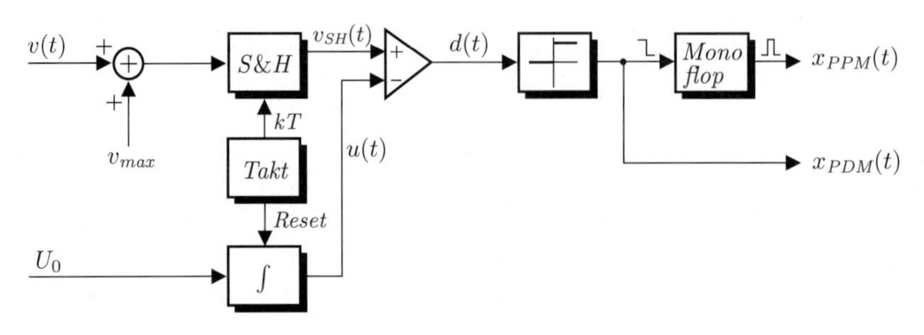

Bild 7.1.6: PDM- und PPM-Erzeugung

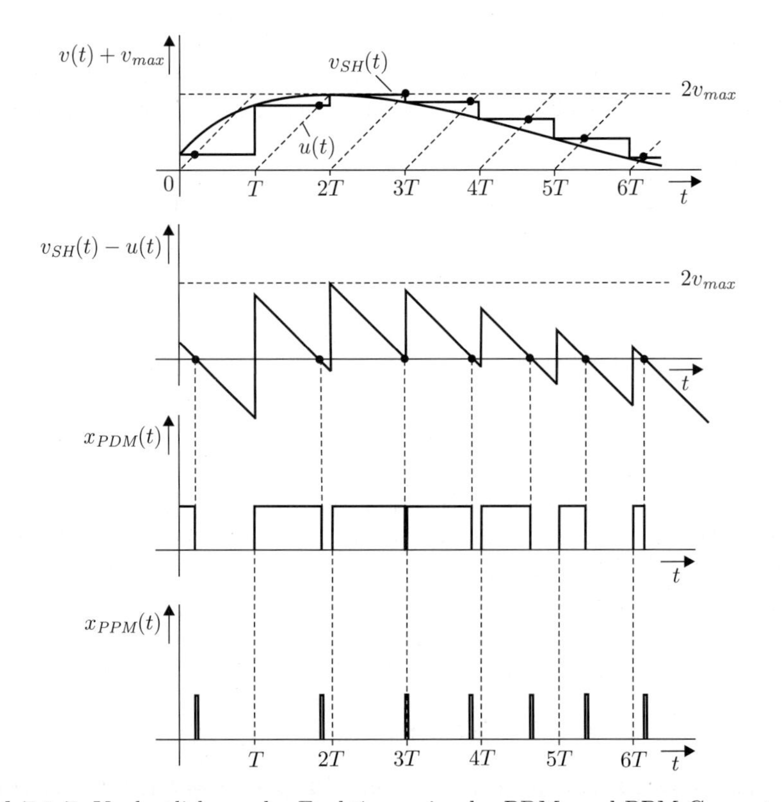

Bild 7.1.7: Verdeutlichung der Funktionsweise der PDM- und PPM-Generatoren

7.2 Zeit- und amplitudendiskrete Darstellung: Pulscodemodulation

7.2.1 Lineare Quantisierung

Der Grundgedanke zur PCM-Darstellung eines Signals $v(t)$ besteht darin, einem zeitdiskreten PAM-Signal auch diskrete Amplitudenwerte zuzuweisen. Diese diskreten Signalwerte können dann in geeigneter Weise digital codiert werden. Die Signalübertragung beschränkt sich damit auf die Übertragung binärer Symbole. Der entscheidende Vorteil liegt darin, dass Kanalstörungen vollständig eliminiert werden, solange diese unterhalb der Entscheidungsschwelle zur Detektion der empfangenen Symbole liegen (Schwellwerteffekt). Dieser Vorteil wird erkauft mit wesentlich erhöhten Bandbreiteanforderungen an den Kanal, da in jedem Abtastintervall eine mehr oder weniger große Anzahl von Binärzeichen übertragen werden muss – je nach Anforderung an die Amplitudenauflösung.

Bild 7.2.1 zeigt die prinzipielle Anordnung zur Erzeugung eines PCM- Signals. Das Signal $v(t)$ wird zunächst zeitdiskretisiert; dies geschieht durch ein sogenanntes *Abtast-Halteglied* (S & H: **S**ample-and-**H**old-Kreis), an dessen Ausgang ein PAM-Signal in Form einer Treppendarstellung erscheint. Während der Haltezeit (Abtastintervall T) werden die Pulsamplituden quantisiert und schließlich geeignet codiert – beide Vorgänge werden üblicherweise in einem Analog-Digital-Umsetzer vollzogen. Unterstellt man eine fehler-

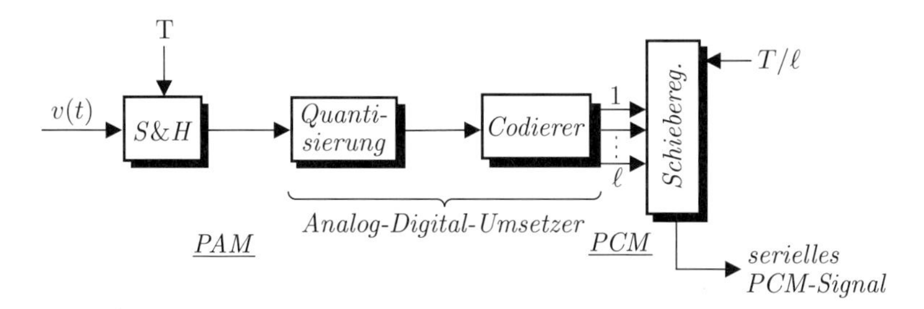

Bild 7.2.1: Blockschaltbild eines Systems zur PCM-Erzeugung

freie Übertragung der Binärzeichen, so besteht der Fehler im empfangenen Signal ausschließlich in den Auswirkungen der Quantisierung. Dieser Fehler ist also unabhängig vom Übertragungskanal und explizit zu errechnen.

Die Abtastwerte des zu übertragenden Signals $v(kT)$ sollen durch ℓ bit codiert werden; die Amplitudenquantisierung besteht also insgesamt aus 2^ℓ Stufen. **Bild 7.2.2a** zeigt die Quantisierungskennlinie für den Fall, dass das Signal $v(t)$ symmetrisch ausgesteuert ist.

$$-1 \leq v(kT) \leq +1$$

Nachteil einer solchen Kennlinie ist, dass dem Wert $v(kT) = 0$ kein Codewort zugeordnet wird. Liegt also über eine gewisse Zeit der Wert Null vor (z.B. in Sprachpausen), so wird (unter dem Einfluss von beliebig geringem Rauschen) das quantisierte Signal zwischen den Quantisierungsstufen $\pm 1/(2^\ell - 1)$ zufällig hin- und herspringen (*granulares Rauschen*). Dieser Effekt wird mit der Kennlinie nach **Bild 7.2.2b** vermieden.

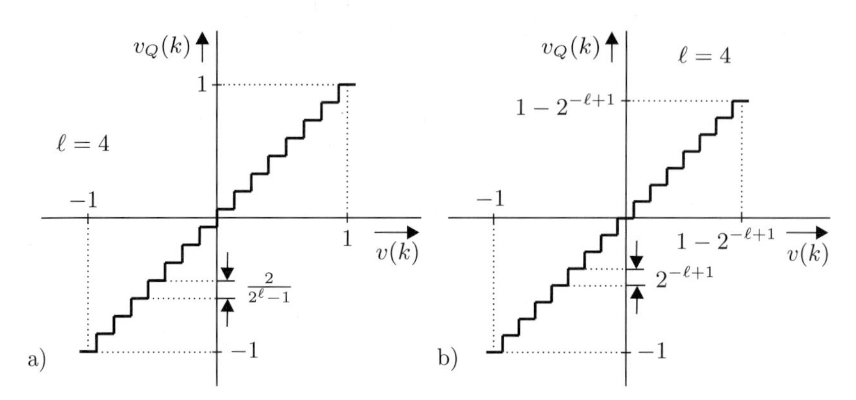

Bild 7.2.2: Zwei verschiedene lineare Quantisierungskennlinien

Der Nachteil besteht allerdings darin, dass für positive und negative Signalbereiche eine unterschiedliche Anzahl von Quantisierungsstufen vorliegt; d.h. für das quantisierte Signal gilt

$$-1 \leq [v(kT)]_Q \leq 1 - 2^{-\ell+1}. \tag{7.2.1}$$

Bei symmetrisch verteilten Signalen wird im negativen Bereich auf eine Quantisierungsstufe verzichtet; der dargestellte Wertebereich ist dann

$$-1 + 2^{-\ell+1} \leq [v(kT)]_Q \leq 1 - 2^{-\ell+1}. \tag{7.2.2}$$

Die Leistung des Quantisierungsfehlers

$$e(kT) = v(kT) - v_Q(kT) \tag{7.2.3}$$

ist einfach zu berechnen, wenn für seine Verteilungsdichtefunktion gewisse Annahmen getroffen werden. Enthält der AD-Umsetzer eine korrekte Rundungsvorrichtung, so ist $e(kT)$ auf den Bereich einer Quantisierungsstufe Q beschränkt

$$-Q/2 \leq e(kT) \leq +Q/2, \qquad Q = 2^{-(\ell-1)}. \tag{7.2.4}$$

Üblicherweise wird angenommen, dass $e(kT)$ als ein in diesem Intervall gleichverteilter *Zufallsprozess* modelliert wird, so dass gilt

$$p_E(e) = \frac{1}{Q} \text{rect}\left(\frac{e}{Q}\right) \tag{7.2.5}$$

Weiterhin wird unterstellt, dass $e(kT)$ nicht mit dem Nutzsignal korreliert ist.

Die getroffenen Annahmen sind üblicherweise bei praktisch auftretenden Signalen $v(kT)$ – z.B. Sprachsignalen – gut erfüllt. Dies gilt insbesondere dann, wenn eine hinreichend

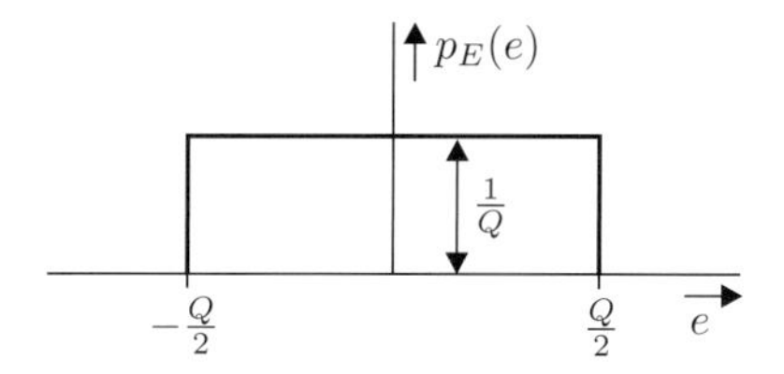

Bild 7.2.3: Verteilungsdichtefunktion des Quantisierungsfehlers $e(kT)$

hohe Auflösung vorliegt (etwa $\ell \geq 8$ bit); Korrelationen zwischen Nutzsignal und Quantisierungsfehler können in dem Falle vernachlässigt werden. Aus der in **Bild 7.2.3** dargestellten Verteilungsdichtefunktion errechnet sich die mittlere Leistung des Quantisierungsrauschens.

$$\mathrm{E}\left\{E^2(kT)\right\} = \int_{-\infty}^{\infty} p_E(e)\, e^2\, de = \frac{1}{Q} \int_{-\frac{Q}{2}}^{\frac{Q}{2}} e^2\, de = \frac{Q^2}{12} \triangleq \sigma_Q^2 \tag{7.2.6}$$

Zur Angabe des S/N-Verhältnisses wird üblicherweise diese Störleistung in Beziehung gesetzt zur Leistung eines voll ausgesteuerten sinusförmigen Nutzsignals, so dass man mit 7.2.4 erhält

$$(S/N) = \frac{\frac{1}{2}}{\frac{Q^2}{12}} = \frac{3}{2} \cdot 2^{2\ell}$$

bzw. als logarithmisches Maß

$$\begin{aligned}(S/N)_{dB} &= 10 \log_{10}\left(\frac{3}{2} 2^{2\ell}\right) = 1,77 + 2\ell \cdot 10\log_{10} 2 \\ &= 1,77 + 6 \cdot \ell \end{aligned} \tag{7.2.7}$$

Die S/N-Verhältnisse für verschiedene Wortlängen sind in Tabelle 7.2.1 wiedergegeben.

Tabelle 7.2.1: S/N-Verhältnisse bei linearer Quantisierung

ℓ/bit	6	8	10	12	14	16
$(S/N)_{\mathrm{dB}}$	37,8	49,8	61,8	73,8	85,8	97,8

7.2.2 Nichtlineare Quantisierung

Die CCITT-Empfehlung über eine hinreichende Quantisierungsauflösung bei PCM-Sprachübertragung geht von der symmetrischen Kennlinie gemäß Bild 7.2.2a aus. Wird hier das Signal $v(t) \equiv 0$ übertragen, so entsteht ein stochastisches Rechtecksignal der Amplitude $\pm 1/(2^\ell - 1)$, die Leistung dieses Signals beträgt

$$\frac{1}{(2^\ell - 1)^2} \approx 2^{-2\ell}.$$

Gefordert wird, dass diese Störleistung um mindestens 60 dB geringer ist als die Leistung eines voll ausgesteuerten sinusförmigen Nutzsignals. Daraus ergibt sich eine erforderliche Wortlänge von mindestens 11 bit - aus praktischen Gründen wird

$$\ell = 12\,\text{bit} \tag{7.2.8}$$

gesetzt. Da für die Übertragung aus Bandbreitegründen jedoch nur 8 bit pro Abtastwert toleriert werden sollen, ist eine nichtlineare Quantisierung vorzunehmen. In der Telefon-PCM-Technik wird hierzu die sogenannte 13-Segment-Kennlinie verwendet, die in **Bild 7.2.4** wiedergegeben ist. Die Codierungsvorschrift auf der Basis dieser Kennlinie ergibt sich aus der Tabelle 7.2.2.

Tabelle 7.2.2: Codierungsvorschrift entsprechend der 13-Segment-Kennlinie
V $\hat{=}$ Vorzeichenbit; 0,1 $\hat{=}$ log. Null, Eins,
x $\hat{=}$ beliebiges Binärzeichen; – $\hat{=}$ vernachlässigte Stellen

Segment	Bereich	lineare Dualdarstellung	nichtlineare Dualdarstellung
0	$0 \le \lvert v \rvert < 2^{-7}$	V, 0000000xxxx	V,000xxxx
0	$2^{-7} \le \lvert v \rvert < 2^{-6}$	V, 0000001xxxx	V,001xxxx
1	$2^{-6} \le \lvert v \rvert < 2^{-5}$	V, 000001xxxx-	V,010xxxx
2	$2^{-5} \le \lvert v \rvert < 2^{-4}$	V, 00001xxxx--	V,011xxxx
3	$2^{-4} \le \lvert v \rvert < 2^{-3}$	V, 0001xxxx---	V,100xxxx
4	$2^{-3} \le \lvert v \rvert < 2^{-2}$	V, 001xxxx----	V,101xxxx
5	$2^{-2} \le \lvert v \rvert < 2^{-1}$	V, 01xxxx-----	V,110xxxx
6	$2^{-1} \le \lvert v \rvert < 2^{0}$	V, 1xxxx------	V,111xxxx

Das nichtlinear codierte 8-bit-PCM-Wort enthält also nach dem Vorzeichenbit drei Stellen zur Kennzeichnung der Segmente und im weiteren die nächsten vier Binärzeichen nach der führenden „Eins" der linearen 12-bit-Darstellung. Aus der Tabelle 7.2.2 erkennt man, dass im Bereich $0 \le |v| \le 2^{-6}$ gegenüber der linearen 12-bit-Darstellung keine

Veränderung eintritt (Segment 0) – die angestrebte Genauigkeit ist also in diesem Bereich gewährleistet. In den übrigen Bereichen werden zunehmend Binärstellen vernachlässigt; die Verdeckungseigenschaft des menschlichen Gehörs bewirkt dabei die Verbesserung des subjektiven Höreindrucks.

Bei einer Bandbreite von 3,4 kHz für Sprachsignale mit unbeeinträchtigter Silbenverständlichkeit ist mit einer Abtastfrequenz von

$$f_A = 8 \text{ kHz}$$

das Abtasttheorem hinreichend übererfüllt.

- *Die Übertragung eines einzelnen Sprachkanals in PCM-Technik erfordert damit eine Binärübertragung mit einer Rate von 64 kbit/s.*

Die vorangegangenen Betrachtungen zur digitalen Darstellung analoger Signale haben sich speziell an den Bedingungen für die Sprachübertragung im Fernsprechbereich orientiert. Historisch gesehen ist dies der erste Anwendungsfall der PCM-Technik auf breiter Ebene. Inzwischen hat die digitale Verarbeitung, Speicherung und Übertragung von Signalen in fast allen Bereichen der Technik Einzug gehalten. Einige Anwendungen der PCM mit großer wirtschaftlicher Tragweite sind die Compact-Disc (CD), Digital Audio Tape (DAT), digitale Studiotechnik, digitale Tonrundfunkübertragung über Satelliten, digitales Mobilfunktelefon und digitale Messtechnik.

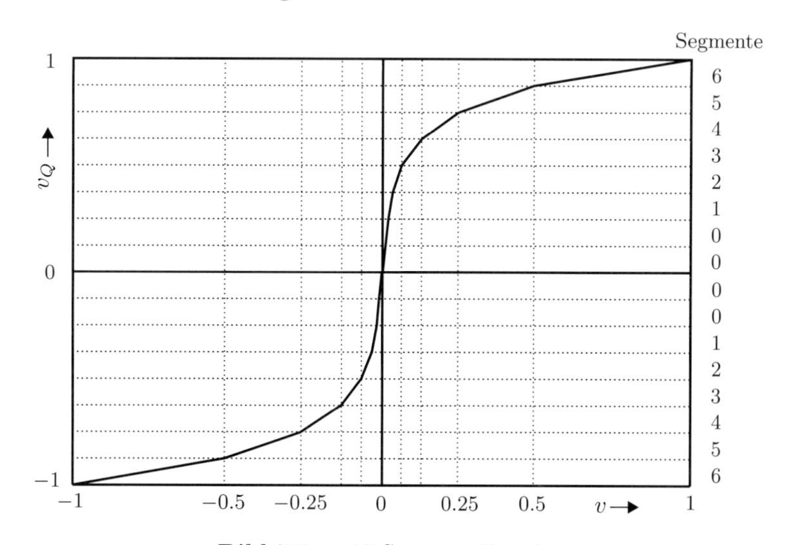

Bild 7.2.4: 13-Segment-Kennlinie

7.3 Differentielle Pulscodemodulation

7.3.1 Grundprinzip

Benachbarte Abtastwerte des zu übertragenden Signals sind im Allgemeinen untereinander korreliert; dies besagt, dass aus einer Anzahl vergangener Abtastwerte $v((k-1)T), \ldots, v((k-n)T)$ eine Vorhersage über den aktuellen Wert $v(kT)$ abgeleitet werden kann. Von dieser grundsätzlichen Tatsache macht die differentielle Pulscodemodulation Gebrauch: Aus n vergangenen Signalwerten wird ein Schätzwert $\hat{v}(kT)$ für den aktuellen Abtastwert ermittelt. Die Differenz zwischen dem aktuellen Wert und dem Schätzwert wird übertragen. Infolge der Prädiktion wird die Leistung dieses Differenzsignals gegenüber dem Quellensignal reduziert, so dass eine Codierung mit geringerer PCM-Wortlänge ermöglicht wird.

Das Blockschaltbild eines DPCM-Senders ist in **Bild 7.3.1a** dargestellt. Das Schätzsignal $\hat{v}(k)$ wird dabei aus einem digitalen Prädiktionsfilter $P(z)$ gewonnen, das als nichtrekursives Filter gemäß **Bild 7.3.1b** ausgebildet ist. Im folgenden Abschnitt wird die optimale Dimensionierung der Prädiktionsfilterkoeffizienten $p_1, \ldots, p_n$ hergeleitet.

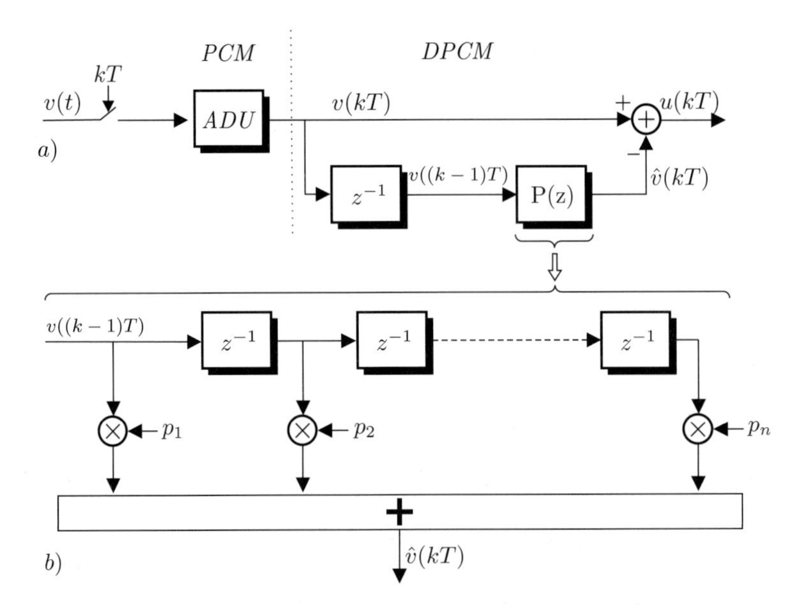

Bild 7.3.1: Differentielle Pulscodemodulation
a) Prinzipschaltbild des Senders
b) Prinzipschaltbild des Prädiktionsfilters

7.3.2 Lineare Prädiktion

Das Prädiktionsproblem wird im Sinne einer Wienerschen Optimierungsaufgabe gelöst. Hierzu werden die Koeffizienten $p_1, \ldots, p_n$ so entworfen, dass die Leistung des Prädiktionsfehlers $U(kT)$ minimal wird – es wird ein stationäres Signal $V(kT)$ vorausgesetzt[1].

$$\mathrm{E}\left\{[V(kT) - \hat{V}(kT)]^2\right\} = \mathrm{E}\left\{U^2(k)\right\} \Rightarrow \min_{\mathbf{p}} \tag{7.3.1}$$

Der Schätzwert $\hat{V}(kT)$ ist mit der Definition der Vektoren

$$\mathbf{V} = [V((k-1)T), V((k-2)T), \ldots, V((k-n)T)]^T \tag{7.3.2}$$

und

$$\mathbf{p} = [p_1, p_2, \ldots, p_n]^T \tag{7.3.3}$$

kompakt zu schreiben als

$$\hat{V}(kT) = \mathbf{V}^T\mathbf{p} = \mathbf{p}^T\mathbf{V}, \tag{7.3.4}$$

so dass aus (7.3.1) folgt

$$\mathrm{E}\left\{U^2(kT)\right\} = \mathrm{E}\left\{(V(kT) - \mathbf{p}^T\mathbf{V})(V(kT) - \mathbf{V}^T\mathbf{p})\right\}. \tag{7.3.5}$$

Wir setzen für die verschiedenen Erwartungswerte folgende Definitionen ein.

$$\mathrm{E}\left\{V^2(kT)\right\} = \sigma_V^2 \quad \text{mit } \mathrm{E}\{V\} = 0 \tag{7.3.6a}$$

$$\mathrm{E}\{V(kT) \cdot V((k-\kappa)T)\} = r_{VV}(\kappa T) \tag{7.3.6b}$$

$$\mathrm{E}\{V(kT) \cdot \mathbf{V}\} = [r_{VV}(T), r_{VV}(2T), \ldots, r_{VV}(nT)]^T = \mathbf{r}_{VV} \tag{7.3.6c}$$

$$\mathrm{E}\left\{\mathbf{V}\mathbf{V}^T\right\} = \begin{bmatrix} r_{VV}(0) & r_{VV}(T) & \ldots & r_{VV}((n-1)T) \\ r_{VV}(T) & r_{VV}(0) & & \vdots \\ \vdots & & \ddots & \vdots \\ r_{VV}((n-1)T) & & & r_{VV}(0) \end{bmatrix} \tag{7.3.6d}$$

$$\triangleq \mathbf{R}_{VV} \quad \text{(Autokorrelationsmatrix}^2\text{)}$$

Damit ergibt sich aus (7.3.5)

$$\mathrm{E}\left\{U^2(kT)\right\} = \sigma_V^2 - \mathbf{r}_{VV}^T\mathbf{p} - \mathbf{p}^T\mathbf{r}_{VV} + \mathbf{p}^T\mathbf{R}_{VV}\mathbf{p}, \tag{7.3.7}$$

bzw. nach einfacher Umformung (quadratische Ergänzung)

$$\mathrm{E}\left\{U^2(kT)\right\} = (\mathbf{p}^T\mathbf{R}_{VV} - \mathbf{r}_{VV}^T)\mathbf{R}_{VV}^{-1}(\mathbf{R}_{VV}\mathbf{p} - \mathbf{r}_{VV}) - \mathbf{r}_{VV}^T\mathbf{R}_{VV}^{-1}\mathbf{r}_{VV} + \sigma_V^2. \tag{7.3.8}$$

[1] Zur Berechnung der theoretischen Erwartungswerte wird das Quellensignal im Folgenden als Zufallsprozess aufgefasst und daher durch einen Großbuchstaben gekennzeichnet.

[2] Definition nach (1.6.34), Seite 45, hier für den Spezialfall eines reellen Prozesses $V(t)$

Dieser Ausdruck wird in Abhängigkeit von $\mathbf{p}$ dann minimal, wenn gilt

$$\mathbf{R}_{VV}\mathbf{p} - \mathbf{r}_{VV} = \mathbf{0}; \tag{7.3.9}$$

die Lösung dieses linearen Gleichungssystems liefert den optimalen Koeffizientensatz für den Prädiktor (Wiener-Hopf-Gleichung)

$$\mathbf{p} = \mathbf{R}_{VV}^{-1} \cdot \mathbf{r}_{VV}; \tag{7.3.10}$$

er wird ausschließlich durch die Autokorrelationsfunktion des zu übertragenden Signals bestimmt[3]. Nachzutragen bleibt der Nachweis der Gültigkeit des *Orthogonalitätsprinzips*, das bereits in Abschnitt 2.3.2 auf Seite 69 im Zusammenhang mit dem linearen Ersatzsystem für nichtlineare Systeme erläutert wurde. Wir untersuchen die Kreuzkorrelierte zwischen dem Prädiktionsfehler $U(kT)$ und dem Vektor der Eingangsgrößen $\mathbf{V}$.

$$\begin{aligned}
\mathrm{E}\{U(kT)\cdot\mathbf{V}\} &= [r_{VU}(T), r_{VU}(2T), \ldots, r_{VU}(nT)]^T =: \mathbf{r}_{\mathbf{V}U} \\
\mathbf{r}_{\mathbf{V}U} &= \mathrm{E}\left\{\mathbf{V}[V(kT) - \mathbf{V}^T\mathbf{p}]\right\} \\
&= \mathrm{E}\{\mathbf{V}V(kT)\} - \mathrm{E}\left\{\mathbf{V}\mathbf{V}^T\right\}\mathbf{p} \\
&= \mathbf{r}_{VV} - \mathbf{R}_{VV}\cdot\mathbf{p}.
\end{aligned} \tag{7.3.11}$$

Setzen wir die Lösung (7.3.10) ein, so ergibt sich

$$\mathbf{r}_{\mathbf{V}U} = \mathbf{r}_{VV} - \mathbf{R}_{VV}\cdot(\mathbf{R}_{VV}^{-1}\mathbf{r}_{VV}) = \mathbf{0}. \tag{7.3.12}$$

Der Prädiktionsfehler $U(kT)$ und die Elemente des Zustandsvektors $\mathbf{V}$ sind orthogonal zueinander; die Korrelationen zwischen dem Schätzfehler und den benachbarten Abtastwerten des Eingangssignals werden also durch das abgeleitete Prädiktionsfehlerfilter beseitigt. Aus dieser Erkenntnis gewinnt man auch eine schlüssige Aussage über die Korrelation des Schätzwertes mit den benachbarten vergangenen Abtastwerten. Mit

$$\mathrm{E}\{U(k)\cdot\mathbf{V}\} = \mathrm{E}\left\{(V(kT) - \hat{V}(kT))\mathbf{V}\right\} = \mathbf{0}$$

folgt

$$\mathrm{E}\left\{\hat{V}(kT)\mathbf{V}\right\} = \mathrm{E}\{V(kT)\cdot\mathbf{V}\},$$

also

$$\mathrm{E}\left\{\hat{V}(kT)\cdot V((k-\kappa)T)\right\} = r_{VV}(\kappa T); \qquad \kappa = 1,\ldots n, \tag{7.3.13}$$

d. h. es wird ein Schätzwert ermittelt, der mit den vorangegangenen Eingangswerten so korreliert ist, wie nach der Autokorrelationsfunktion des Eingangssignals zu erwarten.

Das Orthogonalitätsprinzip sagt noch nichts aus über die Spektraleigenschaften des Prädiktorfehlerprozesses $U(kT)$. Genauere Betrachtungen [KK09] zeigen, dass sich für hinreichend hohen Grad n des nichtrekursiven Prädiktionsfilters ein *weißes Rauschsignal* ergibt. Es gilt also[4]

$$r_{UU}(\kappa T) = \mathrm{E}\{U(kT)U((k+\kappa)T)\} \;\approx\; \sigma_U^2\cdot\delta(\kappa); \tag{7.3.14}$$

[3] Von Levinson und Durbin wurden Algorithmen zur effizienten Lösung dieses Gleichungssystems entwickelt (siehe Anhang E.1).

[4] Zur Unterscheidung zum Dirac-Impuls $\delta_0(t)$ wird die zeitdiskrete Impulsfolge mit $\delta(k)$ bezeichnet.

bei optimaler Prädiktion werden somit *benachbarte Abtastwerte des Prädiktionsfehlersignals dekorreliert.*

Die Leistung des Prädiktionsfehlersignals ergibt sich unmittelbar aus (7.3.8), indem die Lösung (7.3.10) eingesetzt wird.

$$\sigma_U^2 = \sigma_V^2 - \mathbf{r}_{VV}^T \mathbf{R}_{VV}^{-1} \mathbf{r}_{VV} = \sigma_V^2 - \mathbf{r}_{VV}^T \mathbf{p} \tag{7.3.15}$$

Für hinreichend hohen Prädiktionsgrad n nähert sie sich einem Grenzwert, der nicht unterschritten werden kann.

- **Beispiel:** *Bandbegrenztes weißes Rauschen*

Das Quellensignal $V(t)$ stellt einen bandbergrenzten weißen Prozess mit der in **Bild 7.3.2** dargestellten spektralen Leistungsdichte dar. Die Autokorrelationsfolge

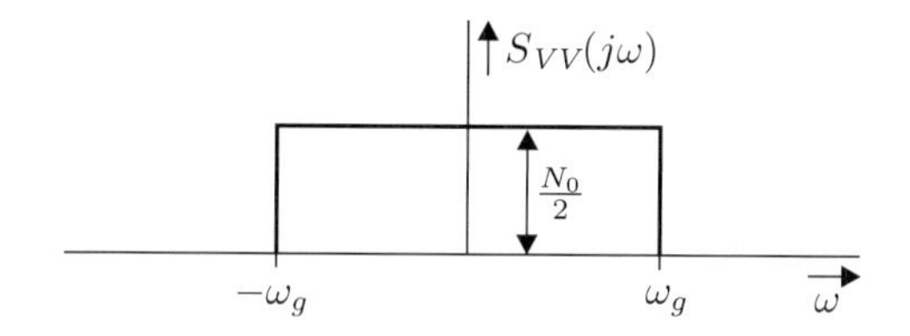

Bild 7.3.2: Spektrale Leistungsdichte eines bandbegrenzten weißen Rauschprozesses

des mit der Frequenz $f_A = 1/T$ abgetasteten Signals $V(kT)$ gewinnt man durch inverse Fourier-Transformation

$$r_{VV}(\kappa T) = \sigma_V^2 \cdot \frac{\sin(\omega_g T \kappa)}{\omega_g T \kappa}, \quad \text{mit} \quad \sigma_V^2 = f_g \cdot N_0. \tag{7.3.16}$$

Für einen *Prädiktor erster Ordnung* ergibt sich aus (7.3.10) die Lösung

$$p_1 = \frac{r_{VV}(T)}{r_{VV}(0)} = \frac{\sin(\omega_g T)}{\omega_g T}. \tag{7.3.17}$$

Die Leistung des Prädiktionsfehlers erhält man aus (7.3.15)

$$\sigma_U^2 = \sigma_V^2 - r_{VV}(T) \cdot \frac{r_{VV}(T)}{r_{VV}(0)}; \tag{7.3.18a}$$

bezieht man sie auf die Leistung des zu übertragenden Signal $\sigma_V^2 = r_{VV}(0)$, so ergibt sich

$$\frac{\sigma_U^2}{\sigma_V^2} = 1 - \left(\frac{r_{VV}(T)}{r_{VV}(0)}\right)^2 = 1 - \left(\frac{\sin(\omega_g T)}{\omega_g T}\right)^2. \tag{7.3.18b}$$

Der Prädiktionsgewinn in dB

$$G_{\text{dB}} = 10\log_{10}\left(\frac{\sigma_V^2}{\sigma_U^2}\right) \tag{7.3.19}$$

ist in **Bild 7.3.3** in Abhängigkeit von der auf die Abtastfrequenz normierten Grenzfrequenz $\Omega_g = \omega_g T$ aufgetragen. Er ist offenbar umso größer, je geringer die Bandbreite des Rauschprozesses ist. Der Prädiktionsgewinn wird Null für $\Omega_g = \pi$, d.h. $f_g = 1/(2T) = f_A/2$. In diesem Falle ergibt sich nach der Absatung ein zeitdiskreter weißer Rauschprozess ohne Bandbegrenzung. Die Abtastwerte sind dabei unkorreliert, so dass eine Prädiktion nicht möglich ist.

Wir betrachten das vorliegende Beispiel noch im Zusammenhang mit einer *Prädiktion zweiter Ordnung.* Für die Koeffizienten erhält man aus (7.3.10)

$$p_1 = \frac{\rho_{VV}(T)}{1-\rho_{VV}^2(T)}\,[1-\rho_{VV}(2T)] \tag{7.3.20a}$$

$$p_2 = \frac{1}{1-\rho_{VV}^2(T)}\,[\rho_{VV}(2T)-\rho_{VV}^2(T)] \tag{7.3.20b}$$

$$\text{mit } \rho_{VV}(\kappa T) = \frac{r_{VV}(\kappa T)}{r_{VV}(0)}.$$

Das Leistungsverhältnis σ_U^2/σ_V^2 ergibt sich gemäß (7.3.15) zu

$$\frac{\sigma_U^2}{\sigma_V^2} = \frac{1-\rho_{VV}(2T)}{1-\rho_{VV}^2(T)}\,[1+\rho_{VV}(2T)-2\rho_{VV}^2(T)]. \tag{7.3.21}$$

Die nach (7.3.18b) und (7.3.21) errechneten Prädiktionsgewinne von Prädiktoren erster und zweiter Ordnung sind in **Bild 7.3.3** dem Gewinn eines Prädiktors höherer Ordnung ($n = 16$) gegenübergestellt. Die mit steigender Ordnung erreichbare Erhöhung des Prädiktionsgewinns führt andererseits zum Anwachsen der Koeffizientenenergie

$$E_p = \sum_{\nu=0}^{n} |p_\nu|^2,$$

was in Bild 7.3.3b für die verschiedenen Prädiktorordnungen dargestellt ist.

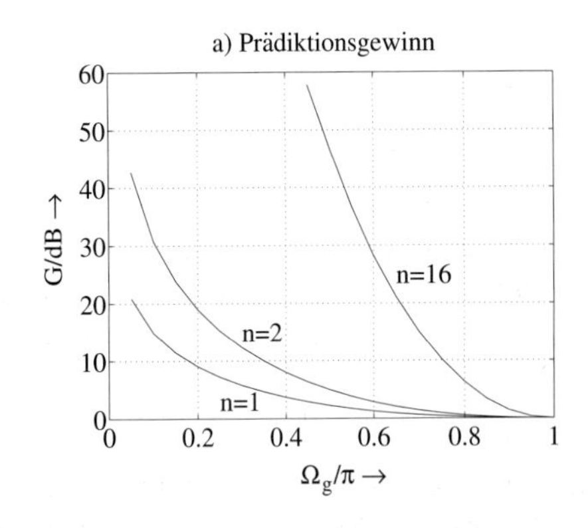

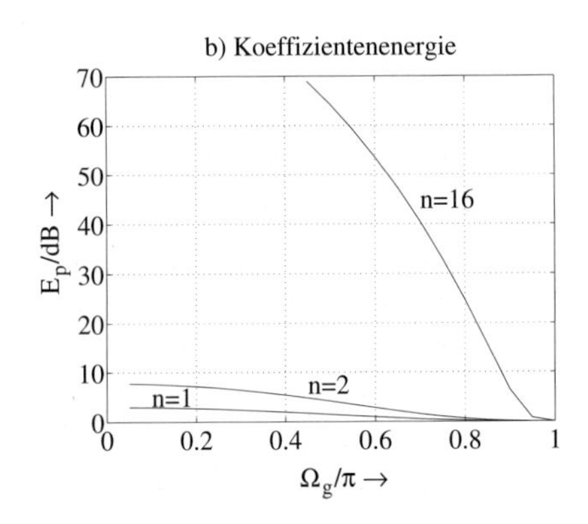

Bild 7.3.3: Prädiktion bei einem bandbegrenzten Rauschprozess

Es soll noch angemerkt werden, dass für einen *weißen Rauschprozess grundsätzlich kein Prädiktionsgewinn erzielt werden kann*, auch nicht bei beliebiger Erhöhung der Prädiktorordnung. Für

$$r_{VV}(\kappa T) = \begin{cases} \sigma_V^2 & \text{für } \kappa = 0 \\ 0 & \text{sonst} \end{cases} \tag{7.3.22a}$$

ist der in (7.3.6c) definierte Korrelationsvektor $\mathbf{r}_{VV}$ identisch null. Damit verschwinden die Prädiktionskoeffizienten

$$\mathbf{p} = \mathbf{R}_{VV}^{-1} \cdot \mathbf{r}_{VV} = \mathbf{0}, \tag{7.3.22b}$$

und für die Prädiktionsfehlerleistung gilt

$$\sigma_U^2 = \sigma_V^2 - \mathbf{r}_{VV}^T \mathbf{p} = \sigma_V^2. \tag{7.3.22c}$$

In praktischen Übertragungssystemen wird die lineare Prädiktion vornehmlich auf Sprachsignale angewendet. Setzt man typische Werte für die normierten Korrelationskoeffizienten gemäß Tabelle 7.3.1 ein, so erhält man aus (7.3.15)

$$\begin{aligned} \left.\frac{\sigma_U^2}{\sigma_V^2}\right|_{n=1} &= 0{,}172 \;\hat{=}\; -7{,}6\text{dB} \\ \left.\frac{\sigma_U^2}{\sigma_V^2}\right|_{n=2} &= 0{,}091 \;\hat{=}\; -10{,}4\text{dB}. \end{aligned}$$

Durch lineare Prädiktion beträgt der für die Übertragung erzielbare Wortlängengewinn etwa 2 bit pro Abtastwert.

Tabelle 7.3.1: Autokorrelationskoeffizienten eines Sprachsignals (männlicher Sprecher, Abtastfrequenz $f_A = 8$kHz)

κ	0	1	2	3
$\rho_{VV}(\kappa T)$	1,0	0,91	0,71	0,47

7.3.3 Vorwärts- und Rückwärtsprädiktion

Im **Bild 7.3.4** ist die Gesamtanordnung eines DPCM-Übertragungssystems wiedergegeben. Im Sender wird dabei wie bereits in Bild 7.3.1 das Prinzip der *Vorwärtsprädiktion* verwendet. Das Filter $H(z)$ enthält dabei das Prädiktionsfilter mit einer Verzögerung um einen Takt

$$H(z) = z^{-1} \cdot P(z).$$

Wir betrachten zunächst die Übertragung ohne Berücksichtigung von Quantisierungseinflüssen. Das abgetastete Sendesignal $v(kT)$ erfährt am Sender eine Filterung durch das *Prädiktionsfehlerfilter* $1 - H(z)$. Weitergehende Betrachtungen (z. B. in [KK09]) zeigen, dass dieses Filter stets *minimalphasig* ist, wenn es im Sinne der im letzten Abschnitt

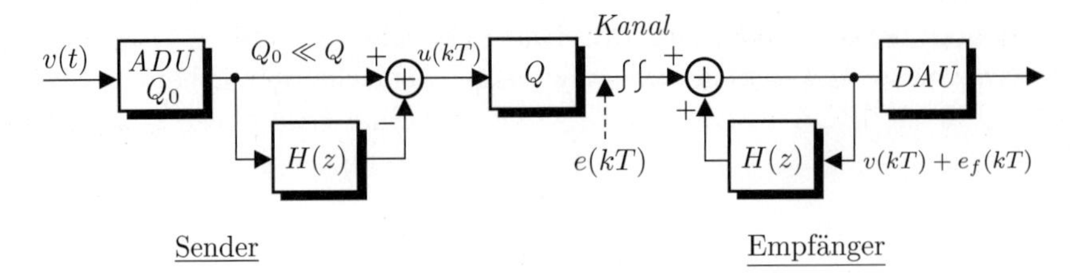

Bild 7.3.4: DPCM-System mit Vorwärtsprädiktion

behandelten Wienerschen Optimierung entworfen wird; alle Nullstellen des Sendefilters liegen also innerhalb des Einheitskreises. Diese Feststellung ist sehr wichtig in Hinblick auf das inverse Filter $1/(1 - H(z))$: Es weist Pole ausschließlich innerhalb des Einheitskreises auf und ist somit stets stabil.

Wir betrachten nun die Auswirkung der Quantisierung. Das **Blockschaltbild 7.3.4** verdeutlicht, dass das analoge Signal $v(t)$ zunächst auf eine sehr feine Quantisierungsstufe Q_0 diskretisiert wird, danach dem DPCM-Filter unterworfen und an dessen Ausgang schließlich auf die gröbere Quantisierungsstufe Q quantisiert wird. Der Quantisierungsfehler wird durch die Einspeisung einer Rauschgröße $e(kT)$ am DPCM-Filter-Ausgang erfasst, die wieder durch den weißen Prozess $E(kT)$ modelliert wird. Dieser erfährt am Empfänger eine Filterung mit dem inversen DPCM-Filter, so dass die Spektraleigenschaften des Rauschprozesses $E_f(kT)$ am Empfängerausgang durch das Leistungsdichtespektrum

$$S_{E_f E_f}\left(e^{j\Omega}\right) = \sigma_Q^2 \cdot \frac{1}{\left|1 - H\left(e^{j\Omega}\right)\right|^2} \tag{7.3.23}$$

beschrieben werden. Diese Spektralformung des Rauschens ist proportional zum Leistungsdichtespektrum des übertragenen Sprachsignals, wie folgende Überlegung zeigt. Das Prädiktionsfehlersignal hat das Leistungsdichtespektrum

$$S_{UU}(e^{j\Omega}) = |1 - H(e^{j\Omega})|^2 \cdot S_{VV}(e^{j\Omega}). \tag{7.3.24}$$

Bei optimaler Einstellung des Prädiktors ist das Prädiktorfehlersignal näherungsweise weißes Rauschen – hierauf wurde im letzten Abschnitt hingewiesen. Das Leistungsdichtespektrum ist also näherungsweise konstant

$$S_{VV} \cdot |1 - H(e^{j\Omega})|^2 \;\approx\; \sigma_U^2 \quad \text{für } -\pi \le \Omega \le \pi \tag{7.3.25}$$

woraus folgt

$$S_{VV}(e^{j\Omega}) \;\approx\; \frac{\sigma_U^2}{|1 - H(e^{j\Omega})|^2}. \tag{7.3.26}$$

Der Vergleich mit (7.3.23) zeigt die Proportionalität zum Spektrum der Rauschgröße am Empfängerausgang.

$$S_{E_f E_f}(e^{j\Omega}) \;\approx\; \frac{\sigma_Q^2}{\sigma_U^2} \cdot S_{VV}(e^{j\Omega}) \tag{7.3.27}$$

- *Bei Vorwärtsprädiktion weist das Empfänger-Ausgangsrauschen eine spektrale Leistungsdichte auf, die proportional zu der des zu übertragenden Signals ist.*

Eine alternative Form eines DPCM-Senders ist die in **Bild 7.3.5** dargestellte *Rückwärtsprädiktion*. Der Hauptunterschied liegt in der Einbindung der Grobquantisierung Q in den Prädiktionskreis. Die Betrachtung ohne Berücksichtigung der Quanti-

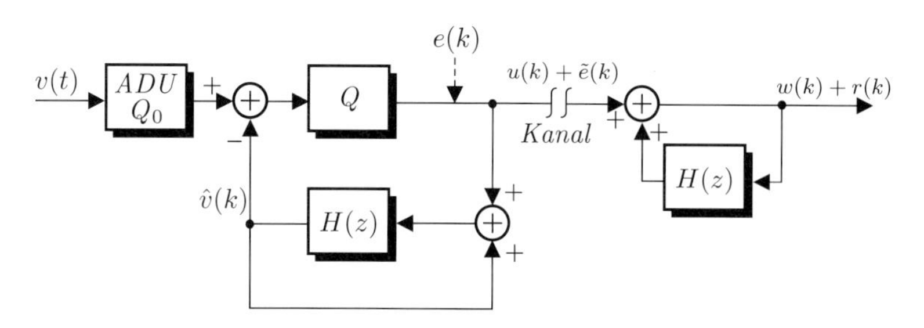

Bild 7.3.5: DPCM-System mit Rückwärtsprädiktion im Sender

sierungseinflüsse zeigt zunächst die Äquivalenz zur Vorwärtsprädiktion. In **Bild 7.3.6** ist die Senderstruktur als Signalflussgraph dargestellt.

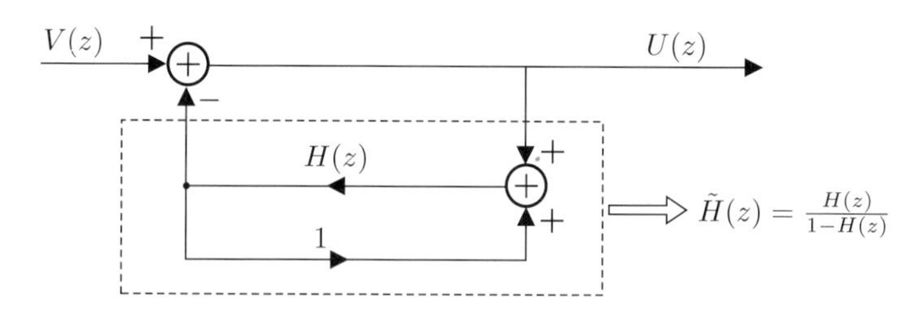

Bild 7.3.6: Signalflussgraph des DPCM-Senders

Man erhält

$$\begin{aligned} U(z) &= V(z) \cdot \frac{1}{1+\tilde{H}(z)} = V(z)\frac{1}{1+\frac{H(z)}{1-H(z)}} \\ &= V(z)\frac{1-H(z)}{1-H(z)+H(z)} = V(z)[1-H(z)], \end{aligned} \qquad (7.3.28)$$

also die Übertragungsfunktion des Prädiktionsfehlerfilters. Der Unterschied der beiden Strukturen liegt in der Auswirkung des Quantisierungsfehlers.

Für das System mit Rückwärtsprädiktion berechnen wir zunächst die spektrale Leistungsdichte des am Senderausgang vorhandenen Quantisierungsfehlers. Dazu wird am Ausgang des Quantisierers Q wieder eine Rauschgröße $e(kT)$ mit konstantem Leistungsspektrum σ_Q^2 eingespeist. Diese Rauschgröße erfährt die gleiche Filterwirkung wie das Nutzsignal $v(t)$, so dass am Senderausgang das Störleistungsspektrum

$$S_{\tilde{E}\tilde{E}}(e^{j\Omega}) = \sigma_Q^2 |1 - H(e^{j\Omega})|^2 \qquad (7.3.29)$$

vorliegt. Dieses Rauschsignal durchläuft am Empfänger ein System mit der Übertragungsfunktion $1/(1 - H(z))$; am Empfängerausgang ergibt sich damit das Störspektrum

$$S_{E_b E_b}(e^{j\Omega}) = \sigma_Q^2 \frac{|1 - H(e^{j\Omega})|^2}{|1 - H(e^{j\Omega})|^2} = \sigma_Q^2. \tag{7.3.30}$$

- *Bei Rückwärtsprädiktion wirkt sich die Quantisierung des übertragenen Signals am Empfängerausgang als weißes Rauschsignal aus.*

Weitergehende Betrachtungen führen darauf, dass das am Empfängerausgang erzielbare S/N-Verhältnis im Falle der Rückwärtsprädiktion quantitativ günstiger ist als bei Vorwärtsprädiktion. Im Gegensatz hierzu zeigen jedoch umfangreiche Reihenuntersuchungen, dass bei Sprachübertragung das Verfahren der Vorwärtsprädiktion zu einem subjektiv besseren Höreindruck führt. Eine Erklärung hierfür kann darin gesehen werden, dass im letzteren Fall die Spektralverteilung des Störsignals der des übertragenen Sprachsignals ähnlich ist, was sich für den Höreindruck aufgrund der Verdeckungseigenschaft des menschlichen Gehörs günstiger auswirkt als ein weißes Rauschsignal.

Abschließend bleibt zu bemerken, dass die vorangegangenen Überlegungen grundsätzlich stationäre Sendesignale voraussetzen, also Signale, deren Autokorrelationsfunktion unabhängig vom Betrachtungszeitpunkt ist. Bei realen Sprachsignalen ist diese Bedingung nicht erfüllt, so dass auch mit beliebiger Steigerung des Grades der Sendefilter bei der Prädiktion nur ein Kompromiss erreichbar ist. Eine grundsätzliche Verbesserung ergibt sich bei Anwendung der *adaptiven DPCM* (ADPCM). Dabei werden die Koeffizienten des Sendefilters auf der Grundlage relativ kurzer Signalblöcke fortlaufend geschätzt. Das ADPCM-Verfahren ist eng mit dem im nächsten Abschnitt besprochenen LPC-Sprachcoder verwandt.

7.3.4 LPC-Sprachcoder

Die effiziente Quellencodierung von Sprachsignalen hat im Zuge der mobilen Kommunikation – insbesondere in den inzwischen flächendeckend vorhandenen zellularen Mobilfunknetzen – einen hohen Stellenwert erlangt. Während das Fernsprech-PCM-System bei einer Abtastfrequenz von 8 kHz mit einer logarithmischen 8-bit-Quantisierung eine Übertragungsrate von 64 kbit/s erfordert, strebt man heute bei vergleichbarer Sprachqualität erheblich reduzierte Bitraten an: Der *GSM-Standard* (Global System for Mobile Communication, in Deutschland D1/D2- und E-Netz) sieht für den üblichen *Full-Rate-Sprachcoder* eine Quellbitrate von 13 kbit/s vor, während der inzwischen entwickelte *Half-Rate-Coder* auf 5,6 kbit/s reduziert ist. Hochoptimierte Sprachvocoder erreichen Bitraten von 2,4 kbit/s und darunter. Solche drastischen Reduktionen der Bitrate wurden vor allem durch konsequente Anwendung *parametrischer Sprachmodelle* möglich, die sich sehr eng an den physiologischen Vorgängen der Spracherzeugung orientieren: In den Stimmbändern wird (bei stimmhaften Lauten) eine impulsartige Erregungsfunktion bestimmter Tonhöhe erzeugt – die Frequenz wird als *Pitchfrequenz* bezeichnet. Durch die Resonanzen des Nasen-, Mund- und Rachenraumes werden dann die spezifischen Laute geformt. Der Vorgang ist somit durch ein einfaches *Quelle-Filter-Modell* zu beschreiben [Fan70]. Im Gegensatz zu stimmhaften Lauten wird das Erregungssignal bei stimmlosen Lauten durch ein weißes Rauschsignal repräsentiert. Das Quelle-Filter-Modell ist in **Bild 7.3.7** dargestellt. Weitergehende Untersuchungen zeigen, dass die

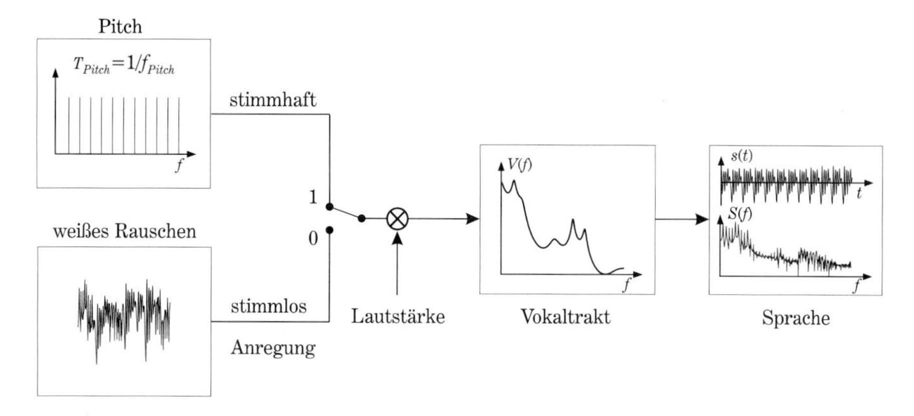

Bild 7.3.7: Quelle-Filter-Modell der Spracherzeugung

Spektralformungs-Eigenschaften des Vokaltraktes, hier mit $V(f)$ angedeutet, hervorragend durch Pole rekursiver digitaler Filter, also *All-Pole-Systeme*, nachgebildet werden können. Man nennt solche Modelle auch *autoregressiv* (AR-Modelle); die Filterkoeffizienten werden dementsprechend als *AR-Parameter* bezeichnet. Die Grundlage zur Analyse, d.h. zur Bestimmung der AR-Parameter, ist die lineare Prädiktion durch ein nichtrekursives Filter; aus diesem Grunde fasst man die auf der AR-Modellierung basierenden Codierungsverfahren zur Klasse der *LPC-Coder* (Linear Predictive Coding) zusammen. Die LPC-Analyse wird auf relativ kurze Sprachabschnitte angewendet, in denen noch von einer hinreichenden Stationarität ausgegangen werden kann. Typische Blocklängen liegen bei 20 ms; in dieser Zeit muss eine zuverlässige Schätzung der AR-Parameter vollzogen sein.

Die LPC-Verfahren lassen sich – in Abhängigkeit davon, wie das Prädiktionsfehlersignal bei der Codierung verwertet wird – prinzipiell in drei Gruppen einteilen:

- **Waveform-Coding des Erregungssignals:** Neben den Koeffizienten des AR-Modells wird das Prädiktionsfehlersignal direkt oder in reduzierter Form übertragen (Waveform-Coding); am Empfänger dient es als Erregungssignal für das Synthesefilter. Die Reduktion der Bitrate zur Übertragung des Erregungssignals kann z.B. darin bestehen, dass eine Abtastraten-Reduktion beim Prädiktionsfehlersignal durchgeführt wird; man nennt solche Verfahren *RELP-Verfahren* (Residual-Excited LPC). Der GSM-Standard nutzt solche Möglichkeiten der Reduktion, indem nach dreifacher Unterabtastung die nach der maximalen Energie ausgewählte Polyphasenkomponente übertragen wird (siehe z.B. [VSG$^+$88]).

- **Codebook-Anregung:** Hierbei wird das Prädiktionsfehlersignal nach dem Prinzip der *Vektorquantisierung* codiert, d.h. es werden typische Muster von Signalabschnitten des Prädiktorfehlers in einem Codebuch abgelegt. Die aktuelle Musterfunktion wird mit diesen Standardmustern verglichen; die Codebuch-Adresse des Musters mit geringster Distanz wird übertragen. Auf diese Weise können erhebliche Einsparungen bei der Übertragung des Erregungssignals erreicht werden. Coder mit Codebook-Anregung bilden die Klasse der *CELP-Coder* (Code-Excited LPC).

- **Pitch-Anregung:** Hierbei erfolgt keine explizite Übertragung des Anregungssignals. Statt dessen wird bei der Analyse eines Sprachabschnitts zunächst festgestellt, ob ein stimmhafter oder stimmloser Laut vorliegt – diese 1-bit-Information wird übertragen. Handelt es sich um einen stimmhaften Laut, so wird die Pitchfrequenz geschätzt und ebenfalls übertragen. Am Empfänger erfolgt dann die Erregung mit einer Impulsfolge aus einem lokalen Generator, wobei die übermittelte Pitchfrequenz eingestellt wird. Die hauptsächliche Schwierigkeit bei diesem Verfahren besteht in einer zuverlässigen Schätzung der Pitchfrequenz, die Qualität der synthetisierten Sprache hängt weitestgehend von der Güte dieser Schätzung ab [Nol67, Rab77, Hes96, Sch96b].Mit diesem rein parametrischen Codierungskonzept sind die geringsten Bitraten zu erreichen; sie reichen bei recht guter Sprachqualität herab auf 1-2 kbit/s. Eingesetzt werden solche rein parametrischen Verfahren für Vocoder, also zur künstlichen Spracherzeugung.

Im Folgenden sollen Beispiele zur Analyse von realen Sprachabschnitten auf der Basis autoregressiver Modelle wiedergegeben werden. Die Abtastfrequenz beträgt in allen Fällen $f_A = 11$ kHz, ist also gegenüber dem in vielen Sprachcodern üblichen Wert von 8 kHz erhöht, um den Spektralbereich bis 4 kHz sicher zu erfassen.

Als erstes Testsignal wird ein von einer männlichen Person gesprochener Vokal „a“ untersucht. **Bild 7.3.8a** zeigt das aus 200 Abtastwerten – d.h. anhand eines Signalausschnitts von 18 ms – berechnete AR-Spektrum. Auf Grund der parametrischen Modellierung erhält man bereits mit dieser geringen Stichprobenanzahl eine sehr zuverlässige Schätzung der spektralen Leistungsdichte. Mit konventionellen Schätzverfahren wäre dieses Ergebnis nicht annähernd zu erzielen, wie die in der gepunkteten Kurve gegenübergestellte Welch-Analyse [KK09] basierend auf 8000 Abtastwerten (entsprechend einer Zeitdauer von 0,73 s) demonstriert[5].

Bild 7.3.8b zeigt das Differenzsignal zwischen wahrem Sprachsignal und dem zugehörigen Prädiktionssignal, welches identisch mit dem Erregungssignal für das autoregressive Modell ist. Man erkennt einen nahezu periodischen impulsartigen Verlauf entsprechend der Modellbildung bei stimmhaften Lauten. Hieraus lässt sich die Pitchfrequenz ermitteln: Der zeitliche Abstand zwischen zwei Impulsen beträgt ca. 8 ms. Damit liegt die Pitchfrequenz bei $f_{pitch} = 125$ Hz, was der mittleren Stimmlage eines männlichen Sprechers entspricht.

Es wurde erläutert, dass die vom Vokaltrakt hervorgerufenen Resonanzstellen im Sprachspektrum, die sogenannten *Formanten*, das wesentliche Merkmal für die Sprachmodellierung darstellen. Zur Verdeutlichung werden in **Bild 7.3.9a** die den Vokalen „e“ und „i“ zugeordneten Spektren gegenübergestellt. Typisch für den Vokal „i“ ist das

[5] Für die Welch-Analyse wurde die Zeitdauer des Vokals „a“ künstlich verlängert – in einem realistischen Sprachsignal kommen stationäre Abschnitt von 0,7 s nicht vor, so dass konventionelle Schätzverfahren hier nicht angewendet werden können.

Ansteigen der Formanten zu höheren Frequenzen hin, während im Spektrum beim Vokal „e“ ein Abfall der Resonanzspitzen und ein Zusammenrücken der Resonanzfrequenzen zu beobachten ist.
Bild 7.3.9b demonstriert den Einfluss einer zu gering gewählten Modellordnung. Macht man die Signale mit den hier gezeigten Modellspektren hörbar, so ist eine Unterscheidung zwischen den Vokalen „e“ und „i“ nicht mehr möglich. Die Wahl der korrekten Modellordnung ist also in Hinblick auf einen optimalen Sprachcoder von entscheidender Bedeutung.

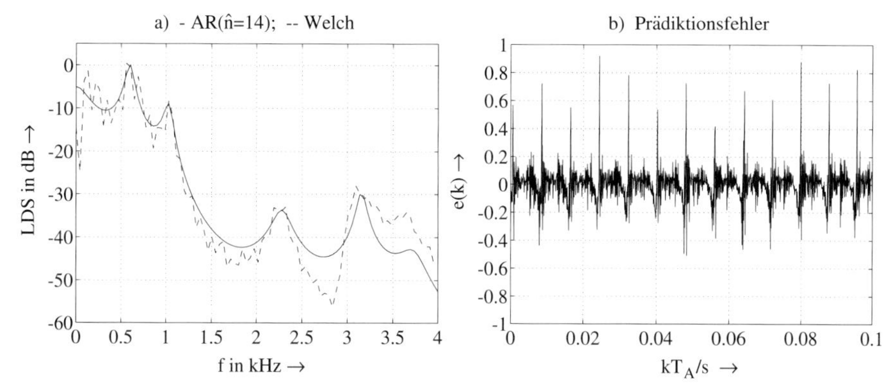

Bild 7.3.8: Spektralanalyse des Vokals „a“
a) Vergleich AR-Modell ($N = 200$) mit Welch-Schätzung ($N = 8000$)
b) Zeitverlauf des Prädiktionsfehlers

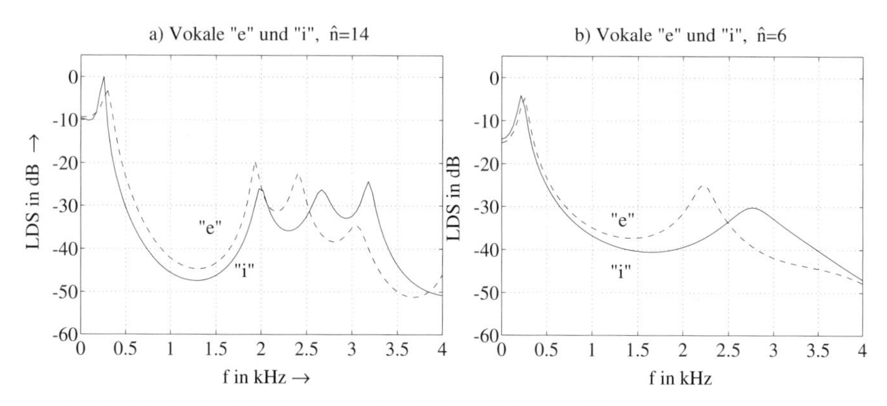

Bild 7.3.9: Spektralanalyse der Vokale “e” und “i”
a) Prädiktorordnung $\hat{n} = 14$; ($N = 200$)
b) Unterschätzung der Prädiktorordnung $\hat{n} = 6$; ($N = 200$)

Der vorliegende Abschnitt sollte nur einen kurzen Einblick in das sehr umfangreiche Gebiet der modernen Sprachcodierung geben. Zur vertieften Auseinandersetzung mit diesem Thema sowie allgemein mit dem Gebiet der parametrischen Spektralschätzung stehen zahlreiche Lehrbücher zur Verfügung, z.B. [HHV98], [BNR95] oder [JN84], [KK09], [PRLN92], [Mar87], [Kay99].

7.4 Deltamodulation

7.4.1 Grundprinzip

Die Deltamodulation kann als Sonderfall der differentiellen Pulscodemodulation betrachtet werden. Erhöht man die Abtastfrequenz auf ein Vielfaches der doppelten Bandbreite, so tritt schließlich der Fall ein, dass die Codierung des Differenzsignals $u(t)$ durch nur 1 bit möglich ist. Wir leiten für diesen Fall den Deltamodulator aus dem im letzten Abschnitt behandelten System mit Rückwärtsprädiktion her. Als Prädiktorfilter wird ein diskretes System 1. Ordnung

$$H(z) = \frac{r_{VV}(T)}{r_{VV}(0)} \cdot z^{-1} \tag{7.4.1}$$

angesetzt. Für genügend hohe Abtastfrequenz gilt für ein bandbegrenztes Signal $v(kT)$ näherungsweise $r_{VV}(T) \approx r_{VV}(0)$, so dass sich (7.4.1) auf

$$H(z) = z^{-1} \tag{7.4.2}$$

vereinfacht. **Bild 7.4.1** zeigt die prinzipielle Struktur eines Deltamodulators; der A/D-Umsetzer ist hier zweistufig, d. h. durch einfache Vorzeichen-Detektion zu ersetzen. Das

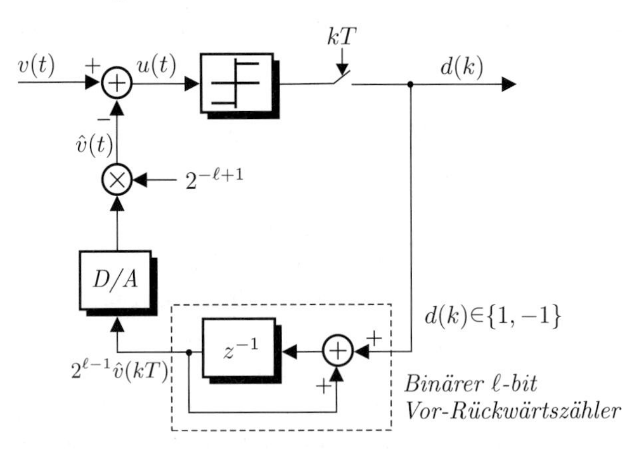

Bild 7.4.1: Prinzip des Deltamodulators

ganze System besteht nur aus einem Vorzeichen-Komparator, einem Vor-Rückwärts-Zähler und einem D/A-Umsetzer. Am Ausgang des Zählers entsteht die digitale Rekonstruktion $\hat{v}(t)$ des analogen Eingangssignals, weswegen der Deltamodulator zur einfachen Realisierung eines AD-Umsetzers eingesetzt wird (ggf. kann die Abtastfrequenz durch Unterabtastung von $\hat{v}(kT)$ wieder reduziert werden).

Die Wirkungsweise des Deltamodulators wird in **Bild 7.4.2** verdeutlicht. Dieses Beispiel veranschaulicht zwei Extremfälle der Erfassung eines Signals durch Deltamodulation. Ändert sich $v(t)$ über einen gewissen Zeitraum nur geringfügig $(0 \leq t \leq t_1)$, so entsteht

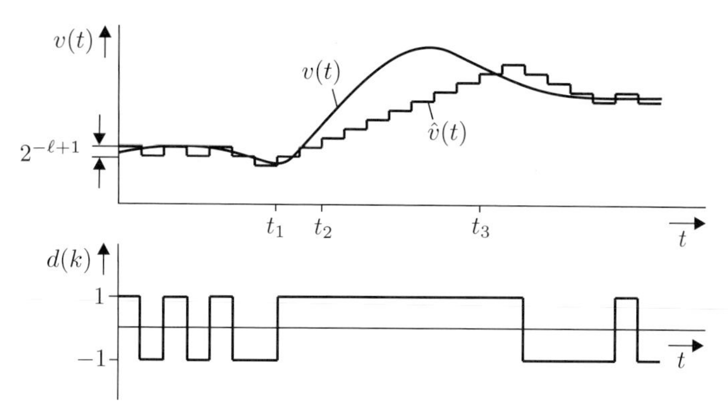

Bild 7.4.2: Zur Erläuterung der Deltamodulation

ein alternierendes Fehlersignal mit der Stufenhöhe $\pm 2^{-\ell}$ – man spricht von *granularem Rauschen* ähnlich dem bei PCM-Codierung. Um diesen Fehler möglichst gering zu halten, muss die Wortlänge des Zählers vergrößert und damit das Inkrement $2^{-\ell+1}$ hinreichend reduziert werden. Auf diese Weise kann aber im Falle eines starken Anstieges von $v(t)$ eine Steigungsüberlastung eintreten, d. h. das Zählerausgangssignal kann dem Signalanstieg nicht mehr folgen (vgl. Zeitbereich $t_2 \leq t \leq t_3$). Abhilfe schafft eine Erhöhung der Abtastfrequenz entsprechend der Bedingung zur Vermeidung von Steigungsüberlastung

$$\max\left\{\frac{dv}{dt}\right\} \leq \frac{2^{-\ell+1}}{T} = 2^{-\ell+1} f_A. \tag{7.4.3}$$

Damit erhöht sich allerdings die zu übertragende Bitrate – hierin besteht der hauptsächliche Nachteil der Deltamodulation für die Anwendung zur Sprachübertragung.

Vorteile der Deltamodulation liegen einmal in dem sehr geringen Realisierungsaufwand: Sender und Empfänger bestehen im wesentlichen nur aus einem Vor-Rückwärtszähler und einem D/A-Umsetzer – zum anderen in der Spektralverteilung des Störspektrums am Empfänger: Wegen der hohen Abtastfrequenz ist der Quantisierungsfehler auf einen breiten Frequenzbereich verteilt, ins interessierende Nutzband fällt jedoch nur ein entsprechend geringer Anteil.

Eine verbesserte Anpassung an steile Anstiegsflanken des zu übertragenden Signals kann durch Einführung einer *adaptiven Deltamodulation* (ADM) erreicht werden. Der prinzipielle Gedanke besteht darin, das verwendete Inkrement nach einer Reihe von gleichen Vorzeichen des Fehlersignals zu verdoppeln. Ändert sich das Vorzeichen, so wird das Inkrement halbiert. Auf diese Weise wird einem steilen Signalanstieg mit einer exponentiell wachsenden Flanke gefolgt, im Gegensatz zum linearen Anstieg bei gewöhnlicher Deltamodulation. **Bild 7.4.3** verdeutlicht die Arbeitsweise der ADM für den Fall, dass $v(t)$ eine ideale Sprungfunktion darstellt.

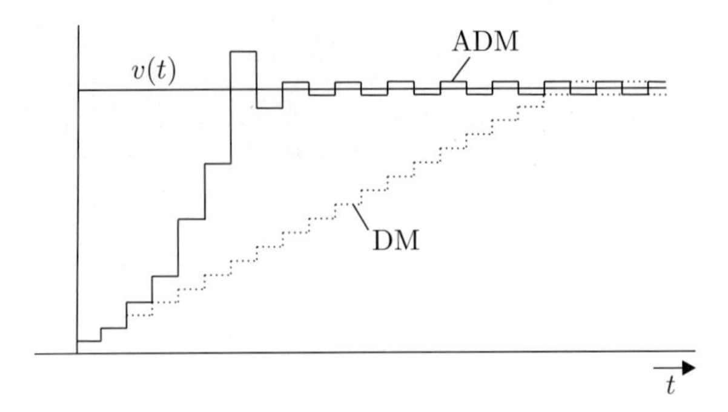

Bild 7.4.3: Vergleich von ADM und Deltamodulation (ADM mit Verdopplung der Sprunghöhe nach jeweils zwei gleichen Vorzeichen).

7.4.2 Sigma-Delta-Modulation

Die im letzten Abschnitt besprochene Deltamodulation wird weniger zur digitalen Übertragung, sondern vorrangig zur *Analog-Digital-Umsetzung* benutzt. In Bild 7.4.1 repräsentiert das Ausgangssignal des Vor-Rückwärtszählers das im Sinne eines Prädiktors erster Ordnung rekonstruierte Signal $\hat{v}(kT)$ in digitaler Form. Wie bereits erwähnt ist dabei aufgrund des hohen Überabtastungsfaktors das Quantisierungsrauschen auf ein Vielfaches der Nutzbandbreite verteilt; ein Großteil dieses Störspektrums kann daher durch einen digitalen Tiefpass unterdrückt werden – am Ausgang erhält man dann ein digitales Signal $v_Q(kT)$ mit entsprechend erhöhter Auflösung. In der Regel wird am Ausgang des digitalen Tiefpasses noch eine Abtastraten-Reduktion vorgenommen.

Die Auflösung des digitalen Signals $v_Q(kT)$ kann noch erheblich verbessert werden, wenn das Spektrum des Quantisierungsfehlers so geformt wird, dass ein Großteil davon außerhalb des Nutzbandes liegt. Dies leistet der *Sigma-Delta-Umsetzer*, dessen Blockschaltbild in **Bild 7.4.4** dargestellt ist. Vom Ausgangssignal $v(k'T')$ des mit hoher Abtastrequenz $f'_A = 1/T' \gg f_A$ arbeitenden Abtast-Haltekreises (S&H) wird das 1-bit-quantisierte Ausgangssignal des Sigma-Delta-Modulators $y_Q(k'T')$ subtrahiert. Das Differenzsignal

$$u(k'T') = v(k'T') - y_Q(k'T') \quad \circ\!\!-\!\!\bullet \quad U(z) = V(z) - Y_Q(z) \tag{7.4.4}$$

wird auf einen zeitdiskreten Intergierer gegeben; das Ausgangssignal lautet im z-Bereich

$$Y(z) = U(z) \cdot \frac{z^{-1}}{1 - z^{-1}}. \tag{7.4.5}$$

Die Quantisierung wird wie gewohnt durch additive Überlagerung einer unabhängigen Rauschgröße $e(k'T')$ beschrieben, so dass unter Einsetzen von (7.4.5) und (7.4.4) gilt

$$\begin{aligned} Y_Q(z) &= Y(z) + E(z) = U(z) \cdot \frac{z^{-1}}{1 - z^{-1}} + E(z) \\ &= [V(z) - Y_Q(z)] \cdot \frac{z^{-1}}{1 - z^{-1}} + E(z). \end{aligned} \tag{7.4.6}$$

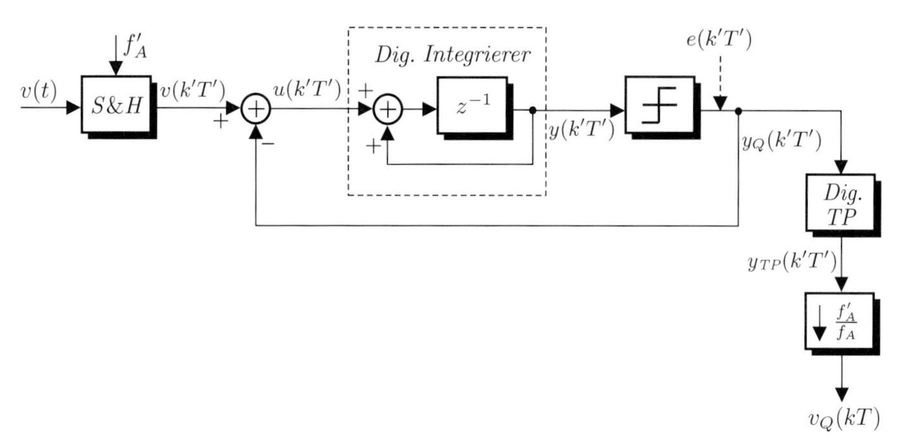

Bild 7.4.4: Prinzip des Sigma-Delta-Umsetzers

Aufgelöst nach $Y_Q(z)$ ergibt sich schließlich

$$
\begin{aligned}
(1-z^{-1}) \cdot Y_Q(z) &= V(z) \cdot z^{-1} - Y_Q(z) \cdot z^{-1} + (1-z^{-1}) \cdot E(z) \\
\Rightarrow \quad Y_Q(z) &= V(z) \cdot z^{-1} + (1-z^{-1}) \cdot E(z).
\end{aligned}
\tag{7.4.7}
$$

Das Ausgangssignal des Sigma-Delta-Modulators besteht also aus dem um einen Takt verzögerten Nutzsignal und einem mit $1 - z^{-1}$ bewerteten Quantisierungsfehler. Die Übertragungsfunktion für das Quantisierungsrauschen lautet damit

$$
H_e(e^{j\,\Omega}) = 1 - e^{-j\,\Omega} = e^{-j\,\Omega/2} \cdot 2j \cdot \sin(\Omega/2). \tag{7.4.8}
$$

Wird der Quantisierungsfehler $e(k'T')$ wieder durch weißes Rauschen der Leistung σ_Q^2 modelliert, so beträgt die spektrale Leistungsdichte des $\Sigma\Delta$-bewerteten Quantisierungsfehlers

$$
S_{\Delta Y \Delta Y}(e^{j\,\Omega}) = 4\,\sigma_Q^2 \cdot \sin^2(\Omega/2). \tag{7.4.9}
$$

Die Wirkungsweise eines Sigma-Delta-Umsetzers wird an einem Beispiel demonstriert. Ein Sinus der Frequenz 500 Hz wird durch einen S&H-Kreis mit einer Frequenz von 320 kHz abgetastet. **Bild 7.4.5** zeigt im oberen Teil das Ausgangssignal des Sigma-Delta-Modulators mit den auf ± 1 quantisierten Amplitudenwerten; das untere Teilbild zeigt dieses Signal nach einer digitalen Filterung mit einem Tiefpass der Bandbreite $f_g = 4$ kHz sowie die Abtastwerte nach einer Abtastraten-Reduktion um den Faktor $f'_A/f_A = f'_A/(2f_g) = 40$. Der unquantisierte Verlauf des Eingangs-Sinussignals ist vergleichend gegenübergestellt.

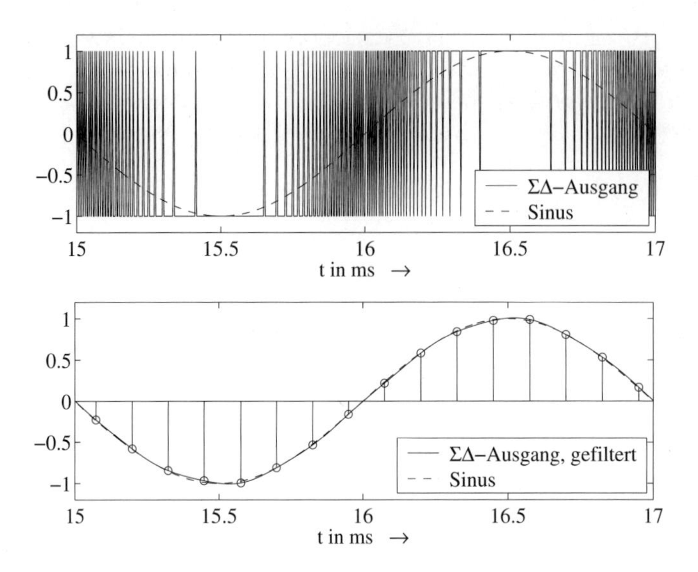

Bild 7.4.5: Zeitverläufe im Sigma-Delta-Umsetzer

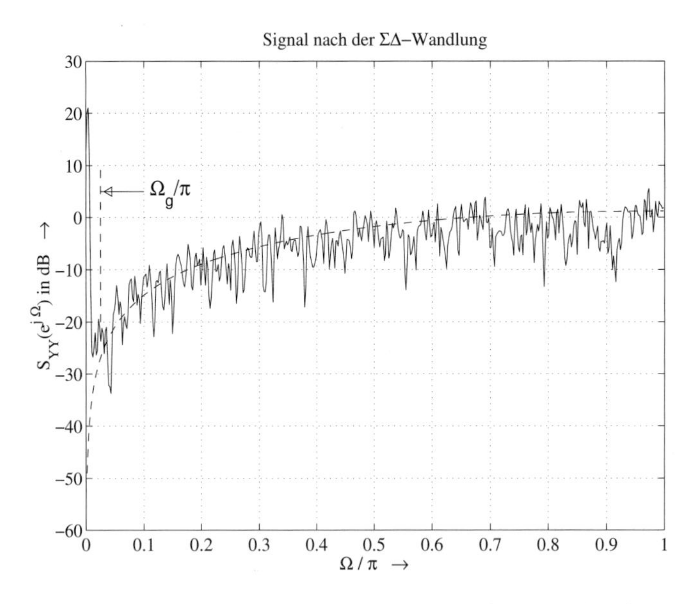

Bild 7.4.6: Spektrum des 1-bit-quantisierten Sigma-Delta-Signals

Bild 7.4.6 zeigt das Leistungsdichtespektrum des $\Sigma\Delta$-gewandelten Signals. Man erkennt den mit der Frequenz ansteigenden Verlauf des Störspektrums (zum Vergleich ist der theoretische Verlauf nach (7.4.9) gestrichelt gegenübergestellt). Die eingezeichnete normierte Grenzfrequenz Ω_g/π des bandbegrenzenden Tiefpasses demonstriert die starke Reduktion der Rauschleistung. Die Wirksamkeit der Sigma-Delta-Umsetzung kann noch erheblich gesteigert werden, wenn die in der vorangegangenen Darstellung angesetzten Intergratoren/Differentiatoren erster Ordnung durch Systeme höherer Ordnung ersetzt werden. Auf die Diskussion solcher Konzepte soll hier jedoch verzichtet werden; zum vertieften Studium wird auf die Literatur, z.B. [Zöl05] verwiesen.

Kapitel 8

Grundlagen der digitalen Datenübertragung

Das vorliegende Kapitel ist den elementaren Grundlagen der digitalen Übertragung gewidmet. Dabei wird zunächst ein Tiefpass-Kanal angenommen, so dass hier das Problem der Modulation noch ausgeklammert bleibt (siehe dazu Kapitel 9). Abschnitt 8.1 zeigt zunächst die Eigenschaften von Datensignalen auf – insbesondere wird das Spektrum hergeleitet. Fundamentale Bedeutung hat die erste Nyquistbedingung, die uns bereits in Kapitel 2 im Zusammenhang mit verzerrungsfreien Systemen begegnet ist. Abschnitt 8.2 behandelt die „Partial-Response“-Verfahren, die eine Spektralformung mit Hilfe einer speziellen Codierung erreichen. Im folgenden Abschnitt 8.3 wird eine additive Störung durch weißes Rauschen betrachtet. Es wird das bekannte Matched-Filter hergeleitet, das eine optimale Unterdrückung der weißen Rauschgröße am Empfänger sicherstellt. Die Wahrscheinlichkeit von Entscheidungsfehlern (Bitfehlerwahrscheinlichkeit) lässt sich für gaußverteiltes Rauschen (*AWGN-Kanäle, Additive White Gaussian Noise*) sehr einfach geschlossen berechnen; die hier hergeleiteten Ergebnisse werden am Beispiel der PCM-Übertragung veranschaulicht. Im letzten Abschnitt wird als Beispiel für die digitale Übertragung im Basisband die PCM-Technik im Fernsprechnetz betrachtet; anhand dessen wird das Prinzip des Zeitmultiplex eingeführt.

8.1 Prinzip der digitalen Übertragung

8.1.1 Grundstruktur eines Datenübertragungssystems

Eine digitale Datenquelle gibt eine Folge von Symbolen $d(i)$ ab, die als diskrete Zahlenwerte aufgefasst werden; i bezeichnet den Zählindex der Daten. Im einfachsten Falle ist der Wertevorrat (*Datenalphabet*) zweistufig, z.B. *unipolar* $d(i) \in \{0, 1\}$ oder *bipolar (antipodal)* $d(i) \in \{-1, 1\}$. Zur Erhöhung der Datenrate können aber auch höherstufige Übertragungsverfahren eingesetzt werden, z.B. $d(i) \in \{-3, -1, 1, 3\}$. Im Falle einer M-stufigen Übertragung repräsentiert jedes Datensymbol $\mathrm{ld}(M)$ bit. Im vorliegenden Kapitel werden die Daten als reell angenommen, da hier zunächst eine unmodulierte Übertragung über einen Tiefpass-Kanal angesetzt wird (später folgt im Kapitel 9 dann im Zusammenhang mit der digitalen Modulation eine Erweiterung auf komplexe Signalalphabete).

Die Daten $d(i)$ stellen zunächst eine Folge abstrakter Zahlen dar; es besteht das Problem, diese Zahlen über einen analogen Kanal zu übertragen, wofür man einen physikalischen Träger benötigt. Man kann sich z.B. vorstellen, die zu übertragenden diskreten Daten $d(i)$ schmalen Spannungsimpulsen im Sinne der im letzten Kapitel besprochenen Pulsamplitudenmodulation aufzuprägen. Wählt man als mathematisches Modell für diese Trägerimpulse *Dirac-Impulse*, so erhält man für das Sendesignal die Formulierung[1]

$$s_T(t) = T \sum_{i=-\infty}^{\infty} d(i)\, \delta_0(t - iT), \tag{8.1.1}$$

wobei T die Symboldauer, d.h. den zeitlichen Abstand der von der Quelle abgegebenen Datenwerte beschreibt ($1/T$ ist die Symbolrate). Wie im letzten Abschnitt gezeigt benötigt ein Signal der Form (8.1.1) eine extrem hohe Bandbreite – im Interesse der Bandbreite-Effizienz muss also eine Bandbegrenzung des gesendeten Signals erfolgen. Wir benutzen hierzu ein Sendefilter mit der Impulsantwort $g_S(t)$ – einen sogenannten *Impulsformer* – und erhalten

$$s(t) = T \sum_{i=-\infty}^{\infty} d(i)\, \delta_0(t - iT) * g_S(t) = T \cdot \sum_{i=-\infty}^{\infty} d(i)\, g_S(t - iT). \tag{8.1.2}$$

Ein Datensender mit dieser Struktur ist im oberen Teil von **Bild 8.1.1** dargestellt. Dabei ist die für die Herleitung benutzte Zwischenform der gewichteten Dirac-Impulsfolge nicht realisierbar. Statt dessen kann man sich die schaltungstechnische Ausführung eines Datensenders so vorstellen, dass zunächst eine mit $d(i)$ gewichtete Folge von Rechteckimpulsen $\mathrm{rect}\left(\frac{t-iT}{\Delta T}\right)$, $\Delta T \leq T$, erzeugt wird, die dann als Eingangssignal für ein analoges

[1] Da der Dirac-Impuls wie auch im Weiteren die Impulsantwort des Sendefilters die Dimension 1/Zeit aufweist, wird das Datensignal mit der Symboldauer T multipliziert, um insgesamt ein dimensionsloses Signal zu erhalten.

Impulsformungsfilter mit der Impulsantwort $\tilde{g}_S(t)$ dient. Damit insgesamt der Grundimpuls $g_S(t)$ realisiert wird, muss gelten

$$\operatorname{rect}\left(\frac{t}{\Delta T}\right) * \tilde{g}_S(t) = g_S(t). \tag{8.1.3}$$

Beim Entwurf des Impulsformers ist dementsprechend im Spektralbereich eine $x/\sin(x)$ - Korrektur vorzunehmen (vergleiche auch Seite 201 im vorangegangenen Kapitel). In den meisten Fällen werden die Impulsformer jedoch ohnehin durch digitale Filter realisiert, wobei sich das geschilderte Problem nicht stellt. Nach der Übertragung über den

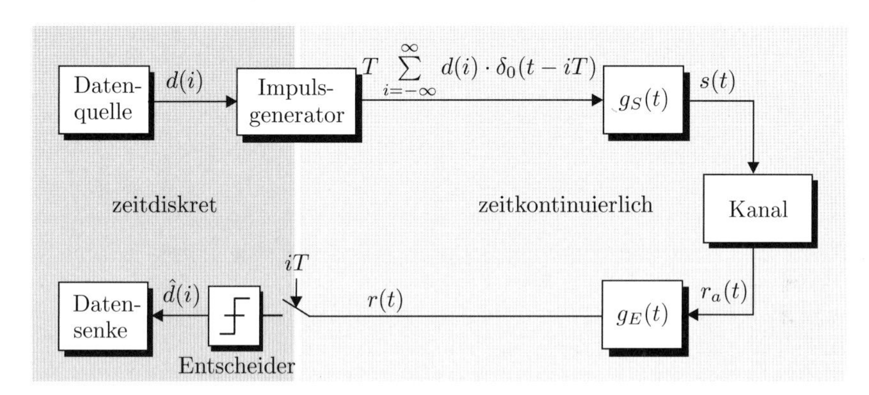

Bild 8.1.1: Modell eines Datenübertragungssystems

(analogen) Kanal erfolgt am Eingang des Empfängers eine weitere Filterung. Dieses Empfangsfilter mit der Impulsantwort $g_E(t)$ hat vor allem die Aufgabe der Bandbegrenzung des auf dem Übertragungswege überlagerten Rauschens; in Abschnitt 8.3 wird das optimale Filter hierfür hergeleitet (Matched-Filter). Am Ausgang des Empfangsfilters wird eine Abtastung mit dem Symboltakt iT vorgenommen – die Folge $r(iT)$ wird dem Datenentscheider zugeführt. Um eine fehlerfreie Datenrekonstruktion zu gewährleisten, müssen Sende- und Empfangsfilter gemeinsam die erste Nyquistbedingung erfüllen. Im Abschnitt 8.1.3 wird dies im einzelnen dargestellt.

8.1.2 Spektrum eines Datensignals

Es wird angenommen, dass die Quelle zufällige Daten abgibt[2]. Somit ist auch das gesendete Datensignal ein Zufallsprozess – Daten und Sendesignal sind also gemäß der vereinbarten Schreibweise durch die Großbuchstaben $D(i)$ bzw. $S(t)$ zu kennzeichnen. Im Folgenden soll die spektrale Leistungsdichte des Datensignals berechnet werden. Dazu geht man von der Autokorrelationsfunktion aus, die, wie sich zeigen wird, nicht stationär ist; deshalb schreiben wir allgemein

$$r_{SS}(t+\tau, t) = \mathrm{E}\left\{S(t)S(t+\tau)\right\}. \tag{8.1.4}$$

[2]Die Statistik der Quelle wird hier und im Folgenden stets als stationär angenommen.

Nach Einsetzen von (8.1.2) ergibt sich

$$r_{SS}(t+\tau,t) = \mathrm{E}\left\{T^2 \sum_{i=-\infty}^{\infty}\sum_{\ell=-\infty}^{\infty} D(i)\, g_S(t-iT)\, D(\ell)\, g_S(t+\tau-\ell T)\right\}, \tag{8.1.5}$$

woraus mit der Substitution $\lambda = i - \ell$ folgt

$$\begin{aligned} r_{SS}(t+\tau,t) = {} & \\ & T^2 \sum_{\lambda=-\infty}^{\infty}\sum_{\ell=-\infty}^{\infty} \mathrm{E}\{D(\lambda+\ell)\, D(\ell)\} \cdot g_S\big(t-(\lambda+\ell)T\big) \cdot g_S(t+\tau-\ell T) \\ = {} & T^2 \sum_{\lambda=-\infty}^{\infty} r_{DD}(\lambda) \sum_{\ell=-\infty}^{\infty} g_S(t-\ell T-\lambda T)\cdot g_S(t-\ell T+\tau). \end{aligned} \tag{8.1.6}$$

Hier bezeichnet $r_{DD}(\lambda)$ die *Autokorrelationsfolge der Daten* $D(i)$, die als stationär angenommen wurden. Der Ausdruck in (8.1.6) ist offensichtlich periodisch, da das Argument von der Form $t - \ell T$ ist und eine Summation über alle ℓ erfolgt. Es gilt

$$r_{SS}(t+\tau,t) = r_{SS}(t+t_0+\tau, t+t_0) \quad \text{für} \quad t_0 = i\,T, \tag{8.1.7}$$

wogegen diese Bedingung für $t_0 \neq i\,T$ im Allgemeinen verletzt ist. Man spricht hier von einem *zyklostationären* Prozess.

Um zu einem Ausdruck für die mittlere spektrale Leistungsdichte zu kommen, ist es zweckmäßig, die Autokorrelationsfunktion (8.1.6) *über eine Periode zu integrieren.* Wir definieren also die mittlere Autokorrelationsfunktion des Datensignals als

$$\bar{r}_{SS}(\tau) = \frac{1}{T}\int_{-\frac{T}{2}}^{\frac{T}{2}} r_{SS}(t+\tau,t)\, dt \tag{8.1.8}$$

und erhalten

$$\bar{r}_{SS}(\tau) = \sum_{\lambda=-\infty}^{\infty} r_{DD}(\lambda)\cdot \frac{T^2}{T}\sum_{\ell=-\infty}^{\infty}\int_{-\frac{T}{2}}^{\frac{T}{2}} g_S(t-\ell T-\lambda T)\, g_S(t-\ell T+\tau)\, dt. \tag{8.1.9}$$

Der zweite Summenausdruck wird über die Substitution $t' = t - \ell T$ umgeformt

$$\begin{aligned} \sum_{\ell=-\infty}^{\infty}\int_{-\frac{T}{2}-\ell T}^{\frac{T}{2}-\ell T} g_S(t'-\lambda T)\, g_S(t'+\tau)\, dt' &= \int_{-\infty}^{\infty} g_S(t'-\lambda T)\, g_S(t'+\tau)\, dt' \\ = \int_{-\infty}^{\infty} g_S(t')\, g_S(t'+\tau+\lambda T)\, dt' &= r^E_{g_S g_S}(\tau+\lambda T). \end{aligned} \tag{8.1.10}$$

Man erhält die Energie-Autokorrelationsfunktion (siehe Tabelle 1.2.2, Seite 7) des Sendeimpulses $g_S(t)$. Damit ergibt sich für die mittlere AKF des Datensignals aus (8.1.9)

$$\bar{r}_{SS}(\tau) = T \sum_{\lambda=-\infty}^{\infty} r_{DD}(\lambda) \cdot r^E_{g_S g_S}(\tau + \lambda T). \tag{8.1.11}$$

Die zugehörige mittlere spektrale Leistungsdichte gewinnt man durch Fourier-Transformation.

$$\bar{S}_{SS}(j\omega) = T \sum_{\lambda=-\infty}^{\infty} r_{DD}(\lambda) \cdot S^E_{g_S g_S}(j\omega)\, e^{j\omega\lambda T} \tag{8.1.12}$$

Mit der Beziehung (siehe Tabelle 1.2.2)

$$S^E_{g_S g_S}(j\omega) = |G_S(j\omega)|^2$$

ergibt sich hieraus die gesuchte mittlere spektrale Leistungsdichte

$$\bar{S}_{SS}(j\omega) = T\; |G_S(j\omega)|^2 \cdot \sum_{\lambda=-\infty}^{\infty} r_{DD}(\lambda)\, e^{j\omega T\lambda}. \tag{8.1.13}$$

Der zweite Term in diesem Ausdruck stellt die zeitdiskrete Fourier-Transformation der Autokorrelationsfolge des Datensignals dar: Da die Autokorrelationsfolge reeller Daten stets gerade ist, $r_{DD}(\lambda) = r_{DD}(-\lambda)$, kann geschrieben werden

$$\sum_{\lambda=-\infty}^{\infty} r_{DD}(\lambda)\, e^{j\omega T\lambda} = \sum_{\lambda=-\infty}^{\infty} r_{DD}(\lambda)\, e^{-j\omega T\lambda} = S_{DD}(e^{j\omega T}), \tag{8.1.14}$$

so dass aus (8.1.13) schließlich folgt

$$\bar{S}_{SS}(j\omega) = T\; |G_S(j\omega)|^2 \cdot S_{DD}(e^{j\omega T}). \tag{8.1.15}$$

- **Beispiel:** *Unkorrelierte Daten*

  Sind die Datenwerte $D(i)$ und $D(\ell)$ für $i \neq \ell$ unkorreliert, so gilt für die Autokorrelationsfolge

  $$r_{DD}(\lambda) = m_D^2 + \sigma_D^2\, \delta(\lambda) \tag{8.1.16}$$

  mit $m_D = \mathrm{E}\{D(i)\}$ und $\sigma_D^2 = \mathrm{E}\{[D(i) - m_D]^2\}$.
  Die Beziehung wird in (8.1.13) eingesetzt.

  $$\bar{S}_{SS}(j\omega) = T\; |G_S(j\omega)|^2 \cdot \Big[\sigma_D^2 + m_D^2 \sum_{\lambda=-\infty}^{\infty} e^{j\omega T\lambda}\Big] \tag{8.1.17}$$

  Im Sinne der Distributionentheorie gilt [Fli91]

  $$\sum_{\lambda=-\infty}^{\infty} e^{j\omega T\lambda} = \frac{2\pi}{T} \sum_{\lambda=-\infty}^{\infty} \delta_0\Big(\omega + \frac{2\pi}{T}\lambda\Big).$$

Man erhält damit aus (8.1.17)

$$\bar{S}_{SS}(j\omega) = T\,\sigma_D^2 \big|G_S(j\omega)\big|^2 + 2\pi\, m_D^2 \sum_{\lambda=-\infty}^{\infty} \Big|G_S\Big(j\frac{2\pi}{T}\lambda\Big)\Big|^2 \delta_0\big(\omega + \frac{2\pi}{T}\lambda\big). \qquad (8.1.18)$$

Aufgrund des Gleichanteils der Daten enthält das Sendesignal also Spektrallinien an Vielfachen der Symbolfrequenz 1/T – vorausgesetzt, $|G_S(j\omega)|$ ist an diesen Stellen nicht null.

Für den Spezialfall unkorrelierter, *gleichanteilfreier* Daten ergibt sich einfach

$$\bar{S}_{SS}(j\omega) = T\,\sigma_D^2 \cdot |G_S(j\omega)|^2; \qquad (8.1.19)$$

das Leistungsdichtespektrum des Datensignals ist dann proportional zur quadrierten Betragsübertragungsfunktion des Impulsformers.

8.1.3 Intersymbol-Interferenz - Die erste Nyquistbedingung

Es wird angenommen, dass das Datensignal (8.1.2) – zunächst ohne additive Rauscheinflüsse – zum Empfänger übertragen wird. Wir fassen die Impulsantworten des Sende- und Empfangsfilters zusammen:

$$g(t) = g_S(t) * g_E(t). \qquad (8.1.20)$$

Die Abtastung des Empfangssignals zu den diskreten Zeitpunkten iT liefert die Datenfolge

$$r(iT) = T \sum_{\ell=-\infty}^{\infty} d(\ell) g(iT - \ell T), \qquad (8.1.21)$$

die im Idealfall mit der gesendeten Datenfolge $d(i)$ übereinstimmen soll. Lassen wir eine Verzögerung i_0 durch das impulsformende Filter zu, so lautet die Bedingung für verzerrungsfreie Datenübertragung

$$r(iT) = T \sum_{\ell=-\infty}^{\infty} d(\ell) g((i-\ell)T) \stackrel{!}{=} d(i - i_0). \qquad (8.1.22)$$

Hieraus gewinnt man eine Forderung an die Gesamtimpulsantwort $g(t)$ zur idealen Formung von Datenimpulsen.

$$\begin{aligned} \ell &= i - i_0 &\Rightarrow\quad T\cdot g(i_0 T) &= 1 \\ \ell &\neq i - i_0 &\Rightarrow\quad T\cdot g(iT) &= 0, \quad \text{für } i \neq i_0\,; \end{aligned} \qquad (8.1.23)$$

d.h. die Impulsantwort des gesamten Übertragungssystems muss zu einem Zeitpunkt i_0 den Wert eins aufweisen und in äquidistanten Abständen iT verschwinden. Der übrige

Verlauf der Impulsantwort ist für die Erfüllung der Bedingung (8.1.22) ohne Belang. **Bild 8.1.2** zeigt das Beispiel eines Impulses $g(t)$, der die erste Nyquistbedingung erfüllt. Üblicherweise werden – wie hier dargestellt – Sende- und Empfangsfilter linearphasig entworfen; zwingend notwendig ist dies zur Erfüllung der ersten Nyquistbedingung jedoch nicht.

System-Impulsantworten mit der Eigenschaft (8.1.23) waren uns bereits in Abschnitt 2.1 im Zusammenhang mit der Betrachtung verzerrungsfreier Übertragungskanäle begegnet – wir hatten diese Bedingung als *erste Nyquistbedingung* bezeichnet. Die dort ausgeführten Betrachtungen über die spektralen Eigenschaften können hier wieder aufgegriffen werden. Gemäß der Gleichung (2.1.13) auf Seite 53 impliziert die Forderung (8.1.23) die folgende Spektralbereichs-Bedingung

$$\sum_{i=-\infty}^{\infty} G\Big(j(\omega - \frac{2\pi}{T}\,i)\Big) = e^{-j\,\omega\,i_0 T}. \tag{8.1.24}$$

Die Zusammenhänge in Abschnitt 2.1 hatten sich aufgrund von Fensterbewertungen der

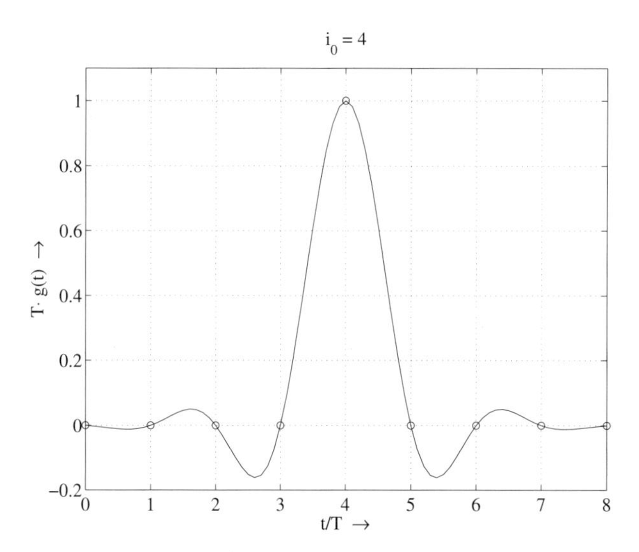

Bild 8.1.2: Idealer Datenimpuls zur intersymbolinterferenzfreien Übertragung (erste Nyquistbedingung)

Impulsantwort eines idealen Tiefpasses der Grenzfrequenz

$$f_N = \frac{1}{2T} \qquad \text{(Nyquistfrequenz)} \tag{8.1.25}$$

ergeben:

$$g(t) = \frac{1}{T}\, f(t - i_0 T) \cdot \frac{\sin(\pi(\frac{t}{T} - i_0)}{\pi(\frac{t}{T} - i_0)}. \tag{8.1.26}$$

Wir können also folgern, dass

- *alle Impulsformer, die über eine Fensterbewertung der Impulsantwort des idealen Tiefpasses mit der Grenzfrequenz $f_N = 1/2T$ entworfen wurden, im Sinne einer digitalen Übertragung verzerrungsfreie Systeme darstellen.*

Beschränkt sich die Bandbreite des Impulsformers streng auf das Frequenzintervall

$$-2f_N \leq f \leq 2f_N \quad \text{bzw.} \quad -\frac{1}{T} \leq f \leq \frac{1}{T},$$

so gelten die in Abschnitt 2.1 abgeleiteten Symmetriebedingungen für die Übertragungsfunktion[3].

$$G_0(j(\omega_N + \omega)) = 1 - G_0(j(\omega_N - \omega)) \quad \text{für} \; -\omega_N \leq \omega \leq \omega_N \tag{8.1.27}$$

Hierbei wurde ein linearphasiger Impulsformer (also eine in t gerade Fensterfunktion $f(t)$) angesetzt:

$$G(j\omega) = G_0(j\omega) \cdot e^{-j\omega i_0 T}, \qquad G_0(j\omega) \in \mathbb{R}. \tag{8.1.28}$$

Filterflanken, die die Charakteristik (8.1.27) aufweisen, werden als *Nyquistflanken* bezeichnet. Gebräuchliche Formen von praktisch eingesetzten Impulsformern sind solche mit Kosinus-roll-off-Flanken. Entwürfe dieser Art wurden bereits in Abschnitt 2.1.3 diskutiert: Impulsantworten der Form

$$g_0(t) = \frac{1}{T} \frac{\sin(\pi \frac{t}{T})}{\pi \frac{t}{T}} \cdot \frac{\cos(\pi r \frac{t}{T})}{1 - (2r\frac{t}{T})^2} \tag{8.1.29}$$

erfüllen die erste Nyquistbedingung aufgrund des Faktors $\mathrm{si}(\pi t/T)$. Der zweite Term ermöglicht die Formung der Filterflanken in Abhängigkeit des Parameters r, des sogenannten *Roll-off-Faktors*. Die zu (8.1.29) gehörige Übertragungsfunktion lautet gemäß (2.1.20)

$$G_0(j\omega) = \begin{cases} 1 & \text{für } \frac{|\omega|}{\omega_N} \leq 1 - r \\ \frac{1}{2}[1 + \cos[\frac{\pi}{2r}(\frac{\omega}{\omega_N} - (1-r))]] & \text{für } 1 - r \leq \frac{|\omega|}{\omega_N} \leq 1 + r \\ 0 & \text{für } \frac{|\omega|}{\omega_N} \geq 1 + r. \end{cases} \tag{8.1.30}$$

Der Roll-off-Faktor kann in den Grenzen $0 \leq r \leq 1$ variiert werden, wobei sich im Falle $r = 0$ ein idealer Tiefpass, also ein Impulsformer mit geringster Bandbreite

$$0 \leq f \leq f_N = 1/2T$$

ergibt. Der andere Extremfall, $r = 1$, liefert eine reine Kosinusflanke über den Bereich $0 \leq f \leq 2f_N = 1/T$. Die verschiedenen Filtercharakteristiken mit zugehörigen Impulsantworten sind Bild 2.1.5, Seite 57, zu entnehmen.

[3] Der Index „0“ soll hier und im Weiteren andeuten, dass ein nichtkausales Nullphasensystem gemäß (8.1.28) mit reeller Übertragungsfunktion, also gerader Impulsantwort betrachtet wird.

Ist die Bedingung (8.1.23) nicht exakt erfüllt, so kommt es zu einer ungewollten gegenseitigen Beeinflussung benachbarter Symbole: Man nennt diese Erscheinung Intersymbol-Interferenz (Abkürzung „ISI"). Gilt also (in nichtkausaler Schreibweise)

$$g_0(iT) = \begin{cases} 1/T + \Delta g_0(0) & \text{für } i = 0 \\ g_0(iT) & \text{sonst,} \end{cases} \tag{8.1.31}$$

so erhält man am Empfänger die gestörte Datenfolge

$$\begin{aligned} r(iT) &= T \sum_{\ell=-\infty}^{\infty} d(\ell) \cdot g_0((i-\ell)T) = T \sum_{\nu=-\infty}^{\infty} d(i-\nu) \cdot g_0(\nu T) \\ &= [1 + T\,\Delta g_0(0)] \cdot d(i) + T \sum_{\substack{\nu=-\infty \\ \nu\neq 0}}^{\infty} d(i-\nu) \cdot g_0(\nu T). \end{aligned} \tag{8.1.32}$$

Dem gesendeten Datenwert $d(i)$ ist also eine Störfolge (ISI-Signal)

$$\Delta d(i) = T \sum_{\substack{\nu=-\infty \\ \nu\neq 0}}^{\infty} d(i-\nu) g_0(\nu T) \tag{8.1.33}$$

überlagert. Werden zufällige Quelldaten $D(i)$ angesetzt, so ist auch das ISI-Signal stochastisch; seine Leistung lässt sich für unkorrelierte und mittelwertfreie Quelldaten wie folgt angeben:

$$\begin{aligned} \mathrm{E}\left\{(\Delta D(i))^2\right\} &= \sigma^2_{\Delta D} = T^2 \sum_{\substack{\nu=-\infty \\ \nu\neq 0}}^{\infty} \sum_{\substack{\mu=-\infty \\ \mu\neq 0}}^{\infty} \mathrm{E}\{D(i-\nu)\, D(i-\mu)\}\, g_0(\nu T)\, g_0(\mu T) \\ \sigma^2_{\Delta D} &= T^2 \sum_{\substack{\nu=-\infty \\ \nu\neq 0}}^{\infty} \mathrm{E}\{(D(i-\nu))^2\}\, g_0^2(\nu T) = \sigma_D^2 T^2 \sum_{\substack{\nu=-\infty \\ \nu\neq 0}}^{\infty} g_0^2(\nu T). \end{aligned} \tag{8.1.34}$$

Wegen der vorausgesetzten statistischen Unabhängigkeit der Quelldaten ist die ISI-Störfolge $\Delta D(i)$ unkorreliert mit der gesendeten Datenfolge $D(i)$. Das Signal-zu-Interferenz-Leistungsverhältnis hat mit (8.1.32) den Wert

$$S/I = \frac{[1 + T\,\Delta g_0(0)]^2}{\sum\limits_{\substack{\nu=-\infty \\ \nu\neq 0}}^{\infty} T^2 g_0^2(\nu T)}. \tag{8.1.35}$$

Vielfach interessiert nicht die Leistung der überlagerten Störgröße, sondern der Maximalwert, da hieraus auf mögliche Fehlentscheidungen geschlossen werden kann. Beschränkt man sich auf symmetrisch verteilte Daten $d(i) \in \{-d_{\max}, \ldots, +d_{\max}\}$, so ergibt sich aus (8.1.33) für die spezielle Datenkonstellation

$$d(i-\nu) = d_{\max} \cdot \operatorname{sgn}(g_0(\nu T)), \quad \nu \in \mathbb{Z} \neq 0 \tag{8.1.36}$$

ein maximaler Fehler von

$$\max\{\Delta d(i)\} = d_{\max} T \sum_{\substack{\nu=-\infty \\ \nu \neq 0}}^{\infty} |g_0(\nu T)|. \tag{8.1.37}$$

Intersymbolinterferenz kann durch einen unvollkommenen Impulsformer-Entwurf bzw. durch Einflüsse linearer Verzerrungen des Übertragungskanals entstehen, aber auch durch eine nicht ideale Abtastphase. Im letzteren Fall ist für das diskrete Kanalmodell die Impulsantwort $g_0(\nu T + \Delta t)$ zu setzen.

$$\Delta d(i) = T \sum_{\substack{\nu=-\infty \\ \nu \neq 0}}^{\infty} d(i-\nu)\, g_0(\nu T + \Delta t) \tag{8.1.38}$$

Wir untersuchen den Einfluss eines solchen Abtastfehlers am Beispiel des oben festgelegten Kosinus-roll-off-Impulsformers; mit (8.1.29) gilt

$$g_0(\nu T + \Delta t) = \frac{1}{T} \frac{\sin[\pi(\nu + \frac{\Delta t}{T})]}{\pi \cdot (\nu + \frac{\Delta t}{T})} \cdot \frac{\cos[\pi r(\nu + \frac{\Delta t}{T})]}{1 - (2r(\nu + \frac{\Delta t}{T}))^2}. \tag{8.1.39}$$

Es wird zunächst der Grenzfall $r = 0$ betrachtet (idealer Tiefpass). Für kleine Abtast-Abweichungen

$$\frac{\Delta t}{T} \ll 1$$

gilt näherungsweise für $\nu \neq 0$

$$\frac{\sin[\pi(\nu + \frac{\Delta t}{T})]}{\pi(\nu + \frac{\Delta t}{T})} \approx \frac{\Delta t}{T} \cdot \frac{(-1)^\nu}{\nu}. \tag{8.1.40}$$

Für den Maximalwert des Fehlers ist nach (8.1.37) eine unendliche Reihe anzusetzen

$$\frac{\max\{\Delta d(i)\}_{r=0}}{d_{\max}} \approx \sum_{\substack{\nu=-\infty \\ \nu \neq 0}}^{\infty} \frac{\Delta t}{T} \cdot \frac{1}{|\nu|} = 2 \cdot \frac{\Delta t}{T} \cdot \sum_{\nu=1}^{\infty} \frac{1}{\nu}. \tag{8.1.41}$$

Diese Reihe konvergiert bekanntlich nicht. Eine verschwindend geringe Fehlabtastung führt also zu beliebig großen Fehlern. Wir halten das folgende wichtige Ergebnis fest.

- *Ein idealer Tiefpass erfüllt die erste Nyquistbedingung. Dennoch ist er zur praktischen Datenübertragung nicht geeignet, da er eine exakte Einhaltung des idealen Abtastzeitpunktes erfordert* ($\Delta t = 0$).

Wir betrachten den anderen Extremfall $r = 1$. Unter der Bedingung $\Delta t/T \ll 1$ ergibt sich für die Werte der Impulsantwort näherungsweise

$$T \cdot g_0(\nu T + \Delta t) \approx \frac{\Delta t}{T} \cdot \frac{(-1)^\nu}{\nu} \cdot \frac{(-1)^\nu}{1 - (2\nu)^2} \tag{8.1.42}$$

und damit für den Maximalwert des Fehlerbetrages

$$\frac{\max\{\Delta d(i)\}_{r=1}}{d_{\max}} \approx 2 \cdot \frac{\Delta t}{T} \cdot \sum_{\nu-1}^{\infty} \frac{1}{\nu[(2\nu)^2 - 1]}. \tag{8.1.43}$$

Die hier enthaltene Reihe hat den Wert

$$\sum_{\nu=1}^{\infty} \frac{1}{\nu[4\nu^2 - 1]} \approx 0,3863,$$

so dass (8.1.43) ergibt

$$\frac{\max\{\Delta d(i)\}_{r=1}}{d_{\max}} \approx 0,7726 \cdot \frac{\Delta t}{T}. \tag{8.1.44}$$

So erhält man beispielsweise bei einer Fehlabtastung von $\pm 10\%$ des Schrittintervalls einen maximal möglichen Fehler von nur $7,7\%$ bezogen auf den ungestörten Datenwert $d_{\max}$.

- *Eine Impulsformung mit einer reinen Kosinusflanke im Bereich $0 \leq f \leq 1/T$ bewirkt eine geringe Empfindlichkeit gegenüber Schwankungen des Abtastzeitpunktes.*

8.1.4 Augendiagramm - Die zweite Nyquistbedingung

Die im letzten Abschnitt angestellten Überlegungen werden in der praktischen Messtechnik üblicherweise durch das sogenannte *Augendiagramm* veranschaulicht. Dabei wird ein stochastisches Datensignal abschnittweise so übereinandergezeichnet, dass alle Zeitintervalle

$$|t + iT| \leq T/2, \quad i \in \mathbb{Z}$$

zusammenfallen. Das Resultat ist ein augenähnliches Muster, woher auch der Name rührt. Bei Erfüllung der ersten Nyquistbedingung muss im mittleren Bereich ein klares mehrstufiges Signal entsprechend den möglichen diskreten Stufen der Datenfolge $d(i)$ erkennbar sein.

Im **Bild 8.1.3** werden die Verhältnisse für eine zweistufige Übertragung anhand einer Impulsformung mit verschiedenen Kosinus-roll-off-Filtern verdeutlicht. Es zeigt sich, dass in allen Fällen die erste Nyquistbedingung erfüllt ist: In der Augenmitte enthält das Datensignal stets die diskreten Werte $+1$ oder -1. Ein entscheidender Unterschied ergibt sich jedoch in den *relativen horizontalen Augenöffnungen* (ΔT_h = absolute horizontale Augenöffnung)

$$h = \frac{\Delta T_h}{T}.$$

Sie stellen ein Maß für die erforderliche Genauigkeit des Abtastzeitpunktes dar. Entsprechend den Überlegungen im letzten Abschnitt ist die horizontale Augenöffnung um so geringer, je näher der Impulsformer dem idealen Tiefpass kommt, je geringer also der Roll-off-Faktor wird.

Eine Sonderstellung nimmt offensichtlich der Fall $r = 1$ ein: Die horizontale Augenöffnung erreicht hier den maximal möglichen Wert

$$h|_{r=1} = 1.$$

Zur Veranschaulichung dieses Sachverhaltes betrachten wir noch einmal die zugehörige Impulsantwort nach (8.1.29) für $r = 1$.

$$g_0(t) = \frac{1}{T}\,\frac{\sin(\pi\frac{t}{T})}{\pi\frac{t}{T}} \cdot \frac{\cos(\pi\frac{t}{T})}{1-(2\frac{t}{T})^2} \tag{8.1.45}$$

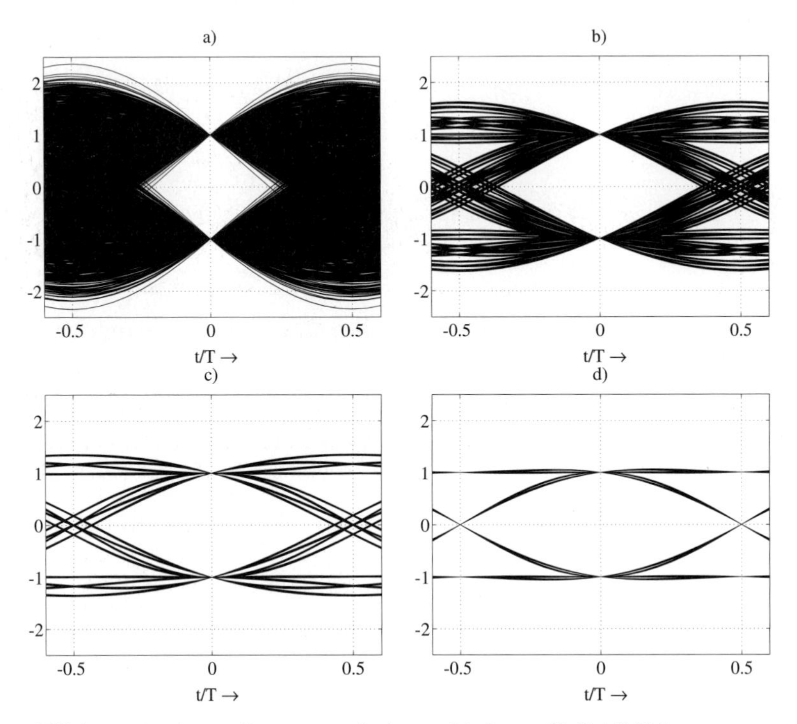

Bild 8.1.3: Augendiagramme bei verschiedenen Roll-off Faktoren a) $r = 0,1$; b) $r = 0,4$; c) $r = 0,6$; d) $r = 1,0$

Die Abtastung mit der *doppelten* Schrittfrequenz $1/(T/2)$ liefert die Folge

$$g_0(\nu\frac{T}{2}) = \begin{cases} \frac{1}{T} & \text{für } \nu = 0 \\ \frac{1}{2T} & \text{für } \nu = \pm 1 \\ 0 & \text{sonst,} \end{cases} \tag{8.1.46}$$

was in **Bild 8.1.4** demonstriert wird.

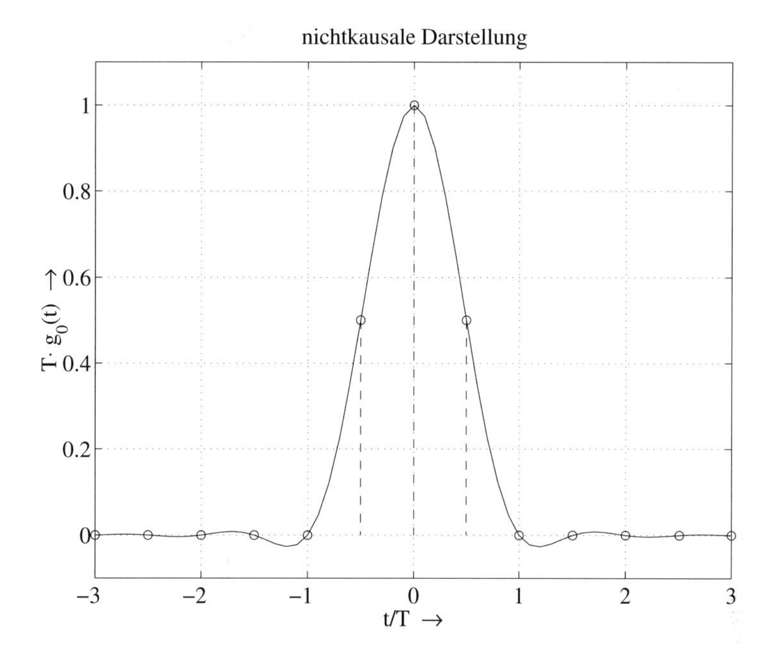

Bild 8.1.4: Impulsantwort eines Impulsformers bei Erfüllung der zweiten Nyquistbedingung

Das resultierende Datensignal hat unter Berücksichtigung dieser Bedingung die folgenden Eigenschaften.

$$r\left(\nu\frac{T}{2}\right) = T\sum_{\ell=-\infty}^{\infty} d(\ell)\cdot g\left(\nu\frac{T}{2} - \ell T\right) \tag{8.1.47}$$

Unterscheidet man zwischen geraden und ungeraden Werten ν, so ergibt sich für

$$\begin{aligned} r\big(\mu T\big) &= T\sum_{\ell=-\infty}^{\infty} d(\ell)\, g\big(\mu T - \ell T\big) = d(\mu) \quad \text{(1. Nyquistbedingung)} \\ r\Big((2\mu+1)\frac{T}{2}\Big) &= T\sum_{\ell=-\infty}^{\infty} d(\ell)\, g\Big((\mu-\ell)T + \frac{T}{2}\Big) = \frac{1}{2}[d(\mu) + d(\mu+1)]. \end{aligned} \tag{8.1.48}$$

Setzen wir eine zweistufige Übertragung der Form $d(\mu)\in\{-d, +d\}$ voraus, so kann das Datensignal an den Stellen $t = \mu T + \frac{T}{2}$, also genau zwischen den Abfragezeitpunkten, nur drei verschiedene Werte annehmen:

$$r\left(\mu T \pm \frac{T}{2}\right) = \begin{cases} d & \text{für } d(\mu) = d(\mu\pm 1) = d \\ -d & \text{für } d(\mu) = d(\mu\pm 1) = -d \\ 0 & \text{für } d(\mu) = -d(\mu\pm 1). \end{cases}$$

Dieser Sachverhalt wird am Augenmuster nach Bild 8.1.3d deutlich.

Die Forderung (8.1.46) wird als *zweite Nyquistbedingung* bezeichnet; ihre Erfüllung führt zu der maximal möglichen horizontalen Augenöffnung $h = 1$. Die Bandbreite eines solchen Impulsformers ist allerdings gegenüber dem Grenzfall des idealen Tiefpasses verdoppelt:

$$0 \leq f \leq 2f_N = \frac{1}{T}.$$

Die *Bandbreite-Effizienz* eines digitalen Übertragungssystems lässt sich durch den Quotienten aus Übertragungsrate und Bandbreite ausdrücken. Für die verschiedenen Formen von Kosinus-roll-off Filtern gilt bei zweistufiger Übertragung über einen reellen Tiefpass-Kanal:

$$\beta = \frac{\text{Übertragungsrate}}{\text{Bandbreite}} = \frac{1/T}{(1+r)f_N} = \frac{2}{1+r} \ \frac{\text{bit/s}}{\text{Hz}}$$

$$\Rightarrow \quad \underset{\text{(zweite Nyquistbedingung)}}{\underset{\downarrow}{1\frac{\text{bit/s}}{\text{Hz}}}} \quad \leq \quad \frac{2}{1+r} \quad \leq \quad \underset{\text{(idealer Tiefpass)}}{\underset{\downarrow}{2\frac{\text{bit/s}}{\text{Hz}}}}.$$

8.2 Übertragung mit kontrollierter Intersymbol-Interferenz

8.2.1 Partial-Response-Codierung

Die bisherigen Überlegungen haben gezeigt, dass bei zweistufiger Übertragung die optimale Bandbreite-Effizienz von 2 bit/s pro Hz nicht erreichbar ist. Um dieses Ziel zu erreichen, müssen mehrstufige Übertragungsformen angewendet werden. Ein vielfach benutztes Verfahren besteht in der Verwendung von Pseudo-Mehrstufencodes (*Partial-Response-Codes*). Dabei wird die gesendete binäre Datenfolge $d(i)$ mittels der Vorschrift (8.2.1) in die mehrstufige Folge $c(i)$ umgesetzt.

$$c(i) = \sum_{\nu=0}^{n-1} \alpha_\nu d(i-\nu); \quad \alpha_\nu \in \mathbb{Z} \tag{8.2.1}$$

Wird für die zweistufige Folge[4]

$$d(i) \in \{d_0, d_1\}$$

die Verteilungsdichtefunktion

$$p_D(d) = \frac{1}{2}[\delta_0(d-d_0) + \delta_0(d-d_1)] \tag{8.2.2}$$

[4]Die Festlegung des Signalalphabets, z.B. $d \in \{0,1\}$ oder $d \in \{1,-1\}$, bleibt zunächst offen.

angesetzt (gleiche A-priori-Wahrscheinlichkeiten für d_0 und d_1), so ergibt sich für die codierte Folge

$$\begin{aligned} p_C(c) &= 2^{-n}\left[\delta_0(c-\alpha_0 d_0)+\delta_0(c-\alpha_0 d_1)\right] * \left[\delta_0(c-\alpha_1 d_0)+\delta_0(c-\alpha_1 d_1)\right] * \\ \ldots &\quad * \left[\delta_0(c-\alpha_{n-1} d_0)+\delta_0(c-\alpha_{n-1} d_1)\right]. \end{aligned} \tag{8.2.3}$$

Hieraus resultiert ein maximal 2^n-stufiges Signal. Unter bestimmten Symmetriebedingungen kann sich die Stufigkeit reduzieren.

Wir betrachten in **Bild 8.2.1** einige Beispiele. So führt der sogenannte *Duobinärcode* mit

$$n = 2, \quad \alpha_0 = \alpha_1 = 1$$

auf eine dreistufige Folge $c(i)$, gleichgültig ob das Quellen-Datensignal $d(i)$ symmetrisch oder unsymmetrisch vorliegt. Ebenso ergibt das zweite Beispiel aus der „Klasse 4“ der Partial-Response-Codes[5]

$$n = 3, \quad \alpha_0 = 1,\, \alpha_1 = 0,\, \alpha_2 = -1,$$

häufig auch als *modifizierter Duobinärcode* bezeichnet, ein dreistufiges Signal. Im Gegensatz zum ersten Beispiel liegt hier auch bei unsymmetrischer Darstellung der Quellen-Datenfolge ein gleichanteilfreies codiertes Signal vor. Die beiden betrachteten Beispiele zählen zu den *Pseudoternärcodes*, die für die praktische Übertragung am häufigsten zum Einsatz kommen. Im Unterschied dazu führt das Beispiel 3, ein Vertreter der Klasse 5,

$$n = 5, \quad \alpha_0 = -1,\, \alpha_1 = 0,\, \alpha_2 = 2,\, \alpha_3 = 0,\, \alpha_4 = -1$$

zu einem 5-stufigen Signal.

Aus der Codiervorschrift (8.2.1) wird deutlich, dass sich die Reaktion auf ein Einzelzeichen über mehrere Symbolintervalle erstreckt. Es kommt zu einer *definierten gegenseitigen Symbolbeeinflussung*, die sich in der (Pseudo-) Mehrstufigkeit äußert. Die Bezeichnung „Partial-Response-Codierung“ rührt daher, dass jedes Einzelzeichen während eines Symbolintervalls nur „teilweise einschwingt“.

Das Ziel der Partial-Response-Codierung besteht in einer günstigen Spektralformung des gesendeten Signals. Die spektrale Leistungsdichte des codierten Signals ist nach (8.1.13) zu berechnen. Daraus ist zu ersehen, dass die Spektraleigenschaften nicht nur vom Sendefilter, sondern ebenfalls von den Korrelationen zwischen den Daten beeinflusst werden.

---

[5] Zur Klassifikation von Partial-Response-Codes siehe z.B. [Boc77].

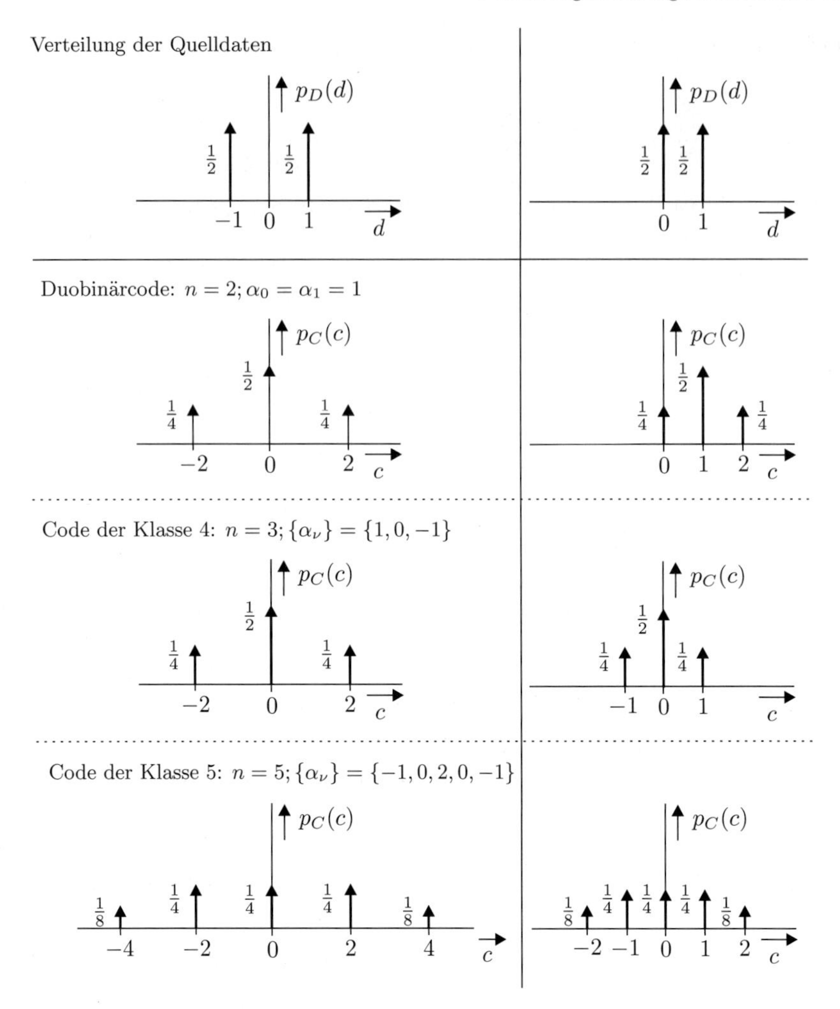

Bild 8.2.1: Verteilungsdichtefunktionen verschiedener Pseudomehrstufencodes

Genau davon wird bei der Partial-Response-Technik Gebrauch gemacht: Durch die Codiervorschrift (8.2.1) werden gezielt Korrelationen eingebracht, die eine gewünschte Spektralformung bewirken. Die Autokorrelationsfolge der codierten Daten lautet

$$r_{CC}(\lambda) = \mathrm{E}\{C(i)C(i+\lambda)\} = \sum_{\nu=0}^{n-1}\sum_{\mu=0}^{n-1} \alpha_\nu \alpha_\mu \mathrm{E}\{D(i-\nu) \cdot D(i+\lambda-\mu)\}. \qquad (8.2.4)$$

Wegen der vorausgesetzten Unkorreliertheit der Quelldaten gilt

$$\mathrm{E}\{D(i-\nu)D(i+\lambda-\mu)\} = \begin{cases} \sigma_D^2 + m_D^2 & \text{für } \mu = \nu + \lambda \\ m_D^2 & \text{sonst,} \end{cases} \qquad (8.2.5)$$

so dass (8.2.4) übergeht in

$$r_{CC}(\lambda) = \sigma_D^2 \sum_{\nu=0}^{n-1} \alpha_\nu \alpha_{\nu+\lambda} + m_D^2 \left[\sum_{\nu=0}^{n-1} \alpha_\nu \right]^2 . \tag{8.2.6}$$

Bild 8.2.2 veranschaulicht dieses Ergebnis für die drei betrachteten Codes.

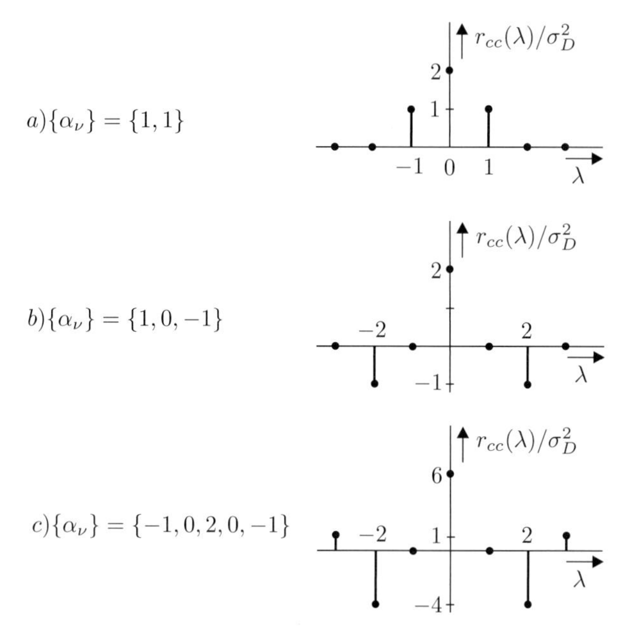

Bild 8.2.2: Autokorrelationsfolgen verschiedener Partial-Response-Codes

Die mittlere spektrale Leistungsdichte des Partial-Response-Sendesignals

$$s_c(t) = \sum_{i=-\infty}^{\infty} c(i)\, g_S(t - iT) = \sum_{i=-\infty}^{\infty} \sum_{\nu=0}^{n-1} \alpha_\nu\, d(i-\nu)\, g_S(t - iT) \tag{8.2.7a}$$

ergibt sich mit Hilfe von (8.1.13)

$$\bar{S}_{S_C S_C}(j\omega) = \frac{1}{T} \left| G_S(j\omega) \right|^2 \sum_{\lambda=-(n-1)}^{n-1} r_{CC}(\lambda) e^{j\omega T \lambda}. \tag{8.2.7b}$$

Partial-Response-Codes, die die Bedingung

$$\sum_{\nu=0}^{n-1} \alpha_\nu = 0 \tag{8.2.8}$$

erfüllen, sind *gleichanteilfrei*, d.h. sie erlauben eine *unmodulierte* Datenübertragung über Kanäle, deren Frequenzgang bei $\omega = 0$ null ist. Dies ist z.B. bei Fernsprechkanälen der Fall, wie in Abschnitt 2.4 dargestellt wurde; aus diesem Grunde wird die Partial-Response-Technik im Fersprechnetz zur PCM-Übertragung eingesetzt. Ist also die Bedingung (8.2.8) erfüllt, oder liegen von vornherein gleichanteilfreie Daten vor ($m_D = 0$), so gilt für die spektrale Leistungsdichte

$$\begin{aligned}\bar{S}_{S_C S_C}(j\omega) &= \frac{\sigma_D^2}{T}|G_S(j\omega)|^2 \sum_{\lambda=-(n-1)}^{n-1} [e^{j\omega T\lambda} \sum_{\nu=0}^{n-1} \alpha_\nu \alpha_{\nu+\lambda}] \\ &= \frac{\sigma_D^2}{T}|G_S(j\omega)|^2 \left[\sum_{\nu=0}^{n-1} \alpha_\nu^2 + 2\sum_{\lambda=1}^{n-1} \cos(\omega T\lambda) \cdot \sum_{\nu=0}^{n-1} \alpha_\nu \alpha_{\nu+\lambda}\right].\end{aligned} \tag{8.2.9}$$

Um das Ziel einer optimalen Übertragung mit 2 bit/s pro Hz zu erreichen, ist für den Impulsformer ein idealer Tiefpass mit der Grenzfrequenz $f_N = 1/2T$ anzusetzen.

$$G_S(j\omega) = \begin{cases} 1 & \text{für} \quad -\pi/T \leq \omega \leq \pi/T \\ 0 & \text{sonst.} \end{cases} \tag{8.2.10}$$

Wir veranschaulichen die Ergebnisse anhand der schon betrachteten drei Beispiele. Für den *Duobinärcode* erhält man aus (8.2.9) für mittelwertfreie Quelldaten

$$\bar{S}_{S_C S_C}(j\omega) = \begin{cases} 2T\sigma_D^2[1 + \cos(\omega T)] = 4T\sigma_D^2 \cos^2(\frac{\omega T}{2}) & \text{für } |\omega T| \leq \pi \\ 0 & \text{sonst.} \end{cases} \tag{8.2.11a}$$

Der *Pseudoternärcode aus der Klasse 4* ergibt (auch für $m_D \neq 0$)

$$\bar{S}_{S_C S_C}(j\omega) = \begin{cases} 2T\sigma_D^2[1 - \cos(2\omega T)] = 4T\sigma_D^2 \sin^2(\omega T) & \text{für } |\omega T| \leq \pi \\ 0 & \text{sonst} \end{cases} \tag{8.2.11b}$$

und der *fünfstufige Code der Klasse 5*

$$\bar{S}_{S_C S_C}(j\omega) = \begin{cases} 16T\sigma_D^2 \sin^4(\omega T) & \text{für } |\omega T| \leq \pi \\ 0 & \text{sonst.} \end{cases} \tag{8.2.11c}$$

Die Spektren der drei betrachteten Codes sind in **Bild 8.2.3** wiedergegeben. Der bisher nicht betrachtete in Teilbild b dargestellte Pseudoternärcode $\alpha_\nu = \{1, -1\}$ ist die Grundlage zum im nächsten Abschnitt eingeführten AMI-Code.

Die dargestellten Spektren sind streng auf die Nyquist-Bandbreite begrenzt. Es bleibt die Frage zu klären, ob auch bei nichtidealer Abtastung eine eindeutige Entscheidung möglich ist, oder ob sich Verhältnisse ähnlich denen beim idealen Tiefpass ergeben. Wir untersuchen hierzu den Code der Klasse 4, $\{\alpha_\nu\} = \{1, 0, -1\}$. Das gesendete Datensignal hat dabei die Form

$$s_c(t) = T \sum_{k=-\infty}^{\infty} [d(k+1) - d(k-1)] g_S(t - kT)$$

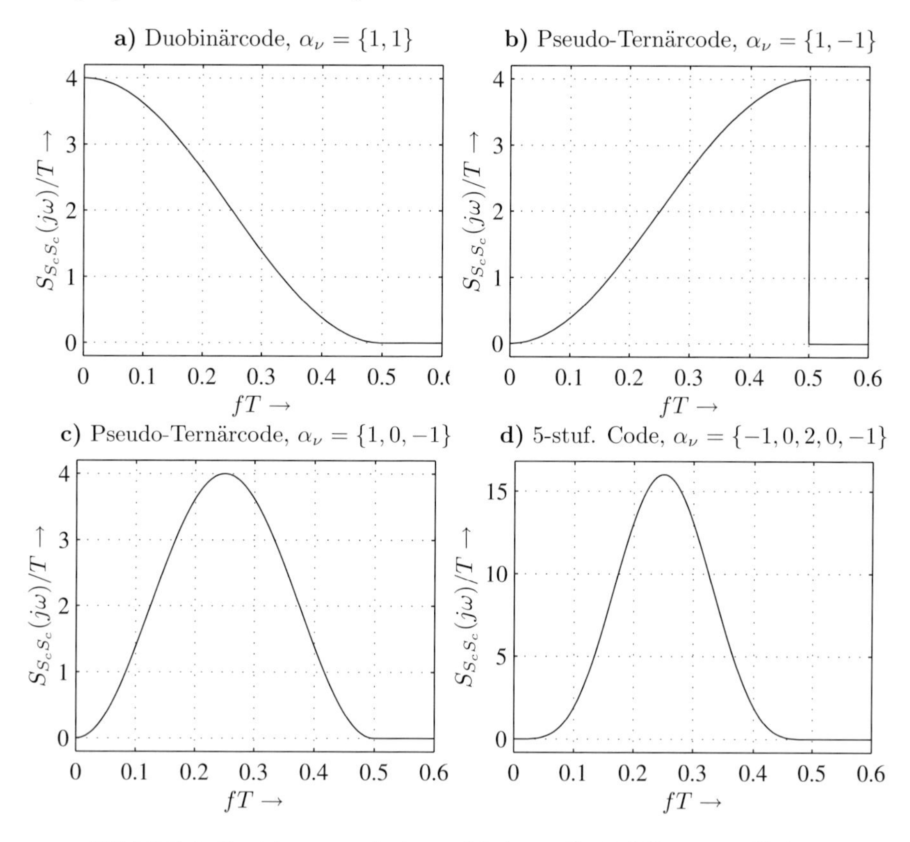

Bild 8.2.3: Spektren von drei verschiedenen Partial-Response-Codes.

$$= T \sum_{k=-\infty}^{\infty} d(k) \underbrace{[g_S(t-(k-1)T) - g_S(t-(k+1)T)]}_{=:\, p(t-kT)}. \tag{8.2.12}$$

Setzt man für $g_S(t)$ die Impulsantwort des idealen Tiefpasses, so lässt sich $p(t)$ auf die folgende Form bringen:

$$p(t) = \frac{1}{T}\Big(\frac{\sin\frac{\pi}{T}(t+T)}{\frac{\pi}{T}(t+T)} - \frac{\sin\frac{\pi}{T}(t-T)}{\frac{\pi}{T}(t-T)}\Big) = \frac{2}{\pi T} \cdot \frac{\sin(\pi t/T)}{\pi[(t/T)^2-1]}. \tag{8.2.13}$$

Bild 8.2.4 zeigt den Zeitverlauf. Wir betrachten nun den Fall einer Fehlabtastung um Δt und erhalten

$$r_c(iT+\Delta t) = \tilde{c}(i) = T \sum_{\nu=-\infty}^{\infty} d(i-\nu)p(\nu T+\Delta t). \tag{8.2.14}$$

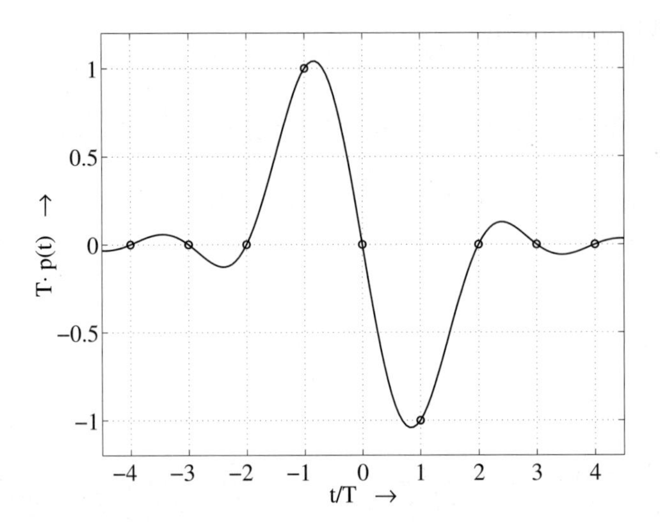

Bild 8.2.4: Einzelimpuls beim Partial-Response-Code der Klasse 4, $\{\alpha_\nu\} = \{1, 0, -1\}$

Mit

$$p(\nu T + \Delta t) = \begin{cases} \frac{1}{T} + \Delta p_- & \text{für } \nu = -1 \\ -\frac{1}{T} - \Delta p_+ & \text{für } \nu = +1 \\ p(\nu T + \Delta t) & \text{sonst} \end{cases}$$

ergibt sich

$$\tilde{c}(i) = d(i+1)[1 + T\Delta p_-] - d(i-1)[1 + T\Delta p_+] + T \sum_{\substack{\nu=-\infty \\ \nu \neq \pm 1}}^{\infty} d(i-\nu) p(\nu T + \Delta t). \quad (8.2.15)$$

Es ergibt sich wieder eine stochastische Störfolge, die dem Partial-Response-Signal überlagert ist. Für ihren Maximalwert erhält man unter der Bedingung

$$d(i) \in \{+d, -d\}$$

$$\max\{\Delta c(i)\} = d \cdot T \sum_{\substack{\nu=-\infty \\ \nu \neq \pm 1}}^{\infty} |p(\nu T + \Delta t)|. \quad (8.2.16)$$

Die Werte $p(\nu T + \Delta t)$ lassen sich für kleine Zeitabweichungen $\Delta t \ll T$ aus (8.2.13) abschätzen.

$$\begin{aligned} T \cdot p(\nu T + \Delta t) &= \frac{2}{\pi} \cdot \frac{\sin[\pi(\nu + \frac{\Delta t}{T})]}{\pi[(\nu + \frac{\Delta t}{T})^2 - 1]} \\ &\approx \begin{cases} 2\frac{(-1)^\nu}{\nu^2 - 1} \cdot \frac{\Delta t}{T} & \text{für } |\nu| = 2, 3, 4 \ldots \\ -2\frac{\Delta t}{T} & \text{für } \nu = 0 \end{cases} \end{aligned} \quad (8.2.17)$$

Aus (8.2.16) ergibt sich damit

$$\max\{\Delta c(i)\} \approx 2d \cdot \frac{\Delta t}{T}\left[1 + 2\sum_{\nu=2}^{\infty} \frac{1}{\nu^2 - 1}\right] \approx d \cdot 5\frac{\Delta t}{T}. \qquad (8.2.18)$$

Eine Fehlabtastung von 10% des Symbolintervalls führt also beispielsweise auf einen relativen vertikalen Augenfehler von 25% (bezogen auf den Maximalwert $2d$); eine eindeutige Entscheidung ist in der Umgebung des idealen Abtastzeitpunktes also möglich. **Bild 8.2.5** veranschaulicht die Verhältnisse anhand zweier gemessener Augendiagramme.

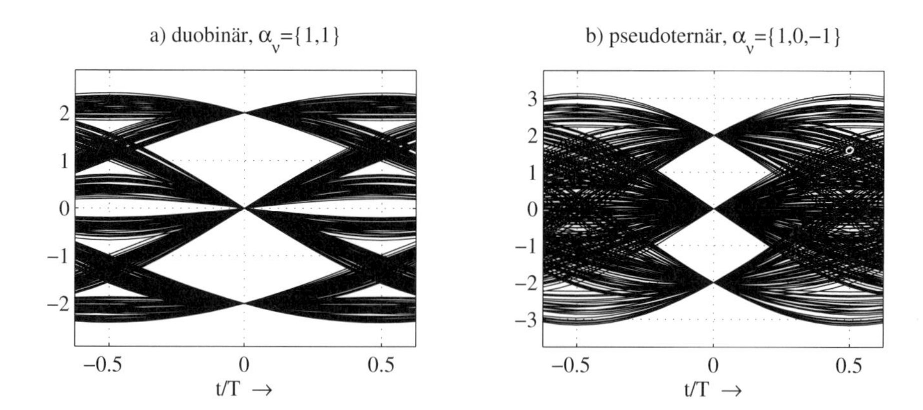

Bild 8.2.5: Augendiagramme für Duobinär- und Pseudoternärcode

8.2.2 Partial-Response-Vorcodierung

Die nichtrekursive Codierungsmaßnahme (8.2.1) erfordert am Empfänger ein rekursives Netzwerk zur Decodierung[6]. Kennzeichnet man mit $\hat{c}(i)$ die nach einer Schwellwertentscheidung erhaltenen Symbole, so ergibt sich die Decodierungsvorschrift

$$\hat{d}(i) = \frac{1}{\alpha_0}\,\hat{c}(i) - \sum_{\nu=1}^{n-1} \frac{\alpha_\nu}{\alpha_0}\,\hat{d}(i-\nu). \qquad (8.2.19)$$

Hierbei kann es zu *Fehlerfortpflanzung* kommen, wenn in den vorangegangenen Schritten Entscheidungsfehler stattgefunden haben, wenn also die Daten

$$\hat{d}(i-1), \ldots, \hat{d}(i-n+1)$$

[6]Eine Alternative hierzu bietet der sogenannte Viterbi-Detektor, der in Abschnitt 13.2 eingehend behandelt wird. In dem Fall ist die hier betrachtete Vorcodierung unnötig.

fehlerhaft sind. Die Aufgabe besteht darin, eine *Vorcodierung* der binären Daten derart vorzunehmen, dass die ursprüngliche Folge $d(i)$ aus den empfangenen *Momentanwerten* $\hat{c}(i)$ rekonstruiert werden kann, ohne also vergangene erkannte Datenwerte $\hat{d}(i-\nu)$ heranzuziehen.

Im Folgenden sei $b(i)$ die nicht codierte Binärfolge der Quelle und $d(i)$ die Ausgangsfolge des Vorcodierers. Für beide Folgen wird die logische Darstellung

$$d(i),\ b(i) \in \{0, 1\}$$

vereinbart. Weiterhin führen wir eine *logische* Formulierung der Partial-Response-Koeffizienten ein, die im Unterschied zu den Festlegungen in (8.2.1) mit $\alpha_\nu^{0/1}$ bezeichnet werden; sie ergeben sich aus der Vorschrift

$$\alpha_\nu^{0/1} = \begin{cases} 0 & \text{für } \alpha_\nu \text{ gerade} \\ 1 & \text{für } \alpha_\nu \text{ ungerade.} \end{cases}$$

Mit diesen Festlegungen lautet die Vorcodierung

$$d(i) = b(i) \oplus [d(i-1) \cdot \alpha_1^{0/1}] \oplus [d(i-2) \cdot \alpha_2^{0/1}] \oplus \ldots \oplus [d(i-n+1) \cdot \alpha_{n-1}^{0/1}]; \qquad (8.2.20)$$

dabei bezeichnet das Symbol $\oplus$ eine Modulo-2-Addition gemäß der Definition

$$\begin{array}{ccccccccc} 0 & \oplus & 0 & = & 1 & \oplus & 1 & = & 0 \\ 0 & \oplus & 1 & = & 1 & \oplus & 0 & = & 1. \end{array}$$

Bild 8.2.6 zeigt das Blockschaltbild des gesamten Partial-Response-Senders.

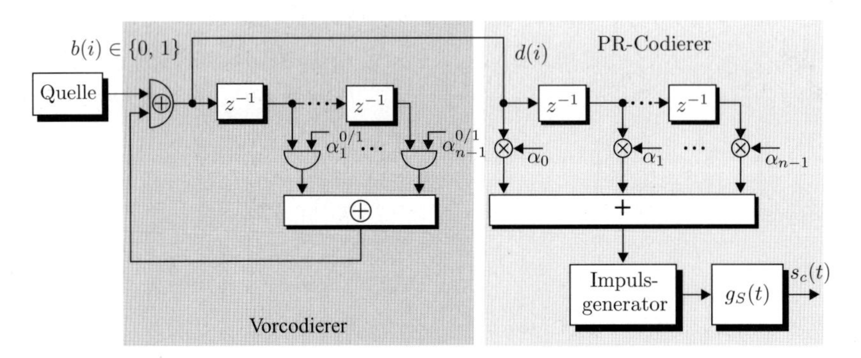

Bild 8.2.6: Blockschaltbild des Partial-Response-Senders

Eine wichtige Eigenschaft solcher nichtlinearen Codierungssysteme besteht darin, dass bei unkorrelierten Eingangsdaten $b(i)$ die codierten Daten $d(i)$ ebenfalls unkorreliert sind. Daher bleiben die bisher diskutierten Spektraleigenschaften der Pseudomehrstufencodes von der Vorcodierung unberührt.

Zur Erläuterung der Wirkungsweise der Vorcodierung betrachten wir noch einmal das obige Beispiel eines Pseudoternärcodes mit

$$\{\alpha_\nu\} = \{1, 0, -1\}.$$

Aus (8.2.20) folgt unter Berücksichtigung von $\alpha_0^{0/1} = \alpha_2^{0/1} = 1,\ \alpha_1^{0/1} = 0$

$$d(i) = b(i) \oplus d(i-2); \tag{8.2.21}$$

die nachfolgende Partial-Response-Codierung liefert

$$c(i) = d(i) - d(i-2) \in \{-1, 0, 1\} \tag{8.2.22}$$

mit $d(i) \in \{0, 1\}$.

Es sind zwei Fälle zu unterscheiden:

1. $c(i) = 0$ gilt für $d(i) = d(i-2)$;
   gemäß der Vorcodierung (8.2.21) kann dies nur für $b(i) = 0$ erfüllt sein.

2. $c(i) \neq 0$ gilt für $d(i) \neq d(i-2)$;
   gemäß der Vorcodierung kann dies nur für $b(i) = 1$ erfüllt sein.

Wir kommen damit zu einer eindeutigen Entscheidung über das gesendete Quelldatum $b(i)$ anhand des Momentanwertes des empfangenen Symbols.

$$\begin{aligned} |\hat{c}(i)| = 1 \quad &\rightarrow \quad \hat{b}(i) = 1 \\ |\hat{c}(i)| = 0 \quad &\rightarrow \quad \hat{b}(i) = 0 \end{aligned} \tag{8.2.23}$$

Für andere Partial-Response-Codierungen gelten entsprechende Überlegungen.

AMI-Code. Im Zusammenhang mit der Vorcodierung ist der bekannte *AMI-Code* (Alternate Mark Inversion) zu sehen. Grundlage ist ein Pseudoternärcode mit den Parametern

$$\{\alpha_\nu\} = \{1, -1\} \tag{8.2.24}$$

(siehe auch Bild 8.2.3b, Seite 247). Die Vorcodierung liefert hier

$$d(i) = b(i) \oplus d(i-1), \tag{8.2.25}$$

die Partial-Response-Codierung

$$c(i) = d(i) - d(i-1). \tag{8.2.26}$$

Solange Nullen übertragen werden, ändern die vorcodierten Daten ihre Werte offenbar nicht:

$$b(i) = 0 \quad \Rightarrow \quad \begin{cases} (8.2.25) \ \rightarrow \ d(i) & = d(i-1) \\ (8.2.26) \ \rightarrow \ c(i) & = 0. \end{cases}$$

Wird hingegen eine Eins übertragen, so gilt

$$b(i) = 1 \quad \Rightarrow \begin{cases} (8.2.25) \;\rightarrow\; d(i) \neq d(i-1) \\ (8.2.26) \;\rightarrow\; c(i) = \begin{cases} +1 & \text{für } d(i-1) = 0 \\ -1 & \text{für } d(i-1) = 1, \end{cases} \end{cases}$$

d.h. es wird der zur letzten Eins-Übertragung zugehörige Signalpegel invertiert. Ein Beispiel einer AMI-Übertragung ist in **Bild 8.2.7** wiedergegeben.

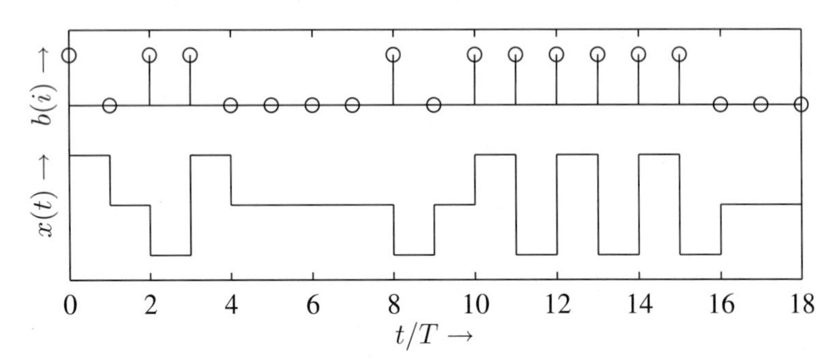

Bild 8.2.7: Zur Veranschaulichung des AMI-Codes (Rechteck-Impulsformung)

Diese Codierung stellt sicher, dass nicht längere Zeit ein Gleichpegel übertragen wird, zum Beispiel im Falle langer Eins-Sequenzen. Diese Eigenschft besitzen alle Partial-Response-Codes, die die Bedingung (8.2.8) erfüllen. Der AMI-Code vermeidet also die Übertragung von Gleichpegeln, nicht aber längerer Null-Folgen. Im letzteren Fall erhält der Empfänger über lange Zeitabschnitte keine Information über die Lage des Symboltaktes, was zu einem „Ausrasten" der Taktableitung führen kann (vgl. Abschnitt 10.4). Um dies zu verhindern, wurden modifizierte AMI-Codes vorgeschlagen; zwei bekannte Beispiele hierfür sind der B6ZS (Bipolar with 6 Zero Substitution) und der HDBn- bzw. CHDBn-Code (High- bzw. Compatible-High-Density Bipolar-Code).

Beim B6ZS-Code werden jeweils Folgen von 6 Nullen durch die Symbolfolgen

$$\{0, +1, -1, 0, -1, +1\} \quad \text{oder} \quad \{0, -1, +1, 0, +1, -1\}$$

ersetzt und zwar derart, dass der laufende AMI-Code verletzt wird. Am Empfänger wird (bei fehlerfreier Übertragung) diese Codeverletzung erkannt, so dass die obigen Folgen durch 6 Nullen ersetzt werden.

Ähnlich arbeitet der HDBn-Code. Längere Nullfolgen werden in Blöcke von jeweils n Symbolintervallen zerlegt, die dann durch spezielle codeverletzende Folgen ersetzt werden. Wir betrachten das Beispiel des HDB4-Codes. Für die eingefügten Symbolfolgen bestehen insgesamt vier verschiedene Möglichkeiten, die entsprechend Tabelle 8.2.1 in Abhängigkeit von der Polarität des vorangegangenen Symbols und der Polarität der letzten Codeverletzung ausgewählt werden. Zur vertiefenden Beschäftigung mit Partial-Response- Codierung siehe z.B. [ST85].

Tabelle 8.2.1: Codeverletzende Symbolfolgen beim HDB4-Code

		Polarität des vorangegangenen Symbols	
		”+”	”-”
Polarität der letzten Codeverletzung	”+”	”-00-”	”000-”
	”-”	”000+”	”+00+”

8.3 Übertragung unter Rauscheinfluss

8.3.1 Rauschangepasste Empfangsfilter (Matched-Filter)

Als Modell für den Datensender dient die in **Bild 8.3.1** dargestellte Anordnung. Die Gesamtimpulsantwort aus Sende- und Empfangsfilter ist

$$g(t) = g_S(t) * g_E(t) = \int_{-\infty}^{\infty} g_S(\tau)\, g_E(t-\tau)\, d\tau. \tag{8.3.1}$$

Es wird ein verzerrungsfreier Kanal mit einer additiven Rauschstörung $n_a(t)$ angesetzt.

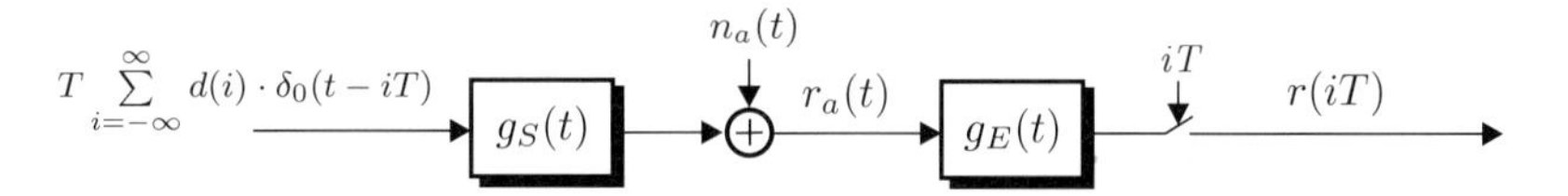

Bild 8.3.1: Übertragungssystem mit additiver Rauschüberlagerung

Die Aufgabe besteht darin, die Impulsantwort des Empfangsfilters $g_E(t)$ so zu entwerfen, dass sich an seinem Ausgang nach der Symboltakt-Abtastung ein *maximales S/N-Verhältnis* ergibt. Sende- und Empfangsfilter sollen gemeinsam die erste Nyquistbedingung erfüllen

$$g(t) = \begin{cases} g(T_0) & \text{für } t = T_0 = i_0 \cdot T \\ 0 & \text{für } t = iT;\ i \neq i_0, \end{cases} \tag{8.3.2}$$

so dass das abgetastete Empfangsfilter-Ausgangssignal

$$r(iT) = \underbrace{T\, g(T_0) \cdot d(i-i_0)}_{r_0(iT)} + n(iT) \tag{8.3.3}$$

beträgt. Für die Leistung des ungestörten Nutzsignals erhält man damit

$$\mathrm{E}\left\{R_0^2(iT)\right\} = \mathrm{E}\left\{\left(D(i-i_0)\right)^2\right\} T^2 \cdot g^2(T_0) = \overline{D^2}\, T^2 \cdot g^2(T_0), \tag{8.3.4}$$

wobei $\overline{D^2} = \sigma_D^2 + m_D^2$ den quadratischen Mittelwert der Quelldaten bezeichnet. Setzt man für $g(T_0)$ noch die Faltungsbeziehung (8.3.1) ein, so ergibt sich schließlich für die Nutzleistung am Empfangsfilterausgang

$$\mathrm{E}\left\{\left(R_0(iT)\right)^2\right\} = \overline{D^2}T^2 \left[\int_{-\infty}^{\infty} g_E(\tau) g_S(T_0 - \tau) d\tau\right]^2 . \tag{8.3.5}$$

Die additive Störgröße $n_a(t)$ wird durch einen weißen Rauschprozess mit der spektralen Leistungsdichte

$$S_{N_a N_a}(j\omega) = N_0/2 \qquad -\infty < \omega < \infty \tag{8.3.6a}$$

modelliert. Am Ausgang des Empfangsfilters ergibt sich dann die Rauschleistung

$$\mathrm{E}\left\{N^2(t)\right\} = \frac{N_0}{2} \int_{-\infty}^{\infty} g_E^2(\tau) d\tau. \tag{8.3.6b}$$

Wegen der vorausgesetzten Stationärität gilt

$$\mathrm{E}\left\{N^2(t)\right\} = \mathrm{E}\left\{N^2(iT)\right\},$$

so dass nach der Abtastung am Empfängerausgang das Signal-Störverhältnis

$$S/N = \frac{\overline{D^2}T^2}{N_0/2} \cdot \frac{\left[\int_{-\infty}^{\infty} g_E(\tau) g_S(T_0 - \tau) d\tau\right]^2}{\int_{-\infty}^{\infty} g_E^2(\tau) d\tau} \tag{8.3.7}$$

vorliegt. Für die weiteren Betrachtungen wird dieser Ausdruck mit der *Energie eines gesendeten Einzelsymbols* E_S erweitert. Da je nach Datenalphabet die Energien der Symbole unterschiedlich sein können, wird der Mittelwert

$$\bar{E}_S = \overline{D^2}T^2 \cdot \int_{-\infty}^{\infty} g_S^2(t)\, dt \tag{8.3.8}$$

eingesetzt. Aus (8.3.7) erhält man damit

$$S/N = \frac{\bar{E}_S}{N_0/2} \cdot \frac{\left[\int_{-\infty}^{\infty} g_E(\tau)\, g_S(T_0 - \tau) d\tau\right]^2}{\int_{-\infty}^{\infty} g_S^2(\tau) d\tau \cdot \int_{-\infty}^{\infty} g_E^2(\tau) d\tau}. \tag{8.3.9}$$

Wegen der Integration über den gesamten Zeitbereich gilt

$$\int_{-\infty}^{\infty} g_S^2(\tau)\, d\tau = \int_{-\infty}^{\infty} g_S^2(T_0 - \tau)\, d\tau.$$

Damit kann in (8.3.9) zur Abschätzung des S/N-Verhältnisses die Schwarzsche Ungleichung in der Form

$$\left[\int_{-\infty}^{\infty} g_E(\tau) g_S(T_0-\tau) d\tau\right]^2 \leq \int_{-\infty}^{\infty} g_E^2(\tau) d\tau \int_{-\infty}^{\infty} g_S^2(T_0-\tau) d\tau \tag{8.3.10}$$

angewendet werden. Es gilt also

$$S/N \leq \frac{\bar{E}_S}{N_0/2}. \tag{8.3.11}$$

Das Gleichheitszeichen in (8.3.10) und damit auch in (8.3.11) gilt unter der Bedingung

$$g_E(t) = K \cdot g_S(T_0 - t), \tag{8.3.12}$$

wobei K eine reelle Konstante darstellt[7]. Damit ist die Entwurfsbedingung für das Empfangsfilter in Hinblick auf maximales S/N-Verhältnis am Empfänger-Ausgang gefunden. Man bezeichnet ein solches Filter als *Matched-Filter.*

Die Impulsantwort des Gesamtsystems gewinnt man aus der Faltung der Impulsantworten von Sende- und Empfangsfilter

$$\begin{aligned} g(t) &= \int_{-\infty}^{\infty} g_E(\tau) g_S(t-\tau) d\tau = K \cdot \int_{-\infty}^{\infty} g_S(T_0-\tau) g_S(t-\tau) d\tau \\ &= K \cdot \int_{-\infty}^{\infty} g_S(\tau')\, g_S(t+\tau'-T_0)\, d\tau'. \end{aligned} \tag{8.3.13}$$

Dieser Ausdruck stellt die zeitversetzte Energie-Autokorrelationsfunktion des Sendeimpulses dar (siehe Tabelle 1.2.2, Seite 7). Bei Matched-Filter-Anpassung im Empfänger gilt also für die Impulsantwort des Gesamtsystems grundsätzlich

$$g(t) = K \cdot r_{g_S g_S}^E(t - T_0). \tag{8.3.14}$$

Die Übertragungsfunktion des Gesamtsystems ist daher

$$G(j\omega) = K \cdot e^{-j\omega T_0} \cdot S_{g_S g_S}^E(j\omega) = K \cdot e^{-j\omega T_0} \cdot |G_S(j\omega)|^2. \tag{8.3.15}$$

Setzt man die Grundverzögerung T_0 des Übertragungssystems zu null, so erhält man also ein nichtkausales System mit gerader Impulsantwort und reeller, nichtnegativer Übertragungsfunktion.

$$g_0(t) = K \cdot r_{g_S g_S}^E(t) = g_0(-t) \tag{8.3.16a}$$

$$G_0(j\omega) = K \cdot |G_S(j\omega)|^2 = \frac{1}{K} \cdot |G_E(j\omega)|^2 \tag{8.3.16b}$$

[7] Die vorangegangene Herleitung basiert auf einem reellen Tiefpass-System. Für die äquivalente komplexe Basisbanddarstellung digitaler Modulationssysteme gilt die verallgemeinerte Matched-Filter-Bedingung $g_E(t) = g_S^*(T_0 - t)$; das S/N-Verhältnis am Matched-Filter-Ausgang beträgt $S/N = E_S/N_0$. Siehe hierzu Anhang C.2 sowie Abschnitt 11.2.2.

Für intersymbolinterferenzfreie Übertragung, wie sie hier vorausgesetzt wurde, ist neben der Matched-Filter-Bedingung die erste Nyquistbedingung zu erfüllen. Für die praktische Übertragungstechnik werden zur Impulsformung vielfach die bekannten Kosinus-roll-off-Filter eingesetzt. Im Sinne einer Matched-Filterung müssen dann für Sende- und Empfangsfilter jeweils *Wurzel-Kosinus-roll-off*-Charakteristiken vorgesehen werden. Setzt man die Konstane $K = 1$, so erhält man identische Übertragungsfunktionen für Sende- und Empfangsfilter. Die nichtkausale Wurzel-Kosinus-roll-off-Übertragungsfunktion lautet

$$\begin{aligned} G_{S0}(j\omega) &= G_{E0}(j\omega) = \sqrt{G_0(j\omega)} \\ &= \begin{cases} 1 & \text{für } \frac{|\omega T|}{\pi} \leq 1 - r \\ \cos[\frac{\pi}{4r}(\frac{\omega T}{\pi} - (1-r))] & \text{für } 1 - r \leq \frac{|\omega T|}{\pi} \leq 1 + r \\ 0 & \text{sonst} \end{cases} \end{aligned} \tag{8.3.17a}$$

und die zugehörige Impulsantwort

$$g_{S0}(t) = g_{E0}(t) = \frac{4r\frac{t}{T}\cos[\pi(1+r)\frac{t}{T}] + \sin[\pi(1-r)\frac{t}{T}]}{[1 - (4r\frac{t}{T})^2]\pi t}. \tag{8.3.17b}$$

Derartige Filter werden üblicherweise durch FIR-Systeme approximiert, indem die Impulsantwort durch geeignete Fensterung zeitbegrenzt und zur Einhaltung der Kausalität zeitlich verschoben wird. Die Matched-Filter-Bedingung (8.3.12) lässt sich unter Einhaltung der Kausalität für das Empfangsfilter nur bei endlicher Länge $t \leq T_0$ der Sendeimpulsantwort erfüllen.

In **Bild 8.3.2** werden Beispiele für verschiedene Matched-Filter gegeben. Unter Teilbild a wird ein rechteckförmiger Sendeimpuls der Dauer T angenommen; der zugehörige Matched-Filter-Impuls ist dann ebenfalls rechteckförmig. Insgesamt ergibt sich eine dreieckförmige Impulsantwort der Länge $2T$ – die erste Nyquistbedingung ist damit erfüllt. Im Beispiel b wird ein reeller Exponentialimpuls betrachtet, also die Impulsantwort eines RC-Tiefpasses. Nimmt man diesen Impuls bei $t = 3T$ als nahezu abgeklungen an, so kann das Matched-Filter mit $g_E(t) \approx g_S(3T - t)$ angenähert werden. Die Gesamtimpulsantwort ist ein zweiseitiger Exponentialimpuls. Schließlich wird im Beispiel c ein Wurzel-Kosinus-roll-off-Impuls gemäß (8.3.17b) dargestellt. Man sieht, dass dieses Filter *nicht* die erste Nyquistbedingung erfüllt; dies ist erst nach der Faltung mit der Empfangsfilter-Impulsantwort der Fall. Sende- und Empfangsfilter sind hier wegen der Linearphasigkeit identisch. Anzumerken ist noch, dass bei nichtrekursiver Approximation der Wurzel-Kosinus-roll-off-Charakteristik eine hinreichende Länge vorzusehen ist, da andernfalls nach der Ausführung der Faltung die erste Nyquistbedingung nicht erfüllt wird.

Korrelationsempfänger. Wir betrachten im Folgenden den Fall, dass die Impulsdauer identisch mit der Symboldauer T ist, benachbarte Zeichen sich also zeitlich nicht überlappen. Dann gilt für das im Zeitintervall

$$iT \leq t \leq (i+1)T$$

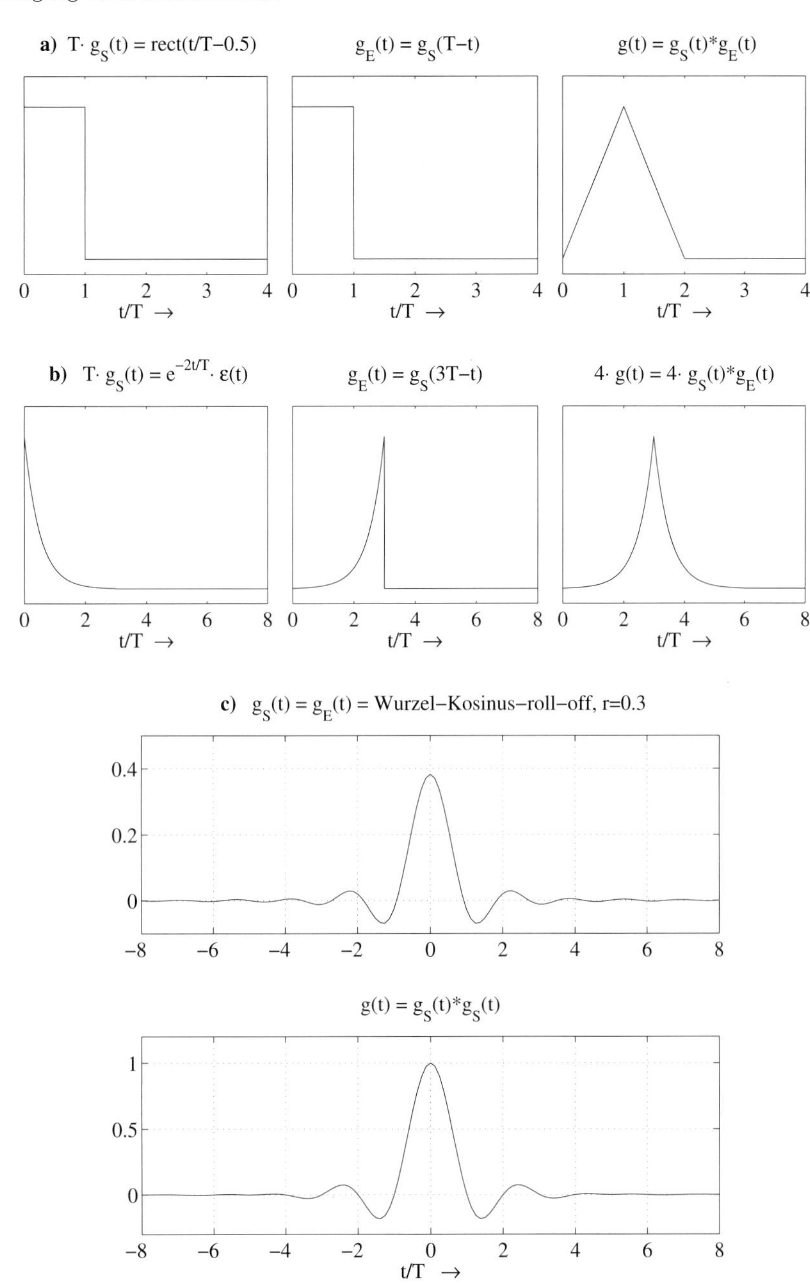

Bild 8.3.2: Beispiele zur Matched-Filterung

empfangene Signal

$$r_a(t) = d(i)\; g_S(t - iT) + n_a(t).$$

Nach Matched-Filterung und Abtastung zum Zeitpunkt $t = (i+1)T$ erhält man

$$\begin{aligned} r((i+1)T) &= r_a(t) * g_E(t)|_{t=(i+1)T} = \int_{iT}^{(i+1)T} r_a(\tau) \cdot g_E((i+1)T - \tau)\, d\tau \\ &= K \cdot \int_{iT}^{(i+1)T} r_a(\tau) \cdot g_S(T - (i+1)T + \tau)\, d\tau \\ &= K \cdot \int_{iT}^{(i+1)T} r_a(\tau) \cdot g_S(\tau - iT)\, d\tau. \end{aligned} \tag{8.3.18}$$

Das empfangene Signal $r_a(t)$ ist also mit der Sendesignalform zu multiplizieren und über ein Symbolintervall zu integrieren; man erhält so den Korrelationsempfänger nach **Bild 8.3.3a**. Er ist äquivalent zum Matched-Filter-Empfänger gemäß Bild 8.3.1 – in beiden Fällen beträgt das S/N-Verhältnis nach der empfangsseitigen Abtastung

$$S/N = \frac{\bar{E}_S}{N_0/2}. \tag{8.3.19}$$

Ein Sonderfall ergibt sich für einen rechteckförmigen Sendeimpuls der Länge T. In diesem Falle führt eine einfache Integration des empfangenen Signals über eine Symboldauer zur optimalen Datenentscheidung. In der Literatur wird diese für gedächtnisfreie Datensignale optimale Empfängerkonfiguration als „*Integrate-and-dump*"-Filter bezeichnet; **Bild 8.3.3b** zeigt einen Integrate-and-dump-Empfänger.

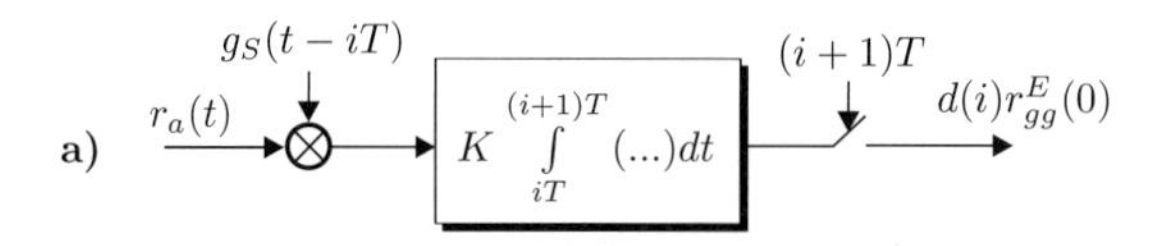

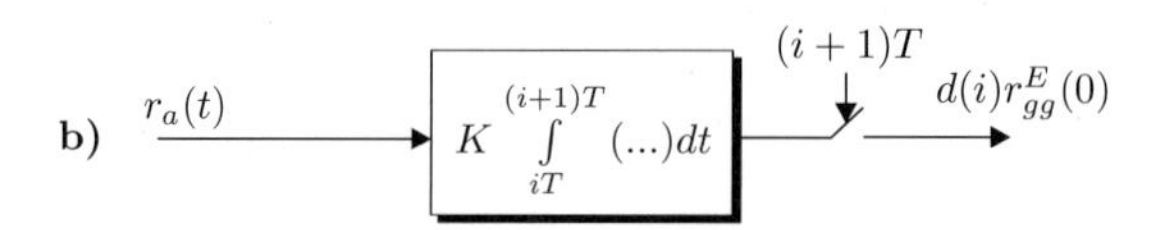

Bild 8.3.3: Korrelationsempfänger
a) zeitbegrenzter Sendeimpuls $g_S(t) = 0, \quad t < 0, \; t > T$
b) „Integrate-and-dump" -Empfänger für rechteckförmigen Sendeimpuls

8.3.2 Bitfehlerwahrscheinlichkeit

Die folgenden Betrachtungen beschränken sich auf eine zweistufige Übertragung

$$d(i) \in \{d_0, d_1\}. \tag{8.3.20a}$$

Erfüllt das Gesamtsystem die erste Nyquistbedingung, so ist das ungestörte Empfangsfilter-Ausgangssignal nach der Symbolabtastung für die Normierung $T\,g(T_0) = 1$ identisch mit den verzögerten Sendedaten:

$$r_0(iT) = T\,g(T_0) \cdot d(i - i_0) = d(i - i_0). \tag{8.3.20b}$$

An die Datenwerte d_0 und d_1 sowie an ihre Auftrittswahrscheinlichkeiten seien zunächst keine speziellen Bedingungen geknüpft. Es wird nun eine additive Rauschstörung auf dem Übertragungswege gemäß Bild 8.3.1 angenommen; am Empfangsfilterausgang erscheint dann die Rauschgröße $n(iT)$, der wir einen weißen Prozess[8] mit der Verteilungsdichtefunktion $p_N(n)$ zuordnen wollen. Damit lassen sich zwei *bedingte Verteilungsdichtefunktionen* formulieren in Abhängigkeit davon, ob das aktuelle Datum d_0 oder d_1 empfangen wird. Es wird noch unterstellt, dass der Rauschprozess $N(iT)$ unabhängig vom Datensignal ist. Es gilt

$$p_{R|d_0}(r) \stackrel{\Delta}{=} p_0(r) = p_N(r - d_0); \quad \text{Signalverteilung, falls } d(i) = d_0 \tag{8.3.21a}$$

$$p_{R|d_1}(r) \stackrel{\Delta}{=} p_1(r) = p_N(r - d_1); \quad \text{Signalverteilung, falls } d(i) = d_1. \tag{8.3.21b}$$

Die Verteilungsdichtefunktionen werden in **Bild 8.3.4** verdeutlicht. Dabei wurde zunächst willkürlich eine Schwelle S für den Datenentscheider eingetragen, die im folgenden hinsichtlich minimaler Fehlerwahrscheinlichkeit optimiert werden soll. Dazu werden zunächst die bedingten Wahrscheinlichkeiten von Fehlentscheidungen Q_0 und Q_1 unter den beiden möglichen Annahmen für die aktuellen Daten formuliert.

$$d(i) = d_0 \quad \Rightarrow \quad Q_0 = \int_S^{\infty} p_0(r)\,dr \tag{8.3.22a}$$

$$d(i) = d_1 \quad \Rightarrow \quad Q_1 = \int_{-\infty}^{S} p_1(r)\,dr \tag{8.3.22b}$$

Mit der Definition der *A-priori-Wahrscheinlichkeiten* der Daten[9] d_0 und d_1

$$P_0 \stackrel{\Delta}{=} \Pr\{D(i) = d_0\}, \quad P_1 \stackrel{\Delta}{=} \Pr\{D(i) = d_1\} \tag{8.3.23}$$

lässt sich für die Bitfehlerwahrscheinlichkeit am Entscheiderausgang schreiben

$$P_b = P_0 \cdot Q_0 + P_1 \cdot Q_1 = P_0 \int_S^{\infty} p_0(r)\,dr + P_1 \int_{-\infty}^{S} p_1(r)\,dr. \tag{8.3.24}$$

[8] Das Rauschsignal am Empfangsfilter-Ausgang ist nach der Symbolabtastung dann weiß, wenn das Empfangsfilter eine Wurzel-Nyquist-Charakteristik aufweist (siehe hierzu die Betrachtungen in Abschnitt 12.1.1, Bild 12.1.2).

[9] $\Pr\{\mathcal{A}\}$ bezeichnet die Wahrscheinlichkeit des Ereignisses $\mathcal{A}$.

Allgemein gilt

$$\int_S^{\infty} p_0(r)\,dr = 1 - \int_{-\infty}^{S} p_0(r)\,dr,$$

so dass aus (8.3.24) folgt

$$P_b = P_0 + \int_{-\infty}^{S} [P_1\,p_1(r) - P_0\,p_0(r)]\,dr. \tag{8.3.25}$$

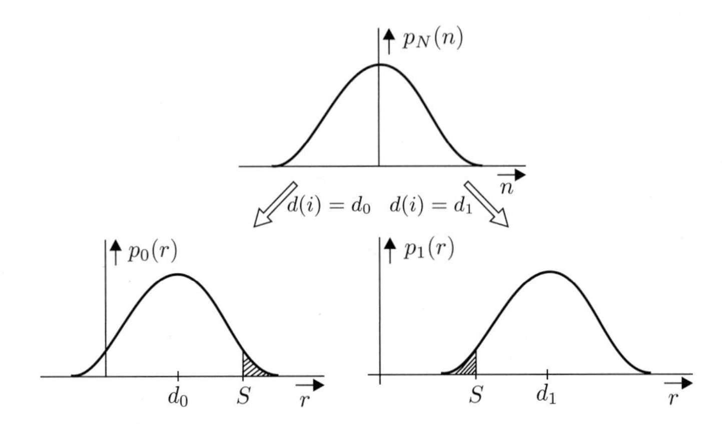

Bild 8.3.4: Verteilungsdichtefunktionen bei additiver Rauschstörung

Die optimale Entscheidungsschwelle S bezüglich minimaler Bitfehlerwahrscheinlichkeit ergibt sich aus

$$\frac{\partial P_b}{\partial S} = 0. \tag{8.3.26}$$

Mit (8.3.25) erhält man

$$\begin{aligned}\frac{\partial P_b}{\partial S} &= \frac{\partial}{\partial S}\left[\int_{-\infty}^{S} [P_1\,p_1(r) - P_0\,p_0(r)]\,dr\right] \\ &= P_1\;p_1(S) - P_0\;p_0(S) = 0.\end{aligned} \tag{8.3.27}$$

Die optimale Entscheidungsschwelle muss also der Gleichung

$$P_0 \cdot p_0(S) = P_1 \cdot p_1(S) \tag{8.3.28}$$

genügen. Diese Bedingung wird in **Bild 8.3.5** veranschaulicht.

Daraus wird deutlich, dass die optimale Schwelle nicht notwendig in der Mitte zwischen den beiden Datenniveaus d_0 und d_1 liegt. Dies gilt nur unter den beiden Bedingungen

- *symmetrische Verteilung des Rauschsignals* $p_N(n) = p_N(-n)$
- *gleiche A-priori-Wahrscheinlichkeiten* $P_0 = P_1 = 1/2$.

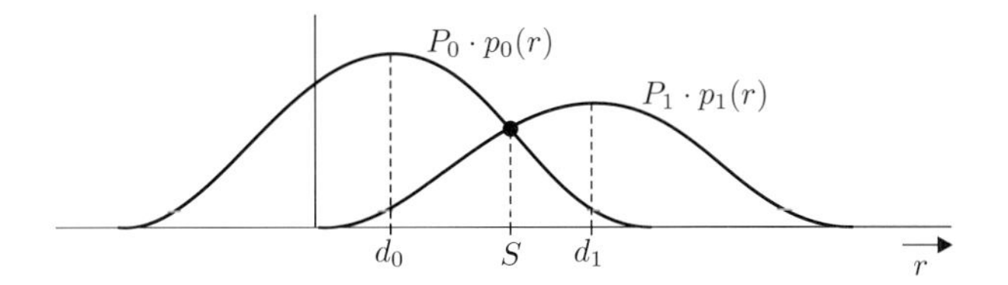

Bild 8.3.5: Optimale Entscheidungsschwelle

Dann folgt aus (8.3.28)

$$p_0(S) = p_1(S) \quad \Rightarrow \quad p_N(S - d_0) = p_N(S - d_1) = p_N(d_1 - S)$$

und damit

$$S - d_0 = d_1 - S \quad \Rightarrow \quad S = \frac{d_0 + d_1}{2}. \tag{8.3.29}$$

Die Bedingungen für eine in der Mitte liegende Entscheidungsschwelle treten unter praktischen Übertragungsbedingungen sehr häufig auf; wir wollen deshalb für diesen Fall die Bitfehlerwahrscheinlichkeit errechnen. Dazu gehen wir von (8.3.25) mit dem Ansatz gleicher A-priori-Wahrscheinlichkeiten aus.

$$P_b = \frac{1}{2}\Big[1 + \int_{-\infty}^{S} p_1(r)\,dr - \int_{-\infty}^{S} p_0(r)\,dr\Big] \tag{8.3.30}$$

Die beiden Integralausdrücke lassen sich unter Ausnutzung der symmetrischen Verteilung des Rauschens und mit der Substitution $n = r - d_1$ umformen.

$$\begin{aligned}\int_{-\infty}^{S} p_1(r)\,dr &= \int_{-\infty}^{(d_0+d_1)/2} p_N(r - d_1)\,dr = \int_{-\infty}^{(d_0-d_1)/2} p_N(n)\,dn \\ &= \frac{1}{2} + \int_{0}^{(d_0-d_1)/2} p_N(n)\,dn = \frac{1}{2} - \int_{0}^{(d_1-d_0)/2} p_N(n)\,dn\end{aligned} \tag{8.3.31a}$$

Äquivalent ergibt sich

$$\int_{-\infty}^{S} p_0(r)dr = \frac{1}{2} + \int_{0}^{(d_1-d_0)/2} p_N(n)\,dn. \tag{8.3.31b}$$

Damit gewinnt man aus (8.3.30) die Form

$$P_b = \frac{1}{2}\Big[1 - 2\int_{0}^{(d_1-d_0)/2} p_N(n)\,dn\Big]. \tag{8.3.32}$$

Im weiteren soll der Fall *gaußverteilter* Störungen betrachtet werden. In (8.3.32) ist also eine Gaußverteilung gemäß (1.6.7a), Seite 36, einzusetzen

$$p_N(n) = \frac{1}{\sqrt{2\pi}\sigma_N} e^{-n^2/(2\sigma_N^2)}, \tag{8.3.33a}$$

wobei σ_N^2 die Leistung des Störprozesses beschreibt.

$$P_b = \frac{1}{2}\Big[1 - \frac{2}{\sqrt{2\pi}\sigma_N} \int\limits_0^{(d_1-d_0)/2} e^{-n^2/(2\sigma_N^2)} dn\Big] \tag{8.3.33b}$$

Das hier auftretende Integral ist nicht geschlossen zu berechnen; man definiert die Gaußsche Fehlerfunktion (engl. *„error function“*)

$$\mathrm{erf}(x) = \frac{2}{\sqrt{\pi}} \int_0^x e^{-t^2} dt, \tag{8.3.34a}$$

deren numerische Auswertungen in den meisten mathematischen Formelsammlungen enthalten sind. **Bild 8.3.6** zeigt den Verlauf dieser Funktion sowie deren Komplement zum Wert 1 (*„error function complement“*)

$$\mathrm{erfc}(x) = 1 - \mathrm{erf}(x) = \frac{2}{\sqrt{\pi}} \int_x^\infty e^{-t^2} dt. \tag{8.3.34b}$$

Nach geeigneten Substitutionen erhält man aus (8.3.33b)

$$P_b = \frac{1}{2}\,\mathrm{erfc}\Big(\frac{d_1 - d_0}{2\sqrt{2}\sigma_N}\Big). \tag{8.3.35}$$

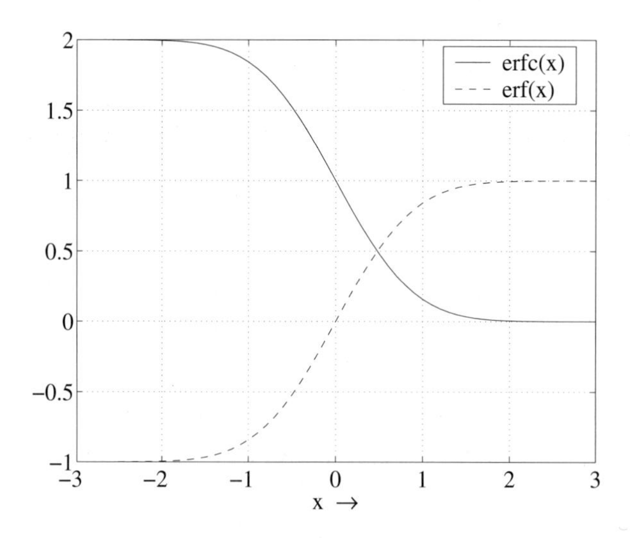

Bild 8.3.6: Gaußsche Fehlerfunktion

Das Argument der komplementären Fehlerfunktion in (8.3.35) lässt sich durch das S/N-Verhältnis am Matched-Filter-Ausgang ausdrücken. Betrachtet man ein *bipolares* (*„antipodales“*) Datensignal der Form

$$d_0 = -d, \quad d_1 = +d,$$

so bezeichnet d^2 die Leistung des Datensignals, es gilt also

$$\frac{d_1 - d_0}{2\sqrt{2}\sigma_N} = \frac{d}{\sqrt{2}\sigma_N} = \sqrt{\frac{d^2}{2\,\sigma_N^2}} = \sqrt{\frac{S/N}{2}}. \tag{8.3.36}$$

Das S/N-Verhältnis am Matched-Filter-Ausgang beträgt mit der Normierung $Tg(T_0) = 1$ gemäß (8.3.11), Seite 255,

$$S/N = \frac{E_S}{N_0/2},$$

so dass man für die Bitfehlerwahrscheinlichkeit bei *bipolarer* Übertragung schließlich erhält

$$P_b = \frac{1}{2}\,\mathrm{erfc}\Big(\sqrt{\frac{E_S}{N_0}}\Big). \tag{8.3.37}$$

Wir betrachten noch den Fall *unipolarer* Übertragung

$$d_0 = 0 \quad d_1 = d;$$

hier ergeben sich für die beiden Datensymbole unterschiedliche Energiewerte

$$E_{S1} = d^2 \cdot \int_{-\infty}^{+\infty} g^2(\tau)d\tau \quad \text{und} \quad E_{S0} = 0. \tag{8.3.38}$$

Man bildet also die mittlere Energie

$$\bar{E}_S = \frac{1}{2}[E_{S1} + E_{S0}] = E_{S1}/2. \tag{8.3.39}$$

Das Argument der erfc-Funktion in (8.3.35) lässt sich folgendermaßen umformen:

$$\frac{d_1 - d_0}{2\sqrt{2}\,\sigma_N} = \frac{d}{2\sqrt{2}\,\sigma_N} = \sqrt{\frac{d^2}{8\,\sigma_N^2}} = \sqrt{\frac{\bar{S}/N}{4}},$$

da die mittlere Leistung des unipolaren Signals $d^2/2$ beträgt. Weiterhin liegt am Matched-Filter-Ausgang ein mittleres S/N von

$$\bar{S}/N = \frac{\bar{E}_S}{N_0/2}$$

vor, so dass man schließlich aus (8.3.35) die Bitfehlerwahrscheinlichkeit

$$P_b = \frac{1}{2}\,\mathrm{erfc}\Big(\sqrt{\frac{\bar{E}_S}{2N_0}}\Big). \tag{8.3.40}$$

für *unipolare* Übertragung gewinnt.

Bild 8.3.7 zeigt die Gegenüberstellung der Fehlerwahrscheinlichkeiten für bipolare und unipolare Übertragung. Im letzteren Falle ist ein Verlust von 3 dB zu beobachten, d.h. für gleiche Fehlerwahrscheinlichkeiten ist im unipolaren Falle ein um 3 dB größeres mittleres Signal-Störverhältnis zu fordern.

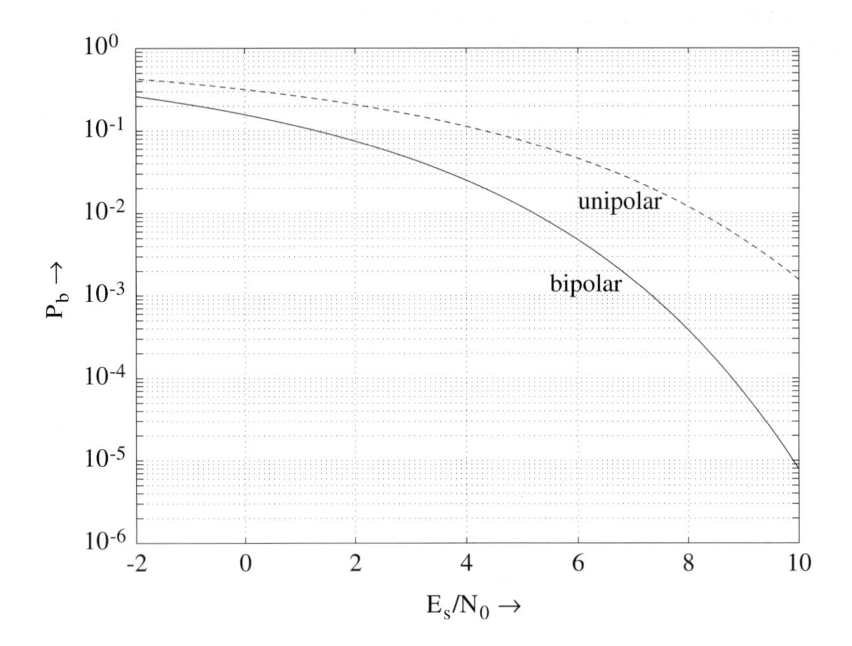

Bild 8.3.7: Bitfehlerwahrscheinlichkeit bei Basisbandübertragung
($\bar{E}_S$: mittlere Symbolenergie; $N_0/2$: Leistungsdichte des weißen Rauschen)

8.3.3 Signal-Störverhältnis bei PCM-Übertragung

Die folgenden Betrachtungen beziehen sich auf *linear quantisierte* pulscode-modulierte Signale. Es soll geklärt werden, welches S/N-Verhältnis sich für das wiedergewonnene NF-Signal bei vorgegebenem Kanalrauschen ergibt. Das ungestörte PCM-Signal in ℓ-bit-Zweierkomplement Darstellung lässt sich schreiben als

$$v(k) = -b_0(k) + \sum_{\nu=1}^{\ell-1} b_\nu(k) 2^{-\nu}; \; b_\nu \in \{0, 1\}. \tag{8.3.41}$$

Dabei bezeichnen b_0 das Vorzeichenbit und b_ν das Bit der Wertigkeit $2^{-\nu}$.

Im folgenden wird die Annahme getroffen, dass bei Fehlentscheidungen jeweils *nur ein Bit eines PCM-Wortes verfälscht* wird. Bei hinreichend geringer Fehlerrate trifft dies mit hoher Wahrscheinlichkeit zu. Wird das ν-te Bit verfälscht, so enthält das empfangene PCM-Signal den Fehler

$$\Delta v(k) = \pm 2^{-\nu};$$

das Vorzeichen dieses Fehlers hängt davon ab, ob das ν-te Bit von 0 auf 1 oder von 1 auf 0 verfälscht wird.

Die Wahrscheinlichkeit für ein Fehlerereignis beträgt P_b. Die Wahrscheinlichkeit, dass dabei eine 0 zu einer 1 verändert wird, also sich ein positiver Fehler $\Delta v(k)$ ergibt, ist

$P_b/2$, die Wahrscheinlichkeit für einen negativen Fehler ebenfalls. Die Verteilung des Fehlers im PCM-Signal ist in **Bild 8.3.8** dargestellt.

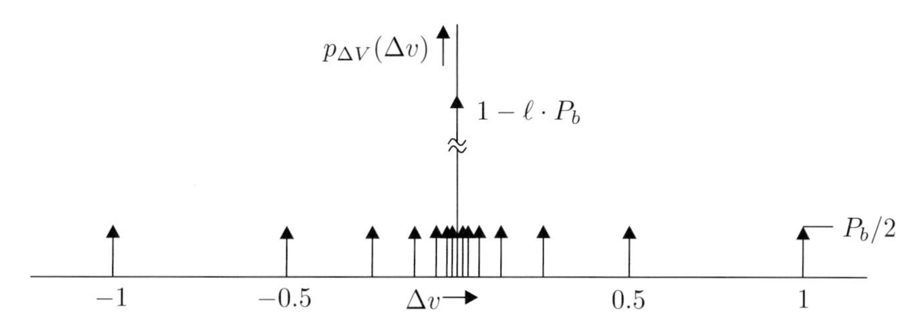

Bild 8.3.8: Verteilung des Fehlers Δv

Die Leistung des PCM-Fehlers berechnet sich zu

$$\begin{aligned}\sigma_{\Delta V}^2 &= 2 \cdot \sum_{\nu=0}^{\ell-1} \frac{P_b}{2} \cdot (2^{-\nu})^2 = P_b \sum_{\nu=0}^{\ell-1} 2^{-2\nu} \\ &= P_b \frac{1-2^{-2\ell}}{1-2^{-2}} \approx \frac{4}{3} P_b \quad \text{für } \; 2^{-2\ell} \ll 1.\end{aligned} \tag{8.3.42}$$

Für die Fehlerwahrscheinlichkeit P_b können die Ergebnisse des letzten Abschnittes eingesetzt werden. Wird für die Kanalstörung ein gaußverteiltes, vom Nutzsignal unabhängiges Rauschsignal der Leistungsdichte $N_0/2$ angesetzt, so ergibt sich unter der Annahme einer bipolaren Übertragung schließlich für die Leistung des PCM-Fehlers infolge von Fehlentscheidungen

$$\sigma_{\Delta V}^2 = \frac{2}{3} \operatorname{erfc}\Big(\sqrt{\frac{E_S}{N_0}}\Big). \tag{8.3.43}$$

Dem Fehler Δv ist zusätzlich der Quantisierungsfehler infolge der ℓ-bit-Darstellung überlagert; seine Leistung beträgt

$$\sigma_Q^2 = \frac{Q^2}{12} = \frac{1}{3} 2^{-2\ell}. \tag{8.3.44}$$

Da beide Fehler unabhängig voneinander sind, können ihre Leistungen addiert werden. Für die gesamte PCM-Störleistung ergibt sich damit

$$\sigma_{\Delta \mathrm{PCM}}^2 = \frac{1}{3}\Big[2 \cdot \operatorname{erfc}\Big(\sqrt{\frac{E_S}{N_0}}\Big) + 2^{-2\ell}\Big]. \tag{8.3.45}$$

Um zu einem Ausdruck für das S/N-Verhältnis des PCM-Signals am Empfängerausgang zu kommen, müssen Annahmen über die Verteilung des in den Grenzen ± 1 ausgesteuerten NF-Signals $v(k)$ getroffen werden. Als Referenz setzt man die einem sinusförmigen Signal entsprechende Leistung

$$\sigma_V^2 = 1/2,$$

an, so dass sich schließlich ergibt

$$(S/N)_{\text{PCM}} = \frac{3/2}{2\,\text{erfc}\left(\sqrt{\frac{E_S}{N_0}}\right) + 2^{-2\ell}}. \tag{8.3.46}$$

Der Verlauf des $(S/N)_{\text{PCM}}$-Verhältnisses ist in **Bild 8.3.9** als Funktion von E_S/N_0 auf dem Übertragungswege dargestellt. Man erkennt, dass für geringes Kanalrauschen, also große Werte von E_S/N_0, das $(S/N)_{PCM}$ allein durch das Quantisierungsrauschen bestimmt wird; das Rauschen des Übertragungskanal wird in diesem Bereich also vollständig eliminiert. Erst unterhalb einer Schwelle $(E_S/N_0)_{\text{Schwelle}}$ wird das Kanalrauschen im PCM-Signal zunehmend wirksam. Man spricht hier vom *Schwellwert-Effekt* der Pulscode-Modulation.

Als PCM-Schwelle definiert man denjenigen E_S/N_0-Wert, oberhalb dessen die Leistung des Quantisierungsrauschens überwiegt; es gilt also

$$2\,\text{erfc}\sqrt{(E_S/N_0)_{\text{Schwelle}}} = 2^{-2\ell},$$

woraus sich z.B. für $\ell = 12$ bit gemäß Bild 8.3.7 ein Schwellwert von

$$(E_S/N_0)_{\text{Schwelle in dB}} = 12 \text{ dB}$$

ergibt. Realistische E_S/N_0-Werte von PCM-Übertragungskanälen liegen üblicherweise deutlich höher, so dass die PCM-Übertragung in der Regel weit oberhalb dieses Schwellwertes stattfindet.

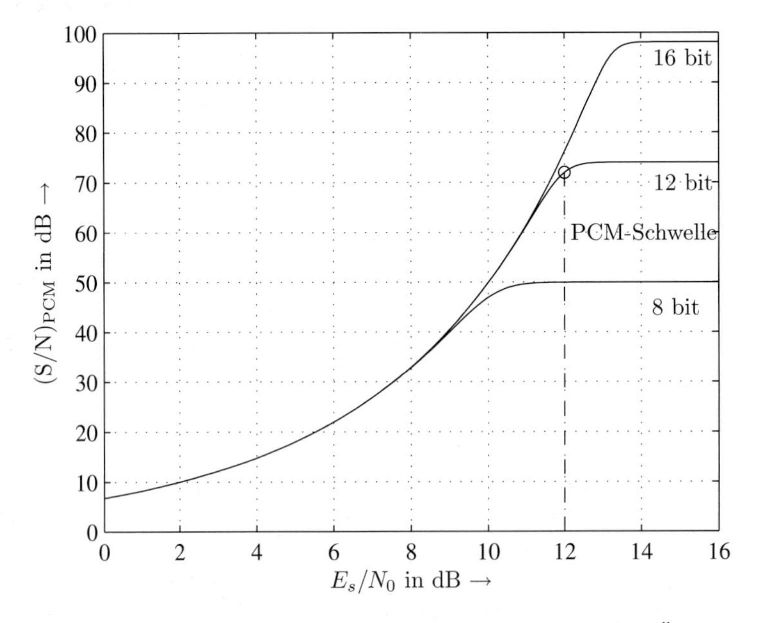

Bild 8.3.9: Veranschaulichung des Schwellwert-Effektes bei PCM-Übertragung ($\ell = 8, 12, 16$bit)

8.4 Systembeispiel: PCM-Übertragung im Fernsprechnetz

8.4.1 Prinzip des Zeitmultiplex

In der traditionellen analogen Nachrichtenübertragung wird eine Mehrfachausnutzung der Kanäle durch frequenzversetzte Übertragung (Modulation) erreicht (vgl. Teil II). Die digitale Darstellung der Quellensignale eröffnet neue Möglichkeiten des Kanalmultiplex: Die verschiedenen Quellensignalen zugeordneten Binärzeichen werden zeitlich nacheinander übertragen. Man bezeichnet diese Form von Vielfachzugriff als *Zeitmultiplex* oder englisch *Time Division Multiple Access, TDMA*. **Bild 8.4.1** zeigt ein schematisches Blockschaltbild. Bei der Zeitmultiplex-Übertragung muss besonderer Wert auf eine kor-

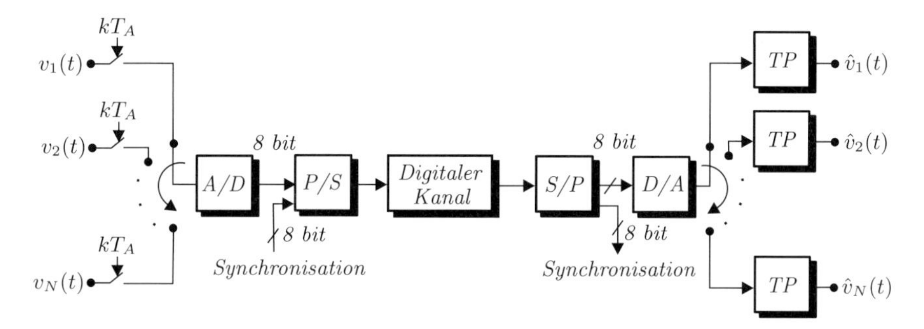

Bild 8.4.1: Schema eines Zeitmultiplex-Übertragungssystems

rekte Synchronisation gelegt werden, d.h. der am Empfänger eintreffende Bitstrom muss richtig auf die N verschiedenen Kanäle verteilt werden. Aus diesem Grunde wird in jedem Zyklus ein Synchronisationswort eingefügt, das am Empfänger erkannt werden kann und eine einwandfreie Steuerung des Demultiplexers ermöglicht.

Weisen die zu übertragenden Analogsignale jeweils eine obere Grenzfrequenz von f_g auf, so beträgt die mindestens erforderliche Abtastfrequenz $f_A = 2f_g$. Bei einer ℓ-bit-Darstellung der Abtastwerte ergibt sich daraus eine Bitrate von $\ell \cdot 2fg$ für den einzelnen Kanal; die gesamte Bitrate zur Zeitmultiplex-Übertragung von N Signalen beträgt damit

$$1/T_{bit} = 2N \cdot \ell \cdot f_g \tag{8.4.1}$$

zuzüglich der Synchronisationsinformation. Die erforderliche Bandbreite des Übertragungskanals hängt von der gewählten Übertragungsform ab. Setzt man eine zweistufige (oder pseudomehrstufige, z.B. AMI) Übertragung voraus und fordert für die Impulsformung einen Roll-off-Faktor von $r = 1$ (optimale Erfüllung des zweiten Nyquist-Kriteriums), so ergibt sich eine Bandbreite-Effizienz von 1 bit/s pro Hz. Aus 8.4.1 folgt dann für die Kanalbandbreite

$$b_{\text{TDMA}} = 2N \cdot \ell \cdot f_g. \tag{8.4.2}$$

Wir wollen einen kurzen Vergleich zum klassischen Verfahren der analogen Frequenzmultiplextechnik (*Frequency Division Multiple Access, FDMA*) herstellen. Bei Anwendung der Zweiseitenband-Amplitudenmodulation erfordert jeder einzelne Kanal eine Bandbreite von $2f_g$; zur Übertragung von N Signalen wird also die Bandbreite

$$b_{\text{FDMA}} = 2N \cdot f_g \tag{8.4.3}$$

benötigt. Der Vergleich mit (8.4.2) zeigt den um den Faktor ℓ höheren Bandbreitebedarf der Zeitmultiplexübertragung. Dabei wurde allerdings nicht berücksichtigt, dass die Quellbitrate durch eine leistungsfähige Quellencodierung erheblich reduziert werden kann, wie in Abschnitt 7.3.4 anhand der Sprachcodierung gezeigt wurde. Heute wird in praktisch allen Bereichen eine Umstellung auf digitale Übertragungsformen angestrebt; Beispiele hierfür sind die Einführung der PCM im Fernsprechbereich, digitaler Satelliten-Hörrundfunk, digitales Mobilfunktelefon in den bestehenden GSM-Netzen sowie im künftigen UMTS-Netz, digitaler terrestrischer Hörrundfunk und Fernsehen. Die Begründung für die Einführung solcher neuen Konzepte liegt vornehmlich in der außerordentlich hohen Qualität der empfangenen Signale, die bei entsprechendem Aufwand in der Quellencodierung, Kanalcodierung und Fehlerkorrektur nahezu identisch mit den gesendeten Signalen sind. Als weiterer Vorteil kommt hinzu, dass bei digitaler Übertragung problemlos digitale Informationen hinzugefügt werden können; ein Beispiel hierfür ist die Übertragung von digitalen Verkehrsinformationen beim Hörrundfunk, die am Empfänger individuell ausgewertet werden können.

8.4.2 Fernsprech-PCM-Hierarchie

Zur PCM-Übertragung im Fernsprechnetz werden die analogen Sprachsignale mit 8 kHz abgetastet und einer nichtlinearen 8-bit-Quantisierung unterzogen. Die Bitrate beträgt damit 64 kbit/s für einen Sprachkanal. Die Übertragung findet im Basisband statt, wobei der pseudoternäre AMI-Code angewendet wird. Zur Sicherstellung der Bittakt-Synchronisation wird der in Abschnitt 8.2.2 erläuterte HDB-4-Code benutzt, bei dem längere Null-Sequenzen durch codeverletzende 4-bit-Codewörter ersetzt werden.

Im *PCM 30*-System werden 30 Sprachkanäle im Zeitmultiplex übertragen. Hinzu kommen zwei weitere Kanäle, die Rahmensynchronisations- und Vermittlungsinformationen

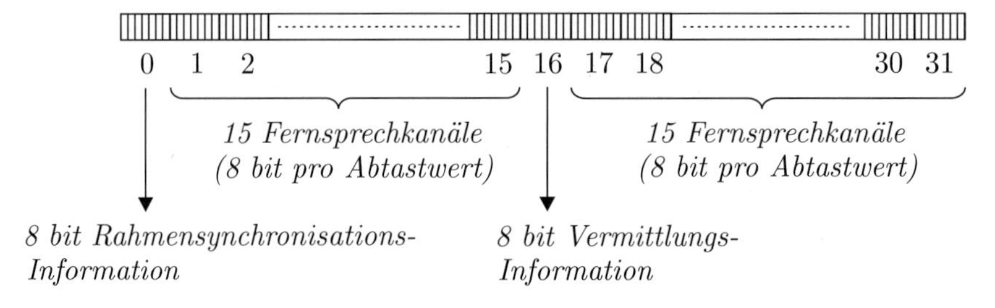

Bild 8.4.2: Rahmenaufbau im PCM 30-System

enthalten. Damit ist die Bitrate im PCM30-System $32 \cdot 64\text{kbit/s} = 2,048\text{Mbit/s}$. Den Rahmenaufbau dieses Systems zeigt **Bild 8.4.2**.

Das PCM 30-System stellt die untere Ebene der PCM Hierarchie dar. Höherkanalige Systeme erhält man durch Gruppenbildung von je 4 PCM30-Systemen zu PCM120, von je 4 PCM120-Systemen zu PCM480 usw. Die nachfolgende Tabelle zeigt eine Übersicht über die PCM-Hierarchie.

Tabelle 8.4.1: Hierarchie des PCM-Systems im Fernsprechbereich (EVST, KVSt, HVSt, ZVSt $\hat{=}$ End-, Knoten-, Haupt-, Zentralvermittlungsstellen)

	Sprachkanäle	Bitrate	Ebene	Entfernung
PCM30	30	2 Mbit/s	EVSt.	
PCM120	120	5,36 Mbit/s	EVSt.KVSt.	15 km
PCM480	480	34 Mbit/s	KVSt.HVSt	45 km
PCM1920	1920	140 Mbit/s	HVSt.ZVSt	150 km
PCM7680	7680	560 Mbit/s	ZVSt.	>150 km

Kapitel 9

Digitale Modulation

Im folgenden Kapitel wird eine Übersicht über die wichtigsten gebräuchlichen digitalen Modulationsarten gegeben. Grundlage bildet dabei die Beschreibung mit Hilfe der Komplexen Einhüllenden. In Abschnitt 9.1 werden zunächst die *linearen* Modulationsformen eingeführt, deren wichtigste Vertreter die PSK *(Phase Shift Keying)* und die QAM (Quadrature Amplitude Modulation) sind. In Hinblick auf die Linearitätsanforderungen an die Sendeverstärker sind möglichst geringe zeitliche Schwankungen der Einhüllenden anzustreben – unter diesem Gesichtspunkt werden die Offset-PSK und die differentielle PSK betrachtet. Den wichtigsten *nichtlinearen* Modulationsarten ist Abschnitt 9.2 gewidmet. Es werden die FSK-Verfahren *(Frequency Shift Keying)* und die davon abgeleiteten allgemeinen CPM-Formen *(Continuous Phase Modulation)* besprochen; hierzu gehört auch die GMSK-Modulation *(Gaussian Minimum Shift Keying)*, die die Grundlage zum Mobilfunkstandard GSM bildet.
Abschnitt 9.3 ist der Spektralanalyse der verschiedenen Modulationssignale gewidmet. Dabei lassen sich die Spektren linearer Modulationssignale auf sehr einfache Weise geschlossen berechnen, während die exakte Spektralanalyse nichtlinearer Modulationsformen im Allgemeinen eine schwierige Aufgabe darstellt. Hierfür wird ein leistungsfähiges numerisches Berechnungsverfahren aufgezeigt. Den Abschluss des Kapitels bildet ein Vergleich der Spektraleigenschaften verschiedener linearer und nichtlinearer Modulationsformen.

9.1 Lineare Modulationsformen

9.1.1 Beschreibung im Signalraum

Zur Übertragung einer reellen, wertediskreten Datenfolge $d(i)$ wurde in Abschnitt 8.1, Seite 230, das reelle Datensignal

$$s(t) = T \sum_{i=-\infty}^{\infty} d(i)\, g_S(t-iT) \quad , \quad s(t) \in \mathbb{R}. \tag{9.1.1}$$

definiert. Dabei bezeichnet $g_S(t)$ die Impulsantwort des verwendeten Sendefilters. Da diese die Dimension „1/Zeit" aufweist, wurde der Skalierungsfaktor T eingeführt, um insgesamt ein dimensionsloses Signal zu erhalten.

Im Folgenden soll eine *Bandpass*-Übertragung durchgeführt werden. Nach den Betrachtungen in Abschnitt 1.4 sind die zu reellen Bandpass-Signalen gehörigen äquivalenten Tiefpass-Signale im Allgemeinen *komplex*, so dass hier das Datenalphabet auf komplexe Werte erweitert werden kann. Für die Datensymbole wird also festgelegt

$$d(i) = d'(i) + j\, d''(i); \quad d', d'' \in \mathbb{R}. \tag{9.1.2}$$

Damit ergibt sich aus (9.1.1) die *Komplexe Einhüllende* eines digitalen Modulationssignals

$$s(t) = T \sum_{i=-\infty}^{\infty} [d'(i) + jd''(i)]\, g_S(t-iT), \quad s(t) \in \mathbb{C}. \tag{9.1.3}$$

Das zugehörige reelle Bandpasssignal mit der Trägerfrequenz ω_0 erhält man gemäß (1.4.3a), Seite 22, aus dem analytischen Signal

$$x^+(t) = \sqrt{2}\, T \left[\sum_{i=-\infty}^{\infty} [d'(i) + jd''(i)]\, g_S(t-iT) \right] e^{j\omega_0 t} \tag{9.1.4}$$

durch Realteilbildung. Für einen reellen Elementarimpuls $g_S(t)$ ergibt sich also

$$\begin{aligned} x(t) &= \mathrm{Re}\{x^+(t)\} \\ &= \sqrt{2}\, T \Big[\cos(\omega_0 t) \sum_{i=-\infty}^{\infty} d'(i)\, g_S(t-iT) - \sin(\omega_0 t) \sum_{i=-\infty}^{\infty} d''(i)\, g_S(t-iT) \Big]. \end{aligned} \tag{9.1.5}$$

Normal- und Quadraturkomponente der Trägerschwingung können durch unabhängige Datenfolgen $d'(i)$ und $d''(i)$ moduliert werden; **Bild 9.1.1** zeigt die zugehörige Senderstruktur. Lässt man für die komplexen Datensymbole $M = 2^m$ diskrete Werte zu

$$d(i) \in \{d_0, d_1, \ldots, d_{M-1}\}; \quad M = 2^m, \tag{9.1.6}$$

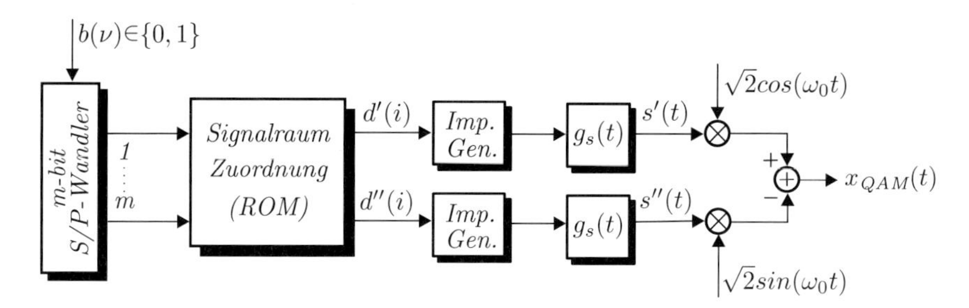

Bild 9.1.1: Blockschaltbild eines Senders für lineare Modulationsformen

so ist jedem Symbol ein m-bit-Wort zuzuordnen (*Mapping*). Die zu übertragenden Binärzeichen $b(\nu)\in\{0,1\}$ werden demgemäß durch einen Serien-Parallel-Wandler (S/P) zu m-bit-Gruppen zusammengefasst, die zu den Zeitpunkten iT einen Festwertspeicher adressieren, der die spezielle Signalraumzuordnung enthält. Durch diesen Festwertspeicher wird in der in Bild 9.1.1 abgebildeten Senderanordnung die Modulationsart festgelegt.

Einige Beispiele für Signalraum-Konstellationen sind in **Bild 9.1.2** wiedergegeben. Bild 9.1.2a zeigt zunächst den Spezialfall einer 4-stufigen reellen Signalraum-Anordnung. Das zugehörige Modulationssignal trägt in der englischsprachigen Literatur die Bezeichnung *ASK* (*Amplitude Shift Keying*); es stellt ein *reines Zweiseitenbandsignal* dar entsprechend der Tatsache, dass die Komplexe Einhüllende hier ein reelles Signal ist. Der Zeitverlauf eines 4-ASK-Signals ist für den Sonderfall eines rechteckförmigen, auf ein Symbolintervall begrenzten Elementarimpulses

$$g_T(t) = \begin{cases} \frac{1}{T} & \text{für } 0 \le t \le T \\ 0 & \text{sonst} \end{cases} \tag{9.1.7}$$

in **Bild 9.1.3a** dargestellt. Ein zweistufiges antipodales ASK-Signal mit $d(i)\in\{+1,-1\}$ wird auch als *BPSK, Binary Phase Shift Keying* bezeichnet. Ein Beispiel für eine 4-stufige *komplexe* Signalraumkonstellation zeigt **Bild 9.1.2b**. Diese Form kann als Quadratur-Amplituden-Modulation (QAM) mit den Quadraturkomponenten $d'(i)\in\{-1,1\}$, $d''(i)\in\{-1,1\}$ betrachtet werden, lässt aber auch eine Interpretation als *diskrete Phasenmodulation* zu (engl. *Quarternary Phase Shift Keying*, QPSK), da die Datensymbole $d(i)$ bei konstantem Betrag die diskreten Phasenwerte

$$\varphi_\mu = \frac{\pi}{2} \cdot \mu + \lambda; \qquad \lambda = \pi/4; \qquad \mu = 0, \ldots, 3 \tag{9.1.8}$$

aufweisen.

Der Charakter einer Phasenmodulation wird anhand des in **Bild 9.1.3b** wiedergegebenen Zeitverlaufs deutlich – wieder unter der Annahme eines auf die Zeit T begrenzten Rechtecksignals als Elementarimpuls: Gegenüber der in der oberen Spur eingetragenen unmodulierten Trägerschwingung ergeben sich die diskreten Phasenabweichungen entsprechend (9.1.8) für $\lambda = 0$.

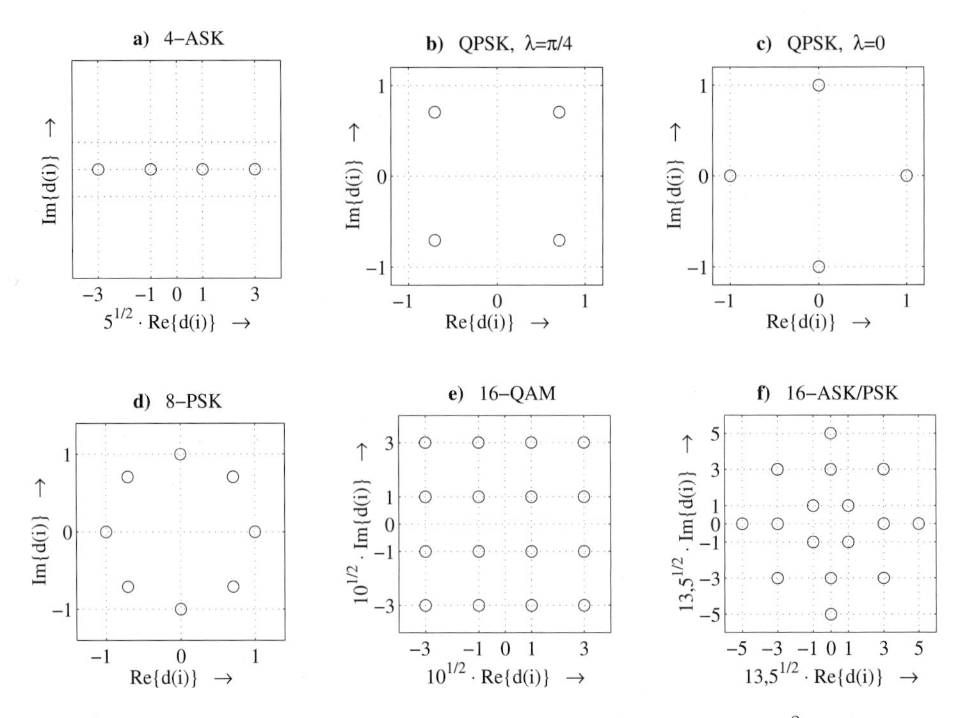

Bild 9.1.2: Einige Signalraum-Konstellationen (Normiergung: $\sigma_D^2 = 1$)

Die Bilder 9.1.2c und d zeigen weitere Beispiele von PSK-Signalen und zwar die erwähnte QPSK-Form mit $\lambda = 0$ sowie ein 8-stufiges PSK-Signal (8-PSK, $\lambda = 0$). Es ist eine bemerkenswerte Tatsache, dass die diskreten Phasenmodulationssignale in die Klasse *linearer Modulationsarten* eingeordnet werden. Dies überrascht insofern, als im Sinne der klassischen Modulationstheorie unter einem phasenmodulierten Signal eine nichtlineare Modulationsform verstanden wird (vgl. Abschnitt 3.1). In diesem Zusammenhang muss man sich über die Gültigkeit der Linearität des in Bild 9.1.1 dargestellten Modulationssystems klar werden: Linear ist dieses System bezüglich der Eingangsgrößen $d'(i)$ und $d''(i)$. Ein nichtlinearer Zusammenhang existiert hingegen in der Zuordnung der Phasenwerte $\varphi_\mu(i)$ zu den Größen $d'(i)$ und $d''(i)$; er wird in der Signalraum-Zuordnungstabelle berücksichtigt.

In Bild 9.1.2 sind schließlich noch zwei Beispiele für höherstufige Modulationsformen dargestellt. **Teilbild 9.1.2e** zeigt das Signalalphabet einer 16-stufigen *Quadratur-Amplituden-Modulation* (QAM), während die Signalverteilung gemäß **Bild 9.1.2f** als Mischform zwischen PSK und ASK betrachtet werden kann – sie ist damit den sogenannten *hybriden Modulationsformen* zuzuordnen. Die abgebildete PSK/ASK-Modulation ist im Vergleich zur einfachen QAM-Version unempfindlicher gegenüber Phasenfehlern bei der Demodulation im Empfänger (auf die Probleme der Trägerphasen-Regelung wird in Abschnitt 10.3 eingegangen). Die beiden betrachteten 16-stufigen Modulationsformen werden zur 9,6 kbit/s Übertragung über Fernsprechkanäle genutzt.

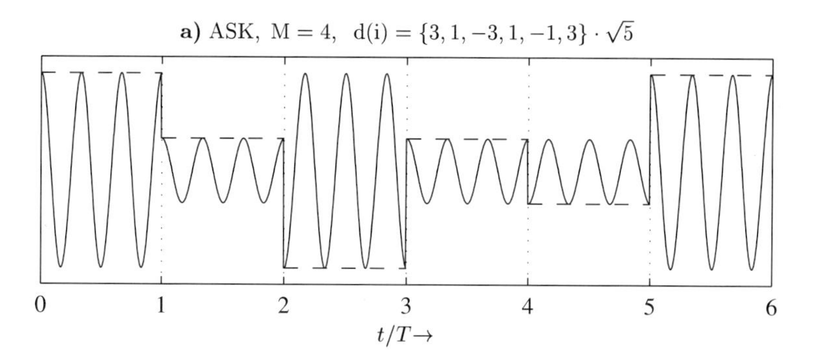

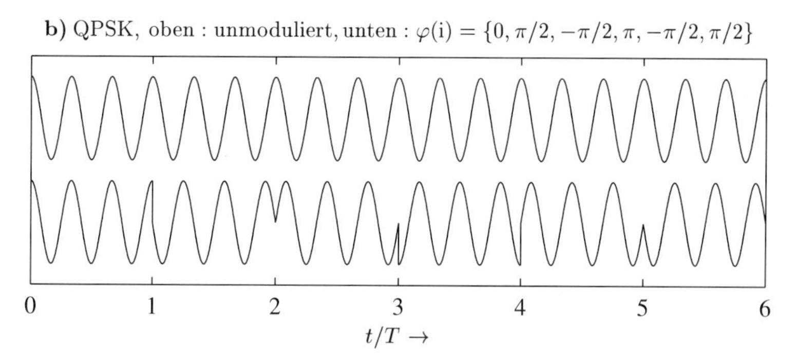

Bild 9.1.3: Beispiele für Zeitverläufe digitaler Modulationssignale

Leistungsnormierung der Signalalphabete. Die in Bild 9.1.2 wiedergegebenen Signalraum-Konstellationen sind alle auf die Leistung eins normiert. Wir demonstrieren die rechnerische Lösung anhand einer M-stufigen QAM. Für den Realteil gelte

$$d'(i) \in A_{\mathrm{QAM}} \cdot \{\pm 1,\, \pm 3,\, \cdots, \pm(\sqrt{M}-1)\}; \tag{9.1.9a}$$

seine Leistung beträgt bei gleichverteilter A-priori-Wahrscheinlichkeit der Symbole

$$\sigma_{D'}^2 = A_{\mathrm{QAM}}^2 \cdot \frac{1}{\sqrt{M}/2} \cdot \sum_{m=0}^{\sqrt{M}/2-1} (2m+1)^2 = A_{\mathrm{QAM}}^2 \cdot \frac{M-1}{3}. \tag{9.1.9b}$$

Die Leistung des QAM-Signals soll auf eins normiert werden:

$$\sigma_D^2 = \sigma_{D'}^2 + \sigma_{D''}^2 = 2\,\sigma_{D'}^2 = \frac{2}{3}\,(M-1) \cdot A_{\mathrm{QAM}}^2 \triangleq 1; \tag{9.1.9c}$$

der Normierungsfaktor für ein M-QAM-Signal beträgt also

$$A_{\mathrm{QAM}} = \sqrt{\frac{3}{2(M-1)}}. \tag{9.1.9d}$$

Für das in Bild 9.1.2f dargestellte hybride 16-ASK/PSK-Verfahren ergibt ein entsprechender Normierungsfaktor von

$$A_{16\text{-ASK/PSK}} = \frac{1}{\sqrt{13,5}}. \tag{9.1.10}$$

9.1.2 Digitale Modulation mit Nyquist-Impulsformung

Im letzten Abschnitt wurde für den Elementarimpuls $g_T(t)$, also ein Rechteck-Signal der Dauer T, eingesetzt. Für das modulierte Signal bedeutet das eine „harte Umtastung" der Symbole, im Falle der PSK-Modulation also eine harte Phasenumtastung. Damit ist eine entsprechend hohe Bandbreite des gesendeten Signals verbunden (vgl. Abschnitt 9.3). Zur Bandbegrenzung wäre ein dem Modulator nachgeschalteter Bandpass $H_{\text{BP}}(j\omega)$ gemäß der in **Bild 9.1.4a** dargestellten Systemstruktur denkbar. Aus den Betrachtungen in Abschnitt 1.4.3 ist andererseits bekannt, dass durch die Umrechnung (vgl. (1.4.10), S. 26)

$$H_{\text{TP}}(j\omega) = \frac{1}{2} H^{+}_{\text{BP}}(j(\omega + \omega_0)) \tag{9.1.11a}$$

$$h_{\text{TP}}(t) = \frac{1}{2}\left[h_{\text{BP}}(t) + j\hat{h}_{\text{BP}}(t)\right] e^{-j\omega_0 t} \tag{9.1.11b}$$

eine äquivalente Struktur gemäß **Bild 9.1.4b** gewonnen wird, bei der die Bandbegrenzung vor der komplexen Trägermultiplikation, also vor der Modulation erfolgt. Nimmt man weiterhin an, dass der in Bild 9.1.4a nachgeschaltete Bandpass eine zur Trägerfrequenz ω_0 symmetrische (d.h. konjugiert gerade) Übertragungsfunktion hat, so ist die äquivalente Tiefpass-Impulsantwort reell.

Der ursprünglich angesetzte rechteckförmige Grundimpuls $g_T(t)$ kann mit $h_{\text{TP}}(t)$ zu einem einzigen Elementarimpuls

$$g_S(t) = \frac{1}{T}\int_0^T h_{\text{TP}}(t-\tau)d\tau \tag{9.1.12}$$

zusammengefasst werden, der damit eine Bandbegrenzung des digitalen Modulationssignals beinhaltet. Im Allgemeinen erstreckt sich dieser Elementarimpuls nun über mehrere Symbolintervalle (im Falle idealer Bandbegrenzung über unendlich viele), so dass es zu Beeinflussungen aufeinanderfolgender Symbole, also zu *Intersymbol-Interferenz* kommt. Sollen die gesendeten Symbole – bzw. die diskreten Phasenwerte bei PSK – zu den Zeitpunkten iT fehlerfrei erkennbar sein, so ist die *erste Nyquistbedingung* zu erfüllen, die für den Fall der Basisbandübertragung in Kapitel 8 ausführlich diskutiert wurde. Dort wurde auch erläutert, dass unter dem Aspekt einer optimalen Anpassung an die auf dem Übertragungswege überlagerten Rauscheinflüsse die Nyquist-Filterung symmetrisch auf Sende- und Empfangsfilter zu verteilen ist (das Matched-Filter-Prinzip behält im Falle der Bandpass-Übertragung seine Gültigkeit, wie in den Kapiteln 11 und 13 später

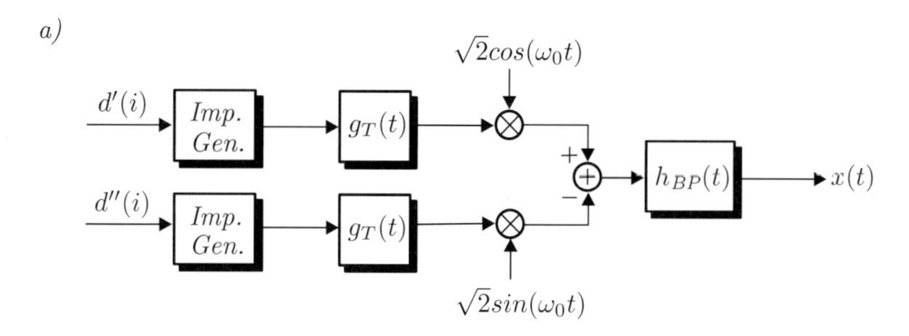

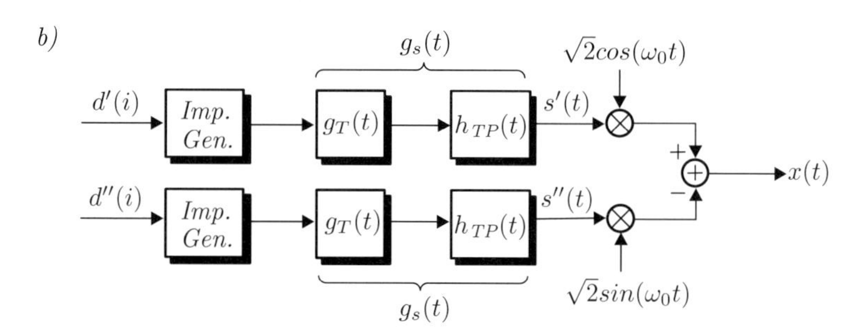

Bild 9.1.4: Erzeugung eines bandbegrenzten QAM- bzw. PSK-Signals

noch gezeigt wird). Für die gegenwärtigen Betrachtungen folgt hieraus, dass das Spektrum des Elementarimpulses $g_S(t)$ eine Wurzel-Nyquist-Charakteristik aufweisen muss (vgl. z.B. Bild 8.3.2c). Die erste Nyquistbedingung ist dabei für das Sendesignal nicht erfüllt – dies wird an der Signalraum-Darstellung eines QPSK-Signals am Ausgang des Sendefilterpaares in **Bild 9.1.5a** deutlich.

Erst nach Einbeziehung des Empfangsfilters erhält man das Ergebnis in **Bild 9.1.5b**: Die vier diskreten Signalwerte sind hier deutlich erkennbar, so dass bei idealer Abtastung mit der Symbolrate eine fehlerfreie Detektion der übertragenen Phasenwerte möglich ist.

Man erkennt weiterhin an den Bildern 9.1.5a, b, dass die bei harter Phasenumtastung ursprünglich ideal erfüllte *Konstanz des Einhüllenden-Betrages infolge der Bandbegrenzung verloren geht.* Dies wird auch an dem in **Bild 9.1.5c** wiedergegebenen Zeitverlauf des reellen PSK-Bandpasssignals verdeutlicht. Diese Eigenschaft steht im Einklang mit der Erfahrung aus der klassischen Modulationstheorie, die besagt, dass ein winkelmoduliertes Signal infolge von linearen Verzerrungen eine zusätzliche Amplitudenmodulation erfährt. Der Aspekt einer konstanten Betrags-Einhüllenden spielt für verschiedene Anwendungsfälle eine wichtige Rolle, z.B. zur gleichmäßigen Aussteuerung des Sendeverstärkers in mobilen Empfangsgeräten („Handy"). Wir werden auf dieses Problem im nächsten Abschnitt (Offset-PSK) sowie im Zusammenhang mit nichtlinearen Modulationsformen zurückkommen.

In **Bild 9.1.6** sind die Signalräume am Ausgang des Empfänger-Matched-Filters, d.h. nach einer Gesamtfilterung durch eine Kosinus-roll-off-Charakteristik mit $r = 1,0$, für vier verschiedene lineare Modulationsformen dargestellt.

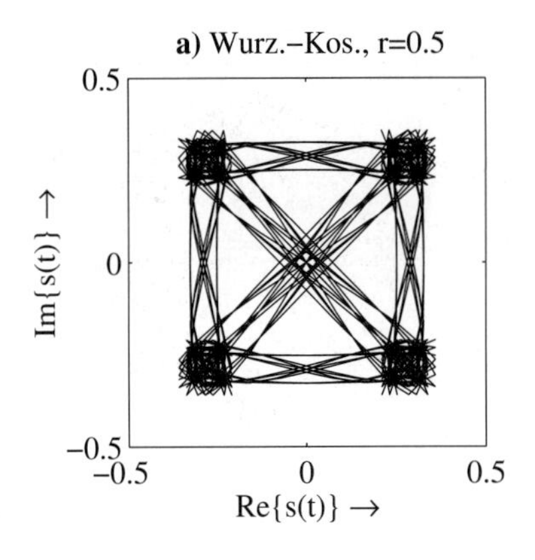

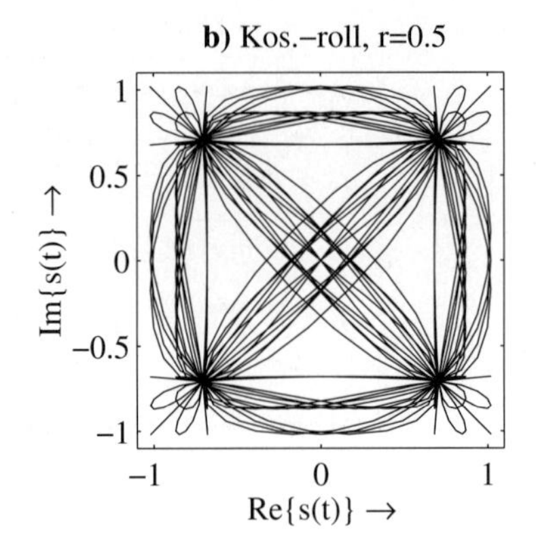

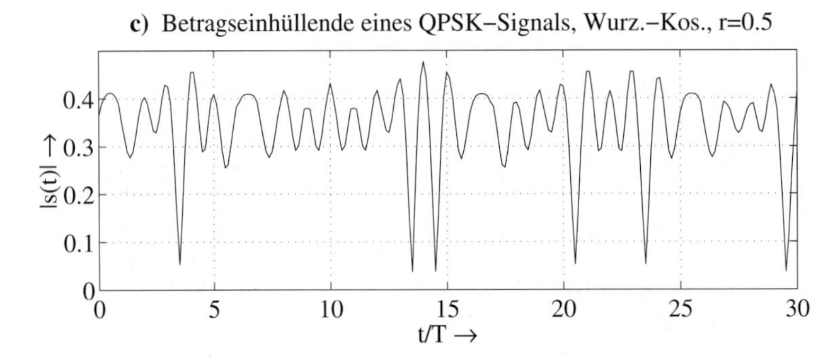

Bild 9.1.5: QPSK-Signale unter Bandbegrenzung
a) Wurzel-Kosinus Roll-off Filter ($r = 0,5$)
b) Kosinus Roll-off Filter ($r = 0,5$)
c) Zeitverlauf des Betrages eines QPSK-Sendesignals

9.1.3 Offset-PSK

Im letzten Abschnitt wurde das Problem von Amplitudenschwankungen eines PSK-Signals infolge einer Bandbegrenzung angesprochen. Besonders starke Amplitudeneinbrüche ergeben sich bei Phasenübergängen von π, da die Komplexe Einhüllende in diesem Falle durch null verläuft.

Eine einfache Methode zur Minderung dieser Einflüsse stellt die sogenannte *Offset-PSK* (O-PSK) oder allgemein die *Offset-QAM* (O-QAM) dar. Dabei werden Real- und Imaginärteil der Symbole $d(i)$ (für $\lambda = \frac{\pi}{4}$) zeitlich um $T/2$ versetzt den Impulsformern zugeführt.

$$s_{\text{OQAM}}(t) = T \sum_{i=-\infty}^{\infty} d'(i)\, g_S(t - iT) + j\, T \sum_{i=-\infty}^{\infty} d''(i)\, g_S(t - \frac{T}{2} - iT) \qquad (9.1.13)$$

Die Wirkung dieser Maßnahme veranschaulicht **Bild 9.1.7**. Phasensprünge um π werden

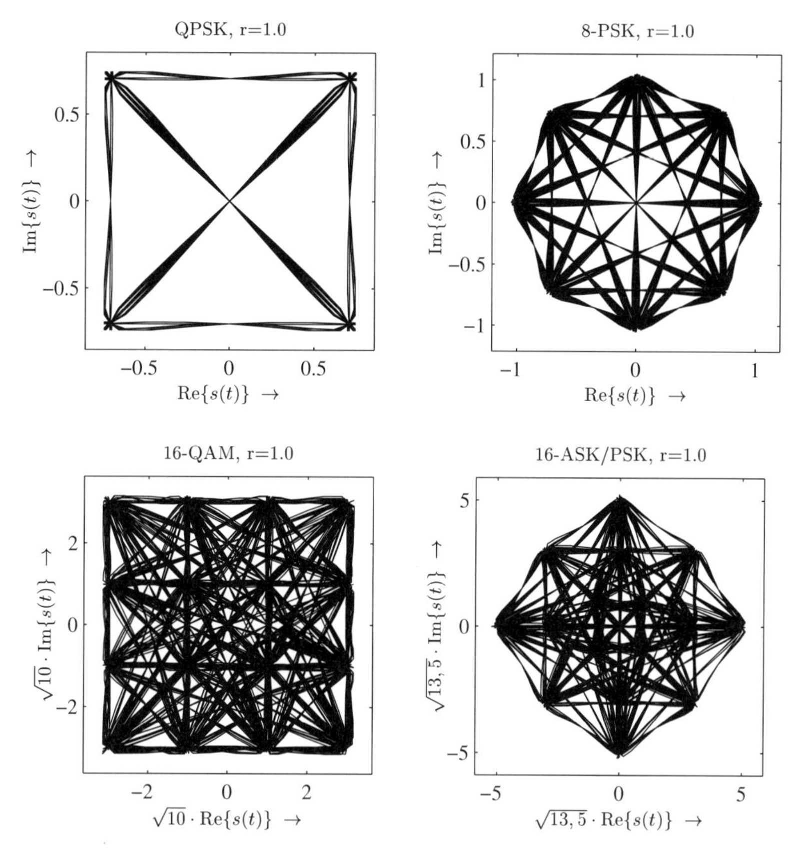

Bild 9.1.6: Signalräume bandbegrenzter Modulationssignale (Kosinus-roll-off, $r = 1,0$)

vermieden, indem sie während eines Symbolintervalls auf zwei $\pm\pi/2$ Übergänge verteilt werden.

Die Auswirkungen auf die Einhüllende werden im **Bild 9.1.8** deutlich. Die beiden oberen Teilbilder zeigen die Signalräume des O-QPSK-Sendesignals für Wurzel-Kosinus-roll-off-Filter mit $r = 1,0$ und $r = 0,5$. Der Verlauf der Betragseinhüllenden in 9.1.8c verdeutlicht im Vergleich zu Bild 9.1.5 die Reduktion der Amplitudenschwankungen.

9.1.4 Differentielle PSK-Modulation (DPSK)

Bisher waren wir davon ausgegangen, dass ein digitales Phasenmodulations-Signal die übertragene Information in den diskreten Phasenabweichungen gegenüber dem unmodulierten Träger enthält. Zur fehlerfreien Demodulation müssten bei einem solchen Verfahren die absoluten Trägerphasen am Empfänger bekannt sein. In der Praxis stößt

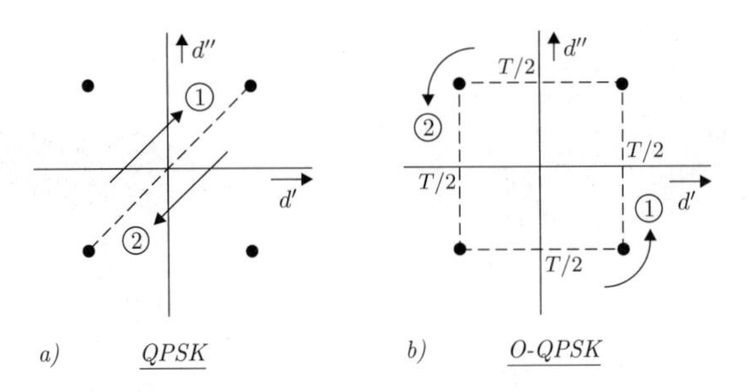

Bild 9.1.7: Zur Veranschaulichung des Offset-QPSK-Verfahrens

man hier auf Probleme: Da der Träger selbst üblicherweise nicht übertragen wird, erfolgt eine Trägerableitung aus dem empfangenen modulierten Signal. Dabei ergibt sich bei M-stufigen PSK-Signalen grundsätzlich eine Phasenunsicherheit von $2\pi/M$ – in Abschnitt 10.3 wird hierauf näher eingegangen. Aus diesem Grunde werden in praktischen Übertragungssystemen differentielle PSK-Verfahren verwendet: Die übertragene Phaseninformation ist in der Differenz der absoluten Phasenwerte zeitlich aufeinanderfolgender Symbole

$$\Delta\varphi_\mu(i) = \varphi(i) - \varphi(i-1) \tag{9.1.14a}$$

enthalten; die Differenzphase wird M-stufig angesetzt:

$$\Delta\varphi_\mu = \frac{2\pi}{M} \cdot \mu + \lambda; \quad \mu = 0, \ldots, M-1;\ \lambda \in \{0, \pi/M\}. \tag{9.1.14b}$$

Im **Bild 9.1.9** sind die DQPSK-Signalraumverteilungen für $\lambda = 0$ und $\lambda = \pi/4$ wiedergegeben. Im Falle $\lambda = 0$ ergeben sich für die absolute Phase gemäß (9.1.14b) die diskreten Werte $\varphi(i) \in \{0, \pi/2, \pi, 3\pi/2\}$; es entsteht also ein Vierphasensignal (siehe **Bild 9.1.9b**). Für $\lambda = \pi/4$ hingegen erhält man aufgrund der Vorschrift (9.1.14b) ein 8-stufiges Signal, denn mit dem Anfangswert $\varphi(0) = 0$ gilt

$$\varphi(2i+1) \in \left\{\frac{\pi}{4}, \frac{3}{4}\pi, \frac{5}{4}\pi, \frac{7}{4}\pi\right\} \tag{9.1.15a}$$

$$\varphi(2i) \in \left\{0, \frac{\pi}{2}, \pi, \frac{3}{2}\pi\right\}. \tag{9.1.15b}$$

In den Bildern 9.1.9c,d ist diese alternierende Veränderung des absoluten Phasenrasters bei einem $\pi/4$-DQPSK-Signal veranschaulicht. Der Vorteil des $\pi/4$-DPSK-Verfahrens besteht darin, dass Phasenübergänge von $\pm\pi$ vermieden werden. Ähnlich wie bei der Offset-QPSK-Modulation wird damit die Konstanz der Betragseinhüllenden verbessert. Die **Bilder9.1.10a-d** demonstrieren die Einhüllenden-Eigenschaften anhand der Signalräume der Sendesignale sowie der Matched-Filter-Ausgänge im Empfänger.

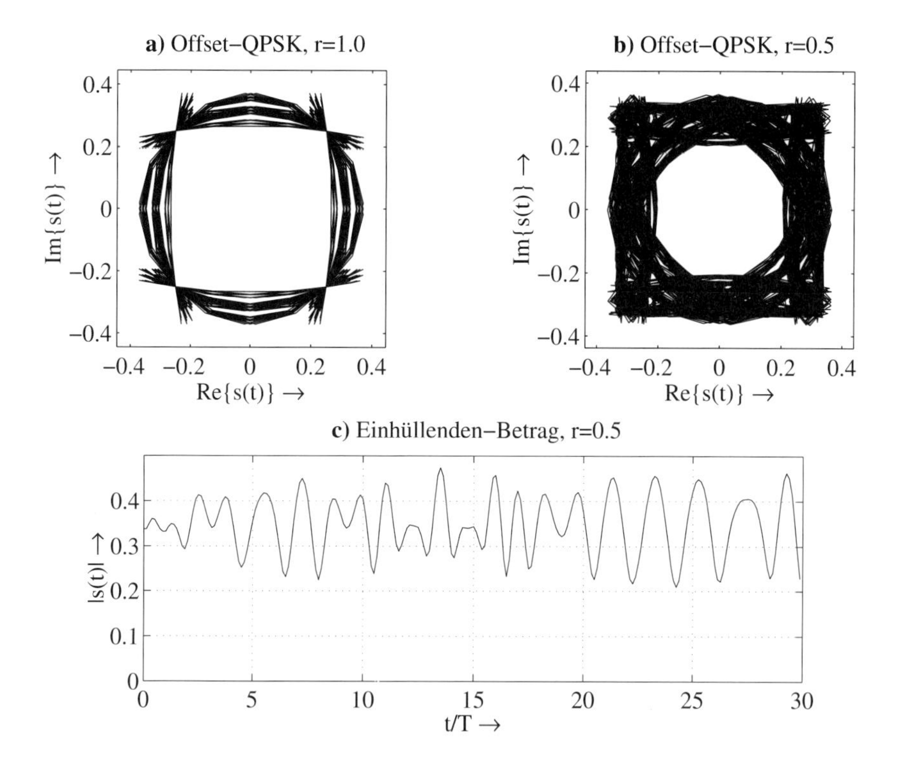

Bild 9.1.8: Einhüllendenschwankungen bei Offset-QPSK
a) Wurzel-Kosinus-roll-off, $r = 1$, b) $r = 0,5$
c) Zeitverlauf der Betragseinhüllenden (Wurzel-Kosinus-roll-off, $r = 0,5$)

9.1.5 Klassifikation digitaler Modulationssignale

Durch die Festlegung auf M diskrete Signalpunkte $d(i) \in \{d_0, \ldots, d_{M-1}\}$ werden M verschiedene Elementarimpulse definiert.

$$s_\mu(t) = d_\mu \cdot T \cdot g_S(t), \quad \mu \in \{0, \cdots, M-1\} \tag{9.1.16}$$

Ihre Energien errechnen sich aus

$$E_\mu = \int_{-\infty}^{\infty} s_\mu(t) s_\mu^*(t) dt = |d_\mu|^2 \int_{-\infty}^{\infty} T^2 \, g_S^2(t) dt; \tag{9.1.17}$$

für einen Rechteckimpuls der Länge T gilt z.B. $E_\mu = |d_\mu|^2 \cdot T$. Eine Klassifikation der Modulationsarten lässt sich anhand der komplexen *Kreuzkorrelationskoeffizienten*

$$\rho_{\mu\nu} = \rho'_{\mu\nu} + j\rho''_{\mu\nu} = \frac{1}{\sqrt{E_\mu E_\nu}} \int_{-\infty}^{\infty} s_\mu(t) s_\nu^*(t) dt = \frac{d_\mu d_\nu^*}{|d_\mu||d_\nu|} \tag{9.1.18}$$

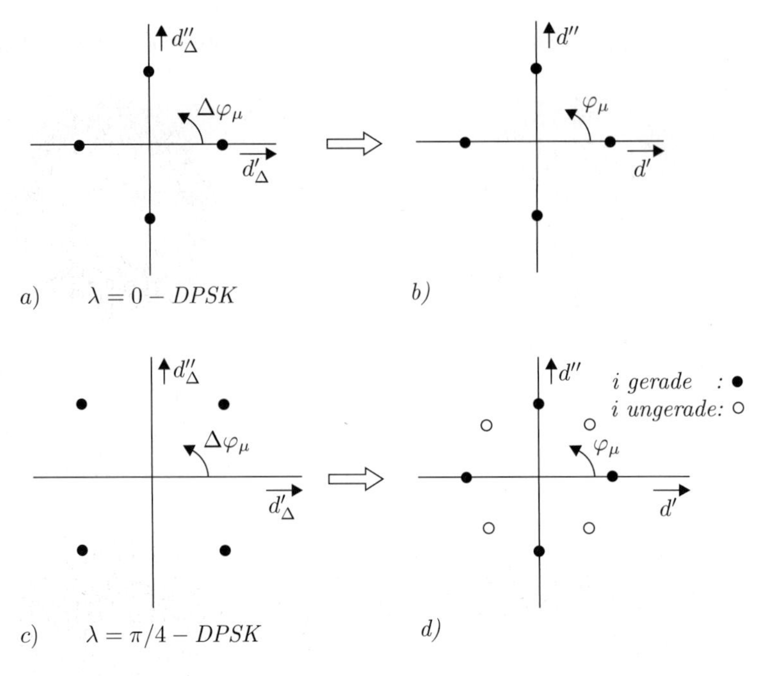

Bild 9.1.9: Zur Verdeutlichung von DQPSK
a,b) $\lambda = 0$; c,d) $\lambda = \pi/4$

vornehmen. Dazu ist zu beachten, dass für die reellen Kreuzkorrelationskoeffizienten der zugehörigen Bandpass-Signale mit (9.1.5) gilt

$$\begin{aligned}
\rho_{\mu\nu}^{BP} &= \frac{1}{\sqrt{E_\mu \cdot E_\nu}} \cdot \int_{-\infty}^{\infty} x_\mu(t) \cdot x_\nu(t)\, dt \\
&= \frac{1}{\sqrt{E_\mu E_\nu}} \int_{-\infty}^{\infty} \sqrt{2}\,\mathrm{Re}\{s_\mu(t) e^{j\omega_0 t}\} \cdot \sqrt{2}\,\mathrm{Re}\{s_\nu(t) e^{j\omega_0 t}\}\, dt \qquad (9.1.19) \\
&= \mathrm{Re}\{\rho_{\mu\nu}\} + \frac{1}{\sqrt{E_\mu E_\nu}} \mathrm{Re}\Big\{ d_\mu d_\nu \int_{-\infty}^{\infty} T^2\, g^2(t) e^{j2\omega_0 t}\, dt \Big\}.
\end{aligned}$$

Unter der Annahme, dass Signalanteile bei der doppelten Trägerfrequenz durch die Integration beseitigt werden – für einen Rechteck-Datenimpuls der Länge T ist dies z.B. unter der Bedingung $\omega_0 T = \pi\ N$ der Fall – erhält man aus (9.1.19) den Realteil des komplexen Kreuzkorrelationskoeffizienten

$$\rho_{\mu\nu}^{BP} = \frac{1}{\sqrt{E_\mu E_\nu}} \int_{-\infty}^{\infty} x_\mu(t) x_\nu(t) dt = \mathrm{Re}\{\rho_{\mu\nu}\} = \rho'_{\mu\nu}. \qquad (9.1.20)$$

Diese Größe wird noch im Zusammenhang mit der optimalen Datenentscheidung unter Rauscheinfluss eine zentrale Rolle spielen (vgl. Abschnitt 11.1); an dieser Stelle wollen wir sie zur Klassifikation digitaler Modulationsformen heranziehen.

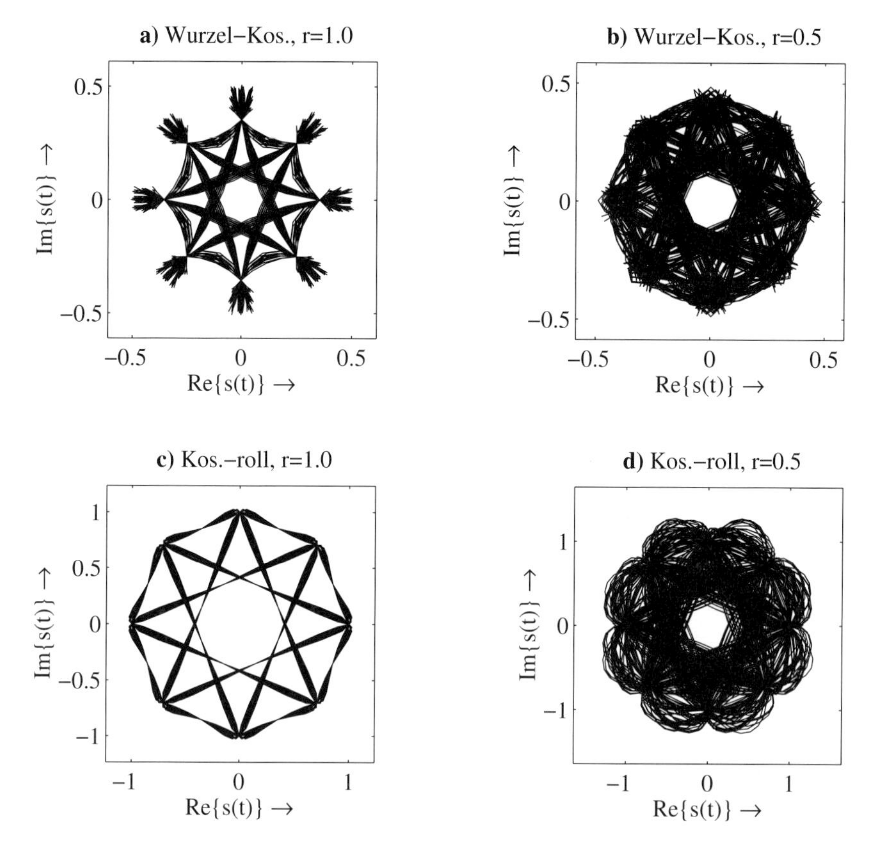

Bild 9.1.10: Einhüllendenschwankungen bei $\pi/4$-DQPSK
a,b) Sendesignal $r = 1,0,\ r = 0,5$
c,d) Empfänger: Matched-Filter-Ausgang

Als *antipodal* bezeichnet man ein Signal, wenn gilt

$$\rho'_{\mu\nu} = \frac{\mathrm{Re}\{d_\mu d_\nu^*\}}{|d_\mu| \cdot |d_\nu|} = -1, \quad \nu \neq \mu. \tag{9.1.21}$$

Ein Beispiel hierfür ist ein zweistufiges ASK-Signal mit den Amplitudenstufen $\pm d$, das gleichermaßen als 2-PSK (BPSK) aufgefasst werden kann.

Eine *orthogonale* Modulation liegt unter der Bedingung

$$\rho'_{\mu\nu} = \frac{\mathrm{Re}\{d_\mu d_\nu^*\}}{|d_\mu||d_\nu|} = 0, \quad \nu \neq \mu \tag{9.1.22}$$

vor; Beispiele hierfür zeigen die Bilder 9.1.11a,b. Schließlich erhält man ein *biorthogonales* Modulationssystem, wenn zu einem orthogonalen System durch Negation aller Signalpunkte ein zweites orthogonales hinzugefügt wird. Für den Realteil des Kreuz-

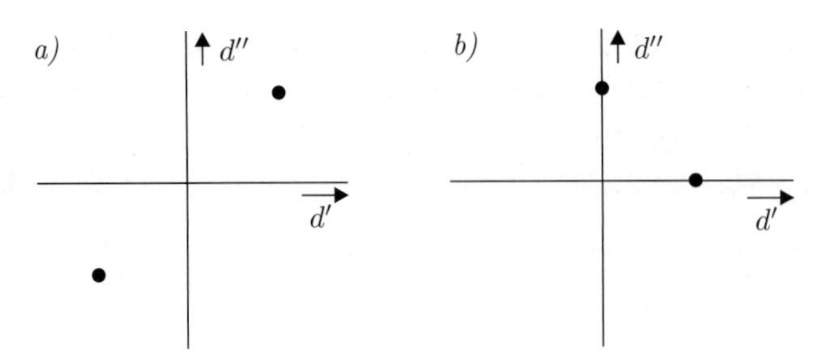

Bild 9.1.11: Antipodale (a) und orthogonale (b) Modulationsformen

korrelationskoeffizienten gilt dann

$$\rho'_{\mu\nu} = \frac{\mathrm{Re}\{d_\mu d_\nu^*\}}{|d_\mu||d_\nu|} \in \{0, -1\}, \quad \nu \neq \mu. \tag{9.1.23}$$

Ein Beispiel für biorthogonale Modulation ist die QPSK-Modulation.

9.2 Nichtlineare Modulationsformen

9.2.1 Diskrete Frequenzmodulation (FSK)

Die klassische nichtlineare Form der analogen Modulation ist die Frequenzmodulation. Zu einer entsprechenden digitalen Version kommt man, indem ein reelles Datensignal der Form (9.1.1) die Momentanfrequenz bildet. Als Komplexe Einhüllende eines solchen durch diskrete Werte modulierten FM-Signals (engl. *Frequency Shift Keying, FSK*) schreiben wir

$$s_{\mathrm{FSK}}(t) = e^{j(2\pi\Delta F\, T \int\limits_0^t \sum\limits_{\ell=0}^{\infty} d(\ell) g_T(t'-\ell T)dt' + \varphi_0)}\;; \tag{9.2.1}$$

ΔF bezeichnet dabei den Frequenzhub bezogen auf $|d(\ell)| = 1$, φ_0 eine willkürliche Anfangsphase zum Zeitpunkt $t = 0$; $g_T(t)$ beschreibt einen kausalen Rechteckimpuls der Länge T gemäß (9.1.7).

Nimmt man zunächst ein zweistufiges Datensignal

$$d \in \{-1, 1\} \tag{9.2.2}$$

an, so beschreibt (9.2.1) ein zwischen den beiden Frequenzen ΔF und $-\Delta F$ umgetastetes Signal. Durch die Integration im Exponenten ist sichergestellt, dass die zugehörige Phase kontinuierlich verläuft. Aus diesem Grunde wird diese Form der diskreten Frequenzmodulation auch als *Continuous Phase FSK (CPFSK)* bezeichnet, im Gegensatz zu einer einfachen Umtastung zweier freilaufender Oszillatoren ohne Berücksichtigung der Phasenkontinuität. Letztere Form wird verschiedentlich auch einfach als FSK bezeichnet; wegen ihrer ungünstigen Spektraleigenschaften hat sie jedoch keine praktische Bedeutung und soll deshalb hier nicht weiter betrachtet werden.

Der Exponent in (9.2.1) kann unter den genannten Bedingungen wie folgt umgeformt werden.

$$\begin{aligned}\int_0^t \sum_{\ell=0}^{\infty} d(\ell) g_T(t'-\ell T)\,dt' &= \sum_{\ell=0}^{\infty} d(\ell) \int_0^t g_T(t'-\ell T)\,dt' \\ &= \sum_{\ell=0}^{i-1} d(\ell) \;+\; d(i)\cdot\left(\tfrac{t}{T}-i\right), \quad \text{für} \quad iT \le t \le (i+1)T \end{aligned} \tag{9.2.3}$$

Wir können den Term

$$2\pi\,\Delta F\,T \sum_{\ell=0}^{i-1} d(\ell) + \varphi_0 \triangleq \varphi(iT) \tag{9.2.4}$$

als jeweilige Anfangsphase zum Zeitpunkt $t = iT$ auffassen und erhalten schließlich für die Komplexe Einhüllende eines zweistufigen FSK-Signals

$$s_{\text{FSK}}(t) = e^{j[\varphi(iT)+2\pi\,\Delta F\,T(t/T-i)d(i)]} \qquad \text{für} \;\; iT \le t \le (i+1)T. \tag{9.2.5}$$

Wichtig ist hier die Feststellung, dass das CPFSK-Signal im Zeitintervall $iT \le t \le (i+1)T$ von der Gesamtheit der bisher übertragenen Daten abhängt. Man hat diese Signalform daher der Klasse der *gedächtnisbehafteten* Modulationsarten zuzuordnen – das Gedächtnis eines FSK-Signals ist eine Konsequenz aus der Forderung nach einer kontinuierlichen Phase.

In Anlehnung an die Definition bei analoger Frequenzmodulation wird der *Modulationsindex*

$$\eta = 2\,\Delta F\,T \tag{9.2.6}$$

eingeführt; mit ihm ist der Phasenhub während eines Symbolintervalls festgelegt.

$$|\varphi(iT) - \varphi((i-1)T)| = \pi\cdot\eta \tag{9.2.7}$$

In **Bild 9.2.1** sind die möglichen Phasenübergänge bei einer Anfangsphase von $\varphi(0) = 0$ dargestellt. Die Signalraum-Darstellungen für FSK-Signale mit verschiedenen Modulationsindizes sind in den Bildern **9.2.2a-d** wiedergegeben. Dabei werden die jeweils am Ende eines Symbolintervalls erreichten Punkte markiert; als Anfangsphase wurde wieder $\varphi(0) = 0$ gesetzt. Mit Hilfe der bisher definierten komplexen Einhüllenden lassen sich die zugehörigen reellen Bandpass-Signale formulieren.

$$\begin{aligned} x_{\text{FSK}}(t) &= \sqrt{2}\,\text{Re}\{s_{\text{FSK}}(t)e^{j\omega_0 t}\} \\ &= \sqrt{2}\,\cos[\omega_0 t + \varphi(iT) + \eta\pi d(i)(t/T-i)], \quad iT \le t \le (i+1)T \end{aligned} \tag{9.2.8}$$

Die Bilder **9.2.3a** und **b** zeigen die Zeitverläufe für zwei Beispiele ($\eta = 1$ und $\eta = 0.5$; $f_0 = 4/T$). In den oberen Teilbildern sind jeweils die unmodulierten

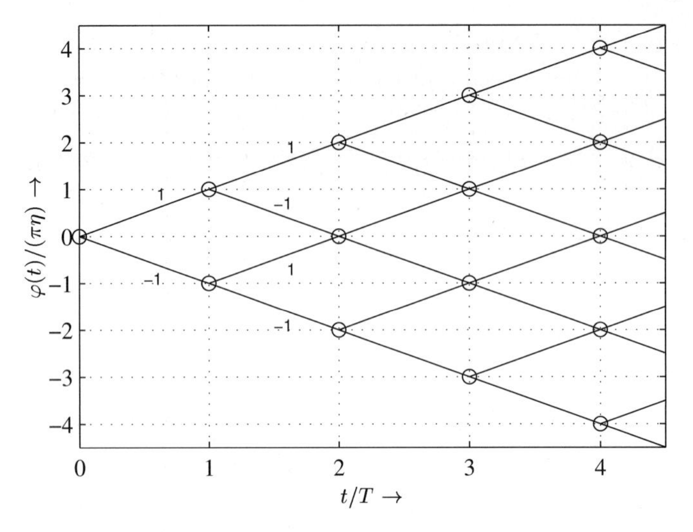

Bild 9.2.1: Mögliche Phasenübergänge eines CPFSK-Signals

Trägerschwingungen gegenübergestellt. Man erkennt, dass zu den Zeitpunkten $t = iT$ jeweils die Phasenabweichungen gemäß der komplexen Einhüllenden (Bilder 9.2.2a,b) erreicht werden; dies gilt unabhängig von der Frequenz des Trägers.

Im Folgenden sollen FSK-Signale hinsichtlich der im letzten Abschnitt eingeführten Klassifikationsmerkmale untersucht werden. Im Zeitintervall $0 \leq t \leq T$ sind zwei Elementarsignale möglich:

$$s_1(t) = e^{j(\varphi(0)+\eta\pi t/T)} \tag{9.2.9a}$$

und

$$s_2(t) = e^{j(\varphi(0)-\eta\pi t/T)}, \tag{9.2.9b}$$

deren Energien gleich sind.

$$E = \int_0^T |s_1(t)|^2 dt = \int_0^T |s_2(t)|^2 dt = T \tag{9.2.9c}$$

Der komplexe Kreuzkorrelationskoeffizient berechnet sich zu

$$\rho_{12} = \frac{1}{2\pi\eta j}[e^{j2\pi\eta} - 1]. \tag{9.2.10}$$

Für die Klassifikation von Signalen ist der Realteil dieser Größe maßgebend, also

$$\rho'_{12} = \frac{\sin(2\pi\eta)}{2\pi\eta}. \tag{9.2.11}$$

Danach erhält man unter der Bedingung

$$\eta = \frac{n}{2} \qquad n \in \mathbb{N} \tag{9.2.12a}$$

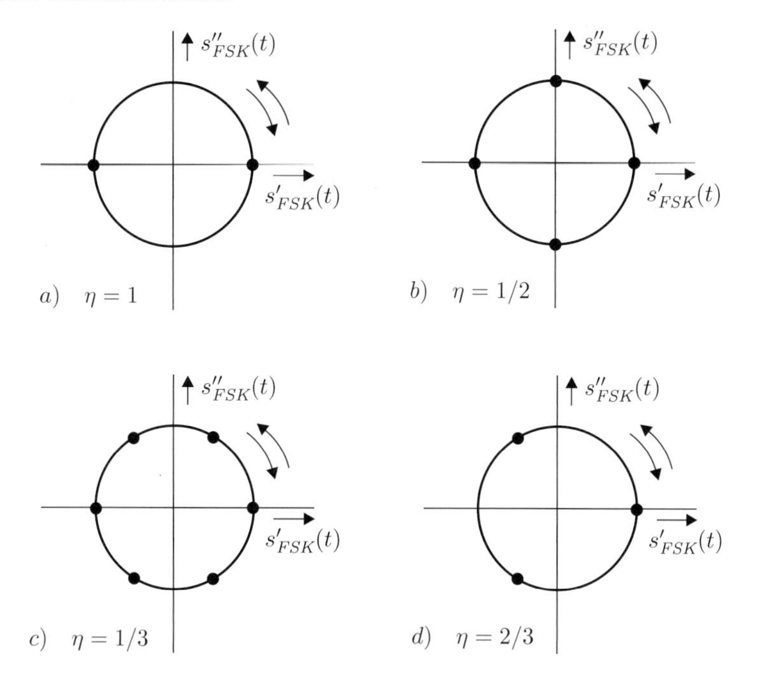

Bild 9.2.2: Komplexe Einhüllende von FSK-Signalen

orthogonale Signale; die zugehörigen Frequenzhübe sind gegeben durch

$$\Delta F = \frac{1}{4T}, \frac{1}{2T}, \frac{3}{4T}, \frac{1}{T}, \ldots. \tag{9.2.12b}$$

Es bleibt nachzutragen, dass gelegentlich auch höherstufige Formen der FSK zur Anwendung kommen. Zu ihrer Beschreibung sind die bisher angesetzten zweistufigen Daten durch M-stufige Werte der Form

$$d(i) \in \{\pm 1, \pm 3, \ldots, \pm(M-1)\}$$

zu ersetzen. Für die Komplexe Einhüllende ergibt sich damit

$$s_{\mathrm{FSK}}^{(M)}(t) = e^{j(\varphi(iT) + \eta\pi d(i)(t/T - i))}. \tag{9.2.13}$$

Bild 9.2.4 zeigt das Phasendiagramm für ein 4-stufiges FSK-Signal.

Die Frage, ob auch mit mehrstufigen FSK-Signalen orthogonale Modulationssysteme möglich sind, klärt sich anhand der Kreuzkorrelationskoeffizienten. Man erhält z.B. für ein 4-stufiges Signal

$$\rho'_{1m} = \frac{\sin[(1-m)\eta\pi]}{(1-m)\eta\pi}, \quad m = -1, \pm 3, \tag{9.2.14}$$

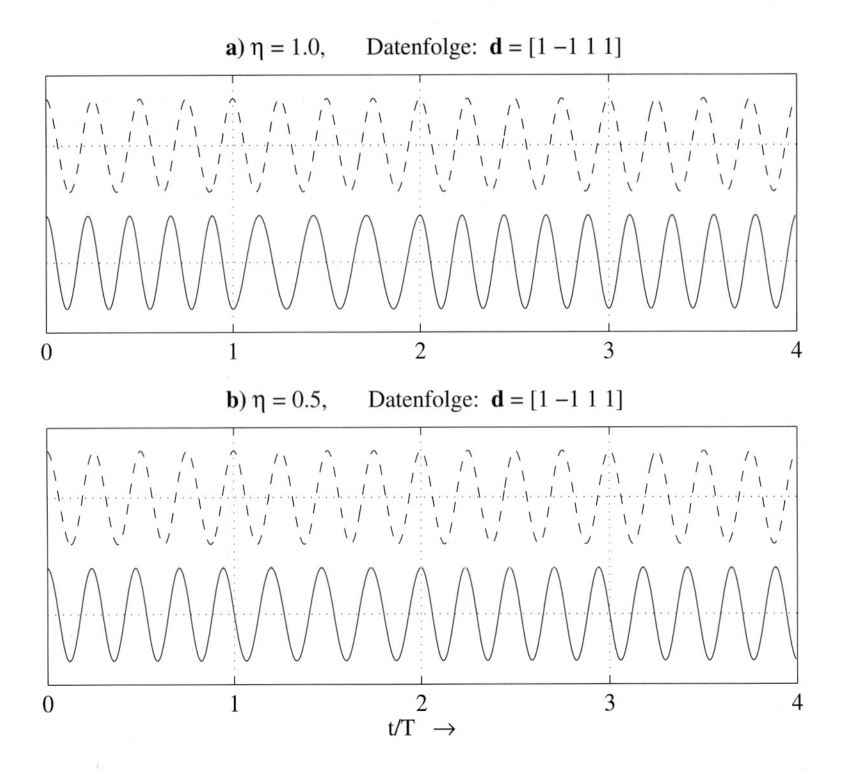

Bild 9.2.3: Beispiele für FSK-Signale (obere Spur unmodulierter Träger)

woraus sich die folgenden Orthogonalitätsbedingungen ergeben:

$$\begin{aligned} m = -1 \quad &\rightarrow \quad \eta = n/2 \\ m = -3 \quad &\rightarrow \quad \eta = n/4 \\ m = +3 \quad &\rightarrow \quad \eta = n/2; \quad \text{n} = 1,2,3\ldots \end{aligned} \tag{9.2.15}$$

Für Modulationsindizes gleich ganzzahlig Vielfachen von $1/2$ sind sämtliche Elementarsignale orthogonal zueinander.

9.2.2 Minimum Shift Keying (MSK)

Im letzten Abschnitt wurde die Frage der Orthogonalität von FSK-Signalen erörtert. Dabei ergab sich ein minimaler Modulationsindex von $\eta = 0.5$, bei dem die Orthogonalität erfüllt ist – man bezeichnet ein solches Signal mit *Minimum Shift Keying* (MSK). Der Frequenzhub eines MSK-Signals beträgt also

$$\Delta F = \frac{1}{4T}. \tag{9.2.16}$$

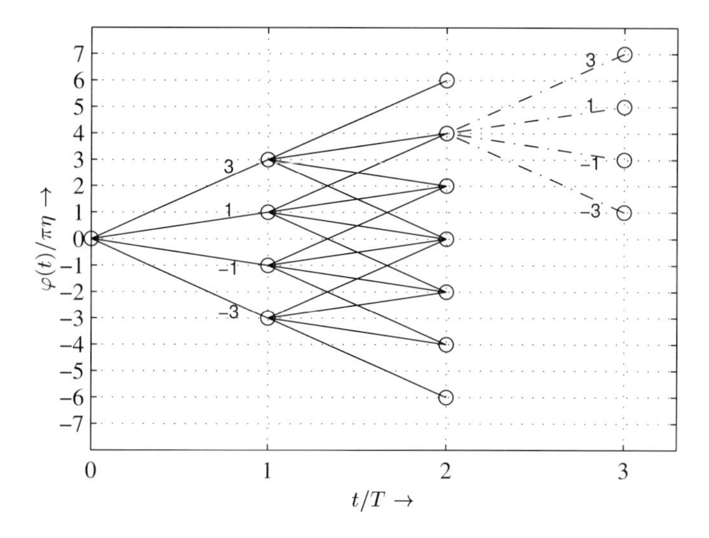

Bild 9.2.4: Phasenübergänge bei einem 4-stufigen FSK-Signal

Bemerkenswert an einem MSK-Signal ist, dass es sich als *Offset-QPSK-Signal mit sinusförmiger Impulsformung* darstellen lässt. Hierzu betrachten wir das in **Bild 9.2.5** wiedergegebene Beispiel. Im oberen Teil ist der Phasenverlauf dargestellt, der gemäß $\eta = 0.5$ in jedem Symbolintervall um $\pi/2$ ansteigt oder abfällt. Die beiden unteren Teilbilder zeigen Real- und Imaginärteil der komplexen Einhüllenden. Das Beispiel zeigt, dass das MSK-Signal in der Form eines *Offset-QPSK-Signals* gemäß (9.1.13) mit verdoppelter Symboldauer geschrieben werden kann

$$\begin{aligned} s_{\mathrm{MSK}}(t) &= T\sum_{\ell=0}^{\infty} a(\ell)\cdot g_{\mathrm{MSK}}(t-\ell T) \\ &= T\sum_{k=0}^{\infty}[a(2k)\cdot g_{\mathrm{MSK}}(t-2kT)+a(2k+1)\cdot g_{\mathrm{MSK}}(t-(2k+1)T)] \\ &\qquad\qquad \text{mit } a(2k)\in\mathbb{R},\ j\,a(2k+1)\in\mathbb{R}, \end{aligned} \tag{9.2.17}$$

wobei hier speziell kosinusförmige Elementarimpulse

$$g_{\mathrm{MSK}}(t) = \begin{cases} \frac{1}{T}\cos(\pi t/2T) & \text{für} \quad -T\le t\le T \\ 0 & \text{sonst} \end{cases} \tag{9.2.18}$$

zu Grunde liegen. Die Gewichte $a(i)$ betragen ± 1 oder $\pm j$; die Beziehung zwischen $a(i)$ und $d(i)$ werden im Folgenden hergeleitet.

Wegen der Erfüllung der ersten Nyquistbedingung durch den MSK-Impuls (9.2.18) führt die Abtastung im Symboltakt direkt zu den Offset-QPSK-Gewichten

$$s_{\mathrm{MSK}}(iT) = a(i). \tag{9.2.19a}$$

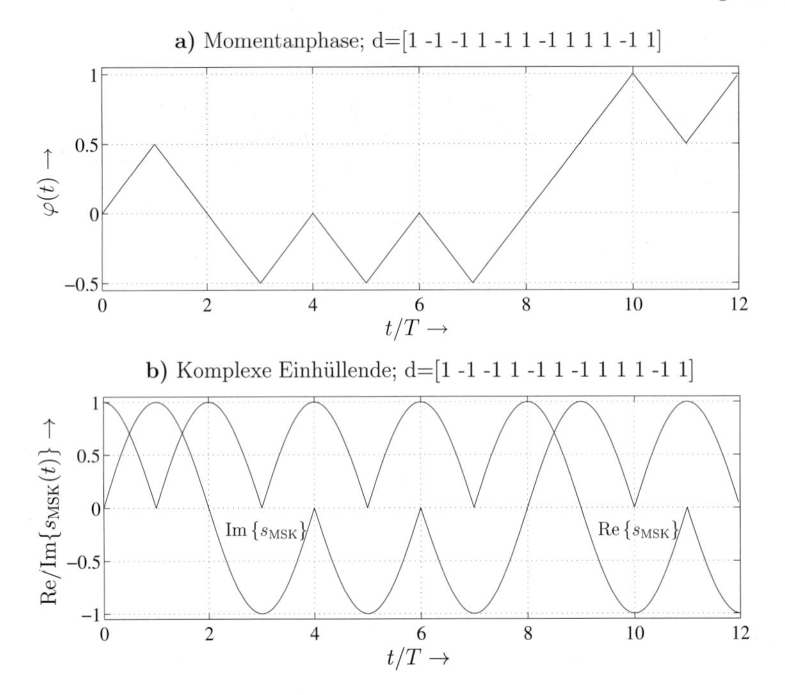

Bild 9.2.5: Veranschaulichung eines MSK-Signals als Offset-QPSK

Andererseits gilt mit (9.2.3) für $\varphi(0) = 0$

$$s_{\text{MSK}}(iT) = e^{j\frac{\pi}{2}\sum_{\ell=0}^{i-1} d(\ell)} = \Big(j\Big)^{\sum_{\ell=0}^{i-1} d(\ell)} = \prod_{\ell=0}^{i-1} j\, d(\ell), \tag{9.2.19b}$$

so dass man mit (9.2.19a) und (9.2.19b)

$$a(i) = \prod_{\ell=0}^{i-1} j\, d(\ell) = j\, d(i-1) \cdot \underbrace{\prod_{\ell=0}^{i-2} j\, d(\ell)}_{a(i-1)} \tag{9.2.19c}$$

und schließlich die Rekursionsgleichung

$$a(i) = j\, a(i-1) \cdot d(i-1), \qquad a(0) = 1 \tag{9.2.20}$$

für die Offset-QPSK-Koeffizienten erhält. Aus dieser Beziehung wird nochmals deutlich, dass diese Koeffizienten alternierend reell und imaginär sind. Aufgrund der Phasenkontinuitätsbedingung ist ein MSK-Signal *gedächtnisbehaftet.*

Bild 9.2.6 zeigt die Schaltungsanordnung eines MSK-Modulators auf der Basis der Offset-QPSK-Interpretation.

Die MSK-Modulation wurde unter die nichtlinearen Modulationsformen eingeordnet, da sie zur Familie der FSK-Signale gehört. Andererseits zeigt sich aufgrund der vorangegan-

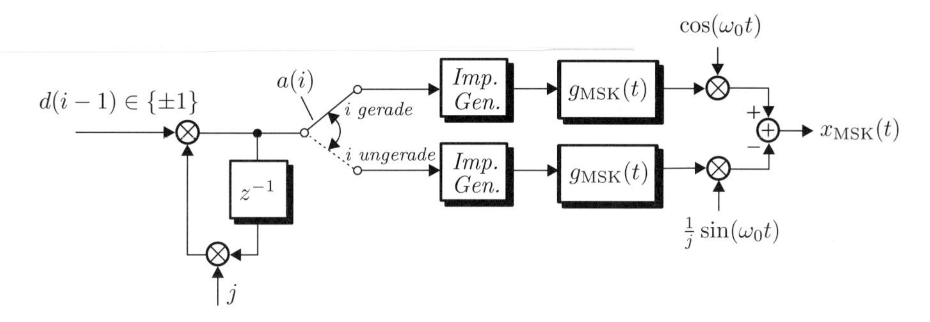

Bild 9.2.6: MSK-Modulator als Offset-QPSK-Struktur

genen Betrachtungen, dass in diesem Spezialfall ($\eta = 0,5$) eine Darstellung als Offset-QPSK möglich ist, die gemäß Abschnitt 9.1.3 zu den linearen Modulationsarten gezählt wird.

- *Unter der speziellen Bedingung* $\eta = 0,5 \cdot n$, $n \in \mathbb{N}$, *geht also die FSK in eine lineare Modulationsform über.*

9.2.3 Gaußsches Minimum Shift Keying (GMSK)

Den bisher betrachteten Formen von FSK-Signalen lag grundsätzlich eine rechteckförmige Umtastung der Momentanfrequenz zu Grunde, was einen relativ hohen Bandbreitebedarf zur Folge hat (vgl. hierzu Abschnitt 9.3). Zur Reduktion der Bandbreite liegt es nahe, das *Datensignal vor der Frequenzmodulation zu filtern.* Eine gebräuchliche Form ist das sogenannte *Gaußsche Minimum Shift Keying* (GMSK). Das generelle Blockschaltbild ist in **Bild 9.2.7** wiedergegeben. Danach wird das rechteckförmig umgetastete (zweistufige) Datensignal auf einen Tiefpass mit gaußförmiger Filtercharakteristik gegeben und dann dem FM-Modulator zugeführt. Das so erzeugte GMSK-Signal hat eine exakt konstante Betragseinhüllende.

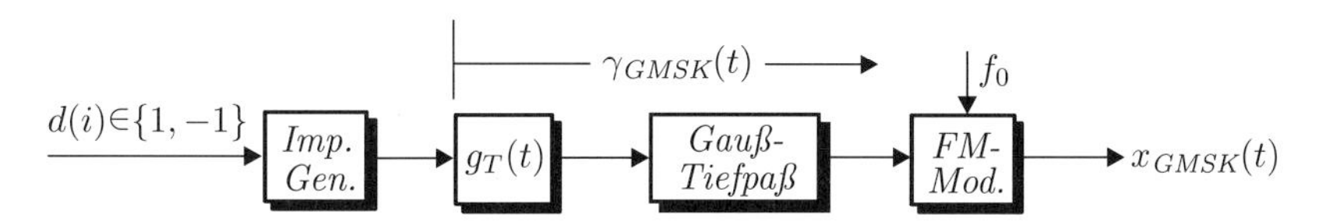

Bild 9.2.7: Blockschaltbild eines GMSK-Modulators

Die Übertragungsfunktion des Gaußtiefpasses (in nichtkausaler Darstellung) lautet

$$G_G(j\omega) = e^{-(\omega/\omega_{3\mathrm{dB}})^2 \ln(2)/2}, \tag{9.2.21}$$

wobei $f_{3\mathrm{dB}} = \omega_{3\mathrm{dB}}/2\pi$ die 3dB-Grenzfrequenz bezeichnet. Am Eingang des FM-

Modulators liegen dann Elementarimpulse der Form[1]

$$\begin{aligned}\gamma_{\mathrm{GMSK}}(t) &= \operatorname{rect}\left(\frac{t}{T}\right) * g_G(t) = \sqrt{\frac{2\pi}{\ln 2}}\, f_{3\mathrm{dB}} \cdot \int_{-\frac{T}{2}}^{\frac{T}{2}} e^{-[\pi f_{3\mathrm{dB}}(t-\tau)]^2 2/\ln(2)}\, d\tau \\ &= \frac{1}{2}\left[\operatorname{erf}\left(\alpha\left(\frac{t}{T}+\frac{1}{2}\right)\right) - \operatorname{erf}\left(\alpha\left(\frac{t}{T}-\frac{1}{2}\right)\right)\right] \end{aligned} \tag{9.2.22}$$

mit $\alpha = \sqrt{\frac{2}{\ln 2}}\pi f_{3\mathrm{dB}}T$. Hierbei bezeichnet erf $(\cdot)$ die in Abschnitt 8.3 eingeführte Gaußsche Fehlerfunktion („error function"); da die in (9.2.22) formulierten Elementarimpulse zeitlich nicht begrenzt sind, wurde eine nichtkausale Formulierung vorgenommen. In praktischen Senderstufen erfolgt eine Realisierung üblicherweise durch digitale nichtrekursive Filter, denen approximierte Impulse endlicher Länge zu Grunde liegen. **Bild 9.2.8a** zeigt das Beispiel eines GMSK-Elementarimpulses bei der normierten 3dB-Bandbreite $f_{3\mathrm{dB}} \cdot T = 0,3$. Man erkennt, dass der Impuls deutlich über das Zeitintervall $-T \leq t \leq T$ hinausgeht; es kommt also zu Intersymbol-Interferenzen. Zur Illustration wird das Augendiagramm am Eingang des FM-Modulators wiedergegeben. Die Wirkung der Gaußfil-

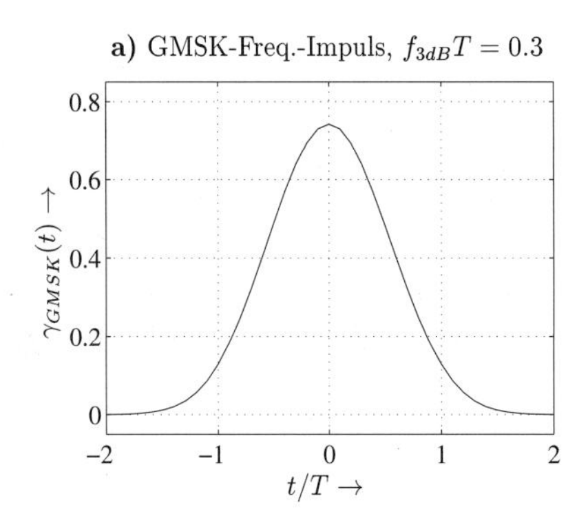

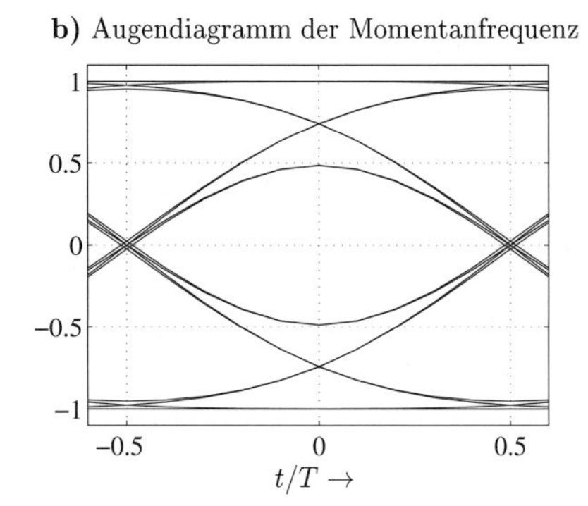

Bild 9.2.8: Impulsformung bei GMSK
a) Elementarimpuls, $f_{3\mathrm{dB}} \cdot T = 0.3$
b) Augendiagramm am Eingang des FM-Modulators.

terung besteht in einer Verschleifung der rechteckförmigen Umschaltvorgänge im Datensignal. Dementsprechend geglättet ist auch der Verlauf der Momentanphase des GMSK-Signals. Mit dem Frequenzhub $\Delta F = 1/(4T)$ gilt

$$\varphi_{\mathrm{GMSK}}(t) = \frac{\pi}{2T} \sum_{\ell=0}^{\infty} d(\ell) \int_0^t \gamma_{\mathrm{GMSK}}(t' - \ell T)\, dt' + \varphi_0; \tag{9.2.23}$$

Bild 9.2.9 veranschaulicht die Phasenglättung für verschiedene 3dB-Bandbreiten in der Gegenüberstellung mit der Momentanphase eines MSK-Signals. Für $f_{3\mathrm{dB}}T = 0,3$ und

[1] Da sich hier die Impulsformung auf die *Momentanfrequenz* des Signals und nicht auf das Signal selber bezieht, wird zur Unterscheidung gegenüber $g_{\mathrm{MSK}}(t)$ die Bezeichnung $\gamma_{\mathrm{GMSK}}(t)$ gewählt.

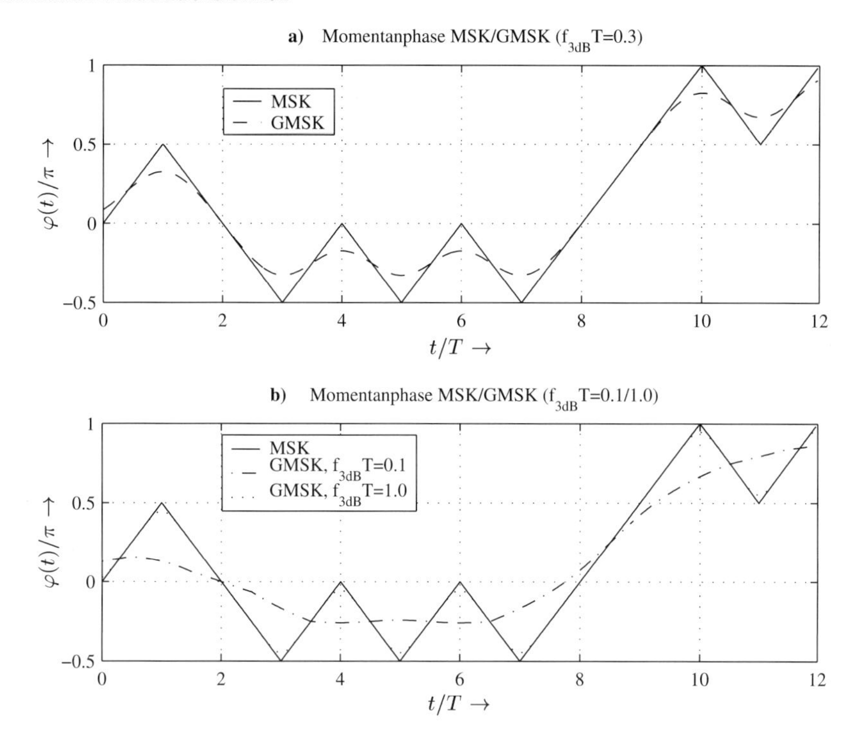

Bild 9.2.9: Momentanphasen-Verlauf bei MSK und GMSK

0,1 ergibt sich eine Einebnung von Polaritätswechseln, während das GMSK-Signal bei $f_{3\text{dB}}T = 1,0$ der MSK-Phase weitgehend folgt.

9.2.4 Continuous-Phase-Modulation (CPM)

Das im letzten Abschnitt besprochene GMSK-Verfahren lässt sich der allgemeinen Klasse der *Continuous-Phase-Modulation* zuordnen, also solchen Modulationsformen, die eine *konstante Betragseinhüllende* und einen *stetigen Phasenverlauf* aufweisen. Anstelle der speziellen Gaußfilterung des rechteckförmig umgetasteten Datensignals bei GMSK können auch beliebige andere Filterformen eingesetzt werden. In Hinblick auf günstige Spektraleigenschaften (vgl. Abschnitt 9.3) werden hier die Möglichkeiten der *Partial-Response-Technik* genutzt, d.h. der zugrundeliegende Elementarimpuls $\gamma_{\text{CPM}}(t)$ erstreckt sich über mehrere Symbolintervalle, wodurch in das Datensignal am Eingang des Frequenzmodulators eine gezielte Pseudo-Mehrstufigkeit eingebracht wird.

Allgemein kann für die Komplexe Einhüllende eines CPM-Signals die Form

$$s_{\text{CPM}}(t) = e^{j[\varphi(t)+\varphi_0]} \tag{9.2.24a}$$

geschrieben werden, wobei für die Momentanphase gilt

$$\begin{aligned}\varphi(t) &= 2\pi\Delta F \int_0^t \sum_{\ell=0}^{\infty} d(\ell)\gamma_{\text{CPM}}(t'-\ell T)dt' \\ &= \pi\eta \sum_{\ell=0}^{\infty} d(\ell)\frac{1}{T}\int_0^t \gamma_{\text{CPM}}(t'-\ell T)dt'. \end{aligned} \tag{9.2.24b}$$

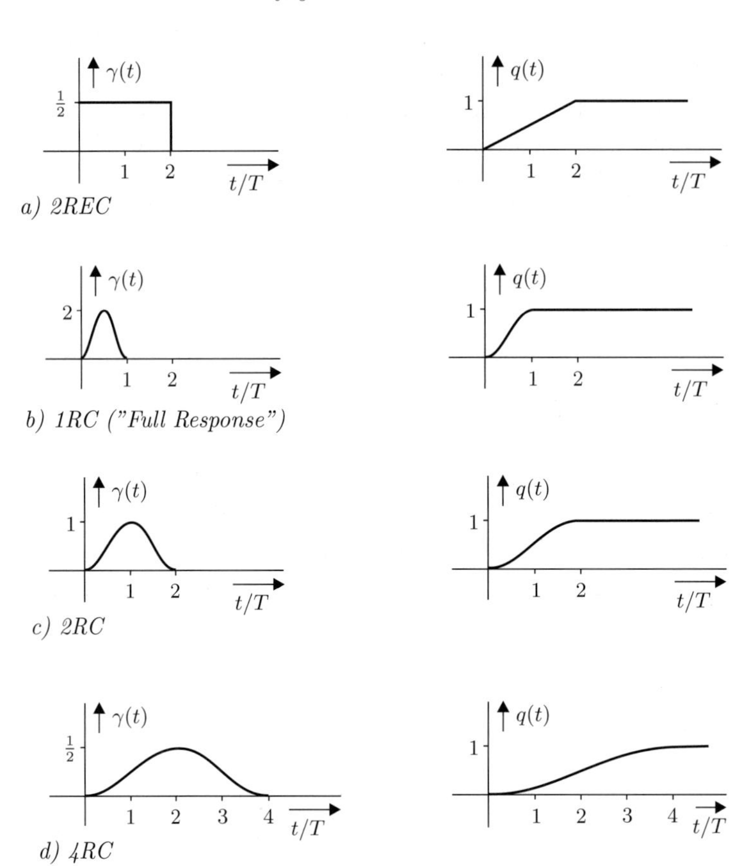

Bild 9.2.10: Partial-Response-Impulse zur CPM-Übertragung (links: Frequenz-, rechts: Phasenimpuls)

Definiert man den integrierten Elementarimpuls als

$$q(t) = \frac{1}{T}\int_0^t \gamma_{\text{CPM}}(t')\,dt', \tag{9.2.25}$$

so ergibt sich für die Komplexe Einhüllende eines CPM-Signals

$$s_{\text{CPM}}(t) = e^{j(\pi\eta \sum_{(\ell)} d(\ell)\, q(t-\ell T)+\varphi_0)}. \tag{9.2.26}$$

Gebräuchliche Formen von Partial-Response-Impulsen $\gamma_{\mathrm{CPM}}(t)$ sind Rechteck- oder Kosinusimpulse, die sich über mehrere Symbolintervalle erstrecken. In **Bild 9.2.10** werden einige Beispiele wiedergegeben. Zur Klassifikation wird die in der Literatur gebräuchliche Nomenklatur verwendet:

$$L\text{-REC} \quad \stackrel{\Delta}{=} \quad \text{Rechteckimpuls über } L \text{ Symboltakte}$$

$$L\text{-RC} \quad \stackrel{\Delta}{=} \quad \text{Kosinusimpuls („Raised Cosine“) über } L \text{ Symboltakte.}$$

Bei $L = 1$ spricht man von einem „Full-Response“-CPM-Signal im Gegensatz zu „Partial-Response“ bei $L > 1$.

Die Impulse $\gamma_{\mathrm{CPM}}(t)$ sind so normiert, dass die zugehörigen Phasen-Elementarimpulse $q(t)$ jeweils den Endwert 1 aufweisen. Der von einem Elementarsignal über L Symbole hervorgerufene Phasenhub beträgt infolgedessen $\pm\pi\eta$. Da sich jeweils L Symbole überlagern, liegt der maximale Phasenhub zwischen zwei benachbarten Symbolen, der sich bei längeren Sequenzen von Daten gleicher Polarität ergibt, ebenfalls bei $\pm\pi\eta$. **Bild 9.2.11** verdeutlicht dies am Beispiel eines 4-RC-CPM-Signals mit $\eta = 0.5$.

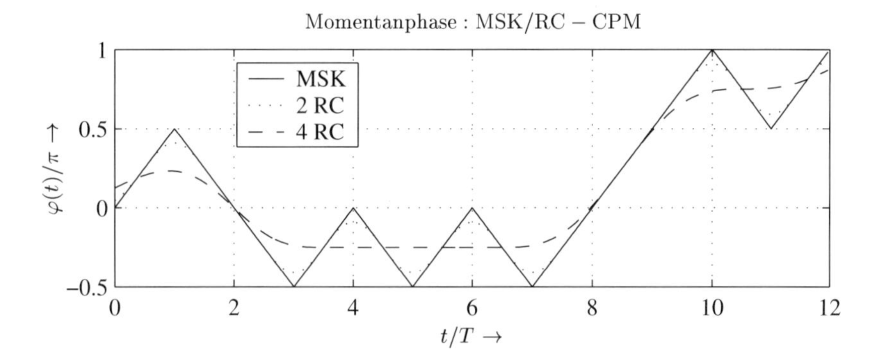

Bild 9.2.11: Momentanphase eines 4 RC-CPM-Signals ($\eta = 0.5$)

9.3 Spektraleigenschaften

9.3.1 Lineare Modulationsformen

In Abschnitt 8.1.2 wurde die mittlere spektrale Leistungsdichte eines reellen Basisbandsignals mit Hilfe der zyklostationären Autokorrelationsfunktion errechnet. Für lineare Modulationsarten lassen sich diese Ergebnisse übernehmen, indem für die Datenfolge $d(i)$ auch komplexe Werte zugelassen werden.
Gemäß (8.1.11) auf Seite 233 lautet die über das Zeitintervall $-T/2 \leq t \leq T/2$ gemittelte

Autokorrelationsfunktion der komplexen Einhüllenden[2]

$$\bar{r}_{SS}(\tau) = T \sum_{\lambda=-\infty}^{\infty} r_{DD}(\lambda) \cdot r^E_{g_S g_S}(\tau + \lambda T), \tag{9.3.1}$$

wobei $r^E_{g_S g_S}(\tau)$ die Energie-Autokorrelationsfunktion der Impulsantwort des Sendefilters $g_S(t)$ bezeichnet, die im Allgemeinen reell ist. Für die Autokorrelationsfolge des Datensignals ist wegen der Erweiterung auf komplexe Daten zu schreiben

$$r_{DD}(\lambda) = \mathrm{E}\{D^*(k)D(k + \lambda)\}. \tag{9.3.2}$$

Wir wollen uns im Folgenden auf *unkorrelierte, mittelwertfreie* Daten beschränken, so dass gilt

$$r_{DD}(\lambda) = \mathrm{E}\{|D(k)|^2\} \cdot \delta(\lambda) = \sigma_D^2 \cdot \delta(\lambda). \tag{9.3.3}$$

Damit ergibt sich für die mittlere Autokorrelationsfunktion der komplexen Einhüllenden von linearen Modulationssignalen

$$\bar{r}_{SS}(\tau) = \sigma_D^2\, T \cdot r^E_{g_S g_S}(\tau) \tag{9.3.4a}$$

und für die mittlere spektrale Leistungsdichte

$$\bar{S}_{SS}(j\omega) = \sigma_D^2\, T \cdot |G_S(j\omega)|^2. \tag{9.3.4b}$$

Es ist besonders darauf hinzuweisen, dass das Spektrum eines linearen Modulationssignals *unabhängig von der speziellen Modulationsform* ist – BPSK, QPSK, kombinierte ASK/PSK, QAM weisen identische Leistungsdichten auf, sofern die Daten unkorreliert und mittelwertfrei sind; entscheidend ist der am Sender benutzte Impulsformer. So ergibt sich bei der in Abschnitt 9.1.1 betrachteten *rechteckförmigen Umtastung*

$$\bar{S}_{SS}(j\omega) = \sigma_D^2 T \left[\frac{\sin(\omega T/2)}{\omega T/2}\right]^2. \tag{9.3.5a}$$

Für digitale Modulationssignale mit Nyquist-Impulsformung wird in Hinblick auf die Matched-Filter-Bedingung sendeseitig eine *Wurzel-Nyquist-Charakteristik* vorgesehen; die spektrale Leistungsdichte ist damit

$$\bar{S}_{SS}(j\omega) = \begin{cases} \sigma_D^2 T & \text{für} \quad |\omega T| \le \pi(1-r) \\ \sigma_D^2 \frac{T}{2}\left[1 + \cos[\frac{1}{2r}(|\omega T| - \pi(1-r))]\right] & \text{für} \quad \pi(1-r) \le |\omega T| \le \pi(1+r) \\ 0 & \text{für} \quad |\omega T| \quad \ge \pi(1+r). \end{cases} \tag{9.3.5b}$$

Die angegebenen Gleichungen gelten für unkorrelierte Daten; es soll gezeigt werden, dass diese Bedingung auch für *differentielle PSK-Modulation* erfüllt ist. Mit (9.1.14a) schreiben wir

$$D(i) = e^{j[\varphi(i-1)+\Delta\varphi(i)]}, \tag{9.3.6a}$$

[2]Die Sendedaten werden für die folgenden Betrachtungen als Zufallsprozess modelliert und daher als $D(i)$ notiert. Demzufolge sind auch die Signale und deren Momentanphasen Zufallssignale und durch Großbuchstaben zu kennzeichnen.

d.h. es gilt für $\lambda > 0$

$$D^*(i) \cdot D(i+\lambda) = e^{j[\Delta\varphi(i+1)+\Delta\varphi(i+2)+\ldots+\Delta\varphi(i+\lambda)]} = \prod_{\ell=1}^{\lambda} e^{j\Delta\varphi(i+\ell)}. \tag{9.3.6b}$$

Damit folgt für die Autokorrelationsfolge

$$r_{DD}(\lambda) = \mathrm{E}\left\{\prod_{\ell=1}^{\lambda} e^{j\Delta\varphi(i+\ell)}\right\}, \qquad \lambda > 0. \tag{9.3.6c}$$

Wegen der Unabhängigkeit der Phasendifferenzen $\Delta\varphi(i+1)\ldots\Delta\varphi(i+\lambda)$ können die Erwartungswerte der einzelnen Produktterme gebildet werden, so dass man erhält

$$r_{DD}(\lambda) = \begin{cases} \prod\limits_{\ell=1}^{|\lambda|} \mathrm{E}\{e^{j\Delta\varphi(i+\ell)}\} = 0 & \text{für } \lambda \neq 0 \\ \sigma_D^2 = 1 & \text{für } \lambda = 0. \end{cases} \tag{9.3.7}$$

Nachzutragen bleibt noch die Betrachtung des Sonderfalls der *Offset-QAM*. Für die Komplexe Einhüllende gilt die Formulierung

$$S_{\mathrm{OQAM}}(t) = \sum_{\ell=-\infty}^{\infty} [D'(\ell)\, g_S(t-\ell T) + jD''(\ell)\, g_S(t-\frac{T}{2}-\ell T)]. \tag{9.3.8}$$

Daraus berechnet man die zeitabhängige Autokorrelationsfunktion, die sich unter der Annahme unkorrelierter Daten

$$\begin{aligned} \mathrm{E}\{D'(i)\, D''(\ell)\} &= 0 \\ \mathrm{E}\{D'(i)\, D'(\ell)\} &= \sigma_{D'}^2\, \delta(i-\ell) \\ \mathrm{E}\{D''(i)\, D''(\ell)\} &= \sigma_{D''}^2\, \delta(i-\ell) \end{aligned} \tag{9.3.9}$$

auf die Form

$$\begin{aligned} \bar{r}_{SS_{\mathrm{OQAM}}}(t+\tau, t) &= T \sum_{\ell=-\infty}^{\infty} \sigma_{D'}^2\; g_S(t-\ell T)\, g_S(t-\ell T+\tau) \\ &+ T \sum_{\ell=-\infty}^{\infty} \sigma_{D''}^2\; g_S(t-\frac{T}{2}-\ell T)\, g_S(t-\frac{T}{2}-\ell T+\tau) \end{aligned} \tag{9.3.10}$$

vereinfacht. Da in (9.3.10) beide Summenterme periodisch sind, wird über das Zeitintervall $-\frac{T}{2} \leq t \leq \frac{T}{2}$ gemittelt. Mit

$$\int_{-\infty}^{\infty} g_S(t)\, g_S(t+\tau)\, dt = \int_{-\infty}^{\infty} g_S(t-\frac{T}{2})\, g_S(t-\frac{T}{2}+\tau)\, dt = r_{g_S g_S}^E(\tau)$$

ergibt sich dann für die Autokorrelationsfunktion

$$\bar{r}_{SS_{\mathrm{OQAM}}}(\tau) = (\sigma_{D'}^2 + \sigma_{D''}^2)\, T \cdot r_{g_S g_S}^E(\tau) = \sigma_D^2\, T \cdot r_{g_S g_S}^E(\tau), \tag{9.3.11}$$

also die gleiche Form wie in (9.3.4a). Offset-QAM- und gewöhnliche QAM-Signale besitzen somit identische mittlere Leistungsdichtespektren.

9.3.2 Spektren orthogonaler FSK-Signale

Als nichtlineare Modulationsarten wurden in Abschnitt 9.2 die FSK-Modulation mit der orthogonalen Spezialform MSK, das GMSK und schließlich allgemeine Formen der CPM eingeführt. Die Berechnung der Spektren solcher Modulationssignale ist erheblich komplizierter als bei den linearen Modulationsarten, insbesondere deshalb, weil aufgrund der Phasenkontinuitätsbedingung ein Gedächtnis in diese Signale eingebracht wird. In der Literatur werden verschiedene Methoden der Spektralanalyse nichtlinearer Modulationssignale diskutiert (vgl. z.B. [Pan65, AAS86, Pro01]). Wir wollen zunächst die einfacheren Fälle zweier orthogonaler FSK-Verfahren geschlossen behandeln und anschließend im nächsten Abschnitt für allgemeine CPM eine numerische Lösungsmethode angeben.

MSK. Dieses Verfahren wurde ursprünglich unter die nichtlinearen Modulationsformen eingeordnet, da es sich um eine Sonderform der CPFSK-Modulation mit dem speziellen Modulationsindex $\eta = 0,5$ handelt. In Abschnitt 9.2.2 stellte sich jedoch heraus, dass es als eine besondere Form der Offset-QPSK interpretiert werden kann – also als *lineares* Modulationsverfahren – so dass eine geschlossene Berechnung des Leistungsdichtespektrums relativ einfach möglich ist. Für die Komplexe Einhüllende gilt (9.2.17), wobei für den Elementarimpuls $g_{\text{MSK}}(t)$ ein Kosinus-Impuls anzusetzen ist.

$$g_{\text{MSK}}(t) = \begin{cases} \frac{1}{T}\cos(\pi t/2T) & \text{für} \quad -T \leq t \leq T \\ 0 & \text{sonst} \end{cases} \tag{9.3.12}$$

Für das Spektrum dieses Impulses ergibt sich

$$G_{\text{MSK}}(j\omega) = \frac{4}{\pi} \cdot \frac{\cos(\omega T)}{1 - (\omega T \cdot 2/\pi)^2} \tag{9.3.13a}$$

und für die spektrale Leistungsdichte

$$S_{SS_{\text{MSK}}}(j\omega) = \frac{16T}{\pi^2} \cdot \left[\frac{\cos(\omega T)}{1 - (\omega T \cdot 2/\pi)^2}\right]^2 . \tag{9.3.13b}$$

In **Bild 9.3.1** ist diese Spektralfunktion wiedergegeben. Zum Vergleich ist das Spektrum eines QPSK- (bzw. OQPSK-) Signals mit Rechteck-Impulsformung gegenübergestellt. Die Frequenzachse wurde auf $1/T_{bit}$ normiert, wobei zu berücksichtigen ist, dass im Falle von MSK $T = T_{bit}$ gilt, während bei QPSK $T_{bit} = T/2$ beträgt. Man sieht, dass die Bandbreite zwischen den ersten Nulldurchgängen bei QPSK geringer ist als bei MSK (QPSK: $\Delta f \cdot T = \pm 0,5$; MSK: $\Delta f \cdot T = \pm 0,75$), während sich im weiteren Verlauf der Spektren für MSK ein schnellerer Abfall ergibt.

FSK mit dem Modulationsindex eins. In dem hier betrachteten Sonderfall der FSK beträgt der Phasenhub während eines Symbolintervalls π (vgl. **Bild 9.3.2**). Ein solches Signal ist daher mit Hilfe zweier getrennter komplexer Oszillatoren zu realisieren, die jeweils die Frequenzen

$$f_+ = 1/2T \quad \text{und} \quad f_- = -1/2T$$

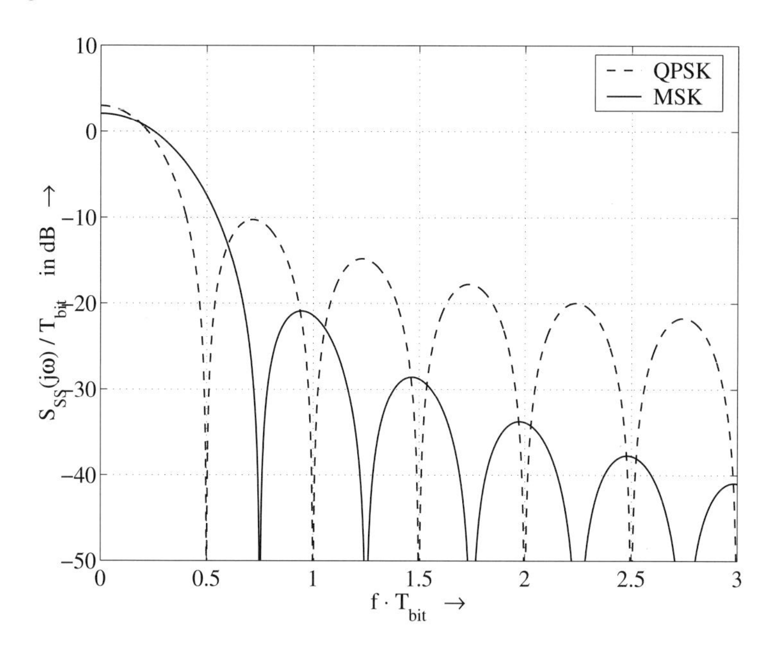

Bild 9.3.1: Gegenüberstellung der Spektren von MSK und QPSK (OQPSK)

aufweisen. Werden beide Oszillatoren mit gleicher Anfangsphase zum Zeitpunkt $t = 0$ gestartet, so ergibt sich die geforderte Phasenkontinuität nach jedem Symbolintervall automatisch, so dass zu den Zeitpunkten iT entsprechend den binären Daten $d(i) \in \{1, -1\}$ zwischen den Oszillatoren umgeschaltet werden kann. Mit der Definition eines kausalen Rechteckimpulses gemäß (9.1.7), Seite 273, kann für die Komplexe Einhüllende also geschrieben werden

$$\begin{aligned} s_{\eta=1}(t) &= \tfrac{T}{2} \sum_{i=-\infty}^{\infty} \left[[d(i)+1]\, e^{j\pi t/T} - [d(i)-1]\, e^{-j\pi t/T} \right] g_T(t-iT) \\ &= j\,T \cdot \sin(\pi t/T) \sum_{i=-\infty}^{\infty} d(i)\, g_T(t-iT) + \cos(\pi t/T). \end{aligned} \tag{9.3.14}$$

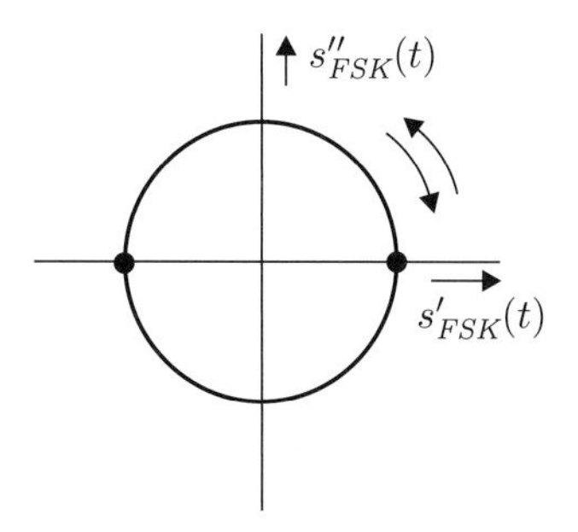

Bild 9.3.2: Komplexe Einhüllende eines FSK-Signals mit $\eta = 1$

Der erste Term beschreibt hierbei ein ASK-Signal mit den rechteckförmig umgetasteten Amplituden ± 1, während sich daneben eine kontinuierliche Trägerschwingung ergibt. Das Leistungsdichtespektrum setzt sich demnach aus einem *kontinuierlichen Anteil* und Spektrallinien bei $f = \pm 1/2T$ zusammen. Zur Berechnung des kontinuierlichen Spektrums wird der erste Term von (9.3.14) umgeformt.

$$j\,T \sum_{i=-\infty}^{\infty} d(i) \sin(\pi t/T)\, g_T(t - iT) =$$

$$j\,T \sum_{i=-\infty}^{\infty} d(i) \cdot (-1)^i \sin[\pi(t - iT)/T]\, g_T(t - iT) = j\,T \sum_{i=-\infty}^{\infty} \tilde{d}(i)\, \tilde{g}(t - iT) \tag{9.3.15}$$

Hierbei wurde der modifizierte Elementarimpuls

$$\begin{aligned} \tilde{g}(t) &= \sin(\pi t/T) \cdot g_T(t) \\ &= \begin{cases} \frac{1}{T} \sin(\pi t/T) & \text{für} \quad 0 \leq t \leq T \\ 0 & \text{sonst} \end{cases} \end{aligned} \tag{9.3.16}$$

definiert. Werden die Quelldaten als unkorrelierte Zufallsvariablen $D(i)$ betrachtet, so sind auch die modifizierten Daten $\tilde{D}(i) = (-1)^i\, D(i)$ unkorreliert. Damit berechnet sich der kontinuierliche Anteil des Leistungsdichtespektrums zu

$$S_{\mathrm{ASK}}(j\omega) = \sigma_D^2\, T \cdot |\tilde{G}(j\omega)|^2. \tag{9.3.17}$$

Da $\tilde{g}(t)$ ein Sinusimpuls der Länge T ist, lässt sich das Ergebnis für MSK in (9.3.13a) nutzen, indem T durch $T/2$ ersetzt wird. Mit $\sigma_D^2 = 1$ ergibt sich für den kontinuierlichen Anteil des Leistungsdichtespektrum eines FSK-Signals mit $\eta = 1$

$$S_{ss|\eta=1}(j\omega) = \frac{4T}{\pi^2} \left[\frac{\cos(\omega T/2)}{1 - (\omega T/\pi)^2} \right]^2. \tag{9.3.18}$$

Hinzu kommt jeweils eine Spektrallinie bei $f = \pm \Delta F = \pm \frac{1}{2T}$ – das Spektrum ist in **Bild 9.3.3** dargestellt.

9.3.3 Numerisches Berechnungsverfahren zur Spektralanalyse beliebiger CPM-Formen

Wir gehen von der komplexen Einhüllenden eines CPM-Signals gemäß Abschnitt 9.2.4 aus, das von einer stationären, zufälligen Datenfolge $D(i)$ moduliert ist.

$$S_{\mathrm{CPM}}(t) = e^{j\pi\eta \sum_{i=-\infty}^{\infty} D(i) q(t-iT)} \tag{9.3.19}$$

und berechnen die zugehörige Autokorrelationsfunktion

$$\begin{aligned} r_{SS_{\mathrm{CPM}}}(t+\tau, t) &= \mathrm{E}\{S_{\mathrm{CPM}}(t+\tau) \cdot S_{\mathrm{CPM}}^*(t)\} \\ &= \mathrm{E}\left\{ e^{j\pi\eta \sum_{i=-\infty}^{\infty} D(i)[q(t+\tau-iT) - q(t-iT)]} \right\}. \end{aligned} \tag{9.3.20}$$

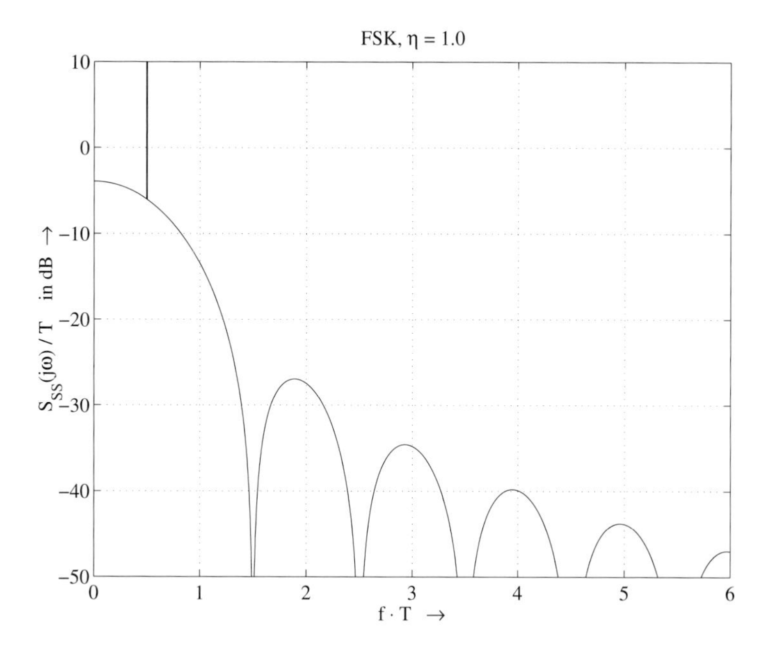

Bild 9.3.3: Leistungsdichtespektrum eines FSK-Singals mit $\eta = 1$

Die komplexe Exponentialfunktion enthält eine Summe im Exponenten; sie lässt sich in Produktform schreiben.

$$r_{SS_{\text{CPM}}}(t+\tau, t) = \mathrm{E}\left\{ \prod_{i=-\infty}^{\infty} e^{j\pi\eta D(i)\cdot[q(t+\tau-iT)-q(t-iT)]} \right\} \tag{9.3.21}$$

Nimmt man statistisch unabhängige Daten $D(i)$ an, so ist (9.3.21) als Produkt von statistisch unabhängigen Zufallsvariablen zu betrachten – die Erwartungswerte der einzelnen Faktoren können also getrennt berechnet werden:

$$r_{SS_{\text{CPM}}}(t+\tau, t) = \prod_{i=-\infty}^{\infty} \mathrm{E}\{e^{j\pi\eta\, D(i)\cdot p(t-iT,\tau)}\} \tag{9.3.22a}$$

mit

$$p(t,\tau) \triangleq q(t+\tau) - q(t). \tag{9.3.22b}$$

Unter dem praktisch interessierenden Ansatz *symmetrisch verteilter Daten*

$$D(i) \in \{\pm 1, \pm 3, \pm 5, \ldots, \pm(M-1)\}$$

mit *gleichen a-priori-Wahrscheinlichkeiten* gilt für die einzelnen Erwartungswerte

$$\mathrm{E}\{e^{j\pi\eta\, D(i) p(t-iT,\tau)}\} = \frac{1}{M} \sum_{\substack{m=-(M-1)\\ m \text{ ungerade}}}^{M-1} e^{j\pi\eta\, m\cdot p(t-iT,\tau)}. \tag{9.3.23}$$

Der errechnete Summenwert kann weiter umgeformt werden. Mit der Substitution $m = m_1 - (M-1)$ erhält man für gerades M

$$\begin{aligned} &\frac{1}{M} e^{-j\pi\eta \cdot p(t-iT,\tau)\cdot(M-1)} \sum_{m_1=0,2,4,\dots}^{2M-2} e^{j\pi\eta\cdot p(t-iT,\tau)\cdot m_1} \\ = \;&\frac{1}{M} e^{-j\pi\eta \cdot p(t-iT,\tau)\cdot(M-1)} \sum_{m_1=0,1,2,\dots}^{M-1} e^{j\pi\eta\cdot p(t-iT,\tau)\cdot 2m_1}. \end{aligned}$$

Durch Ausnutzung der Summenformel für endliche geometrische Reihen ergibt sich schließlich für (9.3.23) die Form

$$\mathrm{E}\{e^{j\pi\eta D(i) p(t-iT,\tau)}\} = \frac{\sin[\pi M\eta \cdot p(t-iT,\tau)]}{M\cdot \sin[\pi\eta\cdot p(t-iT,\tau)]}, \tag{9.3.24}$$

die in (9.3.22a) einzusetzen ist. Die so erhaltene Autokorrelationsfunktion ist noch von der absoluten Zeit t abhängig. Wie schon in den vorangegangenen Abschnitten wird über ein Symbolintervall integriert, um zu einer *mittleren Autokorrelationsfunktion* zu kommen.

$$\bar{r}_{SS_{\mathrm{CPM}}}(\tau) = \frac{1}{T}\int_0^T \prod_{i=-\infty}^{\infty} \frac{\sin[\pi M\eta\cdot p(t-iT,\tau)]}{M\sin[\pi\eta\cdot p(t-iT,\tau)]} dt \tag{9.3.25}$$

Eine entscheidende Vereinfachung dieser Formulierung ergibt sich unter der Annahme eines endlichen, über L Symbolintervalle erstreckten CPM-Elementarimpulses $\gamma_{\mathrm{CPM}}(t)$, also für

$$q(t) = \begin{cases} 0 & \text{für} \quad t \le 0 \\ 1 & \text{für} \quad t \ge LT. \end{cases} \tag{9.3.26}$$

Eine genauere Überlegung zeigt, dass dann in dem aus unendlich vielen Gliedern bestehenden Produkt in (9.3.25) nur endlich viele Glieder berücksichtigt werden müssen, während alle anderen Terme den Wert 1 haben [Aul83]. Bezeichnet ℓ den ganzzahligen Anteil von τ/T

$$\tau = \tau' + \ell T \quad , \quad 0 \le \tau' < T, \tag{9.3.27}$$

so ergibt sich

$$\bar{r}_{SS_{\mathrm{CPM}}}(\tau) = \frac{1}{T}\int_0^T \prod_{i=1-L}^{\ell+1} \frac{\sin[\pi M\eta\cdot p(t-iT,\tau)]}{M\cdot\sin[\pi\eta\cdot p(t-iT,\tau)]} dt. \tag{9.3.28}$$

Mit dieser Formulierung wurde eine Möglichkeit zur numerischen Berechnung der Autokorrelationsfunktion für beliebige CPM-Signale geschaffen. Hierzu ist das Integral in geeigneter Weise zu approximieren (z.B. durch die Simpson-Formel [BS00]). **Bild 9.3.4** zeigt die errechneten Autokorrelationsfunktionen für drei 2RC-Signale mit verschiedenen Modulationsindizes. Dabei ist besonders der Fall $\eta = 1$ hervorzuheben, bei dem sich offensichtlich ein periodischer, nicht abklingender Anteil in der Autokorrelationsfunktion ergibt. Für das zugehörige Spektrum bedeutet dies, dass neben einem kontinuierlichen Spektralanteil auch diskrete *Spektrallinien* vorhanden sind. In dem Zusammenhang ist auf den im letzten Abschnitt behandelten Spezialfall eines FSK-Signals mit dem Modulationsindex $\eta = 1$ hinzuweisen. Hierbei war die geschlossene Berechnung des Spektrums sehr einfach möglich, da wegen der zwangsläufigen Erfüllung der Phasenkontinuität eine Beschreibung durch zwei ASK-Signale erfolgen konnte. Daraus ergaben sich im Leistungsdichtespektrum Spektrallinien an den Stellen $f = \pm 1/2T$. Die Interpretation der numerisch berechneten Autokorrelationsfunktion bestätigt dieses Ergebnis.

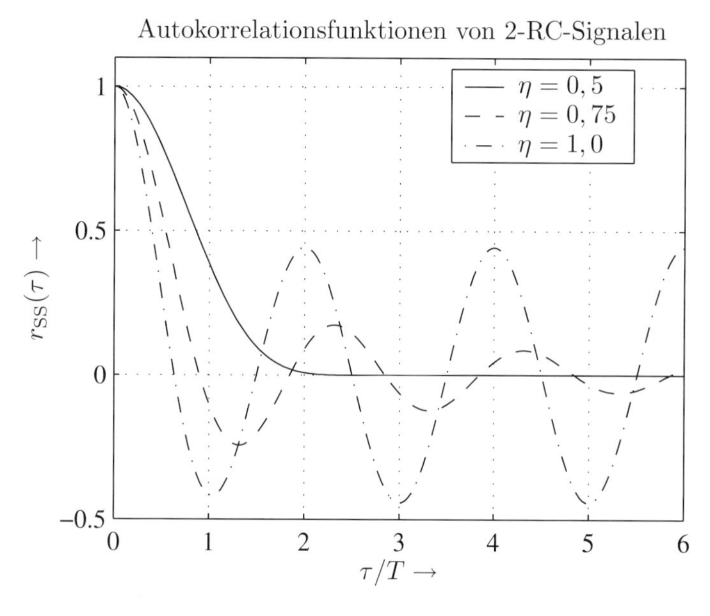

Bild 9.3.4: Autokorrelationsfunktionen für drei 2RC-Signale

Zur *mittleren spektralen Leistungsdichte* kommt man durch Fourier-Transformation der Autokorrelationsfunktion. Prinzipiell kann die numerisch gewonnene Lösung von (9.3.28) z.B. der Diskreten Fourier-Transformation unterworfen werden. Dabei können jedoch erhebliche Probleme im Falle langsam abklingender Autokorrelationsfunktionen entstehen. Die Verwendung von Fensterfunktionen zur zeitlichen Begrenzung der Autokorrelationsfunktion führt zu dem bekannten „Leckeffekt" (siehe z.B. [KK09]), also zu Verfälschungen der errechneten Spektren.

Zur Vermeidung dieser Probleme wird in [AAS86] ein Verfahren hergeleitet, bei dem die zur Fourier-Transformation der Autokorrelationsfunktion erforderliche Integration über den gesamten Bereich $-\infty \leq \tau \leq \infty$ auf das endliche Integrationsintervall $0 \leq \tau \leq (L+1)T$ zurückgeführt wird. Die Herleitung soll hier nicht weiter nachgezeichnet werden – es ergibt sich

$$\bar{S}_{SS_{\text{CPM}}}(j\omega) \;=\; 2\Bigg[\int_0^{LT} \bar{r}_{SS_{\text{CPM}}}(\tau)\cos(\omega\tau)d\tau$$

$$+ \frac{1 - C_\eta \cdot \cos(\omega T)}{1 + C_\eta^2 - 2C_\eta \cos(\omega T)} \int_{LT}^{(L+1)T} \bar{r}_{SS_{\mathrm{CPM}}}(\tau) \cos(\omega\tau) d\tau$$
$$- \frac{C_\eta \cdot \sin(\omega T)}{1 + C_\eta^2 - 2C_\eta \cos(\omega T)} \int_{LT}^{(L+1)T} \bar{r}_{SS_{\mathrm{CPM}}}(\tau) \sin(\omega\tau) d\tau \Bigg]. \tag{9.3.29}$$

Die Konstante C_η ist unter der Voraussetzung gleicher a-priori-Wahrscheinlichkeiten der Daten definiert als

$$C_\eta = \frac{1}{M} \sum_{\substack{m=-(M-1) \\ m \text{ ungerade}}}^{M-1} e^{j\pi m\eta \cdot q(LT)}. \tag{9.3.30a}$$

Der Phasengrundimpuls $q(t)$ wurde stets so normiert, dass der Endwert 1 beträgt; also gilt $q(LT) = 1$. Nutzt man die Summenformel für eine endliche geometrische Reihe, so ergibt sich für (9.3.30a)

$$C_\eta = \frac{\sin(M \cdot \pi\eta)}{M \sin(\pi\eta)}. \tag{9.3.30b}$$

Für MSK, also mit $M = 2$ und $\eta = 1/2$, hat diese Konstante den Wert null – ebenso für GMSK und 1 RC mit $\eta = 1/2$. Damit hat die Gleichung (9.3.29) die spezielle Form

$$\bar{S}_{SS_{\mathrm{CPM}}}(j\omega) = 2 \cdot \int_0^{(L+1)T} \bar{r}_{ss_{\mathrm{CPM}}}(\tau) \cos(\omega\tau) d\tau; \quad M = 2, \eta = 1/2. \tag{9.3.31}$$

Zur Veranschaulichung der numerischen Berechnungsmethode wird in **Bild 9.3.5** das Spektrum eines MSK-Signals gezeigt, da hierbei die Möglichkeit der Kontrolle durch die geschlossene Lösung gemäß Gleichung (9.3.13b) besteht. Zur Berechnung des Integrals wurde die Simpson-Formel benutzt (Auf Grund dieser Näherung ergeben sich Abweichungen bei höheren Frequenzen).

Die numerische Auswertung von (9.3.29) bereitet Probleme unter der Bedingung $|C_\eta| = 1$. So wird der Vorfaktor der beiden letzten Terme in (9.3.29) z.B. für $C_\eta = -1$ bei der Frequenz $f = 1/2T$ unendlich; an dieser Stelle entsteht demnach eine Spektrallinie.

Die Bedingung $|C_\eta| = 1$ ist für die Sonderfälle *ganzzahliger Modulationsindizes* erfüllt. In den vorangegangenen Betrachtungen wurde mehrfach der Fall $\eta = 1$ behandelt; es wurde gezeigt, dass die Autokorrelationsfunktion einen nicht abklingenden periodischen Anteil enthält und somit zu einer Spektrallinie im Leistungsdichtespektrum führt, die sich ebenso in der geschlossenen Berechnung nach (9.3.18) zeigt. Auch das numerische Berechnungsverfahren liefert eine Spektrallinie bei $f = 1/2T$. Da für ganzzahlige Werte η ein CPM-Signal stets durch eine symbolweise Umtastung zweier Generatoren beschreibbar ist, lässt sich für diese Sonderfälle generell eine geschlossene Lösung entsprechend (9.3.18) formulieren, die die numerische Auswertung gemäß (9.3.29) unnötig macht.

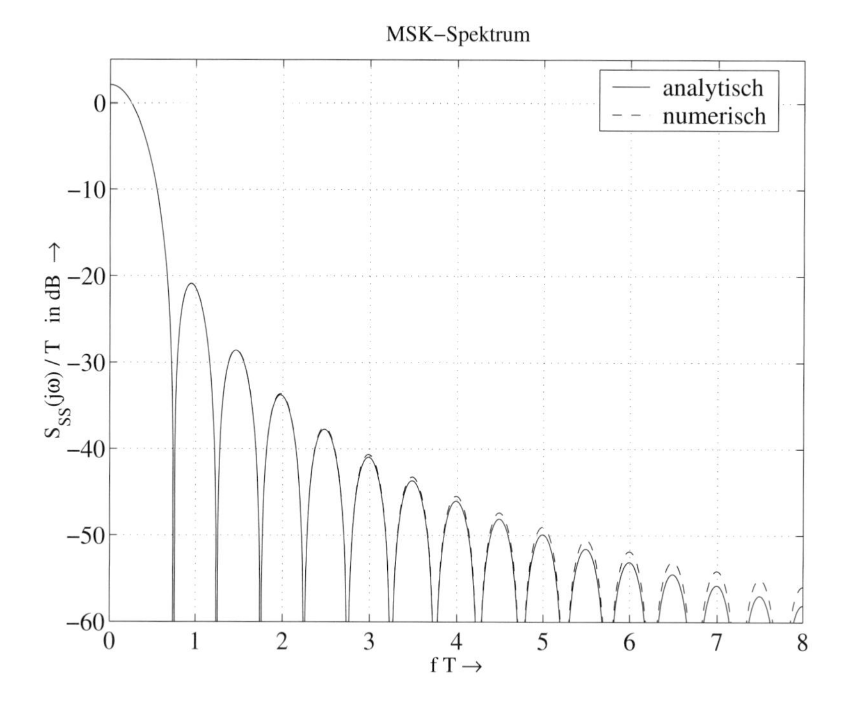

Bild 9.3.5: Vergleich der numerischen Berechnung und der exakten Lösung des Leistungsdichtespektrums eines MSK-Signals

9.3.4 Vergleich der Spektren verschiedener Modulationssignale

Ein Vergleich zwischen einem QPSK- (bzw. O-QPSK-) Spektrum und dem eines MSK-Signals wurde bereits in Abschnitt 9.3.2 durchgeführt (siehe Bild 9.3.1). Dabei zeigte sich, dass das MSK-Spektrum zwar ein breiteres Durchlassband aufweist, dann aber deutlich schneller abklingt. Dieser Effekt ist mit den kontinuierlichen Phasenübergängen bei MSK zu erklären – im Gegensatz zu QPSK mit seinen sprunghaften Phasenänderungen. Die Bandbreite-Effizienz der FSK-Modulation nimmt jedoch mit steigendem Modulationsindex ab: In den **Bildern 9.3.6a, b** sind die Leistungsdichtespektren von zweistufigen FSK-Signalen gezeigt, und zwar einmal für $\eta < 1$ und zum anderen für $\eta > 1$. Der Sonderfall $\eta = 1$ wurde ausgeklammert, da er in Abschnitt 9.3.2 anhand der geschlossenen Lösung diskutiert wurde. **Bild 9.3.7** zeigt höherstufige FSK-Signale in der Gegenüberstellung mit einem zweistufigen bei einem Modulationsindex von $\eta = 0,5$. Um einen sinnvollen Vergleich durchführen zu können, ist die Frequenzskalierung auf die Dauer eines Bits bezogen; für ein M-stufiges Signal gilt für die Symboldauer $T = \mathrm{ld}(M) \cdot T_{bit}$. Man erkennt, dass die vierstufige FSK-Übertragung bezüglich des Hauptübertragungsbandes die größte Bandbreite-Effizienz aufweist. Höherstufige FSK-Signale werden zunehmend ineffizienter.

Gaußsches Minimum Shift Keying (GMSK) wurde in Abschnitt 9.2.3 eingeführt mit dem

Ziel, durch eine Gauß-Filterung vor der Frequenzmodulation zu einer reduzierten Bandbreite zu kommen. In **Bild 9.3.8** sind die Spektren von GMSK-Signalen bei verschiedenen 3dB-Bandbreiten dargestellt. Als Vergleich dient das Spektrum eines MSK-Signals.

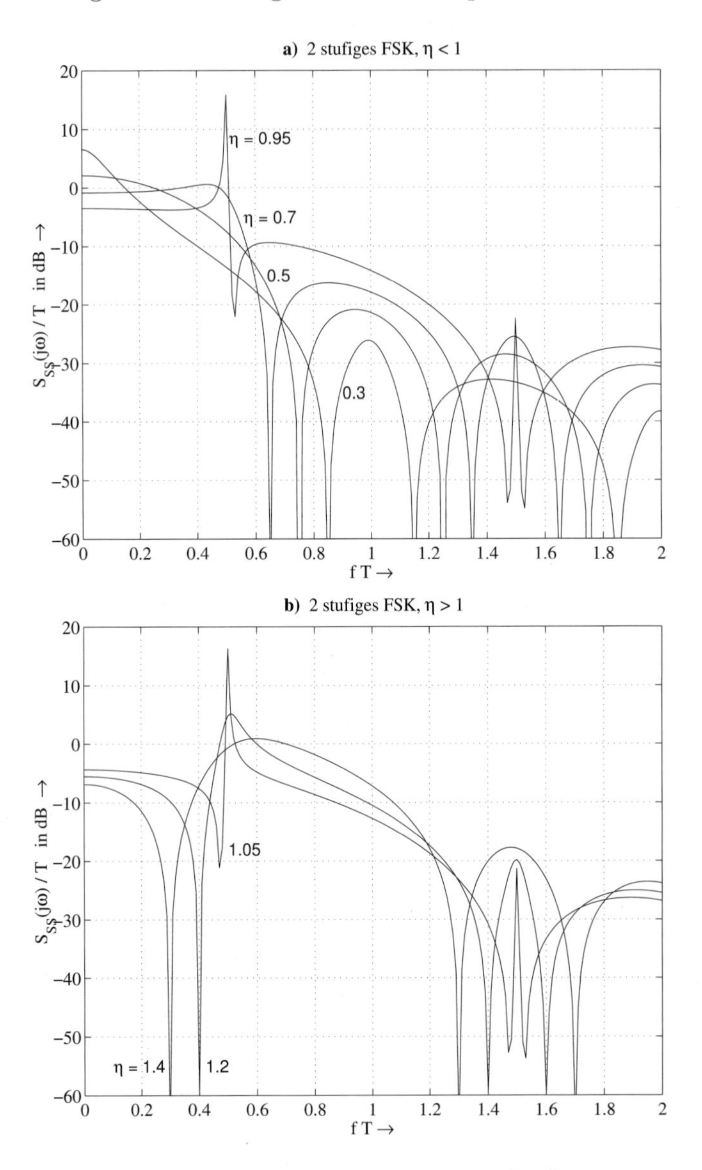

Bild 9.3.6: Leistungsdichtespektren von FSK-Signalen
a) $\eta < 1$ *b)* $\eta > 1$

Zum Abschluss werden verschiedene Raised-Cosine-CPM-Signale betrachtet. Die Stufigkeit der Eingangsdaten beträgt jeweils $M = 2$, der Modulationsindex ist wiederum auf $\eta = 0.5$ festgelegt.

Bild 9.3.9 zeigt L-RC-CPM-Spektren für verschiedene Werte von L. Zum Vergleich wird wieder das MSK-Spektrum gegenübergestellt.

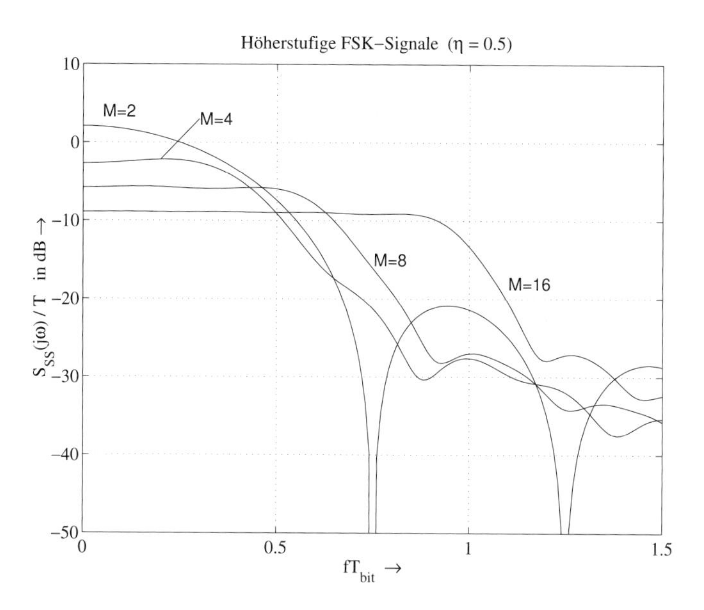

Bild 9.3.7: Leistungsdichtespektrum höherstufiger FSK-Signale (Parameter: M)

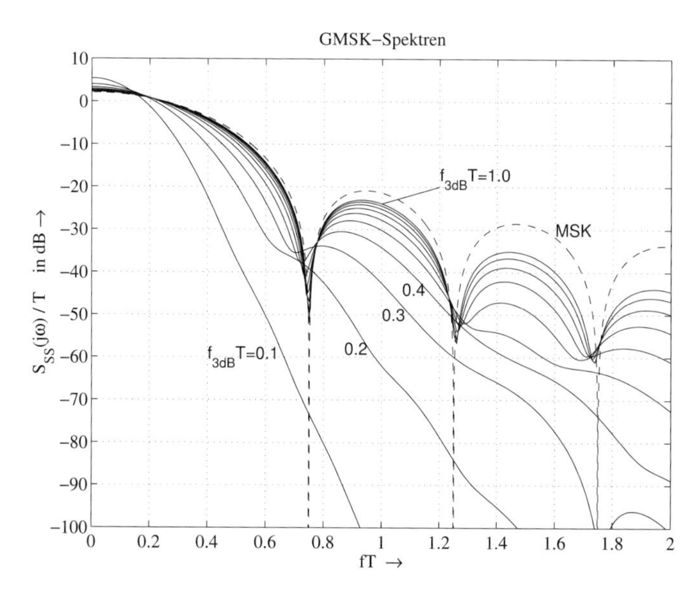

Bild 9.3.8: GMSK-Spektren für verschiedene Werte $f_{3\mathrm{dB}}T$

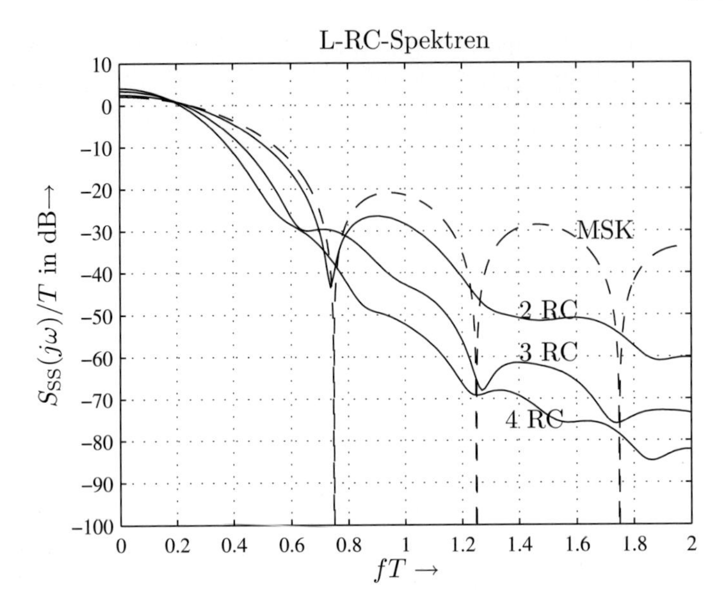

Bild 9.3.9: Leistungsdichtespektren von CPM-Signalendes Typs L-RC ($L = 2, 3, 4;\quad \eta = 0.5$)

Kapitel 10

Prinzipien der Demodulation

Im Folgenden werden grundlegende Strukturen von Empfängern diskutiert, ohne dass zunächst auf die Frage einer optimalen Datenentscheidung unter Rauscheinfluss oder auch auf das Problem der Korrektur von Intersymbol-Interferenz eingegangen wird. Prinzipiell ist zwischen kohärenten und inkohärenten Demodulatoren zu unterscheiden. Kohärente Empfänger werden in Abschnitt 10.1 im Zusammenhang mit den linearen Modulationsarten betrachtet. Unter den CPM-Signalen erlaubt die MSK-Modulation eine kohärente Demodulation, da sie zu den linearen Formen zu rechnen ist. Allgemeine CPM-Formen wie z.B. GMSK sind nicht mehr exakt kohärent zu demodulieren; hierfür werden in Abschnitt 10.1.3 näherungsweise lineare Beschreibungen abgeleitet, die eine Anwendung des MSK-Demodulators erlauben. Abschnitt 10.2 ist inkohärenten Empfängerstrukturen gewidmet. Im Mittelpunkt steht die Demodulation von DPSK- und FSK-Signalen. Im Gegensatz zur inkohärenten ist bei der kohärenten Demodulation eine Trägerregelung erforderlich; diese wird in Abschnitt 10.3 behandelt. Die wichtigste Form ist das entscheidungsrückgekoppelte Verfahren, das auf der Basis eines linearisierten Modells analysiert wird. Den Abschluss des Kapitels bildet die Darstellung von Verfahren zur Symboltakt-Synchronisation. Ausgangspunkt ist die Spektralanalyse eines quadrierten Datensignals, woran deutlich wird, dass durch die Anwendung bestimmter Nichtlinearitäten eine Spektrallinie an der Stelle der Symbolfrequenz erzeugt werden kann. Ein besonders effizienter Algorithmus ist wieder die entscheidungsrückgekoppelte Methode.

10.1 Kohärente Demodulation

10.1.1 Grundstrukturen kohärenter Empfänger für lineare Modulationsformen

Im ersten Kapitel wurden die fundamentalen Zusammenhänge zwischen reellen Bandpass-Signalen und den zugehörigen analytischen Signalen bzw. komplexen Einhüllenden aufgezeigt. Dabei wurden zwei äquivalente Strukturen zur Erzeugung von äquivalenten komplexen Tiefpass-Signalen hergeleitet (vgl. Bild 1.4.3, Seite 24, und Bild 1.4.4), die auch für die Demodulation digitaler Modulationssignale geeignet sind. Die hieraus resultierenden beiden Empfängerkonzepte sind in den **Bildern 10.1.1a,b** wiedergegeben.

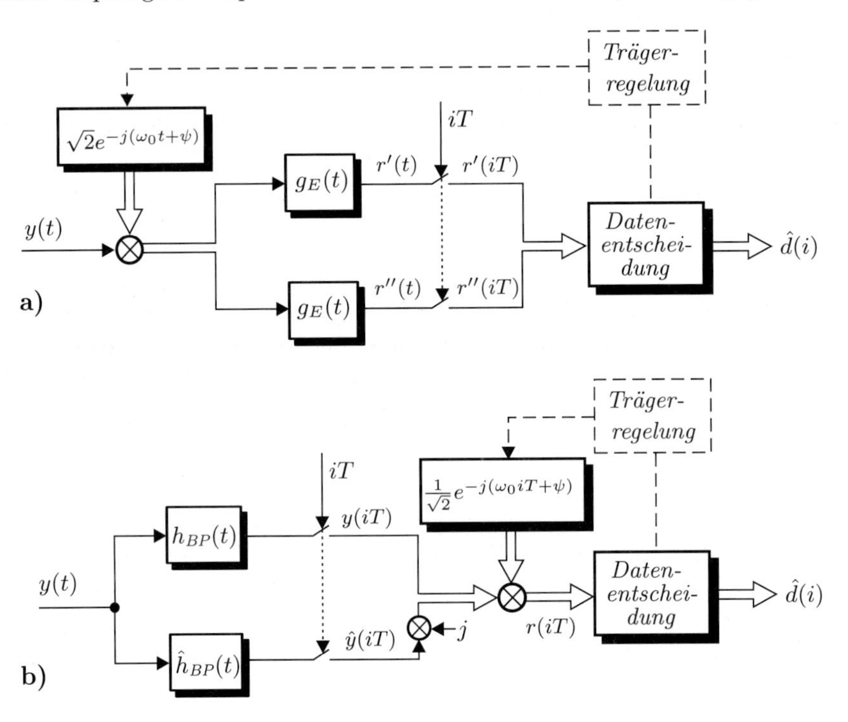

Bild 10.1.1: Zwei äquivalente kohärente Empfängerstrukturen
a) Tiefpass- b) Quadraturfilter-Struktur

In der Tiefpass-Struktur nach Bild 10.1.1a erfolgt zunächst eine spektrale Verschiebung des empfangenen Bandpass-Signals $y(t)$ in den Tiefpassbereich. Hierzu ist eine *phasenkohärente* Abmischung mit der komplexen Trägerschwingung $\exp(j\omega_0 t + \psi)$ erforderlich, zu deren Generierung eine Trägerregelungsschaltung eingesetzt werden muss. Die Größe ψ beschreibt die Phasendrehung des im Empfangssignal enthaltenen Trägers. Die durch die Trägermultiplikation entstehenden Spektralanteile bei $-2f_0$ werden durch das anschließende Tiefpass-Paar entfernt. Im Sinne der Matched-Filterung werden für die Impulsantworten $g_E(t)$ dieser Filter die zeitlich umgekehrten Sende-Impulsantworten gesetzt[1] – handelt es sich dabei um *linearphasige, reellwertige* Filter, so gilt speziell

$$g_E(t) = g_S(t). \tag{10.1.1}$$

Am Ausgang des Tiefpass-Paares erhält man das zum Empfangssignal äquivalente Tiefpass-Signal $r(t)$; nach der Abtastung mit der Symbolfrequenz $1/T$ erfolgt schließlich die Datenentscheidung.

Äquivalent zu diesem Empfänger ist die in **Bild 10.1.1b** wiedergegebene Quadraturfilter-Struktur. Dabei wird durch das Bandpass-Filterpaar $h_{\mathrm{BP}}(t)$ und $\hat{h}_{\mathrm{BP}}(t)$ zunächst das zum Empfangssignal gehörige analytisches Signal $y^+(t) = y(t) + j\,\hat{y}(t)$ erzeugt, das durch komplexe Trägermultiplikation ins Basisband verschoben wird. Es ist zu beachten, dass bei dieser Struktur die Abtastung mit der Symbolrate $1/T$ am Ausgang des Quadraturfilter-Paares, also *vor* der Trägerabmischung erfolgt; die *Trägermultiplikation* findet demgemäß *im Symboltakt* statt.

Unter praktischen Gesichtspunkten ist es nicht möglich, vom demodulierten Signal $r(iT)$ eindeutig auf die gesendeten Daten $d(i)$ zu schließen, da gebräuchliche Trägerphasen-Regelverfahren (vgl. Abschnitt 10.3) eine Unsicherheit der Phase von Vielfachen von $2\pi/M$ beinhalten (M = Anzahl der diskreten Phasenstufen). Zur Lösung dieses Problems wird sendeseitig üblicherweise eine *differentielle Phasenmodulation* angewendet, auf die bereits in Abschnitt 9.1.4 eingegangen wurde. Ein kohärenter Empfänger für differentielle QPSK ($\lambda = 0$) ist in **Bild 10.1.2** wiedergegeben (Tiefpass-Struktur). Die Bildung der Komplexen Einhüllenden $\tilde{r}(t)$ erfolgt zunächst bezüglich der einem Lokaloszillator entnommenen Frequenz $\tilde{f}_0$, die gegenüber der exakten Trägerfrequenz noch eine geringe Abweichung Δf enthalten kann. Am Ausgang des Tiefpass-Paares ergibt sich demgemäß eine langsame Drehung der Signalpunkte mit

$$\psi(iT) = \Delta\omega T \cdot i, \tag{10.1.2a}$$

die durch eine nachfolgende Trägerphasenregelung (vgl. Abschnitt 10.3) beseitigt wird. Wird die Phasenregelung so ausgelegt, dass die im Bild 10.1.2 skizzierte Phasenlage am Entscheidereingang entsteht, so ist zur Entscheidung über die diskreten Signalpunkte lediglich eine Vorzeichen-Abfrage von Real- und Imaginärteil durchzuführen. Danach wird die Differenzphase gebildet

$$\hat{d}(i) \cdot \hat{d}^*(i-1) = e^{j\Delta\hat{\varphi}(i)}; \tag{10.1.2b}$$

eine Zuordnung der entschiedenen Dibits kann dann mit Hilfe einer Tabelle erfolgen.

10.1.2 Kohärente Demodulation von MSK- Signalen

In Abschnitt 9.2.2 wurde gezeigt, dass ein MSK-Signal als Offset-QPSK zu interpretieren ist und somit unter die linearen Modulationsformen fällt. Aufgrund dieser Eigenschaft

[1] Später in Kapitel 13, Abschnitt 13.2.1, wird gezeigt, dass für den *optimalen* Empfänger ein Matched Filter mit *Einbeziehung der Kanalimpulsantwort* vorzusehen ist.

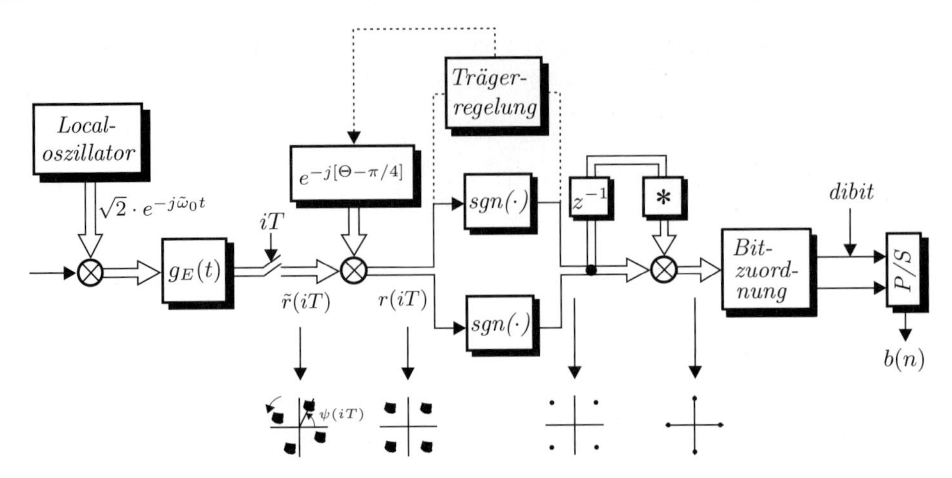

Bild 10.1.2: Kohärenter DQPSK-Demodulator

kann für den Empfänger eine *kohärente* Struktur angegeben werden, die in **Bild 10.1.3** wiedergegeben ist. Für die Impulsantworten der Empfangsfilter sind im Sinne einer

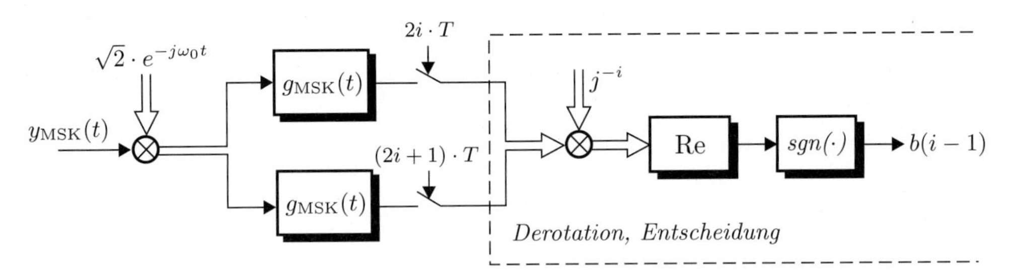

Bild 10.1.3: Kohärenter MSK-Demodulator in Tiefpass-Struktur (mit Vorcodierung)

Matched-Filterung die MSK-Sendeimpulse gemäß (9.2.18) einzusetzen. In nichtkausaler Schreibweise erhält man

$$g_{\mathrm{MSK}}(t) = \begin{cases} \frac{1}{T}\cdot\cos(\pi t/2T) & \text{für } -T \le t \le T \\ 0 & \text{sonst.} \end{cases} \tag{10.1.3}$$

Bild 10.1.4 zeigt die Augendiagramme an den Ausgängen der beiden Filter. Man sieht, dass die optimalen vertikalen Augenöffnungen in Real- und Imaginärteil zeitlich um ein Symbolintervall auseinanderliegen. Die Abtastung an den Filterausgängen muss also – entsprechend der Offset-QPSK-Interpretation des Sendesignals – um T versetzt erfolgen. Man erhält aus den Vorzeichen der Abtastwerte des Realteils die Folge $\hat{a}(2i)$ und aus denen des Imaginärteils $\hat{a}(2i+1)$. Der Zusammenhang mit den Daten $d(i)$ ist durch die Beziehung (9.2.19a) bzw. (9.2.20) gegeben. Daraus können die Daten $d(i)$ mit der Decodiervorschrift

$$d(i-1) = \frac{a(i)}{j\,a(i-1)} = -j\,a(i)\cdot a^*(i-1) \tag{10.1.4}$$

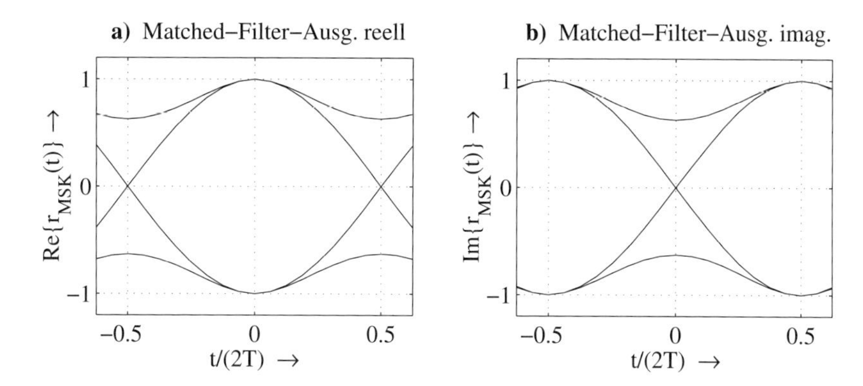

Bild 10.1.4: Augendiagramme an den Ausgängen der MSK-Empfangsfilter

gewonnen werden (beachte: wegen $a(i) \in \{-1, +1, -j, +j\}$ gilt $1/a(i) = a^*(i)$).

MSK-Vorcodierung. Die Decodierung (10.1.4) kann gänzlich vermieden werden, wenn sendeseitig die differentielle Vorcodierung[2]

$$d(i) = b(i) \cdot b(i-1), \quad b(i), d(i) \in \{-1, +1\} \tag{10.1.5}$$

angewendet wird, wobei $b(i)$ die Quelldaten und $d(i)$ die dem MSK-Modulator zugeführten codierten Daten bezeichnen. Damit ergibt sich aus (9.2.19a) unter der Voraussetzung $b(-1) = 1$

$$\begin{aligned} a(i) = j^{\,i} \prod_{\ell=0}^{i-1} b(\ell) \cdot b(\ell-1) \quad &= \quad j^{\,i} \cdot b(i-1) \cdot \underbrace{b(-1)}_{=1} \cdot \prod_{\ell=0}^{i-2} \underbrace{b(\ell) \cdot b(\ell)}_{=1} = j^{\,i} \cdot b(i-1) \\ \Rightarrow \quad b(i-1) \quad &= \quad j^{-i} \cdot a(i). \end{aligned} \tag{10.1.6}$$

Das Quelldatum $b(i-1)$ lässt sich also direkt aus den Momentanwerten des empfangenen, am Matched-Filter-Ausgang abgetasteten MSK-Signals $r_{\mathrm{MSK}}(iT) = a(i)$ gewinnen. Die Multiplikation mit j^{-i} bezeichnet man als *Derotation* – das alternierend reelle und imaginäre Symbol $a(i)$ wird hierdurch reell. Das gesamte Blockschaltbild eines MSK-Empfängers einschließlich Derotation und Entscheidung zeigt Bild 10.1.3.

10.1.3 Näherungsweise Beschreibung von CPM-Signalen durch lineare Modulationsformen (Laurent-Approximation)

Die im Abschnitt 9.2.2 hergeleitete Offset-QPSK-Darstellung von MSK-Signalen ist insofern sehr bedeutsam, als hiermit die Möglichkeit einer kohärenten Demodulation gemäß

[2] Im Unterschied zur rekursiven Partial-Response-Vorcodierung gemäß Abschnitt 8.2.2 ist die MSK-Vorcodierung *nichtrekursiv*.

Bild 10.1.3 eröffnet wird. Für GMSK oder für beliebige CPM-Signale ist eine solche Beschreibung exakt nicht möglich; von P.A. Laurent wurde jedoch 1986 eine näherungsweise Beschreibung durch lineare Modulationsformen abgeleitet [Lau86]. Die Näherung besteht darin, dass von der Superposition endlich vieler komplex modulierter AM-Signale nur dasjenige berücksichtigt wird, dessen Elementarimpuls die größte Energie aufweist, während die übrigen vernachlässigt werden. Diese näherungsweise Beschreibung durch ein lineares Modulationssignal ist in Hinblick auf eine kohärente Demodulation von allergrößter Bedeutung: Der errechnete Grundimpuls („main impulse") bildet die Grundlage zur Matched-Filterung im Empfänger. Die in [Lau86] gegebene Herleitung soll hier nicht im einzelnen nachvollzogen werden – es werden lediglich die Ergebnisse wiedergegeben.

In Abschnitt 9.2.4 wurde die allgemeine Form von CPM-Signalen eingeführt. Setzt man die Anfangsphase $\varphi_0 = 0$, so gilt

$$s_{\text{CPM}}(t) = e^{j\pi\eta \sum_{i=0}^{\infty} d(i)q(t-iT)} \tag{10.1.7}$$

mit

$$q(t) = \begin{cases} 1 & \text{für} \quad t \geq LT \\ 0 & \text{für} \quad t \leq 0. \end{cases}$$

Für die folgenden Betrachtungen wird ein *endlicher Wert* L vorausgesetzt (GMSK-Signale können also nur näherungsweise beschrieben werden). Ferner wird ein *zweistufiges Signal* $d(i) \in \{-1, 1\}$ angenommen. Man definiert zunächst den endlichen Phasenimpuls

$$\psi(t) = \begin{cases} q(t) & \text{für} \quad 0 \leq t \leq LT \\ 1 - q(t - LT) & \text{für} \quad t \geq LT, \end{cases} \tag{10.1.8}$$

der aufgrund der Bedingung $q(t) = 1$ für $t \geq LT$ auf das Zeitintervall $0 \leq t \leq 2LT$ begrenzt ist. In **Bild 10.1.5a** wird die Bildung von $\psi(t)$ für ein 2 REC-Signal demonstriert. Es werden weiterhin ein Grundimpuls

$$p_0(t) = \frac{\sin(\pi\eta\psi(t))}{\sin(\pi\eta)} \tag{10.1.9a}$$

sowie seine zeitlich nach links verschobenen Versionen

$$p_n(t) = p_0(t + nT) \tag{10.1.9b}$$

definiert. Für ein 2 REC-Signal mit einem Modulationsindex von $\eta = 0,6$ ist der Grundimpuls $p_0(t)$ in Bild 10.1.5b dargestellt. Für die weiteren Betrachtungen wird eine binäre Darstellung des ganzzahligen Index

$$\mu = \sum_{\nu=1}^{L-1} 2^{\nu-1} \alpha_{\mu,\nu}; \qquad 0 \leq \mu \leq 2^{L-1} - 1,$$
$$\alpha_{\mu,\nu} \in \{0, 1\} \tag{10.1.10}$$

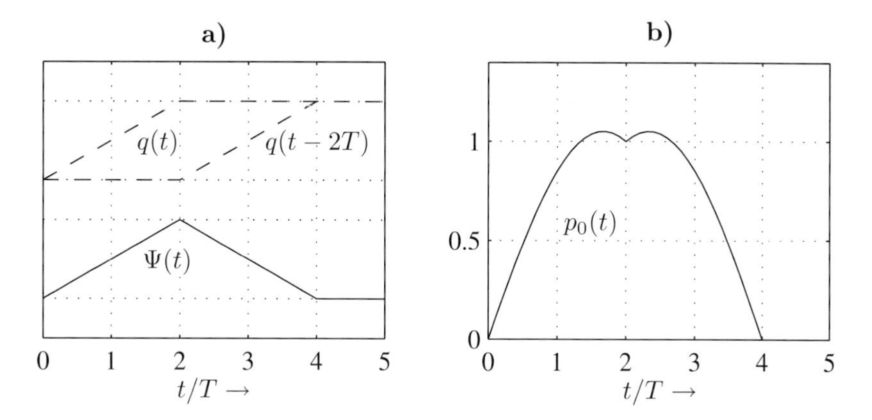

Bild 10.1.5: Konstruktion des Grundimpulses $p_0(t)$ für ein 2 REC-Signal mit $\eta = 0,6$

benötigt. Hiermit werden die Elementarimpulse

$$c_\mu(t) = p_0(t) \cdot \prod_{\nu=1}^{L-1} p_{\nu+L\cdot\alpha_{\mu,\nu}}(t) \tag{10.1.11}$$

gebildet, wobei die Grundimpulse (10.1.9a,b) einzusetzen sind. Die Konstruktion der Elementarimpulse $c_0(t)$ und $c_1(t)$ wird in **Bild 10.1.6** für das Beispiel 2 REC mit $\eta = 0.6$ veranschaulicht; dabei ist die Binärdarstellung des Index μ zu beachten:

$$\mu = 0: \quad \alpha_{0,1} = 0; \quad \rightarrow \quad c_0(t) = p_0(t) \cdot p_1(t)$$

$$\mu = 1: \quad \alpha_{1,1} = 1; \quad \rightarrow \quad c_1(t) = p_0(t) \cdot p_3(t).$$

In diesem Beispiel verschwinden die Elementarimpulse mit Indizes $\mu \geq 2$; allgemein gilt

$$c_\mu(t) \equiv 0 \quad \text{für} \quad \mu \geq 2^{L-1}. \tag{10.1.12}$$

Wir führen nun die modifizierten Datenfolgen

$$A_\mu(i) = \sum_{\ell=0}^{i} d(\ell) - \sum_{\ell=1}^{L-1} d(i-\ell)\,\alpha_{\mu,\ell}, \quad 0 \leq \mu \leq 2^{L-1} - 1 \tag{10.1.13a}$$

ein. Die spezielle Folge mit dem Index null ergibt sich aus der Akkumulation der Eingangsdaten

$$A_0(i) = \sum_{\ell=0}^{i} d(\ell); \tag{10.1.13b}$$

sie spielt für die angestrebte Näherung des CPM-Signals die entscheidende Rolle.

Mit den Definitionen (10.1.9a,b), (10.1.10), (10.1.11) und (10.1.13a,b) ist ein CPM-Signal unter den genannten Voraussetzungen in folgender Form zu schreiben:

$$s_{\text{CPM}}(t) = \sum_{i=0}^{\infty} \sum_{\mu=0}^{2^{L-1}-1} e^{j\pi\eta A_\mu(i)} \cdot c_\mu(t - iT). \tag{10.1.14}$$

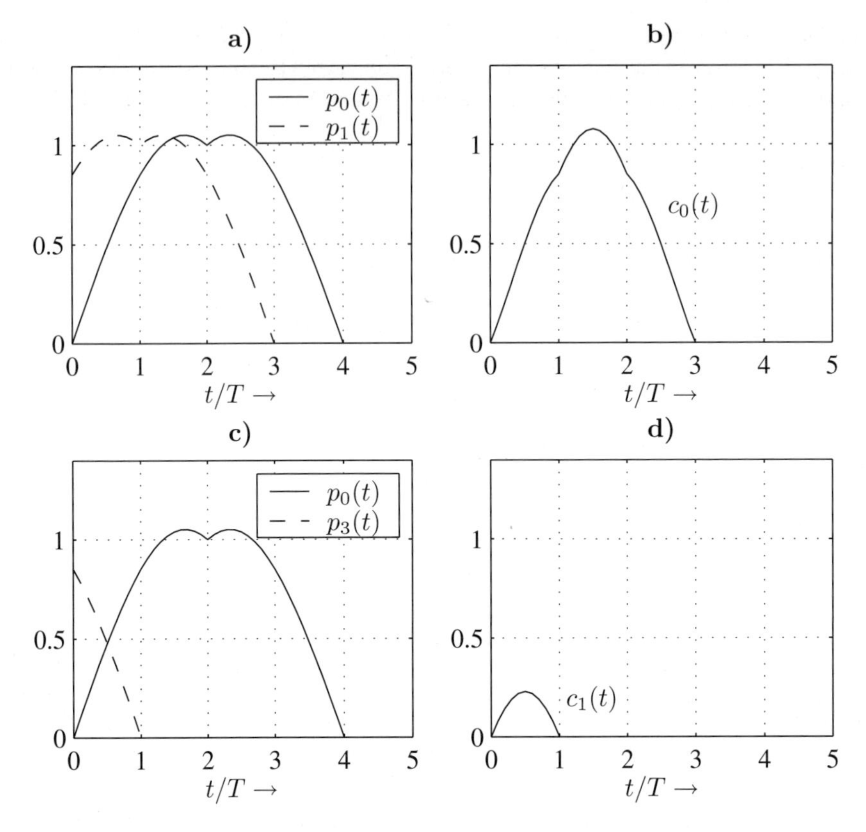

Bild 10.1.6: Zur Konstruktion der Elementarimpulse $c_0(t)$, $c_1(t)$ (2 REC, $\eta = 0.6$)

Unter der Annahme, dass der Elementarimpuls $c_0(t)$ eine deutlich größere Energie aufweist als die weiteren Impulse $c_1(t) \cdots c_{2^{L-1}-1}(t)$, kann für (10.1.14) die Näherung

$$s_{\text{CPM}}(t) \approx \tilde{s}_{\text{CPM}}(t) = \sum_{i=0}^{\infty} e^{j\pi\eta \sum_{\ell=0}^{i} d(\ell)} \cdot c_0(t - iT) \tag{10.1.15}$$

gesetzt werden. Damit ist die gesuchte Approximation eines CPM-Signals durch eine lineare Modulationsform gefunden. Der Impulsformer ist durch die Impulsantwort $c_0(t)$ charakterisiert; die Eingangsdaten sind zu akkumulieren.

- **Beispiel:** *MSK.*
  Die in Abschnitt 9.2.2 hergeleitete Offset-QPSK-Darstellung eines MSK-Signals liefert die Möglichkeit, die Laurent-Approximation zu überprüfen. Zunächst gilt nach (10.1.12) für $L = 1$

$$c_1 = c_2(t) = \cdots = 0 \quad \text{und} \quad c_0(t) = p_0(t), \tag{10.1.16}$$

so dass 1-CPM-Signale durch $c_0(t)$ allein korrekt beschrieben werden. Die Darstellung (10.1.15) ist also in diesem Falle keine Approximation sondern eine exakte Beschreibung; setzen wir für den Modulationsindex $\eta = 1/2$, so ergibt sich

$$s_{\text{CPM}}(t)\Big|_{\eta=\frac{1}{2}}^{L=1} = \sum_{i=0}^{\infty} j^{\sum_{\ell=0}^{i} d(\ell)} \cdot c_0(t-iT) = \sum_{i=0}^{\infty} j^{\,i} \prod_{\ell=0}^{i} d(\ell) \cdot c_0(t-iT). \quad (10.1.17)$$

Speziell für 1-REC-Signale konstruiert man gemäß Bild 10.1.5 für $L = 1$ den Impuls

$$\psi(t)|_{L=1} = \begin{cases} t/T & \text{für } 0 \le t \le T \\ 2 - t/T & \text{für } T \le t \le 2T \\ 0 & \text{sonst} \end{cases} \quad (10.1.18)$$

und gewinnt daraus mit $\eta = 1/2$, d.h. für MSK

$$p_0(t) = \sin\big(\frac{\pi}{2}\,\psi(t)\big) = c_0(t) = \begin{cases} \sin\big(\pi\, t/(2T)\big) & \text{für } 0 \le t \le 2T \\ 0 & \text{sonst.} \end{cases} \quad (10.1.19)$$

Es ergibt sich also der MSK-Impuls (9.2.18) – hier allerdings in kausaler Darstellung. Aus diesem Grunde enthält (10.1.17) gegenüber (9.2.17), S. 289, eine um eins erhöhte obere Grenze des Produkt-Terms. Die Laurent-Entwicklung führt also für MSK zu der bekannten geschlossenen Offset-QPSK-Formulierung.

Es bleibt die Frage zu klären, inwieweit die Vernachlässigung der höhergradigen Impulse zulässig ist. Hierzu werden in **Bild 10.1.7** die Elementarsignale eines GMSK-Signals sowie von zwei 4 RC-Signalen mit verschiedenen Modulationsindizes gezeigt.

Schließlich veranschaulicht **Bild 10.1.8** die Güte der Approximation anhand der Ortskurven der Komplexen Einhüllenden[3] (die ideal kreisförmig sein müssten). Als Beispiele dienen gaußgeformte FSK-Signale (GFSK). Man sieht, dass bei größerem Modulationsindex eine Verschlechterung der Approximation eintritt. Für $\eta = 0{,}5$ – also GMSK – wird mit guter Näherung eine konstante Einhüllende erreicht. Das S/N-Verhältnis infolge des Approximationsfehlers ist für verschiedene GFSK-Signale unter verschiedenen 3dB-Bandbreiten in **Bild 10.1.9** über dem Modulationsindex η dargestellt.

10.1.4 Kohärente Demodulation von CPM-Signalen

Die im letzten Abschnitt erläuterte näherungsweise Beschreibung von CPM-Signalen durch lineare Modulationsformen eröffnet die Möglichkeit, CPM-Signale mit einem Modulationsindex von 1/2 *kohärent* mit Hilfe des in Bild 10.1.3 (S. 312) gezeigten MSK-Demodulators zu detektieren. Wird eine differentielle Vorcodierung angewendet, so

[3] Die Darstellung dient lediglich der Veranschaulichung der linearen Näherung – die konkrete Realisierung eines CPM-Signals wird in der Regel exakt im Sinne des Blockschaltbildes 9.2.7 vorgenommen.

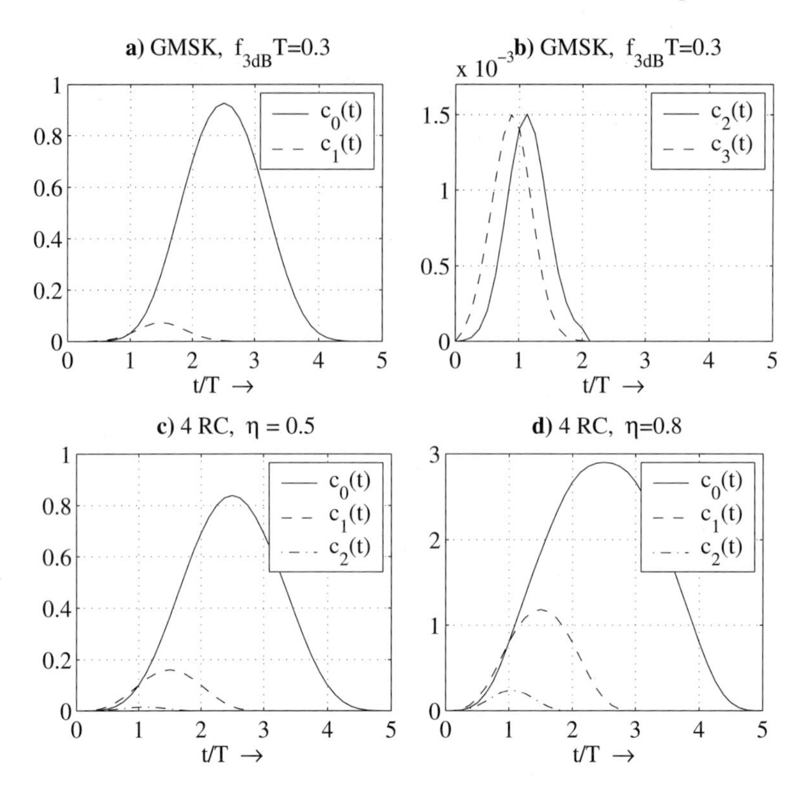

Bild 10.1.7: Elementarimpulse für GMSK und 4 RC

entfällt wie bereits bei MSK eine Decodierung, und die Datenwerte ergeben sich unmittelbar aus den momentanen Abtastwerten nach der Derotation. Als Empfangsfilter können die zu den Elementarimpulsen $c_0(t)$ gehörigen Matched-Filter-Impulsantworten vorgesehen werden; in der Praxis – z.B. in GSM-Handys – werden hierfür jedoch meist steilflankigere Tiefpässe eingesetzt, da eine wirksame Unterdrückung benachbarter Störer gegenüber einer optimalen Rauschanpassung im Vordergrund steht.

Zur Demonstration einer kohärenten CPM-Demodulation sind in den **Bildern 10.1.10a,b** die Augendiagramme von GMSK-Signalen mit $f_{3\text{dB}}T = 0,3$ entsprechend der GSM-Spezifikation am Matched-Filter-Ausgang wiedergegeben. Die Bilder 10.1.10c,d zeigen die Signalräume nach der Symbolabtastung vor und nach der Derotation.

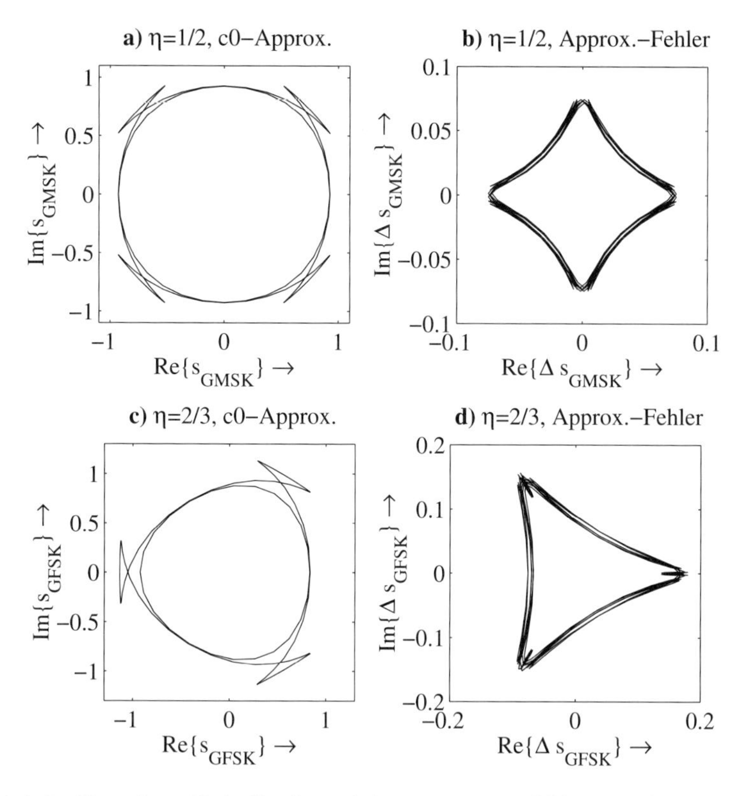

Bild 10.1.8: Komplexe Einhüllende und Aprroximationsfehler von GFSK-Signalen bei Approximation nach (10.1.15)

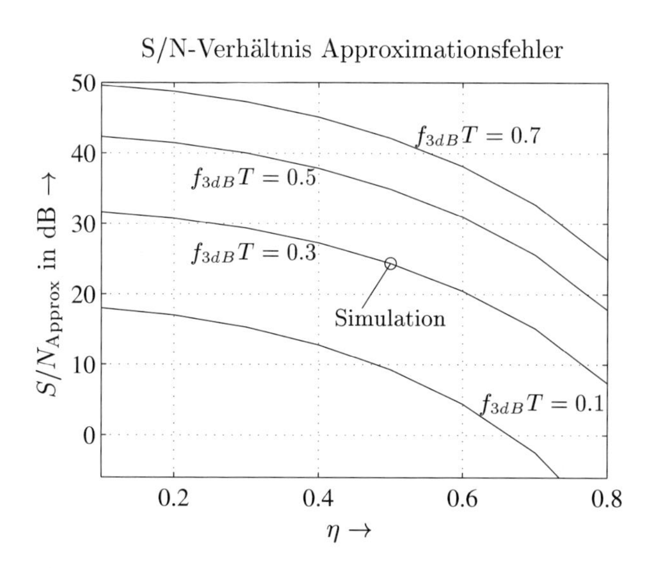

Bild 10.1.9: S/N-Verhältnis infolge der Laurent-Approximation von GFSK-Signalen

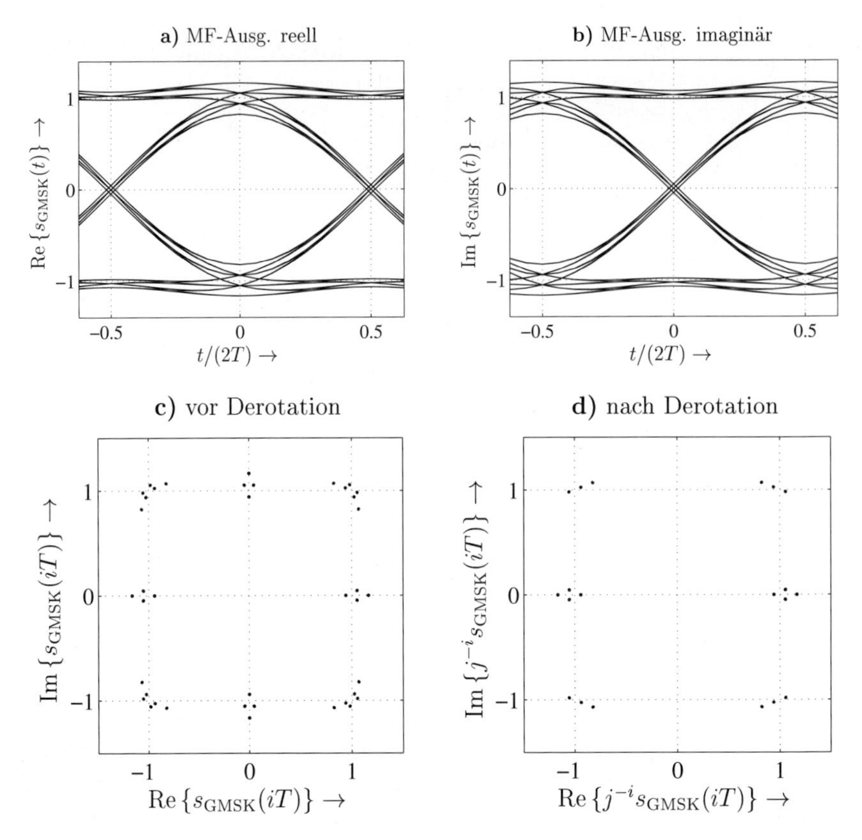

Bild 10.1.10: Augendiagramme und Signalräume bei kohärenter Demodulation eines GMSK-Signals

10.2 Inkohärente Demodulation

10.2.1 Begriffsklärung

In Abschnitt 3.3.2 wurde im Zusammenhang mit analoger Amplitudenmodulation unter inkohärenter Demodulation die Bildung des Betrages der Komplexen Einhüllenden verstanden, woraus sich bei nicht übermodulierten Signalen ($m \leq 1$) das modulierende Signal ableiten ließ. Auch für digitale Modulationsarten wird in einer Reihe von Lehrbüchern eine solche Festlegung der inkohärenten Demodulation vorgenommen. So basiert der in **Bild 10.2.1** gezeigte inkohärente Empfänger für binäre FSK-Signale [Pro01] auf der Bildung der Einhüllenden-Beträge an den Ausgängen zweier Bandpässe mit den Impulsantworten $h_1(t)$ und $h_2(t)$, deren Mittenfrequenzen auf $f_0 + \Delta F$ und

$f_0 - \Delta F$ abgestimmt sind. Wir wollen den Begriff der inkohärenten Demodulation hier

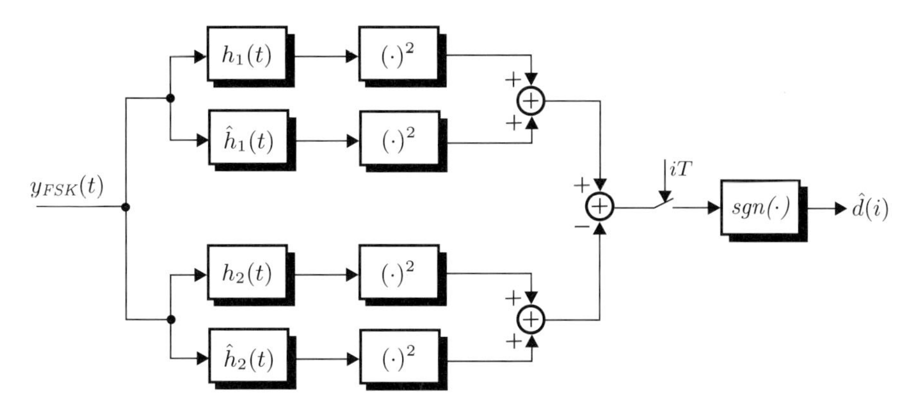

Bild 10.2.1: Inkohärenter FSK-Demodulator durch Bildung der Einhüllenden-Beträge

etwas weiter fassen und grundsätzlich dann von inkohärenten Strukturen sprechen, *wenn das empfangene Signal nicht mit Hilfe einer aus einer Trägerregelungsschaltung gewonnenen frequenz- und phasenrichtigen Trägerschwingung in die komplexe Einhüllende überführt wird.* Charakteristisch für alle inkohärenten Empfänger ist die Einbeziehung *nichtlinearer Systeme* zur Demodulation. Daraus resultiert, dass auch bei Verwendung linearer Modulationsformen die Übertragungseinrichtung insgesamt ein nichtlineares System darstellt. *Ein linearer Übertragungskanal wirkt sich dementsprechend nach einer inkohärenten Demodulation nicht als reine lineare Verzerrung aus, sondern es kommen nichtlineare Verzerrungen hinzu,* wodurch eine Korrektur der Kanaleinflüsse außerordentlich erschwert wird.

Mit der getroffenen Definition inkohärenter Verfahren ist auch die klassische FM-Demodulation inkohärent, die auf die Bildung der zeitlichen Ableitung der Momentanphase abzielt. Sie ist auch zur Demodulation von FSK-Signalen geeignet und stellt eine Alternative zum inkohärenten FSK-Demodulator nach Bild 10.2.1 dar. In Abschnitt 10.2.5 werden solche Demodulatoren für CPM-Signale diskutiert.

Im Folgenden werden einige praktisch verwendete inkohärente Empfänger besprochen und zwar zunächst ein differentieller Demodulator für DPSK-Signale. In Abschnitt 10.2.4 wird gezeigt, dass der gleiche differentielle DPSK-Demodulator auch auf CPM-Signale (z.B. MSK oder GMSK) anwendbar ist. Weiterhin wird erläutert, dass er im Wesentlichen zu einer alternativen inkohärenten Struktur aus einem FM-Demodulator mit anschließender Integration und Abtastung („Integrate-and-dump“) äquivalent ist.

10.2.2 Inkohärente Demodulation von DPSK-Signalen

Zur kohärenten Demodulation von differentiellen QPSK-Signalen wurde in Abschnitt 10.1.1 ein prinzipielles Blockschaltbild angegeben (Bild 10.1.2). Dabei wurde zunächst unter Verwendung einer Trägerphasen-Regelschaltung die komplexe Einhüllende gebildet; nach der Entscheidung erfolgte dann die Differenzphasen-Bestimmung durch Multiplikation des aktuellen Datums $\hat{d}(i)$ mit dem konjugiert komplexen entschiedenen Wert des vorangegangenen Symbols $\hat{d}^*(i-1)$.

Zu einer *inkohärenten* Struktur kommt man, indem die Differenzphasen-Berechnung *vor den Entscheider* gezogen wird. **Bild 10.2.2** zeigt einen solchen Empfänger in Tiefpass-Struktur. Zur Bildung der Komplexen Einhüllenden $\tilde{r}_{\mathrm{DPSK}}(iT)$ wird ein lokaler Oszil-

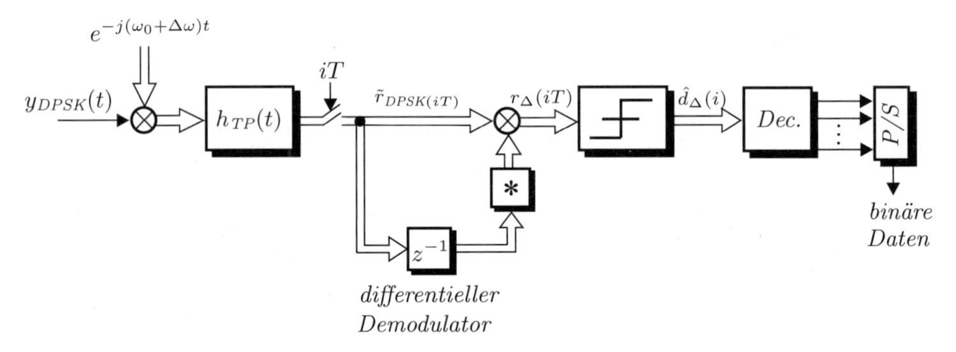

Bild 10.2.2: Inkohärenter DPSK-Demodulator

lator benutzt, dessen voreingestellte Frequenz nur ungefähr mit der Trägerfrequenz des empfangenen Signals $y_{\mathrm{DPSK}}(t)$ übereinstimmt; die Frequenzabweichung wird mit $\Delta\omega$ bezeichnet, die Phase des empfangenen Trägers mit ψ. Auf diese Weise erhält man im rauschfreien Fall

$$\begin{aligned} \tilde{r}_{\mathrm{DPSK}}(iT) &= e^{j\varphi(i)} \cdot e^{j\cdot[\psi-\Delta\omega T i]} \\ \text{mit } \varphi(i) &= \varphi(i-1) + \Delta\varphi_\mu(i); \quad \mu = 0, \cdots, M-1. \end{aligned} \tag{10.2.1}$$

Am Ausgang des differentiellen Demodulators ergibt sich dann

$$\begin{aligned} r_\Delta(iT) &= \tilde{r}_{\mathrm{DPSK}}(iT) \cdot \tilde{r}^*_{\mathrm{DPSK}}((i-1)T) = e^{j(\varphi(i)-\varphi(i-1)-\Delta\omega T)} \\ &= e^{j(\Delta\varphi_\mu(i)-\Delta\omega T)}. \end{aligned} \tag{10.2.2}$$

Die korrekte Entscheidung über die diskreten Phasendifferenzen $\Delta\varphi_\mu(i)$ wird durch den statischen Phasenfehler $\Delta\omega T$ beeinträchtigt – zur Vermeidung von Fehlentscheidungen muss dieser Phasenfehler für ein M-stufiges PSK-Signal deutlich unter dem Wert π/M liegen, die am Empfänger zugesetzte Trägerfrequenz muss also möglichst genau mit der wahren Trägerfrequenz des Empfangssignals übereinstimmen.

Es wird sich erweisen, dass auch bei kohärenter Demodulation ein statischer Phasenfehler entsteht, wenn eine Trägerphasenregelung erster Ordnung angewendet wird (vgl.

Abschnitt 10.3.4). Für den Fall $\Delta\omega = 0$ ergeben sich in beiden Fällen zu den idealen Abtastzeitpunkten iT die exakten Phasenwerte.

Der fundamentale Unterschied zwischen einer kohärenten und einer inkohärenten DPSK-Demodulation wird deutlich, wenn man die Übergänge zwischen den idealen Abtastzeitpunkten betrachtet, die anhand der Augendiagramme veranschaulicht werden können. Als Beispiel dient eine DQPSK-Übertragung, bei der am Sender und am Empfänger Tiefpässe mit Wurzel-Kosinus-roll-off-Charakteristik verwendet werden. Beträgt der Roll-off-Faktor $r = 1$, so ergeben sich bei *kohärenter* Demodulation am Entscheider-Eingang Augendiagramme mit einer horizontalen Öffnung von 100 % – die zweite Nyquistbedingung ist erfüllt (vgl. Abschnit 8.1.4).
Die entsprechenden Augendiagramme bei *inkohärenter* DPSK-Demodulation sind in den

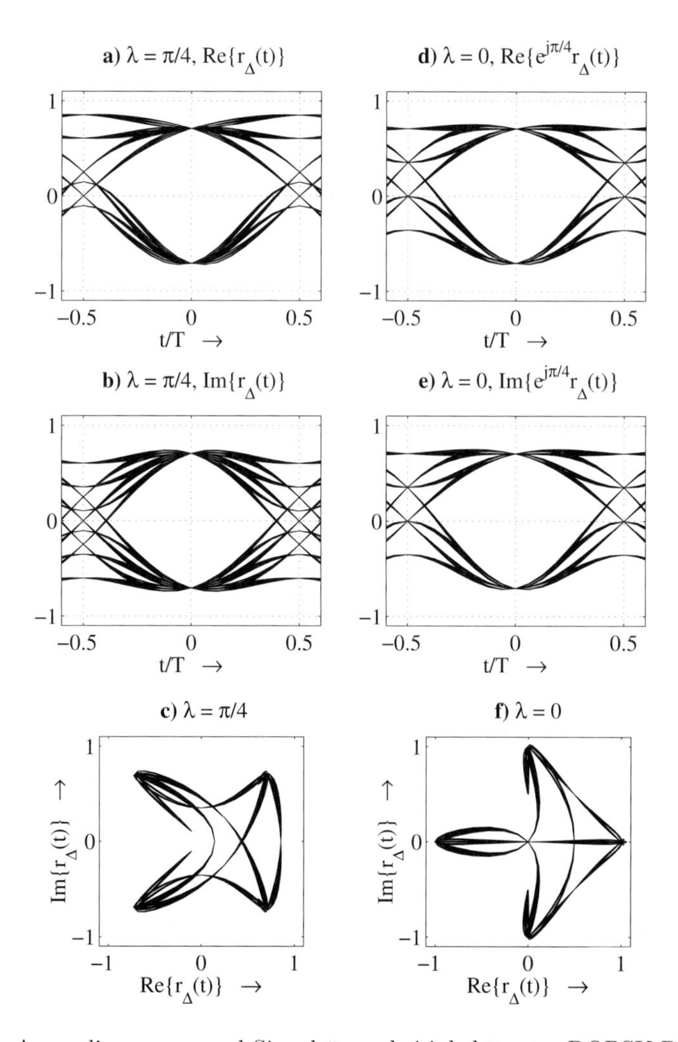

Bild 10.2.3: Augendiagramme und Signalräume bei inkohärenter DQPSK-Demodulation

Bildern 10.2.3a-d dargestellt. Dabei wurde im Gegensatz zu Bild 10.2.2 die Abtastung am *Ausgang* des differentiellen Demodulators vorgenommen, um eine zeitkontinuierliche Darstellung zu ermöglichen. Wir betrachten zunächst den Fall einer $\pi/4$-DPSK-Übertragung gemäß der in Abschnitt 9.1.4 gegebenen Definition. Die horizontale Augenöffnung beträgt nicht mehr 100 %, d.h. die zweite Nyquistbedingung wird bei inkohärenter Demodulation verletzt, obwohl zur Impulsformung ein Filter mit einem Roll-off-Faktor von $r = 1$ verwendet wurde. Es fällt weiterhin auf, dass sich für Real- und Imaginärteil unterschiedliche Augendiagramme ergeben; das Augendiagramm des Realteils weist eine Asymmetrie bezüglich der Nullachse auf. Die betrachteten Augendiagramme ergeben sich aus den Projektionen der in **Bild 10.2.3c** gezeigten Signalraum-Darstellung auf die reelle bzw. imaginäre Achse. Das Signalraum-Diagramm eines inkohärent demodulierten DPSK-Signals mit $\lambda = 0$ ist in **Bild 10.2.3f** wiedergegeben. Um die zweistufigen Augendiagramme in **Bild 10.2.3d** und **e** zu erhalten, wurde am Entscheidereingang eine Drehung um $\pi/4$ vorgenommen. Die Augendiagramme des Real- und Imaginärteils sind bei DPSK mit $\lambda = 0$ identisch; in beiden Fällen liegt eine Asymmetrie bezüglich der Nullachse vor.

Zur Veranschaulichung der überraschenden Asymmetrie dient die folgende anschauliche Betrachtung. Wir ermitteln die Signalwerte in der Mitte zwischen zwei idealen Abtastzeitpunkten, also an der Stelle $t = iT + T/2$. Bei einem Roll-off-Faktor von $r = 1$ gilt für das Impulsformungsfilter bei nichtkausaler Formulierung

$$g(\pm T/2) = 1/2,$$

so dass die komplexe Einhüllende des DQPSK-Signals in der Mitte zwischen den idealen Abtastzeitpunkten für $\Delta\omega = 0$ im rauschfreien Fall folgende Werte aufweist:

$$r_{\text{DPSK}}\Big(iT \pm \frac{T}{2}\Big) = \frac{1}{2}\Big[e^{j\varphi(i\pm 1)} + e^{j\varphi(i)}\Big].$$

Nach der differentiellen Demodulation erhält man

$$\begin{aligned} & r\Big(iT + \frac{T}{2}\Big) \cdot r^*\Big(iT - \frac{T}{2}\Big) \triangleq r_\Delta\Big(iT + \frac{T}{2}\Big) \\ = & \frac{1}{4}\Big[e^{j[\varphi(i+1)-\varphi(i)]} + e^{j[\varphi(i+1)-\varphi(i-1)]} + 1 + e^{j[\varphi(i)-\varphi(i-1)]}\Big] \\ = & \frac{1}{4}\Big[e^{j\Delta\varphi(i+1)} + e^{j[\Delta\varphi(i+1)+\Delta\varphi(i)]} + e^{j\Delta\varphi(i)} + 1\Big]. \end{aligned}$$

Für $\lambda = \pi/4$ gilt

$$\Delta\varphi(i+1),\ \Delta\varphi(i) \in \Big\{\pm\frac{\pi}{4} \quad \pm\frac{3}{4}\pi\Big\}.$$

Damit ergeben sich für das demodulierte Signal die diskreten Werte

$$\begin{aligned} \text{Re}\Big\{r_\Delta\Big(iT + \frac{T}{2}\Big)\Big\} &\in \frac{1}{\sqrt{2}}\{-0,14 \quad 0,0 \quad 0,21 \quad 0,35 \quad 0,85 \quad 1,2\} \\ \text{Im}\Big\{r_\Delta\Big(iT + \frac{T}{2}\Big)\Big\} &\in \frac{1}{\sqrt{2}}\{0 \quad \pm 0,15 \quad \pm 0,35 \quad \pm 0,5 \quad \pm 0,85\}, \end{aligned}$$

die sich anhand der Augendiagramme in den Bildern 10.2.3a, b bestätigen lassen. Entsprechend gilt für $\lambda = 0$ nach der Korrekturdrehung um $\pi/4$

$$\begin{aligned} \mathrm{Re}\Big\{r_\Delta\Big(iT+\frac{T}{2}\Big)\Big\} &\in \frac{1}{\sqrt{2}}\{-0,5\ \ 0\ \ 0,5\ \ 1\} \\ \mathrm{Im}\Big\{r_\Delta\Big(iT+\frac{T}{2}\Big)\Big\} &\in \frac{1}{\sqrt{2}}\{-0,5\ \ 0\ \ 0,5\ \ 1\}. \end{aligned}$$

Der in diesem Abschnitt beschriebene DPSK-Demodulator wird in der Literatur gelegentlich als „differentiell kohärenter Demodulator“ bezeichnet [BBC87].Wir wollen den Begriff „kohärent“ hier mit Rücksicht auf die im vorigen Abschnitt erläuterten Gründe vermeiden und diese Empfängerstruktur wegen ihrer nichtlinearen Eigenschaften den *inkohärenten* Demodulatoren zuordnen.

10.2.3 Inkohärente Demodulation von DAPSK-Signalen

Die übliche Methode zur inkohärenten Demodulation besteht in der Anwendung einer differentiellen Phasenmodulation, die im vorangegangenen Abschnitt erläutert wurde. Darüber hinaus wurden auch höherstufige Verfahren vorgeschlagen, die eine differentielle Codierung der Amplitude einbeziehen [ER95, CNM92, Ada96, WHS91]. Damit ergeben sich kombinierte DAPSK-Verfahren; ein mögliches Signalraumdiagramm zeigt **Bild 10.2.4**. Die Datensymbole sind hier von der Form

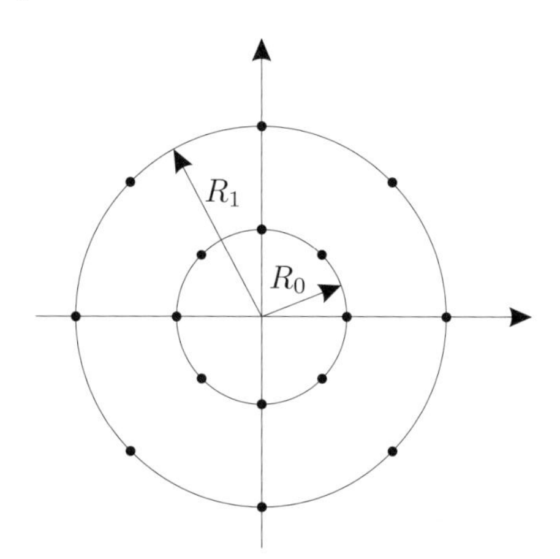

Bild 10.2.4: DAPSK

$$d(i) = a(i)\cdot e^{j\varphi(i)} \quad a\in\{R_0, R_1\}; \tag{10.2.3}$$

sie werden in *Phase und Amplitude* differentiell codiert:

$$\varphi(i) = \varphi(i-1) + \Delta\varphi(i), \quad \Delta\varphi(i) \in \frac{\pi}{4}\cdot\{0,\cdots,7\} \tag{10.2.4a}$$

$$a(i) = a(i-1)\cdot\Delta a(i). \tag{10.2.4b}$$

Der Phasenanteil entspricht der konventionellen 8-DPSK, die durch 3 bit festgelegt wird. Hinzu kommt eine zweistufige differentielle ASK, die die Übertragung eines weiteren Bits $b_{\text{ASK}}(i)$ erlaubt. Das Amplituden-Inkrement wird folgendermaßen festgelegt:

$$\Delta a(i) = \begin{cases} 1 & \text{für } b_{\text{ASK}}(i) = 0 \\ R_1/R_0 & \text{für } b_{\text{ASK}}(i) = 1 \text{ und } a(i-1) = R_0 \\ R_0/R_1 & \text{für } b_{\text{ASK}}(i) = 1 \text{ und } a(i-1) = R_1. \end{cases} \tag{10.2.5}$$

Die Amplitude ändert sich also, wenn das Bit $b_{\text{ASK}}(i)$ gesetzt ist und bleibt andernfalls erhalten. Die inkohärente Demodulation anhand der Empfangssymbole $\tilde{r}_{\text{DAPSK}}(iT)$ erfolgt nach der Vorschrift

$$r_\Delta(iT) = \frac{\tilde{r}_{\text{DAPSK}}(iT)}{\tilde{r}_{\text{DAPSK}}((i-1)T)}. \tag{10.2.6}$$

Bezüglich der Phase entspricht dies der üblichen inkohärenten differentiellen Demodulation gemäß (10.2.2) auf Seite 322. Für die Amplitude ergibt sich im ungestörten Fall

$$|r_\Delta(iT)| = \Delta a(i) = \begin{cases} 1 & \text{für} \quad b_{\text{ASK}}(i) = 0 \\ \{\frac{R_1}{R_0}, \frac{R_0}{R_1}\} & \text{für} \quad b_{\text{ASK}}(i) = 1. \end{cases} \tag{10.2.7}$$

Unter Rauscheinfluss sind zur Datenentscheidung geeignete Schwellwerte γ_0, γ_1 festzulegen:

$$\hat{b}_{\text{ASK}}(i) = \begin{cases} 0 & \text{für} \quad \gamma_0 \leq |r_\Delta(iT)| < \gamma_1 \\ 1 & \text{für} \quad \begin{cases} |r_\Delta(iT)| \geq \gamma_1 \\ |r_\Delta(iT)| < \gamma_0; \end{cases} \end{cases} \tag{10.2.8}$$

in [Sch00] werden für $R_1/R_0 = 2$ günstige Werte mit $\gamma_0 = 0,7$ und $\gamma_1 = 1,5$ angegeben.

Die hier betrachteten inkohärenten differentiellen Verfahren sind nur unter *nicht frequenzselektiven* Kanälen anwendbar, andernfalls ergeben sich nichtlineare Verzerrungen nach der Demodulation. Aus diesem Grunde eigenen sie sich besonders für das Mehrträgerverfahren OFDM, da dort das Datensignal in einzelne nichtselektive Subkanäle zerlegt wird – in Abschnitt 16.3.1 werden inkohärente OFDM-Empfängerstrukturen behandelt.

Der entscheidende Vorteil inkohärenter Empfänger besteht in dem Verzicht auf die Kanalschätzung; andererseits ergibt sich unter Rayleigh-Fading eine beträchtliche Degradation gegenüber kohärenten Empfängern [Kle04]. Gewinne können mit aufwändigeren inkohärenten Strukturen erzielt werden, die nach dem Prinzip der Multi-Symbol-Detection arbeiten, also eine *Sequenz* von Symbolen in die Entscheidung einbeziehen [Sch00, Kle04].

10.2.4 Differentieller Demodulator für CPM-Signale

In Abschnitt 10.2.1 wurde bereits ein inkohärenter FSK-Demodulator betrachtet, der auf der Bildung der Beträge der Komplexen Einhüllenden an den Ausgängen von zwei Bandpässen der Mittenfrequenzen $f_0 \pm \Delta F$ beruht. Darüber hinaus existieren weitere Strukturen zur inkohärenten Demodulation von FSK-Signalen. So ist der im letzten Abschnitt beschriebene differentielle DPSK-Demodulator auch für die Anwendung auf FSK-Signale geeignet. Wir schreiben hierzu die komplexe Einhüllende des empfangenen CPM-Signals gemäß (9.2.26) in der Form

$$\tilde{r}_{\mathrm{CPM}}(t) = e^{j(\pi\eta \sum_{\ell=0}^{\infty} d(\ell)\cdot q(t-\ell T)+\psi-\Delta\omega t)}, \tag{10.2.9}$$

wobei eine Abweichung $\Delta\omega$ der am Empfänger benutzten Trägerfrequenz gegenüber der wahren FSK-Trägerfrequenz berücksichtigt wird. Führen wir eine Multiplikation mit dem konjugiert komplexen, um ein Symbolintervall verzögerten Signal durch, so ergibt sich

$$\begin{aligned} \tilde{r}_{\mathrm{CPM}}(t)\cdot\tilde{r}^*_{\mathrm{CPM}}(t-T) &= e^{j\pi\eta \sum_{\ell=0}^{\infty} d(\ell)\cdot[q(t-\ell T)-q(t-T-\ell T)]-j\Delta\omega T} \\ &= e^{j\pi\eta \sum_{\ell=0}^{\infty} d(\ell)\Delta q(t-\ell T)-j\Delta\omega T}. \end{aligned} \tag{10.2.10}$$

Das Signal $\Delta q(t)$ ist in **Bild 10.2.5** für das Beispiel eines FSK-Signals (1 REC) dargestellt. Tastet man das Signal (10.2.10) im Symboltakt ab, so erhält man unter Berück-

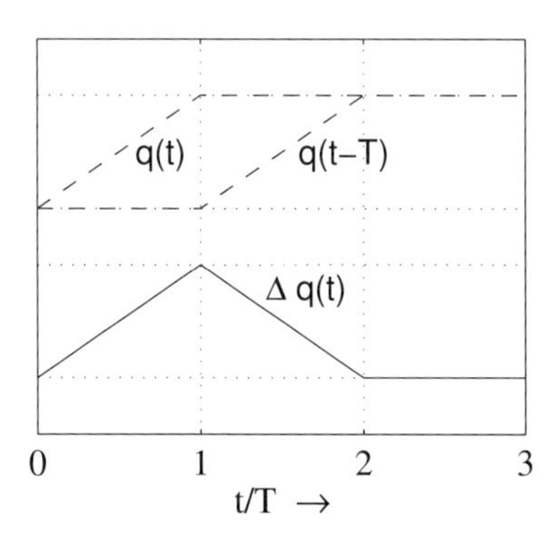

Bild 10.2.5: Der Differenzimpuls $\Delta q(t)$ für ein FSK-Signal

sichtigung der endlichen Länge von $\Delta q(t)$

$$\tilde{r}_{\mathrm{CPM}}(iT)\cdot\tilde{r}^*_{\mathrm{CPM}}((i-1)T) = e^{j(\pi\eta\ d(i-1)-\Delta\omega T)}. \tag{10.2.11}$$

Hieraus ist (für einen hinreichend geringen Frequenzfehler $\Delta\omega$) durch die Bildung des Arguments der Datenwert $d(i-1)$ zu gewinnen. Das Blockschaltbild eines differentiellen FSK-Demodulators zeigt **Bild 10.2.6**. Unter Rauscheinfluss arbeitet dieser Demodulator optimal bei einem Modulationsindex $\eta = 1/2$, also für MSK-Signale, da hierbei die

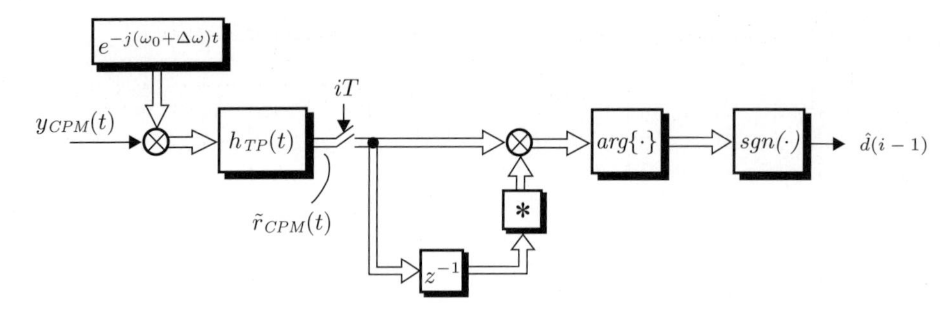

Bild 10.2.6: Differentieller Demodulator für FSK-Signale

sicherste Entscheidung bei der Argumentbildung getroffen werden kann. Ungünstige Bedingungen ergeben sich für Modulationsindizes in der Nähe von eins, weil aus der Größe

$$e^{j\pi d(i)}, \quad d(i) \in \{-1, 1\}$$

keine eindeutige Aussage über die Phase (π oder $-\pi$) zu gewinnen ist.

Bisher wurde die Demodulation von FSK-Signalen diskutiert, bei denen der Impuls $\Delta q(t)$ auf das Zeitintervall $0 < t < 2T$ begrenzt ist. Setzt man andere CPM-Formen an, deren Frequenz-Elementarimpulse $\gamma_{\text{CPM}}(t)$ am FM-Modulator-Eingang (siehe **Bild 9.2.7**, Seite 291) über ein Symbolintervall hinausgehen, so kommt es zu *Intersymbol-Interferenzen.*

- **Beispiel:** *GMSK-Demodulation* Die eingebrachte Intersymbol-Interferenz wird anhand einer GMSK-Übertragung erläutert. **Bild 10.2.7a** zeigt den Elementarimpuls $\gamma_{GMSK}(t)$ vor dem Frequenzmodulator am Sender ($f_{3\text{dB}}T = 0,3$) sowie den infolge der differentiellen Demodulation im Empfänger gebildeten Elementarimpuls $\Delta q(t)$ in der Gegenüberstellung. Man erkennt, dass $\Delta q(t)$ gegenüber $\gamma_{GMSK}(t)$ verbreitert ist. Die Folge ist eine Zunahme der Intersymbol-Interferenz, was anhand des Vergleichs des in **Bild 10.2.7b** dargestellten Augendiagramms am Ausgang des differentiellen Demodulators mit dem sendeseitigen Auge gemäß Bild 9.2.8b auf Seite 292 deutlich wird. Im ungestörten Fall ist eine fehlerfreie Datenerkennung durch Schwellwertentscheidung noch möglich, da das Auge geöffnet ist. Unter Rauscheinfluss steigt die Fehlerrate jedoch sehr schnell an.

10.2.5 Diskriminator-Demodulator für CPM-Signale

CPM-Signale sind ihrem Wesen nach frequenzmodulierte Signale. Zur Demodulation kommt daher der klassische FM-Demodulator in Betracht, der im Idealfall die zeitliche Ableitung der Momentanphase bewirkt. Für das empfangene CPM-Signal (10.2.9) ergibt sich also

$$\dot{\varphi}(t) = \pi\eta \sum_{\ell=0}^{\infty} d(\ell) \cdot \dot{q}(t - \ell T) - \Delta\omega, \tag{10.2.12a}$$

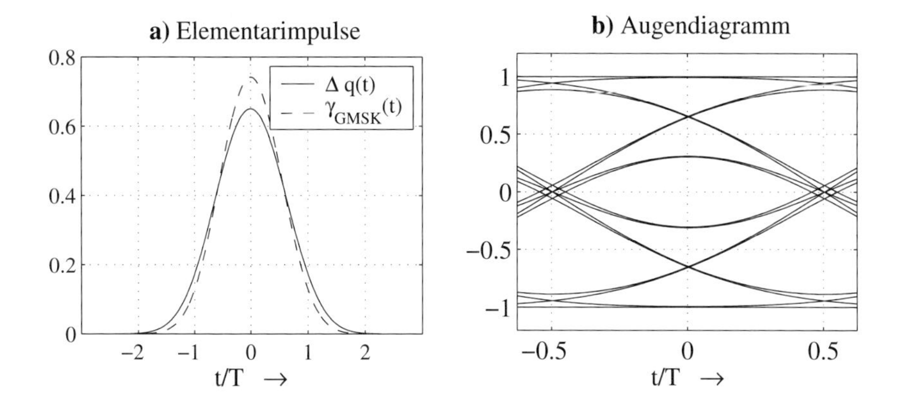

Bild 10.2.7: Inkohärente GMSK-Demodulation
a) GMSK-Sende- und Empfangsimpuls
b) Augendiagramm bei differentieller Demodulation

bzw. unter Berücksichtigung der Definition (9.2.25)

$$\dot{\varphi}(t) = \pi\eta \, \frac{1}{T} \sum_{\ell=0}^{\infty} d(\ell) \cdot \gamma_{\text{CPM}}(t - \ell T) - \Delta\omega. \tag{10.2.12b}$$

Nimmt man z.B. ein FSK-Signal an, für das $\gamma_{FSK}(t)$ aus einem Rechteckimpuls der Länge T besteht, so ist nach einer Abtastung zu den Zeitpunkten $t = iT + T/2$ für hinreichend geringe Frequenzabweichung $\Delta\omega$ bereits eine eindeutige Datenentscheidung möglich.

$$\dot{\varphi}(iT + T/2) = \pi\eta \, \frac{1}{T} \, d(i) \tag{10.2.13}$$

In praktisch eingesetzten Empfängern wird im Anschluss an die FM-Demodulation vielfach noch eine Integration über ein Symbolintervall ausgeführt („Integrate-and-dump“), um eine Mittelung über das Kanalrauschen zu erreichen. Es ist an dieser Stelle hervorzuheben, dass diese Integration über ein Symbolintervall *keinesfalls im Sinne einer Matched-Filterung* zu verstehen ist. In Abschnitt 8.3.1 wurde hergeleitet, dass zur Maximierung des S/N-Verhältnisses am Empfängereingang ein Filter mit einer Impulsantwort vorzusehen ist, die aus der zeitlichen Umkehr des Sendeimpulses hervorgeht. Im Falle eines Rechteck-Impulses ergibt sich also eine Integration über ein Symbolintervall, d.h. eine „Integrate-and-dump“-Operation. Bei einer FSK-Übertragung ist der Sendeimpuls (vor der Frequenzmodulation) rechteckförmig, so dass am Empfänger (nach der Demodulation) die symbolweise Integration gerechtfertigt scheint. Andererseits wurde jedoch das Matched-Filter unter der Annahme von *weißem*, additivem Rauschen hergeleitet – nach den Betrachtungen in Abschnitt 5.2.2 ist aber das Rauschen am Ausgang eines FM-Demodulators stark gefärbt (Leistungsdichtespektrum proportional zu ω^2); aus diesem Grunde liefert die Integration über ein Symbolintervall kein optimales S/N-Verhältnis am Entscheidereingang.

Wir kommen zurück auf den angesprochenen Diskriminator-Demodulator, dessen Blockschaltbild in **Bild 10.2.8** wiedergegeben ist. Zur FM-Demodulation wird hier die allgemeine Formulierung gemäß Abschnitt 3.3.3, Gl. (3.3.18c) auf Seite 126, eingesetzt, die eine Amplitudennormierung zur Unterdrückung unerwünschter Amplitudenschwankungen enthält. Zur praktischen Realisierung ist z.B. der in Abschnitt 3.4.3 entwickelte digitale Frequenzdemodulator geeignet.

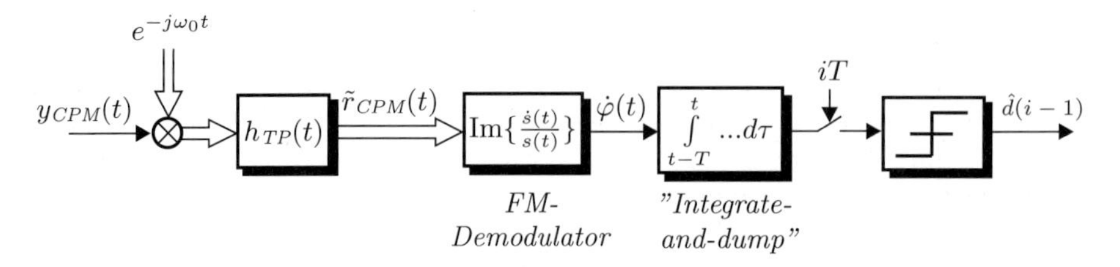

Bild 10.2.8: Diskriminator-Demodulator für CPM-Signale

Nach der Integration über ein Symbol ergibt sich mit Hilfe von (10.2.12a)

$$\begin{aligned}\int\limits_{t-T}^{t} \dot{\varphi}(\tau)d\tau &= \pi\eta\sum_{\ell=0}^{\infty} d(\ell)\,[q(t-\ell T)-q(t-T-\ell T)] - \Delta\omega T \\ &= \pi\eta\sum_{\ell=0}^{\infty} d(\ell)\,\Delta q(t-\ell T) - \Delta\omega T. \end{aligned} \qquad (10.2.14)$$

Man erhält also das gleiche Ergebnis wie im Falle des differentiellen Demodulators nach der Argument-Bildung. Bei näherer Betrachtung zeigt sich jedoch ein genereller Unterschied zwischen den beiden Verfahren bezüglich der zuzulassenden Werte für den Modulationsindex. Beim differentiellen Demodulator sind Werte in der Nähe von $\eta = 1$ zu vermeiden, da in diesem Falle eine eindeutige Detektion der Differenzphasen π bzw. $-\pi$ problematisch ist. Für den Diskriminator-Demodulator besteht bezüglich des Modulationsindex keine prinzipielle Einschränkung, solange ein idealer FM-Demodulator angenommen wird. Setzt man jedoch zur praktischen Ausführung z.B. den digitalen Demodulator nach Abschnitt 3.4.3 ein, so ist der Frequenzhub gemäß der Bedingung

$$\left|2\pi\Delta F \int\limits_{(k-1)T_A}^{kT_A} v(\tau)d\tau\right| < \pi \qquad (10.2.15a)$$

zu begrenzen. Hierbei beschreibt $v(t)$ die normierte Momentanfrequenz – im Falle eines FSK-Signals ist eine normierte Rechteck-Impulsfolge einzusetzen, womit man die Bedingung

$$2\Delta F T_A = \eta\frac{T_A}{T} < 1 \qquad (10.2.15b)$$

erhält. Der maximal zulässige Modulationsindex wird also für den Diskriminator-Demodulator durch den Wert $\eta = T/T_A$ begrenzt und ist somit deutlich größer als der Grenzwert $\eta = 1$ für den differentiellen Demodulator.

Ein weiterer genereller Unterschied zwischen den beiden betrachteten inkohärenten CPM-Demodulatoren liegt in ihrem Verhalten unter dem Einfluss von Kanalrauschen – in Abschnitt 11.4.5 werden hierzu einige Betrachtungen angestellt.

Abschließend ist darauf hinzuweisen, dass in Bild 10.2.8 am Eingang des Empfängers ein Filter $h_{\mathrm{TP}}(t)$ vorgesehen ist, das die Aufgabe der Rauschbandbegrenzung hat[4]. Wie in Abschnitt 4.3 ausgeführt wurde, bewirkt eine Filterung *vor* der FM-Demodulation *nichtlineare Verzerrungen.* Dies gilt auch für die Anwendung auf FSK-Signale. Aus diesem Grunde müssen bandbegrenzende Vorfilter in inkohärenten FSK-Empfängern hinsichtlich minimaler nichtlinearer Verzerrungen optimiert werden – auf nähere Einzelheiten hierzu soll nicht mehr eingegangen werden.

10.3 Trägerregelung

10.3.1 Trägerregelung im Bandpass-Bereich

Die in den vorangegangenen Abschnitten diskutierten kohärenten Empfängerstrukturen erfordern die Multiplikation des empfangenen Signals mit der korrekten Trägerschwingung. Wir betrachten zunächst das empfangene *BPSK-Signal*

$$y_{\mathrm{BPSK}}(t) = a(t) \cdot \cos(\omega_0 t + \psi(t)) \tag{10.3.1}$$

mit

$$a(t) = \sum_i d'(i)\, g(t - iT);$$

$\psi(t)$ bezeichnet einen zeitvarianten Phasenfehler nach der Abmischung durch einen lokalen Oszillator (z.B. in den ZF-Bereich). Das Signal (10.3.1) ist ein *reines Zweiseitenbandsignal.* Eine Spektrallinie an der Stelle der Trägerfrequenz ist also nicht explizit vorhanden; der Träger muss aus dem empfangenen Signal durch nichtlineare Manipulationen gewonnen werden. Hierzu dient der in **Bild 10.3.1** dargestellte quadrierende Regelkreis (*Squaring loop*). Das ankommende Signal $y_{BPSK}(t)$ wird zunächst quadriert.

$$y^2_{BPSK}(t) = a^2(t)\, \cos^2(\omega_0 t + \psi(t)) = \frac{a^2(t)}{2}\, [1 + \cos(2\omega_0 t + 2\psi(t))] \tag{10.3.2}$$

In dem nachfolgenden Bandpass mit der Mittenfrequenz $2f_0$ wird der Gleichanteil entfernt. Der Bandpass wird möglichst schmalbandig ausgeführt, um überlagerte Störungen weitestgehend zu unterdrücken. Danach erhält man

$$y_2(t) = b(t) \cos(2\omega_0 t + 2\psi(t)), \tag{10.3.3}$$

[4]In klassischen analogen FM-Empfängern wird ein solches Filter im Bandpassbereich als *ZF-Filter* realisiert.

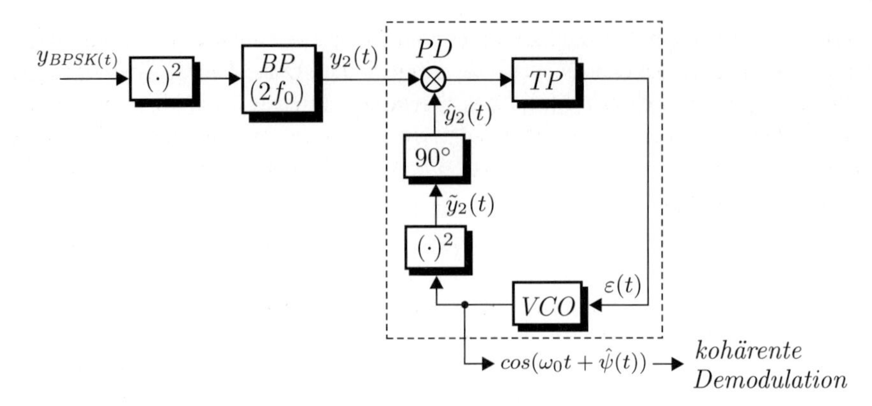

Bild 10.3.1: Quadrierender Regelkreis zur Trägerrückgewinnung bei Zweiseitenband-Signalen (BPSK)

wobei $b(t)$ aus $a^2(t)$ durch die Bandpass-Filterung hervorgeht[5].

Die Synchronisation auf die doppelte Trägerfrequenz erfolgt im nachgeschalteten *Phasenregelkreis* (PLL $\hat{=}$ „Phase-Locked Loop"). Ein solcher Phasenregelkreis besteht generell aus den Komponenten *Phasendiskriminator* (PD, hier als Multiplizierer ausgeführt), *Schleifenfilter* (TP) sowie einem *gesteuerten Oszillator* (VCO $\hat{=}$ „Voltage-Controlled Oscillator"), der auf die Frequenz f_0 voreingestellt ist. Im Blockschaltbild 10.3.1 tritt als Besonderheit ein Quadrierer am Ausgang des VCO hinzu, da auf die Frequenz $2f_0$ synchronisiert werden soll.

Liegt am VCO-Ausgang das Signal $\cos(\omega_0 t + \hat{\psi}(t))$, so entsteht nach der Quadrierung

$$\tilde{y}_2(t) = \frac{1}{2}[1 + \cos(2\omega_0 t + 2\hat{\psi}(t))] \tag{10.3.4a}$$

und nach einer 90°-Drehung mit zusätzlicher Unterdrückung des Gleichanteils

$$\hat{y}_2(t) = \frac{1}{2}\sin(2\omega_0 t + 2\hat{\psi}(t)). \tag{10.3.4b}$$

Im Phasendiskriminator PD werden die Signale $y_2(t)$ und $\hat{y}_2(t)$ multipliziert. Unterstellt man, dass im Schleifenfilter (TP) Signalanteile im Bereich der Frequenz $4f_0$ unterdrückt werden, so ergibt sich als VCO-Eingangssignal

$$\varepsilon(t) = \frac{b(t)}{4}\sin(2\hat{\psi}(t) - 2\psi(t)). \tag{10.3.5a}$$

Bei hinreichender Bandbreite-Reduktion durch das Bandpass-Vorfilter kann $b(t)$ näherungsweise durch den Mittelwert $\overline{b(t)} = \bar{b}$ ersetzt werden. Geht man weiterhin davon aus, dass sich bei entsprechender Dimensionierung des PLL ein geringer Phasenschätzfehler $\hat{\psi}(t) - \psi(t) \ll \pi$ ergibt, so erhält man schließlich

$$\varepsilon(t) \approx \frac{\bar{b}}{2} \cdot (\hat{\psi}(t) - \psi(t)). \tag{10.3.5b}$$

[5]Das Signal $a^2(t)$ ist nach der Bandbegrenzung nicht mehr notwendig nichtnegativ.

Am Eingang des VCO liegt demgemäß im synchronisierten Zustand das Signal $\varepsilon(t) = 0$, falls der VCO auf den exakten Wert f_0 voreingestellt wurde. Ist die Grundfrequenz des VCO hingegen verstimmt, so besteht das Eingangssignal $\varepsilon(t)$ aus einer entsprechenden Gleichgröße. Die Wirkungsweise eines Phasenregelkreises wurde hier auf anschauliche Weise erklärt; zur tiefergehenden Behandlung sei auf die umfangreiche Spezialliteratur verwiesen, z.B. [Gar79], [MMF97].

Es wurde gezeigt, dass am VCO-Ausgang die frequenz- und phasenrichtige Trägerschwingung entsteht, die unmittelbar zur kohärenten Demodulation des empfangenen Zweiseitenband-Signals benutzt werden kann. Bezüglich der Phase besteht allerdings noch eine *Unsicherheit von Vielfachen von* π, die sich aufgrund der Quadratur ergibt. Zur Lösung dieses Problems wird üblicherweise am Sender eine *differentielle Phasenmodulation* vorgenommen, die empfangsseitig durch Phasendifferenz-Bildung am Entscheiderausgang wieder aufgehoben wird. Empfänger für DPSK-Signale wurden in den vorangegangenen Abschnitten besprochen.

Die Anwendung des vorgestellten quadrierenden Phasenregelkreises ist auf Zweiseitenbandsignale, also z.B. BPSK, beschränkt. Zur *Verallgemeinerung auf M-stufige Phasenmodulation* ist die Quadrierung durch die Bildung der M-ten Potenz zu ersetzen. Dadurch wird die im Folgenden besprochene Phasensynchronisation unbestimmt bezüglich Vielfachen von $2\pi/M$. **Bild 10.3.2** zeigt eine entsprechende Trägerrückgewinnungs-Anordnung für M-stufige PSK-Signale. Die Funktionsweise soll anhand eines QPSK-Signals kurz

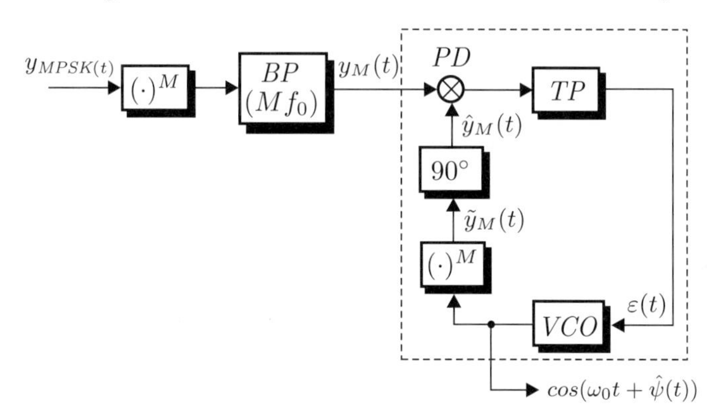

Bild 10.3.2: Trägerrückgewinnung für M-stufige PSK-Signale

erläutert werden. Wir schreiben das Eingangssignal in der Form

$$y_{\text{QPSK}}(t) = \cos(\omega_0 t + m\pi/2 + \psi(t)),\ m = 0, \cdots, 3 \tag{10.3.6}$$

und unterstellen der Einfachheit halber zunächst, dass die Phase rechteckförmig umgetastet wird. Nach der Bildung der vierten Potenz und der Filterung durch einen Bandpass mit der Mittenfrequenz $4f_0$ ergibt sich

$$y_4(t) = \frac{1}{8} \cdot \cos(4\omega_0 t + 4\psi(t)); \tag{10.3.7}$$

der informationstragende Phasenanteil $m \cdot \pi/2$ wird hierbei durch Vervierfachung zu $2\pi\, m$ und ist somit wirkungslos.

Am VCO-Ausgang unterstellt man wiederum im synchronisierten Zustand ein Kosinussignal mit der Frequenz f_0 und der Schätzphase $\hat{\psi}(t)$. Nach der vierfachen Potenzierung und einer 90°-Drehung (Gleichanteil-Unterdrückung) ergibt sich dann

$$\hat{y}_4(t) = \frac{1}{8}\Big[\sin(4\omega_0 t + 4\hat{\psi}(t)) + 4\sin(2\omega_0 t + 2\hat{\psi}(t))\Big]. \qquad (10.3.8)$$

Die Multiplikation mit dem Eingangssignal liefert

$$y_4(t)\cdot\hat{y}_4(t) = \frac{1}{128}\Big[\sin\big(4\hat{\psi}(t) - 4\psi(t)\big) + \sin\big(8\omega_0 t + 4\hat{\psi}(t) + 4\psi(t)\big)$$
$$-4\sin\big(2\omega_0 t + 4\psi(t) - 2\hat{\psi}(t)\big) + 4\sin\big(6\omega_0 t + 2\hat{\psi}(t) + 4\psi(t)\big)\Big],$$

wovon nach Tiefpass-Filterung durch das Schleifenfilter nur der erste Term verbleibt. Für kleine Phasenabweichungen gilt damit für das VCO-Eingangssignal

$$\varepsilon(t) \approx \frac{1}{32}\cdot\Big(\hat{\psi}(t) - \psi(t)\Big). \qquad (10.3.9)$$

Im Falle *bandbegrenzter PSK-Signale* – also z.B. bei Nyquist-Impulsformung gemäß Abschnitt 9.1.2 – trifft die Formulierung (10.3.6) nicht zu, da sich die diskreten Phasenlagen nur jeweils in der Mitte der Symbolintervalle einstellen (vgl. hierzu z.B. Bild 9.1.5b). Der beschriebene Phasenregelkreis bleibt jedoch prinzipiell anwendbar. Durch die Beeinflussung zeitlich benachbarter Datensymbole enthält das VCO-Eingangssignal $\varepsilon(t)$ eine Störung durch ein stochastisches Signal, das bei genügend schmalbandiger Auslegung des Phasenregelkreises hinreichend unterdrückt werden kann.

Eine alternative Form der Trägerrückgewinnung stellt der sogenannte *Costas Loop* dar. Er ist prinzipiell zu den bisher betrachteten Verfahren äquivalent. Im Folgenden wird seine Wirkungsweise am Beispiel einer BPSK-Trägerregeneration kurz erläutert. **Bild 10.3.3** zeigt das Prinzipschaltbild. Wir nehmen am VCO-Ausgang im Falle der Synchronisation

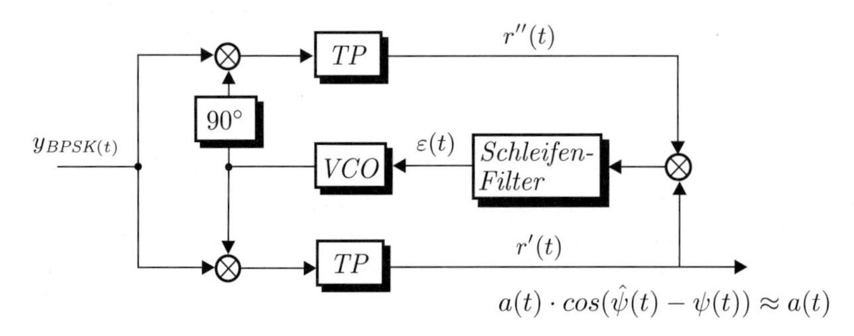

Bild 10.3.3: Costas-Loop zur Trägerregelung bei Zweiseitenband-Signalen

das Signal $\cos(\omega_0 t + \hat{\psi}(t))$ an. Damit erscheint am Tiefpass-Ausgang des oberen Zweiges nach Abtrennung der doppelten Frequenz das Basisbandsignal

$$r''(t) = \frac{a(t)}{2}\cdot\sin\big(\hat{\psi}(t) - \psi(t)\big) \qquad (10.3.10a)$$

und im unteren Zweig

$$r'(t) = \frac{a(t)}{2} \cdot \cos\big(\hat{\psi}(t) - \psi(t)\big). \tag{10.3.10b}$$

Nach der Multiplikation der beiden Signale und der Tiefpass-Filterung durch das schmalbandige Schleifenfilter ergibt sich das VCO-Eingangssignal

$$\varepsilon(t) = \frac{b(t)}{2} \cdot \sin\big(2\hat{\psi}(t) - 2\psi(t)\big) \approx \bar{b} \cdot \big(\hat{\psi}(t) - \psi(t)\big), \tag{10.3.11}$$

wobei die Definition von $b(t)$ der Festlegung in (10.3.3) entspricht und $\bar{b}$ der zugehörige Mittelwert ist. Im synchronisierten Zustand ist das VCO-Eingangssignal null, falls der VCO auf die exakte Frequenz f_0 voreingestellt wurde; andernfalls entsteht eine zur Differenzfrequenz proportionale Gleichgröße. Das demodulierte Signal kann direkt am Tiefpass-Ausgang des unteren Zweiges abgegriffen werden. Dabei ist wie auch beim quadrierenden Phasenregelkreis eine Phasenunsicherheit von π (bzw. ein unbestimmtes Vorzeichen von $a(t)$) enthalten, was eine Phasendifferenz-Codierung erforderlich macht.

10.3.2 Entscheidungsrückgekoppelte Trägerregelung im Basisband

In den bisher besprochenen Verfahren wurde durch nichtlineare Manipulationen des empfangenen Signals eine Spektrallinie an der Trägerfrequenz erzeugt. Durch den Einsatz sogenannter PLL-Schaltkreise kann hiervon die frequenz- und phasenrichtige (mit einer Unsicherheit von $2\pi/M$) Trägerschwingung abgeleitet werden.

Eine prinzipiell andere Möglichkeit der Trägerphasenregelung leitet sich aus der Tatsache ab, dass die korrekten diskreten Phasenlagen aufgrund der Festlegung der Modulationsart am Empfänger prinzipiell bekannt sind: Aus dem *Vergleich der Daten am Eingang und Ausgang des Entscheiders* ergibt sich eine *entscheidungsrückgekoppelte Trägerphasenregelung.* Wir betrachten hierzu das Blockschaltbild 10.1.2 eines digitalen Übertragungssystems. Am Empfänger wird zunächst eine Verschiebung des Bandpass-Signals ins Basisband vollzogen, wobei die ungefähr bekannte Trägerfrequenz $\tilde{f}_0$ benutzt wird. Es verbleibt eine geringfügige Frequenzverschiebung – dies bedeutet, dass das Signalraummuster am Entscheidereingang mit der Differenzfrequenz $\Delta\omega = \omega_0 - \tilde{\omega}_0$ rotiert (siehe **Bild 10.3.4**). Wenn man unterstellt, dass zum Zeitpunkt $t = (i-1)T$ eine ideale Phasenkorrektur des Entscheider-Eingangssignals stattgefunden hat, so ergibt sich bis zum nächsten Symbol die Phasendrehung

$$\Delta\psi(iT) = \Delta\omega \cdot T;$$

setzt man alle übrigen Fehlereinflüsse wie Kanalrauschen, Intersymbol-Interferenz, ungenaue Symboltakt-Synchronisation usw. zunächst zu null, so ist das Entscheider-Eingangssignal als

$$r_0(iT) = d(i) \cdot e^{j\Delta\psi(iT)}$$

zu schreiben. Das während eines Symbolintervalls entstandene Phasenfehler-Inkrement $\Delta\psi(iT)$ lässt sich aus dem Vergleich zwischen den Entscheider-Eingangs- und Ausgangsdaten abschätzen. Unter der Voraussetzung, dass keine Fehlentscheidung stattgefunden hat, d.h. $\hat{d}(i) = d(i)$, schreibt man

$$\begin{aligned}\frac{\operatorname{Im}\{r_0(iT)\cdot\hat{d}^*(i)\}}{|\hat{d}(i)|^2} &= \frac{\operatorname{Im}\{d(i)\cdot e^{j\Delta\psi(iT)}\cdot d^*(i)\}}{|d(i)|^2} \\ &= \sin(\Delta\psi(iT)) \approx \Delta\psi(iT). \end{aligned} \tag{10.3.12}$$

Eine wichtige Voraussetzung zur korrekten Schätzung des Phasenfehlers besteht darin, dass während eines Symbolintervalls die Entscheidungsschwelle infolge der Drehung nicht überschritten wird; für M-PSK muss also z.B. gelten

$$\Delta\psi(iT) = \Delta\omega\cdot T < \pi/M.$$

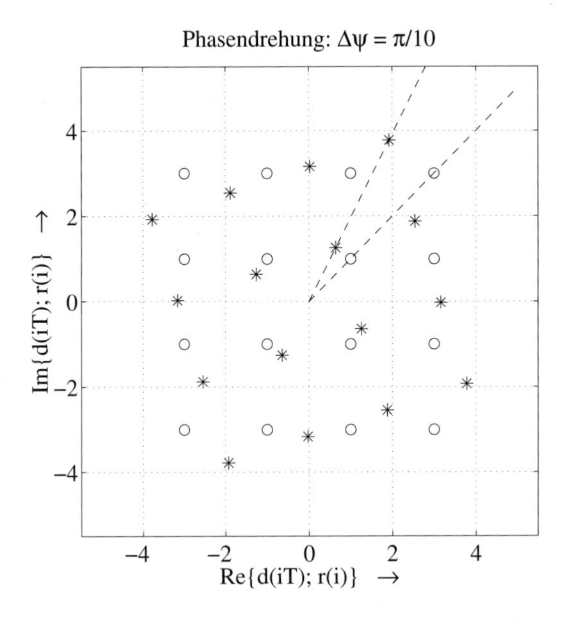

Bild 10.3.4: Signalraum-Drehung (16-QAM)

Da sich die Phasenfehler bei konstanter Frequenzablage von Symbol zu Symbol akkumulieren, erhält man die endgültige Korrekturphase $\hat{\psi}(iT)$ am Ausgang eines *integrierenden Systems*, z.B. eines digitalen rekursiven Filters 1. Ordnung mit einem Pol bei $z = 1$.

$$G(z) = a_0\frac{z^{-1}}{1-z^{-1}} \tag{10.3.13}$$

Zur Vermeidung verzögerungsfreier Schleifen ist hier eine Verzögerung um einen Takt vorzusehen: Die zum Zeitpunkt iT gemessene Phasenabweichung kann erst zum nächsten

Zeitpunkt $(i+1)T$ korrigiert werden. Daraus resultiert für Phasenregelkreise 1. Ordnung eine bleibende Regelabweichung, die im nächsten Abschnitt hergeleitet wird.

Prinzipiell enthält das entscheidungsrückgekoppelte Trägerregelungsverfahren – ebenso wie die im letzten Abschnitt behandelten konventionellen Verfahren – eine Phasenunsicherheit von $2\pi/M$, wenn M die Anzahl von diskreten Phasenwerten bezeichnet. Auch bei entscheidungsrückgekoppelten Verfahren ist also eine Phasen-Differenzcodierung erforderlich. Das Blockschaltbild eines entscheidungsrückgekoppelten Trägerregelungssystems 1. Ordnung ist in **Bild 10.3.5** wiedergegeben.

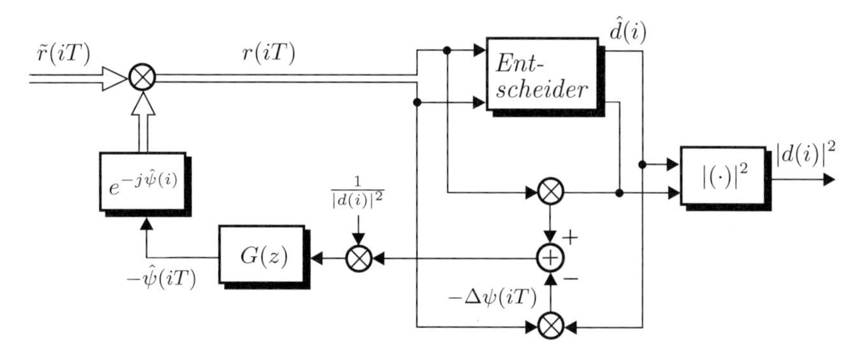

Bild 10.3.5: Entscheidungsrückgekoppelte Trägerregelung 1. Ordnung

10.3.3 Linearisiertes Modell für den Phasenregelkreis

Wir sind in den vorangegangenen Betrachtungen davon ausgegangen, dass das empfangene Signal $\tilde{r}_0(iT)$ am Eingang der Trägerphasenregelung lediglich eine Frequenzablage aufweist, der Phasenfehler also durch ein rampenförmig ansteigendes oder abfallendes Signal beschrieben wird. Unter realen Übertragungsbedingungen kommt eine Reihe von weiteren Einflüssen hinzu. So ist der Momentanphase des Empfangssignals darüber hinaus ein *Phasenjitter* überlagert. Im öffentlichen Fernsprechnetz besteht dieser Jitter aus einem 50 Hz- (bzw. 100 Hz-) Brummsignal, das durch nicht ideal arbeitende Einseitenband-Modulatoren und -Demodulatoren eingebracht wird. Bei Funk-Übertragungsstrecken ergibt sich ein zufälliges Störsignal in der Phase, hervorgerufen durch zeitselektive Einflüsse auf dem Übertragungsweg. Hinzu kommt additives Kanalrauschen, das sich ebenfalls auf die Phase des Empfangssignals auswirkt. Wir betrachten das in **Bild 10.3.6** wiedergegebene Symboltakt-Modell des gesamten Übertragungssystems, wobei der Einfachheit halber ein gedächtnisfreier Kanal angenommen wird, Intersymbol-Interferenzen also ausgeklammert werden.

Hierbei beschreibt $\tilde{n}(iT)$ die zu den Zeitpunkten $t = iT$ abgetastete additive Rauschgröße am Matched-Filter-Ausgang vor der endgültigen Phasenkorrektur; $\psi(iT)$ fasst die vorhandenen Phasenstörungen zusammen, also

$$\psi(iT) = \Delta\omega T \cdot i + \psi_j(iT), \quad \psi_j(iT) \hat{=} \text{Phasenjitter}. \tag{10.3.14}$$

Die Wirkung des Kanalrauschens auf die Phasenschätzung lässt sich wie folgt formulieren: Am Entscheidereingang ist das Rauschsignal

$$n(iT) = \tilde{n}(iT) \cdot e^{-j\,\hat{\psi}(iT)} \tag{10.3.15}$$

überlagert, dessen statistische Eigenschaften gegenüber $\tilde{n}(iT)$ bei langsamen Veränderungen von $\psi(iT)$ unverändert sind (vgl. Rotationsinvarianz schwach stationärer komplexer Prozesse, Seite 41). Die Schätzung der Phasenabweichung unter Rauschein-

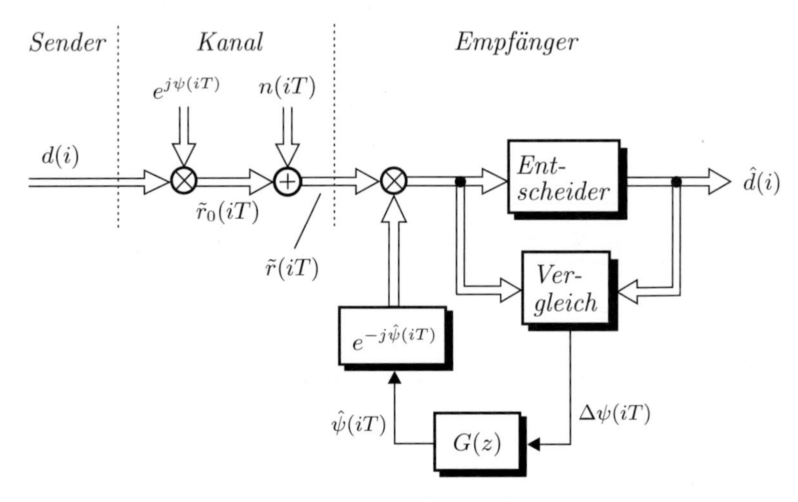

Bild 10.3.6: Symboltakt-Modell eines Übertragungssystems

fluss ergibt mit (10.3.12) für $\hat{d}(i) = d(i)$

$$\begin{aligned}\frac{1}{|d(i)|^2} \cdot \mathrm{Im}\{r(iT) \cdot d^*(i)\} &= \frac{1}{|d(i)|^2} \cdot \mathrm{Im}\{[\tilde{r}_0(iT) + n(iT)] \cdot d^*(i)\} \\ = \sin(\Delta\psi(iT)) + \mathrm{Im}\Big\{\frac{n(i)}{d(i)}\Big\} &\approx \Delta\psi(iT) + \psi_n(iT).\end{aligned} \tag{10.3.16}$$

Betrachtet man die Nutzdaten und das Kanalrauschen als Zufallsprozesse $D(i)$ und $N(iT)$ und nimmt deren statistische Unabhängigkeit an, so erhält man für die Leistung des Phasenrauschens infolge $N(iT)$

$$\sigma^2_{\psi_n} = \frac{\sigma^2_N}{2} \cdot \mathrm{E}\left\{\frac{1}{|D(i)|^2}\right\}; \tag{10.3.17}$$

für ein QPSK-Signal gilt z.B. $\sigma^2_{\psi_n} = \sigma^2_N/2$. Aus den vorangegangenen Betrachtungen ist das in **Bild 10.3.7** wiedergegebene linearisierte Ersatzsystem für den Phasenregelkreis abzuleiten.

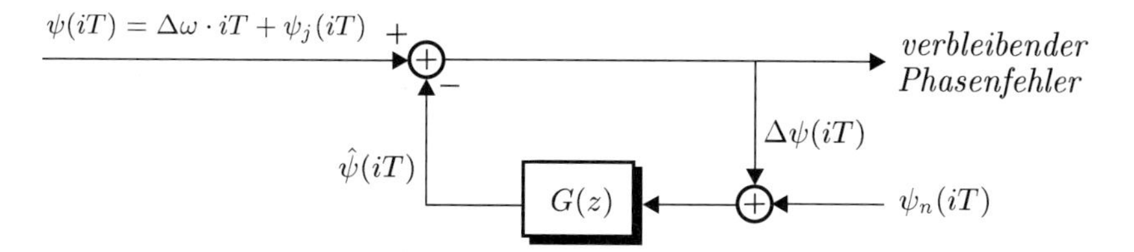

Bild 10.3.7: Linearisiertes Ersatzsystem für den Phasenregelkreis

10.3.4 Statischer Phasenfehler infolge Frequenzverwerfung

Aus dem linearen Ersatzsystem sind auf einfache Weise die verschiedenen Komponenten des nach der Regelung verbleibenden Phasenfehlers zu errechnen. Wir betrachten zunächst den Einfluss einer *Frequenzverwerfung* und setzen dazu

$$\psi(iT) = \Delta\omega T \cdot i; \tag{10.3.18a}$$

die Z-Transformierte dieses Eingangssignals des Phasenregelkreises ist

$$Z\{\psi(iT)\} = \Delta\omega T \cdot \frac{z}{(z-1)^2}. \tag{10.3.18b}$$

Die Z-Übertragungsfunktion des geschlossenen Regelkreises lautet

$$F(z) = \frac{1}{1+G(z)}. \tag{10.3.19a}$$

Setzt man ein *Schleifenfilter 1. Ordnung* gemäß (10.3.13) an, so ergibt sich hieraus

$$F_1(z) = \frac{z-1}{z-1+a_0}. \tag{10.3.19b}$$

Zur Sicherstellung der Stabilität des Phasenregelkreises muss für den Koeffizienten a_0 gelten

$$0 < a_0 < 2. \tag{10.3.19c}$$

Am Ausgang des Phasenregelkreises 1. Ordnung erhält man mit (10.3.18b) und (10.3.19b)

$$Z\{\Delta\psi(iT)\} = \Delta\omega T \cdot \frac{z}{(z-1)(z-1+a_0)}, \tag{10.3.20}$$

woraus sich durch Anwendung des Endwertsatzes [KK09] der Z-Transformation der folgende statische Phasenfehler ergibt:

$$\begin{aligned} \overline{\Delta\psi} = \lim_{i\to\infty} \Delta\psi(iT) &= \lim_{z\to 1}(z-1)\cdot Z\{\Delta\psi(iT)\} = \lim_{z\to 1} \frac{\Delta\omega T z}{z-1+a_0} \\ \overline{\Delta\psi} &= \frac{\Delta\omega T}{a_0}. \end{aligned} \tag{10.3.21}$$

Offenbar enthält die ausgeregelte Phase im Falle eines rampenförmigen Eingangssignals (Frequenzverwerfung) einen Gleichanteil, der proportional zur Frequenzabweichung $\Delta\omega$

ist und durch größtmögliche Wahl von a_0 minimiert wird. Bei Berücksichtigung der Stabilitätsbedingung (10.3.19c) ergibt sich

$$\overline{\Delta\psi} > \Delta\omega T/2. \tag{10.3.22}$$

Für eine M-stufige PSK-Übertragung muss die konstante Phasenablage zur Vermeidung von Fehlentscheidungen deutlich unter dem Wert π/M liegen; aus (10.3.22) ergibt sich daraus die zwingende Forderung

$$\Delta f < \frac{1}{MT}.$$

Die konstante Phasenabweichung im Falle einer Frequenzverwerfung kann durch den Einsatz eines *Phasenregelkreises 2. Ordnung* vermieden werden. Hierzu setzt man ein Schleifenfilter mit einem Doppelpol bei $z = 1$ an

$$G_2(z) = \frac{a_1 z^{-1} + a_2 z^{-2}}{(1 - z^{-1})^2}, \tag{10.3.23}$$

womit sich für die Z-Übertragungsfunktion des geschlossenen Regelkreises

$$F_2(z) = \frac{1}{1 + G_2(z)} = \frac{(z-1)^2}{z^2 - (2 - a_1)z + 1 + a_2}. \tag{10.3.24}$$

ergibt. Die Stabilitätsbedingung für einen Phasenregelkreis 2. Ordnung lautet

$$\left| (1 - \frac{a_1}{2}) \pm \sqrt{(1 - \frac{a_1}{2})^2 - 1 - a_2} \right| < 1. \tag{10.3.25}$$

Bild 10.3.8 veranschaulicht die aufgrund dieser Bedingung zulässigen Koeffizienten-Werte. Der statische Phasenfehler infolge einer Frequenzverwerfung errechnet sich wie-

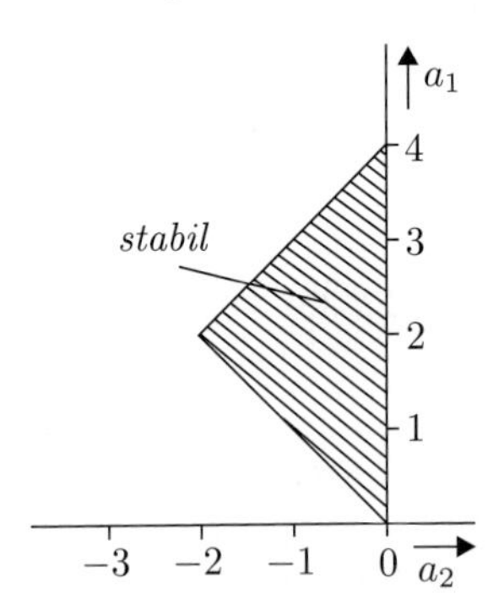

Bild 10.3.8: Koeffizientenbedingungen für die Stabilität eines Phasenregelkreises 2. Ordnung

derum mit Hilfe des Endwertsatzes der Z-Transformation.

$$\begin{aligned} \overline{\Delta\psi} &= \lim_{z\to 1} \left[(z-1) \cdot \frac{\Delta\omega T\, z}{(z-1)^2} \cdot \frac{(z-1)^2}{z^2 - (2-a_1)z + 1 + a_2} \right] \\ \overline{\Delta\psi} &= 0 \end{aligned} \tag{10.3.26}$$

Die rampenförmige Phasenstörung wird also vollständig ausgeregelt; der statische Phasenfehler wird zu null.

10.3.5 Phasenjitter

Als *Phasenjitter* setzen wir ein sinusförmiges Signal

$$\psi_j(iT) = \Delta\phi_j \cdot \cos(\omega_j T \cdot i) \tag{10.3.27}$$

an, wobei $\Delta\phi_j$ den Phasenhub bezeichnet und ω_j die Jitterfrequenz. Typische Werte für den Fernsprechkanal sind $\Delta\phi_j = 10° \cdots 30°$ und $f_j = 50$ Hz (100 Hz). Für typische Symbolraten von $1/T = 1{,}6 \cdots 2{,}4$ kBd kann $\omega_j T \ll \pi$ gesetzt werden, so dass für die folgenden Berechnungen die Näherung

$$e^{j\,\Omega_j} = e^{j\,\omega_j T} \approx 1 + j\,\omega_j T \tag{10.3.28}$$

verwendet werden kann.

Für die Jitter-Übertragungsfunktion erhält man unter diesen Bedingungen im Falle eines Phasenregelkreises 1. Ordnung mit $\omega_j T \ll a_0$

$$F_1(e^{j\,\omega_j T}) \approx \frac{j\,\omega_j T}{a_0} \tag{10.3.29a}$$

und somit für die Jitterstörung am Phasenregelkreis-Ausgang

$$\Delta\psi_j(iT) \approx \frac{-\Delta\phi_j\,\omega_j T}{a_0} \cdot \sin(\omega_j T \cdot i). \tag{10.3.29b}$$

Entsprechend ergibt sich für einen Phasenregelkreis 2. Ordnung

$$F_2(e^{j\,\omega_j T}) \approx \frac{-(\omega_j T)^2}{a_1 + a_2}, \tag{10.3.30a}$$

und damit

$$\Delta\psi_j(iT) \approx -\frac{\Delta\phi_j \cdot (\omega_j T)^2}{a_1 + a_2} \cdot \cos(\omega_j T \cdot i). \tag{10.3.30b}$$

Die Jitter-Übertragungsfunktion bei der Jitterfrequenz $f_j = 100\,\text{Hz}$ ist für einen Phasenregelkreis erster Ordnung in **Bild 10.3.9a** über der Regelkreiskonstanten a_0 wiedergegeben – die Näherung nach (10.3.28) ist durch „$\times$“ angedeutet. Die entsprechenden Übertragungswerte für einen Regelkreis zweiter Ordnung zeigt **Bild 10.3.9b** in Abhängigkeit der beiden Regelkreisparameter a_1 und a_2, Die Kurven sind jeweils auf den Stabilitätsbereich begrenzt.

Abschließend zeigt **Bild 10.3.10** das QPSK-Signalraumdiagramm nach einer Phasenregelung erster Ordnung. Das empfangene Signal enthielt dabei eine Frequenzverwerfung von $\Delta f = 20$ Hz und einen 100-Hz-Phasenjitter mit einem Phasenhub von $\Delta\phi_j = \pi/8$. Im linken Diagramm wurde eine Konstante $a_0 = 0{,}5$, im rechten $a_0 = 1{,}9$ nahe am Stabilitätsrand eingesetzt. Für die zugehörigen statischen Phasenfehler ergeben sich nach (10.3.21) die Werte

$$\overline{\Delta\psi}|_{a_0=0,5} = 0{,}033\,\pi \quad \text{und} \quad \overline{\Delta\psi}|_{a_0=1,9} = 0{,}0088\,\pi$$

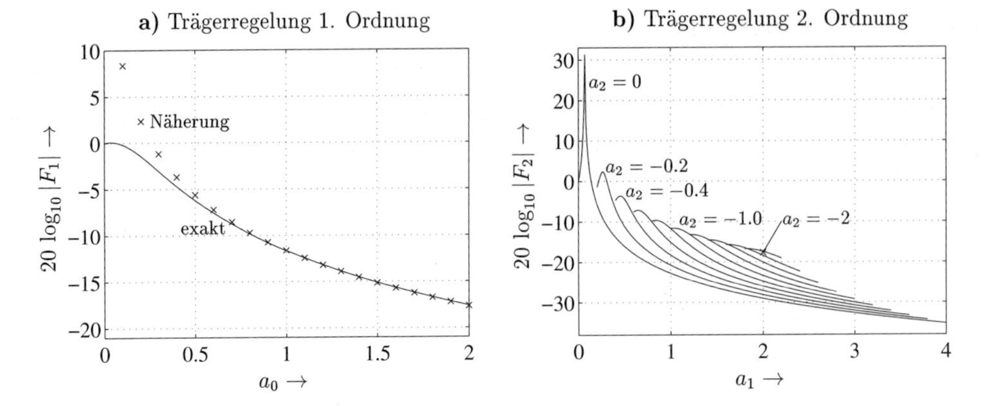

Bild 10.3.9: Jitter-Übertragungsfunktionen bei $f_j = 100$ Hz der Trägerregelung erster und zweiter Ordnung

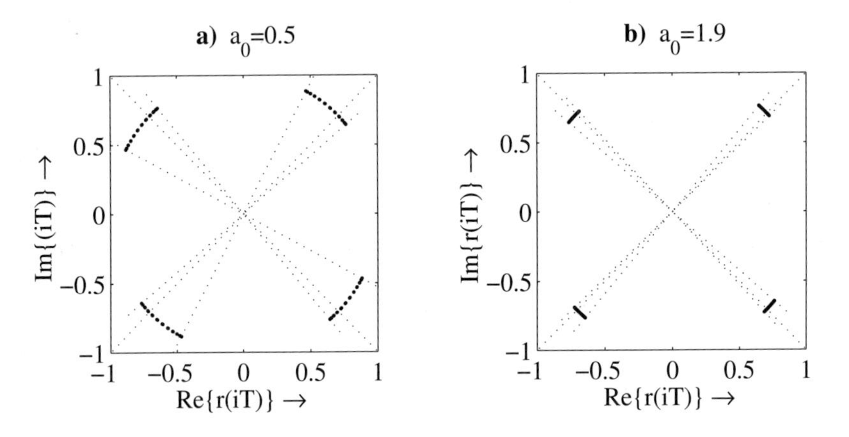

Bild 10.3.10: Trägerregelung erster Ordnung
(Frequenzoffset: $\Delta f = 20\,\text{Hz}$, Phasenjitter: $f_j = 100\,\text{Hz}, \Delta\phi_j = \pi/8$)

sowie nach (10.3.29b) für die Phasenjitter-Amplituden

$$\max\{\psi_j(iT)\}|_{a_0=0,5} = 0,52 \cdot \frac{\pi}{8} \quad \text{und} \quad \max\{\psi_j(iT)\}|_{a_0=1,9} = 0,14 \cdot \frac{\pi}{8}$$

die sich anhand der Bilder bestätigen lassen.

Theoretisch können mit Hilfe einer Trägerregelung zweiter Ordnung günstigere Ergebnisse erzielt werden: Der statische Phasenfehler infolge einer Frequenzverwerfung ist grundsätzlich null; die Unterdrückung eines Phasenjitters ist gemäß Bild 10.3.9 deutlich wirksamer als mit einer Regelung erster Ordnung. Nachteil der Regelung zweiter Ordnung ist jedoch das Verhalten bei *Fehlentscheidungen.* In dem Falle ergeben sich Einschwingvorgänge, die wesentlich langsamer abklingen als in einem Regelkreis erster Ordnung. In [KK01] werden hierzu ausführliche Simulationsexperimente durchgeführt.

10.3.6 Phasenrauschen

Wir betrachten die Wirkung des *Kanalrauschens* auf die Phasenregelung. Das linearisierte Ersatzsystem für den Phasenregelkreis gemäß Bild 10.3.7 sieht eine Rauscheinspeisung $\psi_n(iT)$ am Schleifenfiltereingang vor. Die Rausch-Übertragungsfunktion lautet dementsprechend

$$F_n(z) = \frac{-G(z)}{1+G(z)}, \tag{10.3.31a}$$

also im Falle eines Regelkreises 1. Ordnung

$$F_{n1}(z) = \frac{-a_0}{z-1+a_0} \tag{10.3.31b}$$

und für eine Phasenregelung 2. Ordnung

$$F_{n2}(z) = -\frac{a_1 z + a_2}{z^2 + (a_1 - 2) + a_2 + 1}. \tag{10.3.31c}$$

Zur Berechnung der Rauschleistung am Phasenregelkreis-Ausgang benötigt man die Rauschkennzahl

$$R_\Psi = \frac{1}{\pi}\int_0^\pi |F_n(e^{j\Omega})|^2 d\Omega, \tag{10.3.32a}$$

die sich unter Einsetzen von (10.3.31b) bzw. (10.3.31c) numerisch berechnen lässt. Mit (10.3.17) erhält man dann

$$\sigma^2_{\Delta\Psi_n} = \frac{\sigma_N^2}{2} \cdot E\left\{\frac{1}{|D(i)|^2}\right\} \cdot R_\Psi. \tag{10.3.32b}$$

Die Rauschkennzahl R_Ψ ist in **Bild 10.3.11** für das Beispiel eines Phasenregelkreises 1. Ordnung in Abhängigkeit von a_0 dargestellt. Man sieht, dass die Rauschverstärkung mit wachsendem Koeffizienten ansteigt; für $a_0 = 2$ (Stabilitätsgrenze) ergibt sich eine unendliche Verstärkung. Andererseits erfordern die übrigen Fehlereinflüsse, also die statische Phasenablage infolge Frequenzverwerfung und der verbleibende Phasenjitter möglichst große Koeffizientenwerte (siehe (10.3.21), (10.3.29b)). Zur optimalen Dimensionierung des Phasenregelkreises ist also unter spezifischen Übertragungsbedingungen jeweils ein Kompromiss zwischen den verschiedenen Fehlereinflüssen herzustellen. In [KK01] werden hierzu grundsätzliche Untersuchungen einschließlich des Einflusses auf die Bitfehlerrate durchgeführt.

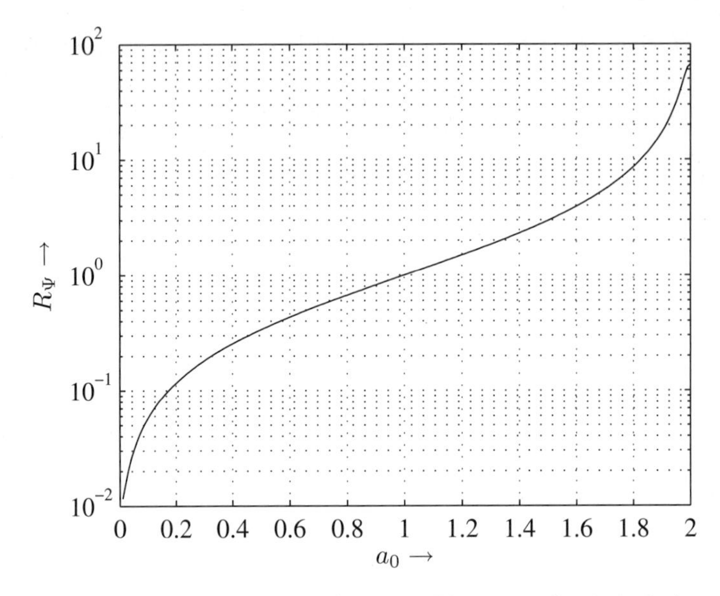

Bild 10.3.11: Rauschkennzahl für einen Phasenregelkreis 1. Ordnung

10.4 Symboltakt-Synchronisation

10.4.1 Leistungsdichtespektrum eines quadrierten Datensignals

In den bisherigen Betrachtungen wurde davon ausgegangen, dass am Empfänger zum idealen Zeitpunkt abgetastet wird. In praktischen Systemen muss der Symboltakt jedoch durch eine geeignete Regelschaltung generiert werden. Da auf die Übertragung von Pilottönen verzichtet werden soll, ist der Takt vom empfangenen Signal abzuleiten.

In Abschnitt 8.1 hatten wir gesehen, dass das Spektrum eines Datensignals bei *nicht gleichanteilfreien* Datensymbolen $d(i)$ im Prinzip Spektrallinien an Vielfachen der Symbolfrequenz $1/T$ enthält (vgl. (8.1.18), S. 234). Diese Spektrallinien enthalten allerdings die Werte der Übertragungsfunktion von Sende- und Empfangsfilter an den entsprechenden Frequenzstellen als Gewichte. Da die Impulsformung üblicherweise mit einer Bandbreite von maximal 1/T erfolgt ($r = 1$), die Übertragungsfunktion also für $f \geq 1/T$ gleich null ist, verschwinden die Spektrallinien an den Stellen n/T; aus dem Empfangssignal ist der Symboltakt also nicht ohne weitere Maßnahmen zu gewinnen. Dies gelingt erst nach einer gezielten *nichtlinearen Verzerrung.* Im Folgenden wird das Leistungsdichtespektrum eines *quadrierten Datensignals* errechnet. Für das empfangene Signal setzen wir ein reelles Datensignal im Basisband an; die Gesamtimpulsantwort des Übertragungssystems sei $g(t)$.

$$r(t) = T \sum_{i=-\infty}^{\infty} d(i)\, g(t - iT), \quad r(t) \in \mathbb{R} \tag{10.4.1}$$

Die übertragenen Datensymbole seien binär, $d(i) \in \{-1, +1\}$. Das quadrierte Datensignal ist dann

$$y(t) = r^2(t) = T^2 \sum_i \sum_\ell d(i)\, d(\ell)\, g(t - iT)\, g(t - \ell T). \tag{10.4.2}$$

Zur Berechnung des Leistungsdichtespektrums werden für die Datensymbole stationäre, statistisch unabhängige Zufallsvariablen $D(i)$ mit der Leistung $\sigma_D^2 = 1$ angesetzt. Das quadrierte Datensignal ist *zyklostationär;* für die Autokorrelationsfunktion schreiben wir

$$\begin{aligned} r_{YY}(t+\tau, t) &= \mathrm{E}\{Y(t) \cdot Y(t+\tau)\} \\ &= T^4 \sum_i \sum_\ell \sum_{i'} \sum_{\ell'} \mathrm{E}\{D(i)\, D(\ell)\, D(i')\, D(\ell')\} \cdot g(t - iT) \cdot \\ &\quad \cdot g(t - \ell T) \cdot g(t + \tau - i'T) \cdot g(t + \tau - \ell' T). \end{aligned} \tag{10.4.3}$$

Wegen der angesetzten statistischen Unabhängigkeit der Daten $D(i)$ gilt mit der Normierung $\mathrm{E}\{D^4(i)\} = 1$

$$\mathrm{E}\{D(i)\, D(\ell)\, D(i')\, D(\ell')\} = \begin{cases} 1 & \text{für} \quad i = \ell, \quad i' = \ell' \\ 1 & \text{für} \quad i = \ell', \quad \ell = i' \\ 1 & \text{für} \quad i = i', \quad \ell = \ell' \\ 0 & \text{sonst;} \end{cases} \tag{10.4.4}$$

von der Vierfachsumme in (10.4.3) verbleiben damit nur die folgenden drei Doppelsummen

$$\begin{aligned} r_{YY}(t+\tau, t) &= T^4 \sum_i \sum_{i'} g^2(t - iT)\, g^2(t + \tau - i'T) \\ &+ T^4 \sum_\ell \sum_{i \neq \ell} g(t - iT)\, g(t - \ell T)\, g(t + \tau - \ell T)\, g(t + \tau - iT) \\ &+ T^4 \sum_{\ell'} \sum_{i' \neq \ell'} g(t - i'T)\, g(t - \ell' T)\, g(t + \tau - i'T)\, g(t + \tau - \ell' T). \end{aligned} \tag{10.4.5}$$

Wir betrachten zunächst die erste Doppelsumme. Nach der Substitution $\lambda = i - i'$ erhält man

$$\Sigma_1(t, \tau) = T^4 \sum_{\lambda=-\infty}^{\infty} \sum_{i'=-\infty}^{\infty} g^2(t - i'T - \lambda T) \cdot g^2(t - i'T + \tau). \tag{10.4.6}$$

Wegen der Zyklostationarität des Prozesses ist dieser Ausdruck periodisch in t – wie bereits in Abschnitt 8.1 wird zur Berechnung der mittleren Autokorrelationsfunktion eine Integration über eine Periode durchgeführt.

$$\overline{\Sigma}_1(\tau) = \frac{1}{T} \int_{-T/2}^{T/2} \Sigma_1(t, \tau) dt \tag{10.4.7}$$

$$= T^3 \sum_{\lambda=-\infty}^{\infty} \sum_{i'=-\infty}^{\infty} \int_{-T/2}^{T/2} g^2(t - i'T - \lambda T) \cdot g^2(t - i'T + \tau) dt$$

Entsprechend den Überlegungen in Abschnitt 8.1 erweist sich hier der zweite Summenausdruck als Integral über den gesamten Zeitbereich.

$$\overline{\Sigma}_1(\tau) = T^3 \sum_{\lambda=-\infty}^{\infty} \int_{-\infty}^{\infty} g^2(t - \lambda T) \cdot g^2(t + \tau) dt = T^3 \sum_{\lambda=-\infty}^{\infty} r^E_{g^2 g^2}(\tau + \lambda T) \tag{10.4.8}$$

Das Ergebnis beinhaltet also die Überlagerung der um λT versetzten *Energie-Autokorrelationsfunktionen der quadrierten Impulsantwort.* Den Anteil, den (10.4.8) zum gesamten Leistungsdichtespektrum von $Y(t)$ beiträgt, erhält man durch Fourier-Transformation:

$$\mathcal{F}\left\{\overline{\Sigma}_1(\tau)\right\} = T^3 S^E_{g^2 g^2}(j\omega) \sum_{\lambda=-\infty}^{\infty} e^{-j\lambda\omega T}. \tag{10.4.9}$$

Benutzt man noch die Beziehung

$$\sum_{\lambda=-\infty}^{\infty} e^{-j\lambda\omega T} = \frac{2\pi}{T} \sum_{\lambda=-\infty}^{\infty} \delta_0\left(\omega - \frac{2\pi}{T}\lambda\right), \tag{10.4.10}$$

so erkennt man, dass dieser Anteil ein *reines Linienspektrum* darstellt mit Spektrallinien an Vielfachen der Symbolfrequenz 1/T.

$$\mathcal{F}\{\overline{\Sigma}_1(\tau)\} = 2\pi T^2 \sum_{\lambda=-\infty}^{\infty} S^E_{g^2 g^2}\left(j\frac{2\pi}{T}\lambda\right) \cdot \delta_0\left(\omega - \frac{2\pi}{T}\lambda\right) \tag{10.4.11}$$

Im Weiteren zeigt sich, dass die beiden anderen Doppelsummen in (10.4.5) zu einem kontinuierlichen Spektralanteil führen. Beide Summen sind identisch. Es gilt nach der Substitution $\lambda = i - \ell$

$$\Sigma_2(t,\tau) = T^4 \sum_{\lambda\neq 0} \sum_{\ell} g(t-\ell T) \cdot g(t-(\lambda+\ell)T) \cdot g(t+\tau-\ell T) \cdot g(t+\tau-(\lambda+\ell)T). \tag{10.4.12}$$

Definiert man die Funktion

$$g_\lambda(t) = g(t) \cdot g(t - \lambda T), \tag{10.4.13}$$

so erhält (10.4.12) die Form

$$\Sigma_2(t,\tau) = T^4 \sum_{\lambda\neq 0} \sum_{\ell} g_\lambda(t - \ell T) \cdot g_\lambda(t + \tau - \ell T). \tag{10.4.14}$$

Man geht nun genau so vor wie bei der Berechnung der Teilsumme $\overline{\Sigma}_1(\tau)$: es wird, da ein zyklostationärer Prozess vorliegt, über das Zeitintervall $-T/2 \leq t \leq T/2$ integriert. Das Ergebnis lautet schließlich

$$\overline{\Sigma}_2(\tau) = T^3 \sum_{\lambda\neq 0} r^E_{g_\lambda g_\lambda}(\tau), \tag{10.4.15}$$

woraus für die gesamte mittlere Autokorrelationsfunktion des quadrierten Datensignals folgt

$$\bar{r}_{YY}(\tau) = T^3 \Big[\sum_{\lambda=-\infty}^{\infty} r^E_{g^2g^2}(\tau + \lambda T) + 2 \cdot \sum_{\substack{\lambda=-\infty \\ \lambda \neq 0}}^{\infty} r^E_{g_\lambda g_\lambda}(\tau) \Big]. \tag{10.4.16}$$

Das zugehörige mittlere Leistungsdichtespektrum ist

$$\bar{S}_{YY}(j\omega) = 2\pi T^2 \sum_{\lambda=-\infty}^{\infty} S^E_{g^2g^2}\left(j\frac{2\pi}{T}\lambda\right) \cdot \delta_0\left(\omega - \frac{2\pi}{T}\lambda\right) + 2T^3 \sum_{\substack{\lambda=-\infty \\ \lambda \neq 0}}^{\infty} S^E_{g_\lambda g_\lambda}(j\omega). \tag{10.4.17}$$

Der erste Term besteht aus den zur Symboltakt-Generation erwünschten Linienspektren, während das kontinuierliche Spektrum im zweiten Term als Störung anzusehen ist. Das Störspektrum stellt das Betragsquadrat der Fourier-Transformierten von (10.4.13) dar; es ist umso geringer, je geringer die zeitliche Überlappung benachbarter Datenimpulse ist. Für endliche Impulse $g(t)$ mit einer Dauer geringer als T verschwindet $g_\lambda(t)$ für alle λ – man erhält dann ein reines Linienspektrum. **Bild 10.4.1** veranschaulicht diesen Sachverhalt an zwei Beispielen.

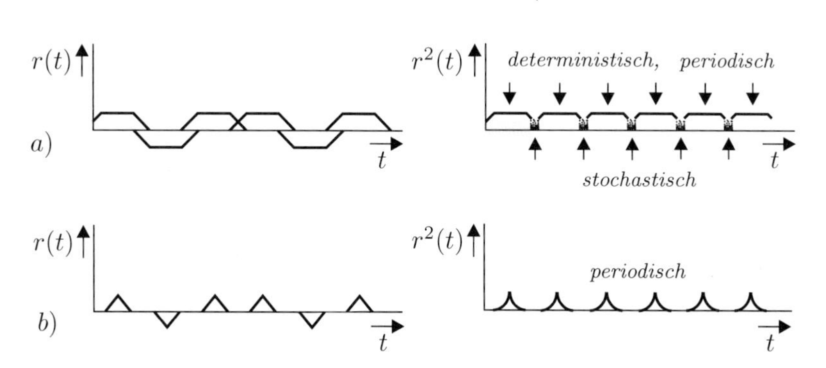

Bild 10.4.1: Veranschaulichung der Gewinnung einer periodischen Komponente durch Quadrieren des Datensignals
a) überlappende, b) nicht überlappende Impulse

Die Spektrallinien bei Vielfachen von 1/T werden mit dem Energiespektrum von $g^2(t)$ gewichtet. Es lässt sich durch

$$S^E_{g^2g^2}(j\omega) = \left| \frac{1}{2\pi} G(j\omega) * G(j\omega) \right|^2 \tag{10.4.18}$$

ausdrücken. Durch die Faltung von $G(j\omega)$ mit sich selber besitzt $S^E_{g^2g^2}(j\omega)$ die doppelte Bandbreite des linearen Übertragungssystems. Da die zweite Nyquistbedingung für die Übertragung eine Bandbreite größer als $1/2T$ erfordert, gilt für (10.4.18)

$$b_{g^2} > 1/T. \tag{10.4.19}$$

Im Allgemeinen ist damit gewährleistet, dass das Gewicht der Spektrallinie an der Stelle $f = 1/T$ nicht verschwindet. Es gibt jedoch Sonderfälle, bei denen $S^E_{g^2g^2}(j\omega)$ an den Stellen λ/T Nullstellen aufweist, so dass durch Quadratur des Empfangssignals das angestrebte Linienspektrum zu null wird. Das ist z.B. bei einer Impulsformung mit Rechteckimpulsen der Länge T der Fall – die Quadrierung führt dabei auf eine reine Gleichgröße. Dies steht auch im Einklang mit der obigen Formulierung von $S_{YY}(j\omega)$: Da die Impulse nicht überlappen, verschwindet $g_\lambda(t)$ für alle $\lambda \neq 0$ und damit das kontinuierliche Störspektrum in (10.4.17). Für das Spektrum des quadrierten Einzelimpulses ergibt sich dabei ein si-Verlauf mit Nullstellen bei $\lambda/T, \lambda \neq 0$. Die Gewichte der Spektrallinien in (10.4.17) werden also zu null. Im nächsten Abschnitt werden Maßnahmen zur Berücksichtigung dieses Sonderfalls erläutert.

Bild 10.4.2 zeigt abschließend Leistungsdichtespektren von nichtlinear verzerrten Datensignalen: Bei den linken Teilbildern liegt jeweils eine Quadrierung zugrunde, während in den rechten Teilbildern eine Gleichrichtung vorgenommen wurde. Die Untersuchungen wurden für zwei verschiedene Roll-off-Faktoren durchgeführt ($r = 1$ in den Teilbildern a und b, $r = 0,25$ in den Bildern c und d). Da bei kleinerem Roll-off-Faktor der Überlappungsgrad der Impulse stärker ist als bei größerem, sind die kontinuierlichen Störspektren bei $r = 0,25$ stärker ausgeprägt als bei $r = 1,0$. Damit bestätigen sich prinzipiell die Aussagen der obigen Spektralanalyse quadrierter Datensignale.

10.4.2 Taktrückgewinnung durch Gleichrichtung des Datensignals

Im letzten Abschnitt wurde gezeigt, dass durch nichtlineare Verzerrungen des Empfangssignals Spektrallinien an der Symbolfrequenz erzeugt werden können; die betrachteten Beispiele bezogen sich auf eine Quadrierung sowie eine Gleichrichtung. Von der letzteren Methode lässt sich die simple in **Bild 10.4.3** dargestellte Anordnung ableiten: Nach der Gleichrichtung des Empfangssignals erfolgt eine schmalbandige Bandpass-Filterung um die Mittenfrequenz $1/T$, um das oben erläuterte Störsignal zu unterdrücken. Vielfach wird statt dessen auch ein Phasenregelkreis ($PLL \hat{=}$ „Phased-locked-loop") eingesetzt, der auf die Symbolfrequenz synchronisiert wird.

Die Gleichrichtung des Empfangssignals (wie auch die Quadrierung) führt nicht immer zum Ziel, wie im letzten Abschnitt am Beispiel einer rechteckförmigen Impulsformung ausgeführt wurde: Nach Gleichrichtung (oder Quadratur) entsteht in diesem Falle eine reine Gleichgröße; die Symbolfrequenz ist also nicht enthalten. Für solche Fälle wird ein Differentiationsnetzwerk vorgeschaltet. Die Wirkung dieser Differentiation veranschaulicht **Bild 10.4.4**. Der Gefahr, dass durch lange Eins- oder Nullfolgen die Taktsynchronisation ausrastet, begegnet man durch verschiedene Maßnahmen. Zum einen werden (z.B. bei der Datenübertragung über das Fernsprechnetz) die Sendedaten durch einen sogenannten *„Scrambler"* verwürfelt – am Empfänger wird dies durch einen Descrambler wieder rückgängig gemacht. Das empfangene Datensignal weist dadurch mit hoher Wahrscheinlichkeit in kürzeren Abständen Polaritätswechsel auf. Zur Vermeidung längerer Eins-Sequenzen wird bei der PCM-Übertragung der pseudoternäre AMI-Code

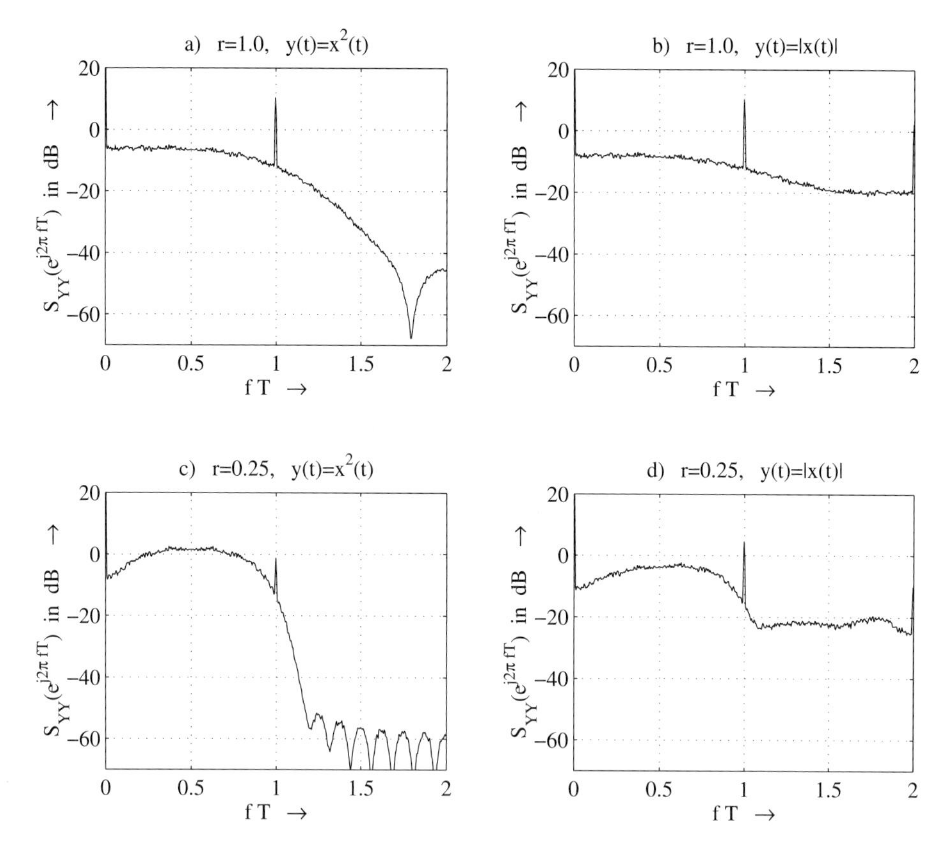

Bild 10.4.2: Leistungsdichtespektren eines quadrierten (links) und eines gleichgerichteten (rechts) Datensignals a,b) $r = 1.0$ c,d) $r = 0,25$

benutzt, der in Abschnitt 8.2.2 besprochen wurde: Einem positiven Signalwert folgt bei der nächsten übertragenen „Eins" ein negativer; die logische „Null" wird mit dem Signalwert 0 codiert (siehe Bild 8.2.7, S. 252). Zur Vermeidung längerer Nullsequenzen werden jeweils codeverletzende 4- oder 6-bit-Folgen eingesetzt (HDB4- oder B6ZS-Code; siehe Seite 253).

10.4.3 Gardner-Taktregelung

Für BPSK- und QPSK-Modulationssysteme wurde 1986 von F.M. Gardner ein Algorithmus zur Symboltaktregelung angegeben, der auf das bereits abgetastete Empfangssignal angewendet wird [Gar86]. Ausgangspunkt ist das zweifach pro Symbolintervall abgeta-

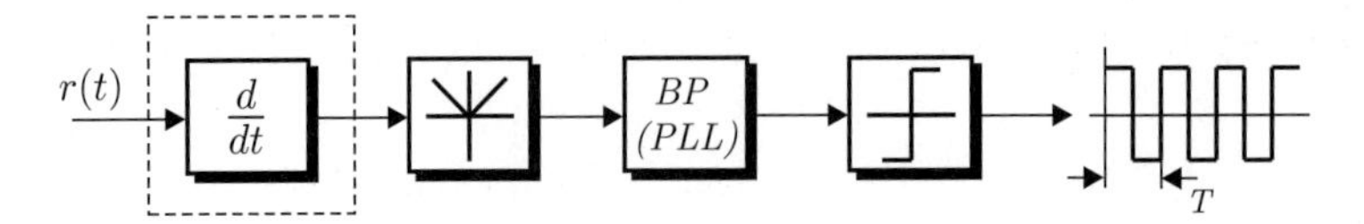

Bild 10.4.3: Taktableitung durch Gleichrichtung des Empfangssignals

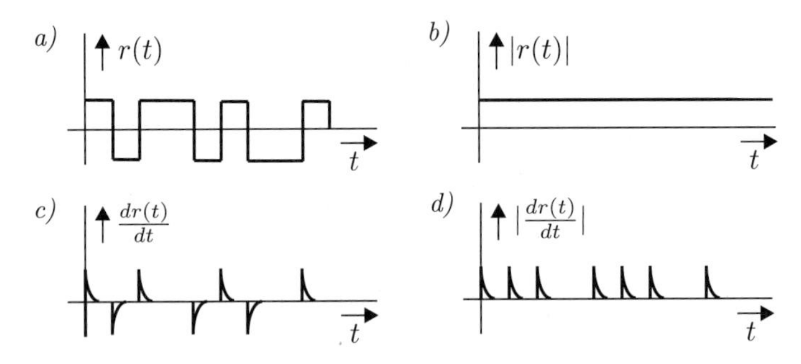

Bild 10.4.4: Erläuterung der Taktableitung durch Differentiation und Gleichrichtung

stete Empfangssignal in der Basisbandlage

$$r(kT/2) = T \sum_{\ell=-\infty}^{\infty} d(\ell) \cdot g(kT/2 - \ell T + \Delta t); \tag{10.4.20}$$

Δt bezeichnet die Ablage vom idealen Abtastzeitpunkt. Der Gesamtimpuls $g(t)$ soll die erste Nyquistbedingung erfüllen. Das Gardner-Taktregel-Kriterium lautet

$$\theta_{\mathrm{G}}(i) = \mathrm{Re}\big\{r^*\big(iT - T/2\big) \cdot \big[r\big(iT\big) - r\big((i-1)T\big)\big]\big\}. \tag{10.4.21}$$

Offensichtlich erfordert dieses Verfahren keine vorherige Trägerphasenregelung, da vorhandene Phasenfehler durch die Multiplikation mit dem konjugiert komplexen Empfangssignal eliminiert werden.

Setzt man für den Fall von QPSK für das Empfangssignal $r(t) = r'(t) + j\,r''(t)$ ein, so ergibt sich

$$\begin{aligned} \theta_{\mathrm{G}}(i) \;&=\; r'\big(iT - T/2\big) \cdot \big[r'\big(iT\big) - r'\big((i-1)T\big)\big] \\ &\quad + r''\big(iT - T/2\big) \cdot \big[r''\big(iT\big) - r''\big((i-1)T\big)\big] \triangleq \theta'_{\mathrm{G}}(i) + \theta''_{\mathrm{G}}(i). \end{aligned} \tag{10.4.22}$$

Man sieht, dass das Taktregelkriterium in gleicher Weise auf den Real- und den Imaginärteil anzuwenden und additiv zu überlagern ist.

Im Folgenden soll der Erwartungswert des Kriteriums (10.4.22) ermittelt werden. Zur Vereinfachung der Herleitung wird ein auf $-T/2 \le t \le T/2$ zeitbegrenzter Impuls $g(t)$ zugrunde gelegt – z.B. der in **Bild 10.4.5** dargestellte Dreieck-Impuls, der sich für rechteckförmige Sendeimpulsformung mit zugehöriger Matched-Filterung am Empfänger ergibt.

Unter der Zeitbegrenzungs-Bedingung gilt mit $\Delta t \geq 0$ für den Realteil des Empfangssignals[6]

$$\begin{aligned} r'(iT) &= T\left[d'(i) \cdot g(\Delta t) + d'(i+1) \cdot g(\Delta t - T)\right] \\ r'((i-1)T) &= T\left[d'(i-1) \cdot g(\Delta t) + d'(i) \cdot g(\Delta t - T)\right] \\ r'(iT - T/2) &= T\left[d'(i-1) \cdot g(\Delta t + T/2) + d'(i) \cdot g(\Delta t - T/2)\right]. \end{aligned}$$

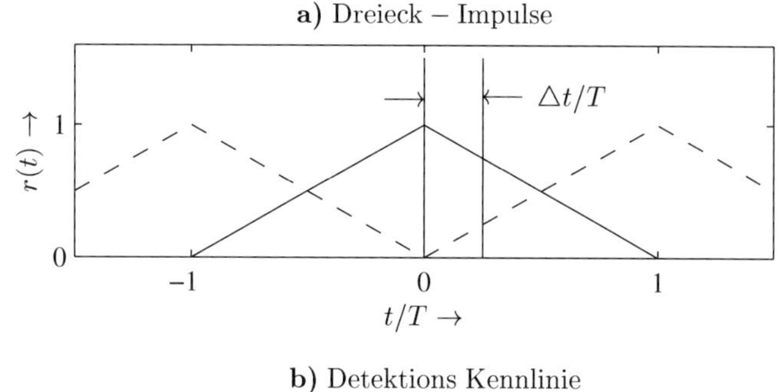

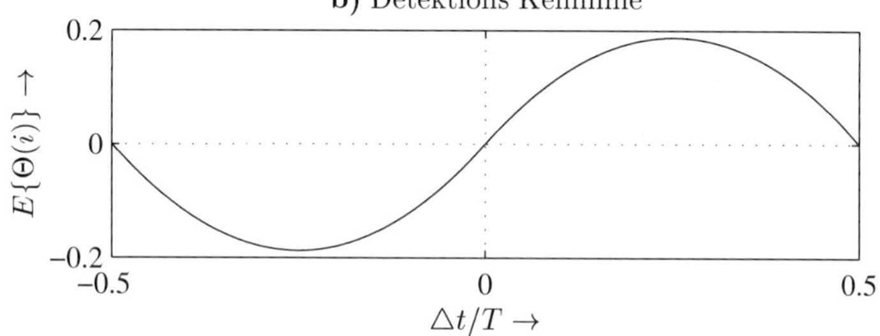

Bild 10.4.5: Zur Erläuterung des Gardner-Kriteriums
a) Datensignal mit Dreieck-Impulsformung
b) Kennlinie der Gardner-Taktregelung)

Nach Einsetzen in (10.4.22) erhält man

$$\begin{aligned} \theta'_{\mathrm{G}}(i) &= T^2\left[d'(i-1) \cdot g(\Delta t + T/2) + d'(i) \cdot g(\Delta t - T/2)\right] \\ &\cdot\left[d'(i) \cdot g(\Delta t) + d'(i+1) \cdot g(\Delta t - T) - d'(i-1) \cdot g(\Delta t) - d'(i) \cdot g(\Delta t - T)\right]. \end{aligned} \tag{10.4.23}$$

Für die Bildung des Erwartungswertes werden unkorrelierte Zufallsdaten

$$\mathrm{E}\{D'(i) \cdot D'(k)\} = \begin{cases} \sigma_{D'}^2 \stackrel{\Delta}{=} 1 & \text{für } i = k \\ 0 & \text{sonst} \end{cases} \tag{10.4.24}$$

angenommen, so dass bei der Ausmultiplikation von (10.4.23) nur solche Terme berücksichtigt werden müssen, die Datenpaare mit gleichen Argumenten enthalten. Damit ergibt sich

$$\mathrm{E}\{\Theta'_{\mathrm{G}}(i)\} = T^2\left[g(\Delta t)\left[g(\Delta t - T/2) - g(\Delta t + T/2)\right] - g(\Delta t - T/2)\, g(\Delta t - T)\right]. \tag{10.4.25}$$

[6]Die folgende Herleitung gilt identisch für den Imaginärteil des QPSK-Signals.

Setzt man hier den Dreieckimpuls nach Bild 10.4.5

$$T \cdot g(t) = \begin{cases} 1 - t/T & \text{für } 0 \leq t \leq T \\ 1 + t/T & \text{für } -T \leq t \leq 0 \end{cases} \tag{10.4.26}$$

ein und ergänzt die obige Ableitung für den Bereich $-T/2 \leq t \leq 0$, so erhält man schließlich

$$\mathrm{E}\{\Theta'_{\mathrm{G}}(i)\} = 3\,\frac{\Delta t}{T} \cdot \left[\frac{1}{2} - \frac{|\Delta t|}{T}\right]; \tag{10.4.27}$$

der Verlauf ist in Bild 10.4.5b wiedergegeben. Kennlinien des Gardner-Kriteriums für verallgemeinerte Bedingungen unter Nyquist-Impulsformung werden am Ende des nächsten Abschnitts im Vergleich zur entscheidungsrückgekoppelten Taktregelung wiedergegeben. **Bild 10.4.6** zeigt eine Schaltungsrealisierung der Gardner-Taktregelung.

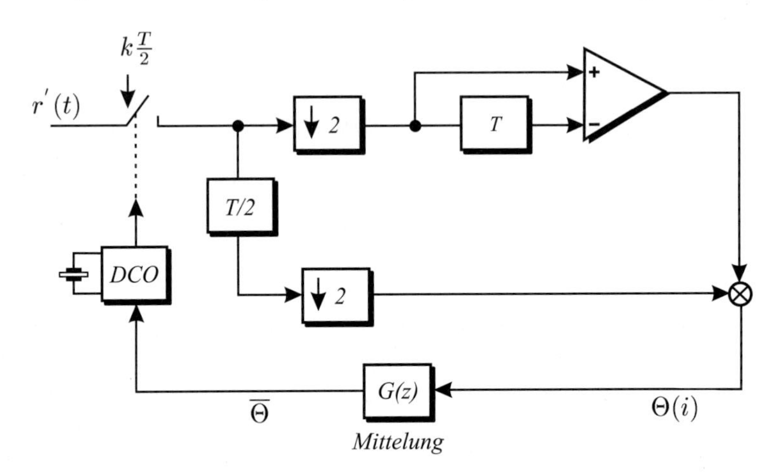

Bild 10.4.6: Blockschaldbild der Taktregelung nach Gardner

10.4.4 Entscheidungsrückgekoppelte Taktregelung

Gegenüber den bisher betrachteten Verfahren stellt die entscheidungsrückgekoppelte Taktregelung eine grundsätzliche Alternative dar [MM76]. Hier wird unter Verwendung der Entscheider-Ausgangsdaten vom endlichen Alphabet des Modulationssignals Gebrauch gemacht. Diese Verfahren sind unabhängig von der verwendeten Modulationsform einsetzbar, also nicht wie der Gardner-Algorithmus auf BPSK und QPSK beschränkt. Andererseits erfordern sie eine vorherige Trägerphasen-Synchronisation. Weitere Voraussetzung ist wie auch beim Gardner-Verfahren ein bereits eingestellter adaptiver Entzerrer. Die Impulsantwort des Gesamtsystems erfüllt dann die erste Nyquist-Bedingung – eine mögliche Form der Impulsantwort zeigt **Bild 10.4.7**.

Der Grundgedanke entscheidungsrückgekoppelter Verfahren besteht in der *Synchronisation auf die Nullstellen vor und nach dem Hauptimpuls.* Hierzu wird folgendes Kriterium

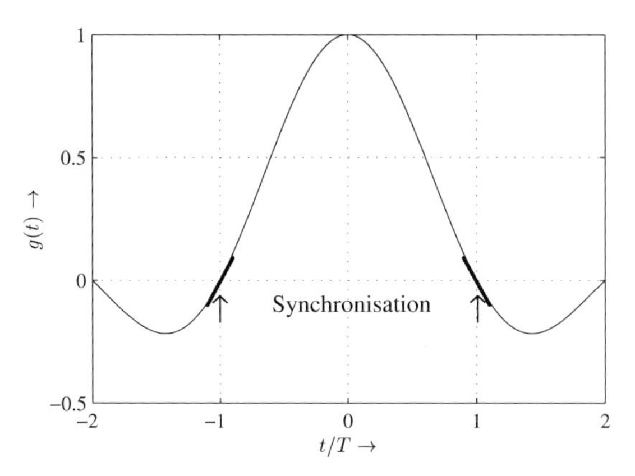

Bild 10.4.7: Nyquist-Impuls des Gesamtsystems

zur Taktregelung formuliert:

$$\theta_{\mathrm{DF}}(i) = \mathrm{Re}\{\hat{d}^*(i) \cdot r((i-1)T) - \hat{d}^*(i-1) \cdot r(iT)\}; \tag{10.4.28}$$

Real- und Imaginärteile liefern wieder getrennte Regelkriterien

$$\theta'_{\mathrm{DF}}(i) = [\hat{d}'(i) \cdot r'((i-1)T) - \hat{d}'(i-1) \cdot r'(iT)] \tag{10.4.29a}$$

$$\theta''_{\mathrm{DF}}(i) = [\hat{d}''(i) \cdot r''((i-1)T) - \hat{d}''(i-1) \cdot r''(iT)], \tag{10.4.29b}$$

die additiv zusammengefasst werden können; die folgende Herleitung bezieht sich auf den Realteil. Die Daten $\hat{d}'(i)$ werden dem Entscheiderausgang entnommen; schließt man Fehlentscheidugen aus, so gilt $\hat{d}'(i) = d'(i)$. Im Folgenden soll der Erwartungswert der Taktregelgröße (10.4.29a) bestimmt werden. Dazu fasst man die Daten als Zufallsfolge $D(i)$ auf. Das empfangene Datensignal ist damit auch ein Zufallsprozess; für den Realteil schreiben wir unter Berücksichtigung einer Fehlabtastung Δt

$$R'(iT) = \sum_{\ell=-\infty}^{\infty} D'(\ell) \cdot g(iT + \Delta t - \ell T). \tag{10.4.30}$$

Eingesetzt in (10.4.29a) ergibt die Erwartungswertbildung

$$\begin{aligned} \mathrm{E}\{\Theta'_{\mathrm{DF}}(i)\} &= \mathrm{E}\Big\{D'(i) \sum_{\ell=-\infty}^{\infty} D'(\ell) \cdot g((i-1)T + \Delta t - \ell T)\Big\} \\ &\quad -\mathrm{E}\Big\{D'(i-1) \cdot \sum_{\ell=-\infty}^{\infty} D'(\ell) \cdot g(iT + \Delta t - \ell T)\Big\} \\ &= \sum_{\ell=-\infty}^{\infty} \mathrm{E}\{D'(i)\, D'(\ell)\} \cdot g((i-1)T + \Delta t - \ell T)\Big\} \\ &\quad - \sum_{\ell=-\infty}^{\infty} \mathrm{E}\{D'(i-1)\, D'(\ell)\} \cdot g(iT + \Delta t - \ell T). \end{aligned} \tag{10.4.31}$$

Werden *unkorrelierte, mittelwertfreie Daten* vorausgesetzt, so gilt

$$\mathrm{E}\{D'(i)\, D'(\ell)\} = \begin{cases} \sigma_{D'}^2 & \text{für } i = \ell \\ 0 & \text{sonst,} \end{cases} \tag{10.4.32}$$

so dass von der ersten Summe in (10.4.31) nur der Term $\ell = i$, von der zweiten der Term $\ell = i - 1$ verbleibt.

$$\mathrm{E}\{\Theta'_{\mathrm{DF}}(i)\} = \sigma_{D'}^2 \left[g(-T + \Delta t) - g(T + \Delta t)\right] \tag{10.4.33}$$

Unterstellt man, dass die Taktregelung bereits in der Nähe des optimalen Abtastzeitpunktes arbeitet, so gilt mit $\Delta t \ll T$ näherungsweise

$$g(\pm T + \Delta t) \approx \left.\frac{dg(t)}{dt}\right|_{\pm T} \cdot \Delta t = \dot{g}(\pm T) \cdot \Delta t. \tag{10.4.34}$$

Nach Einsetzen in (10.4.33) erhält man damit

$$\mathrm{E}\{\Theta'_{\mathrm{DF}}(i)\} = \underbrace{\sigma_{D'}^2 \left[\dot{g}(-T) - \dot{g}(+T)\right]}_{A > 0} \cdot \Delta t = A \cdot \Delta t, \tag{10.4.35}$$

also eine zum Abtastfehler proportionale Größe, die als Kriterium für die Taktregelung verwendet werden kann. In einer praktischen Realisierung steht der hier bestimmte Erwartungswert nicht zur Verfügung. Als Näherung wird die zeitliche Mittelung einer endlichen Anzahl von Momentanwerten verwendet. Das Blockschaltbild einer nach dem beschriebenen entscheidungsrückgekoppelten Verfahren arbeitenden Taktsynchronisationseinheit zeigt **Bild 10.4.8**. Zum Abschluss werden in **Bild 10.4.9** das entscheidungsrückgekoppelte Verfahren und die Gardner-Regelung verglichen. Die beiden oberen Teilbilder zeigen die durch Mittelung geschätzten Erwartungswerte der beiden Kriterien $\Theta_{\mathrm{G}}(i)$ und $\Theta_{\mathrm{DF}}(i)$ für verschiedene Roll-off-Faktoren der Sende- und Empfangsfilter. Die Steigung im Bereich um den idealen Abtastzeitpunkt nimmt beim Gardner-Kriterium mit zunehmendem Roll-off-Faktor zu, während es beim entscheidungsrückgekoppelten Verfahren umgekehrt ist. Das letztere Resultat kann man sich anhand der theoretischen Lösung anschaulich klar machen: Die Kosinus-roll-off-Impulse verlaufen in den

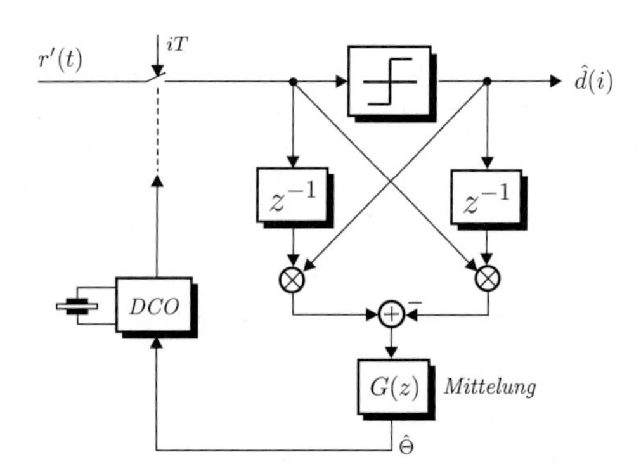

Bild 10.4.8: Entscheidungsrückgekoppelte Taktregelung

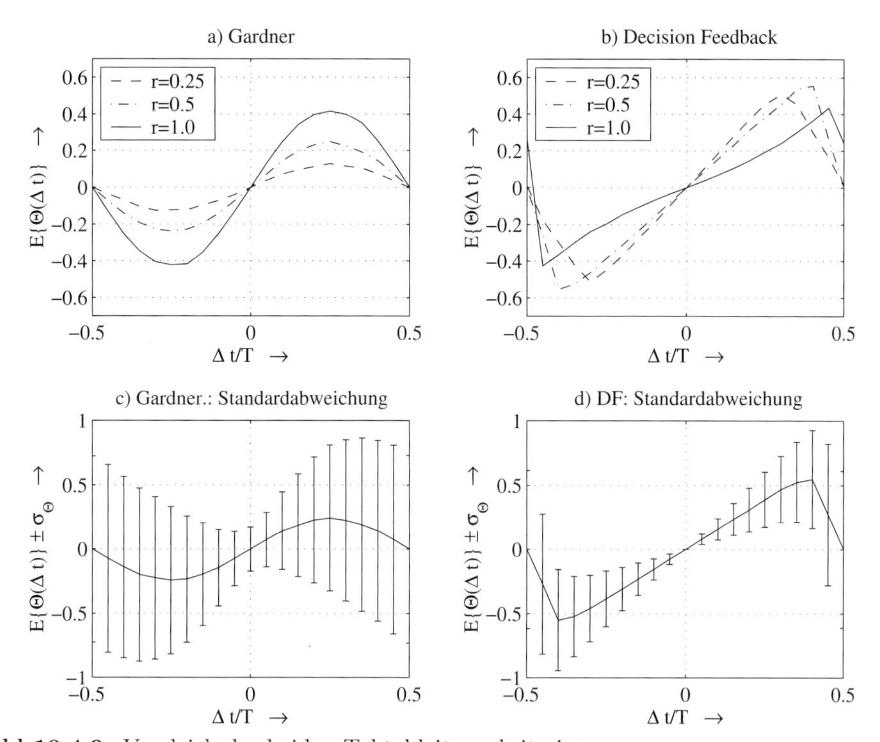

Bild 10.4.9: Vergleich der beiden Taktableitungskriterien,
links: Gardner-Algorithmus, rechts: Decision-Feedback
a,b) Mittelwerte ($r = 0,25;\ 0,5;\ 1,0$) c,d) Standardabweichung ($r = 0.5$)

Nulldurchgängen bei $t = T$ und $t = -T$ mit steigendem Roll-off-Faktor zunehmend flacher. Die vorangegangenen analytischen Betrachtungen basieren auf den theoretischen Erwartungswerten; vor der Mittelwertbildung sind beiden Kriterien interferierende Daten überlagert („Pattern Noise"), die durch die Filter $G(z)$ möglichst gut unterdrückt werden müssen. In den unteren Teilbildern von Bild 10.4.9 sind für den festen Roll-off-Faktor $r = 0,5$ die zugehörigen Standardabweichungen in die Erwartungswert-Kurven eingetragen. Das entscheidungsrückgekoppelte Verfahren zeigt das günstige Verhalten, dass die Standardabweichung mit Annäherung an den idealen Abtastzeitpunkt abnimmt und schließlich ganz verschwindet, während das beim Gardner-Verfahren nicht der Fall ist; dies wird auch in **Bild 10.4.10** anhand der über dem Abtastfehler gezeigten Varianzen bestätigt. Die Konsequenz hieraus ist, dass das Gardner-Verfahren eine stärkere Mittelung erfordert als das entscheidungsrückgekoppelte. Vorteil des Gardner-Verfahrens ist wiederum, dass es nicht durch Fehlentscheidungen beeinträchtigt werden kann wie die entscheidungsrückgekoppelte Regelung, bei der in der Herleitung von korrekten Datenentscheidungen ausgegangen wurde.

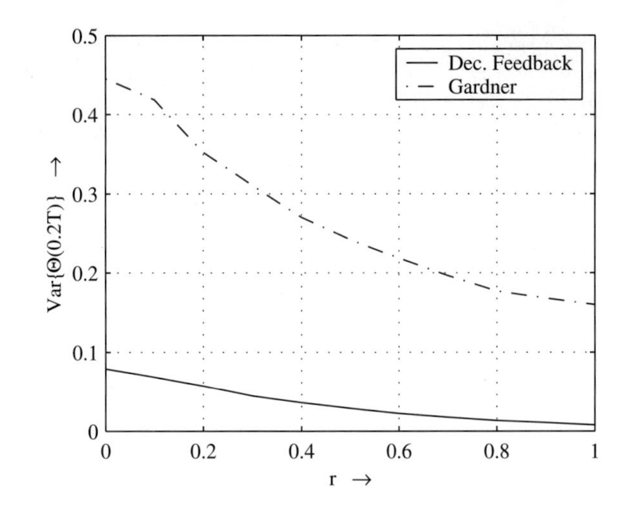

Bild 10.4.10: Vergleich der Varianzen des Gardner- und Decision-Feedback-Kriteriums ($\Delta t = 0,2\,T$)

Kapitel 11

Übertragung über AGN-Kanäle

Im vorausgegangenen Kapitel wurden bereits die grundsätzlichen Empfängerkonfigurationen für digitale Modulationsformen diskutiert, ohne die Frage nach der *optimalen* Struktur zu stellen. Hier soll nun der optimale Empfänger für AGN-Kanäle – also gedächtnisfreie Kanäle mit additiver gaußscher Störung – hergeleitet werden. Die Basis bildet das Maximum-a-posteriori-Prinzip (MAP), welches anhand des empfangenen Signals entscheidet, welches Symbol mit größter Wahrscheinlichkeit gesendet wurde. Aus dem im ersten Abschnitt formulierten MAP-Kriterium werden in Abschnitt 11.2 der Korrelationsempfänger und der Matched-Filter-Empfänger für weißes Kanalrauschen (AWGN) entwickelt; in Abschnitt 11.3 erfolgt eine Erweiterung auf farbiges Rauschen. Das Matched-Filter wurde bereits in Kapitel 8 für reelle Tiefpass-Systeme hergeleitet, dort aber lediglich aufgrund der Maximierung des S/N-Verhältnisses am Entscheidereingang. Hier zeigt sich nun, dass dieser eher intuitive Ansatz speziell für *gaußsche* Störungen auf den optimalen Empfänger führt.
Im letzten Abschnitt dieses Kapitels werden für die verschiedenen Modulationsformen die Wahrscheinlichkeiten von Entscheidungsfehlern nach der Übertragung über AWGN-Kanäle hergeleitet. Geschlossene Ausdrücke lassen sich für PSK bis zur Stufigkeit acht und für M-QAM angeben; für höherstufige PSK-Signale wird eine Näherungsformel hergeleitet. Die Bitfehlerwahrscheinlichkeit bei inkohärenter Demodulation ist im Vergleich zu kohärenten Strukturen sehr viel schwieriger zu berechnen – hier ist man entweder auf numerische Lösungen oder auf Simulationen angewiesen. Ein umfassendes Programmsystem zur Bitfehleranalyse findet man z.B. auf der [KK01] beigefügten CD.

11.1 Optimaler Empfänger für gaußsche Störungen

Es ist ein Entscheidungskriterium zu entwickeln, das bei Überlagerung von gaußverteilten, nicht notwendig weißen Rauschstörungen zur minimalen Wahrscheinlichkeit von Fehlentscheidungen führt. Das am Empfänger beobachtete Signal in der äquivalenten Basisbandlage lautet[1]

$$r(t) = a \cdot e^{j\,\psi_0} s_m(t) + n(t), \quad m \in \{0, \ldots, M-1\}. \tag{11.1.1}$$

Dabei bezeichnet $s_m(t)$ einen komplexen Sendeimpuls von endlicher Länge T_0, der einem aus insgesamt M Symbolen bestehenden Alphabet entnommen wird. Für *lineare* Modulationsarten gilt entsprechend den in Abschnitt 9.1 getroffenen Festlegungen speziell

$$s_m(t) = d_m \cdot T\, g_S(t); \tag{11.1.2}$$

die folgende Ableitung ist jedoch nicht auf diese Form festgelegt.

Die bei der Übertragung auftretenden Veränderungen der Amplitude und der Phase werden durch a bzw. ψ_0 gekennzeichnet. Die überlagerte Rauschgröße $n(t)$ stellt eine Musterfunktion eines komplexen gaußschen, nicht notwendig weißen Prozesses $N(t)$ dar. Wegen der Stationarität des zugeordneten Bandpass-Prozesses gelten die in Abschnitt 1.6.2 hergeleiteten Bedingungen, d.h. Real- und Imaginärteil besitzen gleiche Autokorrelationsfunktionen, die Kreuzkorrelierte ist ungerade, der komplexe Prozess ist rotationsinvariant. Das empfangene Signal wird während des Zeitintervalls

$$0 \le t \le T_0$$

beobachtet. Dabei wird zunächst angenommen, dass während dieser Zeit keine Einflüsse vorangegangener und zukünftiger Datenimpulse wirksam sind. Zur einfacheren mathematischen Behandlung wird von einer *zeitdiskreten Darstellung* ausgegangen. Dabei wird unterstellt, dass mit der Abtastfrequenz f_A das Abtasttheorem erfüllt ist. Bei zeitdiskreter Signaldarstellung in einem endlichen Zeitintervall ist eine Formulierung mit Hilfe endlicher Vektoren möglich. Definiert man mit $L = T_0/T_A$

$$\mathbf{r} = [r(0), r(T_A), \ldots, r((L-1)T_A)]^T \tag{11.1.3a}$$

$$\mathbf{s}_m = [s_m(0), s_m(T_A), \ldots, s_m((L-1)T_A)]^T \tag{11.1.3b}$$

$$\mathbf{n} = [n(0), n(T_A), \ldots, n((L-1)T_A)]^T \tag{11.1.3c}$$

so erhält man aus (11.1.1)

$$\mathbf{r} = a\, e^{j\,\psi_0}\, \mathbf{s}_m + \mathbf{n}. \tag{11.1.4}$$

Die Aufgabe besteht nun in der Entwicklung eines optimalen Entscheidungskriteriums über das gesendete Datensignal.

[1] Da zur Basisbandmischung ein lokaler Oszillator verwendet wird, verbleibt ein Phasenfehler ψ_0, der während des beobachteten Symbols als konstant betrachtet wird.

- *Die Wahrscheinlichkeit für das Senden des Impulses* $\mathbf{s}_m$ *unter der Bedingung des Empfangs des aktuellen Signalvektors* $\mathbf{r}$ *ist also zu maximieren.*

Abkürzend schreiben wir[2]

$$\Pr\{\mathbf{S} = \mathbf{s}_m|\mathbf{r}\} \overset{\Delta}{=} P(m|\mathbf{r}) \Rightarrow \max_m; \qquad m = 0, \ldots, M-1. \tag{11.1.5a}$$

$$\Rightarrow \hat{m} = \underset{m}{\operatorname{argmax}}\{P(m|\mathbf{r})\}. \tag{11.1.5b}$$

Die allgemeine Lösung dieses Problems führt zum so genannten *Maximum-a-posteriori*-Kriterium (MAP). Die bedingte Wahrscheinlichkeit (11.1.5b) lässt sich mit Hilfe der Bayes-Regel umformen

$$P(m|\mathbf{r}) = \frac{p_{\mathbf{R}|m}(\mathbf{r}) \cdot P(m)}{p_{\mathbf{R}}(\mathbf{r})}; \tag{11.1.6}$$

dabei bedeuten

$P(m) = \Pr\{\mathbf{S} = \mathbf{s_m}\}$:	A-priori-Wahrscheinlichkeit für das Senden von $\mathbf{s}_m$
$p_{\mathbf{R}}(\mathbf{r})$:	Verbund-Verteilungsdichte des Empfangssignals
$p_{\mathbf{R}|m}(\mathbf{r})$:	Verbund-Verteilungsdichte des Empfangssignals unter der Bedingung, dass $\mathbf{s}_m$ gesendet wurde.

Der Ausdruck (11.1.6) ist unter den M möglichen Hypothesen bezüglich des gesendeten Signals

$$\begin{aligned} H_0 &: \quad \mathbf{s}_m = \mathbf{s}_0 \\ H_1 &: \quad \mathbf{s}_m = \mathbf{s}_1 \\ &\vdots \\ H_{M-1} &: \quad \mathbf{s}_m = \mathbf{s}_{M-1} \end{aligned}$$

zu berechnen; der dabei gefundene Maximalwert führt auf das mit größter Wahrscheinlichkeit gesendete Signal $\mathbf{s}_m$, also zur Maximum-a-posteriori-Entscheidung.

Der Nenner von (11.1.6), also die Verbunddichte des Empfangssignals, ist unabhängig von der Hypothese m und kann daher bei der Bestimmung des Maximums unberücksichtigt bleiben. Die MAP-Entscheidungsregel lautet damit

$$\hat{m} = \underset{m}{\operatorname{argmax}}\{p_{\mathbf{R}|m}(\mathbf{r}) \cdot P(m)\}. \tag{11.1.7}$$

Der Ausdruck enthält die Verbunddichte des Empfangssignals unter der Bedingung, dass das Symbol $\mathbf{s}_m$ gesendet wurde. Diese Dichte kann durch Verschiebung der Verteilungsdichte des Rauschprozesses $\mathbf{N}$ an die Stelle des ungestörten Empfangssignals generiert

[2] $\Pr\{\mathcal{A}\}$ ist die Wahrscheinlichkeit des Ereignisses $\mathcal{A}$; $\mathbf{S}$ bezeichnet den Vektor des als Zufallsprozess betrachteten Sendeimpulses.

werden, wobei Amplituden- und Phasenbewertungen durch den Kanal zu berücksichtigen sind:

$$p_{\mathbf{R}|m}(\mathbf{r}) = p_{\mathbf{N}}\left(\mathbf{r} - ae^{j\,\psi_0}\mathbf{s}_m\right). \tag{11.1.8a}$$

Die Verbund-Verteilungsdichte eines komplexen Gaußprozesses wurde in (1.6.37a), Seite 45, formuliert (Herleitung in Anhang D). Danach gilt

$$p_{\mathbf{N}}(\mathbf{n}) = \frac{1}{\pi^L \det(\mathbf{R}_{NN})}\exp(-\mathbf{n}^H\,\mathbf{R}_{NN}^{-1}\,\mathbf{n}), \tag{11.1.8b}$$

wobei $\mathbf{R}_{NN}$ die $L \times L$ Autokorrelationsmatrix des Rauschprozesses beschreibt; $\det(\mathbf{R}_{NN})$ ist die zugehörige Determinante. Nach Einsetzen in (11.1.8a) erhält man für die gesuchte bedingte Verbunddichte des Empfangssignals

$$p_{\mathbf{R}|m}(\mathbf{r}) = \frac{1}{\pi^L \det(\mathbf{R}_{NN})} \cdot \exp\big(-[\mathbf{r}^H - ae^{-j\,\psi_0}\mathbf{s}_m^H]\,\mathbf{R}_{NN}^{-1}\,[\mathbf{r} - ae^{j\,\psi_0}\mathbf{s}_m]\big); \tag{11.1.9}$$

das MAP-Kriterium (11.1.7) kann damit in folgender Form geschrieben werden:

$$\begin{aligned} &p_{\mathbf{R}|m}(\mathbf{r}) \cdot P(m) = \\ &= \frac{1}{\pi^L \det(\mathbf{R}_{NN})} \cdot \exp\Big(-[\mathbf{r}^H - ae^{-j\,\psi_0}\mathbf{s}_m^H]\,\mathbf{R}_{NN}^{-1}\,[\mathbf{r} - ae^{j\,\psi_0}\mathbf{s}_m] + \ln[P(m)]\Big). \end{aligned} \tag{11.1.10}$$

Die Maximierung dieses Ausdrucks führt zur gleichen Bedingung wie die Maximierung des Exponenten, da $\exp(\cdots)$ eine monoton steigende Funktion ist.

$$\begin{aligned} &-[\mathbf{r}^H - ae^{-j\,\psi_0}\mathbf{s}_m^H]\,\mathbf{R}_{NN}^{-1}\,[\mathbf{r} - ae^{j\,\psi_0}\mathbf{s}_m] + \ln[P(m)] \\ &= -\mathbf{r}^H\mathbf{R}_{NN}^{-1}\mathbf{r} + 2a\,\mathrm{Re}\left\{e^{-j\,\psi_0}\mathbf{s}_m^H\,\mathbf{R}_{NN}^{-1}\,\mathbf{r}\right\} - a^2\mathbf{s}_m^H\,\mathbf{R}_{NN}^{-1}\,\mathbf{s}_m + \ln[P(m)] \Rightarrow \max_m. \end{aligned} \tag{11.1.11}$$

Da der erste Term dieses Ausdrucks bezüglich der untersuchten Hypothesen konstant ist, kann er bei der Bestimmung des Maximalwertes unberücksichtigt bleiben. Das Maximum-a-posteriori-Kriterium lautet schließlich

$$\begin{aligned} \hat{m} &= \operatorname*{argmax}_m\{Q_{\mathrm{MAP}}\} \\ Q_{\mathrm{MAP}}(m) &= \mathrm{Re}\left\{\frac{1}{a}\,e^{-j\,\psi_0}\mathbf{s}_m^H\,\mathbf{R}_{NN}^{-1}\,\mathbf{r}\right\} - \frac{1}{2}\,\mathbf{s}_m^H\,\mathbf{R}_{NN}^{-1}\,\mathbf{s}_m + \frac{1}{2a^2}\ln[P(m)] \end{aligned} \tag{11.1.12}$$

Der letzte Term enthält die A-priori-Wahrscheinlichkeiten der gesendeten Daten. Sind diese Wahrscheinlichkeiten für alle Symbole gleich oder am Empfänger unbekannt, so bleibt dieser Term unberücksichtigt; man spricht dann von einer *Maximum-Likelihood-Entscheidung.*

$$Q_{\mathrm{ML}}(m) = \mathrm{Re}\left\{\frac{1}{a}\,e^{-j\,\psi_0}\mathbf{s}_m^H\,\mathbf{R}_{NN}^{-1}\,\mathbf{r}\right\} - \frac{1}{2}\,\mathbf{s}_m^H\,\mathbf{R}_{NN}^{-1}\,\mathbf{s}_m \Rightarrow \max_m \tag{11.1.13}$$

11.2 Spezialfall weißer Rauschstörungen (AWGN-Kanal)

11.2.1 Korrelationsempfänger

Das im letzten Abschnitt hergeleitete Maximum-a-posteriori-Kriterium soll anhand des wichtigen Spezialfalles eines AWGN-Kanals (Additive White Gaussian Noise) veranschaulicht werden; es soll also gelten

$$\mathbf{R}_{NN} = \sigma_N^2 \cdot \mathbf{I} \quad ; \quad \mathbf{I} = \text{Einheitsmatrix}. \tag{11.2.1}$$

Damit ergibt sich für das MAP-Kriterium die vereinfachte Form

$$Q_{\text{MAP}}(m) = \frac{1}{\sigma_N^2} \,\text{Re}\left\{\frac{1}{a}\, e^{-j\,\psi_0}\, \mathbf{s}_m^H \,\mathbf{r}\right\} - \frac{1}{2\sigma_N^2}\, \mathbf{s}_m^H \,\mathbf{s}_m + \frac{1}{2a^2} \ln[P(m)]. \tag{11.2.2}$$

Setzt man für $\mathbf{s}_m^H \mathbf{s}_m$ *die Energie des m-ten Sendeimpulses* E_m ein, so gilt

$$\hat{m} = \underset{m}{\text{argmax}} \left\{ \text{Re}\left\{\frac{1}{a}\, e^{-j\,\psi_0}\, \mathbf{s}_m^H \,\mathbf{r}\right\} - \frac{E_m}{2} + \frac{\sigma_N^2}{2a^2} \cdot \ln[P(m)] \right\}. \tag{11.2.3}$$

Bei nicht gleichen A-priori-Wahrscheinlichkeiten $P(m)$ erfordert die MAP-Entscheidung offensichtlich die *Kenntnis der Leistung des Kanalrauschens.* In der Praxis liegt diese Kenntnis häufig nicht vor; man beschränkt sich dann auf die Auswertung des Maximum-Likelihood-Kriteriums

$$\hat{m} = \underset{m}{\text{argmax}}\{Q_{\text{ML}}(m)\}, \quad Q_{\text{ML}}(m) = \text{Re}\left\{\frac{1}{a}\, e^{-j\,\psi_0}\, \mathbf{s}_m^H \,\mathbf{r}\right\} - \frac{E_m}{2}, \tag{11.2.4}$$

unterstellt also gleiche A-priori-Wahrscheinlichkeiten. Eine weitere Vereinfachung ergibt sich, wenn die Energien aller M möglichen Sendeimpulse gleich sind – dies ist z.B. bei PSK erfüllt. In diesen Fällen können die Korrekturterme $E_m/2$ entfallen.

Das Maximum-Likelihood-Kriterium (11.2.4) enthält eine *Korrelation* der phasenkohärent gebildeten komplexen Einhüllenden des Empfangssignals mit *sämtlichen möglichen* (konjugiert komplexen) *Sendeimpulsen.* Da eine zeitdiskrete Beschreibung zugrundegelegt wurde, ist diese Korrelation als Skalarprodukt zweier Vektoren formuliert. Für den Fall einer *zeitkontinuierlichen* Darstellung tritt an die Stelle eine *Integration* über das Zeitintervall $0 \leq t \leq T_0$. Um einen dimensionslosen Ausdruck zu erhalten, wird auf T_0 normiert:

$$Q_{\text{ML}}(m) = \text{Re}\left\{\frac{1}{T_0}\int_0^{T_0} \frac{e^{-j\,\psi_0}}{a}\, s_m^*(t')\, r(t') dt'\right\} - \frac{E_m}{2T_0}, \tag{11.2.5}$$

wobei die normierte Energie des kontinuierlichen m-ten Sendeimpulses

$$E_m = \int_0^{T_0} |s_m(t')|^2 \, dt'$$

verwendet wird. Ein entsprechender Maximum-Likelihood-Empfänger ist in **Bild 11.2.1** wiedergegeben.

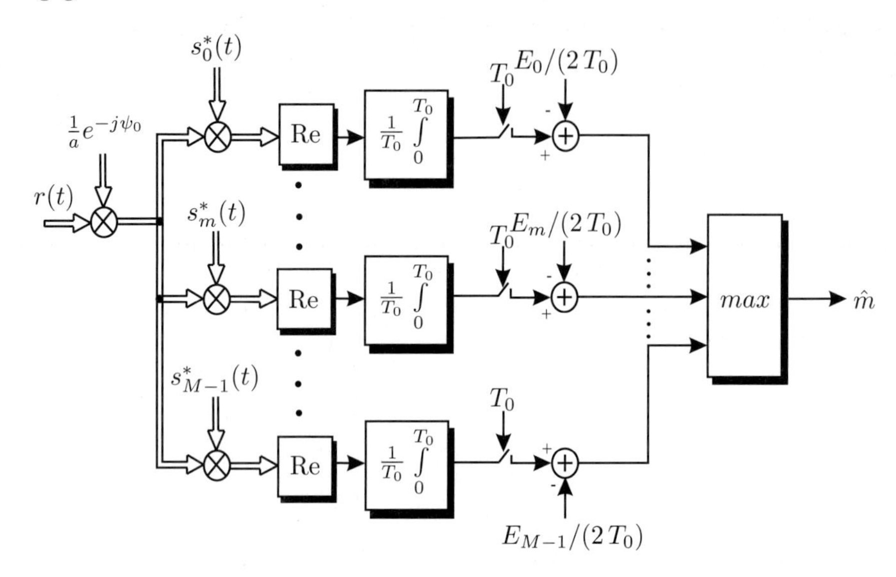

Bild 11.2.1: Korrelationsempfänger zur Maximum-Likelihood-Entscheidung (zeitkontinuierliche Realisierung)

11.2.2 Matched-Filter-Empfänger

Der Korrelationsausdruck in (11.2.5) lässt sich auch als *Faltung* interpretieren, indem die Impulsantwort

$$g_{E|m}(t) = \frac{1}{T_0} \cdot s_m^*(T_0 - t) \tag{11.2.6}$$

definiert wird. Als Voraussetzung für die Kausalität von $g_{E|m}(t)$ muss die zeitliche Begrenzung des Sendeimpulses $s_m(t)$ auf das Intervall $0 \leq t \leq T_0$ gefordert werden. Damit erhält man aus (11.2.5)

$$\begin{aligned} Q_{\mathrm{ML}}(m) &= \mathrm{Re}\left\{ \int_0^{T_0} \frac{1}{a}\, e^{-j\,\psi_0}\, r(t')\, g_{E|m}(T_0 - t')\, dt' \right\} - \frac{E_m}{2T_0} \\ &= \mathrm{Re}\left\{ \frac{1}{a}\, e^{-j\,\psi_0} \left[r(t) * g_{E|m}(t) \right]_{t=T_0} \right\} - \frac{E_m}{2T_0}. \end{aligned} \tag{11.2.7}$$

Die Formulierung (11.2.6) stellt die bereits in Abschnitt 8.3.1 für reelle Datensignale hergeleitete *Matched-Filter-Beziehung* dar – hier jedoch in verallgemeinerter Form für den komplexen Sendeimpuls $s_m(t)$. Das ursprünglich benutzte Kriterium zur Matched-Filter-Herleitung bestand in der Maximierung des S/N-Verhältnisses am Empfangsfilter-Ausgang. Es zeigt sich nun, dass für den Fall *gaußverteilter* Rauschstörungen die

S/N-Maximierung auf einen optimalen Empfänger im Sinne des Maximum-Likelihood-Kriteriums führt.

Wir haben bisher unterstellt, dass das empfangene Signal während des endlichen Zeitintervalls $0 \leq t \leq T_0$ beobachtet wird und dass während dieser Zeit keine Einflüsse vorangegangener und nachfolgender Datenimpulse wirksam sind. Fordert man nun, dass nach der Faltung von $s_m(t)$ und $g_{E|n}(t)$ die erste Nyquistbedingung erfüllt ist, dass also gilt

$$s_m(t) * g_{E|n}(t) = 0 \quad \text{für} \quad t = T_0 + iT; \quad i = \pm 1, \pm 2 \ldots, \tag{11.2.8}$$

so kann bei einer fortlaufenden Datenübertragung mit der Symbolrate $1/T$ am Matched-Filter-Ausgang zu den Zeitpunkten $T_0 + iT$ abgetastet werden. Aufgrund der Bedingung (11.2.8) ist dann die Entscheidung über das i-te Datensymbol unabhängig von allen vorangegangenen und nachfolgenden Datenimpulsen. Das Blockschaltbild eines Matched-Filter-Empfängers für weiße Rauschstörung ist in **Bild 11.2.2** dargestellt.

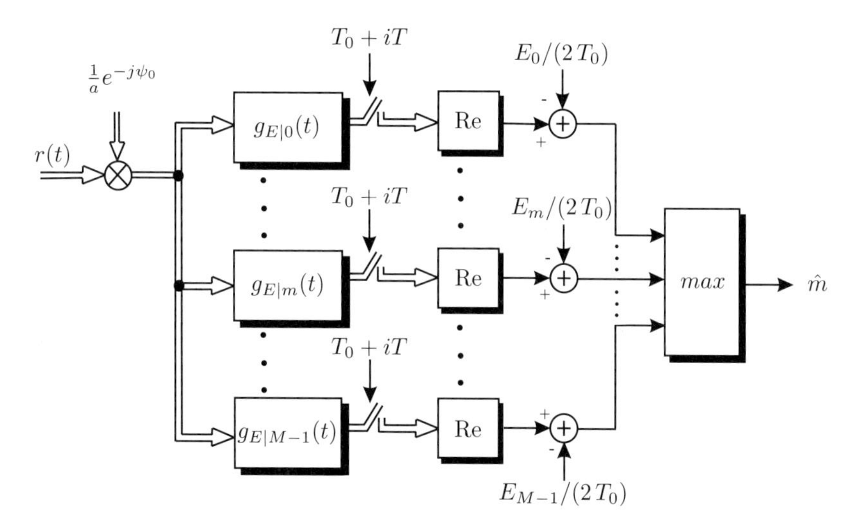

Bild 11.2.2: Matched-Filter-Empfänger für weißes Kanalrauschen

- **Beispiel QPSK**
  Wir setzen ein QPSK-Signal der Form $\lambda = \pi/4$ an (**Bild 11.2.3**).

  Die vier möglichen Sendeimpulse und die zugehörigen Matched-Filter-Impulsantworten lauten dann in nichtkausaler Schreibweise ($T_0 = 0$)

$$\begin{aligned} s_m(t) &= T \cdot (d'_m + j\, d''_m) \cdot g_S(t) \\ g_{E|m}(t) &= \frac{1}{T} \cdot s^*_m(-t) = (d'_m - j\, d''_m) \cdot g_E(t) \end{aligned}$$

$$\text{mit} \quad g_E(t) = g_S(-t) \in \mathbb{R}, \quad d'_m, d''_m \in \{-1, 1\}.$$

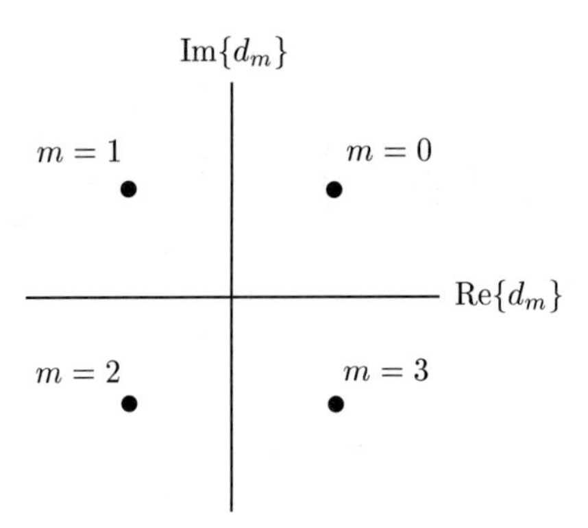

Bild 11.2.3: QPSK-Signal, $\lambda = \pi/4$

Die Energien aller vier Elementarimpulse sind gleich, so dass das Maximum-Likelihood-Kriterium lautet

$$Q_{\text{ML}}(m) = \text{Re}\{e^{-j\psi_0}\, r(t) * g_{E|m}(t)\}|_{t=T_0} = \text{Re}\Big\{\underbrace{e^{-j\psi_0}\,[r(t) * g_E(t)]_{t=T_0}}_{\stackrel{\Delta}{=}\, r' + jr''} \cdot (d'_m - jd''_m)\Big\}.$$

Abkürzend schreiben wir

$$Q_{\text{ML}}(m) \stackrel{\Delta}{=} Q_m = r' \cdot d'_m + r'' \cdot d''_m \Rightarrow \max_m$$

und erhalten für die vier möglichen Hypothesen über das gesendete Datum

$$\begin{aligned} Q_0 &= r' + r'', & Q_1 &= -r' + r'' \\ Q_2 &= -r' - r'', & Q_3 &= r' - r''. \end{aligned} \tag{11.2.9}$$

Soll z.B. die Hypothese $m = 0$ zutreffen, dann muss gelten

$$\begin{aligned} Q_0 > Q_1 : &\quad Q_0 - Q_1 = 2r' > 0 &&\Rightarrow r' > 0 \\ Q_0 > Q_2 : &\quad Q_0 - Q_2 = 2r' + 2r'' > 0 &&\Rightarrow r' + r'' > 0 \\ Q_0 > Q_3 : &\quad Q_0 - Q_3 = 2r'' > 0 &&\Rightarrow r'' > 0. \end{aligned} \tag{11.2.10}$$

Die erste und die dritte Bedingung schließen die zweite Bedingung ein, so dass als eindeutiges Entscheidungskriterium für die Hypothese $m = 0$ die Bedingungen $r' > 0$ und $r'' > 0$ gelten müssen. Führt man entsprechende Betrachtungen über die weiteren drei Hypothesen durch, so ergibt sich für

$$\begin{aligned} m = 1 &\quad\Rightarrow\quad r' < 0,\; r'' > 0 \\ m = 2 &\quad\Rightarrow\quad r' < 0,\; r'' < 0 \\ m = 3 &\quad\Rightarrow\quad r' > 0,\; r'' < 0. \end{aligned}$$

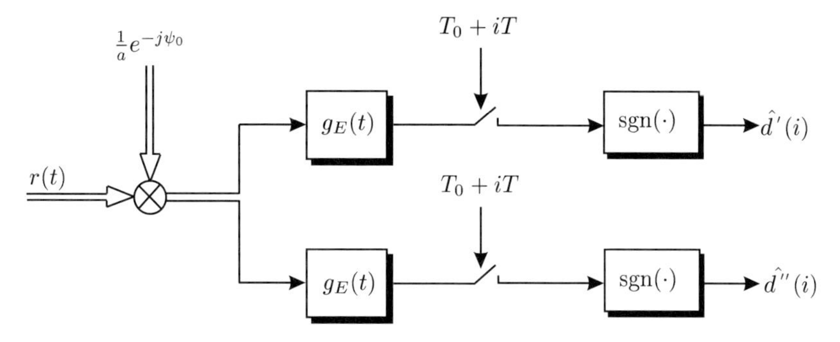

Bild 11.2.4: Optimaler QPSK-Empfänger

Daraus ergibt sich die Empfängerstruktur gemäß **Bild 11.2.4**.

Sie entspricht der in Abschnitt 10.1.1 betrachteten Struktur eines kohärenten *QPSK-Empfängers*. Voraussetzung für die Maximum-Likelihood-Eigenschaft dieses Empfängers ist die Erfüllung der ersten Nyquist-Bedingung durch die Gesamtimpulsantwort $g_S(t) * g_E(t)$ sowie ein gedächtnisfreier Kanal mit additiver weißer, gaußscher Störung.

11.3 Störung durch farbiges Rauschen

11.3.1 Korrelationsempfänger für farbiges Rauschen

Im letzten Abschnitt wurde ein Maximum-Likelihood-Kriterium unter der Annahme von weißem Kanalrauschen hergeleitet. Die entscheidende Vereinfachung bestand darin, dass in diesem Falle die Autokorrelationsmatrix des Rauschens in eine Einheitsmatrix übergeht und dadurch eine einfache Korrelation des Empfangssignals mit dem konjugiert komplexen Sendeimpuls auszuführen ist. Die äquivalente Struktur eines Matched-Filter-Empfängers ergibt sich aus der Interpretation der Korrelation als Faltung.

Für nicht weiße (gaußsche) Kanalstörungen gehen wir auf die allgemeine Maximum-Likelihood-Beziehung (11.1.13), S. 360, zurück. Sie beschreibt weiterhin einen Korrelationsempfänger, wobei die Vektoren der zur Korrelation benutzten Impulse jetzt mit der inversen Autokorrelationsmatrix des farbigen Rauschens zu bewerten sind:

$$\tilde{\mathbf{s}}_m^H = \mathbf{s}_m^H \mathbf{R}_{NN}^{-1} \quad \Longleftrightarrow \quad s_m^*(k) = [\tilde{s}_m(k) * r_{NN}(k)]^*. \tag{11.3.1}$$

Bild 11.3.1 gibt das Blockschaltbild eines optimalen Empfängers in zeitdiskreter Realisierung wieder.

Die Korrekturterme $\mathbf{s}_m^H \mathbf{R}_{NN}^{-1} \mathbf{s}_m/2$ können entfallen, wenn sie für alle Hypothesen

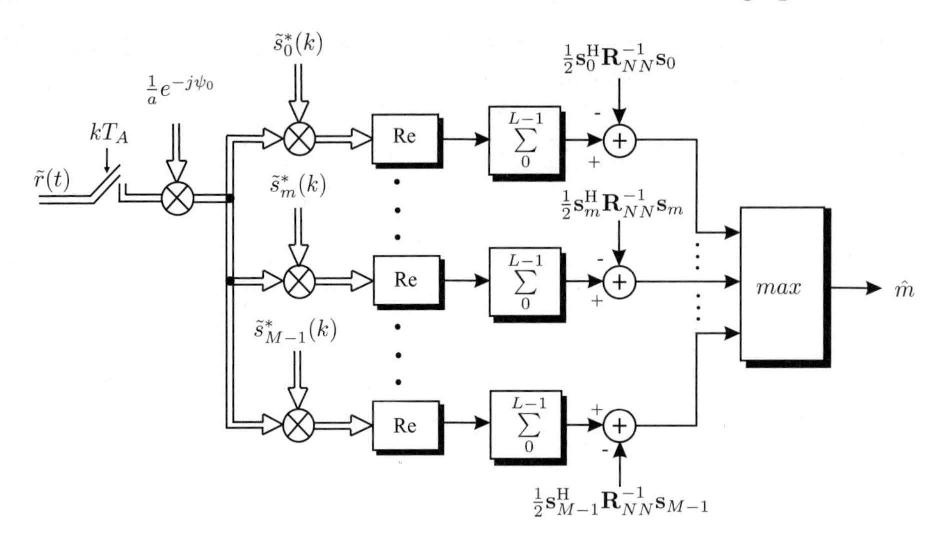

Bild 11.3.1: Korrelationsempfänger für farbiges Kanalrauschen (zeitdiskrete Realisierung)

$m = 0, \cdots, M-1$ identisch sind. Für *lineare Modulationsverfahren* gilt z.B.

$$s_m(k) = d_m \cdot g_S(k) \quad \Rightarrow \quad \mathbf{s}_m = d_m \cdot \mathbf{g}_S; \tag{11.3.2}$$

der Sendeimpuls besteht also aus der Gewichtung der Impulsantwort $g_S(k)$ des Impulsformers mit dem komplexen Datenwert d_m. Mit

$$\mathbf{s}_m^H \, \mathbf{R}_{NN}^{-1} \, \mathbf{s}_m = |d_m|^2 \cdot \mathbf{g}_S \, \mathbf{R}_{NN}^{-1} \, \mathbf{g}_S \tag{11.3.3a}$$

ist unter der Bedingung

$$|d_0| = |d_1| = \cdots = |d_{M-1}| \tag{11.3.3b}$$

der Korrekturterm für alle M Datenimpulse gleich und hat somit keine Auswirkungen auf die Bestimmung des maximalen Wertes $Q_{\mathrm{ML}}(m)$. Die Bedingung (11.3.3b) ist z.B. für PSK-Signale erfüllt.

Die Korrelation im Empfänger nach Bild 11.3.1 erfolgt über das Intervall $0 \le k \le L-1$, also über den Zeitbereich

$$0 \le t \le T_0; \qquad (L = T_0/T_A, \text{ siehe Seite 358}).$$

Dementsprechend ist für die Berechnung des Korrelationsimpulses nach (11.3.1) auch die endliche Länge L vorzusehen; $\mathbf{R}_{NN}$ wird folglich als $L \times L$-Matrix angesetzt.

- **Beispiel: Rechteckförmiger Sendeimpuls, farbiges Rauschen**
  Zur Färbung des Kanalrauschens wird ein nichtrekursives Modellfilter mit der Übertragungsfunktion

$$B(z) = 1 - |z_0| \, e^{-j\pi/4} \cdot z^{-1}$$

eingesetzt; die Abtastfrequenz des zeitdiskreten Kanalmodells beträgt $f_A = L/T$. Für den zeitdiskreten Sendeimpuls gilt

$$s_m(k) = d_m \cdot g_S(k) = \begin{cases} d_m & \text{für} \quad 0 \leq k \leq L-1 \\ 0 & \text{sonst.} \end{cases} \quad ; \quad L = T/T_A .$$

Am Empfänger wird eine Korrelation über das Zeitintervall $0 \leq k \leq L-1$, also über die Dauer des Sendeimpulses ausgeführt. Die Beschränkung des Beobachtungsintervalls auf die Sendesignaldauer ist nach den vorangegangenen Betrachtungen nicht zwingend; dementsprechend kann die Beobachtungszeit T_0 prinzipiell über die Symboldauer T hinausgehen. Hier erfolgt jedoch speziell die Festlegung $T_0 = T$, um eine symbolweise Entscheidung zu ermöglichen. Ergebnisse für den gemäß (11.3.1) errechneten, auf das Datum normierten Korrelationsimpuls $\tilde{g}_S^*(k) = \tilde{s}_m^*(k)/d_m^*$ werden in **Bild 11.3.2** für verschiedene Werte $|z_0|$ wiedergegeben. Für kleine Werte $|z_0|$ ist das Kanalrauschen nahezu weiß; $\tilde{g}_S(k)$ nähert sich in diesem Falle einem Rechteckimpuls, also $g_S(k)$ an. Für stärkere Färbung des Rauschens durch Vergrößerung von $|z_0|$ ergeben sich deutlich veränderte Impulsformen; wegen der Komplexwertigkeit des Rauschformungsfilters ist $\tilde{g}_S^*(k)$ komplex.

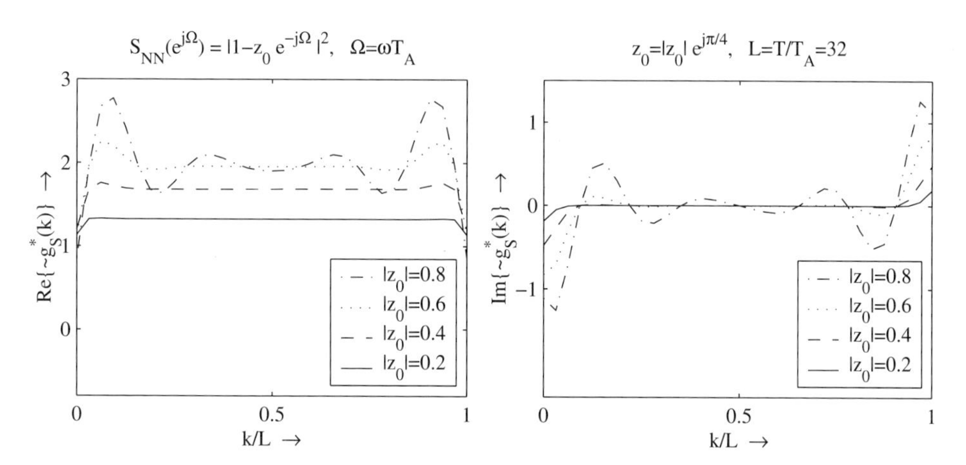

Bild 11.3.2: Korrelationsimpulse für farbiges Kanalrauschen (rechteckförmiger Sendeimpuls)

11.3.2 Matched-Filter für farbiges Rauschen

Aufschlussreich für die bisher durchgeführten Betrachtungen ist eine *Interpretation als Matched-Filter*. Es wird zunächst – unabhängig von der Maximum-Likelihood-Forderung – eine Matched-Filter-Bedingung hergeleitet, die auf der Maximierung des S/N-Verhältnisses am Matched-Filter-Ausgang basiert. Hierzu ist das Ergebnis (8.3.12) für weißes Kanalrauschen aus Abschnitt 8.3.1, Seite 255, zu verwenden, indem am Empfängereingang ein Dekorrelationsfilter vorgesehen wird. Setzt man für das farbige Rauschen ein Modell ein, bei dem ein weißes Rauschsignal durch ein Filter $B(e^{j\Omega})$ entsprechend spektralgeformt wird (ARMA-Modell, vgl. [KK09]), so gilt für das Dekorrelationsfilter $1/B(e^{j\Omega})$. Voraussetzung für die Stabilität ist dabei die Minimalphasigkeit von $B(e^{j\Omega})$. In **Bild 11.3.3** ist dieses Modell dargestellt.

Bezüglich des nunmehr weißen Eingangsrauschens lautet die Übertragungsfunktion eines Matched-Filters in nichtkausaler Darstellung $G_S^*(e^{j\Omega})/B^*(e^{j\Omega})$. Insgesamt ergibt sich dann das Empfangsfilter

$$G_E(e^{j\Omega}) = \frac{G_S^*(e^{j\Omega})}{B(e^{j\Omega})B^*(e^{j\Omega})}. \tag{11.3.4}$$

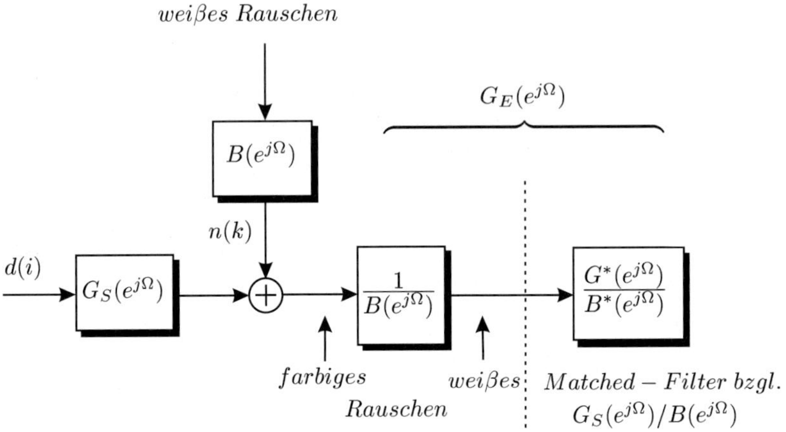

Bild 11.3.3: Modellsystem zur Herleitung eines Matched-Filters für farbiges Kanalrauschen

Der Nenner entspricht der spektralen Leistungsdichte des farbigen Rauschens $S_{NN}(e^{j\Omega})/\sigma_N^2$, so dass man schließlich (unter Auslassung von Skalierungsfaktoren) die modifizierte Matched-Filter-Bedingung

$$G_E^*(e^{j\Omega}) \cdot S_{NN}(e^{j\Omega}) = G_S(e^{j\Omega}) \tag{11.3.5a}$$

erhält. Im Zeitbereich schreiben wir hierfür

$$g_E^*(-k) * r_{NN}(k) = g_S(k). \tag{11.3.5b}$$

Substituiert man auf der linken Seite die konjugiert komplexe, zeitumgekehrte Empfangsfilter-Impulsantwort mit

$$c(k) = g_E^*(-k), \tag{11.3.5c}$$

so erhält man

$$c(k) * r_{NN}(k) = g_S(k). \tag{11.3.5d}$$

Die Auflösung nach $c(k)$ erfordert eine „Entfaltung", die man effizient in vektorieller Form löst. Unter Berücksichtigung der Kausalität wird definiert

$$\mathbf{c} = [c(0), c(1), \cdots, c(L_E-1)]^T, \qquad L_E > L \tag{11.3.6a}$$

$$\mathbf{g}_S = [0, \cdots, 0, g_S(0), g_S(1), \cdots, g_S(L-1), 0, \cdots, 0]^T, \quad \mathbf{g_s} \in \mathbb{R}^{L_E}, \tag{11.3.6b}$$

wobei L_E die Länge der zu errechnenden Empfänger-Impulsantwort ist. Mit der Interpretation der $(L_E \times L_E)$-Autokorrelationsmatrix $\mathbf{R}_{NN}$ als Faltungsmatrix (Anhang A2) erhält man aus (11.3.5d)

$$\mathbf{c} = \mathbf{R}_{NN}^{-1} \cdot \mathbf{g}_S \quad \text{bzw.} \quad \mathbf{c}^H = \mathbf{g}_S^H \cdot \mathbf{R}_{NN}^{-1}. \tag{11.3.7}$$

Das Ergebnis stimmt formal mit (11.3.1) auf Seite 365 überein. Der Unterschied besteht jedoch darin, dass das *Beobachtungsintervall* jetzt *über die Länge des Sendeimpulses hinaus verlängert* wird. Die Beobachtungslänge L_E wird so festgelegt, dass der Korrelationsimpuls $c(k)$ hinreichend abgeklungen ist. Die Lösung (11.3.7) kann noch durch die Wahl der Lage des Ergebnisvektors $\mathbf{g}_S$ beeinflusst werden, was durch die Festlegung der führenden und nachgeschalteten Nullen in der Vektordefinition (11.3.6b) geschieht. Die Matched-Filter-Impulsantwort erhält man gemäß (11.3.5c) aus $c(k)$ durch Konjugation und Zeitumkehr.

Zur Veranschaulichung ist in **Bild 11.3.4** ein Beispiel wiedergegeben; für die Matched-Filter-Impulsantwort wurde hier ein symmetrischer Verlauf vorgeschrieben. Zur Färbung des Rauschens wird wie schon im Bild 11.3.2 ein komplexwertiges System erster Ordnung ($z_0 = 0,8 \cdot \exp(-j\pi/4)$) eingesetzt. Der Sendeimpuls wird als rechteckförmig angenommen (Länge L). Dargestellt ist der Realteil der gemäß (11.3.7) entworfenen Matched-Filter-Impulsantwort $g_E(t)$ mit einer Länge von $L_E = 3\,L = 96$. Gegenübergestellt ist der in (11.3.1) ermittelte Korrelationsimpuls $\tilde{g}_S(k) = \tilde{s}_m^*(k)/d_m^*$ mit der Länge L entsprechend der einfachen Symboldauer.

Im Zeitintervall $L \leq k \leq 2L$ zeigt sich eine näherungsweise Übereinstimmung. Die Matched-Filter-Impulsantwort ist an den Rändern des Beobachtungsintervalls näherungsweise abgeklungen. Die vorangegangenen Betrachtungen gingen davon aus, dass während des Beobachtungsintervalls keine Auswirkungen vorangegangener oder nachfolgender Datenimpulse vorhanden sind. Wir betrachten nun eine sequentielle Datenübertragung mit der Rate $1/T$. Beschränkt man den Sendeimpuls auf die Dauer T, so ist mit dem Korrelationsempfänger nach wie vor eine symbolweise Entscheidung möglich, wenn wie in den vorangegangenen Beispielen die Beobachtungsdauer, also das Korrelationsintervall, auf $(i-1)T \leq t \leq iT$ begrenzt wird. Bei stark gefärbtem Rauschen kann ein solcher Empfänger allerdings sehr ungünstige Eigenschaften aufweisen, da das Mittelungsintervall für eine wirksame Unterdrückung der Störung zu kurz ist.

Demgegenüber geht die nach (11.3.7) entworfene Matched-Filter-Impulsantwort über die Symboldauer hinaus (nur bei weißer Rauschstörung ist ihre Länge gleich der des Sendeimpulses). Es kommt also zu Intersymbol-Interferenz. Für diesen Fall wird in Abschnitt 13.1 ein optimaler Empfänger hergeleitet, der eine *Maximum-Likelihood-Schätzung von Datensequenzen* beinhaltet.

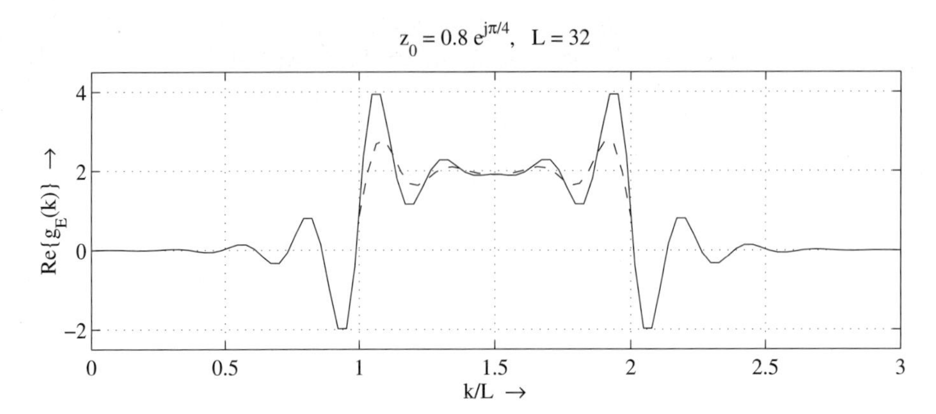

Bild 11.3.4: Vergleich des Korrelations- und Matched-Filter- Empfängers bei farbigem Kanalrauschen (– Matched-Filter, - - Korrelationsimpuls der Länge T)

11.4 Fehlerwahrscheinlichkeit für AWGN-Kanäle

11.4.1 Signal- und Störleistungsbeziehungen im äquivalenten Tiefpassbereich

Die Beziehungen zwischen einem Bandpass-Signal $x(t)$ und der äquivalenten Tiefpass-Darstellung $s(t)$ sind durch die Gleichungen (9.1.3) und (9.1.5), Seite 272, bzw. Bild 9.1.1 definiert. Danach erhält man

$$s(t) = T \cdot \sum_{\ell=-\infty}^{\infty} \big(d'(\ell) + j\, d''(\ell)\big) \cdot g_S(t - \ell T) \tag{11.4.1a}$$

$$\begin{aligned} x(t) &= \sqrt{2} \cdot \mathrm{Re}\{s(t) \cdot e^{j\,\omega_0\, t}\} \qquad (11.4.1b) \\ &= \sqrt{2}T\big[\cos(\omega_o t) \sum_{\ell-\infty}^{\infty} d'(\ell) \cdot g_S(t - \ell T) - \sin(\omega_o t) \sum_{\ell=-\infty}^{\infty} d''(\ell) \cdot g_S(t - \ell T)\big]. \end{aligned}$$

Ohne Beschränkung der Allgemeinheit wird angenommen, dass der quadratische Mittelwert der Sendedaten eins beträgt (siehe Seite 275):

$$\mathrm{E}\{|D(i)|^2\} = |\bar{D}|^2 = 1. \tag{11.4.2a}$$

Damit gilt für die zugehörigen mittleren Symbolenergien

$$\bar{E}_S = T^2 \cdot \int_{-\infty}^{\infty} g_S^2(t')\, dt' \tag{11.4.2b}$$

$$\bar{E}_X = T^2 \cdot \underbrace{2 \cdot \left[\frac{\overline{|D'|^2}}{2} + \frac{\overline{|D''|^2}}{2} \right]}_{\overline{|D|^2} = 1} \cdot \int_{-\infty}^{\infty} g_S^2(t')\, dt'; \tag{11.4.2c}$$

sie sind also im Bandpass- und im äquivalenten Tiefpassbereich identisch[3].

Das Empfangssignal am Ausgang des AWGN-Kanals lautet in der Bandpass-Lage

$$y(t) = x(t) + n_{BP}(t) \tag{11.4.3a}$$

und nach der Tiefpass-Umsetzung gemäß der Empfänger-Struktur nach Bild 10.1.1a (Tiefpass-Struktur) am Matched-Filter-Ausgang

$$r(t) = \sqrt{2} \cdot e^{-j\,\omega_0\, t} \cdot \left[x(t) + n_{BP}(t) \right] * g_E(t) \triangleq r_0(t) + n(t). \tag{11.4.3b}$$

Wir berechnen zunächst das ungestörte Matched-Filter-Ausgangssignal durch Einsetzen von (11.4.1b)

$$\begin{aligned} r_0(t) &= \sqrt{2} \cdot e^{-j\,\omega_0\, t} \cdot \sqrt{2} \cdot \mathrm{Re}\{ s(t) \cdot e^{j\,\omega_0\, t} \} * g_E(t) \\ &= 2\, e^{-j\,\omega_0\, t} \cdot \frac{1}{2} \left[s(t)\, e^{j\,\omega_0\, t} + s^*(t)\, e^{-j\,\omega_0\, t} \right] * g_E(t) \\ &= s(t) * g_E(t) + \underbrace{\left[s^*(t) \cdot e^{-j\,2\,\omega_0\, t} \right] * g_E(t)}_{=0} = T \cdot \sum_{\ell=-\infty}^{\infty} d(\ell) \cdot g(t - \ell T), \end{aligned} \tag{11.4.4}$$

wobei hier für die Gesamtimpulsantwort aus Sende- und Empfangsfilter

$$g(t) = g_S(t) * g_E(t) = \int_{-\infty}^{\infty} g_S(t')\, g_E(t - t')\, dt'$$

gesetzt wurde. Wird für den Empfangstiefpass ein Matched-Filter (in nichtkausaler Formulierung) eingesetzt

$$g_E(t) = g_S(-t) \in \mathbb{R}, \tag{11.4.5}$$

und erfüllt die Gesamtimpulsantwort die erste Nyquistbedingung, so gilt

$$g(iT) = \begin{cases} \int_{-\infty}^{\infty} g_S(t')\, g_S(t')\, dt' = \frac{\bar{E}_S}{T^2} & \text{für } i = 0 \\ 0 & \text{für } i = \pm 1,\, \pm 2, \cdots \end{cases} \tag{11.4.6}$$

Damit folgt aus (11.4.4)

$$r_0(iT) = \frac{\bar{E}_S}{T} \cdot d(i). \tag{11.4.7}$$

[3]Dies ergibt sich aufgrund des Skalierungsfaktors $\sqrt{2}$ in der Definition des äquivalenten Tiefpass-Signals in (1.4.3a), S. 22. In anderen Lehrbüchern werden auch hiervon abweichende Normierungsfaktoren benutzt. In dem Falle ändert sich die Symbolenergie bei der Bandpass-Tiefpass-Umsetzung – die Signal-Störverhältnisse bleiben jedoch davon unberührt, so dass die nachfolgenden Ergebnisse ihre Gültigkeit behalten.

Wir berechnen die Leistung des komplexen Rauschens am Matched-Filter-Ausgang. Die spektrale Leistungsdichte des Bandpass-Rauschens auf dem Übertragungskanal ist definiert als

$$S_{N_{BP}N_{BP}}(j\omega) = N_0/2 \quad \text{für} \ -\infty < \omega < \infty. \tag{11.4.8a}$$

Für die Leistungsdichte des Rauschens im äquivalenten Tiefpass-Bereich ergibt sich der doppelte Wert (vgl. Seite 43)

$$S_{NN}(j\omega) = N_0 \quad \text{für} \ -\infty < \omega < \infty, \tag{11.4.8b}$$

der sich gleichmäßig auf Real- und Imaginärteil aufteilt:

$$S_{N'N'}(j\omega) = S_{N''N''}(j\omega) = N_0/2 \ \text{ für} \ -\infty < \omega < \infty. \tag{11.4.8c}$$

Bild 11.4.1 zeigt die Zusammenhänge noch einmal auf.

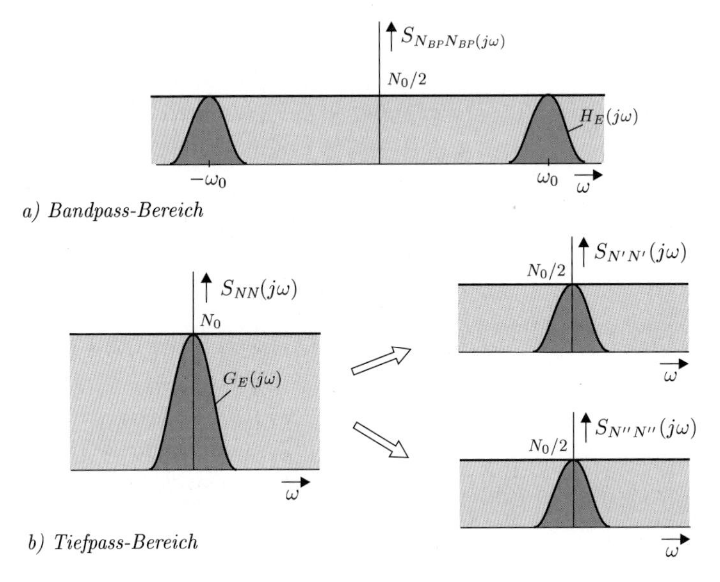

Bild 11.4.1: Spektrale Rauschleistungsdichte im Bandpass- und äquivalenten Tiefpassbereich

Für das komplexe Rauschen am Matched-Filter-Ausgang erhält man somit die Leistung

$$\sigma_N^2 = N_0 \cdot \int_{-\infty}^{\infty} g_S^2(t')\, dt' = \frac{N_0\, \bar{E}_S}{T^2}. \tag{11.4.9}$$

Schließlich lässt sich mit (11.4.7) und (11.4.9) das S/N-Verhältnis am Matched-Filter-Ausgang berechnen.

$$S/N|_{\mathrm{MF}} = \frac{\mathrm{E}\{|r_0(iT)|^2\}}{\sigma_N^2} = \frac{\bar{E}_S^2}{T^2} \cdot \frac{T^2}{N_0\, \bar{E}_S} = \frac{\bar{E}_S}{N_0} \tag{11.4.10}$$

Gegenüber dem Ergebnis (8.3.11) aus Kapitel 8, Seite 255, ist hier die Leistungsdichte im Nenner verdoppelt. Die Erklärung liegt darin, dass im äquivalenten Tiefpass-System komplexwertiges Rauschen mit der Leistungsdichte (11.4.8b) anzusetzen ist. In Tabelle 11.4.1 sind die Verhältnisse für einen reellen und einen komplexen Tiefpasskanal vergleichend gegenübergestellt.

Tabelle 11.4.1: Vergleich reeller und komplexer Kanäle

	$\bar{E}_S$	$r_0(iT)$	σ_N^2	S/N_{MF}
reeller Kanal $d(i) \in \mathbb{R}$	$T^2 \int_{-\infty}^{\infty} g_S^2(t')dt'$	$\frac{\bar{E}_S}{T} \cdot d(i)$	$\frac{N_0 \cdot \bar{E}_S}{2T^2}$	$\frac{\bar{E}_S}{N_0/2}$
komplexer Kanal $d(i) \in \mathbb{C}$	$T^2 \int_{-\infty}^{\infty} g_S^2(t')dt'$	$\frac{\bar{E}_S}{T} \cdot d(i)$	$\frac{N_0 \cdot \bar{E}_S}{T^2}$	$\frac{\bar{E}_S}{N_0}$

11.4.2 Bitfehlerwahrscheinlichkeit bei zweistufigen Signalformen

Erfüllt das Gesamtsystem die erste Nyquistbedingung, so lautet das Empfangssignal nach kohärenter Demodulation und Symbolabtastung gemäß (11.4.7)

$$r(iT) = \frac{\bar{E}_S}{T} \cdot d(i) + n(iT). \tag{11.4.11}$$

Antipodale Modulation. Wir betrachten zunächst ein *antipodales* Signal, also eine BPSK-Übertragung:

$$d(i) \in \{-1, 1\}. \tag{11.4.12}$$

Das Matched-Filter-Ausgangssignal (11.4.11) weist also im ungestörten Zustand die Signalwerte $-E_S/T$ und $+E_S/T$ auf; das Signalraumdiagramm ist in **Bild 11.4.2** dargestellt. Bei gleichen A-priori-Wahrscheinlichkeiten liegt die Entscheidungsschwelle bei null

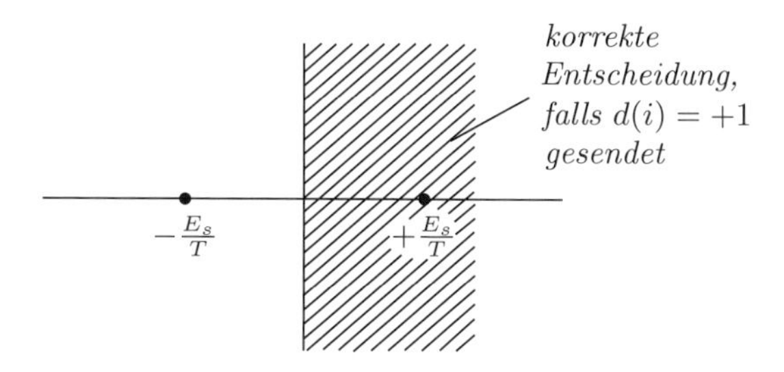

Bild 11.4.2: Geometrische Veranschaulichung einer BPSK-Übertragung

(siehe Erläuterungen zu Bild 8.3.5 auf Seite 261). Eine Fehlentscheidung entsteht offensichtlich dann, wenn diese Schwelle über- oder unterschritten wird: Wurde z.B. $d(i) = +1$ gesendet, dann gilt dies, wenn der Realteil des Rauschens $n'(i)$ den Wert $-E_S/T$ unterschreitet. Umgekehrt führt beim Senden von $d(i) = -1$ das Überschreiten des Wertes

$+E_S/T$ zu einem Fehler. Es werden nun zufällige Daten $D(i)$ mit gleichen A-priori-Wahrscheinlichkeiten angenommen – für die Rauschgröße im äquivalenten Basisband wird ein weißer Zufallsprozess $N(iT) = N'(iT) + jN''(iT)$ mit symmetrischer Verteilung angesetzt. Die Bitfehlerwahrscheinlichkeit kann dann durch

$$\begin{aligned} P_b|_{\text{BPSK}} &= \Pr\{N'(iT) < -E_S/T\} = \Pr\{N'(iT) > +E_S/T\} \qquad (11.4.13) \\ &= \int_{E_S/T}^{\infty} p_{N'}(n')\, dn' \end{aligned}$$

ausgedrückt werden. Für $p_{N'}(n')$ wird eine Gaußverteilung angenommen; damit ergibt sich[4]

$$\begin{aligned} P_b|_{\text{BPSK}} &= \frac{1}{\sqrt{2\pi}} \frac{1}{\sigma_{N'}} \int_{E_S/T}^{\infty} e^{-n'^2/2\sigma_{N'}^2} dn' = \frac{1}{\sqrt{\pi}} \int_{E_S/(T\sqrt{2}\sigma_{N'})}^{\infty} e^{-x^2} dx \\ &= \frac{1}{2} \operatorname{erfc}\left(\frac{E_S}{T\sqrt{2}\sigma_{N'}}\right) = \frac{1}{2} \operatorname{erfc}\left(\sqrt{\frac{E_S^2}{2T^2\sigma_{N'}^2}}\right). \qquad (11.4.14) \end{aligned}$$

Setzt man hier $\sigma_{N'}^2 = \sigma_N^2/2$ nach (11.4.9) ein, so erhält man schließlich

$$P_b|_{\text{BPSK}} = \frac{1}{2} \operatorname{erfc}\left(\sqrt{\frac{E_S^2}{T^2 N_0 E_S/T^2}}\right) = \frac{1}{2} \operatorname{erfc}\left(\sqrt{\frac{E_S}{N_0}}\right). \qquad (11.4.15)$$

Es ergibt sich der bereits bekannte Ausdruck (8.3.37), Seite 263, für bipolare (antipodale) Übertragung über *reelle* Kanäle – dies ist insofern nicht verwunderlich, als hier im Falle der BPSK-Übertragung nur der *Realteil* des äquivalenten Tiefpass-Rauschprozesses zur Wirkung kommt.

Orthogonale Modulationsform. Als weiteres Beispiel einer zweistufigen Übertragung wird eine Modulation mit dem Symbolalphabet

$$d(i) \in \{j,\, 1\} \qquad (11.4.16a)$$

betrachtet. Aus der Bedingung (9.1.22), Seite 283, geht hervor, dass es sich hierbei um eine *orthogonale* Modulationsform handelt. Für das Matched-Filter-Ausgangssignal gilt mit (11.4.11)

$$r(iT) \in \left\{ j\,\frac{E_S}{T},\, \frac{E_S}{T} \right\}. \qquad (11.4.16b)$$

Die geometrische Veranschaulichung in **Bild 11.4.3** zeigt, dass die Ergebnisse für die antipodale Übertragung hier übernommen werden können: Betrachtet man die gestrichelt eingetragene 45°-Linie als Entscheidungsgrenze, so ist der Realteil des in der Phase um 45° gedrehten Rauschens

$$\tilde{n}(iT) = n(iT) \cdot e^{j\pi/4}$$

ausschlaggebend für Fehlentscheidungen – wegen der Rotationsinvarianz komplexen Rauschens werden die Eigenschaften durch die Phasendrehung nicht verändert.

[4] $\operatorname{erfc}(x) = \frac{2}{\sqrt{\pi}} \int_x^{\infty} \exp(-x'^2) dx'$

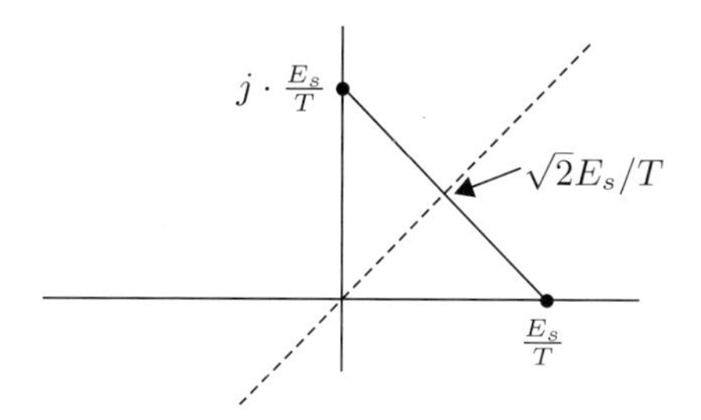

Bild 11.4.3: Geometrische Veranschaulichung einer orthogonalen Modulation

Ersetzt man in (11.4.14) E_S durch $E_S/\sqrt{2}$, so ergibt sich zunächst

$$P_b\big|_{\text{orthogonal}} = \frac{1}{2}\,\text{erfc}\left(\sqrt{\frac{E_S^2}{4T^2\sigma_{N'}^2}}\right). \tag{11.4.17a}$$

Die Rauschleistung $\sigma_{N'}^2 = \sigma_N^2/2$ kann von (11.4.9) übernommen werden, woraus schließlich für orthogonale Modulation folgt

$$P_b\big|_{\text{orthogonal}} = \frac{1}{2}\,\text{erfc}\left(\sqrt{\frac{E_S}{2N_0}}\right). \tag{11.4.17b}$$

Das Argument der erfc-Funktion enthält hier gegenüber der Formel (11.4.15) den Faktor 1/2:

- *Die orthogonale Modulation weist gegenüber der antipodalen einen S/N-Verlust von 3 dB auf.*

Die Bitfehlerwahrscheinlichkeits-Kurven für BPSK und orthogonale Modulation sind in **Bild 11.4.7** auf Seite 381 wiedergegeben.

11.4.3 Bit-Zuordnung bei höherstufigen Modulationsverfahren

Bei M-stufigen Modulationsverfahren sind, wie in Kapitel 9 ausgeführt, jedem Symbol ld(M) bit (Bit-Tupel) zuzuordnen. Bislang wurde keine besondere Zuordnungsvorschrift (*Bit-Mapping*) angegeben. Im Falle von Symbol-Fehlentscheidungen können – je nach Bit-Zuordnung – unterschiedlich viele Bits verfälscht werden. Ein günstiger Ansatz für das Bit-Mapping ist die bekannte *Gray-Codierung.* Dabei wird unterstellt, dass eine Fehlentscheidung mit weitaus höherer Wahrscheinlichkeit auf *benachbarte Symbole* führt als auf weiter entfernte. Die Gray-Codierung wird deshalb so festgelegt, dass benachbarte Symbole sich in ihrer Bit-Zuordnung jeweils nur *um ein Bit unterscheiden;* dadurch entsteht im Falle einer Fehlentscheidung mit hoher Wahrscheinlichkeit nur *ein* Bitfehler.

Die Graycodierungen für QPSK und 8-PSK sind in den Bildern 11.4.4a,b dargestellt. Bei QPSK besteht die Besonderheit, dass die beiden Dibit jeweils getrennt den Real- und den Imaginärteil bestimmen; QPSK setzt sich also aus zwei unabhängigen BPSK-Signalen zusammen, wovon bei der Herleitung der QPSK-Bitfehlerrate im nächsten Abschnitt Gebrauch gemacht wird.

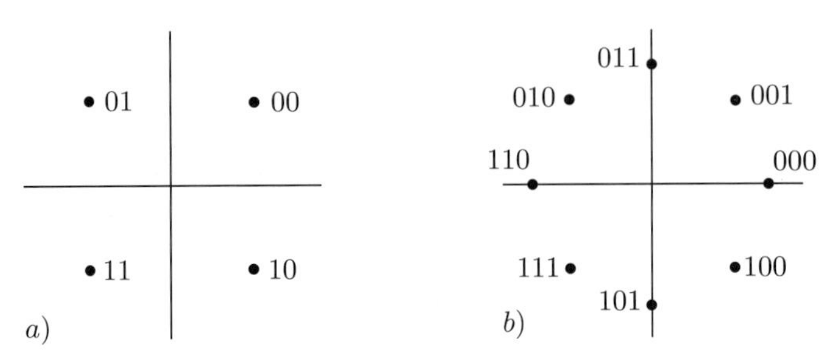

Bild 11.4.4: Gray-Codierung a)Dibit-Zuordnung bei QPSK ($\lambda = \pi/4$)
b)Tribit-Zuordnung bei 8-PSK

Die Gray-Codierung für eine 16-QAM-Modulation ist in Tabelle 11.4.2 wiedergegeben. Wie auch bei QPSK lassen sich hier Real- und Imaginärteile der Symbole durch getrennte Bitgruppen identifizieren: Die Dibit rechts vom Trennstrich „|" definieren die vier Werte des Realteils, während die vier Werte des Imaginärteils von den Dibit links des Trennstrichs bestimmt sind. In Tabelle 11.4.2 sind die mit eingetragenen Bit-Zuordnungen für QPSK fett hervorgehoben; sie decken sich mit den Zuordnungen in Bild 11.4.4a.

Tabelle 11.4.2: Gray-Code für 16-QAM

Im↓ Re→	-3	-1	+1	+3
+3	00|10	00|11	00|01	00|00
+1	01|10	**01|11**	**01|01**	01|00
-1	11|10	**11|11**	**11|01**	11|00
-3	10|10	10|11	10|01	10|00

Aufgrund der der Gray-Codierung zugrunde liegenden Annahme, dass jeweils nur Fehlentscheidungen zwischen benachbarten Symbolen stattfinden, ergibt sich zwischen der Symbolfehlerwahrscheinlichkeit P_S und der mittleren Bitfehlerwahrscheinlichkeit der einfache Zusammenhang

$$P_b \approx \frac{1}{\mathrm{ld}(M)} P_S. \tag{11.4.18}$$

Die Näherung besteht darin, dass Doppelbitfehler, hervorgerufen durch Symbolfehler zwischen nicht benachbarten Symbolen, vernachlässigt werden. Diese Annahme ist für hohe bis mittlere Signal-Rauschverhältnisse zutreffend, verliert jedoch mit wachsender Rauschleistung zunehmend ihre Gültigkeit. Eine exakte Bestimmung der Bitfehlerwahrscheinlichkeit kann auf folgende Weise durchgeführt werden.

Man legt das in **Bild 11.4.5** für das Beispiel $M = 4$ dargestellte Modell eines diskreten gedächtnislosen Kanals zugrunde, das die Übergangswahrscheinlichkeiten $P_{\nu\mu}$ zwischen den Sendesymbolen d_μ und den am Empfänger detektierten Symbolen r_ν, $\nu,\mu \in \{0,\cdots,M-1\}$ enthält:

$$P_{\nu\mu} = \Pr\left\{\hat{R}(iT) = r_\nu \,|\, D(i) = d_\mu\right\}. \tag{11.4.19}$$

Bezeichnet man mit $w_{\nu\mu}$ die Anzahl der unterschiedlichen Bits in den den Symbolen

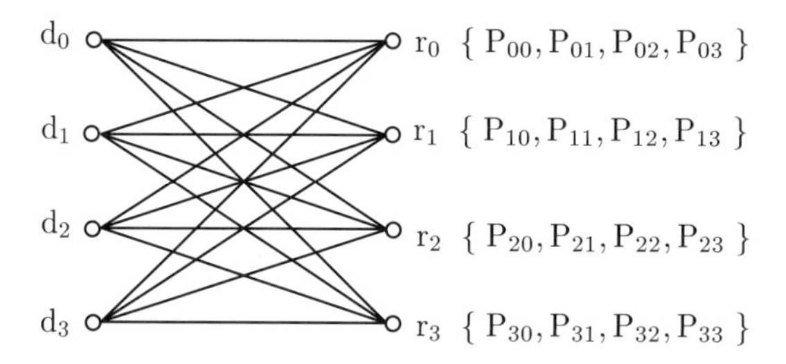

Bild 11.4.5: Übergangswahrscheinlichkeiten für QPSK

d_ν und d_μ zugeordneten Bit-Tupeln, das sogenannte *Hamming-Gewicht*, so lautet die Formulierung der mittleren Bitfehler-Wahrscheinlichkeit

$$P_b = \frac{1}{\mathrm{ld}(M)} \sum_{\mu=0}^{M-1} P(\mu) \sum_{\nu=0}^{M-1} w_{\nu\mu}\, P_{\nu\mu}; \tag{11.4.20}$$

$P(\mu)$ bezeichnet hierbei die A-priori-Wahrscheinlichkeit für das Senden des μ-ten Sendesymbols – sind alle M Symbole gleich wahrscheinlich, so gilt $P(\mu) = 1/M$. Die Übergangswahrscheinlichkeiten $P_{\nu\mu}$ hängen von dem konkreten Modulationsverfahren und vom Übertragungskanal ab.

Bei der Auswertung von (11.4.20) sind im Allgemeinen Symmetrieeigenschaften des jeweils betrachteten Modulationsalphabets auszunutzen, wodurch die Rechnung vielfach stark vereinfacht werden kann. Wir verdeutlichen dies anhand einer M-stufigen PSK-Modulation. Wegen der Rotationssymmetrie der Signalraum-Konstellation hängen die Übergangswahrscheinlichkeiten nicht von der absoluten Phasenlage des Sendesymbols ab, so dass man für ihre Beschreibung ohne den Index μ auskommt – der Index ν gibt die Phasendifferenz zwischen dem entschiedenen Empfangssymbol und dem Sendesymbol als ganzzahliges Vielfaches von $2\pi/M$ an. Es gilt also

$$P_\nu = \Pr\left\{\hat{R}(iT) = r_{(\nu+\mu)\,\mathrm{mod}M} \,|\, D(i) = d_\mu\right\}. \tag{11.4.21}$$

Zur Berechnung der Bitfehlerwahrscheinlichkeit benötigt man wieder das Hamming-Gewicht zwischen gesendetem und entschiedenem Symbol. Trotz der Rotationssymmetrie des Phasenraumes kann bei festgelegtem $\nu \geq 2$ die Anzahl unterschiedlicher Bits vom absoluten Sendesymbol abhängen (siehe z.B. 8-PSK in Bild 11.4.4b); daher wird der Mittelwert über alle Symbole d_μ eingesetzt.

$$\bar{w}_\nu = \frac{1}{M} \sum_{\mu=0}^{M-1} w_{\nu\mu} \,, \tag{11.4.22}$$

Die mittlere Bitfehlerwahrscheinlichkeit ergibt sich nun durch Aufsummieren aller mit den zugehörigen $\bar{w}_\nu$ gewichteten Fehlerwahrscheinlichkeiten[5] P_ν

$$P_b = \frac{1}{\mathrm{ld}(M)} \sum_{\nu=1}^{M-1} \bar{w}_\nu \cdot P_\nu \,. \tag{11.4.23}$$

Zum Abschluss soll noch auf eine für höherstufige Modulationsverfahren angewendete normierte Darstellung des Signal-Störverhältnisses hingewiesen werden. Wie im letzten Abschnitt gezeigt wurde, lässt sich die Bitfehlerwahrscheinlichkeit bei zweistufigen Übertragungsverfahren geschlossen in Abhängigkeit vom E_S/N_0-Verhältnis angeben. Bei M-stufiger Modulation ist es zweckmäßig, das S/N-Maß auf die *Anzahl der mit jedem Symbol übertragenen Bits zu normieren.* Man definiert der E_b/N_0-Verhältnis

$$\frac{E_b}{N_0} = \frac{1}{\mathrm{ld}(M)} \cdot \frac{\bar{E}_S}{N_0} = \frac{T^2}{\mathrm{ld}(M) \cdot N_0} \cdot \int_{-\infty}^{\infty} g_S^2(t')\, dt'. \tag{11.4.24}$$

11.4.4 Bit- und Symbolfehlerwahrscheinlichkeit für QPSK

Bitfehlerwahrscheinlichkeit. Wir betrachten ein QPSK-Signal mit der Phasenlage $\lambda = \pi/4$. Wird eine Gray-Codierung gemäß Bild 11.4.4 verwendet, so ist offensichtlich, dass eines der beiden den Symbolen zugeordneten Bits den Realteil und das andere unabhängig davon den Imaginärteil bestimmt. Das QPSK-Signal besteht also aus zwei *unabhängigen BPSK-Signalen* – somit kann die in (11.4.15) angegebene Fehlerwahrscheinlichkeit als Bitfehlerwahrscheinlichkeit für QPSK übernommen werden. Dabei ist allerdings zu berücksichtigen, dass sich die QPSK-Symbolenergie *zu gleichen Teilen auf Real- und Imaginärteil aufteilt;* es gilt gemäß (11.4.24)

$$\frac{E_b}{N_0} = \frac{1}{\mathrm{ld}(M)} \cdot \frac{E_S}{N_0} = \frac{1}{2} \cdot \frac{E_S}{N_0}. \tag{11.4.25}$$

Setzt man diese Beziehung in (11.4.15) ein, so erhält man die Bitfehlerwahrscheinlichkeit für QPSK

$$P_b|_{\mathrm{QPSK}} = \frac{1}{2} \cdot \mathrm{erfc}\left(\sqrt{\frac{E_S}{2N_0}}\right) = \frac{1}{2} \cdot \mathrm{erfc}\left(\sqrt{\frac{E_b}{N_0}}\right). \tag{11.4.26}$$

[5] Der Summationsindex beginnt hier mit $\nu = 1$, da der Übergang $\nu = 0$ die korrekte Entscheidung beinhaltet.

Dieser Ausdruck gilt unter der Voraussetzung einer Gray-Codierung exakt; die Fehlerwahrscheinlichkeiten für die beiden Dibit sind identisch.

Symbolfehlerwahrscheinlichkeit. Zur Herleitung der Symbolfehlerwahrscheinlichkeit wird zunächst die Wahrscheinlichkeit für eine *korrekte* Entscheidung ermittelt. Dazu betrachte man das **Bild 11.4.6**. Ist das Datum $d_0 = (1+j)/\sqrt{2}$ gesendet worden, so muss das empfangene Signal[6] für eine korrekte Detektion offenbar im schraffierten Bereich liegen: Real- und Imaginärteil des Rauschens dürfen also die Entscheidungsschwelle $-E_S/(\sqrt{2}T) = -\sqrt{2}E_b/T$ nicht unterschreiten. Da Real-und Imaginärteil des Rauschens unabhängig sind, lautet die Wahrscheinlichkeit der korrekten Entscheidung also

$$\begin{aligned} P_c &= \Pr\{N' > -\sqrt{2}\,E_b/T\} \cdot \Pr\{N'' > -\sqrt{2}\,E_b/T\} \\ &= \Pr\{N' < \sqrt{2}\,E_b/T\} \cdot \Pr\{N'' < \sqrt{2}\,E_b/T\}. \end{aligned} \tag{11.4.27}$$

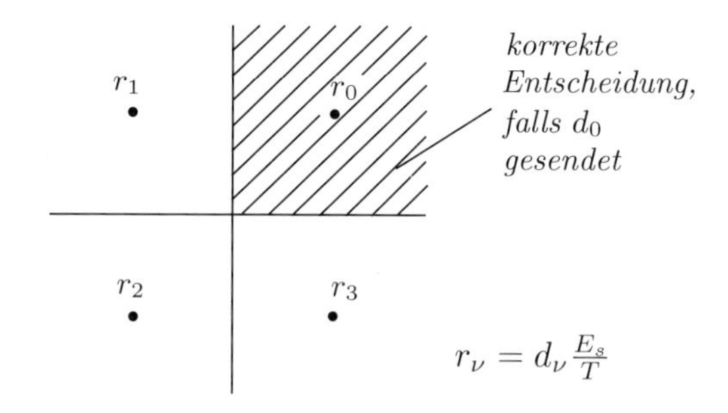

Bild 11.4.6: Geometrische Veranschaulichung einer QPSK-Übertragung

Setzt man für Real- und Imaginärteil des Rauschens gaußverteilte Prozesse an, so erhält man nach (11.4.14) mit Einsetzen von (11.4.9)

$$\Pr\{N' < \sqrt{2}\,E_b/T\} = \Pr\{N'' < \sqrt{2}\,E_b/T\} = 1 - \frac{1}{2}\mathrm{erfc}\left(\sqrt{\frac{E_b}{N_0}}\right) \tag{11.4.28}$$

und damit

$$P_c = \left[1 - \frac{1}{2}\mathrm{erfc}\left(\sqrt{\frac{E_b}{N_0}}\right)\right]^2. \tag{11.4.29}$$

Aus der Wahrscheinlichkeit für eine korrekte Entscheidung ergibt sich die Wahrscheinlichkeit für eine Fehlentscheidung, also die Symbolfehlerwahrscheinlichkeit, aus

$$\begin{aligned} P_S|_{\mathrm{QPSK}} &= 1 - P_c = 1 - \left[1 - \frac{1}{2}\mathrm{erfc}\left(\sqrt{\frac{E_b}{N_0}}\right)\right]^2 \\ &= \mathrm{erfc}\left(\sqrt{\frac{E_b}{N_0}}\right) - \frac{1}{4}\left[\mathrm{erfc}\left(\sqrt{\frac{E_b}{N_0}}\right)\right]^2. \end{aligned} \tag{11.4.30}$$

[6]Nach (11.4.7) gilt für das ungestörte Empfangssignal $r_0(iT) \in \frac{E_S}{T} \cdot \frac{1}{\sqrt{2}}\{\pm 1, \pm j\}$.

In (11.4.18) wurde der einfache Zusammenhang zwischen mittlerer Bit- und Symbolfehlerwahrscheinlichkeit $P_b \approx P_S/\mathrm{ld}(M)$ angegeben, der auf der Vernachlässigung von Doppelbitfehlern basiert. Vergleicht man (11.4.26) und (11.4.30), so gilt dieser Zusammenhang offenbar nur unter Vernachlässigung des quadratischen Terms in der Symbolfehlerwahrscheinlichkeit. Hieraus kann der Schluss gezogen werden, dass die Wahrscheinlichkeit von Doppelbitfehlern durch den Term

$$\big(P_b\big)^2 = \frac{1}{4}\left[\mathrm{erfc}\left(\sqrt{\frac{E_b}{N_0}}\right)\right]^2 \tag{11.4.31}$$

beschrieben wird. Dieses Ergebnis ist plausibel, da Doppelbitfehler mit der Verbundwahrscheinlichkeit von zwei gleichzeitig auftretenden Bitfehlern beschrieben werden. Für hohe bis mittlere Signal-Rauschabstände ist diese Wahrscheinlichkeit vernachlässigbar.

Bild 11.4.7 zeigt für die QPSK-Symbolfehlerwahrscheinlichkeit die Auswertung der exakten Formulierung (11.4.30) sowie die Näherung (11.4.26) im Vergleich. Sichtbare Abweichungen ergeben sich nur unterhalb von $E_b/N_0 = -2$ dB.

Weiterhin sind die *Bit*fehlerraten für BPSK und QPSK mit in das Diagramm eingetragen; beide sind gemäß der vorangegangenen Herleitung identisch.

- *Die Identität von BPSK- und QPSK-Fehlerwahrscheinlichkeiten gilt jedoch nur für die Auftragung über E_b/N_0, was ein aus der Informationstheorie begründetes Maß darstellt, da hierbei die pro Symbol übertragene Information berücksichtigt wird. Legt man das physikalische Signal-zu-Störverhältnis, also das am Matched-Filter-Ausgang gemessene E_S/N_0 zugrunde, so enthält QPSK gegenüber BPSK einen S/N-Verlust von 3 dB, was genau der mit eingetragenen Kurve der zweistufigen orthogonalen Modulation entspricht.*

11.4.5 Näherungslösung für höherstufige PSK-Übertragung

Für höherstufige PSK-Signale existiert nur für 8-PSK eine geschlossene Lösung für die mittlere Bitfehlerwahrscheinlichkeit [Pro01].

$$\begin{aligned} P_b|_{\text{8-PSK}} &= \frac{1}{3}\,\mathrm{erfc}\left(\sqrt{3\frac{E_b}{N_0}}\sin\big(\frac{\pi}{8}\big)\right)\left[1-\frac{1}{2}\mathrm{erfc}\left(\sqrt{3\frac{E_b}{N_0}}\sin\big(\frac{3\pi}{8}\big)\right)\right] \\ &+ \frac{1}{3}\,\mathrm{erfc}\left(\sqrt{3\frac{E_b}{N_0}}\sin\big(\frac{3\pi}{8}\big)\right) \end{aligned} \tag{11.4.32}$$

Bei $M > 8$ ist man auf numerische Integralauswertungen oder auf Näherungen angewiesen. Im Folgenden wird eine Näherungslösung hergeleitet, die die realen Verhältnisse sehr gut beschreibt. Wir ermitteln zunächst die Symbolfehlerwahrscheinlichkeit und betrachten das **Bild 11.4.8a**, das den Ausschnitt eines PSK-Signals mit entsprechenden

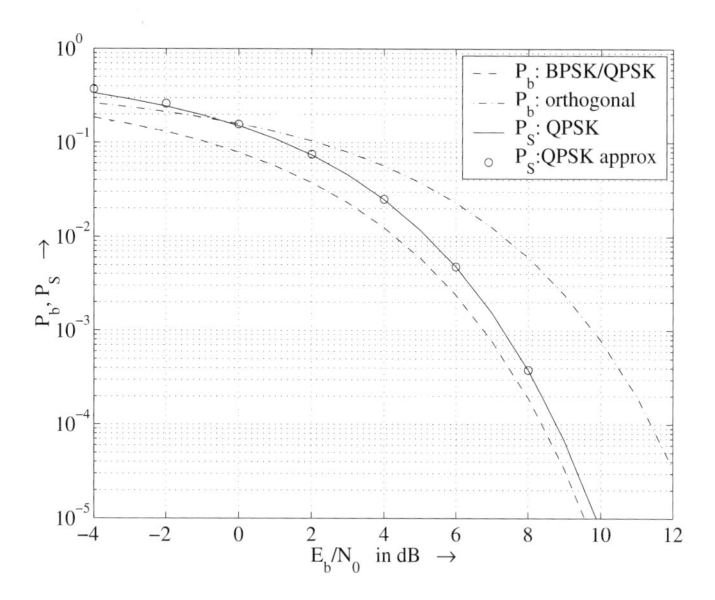

Bild 11.4.7: Symbol- und Bitfehlerwahrscheinlichkeit für zweistufige und vierstufige Modulationsformen

Entscheidungsgrenzen wiedergibt. Ohne Beschränkung der Allgemeinheit kann die Fehlerwahrscheinlichkeit bezüglich des gesendeten Signalpunktes d_0 berechnet werden, da aus Symmetriegründen die Fehlerwahrscheinlichkeiten für alle anderen PSK-Punkte identisch sind. Eine Fehlentscheidung ergibt sich, wenn der empfangene Signalwert in das schraffierte Gebiet fällt. Vereinfacht man die Betrachtung dahingehend, dass man eine Fehlentscheidung unter der Voraussetzung annimmt, dass *entweder die Winkelhalbierende w_0 überschritten oder die Winkelhalbierende w_{M-1} unterschritten wird*, so ist offensichtlich das doppelt schraffierte Fehlentscheidungsgebiet fälschlicherweise *zweifach berücksichtigt*; die so gewonnene Abschätzung müsste also eine zu hohe Fehlerwahrscheinlichkeit, also eine obere Abschätzung ergeben. Das doppelt schraffierte Gebiet wird aber nur bei sehr geringem S/N-Verhältnis erreicht, so dass eine sehr genaue Näherung erwartet werden kann.

Da die Wahrscheinlichkeiten für das Überschreiten von w_0 und das Unterschreiten von w_{M-1} aus Symmetriegründen identisch sind, wird nur eine der beiden berechnet. **Bild 11.4.8b** zeigt, dass dies auf einfache Weise durch eine Koordinatendrehung um π/M ermöglicht wird – das komplexe Rauschsignal verändert dabei aufgrund der Rotationsinvarianz seine statistischen Eigenschaften nicht. Ein Fehlerereignis ergibt sich unter der Bedingung

$$n'' > \frac{\Delta r}{2} = \frac{E_S}{T} \cdot \sin(\pi/M), \tag{11.4.33}$$

wobei n'' den Imaginärteil des Rauschens am Entscheidereingang beschreibt. Setzt man hierfür einen Gaußprozess mit $\sigma^2_{N''} = \sigma^2_N/2$ an, so erhält man für die Symbolfehlerwahr-

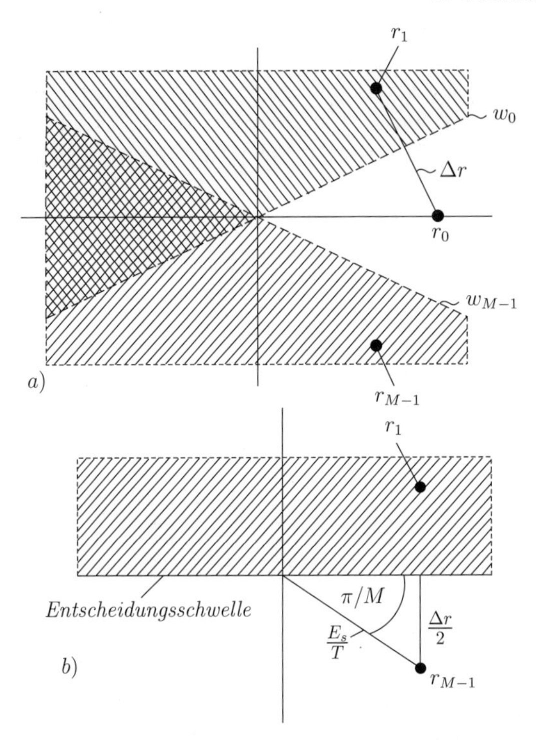

Bild 11.4.8: Näherungslösung für die M-PSK-Fehlerwahrscheinlichkeit
a) Entscheidungsgrenzen, b) gedrehter Signalraum

scheinlichkeit

$$P_S|_{\text{M-PSK}} \approx \tilde{P}_S|_{\text{M-PSK}} = 2 \cdot \Pr\{N'' \geq \frac{\Delta r}{2}\} = \frac{2}{\sqrt{2\pi}} \frac{\sqrt{2}}{\sigma_N} \int_{\Delta r/2}^{\infty} e^{-n^2/\sigma_N^2} dn$$

$$= \frac{2}{\sqrt{\pi}} \int_{\Delta r/2\sigma_N}^{\infty} e^{-x^2}\, dx = \text{erfc}\left(\frac{\Delta r}{2\sigma_N}\right). \tag{11.4.34}$$

Setzt man hier für $\Delta r/2$ die Beziehung (11.4.33) ein, so ergibt sich mit (11.4.9)

$$\tilde{P}_S|_{\text{M-PSK}} = \text{erfc}\left(\sqrt{\frac{E_S}{N_0}} \cdot \sin\left(\frac{\pi}{M}\right)\right) = \text{erfc}\left(\sqrt{\text{ld}(M)\,\frac{E_b}{N_0}} \cdot \sin\left(\frac{\pi}{M}\right)\right) \tag{11.4.35}$$

Bei Verwendung einer Gray-Codierung erhält man hieraus unter Vernachlässigung von Mehrfach-Bitfehlern pro Symbol mit (11.4.18) die Bitfehlerwahrscheinlichkeit

$$P_b|_{\text{M-PSK}} \approx \tilde{P}_b|_{\text{M-PSK}} = \frac{1}{\text{ld}(M)} \cdot \text{erfc}\left(\sqrt{\text{ld}(M)\,\frac{E_b}{N_0}} \cdot \sin\left(\frac{\pi}{M}\right)\right) \tag{11.4.36}$$

Die Güte dieser Näherung lässt sich anhand der Fälle überprüfen, deren exakte Fehlerwahrscheinlichkeiten bekannt sind. So gilt für ein *BPSK-Signal* die Beziehung (11.4.15) auf Seite 374. Setzt man in (11.4.36) den Wert $M = 2$ ein, so ergibt sich

$$\tilde{P}_b|_{\text{BPSK}} = \text{erfc}\left(\sqrt{\frac{E_b}{N_0}}\right), \tag{11.4.37a}$$

also gegenüber (11.4.15) eine Abweichung um den Faktor 2 im Vorfaktor, während das Argument der erfc-Funktion korrekt wiedergegeben wird[7].

Wir betrachten weiterhin den Fall $M = 4$, d.h. QPSK, und vergleichen zunächst die Ausdrücke für die Symbolfehlerwahrscheinlichkeit. Die Näherungs-Gleichung (11.4.35) liefert hierfür

$$\tilde{P}_S|_{\text{QPSK}} = \text{erfc}\left(\sqrt{2\frac{E_b}{N_0}} \cdot \frac{1}{\sqrt{2}}\right) = \text{erfc}\left(\sqrt{\frac{E_b}{N_0}}\right). \tag{11.4.37b}$$

Gegenüber (11.4.30) fehlt hier offenbar der quadratische Term, der die Fälle der Doppelbitfehler beinhaltet – nach Bild 11.4.7 ist dieser Term für E_b/N_0-Werte oberhalb von -2dB zu vernachlässigen. Die Bitfehlerwahrscheinlichkeit der Näherung (11.4.36) stimmt für $M = 4$ mit dem exakten Ausdruck (11.4.26)) überein.

Schließlich kann die Näherungsmethode noch anhand der 8-PSK überprüft werden, da auch hierfür mit (11.4.32) eine exakte Lösung vorliegt. Setzt man in (11.4.36) $M = 8$ ein, so ergibt sich

$$\tilde{P}_b|_{\text{8-PSK}} = \frac{1}{3} \cdot \text{erfc}\left(\sqrt{3\frac{E_b}{N_0}} \cdot \sin\left(\frac{\pi}{8}\right)\right), \tag{11.4.37c}$$

also der erste Term in (11.4.32), während quadratische erfc-Ausdrücke und solche mit dreifachem Argument vernachlässigt werden.

Ungleichmäßige Fehlerwahrscheinlichkeiten der 8-PSK-Tribit. Während bei QPSK die Fehlerwahrscheinlichkeiten für die beiden Dibit identisch sind, gilt dies für die Tribit bei 8-PSK nicht. Berücksichtigt man nur Fehlentscheidungen zwischen benachbarten Symbolen, so sind für jede der acht Phasenlagen zwei verschiedene Fehlerereignisse, insgesamt also 16 Fehler möglich. Dabei wird im Sinne der Gray-Codierung jeweils nur ein Bit verfälscht. Die zugehörigen Bitfehler sind in Tabelle 11.4.3 wiedergegeben: danach wird das Bit b_0 achtmal, die Bits b_1 und b_2 jedoch nur jeweils viermal verfälscht.

Für die individuellen Bitfehler ergibt sich demgemäß

$$P_b|_{b_0} = \frac{1}{2} \cdot \text{erfc}\left(\sqrt{3\frac{E_b}{N_0}} \cdot \sin\left(\frac{\pi}{8}\right)\right) \tag{11.4.38a}$$

$$P_b|_{b_1} = P_b|_{b_2} = \frac{1}{4} \cdot \text{erfc}\left(\sqrt{3\frac{E_b}{N_0}} \cdot \sin\left(\frac{\pi}{8}\right)\right); \tag{11.4.38b}$$

[7]Ein Faktor im *Argument* der erfc-Funktion bewirkt bei logarithmischer Darstellung eine *horizontale Verschiebung*, was wegen der großen Steilheit erheblich größere Verfälschungen hervorrufen würde als ein Faktor *vor* der erfc-Funktion.

Tabelle 11.4.3: Bitfehler (•) bei 8-PSK

m	0	1	2	3	4	5	6	7	Σ
b_0	•	•	•	•	•	•	•	•	8
b_1		•	•			•	•		4
b_2	•			•	•			•	4

als Mittelwert erhält man den Ausdruck (11.4.37c). Ungleichmäßig verteilte Bitfehlerwahrscheinlichkeiten ergeben sich auch bei 32-PSK, M-ASK und M-QAM für $M \geq 16$.

Die Genauigkeit der in diesem Abschnitt erläuterten Näherung zur Berechnung von M-PSK-Symbolfehlerwahrscheinlichkeiten wird wie schon erwähnt durch die zweimalige Erfassung des doppelt schraffierten Bereichs in Bild 11.4.8a eingeschränkt. Da dieser Bereich mit zunehmender Stufigkeit M, d.h. mit geringer werdendem Öffnungswinkel der Entscheidungsgraden, immer kleiner wird, nimmt die Genauigkeit der Näherung (11.4.36) mit wachsendem M zu. In **Bild 11.4.9** werden die Bitfehlerkurven für M-stufige PSK-Signale über E_b/N_0 dargestellt. Wie schon erwähnt sind die Bitfehlerraten für BPSK und QPSK bei dieser Darstellung identisch (siehe Kommentar auf Seite 380). BPSK/QPSK und 8-PSK werden nach den geschlossenen Lösungen (11.4.15) und (11.4.32) errechnet. In die 8-PSK-Kurve sind die Näherungswerte nach (11.4.37c) eingetragen – Abweichungen sind nur unterhalb von 0 dB erkennbar. Die Kurven für 16- und 32-PSK basieren auf der Näherungsformel (11.4.36).

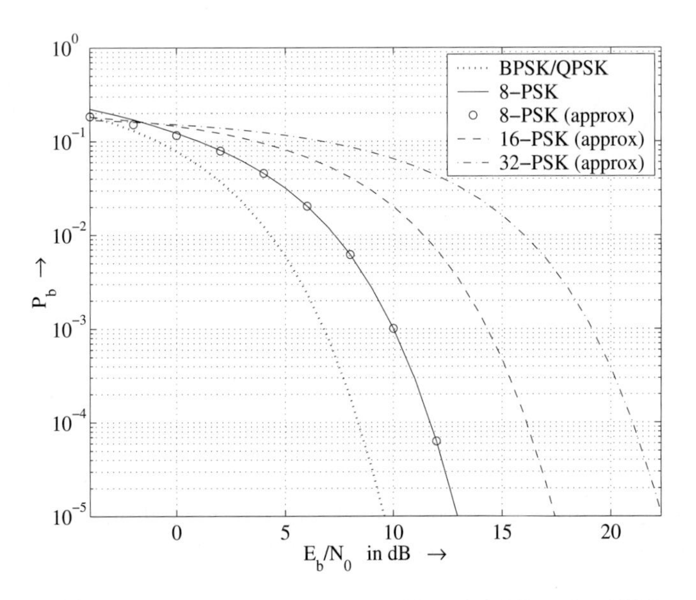

Bild 11.4.9: Bitfehlerwahrscheinlichkeit für M-stufige PSK

Aus den Kurven in Bild 11.4.9 lässt sich der Verlust im E_b/N_0-Verhältnis gegenüber BPSK ermitteln. Unter Zugrundelegung einer Bitfehlerrate von 10^{-5} sind diese Werte in Tabelle 11.4.4 zusammengestellt. Bei der Interpretation dieser S/N-Verluste ist wiederum der Kommentar auf Seite 380 zu beachten.

Tabelle 11.4.4: E_b/N_0-Verlust von M-PSK gegenüber BPSK bei gleicher Bitfehlerwahrscheinlichkeit $P_b = 10^{-5}$

M	4	8	16	32
$\Delta(E_b/N_0)\vert_{dB}$	0 dB	3,4 dB	8,0 dB	12,7 dB

Kohärente DPSK-Demodulation. In Abschnitt 9.1.4 wurde erläutert, dass wegen der Phasenunsicherheit von $2\pi/M$, die in den Trägerregelschaltungen auftritt, im Allgemeinen *differentielle* Phasenmodulationsverfahren angewendet werden. Werden diese Signale kohärent demoduliert – etwa wie in Bild 10.1.2 für die DQPSK dargestellt – so wirkt sich ein einzelner Symbolfehler in der dem Entscheider folgenden Decodierung zweimal aus. Dazu betrachten wir die Folge entschiedener Phasenwerte

$$\cdots, \varphi(i-2),\ \varphi(i-1),\ \breve{\varphi}(i),\ \varphi(i+1),\ \varphi(i+2), \cdots$$

und nehmen zum Zeitpunkt i eine einzelne Fehlentscheidung $\breve{\varphi}(i) \neq \varphi(i)$ an. Die Folge am Decoder-Ausgang lautet dann

$$\cdots, [\varphi(i-1) - \varphi(i-2)],\ [\breve{\varphi}(i) - \varphi(i-1)],\ [\varphi(i+1) - \breve{\varphi}(i)],\ [\varphi(i+2) - \varphi(i+1)], \cdots$$

Sie enthält den Entscheidungsfehler zweimal: die Symbolfehlerrate wird also im Decoder *verdoppelt.* Unter der Voraussetzung jeweils einfach auftretender Initialfehler[8] gilt also

$$P_S\big|^{\text{koh.}}_{\text{M-DPSK}} = 2 \cdot P_S\big|_{\text{M-PSK}}. \tag{11.4.39}$$

Wird eine Gray-Codierung angewendet, so wird bei hohen bis mittleren E_b/N_0-Verhältnissen mit jedem Symbolfehler nur ein Bit verfälscht – die Bitfehlerwahrscheinlichkeit lautet dann mit (11.4.36)

$$\begin{aligned} P_b\big|^{\text{koh.}}_{\text{M-DPSK}} &= 2 \cdot P_b\big|_{\text{M-PSK}} \\ &\approx \frac{2}{\text{ld}(M)} \cdot \text{erfc}\left(\sqrt{\text{ld}(M)\,\frac{E_b}{N_0}} \cdot \sin\left(\frac{\pi}{M}\right)\right). \end{aligned} \tag{11.4.40}$$

Numerische Auswertungen dieser Gleichung finden sich in **Bild 11.4.14** auf Seite 391 in der Gegenüberstellung mit der inkohärenten DPSK-Demodulation.

[8]Treten mehrfach nacheinander Initialfehler auf, so reduziert sich die Anzahl der Folgefehler am Decoderausgang.

11.4.6 Quadratur-Amplituden-Modulation (QAM)

Die Herleitung der Symbolfehlerwahrscheinlichkeit für ein M-stufiges QAM-Signal erfolgt über die Fehlerwahrscheinlichkeit des Real- bzw. Imaginärteils. Diese können als $\sqrt{M}$-stufige ASK-Signale mit den Amplitudenstufen

$$d'_{\sqrt{M}\text{-ASK}}(i) \in \underbrace{\sqrt{\frac{3}{2(M-1)}}}_{\triangleq A}\{\pm 1,\ \pm 3,\ \cdots, \pm(\sqrt{M}-1)\} \tag{11.4.41a}$$

geschrieben werden – der Faktor A ergibt sich gemäß (9.1.9d) auf Seite 275 wegen der Normierung des M-QAM-Signals auf die Leistung eins. Am Empfänger erhält man dann das Signal

$$r'_{\sqrt{M}\text{-ASK}}(iT) \in A \cdot \frac{\bar{E}_S}{T} \cdot \{\pm 1,\ \pm 3,\ \cdots, \pm(\sqrt{M}-1)\}, \tag{11.4.41b}$$

wobei $\bar{E}_S$ die mittlere Energie eines QAM-Symbols beschreibt. Zur Formulierung der Fehlerwahrscheinlichkeit hat man zwischen den $\sqrt{M}-2$ „inneren" und den beiden „äußeren" Punkten des ASK-Signals zu unterscheiden. In **Bild 11.4.10** sind die Fehlergebiete schraffiert gekennzeichnet. Für jeden der inneren Punkte gilt

$$P_\nu = 2 \cdot \Pr\{N' > A \cdot \frac{\bar{E}_S}{T}\} = \operatorname{erfc}\left(\sqrt{A^2 \frac{\bar{E}_S}{N_0}}\right), \quad \nu \in \{\pm 1,\ \pm 3, \cdots, \pm\sqrt{M}-3\} \tag{11.4.42a}$$

und für die beiden äußeren entsprechend

$$P_{\sqrt{M}-1} = \frac{1}{2} \cdot \operatorname{erfc}\left(\sqrt{A^2 \frac{\bar{E}_S}{N_0}}\right). \tag{11.4.42b}$$

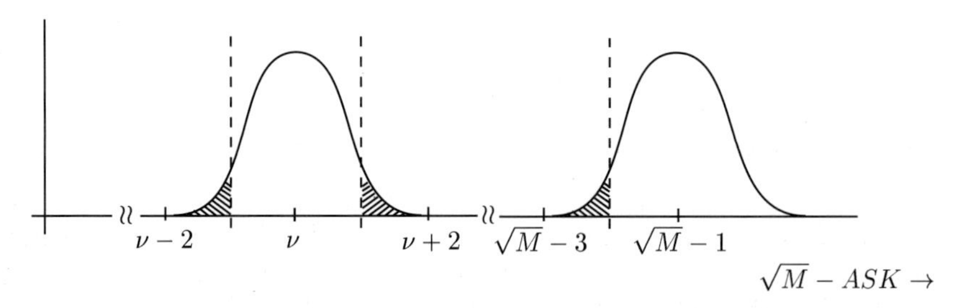

Bild 11.4.10: Zur Herleitung der Fehlerwahrscheinlichkeit für ein $\sqrt{M}$-stufiges ASK-Signal

Die $\sqrt{M}$-ASK-Symbolfehlerwahrscheinlichkeit lautet damit

$$P_{\sqrt{M}\text{-ASK}} = \frac{1}{\sqrt{M}} \cdot \left[(\sqrt{M}-2) \cdot \operatorname{erfc}\left(\sqrt{A^2 \frac{\bar{E}_S}{N_0}}\right) + 1 \cdot \operatorname{erfc}\left(\sqrt{A^2 \frac{\bar{E}_S}{N_0}}\right)\right]$$

$$= \left(1 - \frac{1}{\sqrt{M}}\right) \operatorname{erfc}\left(\sqrt{\frac{3}{2(M-1)}\frac{\bar{E}_S}{N_0}}\right). \qquad (11.4.43)$$

Die Berechnung der QAM-Symbolfehlerwahrscheinlichkeit erfolgt nun entsprechend dem Vorgehen bei der QPSK in Abschnitt 11.4.4 über die Wahrscheinlichkeit der korrekten Entscheidung. Wegen der Unabhängigkeit von Real- und Imaginärteil des QAM-Signals gilt

$$P_c = \left(1 - P_{\sqrt{M}\text{-ASK}}\right)^2; \qquad (11.4.44a)$$

für die Symbolfehlerwahrscheinlichkeit ergibt sich daraus

$$P_S|_{M\text{-QAM}} = 1 - \left(1 - P_{\sqrt{M}\text{-ASK}}\right)^2 = P_{\sqrt{M}\text{-ASK}} \cdot (2 - P_{\sqrt{M}\text{-ASK}}). \qquad (11.4.44b)$$

Die *Bitfehlerwahrscheinlichkeit* für M-QAM lässt sich aus der $\sqrt{M}$-ASK-Symbolfehlerwahrscheinlichkeit ermitteln. Bei Verwendung einer Gray-Codierung repräsentieren Real- und Imaginärteil des QAM-Signals jeweils $\sqrt{M}$ bit. Schließt man Fehlentscheidungen zwischen nicht benachbarten Signalpunkten aus, so wird unter Verwendung einer Gray-Codierung bei jedem Fehlerereignis nur 1 bit verfälscht. Ähnlich wie bei den 8PSK-Tribit (siehe Seite 375) weisen die $\text{ld}\sqrt{M}$ bit des ASK-Signals unterschiedliche Fehlerwahrscheinlichkeiten auf; die mittlere Bitfehlerwahrscheinlichkeit beträgt

$$P_{b|\sqrt{M}-ASK} \approx \frac{1}{\text{ld}(\sqrt{M})} P_{\sqrt{M}-\text{ASK}} = \frac{2}{\text{ld}(M)} P_{\sqrt{M}-\text{ASK}}, \qquad (11.4.45a)$$

wobei die Näherung in der Vernachlässigung von Entscheidungsfehlern zwischen nicht benachbarten Signalpunkten besteht. Aus Symmetriegründen sind die Bitfehlerwahrscheinlichkeiten des Realteils und des Imaginärteils des QAM-Signals gleich, so dass sich nach Einsetzen von (11.4.43) die folgende M-QAM-Bitfehlerwahrscheinlichkeit ergibt

$$P_{b|M-\text{QAM}} = \frac{2}{\text{ld}(M)} \left(1 - \frac{1}{\sqrt{M}}\right) \operatorname{erfc}\left(\sqrt{\frac{3 \cdot \text{ld}(M)}{2(M-1)}\frac{E_b}{N_0}}\right). \qquad (11.4.45b)$$

In **Bild 11.4.11** sind die Bitfehlerraten für 4-, 16- und 64-stufige QAM dargestellt.

Die auf $P_b = 10^{-5}$ bezogenen E_b/N_0-Verluste sind in **Tabelle 11.4.5** zusammengestellt. Im Vergleich zu PSK in Tabelle 11.4.4 zeigt sich, dass bei höherstufiger Übertragung QAM weitaus günstiger ist: Man erreicht für 64-QAM das gleiche Ergebnis von 8 dB wie für 16-PSK; für 32-PSK beträgt der S/N-Verlust bereits 12,7 dB.

Tabelle 11.4.5: E_b/N_0-Verlust von M-QAM gegenüber BPSK bei gleicher Bitfehlerwahrscheinlichkeit $P_b = 10^{-5}$

M	4	16	64
$\Delta(E_b/N_0)\|_{dB}$	0 dB	3,7 dB	8,1 dB

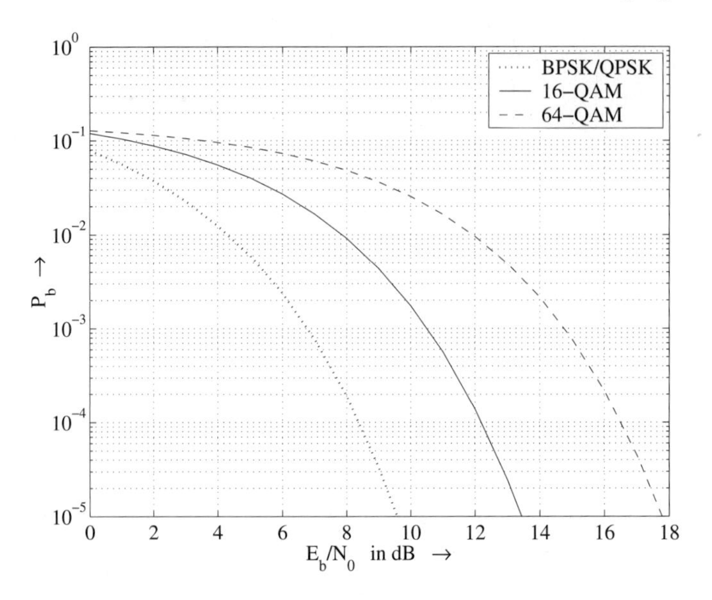

Bild 11.4.11: Bitfehlerwahrscheinlichkeit für M-stufige QAM

11.4.7 Einfluss eines statischen Phasenfehlers

In Abschnitt 10.3.4 wurde gezeigt, dass eine Trägerregelung erster Ordnung im Falle einer Frequenzverwerfung zu einem statischen Phasenfehler führt. Dies kann empfindliche Auswirkungen auf die Bitfehlerrate haben, was im Folgenden anhand der PSK gezeigt werden soll.

Man nimmt für das empfangene Signal einen konstanten Phasenfehler von ψ_0 an. Damit ist die Signalraumskizze gemäß Bild 11.4.8, Seite 382, zur näherungsweisen Berechnung der Symbolfehlerrate durch **Bild 11.4.12** zu ersetzen. Für Fehlentscheidungen existieren zwei Möglichkeiten, von denen im dargestellten Fall die fälschliche Detektion von d_1 die wahrscheinlichere ist. Wir folgen der Herleitung in Abschnitt 11.4.6 und übernehmen Gleichung (11.4.36) in modifizierter Form:

$$\tilde{P}_b|_{\text{M-PSK}}(\psi_0) = \frac{1}{2\cdot \text{ld}(M)}\left[\text{erfc}\left(\sqrt{\text{ld}(M)\,\frac{E_b}{N_0}}\cdot\sin\left(\frac{\pi}{M}-\psi_0\right)\right) + \text{erfc}\left(\sqrt{\text{ld}(M)\,\frac{E_b}{N_0}}\cdot\sin\left(\frac{\pi}{M}+\psi_0\right)\right)\right] \tag{11.4.46}$$

Die Formel wird in **Bild 11.4.13a** für QPSK bei verschiedenen statischen Phasenfehlern ausgewertet. Mit $\psi_0 = \pi/4$ wird die Symbolfehlerwahrscheinlichkeit 1/2, die Bitfehlerwahrscheinlichkeit demgemäß 1/4. **Bild 11.4.13b** zeigt die Empfindlichkeit von höherstufiger QAM gegenüber Phasenfehlern; bereits bei $\psi_0 = 20°$ ergibt sich eine in etwa konstante Bitfehlerwahrscheinlichkeit von ca. 10^{-1}.

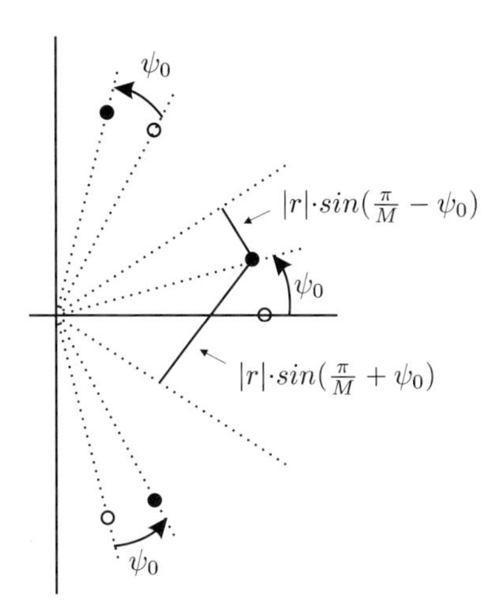

Bild 11.4.12: Zur Näherungslösung für die M-PSK-Fehlerwahrscheinlichkeit bei einem Phasenfehler ψ_0

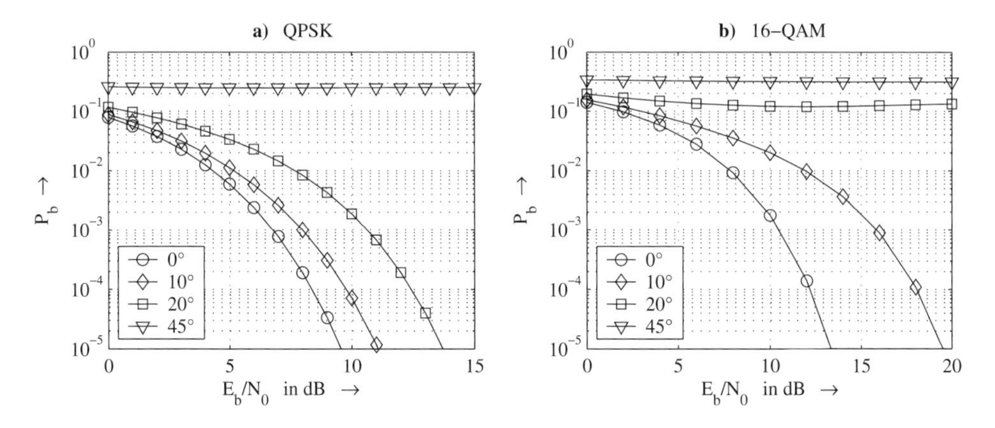

Bild 11.4.13: Bitfehlerwahrscheinlichkeiten bei einem statischen Phasenfehler

11.4.8 Inkohärente DPSK-Demodulation

Die Berechnung der Bitfehlerwahrscheinlichkeit bei inkohärenter Demodulation erfordert die numerische Lösung geschlossen nicht angebbarer Integrale. Lediglich für die DBPSK existiert der exakte Ausdruck

$$P_b|_{\text{DBPSK}}^{\text{inkoh.}} = \frac{1}{2}\, e^{-E_b/N_0}. \tag{11.4.47}$$

Auf die Lösungen für höherstufige DPSK soll hier nicht eingegangen werden; statt dessen wird auf die Programmbibliothek in [KK01] hingewiesen, die für die wichtigsten Modulationsarten Routinen zur Berechnung der Bitfehlerwahrscheinlichkeit enthält.

Zu einer groben Abschätzung der Symbolfehlerrate bei inkohärent demodulierter DPSK gemäß Bild 10.2.2, Seite 322, kommt man durch folgende einfache Betrachtung. Das empfangene von Rauschen überlagerte DPSK-Signal lautet

$$r_{\mathrm{DPSK}}(iT) = e^{j\varphi(i)} + n(iT). \tag{11.4.48}$$

Nach inkohärenter differentieller Demodulation erhält man

$$\begin{aligned} r_{\Delta}(iT) &= r_{\mathrm{DPSK}}(iT) \cdot r^{*}_{\mathrm{DPSK}}((i-1)T) \qquad (11.4.49)\\ &= e^{j\Delta\varphi(i)} + n(iT)\, e^{-j\varphi(i-1)} + n^{*}((i-1)T)\, e^{j\varphi(i)} + n(iT) n^{*}((i-1)T). \end{aligned}$$

Die Multiplikation der Rauschterme mit $\exp(j\varphi(i))$ verändert wegen ihrer Rotationsinvarianz die statistischen Eigenschaften nicht, so dass die neuen Rauschgrößen

$$n_1(iT) = n(iT)\, e^{-j\varphi(i-1)} \quad \text{und} \quad n_2(iT) = n^{*}((i-1)T)\, e^{j\varphi(i)}$$

eingeführt werden können; $n_1(iT)$ und $n_2(iT)$ sind Musterfunktionen unkorrelierter und in Real- und Imaginärteil gaußverteilter Prozesse, falls $n(iT)$ als weißer Gaußprozeß modelliert wird. Wird unter Annahme eines hinreichend großen E_b/N_0-Verhältnisses der Produktterm $n_1(iT) \cdot n_2(iT)$ vernachlässigt, so erhält man die Näherung

$$r_{\Delta}(i) \approx e^{j\Delta\varphi(i)} + n_1(i) + n_2(i). \tag{11.4.50}$$

Die Gesamtleistung der Störung ist wegen der Unkorreliertheit von $n_1(iT)$ und $n_2(iT)$ gleich $2 \cdot \sigma_N^2$. Für die Fehlerwahrscheinlichkeit des inkohärent demodulierten DPSK-Signals ergibt sich damit unter den getroffenen Vereinfachungen ein E_b/N_0-Verlust von 3 dB gegenüber der kohärenten DPSK-Demodulation.

Die rechnerisch mit Hilfe der Programme in [KK01] gewonnenen Bitfehlerraten bei inkohärenter DPSK-Demodulation sind in **Bild 11.4.14** wiedergegeben – gegenübergestellt sind die Fehlerwahrscheinlichkeiten für kohärent demodulierte DPSK. Aus diesen Kurven wurden die E_b/N_0-Verluste der inkohärenten M-DPSK-Demodulation gegenüber der kohärenten sowie gegenüber der kohärenten nicht differentiellen BPSK ermittelt und in Tabelle 11.4.6 aufgelistet. Dabei stellt sich heraus, dass der E_b/N_0-Verlust geringer ist als der aufgrund der obigen Abschätzung vorausgesagte Verlust von 3 dB: Bei DBPSK ergibt sich nur 0,5 dB, bei DQPSK 2,1 dB. Die Erklärung liegt darin, dass die Rauschsignale $n_1(iT)$ und $n_2(iT)$ zwar untereinander und zum Nutzsignal unkorreliert, nicht aber *statistisch unabhängig* sind. Festzuhalten bleibt, dass sich die inkohärente Demodulation günstiger als die obige Abschätzung verhält. Auf eine nähere Analyse soll hier verzichtet werden. Bezüglich der Aussage des E_b/N_0-Vergleichs sind wieder die Anmerkungen auf Seite 380 zu beachten.

Tabelle 11.4.6: E_b/N_0–Verlust der inkohärenten DPSK gegenüber kohärenter M-DPSK und BPSK (bei gleicher Bitfehlerwahrscheinlichkeit 10^{-5})

M	2	4	8	16	32
$\Delta(E_b/N_0)\vert^{M\text{-DPSK-ink.}}_{M\text{-DPSK-koh.}}$	0,5 dB	2,1 dB	2,5 dB	2,6 dB	2,6 dB
$\Delta(E_b/N_0)\vert^{M\text{-DPSK-ink.}}_{\text{BPSK-koh.}}$	0,7 dB	2,3 dB	6,3 dB	10,7 dB	15,7 dB

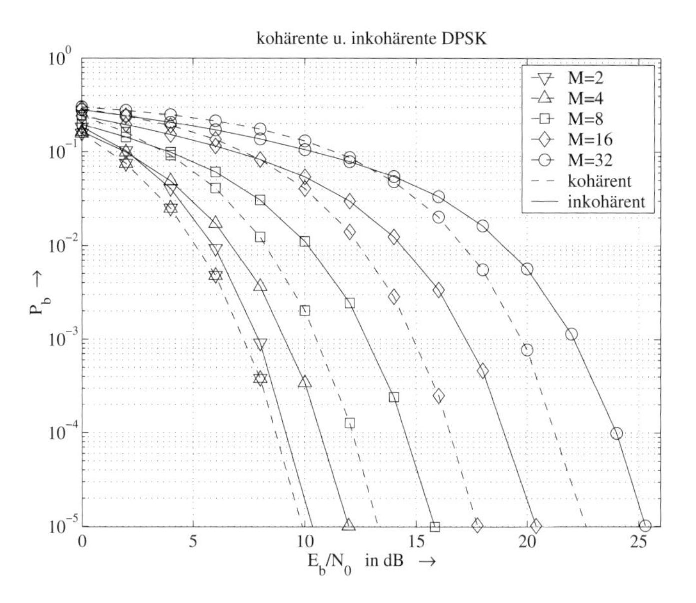

Bild 11.4.14: Bitfehlerwahrscheinlichkeiten für DPSK

11.4.9 Fehlerwahrscheinlichkeiten für MSK und GMSK

Auch für CPM-Signale bestehen die beiden Möglichkeiten der kohärenten und der inkohärenten Demodulation. Dem *kohärenten Demodulator* liegt das lineare Modell nach Laurent zugrunde [Lau86], das in Abschnitt 10.1.3 besprochen wurde. Dazu wird der Elementarimpuls $c_0(t)$ (siehe (10.1.11) auf Seite 315) am Empfänger als Matched-Filter-Impulsantwort eingesetzt.

Kohärente MSK-Demodulation. Für MSK ist die Darstellung des Sendesignals als Offset-QPSK-Signal mit der Impulsformung durch $c_0(t) = g_{\mathrm{MSK}}(t)$ exakt. Damit kann eine geschlossene Lösung für die Bitfehlerwahrscheinlichkeit formuliert werden. Wir betrachten zunächst die Bitfehlerwahrscheinlichkeit in jedem der beiden unabhängigen Offset-QPSK-Kanäle. Es handelt sich dabei um jeweils *antipodale* Signalformen, so dass für die Bitfehlerwahrscheinlichkeit gilt

$$P_{b1} = \frac{1}{2}\,\mathrm{erfc}\left(\sqrt{\frac{E_{b1}}{N_0}}\right). \tag{11.4.51}$$

E_{b1} bezeichnet dabei die Energie jedes der beiden Offset-QPSK-Signale. Da eine Impulsformung durch eine Sinushalbwelle der Dauer 2T zugrundeliegt, gilt hierfür

$$E_{b1} = \int\limits_0^{2T} \sin^2(\pi\frac{t}{2T})dt = T. \tag{11.4.52a}$$

Andererseits ist die Energie pro Bit eines MSK-Signals

$$E_b = \int_0^T |s_{\text{MSK}}(t)|^2 dt = T, \tag{11.4.52b}$$

so dass die Energien E_{b1} und E_b identisch sind. Die Bitfehlerwahrscheinlichkeit für MSK ist damit also identisch mit derjenigen bei antipodaler Übertragung.

$$P_b|_{\text{MSK}} = \frac{1}{2} \operatorname{erfc}\left(\sqrt{\frac{E_b}{N_0}}\right) \tag{11.4.53}$$

Dieses Resultat gilt nur für MSK *mit Vorcodierung*, da in dem Falle am Empfänger eine Momentanwert-Entscheidung erfolgen kann. Ohne Vorcodierung wäre nach der Entscheidung eine Decodierung erforderlich, wodurch sich die Bitfehlerrate verdoppeln würde.

Gemäß (11.4.53) besteht also gegenüber BPSK kein E_b/N_0-Verlust. Dieses Ergebnis überrascht insofern, als in Abschnitt 11.4.1 für *orthogonale* Modulationsformen, denen MSK zuzurechnen ist, ein E_b/N_0-Verlust von 3 dB gegenüber BPSK ermittelt wurde (vgl. (11.4.17b)). Ein solches Ergebnis würde sich in der Tat einstellen, wenn ein kohärenter Demodulator in Form eines Korrelationsempfängers gemäß Bild 11.2.1 eingesetzt würde (oder die äquivalente Struktur des Matched-Filter-Empfängers nach Bild 11.2.2.), bei dem eine symbolweise Schwellwertentscheidung stattfindet und die im MSK-Signal enthaltene Phasenkontinuität nicht weiter berücksichtigt wird. Der hier betrachtete kohärente Demodulator beruht jedoch auf der *Interpretation eines MSK-Signals als Offset-QPSK-Signal* (wobei die Bedingung der Phasenkontinuität zwischen benachbarten Symbolen einbezogen ist); es liegen also zwei unabhängige antipodale Signale vor, womit der Gewinn im E_b/N_0-Verhältnis zu erklären ist.

Allgemein lassen sich bei allen CPM-Formen erhebliche Verbesserungen erzielen, indem die Phasenkontinuität im Sinne einer gedächtnisbehafteten Maximum-Likelihood-Entscheidung genutzt wird. Grundsätzliche Ansätze hierzu werden z.B. in [AAS86, Pro01, dB72, OL74, Hub92] erläutert.

Kohärente GMSK-Demodulation. Die geschlossene Berechnung der Fehlerwahrscheinlichkeit für GMSK mit kohärenter Demodulation ist nicht möglich, da zum einen die Festlegung von $c_0(t)$ als Matched-Filter-Impulsantwort die Vernachlässigung der höhergradigen Elementarimpulse $c_1(t), c_2(t), \cdots$ beinhaltet, zum anderen durch $c_0(t)$ Intersymbol-Interferenzen eingebracht werden. In **Bild 11.4.15** werden der nach (11.4.53) berechneten MSK-Kurve Messwerte der GMSK-Fehlerrate gegenübergestellt. Zwischen beiden ergibt sich ein geringfügiger E_b/N_0-Verlust von ca. 0,5 dB (bei $P_b = 10^{-5}$).

Inkohärente FSK-Demodulation. Zur inkohärenten Demodulation von FSK-Signalen wurden in Abschnitt 10.2 insgesamt drei prinzipielle Strukturen betrachtet. Zur Einführung des Begriffs „inkohärent" wurde zunächst ein vom Einhüllendendemodulator abgeleitetes Verfahren vorgestellt. Bild 10.2.1 auf Seite 321 zeigt diese Form: An den Ausgängen von zwei Bandpässen mit den Mittenfrequenzen $f_0 + \Delta F$ und $f_0 - \Delta F$ werden die Betragseinhüllenden gebildet und verglichen. Weitere gebräuchliche FSK-Demodulatoren sind der differentielle Demodulator nach Bild 10.2.6 (Seite 328), der

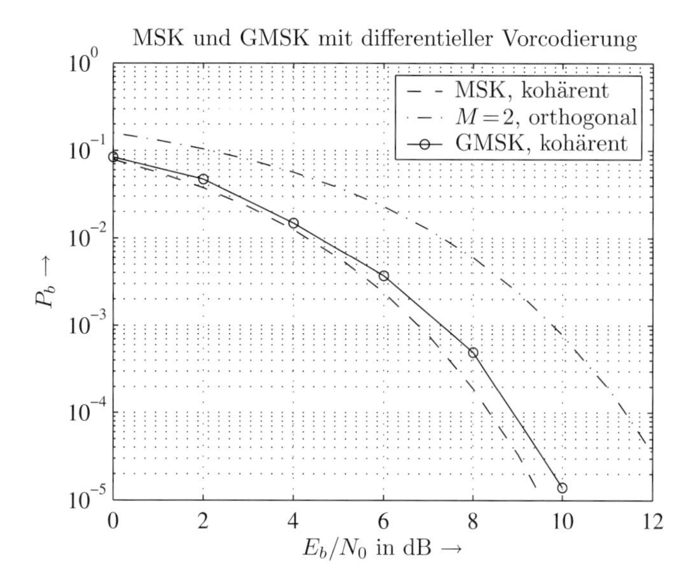

Bild 11.4.15: Bitfehlerwahrscheinlichkeit von MSK und GMSK ($f_{3\text{dB}}T = 0,3$) bei kohärenter Demodulation

in gleicher Form auch zur DPSK-Demodulation anwendbar ist, und der Diskriminator-Demodulator in Bild 10.2.8, der einen konventionellen FM-Demodulator mit nachgeschaltetem Integrate-and-dump-Kreis enthält.

Unter **Bild 11.4.16a** werden die drei Demodulatoren bezüglich ihrer simulativ ermittelten Bitfehlerraten verglichen. Es wird zunächst ein Modulationsindex von $\eta = 0.5$, also MSK, zugrunde gelegt. Als Empfänger-Eingangsfilter zur Rauschbandbegrenzung wird ein Kosinus-roll-off-Filter mit einem Roll-off-Faktor von $r = 1$ und einer 3dB-Bandbreite von $f_{3\text{dB}} = 1/(2T)$ eingesetzt[9]. Wie bereits in den Abschnitten 10.2.4 und 10.2.5 erwähnt sind der differentielle und der Diskriminator-Demodulator für den Modulationsindex $\eta = 0.5$ äquivalent, was sich anhand von Bild 11.4.16a bestätigt.

Der gleichfalls eingetragene Einhüllendendemodulator nach Bild 10.2.1 ist geringfügig schlechter. Für diesen Demodulator wurden jeweils Filter mit Gauß-Charakteristik eingesetzt, deren Bandbreite optimiert wurde: Hier ist ein Kompromiss zwischen schlechter Selektivität im Falle einer zu hohen Bandbreite und Intersymbol-Interferenz bei zu geringer Bandbreite einzustellen. **Bild 11.4.16b** zeigt die Bitfehlerrate als Funktion der 3dB-Bandbreite der Gaußfilter bei einem E_b/N_0-Verhältnis von 10dB – der optimale Wert ergibt sich für $f_{3\text{dB}}T = 0,3$, der auch bei der Simulation in Bild 11.4.16a eingesetzt wurde.

In Abschnitt 10.2.4, Seite 328, wurde erläutert, dass der differentielle Demodulator bei Modulationsindizes nahe eins versagt, da die Phasen π und $-\pi$ nicht unterscheid-

[9]Man beachte, dass frequenzmodulierte Signale, also auch FSK, infolge einer Bandbegrenzung nach inkohärenter Demodulation nichtlineare Verzerrungen erfahren (siehe die Abschnitte 4.3 und 6.2.2). Diese Auswirkungen werden bei den hier durchgeführten Simulationen erfasst.

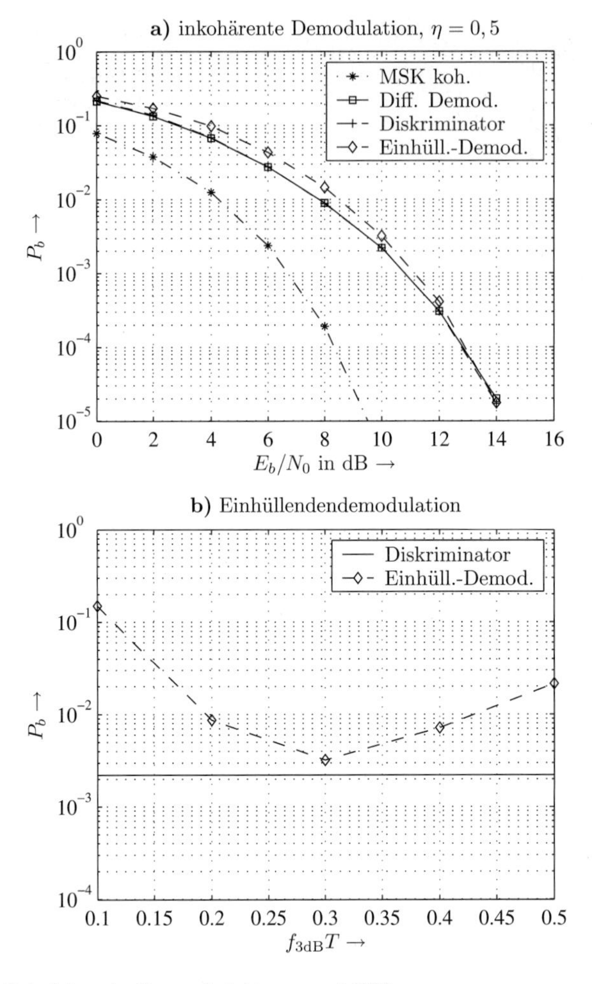

Bild 11.4.16: Inkohärente Demodulation von MSK
a) Bitfehlerrate (Eingangsfilter: Kosinus-roll-off mit $r = 1, f_{3\mathrm{dB}} = \frac{1}{2T}$)
b) Einhüll.-Demod. (Bild 10.2.1): Optimierung Gaußfilter-Bandbreite

bar sind. Dies bestätigt sich an Hand von **Bild 11.4.17**, in dem die Bitfehlerraten für $\eta = 0,8$ wiedergegeben werden: Der differentielle Demodulator ist hier dem Diskriminator-Demodulator weit unterlegen – letzterer zeigt wegen des erhöhten Modulationsindex bessere Ergebnisse als im Falle von MSK. Der Einhüllenden-Demodulator (mit $f_{3\mathrm{dB}}T = 0,35$) ist wieder geringfügig schlechter als der Diskriminator-Demodulator.

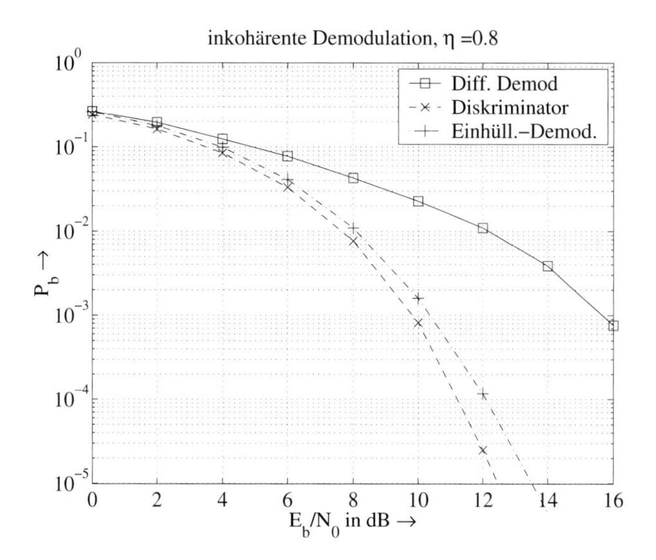

Bild 11.4.17: Inkohärente FSK-Demodulation bei $\eta = 0,8$

Kapitel 12

Entzerrung

Die klassische Methode zur Korrektur von linearen Kanalverzerrungen besteht im Einsatz adaptiver Entzerrer. Man unterscheidet zwischen linearen und nichtlinearen Strukturen. Im vorliegenden Kapitel werden zunächst die linearen Formen behandelt, die sich – abhängig von der Abtastung am Eingang – in Symboltaktentzerrer und Entzerrer mit Mehrfachabtastung (*Fractional Tap Spacing*) klassifizieren lassen. Gegenübergestellt wird in Abschnitt 12.3 die nichtlineare Struktur mit quantisierter Rückführung. Hiervon abgeleitet wird die Tomlinson-Harashima-Vorcodierung, bei der das Problem der Fehlerfortpflanzung durch Verlegung der nichtlinearen Entzerrerstruktur an den Sender vermieden wird. Die geschlossenen Lösungen für die Entzerrerkoeffizienten beruhen auf dem *Minimum-Mean-Square-Error*-Ansatz (MMSE), der die Kenntnis der Autokorrelationsmatrix des Empfangssignals sowie der Kreuzkorrelierten zwischen Empfangssignal und Sendedaten voraussetzt. Da diese Kenntnis am Empfänger nicht vorliegt, ist man auf adaptive Schätzalgorithmen angewiesen, die sich auf speziell zur Entzerrereinstellung übertragene Trainingssequenzen abstützen. Der bekannteste Adaptionsalgorithmus ist der *Least-Mean-Squares*-Algorithmus (LMS), der auf dem Gradientenverfahren basiert. Wesentlich bessere Konvergenzgeschwindigkeit erhält man mit dem *Recursive-Least-Squares*-Algorithmus (RLS), der die oben angesprochene geschlossene MMSE-Lösung iterativ errechnet. Eine besondere Klasse schneller adaptiver Entzerrer stellen die *Lattice-Entzerrer* dar: Hier wird mit Hilfe eines Lattice-Prädiktionsfehlerfilters eine Dekorrelation des Empfangssignals durchgeführt, was eine beschleunigte Adaption der Entzerrerkoeffizienten bewirkt. Den Schluss dieses Kapitels bilden einige Betrachtungen über den Einfluss von additivem Kanalrauschen auf die Entzerrereinstellung.
Bei den Herleitungen der verschiedenen Entzerrer-Lösungen wird intensiver Gebrauch von den Mitteln der Linearen Algebra gemacht; in diesem Zusammenhang ist auf den Anhang B hinzuweisen, in dem eine Übersicht über die wichtigsten Beziehungen gegeben wird. Schließlich sei noch erwähnt, dass die in diesem Kapitel behandelten Empfänger mit adaptiven Entzerrernetzwerken suboptimale Strukturen darstellen. Dem optimalen Empfänger, der mit Hilfe des bekannten Viterbi-Algorithmus eine Maximum-Likelihood-Schätzung der Datenfolge durchführt, ist das gesonderte Kapitel 13 gewidmet.

12.1 Grundstrukturen von Entzerrern

12.1.1 Matched-Filter-Empfänger mit Entzerrung

In Kapitel 11 wurden optimale Empfängerstrukturen für AGN-(bzw. AWGN-) Kanäle hergeleitet, also für gedächnisfreie, durch gaußsches Rauschen gestörte Kanäle. Zur optimalen Rauschanpassung waren dabei am Sender und Empfänger jeweils Wurzel-Nyquist-Filter einzusetzen. Im vorliegenden Kapitel werden nun Kanäle einbezogen, die lineare Verzerrungen beinhalten, wodurch *Intersymbol-Interferenz* in das empfangene Signal eingebracht wird. Im Interesse einer Maximierung des S/N-Verhältnisses müsste das Empfangsfilter nun als Matched-Filter bezüglich Sendefilter *und Kanal* ausgelegt werden. In Kapitel 13 wird gezeigt, dass dieses Vorgehen in der Tat die Grundlage für einen optimalen Empfänger unter Intersymbol-Interferenz-Bedingungen bildet. In der Praxis werden jedoch in aller Regel *suboptimale Strukturen* eingesetzt, die sich auf die *Rauschanpassung* des Empfangsfilters *an das Sendefilter allein* beschränken. Der Grund hierfür liegt in praktischen Problemen beim (adaptiven!) Entwurf eines den Kanal berücksichtigenden Empfangs-Matched-Filters. Ein Problem besteht z.B. darin, dass bei zeitvarianten Kanälen eine fortlaufende Kanalschätzung im *hohen Abtasttakt* erfolgen müsste (im Gegensatz zum Maximum-Likelihood-Empfänger nach 13.1, der lediglich eine Schätzung des Symboltakt-Modells des Kanals vorsieht).

Das Matched-Filter-Ausgangssignal enthält nunmehr Intersymbol-Interferenzen infolge der nichtidealen Kanaleigenschaften. Zur Korrektur können lineare oder nichtlineare Entzerrer-Netzwerke nachgeschaltet werden. Im vorliegenden Kapitel werden die Strukturen solcher Systeme betrachtet, wobei von einer äquivalenten Basisband-Beschreibung Gebrauch gemacht wird – die Entzerrer sind also im Allgemeinen *komplexwertig*.

Wir kommen noch einmal auf die Grundstruktur des Empfängers mit einem auf das Sendefilter zugeschnittenen Matched-Filter zurück. **Bild 12.1.1** zeigt die gesamte Übertragungsanordnung in der äquivalenten komplexen Basisbandlage, wobei das Gesamtsystem – auch diejenigen Teile, die bei der physikalischen Übertragung analoger Natur sind wie der Kanal selber – durch ein *zeitdiskretes Modell* beschrieben wird, wobei die Erfüllung des Abtasttheorems vorausgesetzt wird. Im Folgenden bezeichnet k den Zeitindex bei der hohen Abtastfrequenz $f_A = 1/T_A$, während i den Index des Symboltaktes beschreibt; die beiden Abtastraten sind durch den ganzzahligen Faktor

$$w = \frac{f_A}{1/T} = \frac{T}{T_A} \tag{12.1.1}$$

verknüpft. Eine Abtastraten-Erhöhung um den Faktor w (durch Einfügen von Nullen) wird duch das Symbol $\uparrow w$ gekennzeichnet, eine entsprechende Abtastratenreduktion durch $\downarrow w$.

Für das Sendefilter wird die reelle Impulsantwort $g_S(k)$ mit einer Wurzel-Nyquist-Charakteristik im Spektralbereich vorgesehen. Das hierzu gehörige Matched-Filter ist ebenfalls reellwertig; in nichtkausaler Schreibweise lautet die Impulsantwort

$$g_E(k) = g_S(-k). \tag{12.1.2}$$

Es sind zwei grundsätzliche Alternativen zu unterscheiden, je nachdem, ob am Ausgang des Empfangs-Matched-Filters eine Symboltakt-Abtastung („T-Entzerrer") oder aber eine Doppelabtastung im T/2-Takt[1] („T/2-Entzerrer") vorgenommen wird; der Unterschied zwischen beiden Entzerrer-Strukturen wird im folgenden Abschnitt 12.2 eingehend diskutiert.

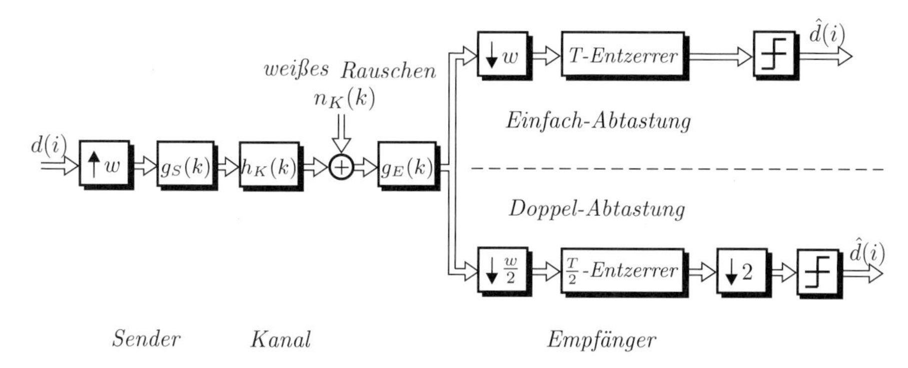

Bild 12.1.1: Zeitdiskretes Modell der äquivalente Basisband-Anordnung eines Übertragungssystems mit T- bzw. T/2-Entzerrung

Für die beiden Alternativen ergeben sich unterschiedliche Gesamtimpulsantworten, die dem Entwurf der jeweiligen Entzerrer zugrundezulegen sind. Bezeichnet man mit $h_K(k)$ die Impulsantwort des Übertagungskanals, so gilt

$$\text{\textit{T-Entzerrer:}} \quad h(i) = [g_S(k) * h_K(k) * g_S(-k)]_{k=i\cdot w} \tag{12.1.3a}$$

$$\text{\textit{T/2-Entzerrer:}} \quad h_2(k') = [g_S(k) * h_K(k) * g_S(-k)]_{k=k'\cdot w/2}. \tag{12.1.3b}$$

Die Sende-Impulsantwort $g_S(k)$ ist reell, die Kanalimpulsantwort $h_K(k)$ in äquivalenter Basisbanddarstellung hingegen im Allgemeinen komplex (falls die Bandpass-Übertragungsfunktion des Kanals bezüglich der Trägerfrequenz nicht konjugiert gerade ist), so dass $h(i)$ und $h_2(k')$ komplex anzusetzen sind.

In Abschnitt 12.6 wird der Einfluss von additivem Kanalrauschen auf die Entzerrung betrachtet. Hierzu wird im äquivalenten Tiefpass-Modell nach Bild 12.1.1 am Kanalausgang eine komplexe Rauschgröße $n_K(k)$ vorgesehen, die eine Musterfunktion eines weißen Prozesses mit der spektralen Leistungsdichte N_0 darstellt. Am Ausgang des Matched-Filters mit einem Wurzel-Nyquist-Frequenzgang $|G_E(e^{j\Omega})| = |G_S(e^{j\Omega})|$ liegt dann eine gefärbte Rauschgröße mit der spektralen Leistungsdichte

$$S_{NN}(e^{j\Omega}) = N_0 \cdot |G_E(e^{j\Omega})|^2, \tag{12.1.4}$$

[1] Prinzipiell können für die *Fractional-Tap-Spacing*-Strukturen auch höhere Abtastraten vorgesehen werden – im Rahmen dieses Buches erfolgt jedoch eine Beschränkung auf T/2-Entzerrer.

also mit einer Nyquist-Charakteristik, vor. Nach der Abtastraten-Reduktion ergibt sich für den T-Entzerrer wieder ein weißes Rauschsignal $n_1(i)$, während die Rauschgröße $n_2(k')$ am Eingang des T/2-Entzerrers weiterhin gefärbt ist. **Bild 12.1.2** verdeutlicht diese Zusammenhänge.

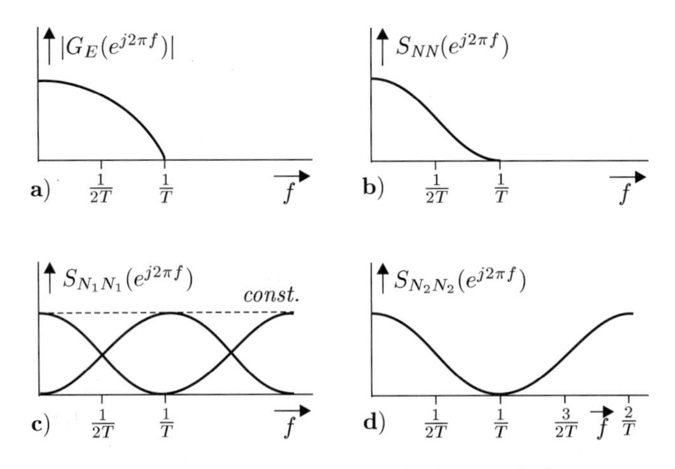

Bild 12.1.2: Zur Veranschaulichung der Rauschfärbung
a) Empfangsfilter b) gefärbtes Rauschen
c) T-Entzerrer-Eingang, d) $\frac{T}{2}$-Entzerrer-Eingang

12.1.2 Bandpass- und Basisbandentzerrung

Die Impulsantwort des Übertragungskanals ist reell, solange sie im Bandpassbereich betrachtet wird; sie wird komplex in der äquivalenten Tiefpass-Ebene. Zur Korrektur des Kanals kommen demgemäß zwei grundsätzliche Möglichkeiten in Betracht: Erfolgt die Entzerrung *vor* der Verschiebung des ankommenden Signals in das Basisband, also im *Bandpassbereich*, so erfordert der zugehörige Bandpass-Entzerrer nur *reelle Koeffizienten*. **Bild 12.1.3a** zeigt ein entsprechendes Empfängersystem, wobei zur Demodulation die in Abschnitt 10.1.1 als „Tiefpass-Struktur“ bezeichnete Form gewählt wurde (vgl. Bild 10.1.1a, Seite 310). Eine Alternative hierzu bietet die in Bild 10.1.1b gezeigte „Quadraturfilter-Struktur“, die zunächst die Erzeugung zweier zueinander hilberttransformierter Bandpass-Signale vorsieht und danach das Basisbandsignal durch komplexe Trägermultiplikation bildet. In [Sch79] wurde vorgeschlagen, zur Korrektur des Übertragungskanals die Quadraturfilter $h_{BP}(k)$ und $\hat{h}_{BP}(k)$ mit dem reellen Bandpass-Entzerrer zu einem Filterpaar zusammenzufassen. Man erhält dann die Teilsysteme

$$e'_Q(k) = e_{BP}(k) * h_{BP}(k) \tag{12.1.5a}$$

$$e''_Q(k) = e_{BP}(k) * \hat{h}_{BP}(k). \tag{12.1.5b}$$

Die Systemstruktur zeigt **Bild 12.1.3b**. Wird dieses Filterpaar adaptiv eingestellt, so muss sich automatisch eine Hilbert-Transformation zwischen beiden Teilsystemen ergeben.

$$e''_Q(k) = \mathcal{H}\left\{e'_Q(k)\right\} \tag{12.1.5c}$$

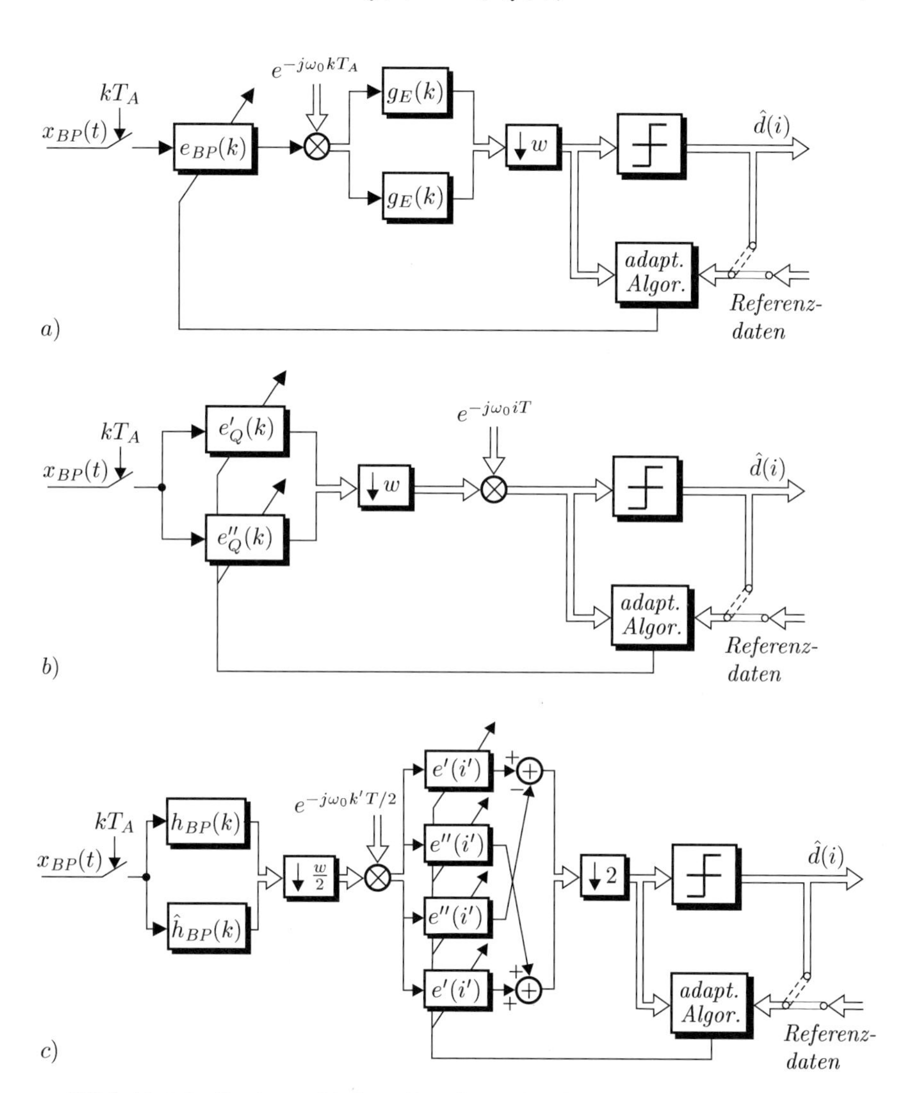

Bild 12.1.3: Drei verschiedene Empfängerkonfigurationen
a) Bandpass-Entzerrung b) Adaptives Quadraturnetzwerk
c) komplexer Basisband-Entzerrer

Schließlich besteht die Möglichkeit der Entzerrung im äquivalenten Tiefpassbereich. Dazu ist ein Entzerrer mit komplexen Koeffizienten einzusetzen; in **Bild 12.1.3c** wird die spezielle Form eines linearen T/2-Entzerrers gewählt (kombiniert mit einer Quadraturfilter-

Struktur im Eingang). Alternativ hierzu können aber auch ein T-Entzerrer, ein nichtlinearer Entzerrer mit quantisierter Rückführung oder Kombinationen hieraus vorgesehen werden.

Die drei Strukturen von adaptiven Empfängern weisen jeweils Vor- und Nachteile auf. So benötigt die Bandpass-Struktur nur reellwertige Systeme, besitzt aber den Nachteil, dass die Adaptionsschleife eine Laufzeit (infolge der endlichen Gruppenlaufzeit der Tiefpässe) enthält, die sich – besonders im Falle zeitlich veränderlicher Kanalparameter – negativ auswirken kann. Dieser Nachteil wird beim adaptiven Quadraturnetzwerk vermieden, jedoch ist hier die Anzahl der zu adaptierenden Koeffizienten insgesamt höher, da die Funktion des ursprünglich separaten festen Quadraturfilter-Paares mit eingeschlossen ist. Der Nachteil der komplexen Basisbandstruktur besteht darin, dass vier reelle Teilsysteme realisiert werden müssen. Allerdings ist die Anzahl der zu adaptierenden Parameter gegenüber der Bandpass-Struktur nicht erhöht. Da der Basisband-Entzerrer mit reduzierter Abtastfrequenz läuft, wird die Anzahl der erforderlichen Koeffizienten geringer: Wird bei der Bandpass-Struktur ein Entzerrergrad n_{BP} bei einer Abtastfrequenz von $f_A = 4/T$ vorgesehen, so gilt bei entsprechender Entzerrungsgüte für den T/2-Basisbandentzerrer (mit der Eingangs-Abtastfrequenz 2/T) $n_{T/2} = n_{BP}/2$. Real- und Imaginärteile der Koeffizienten machen dann insgesamt n_{BP} zu identifizierende Parameter aus.

Wir werden für die weiteren Betrachtungen über die Entzerrung von modulierten Signalen stets von der Basisbandstruktur gemäß Bild 12.1.3c ausgehen, da diese die am weitesten verbreitete Form adaptiver Entzerrer darstellt. In dem Blockschaltbild wurde zunächst als selbstverständlich angenommen, dass am Entzerrereingang eine Basisband-Verschiebung mit dem korrekten phasenkohärenten Träger stattfindet.

In einer praktischen Empfängerrealisierung ist hierzu jedoch eine Trägerregelung vorzusehen. Besonders effizient sind entscheidungsrückgekoppelte Verfahren (siehe Abschnitt 10.3.2), da diese schnellen Phasenstörungen (z.B. Phasenjitter in Einseitenbandystemen oder Phasenrauschen bei zeitselektiven Fading-Kanälen) optimal folgen können. Wichtig ist dabei eine „kurze Regelschleife“. Dies ist z.B. bei der Quadraturfilter-Struktur erfüllt, wogegen die Basisbandstruktur die Laufzeit des Entzerrers enthält. Die Lösung dieses Problems bietet die in Abschnitt 10.1.1 bereits angesprochene *zweistufige Demodulation* (vgl. Bild 10.1.2, Seite 312). Dabei wird zunächst vor dem Entzerrer eine Demodulation mit der festen Frequenz $\tilde{f}_0$ vorgenommen, die möglichst gut, aber nicht exakt mit der Trägerfrequenz des empfangenen Signals übereinstimmen muss. Der verbleibende Phasenfehler $\Delta\varphi(i)$ besteht aus einer Rampenfunktion (infolge des Frequenzfehlers) und der überlagerten Phasenjitterstörung. Seine Korrektur erfolgt am Ausgang des Entzerrers, also unmittelbar vor dem Entscheider. Diese Struktur hat zur Folge, dass zur adaptiven Einstellung des Entzerrers nicht direkt die Entscheider-Ausgangsdaten oder die von einem Referenzdaten-Generator gelieferten Daten genutzt werden können, sondern diese müssen um den Phasenfehler $\Delta\psi(i)$ „verfälscht“ werden (Remodulation). Andernfalls würde der Entzerrer die Aufgabe der Phasenkorrektur mit übernehmen, was jedoch aufgrund seiner geringen Adaptionsgeschwindigkeit ineffizient wäre und daher allein der schnellen Trägerphasenregelung vorbehalten bleiben soll. **Bild 12.1.4** zeigt das erläuterte Basisband-Empfängerkonzept – über detaillierte Realisierungsfragen wird in [KS80a] berichtet.

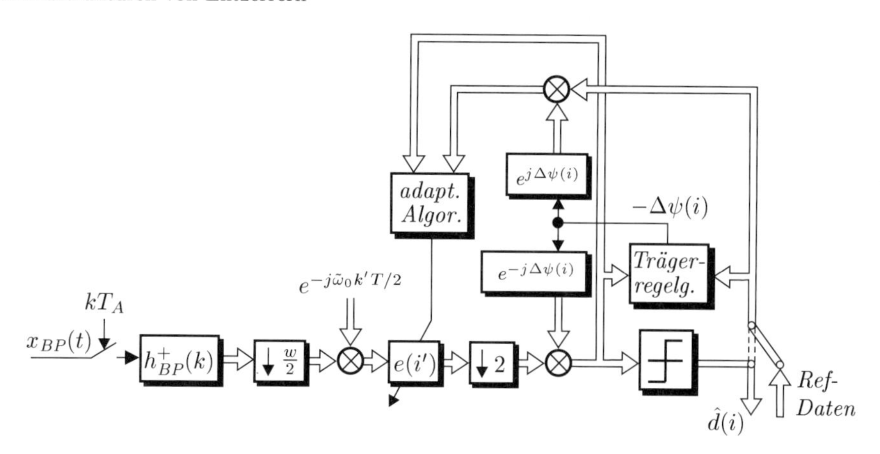

Bild 12.1.4: Adaptive Basisbandstruktur mit zweistufiger Demodulation

12.1.3 Inverse Systeme

Soll eine perfekte Korrektur linearer Kanalverzerrungen durch *lineare Systeme* erfolgen, so müssen deren Übertragungsfunktionen *invers zur Kanalübertragungsfunktion* sein. Wir wollen uns dem Problem der Modellierung des inversen Kanals unter dem allgemeinen Aspekt komplexwertiger Systeme widmen. Dabei gehen wir in den folgenden Betrachtungen jeweils von der diskreten Kanal-Übertragungsfunktion $H(z)$ aus; die zugehörige Impulsantwort bezeichnen wir mit $h(k)$.

In **Bild 12.1.5** werden drei prinzipielle Kanalkonstellationen anhand der Pol-Nullstellendiagramme mit den zugehörigen inversen Systemen dargestellt. Da hier von komplexwertigen Systemen ausgegangen wird, müssen Pole und Nullstellen nicht in konjugiert komplexen Paaren auftreten, sondern es sind beliebige Verteilungen möglich.

In Bild 12.1.5a wird der Kanal durch ein stabiles rekursives System 1. Ordnung, also durch einen Pol innerhalb des Einheitskreises repräsentiert. Das dazu inverse System weist eine Nullstelle auf, ist also durch ein nichtrekursives Netzwerk exakt zu realisieren. Zu stabilen rein *rekursiven* Kanalübertragungsfunktionen gehören also stets *minimalphasige* nichtrekursive Entzerrer.

Das Beispiel in Bild 12.1.5b zeigt einen *nichtrekursiven, minimalphasigen* Kanal erster Ordnung mit einer Nullstelle $|z_0| < 1$. Das zugehörige inverse System ist *rekursiv* und *stabil*, da der Pol innerhalb des Einheitskreises liegt. Auch dieses System ist exakt realisierbar. Probleme ergeben sich hingegen für *maximalphasige* (oder gemischtphasige) nichtrekursive Kanäle, wie in Bild 12.1.5c verdeutlicht wird: Für das exakte inverse System müsste die Realisierung eines *Poles außerhalb des Einheitskreises* $|z_\infty| = |z_0| \geq 1$ gefordert werden, was durch kausale, stabile Systeme nicht möglich ist. Es gelingt lediglich eine approximative, nichtrekursive Lösung, die im Folgenden hergeleitet wird.

Das exakte inverse System wird durch die Übertragungsfunktion

$$E_{\mathrm{IIR}}(z) = \frac{z}{z - z_\infty}, \qquad |z_\infty| = |z_0| > 1 \tag{12.1.6}$$

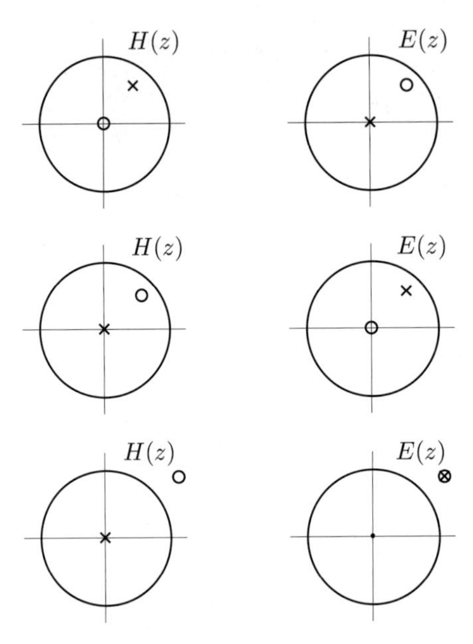

Bild 12.1.5: Pol-Nullstellen-Diagramme von Kanälen mit zugehörigen inversen Systemen ($\circ$ = Nullstelle, $\times$ = Pol, $\otimes$ = nichtrekursive Approximation eines Poles)

beschrieben; der Index „IIR" kennzeichnet den rekursiven Charakter („Infinite Impulse Response"). Zu einer nichtrekursiven Approximation kommt man durch die Reihenentwicklung

$$E_{\mathrm{IIR}}^{(1)}(z) = \sum_{k=0}^{\infty} z_{\infty}^{k} \cdot z^{-k}. \tag{12.1.7a}$$

Die zugehörige Impulsantwort

$$e_{\mathrm{IIR}}^{(1)}(k) = z_{\infty}^{k}, \quad k = 0, 1, 2, \cdots \tag{12.1.7b}$$

ist kausal, steigt jedoch für $|z_\infty| > 1$ mit wachsendem k über alle Grenzen (vgl. **Bild 12.1.6a**), so dass dieses System nicht realisierbar ist. Für die Übertragungsfunktion (12.1.6) existiert noch eine alternative Form der Reihenentwicklung, die von positiven Potenzen von z ausgeht.

$$E_{\mathrm{IIR}}^{(2)}(z) = \frac{-z/z_\infty}{1 - z/z_\infty} = -\frac{z}{z_\infty} \sum_{k=0}^{\infty} z_{\infty}^{-k} \cdot z^{k} = -\sum_{k=1}^{\infty} z_{\infty}^{-k} \cdot z^{k} \tag{12.1.8a}$$

Somit ist die zugehörige Impulsantwort *antikausal* [Sch08]

$$e_{\mathrm{IIR}}^{(2)}(k) = -z_{\infty}^{k} \quad ; \quad k = -1, -2, -3, \cdots, \tag{12.1.8b}$$

konvergiert aber für $|z_\infty| > 1$ (vgl. Bild 12.1.6b). Das antikausale, stabile System ist zwar ebenfalls nicht realisierbar, erlaubt aber durch Zeitbegrenzung und -verschiebung der

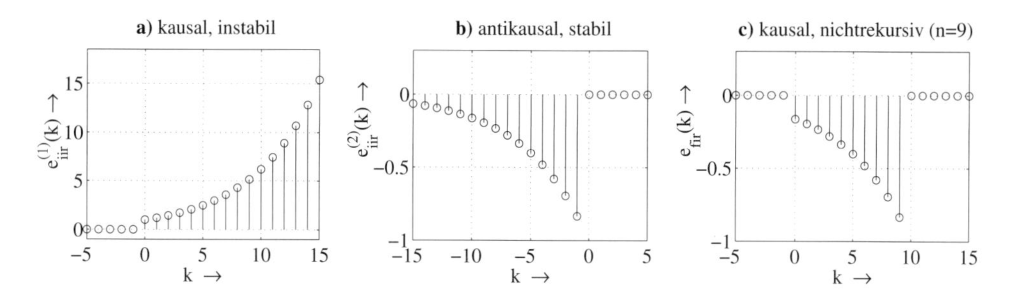

Bild 12.1.6: Approximation eines Pols bei $z_\infty = 1,2$

Impulsantwort eine kausale, nichtrekursive und damit realisierbare Approximation, wie in Bild 12.1.6c veranschaulicht wird. Für die approximierte Impulsantwort der Ordnung n gilt

$$e_{\mathrm{FIR}}(k) = e_{\mathrm{IIR}}^{(2)}(k-(n+1)) - z_\infty^{-(n+1)} e_{\mathrm{IIR}}^{(2)}(k). \tag{12.1.9}$$

Man überzeugt sich leicht davon, dass $e_{\mathrm{FIR}}(k)$ auf den Zeitbereich $0 \leq k \leq n$ begrenzt ist. Die Formulierung erlaubt eine aufschlussreiche Interpretation der Z-Übertragungsfunktion des approximierten inversen Systems. Nach der Z-Transformation von (12.1.9) ergibt sich

$$\begin{aligned} E_{\mathrm{FIR}}(z) &= z^{-(n+1)} \cdot E_{\mathrm{IIR}}(z) - z_\infty^{-(n+1)} \cdot E_{\mathrm{IIR}}(z) \\ &= E_{\mathrm{IIR}}(z) \cdot \left[z^{-(n+1)} - z_\infty^{-(n+1)} \right]. \end{aligned} \tag{12.1.10}$$

Hierbei beschreibt der in eckigen Klammern stehende Term ein nichtrekursives Kammfilter, dessen Übertragungsfunktion durch $n+1$ äquidistante Nullstellen auf einem Kreis mit dem Radius $|z_\infty|$ charakterisiert ist. Von diesen $n+1$ Nullstellen wird eine durch $E_{\mathrm{IIR}}(z)$ ausgelöscht und zwar diejenige an der Position des zu approximierenden Poles z_∞. Das Ergebnis ist in **Bild 12.1.7b** veranschaulicht.

- *Eine nichtrekursive Approximation eines Poles besteht also aus einer kreisförmigen Anordnung von n Nullstellen mit einer „Lücke“ an der Stelle des zu approximierenden Poles. Zur Gewährleistung der Kausalität befindet sich im Ursprung ein n-facher Pol.*

Wenn wir auf unser ursprüngliches Entzerrungsproblem zurückkommen, so wird klar, dass die zu kompensierende Kanalnullstelle z_0 nun die Lücke in der Pol-Approxomation, also im Nullstellenkranz des Entzerrers, auffüllt. Das Ergebnis ist eine äquidistant auf einem Kreis angeordnete Nullstellenkonstellation wie in **Bild 12.1.7c** gezeigt.

Die Übertragungsfunktion des gesamten Systems lautet

$$G(e^{j\Omega}) = H(e^{j\Omega}) \cdot E_{\mathrm{FIR}}(e^{j\Omega}) = e^{-j\Omega(n+1)} - z_0^{-(n+1)}, \qquad z_0 = z_\infty \tag{12.1.11a}$$

mit dem Betrag

$$|G(e^{j\Omega})| = \sqrt{1 + |z_0|^{-2(n+1)} - 2|z_0|^{-(n+1)} \cos[(\Omega - \arg(z_0))(n+1)]}. \tag{12.1.11b}$$

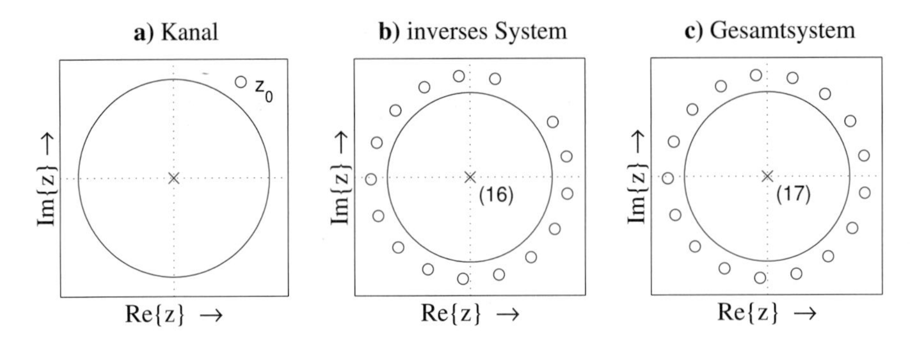

Bild 12.1.7: Näherungsweise Kompensation einer Kanalnullstelle $z_0 = z_\infty = 1,1 \cdot e^{j\,0.3\,\pi}$

Es handelt sich um eine *gleichmäßige Approximation (Tschebyscheff-Approximation)* [KK09] des konstanten Wertes eins, d.h. die Toleranzgrenzen

$$1 - |z_0|^{-(n+1)} \leq |G(e^{j\Omega})| \leq 1 + |z_0|^{-(n+1)} \tag{12.1.11c}$$

werden gleichmäßig ausgefüllt. Ein Beispiel einer solchen Approximation wird in **Bild 12.1.10** wiedergegeben (gepunktete Kurve).

Die Impulsantwort des gesamten Übertragungssystems lautet

$$g(k) = h(k) * e_{\text{FIR}}(k) = -z_0^{-(n+1)} \cdot \delta(k) + \delta(k - (n+1)). \tag{12.1.12}$$

Da die Kanalübertragungsfunktion *maximalphasig* ist, stellt die Verzögerung des Hauptimpulses der Stärke eins um $n+1$ Abtastintervalle die optimale Lösung dar. Der verbleibende Fehler $-z_0^{-(n+1)}$ ist im Zeitpunkt $k = 0$ konzentriert. Der Gesamtkanal enthält also Intersymbolinterferenz, die aber mit hinreichend hohem Approximationsgrad n beliebig klein zu halten ist. Die diskutierte Gesamtimpulsantwort wird in Bild 12.1.10b dargestellt.

Die vorangegangenen Betrachtungen zeigen die Möglichkeit der Approximation eines *inversen Allpasses* auf. Exakt ist ein solches System nicht realisierbar, da zwangsläufig ein Pol außerhalb des Einheitskreises auftritt. Die Approximation besteht aus einer Nullstelle z_0 innerhalb des Einheitskreises sowie einem Nullstellenkranz mit dem Radius $1/|z_0|$ und einer Lücke an der Stelle $1/z_0^*$. In **Bild 12.1.8** ist das Nullstellendiagramm wiedergegeben. Es ist anzumerken, dass dieses System zur Gewährleistung der Kausalität einen $(n+1)$-fachen Pol im Ursprung enthält, im Zeitbereich also eine entsprechende Verzögerung aufweist.

Abschließend ist noch auf eine besonders effiziente Realisierung der beschriebenen Pol-Approximation hinzuweisen. Die direkte Transversal-Realisierung erfordert $n+1$ komplexe Multiplikationen. Je näher der zu approximierende Pol am Einheitskreis liegt, desto höher ist die Systemordnung n zu wählen, um eine hinreichend gute Näherung zu erhalten. Die Anzahl der Multiplikationen lässt sich jedoch auf $\text{ld}(n+1)$ reduzieren, wenn man von einer speziellen nichtrekursiven Kaskadenform Gebrauch macht, die im weiteren

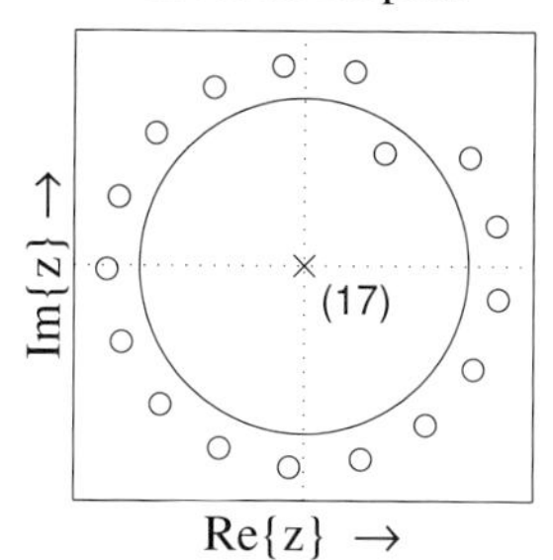

Bild 12.1.8: Näherungsweise Realisierung eines komplexwertigen inversen Allpasses 1. Ordnung ($z_\infty = 1/z_0^* = 1,1 \cdot e^{j\,0,3\,\pi}$)

kurz erläutert wird. Dazu benutzt man den folgenden gültigen Zusammenhang

$$\sum_{\nu=0}^{2^N-1} p^\nu = (1+p)(1+p^2)(1+p^4)\cdots(1+p^{2^{N-1}}). \qquad (12.1.13)$$

Angewendet auf die Übertragungsfunktion der Pol-Approximation ergibt sich für ein Filter der Länge $n+1 = 2^N$

$$\begin{aligned} E_{\text{FIR}}(z) &= -z_\infty^{-1} z^{-(2^N-1)} \sum_{k=0}^{2^N-1} \left(\frac{z}{z_\infty}\right)^k = -z_\infty^{-1} z^{-(2^N-1)} \prod_{i=0}^{N-1} \left[1 + \left(\frac{z}{z_\infty}\right)^{2^i}\right] \\ &= -z_\infty^{-1} \prod_{i=0}^{N-1} \left[z^{-2^i} + z_\infty^{-2^i}\right]. \end{aligned} \qquad (12.1.14)$$

Diese Form beschreibt eine Kaskadenstruktur von $N = \text{ld}(n+1)$ nichtrekursiven Systemen, die jeweils eine komplexe Multiplikation enthalten. Voraussetzung ist die Festlegung der gesamten Filterlänge auf eine Zweierpotenz $n+1 = 2^N$. Der Realisierungsaufwand ist reduziert: Die in **Bild 12.1.9a** dargestellte Entzerrerstruktur erfordert insgesamt $N = \text{ld}(n+1)$ komplexe Multiplikationen (im Vergleich zu $n+1$ im Falle der Transversalrealisierung).

Der Vollständigkeit halber sei angemerkt, dass die beschriebene Methode auch zur Approximation von Polen innerhalb des Einheitskreises verwendet werden kann, wenn die Anwendung rekursiver Entzerrer vermieden werden soll. Die entsprechende Systemstruktur zeigt Bild 12.1.9b.

Die beschriebene Kaskadenform stellt eine sehr effiziente Approximation von Polen durch nichtrekursive Systeme dar. Es muss jedoch eingeschränkt werden, dass dies nur für den Fall einzelner Pole, d.h. rekursiver Systeme 1. Ordnung möglich ist. Bei höhergradigen Systemen ist eine Hintereinanderschaltung mehrerer Kaskadensysteme erforderlich.

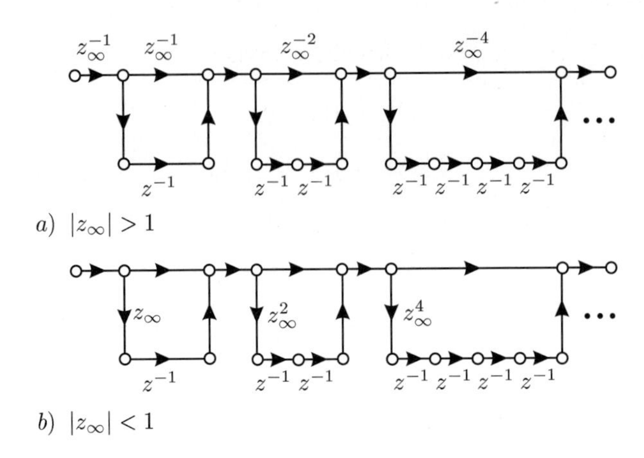

Bild 12.1.9: Nichtrekursive Kaskadenform zur nichtrekursiven Approximation von Polen

12.1.4 Least-Squares-Lösungen für inverse Systeme

Im vorangegangenen Abschnitt wurde die nichtrekursive Approximation eines Poles durch Reihenentwicklung beschrieben – dies führte dazu, dass der Fehler der Gesamtimpulsantwort sich auf den Zeitpunkt $k = 0$ für Pole außerhalb bzw. auf $k = n + 1$ für Pole innerhalb des Einheitskreises konzentrierte. Ein anderer Ansatz besteht darin, den Approximationsfehler auf das gesamte Intervall $0 \leq k \leq n + 1$ so zu verteilen, dass die Energie des Fehlers minimal wird. Solche Lösungen im Sinne kleinster Quadrate (*Least-Squares*, LS) haben ganz allgemein für die Nachrichtentechnik eine sehr große Bedeutung. In Abschnitt 12.2.2 wird eine solche Least-Squares-Lösung für den Symboltaktentzerrer hergeleitet. Hier soll das Ergebnis vorweggenommen werden.

Der Kanal bestehe wieder aus einer einzigen Nullstelle z_0; gesucht ist die Least-Squares-Lösung für das nichtrekursive inverse System mit der Impulsantwort e_{LS}. Die Gesamtimpulsantwort aus Kanal und der FIR-Approximation des inversen Systems lautet

$$h(k) * e(k) = e(k) - z_0 \cdot e(k-1). \tag{12.1.15}$$

Mit der Definition der Faltungsmatrix $\mathbf{H}$ und dem Vektor der gesuchten Entzerrer-Koeffizienten $\mathbf{e}$

$$\mathbf{H} = \begin{pmatrix} 1 & 0 & \cdots & 0 \\ -z_0 & 1 & & \vdots \\ 0 & -z_0 & \ddots & 0 \\ \vdots & & \ddots & 1 \\ 0 & \cdots & \cdots & -z_0 \end{pmatrix}; \quad \mathbf{e} = \begin{pmatrix} e(0) \\ e(1) \\ \vdots \\ e(n) \end{pmatrix} \tag{12.1.16}$$

kann die Faltung (12.1.15) kompakt formuliert werden:

$$\mathbf{H} \cdot \mathbf{e} = \mathbf{i} + \Delta\mathbf{i}\,. \tag{12.1.17}$$

Auf der rechten Seite wird für eine perfekte Lösung der Einheitsvektor

$$\mathbf{i} = [0, 0, \cdots, 0, 1, 0, \cdots, 0]^T \tag{12.1.18}$$

gefordert, der an einer wählbaren Position eine Eins und ansonsten Nullen enthält. Da die perfekte Lösung durch ein nichtrekursives inverses System nicht erreichbar ist, wird auf der rechten Seite von (12.1.17) ein Fehler $\Delta\mathbf{i}$ zugelassen, dessen Energie minimiert wird:

$$\mathbf{e}_{\text{LS}} = \underset{\mathbf{e}}{\operatorname{argmin}}\{\Delta\mathbf{i}^H \cdot \Delta\mathbf{i}\}\,. \tag{12.1.19}$$

Die Lösung dieses Problems wird auf Seite 414ff für den Symboltaktentzerrer hergeleitet; sie kann für den hier betrachteten Spezialfall der Approximation eines zu einer Kanalnullstelle inversen Systems übernommen werden:

$$\mathbf{e}_{\text{LS}} = (\mathbf{H}^H\mathbf{H})^{-1}\mathbf{H}^H\mathbf{i}\,. \tag{12.1.20}$$

Die verbleibende Energie des Fehlervektors errechnet sich geschlossen aus

$$\min\{\Delta\mathbf{i}^H \Delta\mathbf{i}\} = 1 - \mathbf{i}^H\mathbf{H}\,\mathbf{e}_{\text{LS}}\,. \tag{12.1.21}$$

Als Beispiel betrachten wir einen maximalphasigen, komplexwertigen Kanal erster Ordnung mit einer Nullstelle

$$z_0 = 1{,}2 \cdot e^{j\,0{,}3\,\pi}\,.$$

Das Nullstellendiagramm eines Entzerrers der Ordnung $n = 16$ nach der Least-Squares-Lösung ist in **Bild 12.1.10a** dargestellt. Man erkennt die prinzipielle Form des im letzten Abschnitt erläuterten Nullstellenkranzes; allerdings rücken die Nullstellen im Gegensatz zur Methode der abgebrochenen Reihenentwicklung mit größer werdendem Abstand vom Ort des zu approximierenden Poles vom Einheitskreis ab. Dementsprechend verändert ist auch die Impulsantwort des Gesamtsystems, die in Bild 12.1.10b wiedergegeben ist: Der Fehler wird nun auf das Zeitintervall $0 \leq k \leq n + 1$ verteilt und zwar so, dass sich insgesamt die geringste Energie ergibt. Im vorliegenden Falle gilt

$$\Delta\mathbf{i}^H \Delta\mathbf{i} = 6{,}2 \cdot 10^{-4} \quad < \quad |z_0|^{-2(n+1)} = 2{,}0 \cdot 10^{-3}\,.$$

Die Least-Squares-Lösung führt also naturgemäß zu einer geringeren Fehlerenergie als die Approximation durch Abbruch der Impulsantwort wie im letzten Abschnitt erläutert. Nachteil der Least-Squares-Lösung ist, dass hier die effiziente Kaskadenform nicht genutzt werden kann, da die Entzerrer-Impulsantwort nicht die hierzu erforderliche Struktur gemäß (12.1.13) aufweist.

Wir betrachten die resultierenden Gesamtfrequenzgänge und die Gruppenlaufzeit-Verläufe in den Bildern 12.1.10c,d. Die Least-Squares-Lösung stellt keine gleichmäßige

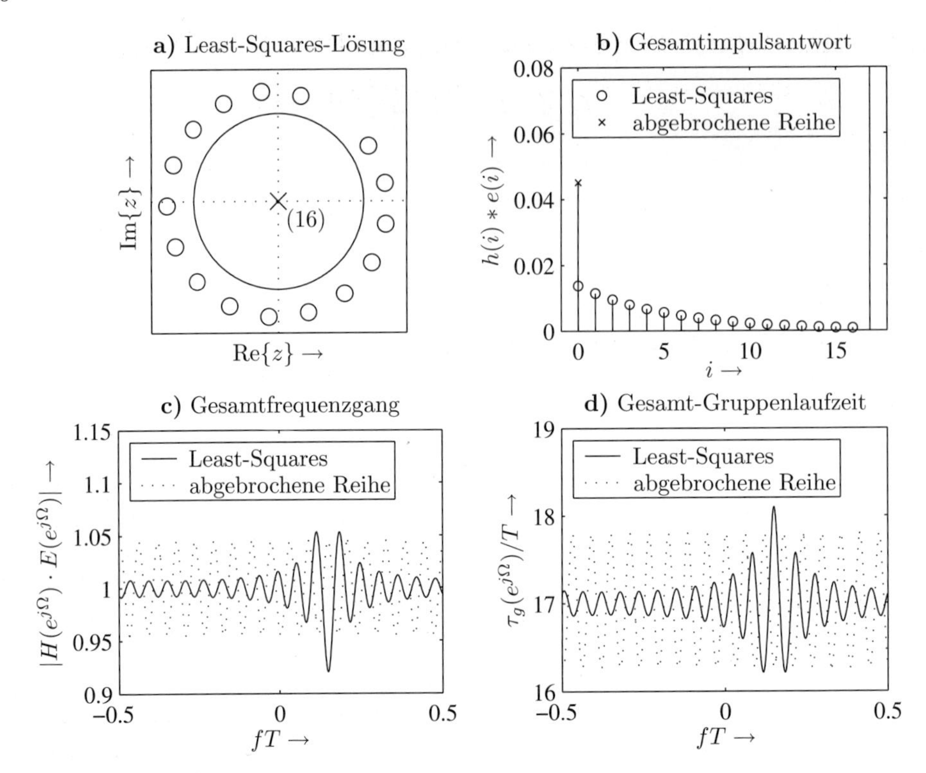

Bild 12.1.10: Vergleich von Least-Squares- und Tschebyscheff-Approximation eines Entzerrers (Kanal 1. Ordnung.)

Approximation dar wie die Lösung durch Zeitbegrenzung der idealen Impulsantwort (gepunktet eingetragen). Im Frequenzbereich ergibt die Least-Squares-Lösung also größere Maximalabweichungen, wie die Bilder verdeutlichen.

Das betrachtete Beispiel zeigt die prinzipiellen Unterschiede zwischen der Least-Squares-Approximation und der Lösung durch Zeitbegrenzung der idealen Impulsantwort auf. Letztere führt im Spektralbereich zu einer *Tschebyscheff-Approximation,* während der Least-Squares-Entwurf Vorteile im Zeitbereich aufweist. Welcher Lösung man den Vorzug gibt, ist von der spezifischen Problemstellung abhängig. Im Zusammenhang mit der digitalen Datenübertragung zielt man auf die Minimierung der Intersymbol-Interferenz ab, wogegen die Spektraleigenschaften eine untergeordnete Rolle spielen; in diesem Falle ist also die Least-Squares-Lösung sicher vorzuziehen.

12.2 Lineare Entzerrung mit nichtrekursiven Systemen (Transversalentzerrer)

12.2.1 Bedingungen zur perfekten Entzerrung

Die meisten praktischen Übertragungskanäle wie z.B. Kabel oder Funkverbindungen rufen lineare Verzerrungen des übertragenen Signals hervor. Im Falle der digitalen Übertragung führt dies zu Intersymbolinterferenzen, die empfindliche Störungen bei der Detektion der Datensymbole bewirken können – derartige Kanäle müssen also entzerrt werden.

Die klassische Lösung hierzu besteht im Einsatz linearer Systeme am Empfänger, die im wesentlichen das zum Kanal inverse System nachbilden müssen, um den Kanaleinfluss zu beseitigen – im letzten Abschnitt wurde dieses Problem bereits exemplarisch anhand einer einzelnen Kanalnullstelle behandelt. Hier sollen nun die klassischen Entzerrertypen unter den spezifischen Randbedingungen der Datenübertragung betrachtet werden. Dabei beschränken wir uns in Hinblick auf die problemlose adaptive Einstellung zunächst auf nichtrekursive Systeme (Transversalentzerrer).

Bild 12.2.1 zeigt das Modell eines Datenübertragungssystems (zunächst unter Auslassung additiver Rauschstörungen) in der äquivalenten Basisbandlage bestehend aus dem Impulsformer des Senders mit der Impulsantwort $g_S(t)$, dem Übertragungskanal $h_K(t)$ und dem Empfangsfilter $g_E(t)$. Am Ausgang des Empfangsfilters erfolgt eine Abtastung mit der w-fachen Symbolrate $f_A = w/T$; danach folgt der digitale nichtrekursive Entzerrer mit der komplexen Impulsantwort

$$e(k) = \begin{cases} e_k & \text{für } 0 \leq k \leq n \\ 0 & \text{sonst}\,. \end{cases} \tag{12.2.1}$$

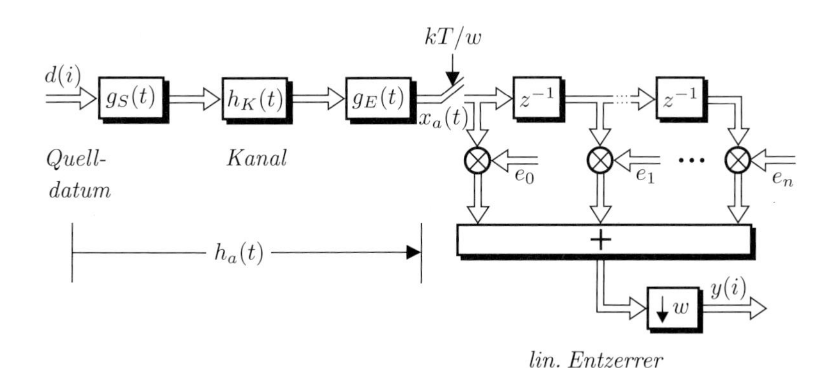

Bild 12.2.1: Modell eines digitalen Übertragungssystems

Die Wahl des Abtastratenfaktors w legt bereits die Grundstruktur des Entzerrers fest: Mit $w = 1$ arbeitet der Entzerrer am Eingang mit der Symbolrate; am Ausgang erfolgt dann keine weitere Abtastratenreduktion. Wir sprechen in diesem Falle vom klassischen *Symboltaktentzerrer.* Ist hingegen $w > 1$, so werden im Entzerrer mehrere Abtastwerte pro Symbolintervall verarbeitet; solche Entzerrer werden als *Fractional-Tap-Spacing*-Strukturen bezeichnet. Um am Entzerrerausgang wieder auf die Symbolrate zu kommen, erfolgt hier eine Abtastratenreduktion um den Faktor w – angedeutet durch das Symbol $\downarrow w$. Im Folgenden werden die Betrachtungen auf die beiden Fälle $w = 1$, also den Symboltaktentzerrer, und $w = 2$, den so genannten T/2-Entzerrer, beschränkt.

Die gesamte Impulsantwort des Systems vom Eingang des Impulsformers bis zum Ausgang des Empfangsfilters wird w mal pro Symbolintervall abgetastet:

$$h_a(kT_A) = h_a(kT/w) = [g_S(t) * h_K(t) * g_E(t)]_{t=kT/w} \, . \tag{12.2.2}$$

Sie soll die endliche Länge ℓ_w aufweisen

$$h_a(kT/w) = \begin{cases} h_{k/w} & \text{für } 0 \le k \le \ell_w - 1 \\ 0 & \text{sonst.} \end{cases} \tag{12.2.3}$$

Der Entzerrer ist so zu entwerfen, dass an seinem Ausgang ein Nyquist-Impuls entsteht, woraus sich nach der Abtastraten-Reduktion um den Faktor w eine Folge der Form

$$[0, \; 0, \; \ldots, \; 0, \; \underset{\uparrow i_0}{1}, \; 0, \; \ldots \; 0]$$

ergibt. Hierzu kann man folgende grundsätzliche Betrachtung anstellen. Die diskrete Faltung der Folgen $h_a(kT/w)$ und $e(k)$ führt zu einer Folge der Länge $\ell = n+\ell_w$. An diese Folge werden in Abständen von w Abtastwerten Forderungen gestellt; die dazwischen liegenden Abtastwerte sind irrelevant, da sie nach der Abtastratenreduktion herausfallen. Die Anzahl der Abtastwerte beträgt nach w-facher Abtastraten-Reduktion

$$N_B = \frac{n + \ell_w - 1}{w} \tag{12.2.4}$$

für den Fall, dass $n + \ell_w - 1$ ganzzahlig durch w teilbar ist. Aufgrund dieser N_B Nyquist-Bedingungen kann ein Gleichungssystem zur Berechnung der $n+1$ Entzerrerkoeffizienten aufgestellt werden; soll dieses Gleichungssystem quadratisch sein, so muss gelten[2]

$$N_B = \frac{n + \ell_w - 1}{w} = n + 1, \tag{12.2.5a}$$

also

$$n = \frac{\ell_w - 1 - w}{w - 1} \, . \tag{12.2.5b}$$

Dieses Ergebnis erlaubt einige wichtige Schlüsse über die Entzerrbarkeit von nichtrekursiven Kanälen. Setzt man den Reduktionsfaktor $w = 1$ – dies bedeutet, dass bereits

[2]Eine exakte Lösung ergibt sich auch bei Einhaltung dieser Bedingungen nur im Falle einer regulären Koeffizientenmatrix; siehe hierzu Anhang G.

am Ausgang des Empfangsfilters mit der Symbolrate abgetastet wird und führt zum klassischen Symboltaktentzerrer („*Echoentzerrer*“) – so erkennt man, dass eine exakte Entzerrung nur für unendliche Entzerrerlänge möglich ist. Wählt man hingegen $w = 2$ (*T/2-Entzerrer*) oder auch größer, so ist die Erfüllung der Bedingung (12.2.5b) mit endlicher Entzerrerlänge prinzipiell möglich.

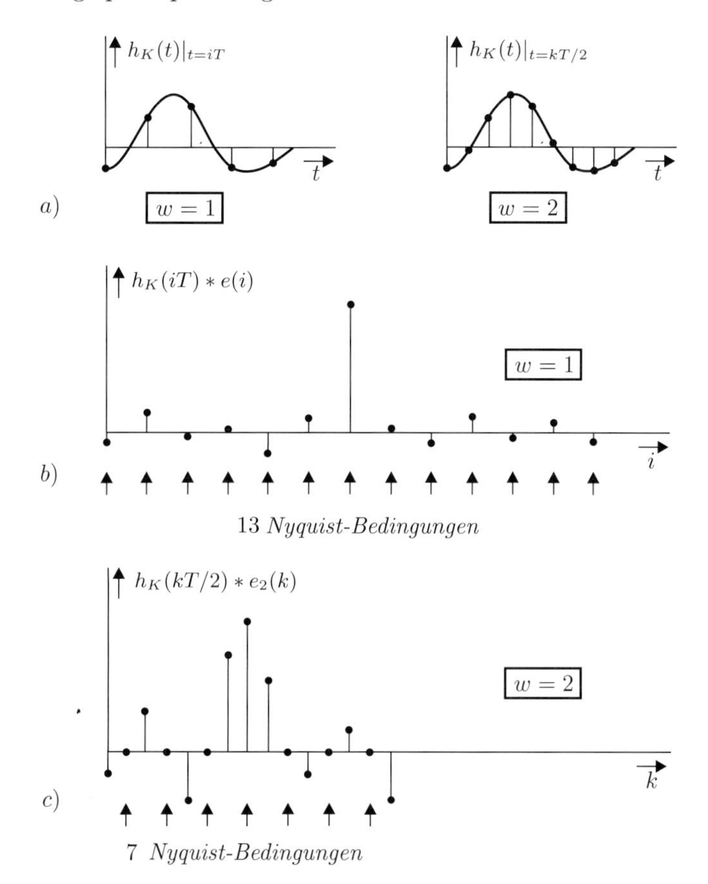

Bild 12.2.2: Veranschaulichung der Einfach- und Doppelabtastung

Die Verhältnisse für $w = 1$ und $w = 2$ werden anhand von **Bild 12.2.2** veranschaulicht. Als Beispiel wird eine Kanalimpulsantwort angenommen, die nach der Abtastung mit der Symbolrate insgesamt 5 Abtastwerte enthält ($\ell_1 = 5$) – bei Doppelabtastung ergeben sich 9 Abtastwerte ($\ell_2 = 9$).

Für den Symboltaktentzerrer werden $n_1 + 1 = 9$ Koeffizienten vorgesehen – die Länge der Gesamtimpulsantwort im Symboltakt und damit die Anzahl der Nyquistbedingungen beträgt also 13 (Bild 12.2.2b) – mit 9 Entzerrerkoeffizienten ist das aufgestellte Gleichungssystem also überbestimmt. Auch bei beliebiger Erhöhung der Entzerrerlänge ist dies weiterhin der Fall.

Im Gegensatz dazu führt die Doppelabtastung am Entzerrereingang auf ein lösbares

Gleichungssystem: Man setzt den Entzerrergrad auf $n_2 = 6$ und erhält als Länge der Gesamtimpulsantwort $\ell_2 + n_2 = 15$. Entnimmt man für die Symbolabtastung die *ungeraden* Abtastwerte: $k = 1, 3, 5, 7, 9, 11, 13$, so ergeben sich also 7 Nyquistbedingungen (Bild 12.2.2b) – mit $n_2 + 1 = 7$ Entzerrerkoeffizienten lässt sich ein quadratisches Gleichungssytem aufstellen, das im nichtsingulären Falle eine exakte Lösung erlaubt [Sch78].

12.2.2 Symboltaktentzerrer

Im letzten Abschnitt wurde verdeutlicht, dass bei vorgegebener endlicher Kanalimpulsantwort eine exakte Lösung für den Entzerrer mit Einfach-Abtastung ($w = 1$) ausgeschlossen ist: Das hierfür aufgestellte Gleichungssystem ist überbestimmt. Mit der Lösung *im Sinne kleinster Quadrate* (Least-Squares) findet man jedoch eine Näherung, indem bei der Erfüllung der Nyquist-Bedingung ein Fehler zugelassen wird, dessen Energie minimiert wird. Es werden die Vektoren

$$\mathbf{e} = [e_0, e_1, \ldots, e_{n_1}]^T \tag{12.2.6a}$$

$$\mathbf{h} = [h_0, h_1, \ldots, h_{\ell_1 - 1}]^T \tag{12.2.6b}$$

definiert, wobei $h_i = h_a(iT)$ zu setzen ist. Stellt man für den Vektor der Kanalimpulsantwort $\mathbf{h}$ die Faltungsmatrix $\mathbf{H}$ auf, die auf ihren Diagonalen jeweils gleiche Werte der Kanalimpulsantwort enthält (Toeplitz-Matrix), so findet man eine kompakte Formulierung des Gleichungssystems zur Erfüllung der ersten Nyquist-Bedingung. Wir veranschaulichen dies anhand des Beispiels $n_1 = 4,\ \ell_1 = 4$.

$$\underset{\uparrow\; n_1+\ell_1 \;\downarrow}{}\quad \underbrace{\overset{\longleftarrow\; n_1+1 \;\longrightarrow}{\begin{pmatrix} h_0 & & & & \\ h_1 & h_0 & & \mathbf{0} & \\ h_2 & h_1 & h_0 & & \\ h_3 & h_2 & h_1 & h_0 & \\ & h_3 & h_2 & h_1 & h_0 \\ & & h_3 & h_2 & h_1 \\ & \mathbf{0} & & h_3 & h_2 \\ & & & & h_3 \end{pmatrix}}}_{\mathbf{H}} \cdot \underbrace{\begin{pmatrix} e_0 \\ e_1 \\ e_2 \\ e_3 \\ e_4 \end{pmatrix}}_{\mathbf{e}} = \underbrace{\begin{pmatrix} 0 \\ 0 \\ 0 \\ 1 \\ 0 \\ 0 \\ 0 \\ 0 \end{pmatrix}}_{\mathbf{i}} + \underbrace{\begin{pmatrix} \Delta i_0 \\ \Delta i_1 \\ \Delta i_2 \\ \Delta i_3 \\ \Delta i_4 \\ \Delta i_5 \\ \Delta i_6 \\ \Delta i_7 \end{pmatrix}}_{\Delta\mathbf{i}} \tag{12.2.7}$$

Der Vektor $\mathbf{i}$ auf der rechten Seite enthält die Nyquist-Bedingung, wobei noch ein Freiheitsgrad bezüglich der Lage der Eins besteht; wir bezeichnen die Position der Eins mit i_0:

$$\mathbf{i} = [0, \ldots, 0,\ \underset{\uparrow i_0}{1},\ 0, \ldots, 0]^T. \tag{12.2.8}$$

Die Lösung des überbestimmten Gleichungssystems (12.2.7) erfolgt durch Minimierung der Energie des Fehlers $\mathbf{\Delta i}$.

$$\mathbf{e}_{\mathrm{LS}} = \arg\min_{\mathbf{e}}\{\mathbf{\Delta i}^H \mathbf{\Delta i}\} = \arg\min_{\mathbf{e}}\left\{\sum_{k=0}^{n_1+\ell_1} \Delta i_k^2\right\} \tag{12.2.9}$$

Aus (12.2.7) gewinnt man

$$\mathbf{\Delta i}^H \mathbf{\Delta i} = (\mathbf{e}^H \mathbf{H}^H - \mathbf{i}^H)(\mathbf{H}\,\mathbf{e} - \mathbf{i}) = \mathbf{e}^H \mathbf{A}\mathbf{e} - \mathbf{e}^H \mathbf{b} - \mathbf{b}^H \mathbf{e} + 1 \tag{12.2.10}$$

mit der quadratischen $(n_1+1) \times (n_1+1)$-Matrix

$$\mathbf{A} = \mathbf{H}^H \mathbf{H} \tag{12.2.11a}$$

und dem (n_1+1)-dimensionalen Vektor

$$\mathbf{b} = \mathbf{H}^H \mathbf{i}\,. \tag{12.2.11b}$$

Aus (12.2.10) erhält man nach einer Umformung (quadratische Ergänzung)

$$\mathbf{\Delta i}^H \mathbf{\Delta i} = (\mathbf{e}^H \mathbf{A} - \mathbf{b}^H)\mathbf{A}^{-1}(\mathbf{A}\mathbf{e} - \mathbf{b}) - \mathbf{b}^H \mathbf{A}^{-1}\mathbf{b} + 1\,. \tag{12.2.12}$$

Abhängig von $\mathbf{e}$ ist nur der erste Produktausdruck – er ist von quadratischer Form und somit nichtnegativ, da $\mathbf{A}$ positiv semidefinit ist. Die Minimierung von (12.2.12) ergibt sich daher durch Nullsetzen dieses Terms, also

$$\mathbf{A}\,\mathbf{e}_{\mathrm{LS}} - \mathbf{b} = \mathbf{0}\,.$$

Nach Einsetzen der Definitionen (12.2.11a,b) erhält man schließlich die Least-Squares-Lösung für die Entzerrerkoeffizienten.

$$\mathbf{e}_{\mathrm{LS}} = (\mathbf{H}^H \mathbf{H})^{-1} \mathbf{H}^H \mathbf{i} \tag{12.2.13}$$

Die verbleibende Energie des Fehlers $\mathbf{\Delta i}$ ist unmittelbar aus (12.2.12) abzulesen:

$$\min\{\mathbf{\Delta i}^H \mathbf{\Delta i}\} = 1 - \mathbf{b}^H \mathbf{A}^{-1}\mathbf{b} = 1 - \mathbf{i}^H \mathbf{H} \cdot \mathbf{e}_{\mathrm{LS}} \tag{12.2.14}$$

- *Die hier abgeleitete Lösung im Sinne kleinster Fehlerquadrate wird auch als* ***Zero-Forcing****-Lösung bezeichnet, da hier nur die möglichst gute Einhaltung der ersten Nyquist-Bedingung (äquidistante Nullstellen der Gesamtimpulsantwort) angestrebt wird, ohne dass das Kanalrauschen Berücksichtigung findet.*

Beispiele zur Berechnung von Entzerrerkoeffizienten bei vorgegebener Kanal-Charakteristik werden in Abschnitt 12.2.5 wiedergegeben, wo eine Gegenüberstellung mit dem im Folgenden behandelten Entzerrer mit Doppelabtastung erfolgt.

12.2.3 Entzerrer mit Doppelabtastung

Wir betrachten den Fall $w = 2$, also den T/2-Entzerrer. Für die Kanalimpulsantwort ist dann zu setzen

$$h_a(kT/2) = \begin{cases} h_{k/2} & \text{für } 0 \leq k \leq \ell_2 - 1 \\ 0 & \text{sonst.} \end{cases} \tag{12.2.15a}$$

Die Abtastwerte werden in einem Vektor

$$\mathbf{h}_2 = [h_0, h_{1/2}, h_1, h_{3/2}, \cdots, h_{(\ell_2-1)/2}]^T \tag{12.2.15b}$$

zusammengefasst, ebenso die Koeffizienten des T/2-Entzerrers

$$\mathbf{e}_2 = [e_0, e_1, \cdots, e_{n_2}]^T. \tag{12.2.15c}$$

Die diskrete Faltung der Kanal- mit der Entzerrer-Impulsantwort lässt sich in kompakter Schreibweise mit Hilfe der Faltungsmatrix formulieren.

$$\overset{\longleftarrow\; n_2+1 \;\longrightarrow}{\begin{pmatrix} h_0 & 0 & \cdots & \\ h_{1/2} & h_0 & & \mathbf{0} \\ h_1 & h_{1/2} & \ddots & \\ \vdots & \vdots & & h_0 \\ h_{(\ell_2-1)/2} & h_{(\ell_2-2)/2} & \cdots & \\ 0 & h_{(\ell_2-1)/2} & & \\ \vdots & & \ddots & \vdots \\ \mathbf{0} & & \cdots & h_{(\ell_2-1)/2} \end{pmatrix}} \cdot \begin{pmatrix} e_0 \\ e_1 \\ \vdots \\ e_{n_2-1} \\ e_{n_2} \end{pmatrix} \overset{!}{=} \begin{pmatrix} * \\ 0 \\ * \\ \vdots \\ * \\ 0 \\ * \\ 1 \\ * \\ 0 \\ * \\ \vdots \\ * \\ 0 \\ * \end{pmatrix}. \tag{12.2.16}$$

(Zeilenzahl der Matrix: $\uparrow\; n_2 + \ell_2 \;\downarrow$)

Die rechte Seite von (12.2.16) enthält das Entzerrer-Ausgangssignal im doppelten Symboltakt – im Empfänger nach Bild 12.2.1, Seite 411, erfolgt nach der Entzerrung eine Abtastratenreduktion um den Faktor 2, so dass jeder zweite Abtastwert unterdrückt wird. Diese irrelevanten Abtastwerte sind in (12.2.16) durch die Symbole „$*$" gekennzeichnet[3]. Zur Erfüllung der ersten Nyquistbedingung ist also nur jede zweite Gleichung zu berücksichtigen; bei entsprechender Wahl der Entzerrerordnung kann hierbei ein quadratisches System gewonnen werden. Wir betrachten als Beispiel den Fall $\ell_2 = 7$ und legen die Entzerrerordnung gemäß (12.2.5b), Seite 412, mit $n_2 = 4$ fest; dafür lautet das reduzierte Gleichungssystem

[3] Prinzipiell könnte die Nyquistbedingung auch für die *geraden* Indizes gefordert werden; dann wäre jedoch das oberste Element des Vektors auf der rechten Seite null und damit stets $e_0 = 0$.

$$\underbrace{\begin{pmatrix} h_{1/2} & h_0 & 0 & 0 & 0 \\ h_{3/2} & h_1 & h_{1/2} & h_0 & 0 \\ h_{5/2} & h_2 & h_{3/2} & h_1 & h_{1/2} \\ 0 & h_3 & h_{5/2} & h_2 & h_{3/2} \\ 0 & 0 & 0 & h_3 & h_{5/2} \end{pmatrix}}_{\mathbf{H}_2} \cdot \underbrace{\begin{pmatrix} e_0 \\ e_1 \\ e_2 \\ e_3 \\ e_4 \end{pmatrix}}_{\mathbf{e}_2} = \underbrace{\begin{pmatrix} 0 \\ 0 \\ 1 \\ 0 \\ 0 \end{pmatrix}}_{\mathbf{i}}. \qquad (12.2.17)$$

(Matrix of size n_2+1 rows $\times$ n_2+1 columns.)

Besitzt die Matrix $\mathbf{H}_2$ den Rang n_2+1, so existiert ihre Inverse. Die Lösung des Gleichungssystems lautet dann

$$\mathbf{e}_2 = \mathbf{H}_2^{-1}\,\mathbf{i}. \qquad (12.2.18)$$

Diese Lösung ist wie (12.2.14) eine *Zero-Forcing*-Lösung, da nur die Intersymbolinterferenz, nicht aber das Kanalrauschen berücksichtigt wird. Im Unterschied zu (12.2.14) wird hier die Intersymbolinterferenz ideal unterdrückt, falls $\mathbf{H}_2$ regulär ist.

- **Beispiel:** *Linearphasiger Kanal der Ordnung 4* ($\ell_2 = 5$)

  Für die Kanalimpulsantwort wird die in **Bild 12.2.3** dargestellte Symmetrie angenommen, d.h. es soll gelten $h_0 = h_2$ und $h_{1/2} = h_{3/2}$; die Entzerrerordnung wird mit $n_2 = 2$ festgelegt.

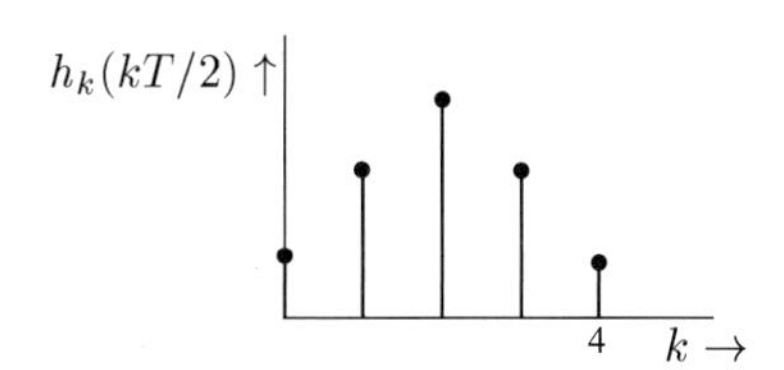

Bild 12.2.3: Beispiel einer linearphasigen Kanalimpulsantwort

Die Auflösung des Gleichungssystems (12.2.18) liefert dann den Koeffizientenvektor

$$\mathbf{e}_2 = \frac{1}{h_1 - 2h_0}\left[-\frac{h_0}{h_{1/2}},\ 1,\ -\frac{h_0}{h_{1/2}}\right]^T$$

mit dem zugehörigen Ergebnisvektor

$$\mathbf{H}_2 \cdot \mathbf{e}_2 = \frac{1}{h_1 - 2h_0}\left[-\frac{h_0^2}{h_{1/2}},\ 0,\ h_{1/2} - \frac{h_0}{h_{1/2}}(h_0 + h_1),\ 1,\right.$$
$$\left. h_{1/2} - \frac{h_0}{h_{1/2}}(h_0 + h_1),\ 0, -\frac{h_0^2}{h_{1/2}}\right]^T.$$

Die Nyquist-Bedingung ist offenbar erfüllt. Jedoch ergeben sich unter den Bedingungen $h_1 = 2h_0$ oder $h_{1/2} = 0$ unendlich große Entzerrerkoeffizienten – wir wollen die Kanalübertragungsfunktion für diese Fälle untersuchen.

$$H(z) = h_0 + h_{1/2}z^{-1} + h_1 z^{-2} + h_{1/2}z^{-3} + h_0 z^{-4} \qquad (12.2.19)$$

Unter der Bedingung $h_1 = 2h_0$ ergeben sich Nullstellen bei $z_{1,2} = \pm j$. Wegen der Bedingung $f_A = 2/T$ entspricht die zugehörige Frequenz der Nyquistfrequenz $f_N = 1/2T$.

Für den Fall $h_{1/2} = 0$ erhält man die Übertragungsfunktion

$$H(z) = h_0 + h_1 z^{-2} + h_0 z^{-4}. \tag{12.2.20}$$

Die Nullstellen ergeben sich durch die Lösung der biquadratischen Gleichung

$$z_0^2 = -\frac{h_1}{2h_0} \pm \sqrt{\left(\frac{h_1}{2h_0}\right)^2 - 1}. \tag{12.2.21}$$

Für $h_1 \leq 2h_0$ gilt $|z_0| = 1$; auch hier ergeben sich *Nullstellen auf dem Einheitskreis*, während für $h_1 > 2h_0$ die Nullstellen nicht auf dem Einheitskreis liegen.

Man sieht, dass auch mit dem T/2-Entzerrer unter bestimmten Kanalkonstellationen eine exakte Realisierung nicht möglich ist. Das gilt z.B. für Kanalnullstellen bei $\pm j$, wie im vorangegangenen Beispiel deutlich wurde. Es ist jedoch zu betonen, dass die exakte Korrektur von Nullstellen auf dem Einheitskreis nicht grundsätzlich auszuschließen ist; vielmehr ergeben sich nur unter bestimmten Nullstellenwinkeln Singularitäten. Im Anhang G werden die Bedingungen für die ideale Kanalentzerrung mit Hilfe von T/2-Entzerrern erörtert.

Werden die Fälle der Singularität von $\mathbf{H}_2$ ausgeschlossen, so liefert der in diesem Abschnitt betrachtete Entzerrer mit Doppelabtastung eine exakte Lösung. Dabei kann jedoch die nach (12.2.18) errechnete Entzerrer-Impulsantwort sehr große Werte annehmen. Im oben behandelten Beispiel gilt das für $h_1 \approx 2h_0$ oder für kleine Werte $h_{1/2}$. Die Energie der Entzerrer-Impulsantwort wird damit sehr groß, wodurch es zu einer unerwünschten starken Anhebung der Leistung des Kanalrauschens am Entzerrerausgang kommt.

Eine günstigere Lösung erhält man in solchen Fällen, indem auf die exakte Einhaltung der Nyquist-Bedingung verzichtet und statt dessen eine *Nebenbedingung* eingeführt wird, die die Minimierung der Koeffizientenenergie beinhaltet. Dazu wird auf der rechten Seite von Gleichung (12.2.17) ein Fehlervektor $\Delta\mathbf{i}$ zugelassen

$$\mathbf{H}_2 \cdot \mathbf{e}_2 = \mathbf{i} + \Delta\mathbf{i}, \tag{12.2.22}$$

dessen Energie minimiert wird. Weiterhin wird nun die Energie $\mathbf{e}_2^H \mathbf{e}_2$ des Lösungsvektors in die Betrachtungen einbezogen. Man definiert die Zielfunktion

$$F_e = \Delta\mathbf{i}^H \, \Delta\mathbf{i} + \gamma \cdot \mathbf{e}_2^H \mathbf{e}_2, \tag{12.2.23}$$

die in Abhängigkeit von $\mathbf{e}_2$ zu minimieren ist – γ stellt dabei einen nichtnegativen reellen Gewichtsfaktor dar, der die Einstellung eines Kompromisses zwischen der Minimierung der Intersymbolinterferenz und der Entzerrerkoeffizienten-Energie erlaubt. Man erhält zunächst aus (12.2.22) und (12.2.23) mit der Einheitsmatrix $\mathbf{I}$

$$\begin{aligned} F_e &= \left(\mathbf{e}_2^H \mathbf{H}_2^H - \mathbf{i}^H\right)\left(\mathbf{H}_2\,\mathbf{e}_2 - \mathbf{i}\right) + \gamma \cdot \mathbf{e}_2^H \mathbf{I}\,\mathbf{e}_2 \\ &= \mathbf{e}_2^H \left(\mathbf{H}_2^T \mathbf{H}_2 + \gamma \cdot \mathbf{I}\right)\mathbf{e}_2 - \mathbf{e}_2^H \mathbf{H}_2^H \mathbf{i} - \mathbf{i}^H \mathbf{H}_2 \mathbf{e}_2 + 1\,. \end{aligned} \tag{12.2.24}$$

Mit den Abkürzungen

$$\mathbf{A}_2 = \mathbf{H}_2^H \mathbf{H}_2 + \gamma \cdot \mathbf{I} \quad \text{und} \quad \mathbf{b}_2 = \mathbf{H}_2^H \mathbf{i} \tag{12.2.25}$$

folgt nach kurzer Umformung (quadratische Ergänzung)

$$F_e = \left(\mathbf{e}_2^H \mathbf{A}_2 - \mathbf{b}_2^H\right) \mathbf{A}_2^{-1} \left(\mathbf{A}_2 \mathbf{e}_2 - \mathbf{b}_2\right) - \mathbf{b}_2^H \mathbf{A}_2^{-1} \mathbf{b}_2 + 1. \tag{12.2.26}$$

Die Minimierung dieses Ausdrucks ergibt sich durch Nullsetzen des ersten Terms. Nach Einsetzen der benutzten Abkürzungen erhält man schließlich

$$\mathbf{e}_2 = \left(\mathbf{H}_2^H \mathbf{H}_2 + \gamma \mathbf{I}\right)^{-1} \mathbf{H}_2^H \mathbf{i}\,. \tag{12.2.27a}$$

Unter Nutzung der Matrixbeziehung[4]

$$\mathbf{B}^H (\mathbf{B}\mathbf{B}^H + \mathbf{C})^{-1} = (\mathbf{I} + \mathbf{B}^H \mathbf{C}^{-1} \mathbf{B})^{-1} \mathbf{B}^H \mathbf{C}^{-1}$$

lässt sich aus (12.2.27a) auch die äquivalente Beziehung

$$\mathbf{e}_2 = \mathbf{H}_2^H \left(\mathbf{H}_2 \mathbf{H}_2^H + \gamma \mathbf{I}\right)^{-1} \mathbf{i} \tag{12.2.27b}$$

herleiten. Man beachte, dass im Vergleich zwischen (12.2.27a) und (12.2.27b) gilt:

$$\text{für } \mathbf{H}_2 \in \mathbb{C}^{n_z \times n_s} \quad \rightarrow \begin{cases} \mathbf{H}_2^H \mathbf{H}_2 \in \mathbb{C}^{n_s \times n_s} & \text{(Gl.(12.2.27a))} \\ \mathbf{H}_2 \mathbf{H}_2^H \in \mathbb{C}^{n_z \times n_z} & \text{(Gl.(12.2.27b)).} \end{cases} \tag{12.2.28}$$

Zur Verbesserung der Entzerrereigenschaften hinsichtlich Restfehler und Entzerrerenergie kann die Entzerrerordnung auch über den zur exakten Lösung erforderlichen Wert n_2 hinaus erhöht werden; in dem Falle ist die Matrix $\mathbf{H}_2$ nicht mehr quadratisch ($n_z < n_s$), das Gleichungssystem (12.2.17) *unterbestimmt*. Ohne Einbeziehung der Nebenbedingung, d.h. mit $\gamma = 0$, wird in (12.2.27a) die zu invertierende Matrix singulär, während dies in (12.2.27b) nicht der Fall ist, falls $\mathbf{H}_2$ den Rang n_z hat (die Bedingungen hierfür werden in Anhang G hergeleitet); $\mathbf{H}_2\mathbf{H}_2^H$ hat dann ebenfalls den Rang n_z, während $\mathbf{H}_2^H\mathbf{H}_2$ singulär ist. Die Lösungen (12.2.27a) und (12.2.27b) sind mit Nebenbedingung ($\gamma > 0$) äquivalent. Bei gleichbleibender Entzerrerenergie lässt sich durch Entzerrergrad-Erhöhung ein erheblich reduzierter Restfehler erzielen; in Tabelle 12.2.1 wird dies anhand eines Beispiels verdeutlicht.

[4]Man zeigt dieses durch Multiplikation mit $(\mathbf{B}\mathbf{B}^H + \mathbf{C})$ von rechts und mit $(\mathbf{I} + \mathbf{B}^H \mathbf{C}^{-1} \mathbf{B})$ von links.

Tabelle 12.2.1: Entzerrungsresultate beim Entwurf mit Nebenbedingung, $\mathbf{h}_2 = [0.5 \quad 0.2 \quad 2 \quad 0.2 \quad 0.5]^T$

γ	$n_2 = 2$		$n_2 = 6$	
	$\mathbf{e}_2^H\mathbf{e}_2$	$\Delta\mathbf{i}^H\Delta\mathbf{i}$	$\mathbf{e}_2^H\mathbf{e}_2$	$\Delta\mathbf{i}^H\Delta\mathbf{i}$
0	13,5	0	4,42	0
0,001	2,7	0,0032	1,65	$9,8 \cdot 10^{-4}$
0,0016	1,65	0,0045	1,177	0,0016
0,01	0,4	0,008	0,41	0,004

12.2.4 Beschreibung der Entzerrerlösungen durch die Pseudoinverse

Im Abschnitt 12.2.2 ergab sich für den Entwurf eines Symboltakt-Entzerrers ein *über*bestimmtes Problem, das im Least-Squares-Sinne durch (12.2.13), Seite 415, gelöst wurde. Andererseits erhielt man für den T/2-Entzerrer mit der Erhöhung der Koeffizientenzahl ein *unter*bestimmtes Problem – die Lösung (12.2.27a/b) enthält über den Gewichtsfaktor γ eine Nebenbedingung, führt jedoch mit (12.2.27b) auch bei $\gamma = 0$ zu einem eindeutigen Resultat. Die verschiedenen Lösungen lassen sich mit Hilfe der Moore-Penrose-Pseudoinversen vereinheitlichen [Mer10].

Betrachten wir zunächst den Symboltaktentzerrer: Für die $(n_1 + \ell_1) \times (n_1 + 1)$–Kanalmatrix $\mathbf{H}$ definiert man bei maximalem Spaltenrang die Pseudoinverse gemäß (B.1.22a), Seite 764, als

$$\mathbf{H}^+ = (\mathbf{H}^H\mathbf{H})^{-1}\mathbf{H}^H, \quad \mathbf{H}^+ \in \mathbb{C}^{(n_1+1)\times(n_1+\ell_1)}. \tag{12.2.29a}$$

Damit kann die Least-Squares-(Zero-Forcing-)Lösung nach (12.1.20) kompakt als

$$\mathbf{e}_{\mathrm{LS}} = \mathbf{H}^+\,\mathbf{i} \tag{12.2.29b}$$

geschrieben werden; für die Energie des Restfehlers ergibt sich aus (12.2.14) entsprechend

$$\min\{\|\Delta\mathbf{i}\|^2\} = 1 - \mathbf{i}^H\mathbf{H}\cdot\mathbf{e}_{\mathrm{LS}} = 1 - \mathbf{i}^T\,\mathbf{H}\mathbf{H}^+\,\mathbf{i}, \tag{12.2.29c}$$

wobei $\mathbf{H}\mathbf{H}^+$ hier wegen der Überbestimmtheit des Gleichungssystems keine Einheitmatrix ist und die Energie des Restfehlers damit nicht verschwindet.

Für den Entwurf des $T/2$-Entzerrers wird hier $\gamma = 0$ angesetzt. Setzt man mehr Entzerrerkoeffizienten an als für die exakte Lösung erforderlich, so erhält man ein unterbestimmtes Gleichungssystem. Die Kanalmatrix $\mathbf{H}_2$ hat also weniger Zeilen als Spalten

$(m < n)$; für ihre Pseudoinverse gilt damit bei maximalem Zeilenrang der zweite Fall von (B.1.22a):

$$\mathbf{H}_2^+ = \mathbf{H}^H(\mathbf{H}\mathbf{H}^H)^{-1}, \quad \mathbf{H}_2^+ \in \mathbb{C}^{n\times m}, \quad m < n \tag{12.2.30a}$$

und somit für die Zero-Forcing-Lösung

$$\mathbf{e}_2|_{\gamma=0} = \mathbf{H}_2^+\,\mathbf{i}. \tag{12.2.30b}$$

Die Energie des Restfehlers ist

$$\|\Delta\mathbf{i}\|^2 = 1 - \mathbf{i}^T\mathbf{H}_2\mathbf{H}_2^+\mathbf{i}. \tag{12.2.30c}$$

Hier ergibt

$$\mathbf{H}_2\mathbf{H}_2^+ = \mathbf{U}\boldsymbol{\Sigma}\mathbf{V}^H\mathbf{V}\boldsymbol{\Sigma}^+\mathbf{U}^H = \mathbf{U}\underbrace{\boldsymbol{\Sigma}\boldsymbol{\Sigma}^+}_{\mathbf{I}_m}\mathbf{U}^H$$

eine $(m \times m)$-Einheitsmatrix, so dass die Energie des Restfehlers zu null wird (siehe auch Tabelle 12.2.1): Da ein unterbestimmtes Problem vorliegt, wird aus den unendlich vielen exakten Lösungen diejenige mit der *minimalen Energie des Koeffizientenvektors* ausgewählt.

12.2.5 Minimum-Mean-Square-Error-Lösung (MMSE) für lineare Entzerrer

In den vorangegangenen Abschnitten wurden Entzerrerlösungen unter der Annahme einer bekannten Kanalimpulsantwort hergeleitet – das Ziel bestand darin, zunächst die prinzipielle Entzerrbarkeit von Kanälen unter verschiedenen Entzerrerstrukturen festzustellen. Im realen Betrieb sind am Empfänger die Kanaleigenschaften nicht bekannt; sie müssen erst durch geeignete Algorithmen geschätzt werden. Man bezeichnet solche Systeme, die ihre Parameter nach vorgegebenen Zielfunktionen selbsttätig einstellen, als *adaptiv.*

Bevor wir zu den Adaptionsalgorithmen kommen, sollen zunächst geschlossene Ausdrücke für die Entzerrer-Lösungen entwickelt werden, die am Empfänger bekannte oder zu schätzende Größen, z.B. Korrelationsfunktionen, enthalten. Grundlage bildet wieder das Blockschaltbild 12.2.1 auf Seite 411. Das Matched-Filter-Ausgangssignal, das als Eingangssignal des Entzerrers dient, wird hier mit $x_a(kT_A) = x_a(kT/w))$ bezeichnet. Über den Parameter w erfolgt die Festlegung auf einen Symboltakt- oder einen FTS (Fractional Tap Spacing)-Entzerrer; im Falle der Mehrfachabtastung $(w \geq 2)$ hat am Entzerrerausgang eine Abtastratenreduktion zu erfolgen, so dass man schließlich ein mit dem Symboltakt $1/T$ abgetastetes Signal $y(i)$ erhält. Im weiteren wird nun angenommen, dass am Sender während einer Akquisitionsphase eine vereinbarte Sequenz von Trainingssymbolen $d(i)$ gesendet wird; diese Sequenz ist am Empfänger bekannt. Sie kann einem dort vorhandenen Speicher entnommen und mit dem Entzerrer-Ausgangssignal $y(i)$ verglichen werden: Im Falle der perfekten Entzerrung sollte $y(i)$ mit $d(i - i_0)$ übereinstimmen, wobei i_0 eine zur Berücksichtigung der Kanal- und Entzerrerlaufzeit eingebrachte Verzögerung bezeichnet. Im realen Betrieb ist das Entzerrer-Ausgangssignal von Rest-Intersymbolinterferenz und von Rauschen überlagert, so dass eine Entzerrung nur näherungsweise erfolgen kann: Der Minimum-Mean-Square-Error-Entwurf beinhaltet die Minimierung der Gesamtfehlerleistung am Entzerrerausgang.

Zur geschlossenen Formulierung werden für die Datensymbole und somit auch für Entzerrer-Ein- und Ausgangssignal Zufallsprozesse $D(i)$, $X_a(kT_A)$, $Y(i)$ angesetzt. Damit lautet die MMSE-Zielfunktion

$$F_{\text{MSE}} = \mathrm{E}\{|Y(i) - D(i-i_0)|^2\} \Rightarrow \min_{\mathbf{e}}. \tag{12.2.31}$$

Das Signal $Y(i)$ wird durch die Faltungsbeziehung

$$Y(i) = \sum_{\nu=0}^{n} e_\nu \cdot X_a(iT - \nu T_A) \tag{12.2.32}$$

beschrieben, wobei $e_0, e_1, \cdots, e_n$ die Entzerrerkoeffizienten bezeichnen. Zur kompakten Formulierung definiert man die Vektoren

$$\mathbf{e} = \begin{pmatrix} e_0 \\ e_1 \\ \vdots \\ e_n \end{pmatrix}, \quad \mathbf{X} = \begin{pmatrix} X_a(iT) \\ X_a(iT - \frac{T}{w}) \\ \vdots \\ X_a(iT - n\frac{T}{w}) \end{pmatrix} \quad \text{und} \quad \mathbf{X}^* = \begin{pmatrix} X_a^*(iT) \\ X_a^*(iT - \frac{T}{w}) \\ \vdots \\ X_a^*(iT - n\frac{T}{w}) \end{pmatrix}. \tag{12.2.33}$$

Damit erhält man für (12.2.32)

$$Y(i) = \mathbf{X}^T\mathbf{e} \quad \text{bzw.} \quad Y^*(i) = \mathbf{e}^H\mathbf{X}^*. \tag{12.2.34}$$

Diese Formulierung wird in die Zielfunktion (12.2.31) eingesetzt.

$$\begin{aligned} F_{\text{MSE}} &= \mathrm{E}\{[Y^*(i) - D^*(i-i_0)][Y(i) - D(i-i_0)]\} \qquad (12.2.35\text{a}) \\ &= \mathrm{E}\{\mathbf{e}^H\mathbf{X}^*\mathbf{X}^T\mathbf{e} - \mathbf{e}^H\mathbf{X}^*D(i-i_0) - D^*(i-i_0)\mathbf{X}^T\mathbf{e} + |D(i-i_0)|^2\} \\ &= \mathbf{e}^H\mathrm{E}\{\mathbf{X}^*\mathbf{X}^T\}\mathbf{e} - \mathbf{e}^H\mathrm{E}\{\mathbf{X}^*D(i-i_0)\} - \mathrm{E}\{D^*(i-i_0)\mathbf{X}^T\}\mathbf{e} + \mathrm{E}\{|D(i)|^2\} \end{aligned}$$

Dieser Ausdruck ist in Abhängigkeit von den Entzerrerkoeffizienten zu minimieren:

$$\mathbf{e}_{\text{MMSE}} = \operatorname*{argmin}_{\mathbf{e}}\{F_{\text{MSE}}\}. \tag{12.2.35b}$$

Symboltaktentzerrer. Wir betrachten zunächst den Fall $w = 1$, d.h. das Entzerrer-Eingangssignal wird im Symboltakt abgetastet:

$$X_a(iT - \nu\frac{T}{w}) = X_a((i-\nu)T) \stackrel{\Delta}{=} X(i-\nu); \tag{12.2.36}$$

Dieses Signal ist *stationär* – somit beschreibt der Ausdruck $\mathrm{E}\{\mathbf{X}^*\mathbf{X}^T\}$ in (12.2.35a) die in (1.6.34) auf Seite 45 für stationäre Prozesse definierte Autokorrelationsmatrix

$$\mathrm{E}\{\mathbf{X}^*\mathbf{X}^T\} = \mathbf{R}_{XX}, \tag{12.2.37}$$

wobei zu berücksichtigen ist, dass die Elemente von $\mathbf{X}$ gemäß der Definition (12.2.33) in zeitlich umgekehrter Reihenfolge angeordnet sind – für die Elemente von $\mathrm{E}\{\mathbf{X}^*\mathbf{X}^T\}$ gilt damit

$$r_{\nu\mu} = \mathrm{E}\{X^*(i-\nu)\cdot X(i-\mu)\} = \mathrm{E}\{X^*(i)\cdot X(i+\nu-\mu)\} = r_{XX}(\nu-\mu).$$

Weiterhin beschreibt der Erwartungswert

$$\begin{aligned} \mathrm{E}\{\mathbf{X}^* D(i-i_0)\} &= \mathrm{E}\{[X^*(i)D(i-i_0), X^*(i-1)D(i-i_0), \cdots, X^*(i-n)D(i-i_0)]^T\} \\ &= \mathrm{E}\{[X^*(i)D(i-i_0), X^*(i)D(i-i_0+1), \cdots, X^*(i)D(i-i_0+n)]^T\} \\ &= [r_{XD}(-i_0), r_{XD}(1-i_0), \cdots, r_{XD}(n-i_0)]^T \stackrel{\Delta}{=} \mathbf{r}_{XD} \end{aligned} \qquad (12.2.38)$$

den Vektor der Kreuzkorrelierten zwischen den Eingangswerten des Entzerrers und dem um i_0 verzögerten Referenzsignal $D(i-i_0)$. Der Ausdruck

$$\mathrm{E}\{|D(i)|^2\} = \sigma_D^2 \qquad (12.2.39)$$

stellt die mittlere Leistung der Trainingsfolge dar, wobei mittelwertfreie Datensymbole angenommen werden. Damit lässt sich (12.2.35a) in der übersichtlichen Form

$$F_{\mathrm{MSE}} = \mathbf{e}^H \mathbf{R}_{XX}\mathbf{e} - \mathbf{e}^H \mathbf{r}_{XD} - \mathbf{r}_{XD}^H \mathbf{e} + \sigma_D^2 \qquad (12.2.40)$$

schreiben. Zur Minimierung bringen wir diesen Ausdruck durch *quadratische Ergänzung* auf die Form

$$F_{\mathrm{MSE}} = (\mathbf{e}^H \mathbf{R}_{XX} - \mathbf{r}_{XD}^H)\mathbf{R}_{XX}^{-1}(\mathbf{R}_{XX}\mathbf{e} - \mathbf{r}_{XD}) - \mathbf{r}_{XD}^H \mathbf{R}_{XX}^{-1}\mathbf{r}_{XD} + \sigma_D^2 . \qquad (12.2.41)$$

Dieser Ausdruck wird offensichtlich in Abhängigkeit von $\mathbf{e}$ dann minimal, wenn der erste Produktausdruck verschwindet, d.h. wenn gilt

$$\mathbf{e}_{\mathrm{MMSE}}^H \cdot \mathbf{R}_{XX} - \mathbf{r}_{XD}^H = \mathbf{0}^T \quad \text{bzw.} \quad \mathbf{R}_{XX}\cdot \mathbf{e}_{\mathrm{MMSE}} - \mathbf{r}_{XD} = \mathbf{0}. \qquad (12.2.42)$$

Der gesuchte Entzerrer-Koeffizientenvektor ergibt sich also als Lösung dieses linearen Gleichungssystems zu

$$\mathbf{e}_{\mathrm{MMSE}} = \mathbf{R}_{XX}^{-1}\cdot \mathbf{r}_{XD}. \qquad (12.2.43)$$

- Die MMSE-Lösung ist identisch mit der in Abschnitt 1.6.4 hergeleiteten allgemeinen Lösung für das *Wiener-Optimalfilter* (1.6.42a) – in diesem Falle für das spezielle Problem der Entzerrung (siehe Seite 47).

Der am Entzerrerausgang verbleibende minimale MSE-Wert lässt sich aus (12.2.41) ablesen, indem (12.2.42) eingesetzt wird.

$$\min\{F_{\mathrm{MSE}}\} = \sigma_D^2 - \mathbf{r}_{XD}^H \mathbf{R}_{XX}^{-1}\mathbf{r}_{XD} = \sigma_D^2 - \mathbf{r}_{XD}^H \mathbf{e}_{\mathrm{MMSE}} \qquad (12.2.44)$$

Diese Fehlerleistung enthält sowohl Rauschen als auch Intersymbol-Interferenz, wobei infolge des MMSE-Ansatzes zwischen den beiden Einflüssen der optimale Kompromiss in Hinblick auf eine minimale Gesamtfehlerleistung eingestellt wird.

Die MMSE-Lösung (12.2.43) lässt sich mit der geschlossenen Lösung bei bekannter Kanalimpulsantwort (12.2.13) vergleichen. Bei *verschwindendem Kanalrauschen und für unkorrelierte Sendedaten* gilt für die Autokorrelationsfolge des Empfangssignals

$$\mathbf{R}_{XX} = \sigma_D^2 \cdot \mathbf{H}^H \mathbf{H}, \tag{12.2.45}$$

wobei $\mathbf{H}$ die Faltungsmatrix des Kanals gemäß (12.2.7) darstellt. Der Kreuzkorrelationsvektor $\mathbf{r}_{XD}$ enthält die Korrelationsausdrücke

$$\begin{aligned} r_{XD}(\nu - i_0) &= \mathrm{E}\{X^*(i) D(i + \nu - i_0)\} \\ &= \sum_{\mu=0}^{\ell_1 - 1} h^*(\mu) \cdot \underbrace{\mathrm{E}\{D^*(i-\mu) D(i + \nu - i_0)\}}_{r_{DD}(\mu + \nu - i_0)}. \end{aligned} \tag{12.2.46a}$$

Für unkorrelierte Quelldaten gilt

$$r_{DD}(\mu + \nu - i_0) = \begin{cases} \sigma_D^2 & \text{für } \mu = i_0 - \nu \\ 0 & \text{sonst,} \end{cases} \tag{12.2.46b}$$

so dass aus (12.2.46a) folgt

$$r_{XD}(\nu - i_0) = \sigma_D^2 \cdot h^*(i_0 - \nu); \tag{12.2.46c}$$

also gilt bei kausaler Kanalimpulsantwort

$$\mathbf{r}_{XD} = \sigma_D^2 \cdot [h^*(i_0), h^*(i_0 - 1), \cdots, h^*(0), 0, \cdots, 0]^T. \tag{12.2.47}$$

Andererseits wird in dem Ausdruck $\mathbf{H}^H \mathbf{i}$ in (12.2.13) durch $\mathbf{i}$ die i_0-te Spalte von $\mathbf{H}^H$ ausgewählt, was gleichbedeutend ist mit der Auswahl der konjugiert komplexen i_0-ten Zeile von $\mathbf{H}$ – das Resultat ist identisch mit (12.2.47). Die MMSE-Formulierung stimmt also mit der Lösung (12.2.13) überein, *falls die Sendedaten unkorreliert sind und kein additives Kanalrauschen vorhanden ist.*

Im Falle von *additivem, weißem Rauschen* am Entzerrereingang ist auf der Hauptdiagonalen der AKF-Matrix (12.2.45) die Rauschleistung σ_N^2 zu addieren.

$$\mathbf{R}_{XX} = \sigma_D^2 \left(\mathbf{H}^H \mathbf{H} + \frac{\sigma_N^2}{\sigma_D^2} \mathbf{I} \right) \tag{12.2.48}$$

In dem Falle ergibt sich die in Abschnitt 12.2.3 diskutierte Lösung, in der die Entzerrer-Koeffizientenenergie, also der Leistungs-Übertragungsfaktor für weißes Rauschen, als Nebenbedingung eingebracht wird.

T/2-Entzerrer. Nach den Betrachtungen in Abschnitt 8.1.2 ist ein Datensignal durch einen *zyklostationären* Prozess zu beschreiben. Wird das Empfangssignal am Matched-Filter-Ausgang zweimal pro Symbolintervall abgetastet, so gilt für seine Autokorrelationsfunktion

$$\mathrm{E}\Big\{X_a^*\Big(\nu\frac{T}{2}\Big) \cdot X_a\Big(\mu\frac{T}{2}\Big)\Big\} = r_{X_a X_a}\Big(\nu\frac{T}{2}, \mu\frac{T}{2}\Big) = r_{X_a X_a}\Big(\nu\frac{T}{2} + iT, \mu\frac{T}{2} + iT\Big). \tag{12.2.49a}$$

Zu beachten ist aber die Eigenschaft

$$r_{X_aX_a}\Big(\nu\frac{T}{2},\mu\frac{T}{2}\Big) \not\equiv r_{X_aX_a}\Big(\big(\nu+(2i+1)\big)\frac{T}{2},\big(\mu+(2i+1)\big)\frac{T}{2}\Big), \tag{12.2.49b}$$

so dass die Autokorrelationsmatrix keine Toeplitz-Struktur aufweist: Auf der Diagonalen liegen z.B. die Werte

$$r_{X_aX_a}\Big(0,0\Big),\ r_{X_aX_a}\Big(\frac{T}{2},\frac{T}{2}\Big),\ r_{X_aX_a}\Big(0,0\Big),\ r_{X_aX_a}\Big(\frac{T}{2},\frac{T}{2}\Big),\cdots$$

Definiert man die 2×2-Matrix

$$\mathbf{R}_\nu = \begin{pmatrix} r_{X_aX_a}(0,\nu T) & r_{X_aX_a}(\frac{T}{2},\nu T) \\ r_{X_aX_a}(0,\nu T+\frac{T}{2}) & r_{X_aX_a}(\frac{T}{2},\nu T+\frac{T}{2}) \end{pmatrix}, \tag{12.2.50a}$$

so hat die Autokorrelationsmatrix die Form

$$\tilde{\mathbf{R}}_{XX} = \begin{pmatrix} \mathbf{R}_0 & \mathbf{R}_1^H & \cdots & \mathbf{R}_n^H \\ \mathbf{R}_1 & \mathbf{R}_0 & \ddots & \\ \vdots & & \ddots & \\ \mathbf{R}_n & \mathbf{R}_{n-1} & \cdots & \mathbf{R}_0 \end{pmatrix}, \tag{12.2.50b}$$

die als *Block-Toeplitzstruktur* bezeichnet wird. Nimmt man die Definition des Kreuzkorrelationsvektors

$$\tilde{\mathbf{r}}_{XD} = \mathrm{E}\{[X_a^*(iT)D(i-i_0), X_a^*((i-\frac{1}{2})T)D(i-i_0),\cdots,X_a^*((i-\frac{n}{2})T)D(i-i_0)]^T\} \tag{12.2.50c}$$

hinzu, so lautet die MMSE-Lösung für den T/2-Entzerrer

$$\mathbf{e}_{\mathrm{MMSE}}|_{w=2} = \tilde{\mathbf{R}}_{XX}^{-1}\cdot\tilde{\mathbf{r}}_{XD}. \tag{12.2.51}$$

Sie lässt sich ebenso wie im Falle des Symboltaktentzerrers in die geschlossene Lösung bei bekannter Kanalimpulsantwort (12.2.27a), Seite 419, überführen, indem $\Big(\mathbf{H}_2^H\mathbf{H}_2+\gamma\mathbf{I}\Big)$ als Autokorrelationsmatrix interpretiert wird. Dabei ist wieder zu beachten, dass diese für $w=2$ keine Toeplitzstruktur aufweist.

12.2.6 Beispiele zur linearen Entzerrung

Für das folgende Beispiel wird eine zufällige komplexe Kanalimpulsantwort mit Doppelabtastung ($f_A = 2/T$) entworfen. Die Länge der Impulsantwort beträgt $\ell_2 = 10$. Der Betrag ist in **Bild 12.2.4a** wiedergegeben, das zugehörige Nullstellendiagramm in Bild 12.2.4b.

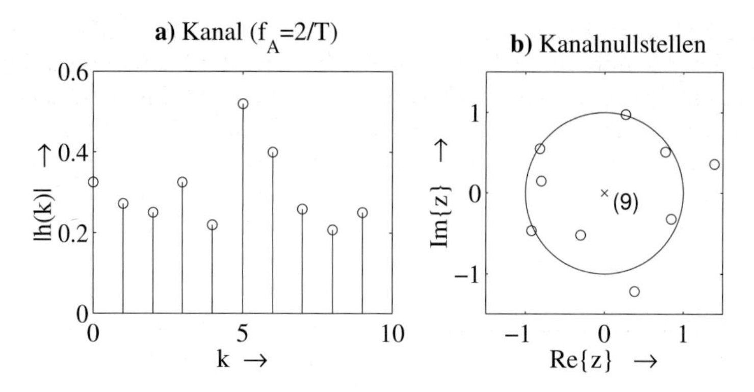

Bild 12.2.4: Übertragungskanal mit linearen Verzerrungen

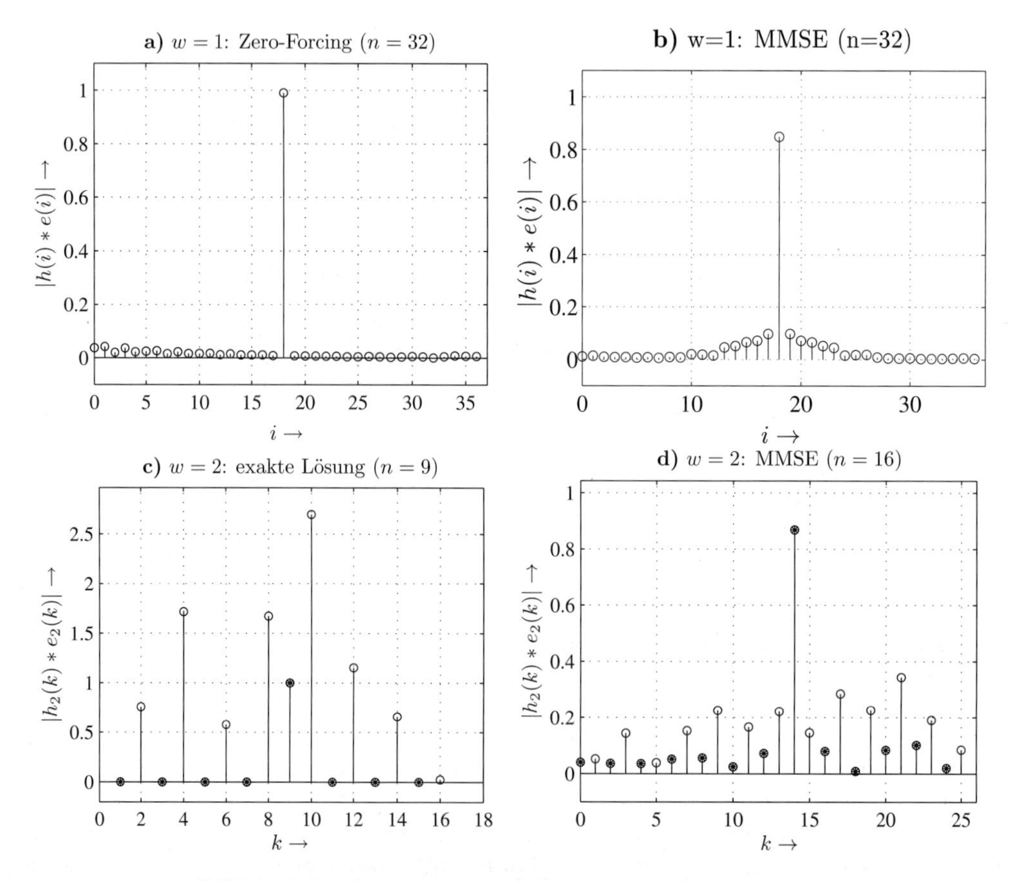

Bild 12.2.5: Entzerrerentwürfe für T- und T/2-Entzerrer (MMSE-Entwürfe für $E_S/N_0 = 15$ dB)

In den Bildern 12.2.5a-d werden die Resultate von Entzerrern mit Einfach- und Doppelabtastung einander gegenübergestellt. Zunächst zeigen **Bild 12.2.5a** und **b** die Gesamtimpulsantworten am Ausgang eines Symboltaktentzerrers der Ordnung 32 nach einem Zero-Forcing und einem MMSE-Entwurf – letzterer für $E_S/N_0 = 15$ dB. Gegenübergestellt ist in den Bildern 12.2.5c und d die Impulsantwort am Ausgang eines T/2-Entzerrers. Die Nyquistbedingungen sind durch schwarze Markierungen hervorgehoben. Man sieht in Bild 12.2.5c, dass zwar eine exakte Lösung erreichbar ist, jedoch sind in diesem Falle die bei der Symbolabtastung unterdückten Abtastwerte sehr groß, was auf eine schlechte numerische Konditionierung hinweist. Die MMSE-Lösung mit der erhöhten Ordnung $n_2 = 16$ in Bild 12.2.5d zeigt in dieser Hinsicht günstigere Eigenschaften, was sich allerdings auf Kosten einer vergrößerten Intersymbolinterferenz ergibt. In den beiden MMSE-Entwürfen fällt auf, dass der Hauptimpuls deutlich reduziert ist. Die **Bilder 12.2.6a,b** zeigen die

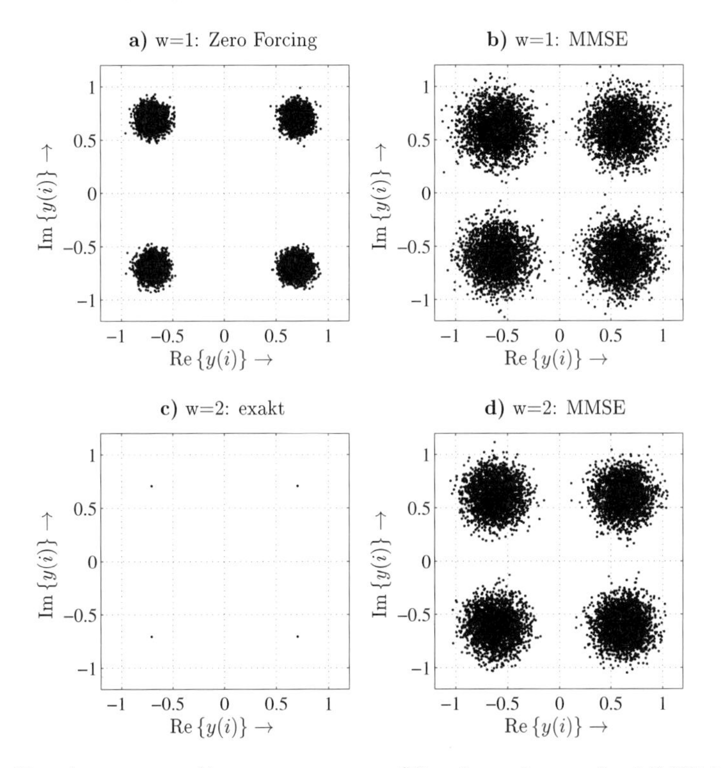

Bild 12.2.6: Signalraum am Entzerrerausgang (Kanalrauschen =0; MMSE-Entwürfe für $E_S/N_0 = 15$ dB)

Signalraumdiagramme am Ausgang eines Symboltaktentzerrers der Ordnung $n = 32$ bei QPSK-Übertragung – zunächst *ohne Kanalrauschen*. Erwartungsgemäß beinhaltet die für ein angenommenes E_S/N_0 von 15 dB entworfene MMSE-Lösung höhere Intersymbolinterferenz als der Zero-Forcing-Entwurf. Die Bilder 12.2.6c,d geben die Verhältnisse für $w = 2$ wieder: Hier entspricht die Zero-Forcing-Lösung mit $n_2 = 7$ der perfekten Entzerrung – die MMSE-Lösung mit erhöhter Ordnung $n_2 = 16$ weist eine Intersymbolinterferenz vergleichbar der des Symboltakt-MMSE-Entzerrers auf.

Bei den Simulationsergebnissen in den **Bildern 12.2.7a-d** wird Kanalrauschen überlagert. Das eingestellte E_S/N_0=15 dB entspricht dem beim MMSE-Entwurf zugrunde gelegten Wert. Hier zeigt sich, dass mit den beiden Zero-Forcing-Entwürfen keine Datenentscheidung mehr möglich ist, während bei den MMSE-Entzerrern die QPSK-Struktur noch klar erkennbar ist.

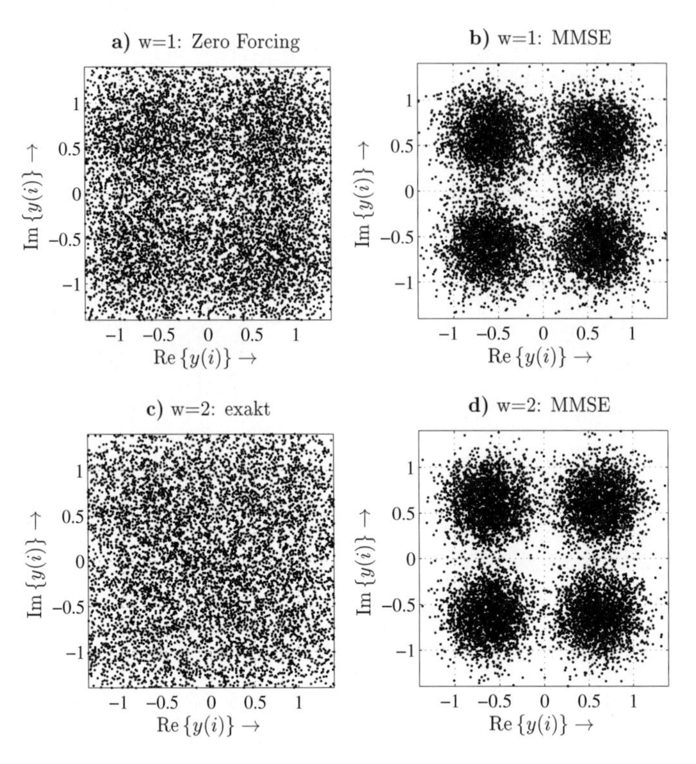

Bild 12.2.7: Signalraum am Entzerrerausgang (E_S/N_0 = 15 dB)

12.2.7 Einfluss des Abtastzeitpunktes auf die Entzerrung

Ein wichtiger Vorteil des T/2-Entzerrers besteht in seiner Unempfindlichkeit gegenüber dem Abtastzeitpunkt. Die Ursache hierfür liegt darin, dass mit $w \geq 2$ am Ausgang des Matched-Filters das Abtasttheorem erfüllt wird; bei $w = 1$ ist dies nicht der Fall. **Bild 12.2.8** demonstriert dies für den Fall, dass am Sender und Empfänger jeweils Wurzel-Kosinus-roll-off-Filter mit einem Roll-off-Faktor von $r = 1$ verwendet werden.

Im Falle $w = 2$ bleiben das Original- und das bei $f_A = 2/T$ wiederholte Spektrum separierbar, während sich bei $w = 1$ eine starke Überlappung (*Aliasing*) ergibt. Je nach Abtastphase können sich dabei konstruktive Überlagerungen oder auch Auslöschungen ergeben; letztere sind durch den nachfolgenden Entzerrer nur schwer wieder zu korrigie-

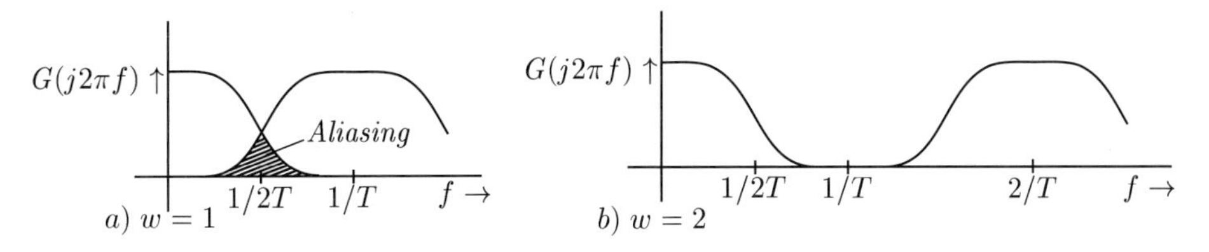

Bild 12.2.8: Spektren bei Abtastung mit $w = 1$ und $w = 2$

ren. **Bild 12.2.9** demonstriert diesen Einfluss: Für eine zufällig gewählte Kanalimpulsantwort der Länge $4T$ und jeweils Wurzel-Kosinus-roll-off-Filter mit $r = 1$ am Sender und Empfänger wird das Leistungsverhältnis zwischen Nutzsignal und ISI-Störung S/I an den Entzerrerausgängen dargestellt. Man sieht, dass es für $w = 2$ relativ gleichmäßig über dem Abtastzeitpunkt verläuft, während sich bei $w = 1$ starke Schwankungen ergeben. In einem weiten Bereich liegt das S/I-Verhältnis beim Symboltakt-Entzerrer unter dem des T/2-Entzerrers.

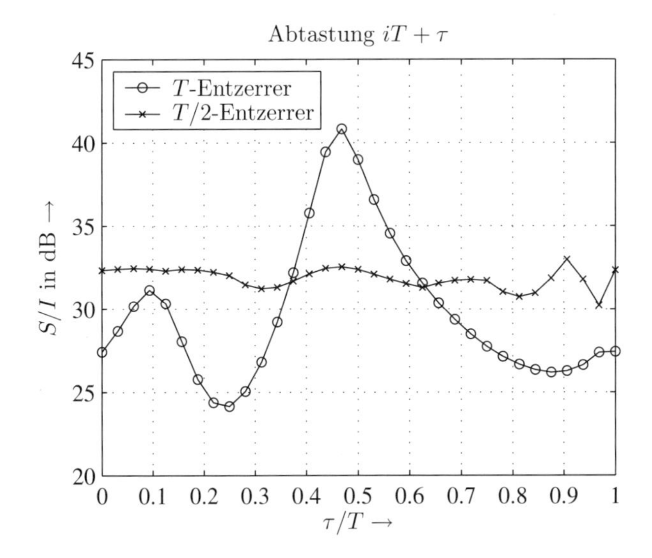

Bild 12.2.9: Einfluss des Abtastzeitpunktes auf die Entzerrung

12.3 Nichtlineare Entzerrerstrukturen

12.3.1 Quantisierte Rückführung (Decision Feedback)

Die im letzten Abschnitt behandelten linearen Entzerrerprinzipien enthalten einige gravierende Nachteile. Unter ungünstigen Kanalkonstellationen ist zur Erzielung einer hinreichenden Entzerrung eine sehr hohe Anzahl von Koeffizienten erforderlich. Zum anderen ist mit der Kompensation kritischer Kanalnullstellen eine Anhebung der Rauschleistung verbunden; dies gilt auch dann, wenn die in dieser Hinsicht optimierte MMSE-Lösung verwendet wird.

Ein prinzipieller Ansatz zur Vermeidung dieser Probleme besteht in der Anwendung *nichtlinearer* Strukturen. Die bekannteste Form stellen Entzerrer mit quantisierter Rückführung dar („Decision Feedback Equalizer", DFE), die im Folgenden betrachtet werden sollen. Fasst man die Impulsantworten von Sende- und Empfangs-Matched-Filter sowie des Übertragungskanals zur zeitlich begrenzten Symboltakt-Impulsantwort

$$h_a(iT) = \begin{cases} h_i & \text{für } 0 \le i \le \ell - 1 \\ 0 & \text{sonst} \end{cases} \tag{12.3.1}$$

zusammen, so lässt sich das empfangene Signal nach der Symboltakt-Abtastung als

$$x_a(iT) \triangleq x(i) = \sum_{\nu=0}^{\ell-1} h_\nu \cdot d(i-\nu) + n(i) \tag{12.3.2}$$

formulieren, wobei $n(i)$ das Kanalrauschen am Matched-Filter-Ausgang bezeichnet. Zum Zeitpunkt iT liegen die entschiedenen Daten $\hat{d}(i-1), \hat{d}(i-2), \cdots$ bereits vor – schließt man Entscheidungsfehler zunächst aus, d.h.

$$\hat{d}(i-1) = d(i-1), \cdots \hat{d}(i-\ell+1) = d(i-\ell+1),$$

so erhält man mit

$$\frac{1}{h_0} \cdot \left(x(i) - \sum_{\nu=1}^{\ell-1} h_\nu \, d(i-\nu) \right) = d(i) + \frac{n(i)}{h_0} \tag{12.3.3a}$$

eine Schätzung des aktuellen Datensymbols[5]

$$\hat{d}(i) = \mathcal{Q}\Big\{ \frac{1}{h_0} \cdot x(i) - \sum_{\nu=1}^{n_b} b_\nu \, \hat{d}(i-\nu) \Big\} \triangleq \mathcal{Q}\{y_q(i)\}; \quad b_\nu = \frac{h_\nu}{h_0}, \tag{12.3.3b}$$

wobei hier zunächst $n_b = \ell - 1$ gesetzt wird[6].

Die Struktur eines derartigen Entzerrers mit quantisierter Rückführung ist in **Bild 12.3.1** dargestellt, wobei der dort mit eingetragene FIR-Vorentzerrer zunächst unbeachtet bleibt, d.h. $y(i) = x(i)/h_0$.

Die Rückführkoeffizienten sind nach (12.3.3b) offenbar identisch mit den normierten Abtastwerten der Gesamtimpulsantwort. Demgemäß gibt es zunächst auch keine prinzipiellen Einschränkungen für die Eigenschaften der zu entzerrenden Übertragungskanäle. So

[5] $\mathcal{Q}\{\cdot\}$ bezeichnet die Entscheidungsoperation.

[6] In Kombination mit einem später zu besprechenden FIR-Vorentzerrer ist die Anzahl der Rückführkoeffizienten n_b frei wählbar.

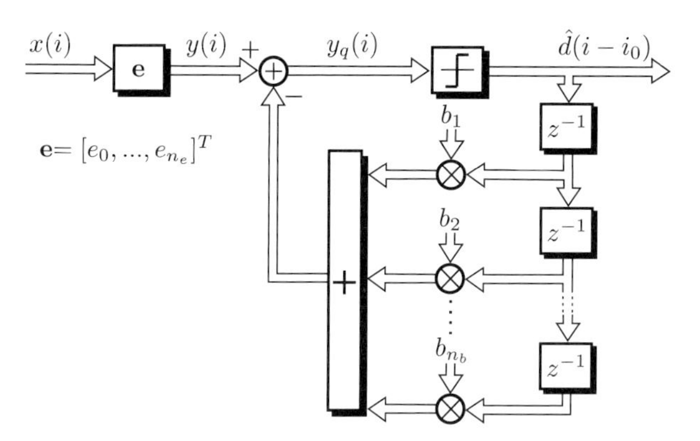

Bild 12.3.1: Entzerrer mit quantisierter Rückführung

ist z.B. die Korrektur von Nullstellen auf dem Einheitskreis problemlos möglich, indem die Rückführkoeffizienten entsprechend gesetzt werden. Im Falle einer Nullstelle bei $z = 1$ ist ein einziger Koeffizient $b_1 = -1$ erforderlich. Eingeschränkt werden diese günstigen Eigenschaften jedoch aufgrund der Möglichkeit von *Fehlentscheidungen*. Wird ein Datum falsch entschieden, so werden in den nachfolgenden Schritten fehlerhafte Korrekturen durchgeführt. Infolgedessen kann es zu *Fehlerfortpflanzung* kommen. Im Allgemeinen klingen diese Folgefehler nach einiger Zeit wieder ab, da nicht jeder falsche Rückführwert zu einer Fehlentscheidung führen muss; dies hängt von der Polarität des rückgeführten verfälschten Datums und der Größe des zugehörigen Koeffizienten ab. Eine genauere Analyse des Fehlerfortpflanzungverhaltens erfolgt in Abschnitt 12.6.3. Die Gefahr von Fehlentscheidungen unter Rauscheinfluss wird dann besonders groß, wenn der erste Abtastwert der Kanalimpulsantwort h_0 klein gegenüber den übrigen Abtastwerten $h_1 \dots h_{n_b}$ ist. Das Eingangssignal und damit auch das überlagerte Rauschen wird gemäß dem Vorfaktor $1/h_0$ verstärkt. Dies führt zu einem drastischen *S/N-Verlust* am Entscheidereingang. Das Prinzip der quantisierten Rückführung ist also besonders gut für Kanäle zu verwenden, deren Impulsantworten zum Zeitpunkt $i_0 = 0$ einen starken Hauptimpuls und im weiteren Nachschwinger mit geringerer Amplitude aufweisen. Da im Allgemeinen solche Verhältnisse nicht vorliegen, werden Entzerrer mit quantisierter Rückführung mit nichtrekursiven Transversalentzerrern kombiniert (*„FIR-DF-Entzerrer“*, Finite-Impulse-Response-Decision-Feedback, vgl. Bild 12.3.1). Das vorangeschaltete FIR-System bewirkt dabei keine komplette Entzerrung des Kanals wie die linearen Entzerrerformen, sondern lediglich die Minimierung der Vorschwinger. Im nächsten Abschnitt wird die geschlossene MMSE-Lösung für diese Struktur hergeleitet.

12.3.2 MMSE-Lösung für Entzerrer mit quantisierter Rückführung

Ebenso wie für die linearen Entzerrerformen existiert für die FIR-DF-Struktur eine geschlossene MMSE-Lösung. Prinzipiell lässt sich die quantisierte Rückführung auch mit einem Vorentzerrer mit Mehrfachabtastung kombinieren – die folgende Herleitung beschränkt sich jedoch auf die Symboltakt-Struktur. Es werden die Koeffizientenvektoren

$$\mathbf{e} = \begin{pmatrix} e_0 \\ e_1 \\ \vdots \\ e_{n_e} \end{pmatrix}, \quad \mathbf{b} = \begin{pmatrix} b_1 \\ b_2 \\ \vdots \\ b_{n_b} \end{pmatrix}, \tag{12.3.4a}$$

sowie die Signalvektoren[7]

$$\mathbf{X} = \begin{pmatrix} X(i) \\ X(i-1) \\ \vdots \\ X(i-n_e) \end{pmatrix}, \quad \mathbf{D} = \begin{pmatrix} D(i-i_0-1) \\ D(i-i_0-2) \\ \vdots \\ D(i-i_0-n_b) \end{pmatrix} \tag{12.3.4b}$$

definiert; $\mathbf{X}^*$ und $\mathbf{D}^*$ bezeichnen die zugehörigen Vektoren mit konjugierten Elementen, $\mathbf{X}^H$ und $\mathbf{D}^H$ die zusätzlich transponierten. Damit kann das Entscheider-Eingangssignal gemäß Bild 12.3.1 kompakt geschrieben werden:

$$Y_q(i) = \mathbf{X}^T\mathbf{e} - \mathbf{D}^T\mathbf{b} \quad \text{und} \quad Y_q^*(i) = \mathbf{e}^H\mathbf{X}^* - \mathbf{b}^H\mathbf{D}^*. \tag{12.3.5}$$

Die MSE-Zielfunktion beinhaltet die mittlere quadratische Abweichung zwischen dem Signal $Y_q(i)$ und den gesendeten Daten $D(i-i_0)$ – wie auch beim reinen Transversalentzerrer wird hier eine Entscheidungsverzögerung i_0 zugelassen.

$$\begin{aligned} F_{qMSE} &= \mathrm{E}\left\{|Y_q(i) - D(i-i_0)|^2\right\} \\ &= \mathrm{E}\left\{\left[\mathbf{e}^H\mathbf{X}^* - \mathbf{b}^H\mathbf{D}^* - D^*(i-i_0)\right]\left[\mathbf{X}^T\mathbf{e} - \mathbf{D}^T\mathbf{b} - D(i-i_0)\right]\right\} \\ &\Rightarrow \min_{\mathbf{e},\mathbf{b}} \end{aligned} \tag{12.3.6}$$

Das Minimum der MSE-Zielfunktion wurde beim Transversalentzerrer durch quadratische Ergänzung ermittelt (siehe (12.2.12), Seite 415) – hier soll eine alternative Herleitung gegeben werden, in der durch Nullsetzen der Ableitungen nach den gesuchten Vektoren **e** und **b** ein Gleichungssystem aufgestellt wird. Diese Lösung ist eindeutig, da wegen der quadratischen Form von (12.3.6) nur ein globales Extremum existiert und – da die Zielfunktion nichtnegativ ist – dieses Extremum ein Minimum sein muss. Bevor die formale Herleitung erfolgt, muss die Ableitung nach einer komplexen Variablen näher erklärt werden.

[7]Daten und Empfangssignal werden in dieser theoretischen Herleitung als stochastische Prozesse betrachtet und daher durch Großbuchstaben gekennzeichnet.

Wirtinger-Ableitung. Es sei $f(z)$ eine Funktion der komplexen Variablen

$$z = z' + jz'', \quad z', z'' \in \mathbb{R}.$$

Für die partiellen Ableitungen nach z bzw. z^* wird die sogenannte *Wirtinger-Ableitung* definiert [FL83].

$$\frac{\partial f(z)}{\partial z} = \frac{1}{2}\left[\frac{\partial f(z)}{\partial z'} + \frac{\partial f(z)}{\partial (j\, z'')}\right] = \frac{1}{2}\left[\frac{\partial f(z)}{\partial z'} - j\frac{\partial f(z)}{\partial z''}\right] \quad (12.3.7a)$$

$$\frac{\partial f(z)}{\partial z^*} = \frac{1}{2}\left[\frac{\partial f(z)}{\partial z'} + \frac{\partial f(z)}{\partial (-j\, z'')}\right] = \frac{1}{2}\left[\frac{\partial f(z)}{\partial z'} + j\frac{\partial f(z)}{\partial z''}\right], \quad (12.3.7b)$$

wobei die reelle Differenzierbarkeit der Funktion $f(z)$ vorausgesetzt sein soll.

Betrachten wir die spezielle Funktion $f_1(z) = az$, so ergibt (12.3.7a)

$$\begin{aligned} \frac{\partial}{\partial z}\Big(a\,[z' + jz'']\Big) &= \frac{1}{2}\left[\frac{\partial\, a[z' + jz'']}{\partial z'} - j\,\frac{\partial\, a[z' + jz'']}{\partial z''}\right] \\ &= \frac{1}{2}\,[a - (j \cdot j)\, a] = a, \end{aligned} \quad (12.3.8a)$$

während für die Funktion $f_2(z) = az^*$ gilt

$$\begin{aligned} \frac{\partial}{\partial z}\Big(a\,[z' - jz'']\Big) &= \frac{1}{2}\left[\frac{\partial\, a[z' - jz'']}{\partial z'} - j\,\frac{\partial\, a[z' - jz'']}{\partial z''}\right] \\ &= \frac{1}{2}\,[a - (-j \cdot j)\, a] = 0. \end{aligned} \quad (12.3.8b)$$

Die Gültigkeit der Beziehung

$$\frac{\partial z}{\partial z^*} = 0 \quad \text{bzw.} \quad \frac{\partial z^*}{\partial z} = 0 \quad (12.3.9)$$

lässt für formale Ableitungen die folgende Aussage zu:

- *Wird eine Funktion $f(z)$ nach der komplexen Variablen z abgeleitet, so können die in der Funktion enthaltenen Variablen z^* als Konstante betrachtet werden.*

Mit Hilfe der hier eingeführten Wirtinger-Ableitung wird jetzt die Minimierung des MSE für den FIR-DF-Entzerrer hergeleitet. Mit (12.3.9) gilt zunächst[8]

$$\frac{\partial Y_q(i)}{\partial \mathbf{e}^H} = 0, \qquad \frac{\partial Y_q^*(i)}{\partial \mathbf{e}^H} = \mathbf{X}^* \quad (12.3.10a)$$

$$\frac{\partial Y_q(i)}{\partial \mathbf{b}^H} = 0, \qquad \frac{\partial Y_q^*(i)}{\partial \mathbf{b}^H} = -\mathbf{D}^*. \quad (12.3.10b)$$

[8] Die Ableitung einer skalaren Funktion nach einem Zeilenvektor wird hier als Spaltenvektor definiert (siehe Anhang B.1.10).

Die Ableitung von (12.3.6) nach $\mathbf{e}^H$ und $\mathbf{b}^H$ lautet damit

$$\frac{\partial F_{qMSE}}{\partial \mathbf{e}^H} = \mathrm{E}\left\{\mathbf{X}^* \cdot [\mathbf{X}^T \mathbf{e} - \mathbf{D}^T \mathbf{b} - D(i-i_0)]\right\} \tag{12.3.11a}$$

$$\frac{\partial F_{qMSE}}{\partial \mathbf{b}^H} = -\mathrm{E}\left\{\mathbf{D}^* \cdot [\mathbf{X}^T \mathbf{e} - \mathbf{D}^T \mathbf{b} - D(i-i_0)]\right\}. \tag{12.3.11b}$$

Hier tauchen verschiedene Erwartungswerte auf, die im Einzelnen definiert werden. Nach (12.2.37), Seite 422, gilt für die Autokorrelationsmatrizen der Prozesse $\mathbf{X}$ und $\mathbf{D}$

$$\mathbf{R}_{XX} = \mathrm{E}\left\{\mathbf{X}^* \mathbf{X}^T\right\} \in \mathbb{C}^{(n_e+1)\times(n_e+1)} \quad \text{und} \quad \mathbf{R}_{DD} = \mathrm{E}\left\{\mathbf{D}^* \mathbf{D}^T\right\} \in \mathbb{C}^{n_b \times n_b}. \tag{12.3.12a}$$

Ferner ergibt sich die $(n_e+1) \times n_b$-Kreuzkorrelationsmatrix

$$\mathbf{R}_{XD} = \mathrm{E}\left\{\mathbf{X}^*\mathbf{D}^T\right\} = \tag{12.3.12b}$$

$$= \begin{pmatrix} r_{XD}(-i_0-1) & r_{XD}(-i_0-2) & \cdots & r_{XD}(-i_0-n_b) \\ r_{XD}(-i_0) & r_{XD}(-i_0-1) & \cdots & r_{XD}(1-i_0-n_b) \\ \vdots & \vdots & \ddots & \vdots \\ r_{XD}(n_e-i_0-1) & r_{XD}(n_e-i_0-2) & \cdots & r_{XD}(n_e-i_0-n_b) \end{pmatrix}$$

sowie die Kreuz- und Autokorrelationsvektoren

$$\mathrm{E}\left\{\mathbf{X}^* D(i-i_0)\right\} = \mathbf{r}_{XD} = \begin{pmatrix} r_{XD}(-i_0) \\ r_{XD}(1-i_0) \\ \vdots \\ r_{XD}(n_e-i_0) \end{pmatrix}, \tag{12.3.12c}$$

$$\mathrm{E}\left\{\mathbf{D}^* D(i-i_0)\right\} = \mathbf{r}_{DD} = \begin{pmatrix} r_{DD}(1) \\ r_{DD}(2) \\ \vdots \\ r_{DD}(n_b) \end{pmatrix}. \tag{12.3.12d}$$

Damit erhält das Gleichungssystem (12.3.11a,b) die kompakte Form

$$\mathbf{R}_{XX}\,\mathbf{e}_{\mathrm{MMSE}} - \mathbf{R}_{XD}\,\mathbf{b}_{\mathrm{MMSE}} - \mathbf{r}_{XD} = \mathbf{0} \tag{12.3.13a}$$

$$\mathbf{R}_{XD}^H\,\mathbf{e}_{\mathrm{MMSE}} - \mathbf{R}_{DD}\,\mathbf{b}_{\mathrm{MMSE}} - \mathbf{r}_{DD} = \mathbf{0}; \tag{12.3.13b}$$

dessen Auflösung liefert

$$\mathbf{e}_{\mathrm{MMSE}} = \left[\mathbf{R}_{XX} - \mathbf{R}_{XD}\,\mathbf{R}_{DD}^{-1}\,\mathbf{R}_{XD}^H\right]^{-1}\left[\mathbf{r}_{XD} - \mathbf{R}_{XD}\,\mathbf{R}_{DD}^{-1}\,\mathbf{r}_{DD}\right] \tag{12.3.14a}$$

$$\mathbf{b}_{\mathrm{MMSE}} = \mathbf{R}_{DD}^{-1}\,\mathbf{R}_{XD}^H \cdot \mathbf{e}_{\mathrm{MMSE}} - \mathbf{R}_{DD}^{-1}\,\mathbf{r}_{DD}. \tag{12.3.14b}$$

Von besonderem Interesse ist der Spezialfall *unkorrelierter Sendedaten.* In dem Falle gilt

$$\mathbf{R}_{DD} = \sigma_D^2 \cdot \mathbf{I} \quad \text{und} \quad \mathbf{r}_{DD} = \mathbf{0}, \tag{12.3.15}$$

womit aus (12.3.14a,b) folgt

$$\mathbf{e}_{\text{MMSE}} = \left[\mathbf{R}_{XX} - \frac{1}{\sigma_D^2}\mathbf{R}_{XD}\,\mathbf{R}_{XD}^H\right]^{-1} \cdot \mathbf{r}_{XD} \tag{12.3.16a}$$

$$\mathbf{b}_{\text{MMSE}} = \frac{1}{\sigma_D^2}\mathbf{R}_{XD}^H \cdot \mathbf{e}_{\text{MMSE}}. \tag{12.3.16b}$$

Aus dem Ausdruck (12.3.16b) lässt sich eine aufschlussreiche Interpretation der MMSE-Lösung für die Rückführkoeffizienten herleiten. Für unkorrelierte Daten gilt für die Kreuzkorrelierte zwischen Sendedaten und Kanal-Ausgangssignal

$$r_{XD}^*(-i_0 - 1) = r_{DX}(i_0 + 1) = \sigma_D^2 \cdot h(i_0 + 1), \tag{12.3.17a}$$

so dass die Hermitesche der Matrix (12.3.12b) die Faltungsmatrix der um $i_0 + 1$ verzögerten Kanalimpulsantwort beinhaltet:

$$\mathbf{R}_{XD}^H = \begin{pmatrix} h(i_0+1) & h(i_0) & \cdots & h(i_0+1-n_e) \\ h(i_0+2) & h(i_0+1) & \cdots & h(i_0+2-n_e) \\ \vdots & & \ddots & \vdots \\ h(i_0+n_b) & h(i_0-1+n_b) & \cdots & h(i_0+n_b-n_e) \end{pmatrix}. \tag{12.3.17b}$$

$\mathbf{R}_{XD} \cdot \mathbf{e}$ in (12.3.16b) beschreibt also die Faltung der Kanalimpulsantwort mit der Vorentzerrer-Impulsantwort im Zeitintervall $i_0 + 1 \leq i \leq i_0 + n_b$ – die Rückführkoeffizienten sind also identisch mit der Gesamtimpulsantwort am Ausgang des FIR-Entzerrers

$$b_\nu = [h(i) * e(i)]_{i=i_0+\nu}, \quad \nu = 1, \cdots, n_b. \tag{12.3.17c}$$

12.3.3 Beispiel: MMSE-Entwurf für lineare und nichtlineare Entzerrung

Für eine konkrete Übertragungssituation wird ein zufällig gewählter (reeller) Kanal mit der in **Bild 12.3.2a** wiedergegebenen Symboltakt-Impulsantwort angesetzt. Das zugehörige Nullstellendiagramm in Bild 12.3.2b macht deutlich, dass es sich um einen relativ kritischen Kanal handelt, da mehrere Nullstellen in unmittelbarer Nähe des Einheitskreises liegen. Zur Entzerrung mit einem linearen Symboltaktentzerrer ist also ein verhältnismäßig hoher Entzerrergrad anzusetzen. Bild 12.3.2c zeigt die gemäß (12.3.16a) berechnete Impulsantwort $e(i)$ der Länge $n + 1 = 65$ (MMSE-Lösung ohne Rauschen, entspricht also Zero-Forcing, $i_0 = 38$). Schließlich verdeutlicht Bild 12.3.2d das erzielte

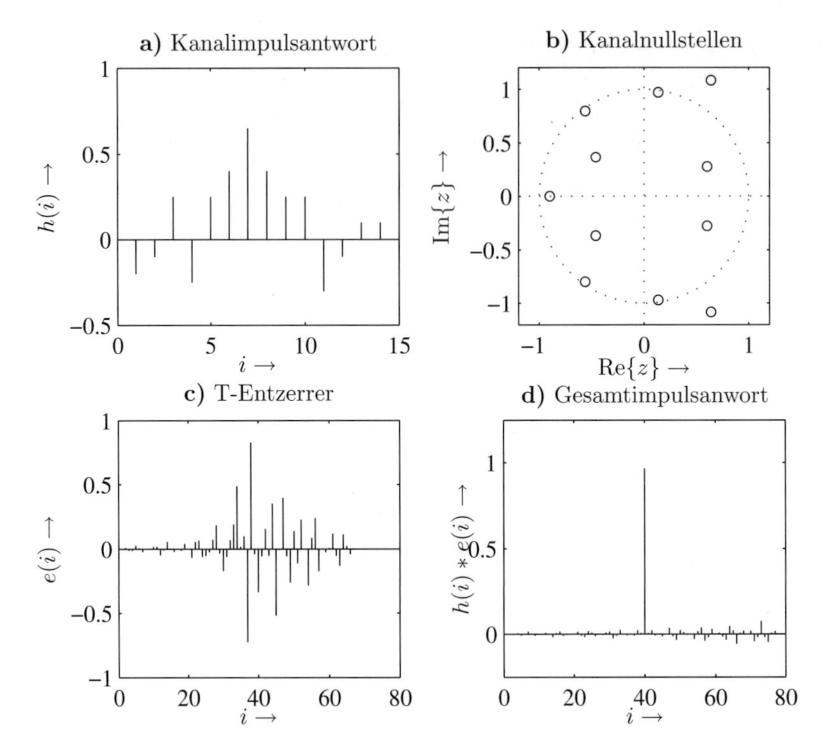

Bild 12.3.2: MMSE-Lösung für einen linearen Symboltakt-Entzerrer

Entzerrungsresultat anhand der Gesamtimpulsantwort $h(i) * e(i)$; man erkennt, dass restliche Intersymbolinterferenz verbleibt, deren Leistung jedoch im Sinne der Zero-Forcing-Lösung minimiert wurde.

Als Alternative wird der gleiche Kanal mit Hilfe der nichtlinearen FIR-DF-Struktur entzerrt. Für das FIR-System wird ein Grad von $n_e = 16$ angesetzt, die quantisierte Rückführung enthält $n_b = 8$ Koeffizienten. Der Realisierungsaufwand ist mit 25 Multiplikationen also deutlich geringer als beim eben betrachteten linearen Entzerrer mit $n + 1 = 65$. Ebenso wie beim Entwurf des linearen Entzerrers wurde das Kanalrauschen mit null angenommen. **Bild 12.3.3a** zeigt die gemäß (12.3.16a) berechnete Impulsantwort des FIR-Vorentzerrers ($i_0 = 17$). Das Faltungsergebnis aus Kanal- und FIR-Impulsantwort wird auf die Länge $n_b + 1 = 9$ verkürzt (Bild 12.3.3b): Vorschwinger im Bereich $0 \leq i \leq i_0 - 1 = 16$ sowie Nachschwinger bei $i > i_0 + n_b = 25$ werden im Sinne kleinster ISI-Leistung unterdrückt. Die in Bild 12.3.3c gezeigten Rückführkoeffizienten gemäß (12.3.16b) entsprechen exakt den Abtastwerten von $h(i) * e(i)$ im Bereich $i_0 + 1 = 18 \leq i \leq i_0 + n_b = 25$. Die Gesamtimpulsantwort in Bild 12.3.3d ist gegenüber dem Resultat der linearen Entzerrung deutlich verbessert.

Die in diesem Abschnitt hergeleiteten MMSE-Ausdrücke stellen theoretische Lösungen dar, die die Kenntnis bestimmter Auto- und Kreuzkorrelationsfunktionen am Empfänger voraussetzen. In praktischen Entzerrern müssen diese Größen geschätzt werden, wozu im

Falle der Kreuzkorrelation Trainingssignale herangezogen werden müssen. Im folgenden Abschnitt werden adaptive Algorithmen zur Entzerrer-Einstellung behandelt.

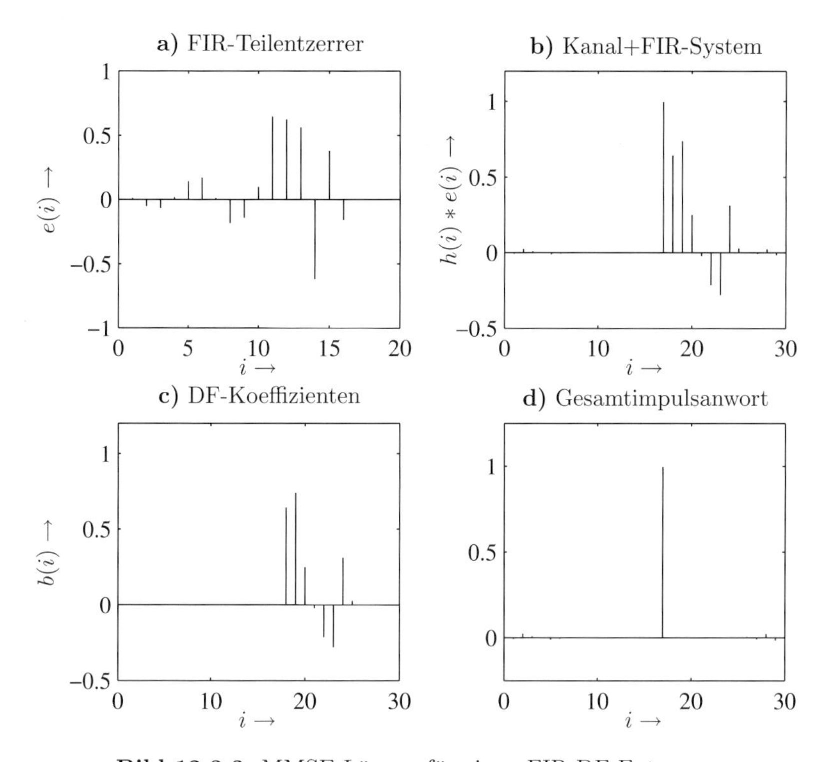

Bild 12.3.3: MMSE-Lösung für einen FIR-DF-Entzerrer

12.3.4 Tomlinson-Harashima-Vorcodierung

Im vorangegangenen Abschnitt wurde gezeigt, dass nichtrekursive Kanäle durch das Prinzip der quantisierten Rückführung (DFE, Decision Feedback Equalizer) sehr effizient entzerrt werden können – dies gilt auch dann, wenn die z-Übertragungsfunktion des Kanals Nullstellen auf dem Einheitskreis enthält. Das entscheidende Problem besteht jedoch darin, dass es infolge von Fehlentscheidungen zu Fehlerfortpflanzung kommen kann. Dies kann vermieden werden, indem die rekursive Entzerrerstruktur an den *Sender* verlegt wird. Das rückgeführte Signal enthält dann grundsätzlich die korrekten Daten – das Problem der Fehlerfortpflanzung besteht also nicht. Dennoch ergeben sich Instabilitäten, wenn der Kanal maximalphasige Anteile enthält, das inverse System also Pole außerhalb des Einheitskreises aufweist. Aber auch bei einem stabilen rekursiven Sendefilter, d.h. bei minimalphasigen Kanälen, können sich je nach Nähe der Kanalnullstellen zum Einheitskreis große Aussteuerungen des Sendersignals, also hohe Sendeleistungen, ergeben. Eine Lösung dieser Probleme erhält man durch die Einführung einer *Modulo-Funktion* in den

Rückführungszweig des Sendefilters gemäß **Bild 12.3.4**. Man bezeichnet diese Struktur als *Tomlinson-Harashima(TH)-Vorcodierung* [Tom71, HM72].

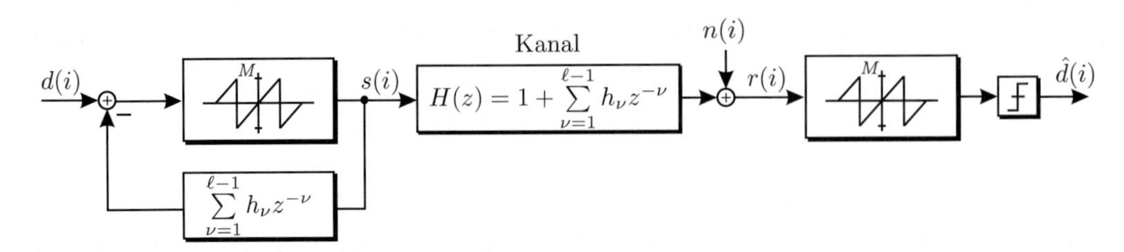

Bild 12.3.4: Prinzip der Tomlinson-Harashima-Vorcodierung

Die folgenden Erläuterungen beschränken sich auf den Fall einer M-stufigen ASK-Modulation $d(i) \in \{\pm 1, \pm 3, \cdots, \pm (M-1)\}$, sind aber unmittelbar auch auf komplexe Datenalphabete zu erweitern.

Die in Bild 12.3.4 durch eine Sägezahnkennlinie symbolisierte Modulo-Funktion

$$f_{\pm M}(x) \triangleq (x + M) \bmod (2M) - M \tag{12.3.18}$$

bildet das Gegenstück zum Entscheider in der DFE-Struktur (vgl. Bild 12.3.1, Seite 431). Der Kanal habe die Übertragungsfunktion

$$H(z) = 1 + \sum_{\nu=1}^{\ell-1} h_\nu \, z^{-\nu}; \tag{12.3.19}$$

der erste Koeffizient ist also auf eins normiert. Ferner wird ein für die DFE-Struktur günstiges Profil der Impulsantwort vorausgesetzt, bei dem der Hauptimpuls hinreichend stark gegenüber den nachfolgenden Abtastwerten ist. Ist dies in der aktuellen Kanalrealisierung nicht der Fall, etwa weil es sich um einen maximalphasigen Kanal handelt, so ist dies entsprechend den Betrachtungen in Abschnitt 12.3.2 durch die Kombination mit einem linearen Entzerrer zur Minimierung der Vorschwinger grundsätzlich zu erreichen – dieser lineare Entzerrer ist dem rekursiven Sendefilter nachzuschalten, also am Kanaleingang einzufügen.

In die Rückführung des rekursiven Entzerrers setzt man die Koeffizienten $h_1, \cdots, h_{\ell-1}$ ein – die *Kanalimpulsantwort* muss also *am Sender bekannt* sein. Da diese nur empfangsseitig anhand einer Pilotsequenz geschätzt werden kann (vgl. Kapitel 14, Seite 519ff), ist ein Rückkanal zur Übermittlung der momentanen Kanalinformation vorzusehen. Durch die Modulo-Funktion wird das Ausgangssignal – unabhängig davon ob das rekursive System im linearen Falle stabil ist oder nicht – auf den Aussteuerungsbereich $\pm M$ begrenzt. An die Stelle der Modulo-Funktion kann formal die Addition von ganzzahlig Vielfachen von $2M$ gesetzt werden, so dass das nichtlineare Sendefilter durch die Differenzengleichung

$$s(i) = f_{\pm M}\Big(d(i) - \sum_{\nu=1}^{\ell-1} h_\nu \, s(i-\nu)\Big) = 2M \cdot z(i) + d(i) - \sum_{\nu=1}^{\ell-1} h_\nu \, s(i-\nu); \quad z(i) \in \mathbb{Z}, \tag{12.3.20}$$

also als das lineare inverse System mit eingangsseitiger Einspeisung der Korrekturfolge $2M \cdot z(i)$, beschrieben wird. Am Empfänger erhält man aufgrund der perfekten Entzerrung die Folge

$$r(i) = d(i) + 2M \cdot z(i) + n(i), \tag{12.3.21}$$

wobei $n(i)$ das Kanalrauschen beinhaltet. Setzt man hier erneut die $f_{\pm M}(\cdot)$-Funktion ein, so wird der additive Korrekturterm wieder eliminiert und es kann eine Datenentscheidung getroffen werden.

In **Bild 12.3.5** sind zur Veranschaulichung Ausschnitte der Datenfolgen am Sender und Empfänger für eine BPSK-Übertragung wiedergegeben. Dabei wurde ein Übertragungskanal zweiter Ordnung mit den Koeffizienten $\{1;\ 0,5;\ -0,48\}$ zugrunde gelegt; die Kanalnullstellen liegen bei $z_{01} = 0,4865$ und $z_{02} = 0,9865$. Es wurde weißes, gaußverteiltes Kanalrauschen der Leistung $\sigma_N^2 = 0,01$ überlagert.

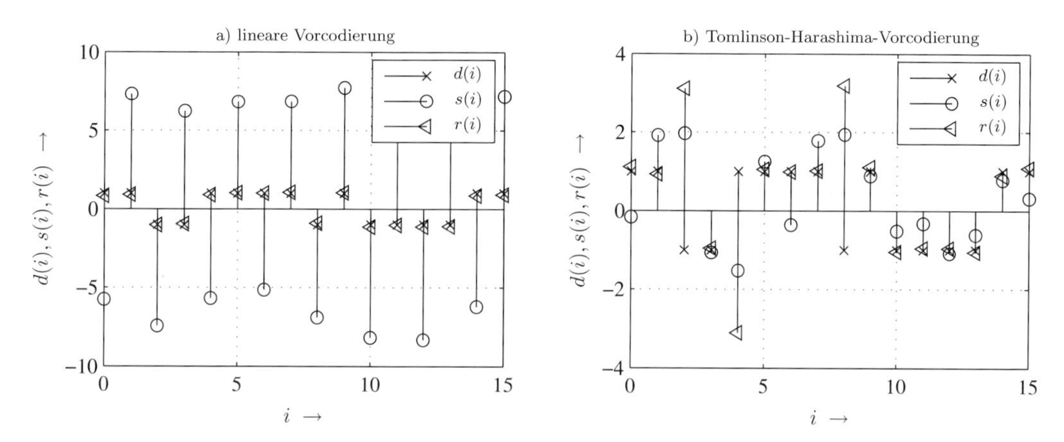

Bild 12.3.5: Simulation einer BPSK-Übertragung ohne und mit Tomlinson-Harashima-Vorcodierung; $\mathbf{h} = \{1;\ 0,5;\ -0,48\}$; $\sigma_N^2 = 0,01$

Das linke Teilbild zeigt das Sendesignal eines *linearen* rekursiven Entzerrers (also *ohne* Modulo-Funktion) sowie das perfekt entzerrte Empfangssignal. Gemäß der Minimalphasigkeit des vorliegenden Kanals ist der Entzerrer zwar stabil, jedoch nimmt sein Ausgangssignal wegen der Nähe eines der Pole zum Einheitskreis relativ große Werte an. Unter Einbeziehung der Modulo-Funktion in die Rückführung entsprechend der Tomlinson-Harashima-Vorcodierung wird im rechten Teilbild die Begrenzung des Sendesignals auf den Bereich $\pm M$, in diesem Falle ± 2, deutlich. Demgegenüber ist nun der Aussteuerungsbereich des *Empfangssignals* vergrößert. Mit periodischer Fortsetzung der Datenniveaus – bei zweistufiger Übertragung also auf das Werteraster $\{\pm 1, \pm 3, \pm 5, \cdots\}$ – sind nach wie vor eindeutige Einscheidungen zu fällen. Im vorliegenden Beispiel liegt der Empfangswert für $i = 2$ z.B. bei 3; subtrahiert man $2M = 4$, so kommt man auf den korrekten gesendeten Datenwert $d(2) = -1$.

Bild 12.3.6 zeigt für einen Kanal erster Ordnung den Verlauf der beiden Sendeleistungen – bei linearer und bei TH-Vorcodierung – sowie die Leistung des Empfangssignals als Funktion des Kanalkoeffizienten h_1. Für den linearen Entzerrer kann diese nur für

$|h_1| < 1$ dargestellt werden, da sie mit $|h_1| \geq 1$ über alle Grenzen geht. Demgegenüber bleibt die Sendeleistung für TH-Vorcodierung unterhalb von 1,5, liegt also nur unwesentlich über der uncodierten Datenleistung. Die Leistung des Empfangssignals steigt im Gegensatz dazu für nicht minimalphasige Kanäle mit wachsendem Abstand der Nullstelle vom Einheitskreis stark an. Die Ursache hierfür liegt im Anwachsen der Häufigkeit wie auch der Niveaus der erläuterten Korrekturterme; **Bild 12.3.7** veranschaulicht dies anhand der Verteilungsdichten des Empfangssignals für verschiedene Kanalbeispiele. Bei einer Übertragung ohne jede Vorcodierung würde die Empfangsleistung $1 + |h_1|^2$ betragen; das Tomlinson-Harashima-Prinzip führt also zu einer deutlichen Erhöhung. In einer praktischen Realisierung bedeutet diese erhöhte Dynamik des Empfangssignals, dass Analog-Digital-Umsetzer mit entsprechend hoher Auflösung eingesetzt werden müssen.

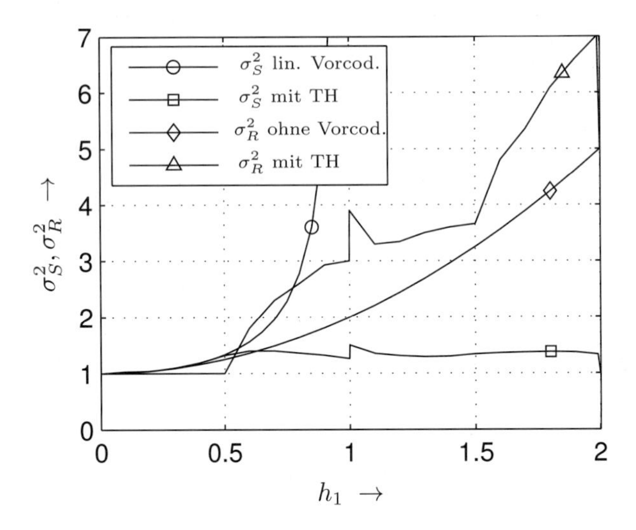

Bild 12.3.6: Sende und Empfangsleistungen für verschiedene Vorcodierungsformen (Kanal erster Ordnung)

Eine Bitfehler-Analyse für das Tomlinson-Harashima-Konzept wird in Abschnitt 12.6.4 gegeben und mit dem Decision-Feedback-Entzerrer verglichen.

12.4 Adaptive Entzerrereinstellung

Das Ziel der folgenden Betrachtungen besteht darin, die Entzerrerkoeffizienten gemäß der im Abschnitt 12.3.2 hergeleiteten MMSE-Lösungen in einem iterativen Prozess einzustellen. Hierzu werden am Sender in einer Akquisitionsphase *Trainingsdaten* gesendet, die am Empfänger bekannt sind. Die Einstellphase kann am Anfang eines Datenblockes liegen (*Präambel*), wenn für die folgende Datenübertragung ein hinreichend konstanter Kanal angenommen werden kann – dies ist z.B. bei der Datenübertragung im Fernsprechbereich der Fall. Liegen hingegen stark zeitvariante Kanäle vor wie etwa im Mobilfunk,

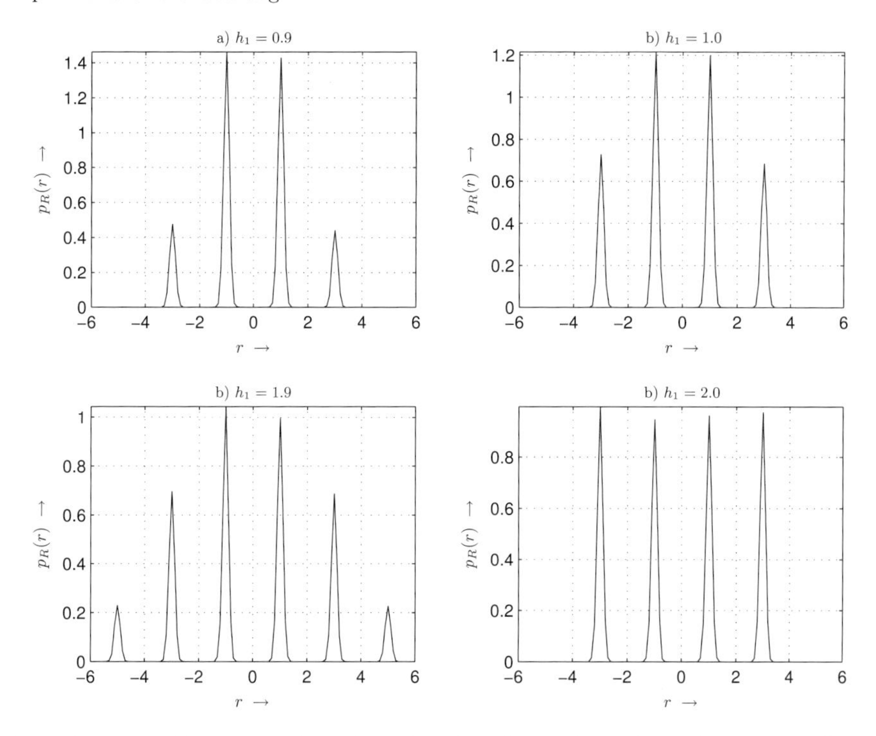

Bild 12.3.7: Verteilungen des Empfangssignals bei Tomlinson-Harashima-Vorcodierung ($\sigma_N^2 = 0,01$)

so werden die Trainingssequenzen auch innerhalb der Datenblöcke eingefügt, z.B. in der Mitte (*Midamble*).

Wir gehen im Folgenden davon aus, dass zur Entzerrereinstellung eine Sequenz pseudozufälliger Symbole eingesetzt wird. Das prinzipielle Blockschaltbild eines adaptiven Entzerrers zeigt **Bild 12.4.1**. Danach wird das Entzerrer-Ausgangssignal mit den einem Speicher entnommenen Trainingssymbolen verglichen: Die Entzerrerkoeffizienten werden mittels eines Adaptionsalgorithmus so eingestellt, dass die Leistung des Fehlers $\varepsilon(i) = y(i) - d(i - i_0)$ minimiert wird. Der bekannteste und einfachste Adaptionsalgorithmus ist der im Folgenden besprochene Least-Mean-Squares-Algorithmus (LMS).

12.4.1 Least-Mean-Squares-Algorithmus (LMS)

Zur iterativen Minimierung der Leistung des Fehlers am Entzerrerausgang kann im einfachsten Fall der bekannte *Gradientenalgorithmus* benutzt werden. Da die Zielfunktion (12.2.31) von quadratischer Form ist, existiert nur ein einziges Extremum. Dieses Extremum muss ein Minimum sein, da F_{MSE} einen Leistungsausdruck darstellt und somit nichtnegativ ist. Der Gradientenalgorithmus beruht darauf, dass man sich von einem Startwert aus schrittweise der Richtung des steilsten Abfalls folgend zum Minimum be-

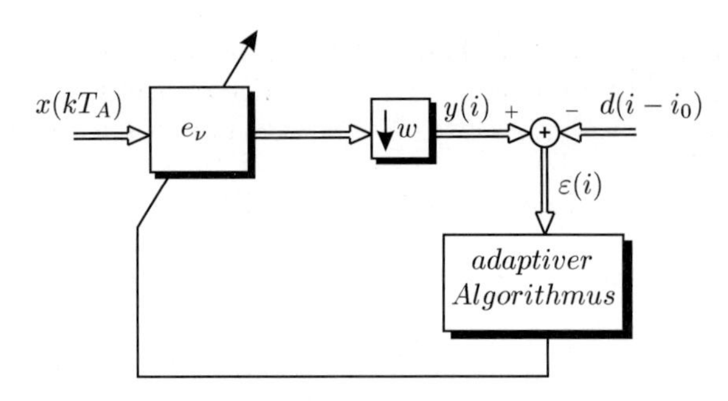

Bild 12.4.1: Grundstruktur eines adaptiven Entzerrers

wegt. **Bild 12.4.2** verdeutlicht das Verfahren anhand der Vereinfachung auf zweidimensionale Verhältnisse (der Koeffizientenvektor enthält nur 2 Elemente).

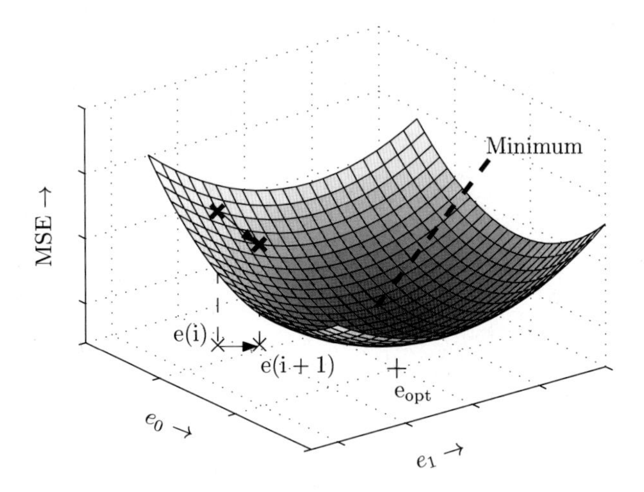

Bild 12.4.2: Erläuterung des Gradientenalgorithmus

Zur Formulierung des Gradienten ist die Ableitung der Zielfunktion nach den *konjugiert komplexen* Koeffizienten zu bilden, um der Definition der Wirtinger-Ableitung (12.3.7b) Rechnung zu tragen. Berücksichtigt man noch, dass das Ergebnis der Ableitung nach einem Zeilenvektor als Spaltenvektor definiert wird (siehe Anhang B.1.10 auf Seite 766), so lautet die Iterationsgleichung für den Koeffizientenvektor

$$\mathbf{e}(i+1) = \mathbf{e}(i) - \mu \cdot \frac{\partial F_{\mathrm{MSE}}}{\partial \mathbf{e}^H(i)}. \tag{12.4.1}$$

Hierbei stellt $\mathbf{e}(i)$ den Koeffizientenvektor im Iterationsschritt i und $\mathbf{e}(i+1)$ den aktualisierten Vektor dar, μ bezeichnet eine positive Schrittweite, mit der das Konvergenzverhalten beeinflusst werden kann. Ein großer Wert μ bedeutet schnelle Konvergenz bei großem Restfehler (*„Gradientenrauschen“*), ein kleines μ führt zu langsamem Einlaufen bei geringem Restfehler.

Die praktische Ausführung der Gleichung (12.4.1) scheitert daran, dass die Zielfunktion F_{MSE} nach (12.3.6) einen Erwartungswert enthält der zum Iterationszeitpunkt iT nicht zur Verfügung steht. Man setzt daher als Schätzwert den *Momentanwert*

$$\hat{F}_{\text{MSE}} = |y(i) - d(i - i_0)|^2 \tag{12.4.2}$$

ein und kommt so zum *stochastischen Gradientenalgorithmus*

$$\mathbf{e}(i+1) = \mathbf{e}(i) - \mu \cdot \frac{\partial \hat{F}_{\text{MSE}}}{\partial \mathbf{e}^H(i)}. \tag{12.4.3}$$

Die Ableitung dieses Schätzwertes nach dem Koeffizientenvektor ist elementar möglich, wobei vom Wirtinger-Formalismus Gebrauch gemacht wird (siehe 12.3.7a auf Seite 433). Es wird weiterhin vereinbart, dass die Ableitung einer skalaren Funktion nach einem Zeilenvektor einen Spaltenvektor ergibt (vgl. Anhang B.1.10, Seite 766).

In der folgenden Herleitung werden ausdrücklich Entzerrer-Strukturen mit Mehrfachabtastung einbezogen. Für das Entzerrer-Ausgangssignal wird die vektorielle Beschreibung (12.2.34) auf Seite 422 angewendet, wobei hier jedoch anstelle der Prozess-Variablen $\mathbf{X}$ aktuell empfangene *Musterfunktionen*, also Kleinbuchstaben zu setzen sind.

$$\mathbf{x}(i) = \begin{pmatrix} x_a(iT) \\ x_a(iT - \frac{T}{w}) \\ \vdots \\ x_a(iT - n\frac{T}{w}) \end{pmatrix} \quad \mathbf{x}^*(i) = \begin{pmatrix} x_a^*(iT) \\ x_a^*(iT - \frac{T}{w}) \\ \vdots \\ x_a^*(iT - n\frac{T}{w}) \end{pmatrix} \tag{12.4.4}$$

Im Sinne der Wirtinger-Ableitung gilt

$$\frac{\partial\, y(i)}{\partial\, \mathbf{e}^H} = \frac{\partial\, \mathbf{e}^T \mathbf{x}(i)}{\partial\, \mathbf{e}^H} = 0 \tag{12.4.5a}$$

$$\frac{\partial\, y^*(i)}{\partial\, \mathbf{e}^H} = \frac{\partial\, \mathbf{e}^H\, \mathbf{x}^*(i)}{\partial\, \mathbf{e}^H} = \mathbf{x}^*(i) \tag{12.4.5b}$$

und damit

$$\begin{aligned} \frac{\partial \hat{F}_{\text{MSE}}}{\partial \mathbf{e}^H(i)} &= \frac{\partial}{\partial \mathbf{e}^H(i)} [\mathbf{e}^H \mathbf{x}^*(i) - d^*(i - i_0)] \cdot [\mathbf{e}^T \mathbf{x}(i) - d(i - i_0)] \\ &= \mathbf{x}^*(i) \cdot [\mathbf{e}^T \mathbf{x}(i) - d(i - i_0)]. \end{aligned} \tag{12.4.6}$$

Aus (12.4.3) ergibt sich

$$\mathbf{e}(i+1) = \mathbf{e}(i) - \mu \cdot \mathbf{x}^*(i) \cdot [y(i) - d(i - i_0)] = \mathbf{e}(i) - \mu \cdot \varepsilon(i) \cdot \mathbf{x}^*(i). \tag{12.4.7}$$

Diese Formulierung wird als *Least-Mean-Squares-* (LMS-) Algorithmus bezeichnet und stellt die am weitesten verbreitete, weil einfachste Methode zur adaptiven Einstellung von Entzerrungsnetzen dar. Schnellere Algorithmen wie z.B. der *Recursive-Least-Squares*

(RLS) -Algorithmus beinhalten einen wesentlich höheren Rechenaufwand; sie werden im Abschnitt 12.4.3 behandelt.

Zur Realisierung von (12.4.7) ist zunächst der Fehler am Entzerrer-Ausgang $\varepsilon(i) = y(i) - d(i - i_0)$ zu bilden und mit der Schrittweite μ zu multiplizieren. Zur Berechnung des ν-ten Entzerrerkoeffizienten erfolgt eine Multiplikation mit dem im Speicher des Transversalentzerrers enthaltenen verzögerten Eingangswert $x(iT - \nu T/w)$; das Resultat wird zum alten Koeffizientenwert addiert. **Bild 12.4.3** zeigt das Blockschaltbild eines adaptiven Transversalentzerrers[9].

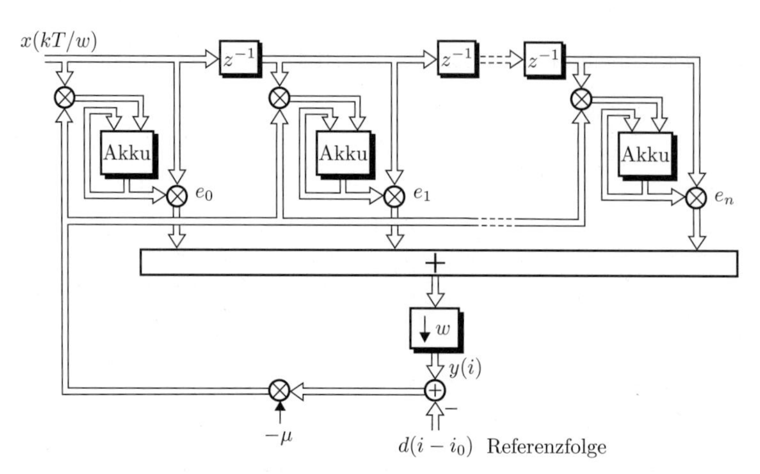

Bild 12.4.3: Blockschaltbild eines adaptiven Transversalentzerrers

FIR-DFE-Struktur. Die Herleitung des LMS-Algorithmus für Entzerrer mit quantisierter Rückführung erfolgt auf äquivalente Weise – für den FIR-Vorentzerrer beschränken wir uns dabei auf die Symboltaktstruktur ($w = 1$). Die MSE-Zielfunktion wird wieder durch den Momentanwert des betragsquadrierten Entzerrer-Ausgangsfehlers abgeschätzt. In diesem Falle setzt sich das Entzerrer-Ausgangssignal aus dem Ausgang des linearen Vorentzerrers $y(i) = \mathbf{e}^T \mathbf{x}(i)$ sowie den davon abgezogenen, auf den entschiedenen Daten basierenden Nachschwinger-Anteilen zusammen. Zur kompakten Beschreibung werden die Koeffizientenvektoren (12.3.4a) sowie die Signalvektoren

$$\mathbf{x}(i) = \begin{pmatrix} x_a(iT) \\ x_a((i-1)T) \\ \vdots \\ x_a((i-n_e)T) \end{pmatrix} \quad \text{und} \quad \mathbf{d}(i) = \begin{pmatrix} \hat{d}(i-1) \\ \hat{d}(i-2) \\ \vdots \\ \hat{d}(i-n_b) \end{pmatrix} \tag{12.4.8}$$

benutzt, womit man schreibt

$$\hat{F}_{q\text{MSE}} = |y_q(i) - d(i-i_0)|^2 = |\mathbf{e}^T \mathbf{x}(i) - \mathbf{b}^T \mathbf{d}(i) - d(i-i_0)|^2. \tag{12.4.9}$$

[9] Das Symbol „Akku“ steht für *Akkumulator*: Bezeichnet $x(i)$ das Eingangs.- und $y(i)$ das Ausgangssignal, so gilt $y(i) = x(i) + y(i-1)$.

Für die Ableitungen gilt im Sinne der Wirtinger-Beziehungen

$$\frac{\partial\, y_q^*(i)}{\partial\, \mathbf{e}^H} = \mathbf{x}^*(i), \quad \frac{\partial\, y_q^*(i)}{\partial\, \mathbf{b}^H} = -\mathbf{d}^*(i) \quad \text{und} \quad \frac{\partial\, y_q(i)}{\partial\, \mathbf{e}^H} = \frac{\partial\, y_q(i)}{\partial\, \mathbf{b}^H} = 0. \tag{12.4.10}$$

Die Iterationsgleichungen für den Vorwärts- und den Rückwärtszweig lauten damit

$$\mathbf{e}(i+1) = \mathbf{e}(i) - \mu \cdot [y_q(i) - d(i-i_0)] \cdot \mathbf{x}^*(i) \tag{12.4.11a}$$

$$\mathbf{b}(i+1) = \mathbf{b}(i) + \mu \cdot [y_q(i) - d(i-i_0)] \cdot \mathbf{d}^*(i). \tag{12.4.11b}$$

Das gesamte Blockschaltbild eines adaptiven FIR-DF-Entzerrers zeigt **Bild 12.4.4**.

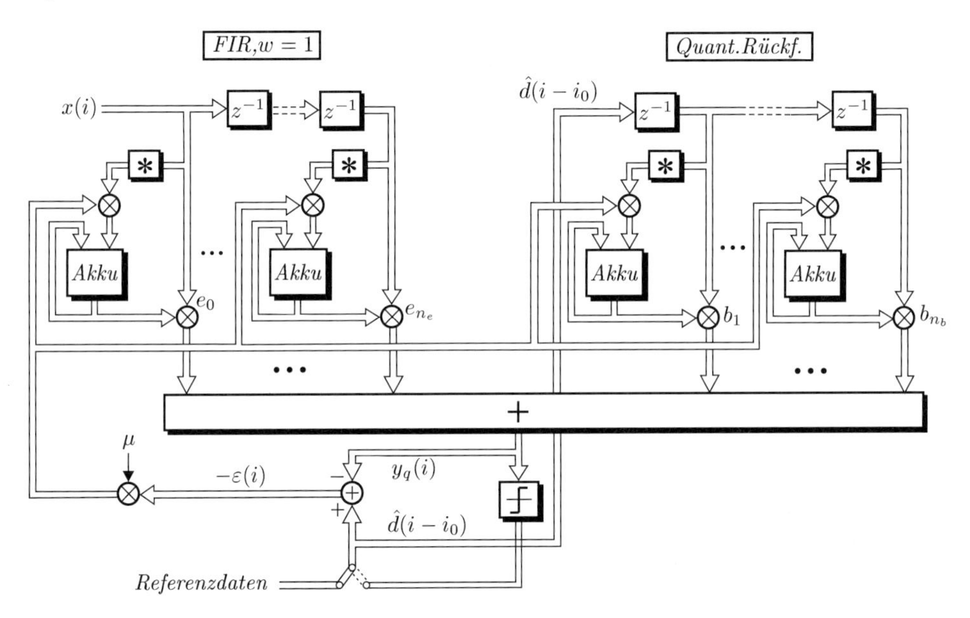

Bild 12.4.4: Adaptiver Entzerrer in äquivalenter Basisbandstruktur

12.4.2 Konvergenz des LMS-Algorithmus

Die folgende Konvergenzanalyse des LMS-Algorithmus wird anhand eines Transversalentzerrers in Symboltaktstruktur durchgeführt. Der LMS-Algorithmus beruht auf dem stochastischen Gradientenverfahren, d.h. es wird der Erwartungswert in der MSE-Zielfunktion durch den Momentanwert abgeschätzt. Die geschlossene Formulierung des Konvergenzverhaltens auf der Basis des stochastischen Gradienten ist nicht ohne weiteres möglich. Daher wird für die folgenden Betrachtungen die ideale Zielfunktion nach (12.2.40) auf Seite 423, also

$$F_{\text{MSE}} = \text{E}\{|y(i) - d(i-i_0)|^2\} = \mathbf{e}^H \mathbf{R}_{XX} \mathbf{e} - \mathbf{e}^H \mathbf{r}_{XD} - \mathbf{r}_{XD}^H \mathbf{e} + \sigma_D^2 \tag{12.4.12}$$

eingesetzt. Im Sinne der Wirtinger-Beziehungen gilt für die Ableitung

$$\frac{\partial F_{\mathrm{MSE}}}{\partial \mathbf{e}^H} = \mathbf{R}_{XX}\,\mathbf{e} - \mathbf{r}_{XD}, \tag{12.4.13}$$

so dass für die iterative Einstellung der Koeffizientenvektoren der rekursive Zusammenhang

$$\mathbf{e}(i+1) = [\mathbf{I} - \mu \cdot \mathbf{R}_{XX}] \cdot \mathbf{e}(i) + \mu \cdot \mathbf{r}_{XD} \tag{12.4.14}$$

besteht; $\mathbf{I}$ bezeichnet die Einheitsmatrix, μ die gewählte positive, reelle Schrittweite zur Einstellung der Konvergenzeigenschaften.

Man erhält also für die einzelnen Vektorelemente e_ν Differenzgleichungen 1. Ordnung, die jedoch *untereinander verkoppelt* sind, da $\mathbf{R}_{XX}$ im Allgemeinen keine Diagonalmatrix ist. Zur Entkopplung der Differenzengleichungen wird eine *Hauptachsentransformation* durchgeführt. Hierzu wird im Anhang D.1 gezeigt, dass die Autokorrelationsmatrix durch

$$\mathbf{R}_{XX} = \mathbf{U}\boldsymbol{\Lambda}\mathbf{U}^H \tag{12.4.15a}$$

darstellbar ist (siehe (D.1.8) auf Seite 787). Dabei bezeichnet $\mathbf{U}$ eine Matrix, deren Spalten aus den Eigenvektoren der Autokorrelationsmatrix bestehen. Für $\mathbf{U}$ gilt der Zusammenhang

$$\mathbf{U}^H\mathbf{U} = \mathbf{U}\mathbf{U}^H = \mathbf{I}; \tag{12.4.15b}$$

man bezeichnet Matrizen mit dieser Eigenschaft als *unitäre Matrizen.* Die Matrix $\boldsymbol{\Lambda}$ ist als Diagonalmatrix definiert

$$\boldsymbol{\Lambda} = \mathrm{diag}(\lambda_0, \lambda_1, \cdots, \lambda_n); \tag{12.4.15c}$$

die Größen λ_ν bezeichnen die $n+1$ Eigenwerte der Autokorrelationsmatrix. Da $\mathbf{R}_{XX}$ hermitesch ist, sind diese Eigenwerte reell – sie sind zudem nichtnegativ; $\mathbf{R}_{XX}$ ist also stets positiv semidefinit – in den meisten Fällen positiv definit.

Gleichung (12.4.14) kann nun auf folgende Weise geschrieben werden:

$$\mathbf{e}(i+1) = \left[\mathbf{I} - \mu \cdot \mathbf{U}\boldsymbol{\Lambda}\mathbf{U}^H\right] \cdot \mathbf{e}(i) + \mu \cdot \mathbf{r}_{XD}. \tag{12.4.16}$$

Multipliziert man diese Gleichung von links mit $\mathbf{U}^H$ und berücksichtigt die Beziehung (12.4.15b), so ergibt sich

$$\begin{aligned} \mathbf{U}^H\mathbf{e}(i+1) &= [\mathbf{U}^H - \mu\,\mathbf{U}^H\mathbf{U}\boldsymbol{\Lambda}\mathbf{U}^H] \cdot \mathbf{e}(i) + \mu\,\mathbf{U}^H\mathbf{r}_{XD} \\ &= [\mathbf{I} - \mu\,\boldsymbol{\Lambda}] \cdot \mathbf{U}^H\mathbf{e}(i) + \mu\,\mathbf{U}^H\mathbf{r}_{XD}. \end{aligned} \tag{12.4.17}$$

Mit der Definition der Vektoren

$$\mathbf{w}(i) = \mathbf{U}^H\mathbf{e}(i); \quad \mathbf{v} = \mu\,\mathbf{U}^H\mathbf{r}_{XD} \tag{12.4.18}$$

erhält man die vektorielle Rekursionsgleichung

$$\mathbf{w}(i+1) = [\mathbf{I} - \mu\,\boldsymbol{\Lambda}] \cdot \mathbf{w}(i) + \mathbf{v}, \tag{12.4.19}$$

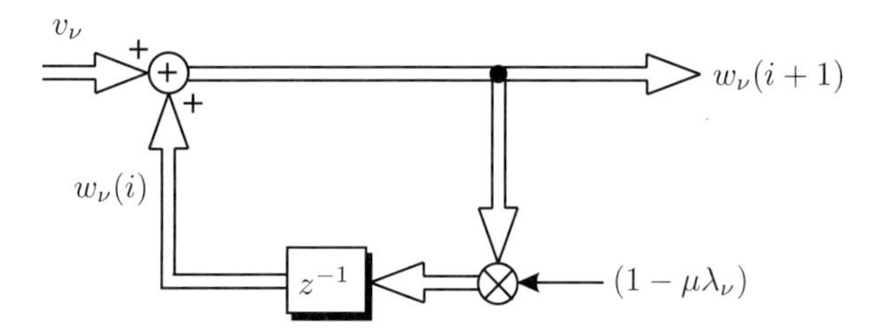

Bild 12.4.5: Modellsystem zur Beschreibung der Konvergenzeigenschaften des LMS-Algorithmus

bei der eine *Entkopplung der Vektorelemente* eintritt, da die Matrix $(\mathbf{I}-\mu\mathbf{\Lambda})$ eine Diagonalmatrix ist. Der Einstellprozess für jedes Element des Vektors $\mathbf{u}(i)$ kann daher durch ein skalares rekursives (komplexwertiges) System erster Ordnung gemäß **Bild 12.4.5** dargestellt werden.

Jedes dieser rekursiven Systeme wird durch einen reellen Pol

$$z_{\infty\nu} = 1-\mu\lambda_\nu \tag{12.4.20}$$

charakterisiert. Zur Sicherstellung der Stabilität muss gelten

$$|z_{\infty\nu}| < 1, \quad \nu = 0, \cdots, n,$$

d.h. die Schrittweite des LMS-Algorithmus muss auf den Bereich

$$0 < \mu < \frac{2}{\lambda_{\max}} \tag{12.4.21}$$

beschränkt werden. Für die Beurteilung des Konvergenzverhaltens sind die Sprungantworten der $n+1$ rekursiven Systeme maßgebend: In dem vorliegenden Modell wird ja davon ausgegangen, dass zu Beginn der Iteration die benötigten Erwartungswerte bekannt sind (im Unterschied zum realen stochastischen Gradientenalgorithmus). Ab dem Zeitpunkt $i=0$ liegen demgemäß die konstanten Werte v_ν an den Eingängen der Modellsysteme; die Ausgangssignale lauten also entsprechend der Sprungantwort eines rekursiven Systems 1. Ordnung

$$w_\nu(i) = v_\nu \frac{1-z_{\infty\nu}^{i+1}}{1-z_{\infty\nu}} = \frac{v_\nu}{\mu\lambda_\nu}[1-(1-\mu\lambda_\nu)^{i+1}]. \tag{12.4.22}$$

Nach unendlich langer Iterationszeit ergibt sich daraus bei Erfüllung der Stabilitätsbedingung (12.4.21)

$$\lim_{i\to\infty} w_\nu(i) = \frac{v_\nu}{\mu\lambda_\nu}, \tag{12.4.23a}$$

bzw. in vektorieller Schreibweise

$$\lim_{i\to\infty} \mathbf{w}(i) \stackrel{\Delta}{=} \mathbf{w}_\infty = \frac{1}{\mu}\cdot\mathbf{\Lambda}^{-1}\mathbf{v}. \tag{12.4.23b}$$

Setzt man die Transformation (12.4.18) ein, so folgt

$$\mathbf{U}^H \mathbf{e}_\infty = \frac{1}{\mu} \cdot \mu \cdot \mathbf{\Lambda}^{-1} \mathbf{U}^H \, \mathbf{r}_{XD}$$

und nach linksseitiger Multiplikation mit $\mathbf{U}$ (unter Berücksichtigung von (12.4.15a,b)) schließlich

$$\mathbf{e}_\infty = \mathbf{U}\,\mathbf{\Lambda}^{-1}\mathbf{U}^H \mathbf{r}_{XD} = \mathbf{R}_{XX}^{-1}\,\mathbf{r}_{XD}. \qquad (12.4.24)$$

- *Der LMS-Algorithmus konvergiert also bei Einhaltung der Stabilitätsbedingung gegen die MMSE-Lösung* (12.2.43).

Die maximal erreichbare Konvergenzgeschwindigkeit des LMS-Algorithmus hängt von den Verhältnissen der Eigenwerte der Autokorrelationsmatrix ab. Betrachtet man unter den Modellsystemen nach Bild 12.4.5 dasjenige mit dem *größten Eigenwert* $\lambda_{\max}$, so erreicht man bei diesem das schnellstmögliche Einschwingen (nämlich nach einem Iterationsschritt), indem die Schrittweite

$$\mu = 1/\lambda_{\max} \qquad (12.4.25a)$$

gewählt wird. In diesem Falle ergibt sich für das Teilsystem mit *minimalem Eigenwert* $\lambda_{\min}$ ein Pol

$$z_{\infty\nu_{\min}} = 1 - \frac{\lambda_{\min}}{\lambda_{\max}}, \qquad (12.4.25b)$$

der bei einem großen Verhältnis $\lambda_{\max}/\lambda_{\min}$ sehr nahe am Einheitskreis liegt. Die Einschwingzeit dieses Teilsystems ist dementsprechend groß – damit weist der LMS-Algorithmus insgesamt ungünstige Einschwingeigenschaften auf. Die Betrachtungen dieses Abschnitts führen zu folgenden Schlüssen:

- *Um die Stabilität des LMS-Algorithmus zu gewährleisten, muss die positive Schrittweite μ kleiner als der doppelte Kehrwert des maximalen Eigenwertes der Autokorrelationsmatrix sein. Die Konvergenzgeschwindigkeit wird durch das Verhältnis zwischen maximalem und minimalem Eigenwert bestimmt; günstiges Einschwingen bekommt man, wenn dieses Verhältnis möglichst klein ist.*

- **Beispiel: Eigenwertverhältnisse für einen Kanal 1. Ordnung**
  Es gelte

$$h(i) = \frac{1}{\sqrt{1+a^2}}\,[\delta(i) - a\,\delta(i-1)]\,, \quad a \in \mathbb{R}.$$

Bei unkorrelierten Daten $D(i)$ der Leistung eins ergibt sich für die Autokorrelationsfolge des Empfangssignals

$$r_{XX}(\nu) = \delta(\nu) - \frac{a}{1+a^2}\,[\delta(\nu-1) + \delta(\nu+1)]\,.$$

Für einen Entzerrer vom Grad n ist die $(n+1) \times (n+1)$ - Autokorrelationsmatrix aufzustellen.

$$\mathbf{R}_{XX} = \begin{pmatrix} 1 & r_{XX}(1) & \cdots & \mathbf{0} \\ r_{XX}(1) & 1 & \ddots & \vdots \\ \vdots & \ddots & \ddots & r_{XX}(1) \\ \mathbf{0} & \cdots & r_{XX}(1) & 1 \end{pmatrix}$$

In **Bild 12.4.6** sind die Eigenwertverhältnisse $\lambda_{\max}/\lambda_{\min}$ als Funktion des Kanalkoeffizienten a für verschiedene Entzerrerordnungen dargestellt.

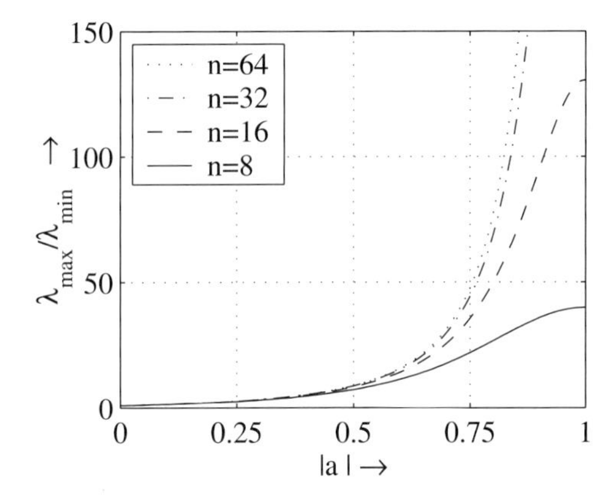

Bild 12.4.6: Maximale Eigenwertverhältnisse der Autokorrelationsmatrix des Empfangssignals (Kanal 1. Ordnung, Entzerrerordnung n)

Dieses Beispiel zeigt, dass sich der günstigste Wert $\lambda_{\max}/\lambda_{\min} = 1$ für $a = 0$ ergibt. In diesem Falle würden sich optimale Konvergenzbedingungen einstellen, was allerdings irrelevant ist, da mit $a = 0$ ein idealer Kanal vorliegt, der ohnehin nicht entzerrt werden muss. Mit wachsendem a ergibt sich eine zunehmend näher am Einheitskreis liegende Kanalnullstelle – für $a = 1$ liegt sie direkt auf dem Einheitskreis. Die zugehörigen Eigenwertverhältnisse sind in Tabelle 12.4.1 wiedergegeben.

Tabelle 12.4.1: Eigenwertverhältnisse bei $a = 1$

n	8	16	32	64
$\lambda_{max}/\lambda_{min}$	40	130	468	1765

12.4.3 Rekursiver Least-Squares-Algorithmus (RLS)

Die vorangegangenen Betrachtungen haben die prinzipielle Schwäche des LMS-Algorithmus aufgezeigt: Als Parameter zur optimalen Einstellung des Einlaufverhaltens steht nur eine einzige Variable, nämlich die Schrittweite μ zur Verfügung; die Konvergenzeigenschaften werden aber von den $n+1$ Eigenwerten der Autokorrelationsmatrix bestimmt. Eine Möglichkeit, optimale Konvergenzeigenschaften zu erhalten, besteht darin, das empfangene Signal so vorzufiltern, dass diese Eigenwerte möglichst gleich sind – dies ist bei einem weißen Signal der Fall. Am Empfängereingang ist also für diese Lösung ein *Dekorrelationsfilter („Prewhitening-Filter")* vorzusehen. In Abschnitt 12.5 wird diese Methode unter dem Begriff *Lattice-Entzerrer* erläutert.

Eine alternative Möglichkeit zur Steigerung der Adaptionsgeschwindigkeit bietet der *Rekursive-Least-Squares-Algorithmus* („RLS"), der im Folgenden hergeleitet wird. Angestrebt wird die theoretische Wiener-Lösung (MMSE-Lösung) (12.2.43), die jedoch die Kenntnis der Autokorrelations- und Kreuzkorrelationsfolgen voraussetzt und somit in der geschlossenen Form im praktischen Betrieb nicht verwendbar ist. Der Grundgedanke des RLS-Algorithmus besteht darin, diese Korrelationsfolgen im laufenden Betrieb rekursiv zu berechnen und dabei gleichzeitig eine iterative Matrix-Inversion zu integrieren. Man schätzt demgemäß die ideale Autokorrelationsmatrix (12.2.37) auf Seite 422 durch fortlaufende zeitliche Mittelung (Definition der Vektoren $\mathbf{x}$ und $\mathbf{x}^*$ siehe (12.4.4)).

$$\hat{\mathbf{R}}_{XX}(i) = \sum_{k=0}^{i} w^{i-k}\, \mathbf{x}^*(k)\, \mathbf{x}^T(k) \qquad (12.4.26)$$

Dabei bezeichnet die reelle, positive Konstante w den sogenannten „Vergessensfaktor" (*Forgetting-Factor*), der im Bereich $0 < w < 1$ liegen muss. Die Funktion dieses Faktors w besteht darin, zeitlich weiter zurückliegende Mittelungsergebnisse schwächer zu gewichten, was bei zeitvarianten Übertragungskanälen bedeutsam ist. Die zeitliche Mittelung (12.4.26) kann rekursiv ausgeführt werden

$$\hat{\mathbf{R}}_{XX}(i) = w \cdot \hat{\mathbf{R}}_{XX}(i-1) + \mathbf{x}^*(i) \cdot \mathbf{x}^T(i). \qquad (12.4.27a)$$

Die entsprechende rekursive Berechnung eines Schätzwertes für den Kreuzkorrelationsvektor (12.2.38) lautet

$$\hat{\mathbf{r}}_{XD}(i) = w \cdot \hat{\mathbf{r}}_{XD}(i-1) + \mathbf{x}^*(i) \cdot d(i-i_0). \qquad (12.4.27b)$$

Regularisierung. Es ist zu beachten, dass die nach (12.4.27a) geschätzte Autokorrelationsmatrix im Allgemeinen keine Toeplitz-Struktur aufweist; zudem kann sie besonders zu Beginn der Rekursion schlecht konditioniert sein. Aus diesem Grunde wird zur Regularisierung als initiale Schätzung der Autokorrelationsmatrix eine skalierte Einheitsmatrix eingesetzt.

$$\hat{\mathbf{R}}_{XX}(0) = \delta\, \mathbf{I}, \qquad (12.4.27c)$$

wobei δ eine reelle, positive Konstante ist. Die Lösung der Wiener-Gleichung (12.2.43) anhand der rekursiven Mittelungen (12.4.27a) und (12.4.27b) lässt sich unter Einbeziehung der Regularisierung auch durch die Minimierung der Zielfunktion

$$\hat{F}(i) = \sum_{\ell=1}^{i} w^{i-\ell}\, |\varepsilon(\ell)|^2 + w^i\, \delta\, \|\mathbf{e}(i)\|^2 \tag{12.4.27d}$$

formulieren [Hay02], wobei die Größen $\varepsilon(i) = y(i) - d(i - i_0)$ den Fehler am Entzerrerausgang und $\mathbf{e}(i)$ den Vektor der Entzerrerkoeffizienten zum Iterationszeitpunkt i bezeichnen. Die Formulierung (12.4.27d) zeigt, dass für $w < 1$ der Einfluss der Regularisierung mit fortschreitender Iterationszeit i asymptotisch verschwindet. Wird bei einem zeitinvarianten Kanal der Vergessensfaktor $w = 1$ gesetzt, so wird durch Minimierung der Kostenfunktion (12.4.27d) offenbar die MMSE-Lösung geschätzt, sofern der Regularisierungsterm $\delta = 0$ ist; für $\delta \neq 0$ ergibt sich bei endlichem i eine nicht erwartungstreue Schätzung (Bias), da dann die Minimierung der Koeffizientenenergie als Nebenbedingung mit eingeht.

Iterative Berechnung der Entzerrerkoeffizienten. Den zum Iterationszeitpunkt i aktualisierten Koeffizientenvektor des Entzerrers erhält man durch Einsetzen der Schätzgrößen in die MMSE-Beziehung.

$$\mathbf{e}(i+1) = \hat{\mathbf{R}}_{XX}^{-1}(i) \cdot \hat{\mathbf{r}}_{XD}(i) \tag{12.4.28}$$

Die direkte Auswertung dieser Gleichung würde zu jedem Iterationszeitpunkt eine Matrix-Inversion erfordern, was einen erheblichen Rechenaufwand bedeutet. Wesentlich effizienter wird der Algorithmus durch Einbringung einer iterativen Matrix-Inversion, die auf dem folgenden *Matrix-Inversionslemma* beruht (siehe Anhang H):

$$\hat{\mathbf{R}}_{XX}^{-1}(i) = \frac{1}{w}\left[\hat{\mathbf{R}}_{XX}^{-1}(i-1) - \mathbf{k}(i) \cdot \mathbf{x}^T \cdot \hat{\mathbf{R}}_{XX}^{-1}(i-1)\right]. \tag{12.4.29}$$

Dabei bezeichnet der Vektor $\mathbf{k}(i)$ die sogenannte *Kalman-Verstärkung*

$$\mathbf{k}(i) = \frac{1}{w + L(i)} \cdot \hat{\mathbf{R}}_{XX}^{-1}(i-1) \cdot \mathbf{x}^*(i) \tag{12.4.30a}$$

mit der Definition der skalaren Größe

$$L(i) = \mathbf{x}^T(i) \cdot \hat{\mathbf{R}}_{XX}^{-1}(i-1) \cdot \mathbf{x}^*(i). \tag{12.4.30b}$$

Die Iterationsgleichungen (12.4.29), (12.4.30a) und (12.4.27b) werden in die MMSE-Beziehung (12.4.28) eingesetzt.

$$\begin{aligned}
\mathbf{e}(i+1) &= \frac{1}{w}[\hat{\mathbf{R}}_{XX}^{-1}(i-1) - \mathbf{k}(i)\mathbf{x}^T(i)\hat{\mathbf{R}}_{XX}^{-1}(i-1)][w \cdot \hat{\mathbf{r}}_{XD}(i-1) + \mathbf{x}^*(i)\, d(i-i_0)] \\
&= \underbrace{\hat{\mathbf{R}}_{XX}^{-1}(i-1)\, \hat{\mathbf{r}}_{XD}(i-1)}_{\mathbf{e}(i)} + \frac{1}{w}\, \hat{\mathbf{R}}_{XX}^{-1}(i-1)\, \mathbf{x}^*(i)\, d(i-i_0) \\
&\quad -\mathbf{k}(i)\, \mathbf{x}^T(i)\, \underbrace{\hat{\mathbf{R}}_{XX}^{-1}(i-1)\, \hat{\mathbf{r}}_{XD}(i-1)}_{\mathbf{e}(i)} - \frac{1}{w}\, \mathbf{k}(i)\, \underbrace{\mathbf{x}^T(i)\hat{\mathbf{R}}_{XX}^{-1}(i-1)\, \mathbf{x}^*(i)}_{L(i)}\, d(i-i_0)
\end{aligned} \tag{12.4.31}$$

Daraus folgt

$$\mathbf{e}(i+1) = \mathbf{e}(i) + \frac{1}{w}\, d(i-i_0)\hat{\mathbf{R}}_{XX}^{-1}(i-1)\,\mathbf{x}^*(i) - \mathbf{k}(i)\,\mathbf{x}^T(i)\,\mathbf{e}(i) - \frac{L(i)}{w}\, d(i-i_0)\,\mathbf{k}(i); \quad (12.4.32)$$

der hier auftretende Term

$$\mathbf{x}^T(i)\,\mathbf{e}(i) \triangleq y(i) \quad (12.4.33a)$$

ist der Ausgangswert des Entzerrers im Iterationszyklus i, da zu diesem Zeitpunkt noch die nicht aktualisierte Impulsantwort $\mathbf{e}(i)$ wirksam ist. Weiterhin gilt mit (12.4.30a)

$$\hat{\mathbf{R}}_{XX}^{-1}(i-1) \cdot \mathbf{x}^*(i) = [w + L(i)] \cdot \mathbf{k}(i), \quad (12.4.33b)$$

so dass aus (12.4.32) schließlich die Rekursionsgleichung

$$\mathbf{e}(i+1) = \mathbf{e}(i) - \mathbf{k}(i)\,[y(i) - d(i-i_0)] = \mathbf{e}(i) - \mathbf{k}(i)\,\varepsilon(i) \quad (12.4.34)$$

folgt. Der rekursive Least-Squares Algorithmus läuft also im Iterationsschritt i nach folgendem Schema ab:

- *Initialisierung:* $\mathbf{e}(0) = \mathbf{0}$; $\hat{\mathbf{R}}_{XX}^{-1}(0) = \delta^{-1}\,\mathbf{I}$

  mit $\delta \triangleq \begin{cases} \text{kleine positive Konstante für hohes S/N} \\ \text{große positive Konstante für geringes S/N} \end{cases}$

Iteration: $i = 1, 2, \cdots$

- *Entzerrer-Ausgangssignal:* $y(i) = \mathbf{e}^T(i) \cdot \mathbf{x}(i)$
- *Referenzsignal-Vergleich:* $\varepsilon(i) = y(i) - d(i-i_0)$
- *Kalman Verstärkung:* $\mathbf{k}(i) = \frac{1}{w+L(i)} \cdot \hat{\mathbf{R}}_{XX}^{-1}(i-1) \cdot \mathbf{x}^*(i)$
  mit $L(i) = \mathbf{x}^T(i)\,\hat{\mathbf{R}}_{XX}^{-1}(i-1)\,\mathbf{x}^*(i)$
- *Aktualisierung der inversen Autokorrelationsmatrix*
  $\hat{\mathbf{R}}_{XX}^{-1}(i) = \frac{1}{w}\,[\hat{\mathbf{R}}_{XX}^{-1}(i-1) - \mathbf{k}(i)\,\mathbf{x}^T(i)\,\hat{\mathbf{R}}_{XX}^{-1}(i-1)]$
- *Aktualisierung des Koeffizientenvektors*
  $\mathbf{e}(i+1) = \mathbf{e}(i) - \mathbf{k}(i) \cdot \varepsilon(i)$.

Der Rechenaufwand für den RLS-Algorithmus wird vor allem durch die zur Aktualisierung von $\hat{\mathbf{R}}_{XX}^{-1}(i)$ erforderliche Matrix-Multiplikation bestimmt. Die Autokorrelationsmatrix und damit auch $\hat{\mathbf{R}}_{XX}^{-1}(i)$ hat bei einem Entzerrergrad n die Dimension $(n+1)\times(n+1)$. Der Multiplikationsaufwand ist demgemäß in jedem Iterationsschritt proportional zu $(n+1)^2$, wenn man alle übrigen Operationen vernachlässigt. Demgegenüber verlangt der LMS-Algorithmus (12.4.7) für jede Koeffizienten-Aktualisierung $(n+1)$ Multiplikationen und ist somit erheblich weniger rechenintensiv. Andererseits weist der LMS-Algorithmus unter ungünstigen Kanalbedingungen ungleich schlechtere Konvergenzeigenschaften auf. Der Grund hierfür wurde bereits genannt: Zur Optimierung des Einlaufverhaltens steht nur eine einzige Variable μ zur Verfügung, während beim RLS-Algorithmus der Entzerrer-Fehler mit einem Vektor, nämlich dem Kalman-Verstärkungsvektor gewichtet wird, der während der Iteration ständig aktualisiert wird. Beispiele für das unterschiedliche Einlaufverhalten des LMS- und des RLS-Algorithmus werden in Abschnitt 12.5.4 im Vergleich zum Lattice-Entzerrer wiedergegeben.

12.5 Lattice-Entzerrer

12.5.1 Lattice-Prädiktor zur Dekorrelation

Das Problem der linearen Prädiktion war uns in Abschnitt 7.3.2 in anderem Zusammenhang begegnet. Dort ging es um die Berechnung eines optimalen Vorhersagewertes des zu übertragenden Quellensignals in Hinblick auf eine Redundanzminderung auf der Basis der differentiellen Pulscode-Modulation. Das Prädiktorfehlersignal wurde dann letztendlich übertragen, wobei der Gewinn in der Reduktion der Prädiktorfehlerleistung lag.

Über diese konkrete Aufgabe hinaus hat das Prinzip der linearen Prädiktion für viele andere Gebiete eine fundamentale Bedeutung (z.B. bei der parametrischen Spektralschätzung [KK09]). In diesem Abschnitt dient es der *Dekorrelation* der Abtastwerte des empfangenen Signals in Hinblick auf eine adaptive Entzerrerstruktur mit günstigen Einlaufeigenschaften. Grundlage bildet die sogenannte *Lattice*-Struktur, die eine spezielle Struktur eines nichtrekursiven Prädiktionsfehler-Filters darstellt.

In Abschnitt 12.4.2 wurde hergeleitet, dass die Konvergenz des LMS-Algorithmus vom Verhältnis des maximalen zum minimalen Eigenwert der Autokorrelationsmatrix des Empfangssignals abhängt – unter einem großen Eigenwert-Verhältnis ergeben sich sehr ungünstige Einlaufeigenschaften. Dieses Problem konnte mit der im letzten Abschnitt hergeleiteten Einstellvorschrift nach dem RLS-Algorithmus beseitigt werden, jedoch erfordert dieser Algorithmus einen verhältnismäßig hohen Realisierungsaufwand.

Das Ziel der folgenden Betrachtungen besteht nun darin, die Vorzüge des LMS-Algorithmus hinsichtlich des Realisierungsaufwandes mit einem günstigen Konvergenzverhalten zu verbinden. Dies ist durch Dekorrelation der Abtastwerte des Entzerrer-Eingangssignals möglich, da hierdurch die Einstellvorgänge für die Koeffizienten entkoppelt werden und somit für jeden Koeffizienten eine individuelle Schrittweite gewählt werden kann.

Wir betrachten zunächst ein nichtrekursives Prädiktionsfehlerfilter in Transversalform gemäß **Bild 12.5.1**. Gegenüber den Betrachtungen in Abschnitt 7.3.2 besteht hier nur die Besonderheit, dass Ein- und Ausgangssignale sowie die Prädiktorkoeffizienten p_ν komplex sein können.

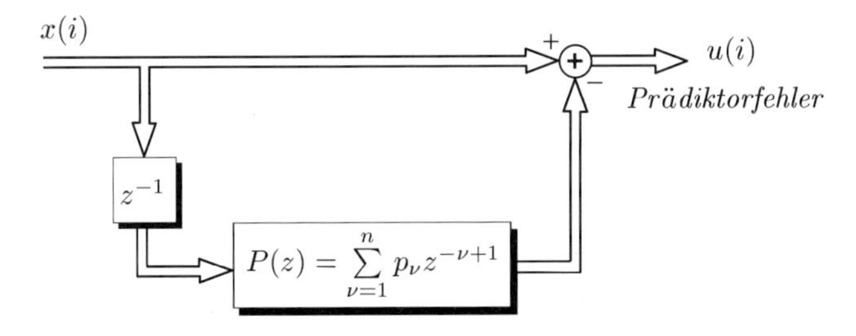

Bild 12.5.1: Nichtrekursives Prädiktionsfehlerfilter in Transversalform

Die Wiener-Lösung für den Prädiktor-Koeffizientenvektor

$$\mathbf{p} = [p_1, p_2, \cdots, p_n]^T \tag{12.5.1}$$

ergibt sich aus der Minimierung der Leistung des Prädiktionsfehlers[10] $U(i)$. In Analogie zu (7.3.10) ergibt sich die bekannte *Wiener-Hopf* (bzw. *Yule-Walker*)-Beziehung

$$\mathbf{p} = \mathbf{R}_{XX}^{-1} \cdot \mathbf{r}_{XX} \tag{12.5.2}$$

mit der Definition des komplexen Autokorrelationsvektors

$$\mathbf{r}_{XX} = [r_{XX}(1), r_{XX}(2), \cdots, r_{XX}(n)]^T. \tag{12.5.3}$$

Zur effizienten iterativen Lösung der Gleichung (12.5.2), die im Wesentlichen in der Inversion der Autokorrelationsmatrix besteht, dient der bekannte *Levinson-Durbin-Algorithmus*, der in Anhang E.1 hergeleitet wird. Der Grundgedanke liegt darin, einen Prädiktor der Ordnung $m+1$ aus einem im vorherigen Iterationsschritt berechneten Prädiktor m-ter Ordnung zu entwickeln. Ausgehend von dem trivialen Prädiktor 1. Ordnung gelangt man dann durch fortgesetzte Anwendung der Rekursion zum gewünschten Prädiktor n-ter Ordnung. Bezeichnet man den ν-ten Prädiktorkoeffizienten eines Prädiktors m-ter Ordnung als $p_{m,\nu}$, so lautet die Levison-Durbin Rekursion

$$p_{m+1,\nu} = p_{m,\nu} - \gamma_{m+1} \cdot p^*_{m,m+1-\nu} \quad ; \quad \nu = 1, \cdots, m \tag{12.5.4a}$$

und

$$p_{m+1,m+1} = \gamma_{m+1} \tag{12.5.4b}$$

mit

$$\gamma_{m+1} = \frac{r_{XX}(m+1) - \sum_{\nu=1}^{m} p_{m,\nu}\, r_{XX}(m+1-\nu)}{r_{XX}(0) - \sum_{\nu=1}^{m} p^*_{m,\nu}\, r_{XX}(\nu)}. \tag{12.5.4c}$$

Die für die Rekursion entscheidenden Koeffizienten γ_m werden PARCOR-Koeffizienten („PARtial CORrelation“) genannt. Diese Bezeichnung wird verständlich, wenn man sich die Levinson-Durbin-Rekursion im Sinne eines schrittweisen Orthogonalisierungsprozesses klarmacht; dabei zeigt sich, dass mit jedem Iterationsschritt ein weiterer Vergangenheitswert der Eingangsfolge $X(i-m)$ bezüglich des Prädiktionsfehlersignals $U(i)$ dekorreliert wird (vgl. z.B. [KK09]).

Wir wollen die Levinson-Durbin-Rekursion hier nicht zur iterativen Lösung der Yule-Walker-Gleichung (12.5.2) sondern zur Herleitung der Lattice-Struktur verwenden. Das Ausgangssignal eines Prädiktionsfehlerfilters $(m+1)$-ter Ordnung lautet

$$\begin{aligned} U_{m+1}(i) &= X(i) - \sum_{\nu=1}^{m+1} p_{m+1,\nu}\, X(i-\nu) \qquad (12.5.5) \\ &= X(i) - \left[\sum_{\nu=1}^{m} p_{m+1,\nu}\, X(i-\nu)\right] - p_{m+1,m+1}\, X(i-(m+1)). \end{aligned}$$

[10] Zur Unterscheidung werden im Folgenden wieder für theoretische Zufallsprozesse Großbuchstaben verwendet, wogegen gemessene Musterfunktionen durch Kleinbuchstaben gekennzeichnet sind.

Werden hier die Levinson-Durbin-Beziehungen eingesetzt, so wird erreicht, dass die rechte Seite der Gleichung ausschließlich Koeffizienten eines Prädiktors nächst niedrigerer Ordnung enthält.

$$U_{m+1}(i) = X(i) - \left[\sum_{\nu=1}^{m} [p_{m,\nu} - \gamma_{m+1} \ \ p^*_{m,m+1-\nu}] \cdot X(i-\nu)\right] - \gamma_{m+1} \ \ X(i-m-1) \tag{12.5.6}$$

Die rechte Seite von (12.5.6) lässt sich in zwei Terme aufspalten

$$\begin{aligned} U_{m+1}(i) &= \left[X(i) - \sum_{\nu=1}^{m} p_{m,\nu} \ \ X(i-\nu)\right] \\ &\quad -\gamma_{m+1}\left[X(i-m-1) - \sum_{\nu=1}^{m} p^*_{m,m+1-\nu} \ \ X(i-\nu)\right], \end{aligned} \tag{12.5.7}$$

von denen sich der erste als Prädiktionsfehler eines Systems m-ter Ordnung herausstellt:

$$U_m(i) = X(i) - \sum_{\nu=1}^{m} p_{m,\nu} \cdot X(i-\nu). \tag{12.5.8}$$

Der zweite Term von (12.5.7) ist durch die Substitution $\mu = m + 1 - \nu$ auf die Form

$$-\gamma_{m+1}\left[X(i-1-m) - \sum_{\mu=1}^{m} p^*_{m,\mu} \cdot X(i-1-m+\mu)\right]$$

zu bringen. Zur Interpretation dieses Ausdrucks definiert man den sogenannten *Rückwärts-Prädiktionsfehler*

$$V_m(i) \triangleq X(i-m) - \sum_{\mu=1}^{m} p^*_{m,\mu} \cdot X(i-m+\mu). \tag{12.5.9}$$

Die gewählte Bezeichnung ist unmittelbar einleuchtend: Der Summenausdruck kann als Prädiktionswert für $X(i-m)$ interpretiert werden, wobei die bezüglich des Zeitpunktes $(i-m)$ „zukünftigen“ Abtastwerte $X(i-m+1), \cdots, X(i)$ benutzt werden. Im Unterschied hierzu nennt man nun den „gewöhnlichen“ Prädiktionsfehler $U_m(i)$ *Vorwärts-Prädiktionsfehler*. Setzt man die Beziehungen (12.5.8) und (12.5.9) in (12.5.7) ein, so erhält man die Rekursionsgleichung

$$U_{m+1}(i) = U_m(i) - \gamma_{m+1} \cdot V_m(i-1). \tag{12.5.10a}$$

Mit dieser Gleichung eröffnet sich die Möglichkeit, den Vorwärts-Prädiktionsfehler der Stufe $m+1$ aus demjenigen der Stufe m zu rekonstruieren, wenn es gelingt, auch für den Rückwärts-Prädiktionsfehler eine Rekursion nach Art von (12.5.10a) zu finden. Dies ist leicht möglich, indem (12.5.9) für die Stufe $m+1$ hingeschrieben und die Levinson-Durbin-Beziehung eingesetzt wird. Damit ergibt sich die Beziehung

$$V_{m+1}(i) = V_m(i-1) - \gamma^*_{m+1} \cdot U_m(i), \tag{12.5.10b}$$

die zusammen mit (12.5.10a) die Grundlage der Lattice-Struktur bildet. **Bild 12.5.2a** zeigt die Realisierung der beiden Gleichungen. Durch die Kaskadierung derartiger Teilsysteme kommt man zum gesamten Prädiktionsfehlerfilter n-ter Ordnung in Lattice-Struktur; in Bild 12.5.2b ist eine solche Anordnung dargestellt.

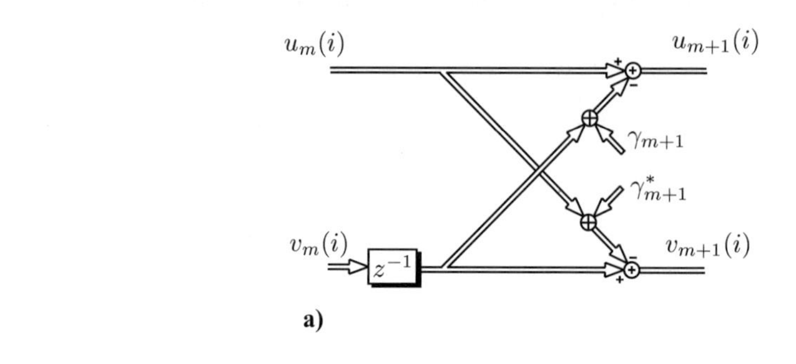

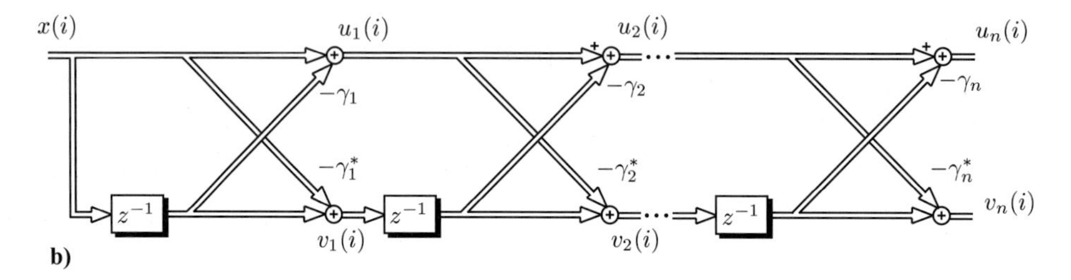

Bild 12.5.2: Prädiktionsfehlerfilter in Lattice-Struktur
a) einzelne Stufe, b) Gesamtfilter n-ter Ordnung

Dabei ist die Übertragungsfunktion vom Eingang zum oberen Ausgangszweig des Systems identisch mit derjenigen eines Prädiktionsfehlerfilters in der Transversalform gemäß Bild 12.5.1. Die gleichzeitige Berechnung des Rückwärts-Prädiktionsfehlers ist hier vorerst als „Abfallprodukt" angefallen. Gerade dieses Signal ist es jedoch, das sich in Hinblick auf die gestellte Aufgabe der Dekorrelation als entscheidend herausstellt: In Anhang E.2 wird gezeigt, dass die *Rückwärtsprädiktionsfehler* in den einzelnen Stufen bei Verwendung der exakten PARCOR-Koeffizienten zum Zeitpunkt i *orthogonal* zueinander sind.

Insgesamt weist das Prädiktionsfehlerfilter eine Reihe bemerkenswerter Eigenschaften auf, die im Folgenden stichwortartig zusammengestellt werden. Nachweise hierüber werden hier nicht geführt – mit Ausnahme der in Bezug auf die adaptive Entzerrung besonders interessierenden Orthogonalitätseigenschaft (12.5.15), die im Anhang E.2 bewiesen wird. Im Übrigen wird auf die Literatur verwiesen (z.B. [KK09], [Mar87], [Kay99] [PRLN92]).

- *Ordnungs-Rekursivität der Lattice-Struktur:* Die PARCOR-Koeffizienten $\gamma_1, \cdots, \gamma_m$ sind unabhängig von den darauffolgenden Lattice-Kaskadenblöcken $m+1, \cdots, n$. Die Prädiktor-Ordnung kann also erhöht werden, ohne dass die Dimensionierung des vorher verwendeten Lattice-Prädiktors verändert werden muss.

- *Minimalphasigkeit – Maximalphasigkeit:* Jeder Vorwärts-Prädiktorzweig ist minimalphasig, jeder zugehörige Rückwärts-Prädiktorzweig maximalphasig mit identischer Betrags-Übertragungsfunktion.

- *Vorwärts- und Rückwärts-Prädiktorleistung* sind in jeder Stufe gleich.

$$\mathrm{E}\{|U_m(i)|^2\} = \mathrm{E}\{|V_m(i)|^2\} \stackrel{\Delta}{=} \sigma_m^2 \tag{12.5.11}$$

- *Rekursive Berechnung der Prädiktionsfehlerleistung:* Es gilt

$$\sigma_{m+1}^2 = \sigma_m^2 \cdot [1 - |\gamma_{m+1}|^2]. \tag{12.5.12}$$

- *Betrag der PARCOR-Koeffizienten:* Aus (12.5.12) folgt

$$|\gamma_{m+1}| \leq 1, \tag{12.5.13a}$$

$$\lim_{m\to\infty} \frac{\sigma_{m+1}^2}{\sigma_m^2} = 1 \quad \Rightarrow \quad \lim_{m\to\infty} \gamma_m = 0. \tag{12.5.13b}$$

- *Orthogonalität von Vorwärts-Prädiktionsfehler und Eingangsprozess:* (Beweis siehe Abschnitt 7.3.2, Gleichung (7.3.12) auf Seite 212):

$$\mathrm{E}\{U_m(i) \cdot X^*(i-m)\} = 0 \quad \text{für} \quad 1 \leq m \leq n. \tag{12.5.14}$$

- *Orthogonalität der Rückwärts-Prädiktionsfehler* (siehe Anhang E.2):

$$\mathrm{E}\{V_m^*(i) \cdot V_{m+\lambda}(i)\} = 0 \quad \text{für} \quad \lambda \neq 0. \tag{12.5.15}$$

12.5.2 Struktur des Lattice-Entzerrers

Wie schon mehrfach erwähnt geht es um die Dekorrelation des Empfangssignals, um mit dem LMS-Algorithmus optimales Konvergenzverhalten zu erreichen. Im Prinzip könnte hierzu ein Transversal-Prädiktor benutzt werden: Für hinreichend hohe Ordnung ist dessen Ausgangssignal näherungsweise weiß (exakt weiß ist es nur für einen so genannten autoregressiven Eingangsprozess, der dann vorliegt, wenn der Kanal rein rekursiv ist [KK09]; das eigentliche Problem stellen jedoch wie schon früher dargestellt die Kanal*nullstellen* dar).

Der entscheidende Vorteil der Lattice-Struktur besteht darin, dass nach vollzogener Einstellung der PARCOR-Koeffizienten die Rückwärts-Prädiktionsfehler in verschiedenen Stufen *exakt orthogonal* sind, *unabhängig von der Ordnung des Prädiktors.* Aufgrund dieser Eigenschaft kommt man zu der Entzerrerstruktur gemäß **Bild 12.5.3**.

Zur Festlegung der Koeffizienten dient wieder das MMSE-Kriterium, in dem nun aber die dekorrelierten Variablen $V_m(i)$ auftreten. Voraussetzung hierzu ist die ideale Einstellung des Lattice-Prädiktors, d.h. der PARCOR-Koeffizienten.

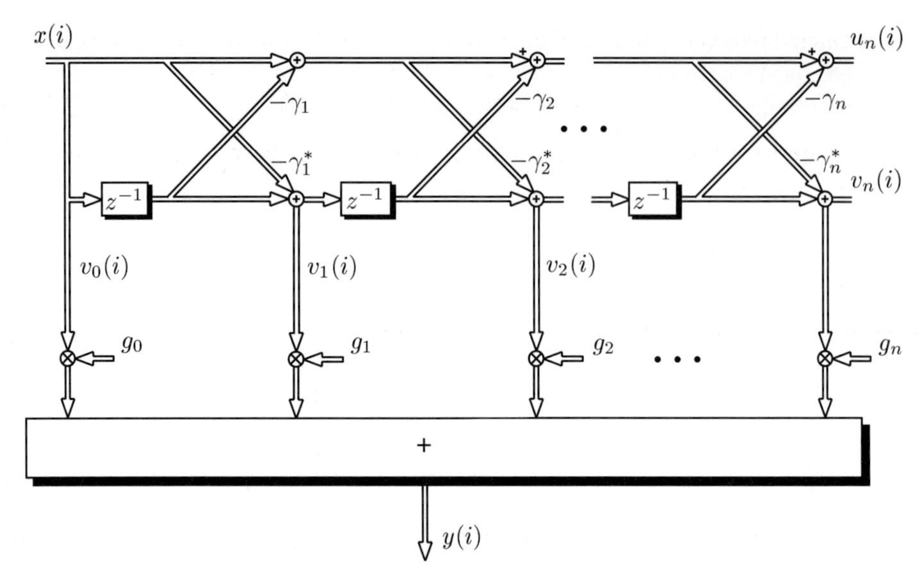

Bild 12.5.3: Entzerrer in Lattice-Struktur

Wir definieren den Koeffizientenvektor $\mathbf{g}$ und einen Zustandsvektor $\mathbf{V}$ sowie seine konjugiert komplexe Form:

$$\mathbf{g} = \begin{bmatrix} g_0 \\ g_1 \\ \vdots \\ g_n \end{bmatrix}, \quad \mathbf{V} = \begin{bmatrix} V_0(i) \\ V_1(i) \\ \vdots \\ V_n(i) \end{bmatrix}, \quad \mathbf{V}^* = \begin{bmatrix} V_0^*(i) \\ V_1^*(i) \\ \vdots \\ V_n^*(i) \end{bmatrix}. \tag{12.5.16}$$

Damit lässt sich der Entzerrer-Ausgangsprozess $Y(i)$ und dessen konjugiert komplexer Wert als

$$Y(i) = \mathbf{g}^T\,\mathbf{V} = \mathbf{V}^T\,\mathbf{g}; \quad Y^*(i) = \mathbf{g}^H\,\mathbf{V}^* \tag{12.5.17}$$

schreiben. Die MSE-Zielfunktion

$$\begin{aligned} F_{\text{MSE}} &= \mathrm{E}\{|Y(i) - D(i-i_0)|^2\} \qquad (12.5.18)\\ &= \mathbf{g}^H\,\mathrm{E}\{\mathbf{V}^*\mathbf{V}^T\}\,\mathbf{g} - \mathbf{g}^H\,\mathrm{E}\{\mathbf{V}^*\,D(i-i_0)\} - \mathrm{E}\{D^*(i-i_0)\,\mathbf{V}^T\}\,\mathbf{g} + \sigma_D^2 \end{aligned}$$

ist zu minimieren. Hierzu definiert man den Kreuzkorrelationsvektor

$$\mathbf{r}_{VD} = \left[\mathrm{E}\{D(i-i_0)\,V_0^*(i)\}, \mathrm{E}\{D(i-i_0)\,V_1^*(i)\}, \cdots, \mathrm{E}\{D(i-i_0)\,V_n^*(i)\}\right]^T. \tag{12.5.19a}$$

Die Matrix $\mathrm{E}\{\mathbf{V}^*\mathbf{V}^T\}$ beschreibt keine übliche Autokorrelationsmatrix, da der Vektor $\mathbf{V}$ nicht sequentielle Abtastwerte eines Prozesses enthält, sondern die Abtastwerte zum Zeitpunkt i in den verschiedenen Stufen der Lattice-Struktur. Folglich enthält die Matrix auf ihren Diagonalen verschiedene Werte. Wegen der Orthogonalitätsbeziehung (12.5.15) gilt

$$\mathrm{E}\{\mathbf{V}^*\mathbf{V}^T\} = \mathrm{diag}(\sigma_0^2, \sigma_1^2, \cdots, \sigma_n^2). \tag{12.5.19b}$$

Aus der Minimierung der MSE-Zielfunktion (12.5.18) erhält man äquivalent zu dem Vorgehen in Abschnitt 12.2.5

$$\mathbf{g} = \mathrm{diag}(\sigma_0^{-2}, \sigma_1^{-2}, \cdots \sigma_n^{-2}) \cdot \mathbf{r}_{VD}. \tag{12.5.20}$$

- **Beispiel 1: Minimalphasiger Kanal 1. Ordnung**

  Es sei

$$h(i) = \delta(i) + a \cdot \delta(i-1), \quad |a| < 1 \tag{12.5.21}$$

die zeitdiskrete Kanalimpulsantwort im Symboltakt. Die zugehörige Autokorrelationsfolge des Empfangssignals lautet für ein weißes Sendesignal der Leistung eins

$$r_{XX}(0) = 1 + |a|^2; \quad r_{XX}(1) = r_{XX}^*(-1) = a. \tag{12.5.22}$$

Für die PARCOR-Koeffizienten des Lattice-Prädiktors ergibt sich die Beziehung

$$\gamma_m = -(-a)^m \frac{1 - |a|^2}{1 - |a|^{2(m+1)}} \tag{12.5.23a}$$

und für die Prädiktionsfehlerleistung

$$\sigma_m^2 = \frac{1 - |a|^{2(m+2)}}{1 - |a|^{2(m+1)}}. \tag{12.5.23b}$$

Nach (12.5.20) berechnet sich der m-te Entzerrerkoeffizient aus

$$g_m = \mathrm{E}\{D(i - i_0) \cdot V_m^*(i)\}/\sigma_m^2. \tag{12.5.24}$$

Da ein minimalphasiges Übertragungssystem vorliegt, ist es zweckmäßig, eine verzögerungsfreie Referenzfolge, also $i_0 = 0$ festzulegen. Zur Berechnung des Korrelationsausdrucks in (12.5.24) wird das Gesamtsystem nach **Bild 12.5.4** betrachtet.

Das Signal $V_m(i)$ wird also mit $D(i)$ korreliert. Dabei interessieren nur diejenigen Anteile in $V_m(i)$, die unmittelbar $D(i)$ enthalten[11]. Dieser verzögerungsfreie Signalanteil gelangt ausschließlich auf dem in Bild 12.5.4 stark hervorgehobenen Pfad in die m-te Lattice-Stufe. Es gilt damit

$$\mathrm{E}\{D(i) \cdot V_m^*(i)\} = \mathrm{E}\{D(i)[-\gamma_m\, D^*(i)]\} = -\sigma_D^2 \cdot \gamma_m \tag{12.5.25a}$$

und unter der Bedingung $\sigma_D^2 = 1$ für den m-ten Koeffizienten

$$g_m = -\gamma_m/\sigma_m^2. \tag{12.5.25b}$$

[11] $\mathrm{E}\{D^*(i)D(i+\nu)\} = 0$ für $\nu \neq 0$

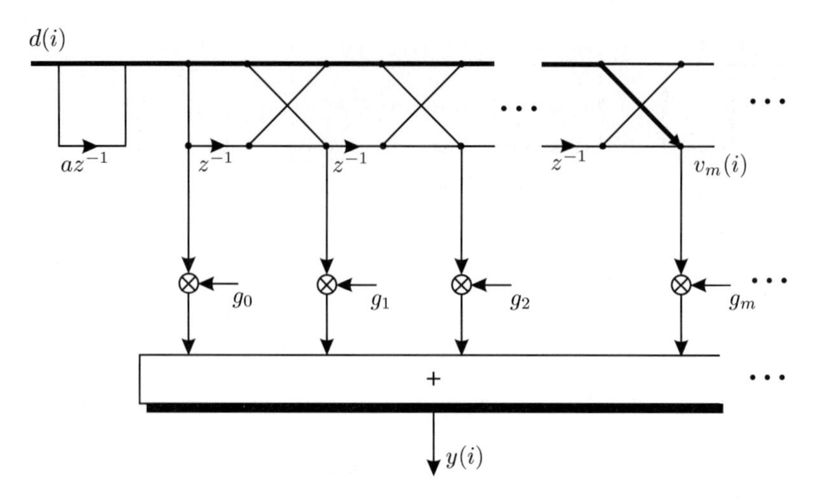

Bild 12.5.4: Lattice-Entzerrer mit minimalphasigem Kanal 1. Ordnung

Für den PARCOR-Koeffizienten und die Prädiktionsfehlerleistung können noch die Beziehungen (12.5.23a,b) eingesetzt werden, so dass man schließlich

$$g_m = (-a)^m \frac{1 - |a|^2}{1 - |a|^{2(m+2)}} \tag{12.5.26}$$

erhält. Ein Beispiel für eine derartige Koeffizientenfolge ist in **Bild 12.5.6a** für den Fall $a = 0,8$ wiedergegeben.

Die in dem vorangegangenen Beispiel anhand eines Kanals 1. Ordnung durchgeführten Betrachtungen gelten allgemein für minimalphasige Kanäle beliebiger Ordnung. Unter dieser Bedingung wird zweckmäßigerweise eine verzögerungsfreie Referenzfolge verwendet. Für den m-ten Koeffizienten erhält man dann (bei Normierung des ersten Kanalkoeffizienten auf eins) generell

$$g_m = -\gamma_m \sigma_D^2 / \sigma_m^2,$$

wobei sich allerdings die Ausdrücke für γ_m und σ_m^2 bei Kanälen höherer Ordnung gegenüber (12.5.23a,b) verändern.

- **Beispiel 2: Maximalphasiger Kanal 1. Ordnung**

  Die Kanalimpulsantwort wird nun durch

$$h(i) = a \cdot \delta(i) + \delta(i-1) \quad , \quad |a| < 1$$

beschrieben. Für die PARCOR-Koeffizienten und die Prädiktionsfehlerleistung ergeben sich die gleichen Ausdrücke wie für den minimalphasigen Fall im vorangegangenen Beispiel. Im Falle des maximalphasigen Kanals wird für die Referenzfolge die maximal mögliche Verzögerung, also $i_0 = n + 1$, gewählt.

Die Berechnung des Korrelationsausdrucks (12.5.24) macht man sich anschaulich anhand des Bildes 12.5.5 klar. Dabei führen nur Signalanteile in $V_m(i)$ zu nicht-

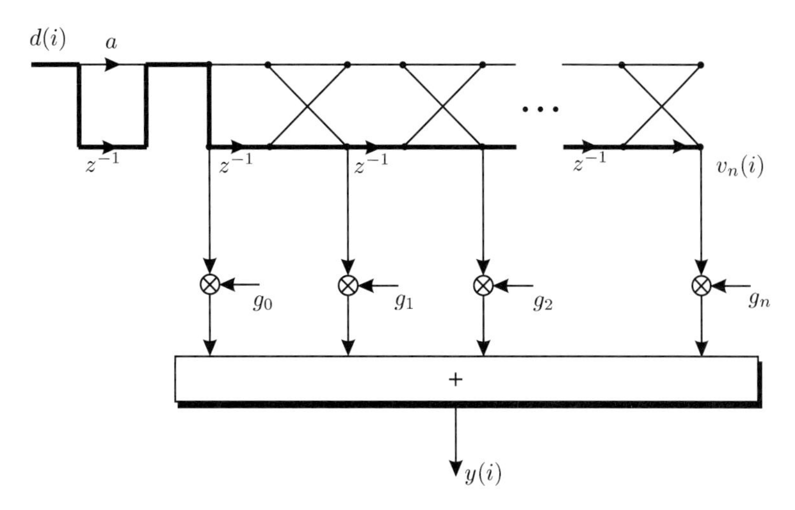

Bild 12.5.5: Lattice-Entzerrer mit maximalphasigem Kanal 1. Ordnung

verschwindenden Beiträgen, die das maximal verzögerte Datensignal $D(i-n-1)$ enthalten. Dies ist ausschließlich auf dem fett hervorgehobenen Pfad in **Bild 12.5.5** möglich; alle anderen Signalwege führen zu geringeren Verzögerungen des Datensignals. Damit gilt

$$\mathrm{E}\{D(i-n-1)\cdot V_m^*(i)\} = \begin{cases} \sigma_D^2 & \text{für} \quad m=n \\ 0 & \text{sonst} \end{cases} \tag{12.5.27a}$$

und entsprechend für die Entzerrerkoeffizienten (mit $\sigma_D^2 = 1$)

$$g_m = \begin{cases} \sigma_n^{-2} & \text{für} \quad m=n \\ 0 & \text{sonst,} \end{cases} \tag{12.5.27b}$$

wobei noch die Beziehung (12.5.23b) einzusetzen ist:

$$g_m = \begin{cases} \frac{1-|a|^{2(n+1)}}{1-|a|^{2(n+2)}} & \text{für} \quad m=n \\ 0 & \text{sonst.} \end{cases} \tag{12.5.28}$$

Das zweite der beiden behandelten Beispiele bringt das wichtige Ergebnis, dass im Falle eines maximalphasigen Kanals nur der Entzerrerkoeffizient g_m verschieden von Null ist. Gezeigt wurde das hier anhand eines Kanals 1. Ordnung, es gilt jedoch ganz allgemein für maximalphasige Kanäle der Ordnung $\ell - 1$, wenn für das Referenzsignal eine Verzögerung von $i_0 = n + \ell - 1$ vorgesehen wird. Das Rückwärts-Prädiktionssignal $V_n(i)$ kann also bereits als entzerrtes Signal betrachtet werden. Dies steht im Einklang mit der Maximalphasigkeits-Eigenschaft des Rückwärts-Prädiktionszweiges des Lattice-Prädiktors: Für hinreichend hohe Entzerrer-Ordnung ist das Ausgangssignal

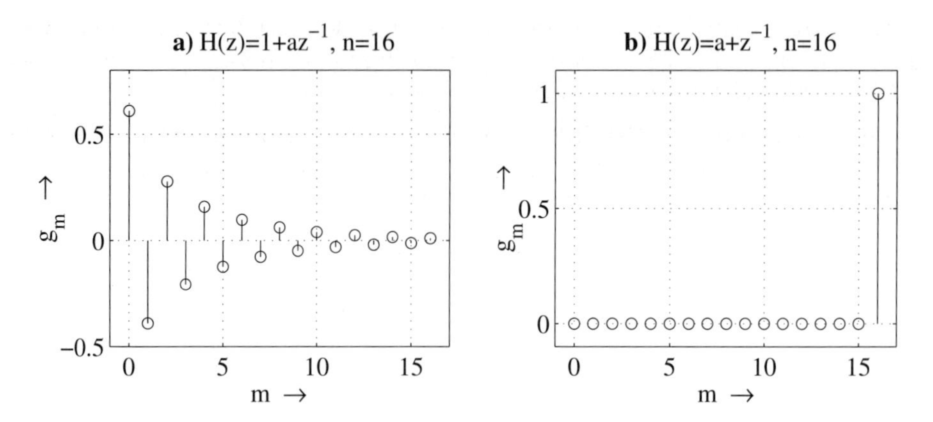

Bild 12.5.6: Entzerrerkoeffizienten für einen Kanal 1. Ordnung ($a = 0,8$)
a) minimalphasig, b) maximalphasig

näherungsweise weiß; der Prädiktor stellt also ein inverses Kanalmodell dar – im Vorwärtsprädiktionszweig als minimalphasige, im Rückwärtsprädiktionszweig als maximalphasige Version.

Entsprechend diesen Überlegungen muss im Falle eines minimalphasigen Kanals der minimalphasige Ausgang des Lattice-Prädiktors das entzerrte Signal liefern. Da jedoch in der Struktur nach Bild 12.5.4 die Rückwärts-Prädiktionsfehler im Entzerrernetzwerk verarbeitet werden, muss offensichtlich die Linearkombination über die Entzerrerkoeffizienten g_m eine Umformung des maximalphasigen Signals in die äquivalente minimalphasige Version bewirken. Es lässt sich geschlossen zeigen, dass bei minimalphasigem Kanal das gemäß den Entzerrerkoeffizienten (12.5.20) gebildete Ausgangssignal $y(i)$ bis auf einen konstanten Faktor identisch mit dem minimalphasigen Lattice-Ausgang $u(i)$ ist. Der Beweis wird hier übergangen.

Die vorangegangenen Betrachtungen hatten zum Ziel, die theoretischen Hintergründe des Lattice-Entzerrers bezüglich Minimalphasigkeit und Maximalphasigkeit zu beleuchten. Unter praktischen Übertragungsbedingungen ist im Allgemeinen über die Phaseneigenschaften des Übertragungskanals vorab nichts bekannt. Üblicherweise wird daher die Verzögerung der Referenzfolge auf die halbe Entzerrerlänge $(n+1)/2$ bzw. $n/2$ festgelegt. In der Regel sind dann sämtliche $n + 1$ Entzerrerkoeffizienten wirksam.

12.5.3 Lattice-Gradientenverfahren

Die adaptive Einstellung des Lattice-Entzerrers erfordert die Lösung von zwei Teilproblemen: Zum einen muss das Lattice-Prädiktionsfehlerfilter eingestellt werden. Dies erfolgt „blind“, d.h. es wird hierzu keine Referenzfolge herangezogen, da es lediglich um die Minimierung der Prädiktionsfehlerleistung geht. Weiterhin müssen die Entzerrerkoeffizienten adaptiv berechnet werden, wobei die Abweichung des Entzerrer-Ausgangssignals von der Referenz-Datenfolge als Kriterium dient. Beide Einstellprozesse laufen parallel ab; trotz noch nicht vollzogener Dekorrelation zu Beginn der Iteration erfolgt also bereits die adaptive Einstellung der Entzerrerkoeffizienten.

Einstellung des Lattice-Prädiktors. Grundlage zur adaptiven Prädiktoreinstellung ist wieder das MMSE-Kriterium. Wegen der *Ordnungs-Rekursivität* der Lattice-Struktur sind die *Prädiktionsfehlerleistungen in jeder Stufe* zu minimieren. Da Vorwärts- und Rückwärts-Prädiktionsfehlerleistungen jeweils gleich sind, wird das Minimum der Summe aus beiden bestimmt. Die Zielfunktion für die $(m+1)$-te Lattice-Stufe lautet damit

$$F_{m+1} = \mathrm{E}\{|U_{m+1}(i)|^2 + |V_{m+1}(i)|^2\} \Rightarrow \min_{\gamma_{m+1}} . \qquad (12.5.29)$$

Setzt man hier die Rekursionsbeziehungen der Lattice-Struktur (12.5.10a,b) ein, so ergibt sich

$$\begin{aligned} F_{m+1} &= \mathrm{E}\{[U_m^*(i) - \gamma_{m+1}^* V_m^*(i-1)][U_m(i) - \gamma_{m+1} V_m(i-1)]\} \\ &+ \mathrm{E}\{[V_m^*(i-1) - \gamma_{m+1} U_m^*(i)][V_m(i-1) - \gamma_{m+1}^* U_m(i)]\}. \end{aligned} \qquad (12.5.30)$$

Im Sinne der Wirtinger-Ableitung gilt $\partial\gamma/\partial\gamma^* = 0$, so dass die Ableitung der Zielfunktion nach γ^* auf

$$\begin{aligned} \frac{\partial F_{m+1}}{\partial \gamma_{m+1}^*} &= -\mathrm{E}\left\{[U_m(i) - \gamma_{m+1} V_m(i-1)] V_m^*(i-1)\right\} \\ & \quad -\mathrm{E}\left\{[V_m^*(i-1) - \gamma_{m+1} U_m^*(i)] U_m(i)\right\} \end{aligned} \qquad (12.5.31)$$

führt. Durch Nullsetzen erhält man

$$\gamma_{m+1} = \frac{2 \cdot \mathrm{E}\{U_m(i) \cdot V_m^*(i-1)\}}{\mathrm{E}\{|U_m(i)|^2 + |V_m(i-1)|^2\}}. \qquad (12.5.32)$$

Diese Beziehung stellt die Grundlage zum bekannten *Burg-Algorithmus* dar, der eine schnelle Spektralschätzung auf der Basis von autoregressiven Modellen ermöglicht [KK09]. Der Burg-Algorithmus sieht eine blockweise Verarbeitung vor, so dass die Erwartungswerte in (12.5.32) durch Ensemble-Mittelung abgeschätzt werden. In Hinblick auf eine schrittweise adaptive Lattice-Einstellung wird hier eine rekursive zeitliche Mittelung vorgenommen – zur Berücksichtigung zeitvarianter Kanäle wird dabei wieder ein *Vergessensfaktor* w eingeführt, durch den zeitlich zurückliegende Mittelungsergebnisse schwächer gewichtet werden. Als Abschätzung für (12.5.32) schreiben wir also

$$\hat{\gamma}_{m+1}(i+1) = \frac{2 \sum\limits_{k=0}^{i} w^{i-k}\, u_m(k)\, v_m^*(k-1)}{\sum\limits_{k=0}^{i} w^{i-k} \big(|u_m(k)|^2 + |v_m(k-1)|^2\big)}. \qquad (12.5.33)$$

Wir wählen für Zähler und Nenner von (12.5.33) die Abkürzungen $a_m(i)$ und $b_m(i)$ und ermitteln diese Größen zeitlich rekursiv:

$$a_m(i) = w \cdot a_m(i-1) + 2 \cdot u_m(i) \cdot v_m^*(i-1) \qquad (12.5.34a)$$

$$b_m(i) = w \cdot b_m(i-1) + |u_m(i)|^2 + |v_m(i-1)|^2. \qquad (12.5.34b)$$

Als Schätzgröße für die PARCOR-Koeffizienten ist dann in jedem Iterationszyklus der Ausdruck

$$\hat{\gamma}_{m+1}(i+1) = \frac{a_m(i)}{b_m(i)} \tag{12.5.35}$$

zu berechnen. Die Beziehung (12.5.35) lässt sich nach einer formalen Umformung in die folgende Rekursionsbeziehung für die PARCOR-Koeffizienten überführen (vgl. Anhang E.3, Gl. (E.3.4)).

$$\hat{\gamma}_{m+1}(i+1) = \hat{\gamma}_{m+1}(i) + \frac{1}{b_m(i)}\left[u_m(i)v^*_{m+1}(i) + u_{m+1}(i)v^*_m(i-1)\right] \tag{12.5.36}$$

Der in eckigen Klammern stehende Ausdruck erweist sich als negativer *stochastischer Gradient* der Zielfunktion (12.5.29). Man weist dies leicht nach, indem in (12.5.31) der Erwartungswert fortgelassen und die Lattice-Gleichungen (12.5.10a,b) eingesetzt werden. Gleichung (12.5.36) ist also in der Form

$$\hat{\gamma}_{m+1}(i+1) = \hat{\gamma}_{m+1}(i) - \frac{1}{b_m(i)}\frac{\partial \hat{F}_{m+1}(i)}{\partial \gamma^*_{m+1}} \tag{12.5.37}$$

zu schreiben und somit als *stochastisches Gradientenverfahren mit der zeitvarianten Schrittweite* $1/b_m(i)$ zu interpretieren. Diese Schrittweite erhält man im laufenden Betrieb aus der Rekursion (12.5.34b).

Einstellung der Entzerrerkoeffizienten. Für die adaptive Einstellung der Entzerrerkoeffizienten g_m gehen wir von der MMSE-Lösung (12.5.20) aus.

$$g_m = \frac{\mathrm{E}\{D(i-i_0)\cdot V^*_m(i)\}}{\mathrm{E}\{|V_m(i)|^2\}} \tag{12.5.38}$$

Die theoretischen Erwartungswerte in Zähler und Nenner werden wieder durch rekursive zeitliche Mittelung abgeschätzt; mit den Abkürzungen

$$\hat{r}_m(i) \quad \text{und} \quad \hat{\sigma}^2_m(i)$$

ergeben sich die Rekursionsbeziehungen

$$\hat{r}_m(i) = w\cdot\hat{r}_m(i-1) + d(i-i_0)\cdot v^*_m(i) \tag{12.5.39a}$$

$$\hat{\sigma}^2_m(i) = w\cdot\hat{\sigma}^2_m(i-1) + |v_m(i)|^2. \tag{12.5.39b}$$

Die im i-ten Iterationsschritt aktualisierten Koeffizienten lauten damit

$$\hat{g}_m(i+1) = \frac{\hat{r}_m(i)}{\hat{\sigma}^2_m(i)}. \tag{12.5.40}$$

In Anhang E.3 wird hieraus wieder eine direkte Rekursionsgleichung für die Koeffizienten hergeleitet (Gl. E.3.7)

$$\hat{g}_m(i+1) = \hat{g}_m(i) - \frac{1}{\hat{\sigma}^2_m(i)}\cdot\Delta v_m(i)\cdot v^*_m(i), \tag{12.5.41}$$

wobei die Größe $\Delta v_m(i)$ als

$$\Delta v_m(i) = \hat{g}_m(i) \cdot v_m(i) - d(i - i_0) \tag{12.5.42}$$

definiert ist. Sie ergibt sich also in jeder Lattice-Stufe aus der Differenz des gewichteten momentanen Rückwärts-Prädiktionsfehlers und des Referenzdatums. Die Gleichung (12.5.41) weist formale Ähnlichkeit mit der LMS-Iterationsgleichung auf; sie ist somit ebenfalls als stochastisches Gradientenverfahren mit den variablen Schrittweiten $1/\hat{\sigma}_m^2(i)$ zu interpretieren. Bezüglich dieser Schrittweiten ist folgende Betrachtung aufschlussreich. Die Werte σ_m^2 stellen die Eigenwerte der Autokorrelationsmatrix der orthogonalisierten Zustandswerte $V_m(i)$ dar (12.5.19b). Gemäß den Betrachtungen in Abschnitt 12.4.2 wurde zur optimalen Konvergenz des LMS-Algorithmus der inverse maximale Eigenwert der Autokorrelationsmatrix des Empfangssignals eingesetzt – wegen der Verkopplung der Gleichungen war eine individuelle Anpassung der einzelnen Teilsysteme nicht möglich. Beim Lattice-Entzerrer wurde diese Entkopplung nun vollzogen; mit der Wahl $1/\sigma_m^2 = 1/\lambda_m$ arbeitet jedes Teilsystem mit der optimalen Schrittweite.

Diese Schrittweiten gewinnt man aus der Rekursion (12.5.39b). Wahlweise kann aber auch die zur adaptiven Einstellung des Lattice-Prädiktors in 12.5.34b ohnehin gebildete Größe $b_m(i)$ benutzt werden: Da Vorwärts- und Rückwärts-Prädiktionsfehlerleistungen gleich sind, gilt[12]

$$b_m(i) \approx 2 \cdot \hat{\sigma}_m^2(i).$$

Für die praktische Umsetzung des Lattice-Entzerrers wird vielfach noch eine Modifikation angewendet. In der vorangegangenen Herleitung basiert die Adaption der Entzerrerkoeffizienten g_m auf der Auswertung der MMSE-Gleichung (12.5.38) durch rekursive zeitliche Mittelung. Diese Gleichung setzt aber bereits die perfekte Orthogonalisierung der Rückwärts-Prädiktionskoeffizienten zu Beginn der Einstellphase voraus; dies ist jedoch wegen der parallel ablaufenden Einstellung des Lattice-Zweiges nicht der Fall. An Stelle der Differenzgröße $\Delta v_m(i)$ in (12.5.42) wird daher die aktuelle Abweichung zwischen Entzerrer-Ausgangssignal und Referenzdaten eingesetzt [PRLN92, Gri77, Gri78, SA79]. Der Fehler in der m-ten Stufe beträgt

$$\begin{aligned} \varepsilon_m(i) &= \left(\sum_{\nu=0}^{m} \hat{g}_\nu(i) \cdot v_\nu(i) \right) - d(i - i_0) \\ &= \varepsilon_{m-1}(i) + \hat{g}_m(i) \cdot v_m(i). \end{aligned} \tag{12.5.43}$$

Die Iterationsgleichung für die Entzerrerkoeffizienten lautet damit

$$\hat{g}_m(i+1) = \hat{g}_m(i) - \frac{2}{b_m(i)} \cdot \varepsilon_m(i) \cdot v_m^*(i). \tag{12.5.44}$$

In dieser Form ist der gesamte Lattice-Entzerrer in **Bild 12.5.7** dargestellt.

[12] Die Näherung bezieht sich auf den Zeitversatz zwischen $u_m(i)$ und $v_m(i-1)$.

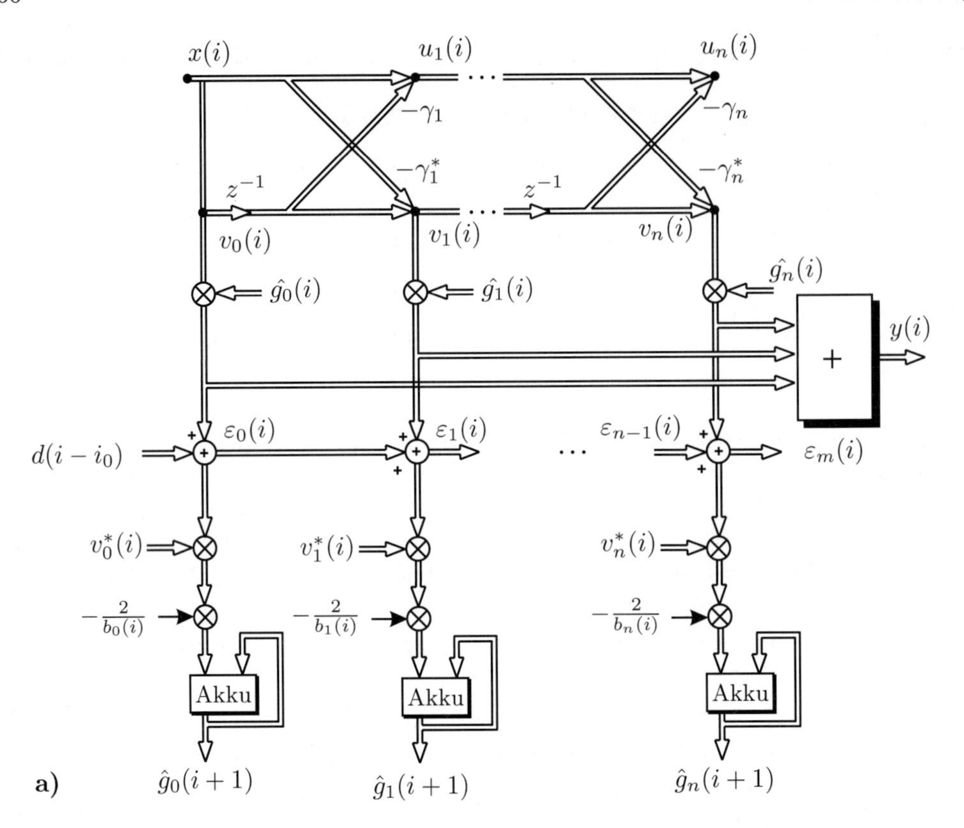

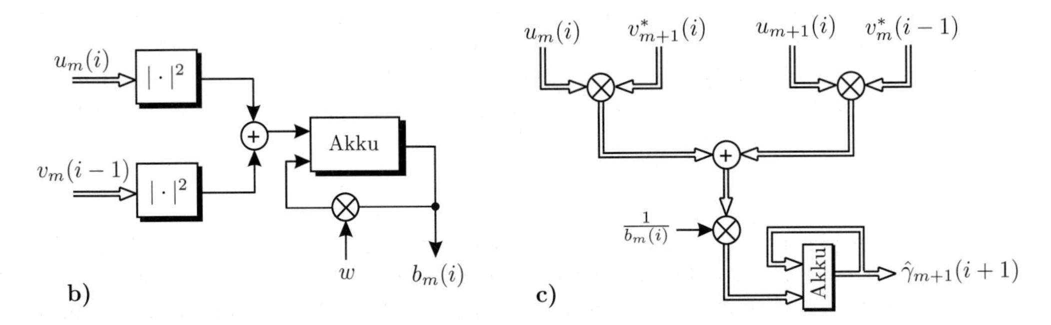

Bild 12.5.7: Adaptiver Lattice-Entzerrer
a) Gleichung (12.5.44), b) Gleichung (12.5.34b),
c) Gleichung (12.5.36)

12.5.4 Konvergenzvergleich der Adaptionsalgorithmen

Die Einlaufeigenschaften der drei Adaptionsalgorithmen LMS, RLS und Lattice-Gradientenverfahren (LG) werden anhand verschiedener Beispiele einander gegenübergestellt. Die zugrunde gelegten Kanäle sind in Tabelle 12.5.1 zusammengestellt.

Tabelle 12.5.1: Kanalbeispiele

Bild	z_{01}	z_{02}	$\lambda_{max}/\lambda_{min}$	
12.5.8a	$0,8 \cdot \exp(j0,2\pi)$	—	$48, n = 15$	min.-phas
12.5.8b	$1,25 \cdot \exp(j0,2\pi)$	—	$48, n = 15$	max.-phas
12.5.8c	$\exp(j0,2\pi)$	0,85	$4276, n = 30$	$\lvert z_{01}\rvert = 1$

Die zugehörigen Einlaufkurven sind in den Bildern **12.5.8a-c** dargestellt, wobei der mittlere quadratische Fehler F_{MSE} aufgetragen ist, der nach jedem Iterationsschritt gemäß (12.2.31) abgeschätzt wurde. In Bild 12.5.8a werden die drei Algorithmen anhand eines minimalphasigen Kanals erster Ordnung verglichen. RLS- und LG-Algorithmus zeigen etwa gleiche Einlaufeigenschaften, während der LMS-Algorithmus mit einer Schrittweite von $\mu = 0,02$ deutlich langsamer ist.

Alle drei Verfahren laufen auf den optimal erreichbaren MSE-Wert ein, der gemäß (12.2.44), Seite 423,

$$\min\{F_{\text{MSE}}\} = \sigma_D^2 - \mathbf{r}_{XD}^H \mathbf{R}_{XX}^{-1} \mathbf{r}_{XD} \tag{12.5.45}$$

beträgt; für das vorliegende Beispiel ergibt sich $\min\{F_{\text{MSE}}\} = 2,9 \cdot 10^{-4}$.

Das Beispiel b beinhaltet einen maximalphasigen Kanal mit gleichem Eigenwert-Verhältnis. LMS- und RLS-Algorithmus verhalten sich in etwa so wie im letzten Beispiel, während der LG-Algorithmus deutlich verlangsamt wird. Die Erklärung findet man darin, dass die Verzögerung der Referenzfolge in Hinblick auf den maximalphasigen Kanal auf den Maximalwert $i_0 = n + 1$ festgelegt wurde. In diesem Falle stellt sich nur der n-te Entzerrerkoeffizient auf einen von null verschiedenen Wert ein – die Zusammenhänge wurden anhand des Beispiels 2 auf Seite 460 erläutert. Demgemäß ist die Dekorrelation des Rückwärts-Prädiktionsfehlers in der letzten Lattice-Stufe maßgebend, die sich gegenüber den vorangehenden Stufen verzögert einstellt. *Die Konvergenzgeschwindigkeit des Lattice-Entzerrers ist also bei maximalphasigen Kanälen geringer als bei minimalphasigen.*

Als letztes Beispiel c wird ein Kanal 2. Ordnung betrachtet, bei dem eine Nullstelle auf dem Einheitskreis liegt. Die Entzerrer-Ordnung wurde auf $n = 30$ erhöht; das zugehörige Eigenwert-Verhältnis beträgt $\lambda_{max}/\lambda_{min} = 4276$. Die Einlaufgeschwindigkeit des LMS-Algorithmus wird dementsprechend gegenüber dem LG- und RLS-Algorithmus stark reduziert.

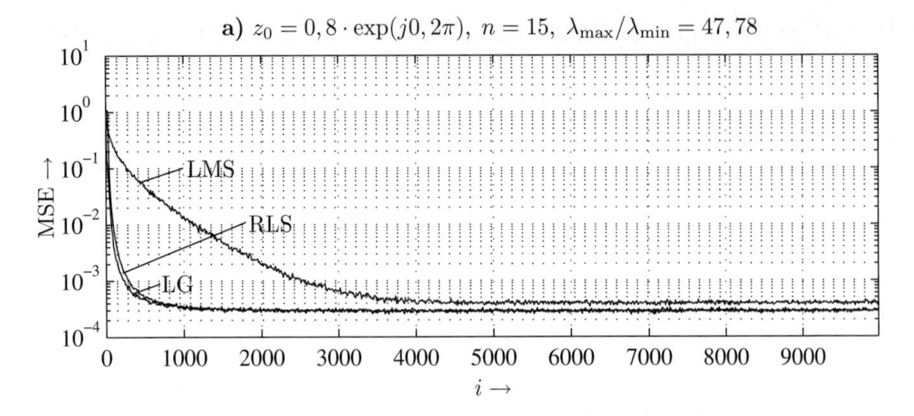

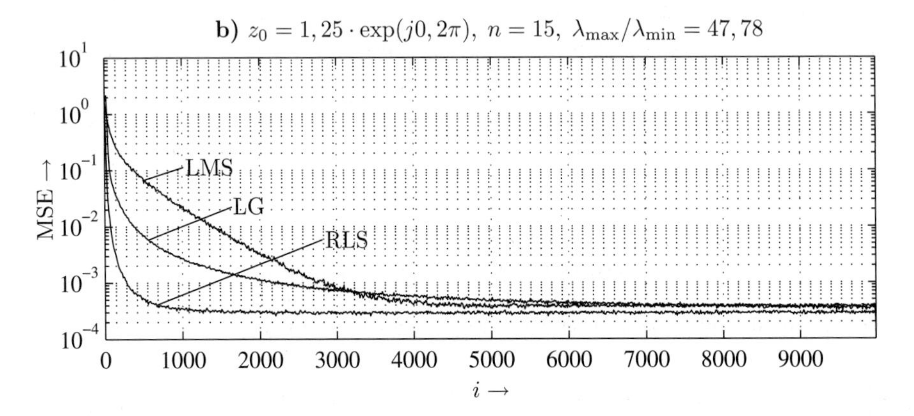

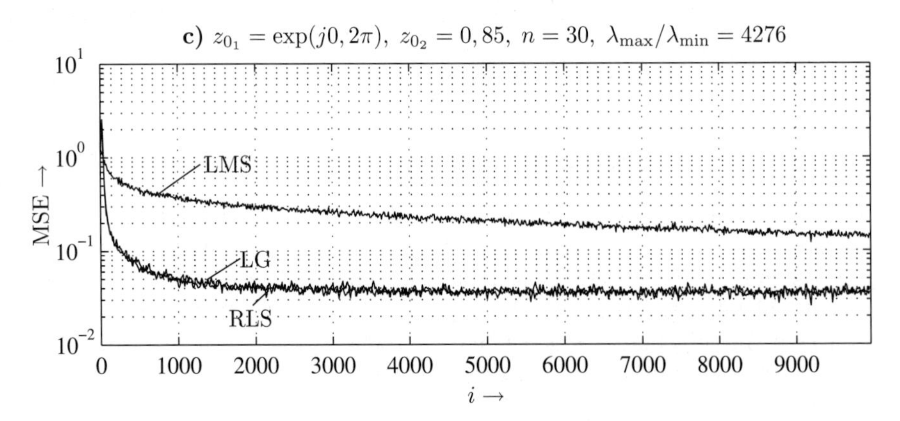

Bild 12.5.8: Konvergenzverhalten der verschiedenen Adaptionsalgorithmen

12.6 Entzerrung unter additivem Kanalrauschen

12.6.1 Einfluss von Rauschen auf die MMSE-Lösung

Die folgenden Betrachtungen bleiben auf Entzerrer beschränkt, die im Symboltakt arbeiten. Demgemäß lässt sich für das gesamte Übertragungssystem das unter **Bild 12.6.1** gezeigte Symboltaktmodell angeben. Die Impulsantwort $h(i)$ fasst dabei das Sendefilter, den Kanal und das Empfangsfilter nach ausgangsseitiger Abtastratenreduktion auf die Symbolrate zusammen. Wird das Empfangsfilter als Matched-Filter bezüglich des Sendefilters allein ausgelegt (Wurzel-Nyquist-Charakteristik), so ist für ursprünglich weißes Kanalrauschen das Rauschsignal nach der Abtastratenreduktion wieder weiß; wird hingegen beim Matched-Filter-Entwurf der Kanal mit einbezogen, was unter dem Aspekt eines optimalen Empfängers erforderlich wäre (siehe Abschnitt 13.1.1), dann kann das Rauschen am Matched-Filter-Ausgang spektral gefärbt sein.

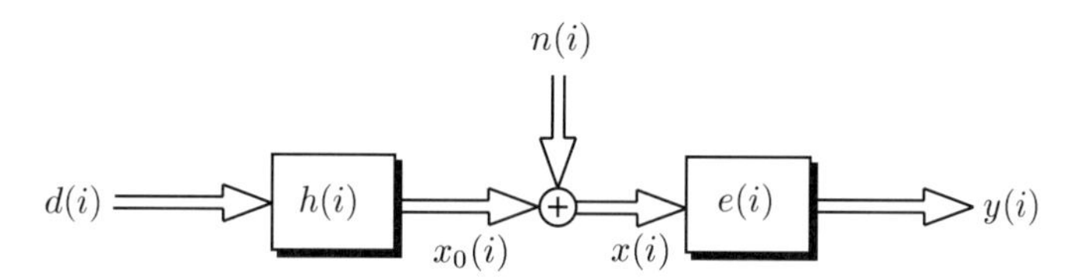

Bild 12.6.1: Symboltaktmodell eines Übertragungssystems mit empfangsseitiger Entzerrung

Lineare Entzerrer. Wir gehen von der MMSE-Lösung (12.2.43) auf Seite 423 aus und berücksichtigen dabei, dass das Empfangssignal sich nun aus dem ungestörten Signal $x_0(i)$ und dem Rauschsignal $n(i)$ zusammensetzt. Wir betrachten im Weiteren alle Signale als Musterfunktionen von Prozessen und kennzeichnen diese durch Großbuchstaben. Da $X_0(i)$ und $N(i)$ unkorreliert sind, gilt

$$[\mathbf{R}_{X_0X_0} + \mathbf{R}_{NN}] \cdot \mathbf{e}_{\text{MMSE}} = \mathbf{r}_{XD}. \tag{12.6.1}$$

Zur exakten Lösung der Entzerrungsaufgabe benötigt man einen Entzerrer mit unendlich langer Impulsantwort, falls der Kanal Nullstellen enthält. Enthält der Kanal maximalphasige Nullstellen, so ist zusätzlich eine unendliche Verzögerung der Referenzfolge zu fordern (siehe hierzu z.B. Abschnitt 12.1.3). Um diesen Problemen aus dem Wege zu gehen, wird für die folgenden theoretischen Betrachtungen ein *nichtkausaler Entzerrer mit unendlich langer Impulsantwort* angesetzt. Es sei also

$$Y(i) = \sum_{\nu=-\infty}^{\infty} e(\nu) \cdot X(i-\nu). \tag{12.6.2}$$

Unter dieser Voraussetzung können die Terme $\mathbf{R}_{X_0X_0}\,\mathbf{e}$ und $\mathbf{R}_{NN}\,\mathbf{e}$ in (12.6.1) als nichtkausale Faltungen interpretiert werden(vgl. Anhang B):

$$r_{X_0X_0}(i) * e(i) + r_{NN}(i) * e(i) = r_{XD}(i); \quad -\infty < i < \infty. \tag{12.6.3}$$

Der Prozess des Empfangssignals lautet für einen Kanal der Ordnung $\ell - 1$

$$X(i) = h(i) * D(i) + N(i) = \sum_{\mu=0}^{\ell-1} h(\mu) D(i-\mu) + N(i). \tag{12.6.4a}$$

Für unkorrelierte Daten $D(i)$ und bei Unabhängigkeit des Rauschens $N(i)$ vom Nutzsignal gilt der Zusammenhang

$$\begin{aligned} r_{XD}(\nu) &= \mathrm{E}\{X^*(i) \cdot D(i+\nu)\} = \mathrm{E}\{X_0^*(i) \cdot D(i+\nu)\} + \underbrace{\mathrm{E}\{N^*(i) \cdot D(i+\nu)\}}_{=0} \\ &= \sum_{\mu=0}^{\ell-1} h^*(\mu) \cdot \mathrm{E}\{D^*(i-\mu) \cdot D(i+\nu)\} = \sigma_D^2 \, h^*(-\nu). \end{aligned} \tag{12.6.4b}$$

Damit erhält man aus (12.6.3)

$$r_{X_0X_0}(i) * e(i) + r_{NN}(i) * e(i) = \sigma_D^2 \, h^*(-i), \tag{12.6.5a}$$

woraus sich nach zeitdiskreter Fourier-Transformation

$$\sigma_D^2 |H(e^{j\Omega})|^2 \cdot E(e^{j\Omega}) + S_{NN}(e^{j\Omega}) \cdot E(e^{j\Omega}) = \sigma_D^2 H^*(e^{j\Omega}) \tag{12.6.5b}$$

ergibt. Die Auflösung nach $E(e^{j\Omega})$ liefert die Übertragungsfunktion des Entzerrers.

$$E(e^{j\Omega}) = \frac{H^*(e^{j\Omega})}{H(e^{j\Omega})H^*(e^{j\Omega}) + \frac{1}{\sigma_D^2} S_{NN}(e^{j\Omega})} \tag{12.6.6}$$

Für $S_{NN}(e^{j\Omega}) = 0$, d.h. für verschwindendes Rauschen bildet der idealisierte Entzerrer die inverse Kanal-Übertragungsfunktion nach; im Falle von Rauschen kommt im Nenner ein additiver Term hinzu. Der Nenner wird an Frequenzstellen, an denen die spektrale Leistungsdichte des Rauschens Spitzenwerte annimmt, besonders groß – der Entzerrer bewirkt in solchen Frequenzbereichen eine Abschwächung, also eine Minderung des Rauscheinflusses. Dies geschieht auf Kosten von Intersymbol-Interferenz: Das *MMSE*-Kriterium beinhaltet die *Minimierung des Gesamtfehlers*, bestehend aus Intersymbol-Interferenz und Rauscheinfluss. Würde auch unter Rauscheinfluss stets die inverse Kanalübertragungsfunktion eingestellt, wie das beim *Zero-Forcing-Verfahren* geschieht, so würde es bei kritischen Kanalkonstellationen (etwa bei Nullstellen in der Nähe des Einheitskreises) zu einer hohen Verstärkung des Rauschens durch den Entzerrer kommen.

Für den Spezialfall von weißem Rauschen erhält (12.6.6) die Form

$$E(e^{j\Omega}) = \frac{H^*(e^{j\Omega})}{H(e^{j\Omega})H^*(e^{j\Omega}) + \sigma_N^2/\sigma_D^2}. \tag{12.6.7}$$

FIR-DFE-Struktur. Wir betrachten den Einfluss des Kanalrauschens auf die MMSE-Lösung der Decision-Feedback-Struktur mit FIR-Vorentzerrer (FIR-DF). Das Symboltaktmodell für das gesamte Übertragungssystem ist in **Bild 12.6.2** dargestellt. Nimmt

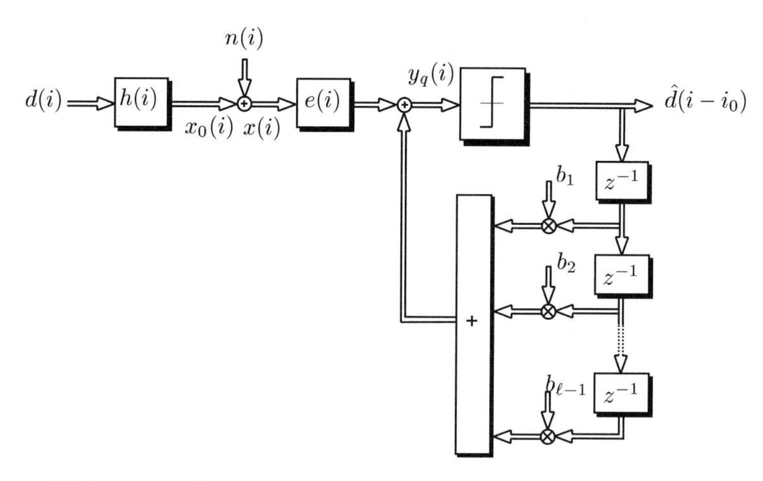

Bild 12.6.2: Symboltakt-Modell mit quantisierter Rückführung

man an, dass der Rauschprozess $N(i)$ nicht mit den Sendedaten korreliert ist, so gilt (12.6.4b). Damit ist die in Abschnitt 12.3.2, Seite 434, eingeführte Kreuzkorrelationsmatrix $\mathbf{R}_{XD}$ auch unter Rauscheinfluss durch die Faltungsmatrix der um $i_0 + 1$ verzögerten Kanalimpulsantwort zu beschreiben (Gleichung (12.3.17b)). Die MMSE-Lösung (12.3.16b) für die Rückführkoeffizienten beschreibt also nach wie vor die Faltung der Impulsantwort des MMSE-Vorentzerrers mit der Kanalimpulsantwort – Gleichung (12.3.17c) behält also unter dem Einfluss von mit den Daten nicht korreliertem Rauschen ihre Gültigkeit. Das Kanalrauschen äußert sich in der Autokorrelationsmatrix des Empfangssignals und geht somit ausschließlich in den Entwurf des Vorentzerrers ein.

12.6.2 S/N-Verlust infolge der Entzerrung

Lineare Entzerrung. Im letzten Abschnitt wurde hergeleitet, dass die MMSE-Lösung für einen linearen Entzerrer unter additivem Rauscheinfluss nicht zum inversen System führt, sondern es wird die Rauschübertragungsfunktion des Entzerrers im Sinne eines optimalen Kompromisses in Hinblick auf eine minimale Gesamtfehlerleistung am Entscheidereingang mit berücksichtigt. Unter kritischen Kanalbedingungen – d.h. im Falle von Nullstellen nahe des Einheitskreises – kommt es dennoch zu einer mehr oder minder starken Anhebung der Rauschleistung am Ausgang des Entzerrers, also zu einem *S/N-Verlust.* Wir wollen diesen Sachverhalt anhand eines Beispiels veranschaulichen. Betrachtet wird ein Kanal 1. Ordnung (Symboltaktmodell) mit einer Nullstelle bei $z_0 = 0,9\,\exp(j0,4\pi)$. Für den Entzerrer wird ein nichtrekursives System der Ordnung $n = 31$ eingesetzt; als Datenverzögerung wird $i_0 = 16$ festgelegt. **Bild 12.6.3** zeigt Entzerrer-Frequenzgänge nach MMSE-Entwürfen unter verschiedenen Signal-Rauschabständen E_S/N_0. Für verschwindendes Rauschen ($E_S/N_0 \to \infty$) ergibt sich die unter einer Entzerrerordnung $n = 31$ optimale Approximation eines Poles an der Stelle $z_0 = 0,9\,\exp(j0,4\pi)$. Mit wachsender Rauschleistung flacht die Frequenzgangkurve des Entzerrers ab, wobei sich im Bereich der

Kanalnullstelle Einbruch ausbildet. Dies ist ein Hinweis darauf, dass im Interesse einer nicht zu hohen Rauschverstärkung zunehmend Intersymbol-Interferenz toleriert wird.

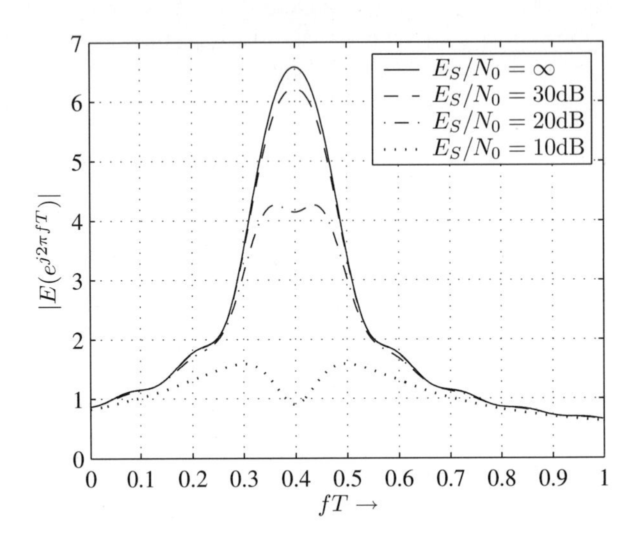

Bild 12.6.3: Entzerrer-Frequenzgänge bei verschiedenen Rauschabständen E_S/N_0 am Kanalausgang; $z_0 = 0,9\,\exp(j0,4\pi); n = 31; i_0 = 16$)

Dieses prinzipielle Verhalten wird anhand der Tabelle 12.6.1 quantitativ belegt – nun jedoch anhand einer Kanalnullstelle *auf* dem Einheitskreis ($z_0 = 1$). Den Ergebnissen der MMSE-Lösung sind die Verhältnisse bei einem *Zero-Forcing-Entwurf* des Entzerrers gegenübergestellt; dieser ergibt sich, wenn auch unter Rauscheinfluss stets die bestmögliche Approximation des inversen Systems durchgeführt wird, also die MMSE-Lösung für $E_S/N_0 \rightarrow \infty$. Man sieht, dass bei gleichbleibenden Intersymbol-Interferenzen S/I der Rauschabstand S/N am Entzerrerausgang mit wachsendem E_S/N_0 geringer wird. Dementsprechend wird auch das gesamte S/(N+I)-Verhältnis reduziert.

In Tabelle 12.6.1 sind zwei Alternativen von MMSE-Lösungen bei zwei verschiedenen Verzögerungen der Referenzfolgen $i_0 = 0$ und $i_0 = 16$ wiedergegeben. Der zweite Fall führt bei geringem E_S/N_0 offensichtlich zu einer besseren Lösung.

Dieses Ergebnis soll kurz erläutert werden. Kanäle mit Nullstellen auf dem Einheitskreis führen bei verschwindendem Rauschen für feste Entzerrerordnung stets zu gleichen MMSE-Resultaten – unabhängig von der Verzögerung i_0 der Referenzdaten. In **Bild 12.6.4** wird dies verdeutlicht. Das obere Halbbild zeigt jeweils die Entzerrerimpulsantwort $e(i)$ und die Gesamtimpulsantwort $e(i) * h(i)$ für die Fälle $i_0 = 0, 16, 32$ bei rauschfreier Übertragung. Im unteren Halbbild sind die entsprechenden Entzerrer-Entwürfe für ein E_S/N_0-Verhältnis von 10 dB wiedergegeben.

Wir hatten in Abschnitt 12.5.2 (Beispiele 1 und 2) die Aussage gemacht, dass für minimalphasige Kanäle eine minimale, für maximalphasige Kanäle eine maximale Referenzdaten-Verzögerung vorzusehen ist, um bestmögliche Entzerrungsresultate zu erhalten. Diese Aussage trifft für großes E_S/N_0-Verhältnis zu, während bei starkem Kanalrauschen

Tabelle 12.6.1: S/N-Verhältnisse in dB am Entzerrerausgang

E_S/N_0	∞	30	20	10	
S/N	∞	17,5	10,9	4,7	
S/I	15, 0	14,8	11,5	6,6	MMSE
$S/(N+I)$	15,0	12,9	8,2	2,5	$i_0 = 0$
S/N	∞	22,6	14,2	7,7	
S/I	15,0	15,0	14,0	9,6	MMSE
$S/(N+I)$	15,0	14,3	11,1	5,5	$i_0 = 16$
S/N	∞	22,3	12,3	2,3	
S/I	15,0	15,0	15,0	15,0	Zero Forcing
$S/(N+I)$	15,0	14,3	10,5	2,1	$i_0 = 16$

Verschiebungen vorzunehmen sind. In praktischen Empfängern wird die Referenzdaten-Verzögerung üblicherweise auf den halben Wert der Summe aus Kanallaufzeit und Entzerrerlänge festgelegt.

Quantisierte Rückführung. Wir betrachten einen Kanal mit der Symboltakt-Übertragungsfunktion

$$H(z) = 1 + h(1)z^{-1} + \cdots + h(m_1)z^{-m_1}. \tag{12.6.8}$$

Das S/N-Verhältnis am Entzerrereingang (E_S/N_0) errechnet sich bei unkorrelierten Sendedaten aus

$$E_S/N_0 = \frac{\sigma_D^2}{\sigma_N^2}\left[1 + \sum_{\nu=1}^{m_1} |h(\nu)|^2\right]. \tag{12.6.9a}$$

Bei korrekter Einstellung der Koeffizienten der quantisierten Rückführung werden die Nachschwinger ideal entfernt; das S/N-Verhältnis am Entscheidereingang ist demgemäß

$$S/N = \sigma_D^2/\sigma_N^2. \tag{12.6.9b}$$

Mit dem nichtlinearen Entzerrer nach dem Prinzip der quantisierten Rückführung ist also ein *S/N-Verlustfaktor* von

$$\gamma_{qR}^2 = \frac{1}{1 + \sum\limits_{\nu=1}^{m} |h(\nu)|^2} \tag{12.6.10}$$

verbunden. Ein Kanal 1. Ordnung mit *einer Nullstelle auf dem Einheitskreis* bewirkt beispielsweise einen *S/N-Verlust von 3 dB*. Im Vergleich zur Tabelle 12.6.1 wird damit deutlich, dass die quantisierte Rückführung einem linearen Entzerrer unter kritischen Kanalbedingungen überlegen ist.

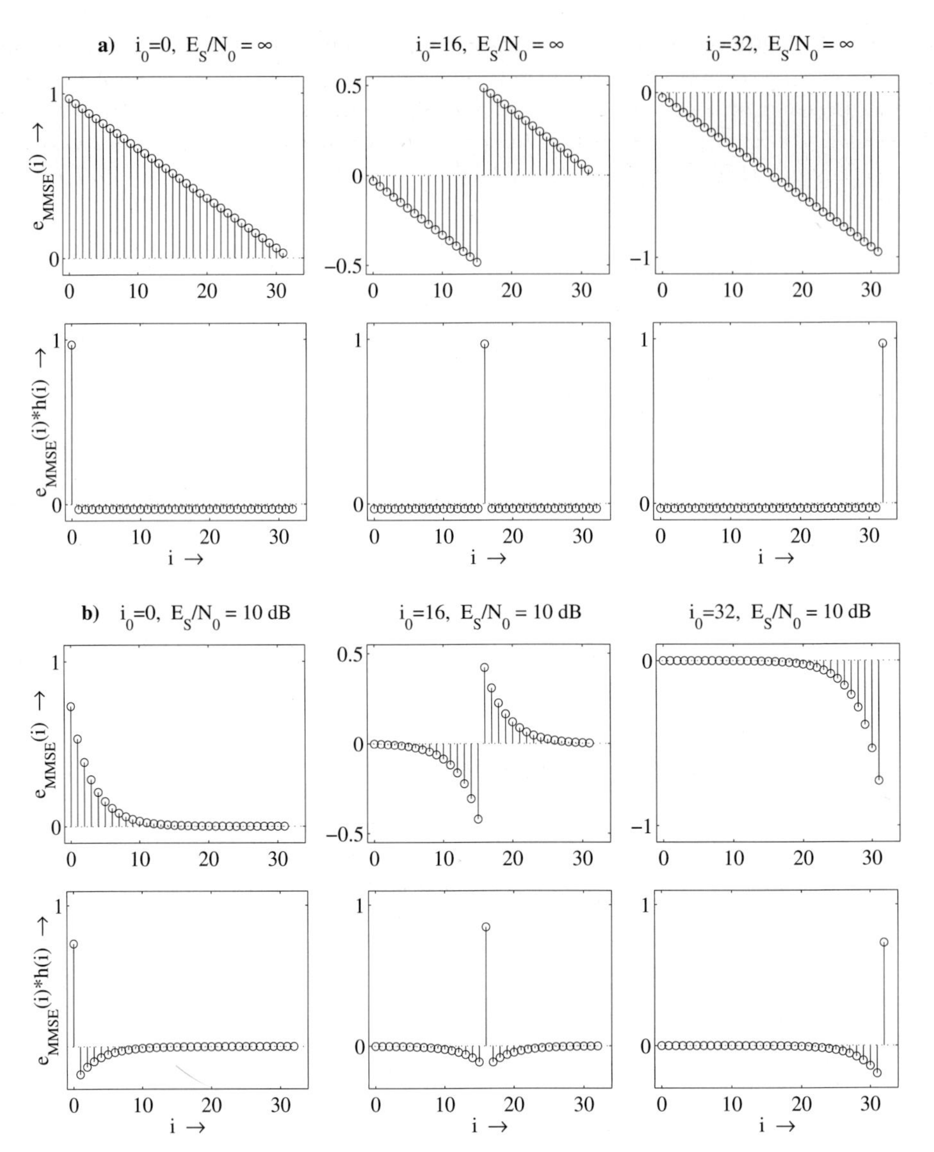

Bild 12.6.4: MSE-Entwürfe bei verschiedenen Referenzdaten-Verzögerungen; Kanalnullstelle: $(z_0 = 1)$, Entzerrergrad $n = 31$

12.6.3 Fehlerwahrscheinlichkeit unter Entzerrer-Einfluss

Zur Erläuterung der prinzipiellen Zusammenhänge wird im Folgenden wieder das Beispiel eines Kanals 1. Ordnung betrachtet. **Bild 12.6.5** zeigt die durch Simulation ermittelten Symbolfehlerraten für QPSK unter dem Einsatz eines linearen Entzerrers der Ordnung $n = 31$; zum Vergleich ist die ideale Symbolfehlerwahrscheinlichkeit für gedächtnisfreie Kanäle gegenübergestellt. Bei einer Kanalnullstelle auf dem Einheitskreis ($z_0 = \exp(j0,2\pi)$) ergibt sich eine signifikante Verschlechterung der Übertragungseigenschaften: So ist bei einer Fehlerwahrscheinlichkeit von $P_S = 10^{-4}$ ein S/N-Verlust von ca. 10 dB zu verzeichnen. Dieser Verlust reduziert sich, wenn die Kanalnullstelle vom Einheitskreis entfernt wird. Für $z_0 = 0,8 \exp(j0,2\pi)$ erhält man bei $P_S = 10^{-4}$ einen S/N-Verlust von etwa 6 dB.

Die diskutierten Ergebnisse wurden mit einem Entzerrer erreicht, der für jeden E_b/N_0-Wert auf die exakte MMSE-Lösung eingestellt wurde ($i_0 = 16$). Wählt man statt dessen zur Entzerrer-Einstellung das *Zero-Forcing-Verfahren*, setzt also stets die Approximation des inversen Kanals ohne Berücksichtigung des Kanalrauschens ein, so ergeben sich erwartungsgemäß schlechtere Ergebnisse, wie die Kurve für $|z_0| = 1$ in Bild 12.6.5 verdeutlicht. Bei wachsenden E_b/N_0-Werten gleichen sich die MSE- und Zero-Forcing-Kurven wieder an, da die Intersymbol-Interferenz-Auswirkungen gegenüber dem Rauschen überwiegen.

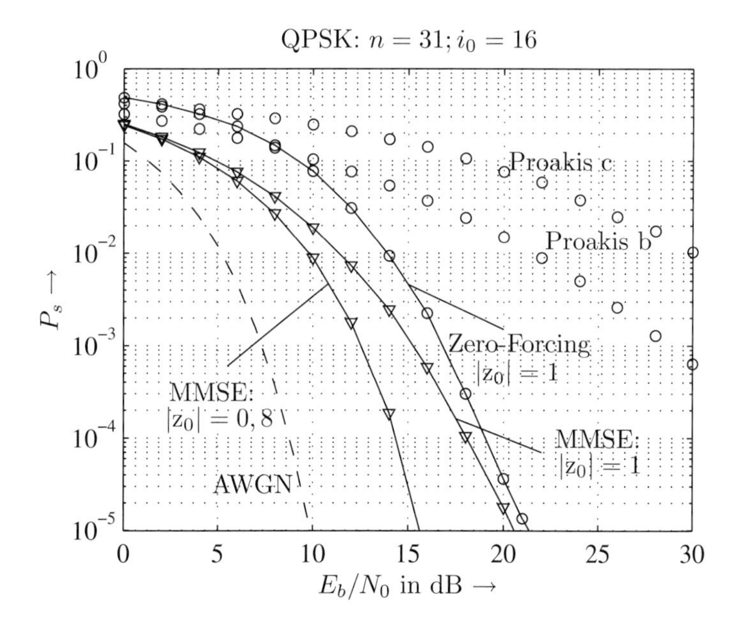

Bild 12.6.5: Fehlerraten bei linearer Entzerrung

In Bild 12.6.5 sind zwei weitere Fehlerraten-Kurven gestrichelt eingetragen. Hierbei liegen zwei von Proakis verwendete ungünstige Referenzkanäle zugrunde ([Pro01], 3. Auflage, S. 615/616, Beispiele b, c):

$$\begin{aligned} \mathbf{h}_b &= [0,407 \;\; 0,815 \;\; 0,407]^T \\ \mathbf{h}_c &= [0,227 \;\; 0,460 \;\; 0,688 \;\; 0,460 \;\; 0,227]^T. \end{aligned}$$

Wir kommen noch einmal auf das Problem der Referenzsignal-Verzögerung i_0 zurück. Dazu wurde bereits im letzten Abschnitt anhand eines Kanals mit einer Nullstelle auf dem Einheitskreis gezeigt, dass unter dem Einfluss von Kanalrauschen die Festlegung der Referenzzeitpunkte auf die „Ränder" des von Entzerrer und Kanal aufgespannten Zeitintervalls nicht zu minimalen MSE-Werten führt.

Im **Bild 12.6.6** wird dies auf der Basis der simulativ ermittelten Fehlerrate auch für einen minimalphasigen Kanal

$$\mathbf{h} = [1 \quad 0,9]^T$$

bestätigt.

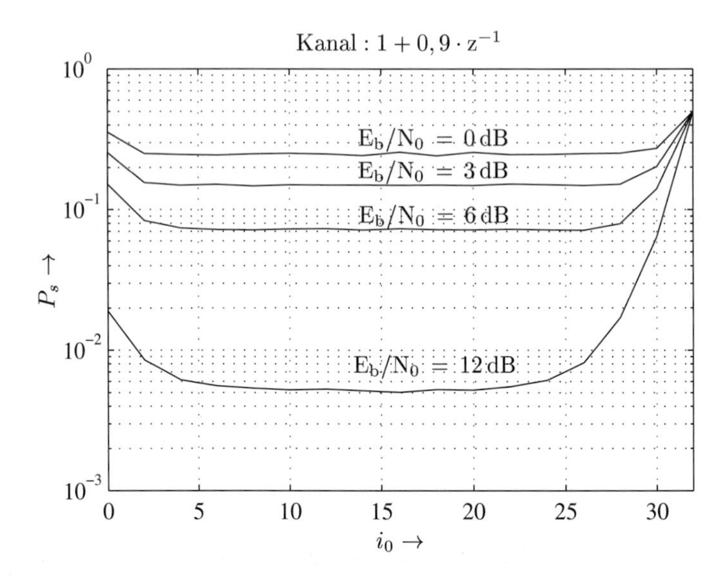

Bild 12.6.6: Abhängigkeit der Symbolfehlerrate von der Verzögerung der Referenzfolge

Eine Erklärung für diesen Effekt ist leicht zu finden. Dazu wird das theoretische Ergebnis der MMSE-Entzerrereinstellung bei einem nichtkausalen Entzerrer mit unendlich langer Impulsantwort (12.6.6) noch einmal betrachtet. Die Übertragungsfunktion des Gesamtsystems beträgt demgemäß

$$E(e^{j\Omega}) \cdot H(e^{j\Omega}) = \frac{H^*(e^{j\Omega}) \cdot H(e^{j\Omega})}{H(e^{j\Omega})H^*(e^{j\Omega}) + \frac{1}{\sigma_D^2} S_{NN}(e^{j\Omega})}. \tag{12.6.11}$$

Dieser Ausdruck enthält nur *reelle Terme*; demzufolge ist die ideale *Gesamtimpulsantwort gerade*. Die Forderung nach Kausalität in einem praktischen System erzwingt eine zeitliche Verschiebung, so dass die Referenzfolge zu verzögern ist. Für den Spezialfall $S_{NN}(e^{j\Omega}) = 0$ ergibt (12.6.11) eine „gerade" Gesamtimpulsantwort der Länge 1. In diesem Falle kann die Verzögerung mit 0 oder auch mit maximalem i_0-Wert angesetzt werden, je nachdem ob ein minimalphasiger oder ein maximalphasiger Kanal vorliegt.

Fehlerfortpflanzung bei quantisierter Rückführung. Zur Korrektur von Kanälen mit Nullstellen in der Nähe des Einheitskreises ist die Struktur der quantisierten Rückführung weitaus besser geeignet als lineare Entzerrerformen. Lässt man zunächst das Problem der Fehlerfortpflanzung außer Acht, so gewinnt man die theoretische Fehlerwahrscheinlichkeitskurve durch Verschiebung der Idealkurve um $10\log_{10}(\gamma_{qR}^2)$ dB: Für QPSK würde sich damit eine Bitfehlerwahrscheinlichkeit von

$$P_b' = \frac{1}{2}\,\mathrm{erfc}\left(\sqrt{\frac{E_b}{N_0}\gamma_{qR}^2}\right) \tag{12.6.12}$$

ergeben. In Wahrheit ist die Bitfehlerwahrscheinlichkeit infolge von Fehlerfortpflanzung höher – wir wollen sie für einen Kanal 1. Ordnung mit einer reellen Nullstelle berechnen.

$$H(z) = 1 + a\,z^{-1} \quad ; \quad a \in \mathbb{R} \tag{12.6.13}$$

Es wird zunächst zum Zeitpunkt i ein initiales Bitfehler-Ereignis angenommen, das mit der Wahrscheinlichkeit (12.6.12) auftritt. Für hinreichend großes E_b/N_0-Verhältnis ist dabei mit hoher Wahrscheinlichkeit jeweils nur 1 Bit gestört (Gray-Codierung). Im nachfolgenden Zeitpunkt $i+1$ lautet dann das Entscheider-Eingangssignal

$$\begin{aligned} y_q(i+1) &= d(i+1) + a \cdot d(i) - a \cdot \hat{d}(i) + n(i+1) \\ &= d(i+1) + a \cdot \Delta d(i) + n(i+1). \end{aligned} \tag{12.6.14}$$

Setzt man ohne Beschränkung der Allgemeinheit die normierten Daten

$$d(i) = d'(i) + jd''(i); \quad d'(i),\, d''(i) \in \{+1, -1\}$$

an, so erhält man unter der Hypothese einer Fehlentscheidung im Realteil für den Fehler $\Delta d(i)$ die möglichen Werte

$$\Delta d(i) \in \{2, -2\},$$

die jeweils mit der Wahrscheinlichkeit 1/2 auftreten können. Aus (12.6.14) ergibt sich dann für reelles a

$$y_q'(i+1) = d'(i+1) \pm 2a + n'(i+1) \tag{12.6.15a}$$

$$y_q''(i+1) = d''(i+1) + n''(i+1). \tag{12.6.15b}$$

Eine erste Fehlentscheidung im Realteil kann bei reellem Kanal also nur einen Folgefehler im Realteil bewirken.

Weist die Größe $a \cdot \Delta d(i)$ die gleiche Polarität wie das aktuelle Datum $d(i+1)$ auf, so ist eine Fehlentscheidung mit hoher Wahrscheinlichkeit ausgeschlossen. Gilt hingegen

$$\mathrm{sgn}(d'(i+1)) = -\mathrm{sgn}(a \cdot \Delta d(i)), \tag{12.6.16a}$$

dann lautet der Realteil des Entscheider-Eingangssignals

$$y_q'(i+1) = d'(i+1)[1 - 2|a|] + n'(i+1); \tag{12.6.16b}$$

dieser Fall tritt mit der A-priori-Wahrscheinlichkeit 1/2 ein. Für einen gaußverteilten Störprozess $N(i)$ ergibt sich dann mit der Wahrscheinlichkeit

$$P_1' = \frac{1}{\sqrt{\pi}\sigma_N} \int_{-\infty}^{-(1-2|a|)} \exp(-n^2/\sigma_N^2)dn \tag{12.6.17a}$$

eine weitere Fehlentscheidung. Nach einer Umformung erhält man hieraus

$$P_1' = \frac{1}{2}\,\mathrm{erfc}\left(\sqrt{\frac{E_b}{N_0}}\cdot(1-2|a|)\right). \tag{12.6.17b}$$

Zusammen mit der Wahrscheinlichkeit P_b' für den ursprünglichen Bitfehler und der A-priori-Wahrscheinlichkeit 1/2 für die Vorzeichen-Bedingung (12.6.16a) ergibt sich die Wahrscheinlichkeit für den ersten Folgefehler:

$$P_1 = P_b' \cdot \frac{1}{4}\,\mathrm{erfc}\left(\sqrt{\frac{E_b}{N_0}}\cdot(1-2|a|)\right). \tag{12.6.18}$$

Dieser erste Folgefehler produziert wiederum mit der Wahrscheinlichkeit gemäß (12.6.18) einen zweiten usw. Somit gilt für die Bitfehlerwahrscheinlichkeit insgesamt

$$P_b = P_b'\left[1+\sum_{\nu=1}^{\infty}\left[\frac{1}{4}\,\mathrm{erfc}\left(\sqrt{\frac{E_b}{N_0}}\cdot(1-2|a|)\right)\right]^{\nu}\right]. \tag{12.6.19}$$

Setzt man hier die Summenformel einer unendlichen geometrischen Reihe ein, so folgt schließlich unter Berücksichtigung von (12.6.12)

$$P_b = \frac{\frac{1}{2}\,\mathrm{erfc}\left(\sqrt{\frac{E_b}{N_0}\gamma_{qR}^2}\right)}{1-\frac{1}{4}\,\mathrm{erfc}\left(\sqrt{\frac{E_b}{N_0}}(1-2|a|)\right)}. \tag{12.6.20a}$$

Für hinreichend großes E_b/N_0, also bei Ausschluss von Doppel-Bitfehlern, ergibt sich hieraus die Symbolfehlerwahrscheinlichkeit durch Verdopplung:

$$P_S \approx \frac{\mathrm{erfc}\left(\sqrt{\frac{E_b}{N_0}\gamma_{qR}^2}\right)}{1-\frac{1}{4}\mathrm{erfc}\left(\sqrt{\frac{E_b}{N_0}}(1-2|a|)\right)}. \tag{12.6.20b}$$

Für das Beispiel einer reellen Kanalnullstelle auf dem Einheitskreis ($|a|=1$) erhält man daraus wegen $\mathrm{erfc}\left(-\sqrt{\frac{E_b}{N_0}}\right)\approx 2$

$$P_S \approx 2\cdot\mathrm{erfc}\left(\sqrt{\frac{E_b}{N_0}\gamma_{qR}^2}\right);\quad \gamma_{qR}^2 = \frac{1}{2} \mathrel{\hat{=}} 3\,\mathrm{dB}. \tag{12.6.21}$$

Wir haben bislang den Spezialfall eines Kanals 1. Ordnung mit einer reellen Nullstelle behandelt. Für eine *rein imaginäre Nullstelle* ändert sich prinzipiell an den Ergebnissen nichts – man muss aber berücksichtigen, dass im Falle eines ersten Fehlers im Realteil ein Folgefehler im Imaginärteil entsteht, dann wieder im Realteil usw. Dabei bleiben Symbol- und Bitfehlerwahrscheinlichkeit unverändert.

In **Bild 12.6.7** sind der theoretischen Symbolfehlerwahrscheinlichkeit (12.6.20b) Simulationsergebnisse gegenübergestellt ($\circ$: $z_0=1$; $\times$: $z_0=j$). Man sieht, dass sich für kleine

E_b/N_0-Werte Abweichungen ergeben. Diese sind damit zu erklären, dass der Ausschluss von Doppel-Bitfehlern für kleine S/N-Verhältnisse nicht zulässig ist.

Die Herleitung der Fehlerwahrscheinlichkeit bei Kanälen höherer Ordnung mit komplexen Koeffizienten erfolgt im Prinzip wie am obigen Beispiel gezeigt, ist aber zunehmend komplizierter. In Bild 12.6.7 sind Simulationskurven für das Kanalbeispiel

$$H(z) = 0,468 - 0,530(1+j)z^{-1} + j0,468z^{-2}$$

wiedergegeben. Dieser Kanal wurde deshalb gewählt, weil er sich im Zusammenhang mit dem im nächsten Abschnitt behandelten optimalen Viterbi-Entzerrer als einer der ungünstigsten Kanäle (*Worst-case-Kanäle*) 2. Ordnung herausstellen wird.

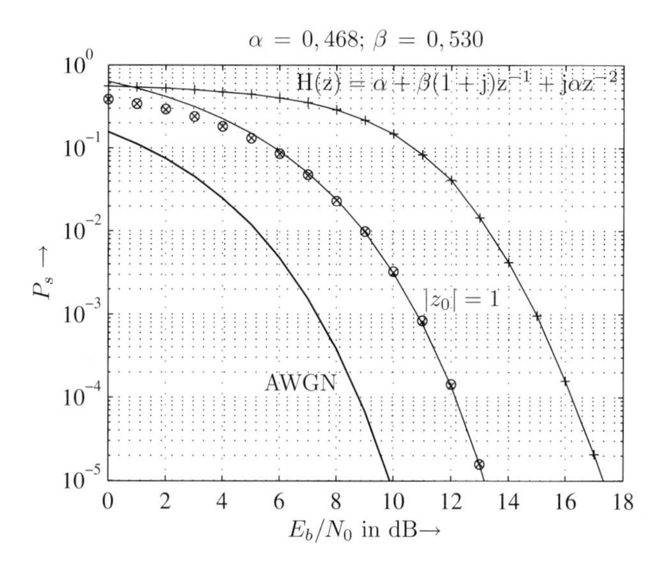

Bild 12.6.7: Fehlerwahrscheinlichkeit bei quantisierter Rückführung

12.6.4 Fehlerwahrscheinlichkeit bei Tomlinson-Harashima-Vorcodierung

Zur Veranschaulichung des Fehlerverhaltens unter Tomlinson-Harashima-Vorcodierung werden in **Bild 12.6.8** Simulationsergebnisse für eine BPSK-Übertragung über einen frequenzselektiven Kanal gezeigt. Als Symboltakt-Impulsantwort wird $h(i) = \{1,\ \sqrt{2},\ 1\}$ festgelegt.[13] Um die Fehlerrate bei verschiedenen Sendeleistungen unter gleichen Kanalkonditionen vergleichen zu können, wird sie über $1/\sigma_N^2$ in dB, also für die normierte Nutzleistung $\sigma_D^2 = 1$, aufgetragen. Der im letzten Abschnitt erläuterte S/N-Verlust

[13]Dies entspricht einem der unter Abschnitt 13.3.3 diskutierten ungünstigsten Kanäle zweiter Ordnung für den Viterbi-Entzerrer.

der quantisierten Rückführung γ^2_{qR} wird auf diese Weise nicht dargestellt, da die empfangsseitige Erhöhung der Nutzleistung herausfällt. Dennoch zeigt sich bei der Struktur mit quantisierter Rückführung eine deutliche Erhöhung der Fehlerrate gegenüber einer AWGN-Übertragung, was ausschließlich auf die *Fehlerfortpflanzung* zurückzuführen ist.

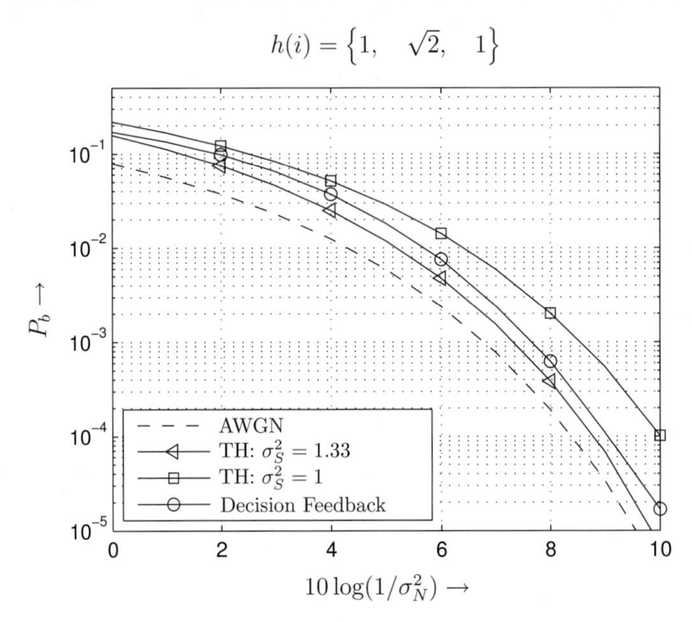

Bild 12.6.8: Fehlerwahrscheinlichkeit bei Tomlinson-Harashima-Vorcodierung

Bei Tomlinson-Harashima-Vorcodierung beträgt die Sendeleistung nach der Modulo-Operation in diesem Beispiel $\sigma_S^2 = 1,33$; nimmt man diese Leistungserhöhung in Kauf, so ergeben sich gemäß (12.3.21) auf Seite 439 für das ungestörte Empfangssignal die Werte

$$r_0(i) \in \{\pm 1 + 2Mz\}, \quad z \in \mathbb{Z}.$$

Ohne Modulo-Rechnung, d.h. für $z = 0$, würde sich hiermit die AWGN-Fehlerwahrscheinlichkeit ergeben; durch die periodische Fortsetzung der Signalpunkte verdoppelt sie sich jedoch, was anhand von **Bild 12.6.9** erläutert wird. Das linke Teilbild zeigt die Signalebene nach einer AWGN-Übertragung. Wurde der dunkel markierte Punkt gesendet, so ergeben sich nur Fehlentscheidungen, wenn das Rauschsignal den Wert -1 unterschreitet, wogegen positive Rauschwerte stets zur richtigen Entscheidung führen. Die Berechnung der Fehlerwahrscheinlichkeit erfolgt durch Integration über den schraffierten Bereich der Verteilungsdichtefunktion. Im Falle einer TH-Vorcodierung ist die Empfängersituation im rechten Teilbild veranschaulicht: Durch die periodische Wiederholung der Signalpunkte führen nun auch positive Rauschwerte im Bereich $2 \leq n(i) \leq 4$ zu Fehlentscheidungen. Die Ausführung der Integration über die beiden schraffierten Gebiete der Verteilungsdichtefunktion ergibt (bei Vernachlässigung der Fehlergebiete um $\cdots -5, +7, \cdots$ etc.) ungefähr eine Verdopplung der Fehlerwahrscheinlichkeit gegenüber dem AWGN-Fall.

Die Simulationsergebnisse in Bild 12.6.8 bestätigen die erläuterte Verdopplung der Fehlerrate bei TH-Vorcodierung. Sie liegt unterhalb derjenigen des Entzerrers mit quantisierter

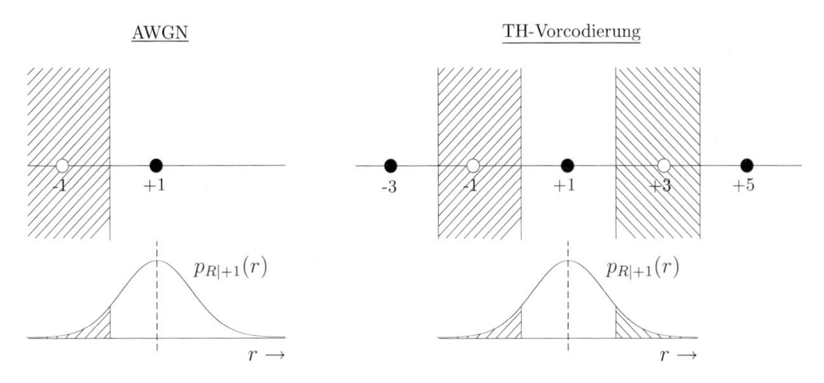

Bild 12.6.9: Verdopplung der Fehlerwahrscheinlichkeit bei Tomlinson-Harashima-Vorcodierung

Rückführung, wobei aber zu berücksichtigen ist, dass die TH-Vorcodierung hier zunächst noch mit erhöhter Sendeleistung läuft. Wird diese auf $\sigma_S = 1$ reduziert, so ergibt sich die obere Kurve, die deutlich über der Fehlerwahrscheinlichkeit des DF-Entzerrers liegt.

Bei der TH-Vorcodierung besteht zwar nicht das Problem der Fehlerfortpflanzung wie beim DF-Entzerrer, statt dessen erhöht sich die Fehlerrate aber infolge der periodischen Fortsetzung der Signalpunkte sowie durch den S/N-Verlust wegen der erhöhten Sendeleistung. Bei zweistufiger Übertragung überwiegen die beiden letztgenannten Einflüsse, so dass die TH-Vorcodierung dem DF-Entzerrer in diesem Falle unterlegen ist. Bei höherstufiger Modulation kehren sich die Verhältnisse jedoch um: Die erläuterte Erhöhung der Fehlerrate durch periodische Fortsetzung der Signalpunkte spielt dann eine immer geringere Rolle, ebenso reduziert sich auch die Erhöhung der Sendeleistung mit steigender Modulationsstufigkeit.

- *Die Tomlinson-Harashima-Vorcodierung ist nur für höherstufige Modulationsarten wirkungsvoll. Das Verfahren hat im Bereich schneller Datenmodems für die Übertragung über Telefonleitungen breite Anwendung gefunden.*

Kapitel 13

Maximum-Likelihood-Schätzung von Datenfolgen

Sämtliche im vorangegangenen Abschnitt betrachteten Entzerrerformen sind suboptimal: Die linearen Strukturen führen im Falle stark selektiver Kanäle zur Anhebung des Rauschens, während Entzerrer mit quantisierter Rückführung einen S/N-Verlust beinhalten, da nur ein Bruchteil der empfangenen Symbolenergie genutzt wird. Es stellt sich also die Frage nach dem *optimalen Empfänger* unter Intersymbol-Interferenz-Bedingungen. Die in diesem Kapitel hergeleitete Lösung basiert auf dem bereits im Kapitel 11 für AGN-Kanäle zugrunde gelegten Maximum-Likelihood-Kriterium. Der Unterschied zu Kapitel 11 besteht darin, dass hier nicht über einzelne Symbole, sondern über die gesamte Symbolfolge entschieden wird (*Maximum-Likelihood Sequence Estimation, MLSE)*. Das Resultat ist der bekannte *Forney-Empfänger*, bestehend aus einem Matched-Filter, einem Rausch-Dekorrelationsfilter sowie einem Detektor, der diejenige Datenfolge auswählt, die die geringste euklidische Distanz zur empfangenen Folge aufweist. Eine effiziente Realisierungsform für diesen Detektor stellt der Viterbi-Algorithmus dar. Für diesen Empfänger wird die Wahrscheinlichkeit von Symbolfehlern infolge von weißem, gaußverteiltem Kanalrauschen hergeleitet und ihre Abhängigkeit von der Kanalimpulsantwort aufgezeigt. Der Realisierungsaufwand des Viterbi-Detektors steigt exponentiell mit der Länge der Kanalimpulsantwort. Aus diesem Grunde wird der Entwurf eines Vorentzerrers vorgestellt, mit dem die Kanalimpulsantwort verkürzt werden kann. Das Resultat ist ein suboptimaler, im Aufwand jedoch stark reduzierter Empfänger.

13.1 Maximum-Likelihood-Schätzung

13.1.1 Grundstruktur des optimalen Empfängers

Im Folgenden soll eine Empfängerstruktur hergeleitet werden, die unter Intersymbol-Interferenz-Bedingungen optimal ist, d.h. dem Maximum-Likelihood-Prinzip genügt. Dabei wollen wir uns auf *gleichwahrscheinliche Datensymbole sowie auf gaußverteiltes, weißes Kanalrauschen* beschränken.

Das in Abschnitt 11.1 hergeleitete Maximum-Likelihood-Kriterium (11.1.13) kann hier übernommen werden, indem nicht nur einzelne Elementarimpulse $\mathbf{g}_m$ betrachtet werden, sondern die Detektion einer ganzen *Datenfolge* $d(0), \cdots, d(L-1)$ ausgeführt wird. **Bild 13.1.1** zeigt das zugehörige zeitdiskrete Sendermodell einschließlich Kanal.

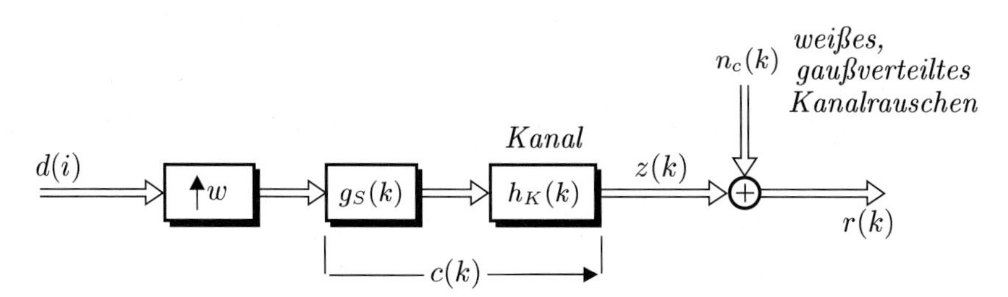

Bild 13.1.1: Zeitdiskretes Modell des Übertragungssystems

Sendefilter und Kanal werden gemeinsam durch die zeitdiskrete Impulsantwort

$$c(k) = g_S(t) * h_K(t)|_{t=kT_A} \tag{13.1.1}$$

beschrieben, die Abtastfrequenz $f_A = 1/T_A$ wird dabei so gewählt, dass das Abtasttheorem erfüllt ist. Die Datensymbole erregen das Sendefilter mit der Symbolrate $1/T$. Für das Verhältnis von Abtastfrequenz und Symbolrate soll gelten

$$f_A \cdot T = \frac{T}{T_A} = w, \quad w \in \mathbb{N}. \tag{13.1.2}$$

Die entsprechende Abtastratenerhöhung am Eingang des Sendefilters (durch Einfügen von Nullen) ist in Bild 13.1.1 durch das Symbol $\uparrow w$ gekennzeichnet.

Den folgenden Betrachtungen liegt eine vektorielle Beschreibung zugrunde; hierzu werden die folgenden Vektoren definiert:

$$\begin{aligned}
\text{Daten} \quad \mathbf{d} &= [d(0), d(1), \cdots, d(L-1)]^T && \text{(13.1.3a)}\\
\text{Sendefilter+Kanal-Impulsantwort} \quad \mathbf{c} &= [c(0), c(1), \cdots, c(\ell_w - 1)]^T && \text{(13.1.3b)}\\
\text{rauschfreies Empfangssignal} \quad \mathbf{z} &= [z(0), \cdots, z((L-1)w + \ell_w - 1)]^T && \text{(13.1.3c)}\\
\text{gestörtes Empfangssignal} \quad \mathbf{r} &= [r(0), \cdots, r((L-1)w + \ell_w - 1)]^T, && \text{(13.1.3d)}
\end{aligned}$$

wobei eine korrekte phasenkohärente Basisbandtransformation des empfangenen Signals angenommen wird. Von den in (13.1.3a) – (13.1.3d) definierten Signalen sind das gestörte Empfangssignal $\mathbf{r}$ sowie die Sendefilter-Kanalimpulsantwort $\mathbf{c}$ bekannt – letztere muss in einer Trainingsphase geschätzt werden, diesem Thema ist Kapitel 14 gewidmet. Das rauschfreie Empfangssignal $\mathbf{z}$ ist nicht zugänglich; hierfür können nur endlich viele Hypothesen aufgestellt werden, die von der Impulsantwort $\mathbf{c}$ und vom Modulationsalphabet abhängen. Schließlich ist die unbekannte Datenfolge $\mathbf{d}$ im Sinne einer Maximum-Likelihood-Detektion zu ermitteln.

Ausgangspunkt zur Herleitung des optimalen Empfängers für eine AWGN-Übertragung in Abschnitt 11.1 war das MAP-Kriterium (Maximum-a-posteriori), bei dem die Wahrscheinlichkeit der Entscheidung für das richtige gesendete Symbol maximiert wurde. Da nunmehr ein gedächtnisbehafteter Kanal angenommen wird, beeinflussen sich aufeinanderfolgene Symbole, so dass symbolweise Einzelentscheidungen nicht mehr möglich sind. Geht man von einer endlichen Datensequenz $d(i)$ der Länge L aus, so existiert bei einem M-stufigen Datenalphabet eine zwar sehr hohe, jedoch endliche Anzahl von M^L möglichen Sequenzen. Statt Einzelentscheidungen trifft man jetzt eine Entscheidung über die *gesamte Datensequenz*, d.h. man wählt diejenige Sequenz $\mathbf{d}_\mu$ aus, die mit größter Wahrscheinlichkeit gesendet wurde. In Anlehnung an (11.1.5a) auf Seite 359 kommt man zunächst zur Maximum-a-posteriori-Entscheidungsregel

$$P(\mu|\mathbf{r}) = \frac{p_{\mathbf{R}|\mu}(\mathbf{r}) \cdot P(\mu)}{p_{\mathbf{R}(\mathbf{r})}} \Rightarrow \max_{\mu}. \tag{13.1.4a}$$

Setzt man für alle möglichen gesendeten Sequenzen die gleichen A-priori-Wahrscheinlichkeiten an, so erhält man daraus

$$\hat{\mu} = \arg\max_{\mu}\{p_{\mathbf{R}|\mu}(\mathbf{r})\}; \tag{13.1.4b}$$

diese Vorschrift wird als *Maximum-Likelihood-Sequence-Estimation* (MLSE) bezeichnet. Im Weiteren folgen wir der in Abschnitt 11.1 für den AWGN-Kanal angewendeten Strategie. Aufgrund der endlichen Anzahl von Sendesequenzen ist auch die Anzahl möglicher Hypothesen für das rauschfreie Empfangssignal endlich:

$$\mathbf{z} \in \{\mathbf{z}_\mu\}; \qquad \mu \in \{0, \cdots, M^L - 1\}. \tag{13.1.5}$$

Erklärt man jedes dieser Signale zu einem „Supersymbol“, so kann unter der Annahme von weißem, gaußverteiltem Kanalrauschen das Maximum-Likelihood-Kriterium (11.2.4), Seite 361, in folgender Form übernommen werden:

$$Q_{\mathrm{ML}}(\mu) = 2\,\mathrm{Re}\{\mathbf{r}^H \mathbf{z}_\mu\} - \mathbf{z}_\mu^H \mathbf{z}_\mu \Rightarrow \max_{\mu}. \tag{13.1.6}$$

Hierbei wurden die ursprünglich gesondert berücksichtigten Phasen- und Amplituden-Korrekturterme $e^{j\Theta}$ und a in die Kanalimpulsantwort $c(k)$ eingerechnet, so dass diese in $z_\mu(k)$ enthalten sind.

Für den Vektor $\mathbf{z}_\mu$ kann die in Anhang F.1 hergeleitete kompakte Formulierung eines Filterausgangssignals mit eingangsseitiger Abtastratenerhöhung eingesetzt werden.

$$\mathbf{z}_\mu = \mathbf{C}_w \cdot \mathbf{d}_\mu \tag{13.1.7}$$

Die Matrix $\mathbf{C}_w$ erhält man aus der $c(k)$ zugeordneten Faltungsmatrix, indem nur jede w-te Spalte berücksichtigt wird. Damit ergibt sich aus (13.1.6)

$$\begin{aligned} Q_{\mathrm{ML}}(\mu) &= 2\,\mathrm{Re}\{\mathbf{r}^H\mathbf{C}_w\mathbf{d}_\mu\} - \mathbf{d}_\mu^H\mathbf{C}_w^H\mathbf{C}_w\mathbf{d}_\mu \\ &= 2\,\mathrm{Re}\,\{\mathbf{d}_\mu^H\mathbf{C}_w^H\mathbf{r}\} - \mathbf{d}_\mu^H\mathbf{C}_w^H\mathbf{C}_w\mathbf{d}_\mu \Rightarrow \max_\mu . \end{aligned} \tag{13.1.8}$$

Der hier auftretende Ausdruck[1]

$$\mathbf{C}_w^H\,\mathbf{r} \triangleq \mathbf{x} = [x(0),\ldots,x(L-1)]^T \tag{13.1.9}$$

erweist sich aufgrund der Betrachtungen in Anhang F.1 als Ausgangssignal-Vektor eines nichtkausalen Matched-Filters mit ausgangsseitiger Abtastratenreduktion um den Faktor w. Als optimale Empfängerstruktur ergibt sich damit die in **Bild 13.1.2** dargestellte Anordnung. Danach wird das empfangene Signal einer Matched-Filterung unterzogen, wobei das Matched-Filter sich auf die *Gesamtimpulsantwort von Sendefilter und Kanal* bezieht[2] – es ist also an den jeweiligen Kanal anzupassen; bei zeitvarianten Kanälen ist somit auch das Matched-Filter zeitvariant. Die mit der Symbolrate abgetastete Matched-Filter-Ausgangsfolge wird mit sämtlichen möglichen Symbolfolgen $\mathbf{d}_\mu$ korreliert. Nach der Subtraktion der Korrekturterme $\mathbf{d}_\mu^H\mathbf{C}_w^H\mathbf{C}_w\mathbf{d}_\mu$ führt das Aufsuchen des Maximums zur Maximum-Likelihood-Entscheidung

$$\hat{\mathbf{d}}_\mu = \underset{\mu}{\mathrm{argmax}}\left\{2\,\mathrm{Re}\{\mathbf{d}_\mu^H\mathbf{x}\} - \mathbf{d}_\mu^H\mathbf{C}_w^H\mathbf{C}_w\mathbf{d}_\mu\right\}. \tag{13.1.10}$$

Die hergeleitete Struktur wurde erstmals von Ungerboeck angegeben [Ung74].

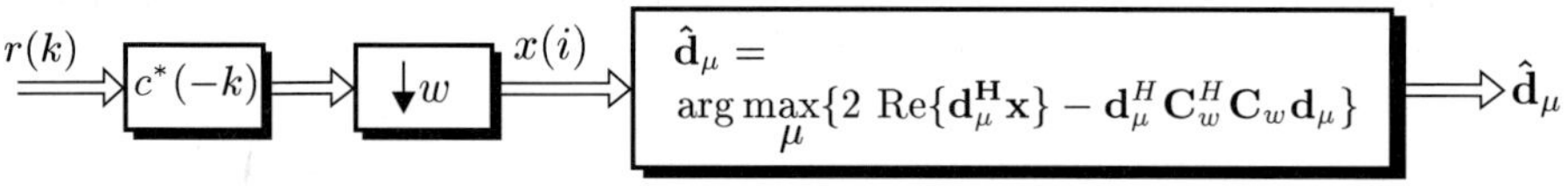

$r(k)$ → $c^*(-k)$ → $\downarrow w$ → $x(i)$ → $\hat{\mathbf{d}}_\mu = \arg\max_\mu\{2\,\mathrm{Re}\{\mathbf{d}_\mu^{\mathbf{H}}\mathbf{x}\} - \mathbf{d}_\mu^H\mathbf{C}_w^H\mathbf{C}_w\mathbf{d}_\mu\}$ → $\hat{\mathbf{d}}_\mu$

Bild 13.1.2: Optimaler Empfänger für gaußverteiltes, weißes Kanalrauschen

13.1.2 Optimaler Empfänger mit Dekorrelationsfilter

Das in $x(i)$ enthaltene Rauschen ist im Allgemeinen *infolge der Matched-Filterung gefärbt.* Im Folgenden wird der Frage nachgegangen, welchen Einfluss eine Dekorrelation des Rauschens auf das Maximum-Likelihood-Kriterium (13.1.10) hat. Zur Wiederherstellung von weißem Rauschen wird ein *Rausch-Dekorrelationsfilter* eingefügt; da dieses Dekorrelationsfilter nach der Abtastratenreduktion angeordnet ist, wird hierdurch die Wirkung des

[1] Durch Fortlassen von Ein- und Ausschwingvorgängen wird das Matched-Filter-Ausgangssignal auf die Länge der Eingangs-Symbolfolge $\mathbf{d}$ begrenzt.

[2] In der Praxis wird häufig auf eine Anpassung an den Kanal verzichtet und nur das Sendefilter berücksichtigt.

Matched-Filters nicht aufgehoben[3]. Die Impulsantwort des im Symboltakt arbeitenden Dekorrelationsfilters wird mit $p(i)$ bezeichnet; der zugehörige Vektor

$$\mathbf{p} = [p(0), \cdots, p(n_w)]^T$$

definiert die Faltungsmatrix $\mathbf{P}$ des Dekorrelationsfilters. Das Ausgangssignal lässt sich damit in vektorieller Form schreiben.

$$\mathbf{y} = \mathbf{P}\,\mathbf{x} \tag{13.1.11a}$$

Durch linksseitige Multiplikation mit $\mathbf{P}^H$ gewinnt man hieraus

$$\mathbf{P}^H\mathbf{y} = \mathbf{P}^H\,\mathbf{P}\,\mathbf{x}; \tag{13.1.11b}$$

unter der Voraussetzung, dass die Inverse von $\mathbf{P}^H\mathbf{P}$ existiert, folgt

$$\mathbf{x} = (\mathbf{P}^H\,\mathbf{P})^{-1}\,\mathbf{P}^H\,\mathbf{y}. \tag{13.1.11c}$$

Setzt man die in Anhang F.2 hergeleitete Dekorrelationsbedingung

$$(\mathbf{P}^H\,\mathbf{P})^{-1} = \mathbf{C}_w^H\,\mathbf{C}_w \tag{13.1.11d}$$

ein, so ergibt (13.1.11c)

$$\mathbf{x} = \mathbf{C}_w^H\,\mathbf{C}_w\,\mathbf{P}^H\,\mathbf{y} = \left[\mathbf{P}\,\mathbf{C}_w^H\,\mathbf{C}_w\right]^H\mathbf{y}. \tag{13.1.12}$$

Der in eckigen Klammern stehende Ausdruck lässt sich wie folgt interpretieren: Das gesamte Übertragungssystem besteht aus der Hintereinanderschaltung des Sendefilters einschließlich Kanal mit eingangsseitiger Abtastratenerhöhung (ausgedrückt durch $\mathbf{C}_w$), des Empfangsfilters mit ausgangsseitiger Abtastratenreduktion ($\mathbf{C}_w^H$) sowie des Dekorrelationsfilters ($\mathbf{P}$). Das Produkt $\mathbf{P}\,\mathbf{C}_w^H\,\mathbf{C}_w$ beschreibt also die *Faltungsmatrix* $\mathbf{H}$ des *Symboltaktmodells für das gesamte Übertragungssystem.* Nimmt man für die Symboltakt-Impulsantwort eine Gesamtlänge von ℓ an

$$h(i) = \begin{cases} \left(c(k) * c^*(-k)|_{k=w\cdot i}\right) * p(i) & \text{für } 0 \le i \le \ell - 1 \\ 0 & \text{sonst,} \end{cases} \tag{13.1.13}$$

so erhält man hiermit die $(L + \ell - 1) \times L$-dimensionale Faltungsmatrix

$$\mathbf{P}\,\mathbf{C}_w^H\mathbf{C}_w \triangleq \mathbf{H} = \begin{pmatrix} h(0) & & \cdots & \mathbf{0} \\ h(1) & h(0) & & \\ \vdots & h(1) & \ddots & \\ h(\ell-1) & \vdots & \ddots & h(0) \\ & h(\ell-1) & & h(1) \\ & & \ddots & \vdots \\ \mathbf{0} & & & h(\ell-1) \end{pmatrix} \tag{13.1.14a}$$

[3]Das im Symboltakt abgetastete Signal am Matched-Filter-Ausgang enthält bei korrekter Abtastphase die gesamte verfügbare Information; man spricht deshalb von „sufficient statistics“.

Mit ihr lässt sich das Gesamtsystem kompakt im Symboltakt beschreiben:

$$\mathbf{y} = \mathbf{H} \cdot \mathbf{d} + \mathbf{n}; \tag{13.1.14b}$$

aufgrund des Dekorrelationsfilters enthält der Vektor $\mathbf{n}$ Abtastwerte eines weißen Rauschprozesses.

In (13.1.10) kann nunmehr der Vektor $\mathbf{x}$ durch

$$\mathbf{x} = \mathbf{H}^H \mathbf{y} \tag{13.1.15}$$

ersetzt werden. Weiterhin soll auch der in (13.1.10) enthaltene Ausdruck $\mathbf{C}_w^H \mathbf{C}_w$ durch die Kanalmatrix $\mathbf{H}$ ausgedrückt werden. Wir bilden mit (13.1.14a)

$$\mathbf{H}^H \mathbf{H} = \mathbf{C}_w^H \mathbf{C}_w \mathbf{P}^H \mathbf{P} \mathbf{C}_w^H \mathbf{C}_w \tag{13.1.16a}$$

und erhalten nach Einsetzen der Dekorrelationsbedingung (13.1.11d)

$$\mathbf{H}^H \mathbf{H} = \mathbf{C}_w^H \mathbf{C}_w \mathbf{P}^H \mathbf{P} (\mathbf{P}^H \mathbf{P})^{-1} = \mathbf{C}_w^H \mathbf{C}_w. \tag{13.1.16b}$$

Das Ziel besteht in der Entwicklung eines Maximum-Likelihood-Funktionals, in das der Dekorrelationsvorgang einbezogen ist. Hierzu werden die Ausdrücke (13.1.15) und (13.1.16b) in (13.1.8) eingesetzt.

$$Q_{\mathrm{ML}}(\mu) = 2\,\mathrm{Re}\{\mathbf{d}_\mu^H \mathbf{H}^H \mathbf{y}\} - \mathbf{d}_\mu^H \mathbf{H}^H \mathbf{H}\, \mathbf{d}_\mu \Rightarrow \max_\mu \tag{13.1.17a}$$

Kehrt man hier das Vorzeichen um, so ist anstelle des Maximums das Minimum aufzusuchen. Ferner kann der Term $\mathbf{y}^H\mathbf{y}$ hinzugefügt werden; da dieser unabhängig von $\mathbf{d}_\mu$ ist, wird die Minimum-Suche in Abhängigkeit von μ hierdurch nicht beeinflusst. Man gewinnt so den zu minimierenden quadratischen Ausdruck

$$\begin{aligned} \Lambda_\mu &= \mathbf{y}^H \mathbf{y} - 2\,\mathrm{Re}\{\mathbf{d}_\mu^H \mathbf{H}^H \mathbf{y}\} + \mathbf{d}_\mu^H \mathbf{H}^H \mathbf{H}\, \mathbf{d}_\mu \\ &= \left[\mathbf{y}^H - \mathbf{d}_\mu^H \mathbf{H}^H\right] \cdot \left[\mathbf{y} - \mathbf{H}\, \mathbf{d}_\mu\right] = ||\mathbf{y} - \mathbf{H}\, \mathbf{d}_\mu||^2. \end{aligned} \tag{13.1.17b}$$

Die Maximum-Likelihood-Entscheidung lautet also

$$\hat{\mathbf{d}}_\mu = \underset{\mu}{\mathrm{argmin}} \left\{||\mathbf{y} - \mathbf{H}\, \mathbf{d}_\mu||^2\right\}. \tag{13.1.18}$$

Der Term $\mathbf{H}\,\mathbf{d}_\mu$ bezeichnet die *Faltung der μ-ten Datenfolge mit der Impulsantwort des Symboltakt-Modells für das Gesamtsystem $h(i)$*. Diejenige dieser Folgen, die die geringste euklidische Distanz zur empfangenen Signalfolge am Dekorrelationsfilter-Ausgang besitzt, ist im Sinne des Maximum-Likelihood-Kriteriums als wahrscheinlichste gesendete Folge auszuwählen. **Bild 13.1.3** zeigt die Anordnung eines auf (13.1.18) basierenden Empfängers. Die Struktur wurde 1972 von Forney hergeleitet [For72].

Die euklidische Metrik ergab sich gemäß der vorangegangenen Herleitung für eine *weiße Störung*, also infolge des Einsatzes eines Dekorrelationsfilters. Wie bereits erwähnt wird in der Praxis zur Vereinfachung oftmals ein „Matched“-Filter eingesetzt, das unter Vernachlässigung der Kanalübertragungsfunktion nur das Sendefilter berücksichtigt.

Erfüllen beide zusammen die erste Nyquist-Bedingung, so muss jedes der beiden Filter eine Wurzel-Nyquist-Charakteristik aufweisen (vgl. Abschnitt 8.3.1). Am Ausgang des Empfängerfilters ist das Rauschen nach der Symbolabtastung dann wieder weiß (siehe hierzu auch Bild 12.1.2c auf Seite 400), so dass auf ein Dekorrelationsfilter verzichtet werden kann. Diese Struktur ist allerdings gegenüber dem idealen Forney-Empfänger nach Bild 13.1.3 suboptimal, da der Kanal bezüglich des Matched-Filter-Entwurfs vernachlässigt wird.

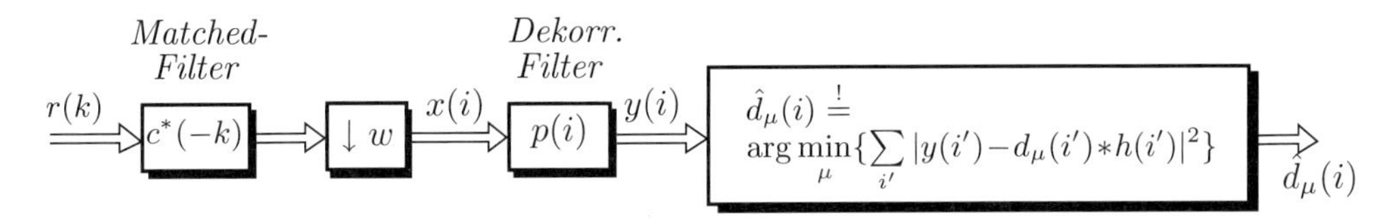

Bild 13.1.3: Optimaler Empfänger unter Einbeziehung eines Dekorrelationsfilters (Forney-Empfänger)

Die Signal-Störverhältnisse im Symboltaktmodell des gesamten digitalen Übertragungssystems sowie die Beziehungen zum E_S/N_0-Maß werden im Anhang C.2.3 ab Seite 779 hergeleitet.

13.2 Viterbi-Algorithmus

13.2.1 Viterbi-Detektion endlicher Datenfolgen

Das Maximum-Likelihood-Kriterium (13.1.18) sagt aus, dass unter sämtlichen möglichen ungestörten Empfangsfolgen diejenige auszuwählen ist, welche die minimale euklidische Distanz zur aktuell beobachteten gestörten Empfangsfolge aufweist. Nimmt man eine endliche Sendefolge der Länge L an, so existieren bei M-stufiger Übertragung M^L verschiedene mögliche Empfangsfolgen – die Auswahl der korrekten Folge durch Durchspielen sämtlicher Möglichkeiten führt bereits bei kurzen Datenfolgen zu einem extrem hohen Aufwand.

Die Lösung dieses Problems bietet der bekannte *Viterbi-Algorithmus*. Er basiert auf zwei entscheidenden Grundgedanken:

1. *Das Maximum-Likelihood-Funktional (13.1.17b) kann rekursiv berechnet werden.*

2. *Während dieser Rekursion kann bereits ein Großteil der Sequenzen ausgeschieden werden, so dass letztlich nur ein Bruchteil aller möglichen Datensequenzen bis zum Ende der Übertragung verfolgt werden muss.*

Dieser Algorithmus wurde 1967 von Viterbi zur Decodierung von Faltungscodes angegeben [Vit67]. Die Anwendbarkeit des Viterbi-Algorithmus zur Maximum-Likelihood-Detektion von Datenfolgen unter Intersymbol-Interferenz-Bedingungen, also zur „Entfaltung" von linear verzerrten Empfangsfolgen, wurde fünf Jahre später von Forney erkannt [For72, For73], wobei er durch die im letzten Abschnitt hergeleitete Empfängerstruktur unter Einbeziehung eines Dekorrelationsfilters auf ein euklidisches Abstandsmaß kommt. Ungerboeck zeigte 1974 darüber hinaus, dass auch die Empfängerstruktur ohne Dekorrelationsfilter, also der Empfänger gemäß Bild 13.1.2, die Anwendung des Viterbi-Algorithmus erlaubt, wobei dann das euklidische Abstandsmaß durch die modifizierte Metrik (13.1.10) zu ersetzen ist. Für die folgenden Betrachtungen wollen wir den Forney-Empfänger zugrunde legen, uns also auf die euklidische Metrik beschränken.

Zur anschaulichen Erläuterung des Viterbi-Detektors betrachten wir den Spezialfall eines Kanals 2. Ordnung bei zweistufiger Übertragung. **Bild 13.2.1** zeigt das Symboltakt-Modell des Übertragungssystems. Die Koeffizienten $h(0), h(1), h(2)$ beschreiben hierbei

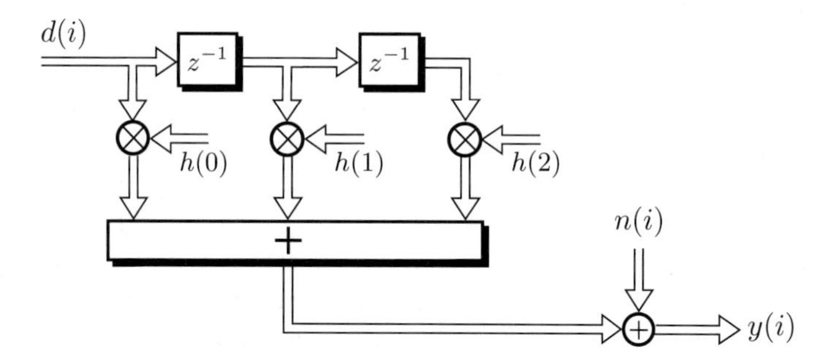

Bild 13.2.1: Symboltaktmodell eines Übertragungssystems für einen Kanal 2. Ordnung

die im Symboltakt abgetastete Impulsantwort des gesamten Übertragungssystems, bestehend aus Sendefilter, Kanal, Empfangs-Matched-Filter und Dekorrelationsfilter; $n(i)$ stellt eine Musterfunktion eines weißen, gaußverteilten Rauschprozesses dar.

Der *Kanalzustand* wird durch den Inhalt der Speicher festgelegt; dementsprechend wird für eine Kanalimpulsantwort der Länge ℓ definiert

$$S(i) = \{d(i-1), d(i-2), \cdots, d(i-\ell+1)\}. \tag{13.2.1}$$

Im vorliegenden Falle kann der Kanal vier mögliche Zustände $S_0, \cdots, S_3$ annehmen, falls das Datensignal zweistufig angesetzt wird. Für die folgenden Betrachtungen nehmen wir BPSK, also das Datenalphabet $d(i) \in \{1, -1\}$ an; damit gilt

$$S_0 = \{1, 1\}; \quad S_1 = \{1, -1\}; \quad S_2 = \{-1, 1\}; \quad S_3 = \{-1, -1\}.$$

Aufgrund des Kanalgedächtnisses $\ell - 1 = 2$ ist zwischen den Zeitpunkten $i-1$ und i nicht jeder beliebige Zustandsübergang möglich. So können z.B. auf den Zustand S_0 nicht die Zustände S_1 und S_3 folgen, da die im ersten Speicherelement enthaltene Eins im nächsten Abtasttakt auf die zweite Speicherzelle verschoben wird. Die möglichen Zustandsübergänge für einen Kanal 2. Ordnung sind in **Bild 13.2.2** graphisch veranschaulicht.

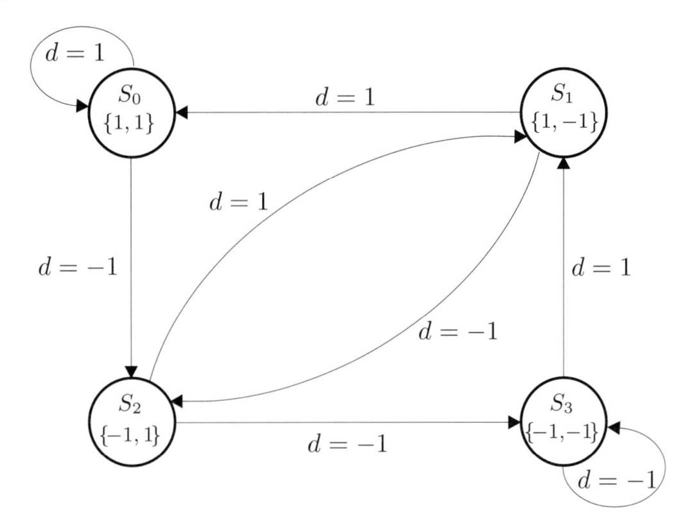

Bild 13.2.2: Mögliche Zustandsübergänge für einen Kanal 2. Ordnung (zweistufige Übertragung)

Die *zeitliche Folge* von Zustandsübergängen wird anhand des sogenannten *Trellis-Diagramms*[4] dargestellt. Für zweistufige Übertragung über einen Kanal 2. Ordnung ist in **Bild 13.2.3** ein solches Diagramm wiedergegeben. Dabei werden als Beispiel endliche Sendefolgen der Länge $L = 6$ angesetzt und zusätzlich angenommen, dass sich das System zu Beginn und nach Abschluss der Übertragung im Zustand $S_0 = \{1, 1\}$ befindet: Es handelt sich damit um ein so genanntes *terminiertes Trellis*.

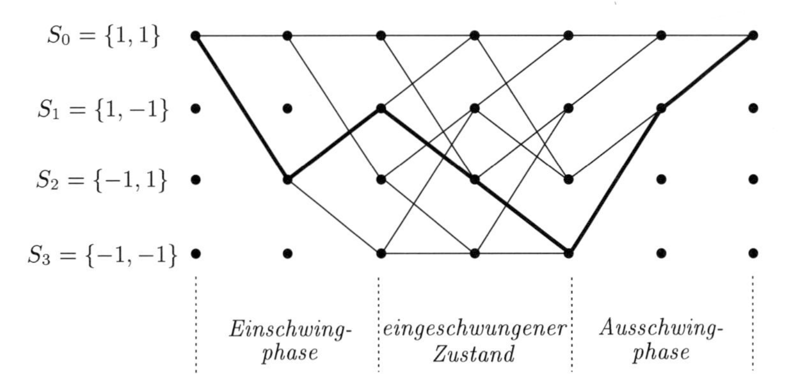

Bild 13.2.3: Trellis-Diagramm für einen Kanal 2. Ordnung bei zweistufiger Übertragung

Der zur speziellen Sendefolge

$$\mathbf{d} = [-1,\ 1,\ -1,\ -1,\ 1,\ 1]^T$$

gehörige Pfad ist durch eine starke Linie hervorgehoben. Die letzten beiden Symbole

[4] engl. Trellis = Gitter, Netz

bewirken, dass alle Pfade im Zustand S_0 enden – man bezeichnet eine zur Terminierung des Trellis angefügte Datenfolge als *Tailbits.*

Die spezifische Trellisstruktur wird durch die möglichen Zustandsübergänge (*Transitionen*) festgelegt. Zur formalen Beschreibung der Übergänge von den Zuständen S_j nach S_k werden entsprechende Mengen-Zuordnungen vorgenommen:

- $\mathcal{T}r(S_k)$ beschreibt die Menge derjenigen Zustände, die im folgenden Schritt auf den Zustand S_k führen.

Für den betrachteten Fall $\ell = 3$ gilt beispielsweise

$$\begin{aligned} \mathcal{T}r(S_0) &= \{S_0, S_1\}, \qquad \mathcal{T}r(S_1) = \{S_2, S_3\} \\ \mathcal{T}r(S_2) &= \{S_0, S_1\}, \qquad \mathcal{T}r(S_3) = \{S_2, S_3\}. \end{aligned} \tag{13.2.2}$$

Allgemein ist die *Anzahl von möglichen Zuständen* während der eingeschwungenen Phase durch die Ordnung des Kanals $\ell - 1$ und die Stufigkeit M des Sendesignals festgelegt; man bezeichnet diesen Wert als *Trellistiefe*

$$N_{\text{Trellis}} = M^{\ell-1}. \tag{13.2.3a}$$

Die Anzahl möglicher Transitionen zwischen zwei benachbarten Zeitpunkten ist durch

$$N_{\text{Trans}} = M \cdot M^{\ell-1} = M^{\ell} \tag{13.2.3b}$$

gekennzeichnet. Eine Trellistiefe von $N_{\text{Trellis}} = 4$ wird wie hier gezeigt durch einen Kanal 2. Ordnung bei zweistufiger Übertragung erreicht, ergibt sich aber ebenso bei einer Stufigkeit von $M = 4$ und einem Kanalgedächtnis von $\ell - 1 = 1$. Die Zahl der Transitionen ist in diesem Falle $N_{\text{Trans}} = 4^2 = 16$, also gegenüber dem zuerst betrachteten Beispiel verdoppelt. Dementsprechend erhält man eine veränderte Struktur des Trellis-Diagramms, wie **Bild 13.2.4** zeigt. Als Beispiel wird hier eine QPSK-Übertragung mit $d(i) \in \{1, j, -1, -j\}$ betrachtet. Der zum speziellen Symbolvektor

$$\mathbf{d} = [1, -1, j, -j, 1]^T$$

gehörige Pfad ist durch eine starke Linie hervorgehoben.

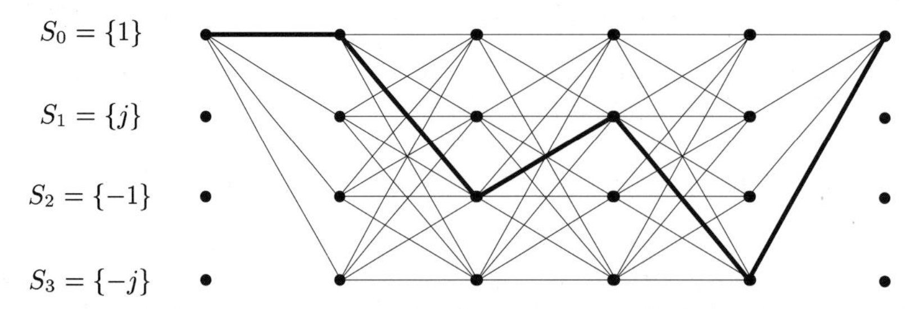

Bild 13.2.4: Trellisdiagramm für einen Kanal 1. Ordnung bei vierstufiger Übertragung

Im Gegensatz zu höhergradigen Kanälen sind bei einem Kanal 1. Ordnung sämtliche Übergänge zwischen beliebigen Zuständen möglich. Die erläuterten Trellis-Diagramme bestehen bei einer endlichen Länge L der gesendeten Datenfolge aus M^L möglichen Pfaden. Bei einem Kanalgrad von $\ell - 1$ beträgt die Länge eines jeden Pfades $L + \ell - 1$ entsprechend der Faltung der Eingangsfolge mit der Kanalimpulsantwort.

Die Aufgabe besteht nun darin, die euklidischen Distanzen zwischen der Empfangsfolge und allen möglichen Pfaden zu berechnen und denjenigen Pfad mit der geringsten Distanz auszuwählen. Das in (13.1.17b) in Matrix-Schreibweise formulierte Maximum-Likelihood-Funktional lässt sich auch durch eine Summe ausdrücken – in dieser Form wird es auch als *Summenpfadkosten* bezeichnet. Für den μ-ten Pfad gilt bis zum Zeitpunkt i_0

$$\Lambda_\mu(i_0) = \sum_{i=0}^{i_0} |y(i) - h(i) * d_\mu(i)|^2 = \Lambda_\mu(i_0 - 1) + \underbrace{|y(i_0) - h(i) * d_\mu(i)|_{i=i_0}|^2}_{\lambda_\mu(i_0)}$$

$$\text{mit} \quad \mu \in \{0, \cdots, M^L - 1\}. \quad (13.2.4)$$

Die Berechnung kann also entsprechend dem ersten Kerngedanken des Viterbi-Algorithmus rekursiv vorgenommen werden; der zum Zeitpunkt i_0 neu hinzukommende Anteil $\lambda_\mu(i_0)$ wird als *inkrementelle Pfadkosten* oder als *Metrikinkrement* bezeichnet.

Der zweite Kerngedanke des Viterbi-Algorithmus, dass zur Bestimmung der minimalen Distanz am Ende der Übertragung nicht sämtliche M^L Pfade im Trellis-Diagramm verfolgt werden müssen, wird wieder anhand eines Kanals 2. Ordnung bei zweistufiger Übertragung demonstriert.

Jedem der vier Zustände $S_0, \cdots, S_3$ sind bei rauschfreier Übertragung zwei Signalniveaus am Ausgang des Kanals gemäß Bild 13.2.1 zuzuordnen, je nachdem, ob der aktuelle Datenwert $d(i)$ am Kanaleingang als 1 oder -1 angenommen wird. Für das betrachtete Beispiel sind diese Signalniveaus in Tabelle 13.2.1 aufgeführt. Die inkrementellen Pfadkosten

Tabelle 13.2.1: Ungestörte Signalniveaus, BPSK, $n = 2$

$S_j \to S_k$	z_{jk}	$S_j \to S_k$	z_{jk}
$S_0 \to S_0$	$h(0) + h(1) + h(2)$	$S_2 \to S_1$	$h(0) - h(1) + h(2)$
$S_0 \to S_2$	$-h(0) + h(1) + h(2)$	$S_2 \to S_3$	$-h(0) - h(1) + h(2)$
$S_1 \to S_0$	$h(0) + h(1) - h(2)$	$S_3 \to S_1$	$h(0) - h(1) - h(2)$
$S_1 \to S_2$	$-h(0) + h(1) - h(2)$	$S_3 \to S_3$	$-h(0) - h(1) - h(2)$

ergeben sich aus den euklidischen Abständen dieser Werte zum aktuellen Empfangswert.

$$\lambda_{jk}(i) = |y(i) - z_{jk}|^2 \quad (13.2.5)$$

Zur Aktualisierung der Summenpfadkosten Λ_k des Zustand S_k werden die inkrementellen Pfadkosten von sämtlichen Vorgängerzuständen S_j nach S_k berechnet und zu den alten

Summenpfadkosten Λ_j der Vorgängerzustände hinzuaddiert. Die minimale Summe führt zur Auswahl der Transition von S_j nach S_k; die errechnete Summe wird als aktualisierte Summenpfadkosten des Zustandes S_k eingesetzt. Formal lautet die Rechenvorschrift

$$\Lambda_k(i) = \min_{S_j \in \mathcal{T}r(S_k)} \{\Lambda_j(i-1) + \lambda_{jk}(i)\}, \tag{13.2.6}$$

wobei die vorangegangenen Zustände S_j sich aus den Trellis-spezifischen Mengendefinitionen ergeben – für $\ell = 3$ z.B. aus (13.2.2). In (13.2.6) wird nur der Pfad mit den minimalen Summenpfadkosten weiterverfolgt – man bezeichnet diesen Pfad als *überlebenden Pfad (surviving path)*. Alle anderen bisher berücksichtigten Pfade besitzen höhere Pfadkosten und können somit am Ende des Trellis niemals mehr eine geringere Distanz zur Empfangsfolge aufweisen als der überlebende Pfad. Von jedem Zustand aus wird also jeweils nur ein Pfad weiter verfolgt. Sind zwei Summenpfadkosten gleich, so ergeht eine Zufallsentscheidung.

- **Beispiel: Berechnung der Summenpfadkosten**
  Zur Veranschaulichung betrachten wir wieder eine zweistufige Übertragung über einen Kanal 2. Ordnung. Ein Ausschnitt aus dem zugehörigen Trellis-Diagramm ist in **Bild 13.2.5** wiedergegeben. Die Kanalimpulsantwort sei $\mathbf{h} = [0,5 \;\; 1,0 \;\; 0,5]^T$.

  Die hieraus resultierenden möglichen Werte des rauschfreien Empfangssignals lauten gemäß Tabelle 13.2.1

$$z_{00} = 2; \quad z_{02} = 1; \quad z_{10} = 1; \quad z_{12} = 0;$$
$$z_{21} = 0; \quad z_{23} = -1; \quad z_{31} = -1; \quad z_{33} = -2.$$

  Der zum Zeitpunkt i am Dekorrelationsfilter-Ausgang liegende Wert sei $y(i) = 1,1$; hierfür werden die inkrementellen Pfadkosten nach (13.2.5) berechnet:

$$\lambda_{00}(i) = 0,81; \quad \lambda_{02}(i) = 0,01; \quad \lambda_{10}(i) = 0,01; \quad \lambda_{12}(i) = 1,21;$$
$$\lambda_{21}(i) = 1,21; \quad \lambda_{23}(i) = 4,41; \quad \lambda_{31}(i) = 4,41; \quad \lambda_{33}(i) = 9,61.$$

  Die Aktualisierung der Summenpfadkosten basiert auf den in der vorangegangenen Stufe berechneten Summenpfadkosten $\Lambda_j(i-1)$, die in Bild 13.2.5 eingetragen sind:

$$\left.\begin{aligned} \Lambda_0(i-1) + \lambda_{00}(i) &= 1,11 \\ \Lambda_1(i-1) + \lambda_{10}(i) &= 1,91 \end{aligned}\right\} \quad \Rightarrow \quad \Lambda_0(i) = 1,11$$

$$\left.\begin{aligned} \Lambda_2(i-1) + \lambda_{21}(i) &= 1,41 \\ \Lambda_3(i-1) + \lambda_{31}(i) &= 5,21 \end{aligned}\right\} \quad \Rightarrow \quad \Lambda_1(i) = 1,41$$

$$\left.\begin{aligned} \Lambda_0(i-1) + \lambda_{02}(i) &= 0,31 \\ \Lambda_1(i-1) + \lambda_{12}(i) &= 3,11 \end{aligned}\right\} \quad \Rightarrow \quad \Lambda_2(i) = 0,31$$

$$\left.\begin{aligned}\Lambda_2(i-1)+\lambda_{23}(i)&=4,61\\ \Lambda_3(i-1)+\lambda_{33}(i)&=10,41\end{aligned}\right\}\quad\Rightarrow\quad\Lambda_3(i)=4,61.$$

In Bild 13.2.5 sind die überlebenden Pfade mit durchgehenden, die verworfenen Pfade mit gestrichelten Linien dargestellt.

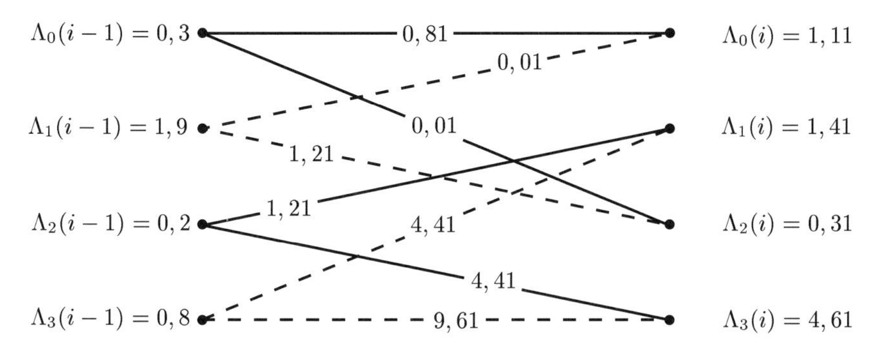

Bild 13.2.5: Zur Veranschaulichung der Berechnung der Summenpfadkosten

Wir betrachten abschließend die schrittweise Entwicklung des optimalen Pfades anhand der unter Bild 13.2.1 dargestellten zweistufigen Übertragung über einen Kanal 2. Ordnung. **Bild 13.2.6** zeigt ein Beispiel für diesen Vorgang: Ausgehend vom Anfangszustand $S_0 = \{1, 1\}$ bestehen zunächst zu den Zeitpunkten $i = 0$ und $i = 1$ keine Alternativen über die möglichen Pfadentwicklungen. Erst ab $i = 2$, also im eingeschwungenen Zustand, werden die überlebenden Pfade ausgewählt, d.h. von jedem Zustand aus wird nur der Pfad mit den geringsten Summenpfadkosten weiter verfolgt, während die gestrichelt eingetragenen Pfade wie dargestellt enden. In jedem Schritt wird den vier Zuständen jeweils ein aktualisierter Datenvektor zugeordnet, dessen Länge sich schrittweise erhöht. Der neue Datenvektor enthält neben dem vorangegangenen Datenvektor desjenigen Zustandes, von dem aus der aktuelle Zustand erreicht wurde, einen neuen Datenwert $d(i)$, der sich aus der jeweiligen Transition ergibt. Während der Ausschwingphase ($i = 4, 5$) ist zu berücksichtigen, dass nur noch bestimmte Zustände durchlaufen werden können, um den definierten Endzustand S_0 zu erreichen. Im vorliegenden Beispiel ergibt sich schließlich der in Bild 13.2.6 fett eingetragene Pfad mit dem zugehörigen Datenvektor

$$\mathbf{d} = [-1, 1, -1, -1, 1, 1]^T.$$

13.2.2 Detektion unbegrenzter Datenfolgen

Es wurde gezeigt, dass bei der Übertragung einer endlichen Datenfolge der optimale Pfad mit Hilfe des Viterbi-Algorithmus rekursiv bestimmt werden kann. Der Rechenaufwand

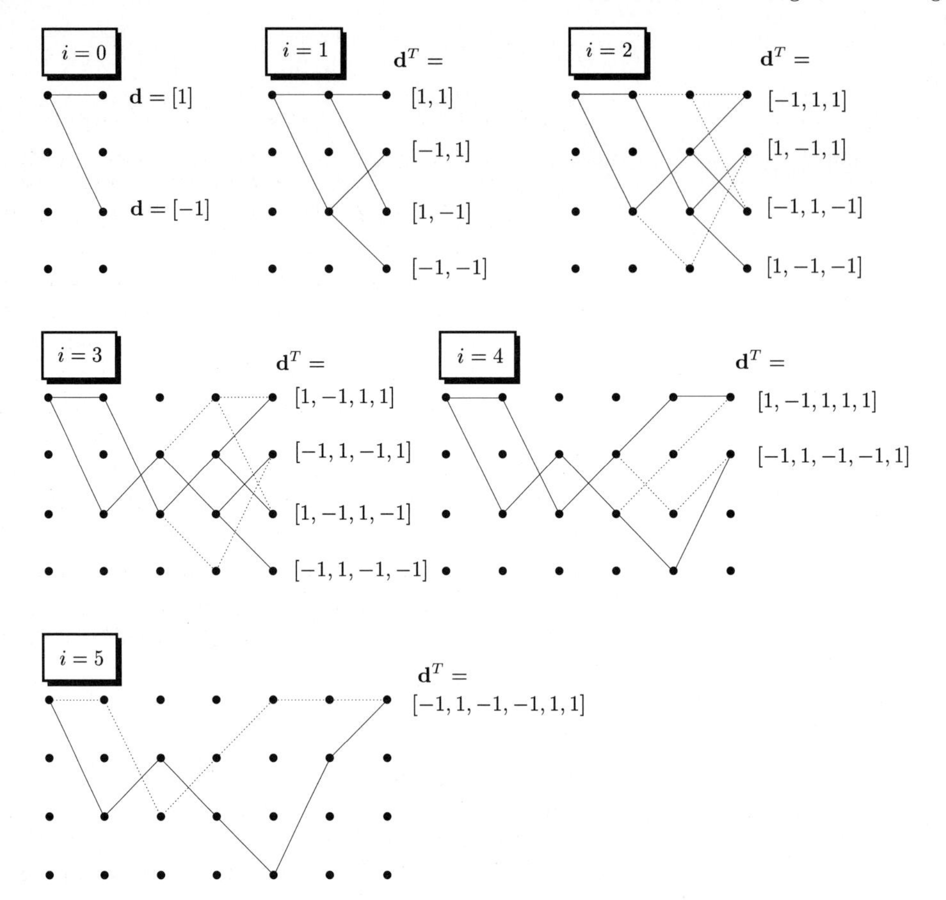

Bild 13.2.6: Beispiel zur schrittweisen Bestimmung des optimalen Pfades bei BPSK-Übertragung über einen Kanal 2. Ordnung

besteht in jeder Stufe (im eingeschwungenen Zustand) aus der Bestimmung von

$$N_{\text{Trans}} = M^{\ell}$$

euklidischen Abständen zwischen den idealen Datenniveaus und dem aktuellen Abtastwert des empfangenen Signals. Der Rechenaufwand pro Datensymbol ist also aufgrund der rekursiven Struktur des Algorithmus unabhängig von der Länge der übertragenen Datensequenz. Das Problem liegt jedoch darin, dass die Länge der abzuspeichernden Datenvektoren sich mit jedem Iterationsschritt um eins erhöht: Bei fortlaufender Datenübertragung würde hieraus also ein akkumulierender Speicherplatzbedarf erwachsen. Praktische Beobachtungen zeigen jedoch, dass die von einem Zeitpunkt i_0 aus zurückverfolgten überlebenden Pfade sich *nach einer endlichen Anzahl von Schritten* $i_{\max}$ *vereinigen.* Das bedeutet, dass die um $i_{\max}$ Symboltakte zurückliegenden $M^{\ell-1}$ Datenvektoren identische Werte aufweisen. Unter der Voraussetzung einer Pfadvereinigung kann also zum Zeitpunkt i_0 eine Entscheidung über den Datenwert $d(i_0 - i_{\max})$ getroffen werden. Damit enthält der Viterbi-Detektor eine *Entscheidungsverzögerung von* $i_{\max}$

Takten. Trifft die Hypothese der Pfadvereinigung zu, so ist der Viterbi-Detektor auch für fortlaufende Datenübertragung optimal.

Die Eigenschaft der Pfadvereinigung wird in **Bild 13.2.7** anhand eines Beispiels demonstriert: Angesetzt wird eine zweistufige Übertragung $d(i) \in \{-1, 1\}$, die Kanalimpulsantwort ist $\mathbf{h} = [1, 1, 1]^T$, das S/N-Verhältnis beträgt $E_b/N_0 = 6$ dB.

Dargestellt sind hier bei fortlaufender Übertragung die jeweils überlebenden Pfade zu den Zeitpunkten i_0, $i_0 + 1$, $i_0 + 2$, $i_0 + 3$. Während der ersten drei Zeitpunkte sieht man zwei über eine größere Länge divergierende Pfade (Pfadvereinigung bei $i_{\max} = 9$). Mit $i = i_0 + 3$ stirbt dann einer dieser beiden divergierenden Pfade dadurch ab, dass keiner der möglichen Zustände mehr vom Zustand S_0 aus erreicht wird (durch den der divergierende Pfad im vorangegangenen Zyklus verlief). Die Pfadvereinigung findet nun bereits nach $i_{\max} = 2$ Schritten statt.

Es ist sehr schwierig, über die Zeitpunkte der Pfadvereinigungen allgemeine Aussagen herzuleiten, da diese stark von den jeweiligen Kanalkoeffizienten abhängen. Entscheidend ist aber auch nur die Angabe einer maximalen Zeit für die Pfadvereinigung unter ungünstigsten Übertragungsbedingungen, da dieser Wert die notwendige Speichertiefe für die Datenspeicher festlegt. Eine zu hoch gewählte Speichertiefe hat keine negativen Auswirkungen auf die Fehlerwahrscheinlichkeit (führt allerdings zu einer Erhöhung der Entscheidungsverzögerung).

Als Erfahrungswert für die maximale Pfadvereinigungslänge gilt in der Praxis der fünffache Wert des Kanalgedächtnisses

$$i_{\max} \leq 5 \cdot (\ell - 1);$$

für einen Kanal 2. Ordnung ergibt sich also $i_{\max} \leq 10$, was durch die in Bild 13.2.7 betrachteten Beispiele bestätigt wird. Die Viterbi-Detektion unbegrenzter Datenfolgen wird also wie folgt durchgeführt. Es wird fortlaufend die Aktualisierung der Summenpfadkosten vorgenommen wie im letzten Abschnitt für endliche Datenfolgen beschrieben. Durch Auswahl der minimalen Summenkostenwerte werden den verschiedenen Zuständen ständig aktualisierte Datenvektoren zugeordnet und in entsprechenden Registern abgelegt. Dabei wird eine endliche Registerlänge von $i_{\max}$ festgelegt. Die jeweils ältesten Datenwerte werden durch die aktuellen Datenwerte überschrieben, die sich aus den letzten Zustandsübergängen ergeben. Als entschiedene Daten werden die jeweils ältesten Register-Inhalte ausgegeben: Im Falle der Pfadvereinigung müssten diese Werte in allen $M^{\ell-1}$ Registern übereinstimmen. Um jedoch auch bei nicht vollzogener Pfadvereinigung eine günstige (suboptimale) Fehlerwahrscheinlichkeit zu erreichen, wird der Inhalt desjenigen Registers ausgewählt, dem die geringsten aktuellen Summenpfadkosten zugeordnet sind.

Es besteht noch ein letztes Problem, das sich aus der Akkumulation der Summenpfadkosten ergibt. Im praktischen Betrieb tritt dabei nach einiger Zeit eine Überschreitung des darstellbaren Zahlenbereiches ein. Da es jedoch nicht auf die absoluten Werte der Summenpfadkosten sondern lediglich auf ihren relativen Vergleich ankommt, kann zu jedem beliebigen Zeitpunkt von sämtlichen Werten ein konstanter Betrag subtrahiert werden. Dieses geschieht in praktischen Detektoren, sobald eine festgelegte Schwelle durch einen der Summenpfadkosten-Werte überschritten wird. Eine andere Möglichkeit besteht dar-

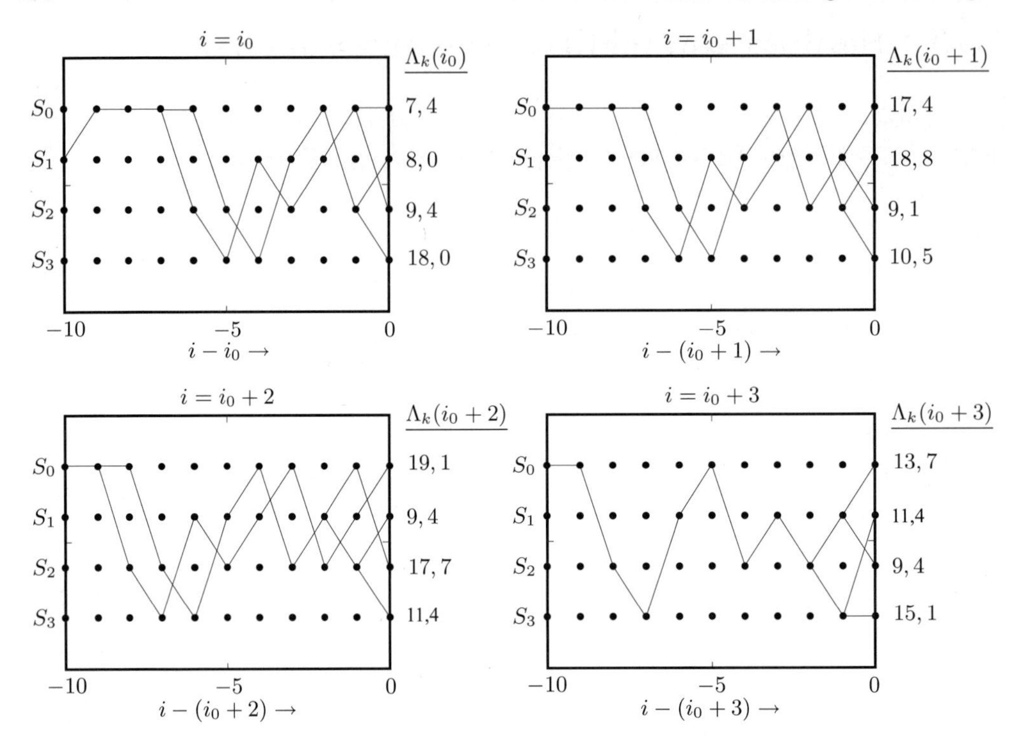

Bild 13.2.7: Demonstration der Pfadvereinigung bei Viterbi-Detektion

in, von sämtlichen Summenpfadkosten den ohnehin zu bestimmenden Minimalwert zu subtrahieren. Dem optimalen Pfad sind dadurch grundsätzlich die Summenpfadkosten null zugeordnet.

13.3 Einfluss von additivem Kanalrauschen

13.3.1 Fehlerwahrscheinlichkeit bei Viterbi-Detektion

Der in den vorangegangenen Abschnitten hergeleitete Viterbi-Detektor realisiert den idealen Empfänger für einen gedächtnisbehafteten Kanal und muss somit zur minimal möglichen Fehlerwahrscheinlichkeit führen[5]. Wir untersuchen zunächst die Wahrscheinlichkeit für ein beliebiges Fehlerereignis. Ein solches liegt dann vor, wenn der geschätzte Pfad infolge von Rauscheinflüssen über eine gewisse Zeit vom wahren Pfad im Trellisdiagramm abweicht. **Bild 13.3.1** zeigt ein solches Ereignis am Beispiel einer zweistufigen Übertragung bei einem Kanalgedächtnis $\ell - 1 = 2$.

Der Zeitpunkt $i = i_0$ markiert hier den Beginn einer Pfadabweichung; bei $i = i_0 + L_f - 1$ vereinigen sich der geschätzte und der wahre Pfad wieder. Für die in (13.2.1) definierten wahren und geschätzten Zustände $S(i)$ und $\hat{S}(i)$ gilt damit

$$S(i_0) = \hat{S}(i_0) \tag{13.3.1a}$$

$$S(i_0 + L_f - 1) = \hat{S}(i_0 + L_f - 1) \tag{13.3.1b}$$

$$S(i) \neq \hat{S}(i) \quad \text{für} \;\; i_0 < i < i_0 + L_f - 1. \tag{13.3.1c}$$

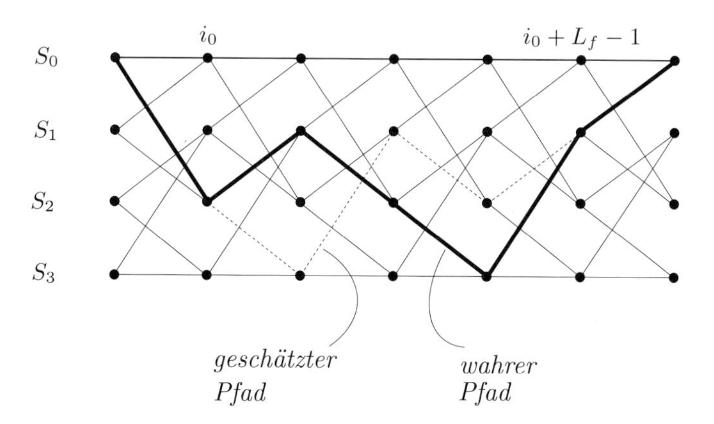

Bild 13.3.1: Veranschaulichung eines Fehlerereignisses

Damit der zum Zeitpunkt i_0 geschätzte nachfolgende Zustand vom wahren Zustand abweicht, muss die Datenhypothese zum Zeitpunkt i_0 falsch sein

$$d(i_0) \neq \hat{d}(i_0), \tag{13.3.2a}$$

[5] Bei unbegrenzten Datenfolgen muss die Voraussetzung der Pfadvereinigung nach $i_{\max}$ Symbolintervallen erfüllt sein.

während der letzte falsche Datenwert vor der Pfadvereinigung zum Zeitpunkt $i_0 + L_f - \ell$ eintreten darf; nach $\ell - 1$ Schritten ist dann wieder der korrekte Zustand $S(i_0 + L_f - 1)$ erreicht:

$$d(i_0 + L_f - \ell) \neq \hat{d}(i_0 + L_f - \ell). \tag{13.3.2b}$$

Wir definieren einen *Fehlervektor* $\mathbf{e}$, der ein bestimmtes Fehlerereignis repräsentiert:

$$\mathbf{e} = [e_0, e_1, \cdots, e_{L_e-1}]^T; \quad L_e = L_f - (\ell - 1) \tag{13.3.3a}$$

mit

$$e_\nu = \frac{1}{d_{\min}} \left(d(i_0 + \nu) - \hat{d}(i_0 + \nu) \right). \tag{13.3.3b}$$

Dabei wird eine Normierung auf die minimale Distanz im Signalraum $d_{\min}$ vorgenommen, so dass gilt

$$|e_\nu| \geq 1 \quad \text{für} \quad d(i_0 + \nu) \neq \hat{d}(i_0 + \nu) \tag{13.3.4a}$$

$$e_\nu = 0 \quad \text{für} \quad d(i_0 + \nu) = \hat{d}(i_0 + \nu). \tag{13.3.4b}$$

Aufgrund der Bedingungen (13.3.2a) und (13.3.2b) dürfen das erste und das letzte Element des Fehlervektors nicht verschwinden

$$e_0 \neq 0, \quad e_{L_e-1} \neq 0; \tag{13.3.5}$$

dazwischen können Nullen auftreten, auch wenn das Fehlerereignis noch nicht abgeschlossen ist.

In den folgenden Betrachtungen gehen wir davon aus, dass zum Zeitpunkt i_0 der korrekte Zustand geschätzt wurde und danach ein Fehlerereignis $\mathcal{E}(\mathbf{e})$ beginnt, das zu dem Fehlervektor $\mathbf{e}$ führt; hierfür sind die folgenden beiden Einzelereignisse maßgebend:

$\mathcal{E}_1$: Der Fehlervektor $\mathbf{e}$ darf nur bestimmte Werte annehmen, die im Einklang mit der Signalraumverteilung der Daten stehen müssen. Die A-priori-Wahrscheinlichkeit derjenigen Sendedaten, die zu einem bestimmten Fehlervektor-Element führen, ist abhängig von der Statistik des Sendesignals.

$\mathcal{E}_2$: Die Summenpfadkosten des falsch geschätzten Pfades müssen geringer sein als die des korrekten Pfades.

Da $\mathcal{E}_1$ ausschließlich von der A-priori-Statistik der Sendedaten bestimmt wird, während $\mathcal{E}_2$ vom Kanalzustand abhängt, sind beide unabhängig voneinander – das Gesamtereignis wird daher durch das Produkt der Einzelwahrscheinlichkeiten von $\mathcal{E}_1$ und $\mathcal{E}_2$ beschrieben.

$$\Pr\{\mathcal{E}(\mathbf{e})\} = \Pr\{\mathcal{E}_1\} \cdot \Pr\{\mathcal{E}_2\} \tag{13.3.6}$$

Berechnung der Wahrscheinlichkeit für das Ereignis $\mathcal{E}_1$. Zur Berechnung des ersten Terms in (13.3.6) legt man zunächst den speziellen Fehlervektor $\mathbf{e}$ fest, dessen Auftrittswahrscheinlichkeit ermittelt werden soll. $\Pr\{\mathcal{E}_1\}$ beschreibt die A-priori-Wahrscheinlichkeit derjenigen Sendedaten-Folge, die zum Fehlervektor $\mathbf{e}$ führt. Als Beispiel betrachten wir eine QPSK-Übertragung. **Bild 13.3.2b** zeigt die möglichen Werte,

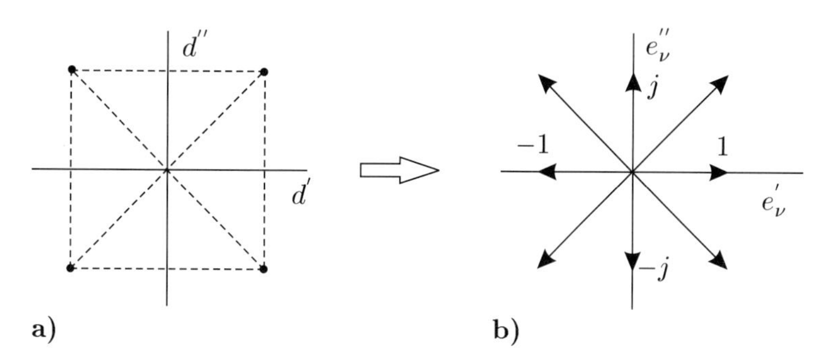

Bild 13.3.2: Zur Veranschaulichung verschiedener Fehlerwerte bei QPSK

die jedes Fehlervektor-Element annehmen kann. Sie ergeben sich aus den möglichen Differenzen zwischen den wahren und den geschätzten Daten, die in Bild 13.3.2a durch gestrichelte Linien markiert sind. So ergibt sich z.B. der Fehlerwert $e_\nu = 1$ für das gesendete Datum $d(i_0 + \nu) = 1 + j$ oder für $d(i_0 + \nu) = 1 - j$; die Wahrscheinlichkeit dafür, dass eines dieser beiden Daten auftritt, beträgt $2/4 = 1/2$. Der gleiche Wert ergibt sich für $e_\nu = -1$ und $e_\nu = \pm j$, während die Fehler $e_\nu = \pm(1 \pm j)$ jeweils mit der A-priori-Wahrscheinlichkeit $1/4$ auftreten. Da der Fehlervektor $\mathbf{e}$ aus L_e unabhängigen Komponenten besteht, gilt für die Wahrscheinlichkeit des Ereignisses $\mathcal{E}_1$

$$\Pr\{\mathcal{E}_1\} = \prod_{\nu=0}^{L_e-1} \frac{m(e_\nu)}{M}. \tag{13.3.7}$$

Dabei bezeichnet $m(e_\nu)$ die Anzahl derjenigen Sendedaten aus dem M-stufigen Signalraum, die auf den Fehler e_ν führen können.

- **Beispiel: Pr$\{\mathcal{E}_1\}$ für 8-PSK.** Wir betrachten eine 8-PSK-Übertragung mit der Signalraum-Verteilung gemäß **Bild 13.3.3a**. Ohne Beschränkung der Allgemeinheit wird eine Anfangsphase von $\lambda = \pi/8$ gewählt. Die möglichen Werte für die Fehlervektor-Elemente ergeben sich aus der Gesamtheit der möglichen Differenzen zwischen zwei 8-PSK-Punkten. In Bild 13.3.3b sind einige Beispiele von Fehlerwerten wiedergegeben; die zugehörigen Daten-Differenzen sind in Bild 13.3.3a fett hervorgehoben.

  Wir betrachten den willkürlich gewählten Fehlervektor

  $$\mathbf{e} = [a, b, d, 0, c]^T.$$

  Die Fehler a,b,c können sich jeweils für zwei Sendedaten ergeben (vgl. Bild 13.3.3a), also gilt

  $$m(a) = m(b) = m(c) = 2,$$

  während der Fehler d nur für einen einzigen gesendeten 8-PSK-Punkt möglich ist, d.h. $m(d) = 1$.

  Schließlich ist der Fehler $e = 0$ für alle Sendedaten möglich, also $m(0) = 8$.

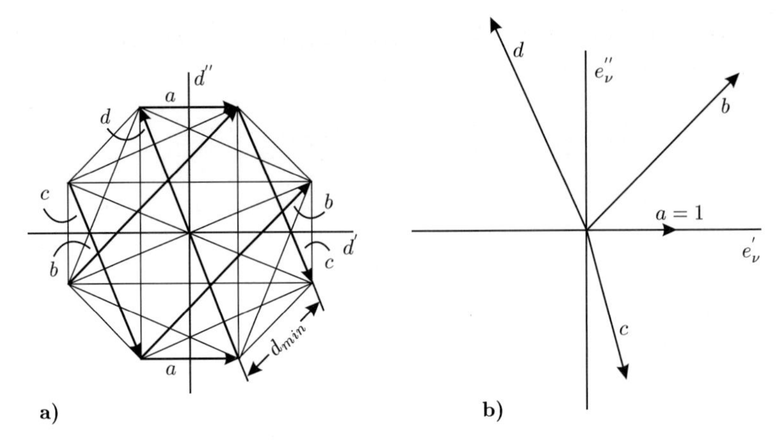

Bild 13.3.3: Mögliche Fehlerwerte bei 8-PSK

Mit diesen Werten ergibt sich unter dem festgelegten Fehlervektor

$$\Pr\{\mathcal{E}_1\} = \frac{2}{8} \cdot \frac{2}{8} \cdot \frac{1}{8} \cdot \frac{8}{8} \cdot \frac{2}{8} = \frac{1}{512}.$$

Berechnung der Wahrscheinlichkeit für das Ereignis $\mathcal{E}_2$. Es ist weiterhin die Wahrscheinlichkeit dafür zu berechnen, dass die Summenpfadkosten des geschätzten Pfades geringer als die des wahren Pfades sind. Bezeichnen $\mathbf{Y}$ den Vektor des Prozesses am Dekorrelator-Ausgang

$$\mathbf{Y} = [Y(i_0), Y(i_0+1), \cdots, Y(i_0+L_f-1)]^T, \tag{13.3.8a}$$

$\mathbf{d}$ und $\hat{\mathbf{d}}$ den wahren bzw. geschätzten Datenvektor[6]

$$\mathbf{d} = [d(i_0), d(i_0+1), \cdots, d(i_0+L_e-1)]^T \tag{13.3.8b}$$

$$\hat{\mathbf{d}} = [\hat{d}(i_0), \hat{d}(i_0+1), \cdots, \hat{d}(i_0+L_e-1)]^T \tag{13.3.8c}$$

und $\mathbf{H}$ die $L_f \times L_e$-dimensionale Faltungsmatrix des Kanals (Symboltaktmodell unter Einbeziehung eines Dekorrelationsfilters), so lässt sich die gesuchte Wahrscheinlichkeit in folgender Form schreiben:

$$\Pr\{\mathcal{E}_2\} = \Pr\left\{||\mathbf{Y} - \mathbf{H}\,\hat{\mathbf{d}}||^2 < ||\mathbf{Y} - \mathbf{H}\,\mathbf{d}||^2\right\}. \tag{13.3.9}$$

Das empfangene Signal $Y(i)$ besteht aus der Faltung der gesendeten Daten mit der Symboltakt-Impulsantwort $h(i)$ und einem überlagerten weißen, gaußverteilten Rauschprozess $N(i)$. Fasst man die Rauschgröße für das Zeitintervall $i_0 \leq i \leq i_0 + L_f - 1$ in einem Vektor $\mathbf{N}$ zusammen, so gilt

$$\mathbf{Y} = \mathbf{H}\,\mathbf{d} + \mathbf{N}. \tag{13.3.10}$$

[6] Hier wird ein vorgegebener fester Fehlervektor betrachtet; daher werden die zugehörigen Datenvektoren durch Kleinbuchstaben beschrieben.

Diese Beziehung setzt man in (13.3.9) ein. Unter Nutzung der Definition des Fehlervektors (13.3.3a,b) erhält man daraus

$$\Pr\{\mathcal{E}_2\} = \Pr\Big\{||\mathbf{N} + d_{\min}\,\mathbf{H}\,\mathbf{e}||^2 < ||\mathbf{N}||^2\Big\}. \tag{13.3.11}$$

Nach Ausmultiplikation und einigen Umformungen ergibt sich schließlich

$$\Pr\{\mathcal{E}_2\} = \Pr\left\{\mathrm{Re}\{\mathbf{N}^H\mathbf{H}\,\mathbf{e}\} < -\frac{d_{\min}}{2}\,\mathbf{e}^H\mathbf{H}^H\mathbf{H}\,\mathbf{e}\right\}. \tag{13.3.12}$$

Wir wollen den hier hergeleiteten Ausdruck interpretieren. Auf der linken Seite der Ungleichung in (13.3.12) steht eine skalare Größe, die aus einer *Linearkombination* der Komponenten des Rauschvektors $\mathbf{N}^H$, also *unabhängigen, gaußverteilten Zufallsvariablen* gebildet wurde:

$$V \triangleq \mathrm{Re}\{\mathbf{N}^H\mathbf{H}\,\mathbf{e}\}; \tag{13.3.13a}$$

wegen des zentralen Grenzwertsatzes ist V wieder eine gaußverteilte Zufallsvariable; ihre Leistung beträgt[7]

$$\mathrm{E}\left\{V^2\right\} = \frac{1}{2}\,\mathrm{E}\left\{(\mathbf{N}^H\mathbf{H}\,\mathbf{e})^H\cdot(\mathbf{N}^H\mathbf{H}\,\mathbf{e})\right\} = \frac{1}{2}\,\mathbf{e}^H\mathbf{H}^H\mathrm{E}\left\{\mathbf{N}\mathbf{N}^H\right\}\mathbf{H}\,\mathbf{e}. \tag{13.3.13b}$$

Setzt man für

$$\mathrm{E}\{\mathbf{N}\mathbf{N}^H\} = \mathbf{R}_{NN} = \sigma_N^2\cdot\mathbf{I},$$

also die Autokorrelationsmatrix des weißen Rauschens, so folgt für die Leistung der transformierten Rauschgröße

$$\mathrm{E}\left\{V^2\right\} = \frac{\sigma_N^2}{2}\cdot\mathbf{e}^H\mathbf{H}^H\mathbf{H}\,\mathbf{e}. \tag{13.3.13c}$$

Wir definieren hier die für die weiteren Betrachtungen wichtige positive, reelle Größe

$$\gamma^2(\mathbf{e}) = \mathbf{e}^H\mathbf{H}^H\mathbf{H}\,\mathbf{e} \tag{13.3.14}$$

und erhalten damit

$$\mathrm{E}\left\{V^2\right\} = \frac{\sigma_N^2}{2}\cdot\gamma^2(\mathbf{e}). \tag{13.3.15}$$

Wir kommen zurück auf die Interpretation der Gleichung (13.3.12). Auf der rechten Seite der Ungleichung steht ein reeller, negativer, skalarer Wert, der für einen festgelegten Fehlervektor $\mathbf{e}$ und eine festgelegte Kanalimpulsantwort eine Konstante darstellt. Gleichung (13.3.12) beschreibt also die Wahrscheinlichkeit dafür, dass eine gaußsche Zufallsvariable V, deren Leistung wir soeben mit (13.3.15) bestimmt haben, kleiner ist als der Wert $-d_{\min}\,\gamma^2(\mathbf{e})/2$. Für (13.3.12) können wir also schreiben

$$\Pr\{\mathcal{E}_2\} = \int\limits_{-\infty}^{-d_{\min}\gamma^2(\mathbf{e})/2} p_V(v)\,dv, \tag{13.3.16a}$$

[7]Der Faktor $\frac{1}{2}$ ergibt sich aus der Realteilbildung.

wobei die Verteilungsdichtefunktion der gaußschen Variablen V einzusetzen ist:

$$p_V(v) = \frac{1}{\sqrt{\pi\sigma_N^2\gamma^2(\mathbf{e})}} \cdot \exp\left(-\frac{v^2}{\sigma_N^2\gamma^2(\mathbf{e})}\right). \tag{13.3.16b}$$

Nach einigen elementaren Umformungsschritten erhält man das Ergebnis

$$\Pr\{\mathcal{E}_2\} = \frac{1}{2} \cdot \operatorname{erfc}\left(\frac{d_{\min}}{2}\frac{\gamma(\mathbf{e})}{\sigma_N}\right). \tag{13.3.17}$$

Zusammen mit (13.3.6) und (13.3.7) ergibt sich schließlich die Wahrscheinlichkeit für das Auftreten des Fehlervektors $\mathbf{e}$.

$$\Pr\{\mathcal{E}(\mathbf{e})\} = \frac{1}{2}\left[\prod_{\nu=0}^{L_e-1}\frac{m(e_\nu)}{M}\right] \cdot \operatorname{erfc}\left(\frac{d_{\min}}{2}\frac{\gamma(\mathbf{e})}{\sigma_N}\right) \tag{13.3.18}$$

Abschätzung der Symbolfehlerwahrscheinlichkeit. Unser Ziel ist die Berechnung der Symbolfehlerwahrscheinlichkeit. Individuelle Fehlerereignisse der oben beschriebenen Form führen zu unterschiedlich vielen Symbolfehlern, je nachdem wie viele von null verschiedene Elemente der dem Fehlerereignis zugeordnete Fehlervektor aufweist. Wir führen aus diesem Grunde das sogenannte *Hamming-Gewicht* $w(\mathbf{e})$ ein, das die *Anzahl nichtverschwindender Elemente des Vektors* $\mathbf{e}$ angibt. Für die Symbolfehlerwahrscheinlichkeit erhält man dann eine obere Abschätzung, indem über die Wahrscheinlichkeiten sämtlicher möglicher Fehlerereignisse summiert wird (*union bound*, siehe [Pro01], [BBC87]).

$$\begin{aligned} P_S &\leq \sum_{\mathbf{e}} w(\mathbf{e}) \cdot \Pr\{\mathcal{E}(\mathbf{e})\} \\ &= \frac{1}{2}\sum_{\mathbf{e}}\left(\operatorname{erfc}\left(\frac{d_{\min}}{2}\frac{\gamma(\mathbf{e})}{\sigma_N}\right) \cdot w(\mathbf{e}) \prod_{\nu=0}^{L_e-1}\frac{m(e_\nu)}{M}\right) \end{aligned} \tag{13.3.19}$$

Hieraus ist eine stark vereinfachte Form zu gewinnen, wenn man den steilen Abfall der erfc-Funktion nutzt und infolgedessen nur die Summenglieder mit *minimalem Argument* von erfc($\cdot$) berücksichtigt, die die Summe stark majorisieren. Da die Größen $d_{\min}$ und σ_N für vorgegebene Übertragungsbedingungen festliegen, ist der minimale Wert von $\gamma(\mathbf{e})$ einzusetzen

$$\gamma_{\min}^2 = \min_{\mathbf{e}\neq\mathbf{0}}\{\mathbf{e}^H\mathbf{H}^H\mathbf{H}\,\mathbf{e}\}, \tag{13.3.20}$$

d.h. es werden nur Fehlerereignisse berücksichtigt, deren Fehlervektoren der Bedingung (13.3.20) genügen. Damit erhält (13.3.19) die Form

$$P_S \approx \frac{1}{2}K_{\gamma_{\min}} \cdot \operatorname{erfc}\left(\frac{d_{\min}}{2}\frac{\gamma_{\min}}{\sigma_N}\right) \tag{13.3.21a}$$

mit

$$K_{\gamma_{\min}} = \sum_{\mathbf{e}|\gamma_{\min}} w(\mathbf{e}) \prod_{\nu=0}^{L_e-1}\frac{m(e_\nu)}{M}. \tag{13.3.21b}$$

Die Formel (13.3.21a) gilt allgemein – für die verschiedenen Modulationsformen soll die Fehlerwahrscheinlichkeit nun mit Hilfe von E_b/N_0 ausgedrückt werden. Das S/N-Verhältnis am Dekorrelationsfilter-Ausgang beträgt[8]

$$\frac{\overline{|d|^2}}{\sigma_N^2} \cdot \sum_{i=0}^{\ell-1} |h(i)|^2 = \frac{\overline{|d|^2}}{\sigma_N^2} \cdot ||\mathbf{h}||^2, \quad \text{mit } \overline{|d|^2} \triangleq \mathrm{E}\{|D(i)|^2\}. \tag{13.3.22a}$$

Nach der Herleitung in Anhang C.2.2, Seite 780ff, ist es in der äquivalenten komplexen Basisbanddarstellung gleich dem mittleren E_S/N_0-Wert, so dass gilt

$$\frac{\overline{|d|^2}}{\sigma_N^2} = \frac{1}{||\mathbf{h}||^2} \cdot \frac{\bar{E}_S}{N_0}. \tag{13.3.22b}$$

Speziell für M-PSK ist die Symbol-Leistung

$$\overline{|d|^2} = \sigma_D^2|_{M\text{-PSK}} = \left(\frac{d_{\min}}{2}\right)^2 \cdot \frac{1}{\sin^2(\pi/M)} \tag{13.3.23a}$$

und für M-QAM nach (9.1.9c), Seite 275, mit $A_{\text{QAM}} = d_{\min}/2$

$$\overline{|d|^2} = \sigma_D^2|_{M\text{-QAM}} = \left(\frac{d_{\min}}{2}\right)^2 \cdot \frac{2}{3}(M-1). \tag{13.3.23b}$$

Einsetzen von (13.3.23a,b) in (13.3.21a) liefert mit $\bar{E}_S/N_0 = \mathrm{ld}(M) \cdot E_b/N_0$ schließlich für die Symbolfehlerwahrscheinlichkeit bei PSK- und QAM-Übertragung

$$P_S|_{M\text{-PSK}} \approx \frac{1}{2} K_{\gamma_{\min}} \cdot \mathrm{erfc}\left(\sqrt{\mathrm{ld}(M) \cdot \frac{E_b}{N_0} \cdot \frac{\gamma_{\min}^2}{||\mathbf{h}||^2}} \cdot \sin\frac{\pi}{M}\right) \tag{13.3.24a}$$

$$P_S|_{M\text{-QAM}} \approx \frac{1}{2} K_{\gamma_{\min}} \cdot \mathrm{erfc}\left(\sqrt{\mathrm{ld}(M) \cdot \frac{E_b}{N_0} \cdot \frac{3}{2(M-1)} \frac{\gamma_{\min}^2}{||\mathbf{h}||^2}}\right) \tag{13.3.24b}$$

mit den Definitionen $\gamma_{\min}^2$ in (13.3.20) und $K_{\gamma_{\min}}$ in (13.3.21b).

Bitfehlerwahrscheinlichkeit. Ein Fehlerereignis umfasst im Allgemeinen mehrere Symbolfehler. Dabei sind die Fehlentscheidungen nicht auf benachbarte Symbole beschränkt – eine Gray-Codierung führt also *nicht* wie bei der AWGN Übertragung zu Fehlentscheidungen mit vorzugsweise nur *einem* Bitfehler pro Symbol. Bezeichnet $\bar{w}_{\text{bit}}$ die mittlere Anzahl von falschen Bits pro Symbolfehler innerhalb eines Fehlervektors, so lautet die mittlere Bitfehlerwahrscheinlichkeit

$$P_b = \frac{\bar{w}_{\text{bit}}}{\mathrm{ld}(M)} \cdot P_S, \qquad 1 \leq \bar{w}_{\text{bit}} \leq \mathrm{ld}(M). \tag{13.3.25}$$

Bündelfehler, wie sie im Falle der Viterbi-Detektion typischerweise entstehen, sind ungünstig für eine wirkungsvolle Fehlerkorrektur mittels Kanalcodierungsverfahren. Aus

[8] $\overline{|d|^2}$ bezeichnet den quadratischen Mittelwert; für mittelwertfreie Symbole gilt $\overline{|d|^2} = \sigma_D^2$.

diesem Grunde wird am Sender ein sogenannter *Interleaver* eingesetzt, der die Daten nach dem Kanalcodierer verwürfelt. Am Empfänger wird diese Verwürfelung vor dem Kanaldecoder durch einen *Deinterleaver* wieder rückgängig gemacht. Dadurch werden Bündelfehler am Ausgang des Viterbi-Entzerrers zeitlich auseinandergezogen – der nachfolgende Kanaldecodierer erhält somit einzelne, in korrekt entschiedene Symbole eingebettete Fehlentscheidungen, deren Korrektur besser möglich ist als bei einer Sequenz fehlerhafter Symbole[9].

13.3.2 S/N-Verlustfaktor

In den Beziehungen (13.3.24a,b) ist die Symbolfehlerwahrscheinlichkeit durch einen Vorfaktor $K_{\gamma_{\min}}$ und die erfc-Funktion formuliert, die im Argument die Größe $\gamma_{\min}$ enthält. Bei großem S/N-Verhältnis ist der Vorfaktor wegen des steilen Abfalls von $\mathrm{erfc}(\cdot)$ weit weniger entscheidend als die Degradation infolge der Verminderung des E_b/N_0-Verhältnisses im erfc-Argument durch die Konstante $\gamma^2_{\min}$. Wird das E_b/N_0-Verhältnis mit $\gamma^2_{\min}/||\mathbf{h}||^2 < 1$ bewertet, so führt dies zu einer Verschlechterung gegenüber der optimalen gedächtnisfreien Entscheidung. Man bezeichnet diesen Faktor als *S/N-Verlustfaktor* – er beschreibt die *prinzipielle Degradation eines optimalen Empfängers unter Intersymbol-Interferenz-Bedingungen.* Der S/N-Verlustfaktor hängt von der individuellen Kanalimpulsantwort ab – insbesondere interessiert, unter welchen Kanalbedingungen die ungünstigsten Übertragungseigenschaften zu erwarten sind.

Zur Bestimmung von $\gamma^2_{\min}$ kommen wir auf die Definition (13.3.20) zurück. Nach einer kurzen Umformung zeigt sich, dass diese Beziehung auch mit Hilfe der $(\ell \times \ell)$-Energie-Autokorrelationsmatrix des Fehlervektors $\mathbf{R}^E_{ee}$ ausgedrückt werden kann:

$$\gamma^2_{\min} = \min_{\mathbf{e}\neq\mathbf{0}}\{\mathbf{e}^H\mathbf{H}^H\mathbf{H}\,\mathbf{e}\} = \min_{\mathbf{e}\neq\mathbf{0}}\{\mathbf{h}^H\mathbf{R}^E_{ee}\,\mathbf{h}\} \tag{13.3.26}$$

mit

$$\mathbf{R}^E_{ee} = \begin{pmatrix} r^E_{ee}(0) & [r^E_{ee}(1)]^* & \cdots & [r^E_{ee}(\ell-1)]^* \\ r^E_{ee}(1) & r^E_{ee}(0) & \cdots & [r^E_{ee}(\ell-2)]^* \\ \vdots & \vdots & \ddots & \vdots \\ r^E_{ee}(\ell-1) & r^E_{ee}(\ell-2) & \cdots & r^E_{ee}(0) \end{pmatrix}$$

und

$$r^E_{ee}(\kappa) = \sum_{\nu=0}^{L_e-1-\kappa} e^*(\nu)\cdot e(\nu+\kappa).$$

Nach den Betrachtungen in Anhang D kann für die Autokorrelationsmatrix $\mathbf{R}^E_{ee}$ eine Hauptachsentransformation ((D.1.8), Seite 787) durchgeführt werden. Es gilt

$$\mathbf{R}^E_{ee} = \mathbf{U}\,\mathbf{\Lambda}\,\mathbf{U}^H, \tag{13.3.27}$$

[9] Moderne Konzepte sehen sogenannte Soft-input-Decoder vor. Die obigen Betrachtungen behalten sinngemäß ihre Gültigkeit, indem der Begriff „falsch entschiedenes Symbol“ durch „Symbol geringer Zuverlässigkeit“ ersetzt wird.

wobei $\mathbf{U}$ eine unitäre Matrix beschreibt, deren Spalten aus den Eigenvektoren $\mathbf{u}_\nu$ von $\mathbf{R}_{ee}^E$ bestehen; $\mathbf{\Lambda}$ ist die Diagonalmatrix gemäß (D.1.6), enthält also die zugehörigen Eigenwerte $\lambda_0, \cdots, \lambda_{\ell-1}$. Diese Beziehung wird in (13.3.26) eingesetzt, woraus sich dann nach Ausmultiplikation

$$\gamma_{\min}^2 = \min_{\mathbf{e} \neq \mathbf{0}} \left\{ \mathbf{h}^H \, \mathbf{U} \mathbf{\Lambda} \mathbf{U}^H \, \mathbf{h} \right\} = \min_{\mathbf{e} \neq \mathbf{0}} \left\{ \sum_{\nu=0}^{\ell-1} \lambda_\nu |\mathbf{h}^H \mathbf{u}_\nu|^2 \right\}. \qquad (13.3.28)$$

ergibt. Die Größe $\gamma_{\min}^2$ kann also als Linearkombination der quadrierten Projektionen des Vektors der Kanalimpulsantwort $\mathbf{h}$ auf sämtliche Eigenvektoren der Fehlervektor-Autokorrelationsmatrix $[\mathbf{u}_0, \cdots, \mathbf{u}_{\ell-1}]$ betrachtet werden. Diese Formulierung gibt uns eine einfache Möglichkeit der Bestimmung desjenigen Vektors $\mathbf{h}$, der zum gesuchten Minimalwert $\gamma_{\min}^2$ führt: Ist $\mathbf{h}$ mit einem der Eigenvektoren $\mathbf{u}_\mu$ identisch, so verbleibt von der Summe in (13.3.28) wegen der Orthonormalitätseigenschaft der Eigenvektoren nur ein Term.

$$\sum_{\nu=0}^{\ell-1} \lambda_\nu |\mathbf{h}^H \mathbf{u}_\nu|^2 = \lambda_\mu \quad \text{für} \quad \mathbf{h} = \mathbf{u}_\mu; \; ||\mathbf{h}||^2 = 1 \qquad (13.3.29)$$

Der minimale Wert ergibt sich, wenn für $\mathbf{h}$ der Eigenvektor mit dem minimalen zugehörigen Eigenwert gesetzt wird.

- *Aus der Autokorrelationsmatrix des Fehlervektors geht also sowohl der S/N-Verlustfaktor wie auch die ungünstigste Kanalimpulsantwort hervor: $\gamma_{\min}^2$ ist gleich dem kleinsten Eigenwert, die dazu gehörige Impulsantwort gleich dem zugeordneten Eigenvektor.*

Die vorangegangene Analyse ermöglicht die Angabe derjenigen Kanäle, die zum größten S/N-Verlust, also zu den ungünstigsten Übertragungsbedingungen, führen. Hierzu sind solche Fehlervektoren zu suchen, deren Autokorrelationsmatrizen global minimale Eigenwerte aufweisen. Im nächsten Abschnitt geschieht dies für Kanäle 1. und 2. Ordnung.

13.3.3 Ungünstigste Kanäle 1. und 2. Ordnung

Die im letzten Abschnitt hergeleiteten Beziehungen für die Fehlerwahrscheinlichkeit bei der Maximum-Likelihood-Schätzung von Datenfolgen wurden von Forney in seiner außergewöhnlich wichtigen Arbeit von 1972 [For72] veröffentlicht, in der er überhaupt erst die Möglichkeit der Anwendung des Viterbi-Algorithmus auf Kanäle mit Intersymbolinterferenz aufzeigt. Konkrete Analysen über ungünstigste Kanäle finden sich dann in verschiedenen nachfolgenden Darstellungen, z.B. in [Pro01], die sich aber auf reelle Daten und reellwertige Kanäle beschränkt. Eine Verallgemeinerung auf komplexe Daten (8-PSK) unter Einbeziehung komplexwertiger Übertragungssysteme wurde in [Beh91] vorgenommen. Wir wollen im Folgenden einige Betrachtungen über die Spezialfälle von Kanälen 1. und 2. Ordnung wiedergeben.

Kanäle 1. Ordnung. Die Grundlage zur Bestimmung des S/N-Verlustfaktors $\gamma^2_{\min}$ und der zugehörigen ungünstigsten Kanalimpulsantworten bietet die Autokorrelationsmatrix des Fehlervektors; für einen Kanal 1. Ordnung lautet diese

$$\mathbf{R}_{ee}^E = \begin{bmatrix} r_{ee}^E(0) & [r_{ee}^E(1)]^* \\ r_{ee}^E(1) & r_{ee}^E(0) \end{bmatrix}. \tag{13.3.30}$$

Die zugehörigen Eigenwerte λ_ν erhält man aus der charakteristischen Gleichung

$$\det\left\{\mathbf{R}_{ee}^E - \lambda_\nu \mathbf{I}\right\} = 0, \tag{13.3.31a}$$

woraus die Gleichung 2. Ordnung

$$\left(r_{ee}^E(0) - \lambda_\nu\right)^2 - |r_{ee}^E(1)|^2 = 0 \tag{13.3.31b}$$

und schließlich die Lösung für den minimalen Eigenwert

$$\lambda_{\min} = r_{ee}^E(0) - |r_{ee}^E(1)| \tag{13.3.32}$$

folgt. In [Beh91] wird gezeigt, dass sich für *beliebig lange Fehlervektoren* mit der Eigenschaft

$$|e_\nu| = 1 \tag{13.3.33a}$$

$$\arg\{e_{\nu+1}\} - \arg\{e_\nu\} = \Theta = \text{const} \tag{13.3.33b}$$

ein globales Minimum für den Ausdruck (13.3.32) ergibt. In diesem Falle ist

$$\begin{aligned} r_{ee}^E(0) &= \sum_{\nu=0}^{L_e-1} |e_\nu|^2 = L_e \\ |r_{ee}^E(1)| &= \left|\sum_{\nu=0}^{L_e-1} e_\nu^* \cdot e_{\nu+1}\right| = \left|e^{j\Theta} \sum_{\nu=0}^{L_e-2} |e_\nu||e_{\nu+1}|\right| = L_e - 1, \end{aligned}$$

also

$$\lambda_{\min} = \gamma^2_{\min} = 1. \tag{13.3.34}$$

Daraus ergibt sich folgender Schluss:

- *Für Kanäle 1. Ordnung ist der S/N-Verlustfaktor eins; gegenüber der optimalen gedächtnisfreien Detektion ergibt sich also auch unter ungünstigsten Übertragungsbedingungen kein S/N-Verlust.*

Dies bedeutet jedoch nicht, dass die Fehlerwahrscheinlichkeit den optimalen Wert der gedächtnisfreien Entscheidung aufweist denn es muss noch der Vorfaktor $K_{\gamma_{\min}}$ gemäß (13.3.21b) berücksichtigt werden. Dieser Vorfaktor ist von der gewählten Modulationsart abhängig; wir betrachten zunächst eine *QPSK-Signalraumverteilung.* In diesem Falle gilt (siehe Erläuterungen zu Bild 13.3.2)

$$m(e_\nu) = m(\pm 1) = m(\pm j) = 2,$$

so dass aus (13.3.21b) folgt

$$K_{\gamma_{\min}|\text{QPSK}} = 4 \cdot \sum_{n=1}^{\infty} n \cdot \prod_{\nu=0}^{n-1} \frac{2}{4} = 4 \sum_{n=1}^{\infty} n \left(\frac{1}{2}\right)^n = 8. \tag{13.3.35a}$$

Für 8-PSK ergibt sich auf äquivalente Weise

$$K_{\gamma_{\min}|8-\text{PSK}} = 8 \sum_{n=1}^{\infty} n \left(\frac{1}{4}\right)^n = \frac{32}{9}. \tag{13.3.35b}$$

Mit (13.3.24a) erhält man also die folgenden Symbolfehlerwahrscheinlichkeiten unter ungünstigsten Übertragungsbedingungen.

$$P_S|_{\text{QPSK}} \approx 4 \cdot \text{erfc}\,(\sqrt{E_b/N_0}); \tag{13.3.36a}$$

$$P_S|_{\text{8-PSK}} \approx \frac{16}{9} \cdot \text{erfc}(\sqrt{3E_b/N_0} \cdot \sin\frac{\pi}{8}); \tag{13.3.36b}$$

Es sind noch die *speziellen Kanalimpulsantworten* zu ermitteln, unter denen sich diese Bedingungen einstellen. Wir können eine Komponente von $\mathbf{u}$ zunächst willkürlich festlegen, z.B. $\tilde{u}(0) = 1$, und erhalten daraus mit $\lambda_{\min} = 1$ und der Bedingung (13.3.33b) $\tilde{u}(1) = e^{j\Theta}$. Nach der Normierung des Betrages auf eins ergibt sich für den Eigenvektor $\mathbf{u}_{\min}$ bzw. für den Vektor der Kanalimpulsantwort

$$\mathbf{h} = \frac{1}{\sqrt{2}}\,[1, e^{j\Theta}]^T.$$

Der Winkel Θ bezeichnet dabei die Phase des Autokorrelationswertes $r_{ee}^E(1)$, die folgende Werte annehmen kann:

$$\text{QPSK}: \quad \Theta \in \{0, \frac{\pi}{2}, \pi, \frac{3}{2}\pi\} \tag{13.3.37a}$$

$$\text{8-PSK}: \quad \Theta \in \{0, \frac{\pi}{4}, \frac{\pi}{2}, \cdots, \frac{7}{4}\pi\}. \tag{13.3.37b}$$

Der ungünstigste Kanal 1. Ordnung weist also eine Nullstelle auf dem Einheitskreis auf, die für QPSK auf den Winkeln (13.3.37a), für 8-PSK auf den Winkeln (13.3.37b) in der z-Ebene liegt.

Kanäle 2. Ordnung. In diesem Falle sind die minimalen Eigenwerte der 3×3-Autokorrelationsmatrix des Fehlervektors

$$\mathbf{R}_{ee}^E = \begin{bmatrix} r_{ee}^E(0) & [r_{ee}^E(1)]^* & [r_{ee}^E(2)]^* \\ r_{ee}^E(1) & r_{ee}^E(0) & [r_{ee}^E(1)]^* \\ r_{ee}^E(2) & r_{ee}^E(1) & r_{ee}^E(0) \end{bmatrix} \tag{13.3.38}$$

maßgebend. In [Pro01] wird dieses Problem unter dem Ansatz *reeller Daten* untersucht. Dabei stellen sich *Fehlervektoren der Länge* 2 als ungünstigste Fälle heraus

$$\mathbf{e}^T = [1, 1] \quad \text{bzw.} \quad \mathbf{e}^T = [1, -1]. \tag{13.3.39a}$$

Der minimale Eigenwert der zugehörigen Autokorrelationsmatrix beträgt

$$\lambda_{\min} = \gamma_{\min}^2 = 2 - \sqrt{2} = 0,5858 \hat{=} -2,3\,\text{dB}; \tag{13.3.39b}$$

für reelle Daten ist also im ungünstigsten Falle mit einem S/N-Verlust von ca. 2,3 dB gegenüber der idealen gedächtnisfreien Entscheidung zu rechnen.

In [Beh91] werden diese Betrachtungen auf komplexe Daten und komplexwertige Kanäle erweitert. Dabei wird der Ansatz von Fehlervektoren der Länge 2 gemäß den Ergebnissen der Analyse für reelle Verhältnisse beibehalten. Die daraus resultierende verallgemeinerte Bedingung für die Fehlervektor-Komponenten lautet

$$|e_0| = |e_1| = 1; \tag{13.3.40}$$

hiermit ergibt sich die Autokorrelationsfolge

$$r_{ee}^E(\kappa) = \{2, e^{j\Theta}, 0\}.$$

Für den Winkel Θ sind die Werte gemäß (13.3.37a,b) einzusetzen. Die Eigenwert-Gleichung (13.3.31a) führt dann zu folgender quadratischer Gleichung

$$[r_{ee}^E(0) - \lambda]^2 - 2|r_{ee}^E(1)|^2 = 0, \tag{13.3.41a}$$

deren Lösung den minimalen Eigenwert

$$\lambda_{\min}^{(2)} = 2 - \sqrt{2} \tag{13.3.41b}$$

ergibt. Unter dem Ansatz von Fehlervektoren der Länge 2 erhält man also den gleichen S/N-Verlust wie im Falle reeller Daten. Die zugehörigen ungünstigsten komplexwertigen Kanäle folgen aus den jeweils zugehörigen Eigenvektoren. Man erhält die normierten Impulsantworten

$$\mathbf{h} = \mathbf{u}_{\min} = \frac{1}{2}\,[e^{-j\Theta}, -\sqrt{2}, e^{j\Theta}]^T. \tag{13.3.42}$$

Es handelt sich um Kanäle mit jeweils zwei Nullstellen auf dem Einheitskreis. Entsprechend den möglichen Winkeln Θ gemäß (13.3.37a,b) ergeben sich für QPSK vier (siehe oberer Teil von **Bild 13.3.4**), für 8-PSK acht verschiedene Kanalkonstellationen, die zum S/N-Verlustfaktor von $\gamma_{\min}^2 = 2 - \sqrt{2}$, entsprechend 2,3 dB führen. Die Fehlerwahrscheinlichkeiten lauten in diesen Fällen mit $K_{\gamma_{\min}|\text{QPSK}} = 2$ und $K_{\gamma_{\min}|8-\text{PSK}} = 1$

$$P_S|_{\text{QPSK}} \approx \operatorname{erfc}\left(\sqrt{\frac{E_b}{N_0}(2-\sqrt{2})}\right) \tag{13.3.43a}$$

$$P_S|_{\text{8-PSK}} \approx \frac{1}{2}\operatorname{erfc}\left(\sqrt{3\frac{E_b}{N_0}(2-\sqrt{2})}\sin\frac{\pi}{8}\right). \tag{13.3.43b}$$

Es wurde darauf hingewiesen, dass für reelle Daten und reellwertige Kanäle Fehlervektoren der Länge 2 von der Form (13.3.39a) zum ungünstigsten Fehlerverhalten führen. Für komplexe Verhältnisse wurde dieser Ansatz zunächst übernommen und führte dann auch zu dem aus der Literatur bekannten Wert $\gamma_{\min}^2 = 2 - \sqrt{2}$.

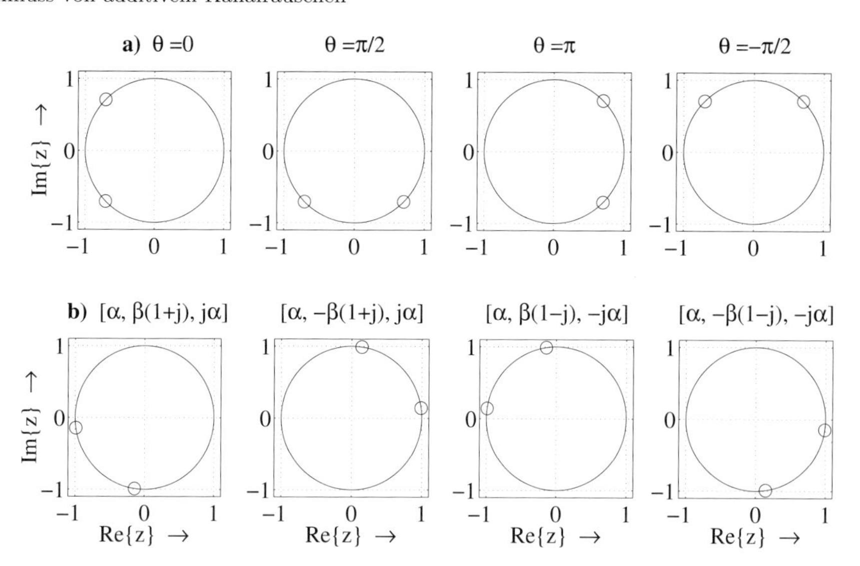

Bild 13.3.4: Nullstellendiagramme ungünstiger Kanäle 2.Ordnung (QPSK)
oben: Kanäle gemäß (13.3.42)
unten: Kanäle gemäß (13.3.44a,b); $\alpha = 0,4680$, $\beta = 0,5301$

Genauere Untersuchungen zeigen jedoch, dass für *komplexe Daten und komplexwertige Kanäle Fehlervektoren der Länge* 3 *existieren, die zu einem erhöhten* S/N*-Verlust führen* [Ben91b]. Diese Fehlervektoren sind bei QPSK-Übertragung von der Form

$$\begin{aligned} \mathbf{e} &= a \cdot [1, \pm(1+j), j]^T & (13.3.44a)\\ \text{und} \quad \mathbf{e} &= a \cdot [1, \pm(1-j), -j]^T & (13.3.44b)\\ \text{mit} \quad a &\in \{+1, -1, j, -j\}. \end{aligned}$$

Der minimale Eigenwert der zugehörigen Autokorrelationsmatrizen

$$\lambda_{\min}^{(3)} = \gamma_{\min}^2 = 0,4689 \mathrel{\hat{=}} -3,3\text{dB} \qquad (13.3.45)$$

ist geringer als im Falle der ungünstigsten Fehlervektoren der Länge 2; der S/N-Verlust ist um ca. 1 dB höher[10].

Die entsprechenden Kanalkoeffizientenvektoren gewinnt man wieder aus den zugeordneten Eigenvektoren. Insgesamt erhält man für QPSK vier ungünstigste Kanäle

$$\begin{aligned} (13.3.44a) \Rightarrow \quad \mathbf{h} &= [\alpha, \pm\beta(1+j), j\alpha]^T & (13.3.46a)\\ (13.3.44b) \Rightarrow \quad \mathbf{h} &= [\alpha, \pm\beta(1-j), -j\alpha]^T; & (13.3.46b) \end{aligned}$$

$$\text{mit } \alpha = 0,4680; \; \beta = 0,5301.$$

[10] Für 8-PSK findet man für bestimmte Fehlervektoren der Länge 5 einen minimalen Eigenwert von $\gamma_{\min}^2 = 0,4649$.

Die entsprechenden Nullstellendiagramme sind im unteren Teil von Bild 13.3.4 wiedergegeben. Es liegen auch hier jeweils beide Nullstellen auf dem Einheitskreis, jedoch nicht wie im oberen Teilbild unter einem Winkel von 90°.

Die Symbolfehlerwahrscheinlichkeit beträgt mit $K_{\gamma_{\min}|\text{QPSK}} = 3/4$

$$P_S|_{\text{QPSK}} \approx \frac{3}{8}\,\text{erfc}\left(\sqrt{\frac{E_b}{N_0} \cdot 0,4689}\right). \tag{13.3.47}$$

In **Bild 13.3.5** sind der Auswertung dieses theoretischen Ergebnisses Simulationsresultate gegenübergestellt. Es zeigt sich eine sehr gute Übereinstimmung, wenn man von kleinen E_b/N_0-Werten absieht: Die Abweichungen in diesem Bereich erklären sich aus der Näherung, in der nur Terme mit dem minimalen Wert $\gamma^2_{\min}$ berücksichtigt werden (13.3.21a). Diese Näherung ist für geringes S/N-Verhältnis unzulässig.

In Bild 13.3.5 ist weiterhin die theoretische Symbolfehlerwahrscheinlichkeit bei $\lambda^{(2)}_{\min} = 2 - \sqrt{2}$ wiedergegeben – ab ca. 9 dB ergeben sich hier günstigere Verhältnisse. Schließlich sind die simulativ ermittelten Fehlerraten unter Verwendung eines nichtlinearen (quantisierte Rückführung) sowie eines linearen Entzerrers gegenübergestellt. Es zeigt sich, dass die Viterbi-Detektion den Entzerrer-Lösungen insbesondere bei ungünstigen Kanälen weit überlegen ist. Dieses Ergebnis ist insofern nicht überraschend, als der Viterbi-Detektor gemäß dem zugrundeliegenden Maximum-Likelihood-Ansatz für jeden Kanal auf die minimal erreichbare Fehlerwahrscheinlichkeit führen muss.

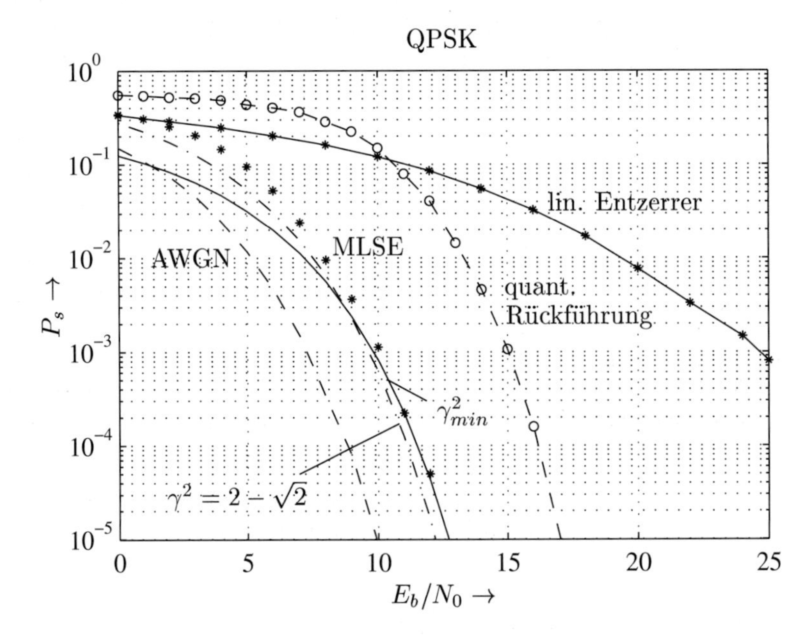

Bild 13.3.5: Symbolfehlerwahrscheinlichkeit unter ungünstigen Kanalbedingungen

13.4 Vorentzerrer zur Verkürzung der Kanalimpulsantwort

Die Ausführung des Viterbi-Algorithmus zur Detektion von Intersymbolinterferenz-gestörten Datenfolgen erfordert in jedem Symbolintervall die Berechnung von M^ℓ euklidischen Distanzen, wobei ℓ die Länge der Impulsantwort $h(i)$ des gesamten Symboltaktmodells und M die Stufigkeit der Modulation bezeichnen. Mit größer werdender Länge der Kanalimpulsantwort oder steigender Stufigkeit übersteigt der Aufwand schnell die Grenzen einer effizienten technischen Realisierung. Ein aktuelles Beispiel hierfür ist die Einführung des EDGE-Systems (*Enhanced Data Rates for GSM Evolution*), siehe z.B. [OF98, SAE$^+$98, BH01]. Dieses Konzept hat eine Steigerung der Übertragungsrate innerhalb des GSM-Systems zum Ziel und ist als Alternative zum Mobilfunkstandard der dritten Generation zu verstehen. Die höhere Bitrate wird dadurch erreicht, dass die für GSM vorgesehene Modulationsform GMSK durch 8-PSK ersetzt wird. Als Impulsformung wird der in Abschnitt 10.1.3, Seite 313ff, erläuterte c_0-Impuls zugrundegelegt; dadurch wird an den Bandbreitebedingungen nichts verändert. Aus der Erhöhung der Modulationsstufigkeit von zwei auf acht folgt eine extreme Steigerung des Aufwandes für den Viterbi-Algorithmus: Beim Standard-GSM-Verfahren nimmt man für die Symboltakt-Kanalimpulsantwort eine maximale Länge von $\ell = 6$ an; damit sind für den Viterbi-Detektor $2^5 = 32$ Zustände vorzusehen. Mit der Verwendung von 8-PSK würde sich diese Anzahl bei gleicher Länge der Kanalimpulsantwort auf den unrealistischen Wert von $8^5 = 32768$ erhöhen. Deshalb sind in solchen Fällen suboptimale Lösungen von geringerer Komplexität anzustreben. Eine Möglichkeit hierzu bieten die *Reduced-State-Algorithmen*, bei denen nicht alle Pfade des Trellis-Diagramms verfolgt werden; eine Übersicht über solche Verfahren findet man z.B. in [BH01].

Eine Alternative hierzu besteht im Einsatz eines adaptiven *Vorentzerrers*, der nicht eine komplette Entzerrung des Kanals durchführen soll, sondern lediglich die Aufgabe der Verkürzung der Impulsantwort hat. Im Folgenden wird die MMSE-Lösung für diesen Entzerrer hergeleitet [Kam95]. Eine grundlegende Basis hierfür bietet der in Abschnitt 12.3.2, Seite 431ff hergeleitete Decision-Feedback-Entzerrer mit nichtrekursivem Vorentzerrer (FIR-DFE, Blockschaltbild nach Bild 12.3.1, S. 431). Der Vorentzerrer diente dort zur Unterdrückung der Vorschwinger – an seinem Ausgang verblieb somit neben dem Hauptimpuls der Höhe eins nur eine vorgebbare Anzahl von Nachschwingern, die durch den Decision-Feedback-Part ausgelöscht werden. Ein derartiger Vorentzerrer kann auch für die vorliegende Aufgabe genutzt werden – dazu ist lediglich der Decision-Feedback-Teil in Bild 12.3.1 durch einen Viterbi-Detektor zu ersetzen.

MMSE-Lösung. Für einen gegebenen Kanal mit der Symboltakt-Impulsantwort $\mathbf{h} = [h(0), \cdots, h(\ell-1)]^T$ soll die Impulsantwort eines Vorentzerrer

$$\mathbf{e}_\text{V} = [e_\text{V}(0), e_\text{V}(1), \cdots, e_\text{V}(n_e)]^T$$

entworfen werden, an dessen Ausgang eine verkürzte Gesamtimpulsantwort $g(i)$ der

Länge $\ell_g < \ell$ entsteht; hierbei wird eine Verzögerung um i_0 Symboltakte eingerechnet:

$$h(i) * e_V(i)|_{i=i_0+\nu} = \begin{cases} g(\nu) & \text{für } \nu \in \{0, 1, \cdots, \ell_g - 1\} \\ 0 & \text{sonst.} \end{cases} \tag{13.4.1}$$

Die Lösung für die Entzerrerkoeffizienten lautet gemäß (12.3.16a), S. 435, für unkorrelierte Quelldaten $D(i)$

$$\mathbf{e}_V = \left[\mathbf{R}_{XX} - \frac{1}{\sigma_D^2}\mathbf{R}_{XD}\,\mathbf{R}_{XD}^H\right]^{-1} \cdot \mathbf{r}_{XD}. \tag{13.4.2}$$

$\mathbf{R}_{XX}$ bezeichnet die $(n_e + 1) \times (n_e + 1)$-Autokorrelationsmatrix des im Symboltakt abgetasteten Matched-Filter-Ausgangsprozesses[11] $X(i)$, $\mathbf{R}_{XD}$ die $(n_e + 1) \times (\ell_g - 1)$-Kreuzkorrelationsmatrix zwischen $X(i)$ und den Referenzdaten $D(i)$ und $\mathbf{r}_{XD}$ den entsprechenden $(n_e + 1)$-dimensionalen Korrelationsvektor gemäß den Definitionen (12.3.12b) und (12.3.12c) auf Seite 434.

In (12.3.16b) wird die Lösung für die Rückführkoeffizienten des Decision-Feedback-Entzerrers angegeben; für die hier gestellte Aufgabe haben wir damit die dem Hauptimpuls folgenden Abtastwerte der verkürzten Gesamtimpulsantwort gewonnen:

$$\mathbf{b}_{\text{MMSE}} \triangleq [g(1), g(2), \cdots, g(\ell_g - 1)]^T = \frac{1}{\sigma_D^2} \cdot \mathbf{R}_{XD}^H \cdot \mathbf{e}_V. \tag{13.4.3a}$$

Der Hauptimpuls selber errechnet sich aus

$$g(0) = \frac{1}{\sigma_D^2} \cdot \mathbf{r}_{XD}^H \cdot \mathbf{e}_V; \tag{13.4.3b}$$

unter idealen Bedingungen ist er eins, während er unter Rauscheinfluss abgeschwächt wird.

Das Entwurfsverfahren soll durch einige Beispiele illustriert werden. Wir legen die in **Bild 13.4.1a** gezeigte zufällig gewählte Symboltakt-Impulsantwort $h(i)$ der Länge $\ell = 16$ zugrunde. Als Entzerrerordnung setzen wir $n_e = 32$ an. Bild 13.4.1b gibt die Gesamtimpulsantwort am Entzerrerausgang unter der Vorgabe einer Verkürzung auf die Länge $\ell_g = 5$ wieder.

Wird eine weitere Verkürzung auf $\ell_g = 4$ versucht, so zeigt **Bild 13.4.2a**, dass für das vorliegende Beispiel stärkere Restfehler hervortreten. Damit stellt sich die grundsätzliche Frage, auf welche Länge der ursprüngliche Impuls prinzipiell verkürzt werden kann. **Bild 13.4.3** gibt hierzu eine anschauliche Erläuterung anhand der Nullstellendiagramme: Der Kanal wird durch 15 Nullstellen beschrieben, von denen in diesem Beispiel vier in unmittelbarer Nähe des Einheitskreises liegen – wir wollen sie als *kritische Nullstellen* bezeichnen. Die Kompensation dieser kritischen Nullstellen durch einen linearen Entzerrer ist problematisch, während die unkritischen leicht aufgehoben werden können. Gibt man also ein Zielsystem mit 4 Nullstellen ($\ell_g = 5$) vor, so führt die MMSE-Lösung für den Vorentzerrer zur Entzerrung der unkritischen Nullstellen, während die kritischen unangetastet bleiben.

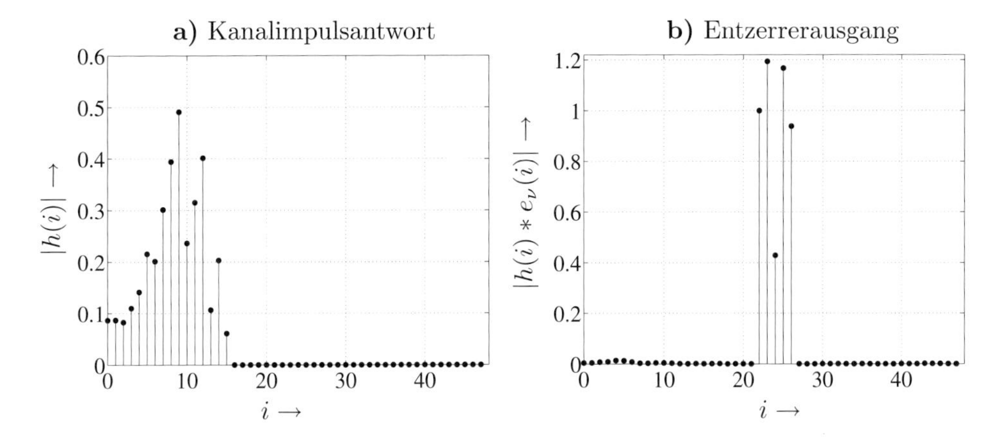

Bild 13.4.1: Entwurf eines Vorentzerrers ($\ell = 16,\ \ell_g = 5,\ n_e = 32,\ E_S/N_0 = \infty$)

In Bild 13.4.3a wird dies verdeutlicht: Die vier Nullstellen des verkürzten Systems sind als Dreiecke mit eingetragen; sie decken die vier kritischen Kanalnullstellen nahezu perfekt ab. Probleme entstehen jedoch, wenn die Impulsantwort des Zielsystem weiter verkürzt wird, so dass nicht alle kritischen Kanalnullstellen abgedeckt werden können. Bild 13.4.3b zeigt anhand von $\ell_g = 4$, dass in diesem Falle eine der drei zur Verfügung stehenden Nullstellen zwischen zwei kritischen Kanalnullstellen angesiedelt wird.

- *Die Möglichkeit der Verkürzung einer vorgegebenen Kanalimpulsantwort hängt also weniger von ihrer Länge als vielmehr von der Anzahl kritischer Nullstellen ab.*

Schließlich wird der Einfluss von additivem Kanalrauschen untersucht. Wie auch beim MMSE-Entwurf linearer Entzerrer wird beim Impulsverkürzungs-Vorentzerrer ein Kompromiss zwischen Rauschverstärkung und Anhebung der Intersymbol-Interferenz eingestellt. In Bild 13.4.2b äußert sich dies durch verstärkte Vor- und Nachschwinger; Bild 13.4.3c zeigt, dass die Nullstellen des Zielsystems von den idealen Positionen ins Innere des Einheitskreises verschoben werden.

Eigenvektor-Lösung nach Falconer und Magee. Die Beispiele in den Bildern 13.4.2a,b zeigen, dass die Energie des verkürzten Impulses im Falle einer zu gering gewählten Länge oder unter Rauscheinfluss reduziert wird. Für die Viterbi-Detektion kann eine möglichst hohe Symbolenergie jedoch vorteilhaft sein – aus diesem Grunde wurde von Falconer und Magee in [FM73] ein MMSE-Ansatz unter Konstanthaltung der Impulsenergie eingebracht. Zur Lösung wird der mittlere quadratische Fehler zwischen dem Entzerrer-Ausgangssignal $Y(i)$ und dem Ausgangs des Modellsystems minimiert.

$$\tilde{F}_{\text{MSE}} = \text{E}\left\{ \left| Y(i) - \sum_{\nu=0}^{\ell_g-1} \tilde{g}(\nu)\, D(i-\nu-i_0) \right|^2 \right\} \stackrel{!}{=} \min_{\tilde{g}(\nu)} \tag{13.4.4a}$$

[11] Das Whitening-Filter zur Dekorrelation des Rauschens wird in der Regel fortgelassen, da sich durch den nachfolgenden Entzerrer ohnehin wieder eine Rauschfärbung ergibt.

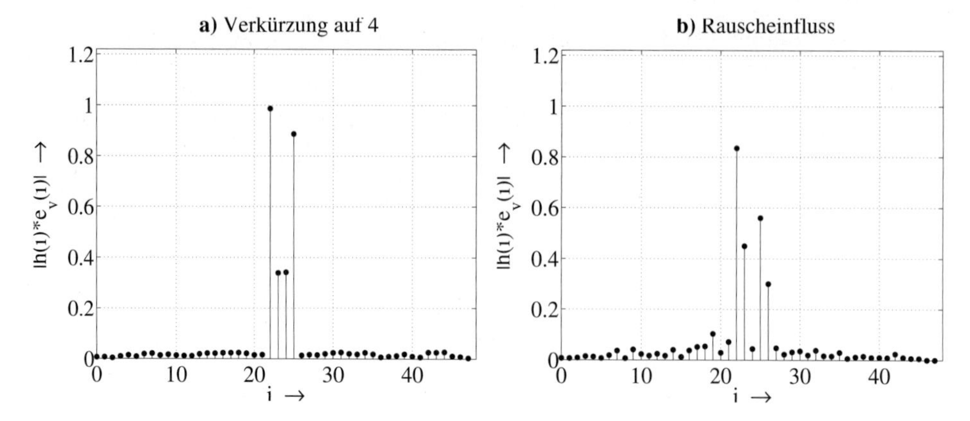

Bild 13.4.2: Gesamtimpulsantworten am Entzerrerausgang
a) Verkürzung auf $\ell_g = 4,\ n_e = 232,\ E_S/N_0 = \infty$
b) $\ell_g = 5,\ n_e = 32,\ E_S/N_0 = 10\text{dB}$

Mit Hilfe der Definition des Vektors

$$\tilde{\mathbf{g}} = [\tilde{g}(0), \tilde{g}(1), \cdots, \tilde{g}(\ell_g - 1)]^T$$

kann diese Zielfunktion in kompakter Matrix-Schreibweise formuliert werden. Hierzu benötigt man die bereits eingeführte $(n_e + 1) \times (n_e + 1)$-Autokorrelationsmatrix des Matched-Filter-Ausgangssignals $\mathbf{R}_{XX}$ sowie die Kreuzkorrelationsmatrix $\tilde{\mathbf{R}}_{XD}$, deren Dimension nun wegen der Erfassung des Hauptimpulses $\tilde{g}(0)$ im Vektor $\tilde{\mathbf{g}}$ um eine Spalte zu erhöhen ist, also $(n_e + 1) \times \ell_g$ beträgt:

$$\tilde{\mathbf{R}}_{XD} = \begin{pmatrix} r_{XD}(-i_0) & r_{XD}(-i_0 - 1) & \cdots & r_{XD}(-i_0 - \ell_g + 1) \\ r_{XD}(-i_0 + 1) & r_{XD}(-i_0) & \cdots & r_{XD}(-i_0 - \ell_g + 2) \\ \vdots & \vdots & \ddots & \vdots \\ r_{XD}(-i_0 + n_e) & r_{XD}(-i_0 - 1 + n_e) & \cdots & r_{XD}(-i_0 - \ell_g + 1 + n_e) \end{pmatrix}.$$

Damit lautet Gleichung (13.4.4a)

$$\tilde{F}_{\text{MSE}} = \tilde{\mathbf{e}}_{\text{V}}^H\, \mathbf{R}_{XX}\, \tilde{\mathbf{e}}_{\text{V}} - \tilde{\mathbf{e}}_{\text{V}}^H\, \tilde{\mathbf{R}}_{XD}\, \tilde{\mathbf{g}} - \tilde{\mathbf{g}}^H\, \tilde{\mathbf{R}}_{XD}^H\, \tilde{\mathbf{e}}_{\text{V}} + \tilde{\mathbf{g}}^H \tilde{\mathbf{g}}. \tag{13.4.4b}$$

Minimiert man diesen Ausdruck zunächst für einen festgehaltenen Vektor $\tilde{\mathbf{g}}$, z.B. durch Nullsetzen von $\partial \tilde{F}_{\text{MSE}} / \partial \tilde{\mathbf{e}}_{\text{V}}^H$, so erhält man für den Entzerrer-Koeffizientenvektor

$$\tilde{\mathbf{e}}_{\text{V}} = \mathbf{R}_{XX}^{-1}\, \tilde{\mathbf{R}}_{XD}\, \mathbf{g}. \tag{13.4.5}$$

Eingesetzt in (13.4.4b) ergibt sich nach kurzer Rechnung

$$\tilde{F}_{\text{MSE}} = \mathbf{g}^H \underbrace{\left[\mathbf{I} - \tilde{\mathbf{R}}_{XD}^H\, \mathbf{R}_{XX}^{-1}\, \tilde{\mathbf{R}}_{XD}\right]}_{\mathbf{A}} \tilde{\mathbf{g}}. \tag{13.4.6a}$$

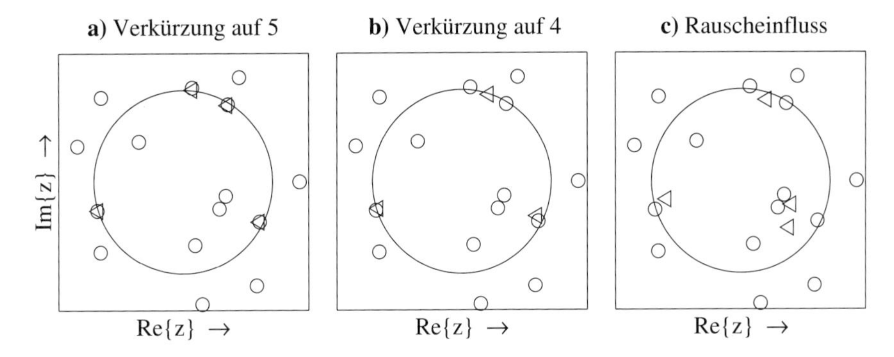

Bild 13.4.3: Nullstellendiagramme (○: Kanal, $\ell = 12$, Δ: verkürzter Impuls)
a) $\ell_g = 5,\ n_e = 32,\ E_S/N_0 = \infty$,
b) $\ell_g = 4,\ n_e = 32,\ E_S/N_0 = \infty$
c) $\ell_g = 5,\ n_e = 32,\ E_S/N_0 = 10\text{dB}$

Dieser Ausdruck soll unter der Nebenbedingung konstanter Energie des Impulses $\tilde{g}(i)$, also

$$\tilde{\mathbf{g}}^H \tilde{\mathbf{g}} = 1, \tag{13.4.6b}$$

minimiert werden. Die Lösung findet man mit Hilfe der Lagrangeschen Multiplikatorenregel [BSG+96a]. Der Zielfunktion (13.4.6a) wird eine Nebenbedingung hinzugefügt, die die Erfüllung von (13.4.6b) sicherstellt.

$$\tilde{\mathbf{g}}^H \mathbf{A}\, \tilde{\mathbf{g}} - \lambda\, [\tilde{\mathbf{g}}^H \tilde{\mathbf{g}} - 1] \Rightarrow \min_{\tilde{\mathbf{g}}} \tag{13.4.7a}$$

Durch Ableiten nach $\tilde{\mathbf{g}}^H$ und Nullsetzen erhält man hieraus

$$\mathbf{A}\, \tilde{\mathbf{g}} = \lambda\, \tilde{\mathbf{g}}. \tag{13.4.7b}$$

Den optimalen verkürzten Impuls $\tilde{\mathbf{g}}$ mit normierter Energie gewinnt man also aus dem *Eigenvektor von* $\left[\mathbf{I} - \tilde{\mathbf{R}}_{XD}^H\, \mathbf{R}_{XX}^{-1}\, \tilde{\mathbf{R}}_{XD}\right]$ *mit minimalem Eigenwert.*

Nach Einsetzen von $\tilde{\mathbf{g}}$ in (13.4.5) ergibt sich die Falconer-Magee-Lösung für den Vorentzerrer $\tilde{\mathbf{e}}_V$. Anzumerken ist, dass die abgeleitete Eigenvektor-Lösung im Gegensatz zur einfachen MMSE-Lösung (13.4.2) *nicht erwartungstreu* ist, d.h. die Elemente des errechneten Vektors $\tilde{\mathbf{g}}$ stimmen nicht exakt mit den Abtastwerten der Gesamtimpulsantwort am Entzerrerausgang überein.

$$h(i) * e_V(i)|_{i=i_0+\nu} \not\equiv \tilde{g}(\nu) \quad \text{für } \nu = 1, \cdots, \ell_g - 1 \tag{13.4.7c}$$

Streng genommen darf dem Viterbi-Algorithmus also nicht der Vektor $\tilde{\mathbf{g}}$ übergeben werden, sondern nach dem Entwurf des Entzerrers ist eine zusätzliche Kanalschätzung durchzuführen.

In diesem Abschnitt wurden zwei verschiedene Lösungen für den Entwurf von Vorentzerrern zur Impulsverkürzung dargestellt. Es stellt sich die Frage, welcher Methode der

Vorzug zu geben ist. Das Falconer-Magee-Verfahren ist sicher wegen des eingeschlossenen Eigenwert-Problems aufwendiger zu implementieren, führt aber aufgrund der Nebenbedingung konstanter Impulsenergie zum maximalen E_S/N_0-Wert. Andererseits muss man sich zur endgültigen Beurteilung die Fehleranalyse des Viterbi-Detektors in Erinnerung rufen; danach können unter ungünstigen Kanalkonstellationen hohe S/N-Verluste entstehen, die zu sehr großen Degradationen führen. Nach Untersuchungen in [Kam95] stellen sich vorzugsweise mit der Falconer-Magee-Lösung derartige „kritische Kanäle“ ein, so dass unter dem zusätzlichen Aspekt der einfacheren Implementierbarkeit die MMSE-Lösung günstiger ist.

Kapitel 14

Kanalschätzung

Die Fehlerrate des im letzten Kapitel abgeleiteten MLSE-Empfängers hängt stark von der Genauigkeit der Kanalschätzung ab; im Folgenden werden einige Verfahren hierzu dargestellt. Grundsätzlich ist zwischen Referenzsignal-gestützten und blinden Schätzalgorithmen zu unterscheiden. Für die erst genannte Klasse von Schätzverfahren werden in Anlehnung an die Methoden der adaptiven Entzerrung zunächst die geschlossene Wiener-Lösung und der daraus entwickelte LMS-Algorithmus zur Nachführung der Schätzung eines sich zeitlich verändernden Kanals dargestellt. Danach folgt die Herleitung des Maximum-Likelihood-Schätzers auf der Basis einer endlichen Trainingssequenz, der sich als bester linearer erwartungstreuer Schätzer herausstellt (*best linear unbiased estimator*, „BLUE"). Wendet man das Maximum-a-posteriori (MAP) Kriterium an und bezieht die Kanalstatistik ein, so erhält man für rayleighverteilte Kanalkoeffizienten einen MMSE-Schätzer, der zwar nicht erwartungstreu ist, jedoch die geringste Schätzfehlerleistung aufweist. Eine besondere Rolle spielen die so genannten orthogonalen Folgen, mit denen der geringste Schätzfehler erzielt wird. Im zweiten Teil dieses Kapitels werden blinde Schätzverfahren behandelt, also solche, die ohne Trainingsdaten auskommen. Neben einigen Sonderformen unterscheidet man zwei große Klassen blinder Algorithmen: Durch Mehrfachabtastung des Empfangssignals oder unter Verwendung mehrerer Empfangsantennen kann durch Ausnutzung der Zyklostationarität eine blinde Kanalschätzung mit Hilfe der üblichen Statistik zweiter Ordnung erfolgen – man spricht in dem Falle von SOCS-(Second Order Cyclo Stationary-) Algorithmen. Wird hingegen nur einmal pro Symbol abgetastet, so ist eine blinde Kanalschätzung nur mit Hilfe der Statistik höherer Ordnung (HOS, Higher Order Statistcs) möglich. Beide Klassen der blinden Kanalschätzung werden erläutert, wobei einige bekannte Algorithmen wiedergegeben werden. Den Abschluss des Kapitels bildet ein Vergleich referenzgestützter und blinder Schätzverfahren anhand des bekannten GSM-Standards. Dabei werden auch die Methoden der so genannten Turbo-Kanalschätzung einbezogen, bei denen unter Nutzung der Decodierung des Kanalcodes die Schätzung in einem iterativen Prozess schrittweise verbessert wird.

14.1 Referenzsignal-gestützte Kanalschätzung

14.1.1 Geschlossene Lösung nach Wiener-Lee

Der Einsatz eines Viterbi-Detektors zur Beseitigung von Intersymbolinterferenz erfordert die Kenntnis der momentanen Kanalimpulsantwort; sie muss also am Empfänger ermittelt werden. Grundlage zur Kanalschätzung bildet die in **Bild 14.1.1** dargestellte Anordnung. Dabei wird das empfangene Signal $y(i)$ mit dem Ausgangssignal eines Modellsystems $\hat{y}(i)$ verglichen. Die Eingangsdaten dieses Modellsystems $d_{\text{ref}}(i)$ bestehen entweder aus den entschiedenen Datenwerten oder aus einer zwischen Sender und Empfänger vereinbarten Referenzfolge, die während der Trainingsphase gesendet wird. Die Einstellung

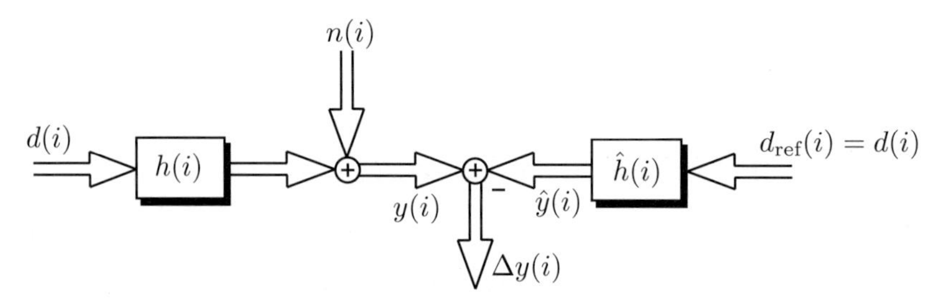

Bild 14.1.1: System zur Kanalidentifikation

des Modellsystems erfolgt durch Minimierung der Leistung des Differenzsignals $\Delta y(i)$. Zur kompakten Formulierung wird wieder eine vektorielle Schreibweise benutzt. Fasst man die Daten als Zufallsprozess auf, so sind sie mit Großbuchstaben zu kennzeichnen; wir definieren den Vektor der Referenzdaten sowie seine konjugiert komplexe Version.

$$\mathbf{D}(i) = [D(i), D(i-1), \cdots, D(i-\ell+1)]^T \tag{14.1.1a}$$

$$\mathbf{D}^*(i) = [D^*(i), D^*(i-1), \cdots, D^*(i-\ell+1)]^T \tag{14.1.1b}$$

Im Folgenden wird die Schätzung des *Symboltaktmodells* des Gesamtkanals vollzogen. Nach dem optimalen Forney-Empfänger müsste streng genommen zunächst eine Kanalschätzung im *hohen Abtasttakt* erfolgen, womit dann eine Dimensionierung des Matched-Filters $c^*(-k)$ und des Dekorrelationsfilters $p(i)$ entsprechend Bild 13.1.3 auf Seite 489 ermöglicht wird. Stark vereinfacht wird dieses Problem, wenn auf eine Anpassung des Matched-Filters an den individuellen Kanal verzichtet und dieses nur auf das Sendefilter bezogen wird: In dem Falle kann das Dekorrelationsfilter entfallen, weil sich am Ausgang des festen Wurzel-Nyquist-Empfangsfilters nach der Symboltakt-Abtastung wieder weißes Kanalrauschen ergibt (siehe Bild 12.1.2c, Seite 400). Wichtiger noch ist aber die Vereinfachung, dass am Ausgang dieses festen Matched-Filters eine Schätzung der Gesamtimpulsantwort im Symboltakt erfolgen kann. Wir fassen diese in einem Vektor zusammen:

$$\hat{\mathbf{h}} = [\hat{h}(0), \hat{h}(1), \cdots, \hat{h}(\ell-1)]^T. \tag{14.1.2}$$

Damit ist die Differenz zwischen dem Matched-Filter-Ausgangsprozess $Y(i)$ und den Referenzdaten zu formulieren:

$$\Delta Y(i) = Y(i) - \mathbf{D}^T(i)\,\hat{\mathbf{h}}; \quad \Delta Y^*(i) = Y^*(i) - \hat{\mathbf{h}}^H \mathbf{D}^*(i); \tag{14.1.3}$$

die Leistung des Fehlersignals beträgt

$$\begin{aligned} \mathrm{E}\{|\Delta Y(i)|^2\} &= \mathrm{E}\big\{[Y^*(i) - \hat{\mathbf{h}}^H \mathbf{D}^*(i)] \cdot [Y(i) - \mathbf{D}^T(i)\,\hat{\mathbf{h}}]\big\} \\ &= \sigma_Y^2 - \mathrm{E}\{Y^*(i)\,\mathbf{D}^T(i)\} \cdot \hat{\mathbf{h}} - \hat{\mathbf{h}}^H \cdot \mathrm{E}\{Y(i)\mathbf{D}^*(i)\} + \hat{\mathbf{h}}^H \cdot \mathbf{R}_{DD} \cdot \hat{\mathbf{h}}. \end{aligned} \tag{14.1.4}$$

Das Minimum findet man durch Nullsetzen der Ableitung nach dem gesuchten Koeffizientenvektor. Berücksichtigt man hierbei das Wirtinger-Kalkül (12.3.9), Seite 433, so ergibt sich

$$\frac{\partial}{\partial \hat{\mathbf{h}}^H}\Big(\mathrm{E}\{|\Delta Y(i)|^2\}\Big) = -\mathrm{E}\{Y(i)\mathbf{D}^*(i)\} + \mathbf{R}_{DD}\mathbf{h}_{\mathrm{MMSE}} \stackrel{!}{=} \mathbf{0} \tag{14.1.5}$$

und daraus die Lösung

$$\hat{\mathbf{h}} = \mathbf{R}_{DD}^{-1}\,\mathrm{E}\{Y(i)\mathbf{D}^*(i)\}, \tag{14.1.6a}$$

die der Wiener-Lee-Beziehung (1.6.14b) auf Seite 39 in vektorieller Form entspricht. Ist das Kanalrauschen nicht mit den Sendedaten korreliert, so ergibt (14.1.6a) die korrekte Kanalimpulsantwort $\mathbf{h}$, wie man leicht durch Einsetzen von $Y(i) = \mathbf{D}^T(i)\,\mathbf{h} + N(i)$ zeigt.

Unter der Annahme von unkorrelierten Daten $D(i)$ wird die Autokorrelationsmatrix $\mathbf{R}_{DD}$ zu einer skalierten Einheitsmatrix; damit reduziert sich (14.1.6a) auf die einfache Kreuzkorrelationsfolge zwischen Empfangssignal und der Datenfolge

$$\hat{\mathbf{h}} = \frac{1}{\sigma_D^2} \cdot \mathrm{E}\{Y(i)\,\mathbf{D}^*(i)\}. \tag{14.1.6b}$$

Signalanteile in $Y(i)$, die nicht mit den Daten korreliert sind, also z.B. unkorreliertes additives Rauschen, gehen nicht in die Lösung ein.

Interessanterweise ist das Ergebnis (14.1.6a) identisch mit der Lösung für das lineare Ersatzsystem nichtlinearer Kanäle (siehe Abschnitt 2.3.2, Seite 65ff). Auch unter nichtlinearen Verzerrungen stellt das MMSE-Kriterium somit einen sinnvollen Ansatz zur Schätzung linearer Kanäle dar.

14.1.2 LMS-Kanalschätzung

Da der in (14.1.6b) enthaltene Erwartungswert a-priori nicht bekannt ist, muss eine Schätzung auf der Basis der empfangenen Musterfunktion $y(i)$ erfolgen. Die Referenzdaten bzw. ihre konjugiert komplexen Werte werden zu den Vektoren

$$\begin{aligned} \mathbf{d}(i) &= [\hat{d}(i), \hat{d}(i-1), \cdots, \hat{d}(i-\ell+1)]^T \\ \mathbf{d}^*(i) &= [\hat{d}^*(i), \hat{d}^*(i-1), \cdots, \hat{d}^*(i-\ell+1)]^T \end{aligned}$$

zusammengefasst. Zur iterativen Kanalschätzung kann der bereits bekannte *stochastische Gradientenalgorithmus* angewendet werden. Die ideale MSE-Zielfunktion (14.1.4) wird dabei durch den Momentanwert

$$\hat{F}_{\mathrm{MSE}}(i) = |\Delta y(i)|^2 = [y(i) - \mathbf{d}^T(i)\,\hat{\mathbf{h}}] \cdot [y^*(i) - \hat{\mathbf{h}}^H\,\mathbf{d}^*(i)] \tag{14.1.7}$$

abgeschätzt. Die Iterationsgleichung für die Koeffizienten des Modellsystems lautet unter Berücksichtigung der konjugiert komplexen Definition der Wirtinger-Ableitung (12.3.7b), Seite 433

$$\hat{\mathbf{h}}(i+1) = \hat{\mathbf{h}}(i) - \mu \cdot \frac{\partial \hat{F}_{\mathrm{MSE}}(i)}{\partial \hat{\mathbf{h}}^H(i)}, \tag{14.1.8}$$

wobei μ eine positive Schrittweite bezeichnet. Mit

$$\frac{\partial |\Delta y(i)|^2}{\partial \hat{\mathbf{h}}^H(i)} = \Delta y(i) \cdot \frac{\partial \Delta y^*(i)}{\partial \hat{\mathbf{h}}^H(i)} = -\Delta y(i) \cdot \mathbf{d}^*(i) \tag{14.1.9}$$

erhält man daraus die Rekursionsvorschrift

$$\hat{\mathbf{h}}(i+1) = \hat{\mathbf{h}}(i) + \mu \cdot \Delta y(i) \cdot \mathbf{d}^*(i). \tag{14.1.10}$$

Ein Blockschaltbild zur Kanalschätzung nach dem stochastischen Gradientenverfahren zeigt **Bild 14.1.2**.

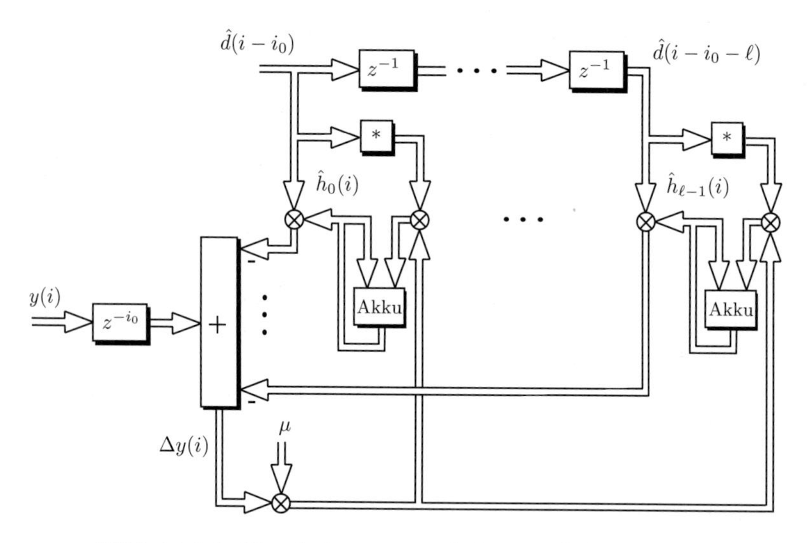

Bild 14.1.2: Kanalschätzung nach dem LMS-Algorithmus

Der LMS-Algorithmus zur Kanalschätzung wird üblicherweise während der laufenden Übertragung zur Nachführung der sich zeitlich verändernden Kanalimpulsantwort verwendet („Tracking"), wobei dann die aktuell entschiedenen Daten als Referenzsignale herangezogen werden. Ein prinzipielles Problem stellt hierbei die mit der Viterbi-Detektion zwangsläufig verbundene Verzögerung um i_0 Symboltakte dar. Aus diesem Grunde muss das Empfangssignal $y(i)$ ebenfalls um i_0 Symbolintervalle verzögert werden. Die Kanalschätzung ist somit zum aktuellen Zeitpunkt i nicht möglich – hieraus erwachsen große Probleme im Falle schnell veränderlicher Kanalparameter. In der Praxis geht man häufig so vor, dass im Interesse einer möglichst geringen zeitlichen Verzögerung die endgültige Entscheidung des Viterbi-Detektors nicht abgewartet wird – statt dessen werden bereits vorher „provisorische" Entscheidungen zur Ableitung der Referenzsignale vorgenommen. Dabei ist ein Kompromiss zwischen den Schätzfehlern infolge von nun häufiger auftretenden Fehlentscheidungen und der Verzögerung der Kanalschätzung anzustreben.

14.1.3 Maximum-Likelihood-Kanalschätzung

Der im letzten Abschnitt hergeleitete LMS-Algorithmus dient zur iterativen Nachführung der bereits in der Nähe der wahren Lösung befindlichen aktuellen Kanalschätzung. Zur Neueinstellung während einer Trainingsphase (z.B. *Preamble* zu Beginn oder *Midamble* in der Mitte eines Datenburst) wird hingegen eine Schätzung der Kanalimpulsantwort auf der Grundlage einer am Empfänger bekannten Pilotsequenz vorgenommen. Hierzu wird das Empfangssignal $y(i)$ während eines Zeitintervalls $i_1 \leq i \leq i_1+N-1$ beobachtet; zur Berechnung der ℓ Kanalkoeffizienten wird ein Gleichungssystem aufgestellt.

$$\begin{aligned}
y(i_1) &= h(0)d(i_1) + \cdots + h(\ell-1)d(i_1-\ell+1) + n(i_1) \\
y(i_1+1) &= h(0)d(i_1+1) + \cdots + h(\ell-1)d(i_1-\ell+2) + n(i_1+1) \\
&\vdots \\
y(i_1+N-1) &= h(0)d(i_1+N-1) + \cdots + h(\ell-1)d(i_1+N-\ell) + n(i_1+N-1)
\end{aligned} \tag{14.1.11}$$

Zur kompakten Formulierung werden die $(N \times \ell)$-Signalmatrix

$$\mathbf{S}_d = \begin{pmatrix}
d(i_1) & d(i_1-1) & \cdots & d(i_1-\ell+1) \\
d(i_1+1) & d(i_1) & \cdots & d(i_1-\ell+2) \\
\vdots & & \ddots & \vdots \\
 & & & d(i_1) \\
 & & & \vdots \\
d(i_1+N-1) & \cdots & & d(i_1+N-\ell)
\end{pmatrix} \tag{14.1.12a}$$

sowie die Vektoren

$$\mathbf{h} = [h(0), h(1), \cdots, h(\ell-1)]^T \tag{14.1.12b}$$

$$\mathbf{y} = [y(i_1), y(i_1+1), \cdots, y(i_1+N-1)]^T \tag{14.1.12c}$$

$$\mathbf{n} = [n(i_1), n(i_1+1), \cdots, n(i_1+N-1)]^T \tag{14.1.12d}$$

definiert. Damit erhalten wir aus (14.1.11)

$$\mathbf{y} = \mathbf{S}_d \cdot \mathbf{h} + \mathbf{n}. \tag{14.1.13}$$

Im Folgenden sollen die Kanalkoeffizienten im *Maximum-Likelihood*-Sinne geschätzt werden. Im Gegensatz zu Abschnitt 11.1, wo es um die Entscheidung über ein diskretes Symbol aus einem endlichen vorgegebenen Symbolvorrat ging, sind hier die *kontinuierlichen Variablen* $h(0), \cdots, h(\ell - 1)$ zu ermitteln. Die Lösung erfolgt über die Maximierung der Verteilungsdichte des Empfangssignals unter der Bedingung, dass der Kanal die Impulsantwort $\mathbf{h}$ aufweist:

$$\hat{\mathbf{h}} = \underset{\mathbf{h}}{\operatorname{argmax}}\{p_{\mathbf{Y}|\mathbf{h}}(\mathbf{y})\}. \tag{14.1.14}$$

Setzt man gaußverteiltes Kanalrauschen mit einer Autokorrelationsmatrix $\mathbf{R}_{NN}$ an, so gilt

$$\begin{aligned} p_{\mathbf{Y}|\mathbf{h}}(\mathbf{y}) &= p_N(\mathbf{y} - \mathbf{S}_d\,\mathbf{h}) \qquad (14.1.15)\\ &= \frac{1}{\pi^N \det\{\mathbf{R}_{NN}\}} \exp\big(-[\mathbf{y}^H - \mathbf{h}^H\,\mathbf{S}_d^H] \cdot \mathbf{R}_{NN}^{-1} \cdot [\mathbf{y} - \mathbf{S}_d\,\mathbf{h}]\big). \end{aligned}$$

Der Exponent dieses Ausdrucks lässt sich nach Ausmultiplikation und quadratischer Ergänzung mit der Definition der Matrizen

$$\mathbf{A} = \big(\mathbf{S}_d^H \mathbf{R}_{NN}^{-1} \mathbf{S}_d\big)^{-1} \mathbf{S}_d^H \mathbf{R}_{NN}^{-1} \quad \text{und} \quad \mathbf{B} = \mathbf{S}_d^H \mathbf{R}_{NN}^{-1} \mathbf{S}_d \tag{14.1.16}$$

auf die Form

$$-\big[\mathbf{h}^H - \mathbf{y}^H\,\mathbf{A}^H\big] \cdot \mathbf{B} \cdot \big[\mathbf{h} - \mathbf{A}\,\mathbf{y}\big] - \mathbf{y}^H \mathbf{R}_{NN}^{-1} \mathbf{y} + \mathbf{y}^H \mathbf{A}^H \mathbf{B} \mathbf{A} \mathbf{y}$$

bringen. Damit kann (14.1.15) in folgender Weise umgeschrieben werden:

$$\begin{aligned} p_{\mathbf{Y}|\mathbf{h}}(\mathbf{y}) &= \frac{1}{\pi^N \det\{\mathbf{R}_{NN}\}} \exp\big(-\mathbf{y}^H[\mathbf{R}_{NN}^{-1} - \mathbf{A}^H \mathbf{B} \mathbf{A}]\,\mathbf{y}\big) \cdot \\ &\quad \cdot \exp\big(-[\mathbf{h}^H - \mathbf{y}^H \mathbf{A}^H] \cdot \mathbf{B} \cdot [\mathbf{h} - \mathbf{A}\,\mathbf{y}]\big). \end{aligned} \tag{14.1.17}$$

Der zweite Term dieses Ausdrucks enthält die quadratische Abhängigkeit vom Koeffizientenvektor $\mathbf{h}$; er beschreibt eine Normalverteilung mit dem Mittelwert $\mathbf{A}\,\mathbf{y}$ und der Kovarianzmatrix $\mathbf{B}^{-1}$. Die Maximierung in Abhängigkeit von $\mathbf{h}$, also die Maximum-Likelihood-Kanalschätzung, ergibt sich durch Nullsetzen des Exponenten, d.h. aus der Lösung des linearen Gleichungssystems $\mathbf{h} - \mathbf{A}\mathbf{y} = \mathbf{0}$. Nach Einsetzen von (14.1.16) folgt

$$\hat{\mathbf{h}}_{\mathrm{ML}} = \big(\mathbf{S}_d^H \mathbf{R}_{NN}^{-1} \mathbf{S}_d\big)^{-1} \mathbf{S}_d^H \mathbf{R}_{NN}^{-1}\,\mathbf{y}. \tag{14.1.18}$$

Zur Überprüfung der Erwartungstreue dieses Schätzwertes setzen wir für den Empfangsvektor $\mathbf{y}$ Gleichung (14.1.13) ein und bilden den Erwartungswert

$$\begin{aligned} \mathrm{E}\{\hat{\mathbf{h}}_{\mathrm{ML}}\} &= \big(\mathbf{S}_d^H \mathbf{R}_{NN}^{-1} \mathbf{S}_d\big)^{-1} \mathbf{S}_d^H \mathbf{R}_{NN}^{-1} \cdot [\mathbf{S}_d\,\mathbf{h} + \underbrace{\mathrm{E}\{\mathbf{N}\}}_{=\mathbf{0}}] \\ &= \big(\mathbf{S}_d^H \mathbf{R}_{NN}^{-1} \mathbf{S}_d\big)^{-1} \cdot \big(\mathbf{S}_d^H \mathbf{R}_{NN}^{-1} \mathbf{S}_d\big) \cdot \mathbf{h} = \mathbf{h}. \end{aligned} \tag{14.1.19a}$$

Für mittelwertfreies Rauschen ist die Schätzung also *erwartungstreu* – man bezeichnet den ML-Schätzalgorithmus in der englischsprachigen Literatur deshalb als *Best Linear Unbiased Estimator (BLUE)*.

Die Kovarianzmatrix des geschätzten Koeffizientenvektors und damit auch des Schätzfehlers $\mathbf{\Delta h} = (\mathbf{h}_{\text{ML}} - \mathbf{h})$ liest man aus (14.1.17) ab:

$$\mathbf{R}_{\mathbf{\Delta h \Delta h}} = \text{E}\{\mathbf{\Delta h} \cdot \mathbf{\Delta h}^H\} = \mathbf{B}^{-1} = \left(\mathbf{S}_d^H \mathbf{R}_{NN}^{-1} \mathbf{S}_d\right)^{-1}. \qquad (14.1.19\text{b})$$

Wir spezialisieren das Schätzverfahren jetzt für weißes Kanalrauschen und setzen dazu $\mathbf{R}_{NN} = \sigma_N^2 \cdot \mathbf{I}$. Aus (14.1.18) erhält man damit

$$\hat{\mathbf{h}}_{\text{ML}} = \left(\mathbf{S}_d^H \mathbf{S}_d\right)^{-1} \mathbf{S}_d^H \cdot \mathbf{y} = \mathbf{S}_d^+ \cdot \mathbf{y}, \qquad (14.1.20)$$

wobei $\mathbf{S}_d^+$ die im Anhang B.1.8 auf Seite 764 definierte *Pseudoinverse* der Signalmatrix beschreibt.

- *Für weißes, gaußverteiltes Kanalrauschen ist die Maximum-Likelihood-Kanalschätzung identisch mit der Least-Squares-Lösung des Gleichungssystems (14.1.13)*

$$\hat{\mathbf{h}}_{\text{LS}} = \hat{\mathbf{h}}_{\text{ML}} = \underset{\mathbf{h}}{\text{argmin}}\{||\mathbf{y} - \mathbf{S}_d \mathbf{h}||^2\}.$$

Die Kovarianzmatrix des Schätzfehlers ist in diesem Falle

$$\mathbf{R}_{\mathbf{\Delta h \Delta h}} = \sigma_N^2 \cdot \left(\mathbf{S}_d^H \mathbf{S}_d\right)^{-1} \qquad (14.1.21)$$

14.1.4 Maximum-a-posteriori-Schätzung

Im letzten Abschnitt wurde die zu schätzende Kanalimpulsantwort $\mathbf{h}$ als feste, deterministische Größe aufgefasst. Nimmt man hierfür hingegen eine Zufallsvariable $\mathbf{H}$ an, so kann deren Statistik für die Schätzung mit verwertet werden, falls diese bekannt ist. Zur Kanalschätzung wählen wir dazu einen *Bayes'schen Ansatz* und wenden das bereits aus dem 11. Kapitel (Seite 359) bekannte Maximum-a-posteriori (MAP) -Kriterium an

$$\hat{\mathbf{h}}_{\text{MAP}} = \underset{\mathbf{h}}{\text{argmax}}\{p_{\mathbf{H}|\mathbf{Y}}(\mathbf{h}|\mathbf{y})\}. \qquad (14.1.22\text{a})$$

Unter Nutzung der Bayes-Regel

$$p_{\mathbf{H}|\mathbf{Y}}(\mathbf{h}|\mathbf{y}) = \frac{p_{\mathbf{Y}|\mathbf{H}}(\mathbf{y}|\mathbf{h}) \cdot p_{\mathbf{H}}(\mathbf{h})}{p_{\mathbf{Y}}(\mathbf{y})}$$

erhalten wir aus (14.1.22a)

$$\hat{\mathbf{h}}_{\text{MAP}} = \underset{\mathbf{h}}{\text{argmax}}\{p_{\mathbf{Y}|\mathbf{H}}(\mathbf{y}|\mathbf{h}) \cdot p_{\mathbf{H}}(\mathbf{h})\}. \qquad (14.1.22\text{b})$$

Im Folgenden wird angenommen, dass die ℓ Abtastwerte der Impulsantwort in *Real- und Imaginärteil jeweils gaußverteilt*, ihre Beträge also rayleighverteilt sind. Die Korrelationen werden durch die Autokorrelationsmatrix $\mathbf{R}_{HH}$ beschrieben. Für die Verbunddichte des Koeffizientenvektors $\mathbf{H}$ gilt damit

$$p_{\mathbf{H}}(\mathbf{h}) = \frac{1}{\pi^{\ell}\det(\mathbf{R}_{HH})} \exp\bigl(-\mathbf{h}^H\mathbf{R}_{HH}^{-1}\mathbf{h}\bigr). \tag{14.1.23}$$

Unter Berücksichtigung von (14.1.15) erhält man

$$p_{\mathbf{Y}|\mathbf{H}}(\mathbf{y}|\mathbf{h}) \cdot p_{\mathbf{H}}(\mathbf{h}) \propto \exp\Bigl(-\bigl[(\mathbf{y}^H - \mathbf{h}^H\mathbf{S}_d^H)\,\mathbf{R}_{NN}^{-1}(\mathbf{y} - \mathbf{S}_d\,\mathbf{h}) + \mathbf{h}^H\mathbf{R}_{HH}^{-1}\mathbf{h}\bigr]\Bigr). \tag{14.1.24}$$

Anstelle der Maximierung dieses Ausdrucks kann auch der in eckigen Klammern stehende Term im Exponenten *minimiert* werden, so dass folgt

$$\hat{\mathbf{h}}_{\text{MAP}} = \underset{\mathbf{h}}{\operatorname{argmin}}\{\mathbf{y}^H\mathbf{R}_{NN}^{-1}\mathbf{y} - \mathbf{y}^H\mathbf{R}_{NN}^{-1}\mathbf{S}_d\,\mathbf{h} - \mathbf{h}^H\mathbf{S}_d^H\,\mathbf{R}_{NN}^{-1}\mathbf{y} + \mathbf{h}^H(\mathbf{S}_d^H\mathbf{R}_{NN}^{-1}\mathbf{S}_d + \mathbf{R}_{HH}^{-1})\mathbf{h}\}. \tag{14.1.25}$$

Der erste Term kann gestrichen werden, da er nicht von $\mathbf{h}$ abhängt. Die Minimierung erreicht man durch quadratische Ergänzung; man erhält schließlich

$$\hat{\mathbf{h}}_{\text{MAP}} = \bigl(\mathbf{S}_d^H\,\mathbf{R}_{NN}^{-1}\mathbf{S}_d + \mathbf{R}_{HH}^{-1}\bigr)^{-1}\,\mathbf{S}_d^H\mathbf{R}_{NN}^{-1}\mathbf{y}. \tag{14.1.26a}$$

Für weißes Kanalrauschen ergibt sich hieraus

$$\hat{\mathbf{h}}_{\text{MAP}} = \bigl(\mathbf{S}_d^H\,\mathbf{S}_d + \sigma_N^2\mathbf{R}_{HH}^{-1}\bigr)^{-1}\,\mathbf{S}_d^H\mathbf{y}. \tag{14.1.26b}$$

MMSE-Schätzung. In Abschnitt 14.1.3 erwies sich die Least-Squares-Lösung des Gleichungssystems (14.1.13) für weißes Kanalrauschen als Maximum-Likelihood-Lösung. Sie ist die beste lineare erwartungstreue Schätzung (BLUE, Best Linear Unbiased Estimator). Geben wir die Forderung nach der Erwartungstreue auf, so erreichen wir unter dem MMSE-Ansatz die minimale Schätzfehlerleistung. Im Folgenden wird der MMSE-Schätzer hergeleitet und gleichzeitig seine Beziehung zum MAP-Kriterium aufgezeigt. Für die Schätzung legen wir den linearen Ansatz

$$\hat{\mathbf{h}}_{\text{MMSE}} = \mathbf{B}\,\mathbf{y} \tag{14.1.27}$$

zugrunde. Die Matrix $\mathbf{B}$ gewinnt man aus der Minimierung der Schätzfehlerleistung (sowohl das Empfangssignal als auch der Koeffizientenvektor werden hier als Zufallsvariablen aufgefasst und deshalb durch Großbuchstaben gekennzeichnet). Die Autokorrelationsmatrix des Schätzfehlers ist

$$\mathbf{R}_{\Delta H\Delta H} = \mathrm{E}\bigl\{(\mathbf{H} - \hat{\mathbf{h}}_{\text{MMSE}})(\mathbf{H}^H - \hat{\mathbf{h}}_{\text{MMSE}}^H)\bigr\}. \tag{14.1.28}$$

Die *Spur* dieser Matrix (also die Summe der Diagonalelemente) gibt die Gesamtleistung des Schätzfehlers an und ist also gemäß dem MMSE-Kriterium zu minimieren[1].

$$\mathbf{B} = \underset{\mathbf{B}}{\operatorname{argmin}}\,\bigl\{\mathrm{tr}\{\mathbf{R}_{\Delta H\Delta H}\}\bigr\} \tag{14.1.29}$$

[1]Der Ausdruck $\mathrm{tr}(\mathbf{A})$ bezeichnet die Spur ("trace") der Matrix $\mathbf{A}$ (siehe Anhang B.1.1, Gl.(B.1.3b)).

Nach Ausmultiplikation von (14.1.28) erhält man

$$\mathbf{R}_{\Delta H \Delta H} = \underbrace{\mathrm{E}\{\mathbf{H}\mathbf{H}^H\}}_{\triangleq \mathbf{R}_{HH}} - \underbrace{\mathrm{E}\{\mathbf{H}\mathbf{Y}^H\}}_{\triangleq \mathbf{R}_{HY}} \mathbf{B}^H - \mathbf{B}\underbrace{\mathrm{E}\{\mathbf{Y}\mathbf{H}^H\}}_{\triangleq \mathbf{R}_{HY}^H} + \mathbf{B}\underbrace{\mathrm{E}\{\mathbf{Y}\mathbf{Y}^H\}}_{\triangleq \mathbf{R}_{YY}} \mathbf{B}^H. \qquad (14.1.30)$$

Die Bestimmung der Matrix $\mathbf{B}$ nach (14.1.29) kann durch Ableitung der Spur von $\mathbf{R}_{\Delta H \Delta H}$ nach $\mathbf{B}$ und Nullsetzen erfolgen. Die Ableitung eines Skalars F nach einer Matrix $\mathbf{B}$ wird dabei durch

$$\mathbf{C} \triangleq \frac{\partial F}{\partial \mathbf{B}} \quad \text{mit} \quad c_{ij} = \frac{\partial F}{\partial b_{ji}} \qquad (14.1.31a)$$

festgelegt; diese Definition in transponierter Form deckt sich mit der im Vorangegangenen bereits mehrfach angewandten Ableitung nach einem Vektor: Die Ableitung nach einem Zeilenvektor ergibt einen Spaltenvektor und umgekehrt (siehe Anhang B.1.10, Seite 766).

Für die Spur einer Matrix gilt insbesondere

$$\mathrm{tr}\{\mathbf{BA}\} = \sum_{\nu}\sum_{\mu} b_{\nu\mu}\, a_{\mu\nu} \quad \Rightarrow \quad \frac{\partial}{\partial b_{ji}} \mathrm{tr}\{\mathbf{BA}\} = a_{ij} \qquad (14.1.31b)$$

und damit

$$\frac{\partial\, \mathrm{tr}\{\mathbf{BA}\}}{\partial\, \mathbf{B}} = \mathbf{A} \quad \text{sowie}^2 \quad \frac{\partial\, \mathrm{tr}\{\mathbf{BAB}^H\}}{\partial\, \mathbf{B}} = \mathbf{AB}^H. \qquad (14.1.31c)$$

Hieraus erhält man

$$\frac{\partial}{\partial\, \mathbf{B}}\Big(\mathrm{tr}\{\mathbf{R}_{\Delta H\, \Delta H}\}\Big) = -\mathbf{R}_{HY}^H + \mathbf{R}_{YY}\mathbf{B}^H \overset{!}{=} \mathbf{0} \qquad (14.1.32)$$

und schließlich die Lösung

$$\mathbf{B} = \mathbf{R}_{HY} \cdot \mathbf{R}_{YY}^{-1}. \qquad (14.1.33)$$

Nach Einsetzen der Korrelationsmatrizen

$$\mathbf{R}_{YY} = \mathbf{S}_d \mathbf{R}_{HH} \mathbf{S}_d^H + \mathbf{R}_{NN} \quad \text{und} \quad \mathbf{R}_{HY} = \mathbf{R}_{HH}\mathbf{S}_d^H \qquad (14.1.34)$$

ergibt sich

$$\mathbf{B} = \mathbf{R}_{HH}\mathbf{S}_d^H\left(\mathbf{S}_d\mathbf{R}_{HH}\mathbf{S}_d^H + \mathbf{R}_{NN}\right)^{-1} = \left(\mathbf{S}_d^H\, \mathbf{R}_{NN}^{-1}\mathbf{S}_d + \mathbf{R}_{HH}^{-1}\right)^{-1} \mathbf{S}_d^H \mathbf{R}_{NN}^{-1}. \qquad (14.1.35)$$

Die Identität der beiden Ausdrücke in (14.1.35) kann durch wechselseitige Multiplikation mit den beiden inversen Termen gezeigt werden. Die MMSE-Schätzung für den Koeffizientenvektor lautet damit

$$\hat{\mathbf{h}}_{\text{MMSE}} = \left(\mathbf{S}_d^H\, \mathbf{R}_{NN}^{-1}\mathbf{S}_d + \mathbf{R}_{HH}^{-1}\right)^{-1} \mathbf{S}_d^H\mathbf{R}_{NN}^{-1}\, \mathbf{y}. \qquad (14.1.36a)$$

Diese Lösung ist *identisch mit der MAP-Lösung* (14.1.26a). Für weißes Kanalrauschen ergibt sich entsprechend (14.1.26b)

$$\hat{\mathbf{h}}_{\text{MMSE}} = \left(\mathbf{S}_d^H\, \mathbf{S}_d + \sigma_N^2\, \mathbf{R}_{HH}^{-1}\right)^{-1} \mathbf{S}_d^H \mathbf{y}; \qquad (14.1.36b)$$

[2] unter Beachtung des Wirtinger-Kalküls (4.3.41), Seite 157

sind die Abtastwerte der Kanalimpulsantwort unkorreliert, so folgt mit $\mathbf{R}_{HH} = \sigma_H^2 \mathbf{I}$ weiterhin

$$\hat{\mathbf{h}}_{\text{MMSE}} = \left(\mathbf{S}_d^H \mathbf{S}_d + \frac{\sigma_N^2}{\sigma_H^2} \mathbf{I}_\ell\right)^{-1} \mathbf{S}_d^H \mathbf{y}. \tag{14.1.36c}$$

Wir überprüfen die Erwartungstreue des MMSE-Schätzers (14.1.36a):

$$\begin{aligned} \mathrm{E}\{\hat{\mathbf{h}}_{\text{MMSE}}\} &= \mathbf{B} \cdot \mathrm{E}\{\mathbf{Y}\} = \mathbf{B} \cdot [\mathbf{S}_d \mathbf{h} + \underbrace{\mathrm{E}\{\mathbf{N}\}}_{=0}] \\ &= \left(\mathbf{S}_d^H \mathbf{R}_{NN}^{-1} \mathbf{S}_d + \mathbf{R}_{HH}^{-1}\right)^{-1} \mathbf{S}_d^H \mathbf{R}_{NN}^{-1} \mathbf{S}_d \cdot \mathbf{h}; \end{aligned} \tag{14.1.37a}$$

für weißes Kanalrauschen und für unkorrelierte Kanalkoeffizienten ($\mathbf{R}_{HH} = \sigma_H^2 \mathbf{I}$) ergibt sich speziell

$$\mathrm{E}\{\hat{\mathbf{h}}_{\text{MMSE}}\} = \left(\mathbf{S}_d^H \mathbf{S}_d + \frac{\sigma_N^2}{\sigma_H^2} \mathbf{I}_\ell\right)^{-1} \mathbf{S}_d^H \mathbf{S}_d \cdot \mathbf{h}. \tag{14.1.37b}$$

Gemäß des MMSE-Ansatzes ist dieser Schätzer nicht erwartungstreu („biased estimator“); für verschwindende Kanalrauschleistung ergibt sich asymptotische Erwartungstreue.

Setzt man in (14.1.28) die MMSE-Lösung (14.1.36a) ein, so erhält man nach einigen formalen Umformungen

$$\mathbf{R}_{\Delta H \Delta H} = \left(\mathbf{S}_d^H \mathbf{R}_{NN}^{-1} \mathbf{S}_d + \mathbf{R}_{HH}^{-1}\right)^{-1}; \tag{14.1.38a}$$

die Spur dieser Matrix beinhaltet die Gesamleistung des MMSE-Schätzfehlers. Nimmt man weißes Kanalrauschen sowie unkorrelierte Kanalkoeffizienten an, so folgt

$$\mathbf{R}_{\Delta H \Delta H} = \sigma_N^2 \left(\mathbf{S}_d^H \mathbf{S}_d + \frac{\sigma_N^2}{\sigma_H^2} \mathbf{I}_\ell\right)^{-1}. \tag{14.1.38b}$$

Im Gegensatz zu (14.1.21) wird hier auf der Diagonalen der zu invertierenden Matrix ein positiver Wert addiert, wodurch sich die Spur und damit die gesamte Schätzfehlerleistung reduziert.

Zusammenfassung:

- Die Maximum-Likelihood Schätzung
  - macht keinen Gebrauch von der Kanalstatistik,
  - ist für weißes Kanalrauschen identisch mit der Least-Squares-Lösung,
  - ist erwartungstreu (BLUE, Best Linear Unbiased Estimator),
  - benötigt nicht die Kenntnis der Kanalrauschleistung.
- Die Maximum-a-posteriori-Lösung
  - berücksichtigt die Kanalstatistik,
  - ist für rayleighverteilte Kanalkoeffizienten identisch mit der MMSE-Lösung,

- ist nicht erwartungstreu,
- weist gegenüber der ML-Lösung eine geringere Schätzfehlerleistung auf,
- benötigt die Kenntnis der Autokorrelationsmatrix der Kanalimpulsantwort,
- benötigt die Kenntnis der Autokorrelationsmatrix des Kanalrauschens.

14.1.5 Orthogonale Folgen

Die Trainingssequenz kann prinzipiell frei gewählt werden. Eine besonders effiziente Lösung ergibt sich, wenn sie als sogenannte *orthogonale Folge* festgelegt wird. Dies ist dann der Fall, wenn $\mathbf{S}_d^H \mathbf{S}_d$ eine skalierte *Einheitsmatrix* ergibt. Allgemein enthält die $(\ell \times \ell)-$Matrix $\mathbf{S}_d^H \mathbf{S}_d$ auf der Hauptdiagonalen Ausdrücke der Form

$$\sum_{\mu=0}^{N-1} |d(i_1 + \mu - \lambda)|^2 = N \quad \text{für } |d(i)| = 1, \quad \lambda \in \{0, \cdots, \ell - 1\},$$

während auf den Nebendiagonalen Energie-Autokorrelationswerte

$$\sum_{\mu=0}^{N-1} d^*(i_1 + \mu - \lambda) \cdot d(i_1 + \mu - \kappa), \qquad \lambda \neq \kappa \in \{0, \cdots, \ell - 1\}$$

liegen. Verwendet man unkorrelierte Daten, so verschwinden die Nebendiagonalen für sehr große Trainingssequenzlängen asymptotisch. Statt dessen können für vorgegebene Sequenzlänge sämtliche Nebendiagonalen gezielt zu null gemacht werden, nämlich durch den Entwurf orthogonaler Folgen.

Setzt man also als Trainingssequenz eine orthogonale Folge mit der Eigenschaft

$$\mathbf{S}_d^H \mathbf{S}_d = N \cdot \mathbf{I}. \tag{14.1.39}$$

ein, so folgt aus (14.1.20)

$$\hat{\mathbf{h}}_{\mathrm{ML}} = \frac{1}{N} \cdot \mathbf{S}_d^H \, \mathbf{y}, \tag{14.1.40}$$

also eine einfache Kreuzkorrelation zwischen den Referenzdaten und den Abtastwerten des Empfangssignals. Für die Kovarianzmatrix des Schätzfehler ergibt sich aus (14.1.21)

$$\mathbf{R}_{\Delta\mathbf{h}\Delta\mathbf{h}} = \frac{\sigma_N^2}{N} \cdot \mathbf{I} \quad \Rightarrow \quad \sigma_{\Delta h}^2 = \frac{\sigma_N^2}{N}. \tag{14.1.41}$$

Mit der Wahl einer orthogonalen Trainingssequenz ergibt sich die geringst mögliche Schätzfehler-Varianz. Setzt man statt dessen eine gewöhnliche Pseudo-Zufallsfolge ein, mit der die Eigenschaft (14.1.39) nur asymptotisch bei großer Länge erreicht wird, so liegt die Schätzvarianz über dieser Grenze. Ein weiterer Vorteil der Verwendung orthogonaler Folgen liegt darin, dass die Ausführung von (14.1.40) nur eine Korrelation mit den Daten $d(i)$ erfordert – handelt es sich um ein binäres Modulationsalphabet, z.B. $d(i) \in \{-1, +1\}$, so sind nur Additionen und Subtraktionen auszuführen. Im Gegensatz dazu erfordert die Berechnung von (14.1.20) die Ausführung von Multiplikationen, da die Inverse $\mathbf{S}_d^H \mathbf{S}_d$ in der Regel keine ganzzahligen Elemente enthält.

- **Beispiel: Orthogonale Folge der Länge 6**
  Wir betrachten eine Kanalimpulsantwort der Länge $\ell = 3$; das Beobachtungsintervall wird auf $N = 4$ festgelegt. Die Folge von QPSK-Symbolen

$$d(i) = \{j, 1, \boxed{\text{-j,}} 1, j, 1\}, \qquad \boxed{\text{-j}} \triangleq \text{ Position } i_1$$

stellt im Sinne der obigen Definition eine orthogonale Folge dar, denn es gilt mit

$$\mathbf{S}_d = \begin{pmatrix} \boxed{\text{-j}} & 1 & j \\ 1 & \boxed{\text{-j}} & 1 \\ j & 1 & \boxed{\text{-j}} \\ 1 & j & 1 \end{pmatrix}$$

für die Matrix

$$\mathbf{S}_d^H \mathbf{S}_d = \begin{pmatrix} +j & 1 & -j & 1 \\ 1 & j & 1 & -j \\ -j & 1 & j & 1 \end{pmatrix} \begin{pmatrix} -j & 1 & j \\ 1 & -j & 1 \\ j & 1 & -j \\ 1 & j & 1 \end{pmatrix} = \begin{pmatrix} 4 & 0 & 0 \\ 0 & 4 & 0 \\ 0 & 0 & 4 \end{pmatrix}.$$

Zur Kanalschätzung ist die Gleichung (14.1.40) anzuwenden. Für die Kanalimpulsantwort zweiter Ordnung

$$h(i) = \{h_0, h_1, h_2\}$$

erhält man aufgrund der Erregung mit der obigen Trainingsfolge bei verschwindendem Rauschen die Empfangsfolge

$$\begin{aligned} y(0) &= jh_0 & y(4) &= jh_0 + h_1 - jh_2 \\ y(1) &= h_0 + jh_1 & y(5) &= h_0 + jh_1 + h_2 \\ y(2) &= -jh_0 + h_1 + jh_2 & y(6) &= h_1 + jh_2 \\ y(3) &= h_0 - jh_1 + h_2 & y(7) &= h_2. \end{aligned}$$

Die vier Empfangswerte im eingeschwungenen Zustand werden im Vektor

$$\mathbf{y} = [y(2), y(3), y(4), y(5)]^T.$$

zusammengefasst Die Lösung von (14.1.40) führt auf den Vektor der Kanalimpulsantwort

$$\frac{1}{4}\mathbf{S}_d^H\mathbf{y} = \frac{1}{4}\begin{pmatrix} j & 1 & -j & 1 \\ 1 & j & 1 & -j \\ -j & 1 & j & 1 \end{pmatrix}\begin{pmatrix} -jh_0 + h_1 + jh_2 \\ h_0 - jh_1 + h_2 \\ jh_0 + h_1 - jh_2 \\ h_0 + jh_1 + h_2 \end{pmatrix} = \frac{1}{4}\begin{pmatrix} 4h_0 \\ 4h_1 \\ 4h_2 \end{pmatrix}.$$

In **Bild 14.1.3** sind den nach (14.1.41) errechneten theoretischen Standardabweichungen der Schätzfehler bei verschiedenen E_S/N_0-Werten Simulations-Resultate gegenübergestellt. Dabei markieren die Punkte „∘" Simulationsergebnisse bei Verwendung orthogonaler Trainingssequenzen, während durch „∗" gekennzeichnete Werte mit Hilfe von gewöhnlichen Pseudo-Zufallsfolgen ermittelt wurden. Man sieht, dass mit der Verwendung orthogonaler Folgen vor allem bei geringer Mittelungslänge N eine deutliche Reduktion des Schätzfehlers erreicht wird.

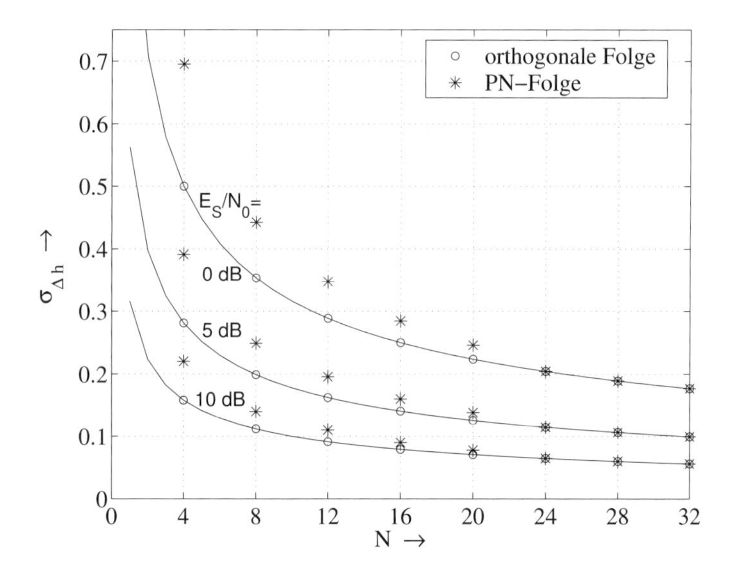

Bild 14.1.3: Schätzfehler bei der Maximum-Likelihood-Kanalschätzung $\left(\sum_{i=0}^{\ell-1} |h(i)|^2 = 1,\ \ell = 4,\ \mathrm{E}\{|D(i)|^2\} = 1\right)$

Während sich bei einem zeitinvarianten Kanal die Schätzgenauigkeit mit größer werdender Sequenzlänge erhöht, wird bei *zeitvarianten Kanälen* mit anwachsendem Schätzintervall die Forderung nach Stationarität zunehmend verletzt – der Schätzfehler nimmt dann wieder zu. Das hierzu in **Bild 14.1.4** wiedergegebene Beispiel zeigt, dass die optimale Mittelungslänge bei festgelegter Zeitvarianz des Kanals vom E_S/N_0-Verhältnis abhängt. Eine Verbesserung kann nur erreicht werden, wenn die Statistik des zeitvarianten Kanals in den Schätzalgorithmus einbezogen wird. Hierzu wurden wirksame Verfahren z.B. unter Anwendung einer Wiener Interpolation zwischen den Pilotsequenzen vorgeschlagen [FM91, FM94, HKR97].

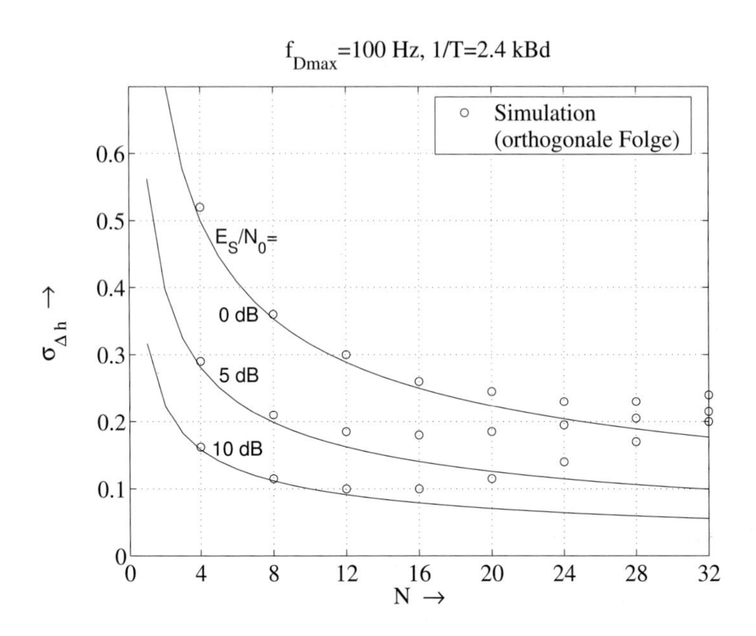

Bild 14.1.4: Maximum-Likelihood-Schätzung eines zeitvarianten Kanals ($f_{D\,\max} = 100$ Hz, $1/T = 2,4$ kBd, $\ell = 4$)

Die Auswirkung der Kanalschätzung auf die Bitfehlerwahrscheinlichkeit wird in **Bild 14.1.5** für den zeitinvarianten Fall demonstriert. Die BPSK-Bitfehlerrate am Viterbi-Ausgang wird zunächst bei perfekter Kanalkenntnis wiedergegeben. Dabei wurde eine Mittelung über statistisch verteilte Kanalimpulsantworten ($\ell = 6$) vorgenommen (*Monte-Carlo-Simulation*), indem Real- und Imaginärteile der Kanalkoeffizienten gaußverteilten Zufallsprozessen entnommen wurden; die Energien der Impulsantworten wurden jeweils auf eins normiert. Man sieht, dass sich im Mittel im Vergleich zur gegenübergestellten AWGN-Kurve nur ein sehr geringer S/N-Verlust ergibt – die im Abschnitt 13.3.3 für die Kanalordnung 2 analysierten „Worst-Case-Kanäle" stellen demnach vom Mittelwert weit abliegende Extremfälle dar.

Der Einfluss der realen Kanalschätzung kann anhand der rechten Kurve in Bild 14.1.5 abgelesen werden: Hierbei wurden in der erläuterten Monte-Carlo-Simulation für die Viterbi-Detektion *geschätzte* Kanalkoeffizienten verwendet – die Schätzungen basierten jeweils auf orthogonalen Trainingsfolgen der Länge 26 entsprechend dem GSM-Standard (siehe Tabelle 14.3.2 auf Seite 554). Der Vergleich mit dem Fall der perfekten Kanalkenntnis zeigt einen Verlust von ca. 1,5 dB.

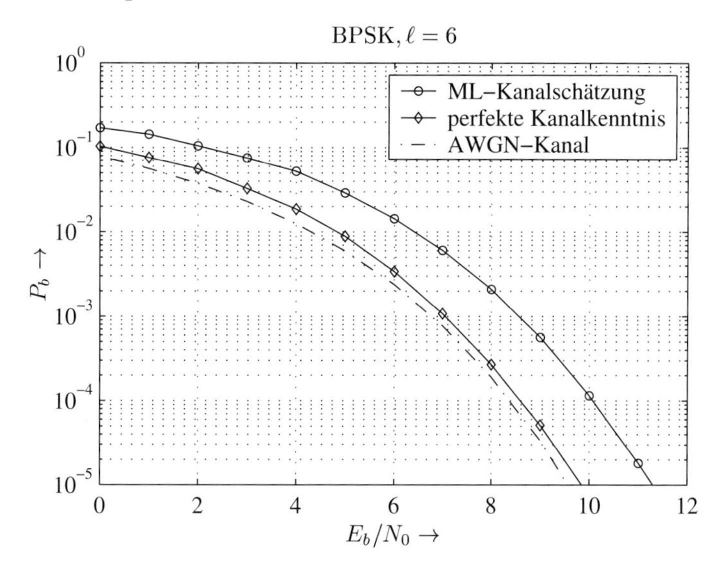

Bild 14.1.5: Einfluss der Kanalschätzung auf die Viterbi-Detektion (BPSK, zufällige Kanäle: $\ell = 6$, Trainingsfolge der Länge 26)

14.2 Blinde Kanalschätzung

14.2.1 Prinzipielle Ansätze

Seit einigen Jahren richtet sich das Interesse verstärkt auf Verfahren zur *blinden Kanalschätzung* und *blinden Entzerrung*. Damit werden Systeme bezeichnet, die zur Einstellung ihrer Parameter keine Trainingssequenzen benötigen. Das Motiv zur Anwendung solcher Verfahren liegt in der Erhöhung der Bandbreite-Effizienz durch den Wegfall der Pilotsymbole. Zum Beispiel wird in dem in Abschnitt 14.3.1 erläuterten GSM-Standard für jeden 142-bit-Burst eine Midamble von 26 bit zur Kanalschätzung vorgesehen. Dies macht einen Anteil von rund 20 % aus und führt zu einem E_b/N_0-Verlust[3] von 0,9 dB.

Die Identifikation eines linearen Systems mittels der Statistik zweiter Ordnung (*SOS, Second Order Statistics*) ist im Prinzip durch die Bildung der Kreuzkorrelierten zwischen Ein- und Ausgangssignal möglich: Die Wiener-Lee-Beziehung (1.6.14b) auf Seite 39 zeigt, dass sich für ein weißes Sendesignal direkt die System-Impulsantwort ergibt. Zur Bildung der Kreuzkorrelierten wird das Sendesignal benötigt – hierzu überträgt man eine am Empfänger bekannte Pilotsequenz. Will man andererseits zur Systemidentifikation ausschließlich das Empfangssignal benutzen und zieht hierzu die Autokorrelationsfunktion heran, so zeigt (1.6.14a), dass hiermit lediglich die *Energie-Autokorrelationsfunktion* des Systems zu gewinnen ist. Diese entspricht aber dem *Betragsquadrat* des Frequenzgangs,

[3] E_b bezeichnet die pro *Informationsbit* aufgewendete Energie – Pilotsymbole sind dementsprechend herauszurechnen.

so dass auf diese Weise nicht die Phaseneigenschaften des Systems zu erfassen sind; man spricht von der *Phasenblindheit* solcher Verfahren. Ist das Empfangssignal stationär – dies ist bei Symbolabtastung der Fall – so scheidet die Statistik zweiter Ordnung also für die blinde Systemidentifikation aus, falls nur eine Empfangsantenne eingesetzt wird (*SISO, Single-Input-Single-Output*).

Zur blinden Kanalschätzung und der damit eng verwandten blinden Entzerrung existieren die folgenden prinzipiellen Möglichkeiten:

- Statistik zweiter Ordnung unter Ausnutzung der Zyklostationarität durch Mehrfachabtastung des Empfangssignals (*SOCS, Second Order Cyclostationary Statistics*) [TXK91, TXK94],
- Einsatz mehrerer Antennen [TXK93] und Anwendung der SOCS-Algorithmen,
- Verwendung von Statistik höherer Ordnung (*HOS, Higher Order Statistics*) [Ros80, Bri81, Men91, NP93] bei Symbolabtastung des Empfangssignals,
- Ausnutzung des finiten Modulationsalphabet bei digitaler Übertragung (*FA, Finite-Alphabet*),
- Regeneration bestimmter Eigenschaften des gesendeten Modulationssignals [Sat75, Ses94], z.B. der in Abschnitt 4.3.3 behandelte Konstant-Modulus-Algorithmus [TA83, KMT87],
- Übertragung reeller Daten über komplexe Kanäle, z.B. GSM [DL98], [TA83, KMT87].

Bild 14.2.1 zeigt eine Systematik der verschiedenen Möglichkeiten der Kanalschätzung.

Anzumerken ist, dass bei *allen blinden Algorithmen ein nicht identifizierbarer komplexer Faktor* verleibt, da keine absolute Phasenbeziehung zum gesendeten Signal herstellbar ist. Dieser Faktor muss – z.B. für die Übergabe an den Viterbi-Detektor – auf andere Weise ermittelt werden; Lösungen hierzu werden in [Pet04] aufgezeigt. Es ist ferner darauf hinzuweisen, dass die SOCS-Algorithmen unter besonderen *singulären Kanälen* versagen; hierauf wird später eingegangen.

D.R. Brillinger wies 1981 erstmals darauf hin, dass eine Systemidentifikation ohne Benutzung des Sendesignals mit Hilfe der Statistik höherer Ordnung möglich ist [Bri81], wobei dann allerdings zu fordern ist, dass das gesendete Signal *keine Gaußverteilung* aufweist, da bei Gaußsignalen die gesamten statistischen Eigenschaften bereits in der Statistik zweiter Ordnung enthalten sind, so dass aus der Statistik höherer Ordnung keine weiteren Informationen zu gewinnen sind [Ros80]. In der Folgezeit wurde eine Reihe von HOS-Algorithmen zur blinden Entzerrung und Kanalschätzung vorgeschlagen – detaillierte Übersichten findet man z.B. in [Bos99a, DL01]. Besonders leistungsfähige HOS-Algorithmen sind der *W-Slice-Algorithmus* von J.A.R. Fonollosa und J. Vidal [FV93] und der *EigenVektor-Algorithmus zur blinden Identifikation, EVI* von B. Jelonnek [Jel95, KJ94, BJK98] – letzterer wird als Beispiel für die blinde HOS-Kanalschätzung in Abschnitt 14.2.3 besprochen.

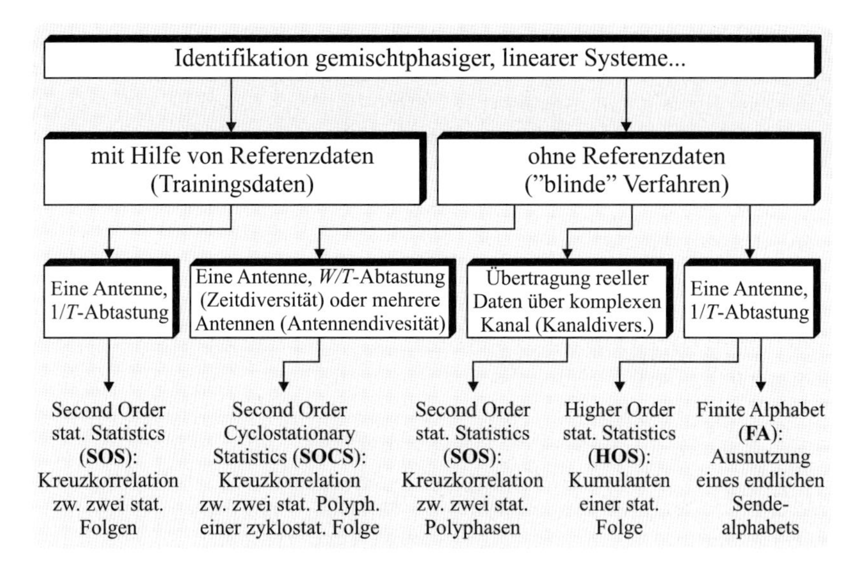

Bild 14.2.1: Systematik referenzgestützter und blinder Kanalschätzverfahren

HOS-Algorithmen beinhalten i.A. einen relativ hohen Implementierungsaufwand. Daher stieß die 1991 erschienene Arbeit [TXK91] von Tong, Xu und Kailath auf großes Interesse: Hier wurde erstmals gezeigt, dass unter Ausnutzung der Zyklostationarität auch die Statistik zweiter Ordnung eine blinde Kanalidentifikation erlaubt. Man erfasst die Zyklostationarität, indem das Empfangssignal mehrfach pro Symbolintervall abgetastet wird (FTS, *Fractional Tap Spacing*). Der 1994 verbesserte TXK(Tong-Xu-Kailath)-Algorithmus [TXK94] wird in Abschnitt 14.2.2 dargestellt. Voraussetzung für die Anwendung der SOCS-Algorithmen ist das Vorhandensein einer hinreichenden Überschuss-Bandbreite (*Excess Bandwidth*), also ein deutlich über die Nyquist-Bandbreite $1/(2T)$ hinausgehendes Sendespektrum[4].

Die Anwendung der SOCS-Algorithmen ist nicht nur auf Mehrfachabtstung beschränkt: Bei näherem Hinsehen liegt der eigentliche Hintergrund dieser Verfahren in dem zugrunde liegenden *SIMO-(Single-Input-Multiple-Output)*-Modell, indem man sich durch Erfassung der Polyphasen-Komponenten mehrere stationäre Signale verschafft, die eine gemeinsame Quelle besitzen (siehe das Polyphasenmodell von Gardner in Abschnitt 14.2.2). Dies erreicht man ebenso durch Verwendung von mehreren Empfangsantennen, so dass die SOCS-Algorithmen hier unverändert übernommen werden können. Auch das von Ding und Li vorgeschlagene Verfahren zur blinden Kanalschätzung unter GSM-Bedingungen [DL98] ist in dieser Weise zu interpretieren: Wendet man das in Abschnitt 10.1.2 erläuterte Derotationsverfahren an, so erfasst man am Empfänger ein komplexes Signal, dem ein reelles Quellensignal zugrundeliegt; Real- und Imaginärteil der Kanalimpulsantwort sind also im Sinne des oben erläuterten SIMO-Konzeptes zu identifizieren.

[4] Anzustreben ist ein möglichst großer Roll-off-Faktor des Sende-Impulsformers; im Falle von $r = 0$ ist das Datensignal *stationär* [Mer10], womit die Bedingungen zur blinden Kanalidentifikation verletzt sind.

In [BPK98, Bos99a] und [PKK00] wurden blinde Kanalschätzungs-Algorithmen unter GSM-Bedingungen erprobt. Dabei wurden die wichtigsten SOCS- und HOS-Algorithmen untereinander verglichen. In Abschnitt 14.3 erfolgt eine Gegenüberstellung des EVI-Algorithmus mit dem referenzgestützten Standard-GSM-Verfahren.

14.2.2 SOCS-Algorithmen

Subchannel Response Matching (SRM)

Bild 14.2.2 zeigt das diskrete Modell eines Übertragungssystems bei w-facher Abtastung pro Symbolintervall. Hierbei bezeichnet $h_c(k)$ die hoch abgetastete Gesamtimpulsantwort bestehend aus Sende-Impulsformer, Kanalimpulsantwort und Empfangs-Matched-Filter. Die am Ausgang dieses Filters eingespeiste Rauschgröße $n_c(k)$ ist im Allgemeinen nicht weiß, da sie den Einfluss des Empfangsfilters enthält. Das gilt auch dann, wenn dieses unter Vernachlässigung des Kanals als festes Wurzel-Nyquist-Filter entworfen wurde, denn dann entsteht erst *nach* der Symbolabtastung wieder eine weiße Rauschgröße (siehe Erläuterung auf Seite 520). Die im Folgenden diskutierte Kanalschätzung basiert aber gerade auf der Mehrfachabtastung des Empfangssignals.

Im Empfänger erfolgt eine Entzerrung – z.B. durch den Viterbi-Algorithmus. Die hierzu erforderliche Kanalschätzung soll blind auf der Basis des w-fach abgetasteten, also zyklostationären Empfangssignals, erfolgen.

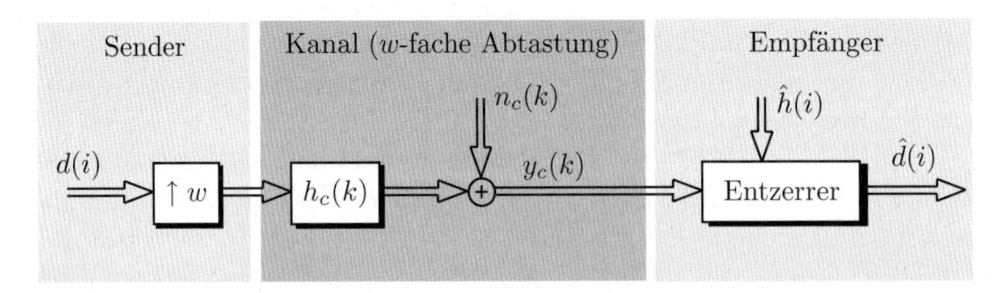

Bild 14.2.2: Übertragungssystem mit w-facher Abtastung am Empfänger

Für das in Bild 14.2.2 dargestellte hoch abgetastete Übertragungssystem führte Gardner in [Gar89] das *Polyphasenmodell* nach **Bild 14.2.3** ein. Die Polyphasenkomponenten $y_0(i), \cdots, y_{w-1}(i)$ des zyklostationären Signals $y_c(k)$ sind jetzt Musterfunktionen der *stationären* Rauschprozesse

$$Y_\mu(i) \stackrel{\Delta}{=} Y_c(i \cdot w + \mu), \quad \mu \in \{0, \cdots, w-1\}. \tag{14.2.1a}$$

Die Polyphasenkomponenten des Rauschprozesses $N_0(i), \cdots, N_{w-1}(i)$ sind im Allgemeinen wegen der oben erläuterten Färbung von $N_c(k)$ korreliert; später wird gezeigt, dass dies Auswirkungen auf die Erwartungstreue der Kanalschätzung hat.

Ebenso wie die Signale wird auch die hoch abgetastete Impulsantwort in ihre Polyphasenkomponenten zerlegt.

$$h_\mu(i) \triangleq h_c(i \cdot w + \mu), \quad \mu \in \{0, \cdots, w-1\} \tag{14.2.1b}$$

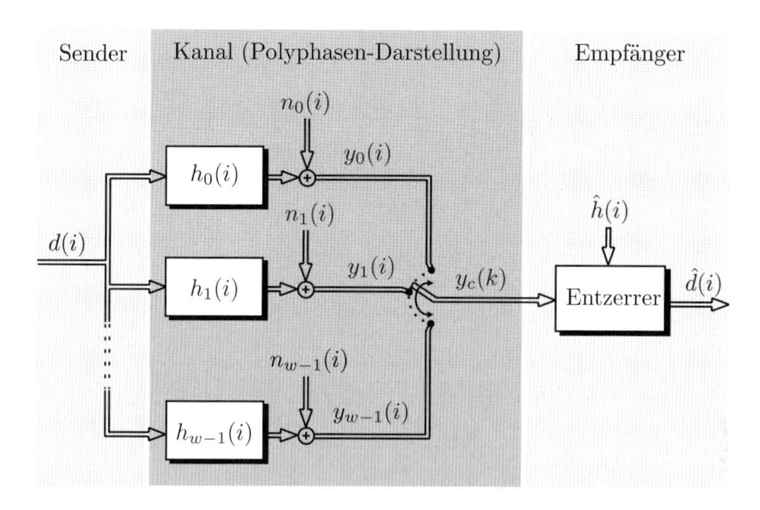

Bild 14.2.3: Polyphasenmodell des Systems nach Bild 14.2.2

Die Polyphasenzerlegung eröffnet eine einfache Möglichkeit der blinden Kanalschätzung, die von Schell, Smith und Gardner 1994 veröffentlicht und als *Subchannel Response Matching (SRM)* bezeichnet wurde [SSG94]. Wir wollen dieses Verfahren im Folgenden für den Spezialfall der Doppelabtastung ($w = 2$) herleiten; die Verallgemeinerung für beliebige Werte w findet man z.B. in [Bos99a] oder in der zitierten Originalarbeit. **Bild 14.2.4** zeigt die Polyphasendarstellung des Übertragungssystems für $w = 2$. Wird nun am Empfänger im oberen Zweig ein Filter mit der Impulsantwort $\hat{h}_1(i)$ und im unteren Zweig ein Filter mit $\hat{h}_0(i)$ eingefügt, so ist die Differenz der beiden Ausgangssignale $z_0(k)$ und $z_1(k)$ im rauschfreien Fall null, wenn $\hat{h}_0(i) = h_0(i)$ und $\hat{h}_1(i) = h_1(i)$ gilt. Hieraus lässt sich eine geschlossene Lösung zur Schätzung der Polyphasenkomponenten der Kanalimpulsantwort herleiten.

Zur kompakten Beschreibung definieren wir die Vektoren

$$\hat{\mathbf{h}}_\mu = \begin{pmatrix} \hat{h}_\mu(0) \\ \hat{h}_\mu(1) \\ \vdots \\ \hat{h}_\mu(\hat{\ell}-1) \end{pmatrix}, \quad \mathbf{Y}_\mu = \begin{pmatrix} Y_\mu(i) \\ Y_\mu(i-1) \\ \vdots \\ Y_\mu(i-\hat{\ell}+1) \end{pmatrix}, \quad \mu \in \{0, 1\}; \tag{14.2.2}$$

$\hat{\mathbf{h}}_0$ und $\hat{\mathbf{h}}_1$ bezeichnen hier die Vektoren der zu schätzenden Impulsantworten mit den angenommenen Längen von jeweils $\hat{\ell}$. Wir bilden die zu minimierende MSE-Zielfunktion

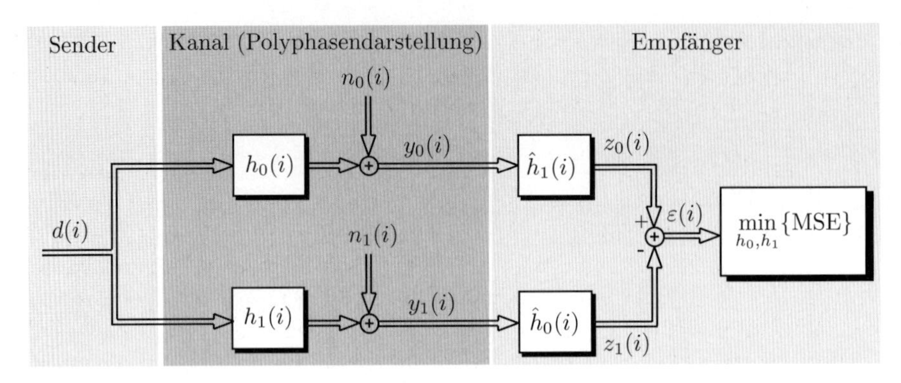

Bild 14.2.4: Polyphasendarstellung zur Herleitung des SRM-Verfahrens ($w = 2$)

mit der Nebenbedingung nicht verschwindender Koeffizientenenergie, um den Trivialfall einer Nullösung zu vermeiden.

$$F_{\text{MSE}} = \text{E}\{|Z_0(i) - Z_1(i)|^2\} = \text{E}\{|\mathbf{Y}_0^T\hat{\mathbf{h}}_1 - \mathbf{Y}_1^T\hat{\mathbf{h}}_0|^2\} \quad (14.2.3a)$$

$$E_h = \hat{\mathbf{h}}_0^H\,\hat{\mathbf{h}}_0 + \hat{\mathbf{h}}_1^H\,\hat{\mathbf{h}}_1 = \text{const.} \quad (14.2.3b)$$

Die Ausmultiplikation von (14.2.3a) liefert die $(\hat{\ell} \times \hat{\ell})$-Auto- und Kreuzkorrelationsmatrizen

$$\mathbf{R}_{Y_0Y_0} = \text{E}\{\mathbf{Y}_0^*\mathbf{Y}_0^T\}, \quad \mathbf{R}_{Y_1Y_1} = \text{E}\{\mathbf{Y}_1^*\mathbf{Y}_1^T\} \quad (14.2.4a)$$

$$\mathbf{R}_{Y_0Y_1} = \text{E}\{\mathbf{Y}_0^*\mathbf{Y}_1^T\}, \quad \mathbf{R}_{Y_1Y_0} = \text{E}\{\mathbf{Y}_1^*\mathbf{Y}_0^T\}. \quad (14.2.4b)$$

Damit lautet die MSE-Zielfunktion

$$F_{\text{MSE}} = \hat{\mathbf{h}}_1^H\mathbf{R}_{Y_0Y_0}\hat{\mathbf{h}}_1 + \hat{\mathbf{h}}_0^H\mathbf{R}_{Y_1Y_1}\hat{\mathbf{h}}_0 - \hat{\mathbf{h}}_1^H\mathbf{R}_{Y_0Y_1}\hat{\mathbf{h}}_0 - \hat{\mathbf{h}}_0^H\mathbf{R}_{Y_1Y_0}\hat{\mathbf{h}}_1. \quad (14.2.5a)$$

Fasst man die beiden gesuchten Impulsantworten zu einem Vektor zusammen, so findet man die kompaktere Form

$$F_{\text{MSE}} = [\hat{\mathbf{h}}_0^H\ \hat{\mathbf{h}}_1^H] \cdot \underbrace{\begin{bmatrix} \mathbf{R}_{Y_1Y_1} & -\mathbf{R}_{Y_0Y_1}^H \\ -\mathbf{R}_{Y_0Y_1} & \mathbf{R}_{Y_0Y_0} \end{bmatrix}}_{\triangleq\,\mathbf{R}} \cdot \underbrace{\begin{bmatrix} \hat{\mathbf{h}}_0 \\ \hat{\mathbf{h}}_1 \end{bmatrix}}_{\triangleq\,\hat{\mathbf{h}}}. \quad (14.2.5b)$$

Zur Minimierung der MSE-Zielfunktion unter der Nebenbedingung (14.2.3b) nutzt man die schon in Abschnitt 13.4, Seite 515ff, angewendete Lagrangesche Multiplikatorenregel, indem man die um die Nebenbedingung erweiterte Zielfunktion

$$\hat{F}_{\text{SRM}} = \mathbf{h}^H\,\mathbf{R}\,\mathbf{h} - \lambda\,(\mathbf{h}^H\mathbf{h} - E_h) \Rightarrow \min_{\mathbf{h}} \quad (14.2.6)$$

aufstellt. Die Minimierung erfolgt durch Nullsetzen der Ableitung nach $\mathbf{h}^H$, woraus das Eigenwertproblem

$$\mathbf{R}\,\hat{\mathbf{h}} = \lambda\,\hat{\mathbf{h}} \quad (14.2.7)$$

folgt.

- *Die blinde Schätzung der Polyphasenkomponenten der Kanalimpulsantwort $\hat{\mathbf{h}}^T = [\hat{\mathbf{h}}_0^T \, \hat{\mathbf{h}}_1^T]$ ergibt sich aus dem zum kleinsten Eigenwert gehörigen Eigenvektor der in (14.2.4a,b) und (14.2.5b) definierten Korrelationsmatrix* $\mathbf{R}$.

Singuläre Kanäle. Das SRM-Verfahren versagt, wenn die Polyphasenkomponenten des Übertragungskanals *paarweise identische Teilsysteme* enthalten. In dem Falle kann dieses Teilsystem durch Differenzbildung der Polyphasen-Teilsignale nicht eindeutig identifiziert werden. Dies gilt grundsätzlich für alle blinden SOCS-Algorithmen. Wir bezeichnen derartige Kanäle als *singulär* – die Bedingungen sollen für $w = 2$ näher betrachtet werden. Für die beiden Polyphasen-Teilsysteme $H_0(z)$ und $H_1(z)$ wird das gemeinsame Teilsytem $H_g(z)$ angenommen, wobei sich hier die Z-Transformation auf die Abtastfrequenz $1/T$, also die Symbolfrequenz bezieht.

$$H_0(z) = H_g(z) \cdot H_0'(z) \qquad (14.2.8a)$$
$$H_1(z) = H_g(z) \cdot H_1'(z). \qquad (14.2.8b)$$

Zur Unterscheidung wird für das mit der doppelten Frequenz $f_{\mathrm{A}} = 2/T$ laufende System die Variable der Z-Transformation mit ζ bezeichnet; die Übertragungsfunktion lässt sich aus den Polyphasen-Teilsystemen folgendermaßen zusammensetzen:

$$H_c(\zeta) = H_0(\zeta^2) + \zeta^{-1} \cdot H_1(\zeta^2) = H_g(\zeta^2) \cdot \left[H_0'(\zeta^2) + \zeta^{-1} \cdot H_1'(\zeta^2)\right]. \qquad (14.2.9)$$

Von der Gesamt-Übertragungsfunktion ist also das Teilsystem $H_g(\zeta^2)$ abspaltbar. Die Impulsantwort dieses Teilsystems ist dadurch gekennzeichnet, dass jeder zweite Abtastwert verschwindet – es handelt sich also um ein „Symboltakt-Teilsystem". Auch die besonderen Eigenschaften der Nullstellen eines singulären Systems können aus (14.2.9) abgeleitet werden. Hat das gemeinsame Symboltakt-System $H_g(z)$ die Nullstellen $z_{0\nu}$, so enthält $H_c(\zeta)$ die Nullstellen $\zeta_{0\nu} = \pm\sqrt{z_{0\nu}}$.

- *Bei Zweifachabtastung ($w = 2$) können Systeme, die Paare von negativ gleichen Nullstellen enthalten, nicht durch SOCS-Algorithmen blind identifiziert werden.*

In Anhang G werden die Bedingungen zur perfekten Entzerrung mit Hilfe von T/2-Entzerrern hergeleitet. Dort wird gezeigt, dass nur solche Systeme durch einen T/2-Entzerrer exakt entzerrbar sind, die keine negativ gleichen Nullstellenpaare aufweisen – *die Bedingungen für nicht entzerrbare und für nicht blind identifizierbare Systeme sind also identisch.* Erhöht man die Abtastung pro Symbolintervall auf $w > 2$, so modifiziert sich die Bedingung dahin, dass singuläre Systeme Teilsysteme mit w äquidistant auf einem Kreis angeordneten Nullstellen enthalten.

Aus den vorangegangenen Überlegungen folgt noch die wichtige Einschränkung, dass auch eine *Kanalgrad-Überschätzung* zur Nicht-Identifizierbarkeit führt: Wird die Systemordnung höher als die wahre Ordnung des Kanals angesetzt, so sind zusätzliche Nullstellen bei $z = 0$ anzusetzen; diese sind dann für alle Polyphasenkomponenten gleich, so dass sich ein singuläres System ergibt. In der hohen Empfindlichkeit gegenüber einer Überschätzung der Systemordnung liegt die hauptsächliche Einschränkung für den SRM-Algorithmus.

Einfluss des Kanalrauschens. Wird das hoch abgetastete Kanalrauschen $n_c(k)$ durch einen *weißen Prozess* beschrieben, so sind $\mathbf{R}_{N_0N_0}$ und $\mathbf{R}_{N_1N_1}$ skalierte Einheitsmatrizen, während $\mathbf{R}_{N_1N_0}$ und $\mathbf{R}_{N_0N_1}$ verschwinden. Damit ist in $\mathbf{R}$ gegenüber dem rauschfreien Fall lediglich eine Konstante auf der Diagonalen zu addieren. Dadurch ändern sich wohl die Eigenwerte, nicht aber die Eigenvektoren. *Für weißes Kanalrauschen ist die SRM-Lösung also erwartungstreu.*

Es wurde jedoch darauf hingewiesen, dass der Rauschprozess $N_c(k)$ vor der Symbolabtastung infolge des Matched-Filter-Einflusses gefärbt ist. Dadurch werden auch die Nebendiagonalen von $\mathbf{R}_{N_0N_0}$ und $\mathbf{R}_{N_1N_1}$ verschieden von null und die Kreuzkorrelationsmatrizen $\mathbf{R}_{N_1N_0}$ und $\mathbf{R}_{N_0N_1}$ verschwinden nicht. Die SRM-Schätzung ist unter diesen Bedingungen *nicht erwartungstreu.* Der Einfluss wird umso stärker, je näher man einem singulären Kanal kommt [Bos99a].

Die Bedingung einer weißen Störung ist dann erfüllt, wenn die Impulsantwort das Empfangsfilter nicht enthält, wenn also nur die aus Sendefilter und Kanal zusammengesetzte Impulsantwort $h_c(k) = c(k)$ gemäß Bild 13.1.1 geschätzt wird. Damit könnte dann auch eine korrekte Dimensionierung des Matched-Filters $c^*(-k)$ und des anschließenden Dekorrelationsfilters im Sinne des optimalen Forney-Empfängers erfolgen. Das Problem besteht jedoch darin, dass in dem Falle vor der Kanalschätzung keine Rauschbandbegrenzung durch das Matched-Filter stattfindet, so dass die Schätzung eine große Varianz aufweisen wird. Ein „Kompromiss-Matched-Filter" mit einer wirksamen Rausch-Bandbegrenzung einerseits und einer möglichst geringen Färbung des Rauschens andererseits ist daher im Allgemeinen erforderlich.

Der TXK-Algorithmus

Der hauptsächliche Nachteil des SRM-Algorithmus liegt in der hohen Empfindlichkeit bezüglich der Überschätzung der Kanalordnung. Diese Schwierigkeiten wurden in zwei anderen Vorschlägen, dem *Subspace-Algorithmus* von Mouline, Duhamel, Cardoso und Mayrargue [MDCM95] und dem *TXK*-Algorithmus umgangen – letzterer wurde nach den Autoren Tong, Xu, Kailath benannt. Beide Algorithmen basieren auf Subraum-Methoden [TXK94] – was sich dahinter verbirgt, soll im Folgenden anhand des TXK-Algorithmus erläutert werden..

Der Algorithmus gründet sich nicht wie das SRM-Verfahren auf eine Polyphasen-Zerlegung, sondern geht direkt vom w-fach abgetasteten, zyklostationären Signal $y_c(k)$ aus. Der Formalismus zur systemtheoretischen Beschreibung von Multiratensystemen, bei denen die Abtastrate am Eingang w-fach geringer ist als am Ausgang, wurde bereits bei der Herleitung des Forney-Empfängers in Kapitel 13 benötigt und wird in Anhang F.1 hergeleitet. Ohne Beschränkung der Allgemeinheit wird das Empfangssignal im Zeitintervall $0 \leq k \leq K-1$ beobachtet. Es wird als stochastischer Prozess aufgefasst und in einem Vektor zusammengefasst

$$\mathbf{Y}_c = [Y_c(0), Y_c(1), \cdots, Y_c(K-1)]^T; \tag{14.2.10a}$$

ebenso das diesem Signal überlagerte Rauschen

$$\mathbf{N}_c = [N_c(0), N_c(1), \cdots, N_c(K-1)]^T. \tag{14.2.10b}$$

Im Unterschied zu Anhang F.1 wird der eingeschwungene Zustand betrachtet, so dass auch Sendedaten zum Zeitpunkt $i < 0$ berücksichtigt werden müssen: Die das Empfangssignal während des Zeitinvervalls $0 \leq k \leq K-1$ beeinflussenden Daten sind in dem Vektor

$$\mathbf{D}(i) = [D(i_0), D(i_0+1), \cdots, D(i_0+(L-1)]^T \tag{14.2.10c}$$

enthalten, wobei $i_0 < 0$ sich aus dem Gedächtnis des Symboltaktmodells ergibt.

Die Ordnung des hoch abgetasteten Systems, die dem Empfänger nicht bekannt ist, wird mit $\ell_c - 1$ bezeichnet; die Impulsantwort lautet

$$h_c(k) = \{h_c(0), h_c(1), \cdots, h_c(\ell_c - 1)\}. \tag{14.2.10d}$$

Wegen der Annahme des eingeschwungenen Zustandes ist die Kanalmatrix gegenüber (F.1.4c), Seite 798, leicht zu modifizieren: Von der Faltungsmatrix (F.1.2) sind zunächst die ersten und die letzten $\ell_c - 1$ Zeilen zu streichen; hierdurch ergibt sich für das hoch abgetastete System eine „breitformatige“ Matrix – im Falle von $K = 5$ und $\ell_c = 4$ erhält man z.B. die 5×8-Matrix

$$\tilde{\mathbf{H}}_c = \begin{pmatrix} h_c(3) & h_c(2) & h_c(1) & h_c(0) & & & & \mathbf{0} \\ & h_c(3) & h_c(2) & h_c(1) & h_c(0) & & & \\ & & h_c(3) & h_c(2) & h_c(1) & h_c(0) & & \\ & & & h_c(3) & h_c(2) & h_c(1) & h_c(0) & \\ \mathbf{0} & & & & h_c(3) & h_c(2) & h_c(1) & h_c(0) \end{pmatrix}. \tag{14.2.11a}$$

Der Rang von $\tilde{\mathbf{H}}_c$ kann maximal gleich der Anzahl der Zeilen sein.

Berücksichtigt man in dieser Matrix nun zur Erfassung des eingangsseitigen Hochtastens nur jede w-te Spalte wie in Anhang F.1 erläutert, so ergibt sich für das Beispiel $w = 2$ aus (14.2.11a)

$$\tilde{\mathbf{H}}_w = \begin{pmatrix} h_c(3) & h_c(1) & & \mathbf{0} \\ & h_c(2) & h_c(0) & \\ & h_c(3) & h_c(1) & \\ & & h_c(2) & h_c(0) \\ \mathbf{0} & & h_c(3) & h_c(1), \end{pmatrix}; \quad \tilde{\mathbf{H}}_w \in \mathbb{C}^{K \times L}, \tag{14.2.11b}$$

also eine 5×4-Matrix. Das System mit einer Abtastratenerhöhung vom Eingang zum Ausgang wird demnach im eingeschwungenen Zustand durch eine „hochformatige“ Rechteckmatrix $(K \times L,\ K > L)$ beschrieben, deren Rang von der *Anzahl der Spalten*, also L, begrenzt wird. Im Folgenden wird *maximaler Spaltenrang* vorausgesetzt.

Das w-fach abgetastete Empfangssignal kann nunmehr kompakt als

$$\mathbf{Y}_c = \tilde{\mathbf{H}}_w \cdot \mathbf{D}(i) + \mathbf{N}_c \tag{14.2.12}$$

geschrieben werden. Wegen der Voraussetzung des eingeschwungenen Zustandes handelt es sich dabei um einen zyklostationären Zufallsprozess. Bildet man hieraus die Autokorrelationsmatrix, so ergibt sich für unkorrelierte Daten

$$\begin{aligned}\mathbf{R}_{Y_cY_c} &= \mathrm{E}\{\mathbf{Y}_c \cdot \mathbf{Y}_c^H\} = \tilde{\mathbf{H}}_w \underbrace{\mathrm{E}\{\mathbf{D}\mathbf{D}^H\}}_{\sigma_D^2\,\mathbf{I}} \tilde{\mathbf{H}}_w^H + \mathrm{E}\{\mathbf{N}_c\mathbf{N}_c^H\} \\ &= \sigma_D^2\,\tilde{\mathbf{H}}_w\,\tilde{\mathbf{H}}_w^H + \mathbf{R}_{\mathbf{N}_c\mathbf{N}_c}. \end{aligned} \tag{14.2.13}$$

Für $w \geq 2$ ergibt sich eine hermitesche *Block-Toeplitz*-Struktur (siehe (12.2.50b) auf Seite 425), während es sich für $w = 1$, also bei Symbolabtastung, um eine hermitesche Toeplitz-Matrix handelt. Die Dimension von $\mathbf{R}_{Y_cY_c}$ ist $K \times K$. Der Term $\sigma_D^2\,\tilde{\mathbf{H}}_w\,\tilde{\mathbf{H}}_w^H$ in (14.2.13) beschreibt den rauschfreien Fall. Der Rang dieses Anteils kann maximal gleich dem Spaltenrang von $\tilde{\mathbf{H}}_w$, also L, sein; da aber für $w \geq 2$ grundsätzlich $K > L$ gilt, hat die Autokorrelationsmatrix $\mathbf{R}_{Y_cY_c}$ im rauschfreien Fall niemals Maximalrang. Ist andererseits Rauschen überlagert, so lassen sich Signal- und Rauschraum durch Eigenwertanalyse trennen. Die Eigenwertzerlegung der Autokorrelationsmatrix lautet

$$\mathbf{R}_{Y_cY_c} = \mathbf{U}\,\mathbf{\Lambda}\,\mathbf{U}^H \quad \text{mit} \quad \begin{cases} \mathbf{\Lambda} = \mathrm{diag}(\lambda_1, \lambda_2, \cdots, \lambda_K) \\ \mathbf{U} = [\mathbf{u}_1, \mathbf{u}_2, \cdots, \mathbf{u}_K], \end{cases} \tag{14.2.14}$$

wobei $\lambda_1 \geq \lambda_2 \geq \cdots \geq \lambda_K$ die der Größe nach sortierten Eigenwerte und $\mathbf{u}_1, \cdots, \mathbf{u}_K$ die zugeordneten Eigenvektoren bezeichnen. Die ersten L Eigenwerte können dem Nutzanteil und die übrigen dem Störanteil zugeordnet werden:

$$\lambda_\nu > \sigma_{N_c}^2 \quad \text{für} \quad \nu = 1, \cdots L \tag{14.2.15a}$$

$$\lambda_\nu = \sigma_{N_c}^2 \quad \text{für} \quad \nu = L+1, \cdots K. \tag{14.2.15b}$$

Bildet man aus den zu (14.2.15a) gehörigen Eigenvektoren die Matrix

$$\mathbf{U}_S = [\mathbf{u}_1, \cdots, \mathbf{u}_L] \tag{14.2.16a}$$

und aus den zu (14.2.15b) gehörigen Eigenvektoren

$$\mathbf{U}_N = [\mathbf{u}_{L+1}, \cdots, \mathbf{u}_K], \tag{14.2.16b}$$

so kann die Autokorrelationsmatrix (14.2.13) wie folgt ausgedrückt werden:

$$\mathbf{R}_{Y_cY_c} = \sigma_D^2\,\mathbf{U}_S \cdot \mathrm{diag}(\lambda_1, \cdots, \lambda_L) \cdot \mathbf{U}_S^H + \sigma_{N_c}^2\,\mathbf{U}_N\mathbf{U}_N^H. \tag{14.2.17}$$

Hierbei spannen die Spalten von $\mathbf{U}_S$ den sogenannten Signal-Unterraum (*Signal Space*) der Dimension L auf, während die Spalten von $\mathbf{U}_N$ den Rausch-Unterraum (*Noise Space*) bilden.

Der Signalraum wird auch von den Spalten der Matrix $\tilde{\mathbf{H}}_w$ aufgespannt, so dass diese orthogonal zu den Vektoren des Rauschraums $\mathbf{u}_{L+1}, \cdots \mathbf{u}_K$ ist; die Beziehung

$$\mathbf{u}_\nu^H\,\tilde{\mathbf{H}}_w = \mathbf{0}, \quad \nu \in L+1, \cdots, K \tag{14.2.18}$$

bildet die Grundlage zum Subspace-Algorithmus [MDCM95][5].

Hier soll jedoch der bereits erwähnte TXK-Algorithmus betrachtet werden, da dieser unter den SOCS-Algorithmen die höchste Leistungsfähigkeit aufweist. Für die Kanalmatrix $\tilde{\mathbf{H}}_w$ lässt sich die folgende Singulärwertzerlegung schreiben:

$$\tilde{\mathbf{H}}_w = \mathbf{U}_S\, \boldsymbol{\Sigma}_S\, \mathbf{V}_S^H \quad \text{mit} \quad \begin{cases} \boldsymbol{\Sigma}_S = \mathrm{diag}(\sigma_1, \sigma_2, \cdots, \sigma_L) \\ \mathbf{V}_S^H\, \mathbf{V}_S = \mathbf{I}_L. \end{cases} \tag{14.2.19}$$

Die Singulärwerte sind identisch mit den Wurzeln der Eigenwerte der Autokorrelationsmatrix im rauschfreien Fall; letztere können aus den unter Rauschen gewonnenen Eigenwerten durch Subtraktion der Rauschleistung ermittelt werden:

$$\sigma_\nu = \sqrt{\lambda_\nu - \sigma_N^2}, \quad \nu \in \{1, \cdots, L\}; \tag{14.2.20}$$

σ_N^2 ist gleich den Eigenwerten der Autokorrelationsmatrix oberhalb der Signalraum-Dimension gemäß (14.2.15b).

Die TXK-Methode basiert auf Gleichung (14.2.19); hierbei ergeben sich die Matrizen $\mathbf{U}_S$ und $\boldsymbol{\Sigma}_S$ aus der Eigenwertanalyse der $K \times K$-Autokorrelationsmatrix $\mathbf{R}_{Y_cY_c}$ einschließlich einer Schätzung der Signalraum-Dimension L anhand des Profils (14.2.15a,b) der Eigenwerte.

Zur Bestimmung von $\mathbf{V}_S$ wird die modifizierte Autokorrelationsmatrix

$$\mathbf{R}'_{Y_cY_c} = \mathrm{E}\{\mathbf{Y}'_c \cdot \mathbf{Y}_c^H\} \quad \text{mit } \mathbf{Y}'_c = [Y_c(-w), Y_c(-w+1), \cdots, Y_c(-w+K-1)]^T \tag{14.2.21}$$

gebildet. Im rauschfreien Fall gilt

$$\mathbf{R}'_{Y_cY_c|\sigma_N^2=0} = \sigma_D^2\, \tilde{\mathbf{H}}_w\, \mathbf{J}_L\, \tilde{\mathbf{H}}_w^H, \tag{14.2.22a}$$

wobei $\mathbf{J}_L$ eine $(K \times K)$ Matrix bezeichnet, die nur auf der ersten Nebendiagonalen unter der Hauptdiagonalen Einsen enthält; die rauschbefreite Matrix lässt sich durch

$$\mathbf{R}'_{Y_cY_c|\sigma_N^2=0} = \mathbf{R}'_{Y_cY_c} - \sigma_N^2 \mathbf{J}_L \tag{14.2.22b}$$

ermitteln. Hiermit bildet man die $(L \times L)$-Matrix

$$\mathbf{R} = \boldsymbol{\Sigma}_S^{-1} \mathbf{U}_S^H \cdot \mathbf{R}'_{Y_cY_c|\sigma_N^2=0} \cdot \mathbf{U}_S (\boldsymbol{\Sigma}_S^{-1})^H, \tag{14.2.23}$$

die einer Eigenwertzerlegung unterzogen wird. Bezeichnet $\mathbf{y}_{\mathrm{min}}$ den zum kleinsten Eigenwert gehörigen Eigenvektor, so lässt sich die zu bestimmende Matrix $\mathbf{V}_S$ auf folgende Weise bilden:

$$\mathbf{V}_S^H \triangleq \left[\mathbf{y}_{\mathrm{min}},\ \mathbf{R}\,\mathbf{y}_{\mathrm{min}},\ \mathbf{R}^2\,\mathbf{y}_{\mathrm{min}}, \cdots, \mathbf{R}^{L-1}\,\mathbf{y}_{\mathrm{min}}\right]. \tag{14.2.24}$$

[5]Der Subspace-Algorithmus geht von einer Polyphasen-Zerlegung des Empfangssignals aus; deshalb tritt an die Stelle von $\tilde{\mathbf{H}}_w$ eine anders strukturierte Kanalmatrix (siehe [MDCM95] oder [Bos99a]).

Damit ist das blinde Kanalschätzproblem gelöst: Die Kanalmatrix $\tilde{\mathbf{H}}_w$ wird nach (14.2.19) berechnet, woraus sich die Abtastwerte der hoch abgetasteten Impulsanwort ablesen lassen. Durch Auswahl einer Polyphasenkomponente gewinnt man die Symboltakt-Impulsantwort. Wie bei allen blinden Schätzalgorithmen verbleibt allerdings ein unbekannter, für alle Abtastwerte gemeinsamer komplexer Faktor. Dieser lässt sich nur unter Zuhilfenahme des finiten Symbolalphabets bestimmen – in [Pet04] wird hierzu eine Lösung vorgeschlagen. In Abschnitt 14.3 werden anhand des GSM-Systems Ergebisse des blinden TXK-Algorithmus der Referenz-gestützten Standardlösung gegenübergestellt.

14.2.3 HOS-Algorithmen

Die im vorangegangenen Abschnitt behandelten auf der Statistik zweiter Ordnung basierenden blinden Schätzalgorithmen erfordern entweder eine Mehrfachabtastung oder den Einsatz mehrerer Empfangsantennen. Zudem beinhalten sie das Problem der Nicht-Identifizierbarkeit der *singulären Kanäle*, die auf Seite 539ff erläutert wurden. Um diese Nachteile zu vermeiden, bietet sich die Anwendung der Statistik höherer Ordnung (HOS, Higher Order Statistics) an. Dabei kann dann am Empfänger eine Abtastung im Symboltakt erfolgen, so dass man (bei zeitinvariantem Kanal) ein stationäres Signal erhält. Eine Einschränkung besteht darin, dass das gesendete Signal *nicht gaußverteilt* sein darf, da in diesem Falle keine Zusatzinformation aus der Statistik höherer Ordnung zu gewinnen ist. Gebräuchliche Modulationssignale sind in der Regel nicht gaußisch, so dass hierauf HOS-Algorithmen angewendet werden können. Eine Ausnahme bildet das Multiträgersignal OFDM, worüber später in Kapitel 16 zu sprechen sein wird.

Kumulanten

In Abschnitt 1.6.1 wurden schwach stationäre, komplexe Prozesse behandelt, also solche, die bis zur Ordung 2 stationär sind. Weiten wir die Statistik auf höhere Ordnung aus, so muss auch die Stationarität im Sinne höherer Ordnung verstanden werden. Wir gehen von einem komplexen Prozess

$$Y(k) = Y'(k) + j\,Y''(k) \tag{14.2.25}$$

aus und wollen im Folgenden stets Mittelwertfreiheit annehmen. Dann ist bekanntlich die Autokovarianzfolge identisch mit der Autokorrelationsfolge, die wir auch als *Momentenfolge 2. Ordnung* bezeichnen können:

$$r_{YY}(\kappa) \triangleq m_2^Y(\kappa) = \mathrm{E}\{Y^*(k)\,Y(k+\kappa)\} \tag{14.2.26a}$$

$$\tilde{r}_{YY}(\kappa) \triangleq \tilde{m}_2^Y(\kappa) = \mathrm{E}\{Y(k)\,Y(k+\kappa)\}. \tag{14.2.26b}$$

In (14.2.26b) wurde zusätzlich eine modifizierte Momentenfolge angegeben, bei der im Argument des Erwartungswertes beide Variablen *nicht konjugiert* auftreten. Handelt es sich bei $Y(k)$ um die äquivalente Basisbanddarstellung eines stationären Bandpass-Prozesses, so verschwindet dieser Term, was nach (1.6.28a-c), Seite 41, besagt, dass Real- und Imaginäteil gleiche Autokorrelationsfunktionen haben und die Kreuzkorrelierte der beiden ungerade ist. Da dies nicht für alle Modulationssignale erfüllt ist – ein Beispiel stellt ein BPSK-Signal dar, bei dem der Imaginärteil verschwindet – wird der Term $\tilde{m}_2^Y$ im Folgenden nicht von vornherein zu null gesetzt.

Für die Momentenfolgen der Ordnung drei und vier gilt bei komplexen Prozessen

$$m_3^Y(\kappa_1, \kappa_2) = \mathrm{E}\{Y(k) \cdot Y(k+\kappa_1) \cdot Y(k+\kappa_2)\} \tag{14.2.26c}$$

$$m_4^Y(\kappa_1, \kappa_2, \kappa_3) = \mathrm{E}\{Y^*(k) \cdot Y^*(k+\kappa_1) \cdot Y(k+\kappa_2) \cdot Y(k+\kappa_3)\}. \tag{14.2.26d}$$

Die meisten HOS-Algorithmen beruhen nicht auf Momenten höherer Ordnung, sondern auf so genannten *Kumulanten.* Die strenge Definition erfolgt z.B. in [Bri65] über die Taylorreihen-Entwicklung der charakteristischen Funktion [Pap02] – hier soll statt dessen die folgende anschaulichere Festlegung getroffen werden:

- *Kumulanten höherer Ordnung ergeben sich aus den Momenten höherer Ordnung, indem die entsprechenden Momente eines zugeordneten Gaußprozesses abgezogen werden. Daraus folgt unmittelbar, dass Kumulanten höherer Ordnung für Gaußprozesse verschwinden.*

Diese Festlegung der Kumulanten trägt der Tatsache Rechnug, dass Gaußprozesse durch die Statistik zweiter Ordnung vollständig beschrieben werden. Aus den Momenten höherer Ordnung sind hierbei keine weiteren Informationen zu gewinnen; die zugehörigen Kumulanten werden folgerichtig zu null gesetzt. Für die Kumulanten der Ordnung zwei bis vier gilt für stationäre, mittelwertfreie, komplexe Prozesse

$$c_2^Y(\kappa_1) = m_2^Y(\kappa_1) = r_{YY}(\kappa_1) \tag{14.2.27a}$$

$$c_3^Y(\kappa_1, \kappa_2) = m_3^Y(\kappa_1, \kappa_2) \tag{14.2.27b}$$

$$\begin{aligned} c_4^Y(\kappa_1, \kappa_2, \kappa_3) = {} & m_4^Y(\kappa_1, \kappa_2, \kappa_3) - [\tilde{m}_2^Y(\kappa_1)]^* \cdot \tilde{m}_2^Y(\kappa_3 - \kappa_2) \\ & - m_2^Y(\kappa_2) \cdot m_2^Y(\kappa_3 - \kappa_1) - m_2^Y(\kappa_3) \cdot m_2^Y(\kappa_2 - \kappa_1). \end{aligned} \tag{14.2.27c}$$

Für reelle Prozesse Y' ist hier $\tilde{m}_2^{Y'}(\cdot)$ durch $m_2^{Y'}(\cdot)$ zu ersetzen; für äquivalente komplexe Darstellungen stationärer Bandpass-Prozesse gilt $\tilde{m}_2^Y(\cdot) = 0$.

Betrachtet man die Kumulanten an der Stelle $\kappa_1 = \kappa_2 = \kappa_3 = 0$, so ergeben sich die *Varianz*, die *Asymmetrie (Schiefe,* engl. *Skewness)* und die *Kurtosis.*

$$c_2^Y(0) \triangleq \sigma_Y^2 \quad \text{(Varianz)} \tag{14.2.28a}$$

$$c_3^Y(0,0) \triangleq \gamma_3^Y \quad \text{(Skewness)} \tag{14.2.28b}$$

$$c_4^Y(0,0,0) \triangleq \gamma_4^Y \quad \text{(Kurtosis)} \tag{14.2.28c}$$

Bei symmetrischen Verteilungen verschwindet die Skewness, weshalb für viele praktische Anwendungen die Statistik dritter Ordnung entfällt.

Weiße Prozesse wurden bislang über die Autokorrelationsfunktion, also ausschließlich im Sinne der Statistik 2. Ordnung definiert. Im Zusammenhang mit der Statistik höherer

Ordnung muss der Begriff eines weißen Prozesses nun weiter gefasst werden:

$$\begin{aligned} &\text{Weißheit zweiter Ordnung:} & c_2^Y(\kappa_1) &= \sigma_Y^2 \cdot \delta_0(\kappa_1) & (14.2.29a)\\ &\text{Weißheit dritter Ordnung:} & c_3^Y(\kappa_1,\kappa_2) &= \gamma_3^Y \cdot \delta_0(\kappa_1,\kappa_2) & (14.2.29b)\\ &\text{Weißheit vierter Ordnung:} & c_4^Y(\kappa_1,\kappa_2,\kappa_3) &= \gamma_4^Y \cdot \delta_0(\kappa_1,\kappa_2,\kappa_3). & (14.2.29c) \end{aligned}$$

Wird ein System mit der Impulsantwort $h(k)$ mit einem mittelwertfreien, im Sinne der Statistik zweiter Ordnung weißen Signal $X(k)$ erregt, so ist die Leistung am Systemausgang, also die Varianz von $Y(k)$, durch (14.2.30a) gegeben. Ist $X(k)$ weiß bis zur Ordnung vier, so gilt ein entsprechender Zusammenhang für die Kurtosis des Ausgangssignals:

$$r_{YY}(0) = \sigma_X^2 \cdot \sum_{k=-\infty}^{\infty} |h(k)|^2 \tag{14.2.30a}$$

$$c_4^Y(0,0,0) = \gamma_4^X \cdot \sum_{k=-\infty}^{\infty} |h(k)|^4. \tag{14.2.30b}$$

Diese Beziehungen bilden eine wichtige Grundlage für die blinde Entzerrung und Systemidentifikation.

EVA: Eigenvektor-Algorithmus zur blinden Entzerrung

Die Grundlage für den EVA bildet das Symboltaktmodell gemäß **Bild 14.2.5**. Neben dem Entzerrer mit der Impulsantwort $e(0), e(1), \cdots e(n)$ wird noch ein Referenzsystem mit der Impulsantwort $f(0), f(1), \cdots f(n)$ eingefügt, dessen Bedeutung später erläutert wird.

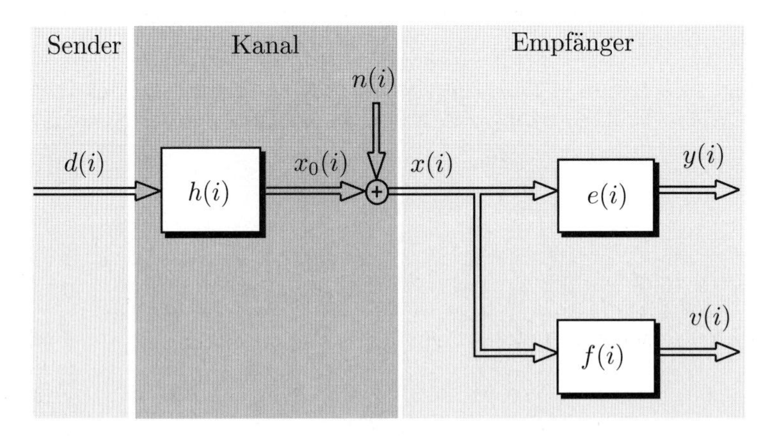

Bild 14.2.5: Symboltaktmodell zur Herleitung des EVA-Entzerrers

Wir definieren die Gesamtimpulsantworten

$$h_e(i) = h(i) * e(i) \quad \text{und} \quad h_f(i) = h(i) * f(i); \tag{14.2.31}$$

beide haben die Länge $\ell + n$, wenn ℓ die Länge der Kanalimpulsantwort bezeichnet. Wir lassen zunächst das Referenzsystem außer Acht und betrachten für den Entzerrerzweig die Ungleichung

$$\sum_{i=0}^{\ell+n-1} |h_e(i)|^4 \leq h_{\max}^2 \sum_{i=0}^{\ell+n-1} |h_e(i)|^2 \qquad \text{mit} \quad h_{\max} \triangleq \max_i\{|h_e(i)|\}. \tag{14.2.32}$$

Unterstellen wir zunächst, dass $|h_e(i)|$ nur *ein einziges Maximum* besitzt, das sich an der Stelle $i_{\max}$ befindet, so gilt in (14.2.32) das Gleichheitszeichen offenbar dann, wenn alle Abtastwerte $h_e(i)$ außer dem Maximalwert $h_e(i_{\max})$ verschwinden, also wenn die Gesamtimpulsantwort die Gestalt

$$h_e(i) = h_e(i_{\max}) \cdot \delta(i - i_{\max}) \tag{14.2.33}$$

annimmt. Dies ist aber die Bedingung der perfekten Entzerrung. Da die linke Seite von (14.2.32) gemäß (14.2.30b) bis auf einen festen Faktor durch die Kurtosis des Entzerrer-Ausgangssignals festgelegt ist, während die rechte Seite nach (14.2.30a) dessen Leistung entspricht, lässt sich hieraus ein Kriterium zur blinden Entzerrung ableiten, indem bei festgehaltener Leistung des Entzerrer-Ausgangssignals der Betrag der Kurtosis maximiert wird:

$$\text{maximiere } |c_4^Y(0,0,0)| \qquad \text{unter der Nebenbedingung } r_{YY}(0) = \sigma_D^2. \tag{14.2.34}$$

Dies ist das bekannte *Maximum-Kurtosis-Kriterium* von Shalvi und Weinstein; in [SW90] wird hieraus unter Verwendung des stochastischen Gradientenverfahrens ein blinder Adaptionsalgorithmus hergeleitet. Das Problem liegt in der Forderung nach nur einem einzigen Betrags-Maximum der Gesamtimpulsantort: Ist diese verletzt, etwa wenn die Kanalimpulsantwort zwei gleich starke maximale Abtastwerte aufweist und der Entzerrer zu Beginn der Iteration mit einem einzigen Impuls geladen ist, so konvergiert das Verfahren nicht.

Der Eigenvektor-Algorithmus EVA löst dieses Problem durch eine iterative Einstellung mit Hilfe des Referenzsystems. Benutzen wir die Definitionen (14.2.31), so erhält man anstelle von (14.2.32) die Ungleichung

$$\sum_{i=0}^{\ell+n-1} |h_e(i)|^2 |h_f(i)|^2 \leq h_{f\max}^2 \sum_{i=0}^{\ell+n-1} |h_e(i)|^2 \qquad \text{mit} \quad h_{f\max} \triangleq \max_i\{|h_f|\}. \tag{14.2.35}$$

Wird das Referenzsystem so gewählt, dass $|h_f(i)|$ nur ein einziges Maximum aufweist, so gilt das Gleichheitszeichen in (14.2.35) nur unter der Bedingung

$$h_e(i) = h_e(i_{\max}) \cdot \delta(i - i_{\max}) \qquad \text{mit} \quad \begin{cases} |h_f(i)| = h_{f\max} & \text{für } i = i_{\max} \\ |h_f(i)| < h_{f\max} & \text{sonst,} \end{cases} \tag{14.2.36}$$

also im Falle der perfekten Entzerrung. Die linke Seite von (14.2.35) korrespondiert mit der *Kreuzkurtosis*

$$c_4^{YV}(0,0,0) = \gamma_4^D \cdot \sum_{i=0}^{\ell+n} |h_e(i)|^2 |h_f(i)|^2, \tag{14.2.37}$$

die nun anstelle der normalen Kurtosis zu maximieren ist.

Der wesentliche Grundgedanke des EVA besteht darin, zur Verbesserung der Konvergenzgeschwindigkeit anstelle der Anwendung des Gradienten-Algorithmus am Entzerrer-Ausgang eine geschlossene Formulierung mit Hilfe des Entzerrer-*Eingangs*prozesses herzustellen. Dazu definiert man die Vektoren

$$\mathbf{e} = [e(0), e(1), \cdots, e(n)]^T \quad \text{und} \quad \mathbf{X}^* = [X^*(i), X^*(i-1), \cdots, X^*(i-n)]^T \tag{14.2.38}$$

und drückt das Entzerrer-Ausgangssignal durch $Y(i) = X(i) * e(i) = \mathbf{X}^T\mathbf{e}$ aus. Definiert man weiterhin die Kreuzkumulantenmatrix

$$\begin{aligned}\mathbf{C}_4^{VX} &\triangleq \begin{pmatrix} c_4^{VX}(0,0,0) & [c_4^{VX}(-1,0,0)]^* & \cdots & [c_4^{VX}(-n,00)]^* \\ c_4^{VX}(-1,0,0) & c_4^{VX}(-1,0,-1) & \cdots & [c_4^{VX}(-n,0-1)]^* \\ \vdots & \vdots & \ddots & \vdots \\ c_4^{VX}(-n,0,0) & c_4^{VX}(-n,0,-1) & \cdots & c_4^{VX}(-n,0-n) \end{pmatrix} \\ &= \mathrm{E}\{|V(i)|^2\mathbf{X}^*\mathbf{X}^T\} - \mathrm{E}\{|V(i)|^2\}\cdot\mathrm{E}\{\mathbf{X}^*\mathbf{X}^T\} \\ &\quad -\mathrm{E}\{V(i)\mathbf{X}^*\}\cdot\mathrm{E}\{V^*(i)\mathbf{X}^T\} - \mathrm{E}\{V^*(i)\mathbf{X}^*\}\cdot\mathrm{E}\{V(i)\mathbf{X}^T\},\end{aligned} \tag{14.2.39}$$

so kann die Kreuzkurtosis (14.2.37) kompakt als

$$c_4^{YV}(0,0,0) = \mathbf{e}^H\,\mathbf{C}_4^{VX}\,\mathbf{e} \tag{14.2.40}$$

geschrieben werden. Mit der Autokorrelationsmatrix $\mathbf{R}_{XX}$ des Entzerrer-Eingangssignals lautet die Leistung am Entzerrerausgang $\mathbf{e}^H\,\mathbf{R}_{XX}\,\mathbf{e}$, so dass schließlich die Aufgabe

$$\text{maximiere} \quad \mathbf{e}^H\,\mathbf{C}_4^{VX}\,\mathbf{e} \quad \text{unter der Nebenbedingung} \quad \mathbf{e}^H\,\mathbf{R}_{XX}\,\mathbf{e} = \text{const.} \tag{14.2.41}$$

zu lösen ist. Über die Lagrangesche Multiplikatorenregel ergibt sich hieraus das verallgemeinerte Eigenwertproblem

$$\mathbf{C}_4^{VX}\,\mathbf{e}_{\mathrm{EVA}} = \lambda\,\mathbf{R}_{XX}\,\mathbf{e}_{\mathrm{EVA}}; \tag{14.2.42}$$

diese Beziehung wird als *EVA*-Gleichung bezeichnet [JK94]:

- *Der Koeffizientenvektor* $\mathbf{e}_{\mathrm{EVA}} = [e_{\mathrm{EVA}}(0), \cdots e_{\mathrm{EVA}}(n)]^T$ *ergibt sich aus dem zum betragsgrößten Eigenwert* $\max\{\lambda\}$ *gehörigen Eigenvektor von* $\mathbf{R}_{XX}^{-1}\,\mathbf{C}_4^{VX}$.

Sieht man von der bei allen blinden Verfahren bestehenden Vieldeutigkeit bezüglich eines komplexen Faktors ab, so ist die EVA-Lösung eindeutig, wenn die Betragsimpulsantwort den Referenzzweiges $|h_f(i)|$ ihren Maximalwert *nur einmal* annimmt:

$$\begin{aligned} |h_f(i)| &= h_{f\max} \quad \text{für } i = i_{\max} \\ |h_f(i)| &< h_{f\max} \quad \text{sonst.} \end{aligned} \tag{14.2.43}$$

Da der Übertragungskanal aber unbekannt ist, kann die Einhaltung dieser Bedingung nicht garantiert werden. Der EVA sieht daher eine iterative Adaption des Referenzsystems vor. Der beobachtete Empfangsdatenvektor sei $\mathbf{x} = [x(0), \cdots, x(N-1)]^T$; unter Vorgabe der Entzerrerordnung n und der Anzahl der Iterationen I läuft die EVA-Iteration folgendermaßen ab:

S0: Initialisierung den Referenzsystems, z.B. $f^{(0)}(i) = \delta(i - n/2)$

S1: Schätzung der $(n+1) \times (n+1)$-Matrix $\mathbf{R}_{XX} = \mathrm{E}\{\mathbf{X}^*\mathbf{X}^T\}$ aus der Musterfunktion $\mathbf{x}$; Initialisierung des Iterationszählers $it = 0$.

S2: Bestimmung von $v(i) = f^{(it)}(i) * x(i)$ aus den Empfangsdaten $\mathbf{x}$;
Schätzung der Matrix $\mathbf{C}_4^{VX}$ gemäß (14.2.39);
Lösung der EVA-Gleichung (14.2.42) durch Wahl des Eigenvektors von $\mathbf{R}_{XX}^{-1}\,\mathbf{C}_4^{VX}$ mit dem größten Eigenwert liefert die Entzerrer-Impulsantwort $e_{\mathrm{EVA}}^{(it)}(0), \cdots, e_{\mathrm{EVA}}^{(it)}(0)$.

S3 Ersetzen der Impulsantwort des Referenzsystems $f^{(it+1)}(i) = e_{\mathrm{EVA}}^{(it)}(i)$; erhöhen des Iterationszählers $it \to it + 1$.
falls $it < I$: weiter mit Schritt 2,
falls $it = I$: Ende.

Schritt S3 zeigt, dass das Refernzsystem nicht gesondert neben dem Entzerrer realisiert werden muss, da Entzerrer und Referenzsystem ein und dasselbe sind – letzteres wurde hier nur aus didaktischen Gründen eingeführt. Zu erwähnen ist noch, dass zur Verbesserung der Konvergenzeigenschaften in den Iterationsprozess eine sukzessive Erhöhung der Entzerrerordnung integriert werden kann.

Der EVA ist einer der leistungsfähigsten blinden Entzerreralgorithmen; er besitzt annähernd die Konvergenzeigenschaften des RLS-Algorithmus [Jel95]. In [Jel95] wird auch gezeigt, dass er nach einer hinreichenden Anzahl von Iterationen ($I = 3 \cdots 4$) die MMSE-Lösung

$$\mathbf{e}_{\mathrm{EVA}} \approx \mathbf{e}_{\mathrm{MMSE}} = \mathbf{R}_{XX}^{-1}\,\mathbf{r}_{XD} \tag{14.2.44}$$

erreicht, so dass auch unter dem Einfluss von Kanalrauschen das optimale Entzerrungsresulat erzielt wird.

EVI: Eigenvektor-Identifikation

Nachdem eine blinde Lösung für die Entzerrerkoeffizienten entwickelt wurde, müsste hieraus auch die Kanalimpulsantwort zu gewinnen sein. Man muss allerdings berücksichtigen, dass die *einfache Inversion der Entzerrer-Übertragungsfunktion zu einem Fehler führt,* da der Entzerrer im MMSE-Sinne dimensioniert wurde. Erinnert man sich an die Beziehung (12.6.7) auf Seite 470, so erkennt man, dass der Entzerrer nur im rauschfreien Fall das inverse System approximiert – unter Rauscheinfluss enthält seine Übertagungsfunktion im Nenner einen additiven Term, so dass ihre Inversion nicht die Kanal-Übertragungsfunktion liefert.

Der EVI geht von der Tatsache aus, dass der EVA-Entzerrer mit guter Näherung die MMSE-Lösung darstellt; aus (14.2.44) ergibt sich daher mit (14.2.42)

$$\mathbf{e}_{\mathrm{EVA}} = \frac{1}{\lambda}\,\mathbf{R}_{XX}^{-1}\,\mathbf{C}_4^{VX}\,\mathbf{e}_{\mathrm{EVA}} \approx \mathbf{e}_{\mathrm{MMSE}} = \mathbf{R}_{XX}^{-1}\,\mathbf{r}_{XD}. \tag{14.2.45}$$

Hieraus ist zu erkennen, dass der Ausdruck $\mathbf{C}_4^{VX}\,\mathbf{e}_{\mathrm{EVA}}/\lambda$ in der blinden Lösung offenbar die Rolle der Kreuzkorrelierten übernimmt:

$$\frac{1}{\lambda}\,\mathbf{C}_4^{VX}\,\mathbf{e}_{\mathrm{EVA}} \approx \mathbf{r}_{XD}. \tag{14.2.46a}$$

Diese Kreuzkorrelierte ist aber im Falle unkorrelierter Sendedaten identisch mit der zeitreversen, konjugiert komplexen Kanalimpulsantwort (siehe (12.2.47), S.424)

$$\frac{1}{\lambda}\,\mathbf{r}_{XD} = \sigma_D^2 \cdot [h^*(i_0), h^*(i_0-1), \cdots, h^*(0), 0, \cdots, 0]^T \triangleq \mathbf{h}^*, \tag{14.2.46b}$$

wobei i_0 die am Entzerrer eingestellte Verzögerung bezeichnet. Aus (14.2.46a) folgt dann

$$\sigma_D^2\,\mathbf{h}^*_{\mathrm{EVI}} \triangleq \frac{1}{\lambda}\,\mathbf{C}_4^{VX}\,\mathbf{e}_{\mathrm{EVA}}. \tag{14.2.46c}$$

Hiermit ist bereits eine Bestimmungsgleichung für die Kanalimpulsantwort gefunden, die jedoch noch die Impulsantwort des blinden Entzerrers enthält. Multipliziert man die linke Teilgleichung von (14.2.45) von links mit $\mathbf{C}_4^{VX}/\lambda$ und setzt auf beiden Seiten (14.2.46c) ein, so erhält man wiederum ein Eigenwertproblem:

$$\lambda\,\mathbf{h}^*_{\mathrm{EVI}} = \mathbf{C}_4^{VX}\,\mathbf{R}_{XX}^{-1}\,\mathbf{h}^*_{\mathrm{EVI}} \qquad \text{„EVI-Gleichung“}. \tag{14.2.47}$$

Die Auswahl des zum größten Eigenwert gehörigen Eigenvektors liefert die konjugiert komplexen Abtastwerte der Kanalimpulsantwort in umgekehrter Reihenfolge – wird die Verzögerung i_0 hinreichend hoch angesetzt, so sind sämtliche nicht verschwindenden Abtastwerte in $\mathbf{h}^*_{\mathrm{EVI}}$ enthalten.

Bisher wurde ein wichtiges Problem nicht angesprochen: Die Autokorrelationsmatrix in (14.2.47) hat die Dimension $(n+1)\times(n+1)$, orientiert sich also an der *Entzerrer*ordnung. Die Entzerrerordnung kann – auch bei sehr kurzer Kanalimpulsantwort – sehr hoch werden, so dass die Lösung von (14.2.47) sehr aufwändig werden kann. Es stellt sich die Frage, ob sich das Problem so umformulieren lässt, dass die zu behandelden Gleichungssysteme sich an der Länge der *Kanalimpulsantwort* orientieren; eine solche Lösung wurde in [Jel95] entwickelt. Wir fassen im Folgenden die in [Bos99a] gegebene Darstellung zusammen. Es wird eine Autokorrelationsmatrix des Empfangssignals mit der reduzierten Dimension $(4(\ell-1)+1)\times(4(\ell-1)+1)$ aufgestellt:

$$\tilde{\mathbf{R}}_{XX} = \begin{pmatrix} r_{XX}(0) & \cdots & r_{XX}(-\ell+1) & & 0 \\ \vdots & \ddots & & \ddots & \\ r_{XX}(\ell-1) & & \ddots & & r_{XX}(-\ell+1) \\ & \ddots & & \ddots & \vdots \\ 0 & & r_{XX}(\ell-1) & \cdots & r_{XX}(0) \end{pmatrix}. \tag{14.2.48a}$$

Der invertierten Matrix $\tilde{\mathbf{R}}_{XX}^{-1}$ wird die mittlere Spalte entnommen:

$$\tilde{\mathbf{R}}_{XX}^{-1} \cdot [\underbrace{0, \cdots, 0}_{2(\ell-1)}, 1, \underbrace{0, \cdots, 0}_{2(\ell-1)}]^T \triangleq [r_{\mathrm{inv}}(-2(\ell-1)), \cdots r_{\mathrm{inv}}(2(\ell-1))]^T, \tag{14.2.48b}$$

aus der die $(4(\ell-1)+1) \times (2(\ell-1)+1)$ Toeplitz-Matrix

$$\tilde{\mathbf{R}}_{\text{inv}} = \begin{pmatrix} r_{\text{inv}}(-(\ell-1)) & \cdots & r_{\text{inv}}(-2(\ell-1)) & & 0 \\ \vdots & \ddots & & \ddots & \\ r_{\text{inv}}(\ell-1) & & \ddots & & r_{\text{inv}}(-2(\ell-1)) \\ \vdots & \ddots & & \ddots & \vdots \\ r_{\text{inv}}(2(\ell-1)) & & \ddots & & r_{\text{inv}}(-(\ell-1)) \\ & \ddots & & \ddots & \vdots \\ 0 & & r_{\text{inv}}(2(\ell-1)) & \cdots & r_{\text{inv}}(\ell-1) \end{pmatrix} \tag{14.2.48c}$$

aufgebaut wird. Hieraus und aus einer $(2(\ell-1)+1) \times (4(\ell-1)+1)$ Untermatrix $\tilde{\mathbf{C}}_4^{VX}$ von $\mathbf{C}_4^{VX}$ bildet man die *reduzierte EVI-Gleichung*

$$\lambda\, \tilde{\mathbf{h}}_{\text{EVI}} = \tilde{\mathbf{C}}_4^{VX}\, \tilde{\mathbf{R}}_{\text{inv}}\, \tilde{\mathbf{h}}_{\text{EVI}}, \tag{14.2.49}$$

die eine gegenüber der volldimensionalen EVI-Gleichung (14.2.47) unveränderte Lösung für Kanalimpulsantworten der Länge $2\ell - 1$ liefert[6]. Durch die Reduktion der Dimension wird der Rechenaufwand drastisch herabgesetzt. Die Schätzung ist erwartungstreu und robust gegenüber Gradüberschätzung.

Die Schritte des EVI-Algorithmus werden zusammengefasst:

S1: Iterative Einstellung eines Entzerrers nach dem auf Seite 549 dargestellten EVA-Verfahren[7] $\Rightarrow$ $f(0), \cdots, f(n)$.

S2: Aufstellung der Matrizen $\tilde{\mathbf{C}}_4^{VX}$ (Untermatrix der im letzten EVA-Schritt berechneten Matrix $\mathbf{C}_4^{VX}$) und der nach (14.2.48a-c) bestimmten Matrix $\tilde{\mathbf{R}}_{\text{inv}}$.

S3: Lösung der reduzierten EVI-Gleichung (14.2.49) und Auswahl des zum betragsmaximalen Eigenwert gehörigen Eigenvektors.

S4: Umkehrung der Reihenfolge und Konjugation liefert die geschätzte Kanalimpulsantwort $h_{\text{EVI}}(0), \cdots, h_{\text{EVI}}(\ell-1)$.

Das prinzipielle Blockschaltbild des EVI-Entzerrers zeigt **Bild 14.2.6**.

---

[6] Die Verdopplung der Länge ist erforderlich, um sowohl minimalphasige als auch maximalphsige Impulsantworten optimal plazieren zu können.

[7] Die Entzerrerordnung kann i.A. relativ niedrig angesetzt werden, da nicht eine perfekte Entzerrung angestrebt wird, sondern lediglich die Einstellung eines geeigneten Referenzsystem, das die Konvergenz der EVI-Lösung sicherstellt.

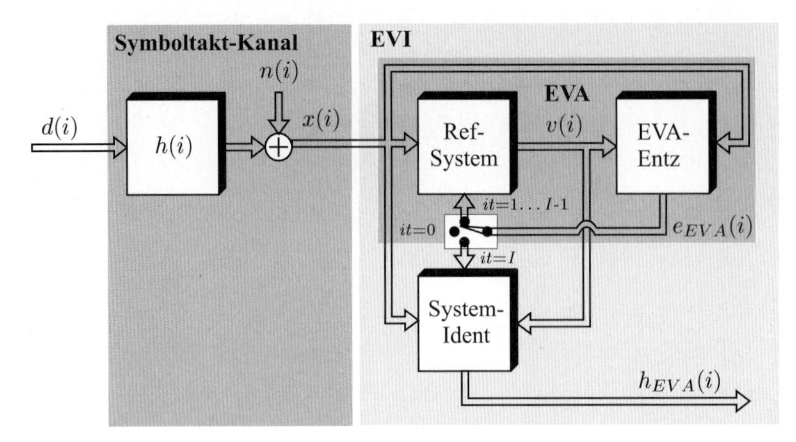

Bild 14.2.6: EVI-Algorithmus zur blinden Kanalschätzung

14.3 GSM-Kanalschätzung

14.3.1 GSM-Burststruktur

Eine praktische Anwendung der in Abschnitt 14.1.3 erläuterten Maximum-Likelihood-(Least-Squares)-Kanalschätzung findet man im bekannten GSM-Standard. Dieses zellulare Mobilfunknetz sieht eine Mischform zwischen Frequenzmultiplex (FDMA, Frequency Division Multiple Access) und Zeitmultiplex (TDMA, Time Division Multiple Access) vor: Das gesamte Frequenzband der Breite 25 MHz wird zunächst in einzelne Trägerfrequenz(TF)-Kanäle von je 200 kHz Bandbreite zerlegt. In jedem dieser TF-Kanäle wird dann im TDMA-Modus auf acht Teilnehmersignale zugegriffen. Einige wichtige Parameter des GSM-Systems sind in Tabelle 14.3.1 aufgeführt.

Für die TDMA-Übertragung wird eine Burst-Struktur festgelegt. Man unterscheidet vier verschiedene Burst-Typen: *Access-Burst – Frequenzkorrektur-Burst – Synchronisations-Burst – Normal Burst.* Ein Normal Burst ist in **Bild 14.3.1** dargestellt. Er besteht aus 142 Bits[8] zuzüglich jeweils dreier Tailbits am Anfang und am Ende zur Terminierung des Viterbi-Trellis. Ferner wird ein Guardintervall mit einer Dauer von 8,25 Bitintervallen zur „weichen Ausblendung" des Burst angefügt. Der 142-bit-Kern des Burst teilt sich in 2×58 Informationsbits sowie eine *Midamble* aus 26 Trainingsbits zur Kanalschätzung auf. Diese Referenzdaten sind bewusst in die *Mitte* des Burst und nicht etwa an den Anfang gelegt worden, um bei stark zeitvarianten Kanälen die mit dem Abstand zur Trainingssequenz anwachsende Differenz zwischen geschätzter und wahrer Kanalimpulsantwort so gering wie möglich zu halten.

Zur Kanalschätzung wird im GSM-System die im letzten Abschnitt erläuterte Technik

[8] Da es sich um die codierten Bits *vor* der Differenzcodierung handelt, werden hier die Größen $b(i)$ eingetragen, woraus sich erst nach der Vorcodierung (10.1.5) auf Seite 313 die Modulator-Eingangsdaten $d(i)$ ergeben.

Tabelle 14.3.1: Parameter von GSM-900 und GSM-1800

	GSM-900	GSM-1800
Frequenzbereich Uplink	$890\cdots 915$ MHz	$1710\cdots 1785$ MHz
Frequenzbereich Downlink	$935\cdots 960$ MHz	$1805\cdots 1880$ MHz
TF-Kanäle pro Richtung	124	374
Sprachkanäle pro Richtung	992	2976
max. Leistung der Basisstation	320 W	20 W
Leistung der Mobilstation	$0,0032\ldots 8$W	$0,001\ldots 1$W
Radien der Funkzellen	250 m $\cdots 35$ km	200 m $\cdots 8$ km

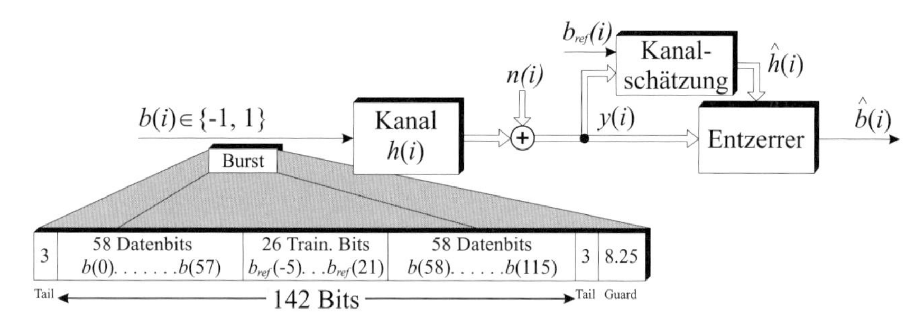

Bild 14.3.1: Aufbau eines GSM Normal-Burst

der orthogonalen Folgen eingesetzt. Dazu benutzt man eine der acht in Tabelle 14.3.2 aufgeführten 26-Bit-Folgen; jede dieser Folgen erlaubt die Aufstellung von sechs unitären 16×6-Datenmatrizen.

14.3.2 Turbo-Kanalschätzung

Für die moderne Kanalcodierung spielen die seit einigen Jahren bekannten *Turbo-Codes* [BGT93] eine besondere Rolle. Der Grundgedanke besteht darin, dass in einem verketteten Codiersystem sogenannte extrinsische Informationen in einem iterativen Prozess zwischen den Teilcodes ausgetauscht werden. Eine vergleichbare Methode ist auch für die Kanalschätzung einsetzbar; sie soll hier als *iterative* oder in Anlehnung an die vorgenannten Codes als *Turbo-Kanalschätzung* bezeichnet werden. Das Grundprinzip ist in **Bild 14.3.2** dargestellt.

Tabelle 14.3.2: GSM-Trainingsfolgen

Nr:		Kern	
1	-1,-1, 1,-1,-1,	1,-1, 1, 1, 1,-1,-1,-1,-1, 1,-1,-1,-1, 1,-1,-1,	1,-1, 1, 1, 1
2	-1,-1, 1,-1, 1,	1,-1, 1, 1, 1,-1, 1, 1, 1, 1,-1,-1,-1, 1,-1, 1,	1,-1, 1, 1, 1
3	-1, 1,-1,-1,-1,	-1, 1, 1, 1,-1, 1, 1, 1,-1, 1,-1,-1, 1,-1,-1,-1,	-1, 1, 1, 1,-1
4	-1, 1,-1,-1,-1,	1, 1, 1, 1,-1, 1, 1,-1, 1,-1,-1,-1, 1,-1,-1,-1,	1, 1, 1, 1,-1
5	-1,-1,-1, 1, 1,	-1, 1,-1, 1, 1, 1,-1,-1, 1,-1,-1,-1,-1,-1, 1, 1,	-1, 1,-1, 1, 1
6	-1, 1,-1,-1, 1,	1, 1,-1, 1,-1, 1, 1,-1,-1,-1,-1,-1, 1,-1,-1, 1,	1, 1,-1, 1,-1
7	1,-1, 1,-1,-1,	1, 1, 1, 1, 1,-1, 1, 1,-1,-1,-1, 1,-1, 1,-1,-1,	1. 1, 1. 1, 1
8	1, 1, 1,-1, 1,	1, 1, 1,-1,-1,-1, 1,-1,-1, 1,-1, 1, 1, 1,-1, 1,	1, 1, 1,-1,-1

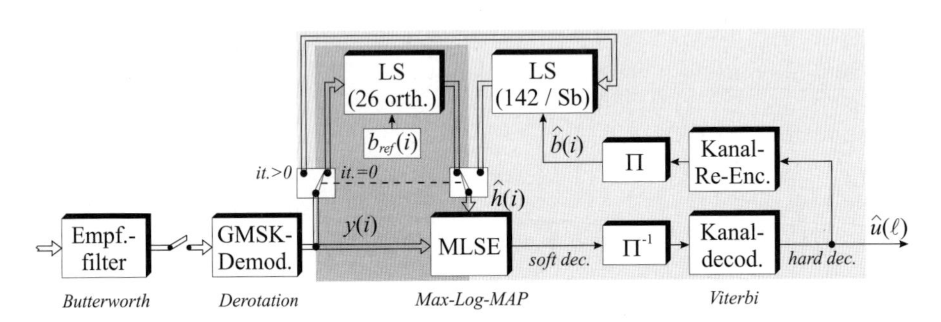

Bild 14.3.2: Prinzip der Turbo-Kanalschätzung

Da im vorliegenden Buch die Kanalcodierung nicht behandelt wird, müssen einige in diesem Bild benutzte Symbole erläutert werden: Das Symbol „Π“ bezeichnet einen *Interleaver*, der die Reihenfolge der Datensymbole am Sender verwürfelt. Diese Verwürfelung wird am Empfänger durch den *Deinterleaver* – ausgedrückt durch das Symbol „Π^{-1}“ – wieder rückgängig gemacht. Durch diese Maßnahme werden die bei der Übertragung entstandenen Korrelationen zwischen zeitlich aufeinanderfolgenden Symbolen aufgebrochen, also z.B. Bündelfehler zeitlich verteilt (siehe Seite 506).

Der Block *Kanaldecoder* – im Falle eines Faltungscodes durch den Viterbi-Algorithmus realisiert – liefert die Schätzwerte $\hat{u}(\ell)$ für die uncodierten Quelldaten, woraus der Block *Kanal-Re-Encoder* wieder den sendeseitig eingesetzten Kanalcode generiert und somit die Referenzdaten $\hat{b}(0), \cdots, \hat{b}(141)$ bereitstellt.

Die Turbo-Kanalschätzung läuft folgendermaßen ab:

- Es wird zunächst eine konventionelle Kanalschätzung mit Hilfe der 26 Trainingsbits der Midamble durchgeführt (LS 26orth.). Der Viterbi-Entzerrer liefert auf der Basis dieser Initialschätzung die Symbole des gesamten 142-bit-Burst.
- Diese (weichen) Symbole werden nach dem Deinterleaving dem Soft-Input Kanaldecoder zugeführt, der hieraus die Quelldatensequenz schätzt.
- Mit diesen Daten erfolgt eine erneute Codierung (*Re-Codierung*) einschließlich Interleaving – auf diese Weise stehen dann 142 (relativ sichere) Trainingsdaten zur

Verfügung, mit denen eine weitere Least-Squares-Kanalschätzung vollzogen wird (LS 142).

- Diese Prozedur wird einige Male wiederholt, um möglicherweise noch vorhandene Entscheidungsfehler weitestgehend zu reduzieren.

Das einfache Grundprinzip der Turbo-Schätzung besteht also darin, sich unter Nutzung der Fehlerkorrektur-Eigenschaften des Kanaldecoders neue Referenzdaten, nämlich den gesamten Datenburst, zu verschaffen. Besonders wirkungsvoll ist dieses Verfahren im Falle extrem hoher Zeitvarianz. Das einfache Midamble-gestützte Verfahren versagt dann, weil sich die Kanalkoeffizienten über die Länge der 58 Datenbits vor und nach der Midamble so stark ändern, dass die Fehlerrate zu den Rändern hin stark ansteigt. Nutzt man das erläuterte Turbo-Prinzip unter *Aufteilung des Datenburst in kürzere Subbursts* (LS 142/Sb), dann lässt sich sukzessiv zu den Rändern hin eine an die Zeitvarianz angepasste Kanalschätzung durchführen – die Bitfehlerrate ist infolgedessen über den Burst etwa gleichverteilt. Das Verfahren wurde in [KKP01] vorgeschlagen und unter GSM-Bedingungen erprobt. In [KK01] werden Simulationsprogramme bereitgestellt, mit denen die Wirkungsweise der Turbo-Kanalschätzung unter verschiedenen Kanalbedingungen veranschaulicht werden kann.

14.3.3 Referenzgestützte und blinde GSM-Kanalschätzung

Simulationsbeispiele. Die verschiedenen Varianten der GSM-Kanalschätzung werden anhand von zwei Beispielen veranschaulicht. **Bild 14.3.3** zeigt simulierte Bitfehlerraten (unter Einschluss der GSM-üblichen Faltungscodierung) für die *Bad Urban*-Klasse nach COST 207. Die Charakterisierung von Übertragungsszenarien anhand stochastischer Kanalmodelle durch die Arbeitsgruppe Cost 207 wurde auf Seite 91 erläutert – das Bad-Urban-Verzögerungs-Leistungsdichtepektrum ist in Bild 2.5.9 wiedergegeben. Nach dieser Statistik wurde eine so genannte *Monte-Carlo-Simulation* durchgeführt, d.h. es wurde eine große Anzahl zufälliger Kanäle ausgewürfelt und die mittlere Bitfehlerrate ermittelt; die maximale Dopplerfrequenz betrug in diesem Beispiel 50 Hz („BU50“). Dargestellt sind die Schritte einer Turbo Kanalschätzung, links referenzgestützt und rechts nach dem blinden EVI-Algorithmus.

Man sieht, dass durch die Iterationen in beiden Fällen eine erhebliche Verbesserung erzielt wird, wobei beim referenzbasierten Verfahren das Endresultat bereits mit der ersten Iteration erreicht wird. Die mit „opt“ gekennzeichnete Kurve gibt den Fall wieder, dass für die rückgeführten und recodierten Daten die fehlerfreien Werte eingesetzt wurden, also künstlich eine ideale Turbo-Prozedur erzwungen wurde. Die im realen Betrieb erreichbaren Grenzkurven sind um ca. 1 dB schlechter, was an den hier noch vorhandenen und nicht weiter abbaubaren Restfehlern in den rückgeführten Daten liegt.

Bei der blinden Kanalschätzung gemäß Bild 14.3.3b wird der Endzustand langsamer, etwa mit der dritten Iteration erreicht. Das erzielte Endergebnis ist um etwa 0,5 dB besser als im referenzgestützten Fall. Dies ist darin begründet, dass hier der mit der Einsparung

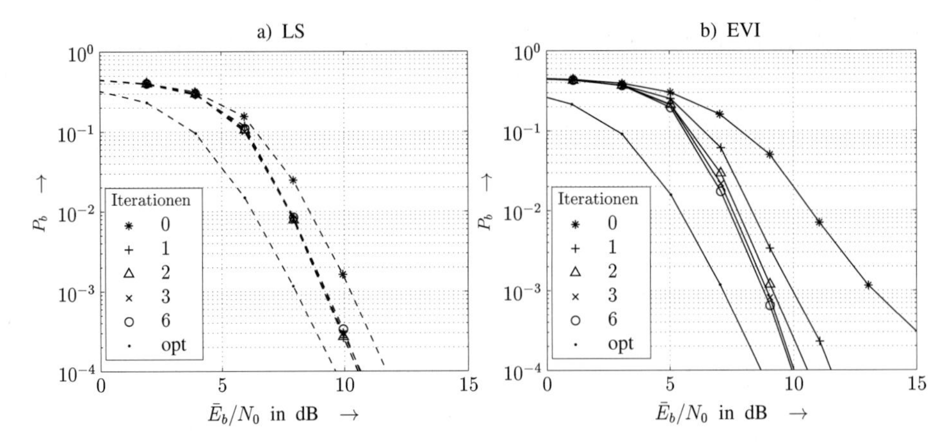

Bild 14.3.3: Bitfehlerraten nach der Faltungsdecodierung bei Turbo-Kanalschätzung Bad-Urban-Kanal bei einer maximalen Dopplerfrequenz von 50 Hz a) referenzgestützte, b) blinde Schätzung

der Midamble verbundene Gewinn von ca. 1 dB in das E_b/N_0-Verhältnis eingerechnet wurde. Dementsprechend ist auch die „opt"-Kurve hier um 1 dB nach links verschoben.

Im zweiten Beispiel wird eine extrem hohe maximale Dopplerfrequenz von 500 Hz („BU500") eingesetzt; dies entspricht z.B. einer Fahrzeuggeschwindigkeit von 300 km/h bei GSM-1800. Das E_b/N_0-Verhältnis wird auf 10 dB festgelegt. **Bild 14.3.4** demonstriert die Wirkungsweise der erläuterten Turbo-Schätzung mit Subburst-Aufteilung für die referenzgestützte und die blinde Kanalschätzung. Die obere Kurve zeigt die Bitfehlerrate für die individuellen Bits des GSM-Burst[9] bei standardmäßiger GSM-Kanalschätzung – wie erwartet steigt die Bitfehlerrate zu den Rändern hin an, weil sich die Kanalkoeffizienten gegenüber der Burstmitte zunehmend verändern. Es wird nun die iterative Kanalschätzung mit der erläuterten Subburst-Bildung vollzogen. Dabei ist die Kanaldecodierung in die Turbo-Prozedur einbezogen; dargestellt ist dann aber die Fehlerrate *vor* dem Decodierer, um die Zuverlässigkeit der codierten Bits in Abhängigkeit von der Position innerhalb des Burst darstellen zu können. Die unteren Kurven in Bild 14.3.4a demonstrieren die sukzessive Einebnung und damit einher gehende Absenkung der Bitfehlerrate. Das Beispiel zeigt, dass die vorgeschlagene Subburst-Turbo-Kanalschätzung unter extremen Dopplerbandbreiten vorteilhaft genutzt werden kann.

Bild 14.3.4b zeigt den Einfluss einer *blinden* Kanalschätzung mit dem EVI-Algorithmus unter gleichen Kanalbedingungen. Hier erfolgt die Schätzung anhand aller 142 Abtastwerte des gesamten Burst, da die Midamble nicht als Trainingsphase benutzt wird. Dementsprechend ist hier die Bitfehlerrate auch nicht null wie bei der referenzgestützten Schätzung. Die obere Kurve enthält zunächst keine Iteration – sie zeigt den gleichen prinzipiellen Verlauf wie in Bild 14.3.3a mit zu den Rändern hin ansteigenden Bitfehlern. Bei Anwendung der iterativen Technik ergibt sich die schrittweise Einebnung und deutliche Reduktion der Bitfehlerrate. Mit der 6. Iteration zeigt das blinde Verfahren sogar

[9]Während der 26-bit-Midamble ist die Fehlerrate null.

ein etwas besseres Ergebnis als der GSM-Standard – dies erklärt sich aus dem durch die Einsparung der Midamble erzielten E_b/N_0-Gewinn von ca. 1 dB, der in den vorgegebenen E_S/N_0-Wert eingerechnet wurde.

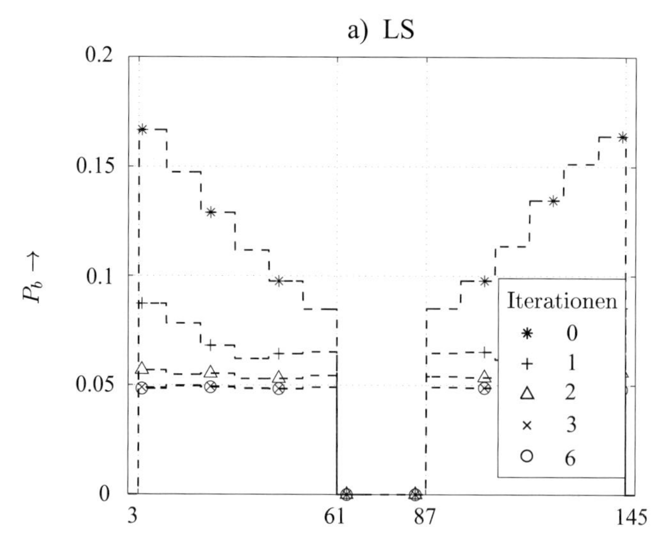

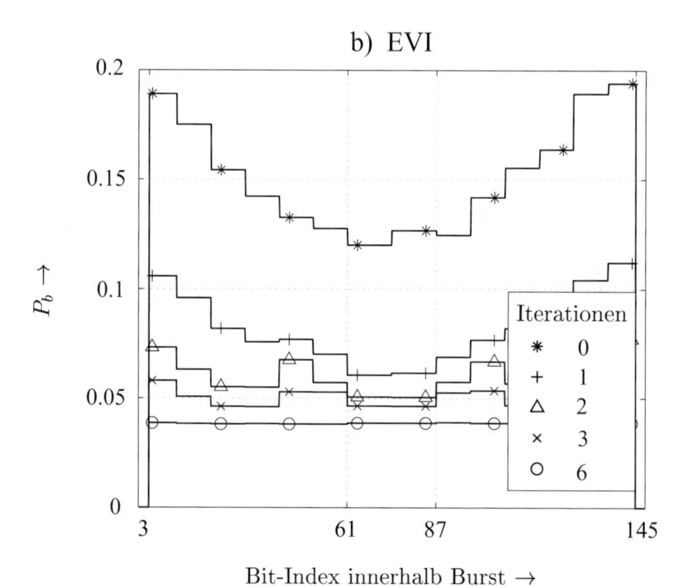

Bild 14.3.4: Bitfehlerrate über einen GSM-Burst, BU500, $E_b/N_0 = 10$ dB
a) iterative korrelative Schätzung (Subburst-Länge 70-30 bit)
b) iterative blinde Schätzung (EVI)

Kapitel 15

Übertragung über Funkkanäle

Drahtlose Übertragungssysteme bilden heute in Verbindung mit dem Internet den Grundpfeiler der modernen Kommunikation. Der letzte Teil dieses Buches ist daher den Grundlagen der digitalen Mobilfunktechnik gewidmet. Das vorliegende Kapitel beginnt mit einer pauschalen Übersicht über die wichtigsten Standards zur digitalen Funkübertragung. Im Anschluss daran werden einige grundlegende theoretische Zusammenhänge wiedergegeben, um die außerordentlichen Schwierigkeiten bei der Übertragung über Mobilfunkkanäle zu beleuchten, deren statistische Beschreibung bereits im zweiten Kapitel vorgenommen wurde. Im Folgenden werden zunächst für nicht frequenzselektive Rayleigh-Kanäle geschlossene Ausdrücke zur mittleren („ergodischen") Fehlerwahrscheinlichkeit hergeleitet. Für die Beurteilung der Übertragungsqualität in einem Funknetz („Quality of Service") ist häufig die so genannte Ausfallwahrscheinlichkeit von größerer Aussagekraft als die mittlere Bitfehlerrate; diese wird hergeleitet und anhand einiger Beispiele veranschaulicht.

Erhält der Empfänger ein und dasselbe Sendesignal mehrfach, z.B. infolge Mehrwegeausbreitung, so lässt sich *Kanaldiversität* nutzen, falls die Übertragungspfade nicht vollständig korreliert sind. Dieses Phänomen wird in Abschnitt 15.3 theoretisch behandelt. Es wird die ergodische Fehlerwahrscheinlichkeit hergeleitet und gezeigt, dass sich mit steigender Diversität asymptotisch die Verhältnisse des AWGN-Kanals einstellen.

Frequenzselektive Kanäle erfordern den Einsatz von Entzerrern. Im Allgemeinen tritt damit ein S/N-Verlust ein, der bei den traditionellen linearen Entzerrern besonders stark werden kann. Andererseits enthalten die Abtastwerte der Symboltakt-Impulsantwort Kanaldiversität, die am Empfänger genutzt werden kann. Im Abschnitt 15.4 wird das Verhältnis von S/N-Verlust und Diversitätsgewinn bei linearen und Decision-Feedback-Entzerrern sowie beim Viterbi-Detektor untersucht.

15.1 Standards zur Mobilfunk-Übertragung

Wurde das 1986 eingeführte analoge C-Netz noch von einer kleinen Minderheit von Teilnehmern genutzt, so erlebte die drahtlose Kommunikation mit der Einführung des digitalen GSM-Netzes (*Global System for Mobile Communications*) einen beispiellosen Aufschwung. Im Jahre 2002 gab es allein in Deutschland 50 Millionen, weltweit rund 1 Milliarde Teilnehmer. Im vorigen Jahr, also 2010, ist die weltweite Anzahl von Mobilfunkteilnehmern auf über 5 Milliarden[1] angewachsen, wobei ein deutlicher Anteil bereits durch das Mobilfunksystem der 3. Generation, also UMTS, bereitgestellt wird. **Bild 15.1.1** zeigt die Entwicklung der Mobilfunk-Teilnehmeranzahl vom Jahre 2000 bis zur erwarteten Teilnehmerzahl in 2015. Gegenübergestellt sind die in der Gesamtzahl enthaltenen UMTS-Nutzer sowie der ab 2012 zu erwartende Anteil des Mobilfunk-Systems der nächsten Generation, LTE.

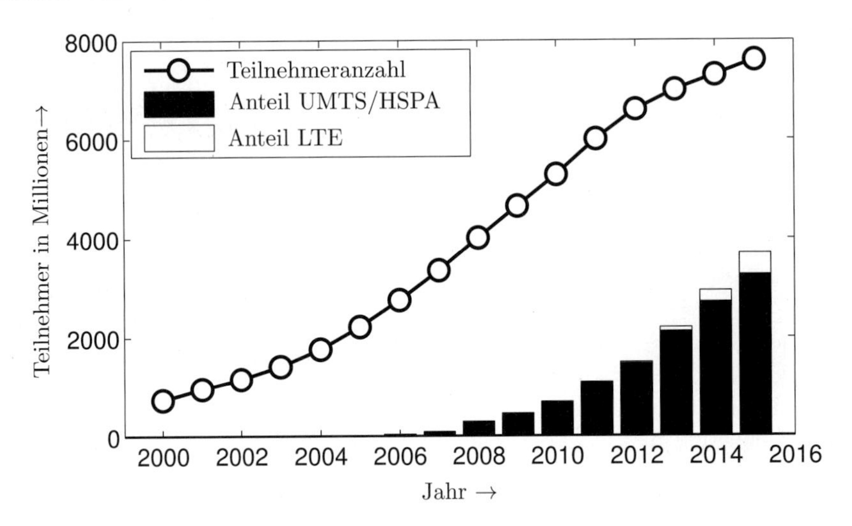

Bild 15.1.1: Weltweite GSM-Teilnehmerzahl von 1992 bis 2002

Als die 1982 ins Leben gerufene *Groupe spéciale mobile* (ursprünglich wurde hierfür die Abkürzung *GSM* eingeführt) die ersten Schritte in Richtung eines neuen digitalen Mobilfunksystems unternahm, konnte man die in der Folgezeit einsetzende rasante Entwicklung der Mikroelektronik kaum voraussehen. Unter diesem Aspekt sind viele von dieser Gruppe getroffenen Festlegungen als äußerst mutig und visionär zu bewerten – andererseits ist aber gerade diese zukunftsweisende technische Konzeption der Grund für den Siegeszug des Mobilfunkstandards GSM.

Für GSM sind zwei Frequenzbänder vorgesehen: Zwischen 890 und 960 MHz liegen die *D-Netze*, die in Deutschland von T-Mobile (D1) und Vodafone (D2) betrieben werden, während sich im Bereich 1,71–1,88 GHz die GSM-Variante DCS-1800 (*Digital Cellular System*) befindet, welche das *E-Netz* von e·plus beinhaltet. Ein hiervon abgeleiteter Stan-

[1]Ende 2010 betrug die gesamte Erdbevölkerung 6,9 Milliarden.

dard ist PCS-1900 (*Personal Communication Services*), der im 1,9 GHz-Band speziell in den Vereinigten Staaten zum Einsatz kommt.

Das GSM-Netz war ursprünglich für die reine Sprachübertragung konzipiert, wurde jedoch von Beginn an auch zur Datenübertragung genutzt – zunächst allerdings bei der relativ geringen Übertragungsrate von 9,6 kbit/s. Später folgten dann die Erweiterungen GPRS (*Generalized Packet Radio Service*) und HSCSD (*High Speed Circuit Switched Data*). Durch Bündelung mehrerer Kanäle werden hierbei Datenraten von bis zu 56 kbit/s ermöglicht.

Aufgrund der relativ engen Grenzen, die den Bitraten für die Datenkommunikation gesetzt sind, wurde das GSM-System um den EDGE-Standard (*Enhanced Data for GSM Evolution*) erweitert, mit dem durch Verwendung der höherstufigen Modulationsform 8-PSK Datenraten von bis zu 220 kBit/s ermöglicht werden sollen. Dieses Konzept steht in direkter Konkurrenz zu UMTS (*Universal Mobile Telecommunications System*), dem Mobilfunksystem der dritten Generation. UMTS liegt im Frequenzband 1,9–2,2 GHz. Als Zugriffsverfahren wurde Codemultiplex (CDMA, *Code Division Multiple Access*) gewählt – das Konzept wird im 17. Kapitel ausführlich behandelt. Als maximale Übertragungsgeschwindigkeit ist eine Bitrate von 384 kbit/s vorgesehen, während mit dem unter UMTS definierten *High Speed Packet Access* (HSPA) im Downlink Übertragungsraten von bis zu 14,4 Mbit/s erreichbar sind.

Als Vorstufe zum künftigen 4G-Standard wird momentan das Konzept der *Long Term Evolution* (LTE), entwickelt. Es nutzt die Infrastruktur von HSPA, um eine möglichst rasche Einführung des 4G-Standards zu begünstigen, verwendet aber eine vollständig andere Technologie als UMTS: LTE basiert auf dem Mehrträgerverfahren OFDM (*Orthogonal Frequency Division Multiplexing)*, dem das nächste Kapitel 16 gewidmet ist. Der große Vorteil dieser Technologie besteht in seiner hohen Flexibilität, so dass es hier zum Beispiel im Gegensatz zu UMTS möglich ist, die Bandbreite auf einfache Weise zu skalieren. Unter dem Einsatz von MIMO-Technologien werden unter LTE im Downlink Übertragungsraten von bis zu 300 Mbit/s erreicht werden, im Uplink maximal 75 Mbit/s.

In den letzten Jahren haben drahtlose lokale Rechnernetze stark an Bedeutung gewonnen. Die Anwendung solcher WLAN-Systeme (*Wireless Local Area Networks*) richtete sich zunächst auf die Vernetzung größerer Rechenanlagen, setzt sich aber in der letzten Zeit auch verstärkt im privaten Heimbereich durch. Ein bereits etablierter Standard ist das IEEE 802.11b-System im Bereich um 2,4 GHz, dessen Übertragungsrate um den Faktor fünf höher liegt als bei UMTS. Im 2,4-GHz-Band befindet sich das lizenzfreie ISM-Band (*Industrial Scientific Medical)*, in dem neben dem IEEE 802.11b-WLAN-System auch der 1998 eingeführte Kurzstreckenfunk *Bluetooth* angesiedelt ist. Eine weitere drastische Erhöhung der Übertragungsrate von WLAN-Systemen auf bis zu 54 Mbit/s darf man von dem neu konzipierten IEEE 802.11a-Konzept im 5,2 GHz-Band erwarten. Dieses Verfahren ist von dem in Europa entwickelten HIPERLAN/2 (*High Performance Radio Local Area Network*) abgeleitet. Obwohl die Entwicklung des europäischen Systems noch vor dem amerikanischen lag, hat sich letzteres in Europa durchgesetzt. Der Unterschied zwischen beiden Systemen liegt vornehmlich in den höheren Protokoll-Schichten – in der physikalischen Schicht sind sie weitgehend identisch. Beide Systeme verwenden das oben erwähnte OFDM-Verfahren. Nachzutragen bleibt, dass das 802.11a-Konzept auch auf das

ISM-Band bei 2,4 GHz übertragen wurde und dort die Bezeichnung 802.11g trägt. Da in diesem Band beliebige Dienste lizenzfrei operieren dürfen, kann es unter ungünstigen Bedingungen zu Interferenzen zwischen den verschiedenen Verfahren kommen.

Parallel zur Entwicklung zellularer Mobilfunknetze und der WLAN-Systeme wurden in den letzten Jahren auch erhebliche Bemühungen auf die Digitalisierung der Rundfunksysteme gerichtet. Neben der Verbesserung der Übertragungsqualität liegt das Motiv hierfür vor allem in der effizienteren Nutzung der Frequenzressourcen. Die Standardisierung für das terrestrische, digitale Hörrundfunksystem DAB (*Digital Audio Broadcasting*) wurde 1995 abgeschlossen [Dam95, Sch97, HL04, SL05]. Als technische Lösung verwendet DAB erstmals das Mehrträgerverfahren OFDM, mit dem die Auswirkungen von Mehrwegeübertragung auf einfache Weise korrigiert werden können (vgl. Kapitel 16). Es werden verschiedene Frequenzbänder zwischen 300 MHz und 3 GHz hierfür bereitgestellt. Man unterscheidet drei Moden: Mode I (unterhalb von 375 MHz) ist für ein flächendeckendes Gleichwellennetz vorgesehen – d.h. im gesamten Netz werden die gleichen Trägerfrequenzen verwendet. Da hierbei Mehrwegeausbreitung mit sehr großen Laufzeitunterschieden zu erwarten ist, muss in diesem Mode mit der extrem hohen Anzahl von 1536 Subträgern gearbeitet werden[2]. Der Mode II (unterhalb von 1,5 GHz) ist für lokale Rundfunkversorgung ausgelegt – die Subträgeranzahl ist hier dementsprechend auf 768 reduziert – während der Mode III ($<$ 3 GHz, 384 Subträger) der Satelliten- oder hybriden Satelliten-terrestrischen Anwendung vorbehalten ist. Nach der Standardisierung 1995 wurden in zehn Bundesländern Pilotprojekte durchgeführt – seit 1998 findet in verschiedenen Regionen ein Regelbetrieb statt. Ein alternatives digitales Rundfunksystem für das Kurz- und Mittelwellenband wurde unter der Bezeichnung *Digital Radio Mondiale (DRM)* eingeführt; es verwendet ebenso wie DAB die OFDM-Technik.

Das terrestrische Fernsehen wird unter dem Standard *DVB-T (Digital Video Broadcasting)* digitalisiert; die Übertragung findet im DAB-Band, also zwischen 300 MHz und 3 GHz statt. Das Modulationskonzept wurde von DAB abgeleitet, beinhaltet also OFDM. Im Unterschied zu DAB werden jedoch hochstufige Modulationsalphabete bis zu 64-QAM einbezogen. Im Jahre 2010 soll das analoge Fernsehnetz vollständig durch das DVB-T-System ersetzt sein. Die Frequenzbereiche der verschiedenen digitalen Übertragungsverfahren sind in **Bild 15.1.2** dargestellt.

[2] Die systemtheoretischen Erläuterungen hierzu findet man in Kapitel 16.

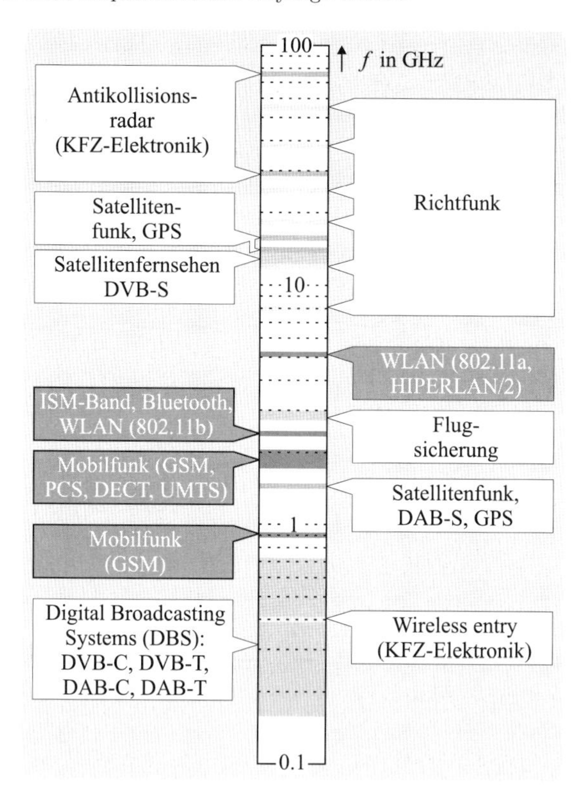

Bild 15.1.2: Frequenzbereiche digitaler Übertragungsverfahren

15.2 Übertragung über nicht frequenzselektive Rayleigh-Kanäle

15.2.1 Ergodische Fehlerwahrscheinlichkeit

In Abschnitt 11.4 wurden für die verschiedenen Modulationsarten die Bitfehlerwahrscheinlichkeiten bei Übertragung über AWGN-Kanäle hergeleitet. Das Empfangssignal ist in diesem Falle durch

$$r(t) = a \cdot e^{j\psi_0}\, s(t) + n(t), \quad a \in \mathbb{R}^+ \tag{15.2.1}$$

zu beschreiben, wobei $a\, e^{j\psi_0}$ einen durch den Kanal eingebrachten komplexen Faktor bezeichnet. Ein optimaler Empfänger für AWGN-Kanäle weist gemäß den Betrachtungen in Abschnitt 11.1 eine kohärente Struktur auf; wir wollen im Folgenden eine ideale Trägerregelung voraussetzen, so dass der Phasenfehler ψ_0 als perfekt korrigiert angenommen werden kann. Die Bitfehlerwahrscheinlichkeit wird bei allen linearen Modulationarten – exakt oder näherungsweise – durch Ausdrücke der Form

$$P_b = K \cdot \operatorname{erfc}\left(\sqrt{\frac{E_b}{N_0}\gamma^2}\right) \tag{15.2.2}$$

beschrieben; hierbei bezeichnet $E_b = E_S/\mathrm{ld}(M)$ die pro gesendetes Bit empfangene Energie, was gleichbedeutend mit der gesendeten Energie ist, falls die Übertragungskonstante a auf eins normiert wird. Die Faktoren K und γ^2 sind für die Modulationsformen M-PSK, M-QAM und MSK (mit differentieller Vorcodierung) nochmals in Tabelle 15.2.1 zusammengestellt. Für die höherstufige PSK-Modulation wurde hier die in Abschnitt

Tabelle 15.2.1: Parameter für AWGN-Bitfehlerwahrscheinlichkeit

	BPSK/QPSK	M-PSK $\approx$	M-QAM $\approx$	vorcod. MSK
γ^2	1	$\mathrm{ld}(M)\sin^2(\pi/M)$	$3\,\mathrm{ld}(M)/(2(M-1))$	1
K	1/2	$1/\mathrm{ld}(M)$	$2(\sqrt{M}-1)/(\sqrt{M}\,\mathrm{ld}(M))$	1/2

11.4.5 hergeleitete Näherungslösung (11.4.36) auf Seite 382 eingesetzt; die Näherung für die M-QAM besteht in der Vernachlässigung von Entscheidungsfehlern zwischen nicht benachbarten Signalpunkten.

Bei Übertragung über Rayleigh-Kanäle ist der feste Kanal-Übertragungsfaktor a durch eine Zufallsvariable A mit einer Rayleighverteilung gemäß (2.5.15), Seite 86, zu ersetzen; es gilt dann für das momentane Signal-Störverhältnis

$$\frac{E_b}{N_0} = A^2 \cdot \frac{\bar{E}_b}{N_0}, \tag{15.2.3a}$$

wobei $\bar{E}_b$ die *mittlere empfangene* Energie pro Bit bezeichnet, indem $\mathrm{E}\{A^2\} = 1$ gesetzt wird. Die Bitfehlerwahrscheinlichkeit beträgt damit

$$P_b(A^2) = K \cdot \operatorname{erfc}\left(\sqrt{A^2 \cdot \frac{\bar{E}_b}{N_0}\gamma^2}\right), \qquad \mathrm{E}\{A^2\} = 1; \tag{15.2.3b}$$

sie ist ihrerseits eine von A^2 abhängige Zufallsvariable.

Wir bestimmen im Folgenden die so genannte *ergodische Bitfehlerwahrscheinlichkeit*, indem über die Zufallsvariable A^2 gemittelt wird:

$$\bar{P}_b \triangleq \mathrm{E}\{P_b(A^2)\} = \int_0^\infty P_b(\xi) \cdot p_{A^2}(\xi)\, d\xi. \tag{15.2.4}$$

Die quadrierte Rayleighvariable besitzt eine Chi^2-Verteilung vom Freiheitsgrad 2:

$$p_{A^2}(\xi) = \begin{cases} e^{-\xi} & \text{für } \xi \geq 0 \\ 0 & \text{sonst.} \end{cases} \tag{15.2.5}$$

Zur geschlossenen Lösung dieses Integrals wird eine alternative Darstellung der erfc-Funktion benutzt, die sich aus dem Übergang von kartesischen auf Polarkoordinaten herleitet [SA00]:

$$\operatorname{erfc}\left(\sqrt{x}\right) = \frac{2}{\pi} \int_0^{\pi/2} \exp\left(-\frac{x}{\sin^2(\theta)}\right) d\theta. \tag{15.2.6}$$

Damit kann (15.2.3b) als

$$P_b(A^2) = \frac{2K}{\pi} \int_0^{\pi/2} \exp\Big(-\underbrace{A^2 \frac{\gamma^2 \bar{E}_b/N_0}{\sin^2(\theta)}}_{\triangleq\, b(\theta)}\Big) d\theta \tag{15.2.7}$$

dargestellt werden. Den Erwartungswert erhält man mit (15.2.4) und (15.2.7) unter Vertauschung der Integrale als

$$\mathrm{E}\{P_b(A^2)\} = \frac{2K}{\pi} \int_0^{\pi/2} \int_0^{\infty} e^{-\xi \cdot b(\theta)}\, p_{A^2}(\xi)\, d\xi\, d\theta. \tag{15.2.8}$$

Das innere Integral stellt die so genannte *Momentbildende Funktion* dar; für eine chi^2-Verteilung besitzt sie die geschlossene Lösung

$$\int_0^{\infty} e^{-\xi \cdot b(\theta)}\, e^{-\xi}\, d\xi = \frac{1}{1+b(\theta)} = \frac{\sin^2(\theta)}{\sin^2(\theta) + \gamma^2 \bar{E}_b/N_0}, \tag{15.2.9a}$$

woraus folgt

$$\mathrm{E}\{P_b(A^2)\} = \frac{2K}{\pi} \int_0^{\pi/2} \frac{\sin^2(\theta)}{\sin^2(\theta) + \gamma^2 \bar{E}_b/N_0}\, d\theta. \tag{15.2.9b}$$

Das hierin enthaltene Integral besitzt eine geschlossene Lösung; damit erhält man schließlich die ergodische Bitfehlerwahrscheinlichkeit bei nichtselektivem Rayleigh-Fading [SA00]

$$\bar{P}_b^{\mathrm{Ray}} = K \cdot \left(1 - \sqrt{\frac{\gamma^2 \bar{E}_b/N_0}{1 + \gamma^2 \bar{E}_b/N_0}}\right). \tag{15.2.10}$$

Für die verschiedenen Modulationsformen können hier die in Tabelle 15.2.1 angegebenen Parameter eingesetzt werden:

$$\bar{P}_{b|\mathrm{B/QPSK}}^{\mathrm{Ray}} = \frac{1}{2} \cdot \left(1 - \sqrt{\frac{\bar{E}_b/N_0}{1 + \bar{E}_b/N_0}}\right) \tag{15.2.11a}$$

$$\bar{P}_{b|M\text{-PSK}}^{\mathrm{Ray}} \approx \frac{1}{\mathrm{ld}(M)} \cdot \left(1 - \sqrt{\frac{\mathrm{ld}(M)\,\sin^2(\pi/M)\,\bar{E}_b/N_0}{1 + \mathrm{ld}(M)\,\sin^2(\pi/M)\,\bar{E}_b/N_0}}\right) \tag{15.2.11b}$$

$$\bar{P}^{\text{Ray}}_{b|M\text{-QAM}} \approx 2\frac{\sqrt{M}-1}{\sqrt{M}\cdot \text{ld}(M)}\cdot\left(1-\sqrt{\frac{3\,\text{ld}(M)\,\bar{E}_b/N_0}{2(M-1)+3\,\text{ld}(M)\,\bar{E}_b/N_0}}\right) \tag{15.2.11c}$$

$$\bar{P}^{\text{Ray}}_{b|\text{MSK}} = \frac{1}{2}\cdot\left(1-\sqrt{\frac{\bar{E}_b/N_0}{1+\bar{E}_b/N_0}}\right). \tag{15.2.11d}$$

$\bar{E}_b$ bezeichnet hier die *mittlere Empfangsenergie* pro Bit. Auswertungen dieser Formeln werden in **Bild 15.2.1** wiedergegeben und den Bitfehlerwahrscheinlichkeiten bei AWGN-Kanälen zum Vergleich gegenübergestellt.

Ohne Herleitung werden noch die Bitfehlerwahrscheinlichkeiten für inkohärent demodulierte DBPSK und DQPSK unter Rayleigh-Fading angegeben (siehe [Rin98, Pro01]).

$$\bar{P}^{\text{Ray}}_{b|\text{DBPSK}} = \frac{1}{2}\cdot\frac{1}{1+\bar{E}_b/N_0} \qquad \text{(inkohärent)} \tag{15.2.11e}$$

$$\bar{P}^{\text{Ray}}_{b|\text{DQPSK}} = \frac{1}{2}\left[1-\frac{2\bar{E}_b/N_0}{\sqrt{2+8\bar{E}_b/N_0+4(\bar{E}_b/N_0)^2}}\right] \qquad \text{(inkohärent)} \tag{15.2.11f}$$

Die zugehörigen Kurvenverläufe sind in Bild 15.2.1 mit eingetragen; es zeigt sich, dass die differentielle BPSK und DQPSK ungefähr die gleiche Bitfehlerwahrscheinlichkeit aufweisen – dies steht im Gegensatz zu den Verhältnissen bei AWGN-Übertragung, wo DQPSK gegenüber DBPSK einen E_b/N_0-Verlust von ca. 2 dB aufweist (siehe Bild 11.4.14 auf Seite 391). Im Rayleigh-Kanal sind DBPSK und DQPSK bei inkohärenter Demodulation in etwa mit der kohärent demodulierten 16-QAM vergleichbar. **Rice-Fading.** Enthält das

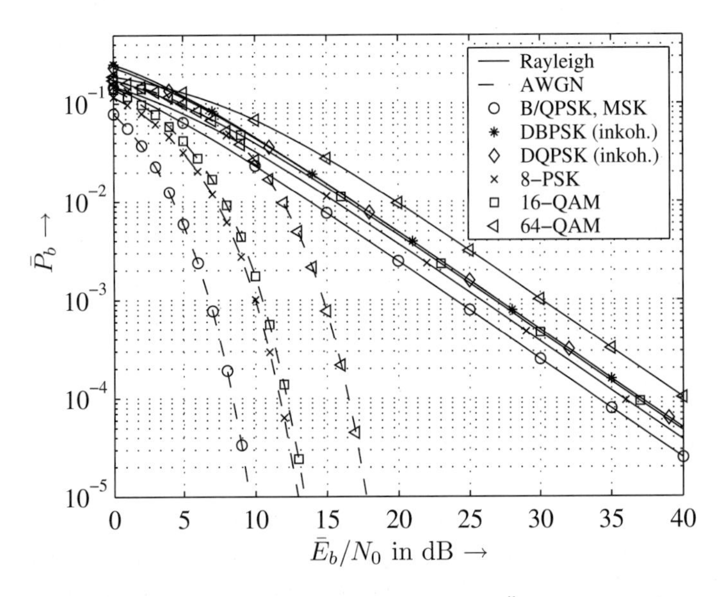

Bild 15.2.1: Mittlere Bitfehlerwahrscheinlichkeiten bei Übertragung über nicht frequenzselektive Rayleigh-Kanäle (—) und AWGN-Kanäle (- - -)

Empfangssignal neben gestreuten Signalanteilen auch eine *Direktkomponente*, so ergibt sich für die Zufallsvariable A eine *Rice*-Verteilung. Das Leistungs-Verhältnis zwischen direktem Signal und den Streukomponenten wird als Rice-Faktor C bezeichnet (siehe Abschnitt 2.5.2, Seite 86). Eine geschlossene Lösung für die Fehlerwahrscheinlichkeit existiert nicht – zu ihrer Berechnung ist das Integral

$$\bar{P}_b^{\text{Rice}} = \frac{2K}{\pi} \int_0^{\pi/2} \frac{(1+C)\sin^2\theta}{(1+C)\sin^2\theta + \gamma^2 \bar{E}_b/N_0} \exp\left(\frac{C \cdot \gamma^2 \bar{E}_b/N_0}{(1+C)\sin^2\theta + \gamma^2 \bar{E}_b/N_0} \right) d\theta \qquad (15.2.12)$$

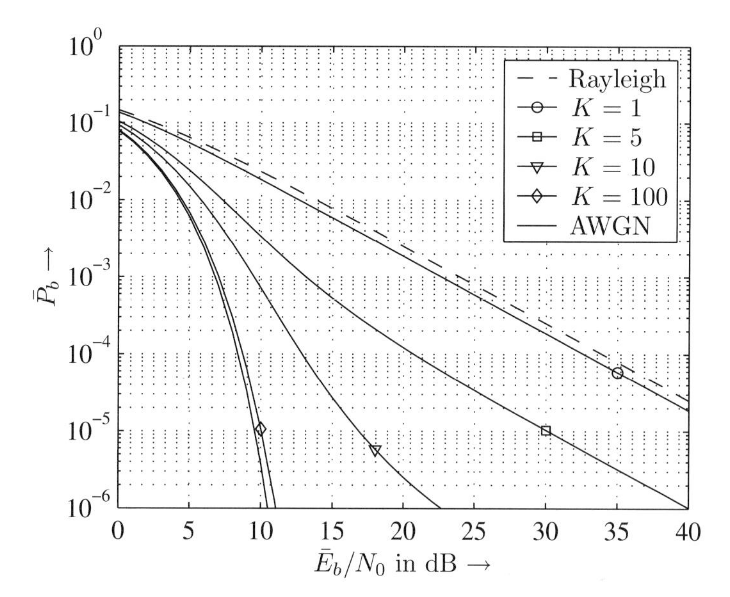

Bild 15.2.2: Mittlere BPSK-Bitfehlerwahrscheinlichkeiten bei Übertragung über Rice-Kanäle

numerisch zu lösen; in **Bild 15.2.2** sind einige Ergebnisse für BPSK wiedergegeben [Küh04]. Man sieht, dass sich für einen kleinen Rice-Faktor, d.h. schwache Direktkomponente, nahezu die Verhältnisse für Rayleigh-Fading ergeben, während sich die Fehlerwahrscheinlichkeit mit großem Rice-Faktor, also bei starker Direktkomponente, der AWGN-Kurve annähert.

15.2.2 Ausfall-Wahrscheinlichkeit

Werden in einem Kommunikationssystem verschiedene Dienste angeboten, so strebt man eine Anpassung der aktuellen Übertragungsqualität an die jeweilige Anwendung an (*QoS, Quality of Service*). In diesem Falle ist die im vorangegangenen Abschnitt behandelte mittlere Bitfehlerwahrscheinlichkeit von untergeordneter Bedeutung – vielmehr muss eine vorgegebene Bitfehlerrate garantiert werden. Um hierüber statistische Aussagen treffen zu können, wird die *Ausfall-Wahrscheinlichkeit* (engl. „Outage Probability") ermittelt. Sie gibt die Wahrscheinlichkeit dafür an, dass eine vorgegebene Bitfehlerwahrscheinlichkeit P_{Ziel} gerade nicht mehr erreicht wird:

$$P_{\text{out}}\big(P_{\text{Ziel}}\big) = \Pr\{P_b > P_{\text{Ziel}}\}. \tag{15.2.13a}$$

Dies ist gleichbedeutend mit der Wahrscheinlichkeit, dass das aktuelle E_b/N_0 unterhalb des Wertes liegt, der der vorgegebenen Fehlerwahrscheinlichkeit zugeordnet ist, d.h.

$$P_{\text{out}}(P_{\text{Ziel}}) = \Pr\{E_b/N_0 < [E_b/N_0]_{\text{Ziel}}\}; \tag{15.2.13b}$$

$[E_b/N_0]_{\text{Ziel}}$ ist aus der Beziehung (15.2.2) zu gewinnen, indem die vorgegebene Ziel-Fehlerwahrscheinlichkeit P_{Ziel} eingesetzt wird.

Der Ausdruck (15.2.13b) lässt sich bei *Rayleigh-Fading* für vorgegebenes mittleres $\bar{E}_b/N_0$ geschlossen berechnen:

$$\begin{aligned} P_{\text{out}}(P_{\text{Ziel}}) &= \Pr\Big\{A^2 < \underbrace{\frac{[E_b/N_0]_{\text{Ziel}}}{\bar{E}_b/N_0}}_{A^2_{\text{Ziel}}}\Big\} = \int\limits_0^{A^2_{\text{Ziel}}} p_{A^2}(\xi)\,d\xi = \int\limits_0^{A^2_{\text{Ziel}}} \exp(-\xi)\,d\xi \\ &= 1 - \exp\big(-A^2_{\text{Ziel}}\big) = 1 - \exp\left(-\frac{[E_b/N_0]_{\text{Ziel}}}{\bar{E}_b/N_0}\right). \end{aligned} \tag{15.2.14}$$

Bild 15.2.3 zeigt die Ausfallwahrscheinlichkeit für BPSK unter verschiedenen vorgegebenen Ziel-Fehlerwahrscheinlichkeiten P_{Ziel}.

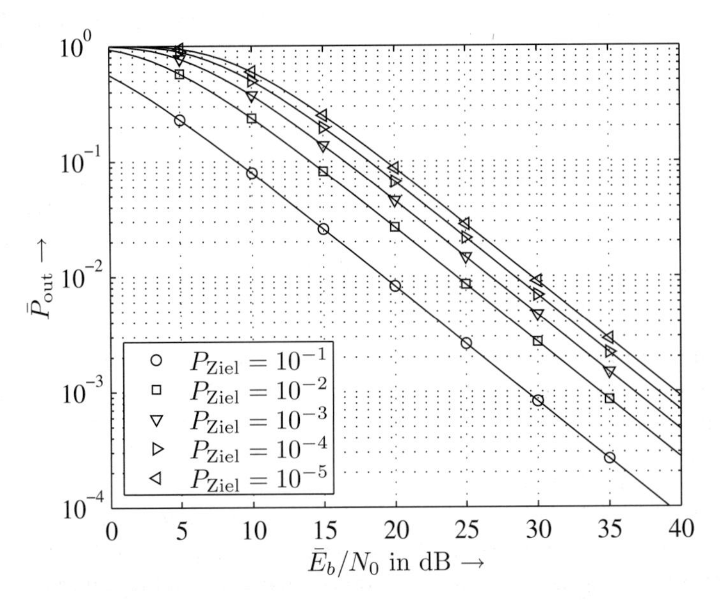

Bild 15.2.3: Ausfallwahrscheinlichkeit für BPSK unter verschiedenen Ziel-Bitfehlerraten

15.3 Diversität

15.3.1 Kanalmodell und Empfängerstrukturen

Im vorangegangenen Abschnitt wurde deutlich, dass die mittlere Fehlerwahrscheinlichkeit unter dem Einfluss von Rayleigh-Fading dramatisch ansteigt. Günstigere Verhältnisse ergeben sich, wenn irgendeine Form von *Diversität* des Übertragungskanals genutzt werden kann. Dies ist zum Beispiel bei der Verwendung mehrerer Empfangsantennen der Fall. Werden diese hinreichend weit voneinander entfernt plaziert, so können die Übertragungsfaktoren der verschiedenen Empfangssignale als statistisch unabhängig betrachtet werden. Die Wahrscheinlichkeit, dass alle Rayleigh-Faktoren gemeinsam eine kritische Schwelle unterschreiten, ist sehr viel geringer als bei einer einzigen Rayleigh-Variablen, also bei einer Übertragung über nur einen Pfad – hierin besteht der Diversitäts-Effekt. Auch bei einem Einantennen-Empfänger können Diversitätsgewinne auftreten, z.B. bei einem frequenzselektiven Kanal. Bisher haben wir diesen Kanaleinfluss eher als nachteilig bewertet, da hierbei Entzerrungsmaßnahmen erforderlich werden, die in der Regel zu einem S/N-Verlust führen. Andererseits tragen mehrere Kanalechos zur gesamten Empfangsenergie bei; enthalten die Kanalechos unkorrelierte Anteile, so tritt auch hier der beschriebene Diversitätsgewinn ein.

Prinzipiell sind folgende Formen von Diversität zu unterscheiden:

- **Zeitdiversität:** Ein nicht frequenzselektiver Kanal ohne direkten Ausbreitungspfad, also ohne „Line-of-Sight-Komponenten", wird durch einen einzigen Übertragungsfaktor beschrieben, der durch eine rayleighverteilte Zufallsvariable modelliert wird. Die zeitlichen Korrelationen werden durch die Dopplerbandbreite bestimmt. In hinreichendem zeitlichen Abstand kann der Rayleigh-Übertragungsfaktor als unkorreliert betrachtet werden; die hierin liegende zeitliche Diversität kann durch Kanalcodierung in Verbindung mit einem *Verwürfeler (Interleaver)* nutzbar gemacht werden. Die Dimensionierung wird durch die inverse Dopplerbandbreite, also die *Kohärenzzeit*, festgelegt. Unter dem Gesichtspunkt der Zeitdiversität wirkt sich also die Bewegung eines Funkempfängers (oder -senders) günstig aus – andererseits nehmen die Schwierigkeiten bei der Schätzung der Kanalparameter mit steigender Geschwindigkeit zu.

- **Frequenzdiversität:** Bei frequenzselektiven Kanälen besteht die Symboltakt-Impulsantwort aus mehreren Abtastwerten. Dies führt einerseits zu Intersymbol-Interferenz und erfordert Entzerrungsmaßnahmen, die unter kritischen Kanälen Qualitätseinbußen mit sich bringen (vgl. Abschnitt 12.6.2, Seite 471ff). Andererseits sind diesen Werten der Impulsantwort unterschiedliche Ausbreitungspfade zugeordnet; besitzen diese Übertragungsfaktoren unkorrelierte Anteile, so ergibt sich hierdurch Diversität. Besonders effizient wird diese beim Viterbi-Detektor und beim Rake-Empfänger genutzt – letzterer wird im Zusammenhang mit CDMA-Systemen eingesetzt (vgl. Abschnitt 17.3). Bei den in Kapitel 16 eingeführten Mehrträgerverfahren werden die Datensymbole schmalbandigen Subkanälen zugeordnet, also in Frequenzrichtung angeordnet. Sind die Übertragungsfaktoren verschiedener Subträger nicht vollständig korreliert, so ergibt sich Frequenzdiversität, welche unter Einbeziehung einer Kanalcodierung oder bei Verwendung einer spektralen Spreizung (Mehrträger-CDMA, siehe Abschnitt 17.5) ausgenutzt werden kann.

- **Raumdiversität:** Werden am Empfänger mehrere Antennen eingesetzt, so können die Ausbreitungspfade bei genügendem Abstand dieser Antennen als unabhängig betrachtet werden, so dass *Empfangsdiversität* genutzt werden kann. Ist die Unterbringung mehrerer Antennen am Empfänger aus konstruktiven Gründen schwierig – z.B. bei Mobilfunk-Handys – so kann die Erzeugung von Diversität auch auf die Sendeseite verlagert werden (*Sendediversität*). Dies wird durch die bekannten Space-Time-Codes erreicht; in Kapitel 18 wird auf Mehrantennen-Systeme ausführlicher eingegangen.

Nutzen Sendeantennen verschiedene Polarisationsebenen zur Übertragung, so lässt sich *Polarisationsdiversität* ausnutzen. Diese Form der Kanalausnutzung gewinnt für moderne Funksysteme zunehmend an Bedeutung – in der vorliegenden Darstellung bleiben diese Verfahren ausgeklammert.

Bild 15.3.1 zeigt das Symboltaktmodell eines Übertragungssystems mit L-facher Empfangsdiversität. Als einfachste Realisierung stellen wir uns die Konfiguration eines Mehrantennen-Empfängers vor.

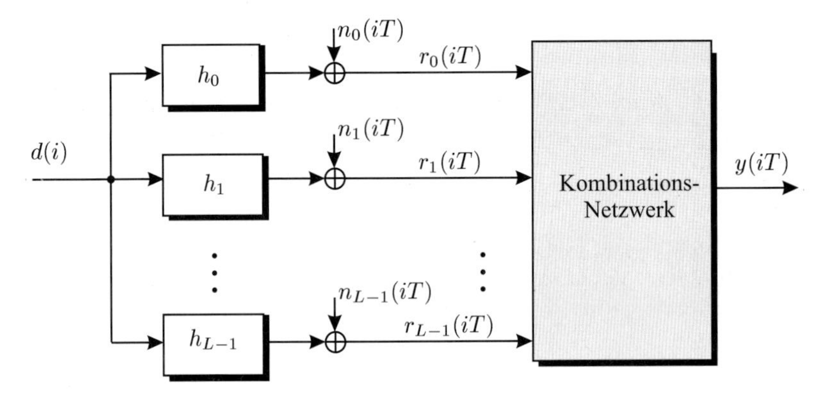

Bild 15.3.1: Symboltaktmodell eines Übertragungssystems mit Empfangsdiversität

Die L Empfangssignale lauten

$$r_\ell(iT) = h_\ell \cdot d(i) + n_\ell(iT), \quad \ell \in \{0, \cdots, L-1\}. \tag{15.3.1}$$

Die Koeffizienten h_ℓ beinhalten hierbei das Sendefilter, das Empfangs-Matched-Filter sowie die komplexen Kanal-Bewertungsfaktoren. Für jeden Zweig wird die Erfüllung der ersten Nyquistbedingung angenommen, es wird also ein nicht frequenzselektiver Kanal vorausgesetzt. Die Größen $n_\ell(iT)$ stellen Musterfunktionen unabhängiger Rauschprozesse dar.

Maximum Ratio Combining (MRC). Aus den L Empfangssignalen soll nun eine Linearkombination derart gebildet werden, dass sich das *maximale Signal-Störverhältnis* ergibt.

$$y(iT) = \sum_{\ell=0}^{L-1} c_\ell \cdot r_\ell(iT) = d(i) \cdot \sum_{\ell=0}^{L-1} c_\ell \cdot h_\ell + \sum_{\ell=0}^{L-1} c_\ell \cdot n_\ell(iT) \tag{15.3.2}$$

Gesucht sind die zugehörigen Koeffizienten $c_0, \cdots, c_{L-1}$ des Kombinations-Netzwerkes. Das Signal-Störverhältnis dieses Signals beträgt

$$(S/N)_Y = \frac{\sigma_D^2 \cdot \left| \sum_{\ell=0}^{L-1} c_\ell \cdot h_\ell \right|^2}{\sigma_N^2 \cdot \sum_{\ell=0}^{L-1} |c_\ell|^2}, \tag{15.3.3a}$$

wobei für die L unabhängigen Rauschgrößen zunächst gleiche Leistungen σ_N^2 angesetzt wurden. Zur Bestimmung des Maximums in Abhängigkeit von den Koeffizienten c_ℓ erweitert man diesen Ausdruck mit der Gesamtenergie der Kanalkoeffizienten; es ergibt sich

$$(S/N)_Y = \frac{\sigma_D^2}{\sigma_N^2} \sum_{\ell=0}^{L-1} |h_\ell|^2 \cdot \underbrace{\frac{\left| \sum_{\ell=0}^{L-1} c_\ell \cdot h_\ell \right|^2}{\sum_{\ell=0}^{L-1} |c_\ell|^2 \cdot \sum_{\ell=0}^{L-1} |h_\ell|^2}}_{\leq 1}. \tag{15.3.3b}$$

Der rechts stehende Bruch kann gemäß der Schwarzschen Ungleichung nur kleiner oder gleich eins sein; das Gleichheitszeichen – also der Maximalwert für das S/N-Verhältnis – gilt unter der Bedingung

$$c_\ell = h_\ell^*, \quad \ell \in \{0, \cdots, L-1\}, \tag{15.3.4}$$

womit die Dimensionierung der Empfängerkoeffizienten im Sinne des Maximum Ratio Combining gefunden ist. Setzt man diese Koeffizienten in (15.3.2) ein, so ergibt sich

$$y(iT) = d(i) \cdot \sum_{\ell=0}^{L-1} |h_\ell|^2 + \tilde{n}(iT) \tag{15.3.5}$$

mit der neuen Rauschgröße $\tilde{n}(iT) = \sum_{\ell=0}^{L-1} h_\ell^* \cdot n_\ell(iT)$. Sind die einzelnen Rauschprozesse $N_\ell(iT)$ gaußverteilt, so ist auch $\tilde{N}(iT)$ ein Gaußprozess.

In der vorangegangenen Ableitung wurde angenommen, dass die Rauschprozesse $N_\ell(iT)$ identische Leistungen aufweisen. Ist dies nicht der Fall, so ist zunächst an jedem der L Empfängereingänge ein Skalierungsfaktor $1/\sigma_{N_\ell}$ anzubringen, um gleiche Rauschleistungen zu erhalten. Für die daraus resultierenden Koeffizienten des Maximum Ratio Combiner gilt zunächst

$$\tilde{c}_\ell = \frac{h_\ell^*}{\sigma_{N_\ell}} \tag{15.3.6a}$$

und unter Einbeziehung der Leistungskorrektur für die Gesamtkoeffizienten

$$c_\ell = \frac{1}{\sigma_{N_\ell}} \cdot \tilde{c}_\ell = \frac{h_\ell^*}{\sigma_{N_\ell}^2}. \tag{15.3.6b}$$

Eingesetzt in (15.3.2) ergibt sich

$$y(iT) = d(i) \cdot \sum_{\ell=0}^{L-1} \frac{|h_\ell|^2}{\sigma_{N_\ell}^2} + \tilde{n}(iT) \quad \text{mit} \quad \tilde{n}(iT) = \sum_{\ell=0}^{L-1} \frac{h_\ell^*}{\sigma_{N_\ell}^2} \cdot n_\ell(iT). \tag{15.3.6c}$$

Das Konzept des Maximum Ratio Combining (MRC), also die Maximierung des Signal-Störverhältnisses, beinhaltet unter *gaußschen* Störungen die Maximum-Likelihood-Lösung [Küh04]. Dabei wird immer eine perfekte Kenntnis der Kanalkoeffizienten unterstellt. Andererseits ist die Kanalschätzung in der Realität fehlerhaft, wodurch sich starke Degradationen ergeben können. Neben der theoretisch optimalen MRC-Lösung werden daher auch alternative Kombinationsprinzipien angewendet:

- *Selection Combining (SC)*
  Hier werden nur die stärksten Signale – im einfachsten Falle nur ein einziges – ausgewählt und weiterverfolgt. Dieses Verfahren ist besonders bei unsicherer Kanalschätzung günstig. Außerdem ist es mit relativ geringem Aufwand realisierbar. Während ein Mehrantennen-Empfänger bei Maximum Ratio Combining für jede Antenne eine komplette Eingangsstufe mit HF-Verstärker, Mischer und AD-Umsetzer vorsehen muss, bleibt dies beim Selection Combining auf die Anzahl der ausgewählten Signale, im einfachsten Falle also auf eine einzige Eingangsstufe, beschränkt.

- *Equal Gain Combining (EGC)*
  Hier erfolgt eine gleichgewichtete Kombination unabhängig von den Pfadgewichten; es sind lediglich die Phasen der Übertragungspfade zu berücksichtigen. Bei stark unterschiedlichen Pfadgewichten wird dieses Verfahren deutlich schlechter als das Maximum Ratio Combining, da Empfangssignale mit geringem Gewicht wenig zum Nutzsignal aber in gleichem Maße wie die starken Pfade zum Rauschen beitragen.

- *Square Law Combining (SLC)*
  Das Verfahren sieht eine Summation der Betragsquadrate der Empfangssignale vor; es benötigt keinerlei Kanalkenntnisse, beinhaltet also ein inkohärentes Detektionsprinzip. Anwendbar ist es z.B. für M-stufige orthogonale Modulationsverfahren. Im Abschnitt 17.2 wird ein solches Konzept für ein Codemultiplex-System dargestellt; der zugehörige Rake-Empfänger basiert auf dem SLC-Prinzip.

15.3.2 Ergodische Bitfehlerwahrscheinlichkeit

Im Folgenden wird die Auswirkung der Diversität auf die ergodische Bitfehlerwahrscheinlichkeit unter Rayleigh-Fading untersucht; angesetzt wird hier das Maximum Ratio Combining mit perfekter Kanalkenntnis. Die Kanalkoeffizienten werden durch unabhängige

Zufallsvariablen H_ℓ mit Rayleigh-Verteilung beschrieben. Für die Bitfehlerwahrscheinlichkeit gilt jetzt im Unterschied zu (15.2.3b)

$$P_b\left(\Sigma|H_\ell|^2\right) = K \cdot \operatorname{erfc}\left(\sqrt{\sum_{\ell=0}^{L-1} |H_\ell|^2 \cdot \frac{\bar{E}_b^{\text{ges}}}{N_0}\,\gamma^2}\right). \tag{15.3.7a}$$

Wird der Übertragungskanal auf die Energie eins normiert

$$\mathrm{E}\left\{\sum_{\ell=0}^{L-1} |H_\ell|^2\right\} = 1, \tag{15.3.7b}$$

so bezeichnet $\bar{E}_b^{\text{ges}}$ die *gesamte, über alle Empfangszweige summierte mittlere Energie* pro Bit. Die für die Modulationsart spezifischen Konstanten K und γ^2 sind Tabelle 15.2.1 auf Seite 564 zu entnehmen.

Zur ergodischen Bitfehlerwahrscheinlichkeit kommt man durch Bildung des Erwartungswertes.

$$\bar{P}_b = \mathrm{E}\left\{P_b\left(\Sigma|H_\ell|^2\right)\right\} = \int_0^\infty P_b(\xi) \cdot p_{\Sigma|H_\ell|^2}(\xi)\, d\xi \tag{15.3.8}$$

Sind die L Rayleighvariablen $|H_\ell|$ unabhängig und identisch verteilt, so wird die Verteilung ihrer Quadratsumme durch eine Chi^2-Verteilung vom Freiheitsgrad $2L$ beschrieben [SA00]; mit (15.3.7b) gilt

$$p_{\Sigma|H_\ell|^2}(\xi) = \begin{cases} \frac{\xi^{L-1}}{(L-1)!} \cdot e^{-\xi} & \text{für } \xi \geq 0 \\ 0 & \text{sonst.} \end{cases} \tag{15.3.9}$$

Für diesen Fall lassen sich die Bitfehlerwahrscheinlichkeiten für die in Tabelle 15.2.1 (Seite 564) aufgeführten Modulationsformen angeben, wobei die Parameter K und γ^2 gemäß der Tabelle einzusetzen sind:

$$\bar{P}_b^{L-\text{Ray}} = 2K\left(\frac{1-\alpha}{2}\right)^L \cdot \sum_{\ell=0}^{L-1} \binom{L-1+\ell}{\ell} \left(\frac{1+\alpha}{2}\right)^\ell \tag{15.3.10}$$

$$\text{mit} \qquad \alpha = \sqrt{\frac{\frac{1}{L}\,\gamma^2\,\bar{E}_b^{\text{ges}}/N_0}{1+\frac{1}{L}\,\gamma^2\,\bar{E}_b^{\text{ges}}/N_0}}.$$

Aufschlussreich ist die Betrachtung des asymptotischen Falles für großes Signal-zu-Störverhältnis: Setzt man $E_b/N_0 \gg 1$, so kann α durch eine nach dem linearen Glied abgebrochene Taylorentwicklung approximiert werden

$$\alpha \approx 1 - \frac{L}{2\,\gamma^2\,\bar{E}_b^{\text{ges}}/N_0}, \tag{15.3.11a}$$

woraus folgt

$$\frac{1+\alpha}{2} \approx 1 \quad \text{und} \quad \frac{1-\alpha}{2} \approx \frac{L}{4\,\gamma^2\,\bar{E}_b^{\text{ges}}/N_0}. \tag{15.3.11b}$$

Nutzt man weiterhin die Beziehung [Pro01]

$$\sum_{\ell=0}^{L-1} \binom{L-1+\ell}{\ell} = \binom{2L-1}{L}, \tag{15.3.11c}$$

so ergibt sich für (15.3.10) die Näherung

$$\bar{P}_b^{L-\text{Ray}} \approx 2K \left(\frac{\bar{E}_b^{\text{ges}}}{N_0}\right)^{-L} \cdot \left(\frac{L}{4\gamma^2}\right)^L \binom{2L-1}{L} \qquad \text{für} \quad \frac{\bar{E}_b^{\text{ges}}}{N_0} \gg 1. \tag{15.3.12a}$$

Da die Fehlerwahrscheinlichkeit zumeist logarithmisch dargestellt wird, schreiben wir

$$\log_{10}\left(\bar{P}_b^{L-\text{Ray}}\right) \approx -\frac{L}{10} \cdot \underbrace{10\log_{10}\left(\frac{\bar{E}_b^{\text{ges}}}{N_0}\right)}_{\bar{E}_b^{\text{ges}}/N_0 \text{ in dB}} + \log_{10}\left(2K\left(\frac{L}{4\gamma^2}\right)^L \binom{2L-1}{L}\right). \tag{15.3.12b}$$

- *Bei der Darstellung der logarithmierten Bitfehlerwahrscheinlichkeit über E_b/N_0 in dB ergibt sich asymptotisch eine Gerade, deren negative Steigung proportional zum Diversitätsgrad L ist. Die Neigung der Geraden wird als Diversitätsgewinn bezeichnet*

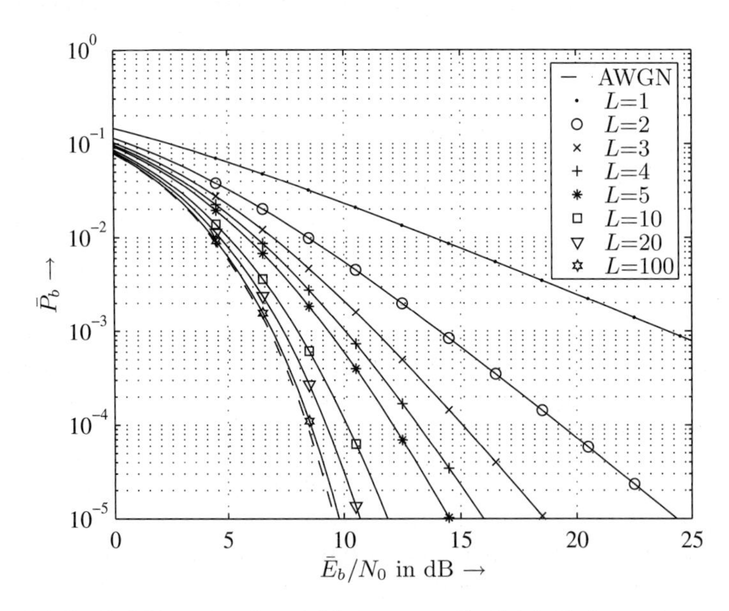

Bild 15.3.2: BPSK-Bitfehlerwahrscheinlichkeit unter Rayleigh-Fading mit unterschiedlicher Diversität

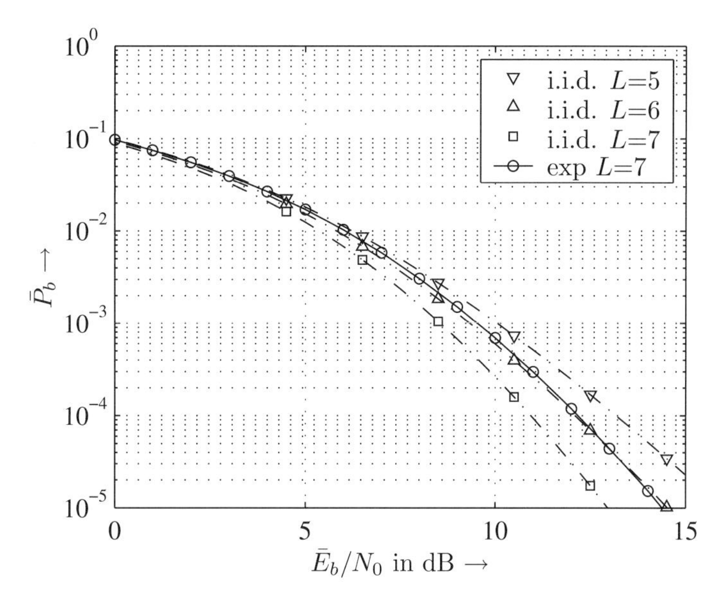

Bild 15.3.3: Vergleich des Diversitätseinflusses bei gleichverteiltem und exponentiell verteiltem Leistungsprofil

In **Bild 15.3.2** sind die Bitfehlerkurven für verschiedene Werte L wiedergegeben. Da die Kurven über der gesamten empfangenen, also über alle Empfangszweige summierten Energie aufgetragen wurden, ist hier nur der Diversitätsgewinn enthalten – der S/N-Gewinn infolge des Empfangs-Combining wird bei dieser Darstellung unterdrückt. Soll letzterer erfasst werden, so müssen die Kurven um jeweils $10 \log_{10} L$ nach links verschoben werden. Bei genügend hohem Diversitätsgrad würde dann die AWGN-Kurve unterschritten; um dies zu vermeiden wurde die erläuterte Darstellung gewählt. Der Fall $L = 1$ entspricht dem einfachen Rayleigh-Fading gemäß Bild 15.2.1; mit steigendem L nähert sich die Bitfehlerwahrscheinlichkeit der gestrichelt eingetragenen AWGN-Kurve.

Die geschlossene Lösung (15.3.10) gilt für unabhängige, identisch verteilte Rayleigh-Koeffizienten (*i.i.d., independent identically distributed*). Für nicht identisch verteilte Koeffizienten lässt sich über die Integral-Darstellung der erfc-Funktion gemäß (15.2.6) eine Lösung herleiten [Küh04]; eine weitere Lösung wird in [RFG98] angegeben. Das Verzögerungs-Leistungsdichtespektrum frequenzselektiver Mobilfunkkanäle ist vielfach exponentiell verteilt (siehe z.B. Bild 2.5.9 auf Seite 92). In **Bild 15.3.3** werden Bitfehlerkurven unter derartigen exponentiellen Profilen mit denen bei i.i.d. Koeffizienten verglichen – das exponentielle Profil ist in Tabelle 15.3.1 wiedergegeben. Es zeigt sich, dass der Diversitätsgewinn bei nicht gleichverteilten Koeffizienten zurückgeht: In dem gezeigten Beispiel entspricht das aus sieben exponentiell abfallenden Koeffizienten einem i.i.d. Profil mit $L = 6$.

Inkohärente DPSK-Demodulation. Ändern sich die Kanalkoeffizienten h_ℓ während eines Symbolintervalls nur wenig, so kann in jedem der L Empfangszweige eine differen-

Tabelle 15.3.1: Exponentielle Verteilung der Kanalkoeffizienten

ℓ	0	1	2	3	4	5	6
$\mathrm{E}\{\lvert H_\ell\rvert^2\}$ in dB	-3.5	-6.0	-8.5	-11.0	-13.5	-16.0	-18.5

tielle, inkohärente Demodulation vorgenommen werden.

$$\Delta r_\ell(iT) = r_\ell(iT) \cdot r_\ell^*((i-1)T) \tag{15.3.13a}$$

Setzt man hier das ℓ-te Empfangssignal gemäß (15.3.1) auf Seite 570 ein und nimmt eine differentielle PSK an, so ergibt sich

$$\Delta r_\ell(iT) = h_\ell\, d(i) \cdot h_\ell^*\, d^*(i-1) + \tilde{n}_\ell(iT) = |h_\ell|^2 \cdot e^{j\Delta\varphi(i)} + \tilde{n}_\ell(iT) \tag{15.3.13b}$$

mit der Rauschgröße

$$\tilde{n}_\ell(iT) = h_\ell^*\, d^*(i-1)\, n_\ell(iT) + h_\ell\, d(i)\, n_\ell^*((i-1)T) + n_\ell(iT)\, n_\ell^*((i-1)T).$$

Im Sinne des Maximum Ratio Combining muss in jedem Empfangszweig eine Multiplikation mir dem konjugiert komplexen Kanalkoeffizienten vorgenommen werden (vgl. (15.3.4) auf Seite 571), so dass das ℓ-te ungestörte Signal schließlich das Gewicht $|h_\ell|^2$ erhält. Dies ist in (15.3.13b) durch die Multiplikation mit dem ebenfalls durch den Kanal bewerteten „weichen“ Vergangenheitswert $r_\ell^*((i-1)T)$ automatisch der Fall – vorausgesetzt, die Kanalkoeffizienten haben sich während eines Symbolintervalls nicht verändert. Die gemäß (15.3.13a) gebildeten Teilsignale können also direkt aufsummiert werden.

$$r_\Delta^{(L)}(iT) = \sum_{\ell=0}^{L-1} \Delta r_\ell(iT) = e^{j\Delta\varphi(i)} \cdot \sum_{\ell=0}^{L-1} |h_\ell|^2 + \tilde{n}^{(L)}(iT), \qquad \tilde{n}^{(L)}(iT) = \sum_{\ell=0}^{L-1} \tilde{n}_\ell(iT) \tag{15.3.14}$$

Diese Form des inkohärenten Combining kann unter dem in Kapitel 17 behandelten Codemultiplex-Zugriffsverfahren angewendet werden und wird dort im Zusammenhang mit dem in Abschnitt 17.3.3 behandelten *Rake*-Empfänger wieder aufgegriffen.

Die Bitfehlerwahrscheinlichkeit des inkohärenten Combining-Verfahrens (15.3.14) lautet für DBPSK und DQPSK

$$\bar{P}_{b|\mathrm{DBPSK}}^{L-\mathrm{Ray}} = \frac{1}{2^{2L-1}(L-1)!\,(1+\frac{1}{L}\,\bar{E}_b/N_0)^L} \cdot \sum_{\ell=0}^{L-1} b_\ell \left(\frac{\frac{1}{L}\,\bar{E}_b/N_0}{1+\frac{1}{L}\,\bar{E}_b^{\prime}N_0}\right)^\ell \tag{15.3.15a}$$

$$\text{mit} \quad b_\ell = \frac{(L-1+\ell)!}{\ell!} \sum_{n=0}^{L-1-\ell} \binom{2L-1}{n};$$

$$\bar{P}_{b|\mathrm{DQPSK}}^{L-\mathrm{Ray}} = \frac{1}{2}\left[1 - \frac{\beta}{\sqrt{2-\beta^2}} \sum_{\ell=0}^{L-1} \binom{2\ell}{\ell} \left(\frac{1-\beta^2}{4-2\beta^2}\right)^\ell\right] \tag{15.3.15b}$$

$$\text{mit} \quad \beta = \frac{\frac{2}{L}\bar{E}_b/N_0}{1 + \frac{2}{L}\bar{E}_b/N_0}$$

die Herleitung dieser Formel findet man z.B. in [Pro01].

In **Bild 15.3.4** wird die Gleichung (15.3.15a) für verschiedene Diversitätsgrade ausgewertet – gegenübergestellt ist die AWGN-Fehlerwahrscheinlichkeit für inkohärente DBPSK. Man stellt zunächst fest, dass sich die Kurve im Gegensatz zum kohärenten Fall für große Diversitätswerte *nicht* asymptotisch der AWGN-Kurve nähert. Vielmehr ist für großes L ein Anwachsen der Fehlerwahrscheinlichkeit bei kleinem E_b/N_0 zu beobachten.

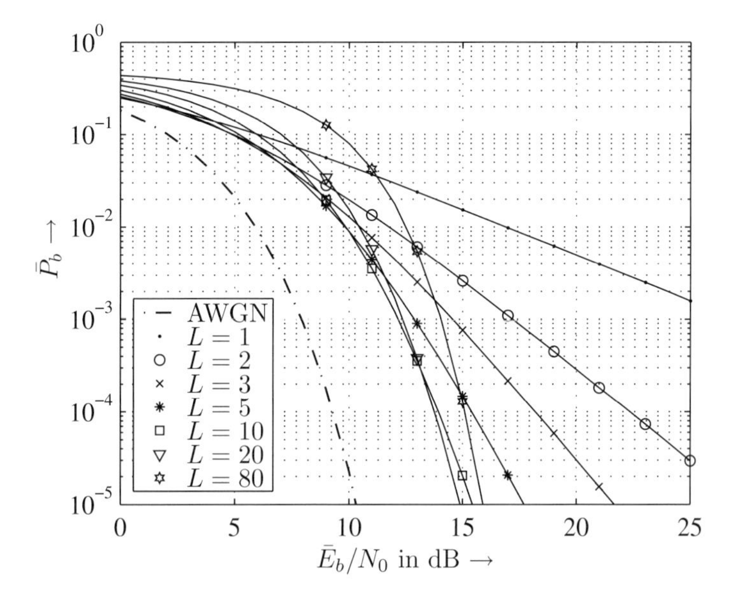

Bild 15.3.4: Fehlerwahrscheinlichkeit von DBPSK bei inkohärenter Demodulation unter Rayleigh-Fading mit unterschiedlicher Diversität

Zur anschaulichen Erklärung dieses Effektes wird das inkohärent demodulierte Signal (15.3.14) mit der inkohärenten Demodulation nach AWGN-Übertragung (11.4.49) auf Seite 390 verglichen. Normiert man die Kanalenergie auf eins, $\sum_{\ell=0}^{L-1} |h_\ell|^2 = 1$, so sind die Nutzsignale in beiden Fällen identisch. Die Störung enthält bei der L-Pfad-Übertragung mit inkohärenter Demodulation drei Terme:

$$e^{-j\varphi(i-1)} \sum_{\ell=0}^{L-1} h_\ell^* n_\ell(iT), \quad e^{j\varphi(i)} \sum_{\ell=0}^{L-1} h_\ell n_\ell^*((i-1)T), \quad \text{und} \sum_{\ell=0}^{L-1} n_\ell(iT) n_\ell^*((i-1)T). \tag{15.3.16}$$

Für $\sum_{\ell=0}^{L-1} |h_\ell|^2 = 1$ sind die Leistugen der beiden ersten Rauschgrößen identisch mit den Leistungen der beiden ersten Rauschterme in (11.4.49). Der letzte Ausdruck in (15.3.16) hingegen wird nicht durch die Kanalgewichte bewertet, so dass sich seine Leistung – im Gegensatz zu dem entsprechende Term in (11.4.49) – mit steigender Pfadanzahl aufakkumuliert. Die AWGN-Kurve kann deshalb nicht erreicht werden. Diese Interpretation erklärt auch, dass die Fehlerwahrscheinlichkeit bei geringen E_b/N_0-Verhältnissen mit steigender Pfadanzahl wieder ansteigt, was die Kurve für $L = 80$ in Bild 15.3.4 deutlich zeigt.

15.4 Entzerrung von frequenzselektiven Schwundkanälen

Sind im Falle frequenzselektiver Kanäle die Abtastwerte der Impulsantwort durch Zufallsvariablen zu beschreiben, die nicht vollständig korreliert sind, so wird hierdurch Diversität eingebracht, die am Empfänger ausgenutzt werden kann. Dem Diversitätsgewinn steht jedoch ein mit der Entzerrung einhergehender S/N-Verlust gegenüber, der unter ungünstigen Kanalbedingungen beträchtlich sein kann (siehe zum Beispiel die Symbolfehlerkurven bei linearer und Decision-Feedback-Entzerrung in Bild 13.3.5 auf Seite 512). Es stellt sich also die Frage, welcher der beiden Einflüsse im Mittel überwiegt, wobei zwischen den verschiedenen Formen der Entzerrung zu unterscheiden ist.

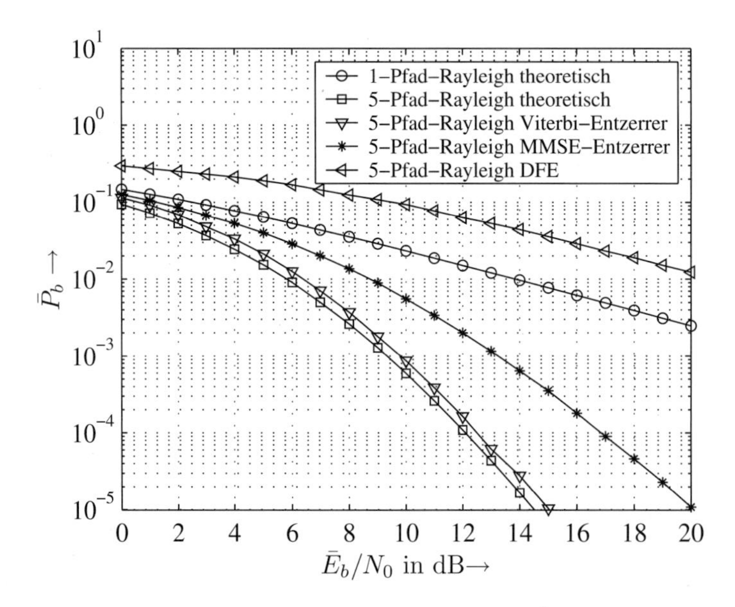

Bild 15.4.1: Mittlere Bitfehlerwahrscheinlichkeiten bei BPSK-Übertragung über einen 5-Pfad-Rayleigh-Kanal unter verschiedenen Entzerrertypen

Hierzu werden in **Bild 15.4.1** Ergebnisse einer Monte-Carlo-Simulation unter verschiedenen Entzerrerformen gezeigt; die Impulsantwort des frequenzselektiven Kanals besteht aus fünf unabhängigen, identisch verteilten Rayleigh-Variablen (5-Pfad-Rayleigh). Gegenübergestellt ist einerseits die theoretische Kurve bei idealer Nutzung der fünffachen

Diversität durch Maximum-Ratio-Combining und andererseits die Fehlerwahrscheinlichkeit bei einfachem Rayleigh-Fading. Man sieht, dass der Viterbi-Detektor gegenüber der theoretischen Kurve nur eine leichte Degradation erfährt. Dies zeigt, dass hier der S/N-Verlust im Mittel sehr gering ist und der Diversitätsgewinn fast vollständig ausgeschöpft wird. Weitaus ungünstiger verhält sich ein linearer Symboltakt-Entzerrer: Hier sind wie zu erwarten im Mittel weitaus höhere S/N-Verluste wirksam; ein deutlicher Diversitätsgewinn tritt dennoch ein, wie der Vergleich mit der 1-Pfad-Rayleigh-Kurve zeigt. Schließlich ist noch ein Decision-Feedback-Entzerrer (ohne FIR-Vorentzerrer) gegenübergestellt. In diesem Falle liegt die Bitfehlerrate noch über der 1-Pfad-Rayleigh Kurve: Es ergibt sich kein Diversitätsgewinn, da die Nachschwinger-Impulse durch die quantisierte Rückführung vollständig ausgelöscht werden; zudem tritt ein S/N-Verlust ein, da nur ein Fünftel der insgesamt übertragenen Energie genutzt wird.

Kapitel 16

Mehrträger-Modulation

Die Mehrträger-Übertragung stellt heute eine der Schlüssel-Technologien für moderne Kommunikationssysteme dar. Sie bildet die Grundlage für mehrere aktuelle Mobilfunk-Standards wie z.B. den digitalen Hörrundfunk DAB und das digitale Fernsehen DVB-T, das kürzlich eingeführte digitale Mittel- und Kurzwellen-Radio DRM (Digital Radio Mondiale) sowie die neuen WLAN-Systeme IEEE 802.11a bzw. HIPERLAN/2. Auch in die kabelgebundene Übertragung hat die Mehrträger-Technik Eingang gefunden, z.B. für das schnelle Internet-Zugriffsverfahren DSL (Digital Subscriber Line).
Im ersten Abschnitt dieses Kapitels wird zunächst in die Grundlagen der Mehrträger-Technik eingeführt. Die am weitesten verbreitete Form basiert auf der Diskreten Fourier-Transformation (DFT); sie wird im Zusammenhang mit der Mobilfunk-Anwendung als *OFDM (Orthogonal Frequency Division Multiplexing)* bezeichnet. Das gleiche Verfahren trägt bei der Anwendung zur drahtgebundenen Übertragung den Namen *DMT (Discrete Multi Tone)*. Die besondere Attraktivität von OFDM liegt in der extrem einfachen Form der Entzerrung, die in Abschnitt 16.2 behandelt wird. Die Kernidee besteht in der Einführung eines Guardintervalls, wodurch sich die Entzerrung auf die punktweise Division durch den Kanalfrequenzgang reduziert. Eng verwandt mit dem OFDM-Prinzip ist ein alternatives Einträgerkonzept mit einem Frequenzbereichs-Entzerrer – dieses wird in Abschnitt 16.2.4 gegenübergestellt. Abschnitt 16.3 ist der Kanalschätzung gewidmet. Korrelationen zwischen den Subträgern werden durch ein spezielles Rauschunterdrückungs-Verfahren ausgenutzt. Besondere Aufmerksamkeit wird im Abschnitt 16.4 dem Übergang auf den analogen Kanal gewidmet; dabei geht es ebenso um eine effiziente Spektralformung des Sendesignals wie auch um die Reduktion der Außerbandstrahlung infolge nichtlinearer Verzerrungen. Schließlich werden in Abschnitt 16.5 modifizierte Mehrträgersysteme mit sogenannter „weicher Impulsformung“ erläutert. Den Abschluss des Kapitels bilden kurze Überblicke über aktuelle Standards zur Funkübertragung, in denen OFDM eingesetzt wird: das WLAN-System IEEE 802.11a, der digitale Rundfunk DAB und das terrestrische Fernsehsystem DVB-T sowie das zukünftige Mobilfunkkonzept LTE (Long Term Evolution).

16.1 Grundprinzip der Mehrträger-Übertragung

16.1.1 Struktur eines Mehrträgersystems

Die ersten Ideen zur Mehrträger-Übertragung (engl. *MC, Multi Carrier*) gehen auf Mitte der fünfziger Jahre zurück [MC58], also fast zehn Jahre, bevor die legendäre Arbeit von Cooley und Tukey zur Schnellen Fourier-Transformation (*FFT, Fast Fourier Transform*) erschien [CT65]; eine effiziente technische Realisierung war deshalb zu diesem Zeitpunkt noch nicht möglich. Auch in der ersten bekannter gewordenen Arbeit von Saltzberg [Sal67] wird 1967 noch nicht auf die Nutzungsmöglichkeit der FFT eingegangen; im Vordergrund steht vielmehr eine allgemeine Systematik möglicher Impulsformungskonzepte, wobei auch die in Abschnitt 16.5 behandelten Methoden der „weichen Impulsformung" eingeschlossen sind. Ausschließlich DFT-basierte Systeme, also solche Verfahren, die heute unter der Bezeichnung *OFDM (Orthogonal Frequency Division Multiplexing)* am weitesten verbreitet sind, werden in [Wei71] behandelt. In der Folgezeit wurde diese Technik mehrfach „wiederentdeckt" oder weiterentwickelt [Kol81, Bin90, KSTB92], ohne dass zunächst eine Umsetzung dieses Verfahrens innerhalb neuer Kommunikationssysteme betrieben wurde. Der Durchbruch kam erst mit der Entwicklung des europäischen digitalen Hörrundfunksystems DAB (Digital Audio Broadcasting); hier wurde erstmals das OFDM-System für die Mobilfunkanwendung standardisiert [HL04]. Wenig später wurde auch das digitale terrestrische Fernsehen DVB-T (Terrestrical Digital Video Broadcasting) auf OFDM festgelegt [Rei97a, Sch89]. Heute stellt OFDM eine der wesentlichen Schlüssel-Technologien für die Mobilfunktechnik dar – z.B. für die modernen WLAN-Systeme[1] HIPERLAN/2 und IEEE 802.11a/11g. Auch für die drahtgebundene Übertragung wird das OFDM-Verfahren genutzt; in diesem Zusammenhang wird es meistens als *DMT (Discrete Multi Tone)* bezeichnet [Dic97]. Gesamtdarstellungen zu OFDM finden sich in den Lehrbüchern [HMCK03, vNP00, SL05].

Der Grundgedanke der Mehrträgertechnik besteht darin, einen frequenzselektiven Kanal derart in schmalbandige Subkanäle zu zerlegen, dass jeder dieser Subkanäle näherungsweise nichtselektiv wird; der Entzerrungsaufwand kann hierdurch erheblich reduziert werden. **Bild 16.1.1** soll dies plakativ verdeutlichen: Es zeigt zunächst ein Einträgersignal *(Single Carrier, SC)*, welches das gesamte Frequenzband überdeckt; die Symboldauer beträgt T_{SC}. Die darunter dargestellte Kanalimpulsantwort erstreckt sich über mehrere Symbolintervalle, so dass starke Intersymbol-Interferenz entsteht. Im unteren Teilbild ist ein Mehrträgersystem mit acht Subträgern dargestellt. Wegen der Parallelisierung der Datenströme verachtfacht sich die Symboldauer, so dass die Kanalimpulsantwort nun nur einen Teil des Symbols überdeckt – die Intersymbol-Interferenz ist deutlich reduziert. Man kann eine entsprechende Betrachtung auch im Frequenzbereich durchführen: Der seitlich angedeutete Kanalfrequenzgang wirkt im Einträger-Fall über die gesamte Bandbreite auf jedes einzelne Symbol und führt zu starken Verzerrungen, während beim Mehrträgerverfahren in den Subkanälen nahezu konstante Verläufe und somit nichtselektive Verhältnisse vorliegen.

[1] Wireless Local Area Networks

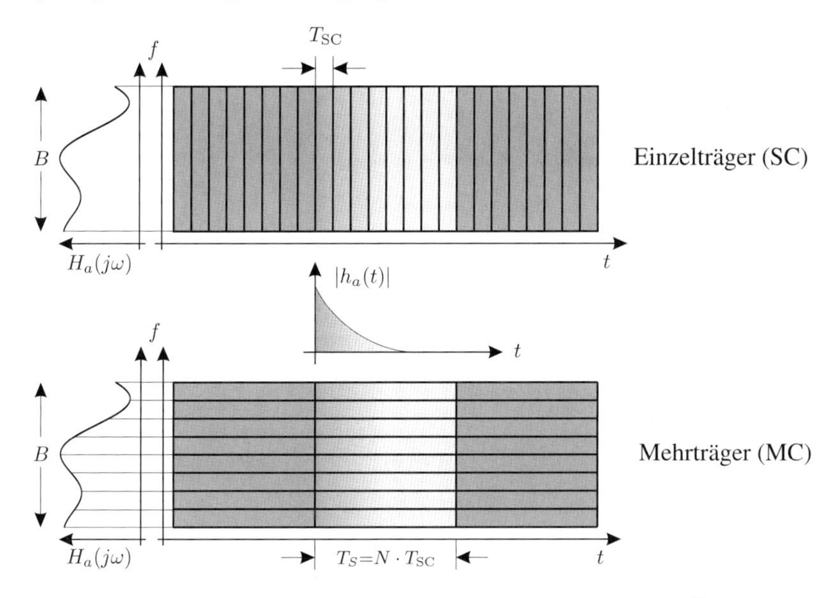

Bild 16.1.1: Intersymbol-Interferenz bei Ein- und Mehrträger-Übertragung

Bild 16.1.2 zeigt das äquivalente Basisbandmodell eines Mehrträger-Übertragungssystems. Am Sender werden aus den Quellbits N parallele Ströme zu je $\mathrm{ld}(M)$ bit geformt; nach der Umsetzung in Symbole $d_0(i), \cdots, d_{N-1}(i)$ aus einem M-stufigen Alphabet (Mapping) erfolgt die Bandbegrenzung durch N identische Tiefpässe mit den reellen Impulsantworten $g_S(t)$. Durch die Seriell-parallel-Umsetzung ergibt sich die N-fache Symboldauer: Bezeichnet T_{bit} die Dauer eines Quellbits, so beträgt die Dauer des Mehrträger-Symbols

$$T_S = N \cdot \mathrm{ld}(M) \cdot T_{\mathrm{bit}}; \tag{16.1.1}$$

dementsprechend ist die Nyquist-Bandbreite der Sende-Tiefpässe $1/T_S$. Anschließend werden die N parallelen Datensignale den Subträgern $f_0, \cdots, f_{N-1}$ aufmoduliert und aufsummiert. Oftmals werden äquidistante Subträger mit den Abständen $1/T_S$ angesetzt, so dass für die Subträgerfrequenzen gilt

$$f_n = \frac{n}{T_S}, \qquad n = 0, \cdots, N-1. \tag{16.1.2}$$

Damit lautet das Mehrträgersignal in der äquivalenten Basisbandlage[2]

$$s_{\mathrm{MC}}(t) = T_S \sum_{n=0}^{N-1} \sum_{i=-\infty}^{\infty} d_n(i)\, g_S(t - iT_S)\, e^{j2\pi f_n t}. \tag{16.1.3}$$

Der Kanal wird durch seine zunächst zeitinvariant angesetzte Impulsantwort $h_a(t)$ und eine weiße, gaußverteilte Rauschquelle beschrieben. Das Empfangssignal $r_a(t)$ muss wieder in die einzelnen Subkanäle zerlegt werden. Dies geschieht durch die am Empfängereingang

[2]Der Skalierungsfaktor T_S wird wieder eingesetzt, um ein dimensionsloses Signal zu erhalten.

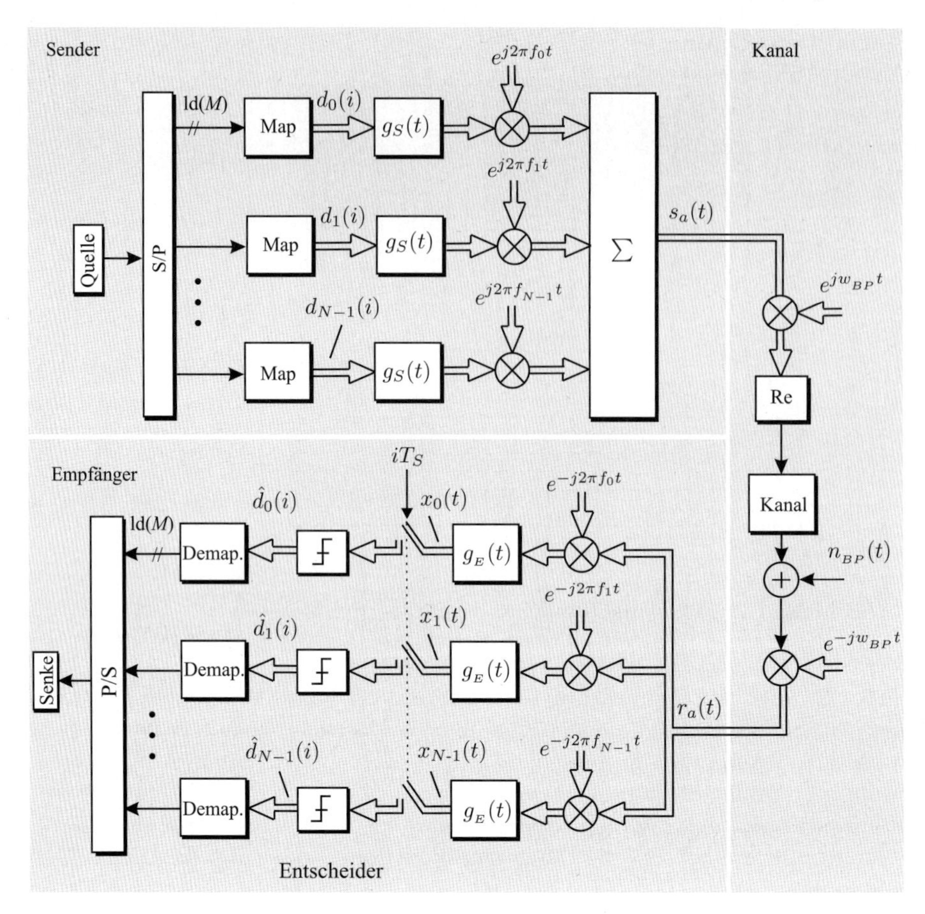

Bild 16.1.2: Mehrträgersystem

eingesetzte *Analysefilterbank*, bestehend aus den Multiplikationen mit den N Subträgern $\exp(-j\omega_0\, t), \cdots, \exp(-j\omega_{N-1}\, t)$ und N identischen Empfangstiefpässen mit den Impulsantworten $g_E(t) \in \mathbb{R}$. In Hinblick auf das maximal erzielbare S/N-Verhältnis sollten diese Empfangsfilter die Matched-Filter-Bedingung erfüllen, also (bei Vernachlässigung des Kanaleinflusses und symmetrischen Impulsen) gleich den Sende-Impulsformern $g_S(t)$ sein[3]. Aus den Symbol-Entscheidungen und Bit-Zuweisungen (Demapping) erhält man schließlich nach einer Parallel/Seriell-Umsetzung die entschiedenen Datenbits $\hat{b}(i_{\text{bit}})$. Im Bild 16.1.2 wird zunächst ein nicht frequenzselektiver Kanal zugrunde gelegt, so dass hier noch kein Entzerrer-Netzwerk eingeschlossen ist – eine ausführliche Darstellung der Entzerrungsverfahren findet sich in Abschnitt 16.2.

Die Trennbarkeit der Subträgersignale hängt vom Entwurf der Sendefilter ab: Überlappen sich die Spektren der Subträger wie in **Bild 16.1.3** gezeigt, so lassen sie sich durch die

[3]In Abschnitt 16.2.1 wird jedoch gezeigt, dass das Matched-Filter-Prinzip mit der Einführung des Guardintervalls verletzt wird.

Analysefilterbank prinzipiell nicht mehr trennen. Es kommt zu Übersprechen zwischen den Kanälen, das als *Intercarrier-Interferenz* bezeichnet wird. Ein wichtiges Ziel besteht also im Entwurf *orthogonaler* Mehrträgersysteme, die weder Intersymbol Interferenz (ISI) noch Intercarrier-Interferenz (ICI) aufweisen. Ein solches System stellt OFDM dar, welches im nächsten Abschnitt behandelt wird.

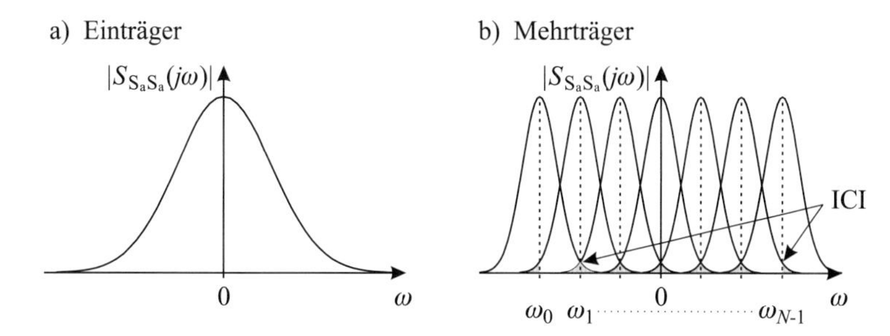

Bild 16.1.3: Intercarrier-Interferenz in Mehrträgersystemen

Bild 16.1.3 zeigt noch den prinzipiellen Unterschied von Einträger- und Mehrträgersystemen bezüglich der Spektralformung des Sendesignals: Während der Bandbreitebedarf beim Einträgerverfahren vom Roll-off-Faktor des Impulsformers bestimmt wird, nähert sich das Mehrträger-Spektrum mit zunehmender Subträgeranzahl einem rechteckförmigen Verlauf, womit die Bandbreite-Effizienz gesteigert wird.

16.1.2 Das OFDM-Konzept

Setzt man für die Impulsantworten der Sendefilter ein Rechteck der Dauer T_S ein

$$g_S(t) = \begin{cases} 1/T_S & \text{für } 0 \le t < T_S \\ 0 & \text{sonst,} \end{cases} \tag{16.1.4a}$$

so ergibt sich für das Mehrträger-Sendesignal

$$s_{\mathrm{MC}}(t) = \sum_{n=0}^{N-1} d_n(i) \cdot e^{j2\pi f_n t} \quad \text{für} \quad iT_S \le t < (i+1)T_S. \tag{16.1.4b}$$

Im Folgenden soll dieses Signal zeitdiskret formuliert werden. Dazu wählen wir die Abtastfrequenz

$$f_{\mathrm{A}} = \frac{N}{T_S}. \tag{16.1.4c}$$

Legt man die Subträger-Abstände auf $1/T_S$ fest und definiert $f_n = n/T_S$, so gilt

$$s_{\mathrm{MC}}\Big(k'\frac{T_S}{N}\Big) = \sum_{n=0}^{N-1} d_n(i) \cdot e^{j2\pi nk'/N} \quad \text{für} \quad iN \le k' \le (i+1)N-1. \tag{16.1.5}$$

Dieser Ausdruck entspricht bis auf den Skalierungsfaktor $1/N$ der *Inversen Diskreten Fourier-Transformation (IDFT).*

$$s_{\mathrm{MC}}\Big(k'\frac{T_S}{N}\Big) \triangleq s(i,k) = N \cdot \mathrm{IDFT}_N^{(n)}\{d_n(i)\}, \qquad k = k' - iN,\ 0 \le k, n \le N-1. \quad (16.1.6)$$

Im Folgenden soll die Orthogonalität des Mehrträgersignals (16.1.6) im Frequenzbereich überprüft werden. Dazu berechnen wir die zeitdiskrete Fourier-Transformation (DTFT, Discrete-Time Fourier Transform) [KK09] des n-ten Subträgers.

$$\mathrm{DTFT}^{(k)}\{d_n(i) \cdot e^{j2\pi nk/N}\} = d_n(i) \sum_{k=0}^{N-1} e^{j2\pi nk/N} \cdot e^{-j\Omega k} = d_n(i) \sum_{k=0}^{N-1} e^{-j(\Omega - 2\pi n/N)k} \quad (16.1.7a)$$

Benutzt man die Summenformel der endlichen geometrischen Reihe, so ergibt sich mit $\alpha = \Omega - 2\pi n/N$

$$\begin{aligned} \sum_{k=0}^{N-1} e^{-j\alpha k} &= \frac{1 - e^{-jN\alpha}}{1 - e^{-j\alpha}} = \frac{e^{-jN\alpha/2}}{e^{-j\alpha/2}} \cdot \frac{e^{jN\alpha/2} - e^{-jN\alpha/2}}{e^{j\alpha/2} - e^{-j\alpha/2}} \\ &= e^{-j(N-1)\alpha/2} \cdot \frac{\sin(N\alpha/2)}{\sin(\alpha/2)}. \end{aligned} \quad (16.1.7b)$$

Der hier auftretende Term eines Quotienten aus zwei Sinusfunktionen wird als *Dirichlet-Kern* bezeichnet [KK09]; die Definition lautet[4]

$$\mathrm{di}_N(x) \triangleq \frac{\sin(Nx/2)}{N \sin(x/2)}. \quad (16.1.7c)$$

Damit lässt sich für das Spektrum des Mehrträgersignals (16.1.6) schreiben

$$S(i, e^{j\Omega}) = N \sum_{n=0}^{N-1} e^{-j(N-1)(\Omega - 2\pi n/N)/2} \cdot d_n(i) \cdot \mathrm{di}_N(\Omega - 2\pi n/N). \quad (16.1.8)$$

Bild 16.1.4 zeigt das Betragsspektrum des gesamten Mehrträgersignals, das gemäß (16.1.8) aus einer Überlagerung verschobener Dirichlet-Spektren besteht. Diese sind so angeordnet, dass in die Maxima der Subträger nur Nullstellen der benachbarten Spektren fallen. Tastet man das Spektrum genau an diesen Frequenzstellen ab, so ergibt sich *keine Intercarrier-Interferenz (ICI).* Das Mehrträgersignal erfüllt also die erste Nyquistbedingung im Frequenzbereich.

- *Ein Mehrträgersignal mit rechteckförmiger Impulsformung erfüllt die erste Nyquistbedingung im Zeit- und Frequenzbereich, falls der Subträgerabstand gleich $1/T_S$ beträgt. Von der Orthogonalitätseigenschaft im Frequenzbereich wurde der Name „Orthogonal Frequency Division Multiplexing“ abgeleitet.*

[4]Unter MATLAB kann diese Funktion mit `diric(x,N)` aufgerufen werden.

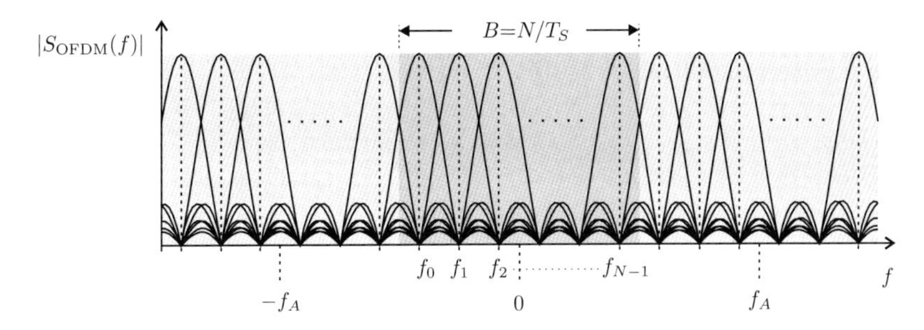

Bild 16.1.4: Subträgerspektren eines OFDM-Signals

Die Beschreibung (16.1.6) des OFDM-Signals eröffnet eine sehr effiziente Realisierungsmöglichkeit mit Hilfe der Schnellen Fourier-Transformation (*FFT, Fast Fourier Transform*) [KK09]. In **Bild 16.1.5** ist das Blockschaltbild des gesamten OFDM-Übertragungssystems in der äquivalenten Basisbandlage dargestellt.

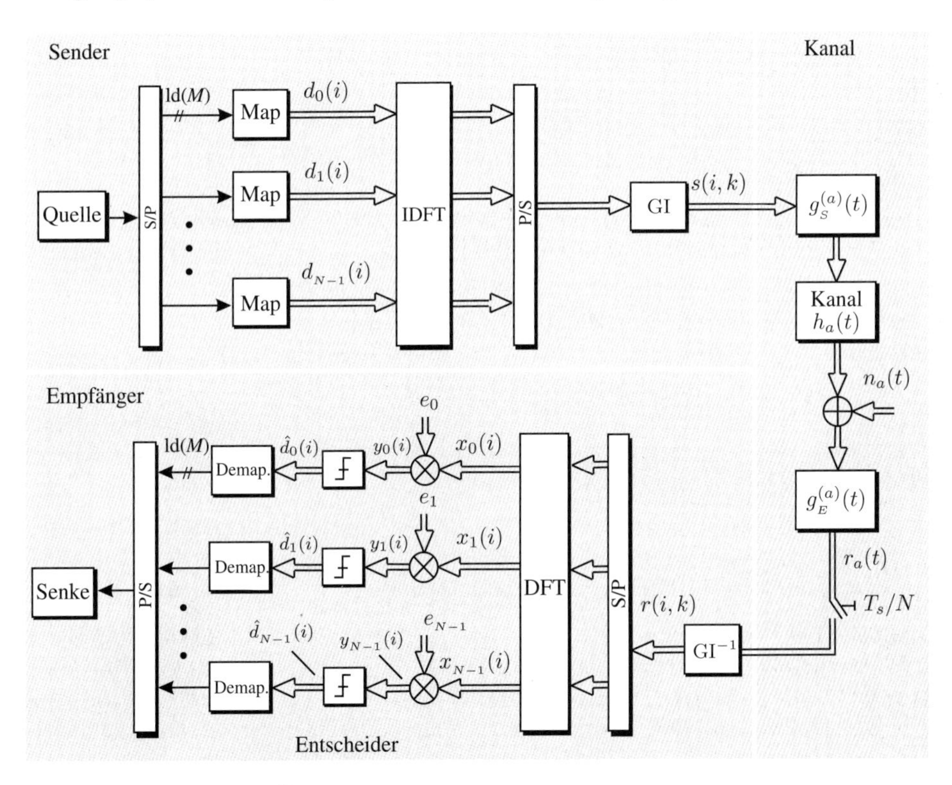

Bild 16.1.5: Äquivalentes Basisbandmodell eines OFDM-Systems

Es enthält gemäß dem allgemeinen Mehrträgersystem nach Bild 16.1.2 zunächst eine Seriell/Parallel-Umsetzung und das Symbol-Mapping. Die Parallel-Anordnung von Modulatoren reduziert sich hier auf die Inverse Diskrete Fourier-Transformation, die durch die IFFT realisiert wird. Auf das hinzugefügte „Guardintervall (GI)“ wird im nachfolgenden Abschnitt eingegangen. Am Empfänger erfolgt die Trennung der Subkanäle durch die Diskrete Fourier-Transformation – realisiert durch die FFT. Die Multiplikation mit den Koeffizienten $e_0, \cdots, e_{N-1}$ beinhaltet eine Kanalentzerrung im Frequenzbereich, die in Abschnitt 16.2.2 erläutert wird. Nach der Demodulation, Demapping und Seriell-Wandlung erhält man die entschiedenen Bits.

16.2 Entzerrung

16.2.1 Das Guardintervall

Zyklische Erweiterung. Die im vorangegangenen Abschnitt hergeleitete Orthogonalität des OFDM-Signals geht unter dem Einfluss eines frequenzselektiven Kanals verloren. In **Bild 16.2.1a** wird dies verdeutlicht: Der Einschwingvorgang zu Beginn eines Symbols führt zu Interferenz zwischen den Subträgern (Intercarrier-Interferenz), da die Orthogonalität im Frequenzbereich zerstört wird, während der Ausschwingvorgang das darauf folgende Symbol überlagert und Intersymbol-Interferenz bewirkt. Das Problem kann auf einfache Weise durch die Einführung eines Guardintervalls der Länge T_G gelöst werden: Der hintere Symbolabschnitt im Zeitintervall $T_S - T_G \leq t \leq T_S$ wird dem Kernsymbol nochmals vorangestellt, wodurch eine *zyklische Erweiterung* erreicht wird (*Cyclic Prefix*). Das erweiterte zeitdiskrete Signal hat dann eine Länge von $N(1 + T_G/T_S) \triangleq N + N_G$ Abtastwerten; die Realisierung mit Hilfe der IDFT wird in **Bild 16.2.2** gezeigt. Die IDFT-Länge beträgt N; die Ausgangswerte $N - N_G, N - N_G + 1, \cdots, N - 1$ werden als vorangestelltes Guardintervall wiederholt; am Empfänger wird dieser Abschnitt unterdrückt. Dieses Verfahren entspricht der aus der digitalen Signalverarbeitung bekannten Methode der *Schnellen Faltung nach dem Overlap-Save-Prinzip* [KK09].

Am Empfänger wird die Auswertung des Signals erst nach Abklingen der Ein- und Ausschwingvorgänge vorgenommen, womit ICI und ISI unterdrückt werden. Die Wirkung dieser Maßnahme wird in **Bild 16.2.1b** veranschaulicht.

Die ISI- und ICI-Freiheit wird auch anhand der Betrachtung der Einzelimpulsantworten des Basisbandsystems deutlich. Sende-Impulsform mit Guard-Erweiterung und Impulsantwort des Empfangsfilters sind in **Bild 16.2.3a,b** (in nichtkausaler bzw. antikausaler Form) dargestellt. Für einen idealen Kanal zeigt Teilbild c die Gesamtimpulsantwort vom Eingangskanal n zum gleichen Ausgang n, also $g_{nn}(t) = g_S(t) * g_E(t)$: Die erste Nyquistbedingung ist erfüllt; im Zeitintervall $-T_G \leq t \leq 0$ ist eine ISI-freie Entscheidung möglich. Die Übersprech-Impulsantwort zwischen den Kanälen n und m berechnet sich aus

$$g_{nm}(t) = \int_{-\infty}^{\infty} g_S(\tau)\, e^{j2\pi(n-m)\tau/T_S}\, g_E(t-\tau)\, d\tau. \tag{16.2.1}$$

Für $n - m = 1$ sind Betrag, Real- und Imaginärteil dieses Impulses in Bild 16.2.3d dargestellt. Im Zeitintervall $-T_G \leq t \leq 0$ ist das Übersprechen null, so dass hier keine ICI auftritt.

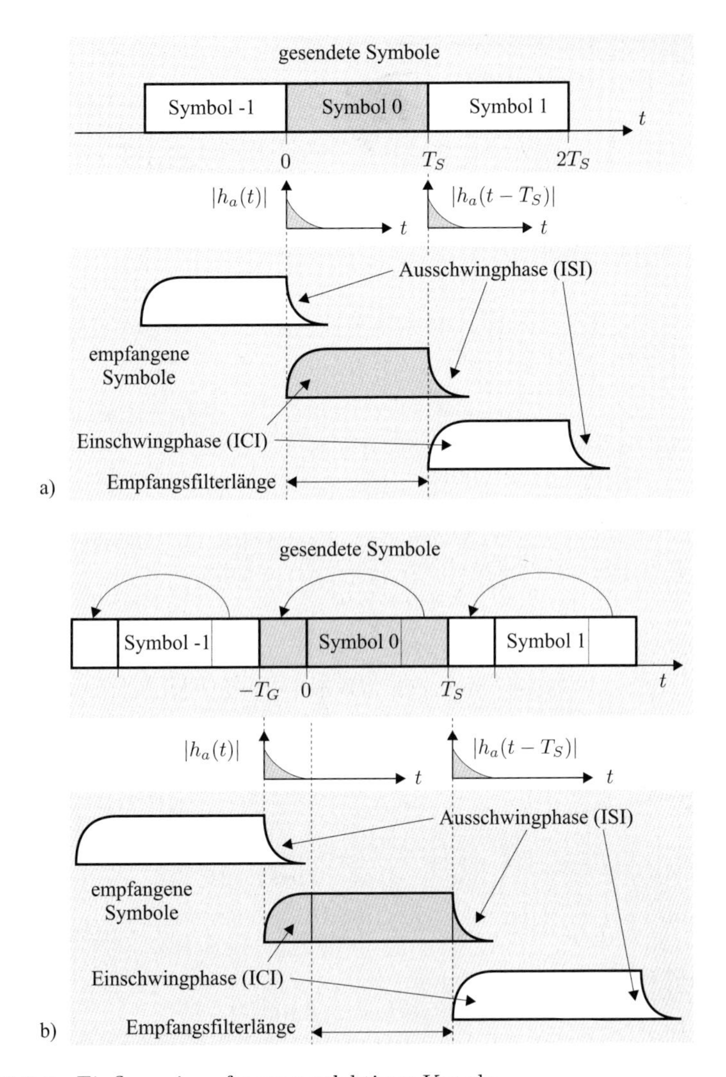

Bild 16.2.1: Einfluss eines frequenzselektiven Kanals
a) ohne Guardintervall, b) Wirkung eines zyklischen Guardintervalls

Unter dem Einfluss eines Kanals mit einer auf $\tau_{\max}$ begrenzten Impulsantwort reduziert sich das ISI- und ICI-freie Zeitintervall auf

$$-T_G + \tau_{\max} \leq t \leq 0 \quad \Rightarrow \quad T_G > \tau_{\max}; \tag{16.2.2}$$

das Guardintervall muss also die *Dauer der Kanalimpulsantwort überschreiten.*

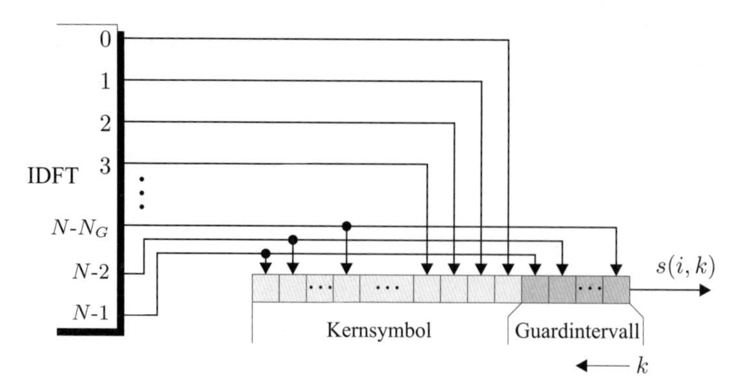

Bild 16.2.2: Erzeugung des OFDM-Sendesignals mit zyklischer Erweiterung

Es sei angemerkt, dass das *gesende* OFDM-Signal durch die Einführung des Guardintervalls die in Bild 16.1.4 auf Seite 587 veranschaulichte *Orthogonalität in Frequenzrichtung verliert*: Die Subträgerabstände betragen nach wie vor $1/T_S$, während die Subträgerspektren wegen Erhöhung der Symboldauer auf $T_S + T_G$ schmalbandiger werden, so dass spektrale Überlappungen an den Subträgerpositionen eintreten (*Intercarrier Interferenz, ICI*). Erst nach der Unterdückung des Guardintervalls am Empfänger wird die Orthogonalität wieder hergestellt.

Durch die Einführung des Guardintervalls ist eine sehr einfache Methode zur Unterdrückung von Intersymbol-Interferenz gefunden. Andererseits wird jedoch die Effizienz des Systems herabgesetzt. Setzt man für die Übertragungsbandbreite (unter Vernachlässigung der spektralen Ausschwinger an den Bandgrenzen) näherungsweise N/T_S, so beträgt die *Bandbreite-Effizienz* wegen der auf $N/(T_S + T_G)$ reduzierten Symbolrate

$$\beta = \frac{\text{Symbolrate}}{\text{Bandbreite}} = \frac{1}{1 + T_G/T_S}\,; \tag{16.2.3a}$$

sie nimmt also mit zunehmender relativer Guard-Länge ab. Die Degradation des Systems infolge des Guardintervalls kann auch durch einen damit einhergehenden S/N-Verlust beschrieben werden: Da der Sendeimpuls um die Guardzeit verlängert wird, das Empfangsfilter aber die Länge des ursprünglichen Symbols T_S beibehält, wird das Matched-Filter-Prinzip verletzt (*Mismatching*). Der daraus resultierende S/N-Verlust wird gemäß (8.3.9) auf Seite 254, durch

$$\gamma_G^2 = \frac{\left[\int\limits_0^{T_S} g_E(-\tau) g_S(\tau)\, d\tau\right]^2}{\int\limits_0^{T_S} g_E^2(\tau)\, d\tau \int\limits_{-T_G}^{T_S} g_S^2(\tau)\, d\tau} = \frac{T_S^2}{T_S \cdot (T_S + T_G)} = \frac{T_S}{(T_S + T_G)} = \beta \tag{16.2.3b}$$

berechnet. Wird das Guardintervall z.B. auf 20% der gesamten Symboldauer festgelegt, so ist die Bandbreite-Effizienz $\beta = 80\%$; der S/N-Verlust beträgt dann 0,97 dB.

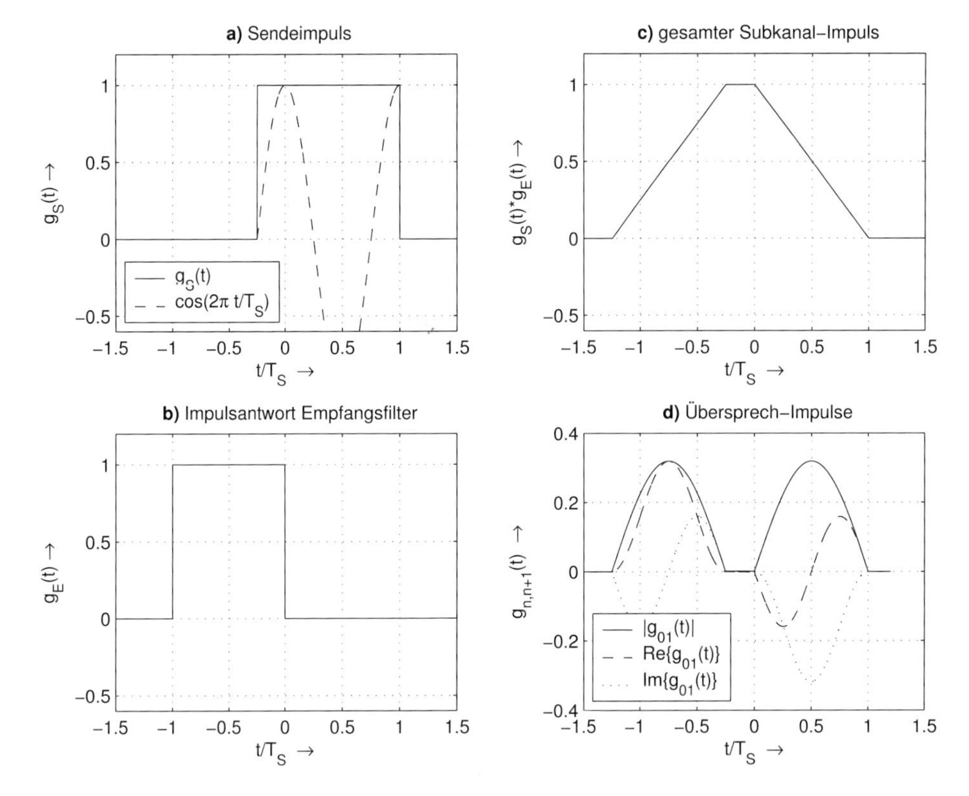

Bild 16.2.3: Basisband-Impulse eines OFDM-Systems ($\frac{T_G}{T_S+T_G} = 0,2$)

Prinzipiell vollzieht sich der Entwurf eines OFDM-Systems in folgenden Schritten:

- Festlegung des Guardintervalls gemäß (16.2.2)
- Aus der Vorgabe der Bandbreite-Effizienz β folgt die OFDM-Symboldauer T_S.
- Aus der gewünschten Bitrate $1/T_{\mathrm{bit}}$ ergibt sich für eine vorgegebene Stufigkeit M des Modulationsalphabet die Anzahl der Subträger aus

$$N = \frac{T_S}{T_{\mathrm{bit}} \cdot \mathrm{ld}(M)} \geq \frac{\beta}{1-\beta} \cdot \frac{\tau_{\max}}{T_{\mathrm{bit}} \cdot \mathrm{ld}(M)}. \qquad (16.2.4)$$

Unter zeitinvarianten Übertragungsbedingungen kann das System im Allgemeinen an die Kanal-Gegebenheiten angepasst werden, indem die Trägeranzahl hinreichend hoch gewählt wird, so dass die Dauer des Guardintervalls T_G größer ist als die Dauer der Kanalimpulsantwort. Bei der Übertragung über *Mobilfunkkanäle* sind der Symboldauer jedoch Grenzen gesetzt: Infolge des Doppler-Effektes verbreitern sich die Spektren der Subträger, so dass es bei sehr geringem Abstand $1/T_S$ zu Überlappungen und damit zu Intercarrier-Interferenz kommt.

- *Besteht also bei stark frequenzselektiven Kanälen in Verbindung mit hohen Doppler-Spreizungen ein Konflikt zwischen Frequenz- und Zeitselektivität, der auch durch Herabsetzen der Bandbreite-Effizienz nicht zu lösen ist, so kann OFDM ohne Zusatz-Maßnahmen nicht angewendet werden.*

Guardlücke. Die bisher besprochene Guardintervall-Technik bestand darin, dem gesendeten Symbol eine zyklische Erweiterung voranzustellen (*Cyclic Prefix*). Verschiedentlich wurde auch der Vorschlag gemacht, statt dessen eine *Guardlücke* einzufügen, das Sendesignal also in $-T_G \leq t \leq 0$ null zu setzen. Der Vorteil besteht darin, dass diese periodischen Null-Intervalle eine sehr günstige Möglichkeit der Synchronisation bieten. **Bild 16.2.4** zeigt in Zeile a) die Sende-Symbolfolge und in Zeile b) das Empfangssignal unter dem Einfluss eines frequenzselektiven Kanals.

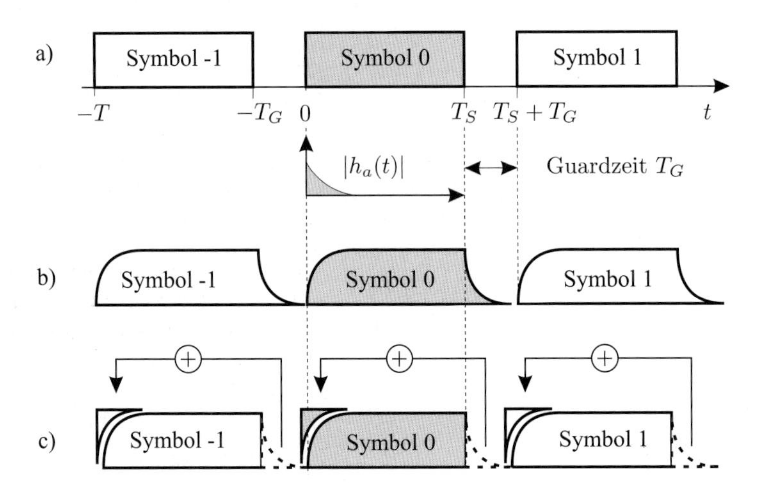

Bild 16.2.4: Wirkungsweise einer Guardlücke

Die sendeseitige Guardlücke nimmt den Ausschwingvorgang auf, so dass keine ISI entsteht. Andererseits enthält das empfangene Signal nach wie vor einen Einschwingvorgang, der die Orthogonalität zerstört und somit ICI bewirkt. Der Einschwingvorgang kann jedoch durch Überlagerung des der Guardlücke zu entnehmenden Ausschwingvorgangs eliminiert werden, wie Bild 16.2.4c verdeutlicht – dazu muss jedoch das empfangene Signal über die gesamte Symboldauer $T_S + T_G$ erfasst, die Rechteck-Impulsantwort der Empfangsfilter also auf diese Länge erweitert werden. **Bild 16.2.5** zeigt die Empfängerrealisierung bei sendeseitig eingefügter Guardlücke. Die $N+N_G$ empfangenen Abtastwerte werden in der dargestellten Weise überlagert, womit man auf die N Eingangswerte der nachfolgenden DFT kommt. Das Verfahren entspricht der *Overlap-Add-Methode* zur schnellen Faltung, während die Anwendung des zyklischen Guardintervalls gemäß Bild 16.2.2 mit dem Overlap-Save-Algorithmus gleichzusetzen ist [KK09].

Ein Vorteil des erläuterten Guardlücken-Verfahrens scheint zunächst darin zu bestehen, dass die Energie eines Sendesymbols gegenüber der Methode der zyklischen Erweiterung bei gleicher Amplitude reduziert ist, da die Guardlücke nicht zur Energie beiträgt. Man

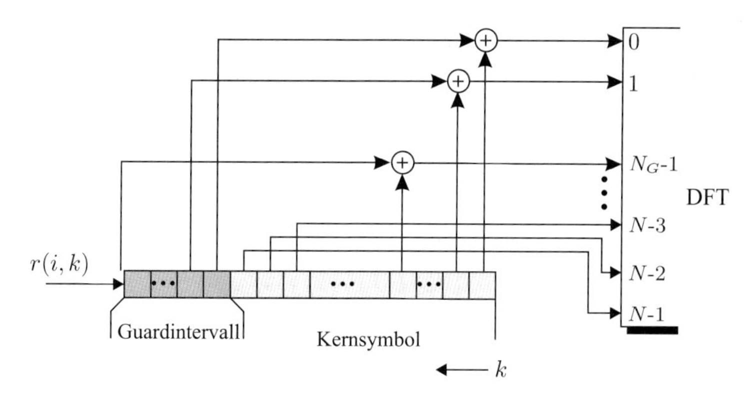

Bild 16.2.5: Realisierung des Empfängers bei sendeseitig eingefügter Guardlücke

könnte daher ein besseres Übertragungsverhalten erwarten, zumal das Guardintervall nicht wie beim Cyclic Prefix am Empfänger einfach unterdrückt, sondern für die Detektion genutzt wird. Andererseits wird durch die Verlängerung der Empfänger-Impulsantwort auf T_S+T_G das Rauschen angehoben, was dem Vorteil reduzierter Sendeenergie entgegenwirkt. In der Praxis wird das Guardlücken-Verfahren in der Regel wegen einiger Nachteile nicht angewendet: Zum einen erhöht sich im Vergleich zum Cyclic Prefix der *Crestfaktor*, der das Verhältnis vom Signal-Spitzenwert zum Effektivwert beinhaltet, was wegen der Nichtlinearität des Sendeverstärkers unerwünscht ist – in den Abschnitten 16.4.2 und 16.4.3 (S. 616ff) wird auf die Auswirkungen starker Amplitudenschwankungen sowie auf verschiedene Techniken der Crestfaktor-Reduktion eingegangen. Weiterhin können die periodischen Null-Intervalle zu Problemen in der automatischen Amplitudenregelung (AGC, Automatic Gain Control) am Empfänger führen; und schließlich erfordert das Overlap-Add-Verfahren im Vergleich zur bloßen Guardintervall-Unterdrückung einen erhöhten Realisierungsaufwand im Empfänger.

16.2.2 Entzerrung im Frequenzbereich

Den folgenden Erläuterungen legen wir das Verfahren des zyklischen Guardintervalls zugrunde, weisen aber darauf hin, dass die Methode der Guardlücke zum gleichen Ergebnis führt. Durch die zyklische Erweiterung des Sendesignals kann die Faltung mit der Kanalimpulsantwort $h(k) = h_a(kT_S/N)$ als *zirkulare Faltung* beschrieben werden [KK09], sofern die Länge der Impulsantwort das Guardintervall nicht überschreitet; für den rauschfreien Fall schreiben wir also für das Empfangssignal

$$r(i,k) = s(i,k) *_{\text{circ}}^{(k)} h(k), \tag{16.2.5a}$$

wobei hier die Kanalimpulsantwort als zeitinvariant angenommen wird. Bei zirkularer Faltung im Zeitbereich gilt für die DFT der *Faltungssatz*

$$\underbrace{\mathrm{DFT}_N^{(k)}\left\{s(i,k) *_{\mathrm{circ}}^{(k)} h(k)\right\}}_{x_n(i)} = \underbrace{\mathrm{DFT}_N^{(k)}\{s(i,k)\}}_{d_n(i)} \cdot \underbrace{\mathrm{DFT}_N^{(k)}\{h(k)\}}_{H(n)} . \tag{16.2.5b}$$

Das Ausgangssignal der DFT am Empfänger ist also zur Kanalkorrektur punktweise durch die Abtastwerte des Kanalfrequenzgangs an den Stellen der Subträgerfrequenzen zu dividieren:

$$y_n(i) = e_n \cdot x_n(i), \quad e_n = \frac{1}{H(n)}, \quad n = 0, \cdots, N-1; \tag{16.2.6}$$

im rauschfreien Fall ergibt sich damit (von Kanalnullstellen abgesehen) das ideal rekonstruierte Datensignal $d_0(i), \cdots d_{N-1}(i)$. Die Entzerrung gemäß (16.2.6) ist im Blockschaltbild des Empfängers in Bild 16.1.5 auf Seite 587 eingetragen.

Das hergeleitete Entzerrungsverfahren beinhaltet das Prinzip des *Zero-Forcing.* Bei der klassichen Einträger-Entzerrung bestand dabei der Nachteil in einer starken Rauschanhebung im Bereich von Einbrüchen des Kanalfrequenzgangs, so dass dort der MMSE-Entwurf bevorzugt wurde (siehe Seite 514). Im Zusammenhang mit OFDM macht das MMSE-Konzept keinen Sinn, da hier alle Subträger separat korrigiert werden und deshalb Rauschen und Signal jeweils durch den gleichen Faktor e_n bewertet werden.

Nachzutragen ist, dass im Falle einer reinen Phasenmodulation (PSK) lediglich eine Phasenkorrektur erforderlich ist – deshalb kann dann statt einer Division eine Multiplikation mit $H^*(n)$ erfolgen.

Simulationsbeispiel 1: Augendiagramme. Den Abschluss des vorliegenden Abschnittes bilden einige Simulationsergebnisse. Es wird eine OFDM-Übertragung mit 64 Subträgern durchgeführt; als Modulationsverfahren wird QPSK eingesetzt. **Bild 16.2.6** zeigt Augendiagramme des Realteils des Empfangssignals eines beliebigen Subkanals – zunächst für einen idealen Übertragungskanal: Wird kein Guardintervall eingesetzt, so ergibt sich infolge ICI eine nur geringe horizontale Augenöffnung, wie Bild 16.2.6a demonstriert. In Bild 16.2.6b wird ein Guardintervall der Länge $T_G = T_S/4$ (entsprechend $N_G = 16$ Abtastwerten) eingesetzt: Mit dem idealen Kanal ist der Zeitbereich $-0,25\,T_S < t < 0$ interferenzfrei.

In Bild 16.2.6c liegt ein frequenzselektiver Kanal mit einer zufällig gewählten Impulsantwort der Länge $\tau_{\max} = T_G/2$ entsprechend acht Abtastwerten zugrunde; das Guardintervall reicht in diesem Falle zur klaren Datenentscheidung aus – im Gegensatz zum Beispiel in Teilbild d, in dem die Länge der Impulsantwort $\tau_{\max} = 1,25\,T_G$ beträgt: das Auge ist hier geschlossen.

Simulationsbeispiel 2: Rayleigh-Kanal. Das OFDM-Signal aus Beispiel 1 wird nun über einen Rayleigh-Kanal übertragen. Die mit N/T_S abgetastete Impulsantwort besteht aus acht unabhängigen Rayleigh-Variablen. Am Empfänger werden in

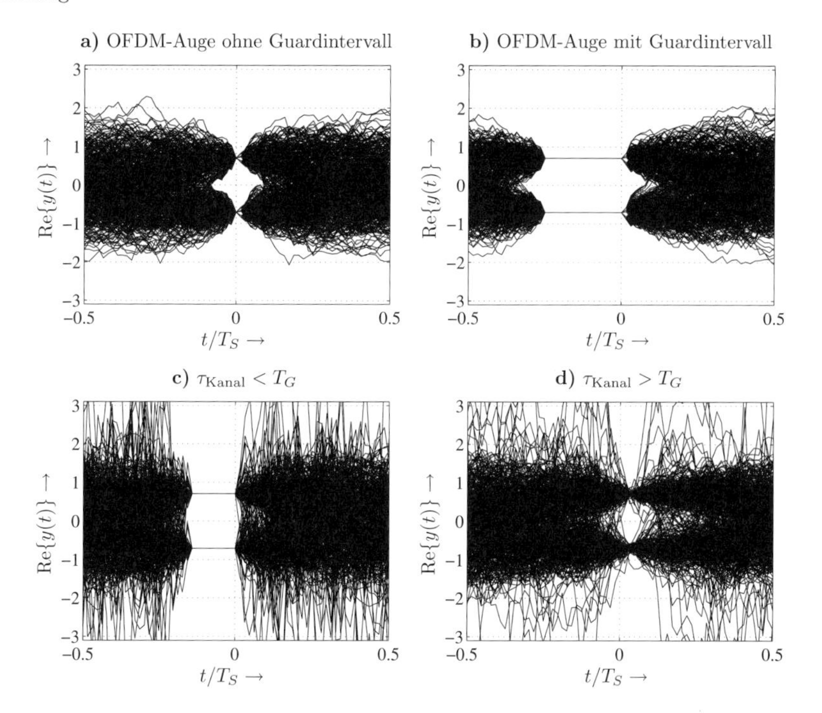

Bild 16.2.6: Augendiagramme bei QPSK-Übertragung (Realteil)
a,b) idealer Kanal: ohne und mit Guardintervall ($T_G = T_S/4$)
c,d) frequenzselektiver Kanal: $\tau_{\max} = T_G/2$ und $1,25T_G$

der DFT Linearkombinationen dieser Variablen gebildet, wodurch für jeden Subträger wieder eine neue Rayleigh-Variable entsteht. Das OFDM-Verfahren *nutzt bei uncodierter Übertragung also keine Diversität;* die zu erwartende Fehlerwahrscheinlichkeit entspricht derjenigen eines 1-Pfad-Rayleigh-Kanals (siehe (15.2.11a) auf Seite 565). Aus diesem Grunde wird OFDM im Mobilfunk grundsätzlich nur unter Anwendung einer Kanalcodierung eingesetzt. Im Zusammenhang mit einem *Frequenzbereichs-Interleaver* [SL05, Sch97, Sch01] kommt dann die Frequenzdiversität zur Wirkung.

Bild 16.2.7 zeigt das Ergebnis einer Monte-Carlo-Simulation, wobei hier keine Kanalcodierung einbezogen ist. Gegenübergestellt ist die theoretische Rayleigh-Bitfehlerrate nach (15.2.11a). Der S/N-Verlust infolge des Guardintervalls

$$\gamma_G^2 = \frac{1}{1 + T_G/T_S} = 0,8 \;\; \hat{=} \;\; 0,97\text{dB}$$

ist von der Rechtsverschiebung der simulierten Kurve abzulesen.

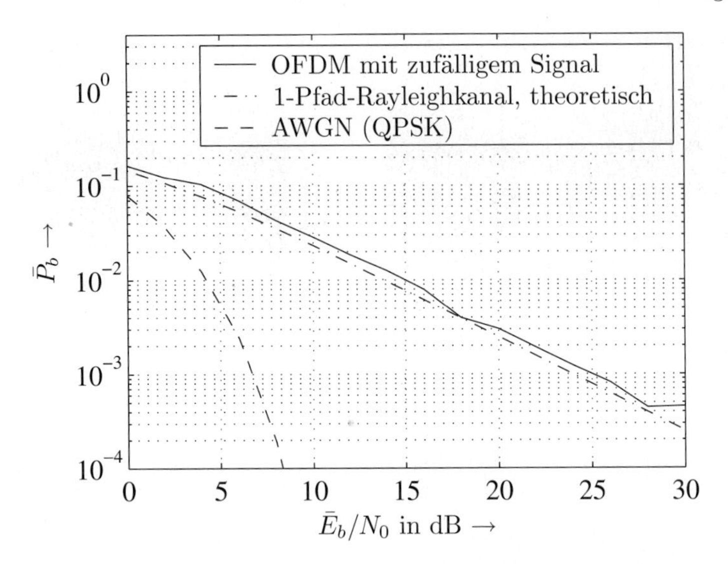

Bild 16.2.7: Bitfehlerrate bei einem 8-Pfad-Rayleigh-Kanal

16.2.3 Vorentzerrer zur Impulsverkürzung

Die wesentliche Voraussetzung für eine einwandfreie Funktion des OFDM-Verfahrens ist die korrekte Festlegung des Guardintervalls. Hierzu müssen entsprechende A-priori-Kenntnisse über den Kanal vorliegen; so wird man z.B. für die zu erwartende Maximallänge der Impulsantwort in einem Indoor-Szenario gewisse Annahmen treffen. Ändern sich jedoch die Verhältnisse in Ausnahmesituationen, so lässt sich das System nur sehr schwer anpassen, da eine adaptive Auslegung der Guardlänge im Allgemeinen nicht ohne weiteres möglich ist. Eine Lösung für dieses Problem bieten adaptive Vorentzerrer, die nur die Aufgabe der *Verkürzung der Kanalimpulsantwort* haben. Der Entwurf solcher Systeme wurde bereits in anderem Zusammenhang behandelt, nämlich zur Aufwandsreduktion des Viterbi-Entzerrers in Abschnitt 13.4. Die MMSE-Lösung (13.4.2), Seite 514, kann hier übernommen werden: Sie erfordert die Kenntnis der Autokorrelationsfunktion des Empfangssignals und der Kreuzkorrelierten zwischen Empfangssignal und Sendedaten. Beide müssen am Empfänger geschätzt werden, wobei letztere den Einsatz einer Trainingssequenz verlangt. Im Übrigen gelten die gleichen Bedingungen über die Komprimierbarkeit von Impulsantworten und über die Rauschverstärkungs-Eigenschaften wie in Abschnitt 13.4 dargelegt. Zur Demonstration der Wirkungsweise eines Vorentzerrers wird ein Beispiel mit zu knapp dimensioniertem Guardintervall betrachtet. **Bild 16.2.8a** zeigt das Augendiagramm für $T_G = \tau_{\max}$. Wird ein Vorentzerrer mit 32 Koeffizienten eingesetzt, der die Gesamtimpulsantwort halbiert, so ergibt sich das Augendiagramm in **Bild 16.2.8b**.

Eingehende Untersuchungen über den Einsatz von Vorentzerrern – insbesondere unter den Bedingungen des HIPERLAN-Standards – wurden in [Sch01] durchgeführt.

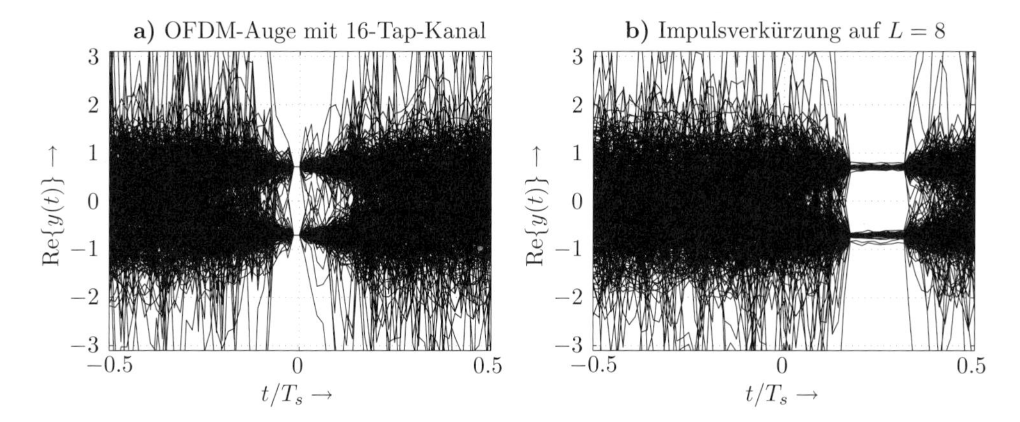

Bild 16.2.8: Vorentzerrung zur Verkürzung der Kanalimpulsantwort
a) ohne Vorentzerrer ($T_G = \tau_{\max}$), b) mit Vorentzerrer ($n = 32$)

16.2.4 Einträger-Frequenzbereichs-Entzerrer

Für Einträgerverfahren wurden in Abschnitt 12.2 nichtrekursive Entzerrer betrachtet; diese Entzerrer wurden im Zeitbereich realisiert. Dabei hatte sich gezeigt, dass – abgesehen von Strukturen mit Mehrfachabtastung, die eine exakte Entzerrung erlauben – unter ungünstigen Kanalbedingungen sehr lange Entzerrer-Impulsantworten zu einer zufriedenstellenden Korrektur der Verzerrungen erforderlich sind. Prinzipiell können lineare Entzerrer auch im Frequenzbereich realisiert werden, indem man das Prinzip der *Schnellen Faltung* anwendet, z.B. das *Overlap-Add*-Verfahren [KK09]. Wird sendeseitig kein Guardintervall vorgesehen, so muss am Empfänger jedem Datenblock eine Nullsequenz angefügt werden, deren Länge mit der Länge der Impulsantwort des *Entzerrers* übereinstimmt. Wie bei der Zeitbereichs-Realisierung ist hiermit nur eine näherungsweise Kanalkorrektur möglich.

Grundsätzlich andere Verhältnisse ergeben sich, wenn man *am Sender* jedem Datenblock ein Guardintervall mit zyklischer Wiederholung voranstellt (Cyclic Prefix), wie wir es bereits bei OFDM angewendet haben; das Verfahren wurde erstmals von Sari [SKJ94, FABSE02, SKJ95] vorgeschlagen. **Bild 16.2.9** verdeutlicht das Prinzip: Der Kern-Datenblock enthält N Symbole, von denen die letzten N_G zu Beginn des Blocks zyklisch wiederholt werden. Die Länge dieses Intervalls orientiert sich ausschließlich an der *Kanal-Impulsantwort* und ist unabhängig von der Entzerrer-Ordnung.

- *Der SC-Frequenzbereichsentzerrer erfordert keine Approximation des inversen Systems im Zeitbereich und erlaubt deshalb – abgesehen von Kanalnullstellen – eine exakte Korrektur der Kanalverzerrungen.*

Das Sendesignal des i-ten Datenblocks lautet im Symboltakt (Abtastfrequenz $1/T_{SC}$)

$$s_{SC}(i,k) = \begin{cases} d(iN+k), & 0 \le k \le N-1 \\ d(iN+k+N), & -N_G \le k \le -1. \end{cases} \tag{16.2.7}$$

Vergleicht man diese Struktur mit dem OFDM-Konzept, so enthält hier der Kern-Datenblock N Symbole $d(i)$ in serieller Form, während das OFDM-Kernsymbol N parallele Datensymbole aufweist. Wie bei OFDM werden unter Kanaleinfluss auch im seriellen Datenblock sowohl die Ein- als auch Ausschwingvorgänge durch das Guardintervall aufgefangen; am Empfänger wird nur der Kern-Datenblock ausgewertet. Der Kanaleinfluss

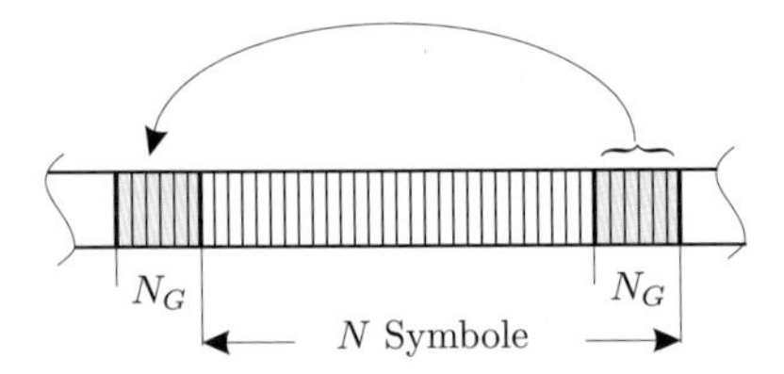

Bild 16.2.9: Zyklische Erweiterung bei blockweiser Einträger-Übertragung

wird aufgrund der zyklischen Erweiterung wieder durch die zirkulare Faltung beschrieben, so dass die Entzerrung hier ebenfalls durch punktweise Multiplikation des DFT-Ausgangssignals mit den Frequenzbereichs-Koeffizienten e_n erreicht wird. Nach inverser DFT erhält man den entzerrten Datenblock im Zeitbereich. **Bild 16.2.10** zeigt das Symboltaktmodell des gesamten Einträger-Systems mit Frequenzbereichs-Entzerrer.

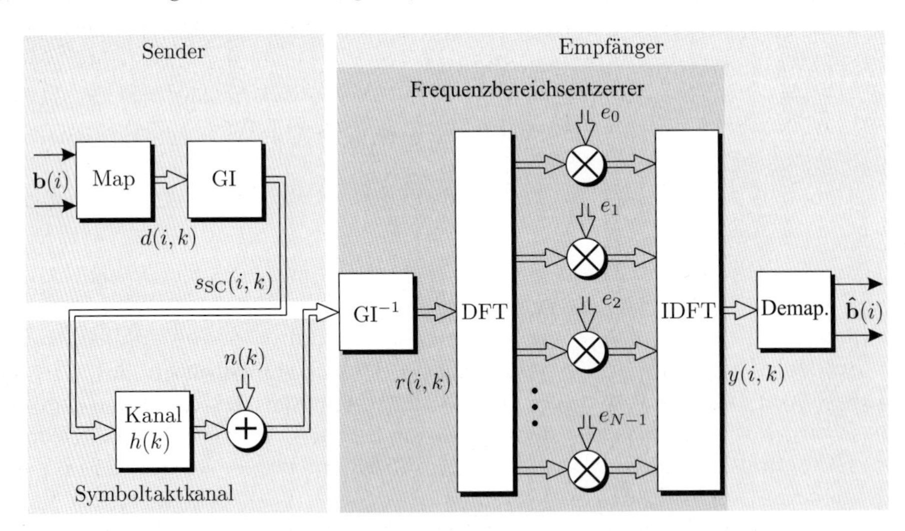

Bild 16.2.10: Einträgersystem mit Frequenzbereichsentzerrer

Der Vergleich mit Bild 16.1.5 (Seite 587) zeigt, dass der grundsätzliche Unterschied zur OFDM-Struktur in der Verschiebung der IDFT auf die Empfängerseite besteht. Beide

Systeme sind bezüglich der einfachen Entzerrer-Realisierung gleichwertig; auch der Gesamtaufwand ist in beiden Alternativen in etwa gleich, wobei er sich bei der Einträger-Struktur stärker auf den Empfänger verlagert. Der Vorteil des Einträgersystems wird hauptsächlich darin gesehen, dass man das Modulationsverfahren gezielt in Hinblick auf eine möglichst konstante Einhüllende auswählen kann[5], während das OFDM-Signal eine näherungsweise gaußverteilte Amplitude aufweist – auf die damit verbundenen Probleme wird in Abschnitt 16.4.2 eingegangen.

Entwurf der Entzerrer-Koeffizienten. Wählt man wie beim OFDM-Verfahren die Entzerrerkoeffizienten als Inverse der Kanalübertragungsfunktion an den DFT-Frequenz-Stützstellen, so kommt man zur *Zero-Forcing-Lösung:*

$$e_{n,\mathrm{ZF}} = \frac{1}{H(n)}, \quad H(n) \triangleq H_a(j2\pi n/T_{\mathrm{SC}}). \tag{16.2.8}$$

Im Gegensatz zu OFDM ist es beim Einträgerverfahren sinnvoll, einen Kompromiss zwischen Rest-ISI und Rauschverstärkung herbeizuführen, da jedes übertragene Symbol die gesamte Bandbreite abdeckt: Man strebt also eine MMSE-Lösung an, die im Frequenzbereich lautet [Hue99]

$$e_{n,\mathrm{MMSE}} = \frac{1}{H(n) + \frac{1}{(S/N)}}, \tag{16.2.9}$$

wobei (S/N) das mittlere Signal-zu-Störverhältnis am Ausgang des Empfangsfilters bezeichnet. Für $(S/N) \to \infty$ ergibt sich die Zero-Forcing-Lösung.

Vergleich des SC-Systems mit OFDM. Zum Vergleich der beiden Systeme werden Simulationsuntersuchungen einer Übertragung über frequenzselektive Rayleigh-Kanäle von [Sch01] übernommen. Als Kanal wird das von ETSI-BRAN definierte Kanalmodell vom Typ HIPERLAN/B eingesetzt [ETS98, Sch01]. Bei einer Abtastfrequenz von $f_{\mathrm{A}} = 20\,\mathrm{MHz}$ wird das Guardintervall mit $N_G = 16$ festgelegt – für die maximale Länge der Kanalimpulsantwort sind demnach 800 ns zugelassen, womit für den gewählten Kanal die Orthogonalität sichergestellt ist. Die Zahl der Unterträger bei OFDM bzw. die Anzahl der Symbole pro Block beim Einträgerverfahren wird mit $N = 96$ festgelegt. Der S/N-Verlust berechnet sich daraus zu

$$\gamma_G^2 = \frac{1}{1 + N_G/N} = 0{,}86 \;\hat{=}\; 0{,}67\ \mathrm{dB}. \tag{16.2.10}$$

Bild 16.2.11a zeigt die mittleren Bitfehlerwahrscheinlichkeiten für uncodierte Übertragung. Das schlechteste Ergebnis wird mit dem Einträgerverfahren beim Zero-Forcing-Entwurf erzielt; nur geringfügig besser ist das OFDM-Verfahren, da diesem ebenfalls das Zero-Forcing-Prinzip zugrunde liegt. Einen beträchtlichen Gewinn erreicht man mit dem Einträger-Verfahren unter einem MMSE-Entwurf. Der Vorteil des Einträgerverfahrens gegenüber OFDM liegt darin, dass auch bei uncodierter Übertragung *Frequenzdiversität* genutzt wird, da jedes der N Symbole das gesamte

[5] Allerdings ist anzumerken, dass dies unter Spektralformen, wie sie mit OFDM erreichbar sind, nur eingeschränkt möglich ist: Bei geringer werdendem Roll-off-Faktor des Sendefilters ergeben sich auch für das Einträger-Verfahren zunehmende Amplitudenvariationen.

Frequenzband überdeckt. Bei Zero-Forcing überwiegt hier noch die starke Rauschanhebung, während beim MMSE-Entwurf ein Kompromiss zwischen perfekter Entzerrung und geringer Rauschverstärkung eingestellt wird. Im uncodierten Fall ist das Einträgerverfahren mit MMSE-Entwurf OFDM überlegen, da letzteres nur die 1-Pfad-Rayleigh-Fehlerwahrscheinlichkeit erreicht.

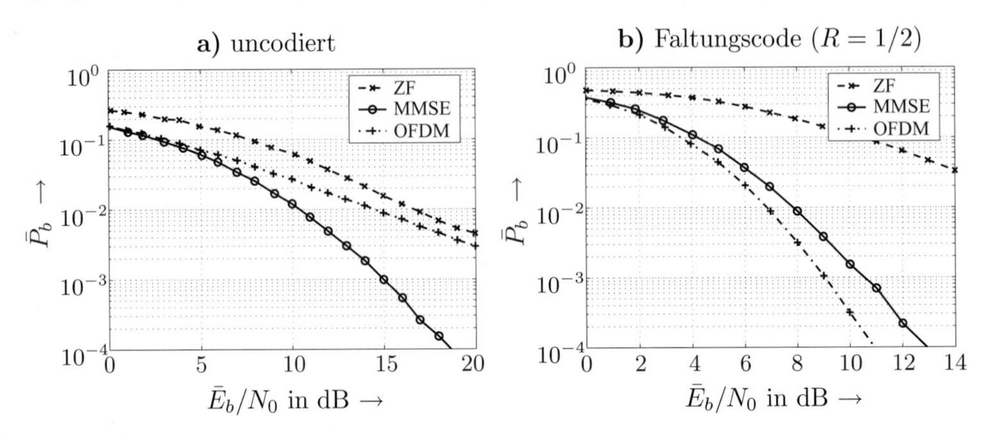

Bild 16.2.11: Vergleich der Bitfehlerraten zwischen Einträgersystem und OFDM a) uncodiert, b) Faltungscode der Rate $R = 1/2$ (HIPERLAN)

Unter Anwendung einer Kanalcodierung kehren sich die Verhältnisse um, wie **Bild 16.2.11b** demonstriert. Hier wurde ein halbratiger Faltungscode nach dem HIPERLAN-Standard eingesetzt; bei OFDM wird ein Frequenzbereichs-Interleaver benutzt, d.h. es werden die Subträger verwürfelt, um ihre Korrelationen aufzubrechen. In Analogie hierzu werden beim Einträger-Verfahren die Symbole eines Blockes verwürfelt. Am Empfänger wird jeweils ein Soft-Input-Viterbi-Decoder eingesetzt [Bos99b, KK01]. Man stellt fest, dass das OFDM-Verfahren nun dem MMSE-Einträger-Entzerrer überlegen ist. Die Erklärung liegt darin, dass bei OFDM die Zuverlässigkeit der Datensymbole in Abhängigkeit der Subträger-Momentanleistungen stark variiert. Die Kanaldecodierung profitiert hiervon, da sie die unterschiedlichen Zuverlässigkeitsinformationen ausnutzen kann; weiterhin wird nun – im Gegensatz zum uncodierten Fall – wie beim SC-System Frequenzdiversität genutzt.

Der Vergleich zwischen OFDM und dem SC-Frequenzbereichs-Entzerrer lässt sich folgendermaßen zusammenfassen:

- *Beide Verfahren erfordern in etwa den gleichen Gesamtaufwand; beim SC-Verfahren verlagert sich dieser stärker auf den Empfänger.*
- *Im Prinzip erlaubt das SC-Verfahren die gezielte Wahl eines Modulationsverfahrens mit geringer Einhüllenden-Variation; bei einer dem OFDM-Entwurf vergleichbaren Bandbreite-Effizienz sind jedoch auch beim SC-Verfahren der Minimierung der Amplitudenschwankungen Grenzen gesetzt.*
- *Das SC-Verfahren nutzt auch bei uncodierter Übertragung Frequenzdiversität,*

während OFDM in dem Falle die Fehlerwahrscheinlichkeit für einen 1-Pfad-Rayleigh-Kanal aufweist.

- *Bei Anwendung einer Kanalcodierung mit Frequenzbereichs-Interleaver profitiert das OFDM-Verfahren von der ungleichmäßigen Zuverlässigkeit der Symbole, wodurch die Fehlerwahrscheinlichkeit geringer wird als beim SC-Verfahren.*

Ausführliche Untersuchungen über den Einträger-Frequenzbereichs-Entzerrer findet man in [Hue99].

16.3 OFDM-Kanalschätzung

16.3.1 Kohärente und inkohärente Empfängerstrukturen

Für die Struktur eines OFDM-Empfängers besteht – wie auch bei Einträgerverfahren – die Wahl zwischen kohärenten und inkohärenten Formen. Kohärente Empfänger benötigen die Information über die momentane Kanalübertragungsfunktion; aufgrund des am Sender eingefügten zyklischen Guardintervalls genügt die Kenntnis der diskreten Werte an den Stellen der Subträger-Frequenzen. In den nachfolgenden Abschnitten werden zwei prinzipielle Konzepte zur OFDM-Kanalschätzung dargestellt. Sie unterscheiden sich darin, ob eine blockweise Datenübertragung mit geringer Kanalveränderung während der Dauer eines Datenblockes durchgeführt wird – in dem Falle können zu Beginn eines jeden Blockes Trainingssymbole gesendet werden, die der Kanalschätzung für den gesamten nachfolgenden Block dienen – oder ob eine kontinuierliche Datenübertragung stattfindet, was die fortlaufende Übertragung von Pilotsymbolen erfordert.

In Abschnitt 16.2.2 wurde zur Korrektur der Kanalverzerrungen die Zero-Forcing-Lösung (16.2.6) vorgesehen. Die für den Einträger-Fall günstigere MMSE-Entzerrung bringt hier keinen Vorteil, da die N parallelen Datenströme jeweils separaten Subträgern zugeordnet sind, die unabhängig voneinander detektiert werden. Nach der Kanalkorrektur sind die Phasen und Amplituden der übertragenen Symbole wieder hergestellt und es kann eine Symbolentscheidung durchgeführt werden. Für reines PSK ist die Wiederherstellung der Amplituden nicht erforderlich, so dass anstelle von (16.2.6) lediglich zur Phasenkorrektur mit $H^*(n)$ zu multiplizieren ist; man vermeidet somit die schaltungstechnisch aufwändigere Division. Im Gegensatz dazu erfordern höherstufige Modulationsverfahren die Rekonstruktion von Phase *und Amplitude*. Höherstufige QAM-Verfahren mit kohärenter Demodulation werden z.B. bei den WLAN-Systemen HIPERLAN/2 und IEEE 802.11a sowie beim digitalen Fernsehen DVB-T angewendet (siehe Abschnitt 16.6).

Inkohärente differentielle Detektion. Wegen der Nichtselektivität der Subkanäle bieten sich insbesondere für OFDM auch inkohärente Verfahren an. Im einfachsten Fall wendet man differentielle PSK-Verfahren an, die gemäß Bild 10.2.2 auf Seite 322 zu demodulieren sind. Bei Einträgerverfahren erfolgt die differentielle Phasencodierung bezüglich *zeitlich* aufeinander folgender Symbole. Für Mehrträgersysteme kann alternativ hierzu auch eine differentielle Codierung zwischen den Subträgern, also in *Frequenzrichtung,* vorgenommen werden. Die Festlegung hierüber ist anhand der statistischen Kanaleigenschaften zu treffen:

- Bei *geringen Subträger-Korrelationen in Verbindung mit schwacher Zeitvarianz* wird in jedem Subkanal separat eine differentielle Codierung in Zeitrichtung vorgenommen. Ein Beispiel hierfür ist das DAB-System.
- Bei *stark korrelierten Subträgern und hoher Zeitvarianz* erfolgt die differentielle Codierung in Frequenzrichtung.

Die Beziehungen zwischen den Subträger-Korrelationen einerseits und den zeitlichen Veränderungen während eines Symbolintervalls andererseits hängen vom Abstand der Subträger ab; somit wird durch die Festlegung der Anzahl von Subkanälen die Entscheidung über differentielle Codierung in Zeit- oder Frequenzrichtung beeinflusst.

Über die DPSK hinaus können auch die in Kapitel 10 (Seite 325ff) behandelten höherstufigen Verfahren angewendet werden, die eine differentielle Codierung der Amplitude einbeziehen. OFDM bietet sich hierfür besonders an, da durch die Subträger-Aufteilung nichtselektive Teilkanäle vorliegen. Ein mögliches Signalraumdiagramm zeigt z.B. **Bild 10.2.4**. Das i-te Datensymbol des n-ten Subträgers ist hier von der Form

$$d_n(i) = a_n(i) \cdot e^{j\varphi_n(i)} \quad a_n \in \{R_0, R_1\}. \tag{16.3.1}$$

Findet die differentielle Codierung für jeden Subträger separat in Zeitrichtung statt, so gilt

$$\begin{aligned} \varphi_n(i) &= \varphi_n(i-1) + \Delta\varphi_n(i), \quad \Delta\varphi_n(i) \in \frac{\pi}{4} \cdot \{0, \cdots, M_\varphi - 1\} && (16.3.2a) \\ a_n(i) &= a_n(i-1) \cdot \Delta a_n(i), && (16.3.2b) \end{aligned}$$

während bei differentieller Codierung in Frequenzrichtung die Festlegung

$$\begin{aligned} \varphi_n(i) &= \varphi_{n-1}(i) + \Delta\varphi_n(i), \quad \Delta\varphi_n(i) \in \frac{\pi}{4} \cdot \{0, \cdots, M_\varphi - 1\} && (16.3.3a) \\ a_n(i) &= a_{n-1}(i) \cdot \Delta a_n(i) && (16.3.3b) \end{aligned}$$

getroffen wird. Der Phasenanteil entspricht der konventionellen M_φ-DPSK, die durch $\mathrm{ld}(M_\varphi)$ bit festgelegt wird. Hinzu kommt eine differentielle ASK, die auf jedem Subträger die Übertragung weiterer Bits $b_n^{\mathrm{ASK}}(i)$ erlaubt. Für zweistufige ASK wird das Amplituden-Inkrement folgendermaßen festgelegt

$$\Delta a_n(i) = \begin{cases} 1 & \text{für } b_n^{\mathrm{ASK}}(i) = 0 \\ R_1/R_0 & \text{für } b_n^{\mathrm{ASK}}(i) = 1 \text{ und } \left\{ \begin{matrix} a_n(i-1) \\ a_{n-1}(i) \end{matrix} \right\} = R_0 \\ R_0/R_1 & \text{für } b_n^{\mathrm{ASK}}(i) = 1 \text{ und } \left\{ \begin{matrix} a_n(i-1) \\ a_{n-1}(i) \end{matrix} \right\} = R_1. \end{cases} \tag{16.3.4}$$

Die inkohärente Demodulation wird entsprechend dem in Abschnitt 10.2.3, Seite 325, für Einträgermodulation erläuterten Verfahren durchgeführt – entweder in Zeit-Richtung für jeden Subträger separat oder in Frequenzrichtung durch Differeznbildung zwischen benachbarten Subträger-Symbolen:

$$\Delta x_n(i) = \frac{x_n(i)}{x_n(i-1)} \quad \text{oder} \quad \Delta x_n(i) = \frac{x_n(i)}{x_{n-1}(i)}. \tag{16.3.5}$$

16.3.2 OFDM-Kanalschätzung mit Hilfe einer Präambel

Wir betrachten zunächst eine blockweise Datenübertragung und nehmen an, dass sich der Kanal während der Dauer eines Datenblockes nur unwesentlich verändert. Dann kann eine Kanalschätzung mit Hilfe einer *Präambel*, d.h. einer diesem Block vorangestellten Sequenz von Trainingssymbolen (Pilotsymbolen) $d_n^{\mathrm{Pi}}(0), \cdots, d_n^{\mathrm{Pi}}(I_{\mathrm{Pi}} - 1)$, erfolgen. Ein Beispiel für eine Präambel-gestützte Kanalschätzung findet man in den WLAN-Systemen HIPERLAN/2 und IEEE 802.11a. **Bild 16.3.1** zeigt schematisch die dort verwendete Anordnung von Trainingssymbolen: Jedem Datenblock sind zwei Trainingssymbole vorangestellt, auf denen die Kanalschätzung beruht. Im weiteren Verlauf werden kontinuierlich vier Pilotträger gesendet, die aber nicht mehr der Kanalschätzung, sondern der Nachführung der Frequenzsynchronisation dienen.

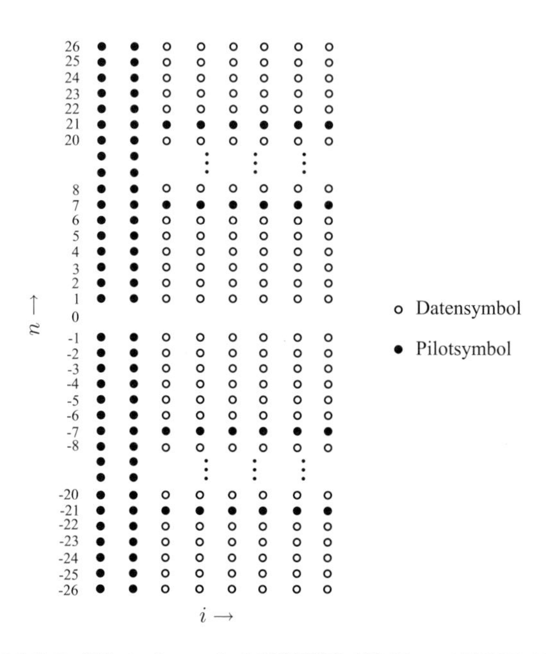

Bild 16.3.1: Pilotschema bei HIPERLAN/2 und IEEE 802.11a

Am Empfänger erhält man aufgrund der zyklischen Erweiterung durch das Guardintervall

$$r(i,k) \;=\; s_n^{\mathrm{Pi}}(i) *_{\mathrm{circ}}^{(k)} h(k) + n(i,k), \qquad i = 0, \cdots I_{\mathrm{Pi}} - 1$$

$$\circ\!\!-\!\!\bullet \; \mathrm{DFT}_N^{(k)}$$

$$x_n(i) \;=\; d_n^{\mathrm{Pi}}(i) \cdot H(n) + \mathrm{DFT}_N^{(k)}\{n(i,k)\}, \quad n = 0, \cdots, N-1, \tag{16.3.6}$$

woraus durch Mittelung über die Präambellänge Schätzwerte für den diskreten Kanalfrequenzgang gewinnt. Eine Division der gemessenen Empfangswerte $x_n(i)$ durch die zugeordneten Pilotsymbole führt zwar prinzipiell zu einer erwartungstreuen Schätzung, jedoch muss bei Pilotsymbolen mit *unterschiedlichen Beträgen* zur Erzielung des größtmöglichen S/N-Verhältnisses eine gewichtete Mittelung nach der Vorschrift

$$\hat{H}(n) = \frac{1}{\sum\limits_{i=0}^{I_{\mathrm{Pi}}-1} |d_n^{\mathrm{Pi}}(i)|^2} \cdot \sum_{i=0}^{I_{\mathrm{Pi}}-1} d_n^{*\,\mathrm{Pi}}(i) \cdot x_n(i). \tag{16.3.7a}$$

erfolgen. Für *PSK* vereinfacht sich diese Beziehung auf

$$\hat{H}(n) = \frac{1}{I_{\mathrm{Pi}}} \sum_{i=0}^{I_{\mathrm{Pi}}-1} d_n^{*\,\mathrm{Pi}}(i) \cdot x_n(i) = \frac{1}{I_{\mathrm{Pi}}} \sum_{i=0}^{I_{\mathrm{Pi}}-1} \frac{x_n(i)}{d_n^{\mathrm{Pi}}(i)}, \qquad |d_n^{\mathrm{Pi}}(i)| = 1. \tag{16.3.7b}$$

Rauschreduktion. Die zeitliche Mittelung dient der Unterdrückung des Rauschens; ein erheblicher Gewinn kann dabei erzielt werden, wenn man *vorhandene Korrelationen zwischen den Subträgern* berücksichtigt: In den meisten Fällen ist die maximale Anzahl der Abtastwerte der Kanalimpulsantwort deutlich geringer als die Subträgeranzahl, d.h. die DFT-Länge.

$$\ell_{\max} = \lceil \tau_{\max} \cdot N/T_S \rceil + 1 \ll N$$

Diese Tatsache ist für die Kanalschätzung auf folgende Weise auszunutzen. Die zeitdiskrete Fouriertransformation einer endlichen Folge der Länge $\ell_{\max}$ ist eine frequenzkontinuierliche Funktion; somit sind auch beliebig dichte Zwischenwerte der DFT eindeutig definiert. Bezogen auf das hier bestehende Kanalschätzungsproblem bedeutet dies, dass die Abtastwerte der Kanalübertragungsfunktion $H(n)$ untereinander korreliert sind. Man transformiert die initiale Schätzung $\hat{H}(n)$ mittels N-Punkte-IDFT zurück in den Zeitbereich. Die so gewonnene Impulsantwort $\hat{h}(k)$ hat dann ebenfalls die Länge N, von denen jedoch Abtastwerte oberhalb von $k = \ell_{\max} - 1$ Rauscheinflüsse darstellen müssen, da die Länge der ungestörten Kanalimpulsantwort auf $\ell_{\max}$ begrenzt ist. Zu einer verbesserten Schätzung des Kanalfrequenzgangs kommt man also, indem man $\hat{h}(k)$ auf $\ell_{\max}$ zeitbegrenzt, mit Nullen bis zum Wert N auffüllt und eine erneute DFT durchführt.

$$\hat{h}(k) \;=\; \mathrm{IDFT}_N\{\hat{H}(n)\} \quad \Rightarrow \quad \tilde{h}(k) = \begin{cases} \hat{h}(k) & \text{für } 0 \le k \le \ell_{\max} - 1 \\ 0 & \text{für } \ell_{\max} \le k \le N-1 \end{cases} \tag{16.3.7c}$$

$$\tilde{H}(n) \;=\; \mathrm{DFT}_N\{\tilde{h}(k)\} \tag{16.3.7d}$$

Wir betrachten ein Beispiel für diese Form der Kanalschätzung mit Rauschreduktion. Die Länge der wahren Kanalimpulsantwort beträgt $\ell = 17$, das Signal-Störverhältnis des Empfangssignals 5 dB. Es wird ein OFDM-System mit $N = 64$ Unterträgern zugrundegelegt.

Bild 16.3.2 zeigt die Beträge der Zeitverläufe der wahren Impulsantwort $h(k)$ sowie ihrer Initialschätzung vor und nach der Zeitbegrenzung, $\hat{h}(k)$ und $\tilde{h}(k)$. In **Bild 16.3.3a-c** sind die zugehörigen Betragsfrequenzgänge wiedergegeben. Bild 16.3.3d demonstriert die Reduktion des Schätzfehlers bei Anwendung der Rauschreduktion.

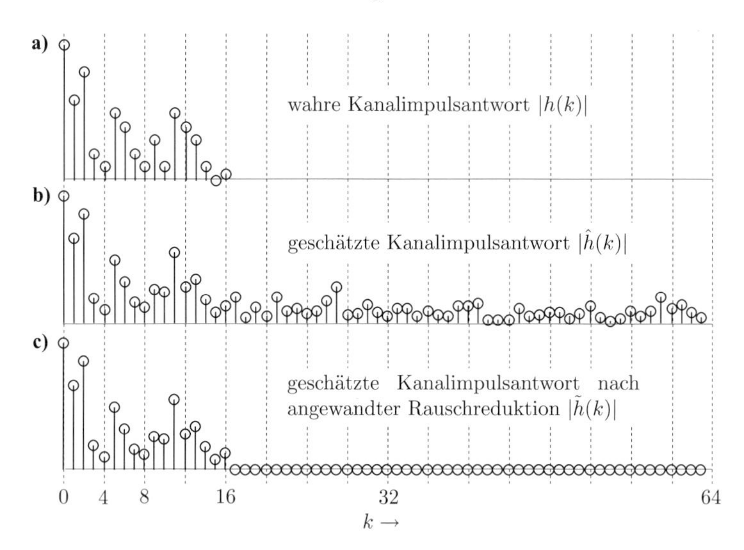

Bild 16.3.2: Demonstration des Rauschreduktionsverfahrens
a) wahre Impulsantwort, b) Initialschätzung, c) nach der Rauschreduktion

Lösung für nicht vollständig belegte Subträger. In (16.3.7c) wurde angenommen, dass alle N Werte $\tilde{H}(0), \cdots, \tilde{H}(N-1)$ aufgrund der Trainingssymbole ermittelt werden können. Besondere Probleme ergeben sich hingegen, wenn ein Teil der Subträger nicht belegt ist. Dies ist z.B. bei HIPERLAN/2 der Fall: Der mittlere Subträger und die an beiden Seiten vorgesehenen Guard-Bänder sind nicht mit Daten belegt. Dabei ist es nicht zulässig, für die unbekannten Träger zur Schätzung am Empfänger Nullen einzusetzen, da hiermit die Zeitbegrenzung der Impulsantwort auf $\ell_{\max} < N$ verloren geht. Eine Lösung wird in [Sch01] entwickelt, die bei beliebiger Trägerbelegung zu einer rauschreduzierten Kanalschätzung führt. Dazu wird wie bisher im Zeitbereich die Gesamtimpulsantwort

$$\mathbf{h} = [h(0), h(1), \cdots, h(N-1)]^T$$

in einen nichtverschwindenden Anteil

$$\mathbf{h}_1 = [h(0), \cdots, h(\ell_{\max} - 1)]^T \tag{16.3.8a}$$

und einen Anteil

$$\mathbf{h}_0 = [h(\ell_{\max}), \cdots, h(N-1)]^T \tag{16.3.8b}$$

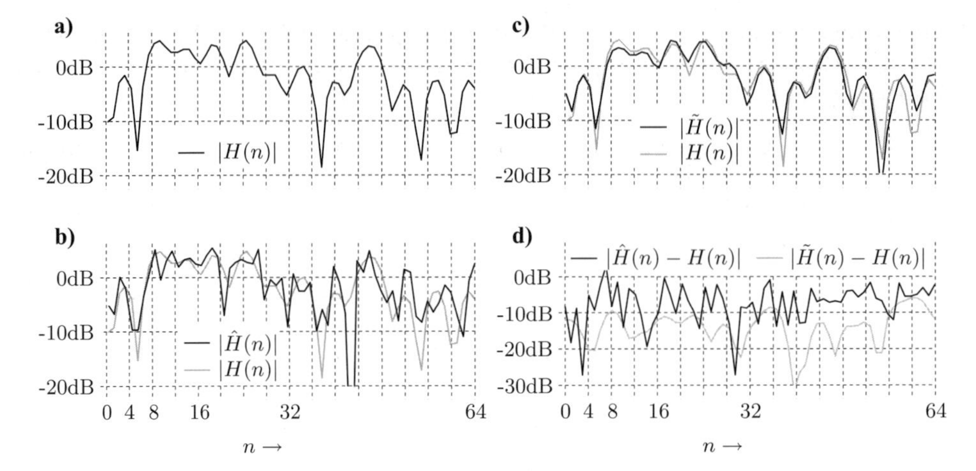

Bild 16.3.3: Geschätzte Übertragungsfunktionen
a) wahrer Frequenzgang, b) Initialschätzung,
c) Frequenzgang nach Rauschreduktion,
d) Vergleich des Schätzfehlers mit und ohne Rauschreduktion

zerlegt; letzterer wurde in (16.3.7c) null gesetzt. Im Spektralbereich erfolgt eine Zerlegung in belegte und unbelegte Subträger

$$\mathbf{H} = \mathbf{H}_b + \mathbf{H}_u; \tag{16.3.8c}$$

in **Bild 16.3.4** wird diese Zerlegung veranschaulicht. Für die Schätzungen *vor* der Rauschunterdrückung schreiben wir $\hat{\mathbf{H}}_b$ und $\hat{\mathbf{H}}_u$, von denen sich nur der erste Term gemäß (16.3.7a/b) ermitteln lässt, da nur für diesen Pilotsymbole zur Verfügung stehen.

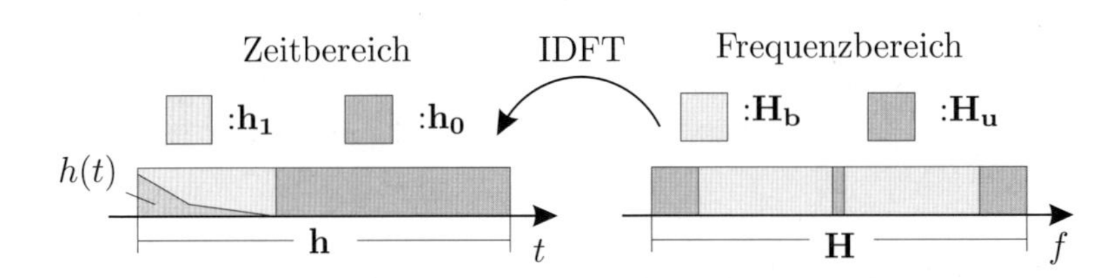

Bild 16.3.4: Zerlegung der IDFT

Formuliert man die IDFT in Matrixschreibweise

$$\hat{\mathbf{h}} = \mathbf{W}_{\mathrm{IDFT}} \cdot \hat{\mathbf{H}}, \tag{16.3.9a}$$

wobei $\mathbf{W}_{\mathrm{IDFT}}$ die Elemente $W(k,\ell) = \mathrm{e}^{j2\pi k\ell/N}$ enthält, so lässt sich die IDFT-Zerlegung gemäß Bild 16.3.4 als

$$\begin{pmatrix} \hat{\mathbf{h}}_1 \\ \hat{\mathbf{h}}_0 \end{pmatrix} = \begin{pmatrix} \mathbf{W}_{11} & \mathbf{W}_{12} \\ \mathbf{W}_{21} & \mathbf{W}_{22} \end{pmatrix} \cdot \begin{pmatrix} \hat{\mathbf{H}}_b \\ \hat{\mathbf{H}}_u \end{pmatrix} \tag{16.3.9b}$$

schreiben; hierbei sind die Drehfaktoren in den Teilmatrizen $\mathbf{W}_{11}, \cdots, \mathbf{W}_{22}$ entsprechend den IDFT-Zerlegungen umzuordnen. Durch Nullsetzen von $\hat{\mathbf{h}}_0$ gewinnt man aus (16.3.9b) die Beziehung

$$\mathbf{W}_{21}\hat{\mathbf{H}}_b + \mathbf{W}_{22}\hat{\mathbf{H}}_u = \mathbf{0} \quad \Rightarrow \quad \hat{\mathbf{H}}_u = -\mathbf{W}_{22}^{+}\mathbf{W}_{21}\hat{\mathbf{H}}_b, \tag{16.3.9c}$$

wobei $\mathbf{W}_{22}^{+}$ die Pseudoinverse von $\mathbf{W}_{22}$ bezeichnet.[6] Eingesetzt in (16.3.9b) erhält man für den nichtverschwindenden Anteil der Impulsantwort

$$\tilde{\mathbf{h}}_1 = \left(\mathbf{W}_{11} - \mathbf{W}_{12}\mathbf{W}_{22}^{+}\mathbf{W}_{21}\right)\hat{\mathbf{H}}_b \tag{16.3.9d}$$

Diese Teilimpulsantwort ist mit der gesuchten Übertagungsfunktion über die DFT verknüpft, die durch die Multiplikation mit der Matrix $\mathbf{W}_{11}^{H}$ beschrieben wird. Für die rauschreduzierte Schätzung der belegten Subträger erhält man schließlich

$$\tilde{\mathbf{H}}_b = \mathbf{W}_{11}^{H} \cdot \tilde{\mathbf{h}}_1 = \mathbf{W}_{11}^{H} \cdot (\mathbf{W}_{11} - \mathbf{W}_{12}\mathbf{W}_{22}^{+}\mathbf{W}_{21}) \cdot \hat{\mathbf{H}}_b. \tag{16.3.10}$$

Die im vorliegenden Abschnitt diskutierte Präambel-basierte Kanalschätzung geht davon aus, dass die Kanal-Übertragungsfunktion während eines Datenblockes konstant ist. Ist dies nicht der Fall, so muss – basierend auf der initialen Schätzung – eine Nachführung der Kanalschätzung erfolgen.

In [Sch01] wird hierzu ein Verfahren angegeben, das auf dem bereits früher diskutierten *Turbo-Prinzip* fußt (vergleiche Seite 553ff). Dazu wird der gesamte Datenblock in kürzere Teilblöcke zerlegt. Mit Hilfe der vorangestellten Trainingssymbole wird eine erste initiale Kanalschätzung durchgeführt, die die Entzerrung, Demodulation und Decodierung des ersten Datenblockes ermöglicht. Die hieraus gewonnenen Daten können als Pseudo-Pilotdaten betrachtet und für eine erneute Kanalschätzung verwendet werden. Der Vorgang wird mehrfach wiederholt, um die Anzahl der noch vorhandenen Entscheidungsfehler zu minimieren. Die schließlich erreichte Kanalschätzung wird als Startwert für den nächsten Datenblock benutzt. **Bild 16.3.5** veranschaulicht das Grundprinzip der iterativen OFDM-Kanalschätzung. Eine effiziente alternative Lösung für zeitvariante Kanäle stellt die in [Don99] vorgeschlagene prädiktive Kanalschätzung dar.

16.3.3 Pilotträger in Zeit- und Frequenzrichtung

Grundsätzlich andere Verhältnisse gegenüber der blockweisen WLAN-Übertragung liegen im Falle einer kontinuierlichen Signalübertragung vor. Ein typisches Beispiel hierfür ist das digitale Fernsehen DVB-T; hier muss eine fortlaufende Kanalschätzung stattfinden. An die Stelle einer Präambel treten regelmäßig in Zeit- und Frequenzrichtung angeordnete Pilotträger (*Scattered Pilots*); **Bild 16.3.6** zeigt hierfür ein Beispiel.

Die Festlegung auf eine diagonale Pilot-Anordnung liegt in der Tatsache begründet, dass die Pilotsymbole mit erhöhter Leistung ausgestrahlt werden, um die Genauigkeit der

[6] Zur Verbesserung der numerischen Stabilität kann die Pseudoinverse $\mathbf{W}_{22}^{+}$ durch den Ausdruck $(\mathbf{W}_{22}^{H}\mathbf{W}_{22} + \gamma^2\mathbf{I})^{-1} \cdot \mathbf{W}_{22}^{H}$ ersetzt werden, wobei γ^2 eine kleine Gewichtskonstante ist [Sch01].

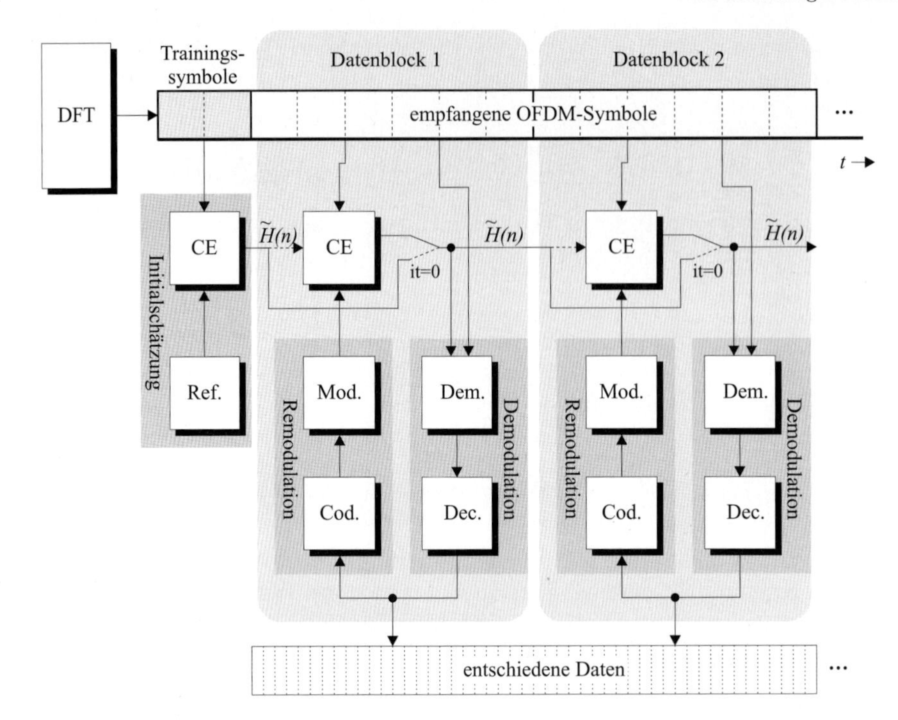

Bild 16.3.5: Turbo-Kanalschätzung bei OFDM
(CE $\triangleq$ Kanalschätzung einschließlich Rauschunterdrückung)

Kanalschätzung an diesen Positionen zu verbessern. Würde eine rechteckfömige Pilotanordnung gewählt, dann würde zu den Pilot-Zeitpunkten eine weitaus höhere Anzahl von Pilotsymbolen gleichzeitig auftreten als bei der Diagonalstruktur, wodurch höhere Spitzenwerte in der Einhüllenden des OFDM-Signals entstehen würden. Solche hohen Spitzenwerte sind wegen der Nichtlinearität des Sendeverstärkers unerwünscht – in den Abschnitten 16.4.2 und 16.4.3 (S. 616ff) wird auf die Auswirkungen sowie auf verschiedene Techniken der Spitzenwert-Reduktion eingegangen.

Die Positionierung der Pilotträger muss sich am Abtasttheorem orientieren, wobei dieses sowohl in Zeit- als auch Frequenzrichtung anzuwenden ist. Der *zeitliche* Abstand Δt_{Pi} von Pilotsymbolen muss geringer sein als der Kehrwert der zweifachen maximalen Dopplerfrequenz:

$$\Delta t_{\mathrm{Pi}} = \Delta i_{\mathrm{Pi}}(T_S + T_G) < \frac{1}{2\,f_{D\max}} \quad \Rightarrow \quad \Delta i_{\mathrm{Pi}} < \frac{1}{2 f_{D\max}(T_S + T_G)}. \tag{16.3.11a}$$

Der Abstand der Pilot*frequenzen* sollte bei einer maximalen Dauer $\tau_{\max}$ der Impulsantwort

$$\Delta f_{\mathrm{Pi}} = \frac{\Delta n_{\mathrm{Pi}}}{T_S} < \frac{1}{\tau_{\max}} \quad \Rightarrow \quad \Delta n_{\mathrm{Pi}} < \frac{T_S}{\tau_{\max}} \tag{16.3.11b}$$

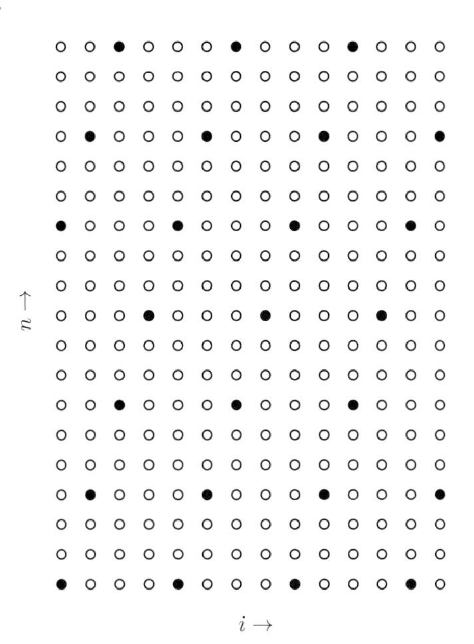

Bild 16.3.6: Beispiel für eine diagonale Pilotanordnung in Zeit- und Frequenzrichtung (DVB-T, 2K-Mode)

betragen[7]. Eine Überprüfung dieser Bedingungen in Bezug auf das DVB-T-Pilotschemas wird anhand des Beispiels auf Seite 612 vorgenommen.

Zweidimensionale Wiener-Interpolation. Aufgrund des Rasters von Pilot-Stützwerten können die frequenz- und zeitabhängigen Abtastwerte der Kanalübertragungsfunktion $H(n,i)$ durch zweidimensionale Interpolation ermittelt werden [Hoe91, HKR97, vNP00, SL05]; die optimale Lösung hierfür ist das *Wienersche Interpolationsfilter*.

An den Pilot-Stützstellen kann die Kanalübertragungsfunktion durch Division durch die bekannten Pilotdaten geschätzt werden:

$$\tilde{H}(n_{\mathrm{Pi}}, i_{\mathrm{Pi}}) = \frac{x_{n_{\mathrm{Pi}}}(i_{\mathrm{Pi}})}{d_{n_{\mathrm{Pi}}}(i_{\mathrm{Pi}})}. \qquad (16.3.12)$$

Hieraus sind nun an beliebigen Zwischenpositionen n, i im Zeit-Frequenzraster Schätzwerte für die Kanalübertragungsfunktion $\hat{H}(n,i)$ durch Interpolation zu ermitteln. Die Stützwerte $\tilde{H}(n_{\mathrm{Pi}}, i_{\mathrm{Pi}})$ stellen also die Eingangsgrößen, die interpolierten Werte $\hat{H}(n,i)$ die Ausgangswerte eines zweidimensionalen Interpolationsfilters dar. Zur Ausführung der Filterung wird um den aktuellen Frequenz-Zeit-Punkt n, i herum eine Menge $\mathcal{P}$ benachbarter Pilotpositionen

$$\{n', i'\} \in \mathcal{P}(n,i);$$

[7] Gegenüber (16.3.11a) fehlt hier der Faktor 2 im Nenner, da das Leistungs-Verzögerungsprofil im Gegensatz zum Dopplerspektrum einseitig definiert ist.

ausgewählt. **Bild 16.3.7** verdeutlicht dies exemplarisch: Der graue Punkt zeigt die Position der zu berechnenden Subträger-Übertragungsfunktion $\hat{H}(n,i)$ an, während die schwarzen Rasterpunkte die Pilotträger an den Stellen n', i' andeuten. Zur Interpolation werden die im hellen Feld liegenden Piloten herangezogen; die angesetzte Ordnung des Interpolationsfilters bestimmt die Ausdehnung dieses Gebietes.

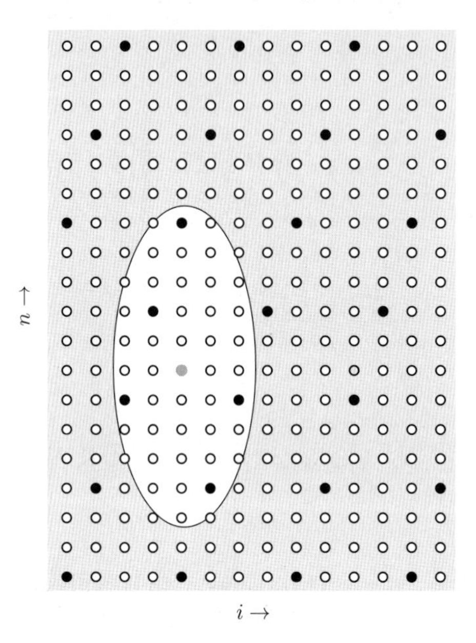

Bild 16.3.7: Veranschaulichung der zweidimensionalen Interpolation

Die zweidimensionale Interpolation wird durch

$$\hat{H}(n,i) = \sum_{\{n',i'\} \in \mathcal{P}(n,i)} b(n-n', i-i') \cdot \tilde{H}(n', i') \tag{16.3.13}$$

beschrieben, wobei $b(n,i)$ die Interpolationskoeffizienten bezeichnet. Gleichung (16.3.13) kann als Skalarprodukt formuliert werden, indem man die zweidimensionalen Folgen jeweils zu Vektoren zusammenfasst:

$$\tilde{H}(n', i') \;\Rightarrow\; \tilde{\mathbf{H}}; \qquad b(n-n', i-i') \;\Rightarrow\; \mathbf{b}.$$

Dabei spielt die Reihenfolge der Element-Anordnung keine Rolle, da sich bei beliebiger Festlegung von $\tilde{\mathbf{H}}$ nach der Lösung des Wienerproblems automatisch die korrekte Zuordnung der Elemente von $\mathbf{b}$ ergibt. Für (16.3.13) schreibt man damit

$$\hat{H}(n,i) = \mathbf{b}^T \tilde{\mathbf{H}} \quad \text{bzw.} \quad \hat{H}^*(n,i) = \tilde{\mathbf{H}}^H \mathbf{b}^*. \tag{16.3.14}$$

Der Wiener-Ansatz zur Lösung des Interpolationsproblems lautet (vgl. auch Abschnitt 1.6.4, Seite 45ff)

$$\mathbf{b}_{\text{opt}} = \underset{\mathbf{b}}{\operatorname{argmin}} \left\{ \mathrm{E}\{|H(n,i) - \hat{H}(n,i)|^2\} \right\}. \tag{16.3.15}$$

Die Lösung kann wie zum Beispiel in Abschnitt 1.6.4 durch quadratische Ergänzung oder auch durch Nullsetzen der Ableitung nach $\mathbf{b}^T$ erfolgen; hier wird von der zweiten Möglichkeit Gebrauch gemacht. Im Sinne der *Wirtinger-Ableitung* gilt (siehe Seite 157)

$$\frac{\partial \hat{H}}{\partial \mathbf{b}^T} = \frac{\partial \, \mathbf{b}^T \tilde{\mathbf{H}}}{\partial \mathbf{b}^T} = \tilde{\mathbf{H}} \quad \text{und} \quad \frac{\partial \hat{H}^*}{\partial \mathbf{b}^T} = \frac{\partial \, \tilde{\mathbf{H}}^H \mathbf{b}^*}{\partial \mathbf{b}^T} = \mathbf{0},$$

so dass man

$$\begin{aligned} \frac{\partial}{\partial \mathbf{b}^T} \mathrm{E}\{|H(n,i) - \hat{H}(n,i)|^2\} &= \mathrm{E}\Big\{\frac{\partial}{\partial \mathbf{b}^T}\big[H(n,i) - \hat{H}(n,i)\big]\big[H^*(n,i) - \hat{H}^*(n,i)\big]\Big\} \\ &= -\mathrm{E}\big\{\tilde{\mathbf{H}}\,\big[H^*(n,i) - \hat{H}^*(n,i)\big]\big\} = \mathbf{0} \end{aligned} \qquad (16.3.16a)$$

erhält. Daraus folgt nach Konjugation und Einsetzen von $\hat{H}(n,i)$ gemäß (16.3.14)

$$\underbrace{\mathrm{E}\{\tilde{\mathbf{H}}^* \, H(n,i)\}}_{\triangleq\, \mathbf{r}_{\tilde{H}H}} = \underbrace{\mathrm{E}\{\tilde{\mathbf{H}}^* \tilde{\mathbf{H}}^T\}}_{\triangleq\, \mathbf{R}_{\tilde{H}\tilde{H}}} \, \mathbf{b}\,; \qquad (16.3.16b)$$

$\mathbf{r}_{\tilde{H}H}$ bezeichnet hier den Vektor der Kreuzkorrelierten zwischen den nach (16.3.12) geschätzten Pilot-Stützwerten und der wahren Kanalübertragungsfunktion, $\mathbf{R}_{\tilde{H}\tilde{H}}$ ist die Autokorrelationsmatrix der Pilot-Stützwerte. Die Vorschrift (16.3.12) beinhaltet einen erwartungstreuen Schätzer, so dass gilt

$$\tilde{\mathbf{H}} = \mathbf{H} + \tilde{\mathbf{n}}; \qquad (16.3.17a)$$

$\tilde{\mathbf{n}}$ bezeichnet hier den Vektor des durch die Pilotdaten dividierten weißen Kanalrauschens mit der Leistung $\sigma_{\tilde{N}}^2$ – im Falle von PSK gilt $\sigma_{\tilde{N}}^2 = \sigma_N^2$. Ist das Kanalrauschen nicht mit der Kanalübertragungsfunktion korreliert, so erhält man wegen $\mathbf{r}_{\tilde{N}H} = \mathbf{0}$ für den Kreuzkorrelationsvektor und die Autokorrelationsmatrix

$$\mathbf{r}_{\tilde{H}H} = \mathbf{r}_{HH} \quad \text{und} \quad \mathbf{R}_{\tilde{H}\tilde{H}} = \mathbf{R}_{HH} + \sigma_{\tilde{N}}^2 \, \mathbf{I}. \qquad (16.3.17b)$$

Aus (16.3.16b) folgt schließlich die Wiener-Lösung für den gesuchten Koeffizientenvektor zur Interpolation.

$$\mathbf{b}_{\text{opt}} = (\mathbf{R}_{HH} + \sigma_N^2 \, \mathbf{I})^{-1} \, \mathbf{r}_{HH} \qquad (16.3.18)$$

Sie hängt also ausschließlich von den Autokorrelationskoeffizienten der Kanalübertragungsfunktion in Zeit- und Frequenzrichtung ab. Im Allgemeinen ist die Autokorrelationsfolge bezüglich Zeit- und Frequenzabhängigkeit separierbar, so dass also gilt

$$r_{HH}(n-n', i-i') = r_{HH}^{(\Delta f)}(n-n') \cdot r_{HH}^{(\Delta t)}(i-i'). \qquad (16.3.19a)$$

In [HKR97] werden unter Zugrundelegung des zeit- und frequenzdiskreten Kanalmodells (2.5.33), Seite 93, geschlossene Ausdrücke für die Korrelationsfolgen hergeleitet. Für ein gleichverteiltes Verzögerungs-Leistungsdichtespektrum und ein Jakes-Dopplerspektrum gemäß (2.5.27), Seite 89, ergibt sich

$$\begin{aligned} r_{HH}^{(\Delta f)}(n-n') &= \mathrm{si}\big(2\pi\tau_{\max}\Delta f(n-n')\big) &\quad (16.3.19b)\\ r_{HH}^{(\Delta t)}(i-i') &= \mathrm{J}_0\big(2\pi f_{\mathrm{Dmax}} T(i-i')\big), &\quad (16.3.19c) \end{aligned}$$

wobei $\mathrm{J}_0(\cdot)$ die Besselfunktion erster Art, nullter Ordnung bezeichnet.

Eindimensionale Interpolation. Der dargestellte Schätzalgorithmus wird in [SL05] unter den Randbedingungen des digitalen Fernsehsystems DVB-T eingehend analysiert. Dabei ist allerdings anzumerken, dass das zweidimensionale Interpolationsschema einen erheblichen algorithmischen Aufwand erfordert. Aus diesem Grunde wird in praktischen Systemen vielfach ein suboptimales eindimensionales Verfahren eingesetzt, indem die Interpolationen in Frequenz- und in Zeitrichtung nacheinander durchgeführt werden [Hoe91, HKR97]. Nimmt man z.B. zuerst eine Interpolation in Zeitrichtung vor, so gewinnt man neue Stützwerte, die im zweiten Schritt als Pseudo-Piloten für die Interpolation zwischen den Subträgern genutzt werden können. Die mit dieser zweistufigen Interpolation verbundene Degradation ist äußerst gering.

Beispiel: DVB-T. Wir orientieren uns am DVB-T-2K-Mode (siehe Tabelle 16.6.3). Dabei wird das „Scattered Pilot"-Schema gemäß Bild 16.3.6 zugrundegelegt.

Gemäß Tabelle 16.6.3 wählen wir eine Kernsymboldauer $T_S = 256\,\mu\text{s}$ mit einer Guardzeit von $T_G = 64\,\mu\text{s}$ (7 MHz-Bandbreite). Das UHF-Fernsehband erstreckt sich bis etwa 800 MHz. Setzt man eine knapp darüber liegende Trägerfrequenz von 1 GHz an, so ergibt sich bei einer extremen Empfänger-Geschwindigkeit von $v_E = 250$ km/h aus (2.5.22) eine maximale Dopplerfrequenz von $f_{Dmax} = 231$ Hz. Aus (16.3.11a) erhält man damit für die Pilotabstände in Zeitrichtung

$$\Delta i_{\text{Pi}} \leq \frac{1}{2f_{D\max}(T_S + T_G)} = 6,7. \qquad (16.3.20)$$

Mit $\Delta i_{\text{Pi}} = 4$ in Bild 16.3.6 ist die Bedingung (16.3.20) übererfüllt.

Nach der zeitlichen Interpolation stehen Pseudopilot-Daten zur Verfügung, die eine Interpolation in Subträgerrichtung erlauben. Legt man die maximale Länge der Kanalimpulsantwort gemäß der Guardintervall-Dauer mit $\tau_{\max} = 64\mu\text{s}$ fest, so erhält man gemäß (16.3.11b) für die Pilotabstände in Frequenzrichtung die Bedingung

$$\Delta n_{\text{Pi}} \leq \frac{T_S}{\tau_{\max}} = 4. \qquad (16.3.21)$$

Mit dem aus Bild 16.3.6 ablesbaren Pilotabstand $\Delta n_{\text{Pi}} = 3$ wird diese Bedingung eingehalten.

Einfluss fehlangepasster Kanalparameter. Abschließend wird der Einfluss der aktuellen maximalen Dopplerfrequenz auf die Kanalschätzung mit zweidimensionaler Wiener-Interpolation untersucht und zwar insbesondere dann, wenn der aktuelle Wert $f_{D\max}$ nicht mit der Annahme für die Interpolation übereinstimmt. Für das simulierte wie auch für das der Interpolation zugrunde gelegte Doppler-Spektrum wird eine Jakes-Charakteristik angesetzt; variiert wird die maximale Dopplerfrequenz. **Bild 16.3.8a** zeigt zunächst die Bitfehlerraten unter jeweils korrekt eingesetzer maximaler Dopplerfrequenz. Bei $E_b/N_0 = 10$ dB zeigt sich erwartungsgemäß, dass die Fehlerrate mit fallender Dopplerfrequenz wegen der höheren Interpolationsgenauigkeit abnimmt; bei sehr kleinen Dopplerfrequenzen steigt sie wegen der geringer werdenden Diversitätseinflüsse wieder an. Eine drastische Zunahme der Fehlerrate ist oberhalb der kritischen Dopplerfrequenz zu beobachten, da hier zur Erfüllung des Abtasttheorems der Pilotabstand in Zeitrichtung zu gering ist (vgl. hierzu Gleichung (16.3.11a) auf Seite 608). Auch im rauschfreien Fall steigt die Fehlerrate oberhalb der kritischen Dopplerfrequenz wegen der fehlerhaften Interpolation stark an.

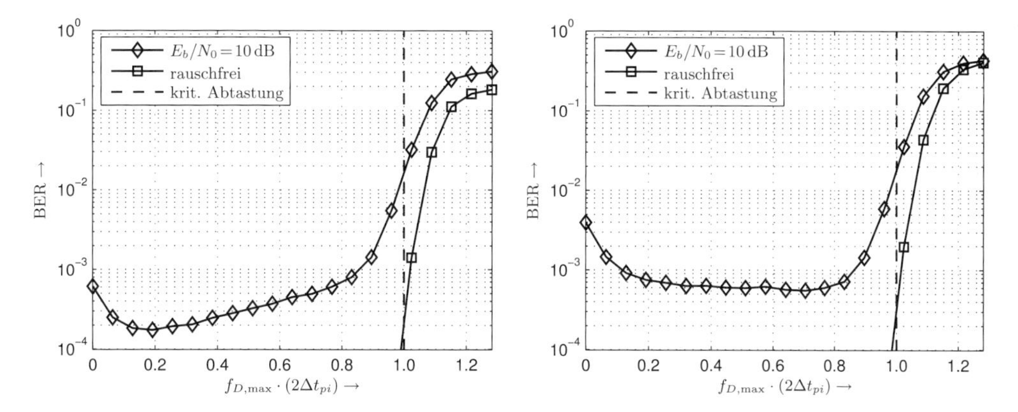

Bild 16.3.8: Bitfehlerraten unter realer Kanalschätzung mit Wiener-Interpolation (Frequenznormierung auf die kritische Dopplerfrequenz $1/(2t_{\mathrm{Pi}})$)
a) Übereinstimmung von angenommener und wahrer maximaler Dopplerfrequenz
b) Widerspruch zwischen der wahren und einer fest eingestellten max. Dopplerfrequenz von von $f_{D\max} = 0,9/(2\Delta t_{\mathrm{pi}})$

Die Teilbild a zugrunde liegende idealisierte Annahme der perfekten Kenntnis von $f_{D\max}$ ist im praktischen Einsatz meist unrealistisch, da hierzu eine aufwendige Schätzung der momentanen maximalen Dopplerfrequenz erforderlich wäre. Statt dessen wird man einen festen Wert – in der Regel die maximal zu erwartende Dopplerfrequenz – einstellen. In **Bild 16.3.8b** wird dieser Fall simuliert; für den Interpolationsalgorithmus wird jeweils das 0,9-fache der kritischen Dopplerfrequenz eingesetzt. Mit abnehmender aktueller Dopplerfrequenz ergibt sich nun keine Reduktion der Bitfehlerrate mehr sondern ein in etwa konstanter Wert; der Anstieg bei kleinen Dopplerfrequenzen bzw. oberhalb der kritischen Dopplerfrequenz entspricht dem Verhalten in Teilbild a.

16.4 Übergang auf den analogen Kanal

16.4.1 Spektralformung des Sendesignals

Die OFDM-Sendestruktur nach Bild 16.1.5 basiert auf der Diskreten Fouriertransformation; wird eine kritische Abtastung wie in (16.1.5) vorgenommen, so ist für die analoge Übertragung das in Bild 16.1.4 dunkelgrau hinterlegte Spektrum zu generieren –

dies erfordert ein extrem steilflankiges Analogfilter. In der Praxis wird für die DFT eine *Überabtastung* vorgesehen[8], wodurch die Spiegelspektren gemäß der Darstellung in **Bild 16.1.4** von den Bandgrenzen abgerückt werden [Sch01]. Wird die Länge der IFFT mit N_{FFT} bezeichnet, so beträgt der Überabtastungsfaktor N_{FFT}/N.

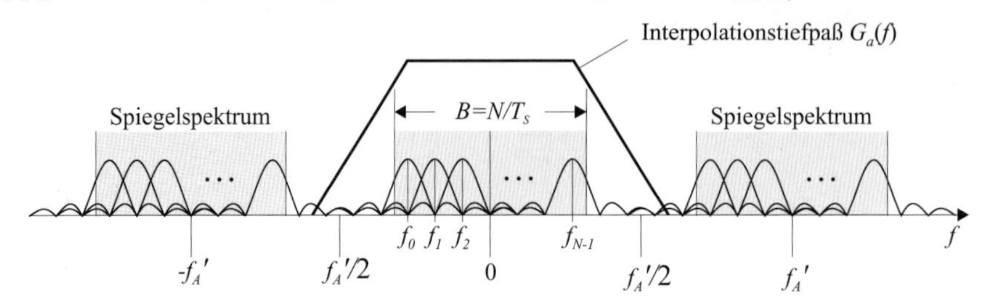

Bild 16.4.1: Spektrum des OFDM-Signals bei Überabtastung

Wegen der rechteckförmigen Impulsformung besteht weiterhin das Problem der sehr langsam abfallenden Flanken der Dirichlet-Spektren, wodurch die erforderliche Bandbreite unzulässig erhöht wird („Außerbandstrahlung“). Aus diesem Grunde werden die Flanken der Sendeimpulse gemäß der Darstellung in **Bild 16.4.2** zu kontinuierlichen Kosinus-roll-off-Flanken geformt.

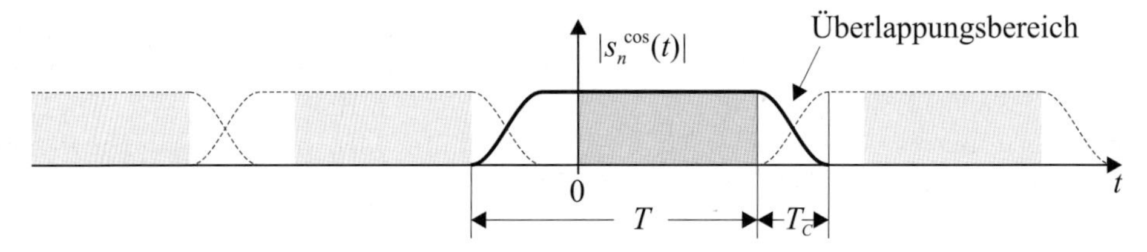

Bild 16.4.2: Sendeimpulse mit überlappenden Kosinus-roll-off-Flanken

In Anlehnung an die klassischen Kosinus-roll-off-Filter mit entsprechenden Flanken im Spektralbereich wird hier für den Zeitbereich der Roll-off-Faktor

$$r_c = \frac{T_c}{T_S} \tag{16.4.1}$$

definiert. **Bild 16.4.3** soll die Abhängigkeit der Außerbandstrahlung vom Roll-off-Faktor demonstrieren. Dazu orientieren wir uns am HIPERLAN/2- (bzw. IEEE 802.11a-) Standard und wählen eine Kernsymboldauer von $T_S = 3,2\,\mu\mathrm{s}$; für $N = 64$ Subträger[9] ergibt sich damit eine Bandbreite von 20 MHz. Bei rechteckförmiger Impulsformung ($r_c = 0$) erhält man die langsam abfallenden Flanken des Dirichlet- Spektrums. Gegenübergestellt sind die Spektren für die Roll-off-Faktoren $r_c = 0,02$ und $r_c = 0,1$ entsprechend $T_c = 64\,\mathrm{ns}$ und $T_c = 320\,\mathrm{ns}$. Mit dem letzteren Fall lässt sich eine beträchtliche Unterdrückung der Außerbandstrahlung erreichen.

[8] Dies geschieht durch Einfügen einer Nullsequenz zwischen den Daten $d_{N/2-1}$ und $d_{N/2}$ – die anschließende IFFT ist dann um die Anzahl der eingefügten Nullen zu verlängern.

[9] Bei HIPERLAN/2 und IEEE 802.11a beträgt die Subträgeranzahl infolge nicht belegter Guardbänder nur 52.

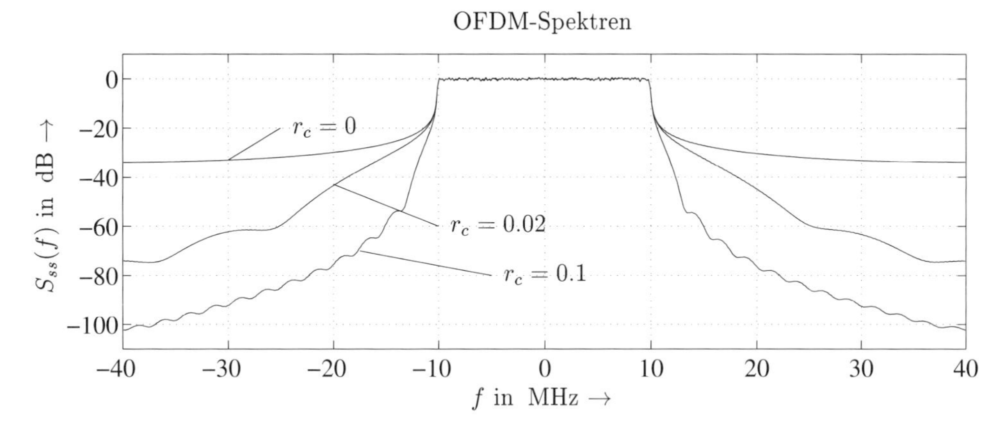

Bild 16.4.3: Leistungsdichtespektren bei verschiedenen Roll-off-Faktoren

Andererseits bleibt die Frage, wie weit die durch die überlappenden Flanken der OFDM-Symbole eingebrachte Intersymbol-Interferenz die Entscheidungen am Empfänger beeinträchtigt. Zur Veranschaulichung zeigt **Bild 16.4.4** die Augendiagramme bei den beiden Roll-off-Faktoren. Der Roll-off-Faktor von $r_c = 0,02$ entspricht unter dem HIPERLAN-Standard 8 % des Guardintervalls, so dass im linken Teilbild die horizontale Augenöffnung praktisch nicht beeinträchtigt wird. Auch mit dem höheren Roll-off-Faktor $r_c = 0,1$, die Kosinusflanke beträgt in dem Falle 40 % des Guardintervalls, verbleibt ein hinreichend breiter Bereich für eine sichere Datenentscheidung.

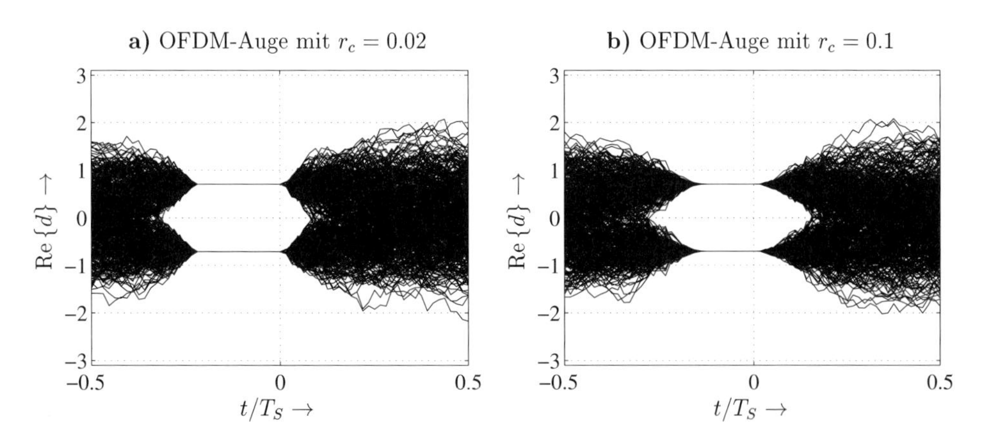

Bild 16.4.4: Einfluss der Kosinus-roll-off-Flanken auf das Augendiagramm ($T_G = T_S/4 \quad \Rightarrow \quad$ a) $T_c = 0,08T_G$, b) $T_c = 0,4T_G$)

16.4.2 Außerbandstrahlung infolge nichtlinearer Verzerrungen

Ein schwerwiegendes Problem bei der technischen Umsetzung des OFDM-Verfahrens stellen die starken Schwankungen der Einhüllenden dar. Das Problem nichtlinearer Verzerrungen wurde bereits früher im Zusammenhang mit klassischen Einträgerverfahren angesprochen: Vor allem für die mobilen Sender („Handys“) in der Mobilfunktechnik will man aus Kostengründen keinen hohen Aufwand in die Leistungsverstärker investieren. Aus diesem Grunde toleriert man minder gute Linearitätseigenschaften und entwirft spezielle Modulationsverfahren mit möglichst konstanter Amplitude, wodurch sich nichtlineare Verzerrungen in Grenzen halten lassen. So wird z.B. im GSM-System das CPM-Verfahren GMSK verwendet, das eine exakt konstante Einhüllende aufweist. Aus dem gleichen Grunde wurden auch für PSK die besonderen Formen des Offset-PSK oder $\pi/4$-DPSK entwickelt.

Ein OFDM-Signal besteht aus der Überlagerung einer Vielzahl unabhängiger Subträger; die Verteilung strebt daher gegen eine Gaußverteilung, bei der dementsprechend starke Spitzenwerte auftreten können. Will man nicht allzu hohe Linearitätsanforderungen an die Sendeverstärker stellen, so müssen also geeignete Maßnahmen zur Spitzenwertreduktion ergriffen werden. Einige Vorschläge hierzu werden in Abschnitt 16.4.3 wiedergegeben.

Verstärkermodelle. Ein Leistungsverstärker zur Mobilfunkübertragung verarbeitet reelle Bandpass-Signale. Prinzipiell treten hierbei nichtlineare Verzerrungen auf; bei hinreichend schmalbandigen Signalen können diese als frequenzunabhängig betrachtet werden. Wir interessieren uns für die Wirkung auf die Komplexe Einhüllende von Modulationssignalen und formulieren daher das in **Bild 16.4.5** dargestellte nichtlineare Modell in der äquivalenten Tiefpass-Ebene.

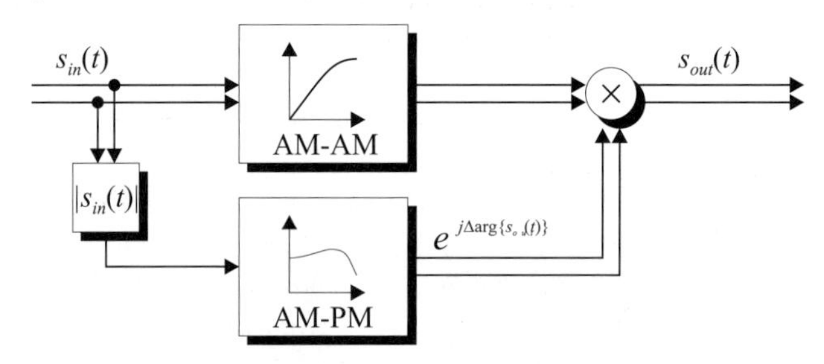

Bild 16.4.5: Tiefpass-Modell eines nichtlinearen Leistungsverstärkers

In diesem Modell werden sowohl der Betrag als auch die Phase des komplexen Ausgangssignal $s_{\text{out}}(t)$ in Abhängigkeit von der Eingangsamplitude $|s_{\text{in}}(t)|$ nichtlinear verzerrt. Die zugehörigen Kennlinien eines 5-GHz-Verstärkers für den Einsatz in HIPERLAN/2-Sendestufen werden in den **Bildern 16.4.6a,b** gezeigt [HMPS98]; auf ihnen basieren die nachfolgend wiedergegebenen Simulationsergebnisse. Es werden zwei Verstärkertypen, Klasse A und Klasse AB, unterschieden [Pau99]. Gegenübergestellt ist ein theoretisches Clipping-Modell, bei dem die Amplitude nach einem linearen Anstieg auf einen Endwert begrenzt wird, während der Phasengang unbeeinflusst bleibt.

Um möglichst geringe nichtlineare Verzerrungen zu erhalten, muss der Arbeitspunkt so

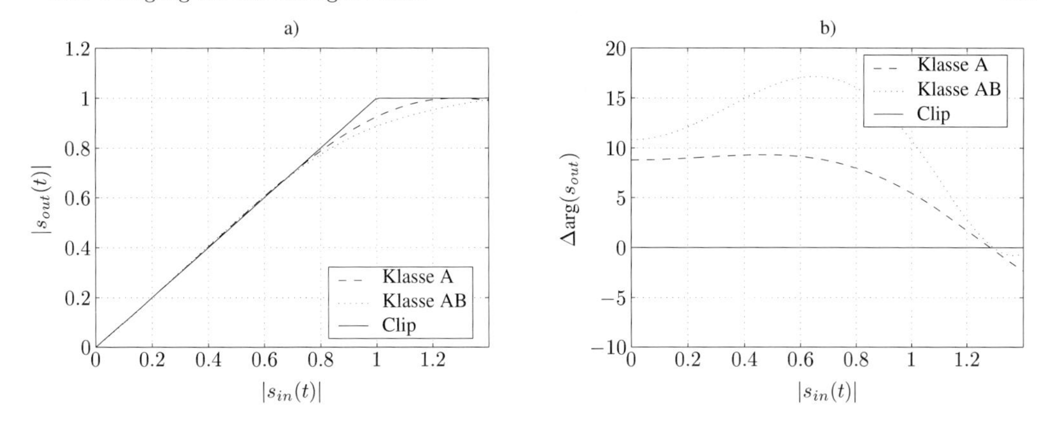

Bild 16.4.6: Kennlinien verschiedener Verstärkertypen
a) AM–AM-Kennlinien, b) AM–PM-Kennlinien

niedrig gelegt werden, dass die Spitzenwerte nicht übermäßig stark in den Bereich der Amplitudenbegrenzung geraten. Man definiert hierzu den *Input-Backoff* (IBO) als Verhältnis von maximaler Ausgangsamplitude zum Effektivwert des Eingangssignals.

$$\mathrm{IBO_{dB}} = 20 \cdot \log_{10}\left(\frac{\max\{|s_{\mathrm{out}}(t)|\}}{\sqrt{\mathrm{E}\{|s_{\mathrm{in}}(t)|^2\}}}\right) \tag{16.4.2}$$

Je größer dieser Wert ist, desto geringer ist der Wirkungsgrad des Verstärkers.

Außerbandstrahlung. Nichtlineare Verzerrungen führen zur Erhöhung der Fehlerrate am Empfänger. Im Allgemeinen ist dieser Einfluss jedoch nicht übermäßig stark; weitaus gravierender ist die aus der Verzerrung resultierende Verbreiterung des Sendespektrums, die sogenannte *Außerbandstrahlung.* Wir betrachten dieses Phänomen anhand einiger [Sch01] entnommener Simulationsergebnisse, denen die drei Verstärkertypen gemäß Bild 16.4.6 zugrundeliegen. Die OFDM-Daten orientieren sich am HIPERLAN/2-Standard: Die Kernsymboldauer beträgt $T_S = 3,2\mu$s, der Subträger-Abstand ist also $1/T_S = 312,5$ kHz. Mit $N = 52$ Subträgern ergibt sich eine Bandbreite von 16,56 MHz, also 8,3 MHz zu beiden Seiten der Trägerfrequenz. Die sendeseitige IFFT sieht eine Überabtastung um den Faktor vier vor ($N_{\mathrm{FFT}} = 256$); zur Spektralformung werden im Zeitbereich Kosinus-roll-off-Flanken mit Überlappungsflanken von $T_c = 200$ns eingesetzt, was einem Roll-off-Faktor von $r_c = 0,0625$ entspricht. Als Modulationsverfahren wird 16-QAM verwendet. **Bild 16.4.7** zeigt die Leistungsdichtespektren an den Ausgängen der drei Verstärker-Typen in der äquivalenten Tiefpasslage [Sch01].

Beim geringsten IBO von 3 dB, also bei der maximalen Aussteuerung der Verstärker, ergeben sich die stärksten Verzerrungen. Die vom HIPERLAN-Standard vorgeschriebene spektrale Maske (siehe Bild 16.6.1, Seite 629) ist in diesem Falle bei allen drei Verstärker-Varianten verletzt. Reduziert man die Aussteuerung bis auf einen IBO von 9 dB, so werden die Linearitätsanforderungen erfüllt; andererseits arbeitet der Verstärker dann in einem sehr ungünstigen Arbeitspunkt: Zur Bereitstellung einer bestimmten geforderten Sendeleistung ist eine erhebliche Überdimensionierung erforderlich,

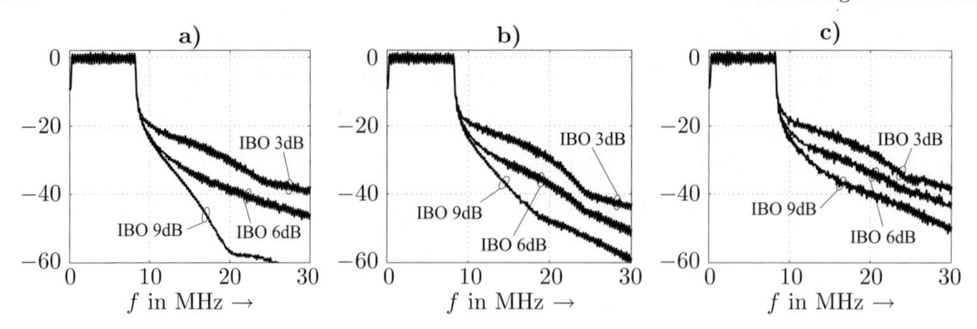

Bild 16.4.7: Leistungsdichtespektren (in dB) am Sendeverstärker-Ausgang
a) Clipping, b) Klasse-A, c) Klasse-AB-Verstärker

wodurch wiederum die Verlustleistung stark ansteigt. Zur Erhöhung der Leistungseffizienz könnten aufwändige schaltungstechnische Maßnahmen zur Verbesserung der Linearitätseigenschaften angewendet werden; in der Regel bevorzugt man jedoch den Einsatz der Methoden der digitalen Signalverarbeitung zur Spitzenwertreduktion *vor* der Verstärkung, da dies die wirtschaftlichere Lösung darstellt.

16.4.3 Verfahren zur Spitzenwertreduktion

Als Maß für die Schwankungen der Einhüllenden eines komplexen Signals $s_a(t)$ wird der *Crestfaktor* A als Verhältnis des Maximalwertes des Betrages zum Effektivwert definiert; im logarithmischen Maßstab gilt also

$$A_{\text{dB}} = 20 \cdot \log_{10}\left(\frac{\max\{|s_a(t)|\}}{\sqrt{\mathrm{E}\{|s_a(t)|^2\}}}\right). \tag{16.4.3a}$$

Für ein OFDM-Signal bestehend aus N Subträgern ergibt sich als globaler Maximalwert $\max\{A_{\text{dB}}\} = 10 \cdot \log_{10}(N)$. Stattdessen kann man aber auch den Crestfaktor für jedes OFDM-Symbol separat bestimmen:

$$A_{\text{dB}} = 10 \cdot \log_{10}\left(\frac{\max\{|s_a(kT_{\text{A}})|^2\}}{\frac{1}{N}\sum_{k=0}^{N-1}|s_a(kT_{\text{A}})|^2}\right). \tag{16.4.3b}$$

Die größte Schwierigkeit hierbei besteht in der sicheren Erfassung des Maximalwertes. Hierzu reicht im Allgemeinen die Analyse des IDFT-Ausgangssignals nicht aus, da die Spitzenwerte zwischen den Abtastwerten liegen können; es muss vielmehr eine *Interpolation* durchgeführt werden. Je höher der Interpolationsfaktor ist, desto sicherer kann der Spitzenwert detektiert werden – erfahrungsgemäß liegt dieser Faktor bei vier und höher. **Bild 16.4.8** zeigt das prinzipielle Blockschaltbild einer Anordnung zur Crestfaktorreduktion. Am IDFT-Ausgang erfolgt zunächst eine Abtastraten-Erhöhung durch einen digitalen Interpolator [Fli93, KK09]; danach wird die Crestfaktorreduktion nach einem der nachfolgend aufgeführten Algorithmen durchgeführt. Nach der Digital-Analog-Umsetzung erfolgt die Verstärkung durch den HPA (High Power Amplifier).

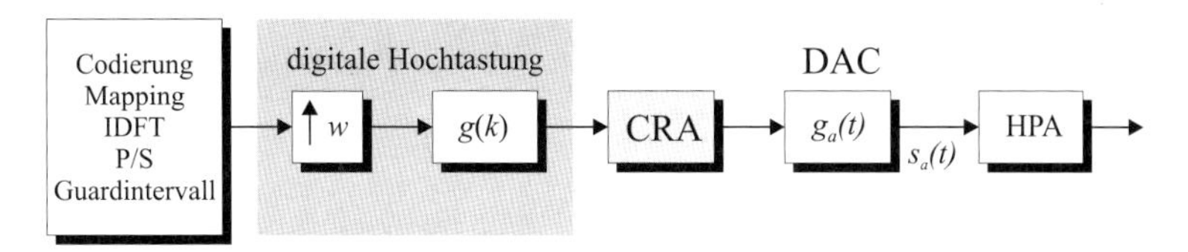

Bild 16.4.8: Sendestufe mit Crestfaktorreduktions-Algorithmus (CRA)
(DAC $\triangleq$ Digital-Analog-Converter, HPA $\triangleq$ High Power Amplifier)

Multiplikative Crestfaktorreduktion. In [Pau99] wurde ein multiplikatives Korrekturverfahren vorgeschlagen, das mit BERC (Bandwidth Efficient Reduction of the Crestfactor) bezeichnet wurde. **Bild 16.4.9** gibt das Prinzip wieder.

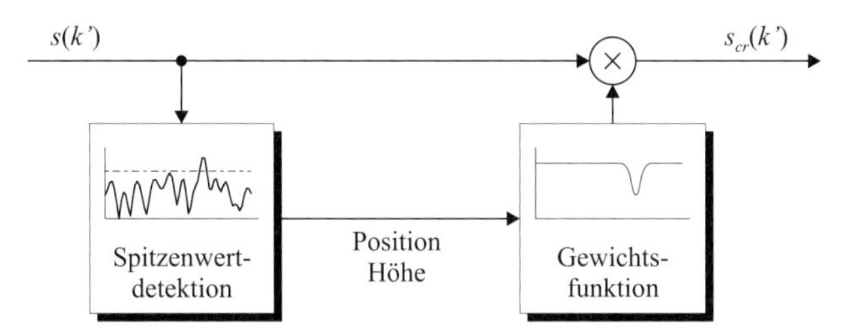

Bild 16.4.9: Prinzip des BERC-Verfahrens

Dabei wird zunächst eine Detektion der Position und der Höhe von Spitzenwerten durchgeführt; danach erfolgt eine multiplikative Korrektur im Bereich der Signalspitzen durch Multiplikation mit speziellen Gewichtsfunktionen der Form

$$g_w(k) = 1 - \sum_{\ell} a_\ell \, e^{-(k-k_\ell)^2/K_{\mathrm{BERC}}}; \tag{16.4.4}$$

k_ℓ gibt die Position des ℓ-ten Spitzenwertes an, der Koeffizient a_ℓ hängt von der Höhe dieser Spitze ab und mit K_{BERC} lässt sich die Breite der Korrekturimpulse steuern. **Bild 16.4.10** zeigt ein [Sch01] entnommenes Simulationsbeispiel zum BERC-Verfahren: Teilbild a demonstriert die Spitzenwert-Detektion und Teilbild b zeigt die Einhüllende des durch die Impulse (16.4.4) korrigierten OFDM-Signals, deren Konstanz erheblich verbessert wurde. Das BERC-Verfahren gehört zur Klasse der *störungsbehafteten Algorithmen*, da durch die multiplikative Korrektur des Sendesignals Verzerrungen entstehen, die am Empfänger zu Fehlentscheidungen führen können. Bei entsprechender Wahl der Parameter sind diese Auswirkungen jedoch gering [Pau99].

Additive Crestfaktorreduktion. Auch dieses in [MR97] vorgeschlagene Verfahren gehört zur Klasse der störungsbehafteten Algorithmen. Im Unterschied zum BERC-Verfahren sieht es eine additive Korrektur vor. **Bild 16.4.11** zeigt das Grundprinzip. Als Korrekturimpulse werden si-Impulse verwendet.

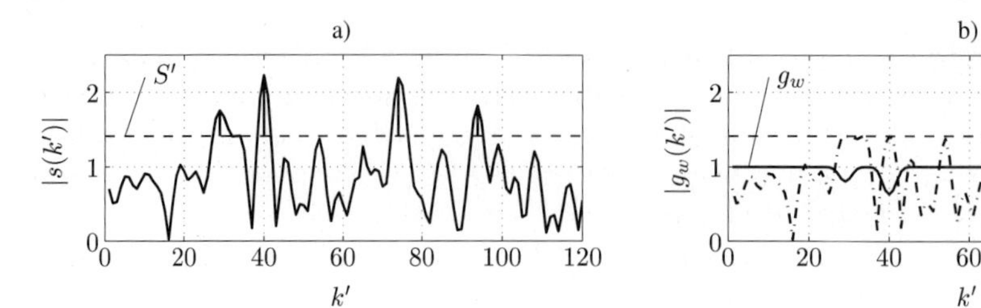

Bild 16.4.10: Simulationsbeispiel zum BERC-Verfahren
a) Spitzenwert-Detektion, b) korrigiertes Signal

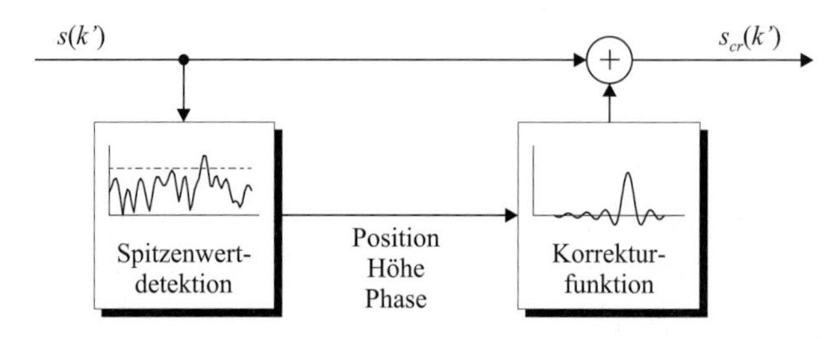

Bild 16.4.11: Prinzip der additiven Crestfaktorreduktion

Störungsfreie Spitzenwertreduktion. Die nachträgliche Manipulation des OFDM-Signals zur Unterdrückung von Spitzenwerten hat den Nachteil, dass der Entscheidungsprozess am Empfänger beeinträchtigt werden kann; durch geeignete Wahl der Parameter muss dafür gesorgt werden, dass diese Einflüsse gering bleiben. Prinzipiell günstiger sind störungsfreie Verfahren, bei denen solche Spitzenwerte erst gar nicht entstehen. Diese Verfahren greifen in die Codierung oder in den Modulationsprozess ein: So werden z.B. in [Hin97] *komplementäre Blockcodes* vorgeschlagen, welche die Quelldaten so auf die codierten Symbole abbilden, dass sich ein möglichst geringer Crestfaktor ergibt. Das Problem dieses Verfahrens besteht darin, für größere Subträgeranzahl geeignete Codes zu finden[10].

Ein alternatives Verfahren ist das so genannte *Selected Mapping* [MW00], bei dem der Sendesymbolvektor $\mathbf{d}(i) = [d_0(i), \cdots, d_{N-1}(i)]^T$ vor der IDFT mit einem ausschließlich aus komplexen Drehfaktoren bestehenden Vektor $\mathbf{P}^\mu = [P_0^\mu, \cdots, P_{N-1}^\mu]$ punktweise multipliziert wird. Der Vektor $\mathbf{P}^\mu$ wird aus einem endlichen Ensemble derart ausgewählt, dass sich für das veränderte OFDM-Signal ein minimaler Crestfaktor ergibt. Die Auswahl des Phasenvektors ist datenabhängig und muss daher dem Empfänger für jedes Symbol übermittelt werden. Nachteil dieses Verfahrens ist der erhebliche Rechenaufwand, der in der Auffindung des für jedes individuelle OFDM-Symbol optimalen Vektors $\mathbf{P}^\mu$ liegt.

In [Sch01] wurde das Verfahren der *Adaptiven Subträger Selection* (ASuS) entwickelt, das die klassische Kanalcodierung durch eine einfache Form der adaptiven Modulation ersetzt. Ist am Sender die Kanalübertragungsfunktion bekannt, so kann eine gezielte Aus-

[10]In [Hin97] wurden Codes für 16 Unterträger bei 8-PSK angegeben.

wahl derjenigen Subträger erfolgen, über die Daten übertragen werden, während solche Subträger, die den Empfänger nur mit geringer Leistung erreichen, nicht belegt werden. Legt man eine bestimmte Belegungsrate R_{sub} fest, so ist die Übertragungsqualität vergleichbar mit einem Faltungscode gleicher Coderate. Die nicht benutzten Subträger können nun, da sie am Empfänger nicht ausgewertet werden, sendeseitig so belegt werden, dass sich ein minimaler Crestfaktor ergibt. In [Sch01, SK98] wird hierfür ein recheneffizienter, iterativer Algorithmus angegeben. In **Bild 16.4.12** wird die Wirkung des ASuS-Algorithmus mit Spitzenwertreduktion demonstriert: Teilbild a zeigt das ursprüngliche OFDM-Signal, während in Teilbild b die Spitzenwerte nach 9 Iterationen fast ausschließlich unterhalb des vorgegebenen Maximalwertes (1,4) bleiben. Die Trägerbelegungsrate ist in diesem Beispiel 1/2 ($N = 64,\ N_{\text{sub}} = 32$).

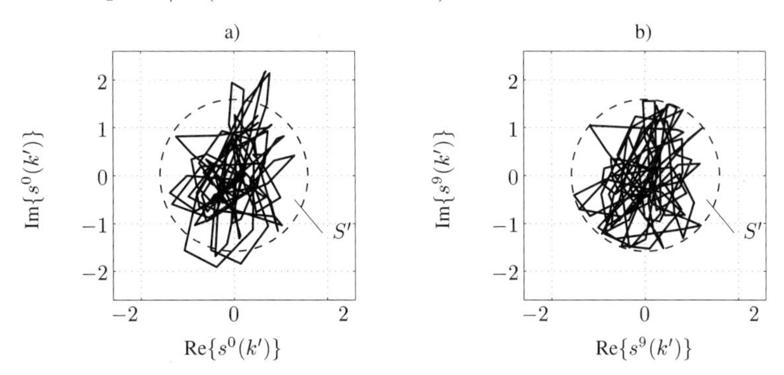

Bild 16.4.12: Komplexes OFDM-Signal
a) vor der Spitzenwertreduktion, b) Spitzenwertreduktion nach 9 Iterationen

Abschließend ist anzumerken, dass alle hier angesprochenen störungsfreien Algorithmen in den Codierungs- oder Modulationsprozess eingreifen. Zu festgelegten Standards wie z.B. HIPERLAN/2 bzw. IEEE 802.11a sind sie somit nicht kompatibel und daher nicht einsetzbar.

16.5 Mehrträger-Systeme mit weicher Impulsformung

16.5.1 Intersymbol- und Intercarrier-Interferenz

Das allgemeine Blockschaltbild eines Mehrträgersystems nach **Bild 16.1.2** auf Seite 584 ist nicht auf eine rechteckförmige Impulsantwort, also OFDM, festgelegt. Prinzipiell können für Sende- und Empfangsfilter beliebige Impulsformen $g_S(t)$ und $g_E(t)$ eingesetzt werden. Die Realisierung eines solchen verallgemeinerten Mehrträgersystems ist sehr effizient mit Hilfe so genannter *Polyphasen-Filterbänke* möglich, die im Kern wieder eine

IDFT bzw. DFT enthalten; bezüglich solcher Strukturen wird z.B. auf [Fli93, Mer10] verwiesen. Das Mehrträger-Sendesignal lautet

$$s_{\mathrm{MC}}(t) = \sum_{n=0}^{N-1} \sum_{\ell=-\infty}^{\infty} d_n(\ell)\, g_S(t - \ell T_S)\, e^{j2\pi f_n t}. \tag{16.5.1}$$

Als Ausgangssignal des m-ten Empfangstiefpasses erhält man unter der Annahme eines idealen Übertragungskanals

$$x_m(t) = \sum_{n=0}^{N-1} \sum_{\ell=-\infty}^{\infty} d_n(\ell) \left\{ \left[g_S(t - \ell T_S)\, e^{j2\pi \Delta f_{n,m} t} \right] * g_E(t) \right\} \tag{16.5.2a}$$

mit den Definitionen der Differenzfrequenzen

$$\Delta f_{n,m} = f_n - f_m = (n - m)\, \Delta f. \tag{16.5.2b}$$

Der in (16.5.2a) in geschweiften Klammern stehende Faltungsausdruck ist ausgeschrieben

$$\int_{-\infty}^{\infty} g_S(\tau - \ell T_S) e^{j2\pi \Delta f_{n,m} \tau}\, g_E(t - \tau) d\tau = \int_{-\infty}^{\infty} g_S(\tau') e^{j2\pi \Delta f_{n,m}(\tau' + \ell T_S)} g_E(t - \ell T_S - \tau') d\tau'$$

$$= e^{j2\pi \Delta f_{n,m} \ell T_S} \int_{-\infty}^{\infty} g_S(\tau') e^{j2\pi \Delta f_{n,m} \tau'}\, g_E(t - \ell T_S - \tau') d\tau'.$$

Damit lautet (16.5.2a)

$$x_m(t) = \sum_{n=0}^{N-1} \sum_{\ell=-\infty}^{\infty} d_n(\ell)\, e^{j2\pi \Delta f_{n,m} \ell T_S}\, g_{n,m}(t - \ell T_S), \tag{16.5.3}$$

wobei die Definition der Übersprech-Impulsantwort vom Subkanal-Eingang n auf Ausgang m

$$g_{n,m}(t) = \int_{-\infty}^{\infty} g_S(\tau)\, e^{j2\pi \Delta f_{n,m} \tau}\, g_E(t - \tau)\, d\tau \tag{16.5.4}$$

eingeführt wurde. Für diese Impulse gelten folgende Symmetriebeziehungen

$$\begin{aligned}
g_{m,m}(t) &= g_{0,0}(t), && 0 \le m \le N-1 \\
g_{m+\lambda,\, m}(t) &= g_{\lambda,\, 0}(t), && 0 \le \lambda \le N-1-m \\
g_{m-\lambda,\, m}(t) &= g_{-\lambda,\, 0}(t) = g^*_{\lambda,\, 0}(t), && \begin{cases} 1 \le \lambda \le m & \text{für } m < \frac{N}{2} \\ 1 \le \lambda \le N-1-m & \text{für } m \ge \frac{N}{2}. \end{cases}
\end{aligned} \tag{16.5.5}$$

Setzt man in (16.5.3) $t = iT_S$, so erhält man das in **Bild 16.5.1** dargestellte Symboltaktmodell für den m-ten Ausgang des allgemeinen Mehrträgersystems.

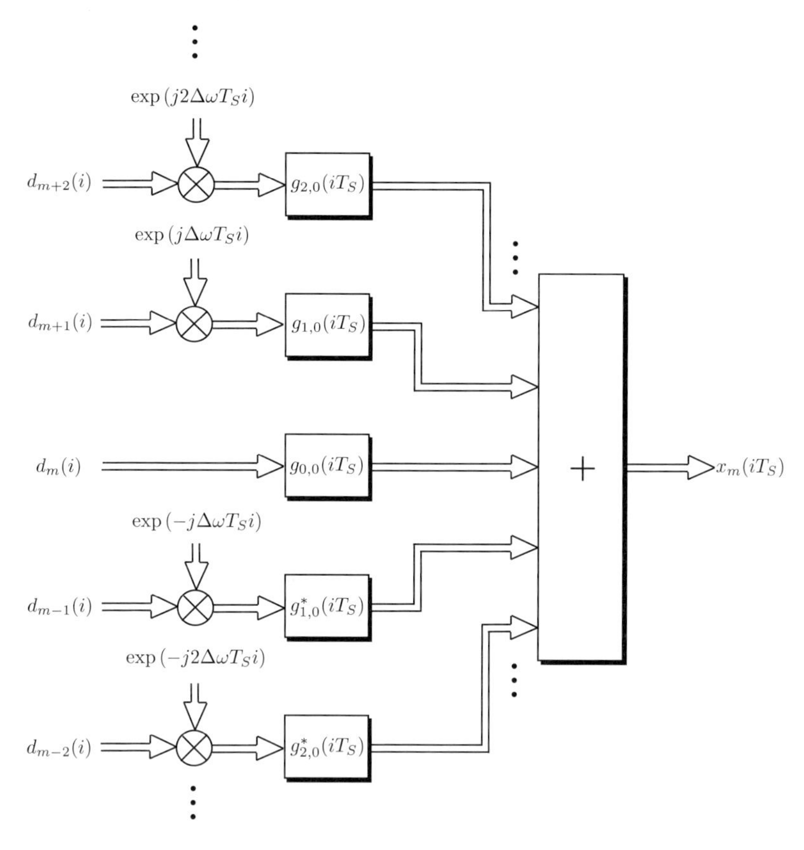

Bild 16.5.1: Symboltaktmodell für den m-ten Ausgang eines Mehrträgersystems

Soll das Mehrträger-Übertragungssystem ISI- und ICI-frei sein, so muss für die Übersprechimpulse folgende verallgemeinerte Nyquistbedingung gelten:

$$g_{m,m}(\ell T_S) = \begin{cases} 1 & \text{für } \ell = 0 \\ 0 & \text{sonst} \end{cases} \tag{16.5.6a}$$

$$g_{n,m}(\ell T_S) = 0 \quad \text{für } n \neq m. \tag{16.5.6b}$$

Sind diese Bedingungen nicht erfüllt, so kommt es zu Fehlereinflüssen, die sich in *Intersymbol-Interferenz* (ISI) und *Intercarrier-Interferenz* (ICI) unterteilen lassen.

$$\Delta x_m^{\mathrm{ISI}}(iT_S) = \sum_{\ell \neq i} d_\mu(\ell) g_{m,m}((i-\ell)T_S) \tag{16.5.7a}$$

$$\Delta x_{n,m}^{\mathrm{ICI}}(iT_S) = \sum_{n \neq m} \sum_{\ell} d_n(\ell) e^{j(n-m)\Delta\omega \ell T_S}\, g_{n,m}((i-\ell)T_S) \tag{16.5.7b}$$

Beispiel: ICI bei einem Trägerabstand $\Delta f = 1/T_S$
Für die Sende-und Empfangsfilter werden reelle Impulsantworten eingesetzt; die

Übertragungsfunktionen sind demgemäß konjugiert gerade. Nimmt man an, dass sich jeweils nur die *direkt benachbarten* Spektren überlappen[11] wie in **Bild 16.5.2** veranschaulicht, so vereinfacht sich das Modell in Bild 16.5.1 erheblich, indem an jedem Ausgang neben dem Hauptkanal $g_{0,0}(t)$ nur noch zwei ICI-Kanäle $g_{1,0}(iT_S)$ und $g_{-1,0}(iT_S) = g^*_{1,0}(iT_S)$ wirksam sind[12].

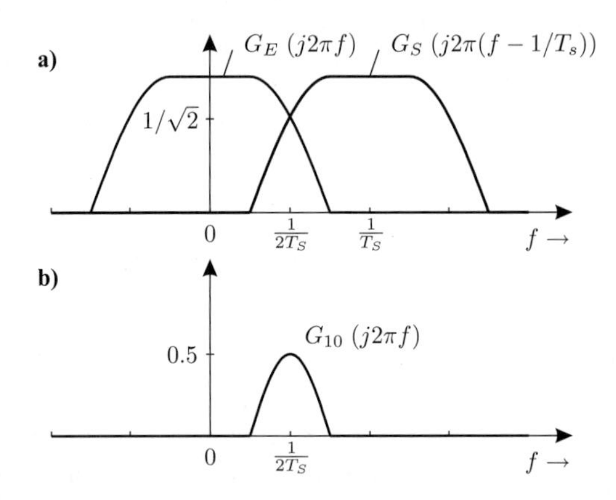

Bild 16.5.2: Übertragungsfunktion zwischen benachbarten Kanälen

Die Spektren dieser Übersprech-Impulse ergeben sich aus der Multiplikation des um $\Delta f = 1/T_S$ verschobenen Sendespektrums mit der unverschobenen Empfangsfilter-Übertragungsfunktion

$$G_{1,0}(j\omega) = G_S\big(j(\omega - \frac{2\pi}{T_S})\big) \cdot G_E(j\omega). \tag{16.5.8a}$$

Aus Symmetriegründen ist dieses Spektrum konjugiert gerade zur Frequenz $\frac{\Delta f}{2} = \frac{1}{2T_S}$, so dass man schreiben kann

$$G_{1,0}(j\omega) \triangleq \Delta G(j\big(\omega - \frac{\pi}{T_S}\big) \quad \text{mit } \Delta G(j\omega) = \Delta G^*(-j\omega). \tag{16.5.8b}$$

Das zugehörige Zeitsignal lautet mit $\Delta g(t) = \mathcal{F}^{-1}\{\Delta G(j\omega)\} \in \mathbb{R}$

$$g_{1,0}(t) = e^{j\pi t/T_S}\,\Delta g(t) = \cos(\pi t/T_S)\,\Delta g(t) + j\,\sin(\pi t/T_S)\,\Delta g(t). \tag{16.5.8c}$$

Die Imaginärteile dieser Impulsantworten erfüllen die verallgemeinerte Nyquist-Bedingung (16.5.6b), während die Realteile zwar ebenfalls Nullstellen im Abstand T_S enthalten, die jedoch um $T_S/2$ versetzt sind. Wir werden auf diese Form der Sende- und Empfangsfilter in Verbindung mit Mehrträger-Offset-QAM im nachfolgenden Abschnitt zurückkommen.

---

[11] Dies ist für die Dirichlet-Spektren eines OFDM-Signals nicht erfüllt!

[12] An den Rändern ist jeweils nur noch *ein* ICI-Kanal wirksam.

16.5.2 Orthogonales Verfahren mit Offset-QAM

Setzt man für die Sende- und Empfangsfilter jeweils Wurzel-Nyquist-Entwürfe ein, so ist in jedem Subkanal die erste Nyquistbedingung erfüllt. Bei einem Roll-off-Faktor von $r = 1$ ergibt sich für ein Einzelträgersystem eine ideale horizontale Augenöffnung – bei einem Mehrträgersystem werden zusätzlich die ICI-Störungen von jeweils zwei benachbarten Kanälen wirksam. Die ICI-Impulse bei Nyquist-Impulsformung mit einem Trägerabstand von $1/T_S$ wurden bereits im vorangegangenen Abschnitt errechnet; nach (16.5.8c) ergeben sich Übersprechimpulse mit äquidistanten Nullstellen im Abstand T_S, wobei diese Nulldurchgänge allerdings im Real- und Imaginärteil um $T_S/2$ gegeneinander versetzt sind. Aufgrund dieses Resultats ist ein ISI- und ICI-freies Mehrträgersystem dadurch zu entwerfen, dass in jedem Kanal *Real- und Imaginärteil der Daten um* $T_S/2$ *versetzt* gesendet und dementsprechend um $T_S/2$ versetzt am Empfänger abgetastet werden. Wird im Kanal m der Imaginärteil um $T_S/2$ verzögert, so ist in den Nachbarkanälen $m+1$ bzw. $m-1$ der Realteil zu verzögern usw. Das Blockschaltbild eines derartigen Offset-QAM-Mehrträgersystems zeigt **Bild 16.5.3**. Anhand der Augendiagramme im **Bild 16.5.4** (Real- und Imaginärteil eines beliebigen Empfangssignals) wird deutlich, dass mit einem Roll-off-Faktor von $r = 1$ zwar infolge von ICI-Einflüssen die ideale horizontale Augenöffnung verloren geht, dass aber eine sichere Datenentscheidung auch unter unvollkommener Symboltaktgewinnung problemlos möglich ist.

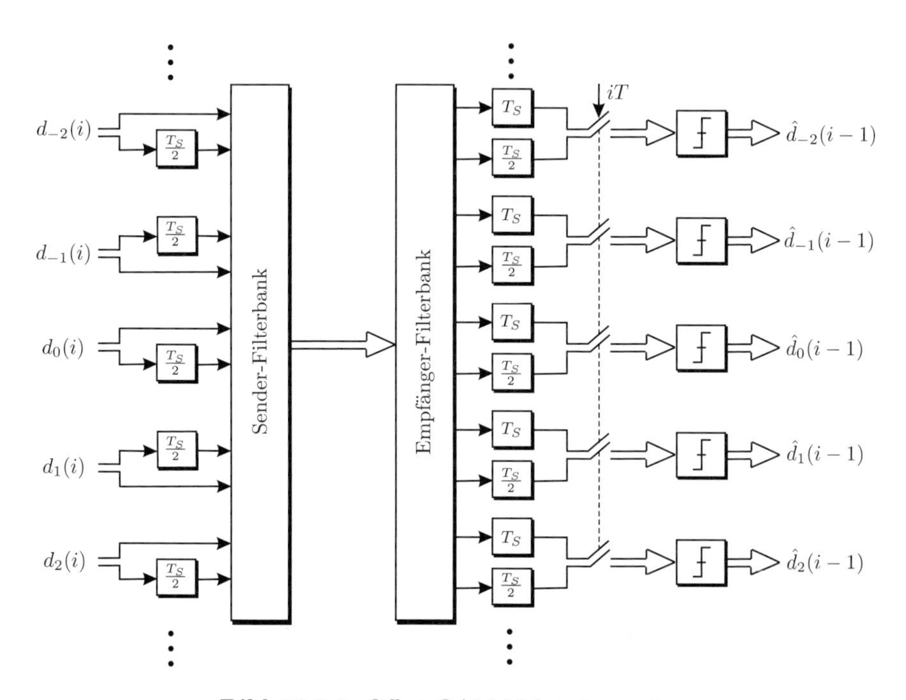

Bild 16.5.3: Offset-QAM-Mehrträgersystem

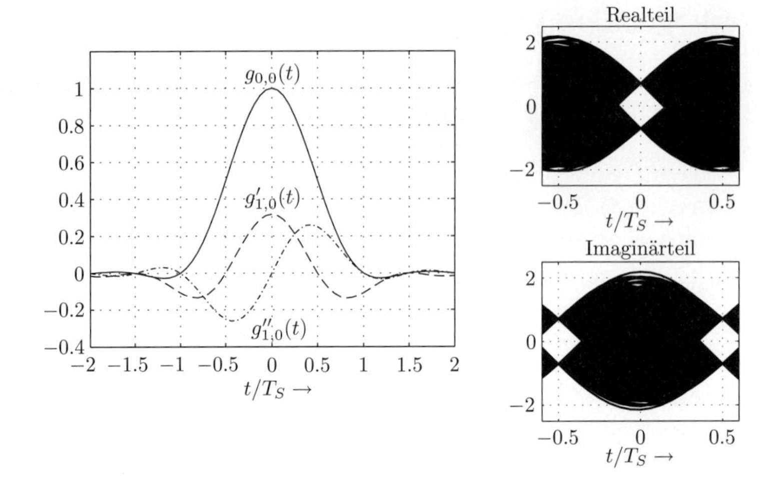

Bild 16.5.4: Elementarimpulse und Augendiagramme von Real- und Imaginärteil an einem beliebigen Ausgang der Empfangs-Filterbank

16.5.3 Nichtorthogonale Systeme mit minimalem Zeit-Bandbreiteprodukt

Den günstigsten Kompromiss bezüglich ISI und ICI erzielt man mit *zeit- und frequenzkonzentrierten* Impulsen. Das OFDM-Konzept widerspricht einem solchen Kompromiss: Die zugrundeliegenden Impulse sind einerseits streng zeitbegrenzt, andererseits breitbandig, so dass bei Überschreitung der Guard-Intervall-Länge durch die Kanalimpulsantwort ein schlagartiges Anwachsen der ICI-Einflüsse erfolgt und eine Korrektur mit vertretbarem Aufwand nicht mehr möglich ist.

Ein wirklicher Kompromiss wird mit dem Ansatz von Impulsen mit *minimalem Zeit-Bandbreiteprodukt* erreicht (siehe Abschnitt 2.2, Seite 58ff). Gemäß den Resultaten aus Abschnitt 2.2 werden für die Sende- und Empfangsfilter Gaußimpulse angesetzt – die Matched-Filter-Bedingung ist dadurch erfüllt.

$$g_S(t) = g_E(t) = \exp(-\alpha^2 (t/T_S)^2) \quad (16.5.9a)$$

$$G_S(j\omega) = G_E(j\omega) = \frac{\sqrt{\pi}\, T_S}{\alpha} \exp(-(\omega T_S)^2/4\alpha^2) \quad (16.5.9b)$$

$$\text{mit} \quad \alpha = \sqrt{\frac{2}{\ln 2}} \pi f_{3dB} T_S \quad (16.5.9c)$$

Hieraus sind geschlossen die normierten Elementarimpulse des Mehrträgersystems zu berechnen:

$$g_{m,m}(t) = \exp(-\frac{\alpha^2}{2} (t/T_S)^2) \quad \text{(ISI)} \quad (16.5.10a)$$

$$g_{m+1,m}(t) = \exp(-\frac{(\Delta\omega T_S)^2}{8\alpha^2}) \cdot \exp(-\frac{\alpha^2}{2} (t/T_S)^2) \cdot \exp(j \frac{\Delta\omega t}{2}) \quad \text{(ICI)} \quad (16.5.10b)$$

mit $\quad \Delta\omega = \omega_{m+1} - \omega_m.$

Wegen des schnellen Abfalls der Gauß-Spektren können die ICI-Impulse höherer Ordnung, d.h. $g_{m+\lambda,m}(t)$ mit $\lambda \geq 2$ vernachlässigt werden.

In **Bild 16.5.5** sind die Elementarimpulse $g_{m,m}(t)$ und $g_{m+1,m}(t)$ unter der Trägerfrequenzbedingung

$$\Delta f \cdot T_S = 1,5 \tag{16.5.11}$$

für zwei verschiedene 3-dB-Bandbreiten dargestellt. Diese beiden Beispiele demonstrieren

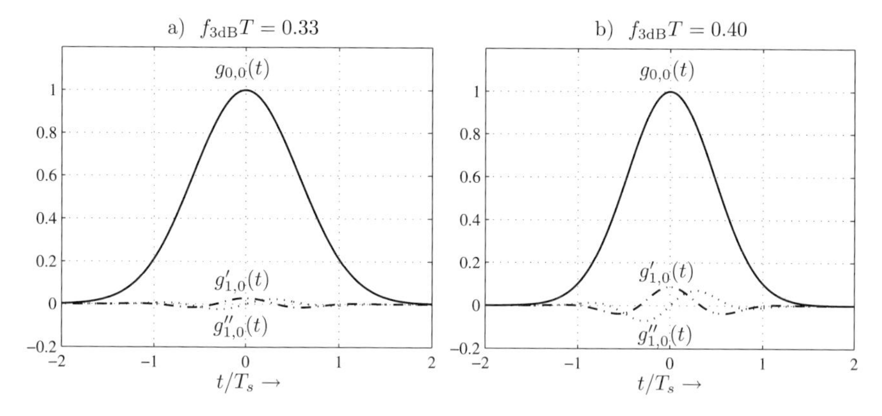

Bild 16.5.5: Elementarimpulse bei Gauß-Impulsformung

den von der Wahl von $f_{3dB}T_S$ abhängigen Kompromiss zwischen ISI und ICI: Bei kleiner Bandbreite überwiegt die Intersymbol-Interferenz, bei großer Bandbreite die Nachbarkanalinterferenz. Nimmt man folgende Näherungen an:

$$g_{m,m}(\pm\ell T_S) \approx 0 \quad \text{für } \ell \geq 2 \tag{16.5.12a}$$

$$g_{m\pm1,m}(\pm\ell T_S) \approx 0 \quad \text{für } \ell \geq 1 \tag{16.5.12b}$$

$$g_{m\pm\lambda,m}(\pm\ell T_S) \approx 0 \quad \text{für } \lambda \geq 2, \ell = 0,1,2,\ldots, \tag{16.5.12c}$$

so gilt unter der Annahme unkorrelierter Sendedaten der Leistung eins

$$\mathrm{E}\{|\Delta x^{\mathrm{ISI}}|^2\} = [g_{0,0}(T_S)]^2 + [g_{0,0}(-T_S)]^2 = 2\,g_{0,0}^2(T_S) \tag{16.5.13a}$$

$$\mathrm{E}\{|\Delta x^{\mathrm{ICI}}|^2\} = |g_{1,0}(0)|^2 + |g_{-1,0}(0)|^2 = 2\,g_{1,0}^2(0). \tag{16.5.13b}$$

Nach Einsetzen von (16.5.10a,16.5.10b) erhält man hieraus die Gesamtfehlerleistung

$$\mathrm{E}\{|\Delta y|^2\} = 2\left[\exp(-\alpha^2) + \exp\left(-\left(\frac{\Delta\omega T_S}{2\alpha}\right)^2\right)\right]. \tag{16.5.14}$$

In **Bild 16.5.6** ist die Abhängigkeit dieser Leistung von der normierten 3-dB-Bandbreite für verschiedene Trägerabstände dargestellt.

Für das Minimum der Gesamtfehlerleistung ist ein geschlossener Ausdruck herzuleiten.

$$\frac{\partial \mathrm{E}\{|\Delta y|^2\}}{\partial \alpha} = 2\left[-2\alpha\exp(-\alpha^2) + \frac{(\Delta\omega T_S)^2}{2\alpha^3}\exp\left(-\left(\frac{\Delta\omega T_S}{2\alpha}\right)^2\right)\right] = 0 \qquad (16.5.15a)$$

Eine Lösung dieser Gleichung lautet

$$\alpha = \sqrt{\frac{\Delta\omega T_S}{2}}, \qquad (16.5.15b)$$

was durch Einsetzen in (16.5.15a) zu zeigen ist. Mit der Definitionsgleichung (16.5.9c) ergibt sich hieraus

$$[f_{3dB}T_S]_{\min} = \sqrt{\frac{\ln 2}{2\pi}\Delta f \cdot T_S}. \qquad (16.5.16)$$

Unter dieser 3-dB-Bandbreite erhält man die minimale Gesamtfehlerleistung; Bild 16.5.6 veranschaulicht dieses Ergebnis. An den Minimalstellen der Gesamtleistung sind ISI- und ACI-Leistung gleich – man zeigt dies durch Einsetzen von (16.5.16) in (16.5.13a,b).

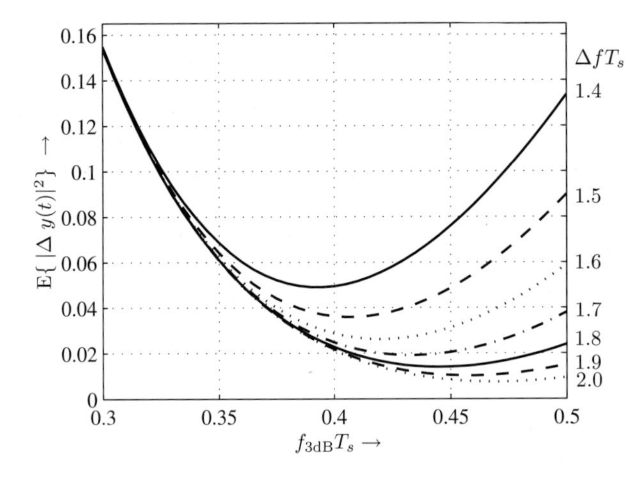

Bild 16.5.6: Gesamtfehlerleistung (ISI+ICI) bei Gauß-Impulsformung

Der hergeleitete optimale Kompromiss zwischen ISI und ICI führt nicht zum minimalen Realisierungsaufwand des Empfängers: Mit der Wahl der Bandbreite gemäß (16.5.16) wird die gesamte Fehlerleistung gleichmäßig auf ISI und ICI verteilt, womit zur Beseitigung dieser Einflüsse ein *zweidimensionaler Viterbi-Detektor* einzusetzen ist. Reduziert man im Gegensatz hierzu die 3-dB-Bandbreite so weit, dass die spektrale Überlappung vernachlässigt werden kann, so genügt ein eindimensionaler Viterbi zur Beseitigung der ISI – wir bezeichnen ein solches System als *ISI-System*. Umgekehrt kann aber auch die 3-dB-Bandbreite erhöht werden, um zeitliche Überlappungen, also ISI zu vermeiden. In dem Falle ist eine eindimensionale Viterbi-Detektion im Frequenzbereich durchzuführen (*ICI-System*). Der Realisierungsaufwand der ISI- oder ICI-Systeme kann gegenüber dem zweidimensionalen Konzept beträchtlich reduziert werden; letzteres weist andererseits das günstigste Übertragungsverhalten auf. Systematische Untersuchungen unter Mobilfunk-Bedingungen wurden in [Sch96a, Mat98] durchgeführt.

Der prinzipielle Nachteil der Gauß-Impulsformung gegenüber dem OFDM-System besteht darin, dass auch unter idealen Kanalbedingungen eine ISI- (bzw. ICI-) Korrektur durch Viterbi-Detektion erforderlich ist. Unter ungünstigen Kanalbedingungen versagt jedoch das OFDM-Verfahren vollständig, nämlich dann, wenn die Echolaufzeiten die Länge des Guard-Intervalls überschreiten. Einer Verlängerung des Guard-Intervalls sind durch die Zeitselektivität prinzipielle Grenzen gesetzt, wie im vorangegangenen Abschnitt erläutert wurde. Demgegenüber bleibt das System mit Gauß-Impulsformung auch unter stark frequenzselektiven Verhältnissen einsatzfähig, wenn die Komplexität des Viterbi-Detektors den Kanaleigenschaften angepasst wird.

16.6 Drei Beispiele zur OFDM-Übertragung

16.6.1 Die WLAN-Systeme IEEE 802.11a und HIPERLAN/2

Zur schnellen drahtlosen Datenübertragung innerhalb von Gebäuden (WLAN, Wireless Local Area Network) wurde im Jahre 2000 der europäische HIPERLAN/2-Standard verabschiedet [ETS00, vNAM$^+$99, Joh99]. In der physikalischen Schicht ist er weitgehend identisch mit dem IEEE 802.11a; letzterer wird sich auch in Europa vermutlich gegenüber HIPERLAN durchsetzen. Die beiden Verfahren basieren auf der OFDM-Technik; HIPERLAN/2 verwendet ein TDMA-Konzept (Time Division Multiple Access) in Verbindung mit der TDD-Technik (Time Division Duplex) – Uplink und Downlink liegen also im gleichen Frequenzband.

In Europa stehen für HIPERLAN/2 (bzw. IEEE 802.11a) 19 Frequenzbänder im 5 GHz-Bereich zur Verfügung; die Mittenfrenzen haben jeweils einen Abstand von 20 MHz und liegen bei

$$f_0 = 5180,\ 5200, \cdots 5320 \quad \text{und} \quad 5500,\ 5520,\ \cdots, 5700\,\text{MHz}.$$

In jedem Band muss die in **Bild 16.6.1** wiedergegebene Maske für die spektrale Leistungsdichte eingehalten werden. Dies spielt insbesondere in Hinblick auf die in Abschnitt 16.4.1 diskutierte spektrale Formung des Sendesignals sowie in Bezug auf die Außerbandstrahlung infolge von Nichtlinearitäten des Sendeverstärkers (Abschnitt 16.4.2) eine große Rolle. Besondere Maßnahmen wie z.B. die Verwendung von Kosinus-roll-off-Flanken im Zeitbereich oder der Einsatz von Verfahren zur Spitzenwertreduktion werden vom Standard nicht vorgeschrieben; es bleibt den Herstellern überlassen, wie die vorgegebene spektrale Maske eingehalten werden kann.

OFDM-Parameter. Die Kernsymboldauer beträgt $T_S = 3,2\,\mu$s. Für das Guardintervall wird ein Viertel der Kernsymboldauer, also $T_G = 800\,$ns, vorgesehen; diese Zeit wird von typischen Indoor-Impulsantworten nicht überschritten. Der S/N-Verlust infolge des

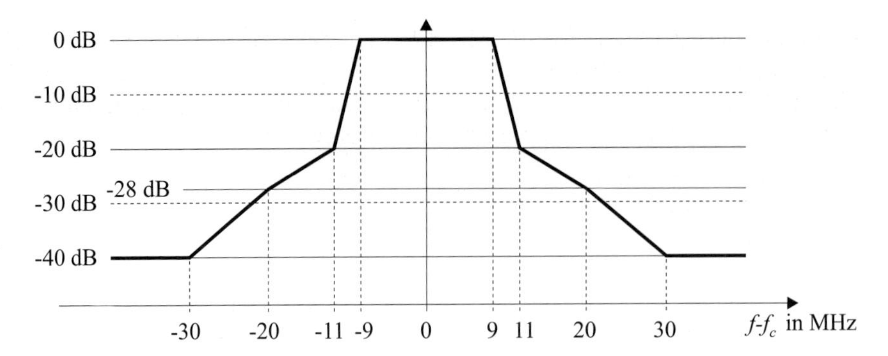

Bild 16.6.1: Maske für die normierte spektrale Leistungsdichte eines HIPERLAN/2-Kanals

Guardintervalls beträgt bei dieser Dimensionierung

$$\gamma_G^2|_{\text{dB}} = -10 \cdot \log_{10}\left(\frac{T_S}{T_S + T_G}\right) = 0,97\,\text{dB}.$$

Mit der obigen Festlegung der Kernsymboldauer ist der Trägerabstand $\Delta f = 1/T_S = 312,5\,\text{kHz}$. Es werden 52 Subträger verwendet: Wird am Sender eine 64-Punkte-DFT verwendet, so bleiben an den Rändern 5 bzw. 6 Subträger unbelegt, so dass hier ein *Guardband* für die analoge Filterung verbleibt. Ferner wird der mittlere Träger nicht moduliert, um bei direkt mischenden Empfängern dem Problem des Gleichspannungsoffsets zu begegnen. Die Bandbreite eines Kanals beträgt damit $b_{\text{HIPERLAN}} = 53 \cdot 312,5\,\text{kHz} = 16,56\,\text{MHz}$. Das Trägerbelegungsschema für den HIPERLAN/2-Standard wird in **Bild 16.6.2** veranschaulicht. Daraus kann man ent-

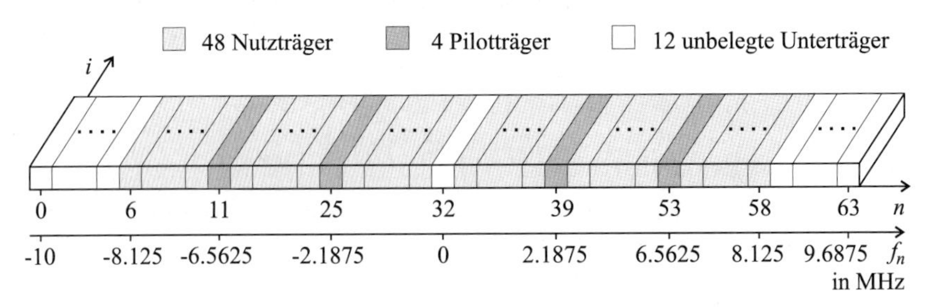

Bild 16.6.2: Subträger-Anordnung bei HIPERLAN/2

nehmen, dass unter den 52 aktiven Subträgern vier Pilotträger vorgesehen werden. Diese können jedoch nicht zur Kanalschätzung benutzt werden, da sie für eine Interpolation wesentlich zu weit auseinander liegen (siehe (16.3.11b), Seite 608); sie dienen lediglich der Nachführung der Trägersynchronisation. Die Kanalschätzung wird – wie in Abschnitt 16.3.2, Seite 603ff, erläutert – auf der Basis einer aus zwei Symbolen bestehenden Präambel geschätzt. Dabei ist besonders das dort beschriebene Rauschreduktions-Verfahren für nicht vollständig belegte Subträger von Interesse.

Übertragungsmodi. Die Standards HIPERLAN/2 und IEEE 802.11a lassen verschiedene Übertragungsraten zwischen 6 und 54 Mbit/s bei verschiedenen Kanalcoderaten zu. Die Modulationsverfahren sind BPSK, QPSK, 16-QAM oder 64-QAM; als Kanalcode werden punktierte Faltungscodes der Raten $R_p = \{\frac{1}{2}, \frac{9}{16}, \frac{2}{3}, \frac{3}{4}\}$ eingesetzt. Durch entsprechende Kombinationen der Modulationsformen und Coderaten können die in **Tabelle 16.6.1** aufgeführten Übertragungsraten realisiert werden.

Tabelle 16.6.1: Übertragungsmodi von HIPERLAN/2 und IEEE 802.11a

Bitrate	Modulationsart	Coderate	Info-Bits/Symbol	nur bei
6 Mbit/s	BPSK	$R_p = \frac{1}{2}$	24	
9 Mbit/s	BPSK	$R_p = \frac{3}{4}$	36	
12 Mbit/s	QPSK	$R_p = \frac{1}{2}$	48	
18 Mbit/s	QPSK	$R_p = \frac{3}{4}$	72	
24 Mbit/s	16-QAM	$R_p = \frac{1}{2}$	96	IEEE 802.11a
27 Mbit/s	16-QAM	$R_p = \frac{9}{16}$	108	HIPERLAN/2
36 Mbit/s	16-QAM	$R_p = \frac{3}{4}$	144	
48 Mbit/s	64-QAM	$R_p = \frac{2}{3}$	192	IEEE 802.11a
54 Mbit/s	64-QAM	$R_p = \frac{3}{4}$	216	

Rahmenaufbau. Wie bereits erwähnt sieht HIPERLAN/2 ein TDMA-Schema vor, wobei Up- und Downlink das gleiche Frequenzband nutzen (TDD). Die Übertragung findet in Bursts statt, die – im Gegensatz zu GSM (siehe Bild 14.3.1 auf Seite 553) – von unterschiedlicher Länge sein können. Jedem Burst ist eine Präambel vorangestellt; neben den beiden Trainingssymbolen für die Kanalschätzung enthält diese einen 8 μs langen Block für die adaptive Leistungskontrolle (AGC, Automatic Gain Control) und die Grobsynchronisation. Um Verzerrungen der nachfolgenden beiden Trainingssymbole zu vermeiden, wird ein doppelt so langes Guardintervall (CP, Cyclic Prefix) eingefügt. **Bild 16.6.3** zeigt den Aufbau eines HIPERLAN-Burst.

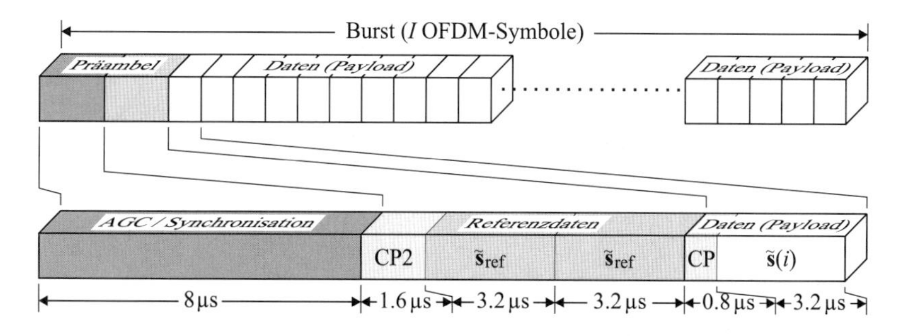

Bild 16.6.3: Burst-Struktur bei HIPERLAN/2

Das MAC-Protokoll[13] sieht die Wiederholung des gesamten Rahmens vor, falls dieser fehlerhaft ist (ARQ, Automatic Repeat on Request). Dabei spielt es keine Rolle, ob der Rahmen nur einen oder mehrere Fehler enthält: Das entscheidende Maß ist also die *Paketfehlerrate* (PER, Package Error Rate). Aufgrund des ARQ lässt sich folgende einfache Näherung für die *effektive Datenrate* angeben (wobei der Signalisierungsaufwand vernachlässigt wird):

$$R_{\text{eff}} = R_b \cdot (1 - P_p);$$

R_b beschreibt hierbei die Nenn-Bitrate und P_p die Paketfehlerrate. In **Bild 16.6.4b** wird die effektive Bitfehlerrate für die verschiedenen HIPERLAN/2- und IEEE-802.11a-Modi in Abhängigkeit vom S/N-Verhältnis dargestellt. Die Ergebnisse basieren auf den in Bild 16.6.4a gezeigten durch Simulation ermittelten Paketfehlerraten für den AWGN-Kanal [Sch01].

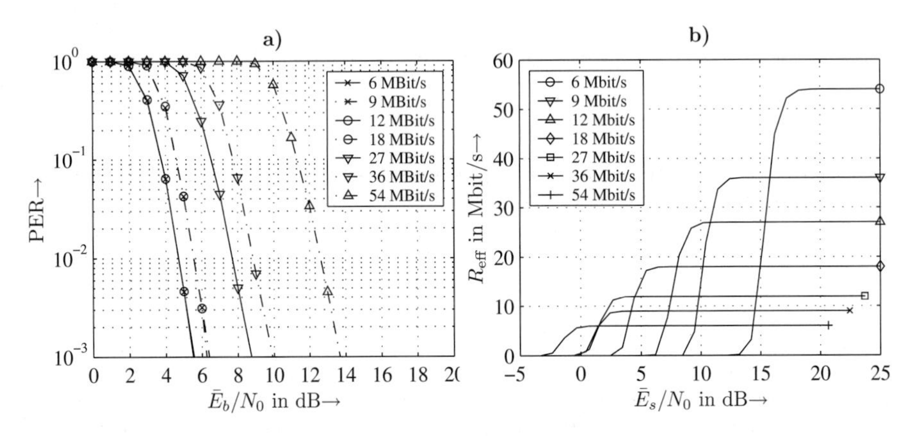

Bild 16.6.4: Paketfehlerrate (a) und effektive Bitraten (b) bei HIPERLAN und IEEE 802.11a für den AWGN-Kanal

Für den 6-Mbit/s-Mode wird die Nenn-Bitrate beim geringsten S/N-Grenzwert erreicht; bei Erhöhung der Bitrate verschiebt sich der Grenzwert zunehmend nach oben, da höherstufige Modulationsverfahren und schwächere Codes verwendet werden. Eine Ausnahme bildet der 9-Mbit/s-Mode, dessen effektive Coderate für alle S/N-Verhältnisse unterhalb des 12-Mbit/s-Modes liegt. Somit ist der 9-Mbit/s-Mode eigentlich überflüssig, da er bei jedem S/N-Verhältnis durch den höherratigen Mode ersetzt werden kann. Die Aussage muss allerdings insofern eingeschränkt werden, als die idealisierten Voraussetzungen eines AWGN-Kanals zugrunde liegen; Kanalschätzung, Synchronisation und weitere Einflüsse wie Nichtlinearitäten etc. wurden nicht berücksichtigt.

[13]Medium Access Control

16.6.2 DAB und DVB-T

DAB. Das Konzept für den europäischen digitalen Hörrundfunk *Digital Audio Broadcasting (DAB)* wurde 1995 vom ETSI (European Telecommunications Standards Institute) verabschiedet [ETS95, ETS01b]. Dabei handelt es sich um die erste Anwendung von OFDM im Rahmen eines Mobilfunk-Standards. Es war ein vorrangiges Ziel, ein sogenanntes *Gleichwellennetz* zu realisieren, in dem im gesamten Versorgungsgebiet die gleichen Trägerfrequenzen benutzt werden. Dies bedeutet eine besondere Herausforderung in Bezug auf die Beherrschung frequenzselektiver Kanäle, da sich in Grenzbereichen zwischen zwei Sendestationen zwei gleich starke Signale mit hoher Laufzeitdifferenz überlagern können. Unter der Anwendung von OFDM erfordert dies entsprechend hohe Guardzeiten, was wiederum ungünstig in Hinblick auf zeitvariante Einflüsse ist.

Um verschiedene Übertragungs-Szenarien abzudecken, wurden vier verschiedene Modi festgelegt, deren wichtigste Parameter in Tabelle 16.6.2 aufgeführt sind.

Tabelle 16.6.2: Übertragungsmodi von DAB

	Mode I	Mode II	Mode III	Mode IV
Subträgeranzahl	1536	384	192	768
Kernsymboldauer	1 ms	250 μs	125 μs	500 μs
Guardintervall	246 μs	$61,5\,\mu$s	$30,8\,\mu$s	123 μs
Subträger-Abstand	1 kHz	4 kHz	8 kHz	2 kHz
Bandbreite	1,536 MHz	1,536 MHz	1,536 MHz	1,536 MHz
Trägerfrequenz	< 375 MHz	$< 1,5$ GHz	< 3 GHz	$< 1,5$ GHz
Sender-Distanz	< 96 km	< 24 km	< 12 km	< 48 km

Der *Mode I* enthält ein besonders langes Guardintervall, ist also für die Versorgung großflächiger Gebiete mit entsprechend großer Dauer der Kanalimpulsantwort vorgesehen. Aufgrund der langen Symbole ist dieser Mode empfindlich gegenüber Dopplereinflüssen; da die Dopplerbandbreite proportional zur Trägerfrequenz ist, muss diese eingeschränkt werden: Sie darf die obere Grenze von 375 MHz nicht überschreiten – der Mode I ist also nur im VHF-Band einsetzbar (vgl. Tabelle 6.2.2 auf Seite 188). Für den *Mode II* wird eine reduzierte Guarddauer vorgesehen, die aber in vielen typischen Situationen ausreicht. Das Verfahren ist robuster gegenüber der Zeitvarianz des Kanals, weshalb Trägerfrequenzen bis zu 1,5 GHz einsetzbar sind (VHF/UHF und L-Band). Der *Mode III* ist vornehmlich für die Satellitenübertragung vorgesehen, weil dort wegen der Line-of-Sight-Verbindungen relativ kurze Kanalimpulsantworten zu erwarten sind. Der *Mode IV* schließlich liegt zwischen Mode I und Mode II; er wurde nachträglich in den Standard aufgenommen und trägt den besonderen Anforderungen des kanadischen Rundfunks Rechnung. In Tabelle 16.6.2 sind in der letzten Zeile noch die räumlichen Maximal-Abstände der Sendestationen eingetragen. Sie ergeben sich aufgrund der Forderung eines Gleichwellennetzes, womit sich in der Mitte zwischen zwei Stationen die maximalen Längen der Kanalimpulsantworten einstellen.

Als Modulationsverfahren wird in allen drei DAB-Modi DQPSK verwendet. Für die Empfänger ist eine inkohärente Demodulation vorgesehen, so dass eine Kanalschätzung nicht erforderlich ist. Als Kanalcode werden ratenkompatible punktierte Faltungscodes (RCPC, Rate Compatible Punctured Convolutional Code) eingesetzt [Hag88], die eine flexible Anpassung des Fehlerschutzes an verschiedene Anwendungen und für unterschiedliche physikalische Übertragungsbedingungen erlauben. Es wird ein Interleaving in Zeit- und Frequenzrichtung durchgeführt. Nähere Einzelheiten zur Codierung sowie Simulationsergebnisse für Bitfehlerraten findet man z.B. in [SL05].

DVB-T. Der Standard für das digitale Fernsehen *Digital Video Broadcasting (DVB)* wurde 1997 abgeschlossen [ETS97, Rei97b, ETS01a]. Es werden drei verschiedene Systeme je nach dem physikalischen Medium unterschieden: DVB-C für die Kabelversorgung, DVB-S für die Satellitenübertragung und schließlich das terrestrische DVB-T. Zurzeit wird DVB-T flächendeckend in Deutschland eingeführt; 2010 soll das analoge Fernsehen vollständig ersetzt sein.

Für das DVB-T-System sollen die gleichen Kanäle benutzt werden wie für das analoge Fernsehen, wobei aber jeder Kanal mit vier Programmen belegt wird. Dabei sind verschiedene Qualitätsstufen vorgesehen: *SDTV, Standard Definition Television, EDTV, Enhanced Definition Television,* und *HDTV, High Definition Television.* Man unterscheidet drei verschiedene Bandbreiten: 6 MHz, 7 MHz und 8 MHz. Wie auch bei DAB wurden verschiedene Modi eingeführt, die sich in der Anzahl der Subträger unterscheiden: Im *2K-Mode* werden 1705 Subträger verwendet, die den Einsatz einer 2048-Punkte FFT/IFFT erfordern, wenn man diese auf eine Zweierpotenz festlegen will. Der *8K-Mode* sieht demgegenüber 6817 Subträger vor (8192-Punkte-FFT/IFFT).

Die OFDM-Parameter sind in Tabelle 16.6.2 aufgeführt; die obere Hälfte enthält den 2K-Mode, die untere den 8K-Mode. Der Hauptunterschied zwischen beiden liegt vor allem in den Guardintervallen: Im 2K-Mode mit Längen zwischen 56 und 75 μs müssen moderate Bedingungen für die Kanalimpulsantworten gefordert werden. Da aber auch für DVB-T ein Gleichwellennetz angestrebt wird, kann es zu Problemen kommen. Diese werden mit dem 8K-Mode vermieden, da hier die Guardlängen beträchtlich erhöht werden; andererseits erfordert dieses System wegen der 8K-Punkte-IFFT/FFT einen erheblich höheren Realisierungsaufwand.

Als Modulationsverfahren sind im DVB-T-System die Alternativen 4-QAM, 16-QAM und 64-QAM vorgesehen. Die Besonderheit bei den 16- und 64-stufigen Formen besteht darin, dass nicht notwendigerweise eine Gleichverteilung der Signalpunkte wie in den konventionellen Modulationsalphabeten etwa nach Bild 9.1.2 vorgenommen werden muss. Man legt die Signalraumverteilung nach folgender Vorschrift fest:

Tabelle 16.6.3: OFDM-Parameter für DVB-T

Bandbreite	6 MHz	7 MHz	8 MHz
Subträgeranzahl	1705	1705	1705
Kernsymboldauer	299 μs	256 μs	224 μs
Guardintervall	75 μs	64 μs	56 μs
Subträger-Abstand	3,33 kHz	3,91 kHz	4,46 kHz
Subträgeranzahl	6817	6817	6817
Kernsymboldauer	1,195 ms	1,024 ms	0,896 ms
Guardintervall	299 μs	256 μs	224 μs
Subträger-Abstand	837 Hz	977 Hz	1,116 kHz

16-QAM: $d'(i) \in \{-(\alpha+2), -\alpha, \alpha, (\alpha+2)\}$

$$d''(i) \in \{-(\alpha+2), -\alpha, \alpha, (\alpha+2)\}; \quad \sigma_D^2 = 2(\alpha^2 + 2\alpha + 2)$$

64-QAM: $d'(i) \in \{-(\alpha+6), -(\alpha+4), -(\alpha+2), -\alpha, \alpha, (\alpha+2), (\alpha+4), (\alpha+6)\}$

$$d''(i) \in \{-(\alpha+6), -(\alpha+4), -(\alpha+2), -\alpha, \alpha, (\alpha+2), (\alpha+4), (\alpha+6)\};$$
$$\sigma_D^2 = 2(\alpha^2 + 6\alpha + 14)$$

Für α können hier die Werte 1,2 oder 4 gesetzt werden; $\alpha = 1$ entspricht dem konventionellen QAM, während für die Werte 2 und vier die Verteilungen in den vier Quadranten vom Ursprung abgerückt werden. **Bild 16.6.5** zeigt das Beispiel einer 16-QAM sowie 64-QAM-Anordnung mit $\alpha = 2$.

Diese modifizierte QAM-Definition eröffnet die Möglichkeit einer *hierarchischen Codierung*: Im Falle eines guten Kanals werden alle 16 (bzw. 64) Punkte am Empfänger ausgewertet und man erhält die vollständige Information des quellencodierten Signals. Liegt hingegen ein schlechter Kanal vor, so kann man sich lediglich auf die Detektion des *Quadranten* beschränken, in dem der empfangene Signalpunkt liegt; statt einer 4-bit-Information pro Symbol im Falle des 16-stufigen Signals erhält man nun nur 2 bit. Ist das Quellencodierungsverfahren so aufgebaut, dass der Verlust von 2 bit nach der Decodierung wohl zu einer Verschlechterung, jedoch immer noch zu einem erkennbaren Bild führt, so kann die Bildqualität im Empfänger dem momentanen Kanalzustand angepasst werden, ohne dass am Sender eine kanalabhängige Codierung vorgenommen werden muss.

Die Demodulation der höherstufigen QAM-Signale muss kohärent erfolgen. Es ist also eine Kanalschätzung durchzuführen; diese erfolgt nach dem Konzept der *Scattered Pilots* mit einer Wiener-Interpolation in Zeit- und Frequenzrichtung, die in Abschnitt 16.3.3 erläutert wurde.

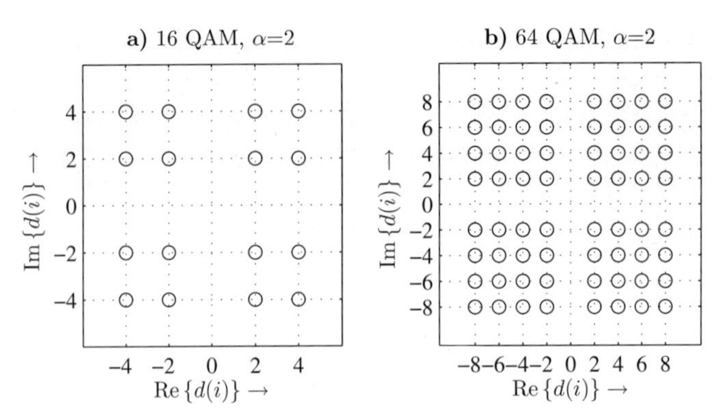

Bild 16.6.5: Modulationsalphabete für eine hierarchische Quellencodierung a) 16-QAM, $\alpha = 2$, b) 64-QAM, $\alpha = 2$

16.6.3 Long Term Evolution (LTE)

Um eine möglichst rasche Einführung des Mobilfunksystems der vierten Generation zu begünstigen, wird für das System *Long Term Evolution* (LTE), die Vorstufe eines künftigen 4G-Standards, die vorhandene HSPA-Infrastruktur genutzt. Dabei wird allerdings eine vollständig andere Technologie eingesetzt: An die Stelle von CDMA tritt nun im Downlink das Mehrträger-Verfahren OFDM[14] – als Zugriffsverfahren wird OFDMA benutzt, bei dem die Subträger den Nutzern abhängig von der momentanen Kanalsituation in flexibler Weise zugeordnet werden können. Das OFDM-Verfahren erlaubt eine feine Anpassung an den aktuellen Kanalzustand. So können etwa zur Berücksichtigung der aktuellen Frequenzselektivität in Abhängigkeit vom Delay Spread zwei verschiedene Guardintervall-Längen eingesetzt werden. Die hohe Flexibilität besteht weiterhin in der Wahlmöglichkeit verschiedener Bandbreiten, indem – bei festen Subträgerabständen – unterschiedliche Anzahlen von Subträgern festgelegt werden. Zugelassen sind Modulationsverfahren bis zu 64-QAM, wodurch sehr hohe Übertragungsraten ermöglicht werden können: Im 20 MHz-Mode, bei dem 1201 aktive Subträger benutzt werden, ergibt sich eine maximale Bitrate von

$$\frac{1}{T_{bit}} = \mathrm{ld}(M) \cdot 1201 \cdot \frac{1}{T_S} = 6 \cdot 1201 \cdot 15 \text{ kHz} = 108 \text{ Mbit/s}.$$

Der LTE-Standard sieht die Verwendung von Mehrantennen (MIMO-Systemen) vor, um auf diese Weise entweder die Übertragungsqualität durch Nutzung der Diversität zu verbessern oder mit Hilfe von räumlichem Multiplex die Übertragungsrate zu vervielfachen. In Kapitel 18 werden verschiedene Verfahren wie Space-Time-Blockcodes, Cyclic-Delay Diversity (CDD) oder Spatial Multiplexing erläutert. Alle genannten Verfahren werden im LTE-Standard vorgesehen. Setzt man z.B. ein 2×2-MIMO-System an, so kann die oben errechnete Bitrate für das 20-MHz-System auf rund 200 Mbit/s verdoppelt werden.

[14] Im Uplink werden im Gegensatz hierzu Einträgerverfahren im Frequenzmultiplex – SC-FDMA – vorgesehen.

Der Kompatibilität zu UMTS wird dadurch Rechnung getragen, dass die minimale Abtastfrequenz des OFDM-Signals[15] ($f_A = N \cdot \Delta f$ mit N = FFT-Länge, Δf = Subträger-Abstand) ein ganzzahlig Vielfaches der UMTS-Chipfrequenz von 3,84 MHz beträgt.

Die wichtigsten Parameter des LTE-Standards sind in **Tabelle 16.6.4** zusammengestellt.

Tabelle 16.6.4: OFDM-Parameter für den LTE-Downlink

Bandbreite in MHz	1,4	3	5	10	15	20
Subträgeranzahl	128	256	512	1024	1536	2048
genutzte Subträger[16]	76	151	301	601	901	1201
Abtastfrequenz in MHz	1,92	3,84	7,68	15,36	23,04	30,72
Subträger-Abstand	15 kHz					
Kernsymboldauer	$66,67\,\mu$s					
Guardintervall (kurz)	$4,69\,\mu$s					
Guardintervall (lang)	$16,67\,\mu$s					

[15] In der praktischen Realisierung wird im Sender eine Überabtastung vorgenommen, um eine Bandbegrenzung des analogen Sendesignals zu ermöglichen; siehe hierzu Abschnitt 16.4.1, Seite 613.

[16] Um die analoge Filterung des Sendesignals zu vereinfachen, bleiben Subträger an den Rändern unbelegt.

Kapitel 17

Codemultiplex-Übertragung

Die Codemultiplex-Übertragung stellt gegenüber den klassischen Verfahren des Frequenz- und Zeitmultiplex ein grundsätzlich neues Prinzip der Kanal-Mehrfachausnutzung dar. Hier senden alle Teilnehmer gleichzeitig im gleichen Frequenzband – die Trennung der verschiedenen Signale wird durch die Kennzeichnung mit teilnehmerspezifischen Pseudo-Zufallsfolgen möglich. Die Codemultiplex-Technik wird als Vielfach-Zugriffsverfahren (CDMA, *Code-Division Multiple Access*) im Mobilfunk-Standard der dritten Generation, dem UMTS (Universal Mobile Telecommunication System), verwendet.
Im ersten Abschnitt des vorliegenden Kapitels wird das grundlegende Prinzip der spektralen Spreizung erläutert. Es wird zunächst auf den Entwurf günstiger Codes zur Nutzertrennung eingegangen. Daran schließen sich einige allgemeine Betrachtungen über spezifische Probleme der CDMA-Übertragung in zellularen Netzen an. Abschnitt 17.2 behandelt die höherstufige orthogonale Modulation im Zusammenhang mit Codemultiplex-Übertragung, die insbesondere auch eine einfache inkohärente Demodulation erlaubt. Der Abschnitt 17.3 ist der Codemultiplex-Übertragung über frequenzselektive Kanäle gewidmet. Als günstige Empfängerstruktur erweist sich dabei der sogenannte *Rake*-Empfänger, der sowohl in kohärenter als auch in inkohärenter Form existiert. In Abschnitt 17.4 wird die CDMA-Übertragung unter den besonderen Bedingungen von Mobilfunkkanälen behandelt. Dabei werden Ausdrücke für die Fehlerrate unter frequenzselektiven Kanälen angegeben.
Ein interessantes neues Konzept ergibt sich aus der Kombination des CDMA-Zugriffsverfahrens mit OFDM – man bezeichnet dieses als Mehrträger-CDMA (MC-CDMA). Die Grundlagen hierzu werden in Abschnitt 17.5 dargelegt. Das MC-CDMA-Verfahren ist ein zur Zeit vieldiskutierter Kandidat für die vierte Mobilfunk-Generation.
Im abschließenden Abschnitt 17.6 werden zwei vorhandene Standards vorgestellt, die auf CDMA basieren: das kohärente Downlink-Konzept für das UMTS-System und das inkohärente Uplink-Verfahren des IS-95-Standards (QUALCOMM-System).

17.1 Grundprinzip des Codemultiplex

17.1.1 Prinzip der spektralen Spreizung

Die Mobilfunksysteme der dritten Generation gründen sich auf das Codemultiplex-Zugriffsverfahren CDMA (Code Division Multiple Access). Auch einige bereits eingeführte Standards wie das amerikanische IS-95-Mobilfunksystem oder das Satellitensystem Globalstar nutzen dieses Konzept. Dabei greifen alle Teilnehmer im Unterschied zu den klassischen Multiplexverfahren *gleichzeitig* auf das *gleiche Frequenzband* zu. Die Separierung der einzelnen Signale erfolgt mit Hilfe von Pseudo-Zufallssignalen, die den Teilnehmern sendeseitig individuell zugeordnet werden.

Das Datensignal des u-ten Teilnehmers $d_T^{(u)}(t)$ sei zunächst zweistufig antipodal; die Bit- bzw. Symbolrate betrage $1/T$. Für rechteckförmige Impulsformung gilt

$$d_T^{(u)}(t) = \sum_{i=-\infty}^{\infty} d^{(u)}(i) \cdot g_T(t - iT), \qquad d^{(u)}(i) \in \{-1, 1\}, \quad g_T(t) = \begin{cases} 1 & \text{für } 0 \le t < T \\ 0 & \text{sonst.} \end{cases} \tag{17.1.1a}$$

Dieses Signal wird wie in **Bild 17.1.1** dargestellt mit einem teilnehmerspezifischen pseudo-zufälligen Rechtecksignal $p_{T_c}^{(u)}(t)$ multipliziert.

$$p_{T_c}^{(u)}(t) = \sum_{k=-\infty}^{\infty} p^{(u)}(k) \cdot g_{T_c}(t - kT_c), \qquad p^{(u)}(k) \in \{-1, 1\}, \quad g_{T_c}(t) = \begin{cases} 1 & \text{für } 0 \le t < T_c \\ 0 & \text{sonst} \end{cases} \tag{17.1.1b}$$

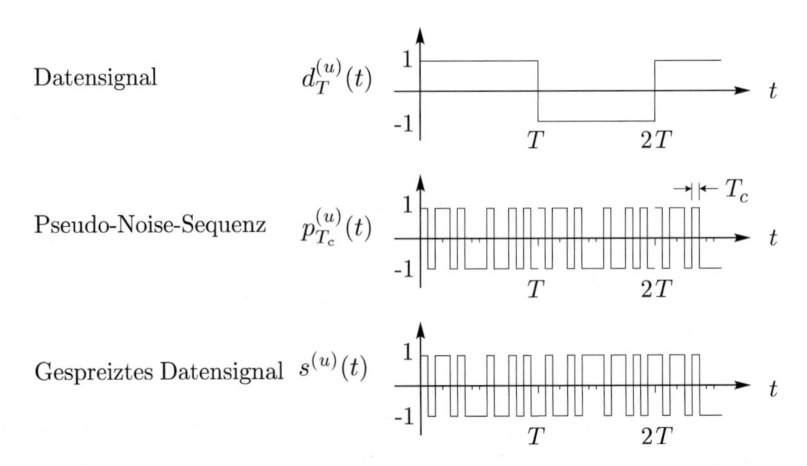

Bild 17.1.1: Prinzip des Codemultiplex

Die kleinste Rechteckbreite dieses zufälligen Rechtecksignals beträgt T_c; sie wird als *Chipdauer* bezeichnet – $1/T_c$ ist die *Chiprate*. Das resultierende („gespreizte") Signal lautet

$$\begin{aligned} s^{(u)}(t) &= d_T^{(u)}(t) \cdot p_{T_c}^{(u)}(t) \\ &= \sum_{i=-\infty}^{\infty} \Big(d^{(u)}(i)\, g_T(t-iT) \cdot \sum_{k'=0}^{N_c-1} p^{(u)}(iN_c+k')\, g_{T_c}(t-iT-k'T_c) \Big). \end{aligned} \quad (17.1.2)$$

In Bild 17.1.1 stimmt die Periodenlänge des Pseudo-Zufallssignals mit der Symboldauer T überein; man spricht dann von einem *Short-Code*. Vielfach werden aber auch Codes eingesetzt, bei denen dies nicht der Fall ist – solche *Long-Codes* werden oftmals mit extrem langer Periodendauer entworfen.

Die Multiplikation des Datensignals mit dem schneller oszillierenden zufälligen Rechtecksignal hat eine *Spreizung des Spektrums um den Spreizfaktor*

$$N_c = T/T_c \quad (17.1.3)$$

zur Folge. Das erläuterte Verfahren wird demgemäß in der englischsprachigen Literatur als „Spread-Spectrum"-Technik bezeichnet. Die spektrale Spreizung wird in **Bild 17.1.2** veranschaulicht. Das Blockschaltbild eines Codemultiplex-Senders ist in **Bild 17.1.3a** wiedergegeben, wobei hier neben BPSK beliebige lineare Modulationsformen einbezogen werden.

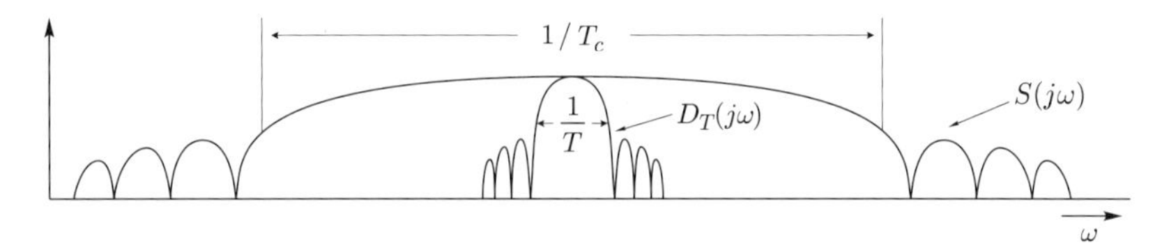

Bild 17.1.2: Veranschaulichung der spektralen Spreizung

Wenn die spektrale Effizienz eines CDMA-Systems der eines konventionellen Zugriffsverfahrens, also FDMA oder TDMA, entsprechen soll, dann muss der spektrale Spreizfaktor N_c mit der Anzahl der simultan übertragenen Nutzer U übereinstimmen – man spricht in dem Falle von einem vollständig geladenen System (*Full Loaded System*). In realen CDMA-Systemen liegt man im Allgemeinen deutlich unter diesem Ladezustand.

Wie bereits gesagt nutzen bei der Codemultiplex Technik U Teilnehmer gleichzeitig das gesamte Frequenzband. Grundsätzlich kommunizieren die Teilnehmer eines zellularen Mobilfunknetzes nicht direkt miteinander, sondern dies geschieht über eine im Zentrum der Zelle angeordnete *Basisstation*. Wichtig ist die Unterscheidung der beiden Übertragungsrichtungen: Als *Aufwärtsstrecke* (*Uplink*) wird der Datenverkehr vom mobilen Teilehmer zur Basisstation bezeichnet, während die *Abwärtsstrecke* (*Downlink*) die umgekehrte Richtung, also die Übertragung von der Basisstation zum mobilen Teilnehmer, beinhaltet. Für die beiden Übertragungsrichtungen werden wegen der grundsätzlich verschiedenen Ausbreitungsszenarien in existierenden Mobilfunkstandards unterschiedliche Konzepte eingesetzt – in Abschnitt 17.1.5, Seite 653ff, wird hierauf genauer eingegangen.

17.1.2 CDMA-Empfänger für nicht frequenzselektive Kanäle

Wir nehmen im Folgenden vollständige Synchronität der Teilnehmer an, was für den Downlink zutrifft. Der u-te Nutzer empfängt dann das Signal sämtlicher von der Basisstation versorgter Netz-Teilnehmer. Legt man einen nicht frequenzselektiven Kanal zugrunde, so gilt bei einer Gesamtanzahl von U Nutzern für das Empfangssignal

$$\tilde{r}^{(u)}(t) = h^{(u)} \sum_{v=0}^{U-1} d_T^{(v)}(t) \cdot p_{T_c}^{(v)}(t) + n(t), \tag{17.1.4}$$

wobei $h^{(u)}$ den Übertragungskoeffizienten von der Basisstation zum u-ten Teilnehmer und $n(t)$ weißes, gaußverteiltes Kanalrauschen bezeichnet. Am Empfänger dieses Teilnehmers u wird nun das ihm individuell zugeordnete Pseudo-Zufallssignal $p_{T_c}^{(u)}(t)$ zugesetzt. Ist dieses Signal mit allen übrigen $U-1$ Zufallssignalen näherungsweise[1] unkorreliert, d.h. gilt

$$\int\limits_{iT}^{(i+1)T} p_{T_c}^{(v)}(t) \cdot p_{T_c}^{(u)}(t)\, dt \approx 0 \qquad \text{für } u \neq v, \tag{17.1.5}$$

und ist das Kanalrauschen unabhängig vom Nutzsignal, so lässt sich das u-te Datensignal durch Integration über ein Symbolintervall T näherungsweise gewinnen.

$$\begin{aligned}
&\frac{[h^{(u)}]^*}{T} \int\limits_{iT}^{(i+1)T} \tilde{r}^{(u)}(t)\, p_{T_c}^{(u)}(t)\, dt = \\
&= \frac{[h^{(u)}]^*}{T} \int\limits_{iT}^{(i+1)T} h^{(u)} \sum_{v=0}^{U-1} d_T^{(v)}(t)\, p_{T_c}^{(v)}(t)\, p_{T_c}^{(u)}(t)\, dt + \underbrace{\frac{[h^{(u)}]^*}{T} \int\limits_{iT}^{(i+1)T} n(t)\, p_{T_c}^{(u)}(t)\, dt}_{\approx 0} \\
&= \frac{|h^{(u)}|^2}{T} \Bigg[\underbrace{\sum_{v \neq u} \int\limits_{iT}^{(i+1)T} d_T^{(v)}(t)\, p_{T_c}^{(v)}(t)\, p_{T_c}^{(u)}(t)\, dt}_{\approx 0} + \int\limits_{iT}^{(i+1)T} d_T^{(u)}(t)\, \underbrace{p_{T_c}^{(u)}(t)\, p_{T_c}^{(u)}(t)}_{=1}\, dt \Bigg] \\
&\approx |h^{(u)}|^2 \cdot d^{(u)}(i)
\end{aligned} \tag{17.1.6}$$

Man kann leicht zeigen, dass diese zur Datendetektion angewendete Korrelationsvorschrift dem Maximum-Likelihood-Empfänger für AWGN-Kanäle entspricht, der in Abschnitt 11.2 behandelten wurde; dort wurde für ein M-stufiges Symbol $s_m(t)$ der Länge T

[1] Später wird gezeigt, dass auch streng orthogonale Codes existieren, für die in (17.1.5) die Gleichheit gilt.

die Entscheidungsregel

$$Q_{\mathrm{ML}}(m) = \mathrm{Re}\left\{\int_0^T s_m^*(t)\,\mathrm{e}^{-j\psi_0}\,\tilde{r}(t)\,dt\right\} - \frac{a}{2}E_m \Rightarrow \max_m, \qquad (17.1.7a)$$

hergeleitet. Als Sendesymbol ist hier das CDMA-Signal (17.1.2) einzusetzen – für die m-te Hypothese wird das Symbol d_m aus dem Alphabet $d(i) \in \{d_0, d_1, \cdots, d_{M-1}\}$ ausgewählt[2]:

$$s_m(t) = d_m \sum_{k'=0}^{N_c-1} p^{(u)}(iN_c + k') \cdot g_{T_c}(t - iT - k'T_c) \qquad \text{für } iT \le t < (i+1)T. \quad (17.1.7b)$$

Nimmt man für alle Symbole die gleich Energie E_m an (PSK) und setzt für die Phase des Kanal-Übertragungsfaktors $\psi_0 = \arg\{h\}$, so lautet das Maximum-Likelihood-Kriterium

$$\begin{aligned} Q_{\mathrm{ML}}(m,i) &= \mathrm{Re}\Big\{\underbrace{\frac{e^{-j\psi_0}}{T}}_{N_cT_c} \int_{iT}^{(i+1)T} \tilde{r}^{(u)}(t) \cdot d_m^* \sum_{k'=0}^{N_c-1} p^{(u)}(iN_c + k') \cdot g_{T_c}(t - iT - k'T_c)dt\Big\} \\ &= \mathrm{Re}\Big\{d_m^* \frac{1}{N_c} \sum_{k'=0}^{N_c-1} p^{(u)}(iN_c + k') \cdot \frac{e^{-j\psi_0}}{T_c} \int_{iT+k'T_c}^{iT+(k'+1)T_c} \tilde{r}^{(u)}(t)\,dt\Big\} \Rightarrow \max_m \\ \hat{m}(i) &= \arg\max_m \Big\{\mathrm{Re}\Big\{d_m^* \cdot \frac{1}{N_c} \sum_{k'=0}^{N_c-1} p^{(u)}(iN_c + k') \cdot r^{(u)}(iN_c + k')\Big\}\Big\} \qquad (17.1.8a) \end{aligned}$$

$$\text{mit} \qquad r^{(u)}(k) \triangleq \frac{e^{-j\psi_0}}{T_c} \int_{kT_c}^{(k+1)T_c} \tilde{r}^{(u)}(t)\,dt. \qquad (17.1.8b)$$

Hieraus folgt direkt die in **Bild 17.1.3b** dargestellte Struktur eines CDMA-Empfängers für AWGN-Kanäle.

17.1.3 Pseudo-Zufallsfolgen

Die einfachste Form zur Erzeugung von binären Pseudo-Zufallsfolgen besteht aus einem m-stufigen rückgekoppelten Schieberegister gemäß der Darstellung in **Bild 17.1.4**. Dabei werden die Ausgangssignale mehrerer Schieberegisterstufen *modulo-2-addiert* und auf den Eingang zurückgeführt. Die minimale Anzahl von Rückkopplungszweigen beträgt zwei, wobei die Stufe m grundsätzlich eingeschlossen sein muss.

Die so erzeugte Folge – im Weiteren mit $PN(k) \in \{0, 1\}$ bezeichnet – wiederholt sich spätestens dann periodisch, wenn das Schieberegister alle möglichen Zustände durchlaufen hat, wobei der Zustand $\{0,\ 0, \cdots, 0\}$ auszuschließen ist, da er wieder in den

[2] Erstreckt sich die Periode des Codesignals über genau ein Symbolintervall T wie in Bild 17.1.1 dargestellt, so gilt $p^{(u)}(iN + k') = p^{(u)}(k')$; man bezeichnet den Code dann als *Short-Code*.

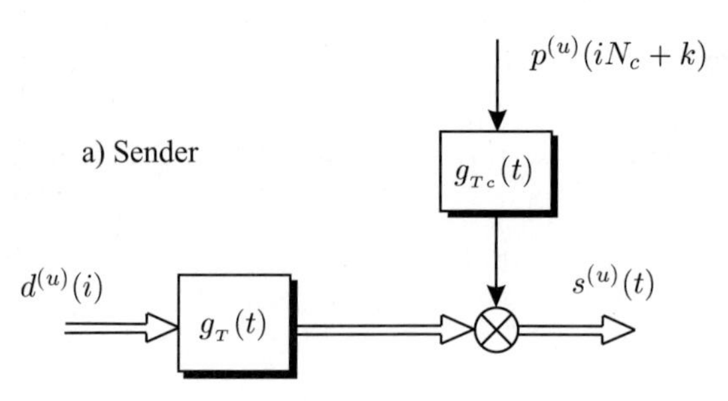

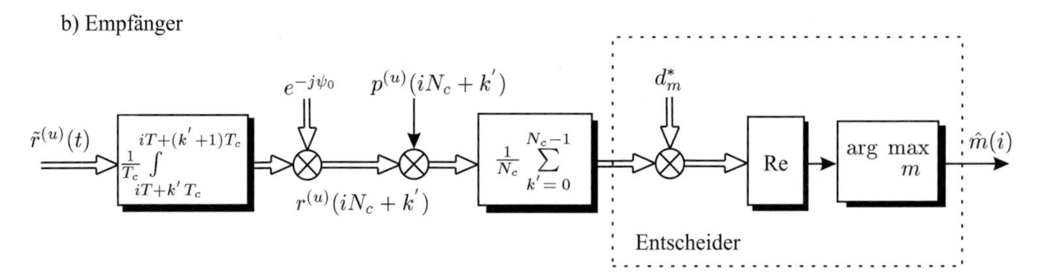

Bild 17.1.3: Sender (a) und Empfänger (b) eines CDMA-Systems

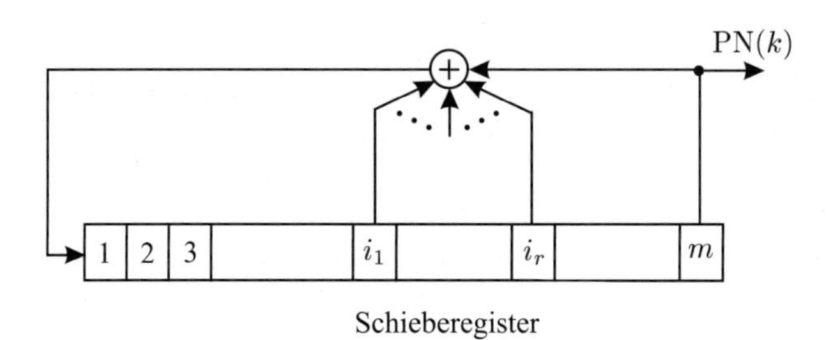

Bild 17.1.4: Erzeugung einer Pseudo-Zufallsfolge

gleichen Zustand mündet. Die Pseudo-Zufallsfolge ist also periodisch mit einer maximalen Sequenzlänge von $L_m = 2^m - 1$. Diese maximale Sequenzlänge wird jedoch nur dann erreicht, wenn ganz bestimmte Stufen des Schieberegisters rückgeführt werden; man spricht dann von *m-Sequenzen* (engl. *maximum-length sequences*). Die theoretischen Hintergründe zu diesen Schieberegister-Codes sollen hier nicht erörtert werden – hierzu wird auf spezielle Literatur verwiesen (z.B. [Gol67b, Gol67a, Hol90, Lük92]). Die Erzeugung von Pseudo-Zufallsfolgen wird im folgenden Beispiel demonstriert.

- **Beispiel: Schieberegistercodes der Länge 15**
  Die Anzahl von Schieberegister-Stufen beträgt in diesem Falle $m = 4$. Es werden drei Konstellationen mit jeweils zwei Rückführzweigen betrachtet:
  a) $i_r = \{1, 4\}$, b) $i_r = \{3, 4\}$, c) $i_r = \{2, 4\}$.
  Zu Beginn enthalten alle Speicherplätze der Schieberegister mit Ausnahme der jeweils letzten Stufe $m = 4$ die Werte null. Für die drei Fälle ergeben sich die

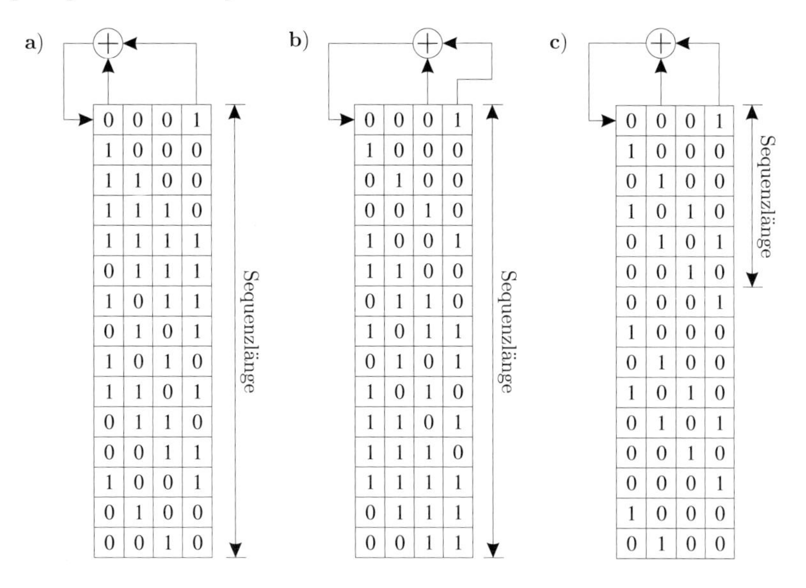

abgebildeten Sequenzen von Zuständen.

Man sieht, dass in den Beispielen a) und b) alle möglichen Zustände durchlaufen werden; es ergeben sich also zwei verschiedene m-Sequenzen der Länge 15. Im Beispiel c) beträgt die Sequenzlänge hingegen nur sechs. Die Rückführstruktur $i_r = \{2, 4\}$ führt also nicht auf eine m-Sequenz.

In Tabelle 17.1.1 wird für Schieberegisterlängen von $m = 2$ bis $m = 24$ jeweils eine Struktur mit minimaler Anzahl von Rückführungszweigen angegeben, die zu einer m-Sequenz führt [For70]. Daneben existieren weitere Konfigurationen, die ebenfalls m-Sequenzen liefern; die gesamte Anzahl möglicher m-Sequenzen wird für jede Schieberegisterlänge aufgeführt.

Es ist nachzutragen, dass gemäß Bild 17.1.1 antipodale Codesequenzen $p^{(u)}(k) \in \{-1, 1\}$ angesetzt wurden; aus den logischen Bits „0“ und „1“ erhält man diese gemäß der Zuordnung

$PN(k)$	$p(k)$
0	$+1$
1	-1

$$\Rightarrow \quad p(k) = [1 - 2\ PN(k)]. \qquad (17.1.9)$$

Besonders wichtig für die Codemultiplex-Anwendung sind die *Korrelationseigenschaften* der Pseudo-Zufallssignale. Dabei spielt die *Auto*korrelationsfunktion eine entscheidende Rolle für die Synchronisation des am Empfänger zugesetzten Zufallssignals und für die Unterdrückung von Kanalechos im Falle frequenzselektiver Kanäle (vgl. Abschnitt 17.3). Die *Kreuz*korrelationsfunktion ist entscheidend für die Unterdrückung fremder Teilnehmersignale.

Tabelle 17.1.1: Schieberegisterstrukturen zur Erzeugung von m-Sequenzen

m	$\{i_r\}$	Anzahl	m	$\{i_r\}$	Anzahl
2	1, 2	1	14	1, 6, 10, 14	756
3	1, 3	2	15	1, 15	1800
4	1, 4	2	16	1, 3, 11, 12, 16	2048
5	2, 5	6	17	3, 17	7710
6	1, 6	6	18	7, 18	8064
7	1, 7	18	19	1, 2, 5, 19	27594
8	2, 3, 4, 8	16	20	3, 20	24000
9	4, 9	48	21	2, 21	84672
10	3, 10	60	22	1, 22	120032
11	2, 11	176	23	5, 23	356960
12	1, 4, 6, 12	144	24	1, 2, 7, 24	276480
13	1, 3, 4, 13	630			

Definiert man die Autokorrelationsfunktion des periodischen Pseudo-Zufallssignals als

$$r_{p^{(u)}p^{(u)}}(\tau) = \frac{1}{T} \int_0^T p_{T_c}^{(u)}(t)\, p_{T_c}^{(u)}(t+\tau) dt, \tag{17.1.10}$$

so ergibt sich im Falle einer m-Sequenz der Länge $L_m = 2^m - 1$

$$r_{p^{(u)}p^{(u)}}(\tau) = \begin{cases} 1 - (1 + \frac{1}{L_m})\frac{|\tau|}{T_c} & \text{für} \quad |\tau| \leq T_c \\ -1/L_m & \text{für} \quad T_c \leq |\tau| \leq T - T_c \\ r_{p^{(u)}p^{(u)}}(\tau + L_m T_c), & \text{für} \quad -\infty \leq \tau \leq \infty. \end{cases} \tag{17.1.11}$$

Die Autokorrelationsfunktion ist *periodisch* entsprechend der Periodizität der Folge[3] $PN(k)$. Der dreieckförmige Verlauf im Bereich $|\tau| \leq T_c$ erklärt sich aus dem rechteckförmigen Grundimpuls des Pseudo-Zufallssignals. Es ist anzumerken, dass die Autokorrelationsfunktion im Bereich $T_c \leq |\tau| \leq T - T_c$ nicht verschwindet. Die Erklärung liegt darin, dass die Sequenzlänge einer m-Folge stets ungerade ist; sie enthält $(2^{m-1} - 1)$ Einsen und 2^{m-1} mal den Wert -1. Die Auswirkung auf die Autokorrelationsfunktion

[3] In den folgenden Beispielen werden Short-Codes angenommen, d.h. die Sequenzlänge erstreckt sich genau über ein Symbolintervall T; in dem Falle gilt $L_m \cdot T_c = T$.

kann man sich leicht anhand der auf Seite 645 betrachteten Beispiele von m-Folgen der Länge 15 veranschaulichen.

In **Bild 17.1.5** sind die Autokorrelationsfunktionen von zwei verschiedenen Pseudo-Zufallssignalen ($m = 5$) dargestellt. Dem Beispiel a liegt eine m-Sequenz zugrunde; der Verlauf entspricht der Formulierung in (17.1.11). Beispiel b enthält einen Schieberegister-Code mit einer verkürzten Sequenzlänge von 21 ($i_r = \{1, 5\}$). Damit wird die Periodendauer der Autokorrelationsfunktion $\tau/T = 21/31$; das Zufallssignal weist die in Bild 17.1.5b wiedergegebenen ungünstigen Korrelationseigenschaften auf. Für die Unter-

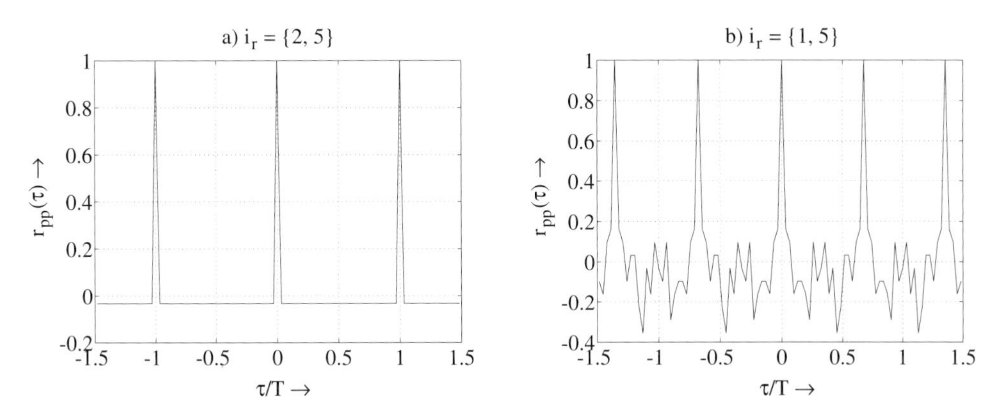

Bild 17.1.5: Autokorrelationsfunktionen von zwei Pseudo-Zufallssignalen ($m = 5$)

drückung fremder Teilnehmersignale sind die Eigenschaften der *Kreuzkorrelationsfunktionen* entscheidend. Die Kreuzkorrelierte zwischen den Signalen $p^{(u)}(t)$ und $p^{(v)}(t)$ wird analog zu (17.1.10) definiert.

$$r_{p^{(u)}p^{(v)}}(\tau) = \frac{1}{T} \int_0^T p^{(u)}(t)\, p^{(v)}(t+\tau)dt \tag{17.1.12}$$

Bild 17.1.6 zeigt ein Beispiel anhand von zwei m-Sequenzen der Länge 31 ($i_r = \{2, 5\}$ und $i_r = \{4, 5\}$). Der Autokorrelationsfunktion der Zufallssignale ist die Kreuzkorrelierte der beiden Signale gegenübergestellt. Das Beispiel demonstriert, dass sich erhebliche Korrelationen zwischen den Zufallsfolgen ergeben; für die Codemultiplex-Übertragung bedeutet dies eine unzulängliche Unterdrückung fremder Teilnehmersignale und somit starke Interferenzen.

Wegen dieses Nachteils wurden verschiedene Vorschläge zur Optimierung von Pseudo-Zufallscodes unternommen mit dem Ziel, die Kreuzkorrelationseigenschaften zu verbessern. Von Gold wurde 1967 gezeigt, dass für alle Sequenzlängen bestimmte Paare von Codes $p_1(t)$ und $p_2(t)$ existieren, deren Kreuzkorrelierte nur *drei verschiedene Werte aufweist* [Gol67a]:

$$r_{p_1p_2}(kT_c) \in \begin{cases} \frac{1}{L_m}\{-1,\; -2^{(m+1)/2}-1,\; 2^{(m+1)/2}-1\} & \text{für} \quad m \quad \text{ungerade} \\ \frac{1}{L_m}\{-1,\; -2^{(m+2)/2}-1,\; 2^{(m+2)/2}-1\} & \text{für} \quad m \quad \text{gerade.} \end{cases} \tag{17.1.13}$$

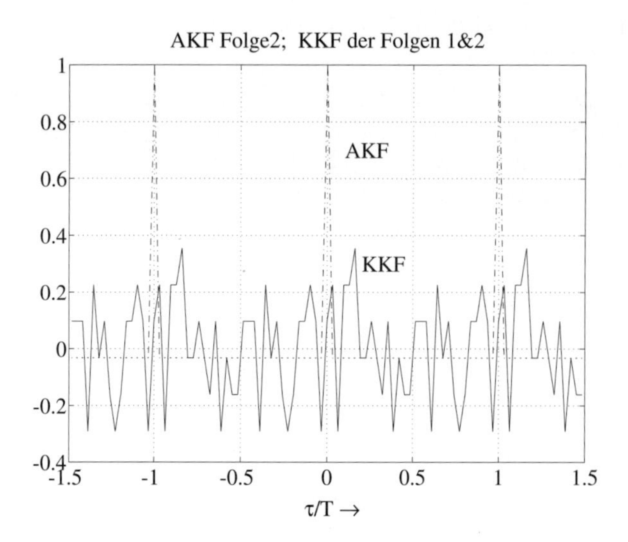

Bild 17.1.6: Auto- und Kreuzkorrelationsfunktion zweier m-Folgen (m=5)

Solche Paare von ausgewählten Codes sollen im Folgenden als *Muttercodes* bezeichnet werden. Sie ergeben sich z.B. für die Sequenzlängen 31, 63 und 127 unter den folgenden Schieberegister-Rückführbedingungen:

$$m = 5 \ \rightarrow \ i_r = \{3, 5\} \ \text{ und } \ i_r = \{1, 2, 3, 5\}$$

$$m = 6 \ \rightarrow \ i_r = \{1, 6\} \ \text{ und } \ i_r = \{1, 2, 5, 6\}$$

$$m = 7 \ \rightarrow \ i_r = \{3, 7\} \ \text{ und } \ i_r = \{1, 2, 3, 7\}.$$

Die Kreuzkorrelations-Eigenschaften von Muttercode-Paaren werden in **Bild 17.1.9b** am Beispiel einer Sequenzlänge von 31 demonstriert. Von Gold wurde weiterhin gezeigt, dass von diesen Muttercode-Paaren weitere $2^m - 1$ Codes mit gleich günstigen Kreuzkorrelations-Eigenschaften abgeleitet werden können. Hierzu werden die Muttercodes unter sämtlichen möglichen Zeitversätzen $n \cdot T_c$ modulo-2-addiert; **Bild 17.1.7** zeigt die zugehörige Schieberegisteranordnung. Die so erzeugten Zufallsfolgen bezeichnet man als *Gold-Codes*. Bild 17.1.9c zeigt die Autokorrelationsfolge eines Gold-Codes der Länge 31; die Kreuzkorrelation zwischen zwei verschiedenen Gold-Codes der Länge 31 wird in Bild 17.1.9e wiedergegeben. Gegenüber beliebigen Pseudo-Zufallssignalen werden hier deutlich bessere Kreuzkorrelations-Eigenschaften erreicht, wie der Vergleich mit Bild 17.1.6 zeigt.

Die günstigen Korrelationseigenschaften der Gold-Codes sind allerdings für die Codemultiplex-Übertragung nur nutzbar, wenn die verschiedenen Teilnehmer-Signale *synchronisiert* sind, d.h. wenn zwischen zwei Gold-Code-Signalen keine zeitliche Verschiebung besteht. Die Unterdrückung fremder Teilnehmersignale richtet sich dann nach der Kreuzkorrelierten an der Stelle null; für Gold-Codes gilt dafür grundsätzlich

$$r_{p_1p_2}(0) = -1/(L_m). \tag{17.1.14}$$

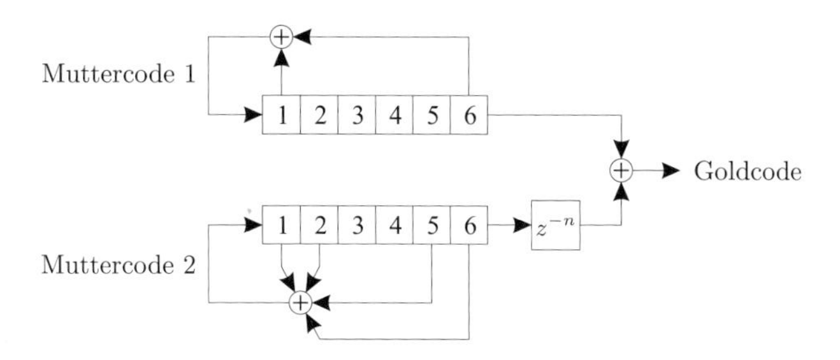

Bild 17.1.7: Erzeugung von Gold-Codes

Sind die Signale nicht synchronisiert, so kann sich eine Situation ergeben wie in **Bild 17.1.8** dargestellt: Signal 2 ist gegenüber Signal 1 um τ_v verschoben; zeitlich benachbarte Daten des Signals 2 haben verschiedene Vorzeichen. Für die Unterdrückung

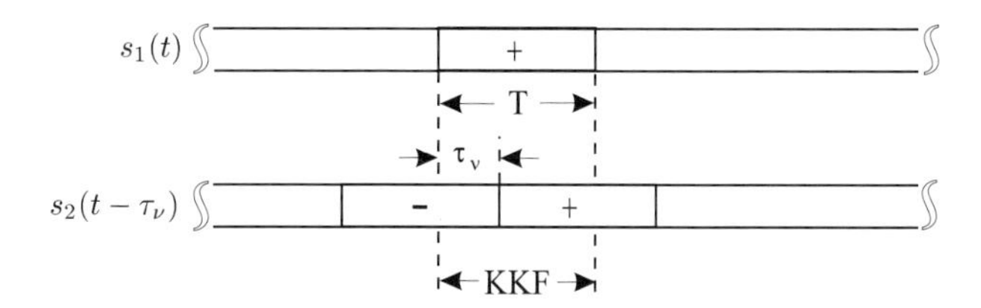

Bild 17.1.8: Definition der ungeraden Kreuzkorrelierten

des Signals 2 ist nun nicht die übliche Kreuzkorrelationsfunktion maßgebend, sondern die sogenannte *ungerade Kreuzkorrelierte*, die einen derartigen Vorzeichenwechsel der Daten beinhaltet. **Bild 17.1.9f** zeigt diese ungerade Kreuzkorrelierte zweier Gold-Codes. Im Vergleich zu Bild 17.1.9e wird die Verschlechterung infolge des Daten-Vorzeichenwechsels deutlich; die Störung durch fremde Teilnehmersignale wird entsprechend diesen ungünstigen Kreuzkorrelationseigenschaften erhöht.

Die Form der Autokorrelationsfunktion eines Zufallscodes bestimmt die Unterdrückung von Intersymbol-Interferenz im Falle frequenzselektiver Kanäle. Da die zeitlichen Abstände der Kanalechos im Allgemeinen nicht ganzzahlige Vielfache der Bitdauer T betragen, ergeben sich wiederum Probleme im Falle von Vorzeichenwechseln der Daten. Aus diesem Grunde wird in Analogie zur Kreuzkorrelierten auch eine *ungerade Autokorrelationsfunktion* definiert. Sie ist für einen Gold-Code der Länge 31 in **Bild 17.1.9d** dargestellt; im Vergleich zu Bild 17.1.9c wird die Verschlechterung deutlich.

Die vorangegangenen Betrachtungen haben gezeigt, dass die bezüglich ihrer Korrelationseigenschaften optimierten Gold-Codes nur für strenge Synchronität vorteilhaft sind. Dies ist im Downlink der Fall – jedoch nur unter nicht frequenzselektiven Verhältnissen, andernfalls ergibt sich auch eine Asynchronität aufgrund unterschiedlicher Verzögerungszeiten (vgl. Abschnitt 17.3).

Im Uplink sind die verschiedenen Teilnehmersignale asynchron anzusetzen; deshalb werden die dort eingesetzten PN-Folgen im Allgemeinen nicht bezüglich ihrer Orthogonalität optimiert. In der Regel wählt man Periodenlängen, die weit über ein Symbolintervall hin-

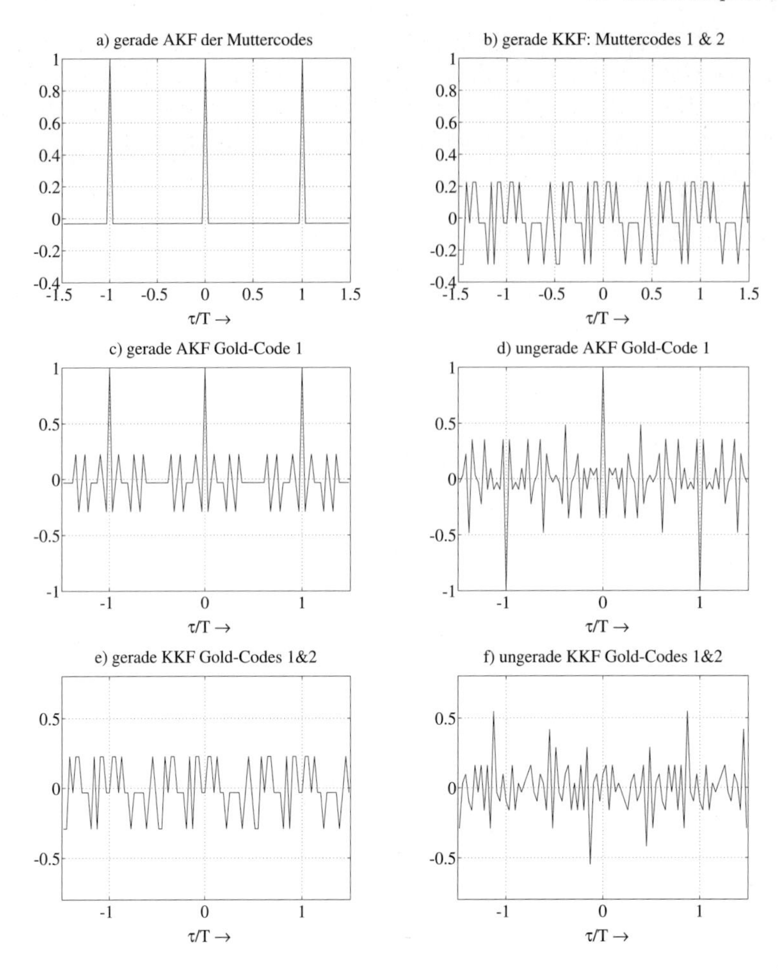

Bild 17.1.9: Korrelationsfunktionen von Gold-Codes (m=5)

ausgehen (Long-Code). Dies hat zur Folge, dass – im Gegensatz zu der Darstellung in Bild 17.1.1 – aufeinanderfolgende Daten mit verschiedenen Abschnitten des Zufallssignals multipliziert und am Empfänger dementsprechend korreliert werden. Der Nachteil dieses Verfahrens besteht in den von Symbol zu Symbol stark schwankenden Korrelationseigenschaften. Vorteilhaft ist hingegen, dass auf diese Weise eine sehr große Anzahl näherungsweise orthogonaler Pseudo-Zufallssignale generierbar ist und somit entsprechend vielen Teilnehmern individuelle Codes zugewiesen werden können.

Als Beispiel wird ein spezieller Pseudo-Zufallscode der Länge $2^{42}-1$ betrachtet, der im amerikanischen Mobilfunksystem[4] IS-95 [Pad94] verwendet wird („QUALCOMM Long-Code"). Der in **Bild 17.1.10** abgebildete Code-Generator besteht aus einem Schieberegister der Länge 42 mit insgesamt 20 Rückführungen an den Stellen

$$i_r = \{1, 2, 3, 5, 6, 7, 10, 16, 17, 18, 19, 21, 22, 25, 26, 27, 31, 33, 35, 42\}.$$

Nutzerspezifische Codes werden durch eine so genannte Long-Code-Maske festgelegt: Die Schieberegister werden mit den 42 bit der Maske UND-verknüpft und anschließend modulo-2–addiert. Prinzipiell lassen sich so $2^{42}-1$ näherungsweise orthogonale Codes erzeugen.

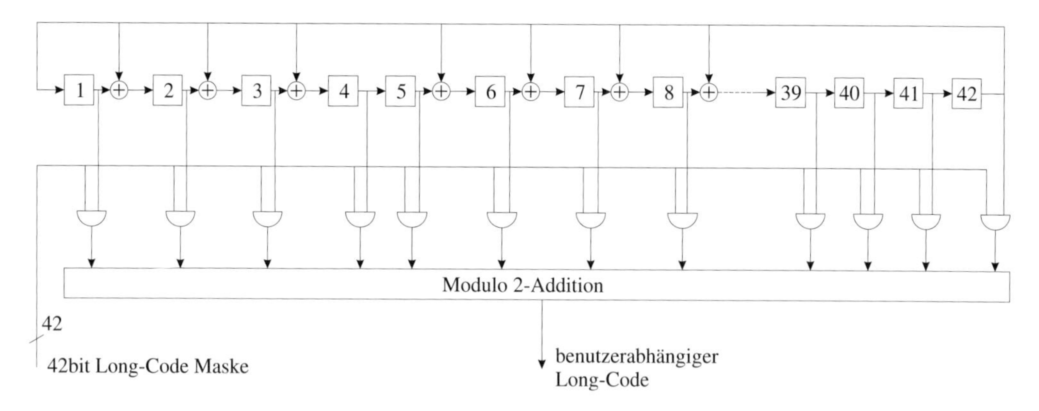

Bild 17.1.10: Long-Code-Generator des QUALCOMM-Systems

17.1.4 Walsh-Codes

Wird die Orthogonalität zwischen den verschiedenen Codes wie im Falle der im vorangegangenen Abschnitt behandelten PN-Folgen nur näherungsweise erfüllt, so führt dies zu *Mehrnutzer-Interferenz* (MUI, *Multi User Interference*). Es existieren jedoch auch Codes, die untereinander streng orthogonal sind – diese basieren auf den in **Bild 17.1.11** für das Beispiel $N_c = 8$ gezeigten Walsh-Funktionen $w_0(t), \cdots, w_7(t)$.
Die Energien aller M Walsh-Funktionen sind gleich:

$$E_w = \int_0^T w_n^2(t)\, dt = T, \quad \text{für } n = 0, \cdots N_c - 1. \tag{17.1.15a}$$

Es gilt die strenge Orthogonalität:

$$\int_0^T w_n(t)\, w_m(t)\, dt = 0 \quad \text{für } n \neq m. \tag{17.1.15b}$$

[4]Der IS-95-Mobilfunkstandard wird in Abschnitt 17.6.2 behandelt.

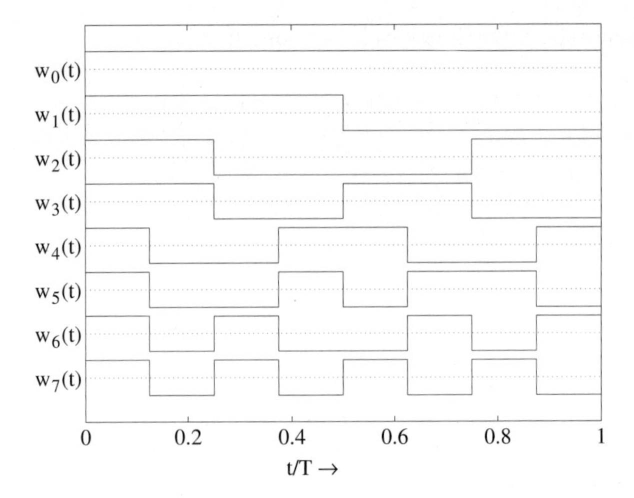

Bild 17.1.11: Walsh-Funktionen ($M = 8$)

Weiterhin sind die euklidischen Distanzen zwischen beliebigen Paaren von Walsh-Funktionen identisch:

$$\int_0^T |w_m(t) - w_n(t)|^2 dt = \frac{1}{2}\, 2^2\, T = 2T \quad \text{für } n \neq m. \tag{17.1.15c}$$

Aufgrund der Orthogonalität können mit Hilfe der Walsh-Codes N_c Nutzer perfekt separiert werden, sofern diese synchron sind und ein nicht frequenzselektiver Kanal vorliegt.

Zur Konstruktion von Walsh-Sequenzen kann ein einfaches rekursives Verfahren angewendet werden. Die Grundlage bildet die *Hadamard-Matrix* $\mathbf{W}_N$, die zeilenweise die ± 1-Gewichte der Walsh-Sequenzen N-ter Ordnung enthält. Dabei ist eine bestimmte Reihenfolge einzuhalten, die von derjenigen in Bild 17.1.11 abweicht; für $N = 8$ gilt z.B.

$$\mathbf{W}_8 = \begin{pmatrix} 1 & 1 & 1 & 1 & 1 & 1 & 1 & 1 \\ 1 & -1 & 1 & -1 & 1 & -1 & 1 & -1 \\ 1 & 1 & -1 & -1 & 1 & 1 & -1 & -1 \\ 1 & -1 & -1 & 1 & 1 & -1 & -1 & 1 \\ 1 & 1 & 1 & 1 & -1 & -1 & -1 & -1 \\ 1 & -1 & 1 & -1 & -1 & 1 & -1 & 1 \\ 1 & 1 & -1 & -1 & -1 & -1 & 1 & 1 \\ 1 & -1 & -1 & 1 & -1 & 1 & 1 & -1 \end{pmatrix} = \begin{pmatrix} \mathbf{w}_0^T \\ \mathbf{w}_7^T \\ \mathbf{w}_3^T \\ \mathbf{w}_4^T \\ \mathbf{w}_1^T \\ \mathbf{w}_6^T \\ \mathbf{w}_2^T \\ \mathbf{w}_5^T \end{pmatrix}. \tag{17.1.16}$$

Für Hadamard-Matrizen besteht der Zusammenhang

$$\mathbf{W}_{2N} = \begin{pmatrix} \mathbf{W}_N & \mathbf{W}_N \\ \mathbf{W}_N & -\mathbf{W}_N \end{pmatrix}. \tag{17.1.17}$$

Mit $\mathbf{W}_1 = (1)$ lassen sich hieraus Hadamard-Matrizen rekursiv aufbauen, deren Ordnungen auf Zweierpotenzen festgelegt sind. Daneben existieren auch Hadamard-Matrizen der Ordnungen[5].

$$2^n \cdot 12 \quad \text{und} \quad 2^n \cdot 20.$$

Gemäß (17.1.15b) besitzen die Walsh-Funktionen perfekte Orthogonalitätseigenschaften unter streng synchronen Verhältnissen – sie sind also ideal für den *Downlink* einzusetzen, falls er nicht frequenzselektiv ist. Für den Uplink eines CDMA-Systems gilt die Synchronität jedoch nicht, da die Signale der örtlich verteilten Nutzer die Basisstaionen unter verschiedenen Verzögerungszeiten erreichen, so dass – auch unter nichtselektiven Kanälen – die ideale Orthogonalität der Walsh-Codes verloren geht. In **Bild 17.1.12a-d** sind die jeweils geraden Auto- und Kreuzkorrelationsfunktionen von 32-stufigen Walsh-Funktionen dargestellt; die Numerierung der Walsh-Funktionen wurden gemäß den korrespondierenden Zeilen der Hadamard-Matrix (beginnend mit Nr. 1) vorgenommen.

Betrachtet man z.B. Bild 17.1.12a oder b, so liegen die Werte der Kreuzkorrelierten zwischen den Walsh-Funktionen 17 und 22 bzw. 18 und 20 etwa in der Größenordnung der (geraden) KKF der Gold-Codes in Bild 17.1.9. Extrem verschlechtert werden die Kreuzkorrelationseigenschaften hingegen für die Code-Paare 11-16 und 6-8 (Bild 17.1.12c,d). Im letzteren Fall erreicht das Maximum der KKF bereits bei geringer Verschiebung ($\leq 0,1\,T$) den Maximalwert der AKF – unter asynchronen Verhältnissen ist damit keine sichere Nutzertrennung zu erreichen. Ungünstig sind auch die Breiten der AKF im Falle des Codes 17 oder die wiederholten Maxima bei AKF 18 und 11, wodurch bei frequenzselektiven Kanälen keine Unterdrückung benachbarter Kanalechos möglich ist.

Unter frequenzselektiven Bedingungen können die Walsh-Funktionen als alleinige Nutzercodes deshalb auch im Downlink nicht verwendet werden; man multipliziert die CDMA-Signale zusätzlich mit einem PN-Code, um das Pfadübersprechen zu unterdrücken (vgl. hierzu die Beschreibung des UMTS-Downlink-Konzeptes in Abschnitt 17.6.1).

17.1.5 CDMA: Ein Zugriffsverfahren für zellulare Netze

Die klassischen Vielfach-Zugriffsverfahren sind *Frequenzmultiplex* (FDMA, *Frequency Division Multiple Access*) und *Zeitmultiplex* (TDMA, *Time Division Multiple Access*). Oftmals werden die beiden Konzepte auch miteinander verbunden wie z.B. im GSM-Standard. Im vorliegenden Kapitel tritt nun mit dem Code eine weitere Dimension hinzu, die für den Vielfachzugriff genutzt werden kann: Wir erhalten damit das Verfahren des *Code Division Multiple Access* (CDMA), das die Grundlage der Mobilfunk-Konzepte der dritten Generation bildet; der UMTS-Standard wird im Abschnitt 17.6.1 in seinen

[5] Zur Konstruktion von Walsh-Sequenzen siehe die Matlab-Routine „hadamard“

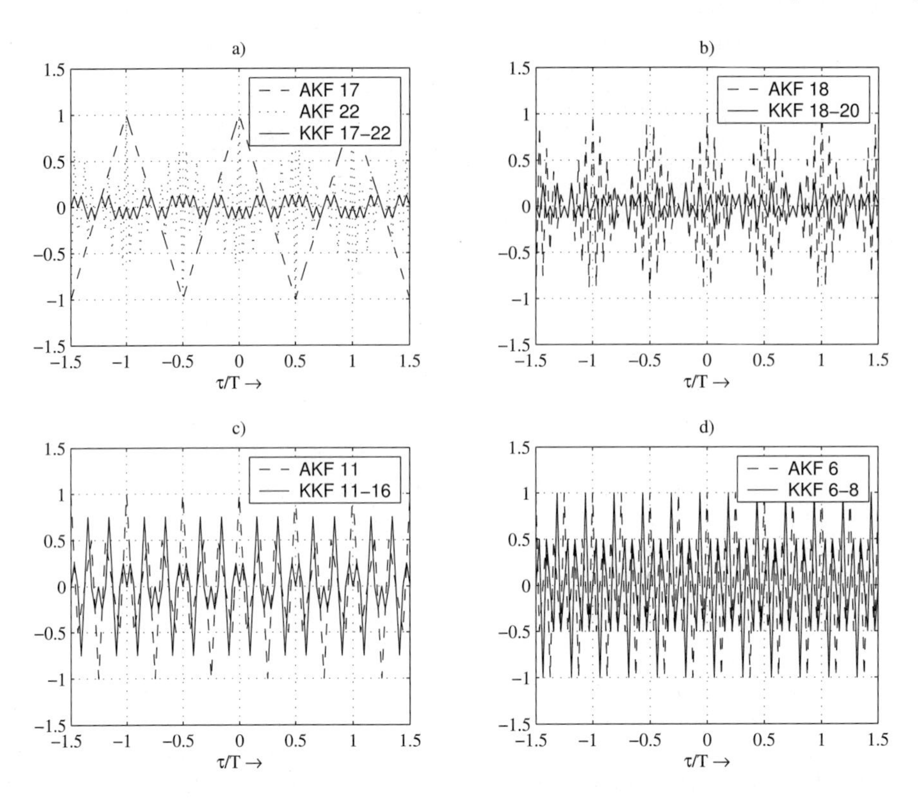

Bild 17.1.12: Korrelationseigenschaften der Walsh-Funktionen ($M = 32$); (KKF $n - m \triangleq$ Zeile n und m der Hadamard-Matrix)

wichtigsten Grundzügen erläutert. Seit einigen Jahren wird auch die *räumliche* Verteilung der Nutzer eines Mobilfunknetzes ausgenutzt: Durch Verwendung mehrerer Antennen am Sender und Empfänger kann kann eine gerichtete Übertragung erfolgen (Beamforming), oder es kann räumliche Diversität genutzt werden (siehe Seite 570). Der Datendurchsatz in einem Mobilfunknetz kann durch simultane Übertragung verschiedener Datenströme über den MIMO-Kanal (Multiple-Input/Multiple-Output) beträchtlich gesteigert werden. Im Kapitel 18 werden solche MIMO-Übertragungssysteme besprochen. Wird die Dimension *Raum* für den Vielfachzugriff ausgenutzt, so spricht man von *Space Division Multiple Access* (SDMA). Die vier genannten Zugriffsverfahren können in beliebiger Weise kombiniert werden – in **Bild 17.1.13** werden hierzu einige Beispiele graphisch veranschaulicht.

Bisher wurde zur spektralen Spreizung eine Multiplikation des Datensignals im Zeitbereich vorgenommen – man bezeichnet diese Form des Codemultiplex als *Direct-Sequence-CDMA* (DS-CDMA). Daneben wird auch das sogenannte *Frequency-Hopping* (FH-CDMA) zu den Codemultiplex-Verfahren gerechnet. Dabei wird das gesamte Frequenzband in Teilbänder eingeteilt, die jeweils der Bandbreite des ungespreizten Datensignals entsprechen. Jedem Teilnehmer wird dann jedoch nicht ein festes Frequenzband zu-

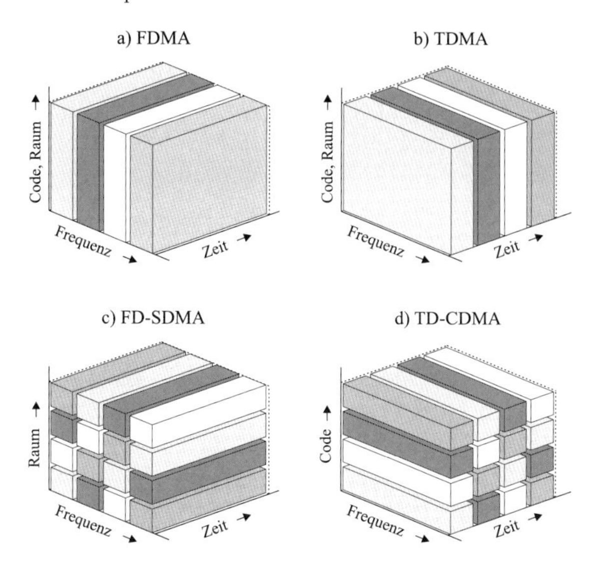

Bild 17.1.13: Illustration verschiedener Zugriffsverfahren

geteilt wie bei FDMA, sondern ein ihm zugeordneter individueller Pseudo-Zufallscode legt fest, in welchem Kanal er zu den verschiedenen Zeitpunkten sendet. Je nach Verhältnis der „Hopping-Frequenz" zur Datenrate spricht man von Slow-Frequency- oder Fast-Frequency-Hopping. Der Sinn des Frequency-Hopping wird bei der Betrachtung von langsamem Fading deutlich. Infolge von Mehrwegeausbreitung kommt es in einzelnen Frequenzbändern zu starken Dämpfungen oder sogar völliger Auslöschung (Frequenzselektivität). Ein schmalbandiges Sendesignal, das in ein solches Frequenzband fällt, erfährt über längere Zeit starke Störungen, so dass eine korrekte Datendetektion nicht möglich ist. Beim Frequency-Hopping wird hingegen dafür gesorgt, dass ein Teilnehmersignal entsprechend seiner Hopping-Sequenz immer wieder einen anderen Abschnitt des gesamten Frequenzbandes benutzt. Die Auslöschungen bleiben damit auf kurze Zeitabschnitte beschränkt, so dass bei geeigneter Kanalcodierung inclusive Interleaving die Bitfehler-Wahrscheinlichkeit insgesamt minimiert werden kann.

Im Weiteren werden ausschließlich Direct-Sequence-Verfahren betrachtet. Bei der Festlegung der Systemparameter – z.B. der Nutzercodes – ist zwischen Aufwärts- und Abwärtsstrecke zu unterscheiden. Im Folgenden sollen die prinzipiellen Unterschiede kurz erläutert werden.

Downlink. Die Funkverbindung von der Basisstation zu den mobilen Teilnehmern bezeichnet man als *Forward Link* oder auch *Downlink* (Abwärtsstrecke). Hierbei empfängt ein bestimmter Teilnehmer u neben *seinem* Signal auch sämtliche $U - 1$ weiteren von der Basisstation ausgesendeten Signale – alle Signale sind synchron und durchlaufen den selben Übertragungsweg. Somit bestehen relativ günstige Möglichkeiten einer Kanalschätzung, indem z.B. eines der U Downlink-Signale als *Pilotkanal* festgelegt wird. Wegen der Synchronität werden im Downlink streng orthogonale Nutzercodes verwendet. Im UMTS-Downlink werden diese als OVSF-Codes (*Orthogonal Variable Spreading*

Factor) bezeichnet (vgl. Abschnitt 17.6.1) – sie entsprechen im Wesentlichen den im vorangegangenen Abschnitt eingeführten Walsh-Codes. Im vorangegangenen Abschnitt wurde auch erläutert, dass die Orthogonalität der Walsh-Funktionen unter frequenzselektiven Bedingungen verloren geht. Um das Pfadübersprechen zu verringern, werden die OVSF-Codes zusätzlich mit PN-Sequenzen multipliziert – bei UMTS werden hierzu Gold-Codes verwendet.

Uplink. Die Funkverbindung von den mobilen Teilnehmern zur Basisstation wird als *Reverse Link* bzw. *Uplink* (Aufwärtsstrecke) bezeichnet. Aufgrund der räumlichen Verteilung der Mobilstationen und der sich daraus ergebenden unterschiedlichen Laufzeiten zur Basisstation liegt ein *asynchrones* CDMA-System vor. Aus diesem Grunde wird auf die perfekte Orthogonaltität der Nutzercodes kein Wert gelegt; es werden im Allgemeinen gewöhnliche PN-Folgen eingesetzt – ein Beispiel hierfür ist der auf Seite 651 behandelte Long-Code des IS-95-Systems[6]. Wegen der im Netz verteilten Positionen der mobilen Sendestationen und ihrer unterschiedlichen Bewegungen sind die individuellen Übertragungsfunktionen von den Nutzern zur Basisstation unabhängig voneinander – die Kanalschätzung ist somit erschwert, da sie für jeden Nutzer individuell erfolgen muss. Daher kann auch nicht wie im Downlink ein für alle Nutzer gemeinsamer Pilotkanal verwendet werden, sondern die Trainingssymbole müssen jedem Uplink-Signal separat hinzugefügt werden (im UMTS-Standard erfolgt dies über den Imaginärteils des QPSK-Signals). Wegen der Probleme der Kanalschätzung wurden für den Uplink auch *inkohärente* Konzepte vorgeschlagen; ein Beispiel hierfür ist der IS-95-Uplink, in dem ein orthogonales Modulationsverfahren eingesetzt wird (siehe Abschnitte 17.2 und 17.3.3).

Mehrnutzer-Detektion. Im Uplink wie im Downlink entstehen infolge der nicht perfekten Orthogonalitätseigenschaften erhebliche Probleme durch *Mehrnutzer-Interferenz* (MUI, Multi User Interference). Theoretisch müssten bei einer spektralen Spreizung um den Faktor N_c auch $U = N_c$ Nutzersignale simultan übertragen werden, um die gleiche spektrale Effizienz wie in einem konventionellen FDMA- oder TDMA-System zu erhalten; man spricht in dem Falle von einem *voll geladenen System* (*Full Loaded System*). In der Praxis liegt man deutlich unter diesem Wert: Im UMTS-Mobilfunk geht man derzeit von einer Systemladung von unter 50 % aus. Setzt man die klassische Einnutzerdetektion gemäß Bild 17.1.3b (Matched-Filter) an, so äußert sich die Mehrnutzer-Interferenz als zusätzliche Rauschstörung, die eine entsprechend starke Kanalcodierung erfordert [Ver98, KDK00]. Erheblich verbessern lässt sich die spektrale Effizienz von CDMA-Systemen durch die Anwendung einer *Mehrnutzer-Detektion* (MUD, *Multi User Detection*). In seiner grundlegenden Arbeit von 1986 hat Sergio Verdu gezeigt, dass damit erhebliche Gewinne zu erreichen sind [Ver86]. Der optimale, auf dem MAP- bzw. ML-Kriterium basierende Detektor kommt im Allgemeinen wegen seines hohen Aufwandes für eine praktische Realisierung nicht in Betracht – daher konzentrieren sich zahlreiche aktuelle Forschungen auf die Entwicklung suboptimaler Lösungen mit reduzierter Komplexität. Prinzipiell lassen sich die Konzepte zur Unterdrückung von Mehrnutzer-Interferenz in lineare und nichtlineare Strukturen unterteilen. Die linearen Formen – ausgeführt als Zero-Forcing- oder MMSE-Filter – führen unter ungünstigen Kanalkon-

[6]Bei UMTS werden im Uplink in Hinblick auf die Multicode-Anwendung dennoch OVSF-Codes vorgesehen (siehe Abschnitt 17.6.1).

stellationen zu einer Rauschanhebung, wie bereits in den Abschnitten 12.2.6, Seite 425ff, und 12.2.7, Seite 428ff, anhand der linearen Entzerrung gezeigt wurde. Wirkungsvoller sind die nichtlinearen Strukturen, bei denen am Empfänger des u-ten Nutzers *sämtliche* anderen Nutzer mit detektiert und nach einer Re-Codierung und Re-Modulation im Empfangssignal kompensiert werden. Man wendet hier iterative Algorithmen wie *Parallel* oder *Successive Interference Cancellation* (PIC, SIC) an, die bereits nach wenigen Iterationen eine Leistungsfähigkeit nahe der Maximum-Likelihood-Lösung erreichen können. Besonders wirkungsvoll sind solche Verfahren, wenn die Kanaldecodierung in die Detektion mit einbezogen wird, wodurch Fehlentscheidungen und damit fehlerhafte Kompensationen stark reduziert werden.

Bezüglich des Einsatzes einer Mehrnutzer-Detektion ist wieder zwischen Uplink und Downlink zu unterscheiden. Zur Mehrnutzer-Detektion müssen am Empfänger die Codes aller Teilnehmer bekannt sein – dies ist in der Basisstation der Fall, da hier alle Signale detektiert werden müssen. Zudem ist die Rechenkapazität in der Basistation ungleich viel höher als die der mobilen Geräte, so dass die Einbeziehung einer Mehrnutzer-Detektion für den Uplink in Zukunft realistisch erscheint. Im Gegensatz hierzu ist in den Mobilstationen nur der jeweils eigene Nutzercode bekannt, nicht aber die der anderen Teilnehmer. Unter diesen Bedingungen kann deshalb im Downlink das Konzept der Mehrnutzer-Detektion nicht angewendet werden – statt dessen muss man sich auf eine Interferenz-Unterdrückung durch lineare Maßnahmen beschränken. Zum vertieften Studium der vielfältigen Ansätze zur Mehrnutzer-Detektion wird auf die Literaturstellen [Ver98, Mos96, Kle96, HT00, Küh04, HMCK03, KBK02] verwiesen.

Leistungsregelung. Wir betrachten zunächst den Uplink. Die unterschiedlichen Entfernungen der Mobilstationen von der Basisstation sowie Abschattungseffekte und Fading-Einflüsse führen dazu, dass die Teilnehmersignale die Basisstation mit unterschiedlichen Leistungen erreichen (*Near-Far-Effekt*). Um sicherzustellen, dass für alle Signale in etwa gleich gute Signal-Rauschabstände erzielt werden, ist eine Leistungsregelung (Power Control) vorzunehmen. Man unterscheidet zwischen *Open-Loop-* und *Closed-Loop*-Regelung. Bei der Open-Loop-Regelung wertet die Mobilstation das von der Basisstation empfangene Signal für die Regelung der eigenen Sendeleistung aus. Das Verfahren ist sehr einfach und arbeitet verzögerungsfrei, da (im Gegensatz zur Closed-Loop-Regelung) keine Rückübertragung von der Basisstation zu den Mobilstationen erforderlich ist. Werden für Aufwärts- und Abwärtsstrecke verschiedene Frequenzbänder benutzt – man nennt diese Betriebsart *Frequency Division Duplex (FDD)* – so weisen die beiden Übertragungsrichtungen unterschiedliche Momentan-Frequenzgänge auf. In dem Falle kann die Mobilstation also nicht aus dem empfangenen Signal auf die momentane Uplink-Kanalcharakteristik schließen. Mit der Open-Loop-Regelung können somit nur globale Effekte wie der Abstand von der Basisstation oder Abschattung erfasst werden. Im Gegensatz hierzu kann man im Falle eines *TDD-Konzeptes (Time Division Duplex)* Reziprozität der beiden Übertragungsrichtungen, d.h. gleiche Übertragungseigenschaften, annehmen, so dass hier das vom mobilen Teilnehmer empfangene Signal zur Abschätzung der Aufwärtsstrecke benutzt werden kann.

In einem FDD-System muss also zur Schätzung der momentanen Uplink-Strecke eine Closed-Loop-Regelung verwendet werden. Dabei schätzt die Basisstation die von einer bestimmten Mobilstation aktuell empfangene Leistung fortlaufend und überträgt diese dann in gewissen Zeitabständen an die Mobilstation zurück. Damit wird der individuelle Uplink-Kanal mit seinen momentanen Fading-Einflüssen korrekt erfasst. Der Nachteil der Closed-Loop Regelung besteht darin, dass durch die Rückübertragung Verzögerungen entstehen, die der Wirksamkeit dieser Regelung bei hohen Doppler-Bandbreiten, also schnellen Kanalveränderungen, Grenzen setzen. In **Bild 17.1.14** wird zur Veranschaulichung die auf den normierten Sollwert eins ausgeregelte Empfangsleistung über der Zeit wiedergegeben, und zwar im linken Teilbild bei einer Fahrzeuggeschwindigkeit von 10 km/h und im rechten Bild bei 60 km/h. Das Übertragungsverfahren ist 64-stufig orthogonal entsprechend dem IS-95-Konzept (siehe Abschnitt 17.2). Die Symbolrate beträgt $4.8 \cdot 10^3\, s^{-1}$; die Trägerfrequenz liegt bei ca. 1 GHz. Es liegt jeweils ein *Bad-Urban*-Kanal zugrunde.

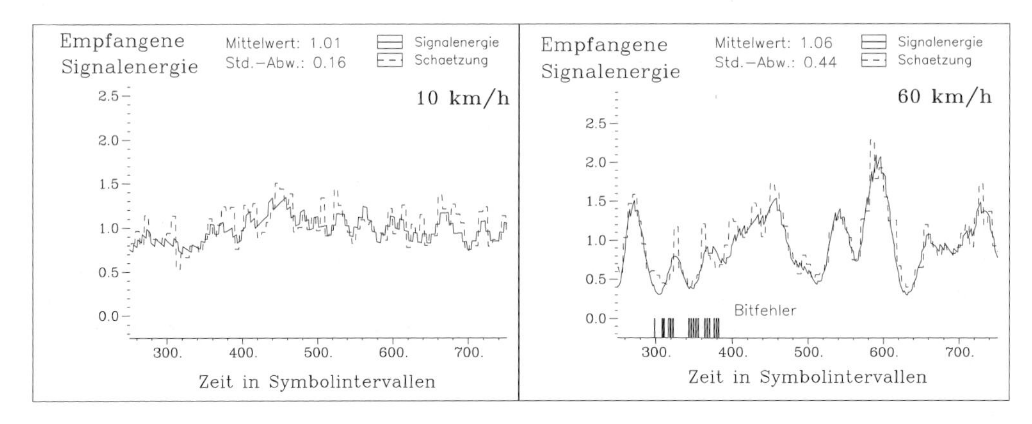

Bild 17.1.14: Closed-Loop-Leistungsregelung bei 10 und 60 km/h (Bad Urban)

Nachzutragen bleibt, dass auch im Downlink eine Leistungsregelung ausgeführt wird. Das Ziel besteht darin, die Systemkapazität zu erhöhen, indem die Sendeleistungen für die einzelnen Nutzer so angepasst werden, dass ein bestimmte Signal-Interferenz-Verhältnis eingehalten wird (Quality-of-Service, QoS). Die Leistungen der U synchron gesendeten Nutzersignale werden dazu den Abständen der zugehörigen Mobilstationen angepasst. Dabei kann es bei Mobilstationen nahe der Basisstation zu verstärkter MUI kommen, da die Sendesignale für weiter entfernte Teilnehmer in der Leistung angehoben werden.

Soft Handover. Der Vorteil von CDMA-Systemen gegenüber TDMA und FDMA liegt vor allem in der großen Flexibilität bei der Anpassung an unterschiedliche Übertragungsraten und Qualitätsvorgaben (Link Adaptation) sowie in ihrer Robustheit bezüglich der Netzplanung und Signalisierung. Als Beispiel wird der Übergang eines mobilen Teilnehmers in eine benachbarte Funkzelle betrachtet. Die Nachbarzelle arbeitet im gleichen Frequenzband, eine Umschaltung auf einen anderen Träger oder – im Falle von asynchronem CDMA – einen anderen Zeitschlitz ist nicht erforderlich. Die Übergabe an die benachbarte Funkzelle vollzieht sich im Wesentlichen mit Hilfe der Leistungsregelung. Das als *Soft Handover* bezeichnete Verfahren wird anhand von **Bild 17.1.15** in seiner wesentlichen Wirkungsweise erläutert. Das Fahrzeug befindet sich zunächst im

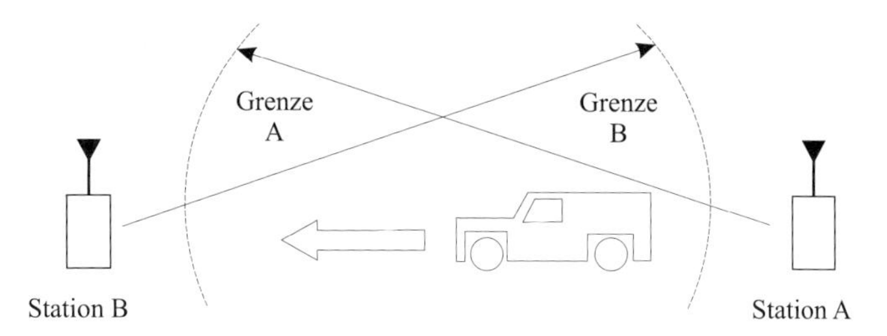

Bild 17.1.15: Soft Handover

Einflussbereich der Basisstation A. Es bewegt sich auf die Station B zu, womit diese zunehmend Leistung von der Mobilstation empfängt. In dieser Phase wird eine Verbindung zwischen den beiden Basisstationen hergestellt; die Leistungsregelung wird nun so modifiziert, dass nur noch eine Leistungserhöhung erfolgt, wenn *beide Basisstationen dies fordern*. Nähert sich das Fahrzeug weiter Station B, so wird diese ab einer bestimmten Empfangsleistung keine weitere Erhöhung mehr fordern – trotz der Forderung von A erfolgt also keine Leistungserhöhung in der Mobilstation. Station A empfängt dann ständig weniger Leistung; die Verbindung zwischen A und der Mobilstation reißt ab.

Das Soft Handover stellt vor allem in Hinblick auf eine einfache Netzplanung ein sehr günstiges Verfahren dar. Im Falle einer lokalen Netzüberlastung können ohne Weiteres nachträglich zusätzliche Basisstationen aufgestellt werden. Die Zellübergänge laufen dann im Prinzip nach dem erläuterten Mechanismus ab; zusätzliche Signalisierungsmaßnahmen sind nicht erforderlich.

17.2 Höherstufige orthogonale Modulation

17.2.1 Modulation durch Walsh-Signale

Die in Abschnitt 9.1 behandelten klassischen höherstufigen Modulationsverfahren wie z.B. M-stufige PSK, QAM oder ASK/PSK werden durch die Definition bestimmter Signalräume festgelegt. Die zu übertragenden Binärzeichen werden zu Bitgruppen zusammengefasst; jeder möglichen Bitgruppe wird dann ein Signalpunkt aus der komplexen Signalebene zugeordnet (*Mapping*). Im Allgemeinen sind die euklidischen Distanzen zwischen beliebigen Signalpunkten nicht identisch, so dass die Wahrscheinlichkeit von Fehlentscheidungen zwischen unmittelbar benachbarten Punkten größer ist als für weiter auseinanderliegende. Weiterhin weisen verschiedene Symbole oftmals unterschiedliche Energien auf; dies gilt nicht für PSK-Signale, aber für alle anderen höherstufigen Formen wie z.B. 16-QAM oder 16-ASK/PSK (vgl. Bild 9.1.2, Seite 274).

Im Zusammenhang mit einem Codemultiplex-Zugriffsverfahren, bei dem durch die Multiplikation mit Pseudo-Zufallssignalen ohnehin eine gegenüber der Bitrate verfeinerte zeitliche Auflösung erfolgt, ergibt sich eine weitere Dimension, die zur Festlegung von unterscheidbaren Sendesymbolen genutzt werden kann. Den aus den Quelldaten gebildeten Gruppen von $\mathrm{ld}(M)$ bit ordnet man nun verschiedene Sendeimpulse $w_m(t)$, $m \in \{0, 1, \cdots, M-1\}$ zu, die sich in ihrem *zeitlichen Verlauf* signifikant unterscheiden – als Träger für die zu übertragene Information wird also die *Form* dieser Elementarimpulse benutzt. Die Länge der Impulse soll auf die Dauer einer Bitgruppe, also $\mathrm{ld}(M) \cdot T$, festgelegt werden. Gilt insbesondere

$$\int_0^{\mathrm{ld}(M)\cdot T} w_m(t) \cdot w_n(t)\, dt = 0, \quad \text{für } m \neq n, \tag{17.2.1}$$

so liegt ein *orthogonales Modulationsverfahren* vor. Orthogonale Modulationsformen waren bislang nur im Zusammenhang mit FSK aufgetreten, wobei der Modulationsindex auf ganzzahlige Vielfache von 1/2 festzulegen war. Hier ergeben sich nun weitere vielfältige Möglichkeiten des Entwurfs orthogonaler Formen durch die Wahl beliebiger Sendeimpulse, die die Bedingung (17.2.1) erfüllen.

Ein interessantes Modulationskonzept erhält man mit dem Einsatz orthogonaler *Walsh-Funktionen* als Basis-Impulse. Diese Funktionen waren uns im Abschnitt 17.1.3 bereits begegnet, wo sie als Nutzercodes zur perfekten Nutzertrennung in synchronen, nicht frequenzselektiven CDMA-Systemen dienten (ein Beispiel für ein 8-stufiges Walsh-Funktionensystem zeigt Bild 17.1.11 auf Seite 652). Hier werden Walsh-Funktionen jetzt mit anderer Zielsetzung, nämlich zur höherstufigen Modulation, eingesetzt. Fasst man – genauso wie beim üblichen Mapping im Falle traditioneller Modulationsarten – die zu übertragenden Bits in Gruppen zu $\mathrm{ld}(M)$ bit zusammen, so definiert jede dieser Gruppen ein Symbol aus einem M-stufigen Alphabet. Als Symbole werden nun die Walsh-Funktionen eingesetzt; sie bieten den Vorteil, dass sie – wie das Datensignal selbst – zweistufig sind.

Die Eigenschaften der Walsh-Funktionen wurden bereits in Abschnitt 17.1.3 erläutert. Hier erstrecken sie sich über die Walsh-Symboldauer $T_{\mathrm{bit}} \cdot \mathrm{ld}(M)$. Die kleinste Rechteck-Breite in den Walsh-Funktionen („Walsh-Chip“) beträgt

$$T_w = T_{\mathrm{bit}} \cdot \frac{\mathrm{ld}(M)}{M}; \tag{17.2.2}$$

mit den Gleichungen (17.1.15a,b,c) gilt dann für die Walsh-Funktionen

- *identische Energien:* $$E_S = \int_0^{M\cdot T_w} w_n^2(t)\, dt = M \cdot T_w = T_{\mathrm{bit}} \cdot \mathrm{ld}(M)$$
- *perfekte Orthogonalität:* $$\int_0^{M\cdot T_w} w_n(t)\, w_m(t)\, dt = 0, \quad n \neq m$$
- *identische euklidische Distanzen:* $$\int_0^{M\cdot T_w} (w_n(t) - w_m(t))^2\, dt = 2\, M \cdot T_w = 2\, E_S = 2\, \mathrm{ld}(M) \cdot E_b, \quad n \neq m.$$

Besonders die letztgenannte Eigenschaft ist in Hinblick auf die Anwendung zur Modulation interessant: Während die euklidischen Distanzen im Falle der klassischen linearen Modulationformen bei festgehaltener Energie mit höherer Stufigkeit abnehmen, erhöhen sich bei konstantem E_b die Distanzen der Walsh-Funktionen mit M, was eine wichtige Rolle für das Fehlerverhalten spielt. Man muss allerdings in Betracht ziehen, dass die zeitliche Auflösung mit steigender Stufigkeit immer feiner wird, die Bandbreite sich also entsprechend erhöht. In der Anwendung in einem CDMA-System ist die zeitliche Feinstruktur jedoch durch den Spreizcode ohnehin gegeben, so dass eine weitere Bandbreitenerhöhung durch die Walsh-Modulation nicht stattfindet.

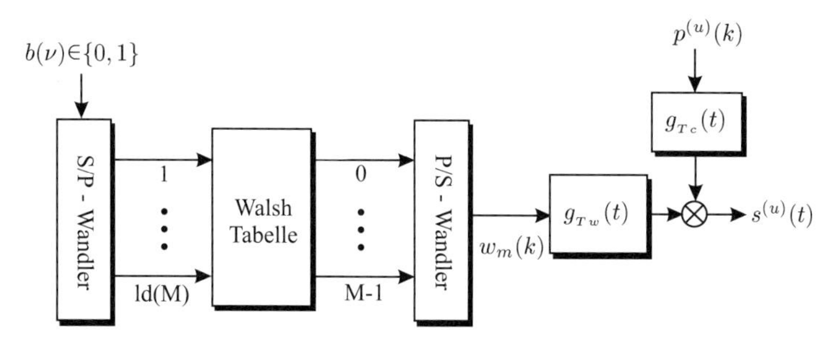

Bild 17.2.1: CDMA-Sender für M-stufige orthogonale Modulation

Das Blockschaltbild eines CDMA-Senders mit orthogonaler Walsh-Codierung ist in **Bild 17.2.1** wiedergegeben. Die von der Quelle mit der Rate $1/T$ abgegebenen Binärdaten werden zunächst durch einen Serien-Parallel-Wandler (S/P) in Bitgruppen der Länge $\mathrm{ld}(M)$ zusammengefasst; die Symbolrate beträgt dann $1/(T \cdot \mathrm{ld}(M))$. Eine Mapping-Tabelle ordnet jeder Bitgruppe eine Walsh-Funktion zu; da die kleinste Rechteckdauer der Walsh-Funktionen $T_w = T \cdot \mathrm{ld}(M)/M$ beträgt, kann hiermit – je nach ausgewählter Walsh-Funktion – gegenüber dem Quellensignal bereits eine maximale spektrale Spreizung um den Faktor $M/\mathrm{ld}(M)$ eintreten. Eine weitere Spreizung um den Faktor N_p erfolgt durch die Multiplikation mit dem teilnehmerspezifischen Pseudo-Zufallssignal $p^{(u)}(t)$ mit der Chipdauer $T_c = T \cdot \mathrm{ld}(M)/(N_p \cdot M)$. Der gesamte Spreizungsfaktor gegenüber dem Quellensignal beträgt damit

$$N_c = T/T_c = \frac{N_p\, M}{\mathrm{ld}(M)}. \tag{17.2.3}$$

Beispiel: Zur Veranschaulichung betrachten wir das Beipiel einer 64-stufigen orthogonalen Modulation mit einer anschließenden Spreizung durch eine PN-Folge um den Faktor 4: Der gesamte Spreizfaktor beträgt damit

$$N_c = \frac{M}{\mathrm{ld}(M)} \cdot N_p = \frac{64}{6} \cdot 4 = 42,66.$$

Benutzt man noch einen Faltungscode der Rate $R = 1/3$ zur Kanalcodierung, so beträgt der Spreizfaktor in Bezug auf die Quellbitrate

$$G_p = \frac{M \cdot N_p}{\mathrm{ld}(M)} \cdot \frac{1}{R} = 128;$$

man bezeichnet diesen Faktor als *Processing Gain*.

Hybride Modulationsform. Das gemäß **Bild 17.2.1** gebildete Sendesignal ist reell, nutzt also die komplexe Signalebene nicht aus. Zur Verbesserung wurde in [Nik99] ein so genanntes *hybrides Modulationsverfahren* vorgeschlagen – das Blockschaltbild des Senders ist in **Bild 17.2.2** wiedergegeben.

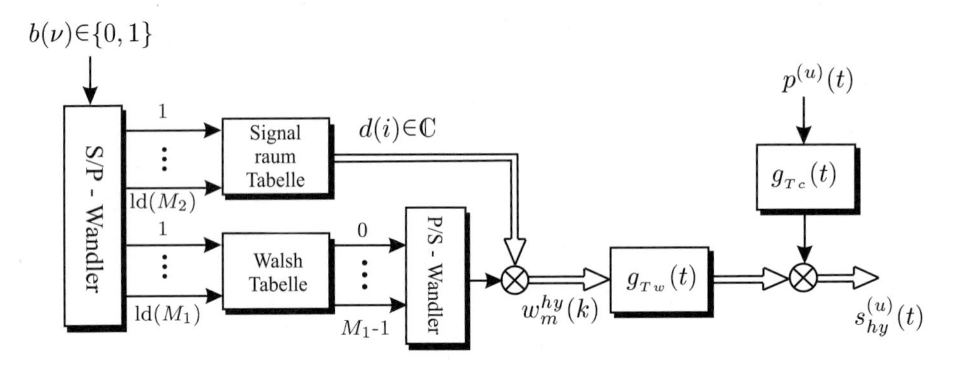

Bild 17.2.2: CDMA-Sender mit hybrider Modulation

Der Bitstrom wird zunächst in zwei parallele Ströme von $\mathrm{ld}(M_1)$ und $\mathrm{ld}(M_2)$ bit umgesetzt; der erste erzeugt wie bei der bisherigen orthogonalen Modulation eine Walsh-Folge $w_m(k)$, $m \in \{0, \cdots, M_1 - 1\}$, während der zweite eine Bewertung der Walsh-Folgen mit komplexen Daten aus einem M_2-stufigen Alphabet – z.B. PSK- oder QAM-Symbolen – vornimmt. Am Empfänger können beide Modulationen getrennt werden, wie im Abschnitt 17.2.2 gezeigt wird. Die zusätzliche komplexe Modulation beeinflusst die Walsh-Demodulation nicht, so dass die $\mathrm{ld}(M_2)$ bit pro Symbol ohne Degradation des orthogonalen Verfahrens zusätzlich gewonnen werden; sie können z.B. zur Verstärkung der Kanalcodierung eingesetzt werden [KN96, NK97].

Ein Beispiel eines hybriden Modulationssignal zeigt **Bild 17.2.3**. Dabei stellt das obere Bild die Walsh-Symbole mit zusätzlicher QPSK-Modulation dar. In der Spur darunter ist der PN-Code dargestellt, der in diesem Falle komplex angesetzt wird, da ohnehin die komplexe Signalraumebene genutzt wird. Schließlich gibt die untere Spur das gesamte hybride CDMA-Signal wieder. Einzelheiten zu diesem Modulationskonzept sind in [Nik99] zu finden.

17.2.2 Empfänger für M-stufige orthogonale Modulation

In Kapitel 11 wurde der optimale Empfänger für AWGN-Kanäle hergeleitet. Dabei wurde die Kenntnis der M möglichen Sendeimpulse $s_m(t)$, $m = 0, \cdots, M-1$, am Empfänger vorausgesetzt. Das Maximum-Likelihood-Kriterium lautet für Sendeimpulse der Länge T

$$Q_{\mathrm{ML}}(m) \triangleq Q_m = \mathrm{Re}\left\{ \int_0^T s_m^*(t)\, \mathrm{e}^{-j\psi_0}\, \tilde{r}^{(u)}(t)\, dt \right\} - \frac{a}{2} E_m \Rightarrow \max_m, \tag{17.2.4}$$

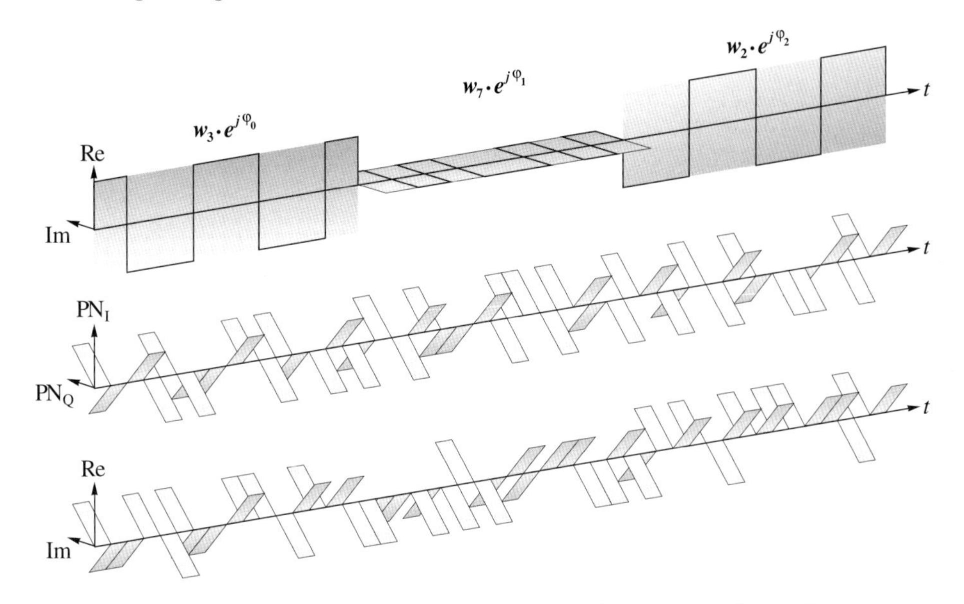

Bild 17.2.3: Hybrides Modulationssignal (entnommen [Nik99])

wobei $\tilde{r}(t)$ die komplexe Einhüllende des empfangenen Signals darstellt; a und ψ_0 bezeichnen durch den Kanal eingebrachte feste Amplituden- und Phasenveränderungen.

Kohärenter Empfänger für orthogonale Modulation. Das Kriterium (17.2.4) kann auf das im letzten Abschnitt behandelte Codemultiplex-Verfahren mit orthogonaler Modulation übertragen werden. Der m-te Sendeimpuls des Nutzers u hat bei M-stufiger Walsh-Modulation die spezielle Form

$$s_m^{(u)}(t) = w_m(t) \cdot p_{T_c}^{(u)}(t), \quad 0 \le t < T \cdot \mathrm{ld}(M) = M \cdot T_w. \tag{17.2.5}$$

Hierbei sind alle Signale zweistufig und reell, solange nicht die hybride Erweiterung betrachtet wird. Weiterhin berücksichtigt man, dass alle Sendesymbole $s_0(t), \cdots, s_{M-1}(t)$ die gleiche Energie $\mathrm{ld}(M) \cdot T$ aufweisen; dann ergibt (17.2.4) das Maximum-Likelihood-Kriterium[7]

$$Q_m = \frac{1}{T_w} \int\limits_0^{MT_w} \underbrace{\mathrm{Re}\left\{\mathrm{e}^{-j\psi_0}\, \tilde{r}(t)\right\} \cdot p_{T_c}^{(u)}(t)}_{x'(t)} \cdot w_m(t)\, dt \Rightarrow \max_m . \tag{17.2.6}$$

Wegen des stückweise konstanten Verlaufs der Walsh-Funktion

$$w_m(t) = \sum_{k=0}^{M-1} w_{m,k} \cdot g_{T_w}(t - kT_w)$$

[7]Um dimensionslose Größen zu erhalten, wird auf ein Walsh-Chip normiert.

kann die Integration in M Teilintervalle der kleinsten Rechteckdauer der Walsh-Funktionen T_w zerlegt werden.

$$\frac{1}{T_w}\int_0^{MT_w} x'(t)\cdot w_m(t)\,dt = \sum_{k=0}^{M-1} w_{m,k}\cdot\underbrace{\frac{1}{T_w}\int_{kT_w}^{(k+1)T_w} x'(t)\,dt}_{x'_k} \tag{17.2.7}$$

Damit lässt sich das Maximum-Likelihood-Funktional als Skalarprodukt zweier Vektoren formulieren.

$$Q_m = \sum_{k=0}^{M-1} w_{m,k}\cdot x'_k \;=\; \mathbf{w}_m^T\mathbf{x}' \tag{17.2.8}$$

Setzt man im Einnutzer-Fall für die komplexe Einhüllende des Empfangssignals

$$\tilde{r}(t) = a\,e^{j\psi_0} w_n(t)\cdot p_{T_c}^{(u)}(t) + n(t), \tag{17.2.9}$$

wobei $n(t) = n'(t) + jn''(t)$ das komplexe Rauschen im Basisband beschreibt, so erhält man mit (17.2.6) und (17.2.7)

$$x'_k = a\,w_{n,k} \;+\; \underbrace{\mathrm{Re}\left\{\frac{1}{T_w}\int_{kT_w}^{(k+1)T_w} n(t)\cdot e^{-j\psi_0} p_{T_c}^{(u)}(t)\,dt\right\}}_{\triangleq\,\bar{n}'_k} \tag{17.2.10}$$

und damit für das Maximum-Likelihood-Funktional

$$Q_m = a\,\mathbf{w}_m^T\mathbf{w}_n \;+\; \underbrace{\mathbf{w}_m^T\bar{\mathbf{n}}'}_{n'_m}. \tag{17.2.11}$$

Wegen der Orthogonalität der Walsh-Funktionen gilt[8]

$$\mathbf{w}_m^T\mathbf{w}_n = M\cdot\delta_{mn}. \tag{17.2.12}$$

Damit ergibt (17.2.11) schließlich

$$Q_m = a\,M\cdot\delta_{mn} \;+\; n'_m. \tag{17.2.13}$$

Die Auswertung des Maximum-Likelihood-Funktionals (17.2.8) erfordert die Berechnung der Skalarprodukte von $\mathbf{x}'$ mit allen M Walsh-Funktionen $\mathbf{w}_m$. Sortiert man diese entsprechend den Zeilen der nach (17.1.17) definierten Hadamard-Matrix $\mathbf{W}_M$, so lässt sich dieses Problem kompakt als so genannte *Diskrete Hadamard-Transformation* (DHT) formulieren [BL90].

$$\mathbf{W}_M\cdot\mathbf{x}' = \mathbf{q}, \quad \mathbf{q} = [Q_0, Q_1, \cdots, Q_{M-1}]^T \tag{17.2.14}$$

[8] δ_{mn} bezeichnet das Kronecker-Symbol.

Der Ergebnisvektor $\mathbf{q}$ enthält die Maximum-Likelihood-Funktionale für alle M Hypothesen $Q_0, \cdots, Q_{M-1}$ in der oben genannten Sortierung. Im ungestörten Fall enthält $\mathbf{q}$ also an der Stelle n den Wert aM und sonst Nullen, während bei gestörter Übertragung der Rauschvektor $\mathbf{n}' = [n'_0, \cdots, n'_{M-1}]^T$ überlagert ist. Die Auswahl des größten Elementes führt dann zur Entscheidung für die mit größter Wahrscheinlichkeit gesendete Walsh-Funktion.

$$\hat{m} = \arg\max_m \{Q_m\} \tag{17.2.15}$$

Die explizite Matrix-Multiplikation in (17.2.14) lässt sich vermeiden, wenn man das rekursive Bildungsprinzip der Hadamard-Matrix berücksichtigt. Wegen (17.1.17) lässt sich schreiben[9]

$$\mathbf{W}_M \cdot \mathbf{x} = \begin{pmatrix} \mathbf{W}_{M/2} & \mathbf{W}_{M/2} \\ \mathbf{W}_{M/2} & -\mathbf{W}_{M/2} \end{pmatrix} \begin{pmatrix} \mathbf{x}_0 \\ \mathbf{x}_1 \end{pmatrix} = \begin{pmatrix} \mathbf{W}_{M/2}\mathbf{x}_0 + \mathbf{W}_{M/2}\mathbf{x}_1 \\ \mathbf{W}_{M/2}\mathbf{x}_0 - \mathbf{W}_{M/2}\mathbf{x}_1 \end{pmatrix}, \tag{17.2.16}$$

wobei $\mathbf{x}_0$ die ersten $M/2$ Elemente des Vektors $\mathbf{x}$ enthält und $\mathbf{x}_1$ dessen letzten $M/2$ Elemente.

Die Ausführung von (17.2.14) lässt sich hiermit auf die in **Bild 17.2.4a** dargestellte Form vereinfachen: Die Multiplikation mit einer $M \times M$-Matrix wird auf zwei Multiplikationen mit $M/2 \times M/2$-Matrizen reduziert. Diese Prozedur kann fortgesetzt werden, indem $\mathbf{W}_{M/2}\mathbf{x}_0$ und $\mathbf{W}_{M/2}\mathbf{x}_1$ wiederum jeweils gemäß (17.2.16) umgeformt werden; man kommt so zu der in Bild 17.2.4b gezeigten Struktur. Fährt man auf gleiche Weise fort, so erhält man schließlich das Signalflussdiagramm in Bild 17.2.4c – hier am Beispiel $M = 8$ veranschaulicht.

Der gefundene Algorithmus stellt eine Form der *schnellen Hadamard-Transformation* dar [BL90]. Die Struktur weist große Ähnlichkeit mit der FFT, also der schnellen Fourier-Transformation, auf [KK09]. Wie bei der FFT wird hier die Anzahl der Rechenoperationen – in diesem Falle Additionen oder Subtraktionen – von M^2 bei direkter Realisierung von (17.2.14) auf $M \cdot \mathrm{ld}(M)$ reduziert.

In **Bild 17.2.5** ist das Blockschaltbild eines kohärenten CDMA-Empfängers für M-stufige orthogonale Walsh-Modulation dargestellt. Nach der Integrate-and-Dump-Operation über jeweils ein Chip-Intervall T_c und der Korrektur der Kanalphase ψ_0 erfolgt nach der Realteilbildung die Korrelation der Empfangsfolge $r'^{(u)}(k)$ mit dem teilnehmerspezifischen Code $p^{(u)}(k)$. Man erhält daraus den Vektor $\mathbf{x}' = [x'_0, x'_1, \cdots, x'_{M-1}]^T$, der mit sämtlichen Walsh-Vektoren $\mathbf{w}_0, \cdots, \mathbf{w}_{M-1}$ skalar zu multiplizieren ist. Dies leistet die Diskrete Hadamard-Transformation (DHT). Aus dem hieraus erhaltenen Entscheidungsvektor $\mathbf{q}$ wird das Element mit dem größten Wert Q_m ausgewählt; die zum Index $\hat{m}$ gehörige Gruppe von $\mathrm{ld}(M)$ bit wird als wahrscheinlichste gesendete Bitfolge ausgegeben.

Inkohärenter Empfänger für orthogonale Modulation. Die beschriebene orthogonale Modulationsform bietet die Möglichkeit der inkohärenten Demodulation, womit wegen der Vermeidung der Trägerregelung der Empfänger vereinfacht werden kann. Die nicht phasenkohärent gebildete komplexe Einhüllende des Empfangssignals wird zunächst

[9] Wegen der Gültigkeit auch für komplexe Vektoren wird $\mathbf{x}'$ in (17.2.14) hier allgemein durch $\mathbf{x}$ ersetzt.

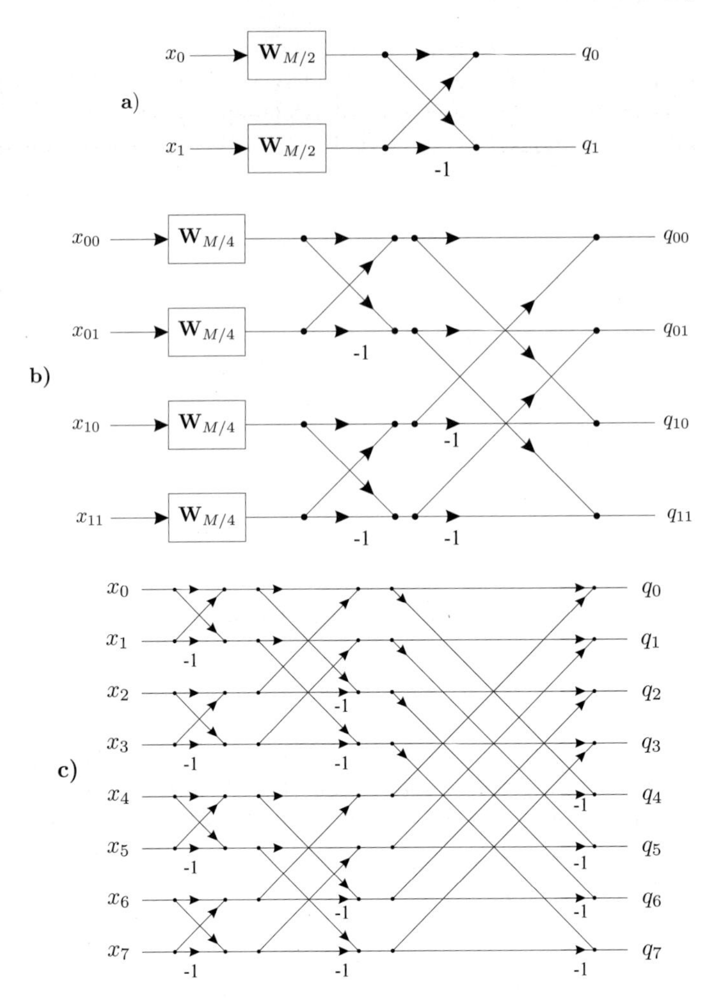

Bild 17.2.4: Schnelle Hadamard-Transformation

mit dem teilnehmerspezifischen Codesignal $p_{T_c}^{(u)}(t)$ multipliziert.

$$\tilde{x}(t) = \tilde{r}^{(u)}(t) \cdot p_{T_c}^{(u)}(t) \tag{17.2.17}$$

Eine modifizierte Entscheidungsvariable $\tilde{Q}_m$ gewinnt man durch Korrelation mit der m-ten Walsh-Funktion.

$$\tilde{Q}_m = \int\limits_0^{MT_w} \tilde{x}(t) \cdot w_m(t)\, dt \tag{17.2.18}$$

Es ist zu beachten, dass diese Variable im Gegensatz zum Maximum-Likelihood-Funktional (17.2.6) komplex ist. Setzt man hier das Empfangssignal nach (17.2.9) ein, so ergibt sich

$$\tilde{Q}_m = a\, \mathrm{e}^{j\psi_0}\, M \cdot \delta_{mn} + \tilde{n}_m \tag{17.2.19}$$

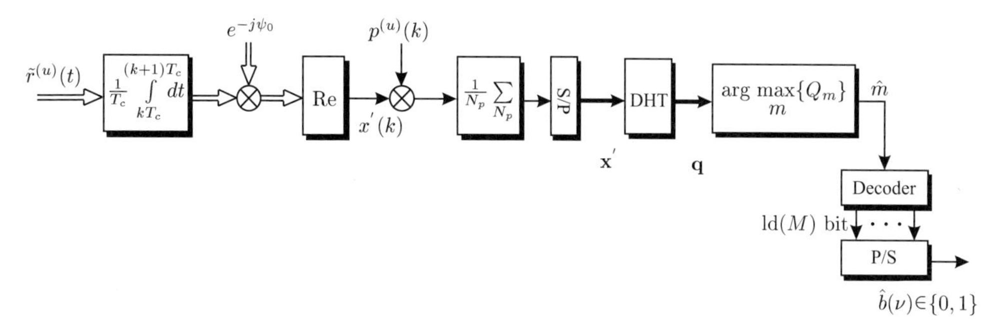

Bild 17.2.5: Kohärenter CDMA-Empfänger für M-stufige orthogonale Modulation

mit der komplexen Rauschgröße

$$\tilde{n}_m = \int_0^{MT_w} n(t)\, p_{T_c}^{(u)}(t)\, w_m(t)\; dt. \tag{17.2.20}$$

Eine Entscheidung über das wahrscheinlichste gesendete Walsh-Symbol lässt sich nun vom *Betrag* der Entscheidungsvariablen $\tilde{Q}_m$ ableiten.

$$|\tilde{Q}_m| = |a\,\mathrm{e}^{j\psi_0}\, M \cdot \delta_{mn} \;+\; \tilde{n}_m| = |a\, M \cdot \delta_{mn} \;+ e^{-j\psi_0}\, \tilde{n}_m| \Rightarrow \max_m \tag{17.2.21}$$

Dabei besteht der entscheidende Unterschied zum Maximum-Likelihood-Kriterium (17.2.13) bei kohärenter Demodulation darin, dass hier die *komplexe* Rauschgröße $\mathrm{e}^{-j\psi_0}\, \tilde{n}_m$ überlagert ist, die gegenüber n'_m die doppelte Leistung aufweist.

Zur Berechnung sämtlicher Entscheidungsvariablen $\tilde{Q}_0, \cdots, \tilde{Q}_{M-1}$ kann wieder die Diskrete Hadamard-Transformation benutzt werden.

$$\mathbf{W}_M \cdot \tilde{\mathbf{x}} = \tilde{\mathbf{q}} \tag{17.2.22}$$

Im Unterschied zu 17.2.14 sind hier die Vektoren $\tilde{\mathbf{x}}$ und $\tilde{\mathbf{q}}$ komplex. Für die Entscheidung sind die Beträge der Elemente von $\tilde{\mathbf{q}}$ zu bilden und das Maximum aufzusuchen. Anstelle der Beträge können zur Bestimmung des Maximums auch die *Betragsquadrate* zugrunde gelegt werden, womit sich der Realisierungsaufwand wegen der Vermeidung von Wurzel-Berechnungen reduziert. Das Blockschaltbild eines inkohärenten CDMA-Empfängers für orthogonale Modulation ist in **Bild 17.2.6** wiedergegeben.

17.2.3 Bitfehlerwahrscheinlichkeit für AWGN-Kanäle

Die folgenden Herleitungen beziehen sich auf *Einnutzer-Übertragungen*; die Auswirkungen der Mehrnutzer-Interferenz werden in Abschnitt 17.4.2 betrachtet.

Kohärente Demodulation. Es wird zunächst ein Ausdruck für die Wahrscheinlichkeit einer korrekten Entscheidung P_c bestimmt. Dabei wird ohne Beschränkung der Allgemeinheit angenommen, dass die Walsh-Funktion $w_0(t)$ gesendet wurde. Bei einer richtigen

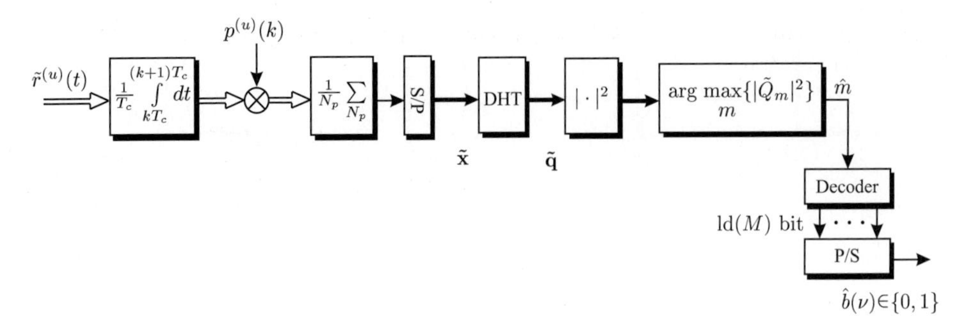

Bild 17.2.6: Inkohärenter CDMA-Empfänger für M-stufige orthogonale Modulation

Entscheidung am Empfänger müssen dann alle Entscheidungsvariablen $Q_1, \cdots, Q_{M-1}$ kleiner als Q_0 sein; die Wahrscheinlichkeit hierfür lautet

$$P_c = \int_{-\infty}^{\infty} \Pr\{Q_1 < Q_0,\, Q_2 < Q_0, \cdots, Q_{M-1} < Q_0 \big|\, Q_0 = y\} \cdot p_{Q_0}(y)\, dy; \qquad (17.2.23)$$

$p_{Q_0}(y)$ bezeichnet hier die Verteilungsdichtefunktion der Variablen Q_0, während der erste Term im Integranden die Verbund-Wahrscheinlichkeit dafür angibt, dass unter der Bedingung der aktuellen Beobachtung von Q_0 die Variablen $Q_1, \cdots, Q_{M-1}$ kleiner als Q_0 sind. Gemäß (17.2.13) ist Q_0 eine gaußverteilte Zufallsvariable mit der Varianz $\sigma_{N'}^2$ und dem Mittelwert $a\,M$; ihre Verteilungsdichtefunktion lautet also

$$p_{Q_0}(y) = \frac{1}{\sqrt{2\pi}\,\sigma_{N'}} \exp\left(-\frac{(y - a\,M)^2}{2\,\sigma_{N'}^2}\right). \qquad (17.2.24)$$

Die übrigen Entscheidungsvariablen sind ebenfalls gaußverteilt mit gleicher Varianz $\sigma_{N'}^2$, jedoch mittelwertfrei.

Die Variablen $Q_1, \cdots, Q_{M-1}$ können als statistisch unabhängig betrachtet werden, so dass die Verbund-Wahrscheinlichkeit im Integranden von (17.2.23) durch das Produkt der Einzelwahrscheinlichkeiten $\Pr\{Q_n < Q_0\}$, $n \neq 0$, ersetzt werden kann. Da diese wegen der identischen Distanzen zwischen allen möglichen Walsh-Funktionen gleich sind, gilt

$$P_c = \int_{-\infty}^{\infty} \Big[\Pr\{Q_1 < Q_0)|\, Q_0 = y\}\Big]^{M-1} \cdot p_{Q_0}(y)\, dy. \qquad (17.2.25)$$

Die Wahrscheinlichkeit, dass Q_1 kleiner als eine Schranke y ist, berechnet sich durch Integration über die Verteilungsdichtefunktion.

$$\Pr\{Q_1 < y\} = \frac{1}{\sqrt{2\pi}\sigma_{N'}} \int_{-\infty}^{y} \exp\left(-\frac{y'^2}{2\sigma_{N'}^2}\right) dy' = 1 - \frac{1}{2}\,\mathrm{erfc}\left(\frac{y}{\sqrt{2}\,\sigma_{N'}}\right) \qquad (17.2.26)$$

Mit der Substitution $x = y/(\sqrt{2}\,\sigma_{N'})$ ergibt sich nach Einsetzen von (17.2.24) und (17.2.26) in (17.2.25)

$$P_c = \frac{1}{\sqrt{\pi}} \int_{-\infty}^{\infty} \left[1 - \frac{1}{2}\mathrm{erfc}(x)\right]^{M-1} \cdot \exp\left(-\left(x - \frac{a\,M}{\sqrt{2}\,\sigma_{N'}}\right)^2\right)\,dx. \qquad (17.2.27)$$

Für die *Symbolfehlerwahrscheinlichkeit* gilt $P_S = 1 - P_c$, so dass man schließlich erhält[10]

$$P_S = \frac{1}{\sqrt{\pi}} \int_{-\infty}^{\infty} \left(1 - \left[1 - \frac{1}{2}\,\mathrm{erfc}(x)\right]^{M-1}\right) \cdot \exp\left(-\left(x - \frac{a\,M}{\sqrt{2}\,\sigma_{N'}}\right)^2\right)\,dx. \qquad (17.2.28)$$

Die Symbolfehlerwahrscheinlichkeit soll noch durch die üblichen Kenngrößen E_S und N_0 ausgedrückt werden. Für die Energie eines empfangenen Symbols gilt im äquivalenten Tiefpass-Bereich

$$E_S = a^2 \int_0^{MT_w} \left(w_m(t)\,p_{T_c}^{(u)}(t)\right)^2\,dt = a^2\,M\,T_w = a^2\,\mathrm{ld}(M)\,T. \qquad (17.2.29)$$

Die spektrale Leistungsdichte des komplexen Tiefpass-Rauschens beträgt N_0, die des Realteils $N_0/2$. Nach dem Integrate-and-Dump-Filter ergibt sich die diskrete Rauschgröße $\bar{n}'(k)$, deren Leistung

$$\sigma_{\bar{N}'}^2 = \frac{N_0}{2} \int_0^{T_w} \frac{1}{T_w^2}\,dt = \frac{N_0}{2\,T_w} \qquad (17.2.30)$$

beträgt. Die Korrelation mit der Walsh-Folge $\mathbf{w}_m$ führt zu n'_m mit der Leistung

$$\sigma_{N'}^2 = \sigma_{\bar{N}'}^2 \sum_{\nu=0}^{M-1} w_{m,\nu}^2 = M\,\frac{N_0}{2\,T_w}. \qquad (17.2.31)$$

Mit (17.2.29) und (17.2.31) ergibt sich

$$\frac{a\,M}{\sqrt{2}\,\sigma_{N'}} = \sqrt{\frac{a^2\,M^2}{2\,\sigma_{N'}^2}} = \sqrt{\frac{a^2\,M\,T_w}{N_0}} = \sqrt{\frac{E_S}{N_0}} \qquad (17.2.32)$$

und nach Einsetzen in (17.2.28) schließlich

$$P_S = \frac{1}{\sqrt{\pi}} \int_{-\infty}^{\infty} \left[1 - \left[1 - \frac{1}{2}\,\mathrm{erfc}(x)\right]^{M-1}\right] \cdot \exp\left[-\left(x - \sqrt{\frac{E_S}{N_0}}\right)^2\right]\,dx. \qquad (17.2.33)$$

---

[10]Man beachte, dass gilt $\frac{1}{\sqrt{\pi}} \int_{-\infty}^{\infty} \exp\left(-\left(x - \frac{a\,M}{\sqrt{2}\,\sigma_{N'}}\right)^2\right)\,dx = \frac{1}{\sqrt{\pi}} \int_{-\infty}^{\infty} p_{Q_0}(y)\,dy = 1.$

Aus der Symbolfehlerwahrscheinlichkeit lässt sich unmittelbar die mittlere Bitfehlerwahrscheinlichkeit errechnen. Für die folgende Betrachtung wird wieder unterstellt, dass das Walsh-Symbol $w_0(t)$ gesendet wurde, dem die Bitgruppe $\{0, 0, \cdots, 0\}$ zugeordnet wird[11].

Im Falle einer Fehlentscheidung wird nun fälschlicherweise eines der Symbole $w_1(t), \cdots, w_{M-1}(t)$ ausgewählt. Dabei entspricht die Anzahl der zugeordneten Einsen der Zahl von Bitfehlern. Die Gesamtzahl aller $\mathrm{ld}(M)$-Bitgruppen beträgt M; diese enthalten zusammen $M/2 \cdot \mathrm{ld}(M)$ Einsen. Da die gesendete Bitgruppe nur Nullen enthält, verteilen sich diese Einsen auf die $M-1$ möglichen fehlentschiedenen Codewörter. Die mittlere Anzahl von Bitfehlern pro Fehlentscheidung beträgt somit

$$\frac{M/2}{M-1}\,\mathrm{ld}(M).$$

Da die Bitrate um den Faktor $\mathrm{ld}(M)$ höher liegt als die Symbolrate, gilt für die Bitfehlerwahrscheinlichkeit also

$$P_b = \frac{M/2}{M-1}\,\mathrm{ld}(M)\,\frac{1}{\mathrm{ld}(M)}\,P_S = \frac{M/2}{M-1}\,P_S. \tag{17.2.34}$$

Ersetzt man in (17.2.33) die Symbolenergie E_S durch die Energie pro gesendetes Bit $E_b = E_S/\mathrm{ld}(M)$, so erhält man

$$P_b = \frac{M/2}{\sqrt{\pi}\,(M-1)} \int\limits_{-\infty}^{\infty} \left[1 - \left[1 - \frac{1}{2}\,\mathrm{erfc}(x)\right]^{M-1}\right] \cdot \exp\left(-\left(x - \sqrt{\mathrm{ld}(M)\frac{E_b}{N_0}}\right)^2\right) dx. \tag{17.2.35}$$

Die Bitfehlerwahrscheinlichkeiten für M-stufige orthogonale Modulation sind für verschiedene Werte M in **Bild 17.2.7** dargestellt. Zum Vergleich ist die Fehlerwahrscheinlichkeit bei antipodaler Modulation gegenübergestellt.

Interpretation. Die dargestellten Ergebnisse für mehrstufige orthogonale Modulationsformen lassen folgende Schlüsse zu:

- *Mit steigender Stufigkeit M nimmt die Bitfehlerwahrscheinlichkeit ab.*
- *Höherstufige orthogonale Modulationsformen führen zu geringerer Bitfehlerwahrscheinlichkeit als die zweistufige antipodale Form.*

Bei den klassischen mehrstufigen Verfahren nimmt die Fehlerwahrscheinlichkeit bei steigender Stufigkeit zu, was darin begründet liegt, dass die euklidischen Distanzen zwischen benachbarten Symbolen immer geringer werden. Demgegenüber sind die Distanzen zwischen beliebigen Walsh-Symbolen identisch und erhöhen sich bei festgehaltenem E_b mit M (siehe Seite 660). Verglichen wird dabei allerdings nur auf der Basis *gleicher Energien pro Bit* (E_b/N_0) – dabei wird die *spektrale Verteilung* dieser Energie außer Acht gelassen. Werden höherstufige orthogonale Formen wie hier erläutert im Zusammenhang mit der

[11] Da die Walsh-Funktionen untereinander gleiche euklidische Abstände aufweisen, kann die Bit-Zuordnung willkürlich vorgenommen werden; eine Gray-Codierung wie bei der klassischen Modulation bringt hier keinen Vorteil.

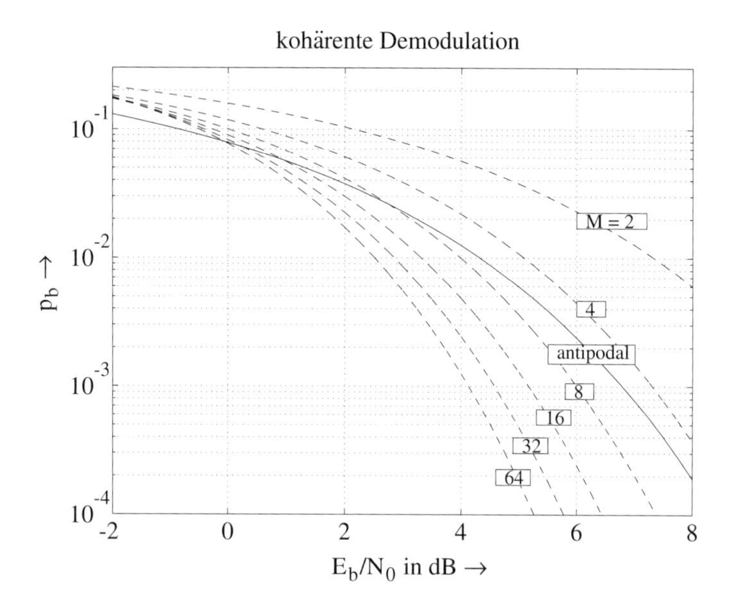

Bild 17.2.7: Bitfehlerwahrscheinlichkeit für M-stufige orthogonale Übertragung mit kohärenter Demodulation (AWGN-Kanal)

Codemultiplex-Technik angewendet, so wird die aufgrund der spektralen Spreizung ohnehin vorhandene feine Zeitauflösung zur Erzeugung orthogonaler Symbole genutzt. Bei gleicher Symbolrate erfordert die M-stufige orthogonale Übertragung somit eine erheblich höhere Bandbreite als die klassischen mehrstufigen Verfahren.

Wichtig ist weiterhin die Überlegenheit der höherstufigen orthogonalen Modulation gegenüber der antipodalen Übertragung (letztere markiert im Sinne der klassischen Übertragungsverfahren die untere Grenze der Fehlerwahrscheinlichkeit). Im Zusammenhang mit der Codemultiplex-Übertragung ist es offenbar günstig, in die spektrale Spreizung ein orthogonales Modulationsverfahren einzubeziehen und nur noch die endgültige Spreizung um N_p auf den Faktor N_c durch durch einen benutzerspezifischen Pseudo-Zufallscode vorzunehmen. Im Grenzfall kann N_p auf eins festgelegt werden; dann bewirkt der Zufallscode nur noch eine Verwürfelung (*Scrambling*).

Man sollte hinzufügen, dass die vorangegangenen Aussagen für den *uncodierten Fall* gelten. Unter dem Aspekt der Kanalcodierung sollte die Walsh-„Modulation“ besser als Codierung interpretiert werden; gemeinsam mit einem äußeren Code (z.B. einem Faltungscode) und der inneren Spreizung um N_p, die als Wiederholungcode betrachtet werden kann, ergibt sich ein verkettetes Codiersystem. In [Dek00] werden solche Konzepte untersucht und gezeigt, dass hiermit – ohne Anwendung aufwendiger Mehrnutzer-Detektionsverfahren – auch unter sehr hoher Systemlast eine beträchtliche Unterdrückung der Interferenz zu erreichen ist.

Inkohärente Demodulation. M-stufige orthogonale Codemultiplex-Signale lassen sich gemäß Bild 17.2.5 inkohärent demodulieren. Dabei werden die komplexen Entscheidungsvariablen $\tilde{Q}_m$ berechnet und die betragsmaximale als wahrscheinlichste Hypothese ausgewählt.

Ohne Beschränkung der Allgemeinheit wird angenommen, dass das Symbol $w_0(t)$ gesendet wurde. Dann stellen $\tilde{Q}_1, \cdots, \tilde{Q}_{M-1}$ mittelwertfreie Zufallsvariablen dar, deren Real- und Imaginärteile gaußverteilt sind; ihre Leistungen betragen $\sigma_{\tilde{N}}^2 = \sigma_N^2 = 2\sigma_{N'}^2$. Die Beträge von $\tilde{Q}_1, \cdots, \tilde{Q}_{M-1}$ weisen *Rayleigh-Verteilungen* auf (siehe auch (2.5.15), Seite 86).

$$p_{|\tilde{Q}_i|}(y) = \frac{2y}{\sigma_N^2} \cdot \exp(-\frac{y^2}{\sigma_N^2}), \quad y \geq 0, \quad i = 1, \cdots, M-1 \tag{17.2.36}$$

Demgegenüber hat die Variable $\tilde{Q}_0$ den Mittelwert $a\,M$ – der Betrag ist *Rice-verteilt* (vgl. (2.5.19))

$$p_{|\tilde{Q}_0|}(y) = \frac{2y}{\sigma_N^2} \cdot \mathrm{I}_0\left(\frac{2y \cdot aM}{\sigma_N^2}\right) \cdot \exp\left(-\frac{y^2 + a^2M}{\sigma_N^2}\right), \quad y \geq 0; \tag{17.2.37}$$

$\mathrm{I}_0(\cdot)$ bezeichnet die modifizierte Besselfunktion erster Art nullter Ordnung.

Analog zu den Betrachtungen über die kohärente Demodulation wird zunächst die Wahrscheinlichkeit der korrekten Entscheidung berechnet.

$$P_c = \int_0^\infty \Pr\Big\{|\tilde{Q}_1| < |\tilde{Q}_0|, \cdots, |\tilde{Q}_{M-1}| < |\tilde{Q}_0| \Big| |\tilde{Q}_0| = y\Big\} \cdot p_{|\tilde{Q}_0|}(y)\, dy \tag{17.2.38}$$

Wegen der Unabhängigkeit der Variablen $\tilde{Q}_1, \cdots, \tilde{Q}_{M-1}$ vereinfacht sich diese Beziehung auf

$$P_c = \int_0^\infty \Big[\Pr\{|\tilde{Q}_1| < |\tilde{Q}_0| \,\Big|\, |\tilde{Q}_0| = y\}\Big]^{M-1} p_{|\tilde{Q}_0|}(y)\, dy. \tag{17.2.39}$$

Es gilt

$$\Pr\{|\tilde{Q}_1| < y\} = \frac{2}{\sigma_N^2} \int_0^y \eta \cdot \exp\left(-\frac{\eta^2}{\sigma_N^2}\right) d\eta = 1 - \exp\left(-\frac{y^2}{\sigma_N^2}\right). \tag{17.2.40}$$

Nach Einsetzen von (17.2.37) und (17.2.40) in (17.2.38) erhält man mit der Substitution $x = y/\sigma_N$

$$P_c = \int_0^\infty \Big[1 - \exp(-x^2)\Big]^{M-1} 2x \cdot \mathrm{I}_0\left(2x\frac{aM}{\sigma_N}\right) \cdot \exp\left(-x^2 - \frac{a^2M^2}{\sigma_N^2}\right) dx. \tag{17.2.41}$$

Für die Symbol- und Bitfehlerwahrscheinlichkeit gilt

$$P_S = 1 - P_c \qquad \text{und} \qquad P_b = \frac{M/2}{M-1} P_S.$$

Berücksichtigt man noch die Beziehung (17.2.32)

$$\frac{aM}{\sqrt{2}\,\sigma_{N'}} = \sqrt{\frac{E_S}{N_0}}$$

und substituiert in (17.2.41) $y = x^2$, so erhält man schließlich für die Bitfehlerwahrscheinlichkeit bei M-stufiger orthogonaler Übertragung mit inkohärenter Demodulation

$$P_b = \frac{M/2}{M-1}\left[1 - \int\limits_0^{\infty} [1-\exp(-y)]^{M-1} \cdot \mathrm{I}_0\Big(2\sqrt{y\frac{E_S}{N_0}}\Big) \cdot \exp\left(-\left(y + \frac{E_S}{N_0}\right)\right)\, dy\right]$$

$$\text{mit } E_S/N_0 = \mathrm{ld}(M) \cdot E_b/N_0. \qquad (17.2.42)$$

In [Pro01] wird hieraus der geschlossene Ausdruck

$$P_b = \frac{M/2}{M-1} \sum_{n=1}^{M-1} (-1)^{n+1} \binom{M-1}{n} \frac{1}{n+1} \exp\left(-\frac{n}{n+1}\frac{E_S}{N_0}\right) \qquad (17.2.43)$$

entwickelt. Es ist allerdings anzumerken, dass sich für große Werte M (Größenordnung $M > 32$) numerische Ungenauigkeiten ergeben, da die auftretenden Binomialkoeffizienten sehr große Werte annehmen, die paarweise voneinander subtrahiert werden [Ben96]. In solchen Fällen ist es daher günstiger, die Gleichung (17.2.42) zu verwenden und eine numerische Integration auszuführen.

In **Bild 17.2.8** sind die errechneten Bitfehlerwahrscheinlichkeiten für $M = 2, 4, 8, 16, 32$

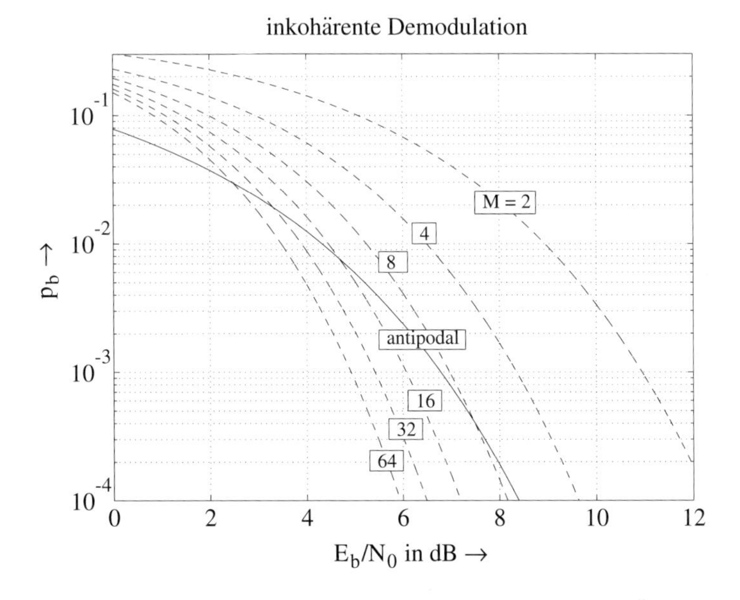

Bild 17.2.8: Bitfehlerwahrscheinlichkeit für M-stufige orthogonale Übertragung mit inkohärenter Demodulation (AWGN-Kanal)

und 64 dargestellt. Zum Vergleich ist wieder die „Referenzkurve“ für antipodale Übertragung mit kohärenter Demodulation gegenübergestellt (durchgezogene Linie). Es zeigt sich, dass die Fehlerwahrscheinlichkeit bei orthogonaler Modulation auch für inkohärente Demodulation mit steigendem M geringer wird. Bemerkenswert ist, dass das *inkohärente* Verfahren die „Referenzkurve“ bei hinreichend hoher Stufigkeit sogar unterschreitet. Bezüglich der Vergleichbarkeit der klassischen antipodalen mit der M-stufigen orthogonalen Codemultiplex-Form gelten allerdings wieder die auf Seite 670 angeführten Einschränkungen: Beim Vergleich auf der Basis gleicher Energie pro Bit bleibt die spektrale Verteilung der Nutzenergie unberücksichtigt.

17.3 Codemultiplex-Übertragung über frequenzselektive Kanäle

17.3.1 Rake-Empfänger

Der optimale Empfänger für gedächtnisbehaftete Kanäle wurde in Kapitel 13 behandelt. Er sieht eine Matched-Filterung, ein Filter zur Dekorrelation des additiven Rauschens sowie schließlich einen Viterbi-Detektor vor, der bei größeren Längen der Kanalimpulsantwort in Verbindung mit höherstufigen Modulationssignalen einen erheblichen Realisierungsaufwand erfordert.

Im Zusammenhang mit der Codemultiplex-Übertragung eröffnen sich neue Möglichkeiten der Detektion Intersymbolinterferenz-behafteter Daten. Aufgrund der Gewichtung der Datensignale mit Pseudo-Zufallssignalen ist es möglich, die auf die verschiedenen Echos der Kanalimpulsantwort verteilten Anteile des empfangenen Signals zunächst getrennt auszuwerten. **Bild 17.3.1** zeigt das Blockschaltbild eines entsprechenden Empfängers. Er besteht aus einer Verzögerungskette mit mehreren Abzweigungen, den sogenannten *Rake-Fingern*, über die die zeitlich versetzten Signalanteile konstruktiv überlagert werden sollen. Dementsprechend wird diese Struktur als *Rake-Empfänger* bezeichnet, weil sie – wie eine Gartenharke das Laub – die auf die verschiedenen Ausbreitungspfade verteilten Signalanteile „einsammelt“.

Die Gewichtungen in den verschiedenen Rake-Fingern sind so vorzunehmen, dass sich das maximale S/N-Verhältnis ergibt. In Abschnitt 15.3.1 wurde – unabhängig von der speziellen Struktur eines Rake-Empfänger – das *Maximum-Ratio-Combining* hergeleitet, bei dem sich als optimale Gewichte die konjugiert komplexen Kanalkoeffizienten ergeben. Dementsprechend wird auf jedem Rake-Finger nach der Entspreizung mit den konjugiert komplexen Abtastwerten der Chiptakt-Kanalimpulsantwort gewichtet. Die Rake-Struktur lässt sich auch als *Matched-Filter* interpretieren, da eine diskrete Faltung des Empfangssignals mit der konjugiert komplexen, zeitlich umgekehrten Impulsantwort vorgenommen wird.

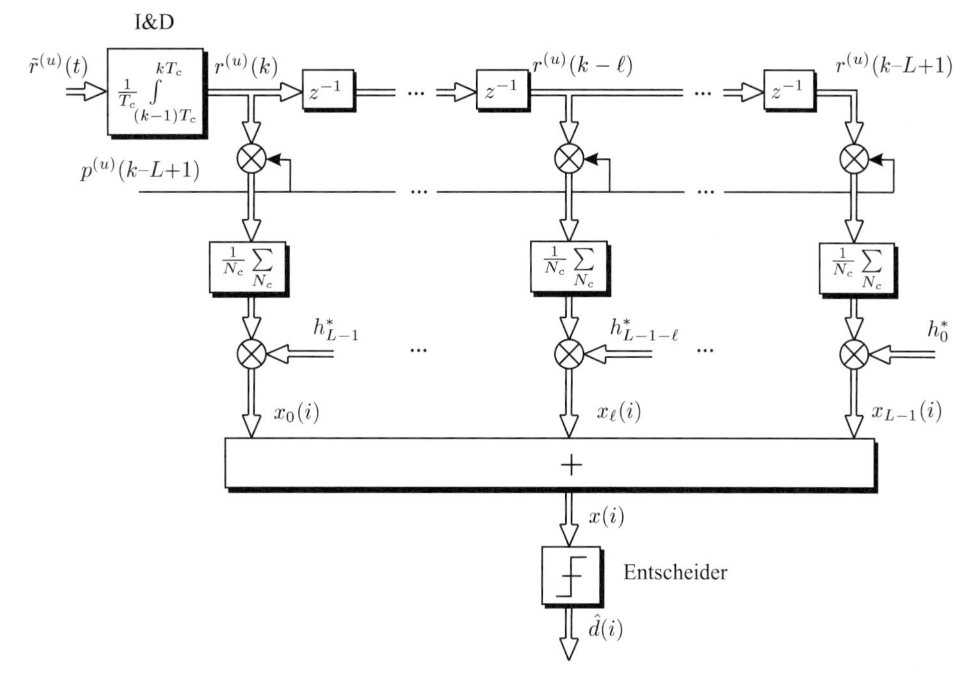

Bild 17.3.1: Rake-Empfänger

In der Struktur nach Bild 17.3.1 wird für jedes Chip-Intervall ein Rake-Finger vorgesehen; in praktischen Ausbreitungsszenarien ergibt sich oftmals die Situation, dass das empfangene Signal „Cluster"-artig auf einige wenige Echos verteilt ist. In diesem Falle werden die stärksten Pfade detektiert und die Verzögerungen des Rake-Empfängers dementsprechend eingestellt.

Im Folgenden wird die Funktionsweise des Rake-Empfängers analysiert. Der frequenzselektive Übertragungskanal des u-ten Teilnehmers wird durch sein *Chiptakt-Modell* beschrieben [BK93]; die diskrete (hier dimensionslos angesetzte) Impulsantwort lautet

$$h^{(u)}(kT_c) = \begin{cases} h_k & \text{für} \quad 0 \le k \le L-1 \\ 0 & \text{sonst.} \end{cases} \tag{17.3.1}$$

Gemäß Bild 17.3.1 wird das Empfangssignal zunächst einer Integrate-and-Dump-Operation über ein Chip-Intervall T_c unterzogen – dies entspricht einer Matched-Filterung bezüglich des rechteckförmigen Sende-Impulses. Das so erhaltene diskrete Signal lautet im Falle der Einnutzer-Übertragung

$$r^{(u)}(k) = \sum_{\lambda=0}^{L-1} h_\lambda \cdot \bar{s}^{(u)}(k-\lambda) + n(k), \tag{17.3.2}$$

wobei $\bar{s}^{(u)}(k)$ das gesendete Signal des u-ten Nutzers im Chiptakt bezeichnet. Die empfangsseitige Integrate-and-Dump-Operationen ist hier mit eingeschlossen und wird durch den Querstrich angedeutet; $n(k)$ beschreibt die komplexe Rauschgröße am I&D-Ausgang.

Es wird zunächst der ℓ-te Rake-Finger in Bild 17.3.1 betrachtet. Die Multiplikation mit $p^{(u)}(k-L+1)$ und die Mittelung über N_c Chiptakte führen zu

$$\begin{aligned}
&\frac{1}{N_c}\sum_{(N_c)} r^{(u)}(k-\ell)\cdot p^{(u)}(k-L+1)\\
&= \sum_{\lambda=0}^{L-1} h_\lambda \underbrace{\frac{1}{N_c}\sum_{(N_c)} \bar{s}^{(u)}(k-\ell-\lambda)\cdot p^{(u)}(k-L+1)}_{\approx 0 \text{ für } \ell+\lambda\neq L-1} + \frac{1}{N_c}\sum_{(N_c)} \underbrace{n(k-\ell)\cdot p^{(u)}(k-L+1)}_{\tilde{n}_\ell(k)}\\
&\approx h_{L-1-\ell}\frac{1}{N_c}\sum_{(N_c)} \bar{s}^{(u)}(k-L+1)\cdot p^{(u)}(k-L+1) + \frac{1}{N_c}\sum_{(N_c)} \tilde{n}_\ell(k).
\end{aligned} \tag{17.3.3}$$

Synchronisiert man den Empfänger so, dass gilt

$$k-L+1 = i\,N_c + k', \quad k' = 0,\cdots,N_c-1, \quad i\in\mathbb{N}, \tag{17.3.4}$$

so erhält man im ℓ-ten Rake-Finger das entspreizte Signal im Symboltakt

$$\tilde{x}_\ell(i) \approx h_{L-1-\ell}\frac{1}{N_c}\sum_{k'=0}^{N_c-1} \bar{s}^{(u)}(iN_c+k')\cdot p^{(u)}(iN_c+k') + \bar{n}_\ell(i) = h_{L-1-\ell}\cdot d(i) + \bar{n}_\ell(i). \tag{17.3.5}$$

Die auf jedem Rake-Finger extrahierten Daten weisen noch unterschiedliche Phasen auf. Um sie konstruktiv addieren zu können, erfolgt eine Multiplikation mit den konjugiert komplexen Kanalkoeffizienten; nach der Aufsummation ergibt sich schließlich

$$x(i) \approx d(i)\sum_{\ell=0}^{L-1}|h_\ell|^2 + \sum_{\ell=0}^{L-1} h^*_{L-1-\ell}\cdot\bar{n}_\ell(i). \tag{17.3.6}$$

Die Leistung des ungestörten Nutzsignals am Rake-Ausgang beträgt

$$\mathrm{E}\Big\{\Big|D(i)\sum_{\ell=0}^{L-1}|h_\ell|^2\Big|^2\Big\} = \sigma_D^2\Big[\sum_{\ell=0}^{L-1}|h_\ell|^2\Big]^2, \tag{17.3.7a}$$

während die Rauschleistung sich aus

$$\mathrm{E}\{|\bar{N}_\ell|^2\}\sum_{\ell=0}^{L-1}|h_\ell|^2 = \frac{N_0}{T_c\cdot N_c}\cdot\sum_{\ell=0}^{L-1}|h_\ell|^2 = \frac{N_0}{T}\cdot\sum_{\ell=0}^{L-1}|h_\ell|^2 \tag{17.3.7b}$$

errechnet. Für das S/N-Verhältnis am Entscheidereingang ergibt sich damit

$$S/N = \frac{\sigma_D^2}{N_0}\cdot T\sum_{\ell=0}^{L-1}|h_\ell|^2 = \frac{E_S}{N_0}, \tag{17.3.8}$$

also der gleiche Wert wie für den AWGN-Kanal.

- *Durch die Bewertung der Signale in den verschiedenen Rake-Pfaden mit den konjugiert komplexen Kanalkoeffizienten wird das maximal mögliche S/N-Verhältnis erzielt. Dies steht im Einklang damit, dass die Rake-Struktur das im Abschnitt 15.3, Seite 569ff, abgeleitete Prinzip des Maximum Ratio Combining umsetzt.*

Man muss allerdings betonen, dass diese Verhältnisse nur für den Einnutzer-Fall und unter der Annahme perfekter Orthogonalität gelten. Der Einfluss des Pfadübersprechens wird in **Bild 17.3.2** anhand zeitinvarianter Kanäle und in Abschnitt 17.4.2 für frequenzselektive Rayleigh-Kanäle dargestellt, wobei hier keine Mehrnutzer-Interferenz enthalten ist – diese wird in Abschnitt 17.4.2 untersucht.

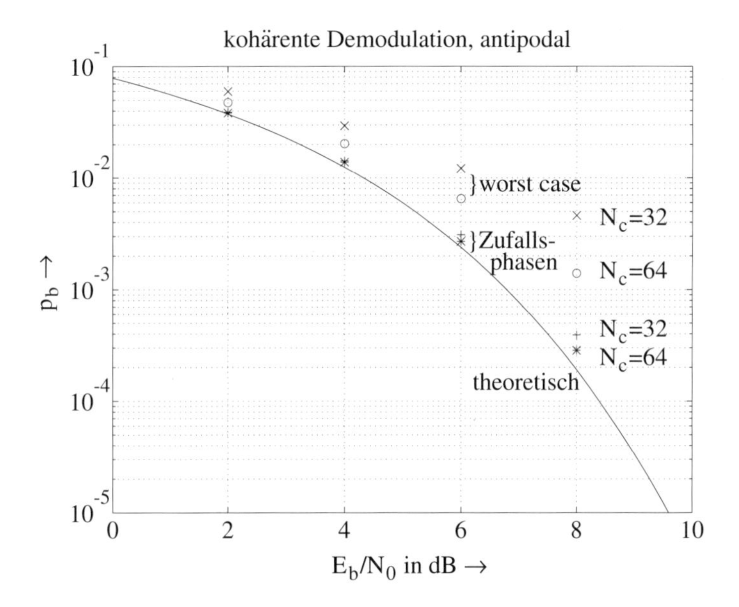

Bild 17.3.2: Bitfehlerraten für einen kohärenten Rake-Empfänger (BPSK) (Simulation: zeitinvariante 8-Pfad-Kanäle; $|h_0|, \cdots, |h_7| = 1/\sqrt{8}$)

Da das S/N-Verhältnis am Entscheidereingang dem der AWGN-Übertragung entspricht, können unter den genannten Idealisierungen auch die Formeln für die AWGN-Fehlerwahrscheinlichkeiten übernommen werden: Für BPSK/QPSK und M-QAM gilt z.B.

$$P_{b|\mathrm{B/QPSK}} = \frac{1}{2}\,\mathrm{erfc}\left(\sqrt{\frac{E_b}{N_0}}\right) \tag{17.3.9a}$$

$$P_{b|M-\mathrm{QAM}} \approx$$

$$\frac{\sqrt{M}-1}{\sqrt{M}\cdot \mathrm{ld}(M)}\cdot \mathrm{erfc}\left(\sqrt{\frac{3\cdot \mathrm{ld}(M)}{2(M-1)}\,\frac{E_b}{N_0}}\right)\left[2-\frac{\sqrt{M}-1}{\sqrt{M}}\cdot \mathrm{erfc}\left(\sqrt{\frac{3\cdot \mathrm{ld}(M)}{2(M-1)}\,\frac{E_b}{N_0}}\right)\right]. \tag{17.3.9b}$$

In Bild 17.3.2 werden der theoretischen gemäß (17.3.9a) berechneten Bitfehlerwahrscheinlichkeit Simulationsergebnisse gegenübergestellt. Für die Simulationen wurden zwei verschiedene Formen von 8-Pfad-Kanälen verwendet: Die Beträge der Kanalkoeffizienten sind jeweils gleich, wogegen die Phasen im einen Falle zufällig, im anderen Falle identisch („Worst-Case-Kanäle“) gewählt werden. Die Energie der Impulsantwort wird also bei jedem Experiment konstant gehalten; daher ist die erst genannte Simulation nicht mit den „Monte-Carlo“-Untersuchungen in Abschnitt 17.4, Seite 686ff, zu verwechseln, bei der die Beträge der Kanalkoeffizienten einer Rayleigh-Statistik unterliegen. Hier geht es nicht um die Untersuchung von Fading-Aufwirkungen, sondern um den Einfluss der Phasenbeziehungen auf das Pfadübersprechen.

Es werden jeweils die beiden Spreizfaktoren $N_c = 32$ und 64 eingesetzt. Bei zufälligen Kanalphasen wirkt sich das Pfadübersprechen infolge nicht idealer Korrelationseigenschaften des Zufallscodes erst bei größeren E_b/N_0-Werten aus; der Einfluss wird mit größerem Spreizfaktor erwartungsgemäß geringer. Sehr deutlich ist hingegen die Auswirkung des Pfadübersprechens bei Kanalkoeffizienten mit identischen Phasen („worst case“).

17.3.2 Kohärenter Empfänger für M-stufige orthogonale Modulation

Bild 17.3.3 zeigt die Struktur eines Rake-Empfängers zur kohärenten Demodulation von M-stufigen orthogonalen Modulationsformen. Zur Erläuterung betrachten wir zunächst den ℓ-ten Rake-Finger und benutzen hierbei die Ergebnisse aus Abschnitt 17.2.2 für den nichtselektiven Fall. Nach der Multiplikation mit dem Nutzercode und der anschließenden Mittelung erhält man unter der Voraussetzung perfekter Orthogonalität gemäß Gleichung (17.2.10)

$$\tilde{x}_{k,\ell} = h_{L-1-\ell} \cdot w_{k,n} + \tilde{n}_{k,\ell}, \quad k,n \in \{0,\cdots,M-1\},\ \ell \in \{0,\cdots,L-1\}. \tag{17.3.10a}$$

Dabei wurde angenommen, dass das n-te Walsh-Symbol gesendet wurde; $w_{0,n},\cdots,w_{M-1,n}$ bezeichnen die Gewichte dieses Symbols. Zur kompakten Formulierung werden die zu jedem Walsh-Symbol gehörigen Abtastwerte zu Vektoren zusammengefasst, so dass aus (17.3.10a)

$$\tilde{\mathbf{x}}_\ell = h_{L-1-\ell} \cdot \mathbf{w}_n + \tilde{\mathbf{n}}_\ell \tag{17.3.10b}$$

folgt. Im Weiteren wird eine Bewertung mit den konjugiert komplexen Kanalkoeffizienten und eine Realteilbildung vorgenommen. Nach der Summation über alle Rake-Finger erhält man

$$\mathbf{x}' = \sum_{\ell=0}^{L-1} \mathrm{Re}\{h^*_{L-1-\ell} \cdot \tilde{\mathbf{x}}_\ell\} = \mathbf{w}_n \sum_{\ell=0}^{L-1} |h_{L-1-\ell}|^2 + \sum_{\ell=0}^{L-1} \mathrm{Re}\{h^*_{L-1-\ell}\, \tilde{\mathbf{n}}_\ell\}. \tag{17.3.10c}$$

Aus der Multiplikation mit allen M möglichen Walsh-Symbolen ergibt sich die Maximum-Likelihood-Entscheidungsvariable, die – wie bereits im nicht frequenzselektiven Fall –

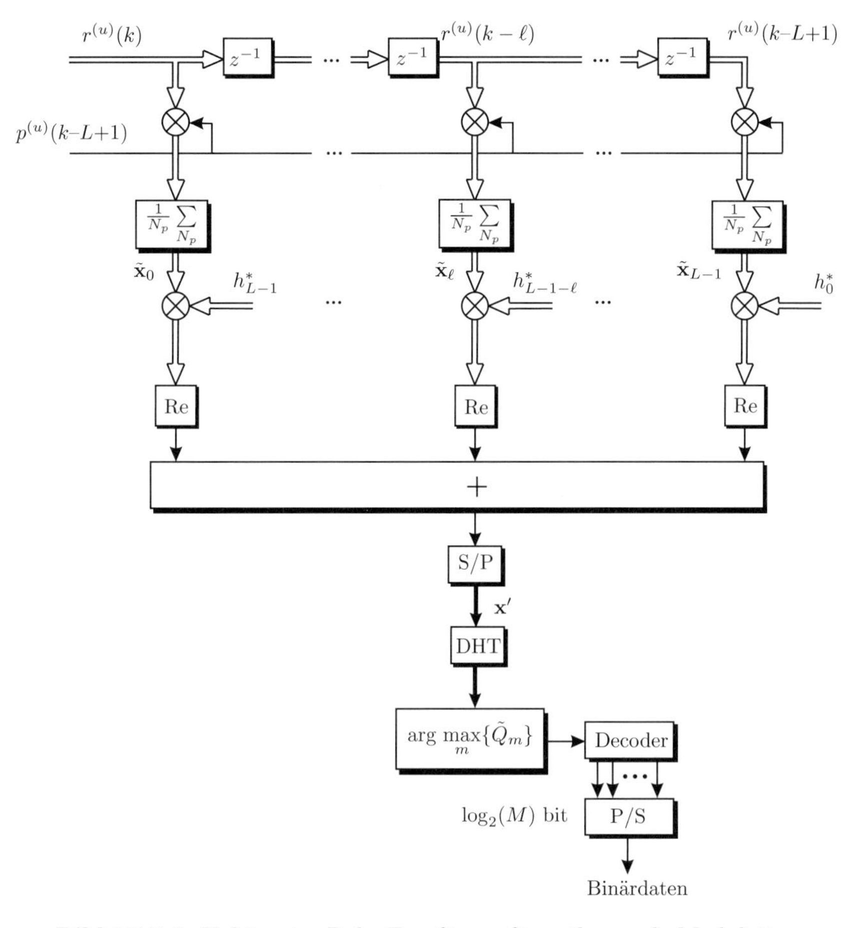

Bild 17.3.3: Kohärenter Rake-Empfänger für orthogonale Modulation

durch die Walsh-Hadamard-Transformation berechnet werden kann.

$$Q_m = \mathbf{w}_m^T \mathbf{x}' = \mathbf{w}_m^T \mathbf{w}_n \sum_{\ell=0}^{L-1} |h_\ell|^2 + \mathbf{w}_m^T \sum_{\ell=0}^{L-1} \mathrm{Re}\{h^*_{L-1-\ell}\,\tilde{\mathbf{n}}_\ell\} \tag{17.3.11}$$

$$= M \sum_{\ell=0}^{L-1} |h_\ell|^2 \cdot \delta_{mn} + n' \tag{17.3.12}$$

Die Maximierung führt zur Entscheidung über das mit größter Wahrscheinlichkeit gesendete Walsh-Symbol.

$$\hat{m} = \arg\max_m\{\mathbf{w}_m^T \mathbf{x}'\} \tag{17.3.13}$$

Fehlerwahrscheinlichkeit. Zur Herleitung werden die Ergebnisse für den nicht frequenzselektiven Fall herangezogen. In Anlehnung an (17.2.31), Seite 669, ergibt sich für die Rauschvariable n' die Leistung

$$\sigma_{N'}^2 = \frac{N_0}{2\,T_w}\,M \cdot \sum_{\ell=0}^{L-1} |h_\ell|^2 \tag{17.3.14a}$$

und an Stelle des Ausdrucks (17.2.32)

$$\begin{aligned}\frac{\sum\limits_{\ell=0}^{L-1} |h_\ell|^2 \cdot M}{\sqrt{2}\,\sigma_{N'}} &= \sqrt{\frac{\left[\sum\limits_{\ell=0}^{L-1} |h_\ell|^2\right]^2 \cdot M^2 \cdot T_w}{N_0\,M \sum_{\ell=0}^{L-1} |h_\ell|^2}} = \sqrt{\frac{\sum\limits_{\ell=0}^{L-1} |h_\ell|^2 \cdot M\,T_w}{N_0}} \\ &= \sqrt{\frac{\sum\limits_{\ell=0}^{L-1} |h_\ell|^2 \cdot T}{N_0}} = \sqrt{\frac{E_S}{N_0}}.\end{aligned} \tag{17.3.14b}$$

Setzt man diesen Term in (17.2.28) auf Seite 669 ein, so folgt schließlich mit der Beziehung (17.2.34) für die Bitfehlerwahrscheinlichkeit bei kohärenter Demodulation M-stufiger orthogonaler Signale

$$P_b = \frac{M/2}{\sqrt{\pi}(M-1)} \int\limits_{-\infty}^{\infty} \left[1 - \left[1 - \frac{1}{2}\mathrm{erfc}(x)\right]^{M-1}\right] \cdot \exp\left[-\left(x - \sqrt{\mathrm{ld}(M)\frac{E_b}{N_0}}\right)^2\right] dx. \tag{17.3.15}$$

Der Vergleich mit (17.2.35) zeigt, dass auch bei orthogonaler Übertragung die Fehlerwahrscheinlichkeit des Rake-Empfängers – unabhängig von der aktuellen Kanalimpulsantwort – identisch mit derjenigen bei Übertragung über AWGN-Kanäle ist. Es muss jedoch wieder eingeschränkt werden, dass dies nur für ideale Korrelationseigenschaften des Pseudo-Zufallssignals gilt; bei endlichen Spreizfaktoren ergeben sich Degradationen infolge der nicht idealen Entkopplung der Rake-Pfade. **Bild 17.3.4** verdeutlicht dies anhand von Simulationsbeispielen. Der idealen Bitfehlerwahrscheinlichkeit gemäß (17.3.15) sind die realen Ergebnisse für zwei verschiedene Formen von 8-Pfad-Kanälen gegenübergestellt, die bereits im letzten Abschnitt untersucht wurden: Die Kanalkoeffizienten weisen bei identischen Beträgen einmal zufällige Phasen und zum anderen gleiche Phasen („worst-case") auf. Es wird eine 64-stufige Übertragung nach den Festlegungen des IS-95-Systems (siehe Abschnitt 17.6.2) vorgenommen; der Spreizfaktor beträgt $N_p \cdot M/\mathrm{ld}M = 4 \cdot 64/6 = 42{,}6$. Das Pfadübersprechen führt zu einer deutlichen Anhebung der Fehlerrate gegenüber der theoretischen Kurve. Dabei hat wie auch bei der BPSK-Modulation in Bild 17.3.2 ein Kanal mit Koeffizienten gleicher Phasen besonders ungünstige Auswirkungen.

17.3.3 Inkohärenter Rake-Empfänger

Bei den klassischen Modulationsverfahren ist eine inkohärente Demodulation in Verbindung mit gedächtnisbehafteten Kanälen nicht ohne weiteres möglich, da sich die linearen

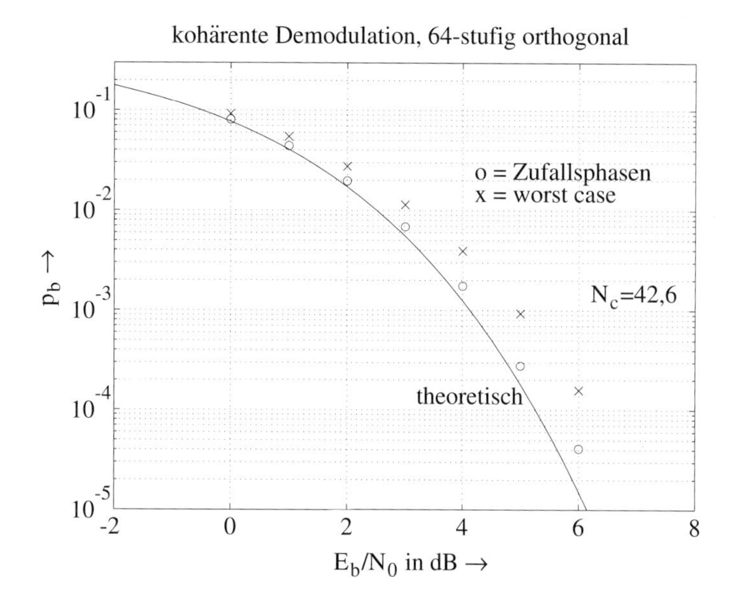

Bild 17.3.4: Bitfehlerraten eines kohärenten Rake-Empfängers für orthogonale Modulation $M = 64$, Simulation: zeitinvariante 8-Pfad-Kanäle; $|h_0|, \cdots, |h_7| = 1/\sqrt{8})$

Verzerrungen des Übertragungskanals am Demodulatorausgang als *nichtlineare Verzerrung* auswirken. Im Zusammenhang mit der Codemultiplex-Übertragung ergibt sich demgegenüber eine neue Situation, da durch die Einbeziehung des Pseudo-Zufallscodes die verschiedenen Ausbreitungspfade des Übertragungskanals entkoppelt werden.

Orthogonale Modulation. Bild 17.3.5 zeigt einen inkohärenten Rake-Empfänger für M-stufige orthogonale Modulation. Die einzelnen Rake-Finger können behandelt werden wie der inkohärente Demodulator gemäß Bild 17.2.5. Nach der Entspreizung um den Faktor N_p durch Korrelation mit dem teilnehmerspezifischen Pseudo-Zufallssignal erfolgt in *jedem* Pfad eine Diskrete Hadamard-Transformation[12]. Die Hadamard-Transformation ist hier *komplex*, da das Empfangssignal wegen der nicht kohärenten Basisband-Mischung noch die unbekannten Kanalphasen enthält.

Man erhält in jedem Rake-Pfad M komplexe Variablen $\tilde{Q}_{m,\ell}$, deren Betragsquadrate für jedes m aufsummiert werden – man bezeichnet diese Struktur mit *Square-Law Combining* (siehe auch Seite 572). Es ergibt sich

$$\sum_{\ell=0}^{L-1} |\tilde{Q}_{m,\ell}|^2 \;=\; |\tilde{Q}_m|^2 = \sum_{\ell=0}^{L-1} \left| M \cdot h_{L-1-\ell} \cdot \delta_{mn} + \tilde{n}_{m,\ell} \right|^2$$

[12] im Gegensatz zum kohärenten Empfänger gemäß Bild 17.3.3, wo sie wegen der Linearität der Struktur *nach* der Pfad-Summation durchgeführt werden kann.

$$= \sum_{\ell=0}^{L-1} \left| M \cdot |h_{L-1-\ell}| \cdot \delta_{mn} + e^{-j\psi_{L-1-\ell}} \cdot \tilde{n}_{m,\ell} \right|^2 \qquad (17.3.16)$$

$$\text{mit } \psi_\ell = \arg\{h_\ell\}.$$

Für die modifizierte Rauschgröße $e^{-j\psi_{L-1-\ell}}\,\tilde{n}_{m,\ell}$ ergeben sich keine Veränderungen der statistischen Eigenschaften gegenüber $n_{m,\ell}$.

Die so gewonnenen Entscheidungsvariablen sind im Falle der nicht korrekten Hypothese ($m \neq n$) Zufallsvariablen mit zentralen chi^2-Verteilungen vom Freiheitsgrad $2L$

$$\begin{aligned} p_{|\tilde{Q}_{m\neq n}|^2}(x) &= \frac{1}{\sigma_N^{2L}(L-1)!} \cdot x^{L-1} \cdot \exp(-\frac{x}{\sigma_N^2}) \\ &\quad \text{mit } \sigma_N^2 = N_0 \cdot \frac{M}{T_w} \quad \text{(siehe (17.2.31), Seite 669)}, \end{aligned} \qquad (17.3.17)$$

während sich bei der korrekten Hypothese eine entsprechende nicht-zentrale chi^2-Verteilung ergibt[13].

$$\begin{aligned} p_{|\tilde{Q}_n|^2}(x) &= \frac{1}{\sigma_N^2} \cdot \left(\frac{x}{\rho^2}\right)^{\frac{L-1}{2}} \cdot \mathrm{I}_{L-1}\left(\frac{\rho\sqrt{x}}{\sigma_N^2/2}\right) \cdot \exp\left(-\frac{x+\rho^2}{\sigma_N^2}\right) \\ &\quad \text{mit } \rho^2 = M^2 \sum_{\ell=0}^{L-1} |h_\ell|^2 \end{aligned} \qquad (17.3.18)$$

Die Bitfehlerwahrscheinlichkeit berechnet man analog zu Seite 672ff über die Wahrscheinlichkeit der korrekten Entscheidung. Hierzu sind in (17.2.39) die Wahrscheinlichkeitsdichten (17.3.17) und (17.3.18) einzusetzen. Nach einigen elementaren Rechenschritten erhält man die geschlossene Form

$$P_S = 1 - \int_0^\infty \left[1 - e^{-y} \sum_{\mu=0}^{L-1} \frac{y^\mu}{\mu!}\right]^{M-1} \left(\frac{y}{E_S/N_0}\right)^{\frac{L-1}{2}} \exp(-\frac{E_S}{N_0} - y) \cdot \mathrm{I}_{L-1}\left(2\sqrt{y\frac{E_S}{N_0}}\right) dy$$

mit

$$P_b = \frac{M/2}{M-1} \cdot P_S, \qquad \frac{E_S}{N_0} = \frac{M}{2N_0} \sum_{\ell=0}^{L-1} |h_\ell|^2. \qquad (17.3.19)$$

Offensichtlich hängt die Bitfehlerwahrscheinlichkeit für den inkohärenten Rake-Empfänger nicht von der Form der Kanalimpulsantwort ab – entscheidend ist nur die *Anzahl* L der Kanalkoeffizienten, auf die sich die gesamte Kanalenergie verteilt. In **Bild 17.3.6** sind die nach (17.3.19) berechneten Bitfehlerwahrscheinlichkeiten bei M-stufiger orthogonaler Modulation für verschiedene Werte L dargestellt – die Energie der Kanalimpulsantwort wurde auf eins festgehalten. Auffällig ist, dass sich mit steigender

[13] $\mathrm{I}_n(\cdot)$ bezeichnet die modifizierte Besselfunktion erster Art n-ter Ordnung.

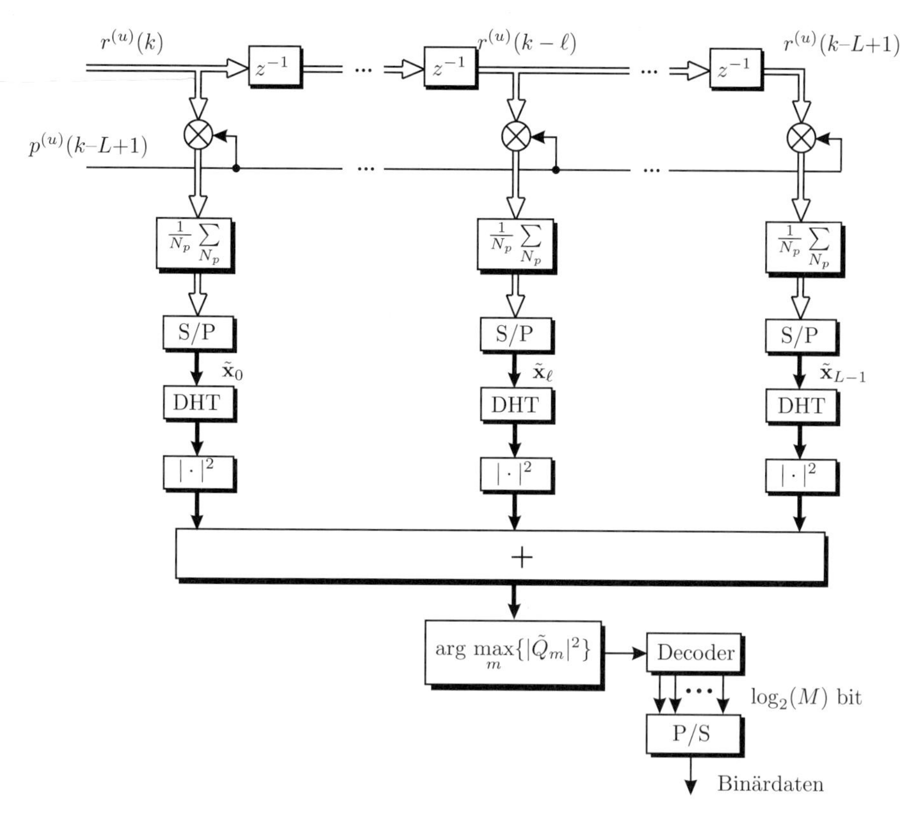

Bild 17.3.5: Inkohärenter Rake-Empfänger für M-stufige orthogonale Modulation (*Square-Law-Combining*)

Pfadanzahl ein zunehmender S/N-Verlust ergibt. Man spricht von *Combining-Loss*, der darin begründet ist, dass im Gegensatz zum kohärenten Rake-Empfänger die auf die verschiedenen Kanalkoeffizienten verteilten Signalanteile wegen der ungewichteten quadratischen Aufsummation nicht optimal kombiniert werden. Dies wird insbesondere deutlich, wenn die Beträge der Abtastwerte der Kanalimpulsantwort nicht gleichverteilt sind; dann tragen Pfade mit geringen Gewichten $|h_\ell|$ nur wenig zur Nutzenergie, aber in gleichem Maße wie alle anderen Pfade zum Rauschen bei. Günstiger wäre es, in solchen Fällen eine gewichtete Pfadsummation vorzunehmen. Genauere Untersuchungen über modifizierte inkohärente Rake-Strukturen finden sich in [Tur61].

Anzumerken ist noch, dass die in Bild 17.3.6 wiedergegebenen Ergebnisse für konstante Kanalenergie gelten. Setzt man hingegen Mobilfunk-Bedingungen mit rayleighverteilten unabhängigen Kanalkoeffizienten an, so ergibt sich ein Diversitätsgewinn, der dem Combining-Loss entgegenwirkt.

DPSK. In Abschnitt 15.3.2, Seite 575, wurde ein inkohärentes Combining-Verfahren auf der Basis von differentieller PSK erläutert; diese Methode lässt sich auch für CDMA-Systeme anwenden. **Bild 17.3.7** zeigt einen entsprechenden inkohärenten Rake-

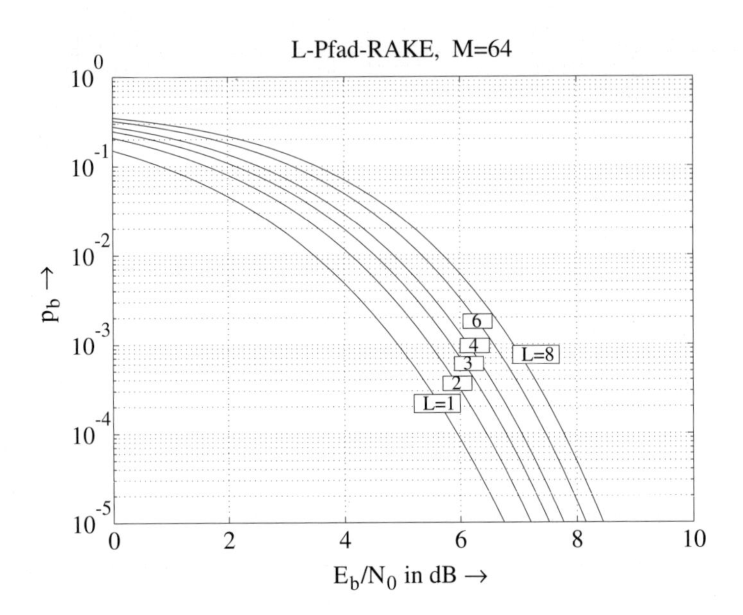

Bild 17.3.6: Bitfehlerrate für einen inkohärenten Rake-Empfänger ($\sum_{\ell=0}^{L-1} |h_\ell|^2 = 1$)

Empfänger. Hier erfolgt in jedem Rake-Finger eine differentielle inkohärente Demodulation

$$\Delta x_\ell(i) = x_\ell(i) \cdot x_\ell^*(i-1). \qquad (17.3.20)$$

Ändert sich die Kanalimpulsantwort von Symbol zu Symbol nur geringfügig, so erhält man gemäß (15.3.13b) auf jedem Rake-Finger das Demodulationsergebnis

$$\Delta x_\ell(i) = |h_\ell|^2 \, e^{j\Delta\varphi(i)} + \tilde{n}_\ell(i); \qquad (17.3.21)$$

die hierbei entstehende Rauschgröße ist in (15.3.13b) auf Seite 576 definiert.

Die Kanalphase wird also durch die differentielle Demodulation kompensiert, so dass alle L Nutzterme gemäß der Rake-Struktur in Bild 17.3.7 konstruktiv aufsummiert werden können. Unter Bild 17.3.3 wurde ein *kohärenter* Rake-Empfänger betrachtet, bei dem gemäß dem Maximum-Ratio-Combining-Prinzip auf den Rake-Fingern die Gewichte h_ℓ^* eingefügt wurden. Beim inkohärenten DPSK-Rake geschieht dies durch Multiplikation mit dem verzögerten Signal $x_\ell^*(i-1)$ automatisch, da dieses ebenfalls den konjugierten Kanalkoeffizienten enthält. Die Gesamtgewichtung auf dem ℓ-ten Rake-Finger beträgt damit in beiden Fällen $|h_\ell|^2$.

$$x_\Delta^{(L)}(i) = \sum_{\ell=0}^{L-1} \Delta x_\ell(i) = e^{j\Delta\varphi(i)} \cdot \sum_{\ell=0}^{L-1} |h_\ell|^2 + \tilde{n}^{(L)}(i), \qquad \tilde{n}^{(L)}(i) = \sum_{\ell=0}^{L-1} \tilde{n}_\ell(i) \qquad (17.3.22)$$

Eine Degradation gegenüber der kohärenten Struktur wird sich dennoch ergeben, da die Rauschgröße $\tilde{n}^{(L)}$ nicht mehr die AWGN-Statistik aufweist.

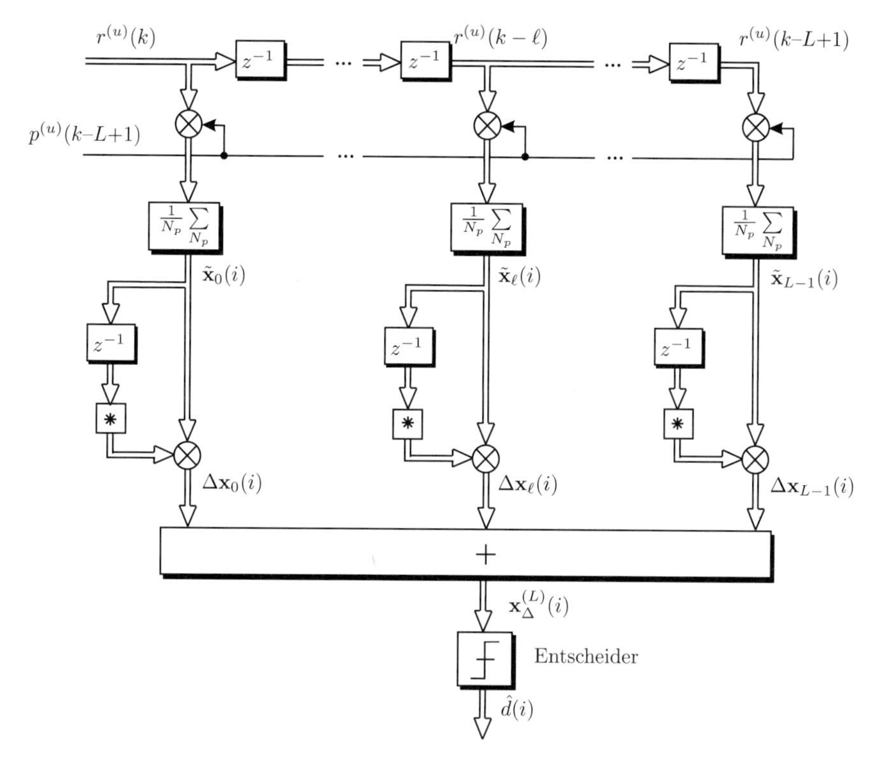

Bild 17.3.7: Inkohärenter Rake-Empfänger für DPSK

Demodulator für hybride Modulation. In Abschnitt 17.2.1 wurde eine Kombination der orthogonalen Walsh-Symbole mit komplexen Modulationsformen, z.B. QPSK, vorgeschlagen (siehe Bild 17.2.2,3). **Bild 17.3.8** zeigt eine entsprechende Empfängerstruktur.

Danach wird im oberen Zweig zunächst die übliche inkohärente Demodulation für orthogonale Modulation gemäß Bild 17.3.5 ausgeführt, wobei die Phaseninformation außer Acht bleibt. Nach der Maximum-Entscheidung wird im unteren Zweig die Phase des entsprechenden Elements des Ausgangsvektors der Walsh-Hadamard-Transformation ausgewertet. Dies kann kohärent, oder auch inkohärent entspreched der Struktur nach Bild 17.3.7 geschehen, wenn eine differentielle PSK zugrunde gelegt wird.

Wie schon erwähnt werden mit der hybriden Modulationsform zusätzliche Bits übertragen, die die Detektion des orthogonalen Modulationsinhaltes nicht beeinträchtigen. Diese Zusatzbits können zur Stärkung der Kanalcodierung benutzt werden; Einzelheiten über das Fehlerverhalten findet man in [Nik99].

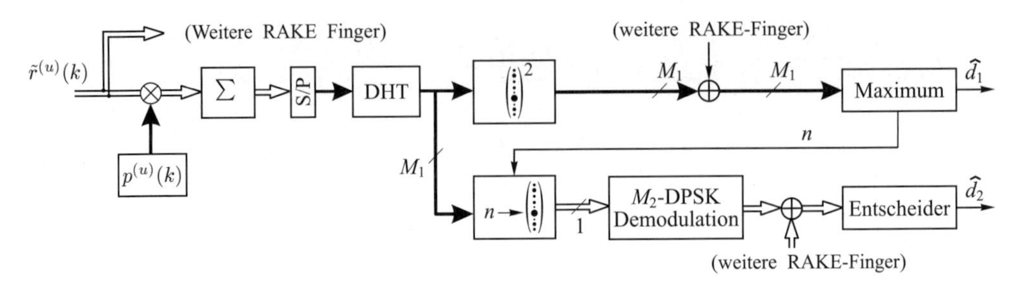

Bild 17.3.8: Inkohärenter Demodulator für hybride Modulation (entnommen [Nik99])

17.4 CDMA-Übertragung über Mobilfunkkanäle

In den vorangegangenen Abschnitten wurden für die verschiedenen Modulationsformen jeweils Ausdrücke für die Bitfehlerwahrscheinlichkeit unter zeitinvarianten frequenzselektiven Kanälen hergeleitet. Im Folgenden sollen die Verhältnisse für Rayleigh-Fading betrachtet werden. Dazu werden L-Wege-Kanäle vorausgesetzt, bei denen für die Beträge der L Kanalkoeffizienten unabhängige Rayleigh-Prozesse eingesetzt werden (L-Pfad-Rayleigh-Kanäle). Es wird langsames Fading unterstellt, so dass die Kanalkoeffizienten während der Dauer einiger Sendesymbole als konstant angesehen werden können. Weiterhin wird angenommen, dass die *mittlere* Kanalenergie auf allen L Pfaden gleich ist. Dabei wird zunächst noch der Einnutzer-Fall betrachtet und die hierbei unter realen Spreizsequenzen erzielten Fehlerraten mit den theoretischen Ergebnissen aus den Abschnitten 15.2 und 15.3 verglichen. Danach wird dann in Abschnitt 17.4.2 der Einfluss der Mehrnutzer-Interferenz betrachtet. Für AWGN-Kanäle lassen sich einfache geschlossene Lösungen ableiten; L-Pfad Rayleigh-Kanäle werden auf dem Wege der Simulation analysiert. Dabei zeigt sich, dass das Pfadübersprechen infolge nicht perfekter Orthogonalitätseigenschaften der Nutzercodes Degradationen bewirkt, so dass die in Abschnitt 15.3 hergeleiteten theoretischen Diversitätsgewinne nicht in voller Höhe erzielt werden können.

17.4.1 Bitfehlerwahrscheinlichkeit bei Einnutzer-Übertragung

Nicht frequenzselektive Rayleigh-Kanäle. Ist in einer Mobilfunkzelle nur ein einziger Nutzer aktiv, d.h. besteht das Problem der Mehrnutzer-Interferenz nicht, so können im Falle von nicht frequenzselektiven Rayleigh-Kanälen die in Abschnitt 15.2 abgeleiteten theoretischen Ergebnisse übernommen werden. Auch für ein CDMA-System gilt also mit (15.2.11a-d) bei kohärenter Demodulation

$$\bar{P}_{b|\mathrm{B/QPSK}}^{\mathrm{Ray}} = \frac{1}{2} \cdot \left(1 - \sqrt{\frac{\bar{E}_b/N_0}{1 + \bar{E}_b/N_0}}\right) \tag{17.4.1a}$$

$$\bar{P}_{b|M-\text{PSK}}^{\text{Ray}} \approx \frac{1}{\text{ld}(M)} \cdot \left(1 - \sqrt{\frac{\text{ld}(M)\,\sin^2(\pi/M)\,\bar{E}_b/N_0}{1+\text{ld}(M)\,\sin^2(\pi/M)\,\bar{E}_b/N_0}}\right) \tag{17.4.1b}$$

$$\bar{P}_{b|M-\text{QAM}}^{\text{Ray}} \approx 2\frac{\sqrt{M}-1}{\sqrt{M}\cdot\text{ld}(M)} \cdot \left(1 - \sqrt{\frac{3\,\text{ld}(M)\,\bar{E}_b/N_0}{2(M-1)+3\,\text{ld}(M)\,\bar{E}_b/N_0}}\right) \tag{17.4.1c}$$

$$\bar{P}_{b|\text{MSK}}^{\text{Ray}} = \frac{1}{2} \cdot \left(1 - \sqrt{\frac{\bar{E}_b/N_0}{1+\bar{E}_b/N_0}}\right) \tag{17.4.1d}$$

und bei inkohärenter DPSK-Demodulation

$$\bar{P}_{b|\text{DBPSK}}^{\text{Ray}} = \frac{1}{2} \cdot \frac{1}{1+\bar{E}_b/N_0} \tag{17.4.1e}$$

$$\bar{P}_{b|\text{DQPSK}}^{\text{Ray}} = \frac{1}{2}\left[1 - \frac{2\bar{E}_b/N_0}{\sqrt{2+8\bar{E}_b/N_0+4(\bar{E}_b/N_0)^2}}\right]. \tag{17.4.1f}$$

Für CDMA wurden in Abschnitt 17.2.1 *orthogonale Modulationsverfahren* auf der Basis von Walsh-Funktionen eingeführt, die sich mit Hilfe der Walsh-Hadamard-Transformation sowohl kohärent als auch inkohärent demodulieren lassen. Die Fehlerwahrscheinlichkeiten lauten für nicht frequenzselektive Rayleigh-Kanäle

$$P_{b|M-\text{orth.}}^{\text{Ray}} = \frac{M/2}{\sqrt{\pi}\,(M-1)} \int_{-\infty}^{\infty}\int_{-\infty}^{\infty} \left(1 - \left[1 - \frac{1}{2}\,\text{erfc}(y)\right]^{M-1}\right) \exp(-(y-\sqrt{\gamma})^2)dy$$
$$\cdot \frac{N_0}{\bar{E}_S} \exp\left(-\frac{\gamma}{\bar{E}_S/N_0}\right) d\gamma \qquad \text{(kohärent)} \tag{17.4.2a}$$

$$P_{b|M-\text{orth.}}^{\text{Ray}} = \frac{M/2}{\sqrt{\pi}\,(M-1)}\left(1 - \int_0^{\infty} \frac{\exp\left(-\frac{x}{1+\bar{E}_S/N_0}\right)}{1+\bar{E}_S/N_0} \left(1-\exp(-x)\right)^{M-1} dx\right).$$
$$\text{(inkohärent)} \tag{17.4.2b}$$

Frequenzselektive Kanäle. Unter frequenzselektiven Bedingungen wird am Empfänger eine Rake-Struktur verwendet. Bei kohärenter Demodulation werden die Rake-Gewichte im Sinne des Maximum Ratio Combining festgelegt, wodurch das maximale Signal-zu-Störverhältnis erzielt wird. In Abschnitt 15.3.2 wurden hierfür Fehlerwahrscheinlichkeiten unter der Annahme hergeleitet, dass das gesendete Signal den Empfänger auf L *unabhängigen* Pfaden mit Rayleigh-Statistik erreicht; es wurde gezeigt, dass sich dabei ein *Diversitätsgewinn* ergibt. Die Einschränkung beim Rake-Empfänger besteht darin, dass sich infolge der nicht perfekten Orthogonalität der Codes Übersprechen zwischen den Rake-Fingern ergibt. Die Formeln (15.3.10,b) und (15.3.15a,b) auf den Seiten 573 und 576 gelten also nur näherungsweise. Zur Klärung dieses Einflusses werden in **Bild 17.4.1** einige Simulationsergebnisse wiedergegeben. Es wurde ein 4-Pfad-Rayleigh-Kanal zugrunde gelegt und eine Einnutzer-Übertragung bei verschiedenen Spreizfaktoren N_c vorgenommen. Als Code wurde ein Walshcode mit Verwürfelung durch einen Gold-Code eingesetzt – dies entspricht der Spreizsequenz im UMTS-Downlink (siehe Abschnitt 17.6.1.)

Es zeigt sich, dass die nach (15.3.10) berechnete theoretische Diversitätskurve bereits bei einem geringen Spreizfaktor von $N_c = 32$ nahezu erreicht wird; signifikante Abweichungen ergeben sich erst für $N_c \leq 4$.

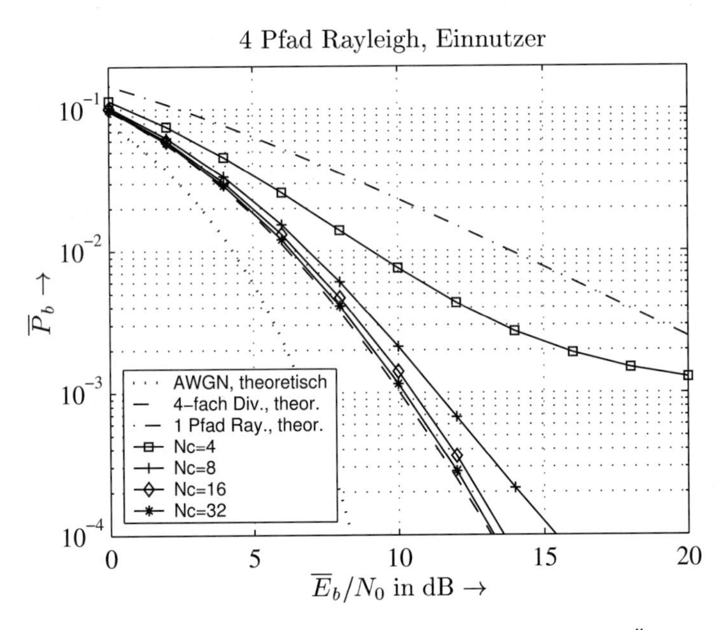

Bild 17.4.1: Mittlere Bitfehlerwahrscheinlichkeit bei Einnutzer-Übertragung über L-Pfad Rayleigh-Kanäle (QPSK)

Auch für M-stufige orthogonale Modulation können unter Vernachlässigung des Pfadübersprechens geschlossene Ausdrücke für die Bitfehlerwahrscheinlichkeit angegeben werden. Bei Übertragung über einen L-Pfad Rayleigh-Kanal gilt für kohärente Demodulation

$$\bar{P}_{b|\mathrm{B/QPSK}}^{L-\mathrm{Ray}} = \frac{M/2}{\sqrt{\pi}(M-1)} \int_{-\infty}^{\infty} \int_{-\infty}^{\infty} \left(1 - \left[1 - \tfrac{1}{2}\mathrm{erfc}(y)\right]^{M-1}\right) \exp(-(y - \sqrt{\gamma})^2)\, dy \cdot \frac{1}{(L-1)!(\bar{E}_S/N_0)^L}\, \gamma^{L-1} \exp\left(-\frac{\gamma}{\bar{E}_S/N_0}\right) d\gamma \qquad (17.4.3a)$$

und für inkohärente Demodulation (Square-Law-Combining)

$$\bar{P}_{b|\mathrm{B/QPSK}}^{L-\mathrm{Ray}} = \frac{M/2}{M-1} \left[1 - \int_{0}^{\infty} \frac{x^{L-1} \exp(-\frac{x}{1+\bar{E}_S/N_0})}{(L-1)!(1+(\bar{E}_S/N_0)^L} \left(1 - \exp(-x) \sum_{\mu=0}^{L-1} \frac{x^{\mu}}{\mu!}\right)^{M-1} dx\right]. \qquad (17.4.3b)$$

Die hier auftretenden Intergrale müssen durch numerische Methoden gelöst werden.

17.4.2 Mehrnutzer-Interferenz

In (17.1.6) wurde die durch andere Nutzer hervorgerufene Interferenz näherungsweise zu null gesetzt; ihr Einfluss soll nun genauer untersucht werden. Setzt man streng orthogonale Nutzercodes ein, z.B. Walsh-Codes, so ist diese perfekte Interferenzunterdrückung bei nicht frequenzselektiven Kanälen zu erreichen. Im frequenzselektiven Fall hingegen müssen die Walsh-Codes wie erläutert zusätzlich mit Pseudo-Zufallsfolgen bewertet werden; die Orthogonalität auf den einzelnen Rake-Pfaden bleibt erhalten, während das Übersprechen zwischen den Pfaden nur näherungsweise unterdrückt werden kann. Im Uplink wird die Orthogonalität wegen der Asynchronität grundsätzlich verletzt, also auch im nicht frequenzselektiven Falle, so dass hier einfache PN-Folgen angewendet werden können. Unter praktischen Übertragungsbedingungen kommt es also im Allgemeinen zu Mehrnutzer-Interferenz (MUI, *Multi User Interference*).

Im Weiteren soll dieser Einfluss zunächst für den Downlink analytisch beschrieben werden. Der Kanal wird als nicht frequenzselektiv angenommen, wobei das Nutzsignal sowie sämtliche Interferenzsignale mit dem gleichen Faktor h bewertet werden – eine unterschiedliche Gewichtung infolge einer Downlink-Leistungsregelung wird also hierbei ausgeschlossen. Die Signale sind synchron; als Spreizcode wird eine gewöhnliche PN-Folge angenommen. Grundlage bildet das Blockschaltbild eines kohärenten CDMA-Empfängers nach Abbildung 17.1.3 auf Seite 644. Das Interferenzsignal beträgt nach der Entspreizung, also nach der Summation über N_c Chips,

$$n_{\mathrm{MUI}}(i) = h \sum_{\substack{v=1 \\ v\neq u}}^{U} \frac{d^{(v)}(i)}{N_c} \sum_{k'=0}^{N_c-1} p^{(u)}(iN_c+k')\,p^{(v)}(iN_c+k'). \tag{17.4.4a}$$

Für das Produkt der beiden PN-Folgen gilt

$$\mathrm{E}\{\left[P^{(u)}(iN_c+k')P^{(v)}(iN_c+k')\right]^2\} = \mathrm{E}\{\left[P^{(u)}(iN_c+k')\right]^2\}\cdot\mathrm{E}\{\left[P^{(v)}(iN_c+k')\right]^2\} = 1.$$

Wir nehmen zunächst eine *komplexe Modulationsform* mit gleichen Leistungen in Realunf Imaginärteil an – also z.B. M-PSK oder M-QAM mit $M \geq 4$. Das Interferenzsignal ist dann ebenfalls komplex; seine Leistung nach der Entspreizung teilt sich gleichmäßig auf Real-und Imaginärteil auf:

$$\sigma^2_{N_{\mathrm{MUI}}} = \sigma^2_{N'_{\mathrm{MUI}}} + \sigma^2_{N''_{\mathrm{MUI}}} = \mathrm{E}\{|h|^2\} \sum_{\substack{v=1 \\ v\neq u}}^{U} \frac{\sigma_D^2}{N_c^2}\,N_c = \mathrm{E}\{|h|^2\}\cdot(U-1)\cdot\frac{\sigma_D^2}{N_c}\,; \tag{17.4.4b}$$

$\mathrm{E}\{|h|^2\}$ wird im Folgenden auf eins normiert. Die Leistung des entspreizten Interferenzsignal kann in die zugehörige konstante *spektrale Leistungsdichte* S_{MUI} am Empfängereingang umgerechnet werden:

$$\begin{aligned} \sigma^2_{N_{\mathrm{MUI}}} &= S_{\mathrm{MUI}} \int_0^T \frac{1}{T^2}\,dt = \frac{S_{\mathrm{MUI}}}{T} = \frac{S_{\mathrm{MUI}}}{E_S/\sigma_D^2} \\ \Rightarrow\ S_{\mathrm{MUI}} &= E_S\cdot(U-1)\,\frac{1}{N_c} = \mathrm{ld}(M)\,\frac{(U-1)}{N_c}\cdot E_b. \end{aligned} \tag{17.4.4c}$$

Das Ziel besteht darin, den Interferenz-Einfluss über die für den Einnutzer-Fall abgeleiteten Formeln zu erfassen. Wird das Interferenzsignal als gaußsches, weißes Rauschen modelliert, was bei hinreichend großer Nutzerzahl zutrifft, so kann die zugehörige spektrale Leistungsdichte S_{MUI} zur Leistungsdichte N_0 des Kanalrauschens addiert werden. Voraussetzung hierbei ist, dass das Interferenzsignal – ebenso wie das Kanalrauschen des AWGN-Kanals – durch einen äquivalenten komplexen Basisbandprozess darstellbar ist, was wegen der obigen Festlegung auf ein komplexes Modulationsalphabet erfüllt ist. In den Formeln (17.3.9a,b) ist also jeweils der Term E_b/N_0 durch

$$\frac{E_b}{N_0 + S_{\text{MUI}}} = \frac{E_b}{N_0 + \frac{U-1}{N_c}\,\text{ld}(M)\cdot E_b} = \frac{E_b}{N_0}\cdot \underbrace{\frac{1}{1+\frac{U-1}{N_c}\,\text{ld}(M)\cdot E_b/N_0}}_{\gamma^2_{\text{MUI}}} \tag{17.4.5}$$

zu ersetzen. Der Faktor γ^2_{MUI} bezeichnet den durch Mehrnutzer-Interferenz hervorgerufenen E_b/N_0-Verlust gegenüber dem Einnutzer-Fall.

Interferenz durch BPSK-Signale. Die vorangegangenen Betrachtungen bezogen sich auf komplexe Modulationsalphabete, da nur diese durch einen äquivalenten Basisband-Rauschprozess mit gleichen Leistungen im Real- und Imaginärteil darstellbar sind. BPSK-Signale müssen gesondert betrachtet werden, da Nutz- und sämtliche Interferenzsignale im Downlink gleichphasig sind. Die Interferenzleistung (17.4.4b) ist dementsprechend einem *reellen* Rauschprozess zuzuordnen:

$$\sigma^2_{N'_{\text{MUI}}} = (U-1)\cdot\frac{\sigma_D^2}{N_c} = \frac{U-1}{N_c}\,. \tag{17.4.6}$$

Soll sie in das Leistungsdichtespektrum eines äquivalenten komplexen Basisbandprozesses umgerechnet werden, so ist vor der Realteilbildung am Empfänger ein fiktiver Imaginärteil gleicher Leistung zu ergänzen. Damit erhält man mit $E_S = E_b$

$$\begin{aligned} S^{(\text{Downlink})}_{\text{MUI}|\text{BPSK}} &= \mathbf{2}\cdot\frac{(U-1)}{N_c}\,E_b \\ \Rightarrow\quad \frac{E_b}{N_0+S_{\text{MUI}}} &= \frac{E_b}{N_0}\cdot\frac{1}{1+2\,\frac{U-1}{N_c}\,E_b/N_0}, \qquad (\text{BPSK, Downlink}). \end{aligned} \tag{17.4.7}$$

Diese Verhältnisse stellen sich ein, weil im Downlink Nutz- und Störsignale gleichphasig sind. Dies gilt nicht für den Uplink, da dort sämtliche Signale asynchron zueinander sind und zwischen den Mobilstationen und der Basisstation unterschiedliche Übertragungsfaktoren liegen. Bei *chipsynchroner* Übertragung betragen die Verzögerungen zwischen den verschiedenen Nutzern $\tau^{(v)} = \kappa^{(v)}\cdot T_c$, $\kappa^{(v)}\in\mathbb{N}$. Damit ergibt sich am Empfänger nach der Realteilbildung und Entspreizung für die durch BPSK-Störer hervorgerufene Interferenz

$$n'_{\text{MUI}}(i) = \text{Re}\Bigg\{\sum_{\substack{v=1\\v\neq u}}^{U} h_v\,\frac{d^{(v)}(i)}{N_c}\sum_{k'=0}^{N_c-1} p^{(u)}(iN_c+k'-\kappa^{(u)})\,p^{(v)}(iN_c+k'-\kappa^{(v)})\Bigg\}. \tag{17.4.8a}$$

Nimmt man für den Uplink eine ideale Leistungsregelung an, so können für die verschiedenen Übertragungsgewichte gleiche Beträge eingesetzt werden; es gilt also $h_v = \exp(j\psi_v)$, so dass aus (17.4.8a) folgt

$$n'_{\mathrm{MUI}}(i) = \sum_{\substack{v=1\\v\neq u}}^{U} \cos(\psi_v)\, \frac{d^{(v)}(i)}{N_c} \sum_{k'=0}^{N_c-1} p^{(u)}(iN_c + k')\, p^{(v)}(iN_c + k'). \qquad (17.4.8b)$$

Für die Leistung ergibt sich daraus bei gleichverteilten Phasen ψ_v

$$\sigma^2_{N'_{\mathrm{MUI}}} = \mathrm{E}\{\cos^2(\psi_v)\} \cdot 2\,\frac{U-1}{N_c} = \frac{U-1}{N_c}, \qquad (17.4.8c)$$

also der gegenüber (17.4.6) halbierte Wert. Anstelle von (17.4.7) folgt damit für den Uplink

$$\frac{E_b}{N_0 + S_{\mathrm{MUI}}} = \frac{E_b}{N_0} \cdot \frac{1}{1 + \frac{U-1}{N_c}\, E_b/N_0}, \qquad \text{(BPSK, Uplink).} \qquad (17.4.9)$$

Mit (17.4.5), (17.4.7) und (17.4.9) ergeben sich für QPSK und BPSK unter der Einwirkung von $U-1$ interferierenden Nutzern die Bitfehlerwahrscheinlichkeiten

$$P_{b|\mathrm{QPSK}} = \frac{1}{2}\,\mathrm{erfc}\left(\sqrt{\frac{E_b}{N_0} \cdot \frac{1}{1 + 2\,\frac{U-1}{N_c} \cdot E_b/N_0}}\right) \qquad \text{(Up- und Downlink)} \qquad (17.4.10a)$$

$$P_{b|\mathrm{BPSK}} = \frac{1}{2}\,\mathrm{erfc}\left(\sqrt{\frac{E_b}{N_0} \cdot \frac{1}{1 + 2\,\frac{U-1}{N_c} \cdot E_b/N_0}}\right) \qquad \text{(Downlink)} \qquad (17.4.10b)$$

$$P_{b|\mathrm{BPSK}} = \frac{1}{2}\,\mathrm{erfc}\left(\sqrt{\frac{E_b}{N_0} \cdot \frac{1}{1 + \frac{U-1}{N_c} \cdot E_b/N_0}}\right) \qquad \text{(Uplink).} \qquad (17.4.10c)$$

Diese Gleichungen werden in **Bild 17.4.2** ausgewertet, wobei der Einnutzerfall gegenübergestellt ist. Es zeigt sich, dass bereits bei einer Systemlast von 1/8 (z.B. $N_c = 64$, $U = 8$) eine erhebliche Degradation einsetzt, wobei für BPSK gemäß dem obigen Resultat im Uplink infolge der zufälligen Phasendrehungen der Störsignale noch deutlich günstigere Verhältnisse vorliegen als im Downlink. Mit höherer Systemlast steigt die Fehlerwahrscheinlichkeit weiter an: Für ein halb geladenes System liegt sie nur noch knapp unter 10^{-1}, während sie diese Grenze bei voller Systemladung nicht mehr erreicht.

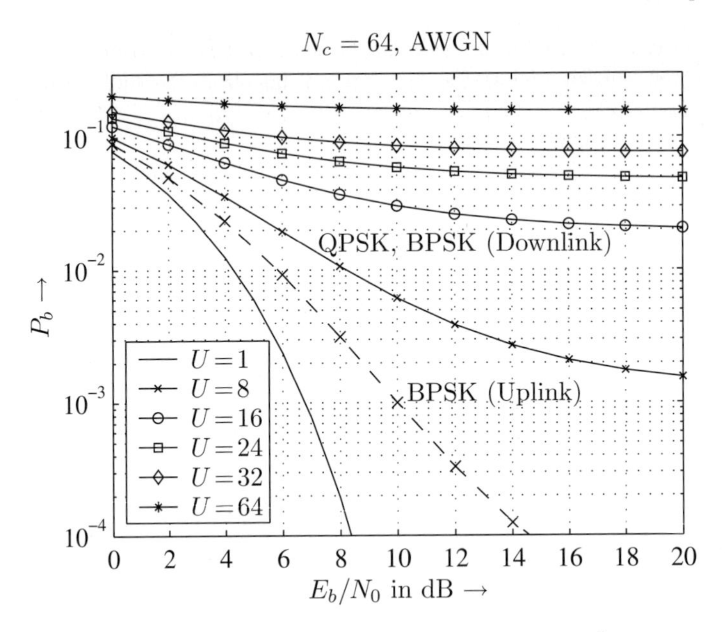

Bild 17.4.2: Bitfehlerwahrscheinlichkeit bei Mehrnutzer-Übertragung über AWGN-Kanäle (Nutzercodes: PN-Folgen)

Die vorangegangene Analyse der Mehrnutzer-Interferenz bezog sich auf nicht frequenzselektive, zeitinvariante Übertragungskanäle. Abschließend sollen Simulationsergebnisse für reale Szenarien wiedergegeben werden; betrachtet wird ein frequenzselektiver Downlink-Kanal. Als Nutzercodes werden die im UMTS-System gebräuchlichen OVSF-Codes (Orthogonal Variable Spreading Factor) mit zusätzlicher Verwürfelung durch Gold-Codes verwendet (siehe Abschnitt 17.6.1). Diese Codes sind streng orthogonal, würden also bei einer nicht frequenzselektiven Downlink-Verbindung zur perfekten Unterdrückung der Mehrnutzer-Interferenz führen. In der Realität liegen frequenzselektive Bedingungen vor – durch Pfadübersprechen des eigenen und der interferierenden Signale wird die Übertragungsqualität stark eingeschränkt. Andererseits nutzt der Rake-Empfänger die Frequenzdiversität aus, wie in Abschnitt 17.4.1 beschrieben wurde. Die mittleren QPSK-Bitfehlerraten unter einem 4-Pfad Rayleigh-Kanal sind für verschiedene Systemlasten in **Bild 17.4.3** wiedergegeben. Gegenübergestellt sind die Fehlerwahrscheinlichkeiten für AWGN-Kanäle, für 4-Pfad-Rayleigh-Kanäle mit perfekter Ausnutzung der Diversität (nach Gleichung (15.3.10) auf Seite 573) sowie für nichtselektive Rayleigh-Kanäle, also ohne jegliche Diversität. Man sieht, dass die Einnutzerkurve ($U = 1$) die 4-fache Diversität nahezu ideal ausschöpft, wie bereits im vorangegangenen Abschnitt gezeigt wurde. Mit zunehmender Systemlast nimmt die Übertragungsqualität erwartungsgemäß rapide ab, ist aber überraschenderweise besser als die Resultate der AWGN-Übertragung in Bild 17.4.2. Der Unterschied liegt zunächst darin, dass im AWGN-Experiment einfache PN-Nutzercodes eingesetzt wurden, während in Bild 17.4.3 OVSF-Sequenzen zugrundeliegen – im ersten Fall entsteht auf dem einzigen Rake-Finger die volle Interferenz (17.4.10a), während diese im Falle der OVSF-Codes auf jedem Finger perfekt ausgelöscht wird. Was allerdings hinzukommt, ist das *Pfadübersprechen* zwischen den vier Fingern; offenbar überwiegt der erst genannte Einfluss, so dass man für den 4-Pfad-Rayleigh-Fall ein günstigeres Verhalten zu verzeichnen hat. Man kann hieraus folgenden Schluss ziehen:

- *Die Verwendung der OVSF-Codes bringt auch im frequenzselektiven Fall im Downlink Vorteile, da die Orthogonalität der synchronen Signalanteile den dominanten Einfluss hat.*

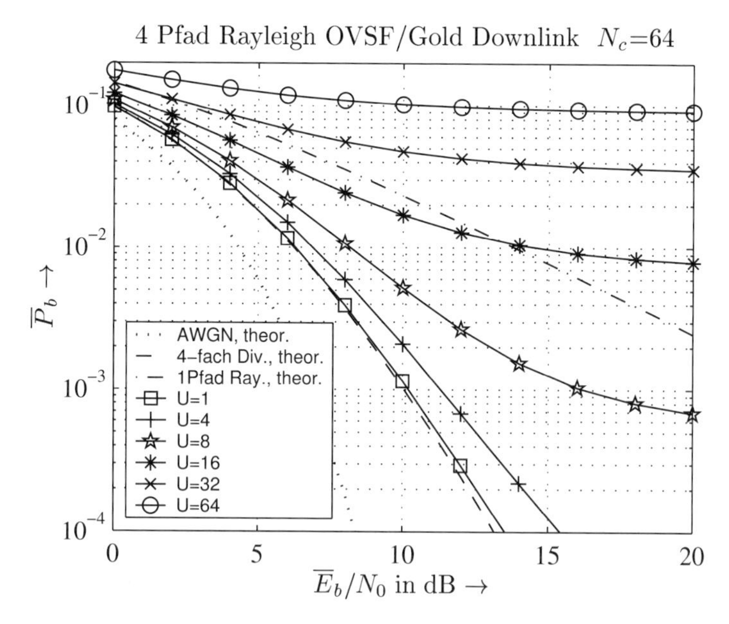

Bild 17.4.3: Mittlere Bitfehlerwahrscheinlichkeit bei Mehrnutzer-Übertragung über 4-Pfad Rayleigh-Kanäle (QPSK)

Diese Wirkung der orthogonalen Codes muss mit steigender Pfadanzahl zurückgehen, da hiermit der Anteil des Pfadübersprechens zunimmt. Zur Überprüfung werden in **Bild 17.4.4** jeweils Simulationsergebnisse unter OVSF-Codes und unter gewöhnlichen PN-Codes gegenübergestellt. Wir betrachten zunächst den 4-Pfad-Rayleigh-Fall und stellen eine drastische Verschlechterung unter dem PN-Code fest – dies bestätigt den vermuteten Einfluss der Orthogonalität der OVSF-Codes. Beim 8-Pfad-Rayleigh-Kanal ist die theoretische Fehlerwahrscheinlichkeit wegen der erhöhten Diversität zunächst besser als bei $L = 4$ – unter dem Einfluss realer Codes verschlechtert sich das Verhalten signifikant und liegt infolge stärkeren Pfadübersprechens über der 4-Pfad-Rayleigh-Kurve. Die Degradation unter dem PN-Code im Vergleich zu OVSF ist hier geringer als bei $L = 4$.

Grundsätzlich kann festgehalten werden, dass selbst mit dem Einsatz der günstigen OVSF-Codes eine Systemladung von 1/4 bei Signal-Rauschabständen über 14 dB gerade noch möglich ist; höher geladene Systeme können nur durch eine wirksame Kanalcodierung [Dek00] oder durch Mehrnutzer-Detektion (siehe Seite 656) erreicht werden. Die Entwicklung effizienter Algorithmen hierzu ist Gegenstand aktueller Forschung auf dem

Gebiet der Mobilfunk-Kommunikation [Mos96, RSAA98, Ver98, HT00, Küh01, KF02, LH02, FHKK03, HMCK03, Küh03, Küh04, Küh06].

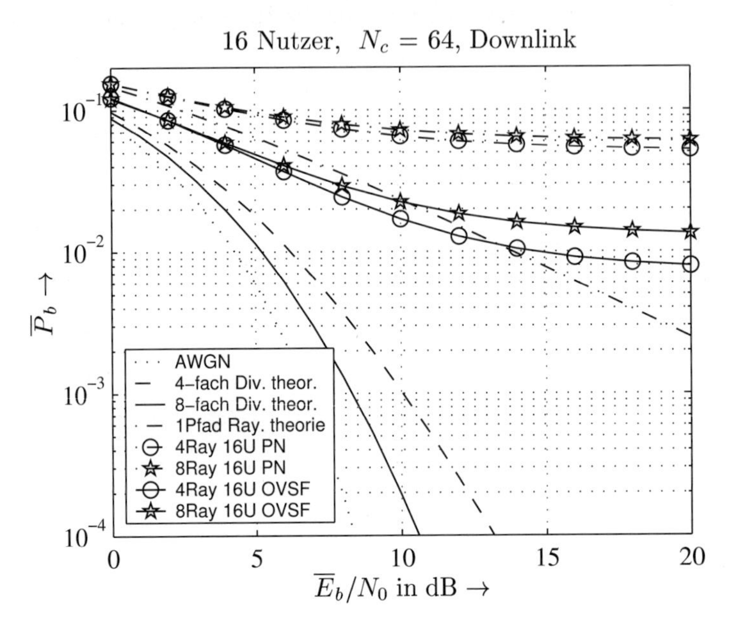

Bild 17.4.4: Vergleich OVSF- und PN-Code, 16 Nutzer, $N_c = 64$, Downlink, 4- und 8-Pfad Rayleigh-Kanäle (QPSK)

17.5 Mehrträger-CDMA

17.5.1 Prinzip des MC-CDMA

Das im 16. Kapitel behandelte Prinzip der Mehrträgerübertragung und die im vorliegenden Kapitel im Mittelpunkt stehenden spektralen Spreizverfahren stellen gewissermaßen gegensätzliche Konzepte zur Überwindung frequenzselektiver Kanäle dar: Im einen Fall erfolgt eine Zerlegung des Übertragungskanals in schmale, nichtselektive Subkanäle – im anderen Fall werden die Spektren der Datensignale über ein möglichst breites Frequenzband ausgedehnt. Bei OFDM wird durch die Subträger-Zerlegung eine extrem einfache Form der Entzerrung erreicht. Nachteil bei der Mobilfunk-Anwendung ist dabei jedoch, dass jeder Subkanal einen separaten Rayleigh-Kanal darstellt, so dass bei uncodierter Übertragung keine Frequenzdiversität genutzt wird; OFDM ist daher unter diesen Bedingungen auch nur in Verbindung mit einer Kanalcodierung zu verwenden. Im Unterschied dazu wird bei den CDMA-Verfahren die Kanaldiversität durch den Rake-Empfänger genutzt; Degradationen ergeben sich infolge nicht perfekter Orthogonalität, vor allem bei frequenzselektiven Kanälen. Besondere Vorteile bieten die spektralen Spreizverfahren, wenn sie in Form von CDMA als Vielfach-Zugriffskonzept zum Einsatz kommt. Vor allem wegen ihrer großen Flexibilität wurden sie für die Realisierung der dritten Mobilfunk-Generation ausgewählt.

Es ist naheliegend, die Vorteile beider Prinzipien zu vereinen, indem sie zu einem Gesamtkonzept verbunden werden. Erste Vorschläge hierzu gehen auf das Jahr 1993 zurück [YLF93, FP93, DS93]. In der Folgezeit wurden verschiedene Modifikationen und diverse Realisierungsvarianten diskutiert [Van95, Kai98, Dek00, KDK00]. Dabei wurden verschiedene Bezeichnungen für die neuen Verfahren eingeführt: *Multicarrier CDMA (MC-CDMA), OFDM-CDMA, Multicarrier Spread Spectrum (MC-SS)* oder *Multitone Spread Spectrum*. Das Interesse an dem MC-CDMA-Konzept ist im Laufe der Zeit stark gewachsen. So finden auf internationalen Konferenzen Spezialsitzungen zu diesem Thema statt, seit 1999 wird im Zweijahres-Rhythmus ein Workshop veranstaltet, der ausschließlich MC-CDMA gewidmet ist [FK00, FK01, FK03], inzwischen sind spezielle Lehrbücher über diese Technik erschienen [HMCK03]. MC-CDMA gilt als aussichtsreicher Kandidat für die vierte Mobilfunk-Generation.

Sender. Im der vorliegenden Darstellung soll von den unterschiedlichen Varianten nur die Form mit der direkten Spreizung in Frequenzrichtung behandelt werden. **Bild 17.5.1** zeigt die Struktur des Senders.

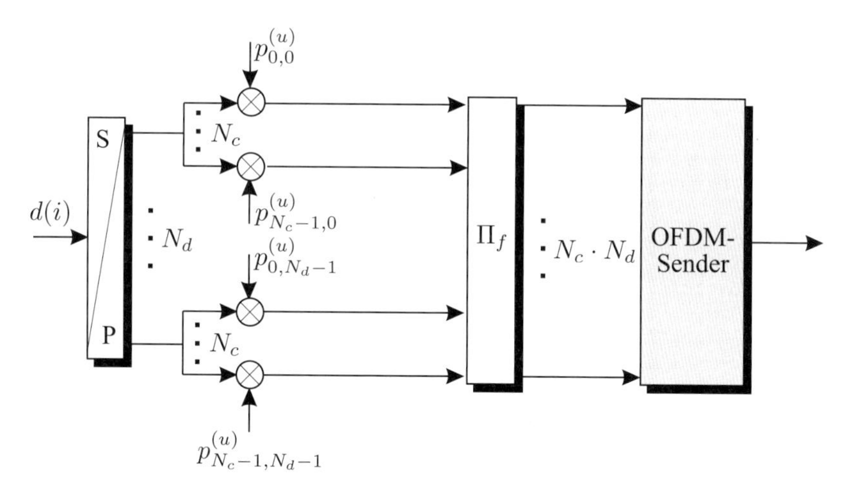

Bild 17.5.1: Sender zur Mehrträger-CDMA-Übertragung ($\pi_f \triangleq$ Frequenzbereichs-Interleaver)

Die Sendedaten werden in N_d parallele Datenströme $d_0(i), \cdots, d_{N_d-1}(i)$ aufgeteilt. In einem OFDM-Sender würden diese nun jeweils einem Subträger zugeführt. Beim MC-CDMA werden hingegen von jedem Datenstrom N_c Replica erzeugt, die mit den nutzerspezifischen, zeitlich konstanten Codegewichten $p_{n,m}^{(u)} \in \{1, -1\}$

$$\{p_{0,0}^{(u)}, \cdots, p_{N_c-1,0}^{(u)}\},\ \{p_{0,1}^{(u)}, \cdots, p_{N_c-1,1}^{(u)}\},\ \cdots,\ \{p_{0,N_d-1}^{(u)}, \cdots, p_{N_c-1,N_d-1}^{(u)}\} \qquad (17.5.1)$$

bewertet werden. Für diesen Code in Frequenzrichtung können wie beim gewöhnlichen

Einträger-CDMA PN-Folgen oder auch die orthogonalen Walsh-Sequenzen eingesetzt werden; letztere bieten sich vor allem für den synchronen Downlink an. Jede dieser N_d Gruppen moduliert dann N_c Subträger, so dass die Gesamtanzahl der Subträger $N_d \cdot N_c$ beträgt. Aufgrund der Vervielfachung der Subträger ergibt sich eine spektrale Spreizung um den Faktor N_c. Eine spezielle Form des MC-CDMA erhält man, wenn die Serien/Parallel-Umsetzung weggelassen, also $N_d = 1$ gesetzt wird. In dem Falle ist die Anzahl der Subträger gleich dem Spreizfaktor N_c.

Zu erwähnen ist noch, dass vor der OFDM-Umsetzung eine Verwürfelung in Frequenzrichtung erfolgt (*Frequenzbereichs-Interleaver*), womit in Hinblick auf eine wirksame Kanalcodierung die Subträger-Korrelationen aufgebrochen werden.

Empfänger. Die Empfängerstruktur für MC-CDMA ist in **Bild 17.5.2** dargestellt. Sie enthält zunächst einen üblichen OFDM-Empfänger, der am Ausgang eine Entzerrung im Frequenzbereich vorsieht. Da auch hier wie beim gewöhnlichen OFDM von der Guard-Intervall-Technik Gebrauch gemacht wird, beschränkt sich die Entzerrung auf eine einfache Multiplikation mit den Koeffizienten $e_0, \cdots e_{N_d \cdot N_c - 1}$. Es folgt der Frequenzbereichs-Deinterleaver, der die sendeseitige Verwürfelung der Subträger-Signale wieder rückgängig macht. Nach der Multiplikation mit den nutzerspezifischen Codegewichten (17.5.1) erfolgt eine gruppenweise Aufsummation sowie schließlich die Parallel-Serien-Umsetzung – letztere entfällt im Spezialfall $N_d = 1$.

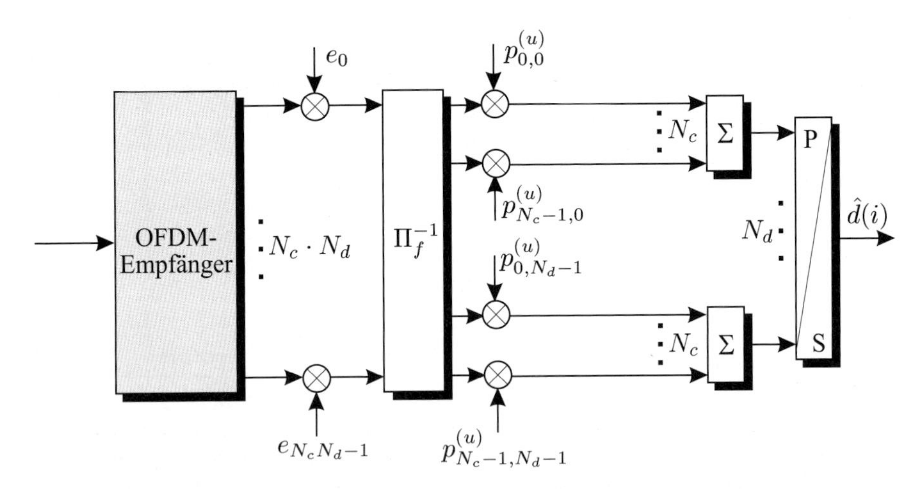

Bild 17.5.2: Mehrträger-CDMA-Empfänger
($\pi_f^{-1} \triangleq$ Frequenzbereichs-Deinterleaver)

Die korrekte Datenentscheidung des MC-CDMA-Empfängers wird weitgehend vom Entwurf der Entzerrer beeinflusst. Dabei besteht – wie auch beim gewöhnlichen Einträger-Entzerrer – ein Kompromiss zwischen der Güte der Kanalkorrektur einerseits und der Verstärkung des Rauschens andererseits. Die Auswirkungen sind beim MC-CDMA etwas anders als bei Einträger-Modulationsverfahren: Hier führt eine nicht perfekte Kanalentzerrung zu einer Zerstörung der Orthogonalität des Codes, während eine ideale Korrektur der Kanalverzerrungen zwar die Orthogonalität wieder restauriert, jedoch geschieht dies auf Kosten einer Verstärkung des Rauschens.

Wir unterscheiden die folgenden drei prinzipiellen Formen des Entzerrer-Entwurfs:

- *Maximum Ratio Combining (MRC):* Die Koeffizienten e_ν werden in Hinblick auf das maximale Signal-zu-Störverhältnis nach der Aufsummation entworfen. Das Ergebnis der Herleitung auf Seite 571ff für den allgemeinen L-kanaligen Empfänger kann übernommen werden, wenn statt der Kanalkoeffizienten h_ℓ im Zeitbereich hier die Werte des Kanalfrequenzgangs an den Frequenzstellen f_ν der Subträger gesetzt werden. Nimmt man einen zeitinvarianten Kanal an, so erhält man

  $$e_\nu = H_\nu^*, \qquad H_\nu \triangleq H(e^{j2\pi f_\nu}), \quad \nu \in \{0, \cdots, (N_d N_c - 1)\}. \tag{17.5.2}$$

  Das Ergebnis entspricht einem Matched-Filter wie auch dem in Abschnitt 17.3.1 behandelten Rake-Empfänger für Einträger-CDMA. Das optimale Signal-zu-Störverhältnis wird wie erläutert mit der Zerstörung der Orthogonalität der Codes erkauft, woraus eine erhöhte Mehrnutzer-Interferenz resultiert.

- *Orthogonal Restoring Combining (ORC):* Besteht das Ziel in der perfekten Wiederherstellung der Orthogonalität, so müssen für die Koeffizienten die Abtastwerte des inversen Kanalfrequenzgangs eingesetzt werden:

  $$e_\nu = \frac{1}{H_\nu}. \tag{17.5.3}$$

  Dieser Entwurf entspricht der *Zero-Forcing*-Bedingung beim konventionellen Zeitbereichs-Entzerrer; wie dort kann sich auch hier eine extreme Rauschverstärkung einstellen, wenn der Kanalfrequenzgang für einzelne Subträger sehr kleine Werte annimmt.

- *Equal Gain Combining (EGC):* Einen Kompromiss zwischen den beiden vorangegangenen Ansätzen stellt das Equal Gain Combining dar, bei dem nur die Kanalphase, nicht aber der Betrag korrigiert wird:

  $$e_\nu = e^{-j\arg\{H_\nu\}} = \frac{H_\nu^*}{|H_\nu|}. \tag{17.5.4}$$

  Dies führt zu einer kohärenten Überlagerung nach der Entspreizung, ohne dass das bestmögliche Signal-zu-Störverhältnis erreicht wird. Der Vorteil besteht darin, dass die Orthogonalität in geringerem Maße zerstört wird, als dies bei MRC der Fall ist.

Im Folgenden soll anhand eines Beispiels die Leistungsfähigkeit der verschiedenen Entzerrerformen verglichen werden. Dabei wird ein MC-CDMA-System im Downlink mit einem Spreizfaktor $N_c = 16$ bei $N_d = 1$ angesetzt; die Anzahl der Subträger beträgt also 16. Für die Zahl der aktiven Nutzer wird $U = 12$ eingesetzt – es liegt also mit 75 % eine relativ hohe Systemladung vor. Die Kanalimpulsantwort weist $L = 4$ Koeffizienten im Chiptakt auf. Die Länge des Guard-Intervalls ist dementsprechend auf 3 Chipintervalle festzulegen – der zugehörige S/N-Verlust beträgt also

$$10 \cdot \log_{10}(19/16) = 0,75 \text{ dB}.$$

Bild 17.5.3 stellt die mittleren Bitfehlerraten für die drei Entzerrerformen dar; für die vier Kanalkoeffizienten wurden dabei unabhängige Rayleigh-Variablen eingesetzt („Monte-Carlo-Simulation“). Die gestrichelte Linie zeigt das Simulationsergebnis für den

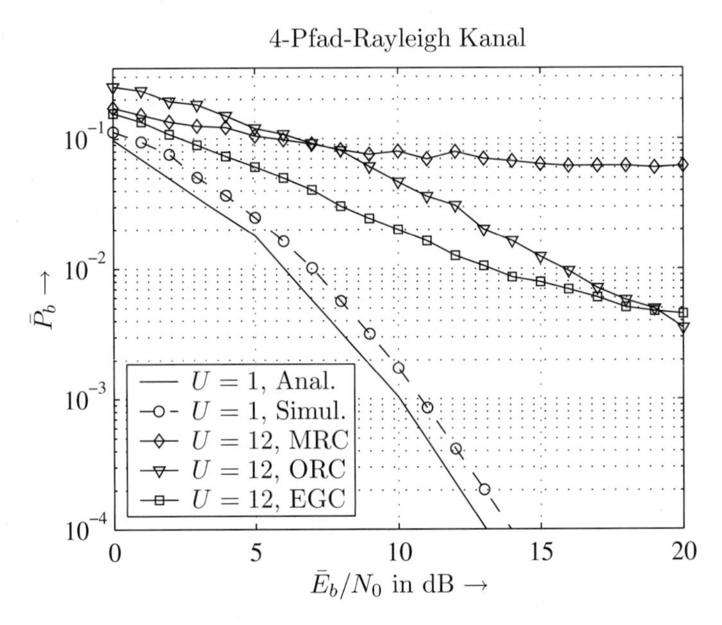

Bild 17.5.3: Vergleich verschiedener Entzerrungsverfahren ($N_c = 16$, $U = 12$, BPSK, 4-Pfad-Rayleigh)

Einnutzer-Fall[14]: Sie weist gegenüber der durchgezogen dargestellten theoretischen Kurve der 4-fachen Diversität (gemäß (15.3.10), Seite 573) eine nur geringfügige Verschlechterung auf, die vom 0,75-dB-Verlust durch das Guard-Intervall herrührt. Demgegenüber ergeben sich bei der Nutzeranzahl $U = 12$ erhebliche Degradationen. Diese sind beim MRC-Verfahren auf die erhöhte Mehrnutzer-Interferenz infolge der Verletzung der Orthogonalität zurückzuführen, beim ORC auf die Rauschverstärkung – im Falle des EGC sind beide Fehlereinflüsse wirksam. Das ORC führt vor allem bei geringen S/N-Verhältnissen, also bei starkem Kanalrauschen, zu einer Erhöhung der Bitfehlerwahrscheinlichkeit. Das günstigste Verhalten zeigt über einen weiten S/N-Bereich das EGC-Verfahren, das offensichtlich einen guten Kompromiss zwischen Rausch- und Interferenzunterdrückung beinhaltet. Ausgiebige Untersuchungen zum Entzerrerproblem bei MC-CDMA findet man in [Dek00].

Das MC-CDMA-Verfahren eignet sich besonders für den *Downlink*, weil hier perfekte Synchronität vorliegt. Da alle Signale den gleichen Kanal durchlaufen, können sie auch gemeinsam entzerrt werden, so dass wie im vorangegangenen Abschnitt erläutert die Orthogonalität mehr oder weniger wieder hergestellt werden kann. Im *Uplink* bestehen wegen der Asynchronität Probleme. Bleiben die Zeitverschiebungen der Signale unterhalb

[14] Im Einnutzer-Fall ist eine Wiederherstellung der Orthogonalität nicht erforderlich; es wird daher das Maximum-Ratio-Combining durchgeführt, welches das beste S/N-Verhältnis liefert.

der Länge des Guardintervalls (abzüglich der aktuellen Dauer der Kanalimpulsantwort), so bleibt die für die Anwendung der DFT notwendige Eigenschaft der Periodizität erhalten: Die Zeitverschiebungen äußern sich dann lediglich in Phasendrehungen der Subträger, die vom Entzerrer mit ausgeglichen werden können. Überschreiten die relativen Verzögerungen zwischen den Signalen jedoch die Dauer des Guardintervalls, so wird die Periodizität verletzt, und die gemeinsame DFT der überlagerten Signale führt zu Fehlern.

- *Somit ist die Anwendung des MC-CDMA-Verfahrens im Uplink nur möglich, wenn die relativen Signalverzögerungen geringer sind als das Guardintervall abzüglich der Dauer der Kanalimpulsantwort; andernfalls muss ein Laufzeitausgleich für die asynchronen Signale durchgeführt werden.*

In [Dek00] wird die Anwendung von Mehrträger-CDMA-Systemen für den Uplink untersucht. Dort werden auch die in Abschnitt 17.2 erläuterten orthogonalen Modulationsverfahren auf der Basis von Walsh-Funktionen einbezogen.

17.5.2 Vergleich mit Einträger-CDMA

Der folgende Vergleich zwischen Einträger-CDMA (*Single-Carrier-CDMA, SC-CDMA*) und Mehrträger-CDMA bezieht sich auf den Downlink. Betrachtet wird jeweils ein System mit einem Spreizfaktor von $N_c = 16$; die Anzahl der Nutzer soll maximal $U = 12$ betragen. Zur Nutzertrennung werden Walsh-Codes eingesetzt, die durch eine PN-Sequenz verwürfelt werden. Der im Chiptakt abgetastete Kanal wird als L-Pfad-Rayleigh-Kanal modelliert. Es werden die Fälle $L = 2$ und $L = 4$ verglichen; **Bild 17.5.4a** zeigt die Simulationsergebnisse für SC-CDMA.

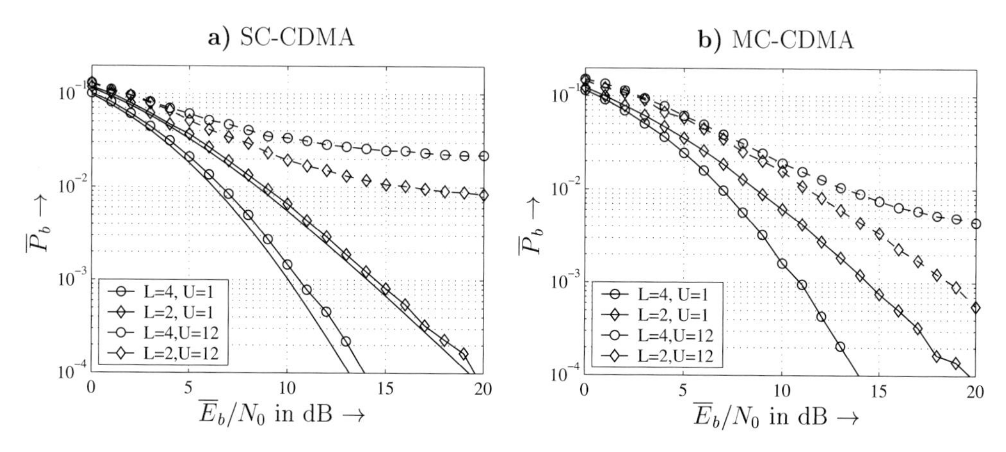

Bild 17.5.4: Vergleich von Ein- und Mehrträger-CDMA ($N_c = 16$, BPSK, 2-Pfad- und 4-Pfad-Rayleigh)

Zunächst zeigt die Untersuchung der Einnutzer-Übertragung, dass mit $L = 4$ gegenüber $L = 2$ ein 6-dB-Gewinn (bei $\bar{P}_b = 10^{-4}$) als Folge des höheren Diversitätsgrades eintritt. Die Simulationen stimmen mit den theoretischen nach (15.3.10), Seite 573, berechneten Kurven nahezu überein; die leichte Abweichung bei $L = 4$ ist mit dem erhöhten Pfadübersprechen zu erklären. Unter einer Systemlast von 75 % stellt sich eine signifikante Verschlechterung infolge der Mehrnutzerinterferenz ein. Hier kehren sich die Verhältnisse zwischen $L = 2$ und $L = 4$ sogar um: Der hohe Diversitätsgewinn bei $L = 4$ wird durch das starke Pfadübersprechen der Interferenzsignale zunichte gemacht. Es ergibt sich ein *Error Floor* (Einebnung des Fehlers) von $\bar{P}_b \approx 2 \cdot 10^{-2}$; bei $L = 2$ liegt dieser bei $0,9 \cdot 10^{-2}$.

Die Ergebnisse für die MC-CDMA-Übertragung werden in **Bild 17.5.4b** gegenübergestellt, ebenfalls für $L = 2$ und $L = 4$. Wie beim SC-CDMA führt hier bei Einnutzerübertragung[15] die längere Kanalimpulsantwort wegen der höheren Diversität zu besseren Resultaten. Dabei ist anzumerken, dass das Guardintervall an die jeweilige Länge der Kanalimpulsantwort angepasst wurde: Somit beträgt der S/N-Verlust infolge des Mismatching bei $L = 4$ wie bisher 0,75 dB, während er mit $L = 2$ auf $10 \log_{10}(17/16) = 0,26$ dB zurückgeht. Bei der Übertragung von 12 Nutzern wird am Empfänger eine EGC-Entzerrung vorgenommen, die im letzten Abschnitt die besten Ergebnisse gebracht hat. Gegenüber den Einnutzer-Kurven ergibt sich eine deutliche Verschlechterung, wobei sich wie beim Einträgerverfahren die Verhältnisse für $L = 2$ und $L = 4$ umkehren, da die Frequenzselektivität die Orthogonalität der Spreizsequenzen zerstört und zwar umso stärker, je größer die Anzahl der Pfade im Zeitbereich ist. Dieser Effekt kann auch durch das hier eingesetzte günstige EGC-Verfahren nicht verhindert werden, wenn auch die Ergebnisse deutlich besser ausfallen, als dies bei den anderen Entzerrer-Entwürfen der Fall wäre.

- *Der Vergleich mit dem Einträger-CDMA-System zeigt die deutliche Überlegenheit des Mehrträger-Systems im synchronen Downlink. Durch die Möglichkeit, die Orthogonalität der Spreizungscodes einigermaßen wieder herzustellen, kann die Mehrnutzer-Interferenz beträchtlich reduziert werden.*

Diese Aussagen müssen allerdings dahingehend relativiert werden, dass beim Vergleich für das Einträger-Verfahren die übliche Form eines Rake-Empfängers mit MRC-Dimensionierung angesetzt wurde. Alternativ hierzu wurden auch (aufwändigere) Konzepte vorschlagen, bei denen der Rake-Empfänger eine *Entzerrung* des Kanals bewirkt [Kno09, BOW00, KC03, TS02, PO98]. Die Pfadgewichte werden dann z.B. im Sinne eines klassischen MMSE-Entzerrers entworfen; je nach Kanal kann sich die Anzahl der Gewichte gegenüber dem MRC-Rake beträchtlich erhöhen. Am Ausgangs dieses Rake-Entzerrers ist die Intersymbol-Interferenz dann so weit unterdrückt, dass die Orthogonalität der verschiedenen Nutzersignale näherungsweise wieder hergestellt ist. Man erreicht also eine mehr oder weniger perfekte Nutztrennung, da das Problem des Pfadübersprechen nicht besteht, oder – je nach Entwurf des Entzerrers – stark reduziert ist. Die Probleme verlagern sich hier auf den Entwurf des Entzerrers, d.h. auf den Kompromiss zwischen Zero Forcing und MMSE, und gleichen sich damit denen des MC-CDMA an.

Zusammenfassung: Im Folgenden wird eine Übersicht über Vor- und Nachteile der beiden CDMA-Varianten gegeben. Dabei wird für SC-CDMA die übliche Struktur eines nach dem MRC-Prinzip dimensionierten Rake-Empfängers angenommen, während

[15] Im Einnutzer-Fall wird wieder MRC angewendet (vgl. Seite 698).

für MC-CDMA eine EGC-Entzerrung angewendet wird. Beide Strukturen werden im Downlink betrieben; als Spreizcodes werden Walsh-Sequenzen in Verbindung mit einem PN-Scrambling-Code eingesetzt.

- Beide Verfahren verwerten vorhandene Frequenzdiversität; im Einnutzer-Fall wird diese fast vollständig ausgeschöpft.
- Bei Mehrnutzer-Übertragung ergeben sich bei beiden Verfahren starke Degradationen: Bei SC-CDMA kommen diese durch Pfadübersprechen der Interferenzsignale zustande, bei MC-CDMA durch die Verletzung der Orthogonalität infolge Frequenzselektivität oder durch Verstärkung des Kanalrauschens. Bei MC-CDMA kann durch den Entzerrer ein Kompromiss zwischen den beiden genannten Effekten eingestellt werden, so dass sich bei günstiger Dimensionierung deutliche Vorteile gegenüber SC-CDMA ergeben.
- Die Realisierung des Entzerrers ist beim Mehrträger-Verfahren extrem einfach, wenn ein Guardintervall eingefügt wird. Andererseits führt dieses zu einem S/N-Verlust, der beim SC-CDMA nicht besteht.
- Mit MC-CDMA ergeben sich die mit der OFDM-Technik immer verbundenen Probleme der starken Einhüllenden-Schwankungen, die hohe Linearitätsanforderungen an den Leistungsverstärker stellen. Das Einträger-Verfahren kann durch gezielte Wahl des Modulationsverfahrens (z.B. Offset-QPSK) diese Probleme weitgehend vermeiden.
- Das Spektrum eines Mehrträger-CDMA-Signals kann bei Festlegung einer hohen Subträger-Zahl relativ scharf begrenzt werden, während die Spektraleigenschaften des Einträgerverfahren durch die Sendefilter bestimmt werden; für kleine Roll-Off-Faktoren ist eine hohe Filterordnung erforderlich.

17.6 Zwei Beispiele für CDMA-Mobilfunksysteme

17.6.1 UMTS

Historische Entwicklung. Die ersten Schritte zur Entwicklung eines Mobilfunksystems der dritten Generation gehen auf das Jahr 1988 zurück, als man in dem europäischen Projekt RACE (Research of Advanced Communication Technologies in Europe) über grundlegende Fragen zur Modulation, Codierung, Zugriffsverfahren usw. für ein universelles Mobilfunk-Konzept nachdachte. Dieses System sollte neben der reinen Sprachübertragung eine möglichst große Vielfalt verschiedener Dienste mit variablen Datenraten und angepassten Qualitätsmerkmalen in sich vereinigen [OP98]. Im Rahmen des Fortsetzungsprojektes RACE II standen dann Bemühungen zur Definition einer Funkschnittstelle sowie schließlich die Entwicklung der Testumgebung CODIT (Code Division

Testbed) [BFG+94] im Mittelpunkt. Unter den verschiedenen Lösungsvorschlägen setzte sich schließlich ein CDMA-Konzept durch, von dem man eine größtmögliche Flexibilität erwartete. Im Jahre 1998 entschied das ETSI (European Telecommunication Standards Institute) über die eingebrachten Standardisierungsvorschläge und wählte einen Kompromiss aus den verschiedenen Konzepten aus, der zwei alternative Funkschnittstellen zulässt. Die erste Variante sieht einen *FDD*-Modus, *(Frequency Division Duplex)* vor, bei dem für Up- und Downlink unterschiedliche Frequenzbänder verwendet werden. Bei diesem Standard handelt es sich um ein Breitband-CDMA-Verfahren. Die zweite Variante beinhaltet ein *TDD*-Konzept *(Time Division Duplex)*, bei dem Up- und Downlink das gleiche Frequenzband nutzen, indem sie im Zeitmultiplex operieren. Dieser Standard wird als Mobilfunksystem der dritten Generation vornehmlich in China zum Einsatz kommen. Die endgültige Standardisierung der beiden Mobilfunkkonzepte erfolgte 1998 unter dem Titel *Universal Mobile Telecommunication System (UMTS)*.

Frequenzbänder, physikalische Kanäle. In **Bild 17.6.1** sind die UMTS-Frequenzbänder für Deutschland dargestellt. Der Uplink der FDD-Variante liegt zwischen 1900 und 2025 MHz, der Downlink im Bereich 2110 bis 2200 MHz – zwischen beiden liegt ein Duplex-Abstand von 190 MHz. Der TDD-Mode ist im unteren der beiden Bänder angesiedelt. Neben den beiden terrestrischen Varianten FDD und TDD ist noch das Satelliten-System S-UMTS vorgesehen.

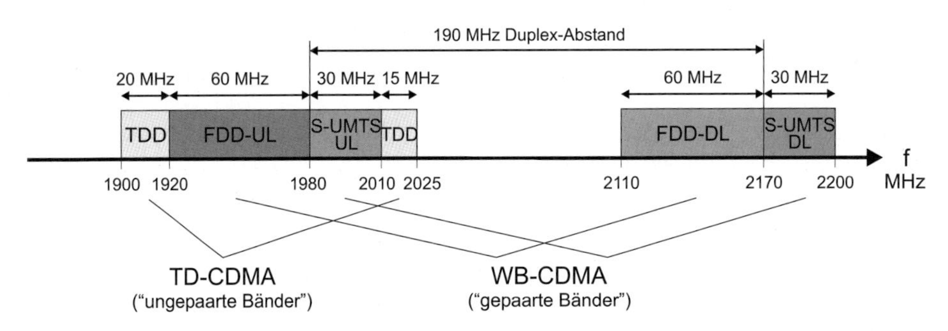

Bild 17.6.1: Frequenzbänder des UMTS-Standards in Deutschland (entnommen [Kno09])

Das UMTS-System soll bei Anwendungen innerhalb von Gebäuden (*Indoor*-Umgebung) eine maximale Datenrate von 2 Mbit/s bereitstellen, während in *Outdoor*-Szenarien bei Geschwindigkeiten von maximal 120 km/h in ländlichen Gebieten noch bis zu 500 kbit/s vorgesehen sind (384 kbit/s in städtischer Umgebung). Zusätzlich wurde als Erweiterung des Standards noch der *High Speed Downlink Packet Access* (HSDPA)-Mode festgelegt, mit dem unter Verwendung höherstufiger Modulationsverfahren (z.B. 16-QAM) beträchtliche Erhöhungen der Datenraten ermöglicht werden sollen. Neben den unterschiedlichen Datenraten besteht noch ein wichtiges Merkmal des UMTS-Systems in der flexiblen Wahl unterschiedlicher Dienstgüten (*QoS, Quality of Service*). Hierzu werden vier verschiedene Klassen unterschieden.

Der UMTS-Standard sieht verschiedene physikalische Kanäle vor, von denen hier jedoch nur zwei, nämlich der *Dedicated Physical Channel (DPCH)* und der *Common Pilot Channel (CPICH)* für den Downlink erläutert werden. Letzterer wird gleichmäßig an alle Mobilstationen ausgesendet und beträgt typischerweise 10% der gesamten von der Basisstation abgegebenen Leistung; er dient als Referenzsignal für die Schätzung ungerichteter Downlink-Kanäle. Der Dedicated Physikal Channel enthält die übertragenen Nutzdaten; daneben aber auch Kontrollinformation. Die Rahmenstruktur dieses Kanals ist in **Bild 17.6.2** wiedergegeben. Ein Rahmen besteht aus 15 Slots, die wiederum jeweils 2560 Chips enthalten; der gesamte Rahmen umfasst also $15 \cdot 2560 = 38\,400$ Chips. Die Chiprate beträgt für alle Übertragungsmodi

$$1/T_c = 3,84 \text{ Mchip/s};$$

daraus ergibt sich für die Dauer eines Rahmens 10 ms.

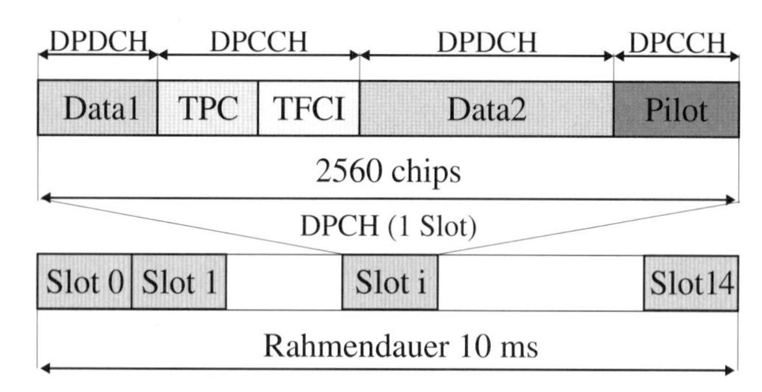

Bild 17.6.2: Rahmenstruktur des DPCH im Downlink [Kno09]

In den Slots beinhalten die Abschnitte „Data 1“ und „Data 2“ die übertragenen Daten (*Dedicated Physical Data Channel (DPDCH)*), während der *Dedicated Physical Control Channel (DPCCH)* die Teile TPC (Transmit Power Control), TFCI (Transport Format Combination Indicator) und die *Pilot*-Sequenz enthält. Letztere dient wie der Common Pilot Channel als Referenzfolge zur Kanalschätzung und spielt insbesondere dann eine Rolle, wenn an der Basisstation mehrere Antennen zur gerichteten Übertragung, also Beamforming-Verfahren, eingesetzt werden. Die auf dem *Common* Pilot Channel basierende Schätzung liefert die *reine* Kanalimpulsantwort – die Gewichte der Antennengruppen sind darin nicht enthalten; sie werden im Mobilteil aus der Impulsantwort errechnet und an die Basisstation übermittelt. Da diese Gewichte in die Dimensionierung des Rake-Empfängers einbezogen werden müssen, werden diese in der Mobilstation aus der mit Hilfe des Common Pilot Channels gewonnenen Kanalimpulsantwort errechnet. Dabei kann ein Problem entstehen, wenn die zur Basisstation rückübertragenen Gewichte durch Übertragungsfehler verfälscht werden. Um dies zu erkennen, wird ein Vergleich mit einer aus der *Dedicated Pilot-Sequenz* gewonnenen Kanalschätzung durchgeführt (*Weight Verification* [TS00]). Diese Sequenz hat also hauptsächlich eine Kontrollfunktion. Zur alleinigen Kanalschätzung ist sie wegen ihrer geringen Leistung nicht gut geeignet – diese wird mit Hilfe des Common Pilot Channels wahrgenommen, der 10 % der gesamten von der Basisstation ausgesendeten Leistung ausmacht.

Spreizsequenzen. Im UMTS-Downlink findet eine *synchrone* CDMA-Übertragung statt. Für nicht frequenzselektive („flache“) Kanäle ist es daher vorteilhaft, orthogonale Codes einzusetzen. Hierzu bieten sich die schon besprochenen Walsh-Codes an. Diese

Codes bieten den besonderen Vorteil, dass sie auch unter unterschiedlichen Spreizfaktoren streng orthogonal sind. Man bezeichnet sie aus dem Grunde auch als *OVSF-Codes (Orthogonal Variable Spreading Factor)*. In **Bild 17.6.3** ist ein Ausschnitt aus dem Codebaum dargestellt.

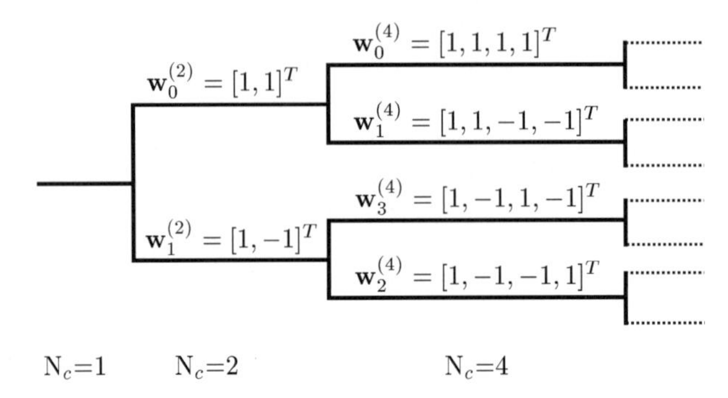

Bild 17.6.3: Rahmenstruktur des DPCH im Downlink (entnommen [Kno09])

Auch bei unterschiedlichen Spreizfaktoren besteht hierbei die perfekte Orthogonalität. Teilt man zum Beispiel einem Nutzer 1 das Codewort $\mathbf{w}_0^{(2)} = [1,1]^T$ zu, so können bei nächst höherem Spreizfaktor nur noch die Codes $\mathbf{w}_3^{(4)} = [1,-1,1,-1]^T$ und $\mathbf{w}_2^{(4)} = [1,-1,-1,1]^T$ an die Nutzer 2 und 3 vergeben werden. Da die Chiprate für alle Nutzer gleich ist, überträgt der Nutzer 1 gegenüber den Nutzern 2 und 3 mit doppelter Bitrate. Die Skizze in **Bild 17.6.4** zeigt, dass dabei zwischen allen drei codierten Signalen Orthogonalität herrscht: Bei der Mittelung über das Bitintervall T_1 des Nutzers 1 enthalten die beiden hierin liegenden halben Bitintervalle $T_2/2 = T_3/2 = T_1$ jeweils zwei Chips mit unterschiedlichen Vorzeichen – die Kreuzkorrelierten zwischen den Signalen sind also null.

$$d_1(i) = \{1,-1,-1,1\} \Longrightarrow s_1(k):$$
$$d_2(i) = \{1,-1\} \Longrightarrow s_2(k):$$
$$d_3(i) = \{1,1\} \Longrightarrow s_3(k):$$

	T_1	T_1	T_1	T_1
$s_1(k)$	+ +	- -	- -	+ +
$s_2(k)$	+ -	+ -	- +	- +
$s_3(k)$	+ -	- +	+ -	- +
	T_2		T_2	

Bild 17.6.4: Orthogonalität der OVSF-Codes bei unterschiedlicher Spreizung

In Abschnitt 17.1.4 wurde erläutert, dass die Walsh-Codes bei Asynchronität sehr ungünstige Korrelationseigenschaften haben. Daher sind sie unter frequenzselektiven Kanälen nur schlecht zur Unterdrückung von Mehrnutzer-Interferenz geeignet. Aus dem Grunde werden die Signale zusätzlich mit Pseudo-Zufallscodes gleicher Chiprate multipliziert. Es handelt sich dabei nur um eine Verwürfelung – eine weitere Spreizung gegenüber der maximalen Walsh-Bandbreite findet nicht statt. Man bezeichnet diesen Code deshalb als *Scrambling-Code*. Er ist für alle Nutzer identisch; damit bleibt die perfekte Orthogonalität im nicht frequenzselektiven Fall erhalten. Da die verschiedenen Nutzersignale also ausschließlich durch die Walsh-Codes gekennzeichnet werden, bezeichnet man diese als *Channelisation-Codes.* Im UMTS-Downlink werden als Scrambling-Codes *Gold-Codes* mit sehr großer Periodenlänge eingesetzt, wobei in der Regel jeder Zelle ein Gold-Code zugeordnet wird. Ein Blockschaltbild zur Erzeugung dieser Codes ist in **Bild 17.6.5** wiedergegeben.

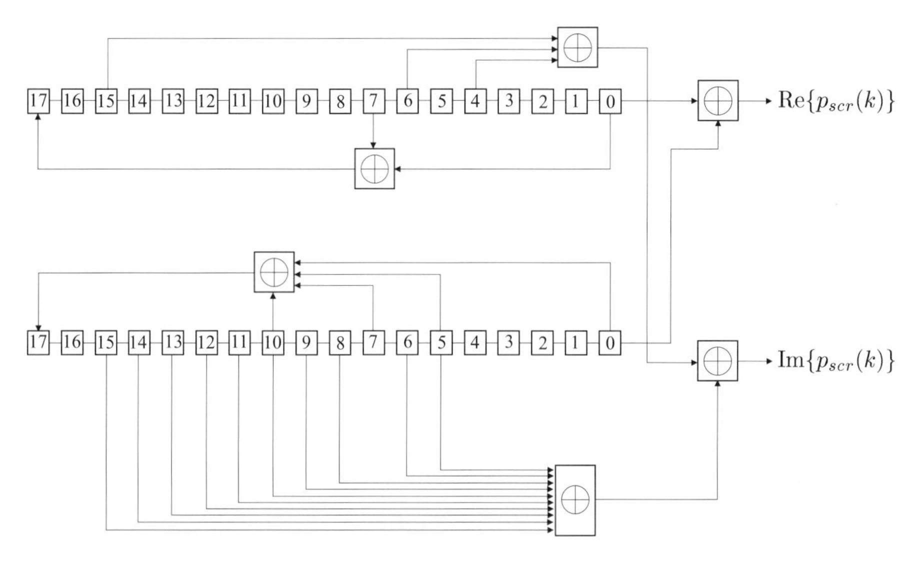

Bild 17.6.5: Gold-Code-Generator (entnommen [TS02])

Zu erwähnen ist, dass hierbei – im Unterschied zu der bisherigen Darstellung – *komplexe* Scrambling-Codes verwendet werden. Am Empfänger muss demzufolge mit dem konjugiert komplexen Scrambling-Code korreliert werden. Die auf Seite 649ff diskutierten günstigen Auto- und Kreuzkorrelationseigenschaften kommen hier allerdings nicht zur Wirkung, da diese sich erst mit der Korrelation über die gesamte Periode einstellen. Da die Symboldauer jedoch nur ein Bruchteil der Periodendauer der verwendeten Gold-Codes beträgt, ist die mit ihnen erzielte Interferenzunterdrückung nicht besser als die gewöhnlicher PN-Sequenzen. **Bild 17.6.6** zeigt ein Blockschaltbild des UMTS-Senders für den Downlink.

Für das Modulationsverfahren kann wahlweise QPSK oder 16-QAM gewählt werden – das letztere kommt beim schnellen Datenübertragungsmode HSDPA (High Speed Downlink Packet Access) zum Einsatz. Nach der Kennzeichnung der Nutzer durch den OVSF-Code erfolgt das Gold-Code-Scrambling. Da die Gold-Codes für alle Nutzer gleich sind, könnten sie prinzipiell auch hinter die Summation gezogen werden; der UMTS-Standard erlaubt jedoch wahlweise noch die Anwendung eines zweiten Scrambling-Codes, so dass das Scrambling *vor* der Summation erfolgt. Die Bewertungsfaktoren $G^{(u)}$ passen die Sendeleistungen der verschiedenen Nutzersignale gemäß der Power Control an.

Uplink. In der Aufwärtsstrecke ergibt sich wegen der unterschiedlichen Positionen der Mobilstationen eine asynchrone CDMA-Übertragung. Gemäß den vorangegangenen Erläuterungen könnte danach die Nutzertrennung mit einfachen PN-Folgen vorgenom-

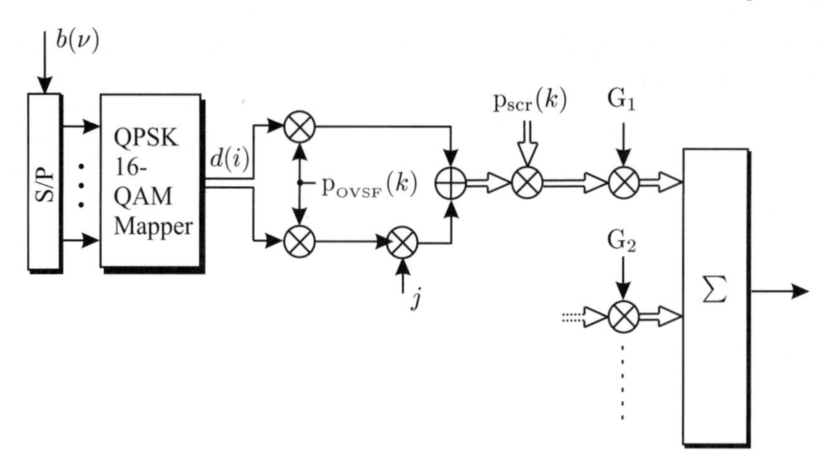

Bild 17.6.6: UMTS-Sender für den Downlink (entnommen [Kno09])

men werden, da die Orthogonalität von Codes durch die Asynchronität ohnehin wieder zerstört wird. Im UMTS-Uplink werden dennoch die OVSF-Sequenzen in Verbindung mit PN-Scrambling-Codes verwendet. Der Grund hierfür liegt in der Anwendung der *Multicode-Technik.* Dabei können im Interesse einer möglichst flexiblen Zuteilung der Bitraten den Nutzern mehrere Codes mit unterschiedlichen Spreizfaktoren zugewiesen werden. Kommen also mehrere CDMA-Signale mit unterschiedlichen Codes von ein und demselben Nutzer, so sind diese synchron zueinander – im nicht frequenzselektiven Fall ergibt sich dann mit den OVSF-Codes eine perfekte Interferenzunterdrückung. Da die Verwendung der OVSF-Codes keinen Mehraufwand bedeutet, finden diese auch im UMTS-Uplink Verwendung.

Ein wichtiger Unterschied zum Downlink besteht noch in der Übermittlung der Pilotsequenzen zur Kanalschätzung. Da die Übertragungsfunktion zwischen den verschiedenen Mobilstationen und der Basisstation unterschiedlich ist, ist die Verwendung eines Common Pilot Channels hier nicht sinnvoll; statt dessen wird jedem Nutzer ein individuelles Pilotsignal zugeteilt, das – mit stark erhöhtem Spreizfaktor – dem *Imaginärteil* des QPSK-Sendesignals aufmoduliert wird. Wie bereits erwähnt ist eine effiziente Realisierung von Verfahren zur Mehrnutzer-Detektion im Uplink eher möglich als im Downlink, da hier die höhere Rechenkapazität in der Basisstation zur Verfügung steht. Damit kann die Netzkapazität erheblich gesteigert werden kann. Dieses Problem wird gegenwärtig in den Entwicklungslabors in Hinblick auf zukünftige Mobilfunksysteme intensiv bearbeitet.

Die Leistungsfähigkeit des UMTS-Systems, vornehmlich des Downlinks, wurde bereits vorher in Abschnitt 17.4 anhand verschiedener Experimente demonstriert: Den Simulationsergebnissen in den Bildern 17.4.1 und 17.4.3 auf den Seiten 688 und 693 liegen bezüglich Modulationsform und Spreizverfahren die UMTS-Downlink-Bedingungen zugrunde. Prinzipiell zeigt sich, dass ein voll geladenes System (*Full Loaded System*) ohne besondere Maßnahmen wie z.B. Mehrnutzer-Detektion oder eine besondere Kanalcodierung [Dek00] nicht erreichbar ist. Selbst mit einem halb geladenen System – etwa mit

$U = 32$ Nutzern bei einem Spreizfaktor von $N_c = 64$ – wird die uncodierte Bitfehlerrate von $3 \cdot 10^{-2}$ nicht unterschritten.

17.6.2 Das IS-95-System

In den USA wurde 1993 unter dem Namen IS-95 ein Mobilfunksystem der zweiten Generation eingeführt, das in direkter Konkurrenz zum europäischen GSM-System steht. Der IS-95-Standard basiert im Wesentlichen auf dem von der Firma QUALCOMM eingebrachten Vorschlag. Im Folgenden sollen kurz die wesentlichen Merkmale des Uplink aufgezeigt werden – eine detaillierte Darstellung findet man z.B. in [SG91], [VVZ93] und [Vit94].

Das QUALCOMM-System sieht für den Uplink eine inkohärente Struktur vor, womit das Problem der Kanalschätzung und damit die Übertragung von Pilotsequenzen entfällt. Grundlage bildet ein 64-stufiges orthogonales Modulationsverfahren auf der Basis von Walsh-Funktionen; die grundsätzlichen Eigenschaften solcher Systeme wurden im Abschnitt 17.2 sowie in den Abschnitten 17.3.2 und 17.3.3 erläutert.

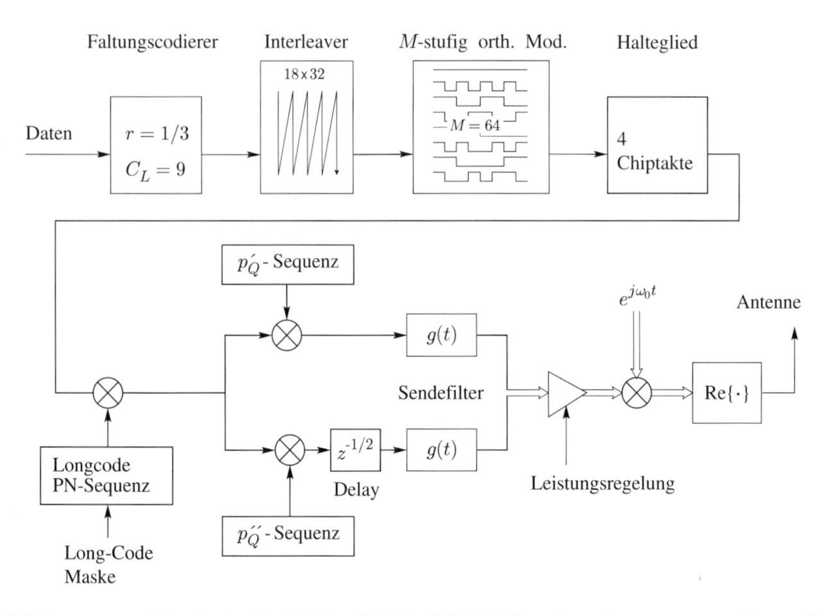

Bild 17.6.7: Blockschaltbild des QUALCOMM-Senders (entnommen [Ben96])

Bild 17.6.7 zeigt das prinzipielle Blockschaltbild des Senders in der Mobilstation. Die maximale Informations-Bitrate beträgt 9.6 kbit/s. Es folgt eine Kanalcodierung der Coderate $R = 1/3$, womit die Bitrate am Codiererausgang 28,8 kbit/s beträgt. Nach der Verwürfelung (*Interleaving*) der codierten Bits erfolgt die Gruppierung in 6-bit-Blöcke und die Umsetzung in die 64-stufigen Walsh-Signale; die Rate der Walsh-Chips beträgt damit

$$\frac{64}{6} \cdot 28,8 \text{ kbit/s} = 307,2 \text{ kbit/s}.$$

Eine weitere Spreizung um den Faktor $N_p = 4$ bewirkt die Multiplikation mit dem QUALCOMM-Long-Code. Der Codegenerator wurde bereits in Bild 17.1.10, Seite 651, dargestellt. Er besteht aus einem rückgekoppelten Schieberegister der Länge 42; die Periode der erzeugten Pseudo-Zufallssequenz beträgt also $2^{42}-1$ und hat bei der angegebenen Chiprate eine Dauer von mehr als 41 Tagen. Zur Festlegung der individuellen Nutzercodes werden die Schieberegister-Ausgänge wie in Bild 17.1.10 gezeigt mit einer nutzerspezifischen 42-bit-Maske UND-verknüpft und danach modulo-2-addiert. Prinzipiell können auf diese Weise $2^{42} - 1$ verschiedene Codes erzeugt werden. Die endgültige Chiprate beträgt

$$1/T_c = 1,2288 \text{ Mchip/s}.$$

Der Quotient aus gesendeter Chiprate und Informations-Bitrate (*vor* der Kanalcodierung) wird als *Processing Gain* bezeichnet; er beträgt für das QUALCOMM-System $P_G = 1228,8/9,6 = 128$. Das modulierte und mit dem Long-Code gespreizte Signal ist reell, so dass jetzt eine BPSK-Modulation vorgenommen werden könnte. In Hinblick auf moderate Linearitäts-Anforderungen an den Sendeverstärker der Mobilstation wird jedoch eine *Offset-QPSK-Modulation* eingesetzt, die wie in Abschnitt 9.1.3 erläutert eine deutlich bessere Konstanz der Einhüllenden aufweist (siehe Bild 9.1.8, Seite 281) und somit wesentlich geringere nichtlineare Verzerrungen hervorruft. Zu diesem Zwecke erfolgt zunächst eine Multiplikation mit einem *komplexen* Scrambling-Code $p_Q(k) = p'_Q(k) + j\,p''_Q(k)$ und danach eine *Offset-QPSK-Modulation* einschließlich Impulsformung mit den Wurzel-Kosinus-Roll-off-Filtern $g(t)$. Für die Leistungsregelung wird ein variabler Ausgangsverstärker eingesetzt, der durch die von der Basisstation rückübertragene Power-Control-Information geregelt wird (Closed-Loop-Regelung).

In **Bild 17.6.8** ist der Empfänger der IS-95-Aufwärtsstrecke dargestellt [Ben96]. Er arbeitet inkohärent – aufgrund der verwendeten orthogonalen Modulation kann das Prinzip des *Square-Law-Combining* angewendet werden, das in Abschnitt 17.3.3 erläutert wurde. Da von frequenzselektiven Kanälen auszugehen ist, wird eine Rake-Struktur vorgesehen.

Um Empfangsdiversität zu gewinnen stattet man die Basisstation mit zwei Antennen aus. Die Empfangsfilterung und Basisbandmischung werden für jeden Antenneneingang getrennt durchgeführt; dementsprechend werden auch zwei getrennte Rake-Empfänger benötigt. Die Abtastung findet im doppelten Chiptakt statt, um das Offset-QPSK-modulierte Signal korrekt zu erfassen. Die Ausgänge der beiden Rake-Empfänger werden nach dem Prinzip des Square-Law-Combining zusammengefasst; man erhält dann einen Entscheidungsvektor, dessen maximales Element zur wahrscheinlichsten Hypothese über das gesendete Walsh-Symbol und somit über die zugeordnete $\text{ld}(M)$-bit-Gruppe führt. Es wird an dieser Stelle jedoch keine harte Entscheidung getroffen, sondern aus dem Entscheidungsvektor werden *Soft-Informationen* ermittelt, die die Zuverlässigkeit der einzelnen entschiedenen Bits kennzeichnen. Hierzu wird von QUALCOMM ein suboptimales Verfahren eingesetzt [VVZ93], dessen hauptsächlicher Nachteil darin besteht, dass die einem Symbol zugeordneten $\text{ld}(M)$ Bits gleich behandelt, also mit identischen Soft-Informationen versehen werden. Im Gegensatz hierzu wurde von Benthin auf der

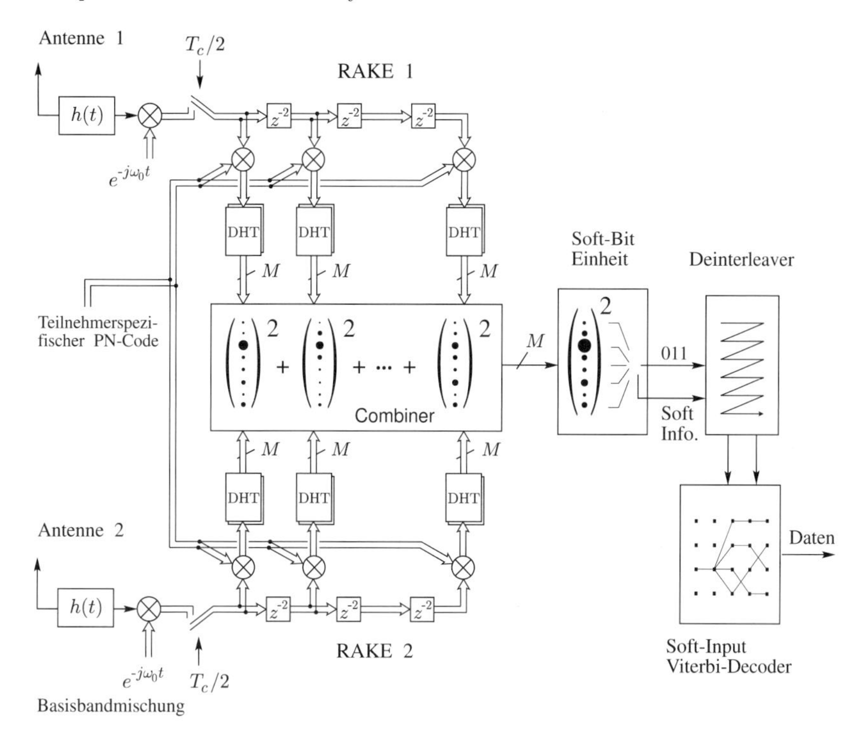

Bild 17.6.8: Basisstation-Empfänger nach QUALCOMM

Basis eines Maximum-Likelihood-Ansatzes ein Verfahren entwickelt, das *bitspezifische* Zuverlässigkeitsinformationen berücksichtigt [BK94], [Ben96]. Nach der Bestimmung der mit Soft-Informationen gekennzeichneten Binärzeichen wird die am Sender durchgeführte Verwürfelung wieder rückgängig gemacht (Deinterleaving) und schließlich die Soft-Input-Viterbi-Decodierung des Faltungscodes durchgeführt.

IS-95 und GSM sind konkurrierende Standards der zweiten Mobilfunk-Generation. Die wichtigsten Systemparameter der beiden Verfahren sind in Tabelle 17.6.1 gegenübergestellt.

Tabelle 17.6.1: Vergeleich der IS-95- und GSM-Parameter

Parameter	IS-95	GSM-900
Vielfachzugriff	CDMA/FDMA	TDMA/FDMA
Frequenzband:		
Downlink	869-894 MHz	935-960 MHz
Uplink	824-849 MHz	890-915 MHz
Kanalabstand	1259 kHz	200 kHz
Modulation:		
Downlink	BPSK	GMSK
Uplink	64-Walsh	GMSK
Kanalcodierung[16]:		
Downlink	FC, $R = 1/2$	UEP
Uplink	FC, R=1/3	UEP

[16]FC $\triangleq$ Faltungscode, UEP $\triangleq$ Unequal Error Protection

Kapitel 18

Mehrantennen-Systeme

Die momentane Entwicklung der modernen Kommunikationstechnik wird durch die rasante Zunahme an drahtlosen Multimedia-Diensten geprägt. Um den weiter ansteigenden Bedarf an breitbandigen Datenkanälen zu decken, müssen bisher nicht in Anspruch genommene Ressourcen erschlossen werden. Neue Perspektiven erwachsen aus der Nutzung des Raumes durch den Einsatz von Mehrantennen-Systemen, womit beträchtliche Steigerungen der Datenraten ohne Erhöhung der Bandbreiten erzielt werden können. Prinzipiell kann man dabei zwei Strategien verfolgen: Zum einen erlaubt die räumliche Trennbarkeit von Signalen die parallele Übertragung mehrerer Datenströme im gleichen Frequenzband; dies geschieht zum Beispiel bei den *Multi-Layer-Konzepten* wie V-BLAST oder im Falle des räumlichen Vielfach-Zugriffs in zellularen Netzen (*SDMA, Space Division Multiple Access*). Zum anderen ist es möglich, durch den Einsatz mehrerer Antennen am Empfänger und/oder am Sender *Diversität* auszunutzen oder durch *Beamforming* Mehrnutzerinterferenz zu unterdrücken.
Das vorliegende Kapitel soll einen Einblick in diese neuen Technologien gewähren und einen Überblick über die wichtigsten Verfahren geben. Nach einer Darstellung der zugrunde liegenden Kanalmodelle im folgenden Abschnitt werden im Abschnitt 18.2 Konzepte betrachtet, die auf eine Verbesserung der Übertragungsqualität abzielen. Das einfachste Verfahren besteht in der Ausnutzung von Empfangsdiversität durch *Combining* mehrerer Antennensignale. Diversität lässt sich auch mit Hilfe mehrerer *Sende*antennen durch den Einsatz von *Space-Time-Codes* nutzen – hier werden als zwei aktuelle Beispiele das Alamouti-Schema sowie das Delay-Diversity-Konzept erläutert. Schließlich folgen einige kurze Anmerkungen zum Beamforming, was besonders im Falle korrelierter Ausbreitungspfade von Interesse ist. Der letzte Abschnitt behandelt die Erhöhung der Übertragungsrate durch mehrlagige Übertragung. Im Mittelpunkt steht hierbei das bereits erwähnte V-BLAST-System. Alle behandelten Verfahren werden anhand von Messergebnissen illustriert, die mit einem Echtzeit-Demonstrator innerhalb von Gebäuden gewonnen wurden.

18.1 Kanäle mit mehreren Ein- und Ausgängen (MIMO)

18.1.1 Zielsetzung

Zurzeit wird die Ressource *Raum* als wichtige neue Dimension für die drahtlose Übertragung erschlossen. Durch den Einsatz von Mehrantennen-Systemen (*MIMO, Multiple Input/Multiple Output*) erreicht man eine dramatische Erhöhung der Übertragungskapazität im Vergleich zu konventionellen einkanaligen Systemen [Tel99]. MIMO-Systeme können prinzipiell auf zweierlei Weise für Kommunikationssysteme genutzt werden: Zum einen kann durch Verwendung mehrerer Sende- und/oder Empfangsantennen die Zuverlässigkeit der Übertragung erhöht werden; dies ermöglicht z.B. die Herabsetzung der Sendeleistung bei vorgegebener Bitfehlerrate. Die andere Möglichkeit besteht in der Erhöhung der Datenrate durch mehrlagige Übertragung (*Multi Layer*); hierzu sind sowohl Sender als auch Empfänger mit mehreren Antennen auszustatten. Welche der genannten Möglichkeiten genutzt werden kann, hängt einerseits von den Kanaleigenschaften ab – z.B. von den Korrelationen der Ausbreitungspfade – andererseits von den technisch-konstruktiven Randbedingungen: So ist die Unterbringung von mehreren Antennen an der Basisstation sehr viel einfacher möglich als an einem Mobilfunk-Handy[1].

SIMO und MISO-Systeme. Mehrantennen-Konstellationen auf *einer* Seite der Übertragungsstrecke, also am Sender *oder* am Empfänger, sind bereits heute Bestandteile verschiedener Standards. Bei mehreren Empfangsantennen spricht man von *SIMO* (*Single Input/Multiple Output*), bei mehreren Sendeantennen von *MISO* (*Multiple Input/Single Output*). Unter beiden Konstellationen lassen sich Diversitätsgewinne erzielen – im SIMO-Fall durch einfaches Maximum Ratio Combining, im MISO-Fall durch Space-Time-Codes. Voraussetzung hierzu sind nicht vollständig korrelierte Übertragungspfade. Eine alternative Strategie für die MISO-Konfiguration besteht im *Beamforming*, also in einer gerichteten Übertragung angewendet z.B. bei korrelierten Kanalkoeffizienten. Im Allgemeinen müssen zum Beamforming am Sender Kenntnisse über den Kanal vorliegen.

MIMO-Systeme. In den Bell Labs wurden bereits vor einigen Jahren eindrucksvolle Experimente durchgeführt, bei denen durch eine mehrlagige Übertragung („Multi Layer") innerhalb von Gebäuden gewaltige Steigerungen der Bandbreite-Effizienz erreicht wurden. Es handelt sich dabei um das bekannte *BLAST*-Konzept (*Bell Labs Layered Space Time*) [Fos96, WFGV98]. Am Sender wurden hierzu acht, am Empfänger zwölf Antennen eingesetzt. Diese *MIMO*-Konzeption erlaubt die simultane Übertragung von parallelen Datenströmen im gleichen Frequenzband und im gleichen Zeittakt. Im vorliegenden Beispiel kann maximal eine Verachtfachung der Datenrate erreicht werden[2]. MIMO-Systeme erschließen also neue Ressourcen, indem den klassischen Zugriffsverfahren FDMA, TDMA

[1] Zurzeit wird in der Industrie allerdings auch an der Realisierung dieser Möglichkeit gearbeitet.

[2] Dieser Wert wird allerdings nur bei maximalem Rang der Übertragungsmatrix erreicht (siehe Abschnitt 18.1.1).

und CDMA der *Raum* als weitere Dimension hinzugefügt wird (*SDMA, Space Division Multiple Access*).

Der Entwurf von Mehrantennen-Systemen wird wesentlich davon bestimmt, inwieweit *Kanalkenntnis am Sender* vorausgesetzt werden kann. Im günstigsten Fall würde sich diese Kenntnis auf die momentane Übertragungscharakteristik beziehen, jedoch sind oftmals nur statistische Eigenschaften, z.B. die Korrelationsmatrix, verfügbar. In beiden Fällen muss entweder ein Rückkanal vom Empfänger zum Sender vorgesehen werden, oder bei TDD-Systemen (*Time Division Duplex*) kann von der Reziprozität des Kanals Gebrauch gemacht werden.

18.1.2 Systemmodell

Bild 18.1.1 zeigt die Konfiguration eines allgemeinen Mehrantennen-Übertragungssystems. Die vom Modulator erzeugten Sendesymbole $d(i')$ werden zunächst durch einen Seriell/Parallel-Umsetzer zu Vektoren $\mathbf{d}(i)$ gruppiert und anschließend durch Multiplikation mit der Matrix $\mathbf{A}$ in den Sendevektor

$$\mathbf{s}(i) = \mathbf{A}\,\mathbf{d}(i), \qquad \mathbf{d}(i){\in}\mathbb{C}^{N_D\times 1}, \ \ \mathbf{s}(i){\in}\mathbb{C}^{N_S\times 1}, \ \ \mathbf{A}{\in}\mathbb{C}^{N_S\times N_D} \tag{18.1.1}$$

überführt. N_S bezeichnet die Anzahl der Sendeantennen.

Am Empfänger werden N_E Antennen eingesetzt, so dass man den N_E-dimensionalen Empfangsvektor $\mathbf{r}(i)$ erhält. Durch Multiplikation mit der $N_D \times N_E$-Matrix $\mathbf{B}$ erhält man den Vektor

$$\mathbf{y}(i) = \mathbf{B}\,\mathbf{r}(i), \qquad \mathbf{r}(i){\in}\mathbb{C}^{N_E\times 1}, \ \ \mathbf{y}(i){\in}\mathbb{C}^{N_D\times 1}, \ \ \mathbf{B}{\in}\mathbb{C}^{N_D\times N_E}, \tag{18.1.2}$$

der durch einen Detektionsalgorithmus nach einer Parallel/Seriell-Umsetzung in die entschiedenen Symbole $\hat{d}(i')$ überführt wird.

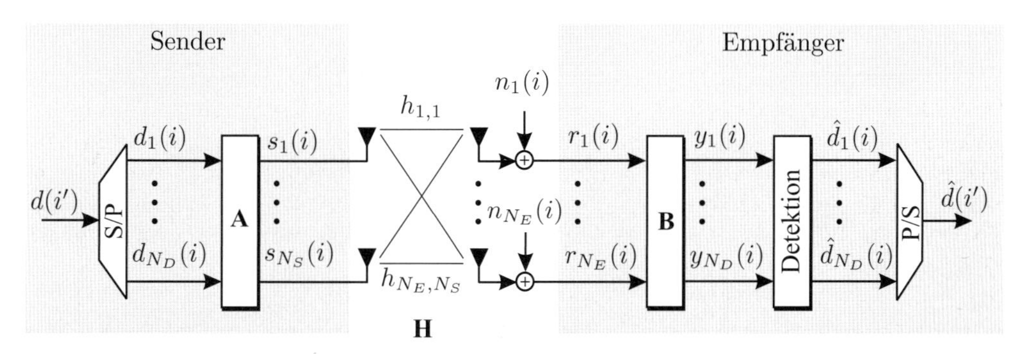

Bild 18.1.1: Modell eines MIMO-Übertragungssystems

Zwischen den Sende- und den Empfangsantennen-Gruppen liegt der MIMO-Kanal, der für die Betrachtungen in diesem Abschnitt als *gedächtnisfrei* angenommen wird („flacher

Kanal“). Die Übertragungscharakteristik kann also durch eine $N_E \times N_S$–dimensionale Matrix beschrieben werden, die die komplexen Gewichte $h_{\mu,\nu}$ enthält. Sie beschreiben die Übertragungsfaktoren von der ν-ten Sendeantenne zur μ-ten Empfangsantenne; für Kanäle mit Rayleigh-Statistik stellen sie Musterfunktionen rayleighverteilter Zufallsvariablen dar. Da hier stets *Block-Fading*-Kanäle angenommen werden, also zeitinvariante Bedingungen während eines übertragenen Datenblockes, wird der Zeitindex i in der Kanalmatrix der einfacheren Nomenklatur wegen unterdrückt.

$$\mathbf{H} = \begin{pmatrix} h_{1,1} & h_{1,2} & \cdots & h_{1,N_S} \\ h_{2,1} & h_{2,2} & \cdots & h_{2,N_S} \\ \vdots & \vdots & \ddots & \vdots \\ h_{N_E,1} & h_{N_E,2} & \cdots & h_{N_E,N_S} \end{pmatrix}, \qquad h_{\mu,\nu} \in \mathbb{C} \tag{18.1.3}$$

An den N_E Eingängen des Empfängers werden die Rauschgrößen $n_1(i), \cdots, n_{N_E}(i)$ überlagert, die Musterfunktionen komplexer, gaußscher, unkorrelierter Zufallsvariablen darstellen. Die Rauschgrößen werden zum Vektor $\mathbf{n}(i)$ zusammengefasst; das Empfangssignal lautet damit

$$\mathbf{r}(i) = \mathbf{H}\,\mathbf{s}(i) + \mathbf{n}(i) = \mathbf{H}\,\mathbf{A}\,\mathbf{d}(i) + \mathbf{n}(i). \tag{18.1.4}$$

Die Dimensionen der Matrizen $\mathbf{A}$ und $\mathbf{B}$ legen die Konfiguration des MIMO-Systems fest: Tabelle 18.1.1 gibt eine entsprechende Übersicht. Für die verschiedenen Fälle werden in den nachfolgenden Abschnitten Anwendungsbeispiele aufgezeigt.

Tabelle 18.1.1: Übersicht der Mehrantennen-Konfigurationen

N_D	N_S	N_E	$\mathbf{A}$	$\mathbf{B}$	Typ	Anwendung	Abschnitt
1	1	>1	a	$\mathbf{b}^T$	SIMO	Empfangs-Combining	18.2.1
1	>1	1	$\mathbf{a}$	b	MISO[3]	Sende-Beamforming	18.2.2
>1	$\geq N_D$	$\geq N_S$	$\mathbf{A}$	$\mathbf{B}$	MIMO	Multi-Layer	18.3

18.1.3 Eigenmoden eines MIMO-Übertragungssystems

Die $N_E \times N_S$-Kanalmatrix kann einer Singulärwertzerlegung unterzogen werden (siehe Anhang B.1.7):

$$\mathbf{H} = \mathbf{U}\,\mathbf{\Sigma}\,\mathbf{V}^H, \qquad \mathbf{U} \in \mathbb{C}^{N_E \times N_E}, \ \mathbf{V} \in \mathbb{C}^{N_S \times N_S}. \tag{18.1.5}$$

Die Spalten von $\mathbf{U}$ bestehen aus den Eigenvektoren von $\mathbf{H}\mathbf{H}^H$, während die Spalten von $\mathbf{V}$ die Eigenvektoren von $\mathbf{H}^H\mathbf{H}$ beinhalten. $\mathbf{U}$ und $\mathbf{V}$ sind unitäre Matrizen, so dass gilt

$$\mathbf{U}^H\mathbf{U} = \mathbf{I}_{N_E} \quad \text{und} \quad \mathbf{V}^H\mathbf{V} = \mathbf{I}_{N_S}. \tag{18.1.6a}$$

[3] Auch die Space-Time-Codes beinhalten eine MISO-Konfiguration; sie werden jedoch aus der vorliegenden Systematik zunächst ausgeklammert.

Die $N_E \times N_S$–Matrix $\mathbf{\Sigma}$ enthält die Singulärwerte von $\mathbf{H}$ auf der Hauptdiagonalen:

$$\mathbf{\Sigma} = \begin{pmatrix} \sigma_1 & & & \mathbf{0} \\ & \sigma_2 & & \\ & & \ddots & \\ & & & \sigma_{N_S} \\ \mathbf{0} & & & \end{pmatrix} \quad \text{für } N_E \geq N_S. \tag{18.1.6b}$$

Multipliziert man den Empfangsvektor $\mathbf{r}(i)$ von links mit $\mathbf{U}^H$, so erhält man unter Berücksichtigung von (18.1.6a)

$$\mathbf{y}(i) = \mathbf{U}^H \mathbf{r}(i) = \mathbf{U}^H \mathbf{U}\mathbf{\Sigma}\mathbf{V}^H \mathbf{s}(i) + \mathbf{U}^H \mathbf{n}(i) = \mathbf{\Sigma}\mathbf{V}^H \mathbf{s}(i) + \tilde{\mathbf{n}}(i). \tag{18.1.7a}$$

Da der Rauschvektor $\tilde{\mathbf{n}}(i)$ aus der Multiplikation von $\mathbf{n}(i)$ mit einer unitären Matrix hervorgeht, ändern sich seine statistischen Eigenschaften nicht. Setzt man nun $\mathbf{V}^H \mathbf{s}(i)$ gleich dem Sendesymbol-Vektor

$$\mathbf{d}(i) = \mathbf{V}^H \mathbf{s}(i) \quad \Rightarrow \quad \mathbf{s}(i) = \mathbf{V}\, \mathbf{d}(i), \tag{18.1.7b}$$

so ergibt sich am Empfänger

$$\begin{aligned} \mathbf{y}(i) &= \mathbf{\Sigma} \cdot \mathbf{d}(i) + \tilde{\mathbf{n}}(i) \\ \Rightarrow \quad y_\nu(i) &= \sigma_\nu \cdot d_\nu(i) + \tilde{n}_\nu(i), \quad \nu \in \{1, \cdots, N_S\}, \; N_S \leq N_E. \end{aligned} \tag{18.1.8}$$

Das MIMO-System wird also durch diese Umformung in N_S parallele äquivalente SISO-Kanäle transformiert, deren Übertragungsfaktoren aus den Singulärwerten der Kanalmatrix $\mathbf{H}$ bestehen. Information kann nur über solche SISO-Kanäle übertragen werden, die nicht verschwindende Singulärwerte aufweisen; *der Rang der Kanalmatrix begrenzt also die Anzahl der äquivalenten parallelen SISO-Kanäle.*

Wird die erläuterte SISO-Zerlegung in der physikalischen Realisierung gar nicht vollzogen, so degradiert die Übertragungsqualität *sämtlicher* Layer, falls die Anzahl hinreichend starker Singulärwerte geringer ist als die Anzahl der übertragenen Datenströme – in Abschnitt 18.3.3 werden Beispiele anhand des V-BLAST-Systems wiedergegeben, das keine sendeseitige Kanalkenntnis voraussetzt und daher keine Leistungsanpassung vornehmen kann. Werden hingegen die Matrizen

$$\mathbf{A} = \mathbf{V} \quad \text{und} \quad \mathbf{B} = \mathbf{U}^H \tag{18.1.9}$$

in das Übertragungssystem nach Bild 18.1.1 eingesetzt, so kann damit eine individuelle Anpassung an die äquivalenten SISO-Kanäle erfolgen. **Bild 18.1.2** zeigt das Blockschaltbild eines entsprechenden MIMO-Übertragungssystems, in dem die einzelnen separierten SISO-Kanäle mit individuellen Verstärkungsfaktoren $\sqrt{p_\nu}$ bewertet werden. Diese Faktoren können zum Beispiel in Hinblick auf die maximale MIMO-Kanalkapazität festgelegt werden; in Abschnitt 18.3.1 wird hierzu das so genannte *Waterfillng*-Prinzip hergeleitet.

Die Verwertung der Matrix $\mathbf{V}$ erfordert die Kenntnis des instantanen Kanalzustands am *Sender.* Das Übertragungssystem benötigt in diesem Falle also einen Rückkanal, über den die am Empfänger mit Hilfe von Pilotsymbolen ermittelte Kanalmatrix $\mathbf{H}$ (oder die unitäre Matrix $\mathbf{V}$ nach Eigenzerlegung) an den Sender übermittelt wird.

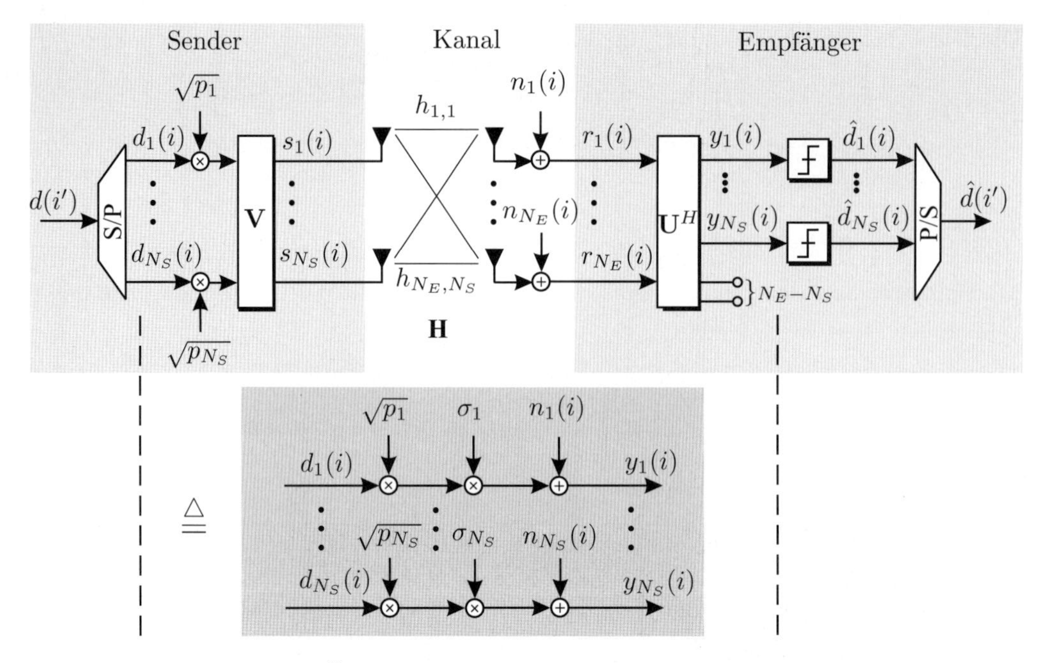

Bild 18.1.2: MIMO-Übertragungssystem mit sendeseitiger Leistungsanpassung

- **Beispiel: Line-of-Sight-Szenario aus zwei ULAs**
  Wir betrachten zwei sich gegenüberstehende Antennengruppen, die jeweils aus vier äquidistant auf einer Linie angeordneten Elementen bestehen (*ULA, Uniform Linear Array*). Dabei wird eine der Gruppen einer Basisstation zugeordnet; diese Elemente können daher größere Abstände aufweisen. Das zweite Array hat kleinere Abstände, da es an der Mobilstation anzubringen ist. Wir untersuchen zwei Konfigurationen: Zum einen liegen Sende- und Empfangs-Arrays parallel – wir bezeichnen diese Stellung als „Broadside“ –, zum anderen stehen sie senkrecht zueinander, was als „Endfire“ bezeichnet wird (siehe obere Teilbilder von Abbildung 18.1.3). Schließlich werden die Anordnungen unter zwei verschiedenen ULA-Abständen untersucht, so dass sich insgesamt vier Szenarien ergeben. Es wird eine reine Line-of-Sight-Verbindung ohne reflektierte Anteile vorausgesetzt.

  Es wird eine Übertragung im 2,4 GHz-Band angesetzt; die Wellenlänge beträgt damit $\lambda = 12,5$ cm. Wählt man für das Array an der Basisstation einen Antennenabstand von $\Delta a = 3\,\lambda$, so hat es eine Gesamtbreite von $a = 1,125\,\text{m}$. Der Antennenabstand im mobilen Array beträgt nur $\Delta a = \lambda/2$, so dass seine Ausdehnung $a = 18,75\,\text{cm}$ beträgt.

  Die jeweils unteren Teilbilder von **Bild 18.1.3** zeigen die Singulärwert-Profile der vier verschiedenen MIMO-Kanäle. Bei geringem Abstand und „Broadside“-Anordnung ergeben sich vier relativ große Eigenwerte, d.h. die Kanalmatrix $\mathbf{H}$ hat vollen Rang. Die Elemente der Matrix, also die Übertragungskoeffizienten $h_{\mu,\nu}$, ergeben sich direkt aus der geometrischen Anordnung: Die unterschiedli-

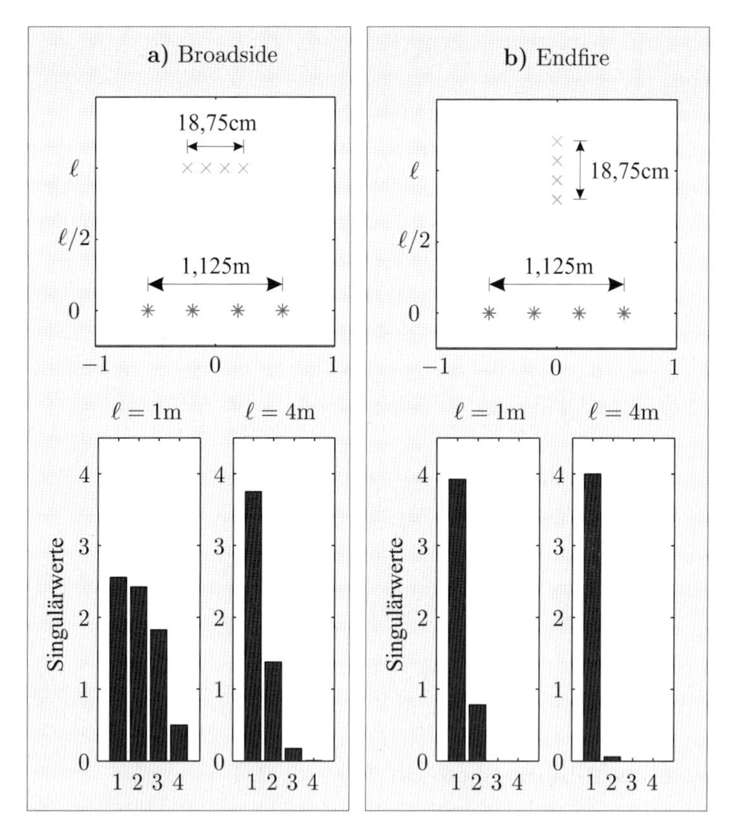

Bild 18.1.3: Singulärwerte der MIMO-Kanalmatrix
mit Line-of-Sight-Verbindung zwischen zwei ULAs

chen Abstände zwischen den Antennenelementen, verbunden mit entsprechenden Laufzeit-Differenzen, ergeben unterschiedliche Phasendrehungen des 2,4-GHz-Trägers und somit relativ große Differenzen zwischen den Matrixelementen. Erhöht man den Abstand der Arrays auf $\ell = 4\,\text{m}$, so verringern sich die Laufzeit-Differenzen zwischen den Elementen, wodurch sich die Konditionszahl[4] der Kanalmatrix erhöht. Beim ersten Szenario können problemlos vier unabhängige Datenströme übertragen werden, während man deren Anzahl im zweiten Fall auf zwei reduzieren muss – bei sehr gutem S/N-Verhältnis können maximal drei Layer übertragen werden. Die Konditionszahl erhöht sich weiter, wenn man das mobile Array in eine „Endfire"-Position dreht. Dadurch werden infolge von Symmetrien die Laufzeit-Differenzen noch geringer; bei einem Abstand von 4 m ergibt sich schließlich nur noch *ein* signifikanter Eigenwert. Eine mehrlagige Übertragung ist unter dieser Konstellation nicht mehr möglich.

[4]Verhältnis zwischen dem größten und dem kleinsten Singulärwert

18.1.4 Korrelationsmatrizen von MIMO-Systemen

Unter zeitvarianten Kanälen werden oftmals anstelle der momentanen Übertragungsmatrix mittlere Werte für die Dimensionierung von Sender und Empfänger zugrunde gelegt. Man definiert hierzu zwei verschiedene Korrelationsmatrizen:

$$\mathbf{R}_{HH}^{\mathrm{S}} = \mathrm{E}\{\mathbf{H}^H\mathbf{H}\} = \bar{\mathbf{V}}\,\mathbf{\Lambda}^{\mathrm{S}}\,\bar{\mathbf{V}}^H, \quad \mathbf{R}_{HH}^{\mathrm{S}} \in \mathbb{C}^{N_S\times N_S} \tag{18.1.10a}$$

$$\mathbf{R}_{HH}^{\mathrm{E}} = \mathrm{E}\{\mathbf{H}\mathbf{H}^H\} = \bar{\mathbf{U}}\,\mathbf{\Lambda}^{\mathrm{E}}\,\bar{\mathbf{U}}^H, \quad \mathbf{R}_{HH}^{\mathrm{E}} \in \mathbb{C}^{N_E\times N_E}; \tag{18.1.10b}$$

die erst genannte beschreibt die Kanalkorrelationen aus sendeseitiger Sicht, die zweite aus der Sicht des Empfängers. Zur Bestimmung von $\mathbf{R}_{HH}^{\mathrm{S}}$ ist eine Mittelung über die instantanen Kanalmatrizen $\mathbf{H}$ durchzuführen; dies erfordert also eine fortlaufende Kanalschätzung unter Einbeziehung von Trainingssymbolen. Im Gegensatz dazu kann die empfangsseitige Korrelationsmatrix *blind*, also ohne Verwendung von Trainingsdaten, direkt aus den Empfangssignalen geschätzt werden. Bezeichnet $\mathbf{R}(i) = [R_1(i), \cdots, R_{N_E}(i)]^T$ den Vektor der zugeordneten Prozesse, so lautet seine Korrelationsmatrix für unkorrelierte Sendesignale der Leistung σ_S^2

$$\mathbf{R}_{RR} = \mathrm{E}\{\mathbf{R}(i)\,\mathbf{R}(i)^H\} = \sigma_S^2\,\mathrm{E}\{\mathbf{H}\mathbf{H}^H\} + \mathbf{R}_{NN} \in \mathbb{C}^{N_E\times N_E}. \tag{18.1.11}$$

Als additive Störungen werden unabhängige Rauschprozesse $N_1(i), \cdots, N_{N_E}(i)$ mit identischen Leistungen angenommen, so dass gilt $\mathbf{R}_{NN} = \sigma_N^2\,\mathbf{I}_{N_E}$. Für den Spezialfall eines *zeitinvarianten* Kanals geht (18.1.11) in

$$\mathbf{R}_{RR} = \sigma_S^2\,\mathbf{H}\mathbf{H}^H + \sigma_N^2\,\mathbf{I}_{N_E} \tag{18.1.12a}$$

über; für die Eigenwerte von $\mathbf{R}_{RR}$ gilt dann

$$\lambda_\mu = \begin{cases} \sigma_\mu^2 + \sigma_N^2 & \text{für} \quad \mu = 1, \cdots, N_S \\ \sigma_N^2 & \text{für} \quad \mu = N_S + 1, \cdots, N_E, \end{cases} \tag{18.1.12b}$$

wobei $\sigma_1, \cdots, \sigma_{N_S}$ die Singulärwerte der Kanalmatrix $\mathbf{H}$ darstellen. Die Eigenvektoren von $\mathbf{R}_{RR}$ sind identisch mit den aus der Singulärwertzerlegung von $\mathbf{H}$ gewonnenen orthogonalen Vektoren $\mathbf{u}_1, \cdots, \mathbf{u}_{N_E}$, da die Addition der Rauschleistung auf der Hauptdiagonalen von $\mathbf{H}\mathbf{H}^H$ wohl die Eigenwerte, nicht aber die Eigenvektoren verändert (Anhang B.1.6, Gl.(B.1.17)).

Für die Dimensionierung des MIMO-Systems gemäß (18.1.9) ist damit die Matrix $\mathbf{U}$ ohne Hinzuziehung von Referenzdaten, also *blind*, zu gewinnen. Dies gilt jedoch nicht für die Matrix $\mathbf{V}$, so dass insgesamt eine blinde Identifikation der Kanalmatrix mit Hilfe der Statistik zweiter Ordnung nicht gelingen kann. Blinde Ansätze benutzen zum Beispiel Statistik höherer Ordnung, nichtstationäre Statistik oder nutzen das finite Datenalphabet [KRW04].

Wir betrachten noch den Spezialfall eines *SIMO*-Systems. Die Kanalmatrix reduziert sich dann auf einen Vektor $\mathbf{h}$, so dass die am Empfänger gebildete Korrelationsmatrix

$$\mathbf{R}_{RR} = \sigma_S^2 \cdot \mathrm{E}\{\mathbf{h}\,\mathbf{h}^H\} + \sigma_N^2 \cdot \mathbf{I}_{N_E} \tag{18.1.13a}$$

lautet. Ändert sich der Kanal, z.B. nach einer Rayleigh-Statistik, so kann diese Korrelationsmatrix auch im rauschfreien Fall Maximalrang haben. Um den Aufwand im Empfänger zu reduzieren, kann eine Vorverarbeitung auf der Basis der Langzeitstatistik mit dem Ziel der Rangreduktion durchgeführt werden, indem man nur die stärksten Eigenwerte berücksichtigt; dieses Verfahren wird in Abschnitt 18.2.1 angesprochen. Handelt es sich hingegen um einen *zeitinvarianten* Kanal, d.h.

$$\mathbf{R}_{RR} = \sigma_S^2 \cdot \mathbf{h}\,\mathbf{h}^H + \sigma_N^2 \cdot \mathbf{I}_{N_E}, \tag{18.1.13b}$$

so ergibt sich im rauschfreien Fall der Rang eins mit dem Eigenvektor $\mathbf{u}_1 = e^{j\psi} \frac{\mathbf{h}}{||\mathbf{h}||}$. Bei Überlagerung von Rauschen bleibt dieser Eigenvektor unverändert, so dass der Übertragungsvektor $\mathbf{h}$ bis auf einen unbestimmten komplexen Faktor direkt aus der Korrelationsmatrix zu entnehmen ist. SIMO-Systeme erlauben also eine *blinde Kanalschätzung.* Diese Tatsache ist uns bereits aus Abschnitt 14.2.2, Seite 536ff, bekannt: Dort wurde unter den so genannten SOCS-Algorithmen die Zyklostationärität durch mehrfache Abtastung pro Symbolintervall ausgenutzt. Im vorliegenden Falle liegen äquivalente Verhältnisse vor, wobei die Mehrfachabtastung hier nicht in Zeitrichtung, sondern *räumlich* erfolgt.

18.1.5 Kanalkapazität des MIMO-Kanals

Im Abschnitt 2.3.4 auf Seite 75 wurde die Shannonsche Kanalkapazität zitiert. Sie gibt an, mit welcher Informationsbitrate fehlerfrei über einen AWGN-Kanal übertragen werden kann. Vorausgesetzt wird dabei ein gaußsches Signalalphabet – diese Bedingung ist bei den in der Praxis benutzten diskreten Modulationsformen nicht erfüllt – und eine ideale Kanalcodierung, die unter der Annahme der Fehlerfreiheit unendlich lange Codesequenzen verlangt. Die Kapazitätsformel gibt somit eine obere Schranke an, die umso besser angenähert werden kann, je stärker der verwendete Kanalcode ist. Für uncodierte Systeme stellt die Kanalkapazität kein sinnvolles Beurteilungsmaß dar.

Normiert man (2.3.35a) auf die Bandbreite, so gibt

$$C' = \log_2 (1 + S/N) \tag{18.1.14}$$

die *Anzahl von Bits pro Kanalbenutzung* oder bit/s pro Hz an.

Von Teletar, Foschini und Gans wurden 1995 bzw. 1998 Verallgemeinerungen der Kanalkapazität auf MIMO-Systeme vorgenommen und gezeigt, dass mit der Anwendung von Mehrantennenkonzepten ein gewaltiges Potential an zusätzlichen (räumlichen) Ressourcen zu erschließen ist. Mit ihren Arbeiten [Tel99] und [FG98] haben sie eine weltweit intensive Forschungstätigkeit auf dem Gebiet der Mehrantennensysteme ausgelöst.

Die allgemeine Formulierung der Kapazität eines nicht frequenzselektiven MIMO-Kanals mit der Übertragungsmatrix $\mathbf{H}$ lautet

$$C'(\mathbf{H}) = \log_2 \left(\det(\mathbf{I}_{N_E} + \mathbf{H}\mathbf{R}_{SS}\mathbf{H}^H\mathbf{R}_{NN}^{-1})\right). \tag{18.1.15}$$

Nimmt man für die N_E Kanalrauschsignale weiße unkorrelierte Zufallsvariablen mit gleichen Leistungen σ_N^2 an, so kann in (18.1.15) $\mathbf{R}_{NN} = \sigma_N^2 \mathbf{I}_{N_E}$ gesetzt werden.

Kanalkenntnis am Sender. Unter der Voraussetzung, dass die Kanalmatrix $\mathbf{H}$ sendeseitig bekannt ist, kann hier gemäß der Herleitung in Abschnitt 18.1.3 durch Multiplikation mit der Eigenvektormatrix $\mathbf{V}$ eine Separierung in äquivalente SISO-Kanäle erreicht werden. Diese Form erlaubt eine individuelle Leistungsanpassung an die Subkanäle (z.B. nach dem Waterfilling-Prinzip, das in Abschnitt 18.3.1, Seite 735ff hergeleitet wird).

Für das Sendesignal entsprechend dem Blockschaltbild 18.1.2 auf Seite 716 gilt

$$\mathbf{s} = \mathbf{V} \cdot \mathbf{P}^{\frac{1}{2}} \cdot \mathbf{d} \qquad \text{mit} \quad \mathbf{P}^{\frac{1}{2}} = \begin{pmatrix} \sqrt{p_1} & & \mathbf{0} \\ & \ddots & \\ \mathbf{0} & & \sqrt{p_{N_S}} \end{pmatrix} \tag{18.1.16a}$$

und damit für die Autokorrelationsmatrix des Sendevektors für unkorrelierte Daten $d_1, \cdots, d_{N_S}$

$$\begin{aligned} \mathbf{R}_{SS} &= \mathrm{E}\{\mathbf{S}\mathbf{S}^H\} = \mathbf{V} \cdot \mathbf{P}^{\frac{1}{2}} \cdot \underbrace{\mathrm{E}\{\mathbf{D}\mathbf{D}^H\}}_{\sigma_D^2 \mathbf{I}_{N_S}} \cdot \mathbf{P}^{\frac{1}{2}} \cdot \mathbf{V}^H = \sigma_D^2 \cdot \mathbf{V} \cdot \mathbf{P}^{\frac{1}{2}} \cdot \mathbf{P}^{\frac{1}{2}} \cdot \mathbf{V}^H \\ &= \sigma_D^2 \cdot \mathbf{V}\,\mathbf{P}\,\mathbf{V}^H \qquad \text{mit} \quad \mathbf{P} = \begin{pmatrix} p_1 & & \mathbf{0} \\ & \ddots & \\ \mathbf{0} & & p_{N_S} \end{pmatrix}. \end{aligned} \tag{18.1.16b}$$

Eingesetzt in (18.1.15) ergibt sich damit für weißes Kanalrauschen

$$C'(\mathbf{H})\big|_{\mathbf{s}=\mathbf{V}\cdot\mathbf{P}^{\frac{1}{2}}\mathbf{d}} = \log_2\left(\det\left(\mathbf{I}_{N_E} + \frac{\sigma_D^2}{\sigma_N^2} \cdot \mathbf{H} \cdot \mathbf{V}\mathbf{P}\mathbf{V}^H \cdot \mathbf{H}^H\right)\right). \tag{18.1.17}$$

Verwendet man die Singulärwertzerlegung der Kanalmatrix $\mathbf{H} = \mathbf{U}\boldsymbol{\Sigma}\mathbf{V}^H$ (siehe Gl.(B.1.19) auf Seite 762), so folgt hieraus

$$\begin{aligned} C'(\mathbf{H})\big|_{\mathbf{s}=\mathbf{V}\cdot\mathbf{P}^{\frac{1}{2}}\mathbf{d}} &= \log_2\left(\det\left(\underbrace{\mathbf{I}_{N_E}}_{\mathbf{U}\mathbf{U}^H} + \frac{\sigma_D^2}{\sigma_N^2} \cdot \mathbf{U}\boldsymbol{\Sigma}\underbrace{\mathbf{V}^H\mathbf{V}}_{\mathbf{I}}\mathbf{P}\underbrace{\mathbf{V}^H\mathbf{V}}_{\mathbf{I}}\boldsymbol{\Sigma}^T\mathbf{U}^H\right)\right) \\ &= \log_2\left(\det\left(\mathbf{U}\left[\mathbf{I}_{N_E} + \frac{\sigma_D^2}{\sigma_N^2}\,\boldsymbol{\Sigma}\mathbf{P}\boldsymbol{\Sigma}^{\mathrm{T}}\right]\mathbf{U}^H\right)\right) \\ &= \log_2\Big(\underbrace{\det\left(\mathbf{U}\mathbf{U}^H\right)}_{1} \cdot \underbrace{\det\left(\mathbf{I}_{N_E} + \frac{\sigma_D^2}{\sigma_N^2}\,\boldsymbol{\Sigma}\mathbf{P}\boldsymbol{\Sigma}^T\right)}_{\prod_{\nu=1}^{\min\{N_S,N_E\}} (1 + p_\nu\,\sigma_\nu^2\,\frac{\sigma_D^2}{\sigma_N^2})}\Big). \end{aligned} \tag{18.1.18}$$

Berücksichtigt man nur die nicht verschwindenden Singulärwerte der Kanalmatrix, so erhält man

$$C'(\mathbf{H})\big|_{\mathbf{s}=\mathbf{V}\cdot\mathbf{P}^{\frac{1}{2}}\mathbf{d}} = \sum_{\nu=1}^{r_H} \log_2\left(1 + p_\nu \cdot \sigma_\nu^2\,\frac{\sigma_D^2}{\sigma_N^2}\right), \tag{18.1.19}$$

wobei r_H den Rang der Kanalmatrix $\mathbf{H}$ beschreibt. Dieses Ergebnis ist unmittelbar plausibel: Jeder einzelne SISO-Kanal in Bild 18.1.2 hat eine Kapazität von

$$C'_\nu = \log_2\Big(1 + p_\nu \cdot \sigma_\nu^2 \, \frac{\sigma_D^2}{\sigma_N^2}\Big).$$

Summiert man die Teilkapazitäten aller SISO-Kanäle mit nicht verschwindenden Singulärwerten auf, so erhält man (18.1.19).

Ohne Kanalkenntnis am Sender. Liegt sendeseitig keine Kanalkenntnis vor, so kann keine Leistungsanpassung erfolgen; der Sendesignalvektor $\mathbf{s}$ wird dann dem Quelldatenvektor $\mathbf{d}$ gleichgesetzt, so dass für unkorrelierte Sendedaten gilt

$$\mathbf{R}_{SS} = \sigma_D^2 \cdot \mathbf{I}_{N_S}.$$

Eingesetzt in (18.1.15) ergibt sich für die MIMO-Kapazität ohne sendeseitige Kanalkenntnis bei weißem Kanalrauschen

$$\begin{aligned} C'(\mathbf{H})|_{\mathbf{s}=\mathbf{d}} &= \log_2\left(\det(\mathbf{I}_{N_E} + \frac{\sigma_D^2}{\sigma_N^2} \cdot \mathbf{H}\mathbf{H}^H)\right) \\ &= \sum_{\nu=1}^{r_H} \log_2\Big(1 + \sigma_\nu^2 \, \frac{\sigma_D^2}{\sigma_N^2}\Big). \end{aligned} \qquad (18.1.20)$$

In **Bild 18.1.4** sind einige Ergebnisse zur ergodischen Kanalkapazität $\mathrm{E}\{C'(\mathbf{H})\}$ ohne sendeseitige Kanalkenntnis, d.h. ohne Leistungsanpassung, wiedergegeben. Sie wurden durch Monte-Carlo-Simulation ermittelt, indem eine Mittelung des Ausdrucks (18.1.20) über zufällige Kanalrealisierungen mit Rayleigh-Statistik vorgenommen wurde.

- **Anmerkung zur Energie-Normierung:**
  Die Kurven sind über $\bar{E}_S^{\text{ges}}/N_0$ aufgetragen – $\bar{E}_S^{\text{ges}}$ bezeichnet dabei die *gesamte über alle Empfangsantennen summierte mittlere Energie*. Es gilt also

$$\frac{\bar{E}_S^{\text{ges}}}{N_0} = \frac{\sigma_D^2}{\sigma_N^2} \cdot \mathrm{E}\{\|\mathbf{H}\|_F^2\}, \qquad (18.1.21a)$$

  wobei $\|\mathbf{H}\|_F^2 = \sum_{\mu=1}^{N_E} \sum_{\nu=1}^{N_S} |h_{\mu\nu}|^2$ die Frobenius-Norm, Gl.(B.1.3d), bezeichnet. Nimmt man unabhängige Kanalkoeffizienten $h_{\mu\nu}$ mit gleichen mittleren Leistungen

$$\sigma_H^2 = \mathrm{E}\{|h_{\mu\nu}|^2\}, \quad \mu\in\{1 \cdots N_E\}, \; \nu\in\{1, \cdots, N_S\} \qquad (18.1.21b)$$

  an, so ergibt sich für die mittlere Frobenius-Norm in (18.1.21a)

$$\mathrm{E}\{\|\mathbf{H}\|_F^2\} = \sigma_H^2 \, N_S \, N_E. \qquad (18.1.21c)$$

  Bei dieser Auftragung wird der Antennengewinn unterdrückt, um den Einfluss der Diversität herauszustellen. Würde – wie in der Literatur vielfach üblich – über der mittleren Energie einer einzigen Empfangsantenne aufgetragen, so müssten horizontale Verschiebungen der Kurven um jeweils $(10 \cdot \log_{10} N_E)$ vorgenommen werden. Soll hingegen über der Sendeenergie aufgetragen werden, so muss die Frobenius-Norm der Kanalmatrix eingerechnet werden.

Im linken Teilbild wird der Fall $N_E = N_S$ betrachtet, also gleiche Anzahl von Sende- und Empfangsantennen, während im rechten Teilbild die Anzahl der Sendeantennen auf $N_S = 4$ festgelegt und die Empfangsantennenzahl zwischen 1 und 6 variiert wird. Die Ergebnisse zeigen den erheblichen Kapazitätsgewinn, der mit dem Einsatz von Mehrantennensystemen zu erzielen ist. Aufschlussreich ist die Betrachtung des asymptotischen Falles, also für sehr großes $\bar{E}_S^{\text{ges}}/N_0$. Mit dem Rang der Kanalmatrix r_H folgt aus (18.1.20)

$$\begin{aligned} C'(\mathbf{H}) &\approx \sum_{\nu=1}^{r_H} \log_2 \left(\sigma_\nu^2 \frac{\bar{E}_S^{\text{ges}}}{N_0} \frac{1}{\sigma_H^2 N_S N_E} \right) \\ &= \frac{r_H}{10 \log_{10} 2} \left[\frac{\bar{E}_S^{\text{ges}}}{N_0} \bigg|_{\text{dB}} - 10 \log_{10} \left(\sigma_H^2 N_S N_E \right) \right] + \sum_{\nu=1}^{r_H} \log_2(\sigma_\nu^2). \end{aligned} \tag{18.1.22}$$

Im asymptotischen Bereich verläuft die Kapazität also über $\bar{E}_S^{\text{ges}}/N_0|_{\text{dB}}$ linear mit einer Steigung proportional zum Rang der Kanalmatrix r_H. In den eckigen Klammern beschreibt der Term $-10\log_{10}(\sigma_H^2 N_S N_E)$ die horizontale Verschiebung der Kapazitätskurve bei der hier gewählten Auftragung über der gesamten Empfangsenergie – wird die Energie einer einzigen Sendeantenne eingesetzt, so entfällt dieser Term. Der dritte Summand in (18.1.22) gibt den Einfluss der aktuellen Kanalrealisierung in Form der Singulärwerte wieder.

Gleichung (18.1.22) zeigt, dass mit jeder 3-dB-Erhöhung des E_S/N_0-Wertes ein Ratenzuwachs um den Faktor r_H verbunden ist. Setzt man

$$r_H = \min\{N_S, N_E\}, \tag{18.1.23}$$

so ergibt sich bei Verwendung von je vier Sende- und Empfangsantennen gegenüber einem SISO-System für $\bar{E}_S^{\text{ges}}/N_0 = 20\,\text{dB}$ ein Ratengewinn um den Faktor 2,5. Dabei ist die Sendeenergie gleichzeitig um den Faktor 4 reduziert – erhöht man diese um 6 dB, so erreicht man eine Ratenerhöhung gegenüber dem SISO-System um den Faktor 4.

Die Kapazitätsverläufe in Bild 18.1.4b bei festgehaltener Sendeantennenanzahl $N_S = 4$ zeigen, dass man durch Erhöhung der Anzahl von Empfangsantennen deutliche Ratengewinne erreicht, solange $N_E \leq N_S$ ist; bei weiterer Steigerung ergeben sich nur noch geringfügige Kapazitätssteigerungen, da der Rang der Kanalmatrix auf $r_H = 4$ begrenzt bleibt und sich Verbesserungen nur noch aufgrund der veränderten Statistik des Terms $\log_2(\sigma_\nu^2)$ ergeben können.

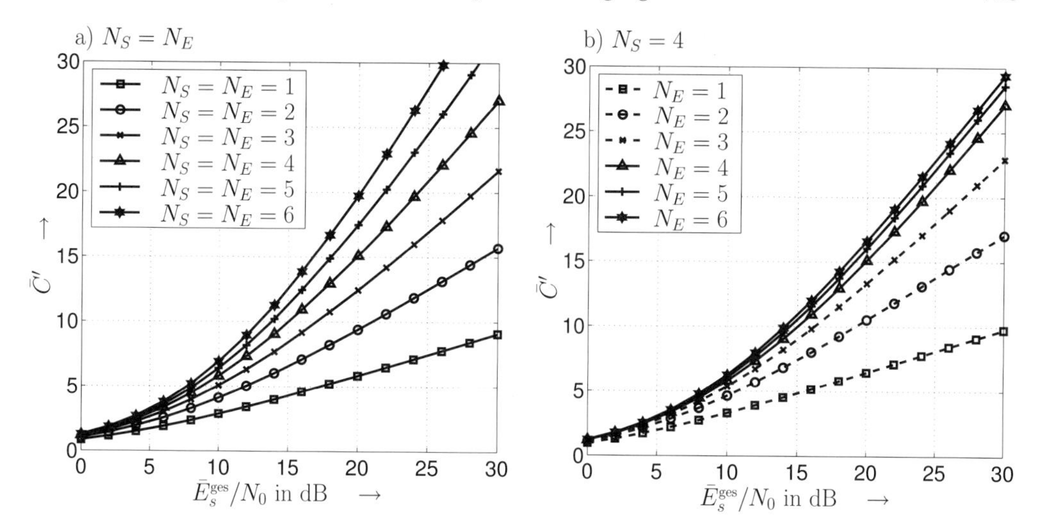

Bild 18.1.4: Ergodische Kanalkapazität (ohne sendeseitige Kanalkenntnis)
a) für symmetrische Antennenkonfiguration, $N_S = N_E$
b) für feste Sendeantennen-Anzahl, $N_S = 4$

18.2 Mehrantennen-Konzepte zur Verbesserung der Übertragungssicherheit

18.2.1 SIMO-Systeme: Maximum Ratio Combining am Empfänger

Wir betrachten ein System, das am Empfänger mehrere Antennen einsetzt, während der Sender mit nur einer Antenne arbeitet. Am Sender ist für diesen Fall keine Kanalkenntnis erforderlich. Zur Dimensionierung des Empfängersystems wenden wir die im letzten Abschnitt hergeleiteten Ergebnisse an. An die Stelle der Kanalmatrix $\mathbf{H}$ tritt nun der Spaltenvektor $\mathbf{h} = [h_1, \cdots, h_{N_E}]^T$; die Singulärwertzerlegung liefert damit $\mathbf{u} = e^{j\psi}\frac{\mathbf{h}}{||\mathbf{h}||}$, also die normierten, mit einem unbestimmten Phasenfaktor versehenen Kanalkoeffizienten. Für die Matrix $\mathbf{B}$ in Bild 18.1.1 ist also gemäß (18.1.9) nach der Entnormierung und Phasenkorrektur der hermitesche Koeffizientenvektor $\mathbf{h}^H$ zu setzen. Das Ergebnis ist dann identisch mit dem im Abschnitt 15.3.1 hergeleiteten *Maximum Ratio Combining*, das zum maximalen S/N-Verhältnis führt (siehe (15.3.4), Seite 571). Das am Combiner-Ausgang erhaltene Signal lautet mit der modifizierten Rauschgröße $\tilde{n}(i) = \mathbf{h}^H\,\mathbf{n}(i)$

$$y(i) = d(i)\sum_{\mu=1}^{N_E}|h_\mu|^2 + \tilde{n}(i). \qquad (18.2.1)$$

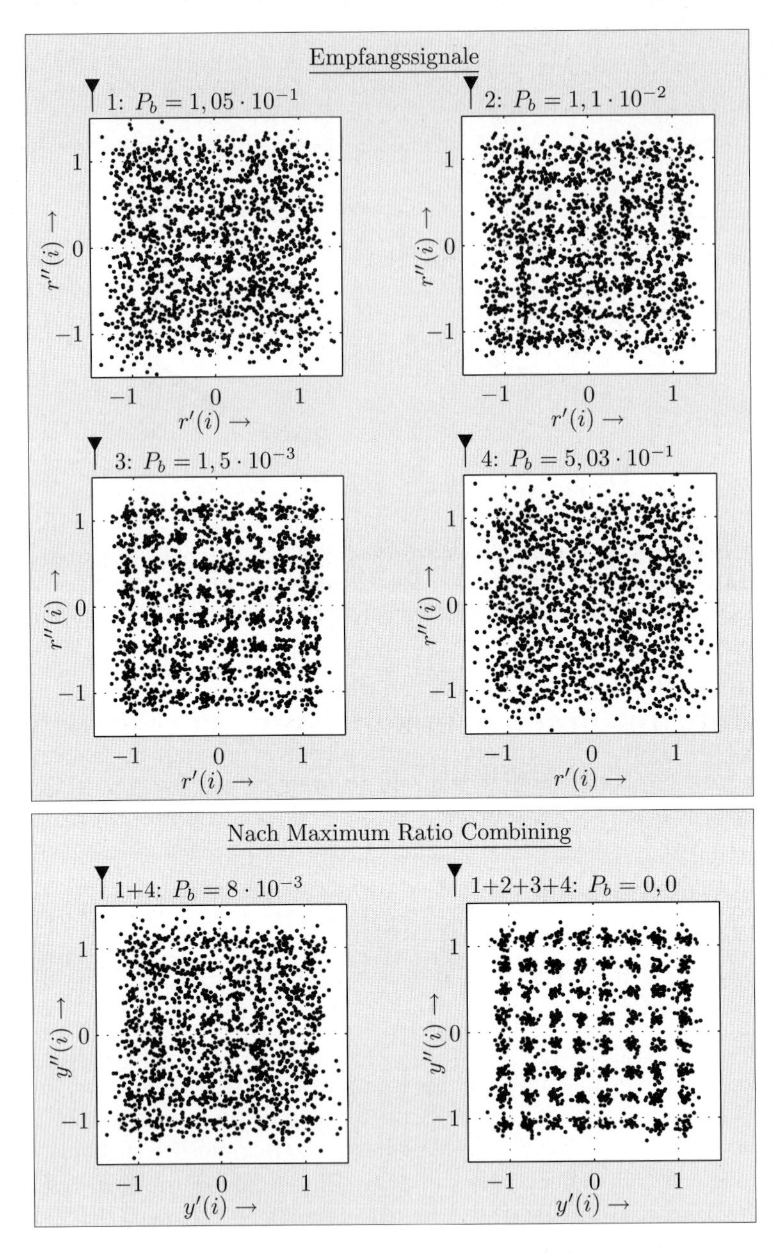

Bild 18.2.1: Maximum Ratio Combining von vier Antennensignalen (HIPERLAN/2, 54 Mbit/s, Übertragung zwischen zwei Büroräumen)

Sind die Kanalkoeffizienten nicht vollständig korreliert, so ergibt sich hiermit ein Diversitätsgewinn – in Bild 15.3.2, Seite 574, sind die zugehörigen theoretischen Bitfehlerkurven für BPSK dargestellt. Unkorrelierte Kanalkoeffizienten erhält man in Empfangsszenarien *ohne Direktkomponenten*, indem die Antennenelemente in genügend großem Abstand angeordnet werden; als Richtwert gilt ein Abstand von $a \geq \lambda/2$, wobei $\lambda = c/f_0$ die Wellenlänge bezeichnet ($c = 3 \cdot 10^8$ m/s ist die Lichtgeschwindigkeit).

Zur Demonstration der Verbesserung durch mehrere Empfangsantennen werden Messergebnisse wiedergegeben, die mit einem Echtzeit-Demonstrator erstellt wurden [RSB+04]. Zwischen zwei Büroräumen wurde eine 54 Mbit/s-Übertragung nach dem HIPERLAN/2-Standard durchgeführt[5]. Am Empfänger wurden vier Antennen eingesetzt, deren Abstand $\lambda/2 = 12,5\,\text{cm}$ betrug.

Bild 18.2.1 zeigt die 64-QAM-Signalräume der Einzelantennen sowie zwei verschiedene Kombinationen von Antennensignalen nach dem Maximum-Ratio-Konzept. In den Titeln der Bilder werden jeweils die nach der Kanaldecodierung (halbratiger Faltungscode nach dem HIPERLAN-Standard) erhaltenen Bitfehlerraten angegeben. Mit der Kombinationen der beiden schlechtesten Antennensignale (1 und 4) reduziert sich die (codierte) Bitfehlerrate auch dann noch, wenn eines der Signale auf eine Bitfehlerrate von 0,5 führt; das linke der beiden unteren Bilder demonstriert dies. Die Kombination aller vier Antennensignale ergibt ein relativ klares Signalraummuster mit einer Bitfehlerrate von 0 (Bild rechts unten).

Rangreduktion. Das im vorangegangenen Beispiel demonstrierte Konzept des Maximum-Ratio-Combining erfordert die fortlaufende Schätzung der instantanen Kanalkoeffizienten, was bei hoher Antennenanzahl insbesondere unter schnell veränderlichen Kanälen zu beträchtlichem Aufwand führen kann. Daher kann es vorteilhaft sein, unter Auswertung der Langzeitstatistik eine Rangreduktion des Systems herbeizuführen. Dazu wird die empfangsseitige Korrelationsmatrix (18.1.10b) geschätzt; gemäß den Erläuterungen in Abschnitt 18.1.4 kann dies ausschließlich mit Hilfe des Empfangssignals, also ohne Verwendung von Trainingsdaten, erfolgen. Die Eigenwertzerlegung liefert die $N_E \times N_E$-Matrix $\bar{\mathbf{U}}$. Bildet man hieraus eine reduzierte $N_E \times N_{\text{sub}}$-Matrix $\bar{\mathbf{U}}_{\text{sub}}$, indem man nur die Spalten mit den N_{sub} größten Eigenwerten berücksichtigt, so erhält man den Empfangsvektor

$$\mathbf{y}_{\text{sub}}(i) = \bar{\mathbf{U}}_{\text{sub}}^H\,\mathbf{r}(i) \in \mathbb{C}^{N_{\text{sub}} \times 1}. \tag{18.2.2}$$

Der Vorteil besteht darin, dass nunmehr nur noch $N_{\text{sub}} < N_E$ instantane Kanalkoeffizienten für das Maximum-Ratio-Combining zu schätzen sind. Dabei ist sichergestellt, dass die im Mittel stärksten Subkanäle ausgewertet werden, während diejenigen, die ohnehin nur geringfügig zur Nutzleistung beitragen würden, vernachlässigt werden.

[5] Die Trägerfrequenz wurde abweichend von HIPERLAN/2 auf $f_0 = 2,4\,\text{GHz}$ festgelegt.

18.2.2 MISO-Systeme mit Kanalkenntnis am Sender: Beamforming

Aus konstruktiven Gründen ist es oftmals schwierig, Empfangsgeräte mit mehreren Antennen auszustatten; dies gilt zum Beispiel für Mobiltelefone, also für den Downlink. Es wird daher angestrebt, die Mehrantennen-Anordnung an den *Sender* zu verlagern, und es stellt sich die Frage, ob auch in diesem Falle Diversitätsgewinne zu erzielen sind. Dies kann natürlich nicht dadurch gelingen, dass man ein und dasselbe Signal einfach über mehrere Antennen zum Empfänger sendet: In dem Falle überlagern sich lediglich die komplex gaußverteilten Kanalkoeffizienten, was zu einer neuen Zufallsvariablen mit rayleighverteiltem Betrag führt. Statt dessen muss eine geeignete Gewichtung der Antennensignale durchgeführt werden; zum optimalen Entwurf orientieren wir uns an der Dimensionierungsvorschrift (18.1.9) für allgemeine MIMO-Systeme. Im MISO-Fall ist die Kanalmatrix $\mathbf{H}$ durch den Zeilenvektor $\mathbf{h}^T$ zu ersetzen. Die Singulärwertzerlegung ergibt formal

$$\mathbf{h}^T = \sigma_1 e^{j\psi}\,\mathbf{v}^H \quad \Rightarrow \quad \mathbf{v} = \frac{e^{j\psi}}{||\mathbf{h}||} \cdot \begin{pmatrix} h_1^* \\ \vdots \\ h_{N_S}^* \end{pmatrix} = e^{j\psi}\,\frac{\mathbf{h}^*}{||\mathbf{h}||}. \tag{18.2.3}$$

Für die Matrix $\mathbf{A}$ ist am Sender also der Spaltenvektor $\mathbf{h}^*$ einzusetzen, der die konjugiert komplexen Werte der Kanalkoeffizienten enthält; für das Sendesignal gilt also mit der Festlegung $\psi = 0$

$$\mathbf{s}(i) = \frac{\mathbf{h}^*}{||\mathbf{h}||} \cdot d(i); \tag{18.2.4a}$$

mit $\sigma_D^2 = 1$ ist hierbei die gesamte über alle Antennen abgegebene Leistung eins. Am Empfänger ergibt sich nach Entnormierung mit dem Faktor $||\mathbf{h}||$

$$\begin{aligned} y(i) &= ||\mathbf{h}|| \cdot \big(\mathbf{h}^T\,\mathbf{s}(i) + n(i)\big) = \mathbf{h}^T\,\mathbf{h}^*\,d(i) + \tilde{n}(i) \\ &= d(i) \sum_{\nu=1}^{N_S} |h_\nu|^2 + \tilde{n}(i) \qquad \text{mit} \quad \tilde{n}(i) = ||\mathbf{h}||\,n(i) \end{aligned} \tag{18.2.4b}$$

erhält. Das Ergebnis gleicht für $N_S = N_E$ dem Ausgangssignal eines Maximum-Ratio-Combiners auf der Empfangsseite.

- *Maximum Ratio Combining kann wahlweise am Empfänger oder am Sender durchgeführt werden; in beiden Fällen erzielt man die gleichen Diversitätsgewinne. Bei gleichen Sendeleistungen kommt beim Empfangs-Combining ein Antennengewinn hinzu, der bei Sende-Combing nicht besteht.*

- *Liegen Ausbreitungsbedingungen mit einer oder mehreren Vorzugsrichtungen vor, so ergeben sich Korrelationen zwischen den Kanalkoeffizienten. In dem Falle führt das Maximum Ratio Combining zu einer gerichteten Übertragung. Dies gilt unabhängig davon, ob die Antennengruppe am Sender oder am Empfänger eingesetzt wird – wir sprechen in beiden Fällen von „Beamforming“.*

- *Das Sende-Combining erfordert die sendeseitige Kanalkenntnis, wodurch der zusätzliche Aufwand eines Rückkanals zu investieren ist.*

Rice-Kanäle. In Abschnitt 15.3.2 wurde die ergodische Fehlerwahrscheinlichkeit für Maximum Ratio Combining unter Rayleigh Kanälen hergeleitet (siehe Seite 572ff). Dabei wurden unkorrelierte Kanalkoeffizienten angenommen – unter dieser Bedingung erzielt man die maximale Diversität. Die Darstellung in Bild 15.3.2 kann in dem Falle unverändert übernommen werden, wobei die Ergebnisse für Empfangs- und Sende-Combining gleichermaßen gelten. Der Diversitätsgewinn geht zurück, wenn das Ausbreitungsszenario durch Vorzugsrichtungen gekennzeichnet ist. Hierzu betrachten wir einen nicht frequenzselektiven Zweiwegekanal mit zwei riceverteilten Kanalkoeffizienten

$$h_1 = \bar{h}_1 + \Delta h_1 \quad \text{und} \quad h_2 = \bar{h}_2 + \Delta h_2, \quad \bar{h}_{1,2} = \mathrm{E}\{h_{1,2}\};$$

die gestreuten Komponenten Δh_1 und Δh_2 werden als unkorreliert betrachtet. Die beiden Rice-Faktoren sind als

$$C_{1,2} = \frac{|\bar{h}_{1,2}|^2}{\mathrm{E}\{|\Delta h_{1,2}|^2\}}$$

definiert. Wir berechnen den Betrag der normierten Kreuzkorrelierten zwischen den beiden riceverteilten Kanalkoeffizienten:

$$\begin{aligned} \rho(C_1, C_2) &= \frac{|\mathrm{E}\{h_1^* h_2\}|}{\sqrt{\mathrm{E}\{|h_1|^2\}\mathrm{E}\{|h_2|^2\}}} \qquad (18.2.4c) \\ &= \frac{1}{\sqrt{1 + \frac{1}{C_1} + \frac{1}{C_2} + \frac{1}{C_1 C_2}}}, \quad \text{für } C_1 = C_2 = C \Rightarrow \quad \rho(C) = \frac{C}{C+1}. \end{aligned}$$

Für $C = 0$, d.h. für Rayleigh-Fading, wird die Kreuzkorrelierte null, während sich für eine reine Direktkomponente ($C \to \infty$, AWGN) der Korrelationskoeffizient eins ergibt.

Zur Berechnung der ergodischen Fehlerwahrscheinlichkeit bei Maximum Ratio Combining existieren für korrelierte Kanalkoeffizienten numerische Verfahren (siehe z.B. [Küh04]). In **Bild 18.2.2** werden BPSK-Bitfehlerkurven bei verschiedenen Diversitätsgraden L für einen Rice-Kanal mit dem Rice-Faktor $C = 10$ wiedergegeben. Gegenübergestellt ist der Fall des reinen Rayleigh-Fadings, also ohne Vorhandensein einer Line-of-Sight-Komponente. Die Ergebnisse gelten für Empfangs- wie für Sende-Combining gleichermaßen, wobei für L entsprechend die Empfangs- oder die Sendeantennen-Anzahl zu setzen ist.

Man sieht, dass die Fehlerwahrscheinlichkeit sich mit wachsendem Rice-Faktor der AWGN-Kurve annähert. Andererseits wird auch deutlich, dass der erzielte Diversitätsgewinn beim Rice-Kanal erheblich geringer ist als beim Rayleigh-Kanal: Betrachtet man z.B. den Wert $\bar{P}_b = 10^{-3}$, so ergibt sich mit $L = 2$ gegenüber $L = 1$ ein E_b/N_0-Gewinn von über 10 dB für den Rayleigh-Fall, während dieser Gewinn beim Rice-Kanal nur noch 2,5 dB beträgt.

Eigenbeamforming. Um diese Ergebnisse zu erreichen, muss zu jedem Zeitpunkt der *instantane* Koeffizientenvektor eingesetzt werden. Für den Entwurf des Maximum Ratio Combiners am Empfänger bedeutet dies keine besondere Schwierigkeit, da hier zur

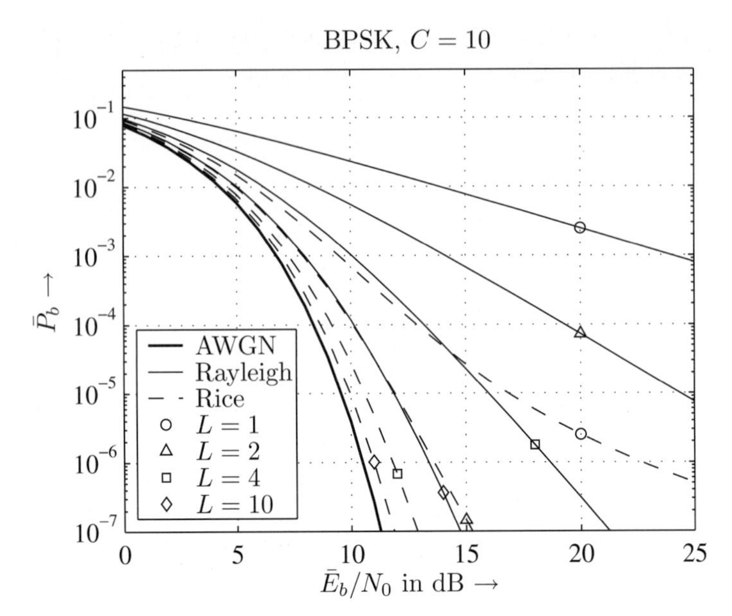

Bild 18.2.2: Maximum Ratio Combining unter Rayleigh- und Rice-Kanälen

kohärenten Demodulation ohnehin eine Kanalschätzung durchzuführen ist. Probleme ergeben sich hingegen beim sendeseitigen Beamforming, da bei schnellen Kanaländerungen zur Rückübertragung des momentanen Kanalvektors hohe Datenraten bereitzustellen sind. Man beschränkt sich aus diesem Grunde auf die Verwertung von *mittleren Kanalinformationen*, die in größeren Zeitabschnitten übermittelt werden können als die instantanen Parameter. Das Verfahren wird als *Eigenbeamforming* bezeichnet [HBD00, Bru00]. Die Grundlage bildet die *sendeseitige* Korrelationsmatrix (18.1.10a), wobei hier anstelle der Kanalmatrix $\mathbf{H}$ der Zeilenvektor $\mathbf{h}^T$ einzusetzen ist[6].

$$\mathbf{R}_{HH}^{\mathrm{S}} = \mathrm{E}\{\mathbf{h}^* \, \mathbf{h}^T\} = \bar{\mathbf{V}} \, \boldsymbol{\Lambda}^{\mathrm{S}} \, \bar{\mathbf{V}}^H \in \mathbb{C}^{N_S \times N_S} \tag{18.2.4d}$$

Wie in Abschnitt 18.1.4 erläutert kann diese Korrelationsmatrix nicht anhand des Empfangssignals allein geschätzt werden; vielmehr muss eine Mittelung über fortlaufende Schätzungen des instantanen Kanalvektors erfolgen, wozu Trainingssequenzen zu übertragen sind. Nach der Eigenwertzerlegung der Korrelationsmatrix wird aus der Matrix $\bar{\mathbf{V}}$ diejenige Spalte $\bar{\mathbf{v}}_{\max}$ ausgewählt, die dem größten Eigenwert zugeordnet ist. Dieser Vektor wird zum Sender zurückübertragen; seine Komponenten werden als Gewichte in das sendeseitige Antennenarray eingesetzt. Auf diese Weise wird dann über denjenigen Subkanal übertragen, der im Mittel die stärkste Leistung aufweist.

[6]Da der Kanalvektor hier als Zufallsgröße aufgefasst wird, müsste er korrekterweise durch einen Großbuchstaben gekennzeichnet werden; um Verwechslungen mit der Kanalmatrix $\mathbf{H}$ zu vermeiden, wird jedoch die Bezeichnung $\mathbf{h}^T$ benutzt.

18.2.3 MISO-Systeme ohne Kanalkenntnis am Sender: Space-Time-Codes

Im letzten Abschnitt wurde die Verfügbarkeit von Kanalinformation am Sender vorausgesetzt. Im günstigsten Fall besteht diese aus der Kenntnis der instantanen Kanalmatrix – manchmal wird jedoch nur die Langzeitstatistik eingesetzt. Man benötigt hierzu grundsätzlich einen Rückkanal, der jedoch die Kapazität des Kommunikationsnetzes herabsetzt. Aus diesem Grunde besteht das Interesse, Sendediversität zu nutzen, ohne dass die Kanalinformation sendeseitig bekannt sein muss; hierzu eignen sich die Space-Time-Codes. Man unterscheidet *Space-Time-Blockcodes* [Ala98, TJC99, BGL00, BGL02, LGB03] und *Space-Time-Trelliscodes* [TSC98]. Im Folgenden werden zwei Beispiele betrachtet: der Space-Time-Bockcode nach Alamouti und der Delay-Diversity-Code, der die einfachste Form eines Space-Time-Trelliscodes darstellt.

Alamouti-Code. Das 1998 von S.M. Alamouti vorgeschlagene Verfahren [Ala98] sieht zwei Sendeantennen vor. Eine Verallgemeinerung auf eine höhere Sendeantennen-Anzahl wurde von Tarokh entwickelt [TJC99]; in der vorliegenden Darstellung beschränken wir uns jedoch auf das einfache Alamouti-Schema. Das Prinzip ist in **Bild 18.2.3** dargestellt.

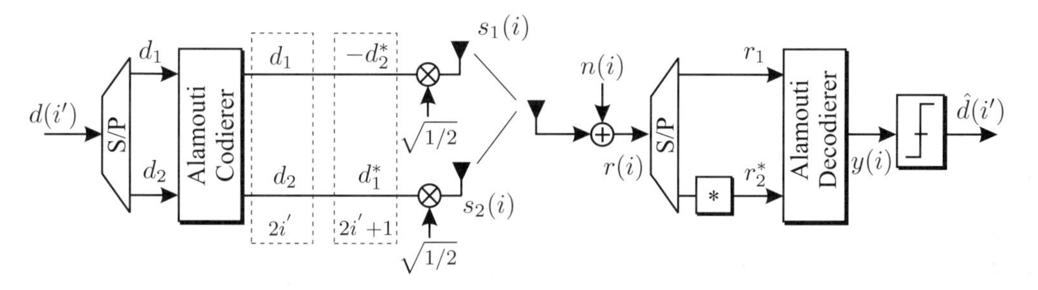

Bild 18.2.3: Übertragungssystem mit Space-Time-Codierung nach Alamouti

Die Sendesymbole $d(i')$ werden zunächst in Zweiergruppen zusammengefasst:

$$\mathbf{d} = \frac{1}{\sqrt{2}} \begin{pmatrix} d(2i') \\ d(2i'+1) \end{pmatrix} \triangleq \frac{1}{\sqrt{2}} \begin{pmatrix} d_1 \\ d_2 \end{pmatrix}. \tag{18.2.4e}$$

Der Faktor $1/\sqrt{2}$ wird zur Normierung der Sendeleistung eingeführt; mit $\sigma_D^2 = 1$ beträgt diese eins. Man generiert daraus unterschiedliche Sendevektoren für gerade und ungerade Zeitindizes

$$\mathbf{s}(2i') = \frac{1}{\sqrt{2}} \begin{pmatrix} d_1 \\ d_2 \end{pmatrix} \quad \text{und} \quad \mathbf{s}(2i'+1) = \frac{1}{\sqrt{2}} \begin{pmatrix} -d_2^* \\ d_1^* \end{pmatrix}, \tag{18.2.4f}$$

wobei das jeweils erste Vektorelement Antenne 1 und das zweite Element Antenne 2 zugeführt wird. Nach der Übertragung über den gedächtnisfreien MISO-Kanal erhält man das Empfangssignal zu den geraden und den ungeraden Zeitindizes

$$r(2i') \quad \triangleq \quad r_1 = \frac{1}{\sqrt{2}}\big[h_1\,d_1 + h_2\,d_2\big] + n_1 \tag{18.2.7a}$$

$$r(2i'+1) \quad \triangleq \quad r_2 = \frac{1}{\sqrt{2}}\big[-h_1\,d_2^* + h_2\,d_1^*\big] + n_2. \tag{18.2.7b}$$

Man fasst jeweils zwei aufeinander folgende Signale in einem Vektor zusammen, wobei die zweite Komponente konjugiert wird, und erhält

$$\mathbf{r} = \begin{pmatrix} r_1 \\ r_2^* \end{pmatrix} = \underbrace{\frac{1}{\sqrt{2}}\begin{pmatrix} h_1 & h_2 \\ h_2^* & -h_1^* \end{pmatrix}}_{\mathbf{H}_{\text{Al}}}\begin{pmatrix} d_1 \\ d_2 \end{pmatrix} + \begin{pmatrix} n_1 \\ n_2^* \end{pmatrix}. \tag{18.2.8}$$

Die Matrix $\mathbf{H}_{\text{Al}}$ ist eine skalierte unitäre Matrix, d.h. es gilt

$$\mathbf{H}_{\text{Al}}^H\,\mathbf{H}_{\text{Al}} = \big[|h_1|^2 + |h_2|^2\big]\cdot \mathbf{I}_2. \tag{18.2.9}$$

Multipliziert man also den Empfangsvektor mit der Hermiteschen dieser Matrix, so ergibt sich

$$\mathbf{y} = \mathbf{H}_{\text{Al}}^H\,\mathbf{r} = \frac{1}{\sqrt{2}}\big[|h_1|^2 + |h_2|^2\big]\cdot\begin{pmatrix} d_1 \\ d_2 \end{pmatrix} + \underbrace{\mathbf{H}_{\text{Al}}^H\begin{pmatrix} n_1 \\ n_2^* \end{pmatrix}}_{\tilde{\mathbf{n}}}. \tag{18.2.10}$$

Die Leistung des Rauschsignals $\tilde{\mathbf{n}}$ wird infolge der Multiplikation mit $\mathbf{H}_{\text{Al}}^H$ um den Faktor $|h_1|^2 + |h_2|^2$ angehoben und entspricht damit der Rauschleistung in (18.2.4b) für $N_S = 2$.

Gleichung (18.2.10) zeigt, dass die Sendesymbole $d_1 = d(2i')$ und $d_2 = d(2i'+1)$ am Empfänger wieder separiert und zudem mit der Gesamtenergie der Kanalkoeffizienten bewertet werden. Es tritt also – ebenso wie beim Maximum-Ratio-Combining am Empfänger – ein Diversitätseffekt ein, falls die Kanalkoeffizienten h_1 und h_2 unkorrelierte Anteile enthalten. Er wird durch den Einsatz der beiden Sendeantennen erzielt, weswegen man in diesem Falle von *Sendediversität* spricht.

Vergleicht man dieses Ergebnis mit (18.2.4b), also dem Empfangssignal bei sendeseitigem Combining unter Verwendung der Kanalkenntnis, so zeigt sich – bei gleichen Rauschleistungen – für das Alamouti Resultat ein um $1/\sqrt{2}$ abgeschwächter Nutzanteil.

- *Für zwei Sendeantennen bringt die Verwertung der Kanalinformation am Sender gegenüber dem Alamouti-Code bei gleichen Sendeleistungen einen Gewinn von 3 dB*

Der Alamouti-Code gehört zur Klasse der orthogonalen Space-Time-Blockcodes, die keinen Codiergewinn beinhalten. Codiergewinne lassen sich nur mit nicht orthogonalen Blockcodes oder mit Space-Time-Trelliscodes [TSC98] erzielen; letztere benötigen im Vergleich zu den Blockcodes allerdings einen mit der Antennenanzahl und der Modulationsstufigkeit beträchtlich ansteigenden Decodieraufwand.

Einfluss eines Phasenfehlers. Der Alamouti-Code ist empfindlich gegenüber Fehlern in der Kanalschätzung. Wir demonstrieren dies anhand einer einfachen Phasenstörung. Enthält das empfangene Signal zu den Zeitpunkten $2i'$ und $2i'+1$ die Phasenfehler ψ_1 und ψ_2, so gilt

$$\begin{pmatrix} r_1 \cdot e^{j\psi_1} \\ r_2^* \cdot e^{-j\psi_2} \end{pmatrix} = \begin{pmatrix} e^{j\psi_1} & 0 \\ 0 & e^{-j\psi_2} \end{pmatrix} \Big(\frac{1}{\sqrt{2}} \mathbf{H}_{\text{Al}}\, \mathbf{d} + \mathbf{n}\Big). \tag{18.2.11a}$$

Nach der Multiplikation mit der hermiteschen Kanalmatrix erhält man

$$\frac{1}{\sqrt{2}} \begin{pmatrix} h_1^* & h_2 \\ h_2^* & -h_1 \end{pmatrix} \begin{pmatrix} e^{j\psi_1} & 0 \\ 0 & e^{-j\psi_2} \end{pmatrix} \begin{pmatrix} h_1 & h_2 \\ h_2^* & -h_1^* \end{pmatrix} \mathbf{d} + \underbrace{\mathbf{H}_{\text{Al}}^H \begin{pmatrix} e^{j\psi_1} & 0 \\ 0 & e^{-j\psi_2} \end{pmatrix} \mathbf{n}}_{\tilde{\mathbf{n}}}$$

$$= \frac{1}{\sqrt{2}} \begin{pmatrix} |h_1|^2 e^{j\psi_1} + |h_2|^2 e^{-j\psi_2} & h_1^* h_2 \big(e^{j\psi_1} - e^{-j\psi_2}\big) \\ h_1 h_2^* \big(e^{j\psi_1} - e^{-j\psi_2}\big) & |h_2|^2 e^{j\psi_1} + |h_1|^2 e^{-j\psi_2} \end{pmatrix} \mathbf{d} + \tilde{\mathbf{n}}. \tag{18.2.11b}$$

Es zeigt sich, dass die Diagonalstruktur infolge des Phasenfehlers verloren geht: Da die Gegendiagonale der Separierungs-Matrix in (18.2.11b) nicht mehr verschwindet, kommt es zu Übersprechen zwischen den Daten d_1 und d_2. Dies gilt auch dann, wenn zeitlich benachbarte Phasenfehler gleich sind: $\psi = \psi_1 = \psi_2 = \psi(2i') = \psi(2i'+1)$. Die beiden Ausgangssignale des Alamouti-Decoders lauten dann

$$y_1 = \frac{1}{\sqrt{2}} \Big[\big(|h_1|^2 e^{j\psi} + |h_2|^2 e^{-j\psi}\big) \cdot d_1 + h_1^* h_2\, 2j \sin(\psi) \cdot d_2 \Big] + \tilde{n}_1 \tag{18.2.11c}$$

$$y_2 = \frac{1}{\sqrt{2}} \Big[\big(|h_2|^2 e^{j\psi} + |h_1|^2 e^{-j\psi}\big) \cdot d_2 + h_1 h_2^*\, 2j \sin(\psi) \cdot d_1 \Big] + \tilde{n}_2 . \tag{18.2.11d}$$

Bei den konventionellen Übertragungsverfahren ohne Space-Time-Codierung bewirkt eine Phasenstörung kreisförmige Bewegungen der Signalpunkte, die durch eine geeignete Trägerphasen-Regelung gedämpft werden können (siehe Abschnitt 10.3). Im Falle einer Alamouti-Codierung führen die interferierenden Signale zusätzlich zu Amplitudenstörungen. **Bild 18.2.4** demonstriert diese Auswirkungen anhand eines gemessenen Signalraumdiagramms. Es wurde eine Übertragung nach dem HIPERLAN/2-Standard mit einem Echtzeit-MIMO-Demonstrator durchgeführt [RSB+04], wobei eine Alamouti-Codierung für jeden Subträger separat in Zeitrichtung vorgenommen wurde. Dabei wurde während eines Blockes von 54 OFDM-Symbolen die Trägerphasen-Nachführung unterdrückt; der aktuelle Frequenzoffset betrug 300 Hz, so dass sich während der Dauer des Datenblockes eine Phasenveränderung von ca. 24° ergab. Man erkennt neben der Rotationsbewegung der vier QPSK-Punkte auf einem konzentrischen Kreis auch Störungen in radialer Richtung infolge der interferierenden Signale.

Abschließend werden in **Bild 18.2.5** simulativ ermittelte Bitfehlerkurven gezeigt, die den Gewinn der Alamouti-Codierung auch unter einer realen Trägerphasenregelung verdeutlichen sollen. Zugrunde gelegt wurde der HIPERLAN/2-Standard bei einer Bitrate

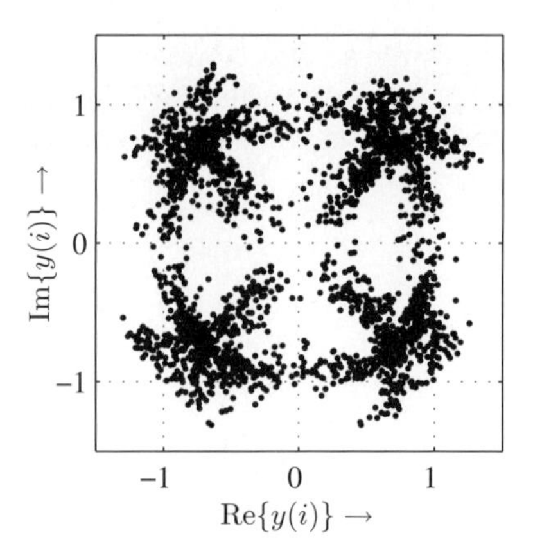

Bild 18.2.4: Auswirkung eines Phasenfehlers bei Alamouti-Codierung

von 12 Mbit/s; die Kanalcodierung ist hierbei eingeschlossen. Es sind die Verhältnisse mit und ohne Alamouti-Codierung gegenübergestellt, und zwar jeweils mit und ohne Trägerregelung. Als Kanal diente das von ETSI-BRAN definierte Kanalmodell vom Typ HIPERLAN/A [ETS98, Sch01]. Man stellt zunächst die beträchtlichen Gewinne durch die Space-Time-Codierung fest. Infolge der fehlenden Trägerregelung ergeben sich in beiden Fällen Verluste gegenüber dem idealen Fall; deutlich ist dabei, dass dieser Verlust im Falle der Alamouti-Codierung größer ausfällt als im uncodierten Fall, was auf die erläuterte Empfindlichkeit gegenüber Phasenfehlern zurückzuführen ist.

Delay-Diversity. In Abschnitt 15.3 wurde erläutert, dass unter frequenzselektiven Kanälen Frequenzdiversität nutzbar ist, sofern die Abtastwerte der Impulsantwort nicht vollständig korreliert sind. In Einträgerverfahren wird diese Diversität durch den Entzerrer genutzt – Bild 15.4.1 auf Seite 578 zeigt die Gewinne für lineare und DFE-Entzerrer sowie für den Viterbi-Entzerrer –, während sie im Falle von OFDM erst mit der Decodierung des Kanalcodes wirksam wird. Liegt ein *nicht frequenzselektiver*, also ein „flacher" Kanal vor, so ergibt sich ohne weitere Maßnahmen die Bitfehlerwahrscheinlichkeit für reines Rayleigh-Fading, wenn keine Line-of-Sight-Komponente vorhanden ist. Man kann aber in solchen Fällen künstlich Frequenzselektivität einbringen, indem das Sendesignal über verschiedene Antennen verzögert abgestrahlt wird. Auf diese Weise wird dann Frequenzdiversität nutzbar gemacht [Wit91, Wit93]. **Bild 18.2.6** zeigt das Grundschema eines derartigen Senders.

Am Empfänger erhält man dann das Signal

$$r(i) = \sum_{\nu=0}^{N_S-1} h_\nu \cdot s(i-\nu) + n(i). \tag{18.2.12}$$

Infolge der künstlich eingebrachten Intersymbol-Interferenz ist nun Entzerrungsaufwand zu investieren. Wie in Abschnitt 15.4 erläutert wurde, wirkt im Falle linearer Entzerrerstrukturen der S/N-Verlust dem Diversitätsgewinn entgegen; die Beispiele in Bild 15.4.1 belegen jedoch, dass hierbei in der Regel der Diversitätsgewinn überwiegt. Besonders große Gewinne erhält man naturgemäß mit dem Viterbi-Entzerrer.

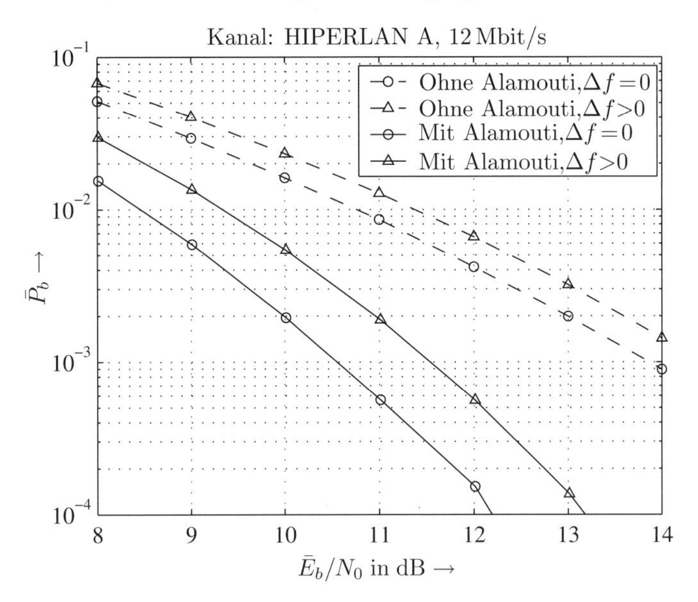

Bild 18.2.5: Bitfehlerrate für eine 12Mbit/s-HIPERLAN-Übertragung (Einfluss einer Frequenzverwerfung mit und ohne Alamouti-Codierung)

Das Delay-Diversity-Konzept lässt sich auch in OFDM-Systemen anwenden. Damit die Bedingungen der Zirkularität erhalten bleiben, muss hierbei eine *zyklische* Verschiebung vorgenommen werden. In **Bild 18.2.7** wird dies verdeutlicht: Man führt erst eine zyklische Verzögerung des Kernsymbols durch und fügt dann das Guardintervall ein. Das Verfahren wird mit *Cyclic Delay Diversity* bezeichnet.

Zur Demonstration der Wirkungsweise des Cyclic Delay Diversity wird in **Bild 18.2.8** die gemessene Übertragungsfunktion über dem Subträger-Index dargestellt. Die Übertragung fand im 2,4-GHz-Band zwischen zwei Büroräumen nach dem HIPERLAN/2-Standard statt; am Sender wurden zwei Antennen eingesetzt. Man sieht, dass in diesem zeitinvarianten Szenario durch die sendeseitige zyklische Verschiebung eine beträchtliche Frequenzselektivität eingebracht wird. Die Übertragungsfunktion des nahezu flachen Ka-

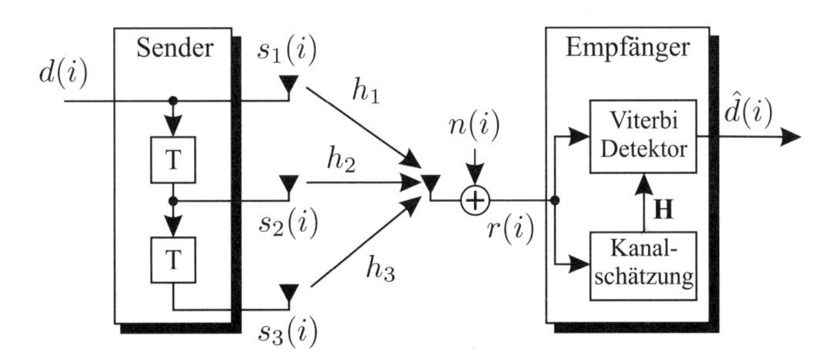

Bild 18.2.6: Sender zur Erzeugung von Delay-Diversity

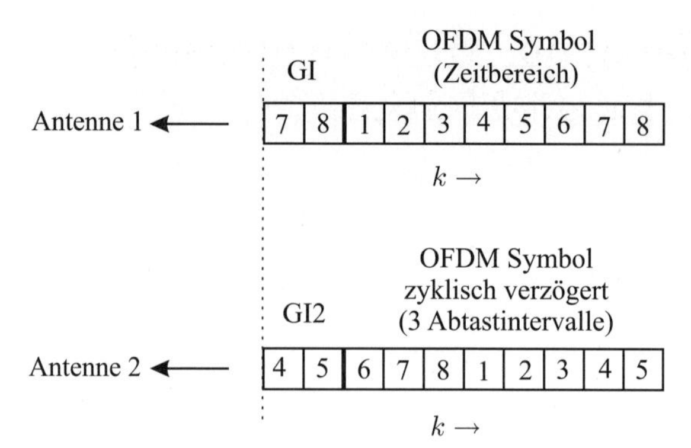

Bild 18.2.7: OFDM-Symbol mit Cyclic Delay

nals im linken Teilbild kann je nach momentaner Ausbreitungsituation auf hohem oder – bei destruktiver Interferenz – auch auf niedrigem Niveau liegen; im letzteren Fall ergeben sich hohe Fehlerraten. Geht man bei mobilen Anwendungen auf zeitvariante Kanäle mit Rayleigh-Statistik über, so ergibt sich für den flachen Kanal im Mittel die Rayleigh-Fehlerwahrscheinlichkeit. Für den frequenzselektiven Kanal gilt das bei uncodierter Übertragung für jeden einzelnen Subkanal auch – unter dem Einsatz einer Kanalcodierung profitiert man jedoch von der Frequenzdiversität.

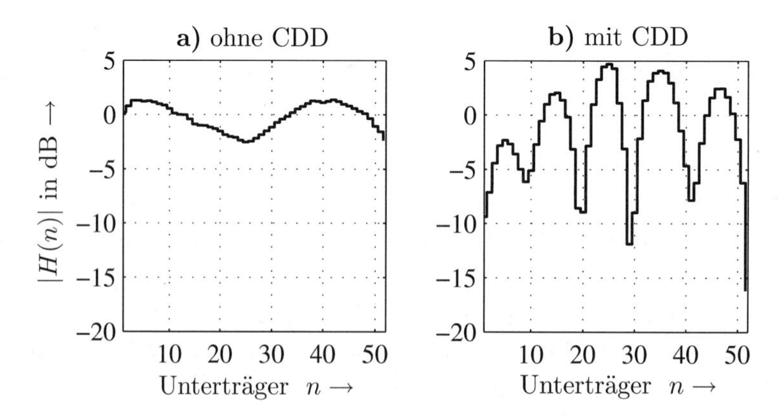

Bild 18.2.8: Kanalübertragungsfunktion eines OFDM-Systems a) ohne, b) mit Cyclic Delay Diversity

18.3 Erhöhung der Übertragungsrate durch Raum-Multiplex

In seiner richtungsweisenden Arbeit von 1996 hat G. Foschini das enorme Potential aufgezeigt, das in der Nutzung der Ressource *Raum* liegt [Fos96]: Durch eine mehrlagige Übertragung unabhängiger Datenströme kann die Übertragungsrate innerhalb von Kommunikationsnetzen dramatisch erhöht werden. In seiner Arbeit prägte Foschini für diese Technik den Begriff *Multi-Layer-Space-Time*-Verfahren. Auf das in den Bell Labs entwickelte BLAST-System (Bell Labs LAyered Space Time) wird in Abschnitt 18.3.3 eingegangen.

Die Grundlage zur Multi-Layer-Übertragung bildet das allgemeine MIMO-System nach Bild 18.1.1 auf Seite 713. Danach werden die zu übertragenden Daten in N_D parallele Ströme umgesetzt, gegebenenfalls durch die Multiplikation mit einer Matrix $\mathbf{A}$ linearkombiniert und dann N_S Sendeantennen zugeführt. Hier soll für $\mathbf{A}$ eine quadratische Struktur festgelegt werden, d.h. $N_D = N_S$. Am Empfänger müssen die N_S parallelen Datenströme wieder separiert werden, was durch die Multiplikation mit $\mathbf{B}$ geschieht. Die Anzahl der Empfangsantennen muss mindestens gleich der der Sendeantennen sein; oftmals wird $N_E > N_S$ gesetzt, wodurch sich aufgrund der zusätzlichen Empfangsdiversität die Konditionszahl der Kanalmatrix im Allgemeinen reduziert.

Im Folgenden wird stets ein nicht frequenzselektiver Kanal angenommen, der durch die Übertragungsmatrix $\mathbf{H}$ beschrieben wird. Eine Übersicht über Algorithmen für frequenzselektive Kanäle wird z.B. in [WK03] gegeben. Die Architektur eines MIMO-Übertragungssystems zur Multi-Layer-Übertragung – insbesondere die Struktur des Senders – wird maßgeblich davon bestimmt, welche Kanalkenntnis am Sender vorliegt. Dies kann sich auf die instantane Kanalmatrix oder auf die Langzeitstatistik beziehen, oder es sind überhaupt keine Kanalkenntnisse nutzbar. Im Folgenden wird wie bereits bei den MISO-Systemen eine Gliederung anhand dieser sendeseitigen Kanalkenntnis vorgenommen.

18.3.1 Multi-Layer-Übertragung bei Kanalkenntnis am Sender

Wir gehen zunächst davon aus, dass die *instantane* Kanalmatrix $\mathbf{H}$ (bzw. die aus der Eigenwertzerlegung gewonnene Matrix $\mathbf{V}$) am Sender bekannt ist. Da $\mathbf{H}$ nur am Empfänger mit Hilfe von Trainingsdaten ermittelt werden kann, ist ein *Rückkanal* erforderlich.

Zur Multi-Layer-Übertragung können dann die in Abschnitt 18.1.3 auf den Seiten 714ff hergeleiteten *Eigenmoden* des MIMO-Übertragungssystems gezielt genutzt werden. Die Grundlage bildet die Singulärwertzerlegung der Kanalmatrix (18.1.5): Am Sender wird für $\mathbf{A}$ die unitäre $N_S \times N_S$−Matrix $\mathbf{V}$ eingesetzt. Am Empfänger multipliziert man mit der $N_E \times N_E$−Matrix $\mathbf{B} = \mathbf{U}^H$; dadurch zerlegt man das MIMO-System in N_S äquivalente SISO-Kanäle. Hieraus ergibt sich die Möglichkeit, das Sendesignal *adaptiv* an den Kanal anzupassen, d.h. die unterschiedlichen Stärken der Eigenmoden können durch individuelle Festlegung der Sendeleistungen (*Power Loading*), der Modulationsverfahren (*Bit Loading*) und der Coderaten in den einzelnen äquivalenten SISO-Kanälen berücksichtigt werden.

Waterfilling. Wir betrachten das Problem der optimalen Leistungsverteilung auf die verschiedenen SISO-Kanäle. Bei sendeseitiger Bewertung der N_S Antennensignale mit den Koeffizienten $\sqrt{p_\nu}$, $\nu = 1, \cdots, N_S$ lauten die Empfangssignale gemäß (18.1.8)

$$y_\nu(i) = \begin{cases} \sqrt{p_\nu}\, \sigma_\nu\, d_\nu(i) + \tilde{n}_\nu(i) & \text{für} \quad \nu = 1, \cdots, N_S \\ \tilde{n}_\nu(i) & \text{für} \quad \nu = N_S + 1, \cdots, N_E. \end{cases} \tag{18.3.1}$$

Vordergründig könnte man die Strategie verfolgen, schwache SISO-Kanäle durch entsprechende sendeseitige Leistungsanhebung anzupassen. Strebt man die *Maximierung der Kanalkapazität* an, so ist dies ist jedoch gerade die falsche Strategie. Wir wollen im Folgenden das bezüglich der Kanalkapazität optimale Leistungsprofil herleiten. Dabei ist zu betonen, dass diese Lösung nur unter *starker Kanalcodierung* sinnvoll ist, da nur in diesem Falle die Kanalkapazität ein sinnvolles Beurteilungsmaß darstellt.

Die Maximierung der Kanalkapazität unter der Nebenbedingung festgehaltener Gesamtleistung

$$\{p_1, \cdots, p_{N_S}\} = \underset{p_1,\cdots,p_{N_S}}{\operatorname{argmax}} \{C'(\mathbf{H})\} \quad \text{mit} \quad \sum_{\nu=1}^{N_S} p_\nu = N_S \tag{18.3.2}$$

erfolgt mit Hilfe der *Lagrangeschen Multiplikatorenregel* [BSG+96a]

$$\frac{\partial}{\partial p_\nu} \left(C'(\mathbf{H}) - \mu \cdot \Big(\sum_{\nu'=1}^{N_S} p_{\nu'} - N_S \Big) \right) = 0, \quad \text{für } \nu = 1, \cdots, N_S. \tag{18.3.3}$$

Setzen wir hier die Kanalkapazität nach (18.1.19) auf Seite 720 ein, so erhalten wir

$$\frac{\partial}{\partial p_\nu} \left(\sum_{\nu'=1}^{N_S} \log_2 \Big(1 + p_{\nu'} \frac{\sigma_{\nu'}^2 \sigma_D^2}{\sigma_N^2} \Big) - \mu \cdot \Big(\sum_{\nu'=1}^{N_S} p_{\nu'} - N_S \Big) \right) \tag{18.3.4a}$$

$$= \frac{1}{\ln(2)} \frac{1}{1 + p_\nu \frac{\sigma_\nu^2 \sigma_D^2}{\sigma_N^2}} \cdot \frac{\sigma_\nu^2 \sigma_D^2}{\sigma_N^2} - \mu = \frac{1}{\ln(2)} \frac{1}{\frac{\sigma_N^2}{\sigma_\nu^2 \sigma_D^2} + p_\nu} - \mu \overset{!}{=} 0 \quad \text{für } \nu = 1, \cdots, N_S.$$

Daraus folgt für die optimale Anpassung der Sendeleistung je Subkanal

$$\frac{1}{\frac{\sigma_N^2}{\sigma_\nu^2 \sigma_D^2} + p_\nu} = \underbrace{\mu \ln(2)}_{\triangleq 1/\Theta} \Rightarrow \frac{\sigma_N^2}{\sigma_\nu^2 \sigma_D^2} + p_\nu = \Theta. \tag{18.3.4b}$$

In der Lösung

$$p_\nu = \Theta - \frac{\sigma_N^2}{\sigma_\nu^2 \sigma_D^2} \tag{18.3.4c}$$

ist der Wert Θ so zu wählen, dass die Leistungsbedingung in (18.3.2) eingehalten wird. Es muss jedoch berücksichtigt werden, dass *negative Leistungen nicht zulässig sind.* Wird der Ausdruck (18.3.4c) negativ, so wird der entsprechende Koeffizient p_ν zu null gesetzt[7]. Wir schreiben damit

$$p_\nu = \max\left\{0, \Theta - \frac{\sigma_N^2}{\sigma_\nu^2 \sigma_D^2}\right\}. \tag{18.3.5}$$

Diese Vorschrift lässt sich auf folgende Weise sehr anschaulich interpretieren. Die Ausdrücke $\sigma_N^2/(\sigma_\nu^2\,\sigma_D^2)$ sind als *inverse Signal/Störverhältnisverhältnisse* der verschiedenen Subkanäle zu betrachten.

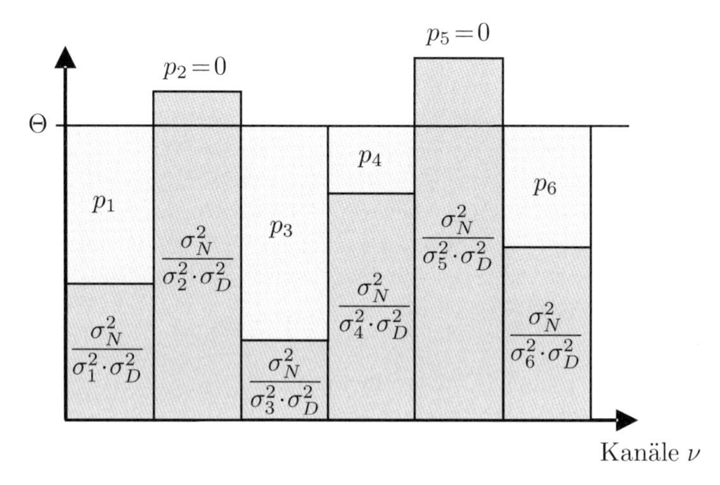

Bild 18.3.1: Waterfilling-Prinzip

Stellt man sich ein Gefäß vor, in dem diese N/S-Verhältnisse entsprechend **Bild 18.3.1** das Bodenprofil bilden, und füllt man dieses nun solange mit Wasser auf, bis die Maximalleistung, d.h. der Füllstand Θ, erreicht ist, so beinhalten die einzelnen Wassersäulen die Teilleistungen $p_1, \cdots, p_{N_S}$. Gute Subkanäle mit geringem Rauschen, also kleinen N/S-Verhältnissen, bekommen dann hohe Teilleistungen zugeteilt, während für Kanäle mit hohem N/S-Niveau nur schwache Sendeleistungen vorgesehen werden. Das Bild demonstriert, dass dabei besonders schlechte Kanäle völlig leer ausgehen können.

- *Die hinsichtlich maximaler Kanalkapazität günstigste Strategie besteht also darin, gute Kanäle zu unterstützen und deren Zuverlässigkeit auf Kosten der schlechten Kanäle zu stärken.*
- *Im Extremfall ist es günstiger, schwache Kanäle vollständig abzuschalten als für eine unzuverlässige Übertragung Leistung zu investieren.*
- *Für sehr kleine Werte Θ, also bei geringer Sendeleistung, kann es vorkommen, dass nur ein einziger Subkanal berücksichtigt wird. Man spricht dann von Beamforming, da in dem Falle die gesamte Sendeleistung auf eine Vorzugsrichtung konzentriert wird.*

[7] Diese Lösung ergibt sich aus den Karush-Kuhn-Tucker-Bedingungen, siehe hierzu [BV04].

- *Erhöht man die gesamte Sendeleistung, so werden zunehmend weitere Teilkanäle berücksichtigt; die Leistungsverteilung erfolgt dann asymptotisch gleichmäßig.*

Wegen der Veranschaulichung durch ein mit Wasser aufgefülltes Gefäß bezeichnet man die hier hergeleitete Strategie zur Bildung eines optimalen Sendeleistungsprofils als *Waterfilling*. Es wird nochmal hervorgehoben, dass dieses Verfahren nur unter starker Kanalcodierung angewendet werden sollte, da die Kanalkapazität nur dann ein geeignetes Optimierungskriterium darstellt.

Die unterschiedlichen Kapazitäten der einzelnen SISO-Kanäle erfordern implizit entsprechende Anpassungen der Raten. Theoretisch werden bei der Herleitung der Kanalkapazität gaußverteilte Sendesignale vorausgesetzt; praktisch eingesetzte Modulationsverfahren basieren jedoch auf diskreten Modulationsalphabeten. In diesem Falle kann der unterschiedlichen Qualität der Subkanäle auch durch entsprechend angepasste Modulationsformen Rechnung getragen werden: Gute Kanäle erlauben höhere Modulationsstufigkeiten, während für stark verrauschte Kanäle robuste Verfahren wie QPSK oder BPSK vorgesehen werden sollten. Es stellt sich damit das Problem, die Modulationsformen im Zusammenhang mit einer günstigen Leistungsverteilung an das Kanalprofil anzupassen (*Bit- und Powerloading*); Beispiele für günstige Strategien finden sich z.B. in [HH89, CCB95, FH96, KRJ00].

Abschließend ist darauf hinzuweisen, dass die hier betrachteten Loadingverfahren auch für *OFDM* angewendet werden können. In dem Falle entfällt die für Mehrantennen-Systeme erforderliche Zerlegung in Eigenmoden, da die Multiplikation der sendeseitigen IDFT- mit der empfangsseitigen DFT-Matrix von Hause aus eine Diagonalmatrix ergibt. Im Mehrantennen-Systemen wie auch bei OFDM ist zur Realisierung der Loadingstrategien Kanalkenntnis am Sender vorauszusetzen; es wird also in jedem Falle ein Rückkanal benötigt.

Auswertung von Langzeitstatistik. Wie bereits beim Beamforming erläutert soll die Rückübertragung der instantanen Kanalinformation oftmals vermieden werden, da hierdurch Übertragungskapazität für die Nutzdaten verloren geht. In solchen Fällen beschränkt man sich auf die sendeseitige Verwertung der *Langzeitstatistik* – bei MISO-Systemen führt dies zum Eigenbeamforming-Konzept. Bei der Multi-Layer-Übertragung lässt sich die mittlere Information über den MIMO-Kanal folgendermaßen auswerten. Man schätzt am Empfänger die sendeseitige $N_S \times N_S-$Autokorrelationsmatrix gemäß (18.1.10a) auf Seite 718 und führt eine Eigenwertzerlegung durch.

$$\mathbf{R}_{HH}^{S} = \mathrm{E}\{\mathbf{H}^{H}\mathbf{H}\} = \bar{\mathbf{V}}\,\boldsymbol{\Lambda}^{S}\,\bar{\mathbf{V}}^{H} \tag{18.3.6}$$

Die Matrix $\boldsymbol{\Lambda}^{S}$ enthält auf der Diagonalen die Eigenwerte der Kanal-Autokorrelationsmatrix. Die unitäre Matrix $\bar{\mathbf{V}}$ ist nicht identisch mit der instantanen $\mathbf{V}$-Matrix in (18.1.5) – dies gilt nur für den zeitinvarianten Fall. Die gemittelte Matrix wird an den Sender zurückübertragen und dort für $\mathbf{A}$ eingesetzt; dann lautet der Empfangsvektor

$$\mathbf{r}(i) = \mathbf{H}\,\bar{\mathbf{V}}\,\mathbf{d}(i) + \mathbf{n}(i). \tag{18.3.7}$$

Durch diese *Vorcodierung* werden die Layer sendeseitig *dekorreliert*, was durch die folgende Betrachtung gezeigt wird: Die instantane Kanalmatrix kann durch

$$\mathbf{H} = \mathbf{W}\ (\mathbf{\Lambda}^S)^{\frac{1}{2}}\ \bar{\mathbf{V}}^H \tag{18.3.8a}$$

ausgedrückt werden, wobei

$$\mathrm{E}\{\mathbf{W}^H\mathbf{W}\} = \mathbf{I} \tag{18.3.8b}$$

gilt. Damit ergibt sich

$$\mathrm{E}\{\mathbf{H}^H\,\mathbf{H}\} = \bar{\mathbf{V}}\ (\mathbf{\Lambda}^S)^{\frac{1}{2}}\ \mathrm{E}\{\mathbf{W}^H\mathbf{W}\}\ (\mathbf{\Lambda}^S)^{\frac{1}{2}}\ \bar{\mathbf{V}}^H = \bar{\mathbf{V}}\,\mathbf{\Lambda}^S\,\bar{\mathbf{V}}^H, \tag{18.3.8c}$$

also die Definition (18.3.6). Mit (18.3.8a) lautet der Empfangsvektor

$$\mathbf{r}(i) = \mathbf{W}\ (\mathbf{\Lambda}^S)^{\frac{1}{2}}\ \bar{\mathbf{V}}^H\,\bar{\mathbf{V}}\,\mathbf{d}(i) + \mathbf{n}(i) = \mathbf{W}\ (\mathbf{\Lambda}^S)^{\frac{1}{2}}\ \mathbf{d}(i) + \mathbf{n}(i). \tag{18.3.9}$$

Sendeseitig „sehen“ die Daten $d_1(i), \cdots, d_{N_S}(i)$ also einen *dekorrelierten* MIMO-Kanal. Da hier für die Vorcodierung nur Langzeitstatistik ausgenutzt wird, kann der MIMO-Kanal nicht wie bei der Verwertung instantaner Kanalinformationen in äquivalente SISO-Kanäle zerlegt werden. Jedoch werden auch hier die einzelnen Layer infolge der Vorcodierung mit den Wurzeln der Eigenwerte bewertet – der Unterschied besteht nur darin, dass dies nicht durch die instantanen Werte geschieht, sondern im Sinne der zugrunde liegenden Langzeitstatistik. Die Vorcodierung eröffnet die Möglichkeit, die Leistungen der N_S Layer individuell an die mittlere Kanalstatistik anzupassen, da jedem Layer ein Eigenwert zugeordnet ist. Im Falle eines Rangdefizits der Kanalmatrix kann die Anzahl der übertragenen Layer entsprechend den nutzbaren Eigenmoden reduziert werden – für den Extremfall, dass nur noch ein einziger starker Eigenwert vorhanden ist, ergibt sich das in Abschnitt 18.2.2 behandelte Eigenbeamforming.

18.3.2 Multi-Layer-Konzepte ohne Kanalkenntnis am Sender

Ist kein Rückkanal zur Übertragung der momentanen oder auch der mittleren Kanalinformation vorhanden, so wird das MIMO-System zur Übertragung der N_S Layer gleichmäßig genutzt. Demgemäß wird für die Matrix $\mathbf{A}$ in Bild 18.1.1 eine Einheitsmatrix gesetzt.

$$\mathbf{A} = \mathbf{I}_{N_S} \tag{18.3.10}$$

Da keine Information über die Anzahl der Eigenmoden verfügbar ist, kann – im Unterschied zu den im vorangegangenen Abschnitt betrachteten Vorcodierungsverfahren – sendeseitig keine Anpassung der Anzahl von Layern an den Kanalrang erfolgen. Günstig ist es aus diesem Grunde, eine höhere Anzahl von Empfangsantennen einzusetzen, da hiermit im Allgemeinen eine Verbesserung der Kondition erreicht wird.

BLAST-Architekturen. Das bekannteste Multi-Layer-Konzept ist das in den Bell Labs entwickelte BLAST-System (*Bell Labs LAyered Space Time*). Die ursprüngliche Form von BLAST ist die D-BLAST-Struktur (Diagonal BLAST), bei dem die Daten gemäß **Bild 18.3.2a** auf die Sendeantennen verteilt werden. In diesem Beispiel werden vier Antennen benutzt, die Layer bestehen jeweils aus acht Symbolen $\{A1, \cdots, A8\}$; $\{B1, \cdots, B8\}$; $\cdots$.

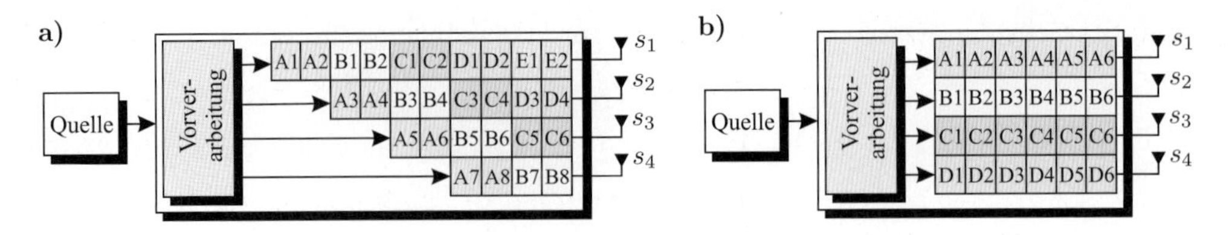

Bild 18.3.2: Senderstruktur des BLAST-Systems
a) D-BLAST b) V-BLAST

Durch die diagonale Struktur wird der Datenstrom jedes Layers auf alle Antennen verteilt, so dass im Zusammenhang mit der Kanalcodierung Sendediversität genutzt wird.

Da andererseits der Decodierungsaufwand dieses D-BLAST-Konzeptes sehr hoch ist, wurde in [WFGV98, FGVW99] ein vereinfachtes Verfahren vorgeschlagen, bei dem jeder Layer eine separate Antenne benutzt (siehe **Bild 18.3.2b** für den Fall von vier Sendeantennen). Sendediversität ergibt sich bei dieser Struktur nicht, jedoch wird der Decodieraufwand gegenüber D-BLAST erheblich reduziert. Wegen der vertikalen Datenstruktur wird dieses Konzept als V-BLAST bezeichnet.

Im Folgenden werden die prinzipiellen Methoden zur empfangsseitigen Detektion der Layer aufgezeigt. Am Empfänger wird perfekte Kenntnis der Kanalmatrix, also eine ideale Kanalschätzung, vorausgesetzt.

Maximum-Likelihood-Detektor. Das optimale Detektions-Verfahren basiert auf dem Maximum-Likelihood-Prinzip, das die Minimierung der euklidischen Distanz zwischen dem aktuell empfangenen Vektor $\mathbf{r}(i)$ und allen möglichen ungestörten Empfangsvektoren beinhaltet.

$$\hat{\mathbf{d}}(i) = \arg\min_{\mathbf{d}} ||\mathbf{r}(i) - \mathbf{H}\,\mathbf{d}(i)||^2 \tag{18.3.11}$$

Dazu sind sämtliche Sendevektoren $\mathbf{d}$ durchzuspielen – für ein M-stufiges Datenalphabet bedeutet dies die Berechnung von M^{N_S} euklidischen Distanzen zu jedem Zeitpunkt iT. Für eine größere Anzahl von Sendeantennen wird der Aufwand in Verbindung mit höherstufiger Modulation sehr hoch, so dass nach aufwandsreduzierten Strategien gesucht werden muss. Ein günstiges Verfahren stellt die *Sphere-Detection* dar, bei der die Suche nach dem optimalen Vektor auf eine Kugel um $\mathbf{r}$ beschränkt wird. Das Verfahren wurde in [VB99, CL02, AEVZ02] auf Mehrantennensysteme angewendet. Der Aufwand ist im Vergleich zu den im Weiteren betrachteten einfachen linearen Verfahren oder der Successive Interference Cancellation immer noch sehr hoch, zumal letztere in Verbindung mit der *Lattice-Reduction* auch eine Leistungsfähigkeit entfalten können, die der des Maximum-Likelihood-Algorithmus nahe kommt [WF03, WBKK04]. Auf die Sphere-Detection und Lattice-Reduction wird hier nicht näher eingegangen.

Lineare Detektion. Zur Separierung der N_S Layer wird am Empfänger mit der *Pseudoinversen*[8] der Kanalmatrix

$$\mathbf{H}^+ = (\mathbf{H}^H\mathbf{H})^{-1}\mathbf{H}^H \triangleq \mathbf{B}_{\text{ZF}} \tag{18.3.12a}$$

[8]siehe (B.1.22a) auf Seite 764

multipliziert, wobei für $\mathbf{H}$ der volle Spaltenrang N_S angenommen wird.

$$\begin{aligned}\mathbf{y}_{\mathrm{ZF}}(i) &= \mathbf{H}^{+}\cdot\mathbf{r}(i) = (\mathbf{H}^H\mathbf{H})^{-1}\mathbf{H}^H\cdot\mathbf{H}\,\mathbf{d}(i) + (\mathbf{H}^H\mathbf{H})^{-1}\mathbf{H}^H\cdot\mathbf{n}(i)\\ &= \mathbf{d}(i) + (\mathbf{H}^H\mathbf{H})^{-1}\mathbf{H}^H\mathbf{n}(i)\end{aligned} \qquad (18.3.12b)$$

Es handelt sich hierbei um die aus der Entzerrung bekannte *Zero-Forcing-Lösung,* bei der der Datenvektor perfekt wieder hergestellt wird, während das Kanalrauschen unberücksichtigt bleibt. Die Schätzfehler-Leistungen der einzelnen Layer findet man auf der Hauptdiagonalen der Korrelationsmatrix[9]

$$\mathrm{E}\{||\mathbf{Y}_{\mathrm{ZF}}(i) - \mathbf{D}(i)||^2\} = (\mathbf{H}^H\mathbf{H})^{-1}\mathbf{H}^H\,\mathrm{E}\{\mathbf{N}(i)\mathbf{N}(i)^H\}\,\mathbf{H}(\mathbf{H}^H\mathbf{H})^{-1} = \sigma_N^2\,(\mathbf{H}^H\mathbf{H})^{-1}. \qquad (18.3.12c)$$

Bei schlecht konditionierten Kanalmatrizen, also bei kleinen Singulärwerten, kommt es demgemäß zu einer starken Rauschanhebung.

Bessere Ergebnisse erzielt man deshalb mit der *MMSE-Lösung,* bei der für unkorrelierte Daten auf der Diagonalen von $\mathbf{H}^H\mathbf{H}$ die Rauschleistung σ_N^2 addiert wird ($\sigma_D^2 = 1$):

$$\mathbf{B}_{\mathrm{MMSE}} \triangleq (\mathbf{H}^H\mathbf{H} + \sigma_N^2\,\mathbf{I}_{N_S})^{-1}\mathbf{H}^H. \qquad (18.3.13a)$$

Man erreicht hiermit keine perfekte Rekonstruktion des Datenvektors, jedoch ist die Rauschanhebung gegenüber der Zero-Forcing-Lösung reduziert; die Korrelationsmatrix des Schätzfehlers ist in diesem Falle

$$\mathrm{E}\{||\mathbf{Y}_{\mathrm{MMSE}}(i) - \mathbf{D}(i)||^2\} = \sigma_N^2\,(\mathbf{H}^H\mathbf{H} + \sigma_N^2\mathbf{I}_{N_S})^{-1}. \qquad (18.3.13b)$$

18.3.3 Successive Interference Cancellation (SIC)

Die im letzten Abschnitt behandelten linearen Detektionsmethoden bleiben hinter der nichtlinearen Successive Interference Cancellation weit zurück. Das Grundprinzip besteht darin, dass die Interferenzsignale – ähnlich wie beim Decision-Feedback-Entzerrer – sequentiell detektiert und schrittweise ausgelöscht werden. Im ersten Schritt wird zunächst ein lineares Verfahren eingesetzt, das aber nur zur Detektion *eines* Layers dient. Nach der Entscheidung des entsprechenden Datensymbols wird dieses mit den zugehörigen Kanalkoeffizienten bewertet und von dem Empfangssignal abgezogen. Das so interferenzreduzierte Empfangssignal wird erneut einer linearen Detektion unterzogen und nach der Entscheidung von der Interferenz des nächststärkeren Layers befreit. Das Verfahren wird fortgesetzt, bis alle Datenlayer detektiert sind.

V-BLAST-SIC. Für die im vorangegangenen Abschnitt vorgestellte V-BLAST-Architektur wurde ein sukzessives Detektionsverfahren angegeben, das hier mit V-BLAST-SIC bezeichnet werden soll. Das wichtigste Problem besteht in der Einhaltung einer günstigen Detektionsreihenfolge. Ausschlaggebend ist das jeweils größte *Post-Detektions-S/N-Verhältnis* bzw. äquivalent hierzu die kleinste Schätzfehler-Varianz in jedem Iterationsschritt. Letztere kann für das Zero-Forcing-Verfahren[10] nach (18.3.12c)

[9] Die Signale sind hier als Prozesse aufzufassen und daher durch Großbuchstaben dargestellt.

[10] Das Zero-Forcing lässt sich auf einfache Weise auch durch das MMSE-Kriterium ersetzen [BMY01, WBS+04].

berechnet werden: Das ν-te Diagonalelement der Fehler-Korrelationsmatrix, also die Schätzfehler-Varianz des ν-ten Layers, ergibt sich aus

$$\sigma_N^2\,\mathbf{b}^T(\nu)\,\mathbf{b}^*(\nu) = \sigma_N^2\,||\mathbf{b}^T(\nu)||^2,$$

wobei $\mathbf{b}^T(\nu)$ die ν-te Zeile der Pseudoinversen $\mathbf{B}_{\mathrm{ZF}}$ nach (18.3.12a) bezeichnet. Nach der Identifikation des stärksten Layers kann die durch die anderen Layer hervorgerufene Interferenz durch Multiplikation mit dem zugehörigen Zeilenvektor der Pseudoinversen unterdrückt und eine Datenentscheidung durchgeführt werden. Hierin liegt die Nichtlinearität: Durch Nutzung des A-priori-Wissens über das Datenalphabet ist das Verfahren den linearen Konzepten deutlich überlegen. Nach der Datenentscheidung kann die Dimension der Kanalmatrix durch Streichung der zugehörigen Spalte reduziert werden. Da die Zeilenanzahl mit N_E unverändert bleibt, erhöht sich mit jeder Iteration die Diversität; gleichzeitig reduziert sich (unter der Voraussetzung korrekter Entscheidungen) schrittweise die Interferenz.

Wir fassen den V-BLAST-Algorithmus in der Zero-Forcing-Version kompakt zusammen:

- Initialisierung: $\mathbf{r}_1(i) = \mathbf{r}(i), \quad \mathbf{H}_1 = \mathbf{H}$

  für $k = 1, \cdots, N_S$:

- Berechnung der Pseudoinversen im Iterationsschritt k
  $\mathbf{B}_k = \mathbf{H}_k^+ = (\mathbf{H}_k^H\,\mathbf{H}_k)^{-1}\mathbf{H}_k^H$

- Bestimmung des stärksten Layers
  $\nu_k = \mathrm{argmin}_\nu\,||\mathbf{b}_k^T(\nu)||^2$

- Interferenz-Unterdrückung im ν_k-ten Layer
  $y_{\nu_k}(i) = \mathbf{b}_k^T(\nu_k)\cdot\mathbf{r}_k(i)$

- Datenentscheidung im stärksten Layer[11]
  $\hat{d}_{\nu_k}(i) = \mathcal{Q}\{y_{\nu_k}(i)\}$

- Subtraktion des detektierten Layers
  $\mathbf{r}_{k+1}(i) = \mathbf{r}_k(i) - \mathbf{h}_{\nu_k}\,\hat{d}_{\nu_k}(i)$

- Reduktion der Kanalmatrix durch Streichung der ν_k-ten Spalte
  $\mathbf{H}_{k+1} = \mathbf{H}_k^{\overline{\nu}_k}, \qquad \mathbf{H}_{k+1}\in\mathbb{C}^{N_E\times(N_S-k)}.$

QL-basierte SIC. Der V-BLAST-SIC-Algorithmus erfordert in jedem Iterationschritt die Berechnung einer Pseudoinversen. Dieser Aufwand lässt sich mit der Anwendung einer QL-Zerlegung[12] beträchtlich reduzieren [WBR+01, WRB+02, BTT02]. Die Kanalmatrix $\mathbf{H}$ kann in eine $(N_E \times N_S)$–Matrix $\mathbf{Q}$ mit orthogonalen Spalten und eine

[11] Das Symbol $\mathcal{Q}\{\cdot\}$ bezeichnet die Quantisierung auf das Symbolalphabet.

[12] In Anhang B.1.9 wird die QR-Zerlegung, also die Aufspaltung einer Matrix in eine Matrix Q mit orthonormalen Spalten und eine *obere* Dreiecksmatrix erläutert.

$N_S \times N_S$–dimensionale untere Dreiecksmatrix $\mathbf{L}$ zerlegt werden:

$$\mathbf{H} = \mathbf{Q}\,\mathbf{L}, \qquad \mathbf{Q}^H\,\mathbf{Q} = \mathbf{I}_{N_S}, \qquad \mathbf{L} = \begin{pmatrix} l_{1,1} & & \mathbf{0} \\ \vdots & \ddots & \\ l_{N_S,1} & \cdots & l_{N_S,N_S} \end{pmatrix}. \tag{18.3.14}$$

Multipliziert man den Empfangsvektor mit $\mathbf{Q}^H$, so ergibt sich

$$\mathbf{y}(i) = \mathbf{Q}^H\mathbf{r}(i) = \mathbf{L}\,\mathbf{d}(i) + \underbrace{\mathbf{Q}^H\mathbf{n}(i)}_{\tilde{\mathbf{n}}(i)}, \tag{18.3.15a}$$

oder komponentenweise ausgeschrieben

$$\begin{pmatrix} y_1(i) \\ y_2(i) \\ \vdots \\ y_{N_S}(i) \end{pmatrix} = \begin{pmatrix} l_{1,1} & & & \mathbf{0} \\ l_{2,1} & l_{2,2} & & \\ \vdots & & \ddots & \\ l_{N_S,1} & l_{N_S,2} & \cdots & l_{N_S,N_S} \end{pmatrix} \begin{pmatrix} d_1(i) \\ d_2(i) \\ \vdots \\ d_{N_S}(i) \end{pmatrix} + \begin{pmatrix} \tilde{n}_1(i) \\ \tilde{n}_2(i) \\ \vdots \\ \tilde{n}_{N_S}(i). \end{pmatrix}. \tag{18.3.15b}$$

Aufgrund dieser Struktur ist offenbar der erste Layer direkt zu detektieren, da er keine Interferenz enthält. Mit dem entschiedenen Datum $\hat{d}_1$ kann die Interferenz im zweiten Layer entfernt werden und eine weitere Entscheidung durchgeführt werden. Allgemein sind im k-ten Layer

$$y_k(i) = l_{k,k}\,d_k(i) + \sum_{\nu=1}^{k-1} l_{k,\nu}\,d_\nu(i) + \tilde{n}_k(i) \tag{18.3.15c}$$

bei korrekten Entscheidungen in den vorangegangenen Schritten alle Daten $d_{k-1}(i), \cdots, d_1(i)$ bekannt, so dass nach der Subtraktion der Interferenzterme eine Entscheidung über das aktuelle Datum $\hat{d}_k(i)$ getroffen werden kann. **Bild 18.3.3** zeigt das Blockschaltbild eines nach dem Prinzip der QL-Zerlegung arbeitenden Empfängers.

Für die Arbeitsweise des erläuterten QL-Detektors ist eine *günstige Sortierung* der Layer extrem wichtig; wie bereits beim V-BLAST-SIC-Algorithmus sollten die Entscheidungen in der Reihenfolge der *Post-Detektions-S/N-Verhältnisse* erfolgen. In [WBR+01, WRB+02, WBKK03, Wüb06] wurden effiziente Sortieralgorithmen entwickelt, die in die QL-Zerlegung integriert werden können und somit kaum Mehraufwand bewirken. In dieser Form wird der Algorithmus mit *SQLD (Sorted QL Decomposition)* bezeichnet[13]. Insgesamt besteht der Aufwand in einer *einmaligen* Durchführung der QL-Zerlegung (während das V-BLAST-Verfahren in *jedem* Iterationsschritt die Berechnung einer Pseudoinversen erfordert).

[13] In den Original-Publikationen wird der Algorithmus als *SQRD* bezeichnet, da dort eine QR-Zerlegung angewendet wird; in der vorliegenden Darstellung wird aus didaktischen Gründen die Abspaltung einer *unteren* Dreieckmatrix, also eine *QL*-Zerlegung, bevorzugt.

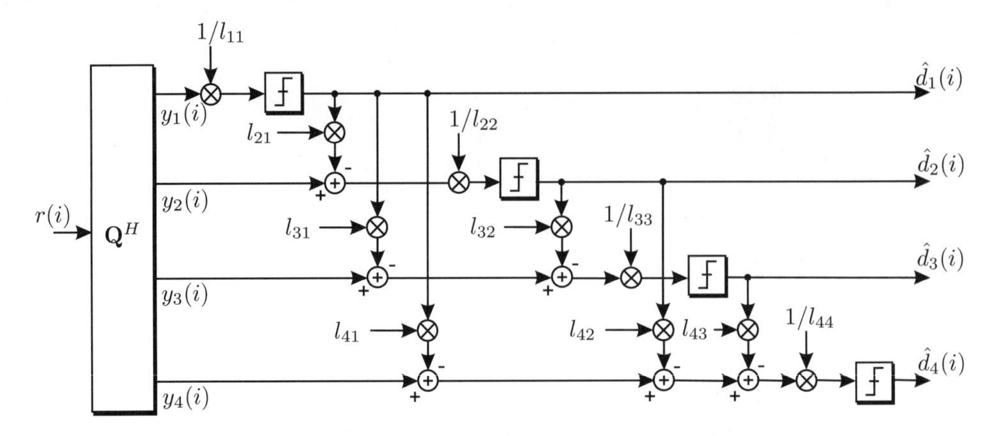

Bild 18.3.3: QL-basierter SIC-Detektor ($N_S = 4$)

Abschließend ist darauf hinzuweisen, dass der QL-SIC-Algorithmus in der dargestellten Form einer *Zero-Forcing*-Detektion entspricht, da das Rauschen unberücksichtigt bleibt. In [BWKK03] wurde jedoch gezeigt, dass auch eine MMSE-Lösung durch die Einführung einer erweiterten Kanalmatrix und eines erweiterten Empfangsvektors erreicht werden kann:

$$\underline{\mathbf{H}} \triangleq \begin{pmatrix} \mathbf{H} \\ \sigma_N \mathbf{I}_{N_S} \end{pmatrix}; \quad \underline{\mathbf{r}}(i) \triangleq \begin{pmatrix} \mathbf{r}(i) \\ \mathbf{0}_{N_S \times 1} \end{pmatrix}. \tag{18.3.16a}$$

Mit der QL-Zerlegung der erweiterten Kanalmatrix erhält man eine Lösung auf der Basis des MMSE-Kriteriums:

$$\underline{\mathbf{H}} = \underline{\mathbf{Q}}\,\underline{\mathbf{L}} = \begin{pmatrix} \mathbf{Q}_1 \\ \mathbf{Q}_2 \end{pmatrix} \underline{\mathbf{L}} \tag{18.3.16b}$$

$$\Rightarrow \quad \mathbf{y}_{\mathrm{MMSE}}(i) = \underline{\mathbf{Q}}^H \underline{\mathbf{r}}(i) = \mathbf{Q}_1^H \mathbf{r}(i) = \underline{\mathbf{L}}\,\mathbf{d}(i) - \sigma_N \mathbf{Q}_2^H \mathbf{d}(i) + \mathbf{Q}_1^H \mathbf{n}(i). \tag{18.3.16c}$$

Der zweite Term in (18.3.16c) enthält noch Interferenz, die nicht vollständig eliminiert werden kann; dies entspricht dem Prinzip der MMSE-Lösung, die einen Kompromiss zwischen Interferenzunterdrückung und Minimierung der Rauschleistung beinhaltet.

18.3.4 Messergebnisse

Zur Illustration der Multi-Layer-Übertragung werden einige Messungen wiedergegeben, die mit dem Echtzeit-MIMO-Demonstrator [RSB+04] innerhalb von Büroräumen durchgeführt wurden. Zu Beginn demonstriert **Bild 18.3.4** die QL-SIC-Prozedur anhand der in den einzelnen Schritten aufgenommenen Signalräume. Es wird deutlich, wie die Interferenz in den Signalen schrittweise reduziert wird; zur Datenentscheidung liegen jeweils QPSK-Signalräume vor.

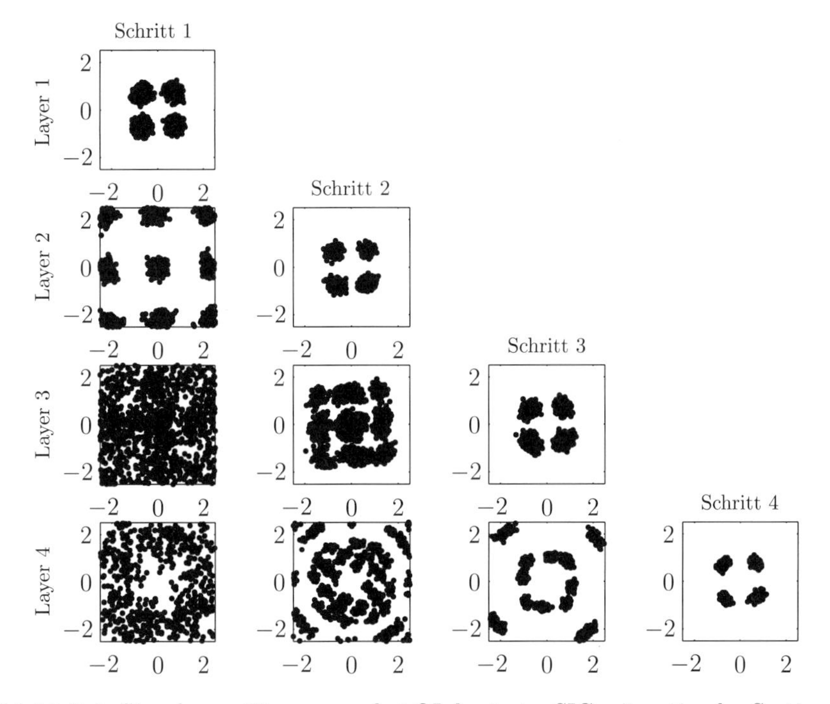

Bild 18.3.4: Signalraum-Diagramme bei QL-basierter SIC mit optimaler Sortierung

Im Abschnitt 18.3.1 wurde erläutert, dass zur Übertragung der maximalen Anzahl von N_S Datenströmen die Kanalmatrix vollen Spaltenrang, im vorliegenden Fall also vier, aufweisen muss. In den **Bildern 18.3.5a,b** werden die Eigenwert-Verteilungen der Kanal-Korrelationsmatrizen den bei einer $4 \times 4-$Übertragung erzielten Signalräumen gegenübergestellt. Teilbild a liegt eine günstige Ausbreitungssituation zwischen zwei Büroräumen zugrunde, in der vier deutliche Eigenwerte vorhanden sind – die gemessenen Signalräume erlauben dementsprechend eine sichere Entscheidung von vier Datenlayern. Ungünstiger ist das Beispiel b, bei dem ein Eigenwert sehr groß, ein weiterer deutlich kleiner und zwei nahezu null sind. Hier sind *sämtliche* Signalräume relativ stark gestört: Eine hohe Konditionszahl der Kanalmatrix bewirkt wie erläutert die Degradation aller Layer – im Gegensatz zu der in Abschnitt 18.3.1 diskutierten Vorcodierung bei Kanalkenntnis am Sender: In dem Falle wäre jeder Layer mit einem Eigenwert verknüpft und somit ein Datensignal sehr gut und ein weiteres gerade noch entscheidbar, während Layer 3 und 4 nicht auswertbar wären.

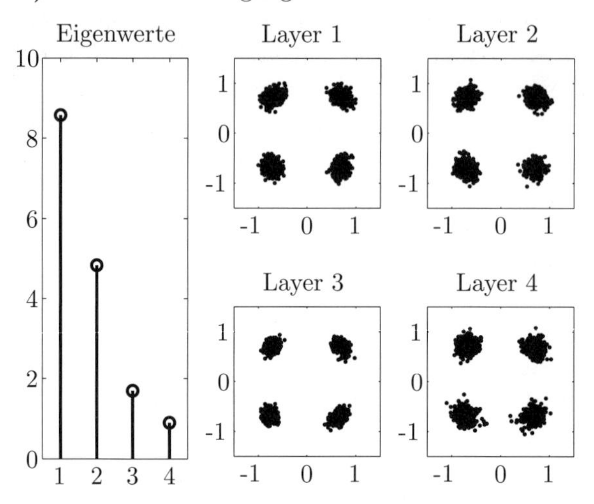

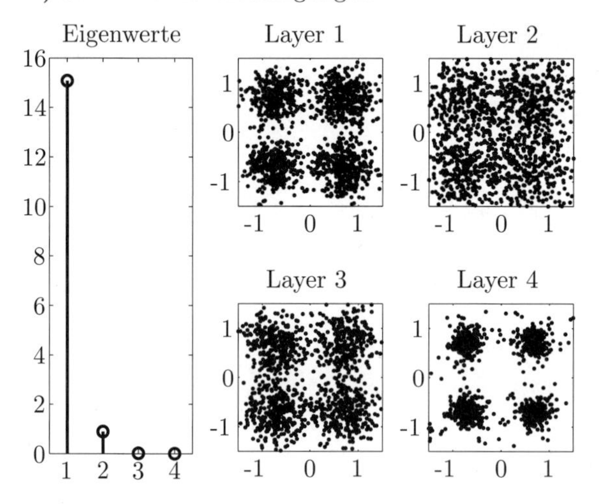

Bild 18.3.5: Signalraum-Diagramme bei einer 4-Layer-Übertragung unter verschiedenen Kanalkonditionen
a) Vollrang, b) Rang 2 der Kanalmatrix

In den **Bildern 18.3.6a-d** werden simulativ ermittelte Bitfehlerraten wiedergegeben. In den Teilbildern a und b ist die Anzahl der Empfangsantennen höher als die der Sendeantennen ($N_S = 4$, $N_E = 6$). Verglichen werden der Zero-Forcing- und der MMSE-Ansatz unter verschiedenen Detektionsverfahren, wobei die optimale ML-Detektion nach (18.3.11) gegenübergestellt wird. Man sieht, dass die lineare Detektion am schlechtesten abschneidet, während mit dem QL-SIC erhebliche Gewinne zu erzielen sind. Dabei wird deutlich, dass der sortierte Algorithmus SQLD-PSA (Sorted QL Decomposition Post Sorting Algorithm [WBKK03]) dem unsortierten weit überlegen ist. Im Vergleich zwischen ZF- und MMSE-SIC ergeben sich für das letztere Verfahren leichte Gewinne. Für den optimal sortierten SIC-Algorithmus nähert man sich dem ML-Detektor bis auf ca. 1 dB.

Die Teilbilder c und d zeigen die gleichen Untersuchungen für den Fall, dass am Empfänger die minimale Anzahl von vier Antennen eingesetzt wird. Für das Zero-Forcing ergeben sich dadurch signifikante Degradationen. Der Gewinn durch den Einsatz des MMSE-Verfahrens fällt hier deutlicher aus als im Falle des 6-Antennen-Empfängers – die gute Leistungsfähigkeit der 4×6–Struktur wird jedoch mit dem 4×4–System von keinem der SIC-Verfahren erreicht.

Die Bitfehlerkurven sind über der gesamten, über alle Empfangsantennen summierten Energie aufgetragen. Gemäß der Anmerkung auf Seite 721 wird dabei nur der Diversitätsgewinn, nicht aber der Antennengewinn erfasst. Würde man eine Darstellung über der Sendeenergie vornehmen, so müssten die Kurven dementsprechend nach links verschoben werden.

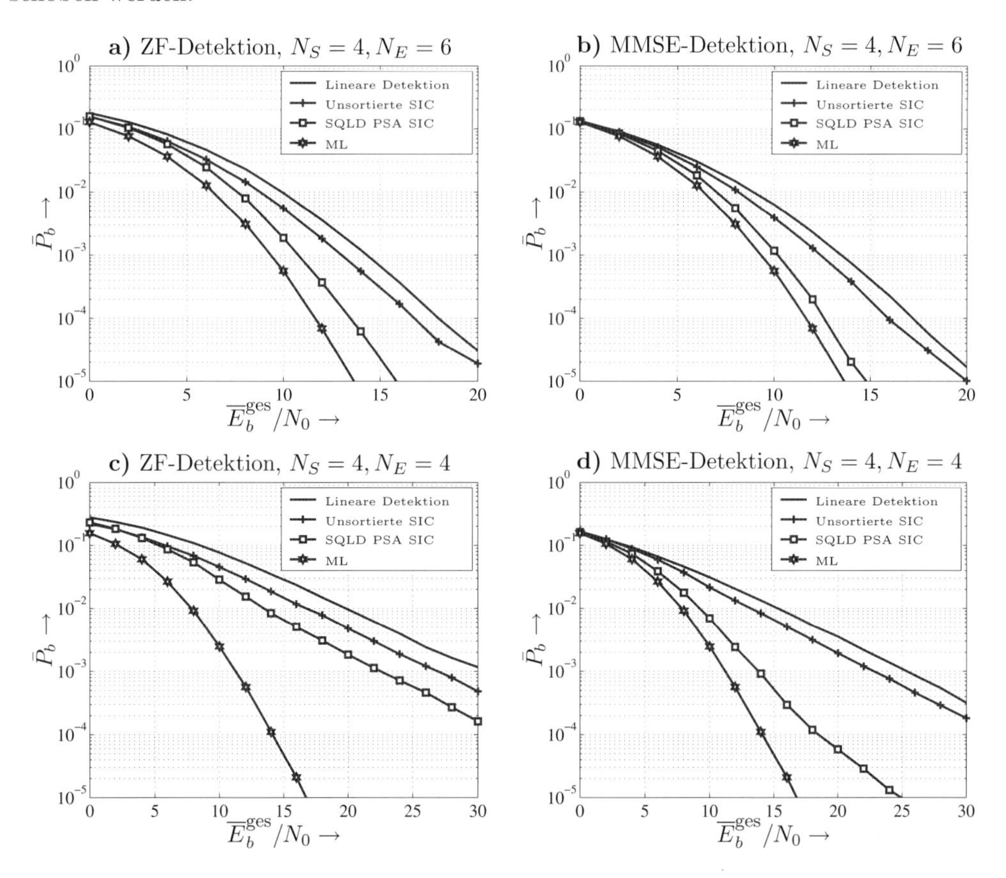

Bild 18.3.6: Bitfehlerraten für verschiedene Detektionsverfahren
a/b) $N_S = 4, N_E = 6$; Zero-Forcing/MMSE
c/d) $N_S = N_E = 4$; Zero-Forcing/MMSE

Anhang A

Korrespondenzen zur Fourier- und Hilberttransformation

A.1 Fouriertransformation

Die Definitionen der Fouriertransformation und ihrer Umkehrung werden unter (1.2.1a,b) auf Seite 3 gegeben. In Tabelle A.1.1 sind einige wichtige Eigenschaften zusammengestellt.

Tabelle A.1.1: Eigenschaften der Fouriertransformation

$x(t)$	$X(j\omega) = \mathcal{F}\{x(t)\}$	Anmerkung
$x(t) \in \mathbb{R}$	$X(j\omega) = X^*(-j\omega)$	konj. gerades Spektrum[1]
$x(t) = x^*(-t)$	$X(j\omega) \in \mathbb{R}$	reelles Spektrum
$x(t) = -x^*(-t)$	$j \cdot X(j\omega) \in \mathbb{R}$	imaginäres Spektrum
$x(t - t_0)$	$X(j\omega) \cdot \mathrm{e}^{-j\omega t_0}$	Zeitverzögerung
$x(t)\, \mathrm{e}^{j\omega_0 t}$	$X(j(\omega - \omega_0))$	Modulationssatz
$\int\limits_{-\infty}^{\infty} x_1(\tau) x_2(t - \tau) d\tau$	$X_1(j\omega) \cdot X_2(j\omega)$	Faltungssatz
$r_{xx}^E(\tau) = \int\limits_{-\infty}^{\infty} x^*(t) x(t + \tau) dt$	$\|X(j\omega)\|^2$	Energie-AKF

[1] d.h. gerader Realteil und ungerader Imaginärteil

Eine häufig verwendete Beziehung ist das *Parsevalsche Theorem,* welches die Energie-Berechnungsformeln im Zeit- und im Frequenzbereich verknüpft:

$$\int_{-\infty}^{\infty} |x(t)|^2\, dt = \frac{1}{2\pi} \int_{-\infty}^{\infty} |X(j\omega)|^2\, d\omega. \tag{A.1.1}$$

Tabelle A.1.2 gibt einige Korrespondenzen der Fouriertransformation wieder.

Tabelle A.1.2: Korrespondenzen der Fouriertransformation

$x(t)$	$X(j\omega)$	Anmerkungen
$\delta_0(t)$	1	Dirac-Impuls
$\cos(\omega_0 t)$	$\pi[\delta_0(\omega-\omega_0)+\delta_0(\omega+\omega_0)]$	reelle Spektrallinien
$\sin(\omega_0 t)$	$\frac{\pi}{j}[\delta_0(\omega-\omega_0)-\delta_0(\omega+\omega_0)]$	imaginäre Spektrallinien
$\mathrm{e}^{j\omega_0 t}$	$2\pi\,\delta_0(\omega-\omega_0)$	einseitige Spektrallinie
$\mathrm{e}^{-\alpha\|t\|}$	$\frac{2\alpha}{\omega^2+\alpha^2}$	zweiseitiger Expon.-Impuls
$\mathrm{e}^{-(\alpha\, t)^2}$	$\frac{\sqrt{\pi}}{\alpha}\,\mathrm{e}^{-(\omega/2\alpha)^2}$	Gaußimpuls
$\mathrm{rect}(t/T_0)$	$T_0\cdot\mathrm{si}(\omega T_0/2)$	Rechteckimpuls[2]
$\mathrm{tri}(t/T_0)$	$T_0\cdot\mathrm{si}^2(\omega T_0/2)$	Dreieckimpuls[2]
$\frac{\omega_g}{\pi}\,\mathrm{si}(\omega_g t)$	$\mathrm{rect}(\omega/(2\omega_g))$	idealer Tiefpaß[2]

[2]Definitionen: $\mathrm{rect}(x) = \begin{cases} 1, & |x|<1/2 \\ 1/2, & |x|=1/2 \\ 0 & \text{sonst} \end{cases}$; $\mathrm{tri}(x) = \begin{cases} 1-|x|, & |x|\le 1 \\ 0 & \text{sonst} \end{cases}$; $\mathrm{si}(x) = \frac{\sin(x)}{x}$

A.2 Hilberttransformation

Die Tabelle A.2.1 gibt die Hilberttransformation einiger elementarer Signale wieder.

Tabelle A.2.1: Korrespondenzen der Hilberttransformation

$x(t)$	$\hat{x}(t) = \mathcal{H}\{x(t)\}$
A	0
$\delta_0(t)$	$\frac{1}{\pi t}$
$m!\; t^{-(m+1)}$	$-\pi(-1)^m\; \delta_0^{(m)}(t)$
$a\,(t^2+a^2)^{-1}$	$t\cdot(t^2+a^2)^{-1}$
$e^{\pm j\omega_0 t}$	$\mp j\; e^{\pm j\omega_0 t}$
$t^{-1}\cdot e^{\pm j\omega_0 t}$	$\pi\,\delta_0(t) - j\,t^{-1}\cdot(1 \pm e^{\mp j\omega_0 t})$
$t^{-2}\cdot e^{\pm j\omega_0 t}$	$-\pi\,\delta_0(t) \pm j\,t^{-2}\cdot(1 - e^{\pm j\omega_0 t})$
$\mathrm{rect}\left(\frac{t}{T}\right)$	$\frac{1}{\pi}\ln\left\lvert\frac{t+T/2}{t-T/2}\right\rvert$
$(1-\lvert\frac{t}{T}\rvert)\cdot\mathrm{rect}(\frac{t}{2T})$	$\frac{1}{\pi}\left[\ln\left\lvert\frac{t+T}{t-T}\right\rvert + \frac{t}{T}\cdot\ln\left\lvert 1-\left(\frac{T}{t}\right)^2\right\rvert\right]$
$\mathrm{sgn}(t)\cdot\mathrm{rect}\left(\frac{t}{2T}\right)$	$-\frac{1}{\pi}\ln\left\lvert 1-\left(\frac{T}{t}\right)^2\right\rvert$
$t\cdot\mathrm{sgn}(t)\cdot\mathrm{rect}\left(\frac{t}{2T}\right)$	$-\frac{t}{\pi}\cdot\ln\left\lvert 1-\left(\frac{T}{t}\right)^2\right\rvert$
$\mathrm{sgn}\left(\cos(2\pi\frac{t}{T})\right)$	$-\frac{2}{\pi}\ln\left\lvert\tan\left(\frac{\pi}{4}-\pi\frac{t}{T}\right)\right\rvert$

In den **Bildern A.2.1a,b** sind die Hilberttransformierten der Rechteck- und der Dreieckschwingung dargestellt.

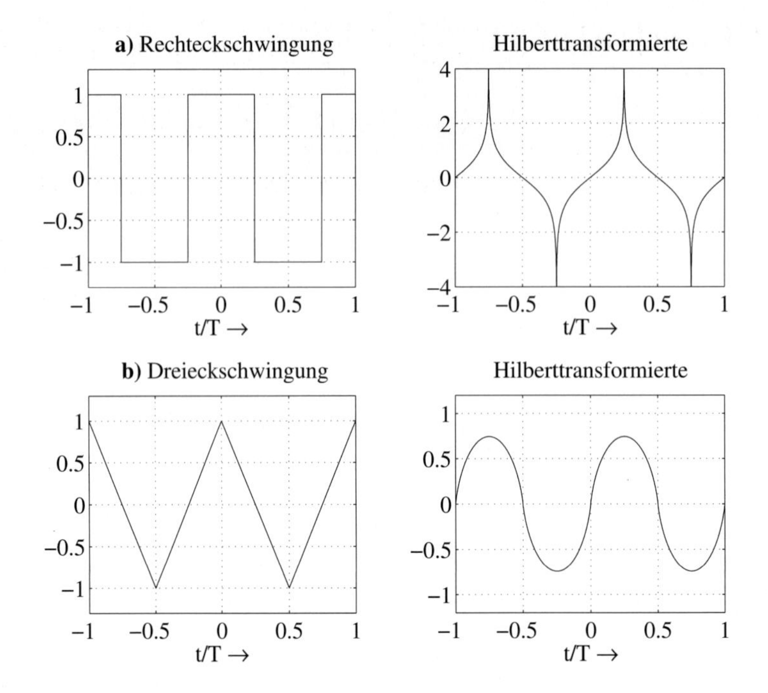

Bild A.2.1: Hilberttransformierte der Rechteck- und Dreieckschwingung

Anhang B

Auszüge aus der Linearen Algebra

Zahlreiche Probleme der Nachrichtentechnik lassen sich elegant mit den Mitteln der Linearen Algebra lösen – in den Kapiteln 11, 12, 13, 14 und 18 finden sich hierfür überzeugende Beipiele. Der vorliegende Anhang soll eine Übersicht über einige grundsätzliche Beziehungen und Eigenschaften von Vektoren und Matrizen geben. Dabei werden keine Herleitungen wiedergegeben – es werden lediglich wichtige Zusammenhänge in übersichtlicher Form aufgeführt. Die Auswahl orientiert sich an den in diesem Buch angesprochenen spezifischen Problemstellungen. Ausführliche Darstellungen der Linearen Algebra findet man z.B. in [GL96, Gut03, Ant98, ZF97].

B.1 Übersicht über wichtige Beziehungen

B.1.1 Nomenklatur und Definitionen

Vektoren werden im Allgemeinen durch kleine fette Buchstaben gekennzeichnet[1]. Mit $\mathbf{x}\in\mathbb{C}^m$ bezeichnet man einen Spaltenvektor mit m komplexen Elementen; durch Transponierung wird dieser in einen Zeilenvektor $\mathbf{x}^T$ überführt.

$$\mathbf{x} = \begin{pmatrix} x_1 \\ x_2 \\ \vdots \\ x_m \end{pmatrix}, \qquad \text{Transponierung:} \quad \Rightarrow \qquad \mathbf{x}^T = [x_1, x_2, \cdots, x_m] \tag{B.1.1a}$$

[1] Ausnahmen bilden Vektoren, deren Elemente aus stochastischen Prozessen bestehen; letztere werden durch Großbuchstaben von Musterfunktionen unterschieden.

Oftmals geht die Transponierung eines Vektors oder einer Matrix mit der Konjugation seiner Elemente einher; man definiert deshalb den *transjugierten*[2] Vektor $\mathbf{x}^H$. Eine Konjugation der Elemente ohne Transponierung wird im Unterschied mit $\mathbf{x}^*$ bezeichnet.

$$\mathbf{x}^H = [x_1^*, x_2^*, \cdots, x_m^*]; \qquad \mathbf{x}^* = \begin{pmatrix} x_1^* \\ x_2^* \\ \vdots \\ x_m^* \end{pmatrix} \tag{B.1.1b}$$

Matrizen werden zur Unterscheidung durch fette Großbuchstaben beschrieben; unter einer $m \times n$ - Matrix versteht man eine Anordnung aus m Zeilen und n Spalten:

$$\mathbf{A} = \begin{pmatrix} a_{11} & a_{12} & \cdots & a_{1n} \\ a_{21} & a_{22} & \cdots & a_{2n} \\ \vdots & \vdots & \ddots & \vdots \\ a_{m1} & a_{m2} & \cdots & a_{mn} \end{pmatrix} = \left(\mathbf{a}_1\, \mathbf{a}_2 \cdots \mathbf{a}_n\right) \in \mathbb{C}^{m \times n}; \tag{B.1.2a}$$

$\mathbf{a}_i$ bezeichnet hierbei die i-te Spalte. Die Transponierung ergibt sich aus der Vertauschung von Zeilen und Spalten; bei der Transjugation wird zusätzlich die Konjugation der Elemente vorgenommen.

$$\mathbf{A}^T = \begin{pmatrix} a_{11} & a_{21} & \cdots & a_{m1} \\ a_{12} & a_{22} & \cdots & a_{m2} \\ \vdots & \vdots & \ddots & \vdots \\ a_{1n} & a_{2n} & \cdots & a_{mn} \end{pmatrix} \qquad \mathbf{A}^H = \begin{pmatrix} a_{11}^* & a_{21}^* & \cdots & a_{m1}^* \\ a_{12}^* & a_{22}^* & \cdots & a_{m2}^* \\ \vdots & \vdots & \ddots & \vdots \\ a_{1n}^* & a_{2n}^* & \cdots & a_{mn}^* \end{pmatrix} \tag{B.1.2b}$$

- **Rang einer Matrix.** In einer Matrix $\mathbf{A}$ ist die größte Anzahl r linear unabhängiger Spaltenvektoren stets gleich der größten Anzahl der linear unabhängigen Zeilenvektoren. Diese Zahl heißt Rang der Matrix.

  $$r = \text{rang}\{\mathbf{A}\} \tag{B.1.3a}$$

  Der maximale Rang ist $\min\{m, n\}$; ist $r < \min\{m, n\}$, so liegt ein *Rangabfall* vor. Lineare Abhängigkeit besteht dann, wenn bei $m \geq n$ eine oder mehrere Spalten Linearkombinationen anderer Spalten sind, also z.B.

  $$\mathbf{A} = \left(\mathbf{a}_1 \cdots \mathbf{a}_{n-1} \sum_\nu \alpha_\nu \mathbf{a}_\nu\right);$$

  bei $n > m$ bezieht sich dies auf die Zeilen.

[2]Die Transjugierte wird oftmals auch als *Hermitesche* eines Vektors oder einer Matrix bezeichnet, womit allerdings Verwechslungsgefahr mit einer hermiteschen Matrix, also einer konjugiert symmetrischen Matrix, besteht; siehe (B.1.6a).

- **Spur einer quadratischen Matrix.** Für Matrizen $\mathbf{A} \in \mathbb{C}^{n \times n}$ definiert man die *Spur* (engl. *trace*) als Summe der Hauptdiagonalelemente:

$$\operatorname{tr}\{\mathbf{A}\} \triangleq \sum_{i=1}^{n} a_{ii}. \tag{B.1.3b}$$

- **Vektornorm.** Für einen Vektor $\mathbf{a} \in \mathbb{C}^m$ ist die *Euklidische Norm*, auch als ℓ_2-Norm bezeichnet, durch

$$\|\mathbf{a}\|_2 \triangleq \sqrt{\sum_{i=1}^{m} |a_i|^2} = \sqrt{\operatorname{tr}\{\mathbf{a}\mathbf{a}^H\}} \tag{B.1.3c}$$

definiert; vielfach wird die verkürzte Schreibweise $\|\mathbf{a}\|$ verwendet.

- **Matrixnorm.** Die *Frobenius-Norm* $\|\mathbf{A}\|_\mathrm{F}$ der Matrix $\mathbf{A} \in \mathbb{C}^{m \times n}$ ist durch

$$\|\mathbf{A}\|_\mathrm{F} \triangleq \sqrt{\operatorname{tr}\{\mathbf{A}\mathbf{A}^H\}} = \sqrt{\sum_{i=1}^{m}\sum_{j=1}^{n} |a_{ij}|^2} = \sqrt{\sum_{i=1}^{r} \sigma_i^2} \tag{B.1.3d}$$

definiert und entspricht der Wurzel aus der Summe der quadrierten Singulärwerte σ_i der Matrix $\mathbf{A}$ (siehe Abschnitt B.1.7). Der Term $\|\mathbf{A}\|_\mathrm{F}^2$ kann als Energie der Matrix interpretiert werden. Für die Spezialfälle $n = 1$ oder $m = 1$ ist die Frobenius-Norm identisch mit der ℓ_2-Norm.

Spezielle Matrizen

Eine *Diagonalmatrix* ist eine quadratische Matrix, die ausschließlich auf der Hauptdiagonalen nicht verschwindende Elemente enthält.

$$\mathbf{D} \triangleq \begin{pmatrix} d_1 & 0 & \cdots & 0 \\ 0 & d_2 & \cdots & 0 \\ \vdots & \vdots & \ddots & \vdots \\ 0 & 0 & \cdots & d_n \end{pmatrix} \triangleq \operatorname{diag}\{[d_1, d_2, \cdots, d_n]^T\} \tag{B.1.4a}$$

Die *Einheitsmatrix* ist eine Diagonalmatrix mit Einsen auf der Hauptdiagonalen. Die Dimension $n \times n$ wird üblicherweise durch einen entsprechenden Index festgelegt.

$$\mathbf{I}_n \triangleq \begin{pmatrix} 1 & 0 & \cdots & 0 \\ 0 & 1 & \cdots & 0 \\ \vdots & \vdots & \ddots & \vdots \\ 0 & 0 & \cdots & 1 \end{pmatrix} = \operatorname{diag}\{[1, 1, \cdots, 1]^T\} \tag{B.1.4b}$$

Eine *untere Dreiecksmatrix* $\mathbf{L}$ ist oberhalb der Hauptdiagonalen ausschließlich mit Nullen belegt, während bei einer *oberen Dreiecksmatrix* $\mathbf{U}$ alle Elemente unterhalb der Hauptdiagonalen verschwinden.

$$\mathbf{L} \triangleq \begin{pmatrix} \ell_{11} & 0 & \cdots & 0 \\ \ell_{21} & \ell_{22} & \cdots & 0 \\ \vdots & \vdots & \cdots & \vdots \\ \ell_{n1} & \ell_{n2} & \cdots & \ell_{nn} \end{pmatrix}; \quad \mathbf{U} \triangleq \begin{pmatrix} u_{11} & u_{12} & \cdots & u_{1n} \\ 0 & u_{22} & \cdots & u_{2n} \\ \vdots & \vdots & \cdots & \vdots \\ 0 & 0 & \cdots & u_{nn} \end{pmatrix} \tag{B.1.5}$$

Symmetrische Matrizen sind quadratische Matrizen, für deren Elemente $a_{ij} = a_{ji}$ gilt, während *hermitesche Matrizen* mit $a_{ij} \in \mathbb{C}$ eine konjugiert komplexe Symmetrie $a_{ij} = a_{ji}^*$ aufweisen.

$$\mathbf{A} = \mathbf{A}^T \text{ (symmetrisch)}, \qquad \mathbf{A} = \mathbf{A}^H \text{ (hermitesch)} \tag{B.1.6a}$$

Toeplitz-Matrizen enthalten auf den Diagonalen gleiche Elemente; für symmetrische bzw. hermitesche Toeplitz-Matizen gelten zusätzlich die Beziehungen (B.1.6a).

$$\mathbf{A}_{\text{Toeplitz}} \triangleq \begin{pmatrix} a_{11} & a_{12} & a_{13} & \cdots & a_{1n} \\ a_{21} & a_{11} & a_{12} & \ddots & a_{1,n-1} \\ a_{31} & a_{21} & a_{11} & \ddots & \vdots \\ \vdots & \ddots & \ddots & \ddots & \vdots \\ a_{m1} & a_{m2} & a_{m3} & \cdots & a_{mn} \end{pmatrix} \tag{B.1.6b}$$

Toeplitz-Matrizen sind durch zwei Vektoren, nämlich den ersten Spalten- und den ersten Zeilenvektor eindeutig festgelegt. Bei symmetrischen (bzw. hermiteschen) Toeplitz-Matrizen genügt hierzu ein einziger Vektor.

B.1.2 Addition, Multiplikation, elementare Eigenschaften

$\mathbf{A}$ und $\mathbf{B}$ seien $m \times n$-Matrizen und α, β skalare Faktoren. *Addition* und *skalare Multiplikation* von Matrizen sind elementweise definiert.

$$\mathbf{A}+\mathbf{B} = \begin{pmatrix} a_{11}+b_{11} & \cdots & a_{1n}+b_{1n} \\ \vdots & \ddots & \vdots \\ a_{m1}+b_{m1} & \cdots & a_{mn}+b_{mn} \end{pmatrix}, \quad \alpha\mathbf{A} = \begin{pmatrix} \alpha a_{11} & \cdots & \alpha a_{1n} \\ \vdots & \ddots & \vdots \\ \alpha a_{m1} & \cdots & \alpha a_{mn} \end{pmatrix} \tag{B.1.7}$$

Das *Produkt* einer $m \times n$-Matrix $\mathbf{A}$ mit einer $n \times p$-Matrix $\mathbf{B}$ ergibt eine $m \times p$-Matrix mit den Elementen $c_{ij} = \sum_{k=1}^{n} a_{ik}\, b_{kj}$; es gilt also

$$\mathbf{AB} = \mathbf{C} = \begin{pmatrix} \sum_{k=1}^{n} a_{1,k}b_{k,1} & \cdots & \sum_{k=1}^{n} a_{1,k}b_{k,p} \\ \vdots & \ddots & \vdots \\ \sum_{k=1}^{n} a_{m,k}b_{k,1} & \cdots & \sum_{k=1}^{n} a_{m,k}b_{k,p} \end{pmatrix}. \tag{B.1.8a}$$

Vektor-Vektor- bzw. **Matrix-Vektor-Multiplikationen**:

- *Inneres oder skalares Produkt:* $m = 1,\ n > 1,\ p = 1$ (Zeilenvektor $\times$ Spaltenvektor)

$$c = \mathbf{a}^H \mathbf{b} = \sum_{k=1}^{n} a_k^*\, b_k \quad \rightarrow \quad \text{Skalar} \tag{B.1.8b}$$

  Gilt $\mathbf{a}^H \mathbf{b} = 0$, so nennt man $\mathbf{a}$ und $\mathbf{b}$ *orthogonal.*

- *Matrix-Vektor-Produkt:* $m > 1,\ n > 1,\ p = 1$ (Matrix $\times$ Spaltenvektor)

$$\mathbf{c} = \mathbf{Ab} = \sum_{k=1}^{n} \mathbf{a}_k b_k \quad \rightarrow \quad \text{Spaltenvektor} \tag{B.1.8c}$$

- *Vektor-Matrix-Produkt:* $m = 1,\ n > 1,\ p > 1$ (Zeilenvektor $\times$ Matrix)

$$\mathbf{c}^H = \mathbf{b}^H \mathbf{A} = \sum_{k=1}^{n} b_k^*\, \mathbf{a}_k^T \quad \rightarrow \quad \text{Zeilenvektor} \tag{B.1.8d}$$

- *Äußeres oder dyadisches Produkt:* $m > 1,\ n = 1,\ p > 1$ (Spalten- $\times$ Zeilenvektor)

$$\mathbf{C} = \mathbf{ab}^H = \begin{pmatrix} a_1 b_1^* & \cdots & a_1 b_p^* \\ \vdots & \ddots & \vdots \\ a_m b_1^* & \cdots & a_m b_p^* \end{pmatrix} \quad \rightarrow \quad \text{Matrix} \tag{B.1.8e}$$

In der folgenden Übersicht werden einige wichtige Eigenschaften zusammengefasst:

- Die Addition ist kommutativ: $\mathbf{A} + \mathbf{B} = \mathbf{B} + \mathbf{A}$
- Die Addition ist assoziativ: $(\mathbf{A} + \mathbf{B}) + \mathbf{C} = \mathbf{A} + (\mathbf{B} + \mathbf{C})$
- Neutrales Element der Addition ist die Nullmatrix: $\mathbf{A} + \mathbf{0} = \mathbf{A}$
- Inverses Element der Addition: $\mathbf{A} + (-\mathbf{A}) = \mathbf{0}$

- Die Skalarmultiplikation ist assoziativ: $(\alpha\beta)\,\mathbf{A} = \alpha\,(\beta\mathbf{A})$
- Neutrales Element der Skalarmultiplikation ist die Eins: $1\mathbf{A} = \mathbf{A}$
- Die Skalarmultiplikation ist distributiv $\alpha\,(\mathbf{A}+\mathbf{B}) = \alpha\mathbf{A} + \alpha\mathbf{B}$
- Die Matrix-Multiplikation ist distributiv: $(\mathbf{A}+\mathbf{B})\,\mathbf{C} = \mathbf{AC} + \mathbf{BC}$
- Transjugierte Matrix: $(\mathbf{A}\,\mathbf{B})^H = \mathbf{B}^H\mathbf{A}^H$
- Gemischte Skalar-/Matrix-Multiplikation assoziativ: $\alpha\,(\mathbf{AB}) = (\alpha\mathbf{A})\,\mathbf{B} = \mathbf{A}\,(\alpha\mathbf{B})$
- Die Matrix-Multiplikation ist assoziativ: $(\mathbf{AB})\,\mathbf{C} = \mathbf{A}\,(\mathbf{BC})$
- Die Matrix-Multiplikation ist im Allgemeinen nicht kommutativ.
  Beispiel [Gut03]:

$$\mathbf{A} = \begin{pmatrix} 2 & 6 \\ 1 & 7 \end{pmatrix} \quad \mathbf{B} = \begin{pmatrix} -3 & -1 \\ 2 & 1 \end{pmatrix} \quad \mathbf{C} = \begin{pmatrix} 15 & 6 \\ 1 & 20 \end{pmatrix}$$

$$\mathbf{AB} = \begin{pmatrix} 6 & 4 \\ 11 & 6 \end{pmatrix} \quad \mathbf{BA} = \begin{pmatrix} -7 & -25 \\ 5 & 19 \end{pmatrix} \quad \rightarrow \quad \mathbf{AB} \neq \mathbf{BA}$$

$$\mathbf{AC} = \begin{pmatrix} 36 & 132 \\ 22 & 146 \end{pmatrix} \quad \mathbf{CA} = \begin{pmatrix} 36 & 132 \\ 22 & 146 \end{pmatrix} \quad \rightarrow \quad \mathbf{AC} = \mathbf{CA}$$

B.1.3 Determinanten

Determinanten bilden quadratische Matrizen auf skalare Werte ab. Die Determinante einer 2×2-Matrix berechnet sich nach der Vorschrift

$$\det\mathbf{A} \triangleq |\mathbf{A}| = \begin{vmatrix} a_{1,1} & a_{1,2} \\ a_{2,1} & a_{2,2} \end{vmatrix} = a_{1,1}a_{2,2} - a_{2,1}a_{1,2}. \tag{B.1.9}$$

Zur Berechnung der Determinanten von $n\times n$-Matrizen kann der Laplacesche Entwicklungssatz angewendet werden. Es sei eine Matrix $\mathbf{A}_{i,j}$ gleich der Matrix $\mathbf{A}$ ohne die i-te Zeile und die j-te Spalte. Dann kann die Determinante von $\mathbf{A}$ auf zweierlei Weise rekursiv entwickelt werden.

$$\text{Entwicklung nach einer Spalte:} \quad \det\mathbf{A} = \sum_{i=1}^{n} (-1)^{i+j} a_{i,j} \det\mathbf{A}_{i,j} \tag{B.1.10a}$$

$$\text{Entwicklung nach einer Zeile:} \quad \det\mathbf{A} = \sum_{j=1}^{n} (-1)^{i+j} a_{i,j} \det\mathbf{A}_{i,j} \tag{B.1.10b}$$

Fundamentale Eigenschaften:

- Linearität: $\begin{vmatrix} \alpha\mathbf{a}_1 + \alpha'\mathbf{a}_1' & \mathbf{a}_2 \end{vmatrix} = \alpha \cdot \begin{vmatrix} \mathbf{a}_1 & \mathbf{a}_2 \end{vmatrix} + \alpha' \cdot \begin{vmatrix} \mathbf{a}_1' & \mathbf{a}_2 \end{vmatrix}$
- Vertauschen zweier Spalten oder Zeilen: $\begin{vmatrix} \mathbf{a}_2 & \mathbf{a}_1 \end{vmatrix} = -\begin{vmatrix} \mathbf{a}_1 & \mathbf{a}_2 \end{vmatrix}$
- Determinante der Einheitsmatrix: $\det \mathbf{I} = 1$
- Eine Determinante ändert sich nicht durch Addition des Vielfachen eines Spaltenvektors (oder Zeilenvektors): $\begin{vmatrix} \mathbf{a}_1 + \alpha\mathbf{a}_2 & \mathbf{a}_2 \end{vmatrix} = \det \mathbf{A}$.
- $\det \mathbf{A} \begin{cases} \neq 0 & \text{für } \operatorname{rang}\{\mathbf{A}\} = n \\ = 0 & \text{für } \operatorname{rang}\{\mathbf{A}\} < n \end{cases}$

Weitere nützliche Beziehungen (allgemeingültig für alle $n \times n$-Matrizen):

- Symmetrie: $\det \mathbf{A}^H = (\det \mathbf{A})^*$
- Nullvektoren: $\begin{vmatrix} \mathbf{0} & \mathbf{a}_2 \end{vmatrix} = 0$
- Gleiche Vektoren: $\begin{vmatrix} \mathbf{a}_1 & \mathbf{a}_1 \end{vmatrix} = 0$
- Lineare Abhängigkeit: $\begin{vmatrix} \mathbf{a}_1 & \cdots & \mathbf{a}_{n-1} & \sum_\nu \alpha_\nu \mathbf{a}_\nu \end{vmatrix} = 0$
- Vielfache eines Vektors: $\begin{vmatrix} \alpha\mathbf{a}_1 & \mathbf{a}_2 \end{vmatrix} = \alpha \cdot \begin{vmatrix} \mathbf{a}_1 & \mathbf{a}_2 \end{vmatrix}$
- Skalare Multiplikation: $\det(\alpha\mathbf{A}) = \alpha^n \det \mathbf{A}$
- Determinante eines Matrizenproduktes: $\det(\mathbf{AB}) = \det \mathbf{A} \cdot \det \mathbf{B}$

Für die Determinanten von Diagonalmatrizen, unterer oder oberer Dreiecksmatrizen gilt speziell

$$\det \mathbf{D} = \prod_{i=1}^{n} d_{i,i}, \qquad \det \mathbf{L} = \prod_{i=1}^{n} \ell_{i,i}, \qquad \det \mathbf{U} = \prod_{i=1}^{n} u_{i,i}. \tag{B.1.11}$$

B.1.4 Inverse einer Matrix

Gegeben sei die quadratische Matrix $\mathbf{A} \in \mathbb{C}^{n \times n}$. Existiert eine $n \times n$-Matrix $\mathbf{B}$, für die gilt

$$\mathbf{AB} = \mathbf{BA} = \mathbf{I}_n, \tag{B.1.12a}$$

so nennt man diese Matrix Inverse von $\mathbf{A}$:

$$\mathbf{B} \stackrel{\Delta}{=} \mathbf{A}^{-1} \quad \Rightarrow \quad \mathbf{A}\mathbf{A}^{-1} = \mathbf{A}^{-1}\mathbf{A} = \mathbf{I}_n. \tag{B.1.12b}$$

Die Bedingung für die Invertierbarkeit von $\mathbf{A}$ ist ihr *maximaler Rang*, d.h. $r = n$. Die Lösung des linearen Gleichungssystems

$$\mathbf{A}\mathbf{x} = \mathbf{b}, \quad \mathbf{A} \in \mathbb{C}^{n \times n};\ \mathbf{b}, \mathbf{x} \in \mathbb{C}^n \qquad \Rightarrow \qquad \mathbf{x} = \mathbf{A}^{-1}\mathbf{b} \tag{B.1.12c}$$

erfordert die Inversion der Matrix $\mathbf{A}$. Hat diese nicht den Maximalrang, so ist das Gleichungssystem im Allgemeinen nicht exakt zu lösen. In diesem Falle führt die in Abschnitt B.1.8 eingeführte Pseudoinverse zur bestmöglichen Lösung. Auch über- und unterbestimmte Gleichungssysteme (d.h. $m \neq n$) werden mit Hilfe der Pseudoinversen gelöst (siehe z.B. den Entwurf linearer Entzerrer in Kapitel 12).

Für die Inversen von Matrizen gelten folgende Beziehungen:

$$\left(\mathbf{A}^{-1}\right)^{-1} = \mathbf{A}, \quad (\mathbf{A}\mathbf{B})^{-1} = \mathbf{B}^{-1}\mathbf{A}^{-1}, \quad \left(\mathbf{A}^{H}\right)^{-1} = \left(\mathbf{A}^{-1}\right)^{H}. \tag{B.1.13a}$$

Matrix-Inversionslemma (siehe auch Anhang H): Für die nichtsingulären Matrizen $\mathbf{A}{\in}\mathbb{C}^{m \times m}$ und $\mathbf{C}{\in}\mathbb{C}^{n \times n}$, sowie die Matrizen $\mathbf{B}{\in}\mathbb{C}^{m \times n}$ und $\mathbf{D}{\in}\mathbb{C}^{n \times m}$ gilt

$$\left(\mathbf{A} + \mathbf{B}\mathbf{C}\mathbf{D}\right)^{-1} = \mathbf{A}^{-1} - \mathbf{A}^{-1}\mathbf{B}\left(\mathbf{D}\mathbf{A}^{-1}\mathbf{B} + \mathbf{C}^{-1}\right)^{-1}\mathbf{D}\mathbf{A}^{-1} \tag{B.1.13b}$$

unter der Voraussetzung, dass die in Klammern stehenden Ausdrücke invertierbar sind.

B.1.5 Unitäre Matrizen

Eine quadratische Matrix $\mathbf{U}{\in}\mathbb{C}^{n \times n}$ heißt unitär (bzw. orthogonal bei reellen Elementen), wenn gilt

$$\mathbf{U}^H\mathbf{U} = \mathbf{U}\mathbf{U}^H = \mathbf{I}_n, \tag{B.1.14a}$$

woraus die wichtige Beziehung

$$\mathbf{U}^{-1} = \mathbf{U}^H \tag{B.1.14b}$$

folgt. Für die Spaltenvektoren $\mathbf{u}_i$ ergibt sich damit

$$\begin{pmatrix} \mathbf{u}_1^H \\ \vdots \\ \mathbf{u}_i^H \\ \vdots \\ \mathbf{u}_n^H \end{pmatrix} \cdot \left(\mathbf{u}_1 \cdots \mathbf{u}_j \cdots \mathbf{u}_n\right) = \begin{pmatrix} 1 & 0 & \cdots & 0 \\ 0 & 1 & \cdots & 0 \\ \vdots & \vdots & \ddots & \vdots \\ 0 & 0 & \cdots & 1 \end{pmatrix} \quad \Rightarrow \quad \mathbf{u}_i^H\mathbf{u}_j = \begin{cases} 1 & \text{für } i = j \\ 0 & \text{für } i \neq j. \end{cases} \tag{B.1.14c}$$

Unitäre Matrizen haben also folgende Eigenschaften:

- Die Spaltenvektoren sind *orthonormal*; gleiches gilt für die Zeilenvektoren.
- Die Inverse einer unitären Matrix ist gleich ihrer Transjugierten.
- Die Determinante einer unitären Matrix hat den Betrag eins: $|\det \mathbf{U}| = 1$.

Die Beziehung (B.1.14a) kann nur durch quadratische Matrizen erfüllt werden. Jedoch gilt für eine rechteckförmige Matrix $\mathbf{Q} \in \mathbb{C}^{m \times n}$ mit $m > n$

$$\mathbf{Q}^H \mathbf{Q} = \mathbf{I}_n, \tag{B.1.14d}$$

falls die n Spaltenvektoren orthonormal sind. Entsprechend wird von einer Rechteckmatrix mit $m < n$ und m orthonormalen Zeilen die Beziehung

$$\mathbf{Q}\mathbf{Q}^H = \mathbf{I}_m \tag{B.1.14e}$$

erfüllt.

B.1.6 Eigenwerte und Eigenvektoren

Für beliebige $n \times n$-Matrizen kann das folgende Eigenwert-Problem formuliert werden:

$$\mathbf{A}\mathbf{x} = \lambda \mathbf{x} \quad \Rightarrow \quad (\mathbf{A} - \lambda \mathbf{I})\,\mathbf{x} = \mathbf{0}. \tag{B.1.15a}$$

Zur Lösung wird das charakteristische Polynom $P_{\mathbf{A}}(\lambda)$ vom Grad n zu null gesetzt:

$$P_{\mathbf{A}}(\lambda) = \det(\mathbf{A} - \lambda \mathbf{I}) = (\lambda - \lambda_1)^{k_1} \cdots (\lambda - \lambda_\ell)^{k_\ell} = 0. \tag{B.1.15b}$$

Die Nullstellen λ_i des Polynoms $P_{\mathbf{A}}(\lambda)$ sind die Eigenwerte von $\mathbf{A}$ mit der algebraischen Vielfachheit k_i, wobei $\sum_{i=1}^{\ell} k_i = n$ gilt. Eigenwerte sind im Allgemeinen komplex.

Eigenvektoren
Die Lösung des linearen Gleichungssystems $(\mathbf{A} - \lambda_i \mathbf{I})\,\mathbf{x}_i = \mathbf{0}$ für alle Eigenwerte $\lambda_1, \cdots, \lambda_n$ liefert die Eigenvektoren $\mathbf{x}_1, \cdots, \mathbf{x}_n$. Eigenvektoren, die zu unterschiedlichen Eigenwerten gehören, sind linear unabhängig. Liegen mehrfache Nullstellen des charakteristischen Polynoms vor, so ergeben sich gleiche Eigenwerte, deren zugehörige Eigenvektoren linear abhängig sein können.

Diagonalisieren einer Matrix A (Hauptachsentransformation)
Fasst man die n Eigenvektoren $\mathbf{x}_i$ zu einer $n \times n$ Matrix $\mathbf{X}$ zusammen und formt aus den n Eigenwerten eine Diagonalmatrix $\mathbf{\Lambda}$

$$\mathbf{X} = \big(\mathbf{x}_1 \; \mathbf{x}_2 \; \cdots \mathbf{x}_n\big), \qquad \mathbf{\Lambda} = \mathrm{diag}\{[\lambda_1, \ldots, \lambda_n)]^T\}, \tag{B.1.16a}$$

dann lässt sich (B.1.15a) für alle n Eigenwerte kompakt schreiben als

$$\mathbf{AX} = \mathbf{X\Lambda} \quad \Rightarrow \quad \mathbf{X}^{-1}\mathbf{AX} = \mathbf{\Lambda} \quad \text{bzw.} \quad \mathbf{A} = \mathbf{X\Lambda X}^{-1}. \tag{B.1.16b}$$

Dies ist nur möglich für linear unabhängige Eigenvektoren, da andernfalls $\mathbf{X}$ nicht invertierbar ist.

Einige nützliche Eigenschaften

Matrix		Eigenwert	Eigenvektor
$\mathbf{A}$	$\rightarrow$	λ_i	$\mathbf{x}_i$
$\mathbf{A}^T$	$\rightarrow$	λ_i	$\tilde{\mathbf{x}}_i \neq \mathbf{x}_i$
$\mathbf{A}^H$	$\rightarrow$	λ_i^*	$\tilde{\mathbf{x}}_i^*$
$\alpha\mathbf{A}$	$\rightarrow$	$\alpha\lambda_i$	$\mathbf{x}_i$
$\mathbf{A}^m$	$\rightarrow$	λ_i^m	$\mathbf{x}_i$
$\mathbf{A}+\beta\mathbf{I}$	$\rightarrow$	$\lambda_i+\beta,$	$\mathbf{x}_i$
$\mathbf{X}^{-1}\mathbf{AX}$	$\rightarrow$	λ_i	$\mathbf{X}^{-1}\mathbf{x}_i$

$$\begin{aligned} \det \mathbf{A} &= \prod_{i=1}^{n} \lambda_i \\ \operatorname{tr}\{\mathbf{A}\} &= \sum_{i=1}^{n} \lambda_i \\ \mathbf{A} \text{ invertierbar} &\Leftrightarrow \forall\, \lambda_i \neq 0 \\ \mathbf{A} \text{ positiv definit} &\Leftrightarrow \forall\, \lambda_i > 0 \end{aligned} \tag{B.1.17}$$

Speziell für *hermitesche Matrizen* $\mathbf{A}$ gilt:

- Alle Eigenwerte sind reell.
- Besitzt $\mathbf{A}$ nur positive Eigenwerte, dann bezeichnet man sie als *positiv definit.*
- Eigenvektoren die zu unterschiedlichen Eigenwerten gehören sind orthonormal, d.h. die Matrix der Eigenvektoren $\mathbf{U} = (\mathbf{u}_1, \cdots, \mathbf{u}_n)$ ist unitär.

Da hermitesche Matrizen orthonormale Eigenvektoren besitzen, kann (B.1.14b) in (B.1.16b) eingesetzt werden; für hermitesche Matrizen erhält man damit die folgende Diagonalisierung (*Hauptachsentransformation*):

$$\mathbf{U}^H\mathbf{AU} = \mathbf{\Lambda} \quad \Leftrightarrow \quad \mathbf{A} = \mathbf{U\Lambda U}^H. \tag{B.1.18}$$

B.1.7 Singulärwertzerlegung

Jede $m \times n$-Matrix $\mathbf{A}$ mit Rang $r \leq \min\{m,n\}$ kann geschrieben werden als

$$\mathbf{A} = \mathbf{U\Sigma V}^H = \mathbf{U} \begin{pmatrix} \mathbf{\Sigma}_0 & \mathbf{0} \\ \mathbf{0} & \mathbf{0} \end{pmatrix} \mathbf{V}^H. \tag{B.1.19}$$

Dabei bezeichnet $\mathbf{\Sigma}_0 = \operatorname{diag}(\sigma_1, \ldots, \sigma_r)$ die Matrix der Singulärwerte σ_i.

- Der Rang r der Matrix ist durch die Anzahl der nicht verschwindenden Singulärwerte $\sigma_1, \cdots, \sigma_r$ festgelegt.
- Die Singulärwerte sind grundsätzlich reell und nichtnegativ; dies gilt auch für Matrizen mit komplexen Elementen.
- Die unitäre $m{\times}m$-Matrix $\mathbf{U}$ besteht aus den Eigenvektoren von $\mathbf{A}\mathbf{A}^H$, die als linke Singulärvektoren von $\mathbf{A}$ bezeichnet werden.
- Die unitäre $n{\times}n$-Matrix $\mathbf{V}$ besteht aus den Eigenvektoren von $\mathbf{A}^H\mathbf{A}$, die als rechte Singulärvektoren von $\mathbf{A}$ bezeichnet werden.

Zusammenhang mit der Eigenwertzerlegung:
Man bildet die hermitesche Matrix $\mathbf{A}^H\mathbf{A}$ und setzt die Singulärwertzerlegung ein:

$$\mathbf{A}^H\mathbf{A} = \mathbf{V}\boldsymbol{\Sigma}^H\mathbf{U}^H\mathbf{U}\boldsymbol{\Sigma}\mathbf{V}^H = \mathbf{V}\boldsymbol{\Sigma}^H\boldsymbol{\Sigma}\mathbf{V}^H = \mathbf{V}\begin{pmatrix} \boldsymbol{\Sigma}_0^2 & \mathbf{0} \\ \mathbf{0} & \mathbf{0} \end{pmatrix}\mathbf{V}^H. \tag{B.1.20a}$$

Entsprechend erhält man

$$\mathbf{A}\mathbf{A}^H = \mathbf{U}\boldsymbol{\Sigma}\mathbf{V}^H\mathbf{V}\boldsymbol{\Sigma}^H\mathbf{U}^H = \mathbf{U}\begin{pmatrix} \boldsymbol{\Sigma}_0^2 & \mathbf{0} \\ \mathbf{0} & \mathbf{0} \end{pmatrix}\mathbf{U}^H. \tag{B.1.20b}$$

- Die Singulärwerte von $\mathbf{A}$ sind also die positiven Quadratwurzeln der Eigenwerte der Matrizen $\mathbf{A}^H\mathbf{A}$ bzw. $\mathbf{A}\mathbf{A}^H$.

Man definiert die folgenden *vier Unterräume:* Die Vektoren

- $\mathbf{u}_1, \cdots, \mathbf{u}_r$ bilden den Spaltenraum von $\mathbf{A}$.
- $\mathbf{u}_{r+1}, \cdots, \mathbf{u}_m$ bilden den linken Nullraum von $\mathbf{A}$.
- $\mathbf{v}_1, \cdots, \mathbf{v}_r$ bilden den Zeilenraum von $\mathbf{A}$.
- $\mathbf{v}_{r+1}, \cdots, \mathbf{v}_n$ bilden den rechten Nullraum von $\mathbf{A}$.

Die Konditionszahl einer Matrix ist das Verhältnis des größten zum kleinsten Singulärwert

$$\kappa(\mathbf{A}) = \frac{\sigma_{\max}}{\sigma_{\min}} \geq 1. \tag{B.1.21}$$

Je größer dieser Wert ist, desto schlechter ist die Matrix konditioniert, was zu numerischer Instabilität bei der Berechnung der Inversen führt. Dies wird auch anhand der Beziehung

$$\det \mathbf{A} = \prod_{i=1}^{n} \lambda_i = \prod_{i=1}^{n} \sigma_i^2$$

deutlich: Ist der minimale Singulärwert sehr klein, so ist auch der Wert der Determinante klein; für $\det \mathbf{A} = 0$ ist die Matrix singulär.

B.1.8 Pseudoinverse

Für die Lösung des allgemeinen Problems

$$\min_{\mathbf{x}} ||\mathbf{Ax} - \mathbf{b}||^2$$

lässt sich formal schreiben

$$\mathbf{x} = \mathbf{A}^+\mathbf{b},$$

wobei $\mathbf{A}^+$ die $n \times m-$*Moore-Penrose-Pseudoinverse* der $m \times n-$Matrix $\mathbf{A}$ ist. Für diese gilt, wenn $\mathbf{A}$ den Rang $r = \min\{m, n\}$ besitzt

$$\begin{aligned} m > n, \quad & \text{rang}\{\mathbf{A}\} = n \quad \to \quad \mathbf{A}^+ = (\mathbf{A}^H\mathbf{A})^{-1}\mathbf{A}^H \\ m < n, \quad & \text{rang}\{\mathbf{A}\} = m \quad \to \quad \mathbf{A}^+ = \mathbf{A}^H(\mathbf{A}\mathbf{A}^H)^{-1} \\ m = n, \quad & \text{rang}\{\mathbf{A}\} = n \quad \to \quad \mathbf{A}^+ = \mathbf{A}^{-1}. \end{aligned} \tag{B.1.22a}$$

Allgemein lässt sich die Pseudoinverse über eine Singulärwertzerlegung definieren, womit dann auch Matrizen einbezogen werden können, deren Rang kleiner als $\min\{m, n\}$ ist. Ohne Beschränkung der Allgemeinheit nehmen wir $n < m$ an. Bezeichnen $\sigma_1, \cdots, \sigma_n$ die Singulärwerte von $\mathbf{A}$, dann bildet man die $(n \times m)-$Matrix

$$\mathbf{\Sigma}^+ = \begin{pmatrix} \tau_1 & & \mathbf{0} \\ & \ddots & \\ \mathbf{0} & & \tau_n \end{pmatrix} \quad \text{mit} \quad \tau_\mu = \begin{cases} 1/\sigma_\mu & \text{für } \sigma_\mu \neq 0 \\ 0 & \text{für } \sigma_\mu = 0. \end{cases} \tag{B.1.22b}$$

Es sei $\mathbf{V}$ die unitäre $(n \times n)$-Matrix der Eigenvektoren von $\mathbf{A}^H\mathbf{A}$ und $\mathbf{U}$ die $(m \times m)$-Eigenvektor-Matrix von $\mathbf{A}\mathbf{A}^H$. Dann ist

$$\mathbf{A}^+ = \mathbf{V}\,\mathbf{\Sigma}^+\,\mathbf{U}^H \tag{B.1.22c}$$

die Pseudoinverse der Matrix $\mathbf{A}$.

B.1.9 Weitere Matrix-Zerlegungen

LU-Zerlegung. Jede invertierbare Matrix $\mathbf{A}$ kann als ein Produkt aus einer unteren Dreiecksmatrix $\mathbf{L}$ und einer oberen Dreiecksmatrix $\mathbf{U}$ geschrieben werden:

$$\mathbf{A} = \mathbf{LU}. \tag{B.1.23}$$

Anwendung: Lösen eines linearen Gleichungssystems $\mathbf{Ax} = \mathbf{LUx} = \mathbf{b}$ mit konstanter Koeffizientenmatrix (einmalige $\mathbf{LU}$-Zerlegung) bei verschiedenen Vektoren auf der rechten

Seite. Da die Inversion von Dreiecksmatrizen leicht möglich ist, löst man zunächst das untere Dreieckssystem $\mathbf{L}\mathbf{y} = \mathbf{b}$ und dann anschließend das obere $\mathbf{U}\mathbf{x} = \mathbf{y}$.

LU-Zerlegung einer 3×3-Matrix:

$$\begin{pmatrix} a_{1,1} & a_{1,2} & a_{1,3} \\ a_{2,1} & a_{2,2} & a_{2,3} \\ a_{3,1} & a_{3,2} & a_{3,3} \end{pmatrix} = \begin{pmatrix} 1 & 0 & 0 \\ \ell_{2,1} & 1 & 0 \\ \ell_{3,1} & \ell_{3,2} & 1 \end{pmatrix} \cdot \begin{pmatrix} u_{1,1} & u_{1,2} & u_{1,3} \\ 0 & u_{2,2} & u_{2,3} \\ 0 & 0 & u_{3,3} \end{pmatrix} \tag{B.1.24a}$$

$$= \begin{pmatrix} u_{1,1} & u_{1,2} & u_{1,3} \\ \ell_{2,1}u_{1,1} & \ell_{2,1}u_{1,2} + u_{2,2} & \ell_{2,1}u_{1,3} + u_{2,3} \\ \ell_{3,1}u_{1,1} & \ell_{3,1}u_{1,2} + \ell_{3,2}u_{2,2} & \ell_{3,1}u_{1,3} + \ell_{3,2}u_{2,3} + u_{3,3} \end{pmatrix}$$

Berechnungsreihenfolge: $u_{1,1} \to u_{1,2} \to u_{1,3} \to \ell_{2,1} \to \ell_{3,1} \to u_{2,2} \to u_{2,3} \to \ell_{3,2} \to u_{3,3}$

Cholesky-Zerlegung. Eine hermitesche, positiv definite Matrix $\mathbf{A}$ ist vollständig charakterisiert durch eine untere Dreiecksmatrix $\mathbf{L}$ mit der Cholesky-Zerlegung $\mathbf{A} = \mathbf{L}\mathbf{L}^H$. Diese Zerlegung ist ähnlich der LU-Zerlegung, besitzt jedoch eine um den Faktor 2 reduzierte Komplexität.

Cholesky-Zerlegung einer 3×3-Matrix:

$$\begin{pmatrix} a_{1,1} & a_{1,2} & a_{1,3} \\ a_{2,1} & a_{2,2} & a_{2,3} \\ a_{3,1} & a_{3,2} & a_{3,3} \end{pmatrix} = \begin{pmatrix} |\ell_{1,1}|^2 & \ell_{1,1}\ell_{2,1}^* & \ell_{1,1}\ell_{3,1}^* \\ \ell_{2,1}\ell_{1,1}^* & |\ell_{2,1}|^2 + |\ell_{2,2}|^2 & \ell_{2,1}\ell_{3,1}^* + \ell_{2,2}\ell_{3,2}^* \\ \ell_{3,1}\ell_{1,1}^* & \ell_{3,1}\ell_{2,1}^* + \ell_{3,2}\ell_{2,2}^* & |\ell_{3,1}|^2 + |\ell_{3,2}|^2 + |\ell_{3,3}|^2 \end{pmatrix} \tag{B.1.24b}$$

Berechungsreihenfolge: $\ell_{1,1} \to \ell_{2,1} \to \ell_{3,1} \to \ell_{2,2} \to \ell_{3,2} \to \ell_{3,3}$

QR-Zerlegung. Jede $m\times n$ Matrix $\mathbf{A}$ mit $m \geq n$ kann in das Produkt einer $m\times n$ Matrix $\mathbf{Q}$ mit *orthonormalen Spalten* und einer oberen $n\times n$ Dreiecksmatrix $\mathbf{R}$ faktorisiert werden

$$\mathbf{A} = \mathbf{Q}\,\mathbf{R}\,. \tag{B.1.25a}$$

Da die Spalten $\mathbf{q}_i$ orthogonal zu einander sind und jeweils die Länge Eins besitzen, gilt gemäß (B.1.14d) $\mathbf{Q}^H\mathbf{Q} = \mathbf{I}_n$. In Vektornotation folgt für (B.1.25a)

$$\begin{pmatrix} \mathbf{a}_1 \ldots \mathbf{a}_n \end{pmatrix} = \begin{pmatrix} \mathbf{q}_1 \ldots \mathbf{q}_n \end{pmatrix} \cdot \begin{pmatrix} r_{1,1} & \ldots & r_{1,n} \\ & \ddots & \\ \mathbf{0} & & r_{n,n} \end{pmatrix}, \tag{B.1.25b}$$

und für den Spaltenvektor $\mathbf{a}_i$ ergibt sich die Zerlegung

$$\mathbf{a}_i = \sum_{\nu=1}^{i} r_{\nu,i}\,\mathbf{q}_\nu \tag{B.1.25c}$$

in die orthonormalen Basisvektoren $\mathbf{q}_\nu$ mit den Koeffizienten $r_{\nu,i}$.

Das Bild B.1.1 veranschaulicht die Zerlegung einer 3×3 Matrix $\mathbf{A}$ in ihre orthogonalen Komponenten.

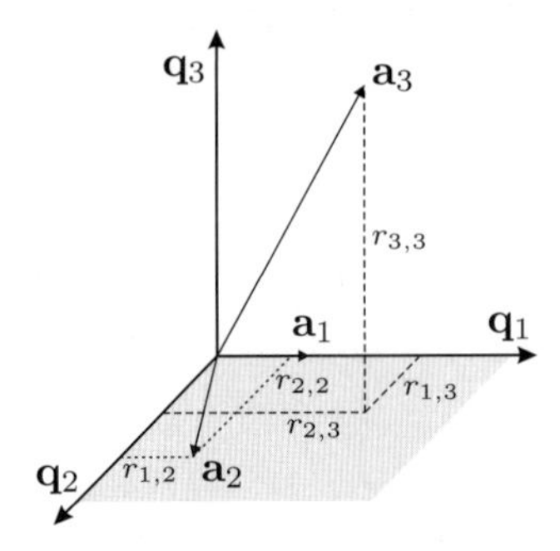

Bild B.1.1: Geometrische Darstellung der QR-Zerlegung der Matrix $\mathbf{A}$

Gram-Schmidt-Orthogonalisierung:

1. $\mathbf{a}_1 = r_{11}\,\mathbf{q}_1 \qquad \rightarrow r_{11} = \|\mathbf{a}_1\|;\ \mathbf{q}_1 = \mathbf{a}_1/r_{11}$
2. $\mathbf{a}_2 = r_{12}\mathbf{q}_1 + r_{22}\mathbf{q}_2;\ \ \mathbf{q}_1^H\mathbf{a}_2 = r_{12}\underbrace{\mathbf{q}_1^H\mathbf{q}_1}_{1} + r_{22}\underbrace{\mathbf{q}_1^H\mathbf{q}_2}_{0} \qquad \rightarrow r_{12} = \mathbf{q}_1^H\mathbf{a}_2,$

   $\mathbf{a}_2' \stackrel{\Delta}{=} \mathbf{a}_2 - r_{12}\mathbf{q}_1 = r_{22}\mathbf{q}_2 \qquad \rightarrow r_{22} = \|\mathbf{a}_2'\|;\ \mathbf{q}_2 = \mathbf{a}_2'/r_{22}$
3. $\mathbf{a}_3 = r_{13}\mathbf{q}_1 + r_{23}\mathbf{q}_2 + r_{33}\mathbf{q}_3; \qquad \rightarrow r_{13} = \mathbf{q}_1^H\mathbf{a}_3;\ r_{23} = \mathbf{q}_2^H\mathbf{a}_3$

   $\mathbf{a}_3' \stackrel{\Delta}{=} \mathbf{a}_3 - r_{13}\mathbf{q}_1 - r_{23}\mathbf{q}_2 = r_{33}\mathbf{q}_3 \qquad \rightarrow r_{33} = \|\mathbf{a}_3'\|;\ \mathbf{q}_3 = \mathbf{a}_3'/r_{33}$
4. $\mathbf{a}_3 = \cdots$ etc.

Anwendungsbeispiel: *Bestimmung der Pseudo-Inversen mit der QR-Zerlegung*
Mit der QR-Zerlegung steht auch eine einfach zu implementierende Methode zur Bestimmung der Singulärwertzerlegung und zur Berechnung der Pseudo-Inversen zur Verfügung [PRL⁺02]. Wird beispielsweise die Faktorisierung $\mathbf{A} = \mathbf{QR}$ in die Definitionsgleichung der Pseudo-Inversen (B.1.22a) eingesetzt

$$\mathbf{A}^+ = \left(\mathbf{A}^H\mathbf{A}\right)^{-1}\mathbf{A}^H = \left(\mathbf{R}^H\mathbf{Q}^H\mathbf{QR}\right)^{-1}\mathbf{R}^H\mathbf{Q}^H = \mathbf{R}^{-1}\mathbf{Q}^H\,, \tag{B.1.26}$$

so ergibt sich $\mathbf{A}^+$ als Produkt der oberen Dreiecksmatrix $\mathbf{R}^{-1}$ und $\mathbf{Q}^H$. Die Inversion der Matrix $\mathbf{R}$ ist wegen ihrer Dreieckstruktur sehr einfach möglich [GL96].

B.1.10 Ableitung nach Vektoren

Die Ableitung einer skalaren Funktion $f(\mathbf{x})$ nach dem *Spalten*vektor $\mathbf{x}\in\mathbb{C}^m$ wird als

$$\frac{\partial f(\mathbf{x})}{\partial \mathbf{x}} = \left[\frac{\partial f(\mathbf{x})}{\partial x_1}, \frac{\partial f(\mathbf{x})}{\partial x_2}, \cdots, \frac{\partial f(\mathbf{x})}{\partial x_m}\right] \tag{B.1.27a}$$

definiert, ergibt also einen *Zeilen*vektor. Umgekehrt ist die Ableitung nach einem Zeilenvektor als Spaltenvektor festgelegt:

$$\frac{\partial f(\mathbf{x})}{\partial \mathbf{x}^T} = \left[\frac{\partial f(\mathbf{x})}{\partial x_1}, \frac{\partial f(\mathbf{x})}{\partial x_2}, \dots, \frac{\partial f(\mathbf{x})}{\partial x_m}\right]^T . \tag{B.1.27b}$$

Enthalten die Vektoren komplexe Elemente, so erfolgt die Ableitung gemäß der Definition nach Wirtinger (siehe Seite 433), also

$$\frac{\partial f(\mathbf{x})}{\partial \mathbf{x}} = \frac{\partial f(\mathbf{x})}{\partial \mathrm{Re}\{\mathbf{x}\}} - j\,\frac{\partial f(\mathbf{x})}{\partial \mathrm{Im}\{\mathbf{x}\}}. \tag{B.1.28a}$$

Damit gelten die Beziehungen

$$\frac{\partial x}{\partial x} = \frac{\partial x^*}{\partial x^*} = 1 \qquad \text{und} \qquad \frac{\partial x}{\partial x^*} = \frac{\partial x^*}{\partial x} = 0. \tag{B.1.28b}$$

Ableitung einer linearen Funktion:

$$\frac{\partial \mathbf{a}^T\mathbf{x}}{\partial \mathbf{x}} = \frac{\partial \mathbf{x}^T\mathbf{a}}{\partial \mathbf{x}} = \mathbf{a}^T; \qquad \frac{\partial \mathbf{a}^T\mathbf{x}}{\partial \mathbf{x}^T} = \frac{\partial \mathbf{x}^T\mathbf{a}}{\partial \mathbf{x}^T} = \mathbf{a}, \qquad \text{für } \mathbf{x},\mathbf{a}\in\mathbb{R}^m \tag{B.1.29a}$$

$$\frac{\partial \mathbf{a}^H\mathbf{x}}{\partial \mathbf{x}} = \mathbf{a}^H; \ \frac{\partial \mathbf{x}^H\mathbf{a}}{\partial \mathbf{x}^H} = \mathbf{a}; \qquad \frac{\partial \mathbf{a}^H\mathbf{x}}{\partial \mathbf{x}^H} = \frac{\partial \mathbf{x}^H\mathbf{a}}{\partial \mathbf{x}} = \mathbf{0}, \qquad \text{für } \mathbf{x},\mathbf{a}\in\mathbb{C}^m \tag{B.1.29b}$$

Ableitung einer quadratischen Funktion:

$$\frac{\partial \mathbf{x}^T\mathbf{A}\mathbf{x}}{\partial \mathbf{x}^T} = \left(\mathbf{A}^T + \mathbf{A}\right)\mathbf{x}; \qquad \frac{\partial \mathbf{x}^T\mathbf{A}\mathbf{x}}{\partial \mathbf{x}} = \mathbf{x}^T\left(\mathbf{A}^T + \mathbf{A}\right) \quad \text{für } \mathbf{x}\in\mathbb{R}^m, \mathbf{A}\in\mathbb{R}^{m\times m} \tag{B.1.30a}$$

$$\frac{\partial \mathbf{x}^H\mathbf{A}\mathbf{x}}{\partial \mathbf{x}^H} = \mathbf{A}\mathbf{x}; \qquad \frac{\partial \mathbf{x}^H\mathbf{A}\mathbf{x}}{\partial \mathbf{x}} = \mathbf{x}^H\mathbf{A} \qquad \text{für } \mathbf{x}\in\mathbb{C}^m, \mathbf{A}\in\mathbb{C}^{m\times m} \tag{B.1.30b}$$

B.2 Vektorielle Darstellung von Signalen

An zahlreichen Stellen dieses Buches werden vektorielle Beschreibungen von Signalen benutzt – z.B. bei der Herleitung der optimalen Empfänger in den Kapiteln 11 und 13 oder der Behandlung der Entzerrung in Kapitel 12. Dabei werden die Betrachtungen auf zeitdiskrete Signale beschränkt, da moderne Nachrichtenübertragungssysteme heute vornehmlich digital realisiert werden. Es ist aber darauf hinzuweisen, dass auch für zeitkontinuierliche Signale eine vektorielle Repräsentation möglich ist, indem z.B. ein Signalausschnitt nach orthonormalen Basisfunktionen entwickelt wird. Die Entwicklungskoeffizienten können dann in einem Vektor zusammengefasst werden und repräsentieren damit — exakt oder näherungsweise — das kontinuierliche Signal. Im Rahmen des vorliegenden Buches werden wir an entsprechenden Stellen von den systemtheoretisch einfacher fassbaren zeitdiskreten Signalen und Systemen Gebrauch machen und deshalb auf die Erläuterung der diskreten Darstellung analoger Signale verzichten; hierzu wird auf die Literatur verwiesen (z.B. [vT68] oder [Mer10]).

B.2.1 Beschreibung der Faltung als Skalarprodukt

Eine nichtrekursive Filterung wird durch die diskrete Faltung des Eingangssignals $x(k)$ mit der auf die Länge ℓ begrenzten Impulsantwort $h(k)$ beschrieben:

$$y(k) = \sum_{k'=0}^{\ell-1} h(k')\, x(k-k'). \tag{B.2.1}$$

Dieser Ausdruck ist als *Skalarprodukt* aufzufasssen, indem die Vektoren

$$\mathbf{x}(k) = \begin{pmatrix} x(k) \\ x(k-1) \\ \vdots \\ x(k-\ell+1) \end{pmatrix} \quad \text{und} \quad \mathbf{h} = \begin{pmatrix} h(0) \\ h(1) \\ \vdots \\ h(\ell-1) \end{pmatrix} \tag{B.2.2}$$

definiert werden. Unter Nutzung der Definitionen (B.1.1a,b) können das Faltungsergebnis gemäß Gleichung (B.2.1) sowie das hierzu konjugiert komplexe Signal kompakt als

$$y(k) = \mathbf{x}^T(k)\cdot\mathbf{h} \quad \text{bzw.} \quad y^*(k) = \mathbf{h}^H\cdot\mathbf{x}^*(k). \tag{B.2.3}$$

geschrieben werden.

Wir betrachten den Fall, dass das Filter-Eingangssignal ein stationärer Zufallsprozess $X(k)$ ist – gemäß der Festlegung in diesem Buch wird es ebenso wie der Ausgangsprozess $Y(k)$ durch den Großbuchstaben beschrieben. Für die Leistung des Filter-Ausgangssignals gilt[3]

$$\mathrm{E}\{|Y(k)|^2\} = \mathrm{E}\{Y^*(k)\,Y(k)\} = \mathrm{E}\{\mathbf{h}^H\,\mathbf{X}^*(k)\,\mathbf{X}^T(k)\cdot\mathbf{h}\} = \mathbf{h}^H\,\mathrm{E}\{\mathbf{X}^*(k)\,\mathbf{X}^T(k)\}\,\mathbf{h}. \tag{B.2.4}$$

In der Mitte dieses Ausdrucks taucht der Erwartungswert einer Matrix auf; das ν,μ-te Element dieser Matrix lautet

$$\mathrm{E}\{X^*(k-\nu)X(k-\mu)\} = \mathrm{E}\{X^*(k)X(k+\nu-\mu)\} = r_{XX}(\nu-\mu), \tag{B.2.5}$$

[3] In diesem Falle kennzeichnen die fetten Großbuchstaben keine Matrizen, sondern Vektoren von Zufallsvariablen.

so dass gilt

$$\mathrm{E}\{\mathbf{X}^*(k)\mathbf{X}^T(k)\} \triangleq \mathbf{R}_{XX} = \begin{pmatrix} r_{XX}(0) & r^*_{XX}(1) & \dots & r^*_{XX}(n) \\ r_{XX}(1) & r_{XX}(0) & \dots & r^*_{XX}(n-1) \\ \vdots & & & \vdots \\ r_{XX}(n) & r_{XX}(n-1) & \dots & r_{XX}(0) \end{pmatrix}. \tag{B.2.6}$$

Man bezeichnet diese Matrix als *Autokorrelationsmatrix*; sie bildet die Grundlage für die Lösung zahlreicher nachrichtentechnischer Probleme.

Für *nicht mittelwertfreie* Prozesse wird neben der Autokorrelationsmatrix die *Kovarianzmatrix* definiert.

$$\mathbf{C}_{XX} = \mathbf{R}_{XX} - |\mathrm{E}\{X(k)\}|^2 \begin{pmatrix} 1 & 1 & \dots & 1 \\ 1 & 1 & & \vdots \\ \vdots & & & \vdots \\ 1 & 1 & \dots & 1 \end{pmatrix} \tag{B.2.7}$$

Bei den meisten behandelten Problemen werden wir von mittelwertfreien Prozessen ausgehen; in diesem Falle sind Autokorrelations- und Kovarianzmatrix identisch.

B.2.2 Die Faltungsmatrix

In den vorangegangenen Betrachtungen ging es darum, den Ausgangswert eines Filters zu einem bestimmten Zeitpunkt k zu ermitteln. Eine kompakte Formulierung stellt das Skalarprodukt aus dem Koeffizientenvektor $\mathbf{h}$ und dem Signalvektor $\mathbf{x}(k)$ dar, bei dem die Elemente in zeitlich abfallender Reihenfolge sortiert sind.

Im Gegensatz dazu soll nun die Systemantwort auf eine *Sequenz* von Eingangswerten berechnet werden. Auch in diesem Falle werden Signale durch Vektoren dargestellt, wobei aber die Elemente in *zeitlich aufsteigender Reihenfolge* sortiert sind. Der Signalausschnitt $x(0), x(1), \dots, x(L-1)$ wird dementsprechend in einem Vektor

$$\mathbf{x} = \begin{pmatrix} x(0) \\ x(1) \\ \vdots \\ x(L-1) \end{pmatrix} \tag{B.2.8a}$$

zusammengefasst. Durchläuft dieses Signal ein Filter mit der endlichen Impulsantwort $h(0), h(1), \dots, h(\ell-1)$, so entsteht an dessen Ausgang ein endliches Signal der Länge

$L + \ell - 1$, das durch den Vektor

$$\mathbf{y} = \begin{pmatrix} y(0) \\ y(1) \\ \vdots \\ y(L+\ell-2) \end{pmatrix} \tag{B.2.8b}$$

repräsentiert wird. Der Zusammenhang zwischen dem Eingangsvektor $\mathbf{x}$ und dem Ausgangsvektor $\mathbf{y}$ wird durch die $(L + \ell - 1) \times L$-*Faltungsmatrix*

$$\mathbf{H} = \begin{pmatrix} h(0) & & & \mathbf{0} \\ h(1) & h(0) & & \\ \vdots & h(1) & \ddots & \\ h(\ell-1) & \vdots & & h(0) \\ & h(\ell-1) & & h(1) \\ & & \ddots & \\ \mathbf{0} & & & h(\ell-1) \end{pmatrix} \tag{B.2.8c}$$

hergestellt. Sie besitzt eine *Toeplitz-Struktur*, d.h. auf den Diagonalen finden sich jeweils gleiche Werte (siehe Seite 756, Gl.(B.1.6b)). Die Dreiecksmatrix oberhalb der Hauptdiagonalen ist mit Nullen zu belegen, um die *Kausalität* sicherzustellen; das Verschwinden der unteren Dreiecksmatrix ergibt sich aus der endlichen Länge der Impulsantwort.

Mit der Matrix $\mathbf{H}$ lässt sich die diskrete Faltung kompakt durch

$$\mathbf{y} = \mathbf{H} \cdot \mathbf{x}. \tag{B.2.9}$$

beschreiben.

Setzt man für das Eingangssignal einen stationären Zufallsprozess ein und bildet den Ausdruck $\mathrm{E}\{\mathbf{X}\mathbf{X}^H\}$, so erhält man wieder die Autokorrelationsmatrix

$$\mathrm{E}\{\mathbf{X}\mathbf{X}^H\} = \mathbf{R}_{XX} = \begin{pmatrix} r_{XX}(0) & r^*_{XX}(1) & \cdots & r^*_{XX}(L-1) \\ r_{XX}(1) & r_{XX}(0) & & \vdots \\ \vdots & & \ddots & \\ r_{XX}(L-1) & \cdots & & r_{XX}(0) \end{pmatrix}. \tag{B.2.10}$$

Hierbei ist zu beachten, dass im Gegensatz zu (B.2.6) die Elemente des Vektors $\mathbf{X}$ in aufsteigender Reihenfolge sortiert sind; da in (B.2.6) zusätzlich eine Konjugation erfolgt, ergibt sich in beiden Fällen die Autokorrelationsmatrix.

An mehreren Stellen (vgl. z.B. Abschnitt 11.3.2, Seite 369, oder Abschnitt 12.6.1, Seite 469) wird die Autokorrelationsmatrix als *nichtkausale Faltungsmatrix* interpretiert – nichtkausal deshalb, weil die Elemente oberhalb der Hauptdiagonalen nicht identisch verschwinden. Wir betrachten hierzu das folgende Beispiel: Die Autokorrelationsfolge[4] sei auf insgesamt fünf Werte $r(-2), \ldots, r(2)$ begrenzt; als Eingangsfolge wird eine endliche Folge der Länge drei $(x(0), x(1), x(2))$ angesetzt. Dann kann die folgende vektorielle Beziehung aufgestellt werden:

$$\underbrace{\begin{pmatrix} r(0) & r(-1) & r(-2) & & & & \mathbf{0} \\ r(1) & r(0) & r(-1) & r(-2) & & & \\ r(2) & r(1) & r(0) & r(-1) & r(-2) & & \\ & r(2) & r(1) & r(0) & r(-1) & r(-2) & \\ & & r(2) & r(1) & r(0) & r(-1) & r(-2) \\ & & & r(2) & r(1) & r(0) & r(-1) \\ \mathbf{0} & & & & r(2) & r(1) & r(0) \end{pmatrix}}_{\mathbf{R}} \begin{pmatrix} 0 \\ 0 \\ x(0) \\ x(1) \\ x(2) \\ 0 \\ 0 \end{pmatrix} = \begin{pmatrix} y(-2) \\ y(-1) \\ y(0) \\ y(1) \\ y(2) \\ y(3) \\ y(4) \end{pmatrix} \tag{B.2.11}$$

Offenbar beschreibt sie formal eine nichtkausale Faltung. Man erkennt dies z.B., indem der 0-te Wert der Ausgangsfolge hingeschrieben wird:

$$y(0) = r(0)x(0) + \underbrace{r(-1)x(1) + r(-2)x(2)}_{\text{nichtkausal}}. \tag{B.2.12}$$

Die beiden letzten Summanden hängen von den Zukunftswerten $x(1)$ und $x(2)$ ab.

Sonderformen von Faltungsmatrizen, bei denen am Eingang oder am Ausgang eine Abtastraten-Erhöhung bzw. -Reduktion erfolgt, werden in Anhang F.1 behandelt.

[4] $r(k)$ sei hier die Impulsantwort eines Systems, das z.B. durch die Hintereinanderschaltung eines Sendefilters mit dem zugehörigen Matched-Filter gebildet wird (vgl. Abschnit 8.3.1).

Anhang C

Zeitdiskrete Simulationsmodelle

C.1 Übergang von einem zeitkontinuierlichen auf einen zeitdiskreten Rauschprozess

Die zeitdiskrete Darstellung von Rauschprozessen ist z.B. für die Rechnersimulation von Nachrichtenübertragungssystemen von besonders großem Interesse. Man kann sich solche Prozesse synthetisch durch geeignete Algorithmen erzeugen – z.B. mit Hilfe rückgekoppelter Schieberegister (vgl. Abschnitt 17.1.2). Grundsätzlich entstehen dabei so genannte *Pseudo-Zufallsfolgen*, die durch ihre stets vorhandene Periodizität von einem stationären Zufallsprozess abweichen. Allerdings sind die Periodenlängen in aller Regel außerordentlich groß, so dass eine hinreichend gute Approximation eines regellosen Vorgangs erreicht wird. Im vorliegenden Abschnitt geht es um prinzipielle Zusammenhänge beim Übergang von zeitkontinuierlichen auf zeitdiskrete Rauschprozesse. Als Beispiel wird der besonders interessante Fall von *weißem Rauschen* betrachtet. Ein zeitkontinuierlicher weißer Rauschprozeß $N_a(t)$ ist durch seine konstante spektrale Leistungsdichte gekennzeichnet. Sie soll hier in Übereinstimmung mit den meisten Lehrbüchern im gesamten Frequenzbereich $-\infty < f < \infty$ mit $N_0/2$ bezeichnet werden (siehe **Bild C.1.1**). Prinzipiell ist ein solcher Prozess unrealistisch, da *seine Leistung nicht begrenzt* ist. Praktische Bedeutung bekommt ein weißes Rauschsignal erst in Verbindung mit einer Filterung, die eine Bandbegrenzung herbeiführt. Am Ausgang eines Filters mit der Übertragungsfunktion $H(j\omega)$ ergibt sich dann die Leistung

$$\mathrm{E}\{|N_b(t)|^2\} = \frac{N_0}{2} \cdot \int_{-\infty}^{\infty} |H(j2\pi f)|^2 df, \tag{C.1.1}$$

wobei $N_b(t)$ das bandbegrenzte Rauschsignal und $H(j\omega)$ die Filter-Übertragungsfunktion bezeichnen. Wird speziell ein *idealer Tiefpass* mit der Grenzfrequenz f_g zur Bandbegrenzung angenommen, so gilt

$$\mathrm{E}\{|N_b(t)|^2\} = N_0 f_g. \qquad \text{(C.1.2)}$$

Einen *zeitdiskreten, weißen Rauschprozess* gewinnt man aus der Abtastung des bandbe-

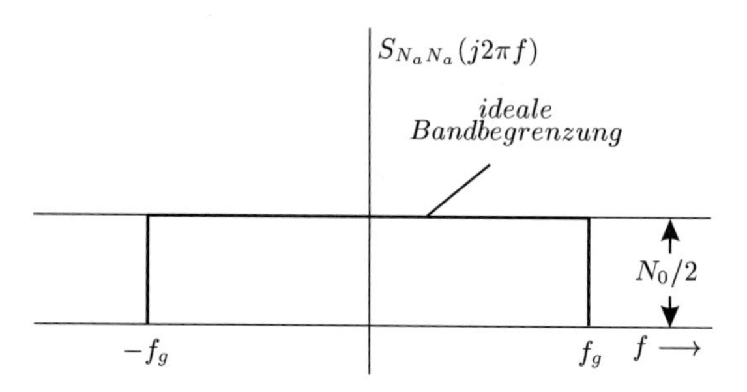

Bild C.1.1: Leistungsdichtespektrum eines weißen Rauschsignals mit eingetragener idealer Bandbegrenzung

grenzten Prozesses $N_b(t)$, indem die Grenzfrequenz des idealen Tiefpasses auf $f_g = f_A/2$ festgelegt wird.

$$N_d(k) = N_b(kT_A) = N_b(k/2f_g) \qquad \text{(C.1.3)}$$

Die Leistung des diskreten Prozesses bleibt wegen der vorausgesetzten Stationarität gegenüber dem kontinuierlichen Prozess unverändert.

$$\mathrm{E}\{|N_b(t)|^2\} = \mathrm{E}\{|N_b(kT_A)|^2\} = \mathrm{E}\{|N_d(k)|^2\} \qquad \text{(C.1.4)}$$

Das Leistungsdichtespektrum S_0 des diskreten Rauschprozesses ergibt sich aus der periodischen Wiederholung des in **Bild C.1.2** gezeigten Spektralausschnittes; die Leistung errechnet man durch Integration über das Frequenzintervall $-\pi \leq \Omega \leq \pi$.

$$\sigma_{N_d}^2 = E\{|N_d(k)|^2\} = \frac{1}{2\pi} \int_{-\pi}^{\pi} S_0 \, d\Omega = S_0 \qquad \text{(C.1.5)}$$

Die spektrale Leistungsdichte eines diskreten weißen Prozesses ist also identisch mit seiner Leistung. Es ist anzumerken, dass die spektrale Leistungsdichte eines diskreten Prozesses im Gegensatz zu der eines kontinuierlichen Prozesses dimensionslos ist.

Zu einem Zusammenhang zwischen der spektralen Leistungsdichte eines kontinuierlichen weißen Prozesses und derjenigen des zugehörigen diskreten Modellprozesses gelangt man mit Hilfe der Beziehungen (C.1.2), (C.1.4) und (C.1.5).

$$\sigma_{N_d}^2 = S_0 = \frac{N_0}{2} \cdot f_A \qquad \text{(C.1.6)}$$

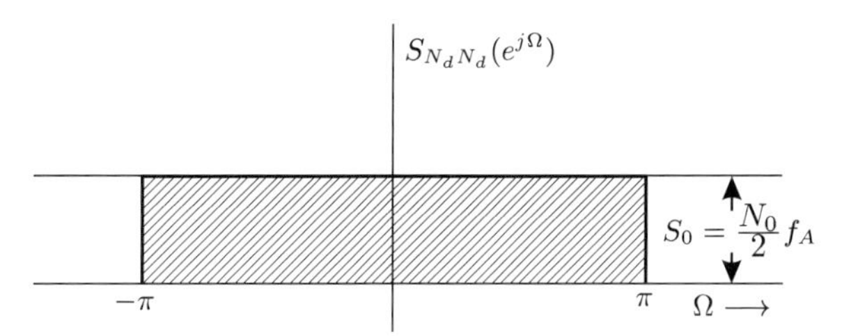

Bild C.1.2: Leistungsdichtespektrum eines diskreten weißen Prozesses

C.2 Das Störabstandsmaß E_S/N_0

C.2.1 Reelle Tiefpass-Übertragung

Wir betrachten das Datenübertragungssystem nach **Bild C.2.1**. Die Datensymbole sowie der Übertragungskanal werden zunächst als reell angesetzt. Das Sendesignal am Ausgang des Impulsformers lautet

$$s(t) = T \cdot \sum_{i=0}^{\infty} d(i) \cdot g_S(t - iT); \qquad T = \text{Symbolintervall.} \tag{C.2.1}$$

Man beachte, dass die Impulsantwort $g_S(t)$ die Dimension „1/Zeit“ aufweist; aus diesem

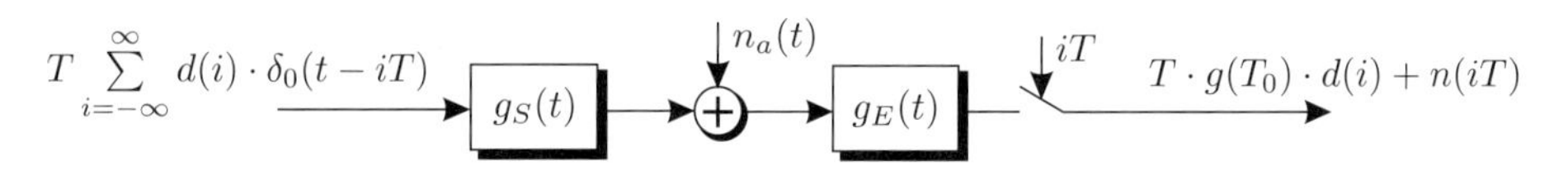

Bild C.2.1: Modell eines digitalen Übertragungssystems

Grunde wird der Skalierungsfaktor T eingeführt, um ein dimensionsloses Sendesignal zu erhalten.

Auf dem Übertragungswege wird ein reelles Rauschsignal $n_a(t)$ überlagert, das als Musterfunktion eines weißen Prozesses mit der spektralen Leistungsdichte $N_0/2$ zu interpretieren ist. Sucht man nach einem geeigneten Maß für den Störabstand am *Empfängereingang*, so stößt man mit dem Ansatz des gebräuchlichen S/N-Verhältnisses, also des Leistungsverhältnisses von Nutz- zu Störsignal, auf Probleme. Das gesendete Signal $x(t)$ besitzt wohl eine endliche Leistung, nicht aber die Störgröße. Man könnte die Störleistung messtechnisch nach einer Bandbegrenzung bestimmen, aber dabei stellt sich die Frage, mit welcher Bandbreite dies vernünftigerweise zu geschehen hat.

Anstelle der Angabe eines Leistungsverhältnisses erweist sich das Störabstandsmaß E_S/N_0 zur quantitativen Beschreibung der Störverhältnisse am Empfängereingang als günstig. Dabei bezeichnet E_S die *Energie eines Einzelzeichens.* Für antipodale Übertragung ist diese Energie für die beiden möglichen Signale gleich. Ist dies nicht der Fall, so bildet man die *mittlere Energie*

$$\bar{E}_S = \overline{d^2} \cdot T^2 \int_{-\infty}^{\infty} g_S^2(t)dt, \quad \text{mit} \quad \overline{d^2} = \mathrm{E}\{D^2(i)\}. \tag{C.2.2}$$

Die Größe $\bar{E}_S/N_0$ ist endlich, da $g_S(t)$ ein Energiesignal ist. Für einen Rechteckimpuls der Dauer T ergibt sich z.B.

$$E_S/N_0 = T/N_0 \quad \text{für } |d(i)| = 1. \tag{C.2.3}$$

Dieser Ausdruck ist dimensionslos (wie auch das Leistungsverhältnis S/N), da N_0 die Dimension „1/Frequenz", also „Zeit" hat.

Die Angabe E_S/N_0 ist auch deshalb ein sinnvolles Maß, weil dieser Wert unmittelbar mit dem S/N-Verhältnis am Empfangsfilterausgang zusammenhängt – wegen der Bandbegrenzung des Rauschens ist das S/N-Verhältnis an dieser Stelle messbar. Nach der Herleitung in Abschnitt 8.3.1 ergibt sich am Ausgang eines Matched-Filters nach der Symbolabtastung (siehe Seite 255 Gl. (8.3.11))

$$S/N = \frac{\bar{E}_S}{N_0/2}. \tag{C.2.4}$$

Für eine Simulation des Übertragungssystems nach Bild C.2.1 stellt sich die Frage einer geeigneten Umsetzung in den digitalen Bereich. Approximiert man das Integral in (C.2.2) durch die Rechteckformel, so ergibt sich

$$\bar{E}_S/N_0 = \frac{\overline{d^2}\, T^2}{N_0} \int_{-\infty}^{\infty} g_S^2(t)\, dt \approx \frac{T_A \cdot \overline{d^2}}{N_0} \sum_{k=-\infty}^{\infty} (\underbrace{T \cdot g_S(kT_A)}_{\triangleq\, g_{S_d}(k)})^2. \tag{C.2.5a}$$

Zwischen der Leistung eines zeitdiskreten Rauschprozesses $N_d(k)$ und der spektralen Leistungsdichte des zugehörigen analogen, bandbegrenzten Prozess $N_b(t)$ gilt der Zusammenhang (C.1.6), so dass man aus (C.2.5a)

$$\bar{E}_S/N_0 = \frac{\overline{d^2}}{2\sigma_{N_d}^2} \sum_{k=-\infty}^{\infty} g_{S_d}^2(k). \tag{C.2.5b}$$

erhält. Bei vorgegebenem $\bar{E}_S/N_0$-Wert für den analogen Kanal sind also bei einer zeitdiskreten Simulation anstelle der kontinuierlichen Rauschgröße $n_a(t)$ Musterfunktionen $n_d(k) = n_b(kT_A)$ eines zeitdiskreten weißen Prozesses mit der Leistung

$$\sigma_{N_d}^2 = \frac{\overline{d^2}}{2\bar{E}_S/N_0} \sum_{k=-\infty}^{\infty} g_{S_d}^2(k) \tag{C.2.6}$$

einzusetzen.

C.2.2 Modulierte Übertragung im äquivalenten Tiefpassbereich

Bild C.2.2a gibt ein digitales Modulationssystem wieder; als Kanal wird ein AWGN-Bandpasskanal angenommen. Zur effizienten digitalen Simulation oder für analytische Berechnungen werden solche Bandpass-Systeme in die komplexe Tiefpassebene transformiert; **Bild C.2.2b** zeigt das Blockschaltbild des zu Bild C.2.2a äquivalenten Tiefpass-Systems, wobei komplexe Signale durch Doppellinien gekennzeichnet sind. Die mittlere

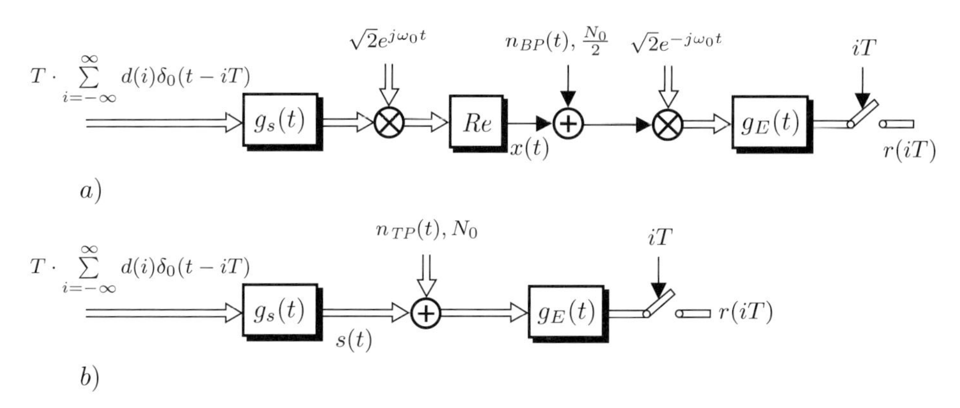

Bild C.2.2: Digitales Modulationssystem
a) Bandpass-, b) äquivalentes Tiefpass-System

Energie eines Einzelsymbols berechnet sich im äquivalenten Tiefpass-Bereich genauso wie für reelle Systeme gemäß (C.2.2)

$$\bar{E}_S = \overline{|d|^2} \cdot T^2 \int_{-\infty}^{\infty} g_S^2(t)\, dt, \qquad \overline{|d|^2} = \mathrm{E}\{|D(i)|^2\} \tag{C.2.7a}$$

mit dem Unterschied, dass nunmehr komplexe Daten anzusetzen sind. Aufgrund des Skalierungsfaktor $\sqrt{2}$ im Modulator in Bild C.2.2a erhält man für das Bandpass-Signal $x(t)$ die gleiche Symbolenergie (Herleitung von (11.4.2c) auf Seite 371)

$$\bar{E}_X = \overline{|d|^2} \cdot T^2 \int_{-\infty}^{\infty} g_S^2(t)\, dt. \tag{C.2.7b}$$

Für mehrstufige Übertragung wird vielfach die *Energie pro übertragenes Bit* angegeben.

$$E_b = \bar{E}_S/\mathrm{ld}(M) \tag{C.2.8}$$

Wie auch für die reelle Übertragung wird die spektrale Leistungsdichte der additiven Rauschstörung im physikalischen Medium, hier also im Bandpass-Bereich, mit

$$S_{N_{BP}N_{BP}}(j\omega) = N_0/2 \tag{C.2.9a}$$

definiert. Aufgrund der in Bild 11.4.1, Seite 372, erläuterten Zusammenhänge *verdoppelt* sich die spektrale Leistungsdichte des komplexen Rauschens nach der Tiefpass-Transformation; sie teilt sich gleichmäßig auf Real- und Imaginärteil auf:

$$S_{N_{TP}N_{TP}}(j\omega) = N_0 \quad \Rightarrow \quad \begin{cases} S_{N'_{TP}N'_{TP}}(j\omega) = N_0/2 \\ S_{N''_{TP}N''_{TP}}(j\omega) = N_0/2. \end{cases} \tag{C.2.9b}$$

Aus dieser Verdopplung der spektralen Leistungsdichte ergibt sich für das äquivalente komplexe Tiefpass-System am Matched-Filter-Ausgang ein gegenüber (C.2.4) halbiertes S/N-Verhältnis (siehe Abschnitt 11.4.1, Seite 372):

$$S/N|_{\mathrm{MF}} = \frac{\bar{E}_S}{N_0}. \tag{C.2.10}$$

In Hinblick auf eine zeitdiskrete Simulation wird das Integral in $\bar{E}_S$ wieder durch die Rechteckformel approximiert. Berücksichtigt man noch, dass der in (C.1.6) für reelle Verhältnisse angegebene Zusammenhang zwischen der Leistung des diskreten Rauschprozesses und der spektralen Leistungsdichte des analogen Rauschens sich nunmehr für den komplexen Rauschprozess $N_c(k) = N'_c(k) + j\,N''_c(k)$ aufgrund der Verdopplung der Leistungsdichte verändert

$$\sigma^2_{N_c} = N_0 \cdot f_A, \tag{C.2.11}$$

so erhält man schließlich für das komplexe System

$$\frac{\bar{E}_S}{N_0} = \frac{\overline{|d|^2}}{\sigma^2_{N_c}} \sum_{k=-\infty}^{\infty} |\underbrace{T \cdot g_S(kT_A)}_{\stackrel{\Delta}{=}\, g_{S_d}(k)}|^2. \tag{C.2.12}$$

Zur Umsetzung eines für den Bandpassbereich vorgegebenen „physikalischen“ $\bar{E}_S/N_0$−Wertes ist also bei der zeitdiskreten Basisband-Implementierung die Musterfunktion $n_{TP}(kT_A) = n_c(k) = n'_c(k) + j\,n''_c(k)$ eines komplexen Rauschprozesses mit der Leistung

$$\sigma^2_{N_c} = \frac{\overline{|d|^2}}{\bar{E}_S/N_0} \sum_{k=-\infty}^{\infty} |g_{S_d}(k)|^2 \tag{C.2.13}$$

zu realisieren. Diese Leistung verteilt sich zu gleichen Teilen auf den Real- und Imaginärteil.

$$\sigma^2_{N'_c} = \sigma^2_{N''_c} = \frac{\sigma^2_{N_c}}{2} \tag{C.2.14}$$

C.2.3 Symboltaktmodell eines Übertragungssystems

Im vorangegangenen Abschnitt war von einem AWGN-Kanal ausgegangen worden; es soll jetzt eine beliebige Kanalimpulsantwort zugelassen werden. Die Beschreibung des Übertragungssystems – auch der in der physikalischen Realität analogen Teile – erfolgt nun wegen der einfacheren Handhabbarkeit in zeitdiskreter Form. Dabei kennzeichnet der Index k die hohe Abtastung mit $f_A = w/T$ und der Index i die Symbolabtastung. Die hoch abgetastete Kanalimpulsantwort in äquivalenter Tiefpass-Darstellung lautet $h_K(k)$. Im Allgemeinen ist diese Impulsantwort komplex. **Bild C.2.3** zeigt das Gesamtsystem.

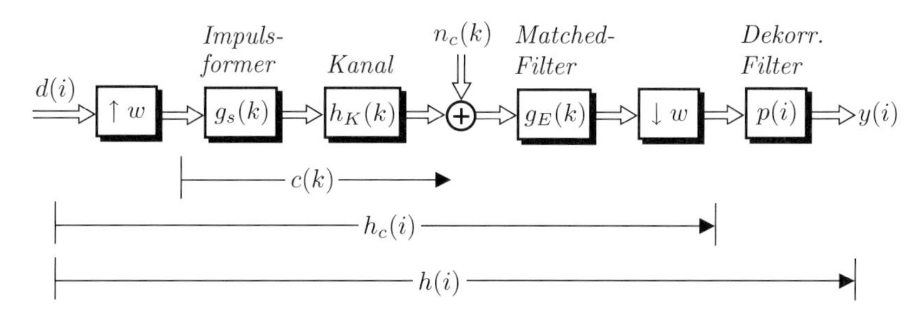

Bild C.2.3: Basisbanddarstellung eines Übertragungssystems

Forney Empfänger. In Abschnitt 13.1.2 wird der optimale Empfänger nach Forney hergeleitet. Er enthält am Eingang ein Matched-Filter, das sich auf das Sendefilter *und* die Kanalimpulsantwort bezieht; es gilt also

$$g_E(k) = c^*(-k) \quad \text{mit} \quad c(k) = g_S(k) * h_K(k). \tag{C.2.15a}$$

Am Matched-Filter-Ausgang findet eine Abtastraten-Reduktion um den Faktor w statt. Damit kann die Symboltakt-Impulsantwort vom Systemeingang zum Matched-Filter-Ausgang als

$$h_c(i) = c(k) * c^*(-k)|_{k=iw} \quad \Rightarrow \quad h_c(i) = h_c^*(-i) \tag{C.2.15b}$$

definiert werden. Man beachte, dass diese Impulsantwort *konjugiert gerade* ist, also die Eigenschaft einer *Autokorrelationsfolge* besitzt.

Das auf dem Übertragungswege addierte Rauschen $n_c(k)$ wird als weiß angenommen. Bei nichtidealem Kanal wird dieses Rauschen durch die Matched-Filterung gefärbt. Der Forney-Empfänger sieht daher nach dem Matched-Filter ein Dekorrelationsfilter im Symboltakt vor, das die Färbung wieder rückgängig macht. Für das gesamte Übertragungssystem lässt sich damit die Symboltakt-Impulsantwort

$$h(i) = [c(k) * c^*(-k)]_{k=wi} * p(i) \tag{C.2.16}$$

formulieren. Da die Färbung des Rauschens durch das Dekorrelationsfilter wieder aufgehoben wurde, kann am Ausgang dieses Symboltakt-Gesamtfilters eine weiße Rauschquelle $n(i)$ angebracht werden. Das Symboltaktmodell des kompletten Übertragungssystems in der äquivalenten Tiefpassebene ist in **Bild C.2.4** dargestellt.

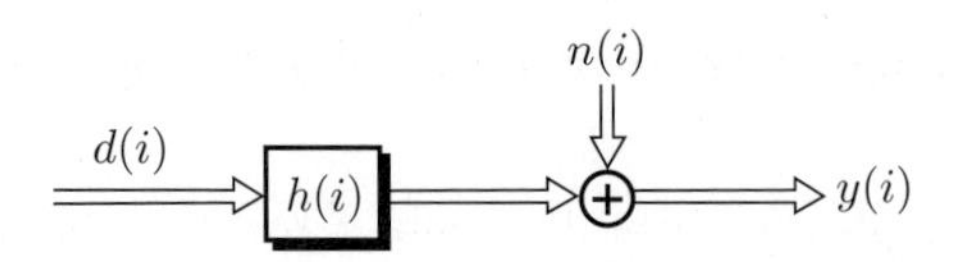

Bild C.2.4: Symboltaktmodell eines digitalen Modulationssystems

S/N-Verhältnisse. Für ein analoges System definiert man am Kanalausgang den $\bar{E}_S/N_0$-Wert, da sich hier wegen der unbegrenzten Leistung des weißen Rauschens kein S/N-Verhältnis formulieren lässt. Gemäß den Betrachtungen in Abschnitt C.1 wird jedoch bei einer *zeitdiskreten* Modellierung von weißem Rauschen infolge der damit verbundenen Bandbegrenzung eine endliche Leistung angebbar (siehe auch (C.2.11)). Damit gilt bei unkorrelierten Daten der folgende Zusammenhang zwischen S/N-Verhältnis und $\bar{E}_S/N_0$:

$$(S/N)_C = \frac{\overline{|d|^2}}{\sigma_{N_c}^2} \cdot \sum_{k=0}^{\ell_c-1} |c(k)|^2 = \frac{\overline{|d|^2} \cdot T_A}{\sigma_{N_c}^2/f_A} \cdot \sum_{k=0}^{\ell_c-1} |c(k)|^2 = \frac{\bar{E}_S}{N_0}. \tag{C.2.17a}$$

Weiterhin gilt für komplexe Verhältnisse für das S/N-Verhältnis am Matched-Filter-Ausgang

$$(S/N)_{\mathrm{MF}} = \frac{\bar{E}_S}{N_0}. \tag{C.2.17b}$$

Schließlich interessiert noch das S/N-Verhältnis am *Ausgang des Dekorrelationsfilters* $p(i)$, da hiermit die Möglichkeit der Simulation des Gesamtsystems ausschließlich auf der Basis des Symboltaktmodells eröffnet wird. Hierzu ist die auf Seite 488 hergeleitete Beziehung (13.1.16b) heranzuziehen:

$$\mathbf{H}^H\mathbf{H} = \mathbf{C}_w^H\mathbf{C}_w; \tag{C.2.18a}$$

$\mathbf{C}_w$ beschreibt das System vom Dateneingang zum Kanalausgang unter Einbeziehung der eingangsseitigen Hochtastung, $\mathbf{H}$ das gesamte Symboltaktmodell – die Ausdrücke in (C.2.18a) stellen die zugehörigen Autokorrelationsmatrizen dar. Da sich auf den Diagonalen die Leistungen befinden, sagt (C.2.18a) aus, dass die Nutzleistungen am Kanalausgang und am Dekorrelationsfilter-Ausgang identisch sind. Ferner ist die Störleistung am Dekorrelationsfilter-Ausgang nach der Herleitung der Dekorrelationsbeziehung in Anhang F.2, Gleichung (F.2.6), gleich der Kanalrauschleistung $\sigma_N^2 = \sigma_{N_c}^2$, so dass schließlich folgt

$$(S/N)_Y = \frac{\mathrm{E}\{Y_0^2\}}{\sigma_N^2} = \frac{\bar{E}_S}{N_0}. \tag{C.2.18b}$$

- *Zusammenfassend gilt also, dass die (S/N)-Verhältnisse am Kanalausgang (diskretes Modell), am Matched-Filter-Ausgang sowie am Dekorrelationsfilter-Ausgang alle identisch gleich $\bar{E}_S/N_0$ sind.*

Für das Symboltaktmodell lässt sich aus (C.2.18b) folgender Zusammenhang ableiten: Die Leistung des ungestörten Signals am Ausgang kann für unkorrelierte Daten $D(i)$

auch durch die Gesamtimpulsantwort $h(i)$ der Länge ℓ ausgedrückt werden

$$\mathrm{E}\{|Y_0(i)|^2\} = \overline{|d|^2} \cdot \sum_{i'=0}^{\ell-1} |h(i')|^2, \quad \text{mit} \quad \overline{|d|^2} = \mathrm{E}\{|D(i)|^2\}, \tag{C.2.18c}$$

womit sich für das Signal-Störverhältnis

$$(S/N)_Y = \frac{1}{\sigma_N^2} \cdot \overline{|d|^2} \cdot \sum_{i=0}^{\ell-1} |h(i)|^2 = \frac{\bar{E}_S}{N_0}; \tag{C.2.18d}$$

ergibt. Wird also auf der Basis des Symboltaktsystems eine Simulation des gesamten Übertragungssystems durchgeführt, so ist für die am Ausgang vorzusehende weiße Rauschquelle die Leistung

$$\sigma_N^2 = 2\,\sigma_N'^2 = 2\,\sigma_N''^2 = \frac{\overline{|d|^2}}{\bar{E}_S/N_0} \cdot \sum_{i=0}^{\ell-1} |h(i)|^2 \tag{C.2.19}$$

einzusetzen.

Suboptimaler Empfänger. Die korrekte Dimensionierung des Matched-Filters erfordert die Schätzung der Kanalimpulsantwort im hohen Abtasttakt. In praktischen Realisierungen soll dieses Problem oftmals umgangen werden; man beschränkt sich daher auf ein Matched-Filter, das nur an das Sendefilter angepasst ist und den Kanal außer Acht lässt.

$$\tilde{g}_E(k) = g_S^*(-k) \tag{C.2.20a}$$

Da das Sendefilter und damit auch das Empfangsfilter in der Regel eine Wurzel-Nyquist-Charakteristik aufweisen, wird das überlagerte Rauschen nach der Symbolabtastung wieder weiß (siehe Bild 12.1.2, Seite 400). Infolge dessen ist *kein Dekorrelationsfilter erforderlich.* Die gesamte Symboltakt-Impulsantwort wird dann durch[1]

$$\tilde{h}(i) = h_c(i) = [g_S(k) * g_S(k) * h_{\mathrm{K}}(k)]_{k=iw} \tag{C.2.20b}$$

beschrieben. Aufgrund der Vernachlässigung des Kanals beim Matched-Filter-Entwurf tritt bei dieser Struktur gegenüber dem Maximum-Likelihood-Empfänger ein S/N-Verlust ein.

[1] Das Sendefilter ist i.A. reellwertig und linearphasig, also gilt $g_S^*(t) = g_S(t) = g_S(-t)$.

C.3 Erzeugung einer Gaußverteilung aus einem gleichverteilten Prozess

Digitale Algorithmen zur Erzeugung von Pseudo-Zufallssignalen führen üblicherweise zu Prozessen, die in einem bestimmten Intervall, z.B. im Bereich $0 \leq x \leq 1$ *gleichverteilt* sind. Um hieraus eine Gaußverteilung zu erzeugen, könnte man den *Zentralen Grenzwertsatz* ausnutzen, welcher besagt, dass aus der Summation sehr vieler unabhängiger, identisch verteilter Zufallsvariablen im Grenzfall stets eine gaußverteilte Zufallsvariable entsteht. In **Bild C.3.1** wird diese Aussage anhand der Überlagerung von $K = 2, 4, 8$ gleichverteilten Zufallsvariablen veranschaulicht. Der Nachteil dieser Methode besteht jedoch darin, dass für eine hinreichend gute Approximation einer Gaußverteilung sehr viele Zufallsvariablen herangezogen werden müssen. Vor allem die gemäß $\exp(-x^2)$ abklingenden Flanken werden nach dieser Methode für große Werte x sehr schlecht approximiert – bei der Bestimmung der Fehlerwahrscheinlichkeit ist aber gerade die möglichst genaue Erfassung dieser Flanken besonders wichtig.

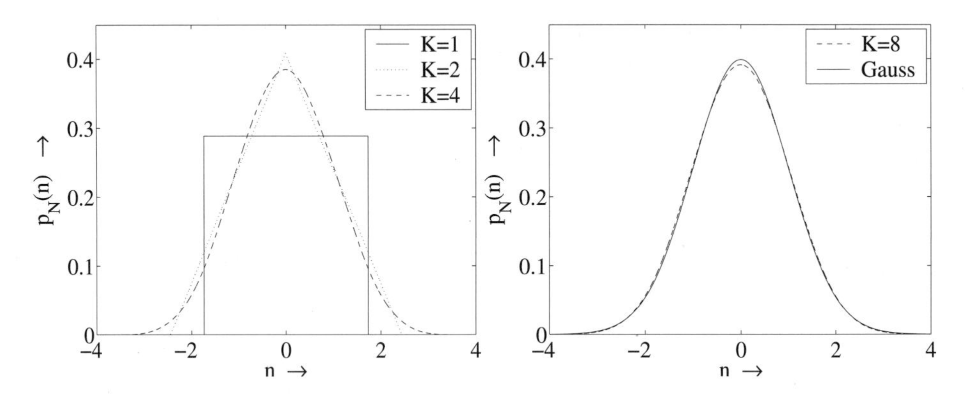

Bild C.3.1: Approximation einer Gaußverteilung durch Überlagerung von K unabhängigen, gleichverteilten Zufallsvariablen

Eine wesentlich genauere Approximation einer Gaußverteilung ergibt sich aus der Anwendung der Gleichungen (C.3.1a, C.3.1b) [PTVF97]. Dabei stellen u_1 und u_2 Realisierungen statistisch unabhängiger, im Intervall $[0, 1]$ gleichverteilter Zufallsvariablen dar. Die Größen n' und n'' sind Real- und Imaginärteile der errechneten komplexen Gaußschen Zufallsvariablen mit der Leistung σ_N^2. Real- und Imaginärteile sind unkorreliert (d.h. gleichzeitig statistisch unabhängig, da die Variablen gaußverteilt sind) und mittelwertfrei; sie besitzen jeweils die Leistung $\sigma_{N'}^2 = \sigma_{N''}^2 = \sigma_N^2/2$.

$$n' = \sigma_N \cdot \sqrt{|\ln(u_1)|} \cdot \cos(2\pi u_2) \qquad \text{(C.3.1a)}$$

$$n'' = \sigma_N \cdot \sqrt{|\ln(u_1)|} \cdot \sin(2\pi u_2) \qquad \text{(C.3.1b)}$$

In **Bild C.3.2** ist das Blockschaltbild zur Erzeugung eines zeitdiskreten, gaußverteilten, komplexen Störprozesses bei Vorgabe eines bestimmten Wertes $\bar{E}_S/N_0$ gezeigt.

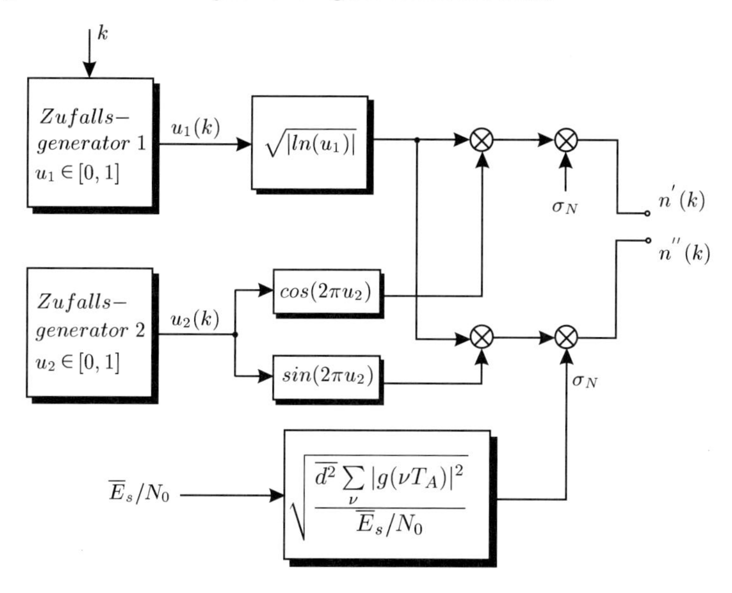

Bild C.3.2: Erzeugung eines komplexen Gaußprozesses (Vorgabe von E_S/N_0)

Anhang D

Beschreibung gaußverteilter Rauschprozesse

D.1 Diskrete Karhunen-Loève Transformation

Es sei $N(k)$ ein diskreter, komplexer, mittelwertfreier, stationärer Rauschprozess, der nicht notwendig weiß ist. Er kann im Beobachtungsintervall $0 \leq k \leq L-1$ als Vektor dargestellt werden.

$$\mathbf{N} = [N(0), N(1), \cdots, N(L-1)]^T \tag{D.1.1}$$

Das Ziel besteht darin, diesen Prozess durch einen Satz von L unkorrelierten Zufallsvariablen $Z_0, \cdots, Z_{L-1}$ darzustellen; die Lösung hierfür bietet die *Karhunen-Loève Transformation* [vT68, Mer10].

Dazu schreibt man den Vektor $\mathbf{N}$ zunächst als Linearkombination von L *orthonormalen Basisvektoren* $\mathbf{u}_0, \cdots, \mathbf{u}_{L-1}$

$$\mathbf{N} = \sum_{\nu=0}^{L-1} Z_\nu \cdot \mathbf{u}_\nu \tag{D.1.2}$$

mit

$$\mathbf{u}_\nu = [u_\nu(0), u_\nu(1), \cdots, u_\nu(L-1)]^T. \tag{D.1.3a}$$

Aufgrund der vorausgesetzten Orthonormalität der Basisvektoren gilt

$$\mathbf{u}_\nu^H \cdot \mathbf{u}_\mu = \delta_{\nu\mu}, \tag{D.1.3b}$$

wobei das hochgestellte H den hermiteschen Vektor kennzeichnet und $\delta_{\nu\mu}$ das Kronecker-Symbol darstellt.

Durch Ausnutzung dieser Orthonormalitätsbedingung lassen sich die Variablen Z_ν für vorgegebene Basisvektoren bestimmen: Wir multiplizieren (D.1.2) mit $\mathbf{u}_\mu^H$ und erhalten

$$\mathbf{u}_\mu^H \mathbf{N} = \sum_{\nu=0}^{L-1} Z_\nu \cdot \mathbf{u}_\mu^H \mathbf{u}_\nu = Z_\mu, \quad \Rightarrow \quad Z_\mu = \mathbf{u}_\mu^H \mathbf{N}. \tag{D.1.4}$$

Im Weiteren sollen die Basisvektoren so festgelegt werden, dass die Zufallsvariablen Z_ν untereinander unkorreliert sind, dass also gilt

$$\mathrm{E}\{Z_\nu Z_\mu^*\} = \mathbf{u}_\nu^H \underbrace{\mathrm{E}\{\mathbf{N}\mathbf{N}^H\}}_{\triangleq \mathbf{R}_{NN}} \mathbf{u}_\mu \overset{!}{=} \lambda_\nu \, \delta_{\nu\mu}. \tag{D.1.5a}$$

Der Faktor λ_ν beschreibt die *Varianz* der Zufallsvariablen Z_ν, $\mathbf{R}_{NN}$ ist die $(L \times L)$-Autokorrelationsmatrix des Rauschprozesses $N(k)$. Gleichung (D.1.5a) ist erfüllt, wenn die folgende Eigenwertgleichung gilt

$$\mathbf{R}_{NN}\, \mathbf{u}_\mu = \lambda_\mu \, \mathbf{u}_\mu, \quad \nu \in \{0, \cdots, L-1\}, \tag{D.1.5b}$$

denn daraus erhält man mit der Orthogonalitätsbedingung der Basisvektoren (D.1.3b)

$$\mathbf{u}_\nu^H \, \mathbf{R}_{NN}\, \mathbf{u}_\mu = \mathbf{u}_\nu^H \, \lambda_\mu \, \mathbf{u}_\mu = \lambda_\mu \, \delta_{\nu\mu}. \tag{D.1.5c}$$

- *Ein Rauschprozess $N(k)$ kann im Intervall $0 \le k \le L-1$ durch unkorrelierte Zufallsvariablen $Z_0, \cdots Z_{L-1}$ dargestellt werden, indem er nach den Eigenvektoren $\mathbf{u}_0, \cdots \mathbf{u}_{L-1}$ der $L \times L$-Autokorrelationsmatrix $\mathbf{R}_{NN}$ entwickelt wird. Die Leistungen der Zufallsvariablen Z_ν sind gleich den Eigenwerten der Autokorrelationsmatrix $\mathbf{R}_{NN}$. Man bezeichnet diese Entwicklung als Karhunen-Loève-Transformation.*

Die L Gleichungen in (D.1.5b) lassen sich in eine kompakte Matrix-Form überführen, indem die Diagonalmatrix

$$\mathbf{\Lambda} = \begin{pmatrix} \lambda_0 & & & \mathbf{0} \\ & \lambda_1 & & \\ & & \ddots & \\ \mathbf{0} & & & \lambda_{L-1} \end{pmatrix} = \mathrm{diag}\{\lambda_0, \lambda_1, \cdots, \lambda_{L-1}\} \tag{D.1.6}$$

definiert wird und die Eigenvektoren $\mathbf{u}_\nu$ zu einer Matrix zusammengefasst werden.

$$\mathbf{U} = [\mathbf{u}_0, \mathbf{u}_1, \cdots \mathbf{u}_{L-1}] \tag{D.1.7a}$$

Derartige Matrizen, die aus orthonormalen Spalten bestehen, werden als *unitär* bezeichnet[1]. Für unitäre Matrizen gilt insbesondere (siehe Anhang B, Gl. B.1.14b, Seite 760)

$$\mathbf{U}^{-1} = \mathbf{U}^H. \tag{D.1.7b}$$

[1] Im Spezialfall ausschließlich reeller Elemente spricht man von orthogonalen Matrizen.

Aus (D.1.5b) erhält man

$$\mathbf{R}_{NN}\,\mathbf{U} = \mathbf{U}\boldsymbol{\Lambda} \tag{D.1.7c}$$

und nach Rechtsmultiplikation mit $\mathbf{U}^{-1} = \mathbf{U}^H$ die als *Hauptachsentransformation* bezeichnete wichtige Beziehung (siehe Anhang B, Gl. B.1.18, Seite 762)

$$\mathbf{R}_{NN} = \mathbf{U}\,\boldsymbol{\Lambda}\,\mathbf{U}^H. \tag{D.1.8}$$

Die Karhunen-Loève-Transformation (D.1.4) kann unter Verwendung der unitären Matrix $\mathbf{U}$ und mit der Definition des Vektors $\mathbf{Z} = [Z_0, Z_1, \cdots, Z_{L-1}]^T$ in der kompakten Matrix-Form

$$\mathbf{Z} = \mathbf{U}^H\,\mathbf{N} \tag{D.1.9}$$

geschrieben werden.

Mit der Orthogonalität der Variablen Z_ν und Z_μ gemäß (D.1.5a) ist noch keine Aussage über die Kreuzkorrelation zwischen Real- und Imaginärteil Z'_ν und Z''_ν getroffen. Beinhaltet $N(k)$ die *äquivalente Basisbanddarstellung eines stationären Bandpassprozesses*, so gilt nach (1.6.23)

$$\mathrm{E}\{N(k)N(k+\kappa)\} = 0, \quad \Rightarrow \mathrm{E}\{\mathbf{N}\,\mathbf{N}^T\} = \mathbf{0}. \tag{D.1.10a}$$

Wir betrachten die Zufallsvariable Z_ν und bilden unter Nutzung von (D.1.4)

$$\mathrm{E}\{Z_\nu Z_\nu\} = \mathrm{E}\{\mathbf{u}_\nu^H\mathbf{N}\,\mathbf{u}_\nu^H\mathbf{N}\} = \mathbf{u}_\nu^H\mathrm{E}\{\mathbf{N}\mathbf{N}^T\}\,\mathbf{u}_\nu^* = 0. \tag{D.1.10b}$$

Die Aufspaltung in Real- und Imaginärteil liefert

$$\begin{aligned} \mathrm{E}\{Z_\nu Z_\nu\} &= \mathrm{E}\{Z'^{\,2}_\nu\} + 2j\,\mathrm{E}\{Z'_\nu z''_\nu\} - \mathrm{E}\{Z''^{\,2}_\nu\} = 0, \\ \Rightarrow \qquad \mathrm{E}\{Z'^{\,2}_\nu\} &= \mathrm{E}\{Z''^{\,2}_\nu\} = \lambda_\nu/2, \quad E\{Z'_\nu Z''_\nu\} = 0. \end{aligned} \tag{D.1.11}$$

Die Karhunen-Loève Transformation eines zu einem stationären Bandpassprozess äquivalenten komplexen Basisbandprozesses liefert also Zufallsvariablen Z_ν, deren Real- und Imaginärteil unkorreliert sind. Die Leistungen von Real- und Imaginärteil sind jeweils gleich.

D.2 Verbunddichte eines farbigen Gauß-Prozesses

Geht man von einem gaußverteilten Prozeß $N(k)$ aus, so sind auch die durch die Karhunen-Loève Transformation gewonnenen Zufallsvariablen Z_ν in Real- und Imaginärteil gaußverteilt.

$$p_{Z'_\nu}(z'_\nu) = \frac{1}{\sqrt{\pi\lambda_\nu}}\exp\left(-z'^2_\nu/\lambda_\nu\right) \tag{D.2.1a}$$

$$p_{Z''_\nu}(z''_\nu) = \frac{1}{\sqrt{\pi\lambda_\nu}}\exp\left(-z''^2_\nu/\lambda_\nu\right) \tag{D.2.1b}$$

Im letzten Abschnitt wurde gezeigt, dass Z'_ν und Z''_ν unkorreliert – und wegen ihrer Gaußverteilung damit statistisch unabhängig – sind, falls der zugehörige Prozess $N(k)$ die äquivalente Basisbanddarstellung eines stationären Bandpassprozesses ist. Die Verbunddichte von Real- und Imaginärteil, formal bezeichnet als $p_{Z_\nu}(z_\nu)$, kann somit als Produkt der Ausdrücke (D.2.1a,b) geschrieben werden. Damit erhält man

$$p_{Z_\nu}(z_\nu) = p_{Z'_\nu}(z'_\nu) \cdot p_{Z''_\nu}(z''_\nu) = \frac{1}{\pi\lambda_\nu} \exp(-|z_\nu|^2/\lambda_\nu). \tag{D.2.2}$$

Die Verbunddichte der Zufallsvariablen $Z_0, \cdots, Z_{L-1}$ kann wegen ihrer statistischen Unabhängigkeit wiederum als Produkt der Einzelverteilungen geschrieben werden.

$$\begin{aligned} p_{\mathbf{Z}}(\mathbf{z}) &= \prod_{\nu=0}^{L-1} p_{Z_\nu}(z_\nu) = \prod_{\nu=0}^{L-1} \left[\frac{1}{\pi\lambda_\nu} \exp(-|z_\nu|^2/\lambda_\nu)\right] \\ &= \frac{1}{\pi^L} \frac{1}{\lambda_0\lambda_1 \ldots \lambda_{L-1}} \exp\left(-\sum_{\nu=0}^{L-1} |z_\nu|^2/\lambda_\nu\right) \end{aligned} \tag{D.2.3}$$

Der Exponent lautet in vektorieller Form

$$\sum_{\nu=0}^{N-1} |z_\nu|^2/\lambda_\nu = \mathbf{z}^H \mathbf{\Lambda}^{-1} \mathbf{z}. \tag{D.2.4}$$

Berücksichtigt man noch, dass das im Vorfaktor von (D.2.3) auftretende Produkt der Eingenwerte von $\mathbf{R}_{NN}$ gleich ihrer Determinanten $\det\{\mathbf{R}_{NN}\}$ ist, so erhält man

$$p_{\mathbf{Z}}(\mathbf{z}) = \frac{1}{\pi^L \det\{\mathbf{R}_{NN}\}} \exp(-\mathbf{z}^{\mathbf{H}} \mathbf{\Lambda}^{-1} \mathbf{z}). \tag{D.2.5}$$

Um zu einem Ausdruck für die Verbunddichte des farbigen Rauschprozesses $N(k)$ zu kommen, ist die Karhunen-Loève Transformation (D.1.9) einzusetzen[2]. Für den Exponenten in (D.2.5) ergibt das

$$\mathbf{z}^H \mathbf{\Lambda}^{-1} \mathbf{z} = \mathbf{n}^H \underbrace{\mathbf{U} \mathbf{\Lambda}^{-1} \mathbf{U}^H}_{(D.1.8) \Rightarrow \mathbf{R}_{NN}^{-1}} \mathbf{n}, \tag{D.2.6}$$

woraus schließlich für die Verbunddichte des Gaußprozesses $N(k)$ folgt

$$p_{\mathbf{N}}(\mathbf{n}) = \frac{1}{\pi^L \det\{\mathbf{R}_{NN}\}} \exp\left(-\mathbf{n}^H \mathbf{R}_{NN}^{-1} \mathbf{n}\right). \tag{D.2.7}$$

Es ist zu betonen, dass diese Darstellung nur für komplexe Rauschprozesse zutreffend ist, die die Bedingung (D.1.10a) erfüllen, also für die äquivalente Basisband-Darstellung stationärer Bandpassprozesse.

Der Vollständigkeit halber wird noch die Verbunddichte *reeller* Prozesse $N'(k)$ angeführt:

$$p_{\mathbf{N}'}(\mathbf{n}') = \frac{1}{\sqrt{(2\pi)^L \det\{\mathbf{R}_{N'N'}\}}} \exp\left(-\frac{1}{2} \mathbf{n}'^T \mathbf{R}_{N'N'}^{-1} \mathbf{n}'\right). \tag{D.2.8}$$

[2] Zur Berechnung der Verteilungsdichtefunktion der Funktion einer Variablen ist allgemein noch mit der Funktionaldeterminanten (Jacobi-Determinante [Pap02]) zu multiplizieren, die Ableitungen dieser Funktion enthält (siehe (2.5.24b), Seite 88, für den eindimensionalen Fall). Hier ist diese jedoch eins, da sie aus der unitären Matrix $\mathbf{U}$ hervorgeht.

Anhang E

Ableitungen zum Lattice-Entzerrer

E.1 Levinson-Durbin-Rekursion

Gesucht ist eine rekursive Lösung der Yule-Walker-Gleichung (12.5.2), in der die explizite Inversion der Autokorrelationsmatrix vermieden wird. Von Levinson wurde 1947 ein Algorithmus zur Lösung des Prädiktionsproblems für zeitdiskrete Prozesse angegeben [Lev 47]. Dieser Algorithmus wurde 1960 von Durbin wiederentdeckt und für die Dimensionierung autoregressiver Modelle zur Beschreibung von Rauschprozessen benutzt [Dur 60]. In der Literatur werden für diese Rekursion verschiedene Herleitungen wiedergegeben; wir folgen hier der Darstellung in [Bent 91], die eine unmittelbare Umformung der Yule-Walker-Gleichung vorsieht. Es sei $\mathbf{R}_m$ die $m \times m$-Autokorrelationsmatrix des Prädiktoreingangsprozesses $X(i)$ und $\mathbf{r}_m$ der Autokorrelationsvektor

$$\mathbf{r}_m = [r_{xx}(1), r_{xx}(2), \cdots, r_{xx}(m)]^T. \tag{E.1.1a}$$

Der Prädiktor-Koeffizientenvektor

$$\mathbf{p}_m = [p_{m,1}, p_{m,2}, \cdots, p_{m,m}]^T \tag{E.1.1b}$$

möge die bekannte Lösung der Yule-Walker-Gleichung m-ter Ordnung sein; d.h. es gelte

$$\begin{pmatrix} r_{XX}(0) & r^*_{XX}(1) & \cdots & r^*_{XX}(m-1) \\ r_{XX}(1) & r_{XX}(0) & & \vdots \\ \vdots & & \ddots & \\ r_{XX}(m-1) & \cdots & & r_{XX}(0) \end{pmatrix} \begin{pmatrix} p_{m,1} \\ p_{m,2} \\ \vdots \\ p_{m,m} \end{pmatrix} = \begin{pmatrix} r_{XX}(1) \\ r_{XX}(2) \\ \vdots \\ r_{XX}(m) \end{pmatrix}$$

$$\mathbf{R}_m \cdot \mathbf{p}_m = \mathbf{r}_m \tag{E.1.2}$$

Hieraus soll die Lösung für die Ordnung $m+1$ rekursiv ermittelt werden.

$$\underbrace{\begin{pmatrix} r_{XX}(0) & r^*_{XX}(1) & \cdots & r^*_{XX}(m) \\ r_{XX}(1) & r_{XX}(0) & & \vdots \\ \vdots & & \ddots & \\ r_{XX}(m) & \cdots & & r_{XX}(0) \end{pmatrix}}_{\mathbf{R}_{m+1}} \underbrace{\begin{pmatrix} p_{m+1,1} \\ \vdots \\ p_{m+1,m} \\ \gamma_{m+1} \end{pmatrix}}_{\mathbf{p}_{m+1}} = \underbrace{\begin{pmatrix} r_{XX}(1) \\ r_{XX}(2) \\ \vdots \\ r_{XX}(m+1) \end{pmatrix}}_{\mathbf{r}_{m+1}} \tag{E.1.3a}$$

Die $(m+1)$-te Komponente des Prädiktor-Koeffizientenvektors wurde hier willkürlich mit γ_{m+1} bezeichnet. Die Matrix $\mathbf{R}_{m+1}$ enthält die Matrix $\mathbf{R}_m$ als Untermatrix.

$$\left(\begin{array}{ccc|c} & & & r^*_{XX}(m) \\ & \mathbf{R}_m & & \vdots \\ & & & r^*_{XX}(1) \\ \hline r_{XX}(m) & \cdots & r_{XX}(1) & r_{XX}(0) \end{array}\right) \begin{pmatrix} p_{m+1,1} \\ \vdots \\ p_{m+1,m} \\ \gamma_{m+1} \end{pmatrix} = \begin{pmatrix} r_{XX}(1) \\ \vdots \\ r_{XX}(m) \\ r_{XX}(m+1) \end{pmatrix} \tag{E.1.3b}$$

Hieraus lassen sich eine Vektorgleichung und eine skalare Gleichung extrahieren:

$$\mathbf{R}_m \begin{pmatrix} p_{m+1,1} \\ \vdots \\ p_{m+1,m} \end{pmatrix} + \gamma_{m+1} \begin{pmatrix} r^*_{XX}(m) \\ \vdots \\ r^*_{XX}(1) \end{pmatrix} = \mathbf{r}_m \tag{E.1.4a}$$

$$[r_{XX}(m), \cdots, r_{XX}(1)] \begin{pmatrix} p_{m+1,1} \\ \vdots \\ p_{m+1,m} \end{pmatrix} + r_{XX}(0)\,\gamma_{m+1} = r_{XX}(m+1). \tag{E.1.4b}$$

Nach der Multiplikation von (E.1.4a) mit $\mathbf{R}_m^{-1}$ erkennt man auf der rechten Seite die Yule-Walker-Gleichung m-ter Ordnung, so dass hierfür der Koeffizientenvektor $\mathbf{p}_m$ zu setzen ist.

$$\begin{pmatrix} p_{m+1,1} \\ \vdots \\ p_{m+1,m} \end{pmatrix} + \gamma_{m+1} \mathbf{R}_m^{-1} \begin{pmatrix} r^*_{XX}(m) \\ \vdots \\ r^*_{XX}(1) \end{pmatrix} = \mathbf{p}_m \tag{E.1.5}$$

Der zweite Term auf der linken Seite dieser Gleichung weist eine gewisse Ähnlichkeit mit der Yule-Walker-Gleichung m-ter Ordnung auf, wobei allerdings die Reihenfolge der

Elemente des Vektors **r** umgekehrt und konjugiert ist. Um eine geeignete Umformung zu erhalten, kehrt man in der Yule-Walker-Gleichung (E.1.2) zunächst die Reihenfolge der Zeilen und dann die der Spalten um und erhält

$$\begin{pmatrix} r_{XX}(0) & \dots & & r_{XX}(m-1) \\ r_{XX}^*(1) & \ddots & & \vdots \\ \vdots & & r_{XX}(0) & r_{XX}(1) \\ r_{XX}^*(m-1) & \dots & r_{XX}^*(1) & r_{XX}(0) \end{pmatrix} \begin{pmatrix} p_{m,m} \\ \vdots \\ p_{m,2} \\ p_{m,1} \end{pmatrix} = \begin{pmatrix} r_{XX}(m) \\ \vdots \\ r_{XX}(2) \\ r_{XX}(1) \end{pmatrix}. \quad \text{(E.1.6)}$$

Die Konjugation dieses Gleichungssystems liefert auf der linken Seite die $m \times m$-Autokorrelationsmatrix. Nach linksseitiger Multiplikation mit $\mathbf{R}_m^{-1}$ erhält man

$$\begin{pmatrix} p_{m,m}^* \\ \vdots \\ p_{m,1}^* \end{pmatrix} = \mathbf{R}_m^{-1} \begin{pmatrix} r_{XX}^*(m) \\ \vdots \\ r_{XX}^*(1) \end{pmatrix} \quad \text{(E.1.7)}$$

und erkennt, dass der zweite Term auf der linken Seite von (E.1.5) den Prädiktor-Koeffizientenvektor mit konjugierten Elementen in umgekehrter Reihefolge („revers“) enthält. Wir finden damit folgende Rekursionsvorschrift:

$$\begin{pmatrix} p_{m+1,1} \\ \vdots \\ p_{m+1,m} \end{pmatrix} = \begin{pmatrix} p_{m,1} \\ \vdots \\ p_{m,m} \end{pmatrix} - \gamma_{m+1} \begin{pmatrix} p_{m,m}^* \\ \vdots \\ p_{m,1}^* \end{pmatrix}. \quad \text{(E.1.8)}$$

Unbekannt ist hier noch die Größe

$$\gamma_{m+1} = p_{m+1,m+1}, \quad \text{(E.1.9)}$$

die mit Hilfe der noch nicht genutzten skalaren Gleichung (E.1.4b) zu errechnen ist. Schreibt man das dort auftretende Skalarprodukt als Summe, so ergibt sich nach Einsetzen der Beziehung (E.1.8) für die Prädiktorkoeffizienten der Ordnung $m+1$

$$\sum_{\nu=1}^{m} p_{m,\nu} r_{XX}(m+1-\nu) - \gamma_{m+1} \sum_{\nu=1}^{m} p_{m,\nu}^* r_{XX}(\nu) + r_{XX}(0)\gamma_{m+1} = r_{XX}(m+1). \quad \text{(E.1.10)}$$

Die Auflösung nach γ_{m+1} liefert

$$\gamma_{m+1} = \frac{r_{XX}(m+1) - \sum_{\nu=1}^{m} p_{m,\nu} r_{XX}(m+1-\nu)}{r_{XX}(0) - \sum_{\nu=1}^{m} p_{m,\nu}^* r_{XX}(\nu)}. \quad \text{(E.1.11)}$$

Die Gleichungen (E.1.8), (E.1.9) und (E.1.11) beschreiben die Levinson-Durbin-Rekursion.

E.2 Orthogonalität der Rückwärts-Prädiktionsfehler

Ausgangspunkt für den Beweis der Orthogonalität der Rückwärts-Prädiktionsfehler $V_m(i)$ und $V_n(i), m \neq n$, sind die in Abschnitt 12.5.1, Gleichung (12.5.10a,b) hergeleiteten Rekursionsgleichungen

$$U_m(i) = U_{m-1}(i) - \gamma_m V_{m-1}(i-1) \tag{E.2.1a}$$

$$V_m(i) = V_{m-1}(i-1) - \gamma_m^* U_{m-1}(i). \tag{E.2.1b}$$

Um in (E.2.1b) nur noch Größen zum Zeitpunkt i zu erhalten, wird (E.2.1a) in (E.2.1b) eingesetzt.

$$V_m(i) = \left(\frac{1}{\gamma_m} - \gamma_m^*\right) U_{m-1}(i) - \frac{1}{\gamma_m} \cdot U_m(i) \tag{E.2.2}$$

Hieraus ergibt sich durch Verwendung der Rekursionsbeziehung für die Prädiktorfehlerleistung (12.5.12)

$$V_m(i) = \frac{\sigma_m^2}{\gamma_m} \left[\frac{1}{\sigma_{m-1}^2} U_{m-1}(i) - \frac{1}{\sigma_m^2} U_m(i)\right]. \tag{E.2.3}$$

Zum Nachweis der Orthogonalität ist die Kreuzkorrelierte der Rückwärts-Prädiktionsfehler $V_m(i)$ und $V_n(i)$ zu berechnen. Ohne Beschränkung der Allgemeinheit wird dazu

$$m < n \tag{E.2.4}$$

festgelegt. In der Kreuzkorrelationsbeziehung $\mathrm{E}\{V_n(i)V_m^*(i)\}$ wird für $V_n(i)$ die Beziehung (E.2.3) genutzt, während für $V_m^*(i)$ die ursprüngliche Beschreibung durch die Koeffizienten der Transversalform erfolgt. Diese Beziehung ist durch (12.5.9) gegeben. Der einfacheren formalen Handhabung wegen wird definiert

$$a_{m,\mu} = -p_{m,\mu} \quad \text{für } 1 \leq \mu \leq m \tag{E.2.5a}$$

$$a_{m,0} = 1. \tag{E.2.5b}$$

Nach einer Variablen-Substitution erhält man damit aus (12.5.9)

$$V_m^*(i) = \sum_{\nu=1}^{m+1} a_{m,m+1-\nu} X^*(i+1-\nu). \tag{E.2.6}$$

Mit (E.2.3) und (E.2.6) ergibt sich die Kreuzkorrelierte

$$\begin{aligned}\mathrm{E}\{V_m^*(i)V_n(i)\} = {} & \frac{\sigma_n^2}{\gamma_n} \sum_{\nu=1}^{m+1} a_{m,m+1-\nu} \\ & \cdot \left[\frac{1}{\sigma_{n-1}^2}\mathrm{E}\{X^*(i+1-\nu)U_{n-1}(i)\} - \frac{1}{\sigma_n^2}\mathrm{E}\{X^*(i+1-\nu)U_n(i)\}\right].\end{aligned} \tag{E.2.7}$$

Zur Berechnung der Erwartungswerte wird die Orthogonalitätsrelation (12.5.14) für die Vorwärts-Prädiktionsfehler benutzt. Danach gilt

$$\begin{aligned} \mathrm{E}\{U_{n-1}(i)X^*(i+1-\nu)\} &= 0 \quad \text{für} \quad \nu = 2,\cdots,n & \text{(E.2.8)} \\ \mathrm{E}\{U_n(i)X^*(i+1-\nu)\} &= 0 \quad \text{für} \quad \nu = 2,\cdots,n+1, & \text{(E.2.9)} \end{aligned}$$

so dass von der Summe in (E.2.7) wegen $m < n$ nur zwei Terme verbleiben.

$$\mathrm{E}\{V_m^*(i)V_n(i)\} = a_{m,m}\frac{\sigma_n^2}{\gamma_n}\left[\frac{1}{\sigma_{n-1}^2}\mathrm{E}\{X^*(i)\cdot U_{n-1}(i)\} - \frac{1}{\sigma_n^2}\mathrm{E}\{X^*(i)U_n(i)\}\right] \quad \text{(E.2.10)}$$

Hier sind noch die Kreuzkorrelierten zwischen Prädiktorfehler und Eingangsprozess zum Zeitpunkt i enthalten, die auf folgende Weise berechnet werden. Es gilt

$$U_n(i) = X(i) - \sum_{\nu=1}^{n} p_{n,\nu}\cdot X(i-\nu),$$

bzw.

$$X^*(i) = U_n^*(i) + \sum_{\nu=1}^{n} p_{n,\nu}^* X^*(i-\nu). \quad \text{(E.2.11)}$$

Eingesetzt in die gesuchte Kreuzkorrelationsbeziehung ergibt sich

$$\mathrm{E}\{X^*(i)U_n(i)\} = \mathrm{E}\{|U_n(i)|^2\} + \sum_{\nu=1}^{n} p_{n,\nu}^*\mathrm{E}\{U_n(i)\cdot X^*(i-\nu)\}. \quad \text{(E.2.12)}$$

Der zweite Term der rechten Seite verschwindet wegen der Orthogonalitätsbeziehung der Vorwärts-Prädiktionsfehler (12.5.14), Seite 457, so dass gilt

$$\mathrm{E}\{X^*(i)U_n(i)\} = \sigma_n^2. \quad \text{(E.2.13)}$$

Nach Einsetzen in (E.2.10) ergibt sich die zu beweisende Orthogonalität der Rückwärts-Prädiktionsfehler:

$$\mathrm{E}\left\{V_m^*(i)V_n(i)\right\} = a_{m,m}\frac{\sigma_n^2}{\gamma_n}\left[\frac{\sigma_{n-1}^2}{\sigma_{n-1}^2} - \frac{\sigma_n^2}{\sigma_n^2}\right] = 0;\ m < n. \quad \text{(E.2.14)}$$

Die Voraussetzung $m < n$ bedeutet keine Einschränkung, da die gleiche Herleitung unter Vertauschung von m und n durchgeführt werden kann.

E.3 Herleitungen zum Lattice-Gradientenalgorithmus

Es wird zunächst die Gleichung (12.5.33) unter Berücksichtigung der Definitionen (12.5.34a,b) umgeformt.

$$\begin{aligned}
\hat{\gamma}_{m+1}(i+1) &= \frac{2\sum\limits_{k=0}^{i} w^{i-k} u_m(k)\cdot v_m^*(k-1)}{b_m(i)} \\
&= \frac{2w\sum\limits_{k=0}^{i-1} w^{i-1-k} u_m(k)\cdot v_m^*(k-1)}{b_m(i)} + \frac{2u_m(i)v_m^*(i-1)}{b_m(i)} \\
&= \frac{w\cdot a_m(i-1)}{b_m(i-1)}\cdot\frac{b_m(i-1)}{b_m(i)} + \frac{2u_m(i)v_m^*(i-1)}{b_m(i)} \\
&= \hat{\gamma}_{m+1}(i)\cdot\frac{w\cdot b_m(i-1)}{b_m(i)} + \frac{2u_m(i)v_m^*(i-1)}{b_m(i)}
\end{aligned} \tag{E.3.1}$$

Zur Umformung des ersten Terms wird auf der rechten Seite der Gleichung der Ausdruck

$$\hat{\gamma}_{m+1}(i)\cdot\frac{|u_m(i)|^2+|v_m(i-1)|^2}{b_m(i)}$$

einmal addiert und einmal subtrahiert.

$$\begin{aligned}
\hat{\gamma}_{m+1}(i+1) &= \hat{\gamma}_{m+1}(i)\frac{\overbrace{w\cdot b_m(i-1)+|u_m(i)|^2+|v_m(i-1)|^2}^{b_m(i)}}{b_m(i)} \\
&+ \frac{2u_m(i)v_m^*(i-1)-\hat{\gamma}_{m+1}(i)\left[|u_m(i)|^2+|v_m(i-1)|^2\right]}{b_m(i)}
\end{aligned} \tag{E.3.2}$$

Der erste Term ergibt $\gamma_{m+1}(i)$, der zweite Term wird weiter umgeformt. Der PARCOR-Koeffizient läßt sich hier durch die Lattice-Gleichungen (12.5.10a,b) ausdrücken, wobei der im letzten Zyklus aktualisierte Wert $\hat{\gamma}_{m+1}(i)$ einzusetzen ist:

$$\hat{\gamma}_{m+1}(i)v_m(i-1) = u_m(i) - u_{m+1}(i) \tag{E.3.3a}$$

bzw.

$$\hat{\gamma}_{m+1}(i)u_m^*(i) = v_m^*(i-1) - v_{m+1}^*(i). \tag{E.3.3b}$$

Eingesetzt in den rechten Term von (E.3.2) ergibt sich schließlich

$$\hat{\gamma}_{m+1}(i+1) = \hat{\gamma}_{m+1}(i) + \frac{u_m(i)v_{m+1}^*(i)+u_{m+1}(i)v_m^*(i-1)}{b_m(i)}, \tag{E.3.4}$$

also eine direkte Rekursionsbeziehung für die PARCOR-Koeffizienten.

Wir kommen zur Umformung der Gleichung (12.5.40) für die Berechnung der Entzerrerkoeffizienten.

$$\begin{aligned} \hat{g}_m(i+1) &= \frac{\hat{r}_m(i)}{\hat{\sigma}_m^2(i)} = \frac{w \cdot \hat{r}_m(i-1)}{\hat{\sigma}_m^2(i)} + \frac{d(i-i_0)v_m^*(i)}{\hat{\sigma}_m^2(i)} \\ &= \hat{g}_m(i) \cdot \frac{w \cdot \hat{\sigma}_m^2(i-1)}{\hat{\sigma}_m^2(i)} + \frac{d(i-i_0)v_m^*(i)}{\hat{\sigma}_m^2(i)} \end{aligned} \tag{E.3.5}$$

Auf der rechten Seite wird der Term

$$\hat{g}_m(i)\frac{|v_m(i)|^2}{\hat{\sigma}_m^2(i)}$$

addiert und subtrahiert.

$$\hat{g}_m(i+1) = \hat{g}_m(i)\,\frac{\overbrace{w \cdot \hat{\sigma}_m^2(i-1) + |v_m(i)|^2}^{\hat{\sigma}_m^2(i)}}{\hat{\sigma}_m^2(i)} + \frac{-\hat{g}_m(i)|v_m(i)|^2 + d(i-i_0)v_m^*(i)}{\hat{\sigma}_m^2(i)} \tag{E.3.6}$$

Daraus folgt die direkte Rekursionsgleichung für die Entzerrerkoeffizienten.

$$\hat{g}_m(i+1) = \hat{g}_m(i) + \frac{[d(i-i_0) - \hat{g}_m(i)v_m(i)] \cdot v_m^*(i)}{\hat{\sigma}_m^2(i)} \tag{E.3.7}$$

Anhang F

Ergänzung zur Maximum-Likelihood-Schätzung

F.1 Faltungsmatrizen

Die Faltung einer Folge $x(k)$ mit der endlichen Impulsantwort $c(k)$ kann mit Hilfe der Faltungmatrix $\mathbf{C}$ formuliert werden

$$z(k) = x(k) * c(k) \quad \Rightarrow \mathbf{z} = \mathbf{C}\mathbf{x}, \tag{F.1.1}$$

indem für die Eingangs- und Ausgangsfolgen die Vektoren $\mathbf{x}$ und $\mathbf{z}$ gesetzt werden und die Matrix $\mathbf{C}$ wie folgt definiert wird.

$$\mathbf{C} = \begin{pmatrix} c(0) & & & \mathbf{0} \\ c(1) & c(0) & & \\ \vdots & c(1) & \ddots & \\ c(n) & \vdots & & c(0) \\ & c(n) & & c(1) \\ & & \ddots & \\ \mathbf{0} & & & c(n) \end{pmatrix} \tag{F.1.2}$$

Wir betrachten den für digitale Datensender zutreffenden Sonderfall, dass das Eingangssignal $x(k)$ nur zu jedem w-ten Abtastzeitpunkt von Null verschieden ist, dass also gilt

$$\mathbf{x} = [d(0), \underbrace{0, \cdots, 0}_{w-1}, d(1), \underbrace{0, \cdots 0}_{w-1}, d(2) \cdots]^T. \tag{F.1.3}$$

Eine kompakte Formulierung von (F.1.1) ergibt sich, wenn in der Faltungsmatrix nur jede w-te Spalte berücksichtigt wird. Wir definieren demgemäß die Matrix

$$\mathbf{C}_w = \begin{pmatrix} c(0) & & & \mathbf{0} \\ \vdots & & & \\ c(w) & c(0) & & \\ \vdots & \vdots & & \\ c(2w) & c(w) & c(0) & \\ \vdots & \vdots & \vdots & \\ c(3w) & c(2w) & c(w) & \ddots \\ \vdots & \vdots & \vdots & \ddots \\ c(n) & \vdots & \vdots & \\ & c(n) & \vdots & \\ & & c(n) & \\ \mathbf{0} & & & \ddots \end{pmatrix} . \tag{F.1.4a}$$

Führt man weiterhin den Datenvektor

$$\mathbf{d} = [d(0), d(1), d(2), \cdots]^T \tag{F.1.4b}$$

ein, so erhält man die Beziehung

$$\mathbf{z} = \mathbf{C}_w \cdot \mathbf{d} \tag{F.1.4c}$$

für die Ausgangsfolge eines Filters, das eingangsseitig nur zu jedem w-ten Abtastzeitpunkt erregt wird. Das Prinzipschaltbild eines solchen Systems zeigt **Bild F.1.1**.

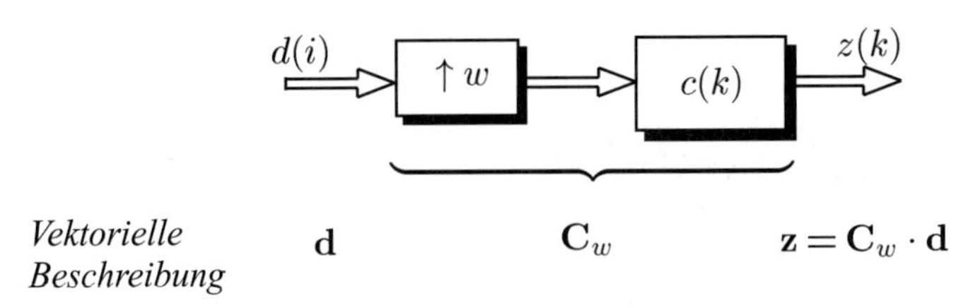

Bild F.1.1: Filterung mit eingangsseitiger Abtastraten-Erhöhung

Bei der Ableitung in Abschnitt 13.1.1 taucht in (13.1.8), S. 486, ein Ausdruck der Form

$$\mathbf{x} = \mathbf{C}_w^H \cdot \mathbf{r} \tag{F.1.5}$$

auf, wobei $\mathbf{r}$ den Vektor des (hoch abgetasteten) Empfänger-Eingangssignals darstellt; $\mathbf{C}_w$ beschreibt die in (F.1.4a) definierte Matrix. Es zeigt sich, dass (F.1.5) die Faltung mit einem nichtkausalen Matched-Filter mit ausgangsseitiger Abtastratenreduktion um den Faktor w beschreibt.

$$\mathbf{C}_w^H \mathbf{r} = \begin{pmatrix} c^*(0) & \cdots & c^*(w) & \cdots & c^*(2w) & \cdots \\ & & c^*(0) & \cdots & c^*(w) & \cdots \\ & & & & c^*(0) & \\ \mathbf{0} & & & & \vdots & \end{pmatrix} \begin{pmatrix} r(0) \\ r(1) \\ r(2) \\ \vdots \end{pmatrix} = \begin{pmatrix} x(0) \\ x(1) \\ x(2) \\ \vdots \end{pmatrix} \tag{F.1.6a}$$

Für die i-te Komponente des Vektors $\mathbf{x}$ gilt

$$x(i) = \sum_{\nu=0}^{n} c^*(\nu)\, r(iw+\nu), \tag{F.1.6b}$$

was formal geschrieben werden kann als

$$x(i) = r(k) * c^*(-k)|_{k=i\cdot w}. \tag{F.1.6c}$$

Die gespiegelte konjugiert komplexe Impulsantwort $c^*(-k)$ beschreibt ein nichtkausales Matched-Filter bezüglich der Kanalimpulsantwort $c(k)$. Die durch (F.1.5) beschriebene Schaltungsanordnung zeigt **Bild F.1.2**.

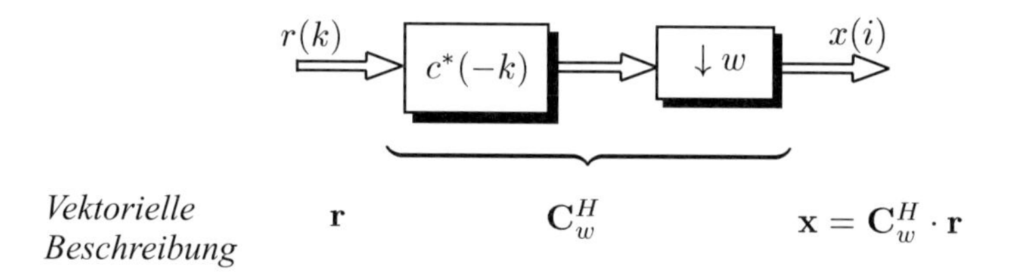

Bild F.1.2: Matched-Filter mit Abtastraten-Reduktion am Ausgang

F.2 Dekorrelationsfilter

In Abschnitt 13.1.2 wird eine Empfängerstruktur hergeleitet, die nach der Abtastraten-Reduktion am Matched-Filter-Ausgang ein Dekorrelationsfilter vorsieht. **Bild F.2.1** zeigt die Empfängeranordnung in Bezug auf die Rauschgrößen.

Fasst man diese Rauschgrößen als Prozesse auf und drückt sie durch die Vektoren $\mathbf{N}_c, \mathbf{N}_1$ und $\mathbf{N}$ aus, so kommt man zu der folgenden kompakten Formulierung.

$$\mathbf{N}_1 = \mathbf{C}_w^H \mathbf{N}_c \tag{F.2.1}$$

$$\mathbf{N} = \mathbf{P}\,\mathbf{N}_1 = \mathbf{P}\,\mathbf{C}_w^H \mathbf{N}_c \tag{F.2.2}$$

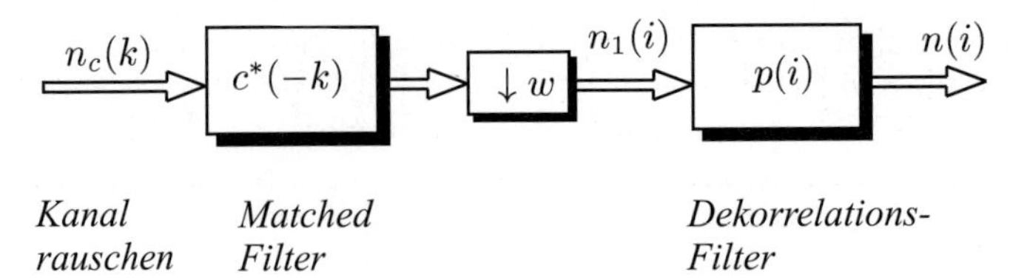

Bild F.2.1: Empfängerstruktur, Rauschgrößen

Die Autokorrelationsmatrix des Rauschens am Dekorrelationsfilter-Ausgang ist damit

$$\begin{aligned}\mathbf{R}_{NN} = \mathrm{E}\{\mathbf{N}\,\mathbf{N}^H\} &= \mathrm{E}\{\mathbf{P}\,\mathbf{C}_w^H\,\mathbf{N}_c\,\mathbf{N}_c^H\,\mathbf{C}_w\,\mathbf{P}^H\} \\ &= \mathbf{P}\,\mathbf{C}_w^H\,\mathrm{E}\{\mathbf{N}_c\mathbf{N}_c^H\}\,\mathbf{C}_w\,\mathbf{P}^H,\end{aligned} \tag{F.2.3}$$

wobei unter der Voraussetzung von weißem Kanalrauschen gilt

$$\mathrm{E}\{\mathbf{N}_c\mathbf{N}_c^H\} = \mathbf{R}_{N_cN_c} = \sigma_{N_c}^2\,\mathbf{I} \quad \text{mit } \mathbf{I} = \mathrm{diag}\{1, 1, \cdots, 1\}. \tag{F.2.4}$$

Das Dekorrelationsfilter ist nun so festzulegen, dass $N(i)$ zu einem weißen Rauschprozess wird. Es ist also anzusetzen

$$\mathbf{R}_{NN} = \sigma_{N_c}^2\,\mathbf{P}\,\mathbf{C}_w^H\mathbf{C}_w\mathbf{P}^H \stackrel{!}{=} \sigma_N^2\,\mathbf{I}, \tag{F.2.5a}$$

woraus nach links- bzw. rechtsseitiger Multiplikation mit $\mathbf{P}^H$ bzw. $\mathbf{P}$ folgt

$$\sigma_{N_c}^2\,\mathbf{P}^H\mathbf{P}\,\mathbf{C}_w^H\mathbf{C}_w\mathbf{P}^H\mathbf{P} = \sigma_N^2\,\mathbf{P}^H\mathbf{P}. \tag{F.2.5b}$$

Falls die Inverse von $\mathbf{P}^H\mathbf{P}$ existiert, gilt damit

$$\begin{aligned}\sigma_{N_c}^2\mathbf{C}_w^H\mathbf{C}_w &= \sigma_N^2(\mathbf{P}^H\mathbf{P})^{-1}\mathbf{P}^H\mathbf{P}(\mathbf{P}^H\mathbf{P})^{-1} \\ &= \sigma_N^2(\mathbf{P}^H\mathbf{P})^{-1}.\end{aligned} \tag{F.2.5c}$$

Das Dekorrelationsfilter kann beliebig skaliert werden, da Nutz- und Störsignal dadurch die gleiche Bewertung erfahren. Legt man die Skalierung so fest, dass gilt

$$\sigma_{N_c}^2 = \sigma_N^2, \tag{F.2.6}$$

so ergibt sich für den Entwurf des Dekorrelationsfilters die Bedingung

$$\mathbf{P}^H\mathbf{P} = [\mathbf{C}_w^H\mathbf{C}_w]^{-1}. \tag{F.2.7}$$

In Hinblick auf die Eindeutigkeit der Lösung für das Dekorrelationsfilter bedarf die abgeleitete Beziehung einer weiteren Interpretation. Die Matrix $\mathbf{C}_w^H\mathbf{C}_w$ stellt die Faltungsmatrix für das Symboltakt-Modell des Übertragungssystems (ohne Dekorrelationsfilter) dar; in **Bild F.2.2** wird dies verdeutlicht.

Die zugehörige Impulsantwort $h_c(i)$ hat aufgrund des Matched-Filters am Empfänger die Eigenschaften einer Autokorrelationsfolge, so dass ihre Z-Transformierte in der Form

$$H_c(z) = A(z) \cdot A^*(1/z^*) \tag{F.2.8}$$

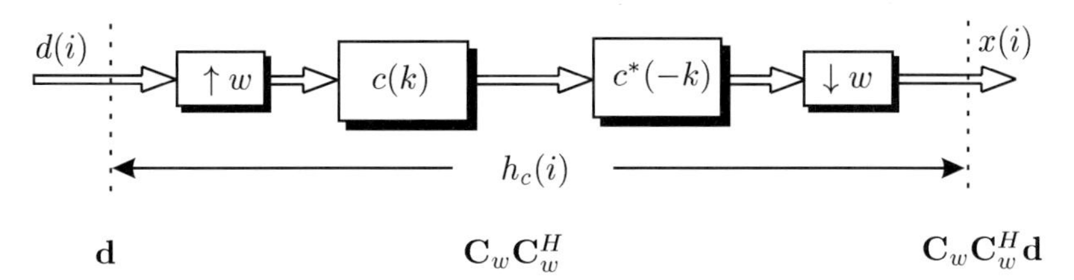

Bild F.2.2: Symboltakt-Modell des Übertragungssystems

geschrieben werden kann. Mit (F.2.7) gilt dann für die Übertragungsfunktion des Dekorrelationsfilters

$$P(z) \cdot P^*(1/z^*) = \frac{1}{A(z)A^*(1/z^*)}. \tag{F.2.9}$$

Die bisherigen Betrachtungen haben sich stets auf endliche Kanalimpulsantworten bezogen; $A(z)$ stellt dementsprechend ein nichtrekursives System dar, wird also durch Nullstellen beschrieben. Diese Nullstellen können sowohl minimalphasig als auch maximalphasig sein.

Um (F.2.9) *exakt* zu erfüllen, muss für $P(z)$ ein *rekursives* („all-pole"-) System vorgesehen werden. Soll $P(z)$ stabil sein, so müssen diese Pole innerhalb des Einheitskreises liegen. **Bild F.2.3** veranschaulicht eine dementsprechende Festlegung für $P(z)$. Die Pole von $P^*(1/z^*)$ liegen allesamt außerhalb des Einheitskreises, was aber keine Konsequenzen für die Stabilität des Gesamtsystems hat, da $P^*(1/z^*)$ nicht explizit realisiert wird. Das gesamte Symboltakt-Modell des Übertragungssystems besteht aus der Hintereinanderschaltung der Teilsysteme $A(z)$, $A^*(1/z^*)$ und $P(z)$. Bild F.2.3c zeigt, dass dieses Gesamtsystem stets *maximalphasig* ist, sofern wie hier angenommen ein *exaktes rekursives Dekorrelationsfilter* eingesetzt wird.

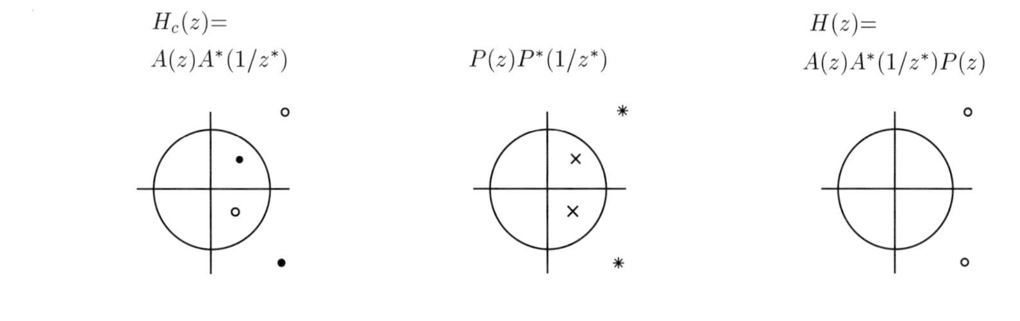

Bild F.2.3: Pol-Nullstellen-Diagramme bei Anwendung eines rekursiven Dekorrelationsfilters

In praktischen Empfängersystemen wird für das Dekorrelationsfilter üblicherweise eine *nichtrekursive Lösung* angestrebt. Die geforderten Pole für $P(z)$ sind damit nur approximativ zu realisieren, so dass (F.2.9) näherungsweise erfüllt wird. Die Approximation von Polen führt auf eine äquidistant auf einem Kreis liegende Anordnung von Nullstellen unter Auslassung derjenigen an der Position des zu approximierenden Poles (vgl. Abschnitt 12.3.1, Bild 12.1.7). Hierbei ist es gleichgültig, ob der approximierte Pol innerhalb oder außerhalb des Einheitskreises liegt. Wählt man also ein *maximalphasiges* Dekorrelationsfilter und approximiert damit die außerhalb des Einheitskreises liegenden Pole von $P(z)P^*(1/z^*)$, so entsteht ein *minimalphasiges Symboltakt-Modell für das gesamte Übertragungssystem*. In **Bild F.2.4** wird dies veranschaulicht.

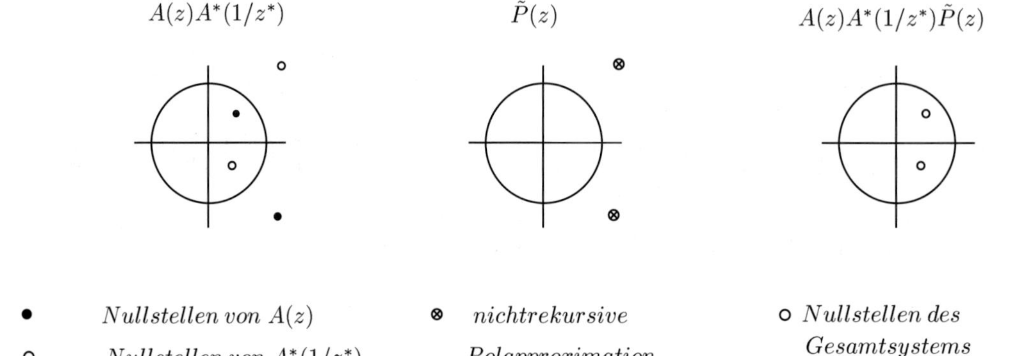

Bild F.2.4: Pol-Nullstellen-Diagramme bei maximalphasigem Dekorrelationsfilter

Anhang G

Bedingungen für die ideale Kanalentzerrung mit Hilfe von T/2-Entzerrern

G.1 Herleitung der Singularitäts-Bedingungen

In Abschnitt 12.2.3 wurde deutlich, dass mit Hilfe von nichtrekursiven Entzerrern mit Doppelabtastung eine ideale Kanalentzerrung erreicht werden kann. Ausnahmen, in denen sich singuläre Lösungen ergeben, zeigten sich anhand des Beispiels auf Seite 417. Die nachfolgenden Betrachtungen haben zum Ziel, allgemeine Bedingungen für diese Singularitäten zu formulieren [Jel 93]. Die mit der doppelten Symbolfrequenz $2/T$ abgetastete Kanalimpulsantwort wird mit

$$h_a(kT/2) = \begin{cases} h_{k/2} & \text{für } 0 \leq k \leq \ell - 1 \stackrel{\Delta}{=} m \\ 0 & \text{sonst} \end{cases} \tag{G.1.1}$$

festgelegt, wobei m hier als gerade vorausgesetzt wird. Für ungeraden Kanalgrad ist die Herleitung geringfügig zu modifizieren.

Singuläre Lösungen ergeben sich für (12.2.18), Seite 417, wenn ein nicht verschwindender Vektor $\mathbf{x}$ existiert, unter dem die Bedingung

$$\underbrace{\begin{pmatrix} h_{1/2} & h_0 & & & \mathbf{0} & \\ h_{3/2} & h_1 & h_{1/2} & h_0 & & \\ \vdots & & h_{3/2} & h_1 & h_{1/2} & \\ h_{\frac{m-1}{2}} & \vdots & \vdots & & h_{3/2} & \ddots \\ & h_{\frac{m}{2}} & h_{\frac{m-1}{2}} & \vdots & \vdots & \\ & & & h_{\frac{m}{2}} & h_{\frac{m-1}{2}} & \\ & \mathbf{0} & & & & \ddots \end{pmatrix}}_{\mathbf{H}_2 \quad\quad \cdot} \begin{pmatrix} x_1 \\ x_2 \\ \vdots \\ x_m \end{pmatrix} = \begin{pmatrix} 0 \\ 0 \\ \vdots \\ 0 \end{pmatrix} \tag{G.1.2}$$

$$\mathbf{x} = \mathbf{0}$$

erfüllbar ist. Nach einer Umordnung der Spalten von $\mathbf{H}_2$ erhält man

$$\left(\begin{array}{ccc|ccc} h_0 & & \mathbf{0} & h_{\frac{1}{2}} & & \mathbf{0} \\ h_1 & h_0 & & h_{\frac{3}{2}} & h_{\frac{1}{2}} & \\ & h_1 & \ddots & \vdots & h_{\frac{3}{2}} & \ddots \\ \vdots & & & h_{\frac{m-1}{2}} & \vdots & \\ h_{\frac{m}{2}} & & & & h_{\frac{m-1}{2}} & \\ & h_{\frac{m}{2}} & & & & \ddots \\ \mathbf{0} & & \ddots & \mathbf{0} & & \end{array}\right) \left(\begin{array}{c} x_2 \\ x_4 \\ \vdots \\ x_m \\ \hline x_1 \\ x_3 \\ \vdots \\ x_{m-1} \end{array}\right) = \mathbf{0}. \tag{G.1.3}$$

$$\mathbf{H}_{2,0} \qquad\qquad \mathbf{H}_{2,1} \qquad\qquad \begin{pmatrix} \mathbf{x}_0 \\ \mathbf{x}_1 \end{pmatrix}$$

Hiermit ist die Matrix $\mathbf{H}_2$ in zwei Teilmatrizen $\mathbf{H}_{2,0}$, $\mathbf{H}_{2,1}$ zerlegt, die formal Faltungsmatrizen entsprechen. Die Forderung (G.1.3) ist demgemäß als eine Anordnung zweier paralleler Systeme $\mathbf{H}_{2,0}$ und $\mathbf{H}_{2,1}$ zu interpretieren, angeregt durch die Folgen $\mathbf{x}_0$ und $\mathbf{x}_1$, deren Ausgänge sich zu null ergänzen müssen. Im Z-Bereich kann (G.1.3) also auch in der Form

$$H_{2,0}(z) \cdot X_0(z) + H_{2,1}(z) \cdot X_1(z) = 0 \tag{G.1.4}$$

geschrieben werden, wobei gilt

$$H_{2,0}(z) = \sum_{\nu=0}^{\frac{m}{2}} h_\nu \, z^{-\nu} \tag{G.1.5a}$$

$$H_{2,1}(z) = \sum_{\nu=0}^{\frac{m}{2}-1} h_{\frac{2\nu+1}{2}} \; z^{-\nu} \tag{G.1.5b}$$

$$X_0(z) = \sum_{\nu=0}^{\frac{m}{2}-1} x_{2(\nu+1)} \; z^{-\nu} \tag{G.1.5c}$$

$$X_1(z) = \sum_{\nu=0}^{\frac{m}{2}-1} x_{2\nu+1} \; z^{-\nu}. \tag{G.1.5d}$$

Die Bedingung (G.1.4) könnte im Prinzip durch die Festlegung

$$X_0(z) = H_{2,1}(z) \quad \text{und} \quad X_1(z) = -H_{2,0}(z) \tag{G.1.6}$$

erfüllt werden. Dies ist jedoch nicht möglich, da der Grad des Polynoms $H_{2,0}(z)$ generell um eins höher ist als der von $X_1(z)$ (vgl. G.1.5a,d). Die Singularitätsbedingung (G.1.4) ist somit nur zu erfüllen, wenn $H_{2,0}(z)$ und $H_{2,1}(z)$ identische Teilsysteme enthalten, wenn also gilt

$$H_{2,0}(z) = G(z) \cdot H_0(z) \tag{G.1.7a}$$

$$H_{2,1}(z) = G(z) \cdot H_1(z). \tag{G.1.7b}$$

Dann gewinnt man aus (G.1.4) die Bedingung

$$G(z) \; [H_0(z)X_0(z) + H_1(z)X_1(z)] = 0. \tag{G.1.8}$$

Die Forderung

$$X_0(z) = H_1(z) \tag{G.1.9a}$$

$$X_1(z) = -H_0(z) \tag{G.1.9b}$$

ist nun erfüllbar, wenn das Teilsystem $G(z)$ mindestens die Ordnung eins besitzt, da dann die Ordnungen von $H_0(z)$ und $H_1(z)$ gegenüber $H_{2,0}(z)$ und $H_{2,1}(z)$ um mindestens eins reduziert sind. Hat $G(z)$ z.B. die Ordnung eins, so sind $H_0(z)$ und $X_1(z)$ von gleicher Ordnung. Die Ordnung von $H_1(z)$ ist um eins geringer als die von $X_0(z)$, was nur bedeutet, dass das Element x_m generell null gesetzt werden muss.

Die vorangegangene Betrachtung ergibt also, dass das Gleichungssystem dann und nur dann eine singuläre Lösung besitzt, wenn $H_{2,0}(z)$ und $H_{2,1}(z)$ ein gemeinsames Teilsystem $G(z)$ beinhalten, das mindestens die Ordnung eins haben muss.

Für die Z-Übertragungsfunktion des Kanals bei Abtastung mit der doppelten Symbolfrequenz erhält man damit

$$\begin{aligned} H_a(z) &= H_{2,0}(z^2) + z^{-1} H_{2,1}(z^2) \\ &= G(z^2) \; [H_0(z^2) + z^{-1} H_1(z^2)]. \end{aligned} \tag{G.1.10}$$

Die Übertragungsfunktion $G(z^2)$ beschreibt ein System, bei dem jeder zweite Wert der Impulsantwort null ist. Wird dieses System durch eine Datenfolge mit der Symbolfrequenz $1/T$, also der halben Abtastfrequenz, erregt, so ist auch in der Ausgangsfolge jeder zweite Wert null. Ein auf dieses System angewendeter Teilentzerrer entartet zu einem T-Entzerrer, mit dem bekanntlich keine ideale Kanalkorrektur möglich ist. Das gewonnene Ergebnis ist also plausibel.

Man kann aus (G.1.10) eine einfache Bedingung für die Nullstellen nicht entzerrbarer Kanäle herleiten. Besitzt $G(\zeta)$ die Nullstellen ζ_ν, so gilt für

$$G(z_\nu^2) = 0 \quad \rightarrow \quad z_{\nu 1,2} = \pm\sqrt{\zeta_\nu}. \tag{G.1.11}$$

- *Ein Kanal mit der Übertragungsfunktion $H_a(z)$ ist genau dann nicht durch einen $T/2$-Entzerrer ideal zu korrigieren, wenn mindestens zwei negativ gleiche Nullstellen von $H_a(z)$ existieren.*

Diese Bedingung ist anhand des Beispiels in Abschnitt 12.2.3 auf Seite 417 zu bestätigen. Die dort ermittelten singulären Fälle ergeben sich bei Kanälen mit den Nullstellen

$$z_{1,2} = \pm j \quad \text{oder} \quad z_{1,\ldots,4} = \pm\sqrt{-\frac{h_1}{2h_0} \pm \sqrt{\left(\frac{h_1}{2h_0}\right)^2 - 1}}\ ,$$

also unter negativ gleichen Nullstellenpaaren. Die in diesem Abschnitt hergeleiteten Bedingungen lassen die Lage der Nullstellen bezüglich des Einheitskreises offen. *Nullstellen auf dem Einheitskreis müssen deshalb exakt kompensierbar sein, solange sie nicht unter einem Winkel von* 180° *liegen.*

G.2 Beispiele

Zur systemtheoretischen Veranschaulichung dieses Sachverhaltes wählen wir ein erstes Beispiel eines reellwertigen Kanals mit Nullstellen bei $z_{0,1} = \exp(j0.2/T)$ und $z_{0,2} = \exp(j0.6/T)$. Der Betragsfrequenzgang ist in **Bild G.2.1a** wiedergegeben. Vor der Halbierung der Abtastfrequenz bleiben diese Nullstellen am Entzerrerausgang erhalten, wie Bild G.2.1b zeigt, da sie durch ein nichtrekursives System nicht kompensiert werden können. Durch die nachfolgende Abtastraten-Halbierung werden dann die Teilspektren aus den Bereichen $0 \leq f \leq 1/T$ und $1/T \leq f \leq 2/T$ übereinandergeschoben, so dass die Nullstellen gegenseitig aufgehoben werden können – Bild G.2.1c verdeutlicht diesen Vorgang. Die phasenrichtige Addition der Teilspektren liefert einen konstanten Wert (Bild G.2.1d), was einer idealen Entzerrung entspricht.

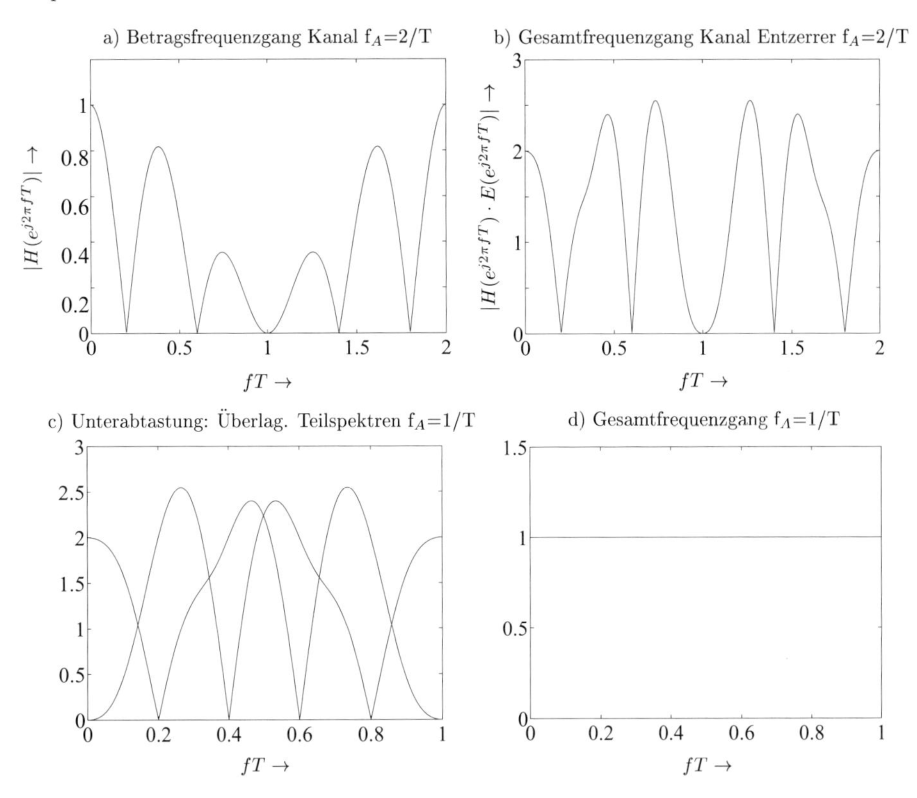

Bild G.2.1: Veranschaulichung der exakten Kompensation von Kanalnullstellen auf dem Einheitskreis

Eine exakte Entzerrung durch den $T/2$-Entzerrer ist dann nicht möglich, wenn Nullstellen der übereinandergeschobenen Spektren zusammenfallen. Dies ist für reellwertige Kanäle dann der Fall, wenn der Frequenzgang Nullstellen *symmetrisch zur Nyquistfrequenz* aufweist. In dem Falle gilt (mit der normierten Nyquistfrequenz $\Omega_N = 2\pi\frac{1}{2T}\cdot\frac{T}{2} = \frac{\pi}{2}$)

$$z_{01} = e^{j(\frac{\pi}{2}+\theta)}; \qquad z_{02} = e^{j(\frac{\pi}{2}-\theta)}.$$

Da ein reellwertiges System angenommen wird, sind die jeweils konjugiert komplexen Nullstellen hinzuzufügen.

$$z_{01}^* = e^{-j(\frac{\pi}{2}+\theta)} = -e^{j(\frac{\pi}{2}-\theta)}; \quad z_{02}^* = e^{-j(\frac{\pi}{2}-\theta)} = -e^{j(\frac{\pi}{2}+\theta)}$$

Es gilt also $z_{01}^* = -z_{02}$ und $z_{02}^* = -z_{01}$; die oben hergeleitete Singularitätsbedingung ist somit erfüllt. In **Bild G.2.2** ist ein solches Beispiel wiedergegeben: Die Nullstellen bei $f_1 = 0.3/T$ und $f_2 = 0.7/T$ bleiben nach der Überlagerung der verschobenen Teilspektren erhalten (Bild G.2.2b).

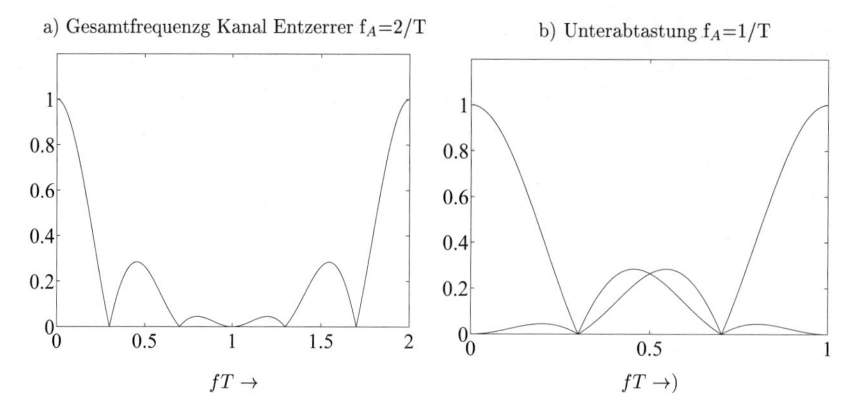

Bild G.2.2: Beispiel eines nicht entzerrbaren reellwertigen Kanals mit Nullstellen symmetrisch zur Nyquistfrequenz

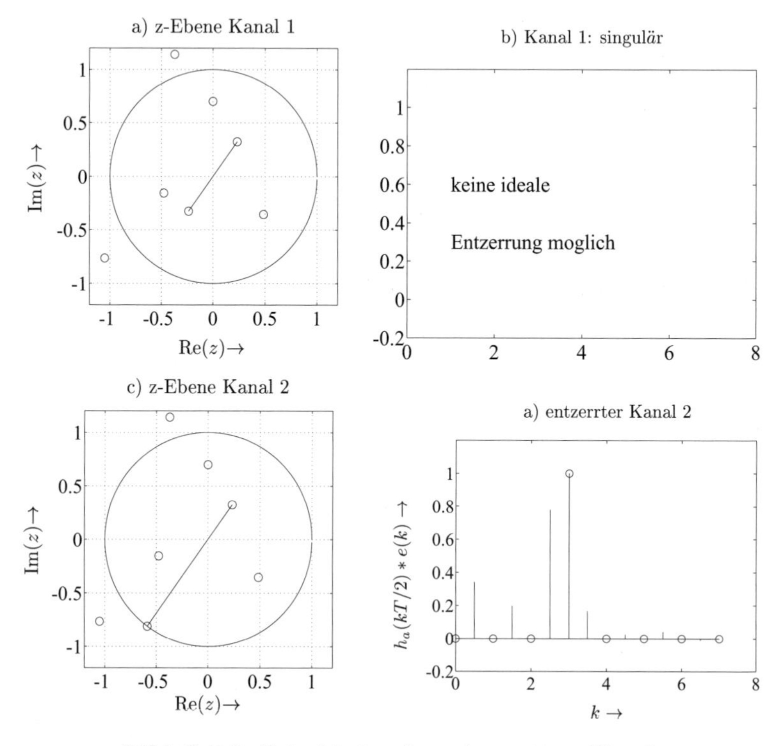

Bild G.2.3: Beispiel eines komplexwertigen Kanals

Als letztes Beispiel wird ein komplexwertiger Kanal betrachtet, dessen Nullstellendiagramm in **Bild G.2.3a** dargestellt ist. Die Nullstellen liegen relativ weit vom Einheitskreis entfernt, sind also eigentlich unkritisch. Dennoch ist eine exakte Entzerrung nicht möglich, da zwei der Nullstellen negativ gleich sind. Wird eine dieser Nullstellen verschoben (in diesem Falle auf den Einheitskreis, was einem sehr kritischen Kanal entspricht, vgl. Bild G.2.3c), so gelingt eine exakte Entzerrung. Bild G.2.3d zeigt dies anhand der Gesamtimpulsantwort von Kanal und Entzerrer im $T/2$-Abtasttakt.

Anhang H

Matrix-Inversionslemma

H.1 Allgemeine Herleitung

Der in Abschnitt 12.4.3 abgeleitete RLS-Algorithmus basiert im Kern auf dem Matrix-Inversionslemma (12.4.29), das im Folgenden in allgemeiner Form hergeleitet werden soll [LS83]. Wir folgen dabei im wesentlichen der Darstellung in [SM68]. Dabei werden die $m \times n$-Matrizen $\mathbf{B}$ und $\mathbf{C}$ sowie die nichtsinguläre $m \times m$-Matrix $\mathbf{A}$ definiert. Die Ausdrücke

$$[\mathbf{A} + \mathbf{B}\,\mathbf{C}^H] \quad \text{und} \quad [\mathbf{I} + \mathbf{C}^H\mathbf{A}^{-1}\mathbf{B}]$$

seien nichtsingulär.

Dann gilt die Identität

$$[\mathbf{A} + \mathbf{B}\,\mathbf{C}^H]^{-1} = \mathbf{A}^{-1} - \mathbf{A}^{-1}\mathbf{B}[\mathbf{I} + \mathbf{C}^H\mathbf{A}^{-1}\mathbf{B}]^{-1}\mathbf{C}^H\mathbf{A}^{-1}. \tag{H.1.1}$$

Zum Beweis wird zunächst die Abkürzung

$$\mathbf{D} = \mathbf{A} + \mathbf{B}\,\mathbf{C}^H \tag{H.1.2}$$

eingeführt. Nach linksseitiger Multiplikation mit $\mathbf{D}^{-1}$ erhält man hieraus

$$\mathbf{D}^{-1}\mathbf{D} = \mathbf{I} = \mathbf{D}^{-1}\mathbf{A} + \mathbf{D}^{-1}\mathbf{B}\mathbf{C}^H; \tag{H.1.3}$$

nach einer weiteren Multiplikation mit $\mathbf{A}^{-1}$ von rechts folgt

$$\mathbf{A}^{-1} = \mathbf{D}^{-1} + \mathbf{D}^{-1}\mathbf{B}\,\mathbf{C}^H\mathbf{A}^{-1} \tag{H.1.4}$$

und schließlich

$$\mathbf{D}^{-1}\mathbf{B}\,\mathbf{C}^H\mathbf{A}^{-1} = \mathbf{A}^{-1} - \mathbf{D}^{-1}. \tag{H.1.5}$$

Andererseits ergibt sich aus (H.1.4) durch rechtsseitige Multiplikation mit $\mathbf{B}$

$$\mathbf{A}^{-1}\mathbf{B} = \mathbf{D}^{-1}\mathbf{B}\,[\mathbf{I} + \mathbf{C}^H\mathbf{A}^{-1}\mathbf{B}], \tag{H.1.6}$$

woraus nach rechtsseitiger Multiplikation mit $\left[\mathbf{I} + \mathbf{C}^H\mathbf{A}^{-1}\mathbf{B}\right]^{-1}$ folgt

$$\mathbf{A}^{-1}\mathbf{B}[\mathbf{I} + \mathbf{C}^H\mathbf{A}^{-1}\mathbf{B}]^{-1} = \mathbf{D}^{-1}\mathbf{B}. \tag{H.1.7}$$

Schließlich erhält man durch rechtsseitige Multiplikation dieses Ausdrucks mit $\mathbf{C}^H\mathbf{A}^{-1}$

$$\mathbf{D}^{-1}\mathbf{B}\,\mathbf{C}^H\mathbf{A}^{-1} = \mathbf{A}^{-1}\mathbf{B}[\mathbf{I} + \mathbf{C}^H\mathbf{A}^{-1}\mathbf{B}]^{-1}\mathbf{C}^H\mathbf{A}^{-1}. \tag{H.1.8}$$

Der Vergleich mit (H.1.5) zeigt, dass die rechten Seiten beider Gleichungen identisch sein müssen; es gilt also

$$\mathbf{D}^{-1} = \mathbf{A}^{-1} - \mathbf{A}^{-1}\mathbf{B}\,[\mathbf{I} + \mathbf{C}^H\mathbf{A}^{-1}\mathbf{B}]^{-1}\mathbf{C}^H\mathbf{A}^{-1}. \tag{H.1.9}$$

Nach Einsetzen von $\mathbf{D}$ gemäß (H.1.2) zeigt sich die Gültigkeit des Satzes (H.1.1).

H.2 Spezielle Form im RLS-Algorithmus

Die Beziehung zum RLS-Algorithmus ergibt sich mit der Festlegung

$$\begin{aligned} \mathbf{A} &= w \cdot \hat{\mathbf{R}}_{XX}(i-1) \quad \in \mathbb{C}^{(n+1)\times(n+1)} && \text{(H.2.1a)} \\ \mathbf{B} &= \mathbf{C} = \mathbf{x}^* \quad \in \mathbb{C}^{(n+1)\times 1}. && \text{(H.2.1b)} \end{aligned}$$

Die aktualisierte AKF-Matrix lautet nach (12.4.27a)

$$\hat{\mathbf{R}}_{XX}(i) = [w\,\hat{\mathbf{R}}_{XX}(i-1) + \mathbf{x}^*\mathbf{x}^T]. \tag{H.2.2}$$

Zur Inversion dieser Matrix kann die Beziehung (H.1.1)verwendet werden

$$\begin{aligned} \hat{\mathbf{R}}_{XX}^{-1}(i) &= [w\,\hat{\mathbf{R}}_{XX}(i-1) + \mathbf{x}^*\mathbf{x}^T]^{-1} = \frac{1}{w}\hat{\mathbf{R}}_{XX}^{-1}(i-1) \\ &\quad -\frac{1}{w}\hat{\mathbf{R}}_{XX}^{-1}(i-1)\,\mathbf{x}^*\left[1 + \mathbf{x}^T\frac{1}{w}\hat{\mathbf{R}}_{XX}^{-1}(i-1)\,\mathbf{x}^*\right]^{-1}\mathbf{x}^T\frac{1}{w}\hat{\mathbf{R}}_{XX}^{-1}(i-1). \end{aligned} \tag{H.2.3}$$

Der in eckigen Klammern stehende Ausdruck stellt eine skalare Größe dar, da $\mathbf{x}^*$ hier im Gegensatz zu $\mathbf{B}$ in (H.1.1) ein Spaltenvektor ist:

$$\begin{aligned} \left[1 + \frac{1}{w}\mathbf{x}^T\hat{\mathbf{R}}_{XX}^{-1}(i-1)\,\mathbf{x}^*\right] &= \frac{1}{w}[w + L(i)] && \text{(H.2.4a)} \\ \text{mit} \quad L(i) &= \mathbf{x}^T\hat{\mathbf{R}}_{XX}^{-1}(i-1)\,\mathbf{x}^*. && \text{(H.2.4b)} \end{aligned}$$

Damit ergibt sich aus (H.2.3)

$$\hat{\mathbf{R}}_{XX}^{-1}(i) = \frac{1}{w}\left[\hat{\mathbf{R}}_{XX}^{-1}(i-1) - \frac{1}{w+L(i)} \cdot \hat{\mathbf{R}}_{XX}^{-1}(i-1)\,\mathbf{x}^*\,\mathbf{x}^T\,\hat{\mathbf{R}}_{XX}^{-1}(i-1)\right], \tag{H.2.5}$$

also die Beziehung (12.4.29).

Literaturverzeichnis

[AAS86] J.B. Andersson, T. Aulin und C.E. Sundberg. *Digital Phase Modulation.* Plenum Press, New York, 1986.

[Ada96] F. Adachi. *Error Rate Analysis of Differentially Encoded and Detected 16APSK Under Ricean Fading. IEEE Transactions on Vehicular Technology*, 45(1-11), Februar 1996.

[AEVZ02] E. Agrell, T. Eriksson, A. Vardy und K. Zeger. *Closest Point Search in Lattices. IEEE Trans. on Information Theory*, 48(8), Seite 2201–2214, August 2002.

[AL87] M. Alard und R. Lasalle. *Principles of Modulation and Channel Coding for Mobile Receivers. European Broadcasting Union Review Technical*, Nr. 224, Seite 47–69, August 1987.

[Ala98] S.M. Alamouti. *A Simple Transmit Diversity Technique for Wireless Communications. IEEE Journal on Selected Areas in Communications*, 16(8), Seite 1451–1458, Oktober 1998.

[Ant98] H. Anton. *Lineare Algebra.* Spektrum Akademischer Verlag, Heidelberg, 3. Auflage, 1998.

[AS83] T. Aulin und C.E. Sundberg. An Easy Way to Calculate the Power Spectrum for Digital FM, Part F: Communication, Radar, and Signal Processing. In *Proc. of the IEEE*, Seite 519–526, Oktober 1983.

[Bai93] A. Baier. An open Multi-Rate Radio Interface Based on DSCDMA - The Radio Interface Concept of CODIT. In *Proc. RACE Mobile Telecommunication Workshop*, Seite 123–128, Metz, France, Juni 1993.

[BB99] M. Bossert und M. Breitbach. *Digitale Netze.* Teubner-Verlag, Stuttgart, 1999.

[BB10] M. Bossert und S. Bossert. *Mathematik der digitalen Medien: präzise, verständlich, einleuchtend.* VDE-Verlag, Berlin, 2010.

[BBC87] S. Benedetto, E. Biglieri und V. Castellani. *Digitial Transmission Theory.* Prentice-Hall, Englewood Cliffs, New Jersey, 1987.

[BD65] W.R. Bennett und R.R. Davey. *Data Transmission.* McGraw-Hill, New York, 1965.

[BD96] T. Benker und K. David. *Digitale Mobilfunksysteme.* Teubner, Stuttgart, 1996.

[Bed60] S.D. Bedrosian. *Normalized Design of* 90° *Phase Difference Networks. IRE Trans. on Circuit Theory*, 7(2), Seite 128–136, Juni 1960.

[Bed62] E. Bedrosian. The Analytic Signal Representation of Modulated Waveforms. In *Proc. of the IRE 50*, Volume 50(10), Seite 2071–2076, Oktober 1962.

[Beh91] W. Behm. Eine Datenempfängerstruktur mit adaptivem rekursivem Entzerrer und Viterbi-Detektor. Wissenschaftliche Beiträge zur Nachrichtentechnik und Signalverarbeitung Nr. 12, hrsg. von N. Fliege und K.-D. Kammeyer, TU Hamburg-Harburg, 1991.

[Bel63] P.A. Bello. *Characterization of Randomly Time-Variant Linear Channels. IEEE Trans. on Communications*, COM-11, Seite 360–393, 1963.

[Bel84] M. Bellanger. *Digital Processing of Signals.* Teubner, Wiley & Sons, Stuttgart, New York, 1984.

[Ben91a] M. Benthin. *Referenzsignalfreie Kanalentzerrung auf der Grundlage linearer Prädikation und Statistik vierter Ordnnung.* Diplomarbeit, TU Hamburg-Harburg, Arbeisbereich Nachrichtentechnik, 1991.

[Ben91b] M. Benthin. Simulationsuntersuchungen zur Viterbi-Detektion. Interne Arbeiten im Arbeitsbereich Nachrichtentechnik der TU Hamburg-Harburg, 1991.

[Ben96] M. Benthin. Vergleich kohärenter und inkohärenter Codemultiplexübertragungssysteme für zellulare Mobilfunksysteme. Fortschritts-Berichte VDI, Reihe 10: Informatik/Kommunikationstechnik, Nr.424, VDI-Verlag, Düsseldorf, 1996.

[BFG+94] A. Baier, U.C. Fiebig, W. Granzow, W. Koch, P. Teder und J. Tielecke. *Design Study for a CDMA-Based Third-Generation Mobile Radio System. IEEE Journal on Selected Area in Communications*, 12(4), Seite 733–743, Mai 1994.

[BG93] C. Berrou und A. Glavieux. Turbo-Codes: General Principles Applications. In *Proceedings of the 6th Tirrenia International Workshop on Digital Communications*, Seite 215–226, Tirrenia, Italy, 1993.

[BGL00] M. Bossert, E.M. Gabidulin und P. Lusina. Space-Time Codes Based on Hadamard Matrices. In *Proc. Int. Symp. on Inf. Theory*, Seite 283, Juni 2000.

[BGL02] M. Bossert, E.M. Gabidulin und P. Lusina. Space-Time Codes Based on Gaussian Integers. In *Proc. Int. Symp. on Inf. Theory*, Seite 273, Juli 2002.

[BGT93] C. Berrou, A. Glavieux und P. Thitimajshima. Near Shannon Limit Error-Correction Coding and Decoding: Turbo-Codes. In *ICC'93, Conf. Proc.*, Seite 1064–1070, Genua, Mai 1993.

[BH01] S. Badri-Höher. *Digitale Empfängeralgorithmen für TDMA-Mobilfunksysteme mit besonderer Berücksichtigung des EDGE-Systems.* Shaker Verlag, Erlanger Berichte aus Informations- und Kommunikationstechnik, Aachen, 2001.

[Bin90] J.A.C. Bingham. *Multicarrier Modulation for Data Transmission: An Idea Whose Time Has Come. IEEE Communications Magazine*, 28(5), Seite 5–14, Mai 1990.

[BJK98] D. Boss, B. Jelonnek und K.-D. Kammeyer. *Eigenvector Algorithm for Blind MA System Identification. Elsevier Signal Processing*, 66(1), Seite 1–26, 1998.

[BK93] M. Benthin und K.-D. Kammeyer. Chip Tap Model of a Mobile Radio Link for CDMA Applications. In *COST 231, TD(93)57*, Grimstadt, 24.-28. Mai 1993.

[BK94] M. Benthin und K.-D. Kammeyer. Viterbi Decoding of Convolutional Codes with Reliability Information for a Noncoherent RAKE-Receiver in a CDMA Environment. In *IEEE Global Conference on Telecommunications (Globecom)*, Seite 1578–1762, San Francisco, November 1994.

[BL90] P.W. Besslich und T. Lu. *Diskrete Orthogonaltransformationen.* Springer-Verlag, Berlin, 1990.

[BLM03] J.R. Barry, E.A. Lee und D.G. Messerschmitt. *Digital Communication.* Springer, Berlin, 3. Auflage, 2003.

[BMY01] A. Benjebbour, H. Murata und S. Yoshida. Comparision of Ordered Successive Receivers for Space-Time Transmission. In *IEEE Proc. Vehicular Technology Conference (VTC)*, Atlanta City, USA, Oktober 2001.

[BNR95] T.P. Barnwell, K. Nayebi und C.H. Richardson. *Speech Coding - A Computer Laboratory Textbook.* Wiley & Sons, New York, 1995.

[Boc77] P. Bocker. *Datenübertragung.* Springer-Verlag, Berlin, 1977.

[Boc88] P. Bocker. *ISDN - The Integrated Services Digital Network - Concepts, Methods, Systems.* Springer-Verlag, Berlin, 1988.

[Boc92] H. Bochmann. Autoradio mit adaptiver Antenne - Grundlagen und Realisierung. In *ITG-Fachbericht 118 - Hörrundfunk*, Seite 51–57, Mannheim, 1992.

[Bos99a] D. Boss. Referenzdatenfreie Systemidentifikation mit Anwendung auf Mobilfunkkanäle. Forschungsberichte aus dem Arbeitsbereich Nachrichtentechnik der Universität Bremen, Shaker Verlag, Aachen, Mai 1999.

[Bos99b] M. Bossert. *Channel Coding for Telecommunications.* Wiley, 1999.

[BOW00] G.E. Bottomley, T. Ottosson und Y.-P. E. Wang. *A Generalized RAKE Receiver for Interference Surpression. IEEE Journal on Selected Areas in Communications*, 18(9), Seite 1536–1545, August 2000.

[BPK98] D. Boss, T. Petermann und K.-D. Kammeyer. *Is Blind Channel Estimation Feasible in Mobile Communication Systems? A Study Based on GSM. IEEE Journal on Selected Areas in Communications*, 16, Seite 1479–1492, Oktober 1998.

[BR68] E. Bedrosian und S.O. Rice. Distortion and Crosstalk of Linearly Filtered Angle-Modulated Signals. In *Proc. of the IEEE*, Volume 56(1), Seite 2–13, Januar 1968.

[Bri65] D.R. Brillinger. *An Introduction to Polyspectra. Annals of Mathematical Statistics*, 36, Seite 1351–1374, 1965.

[Bri81] D.R. Brillinger. *Time Series: Data Analysis and Theory.* McGraw-Hill, New York, 1981.

[Bru00] Christopher Brunner. *Efficient Space-Time Processing Schemes for WCDMA.* Dissertation, TU München, 2000.

[BS00] I.N. Bronstein und K.A. Semendjajew. *Taschenbuch der Mathematik.* Harri Deutsch Verlag, 5. Auflage, 2000.

[BSG+96a] I.N. Bronstein, K.A. Semendjajew, G. Grosche, V. Ziegler und D. Ziegler. *Teubner-Taschenbuch der Mathematik.* Teubner, Stuttgart, 1996.

[BSG+96b] I.N. Bronstein, K.A. Semendjajew, G. Grosche, V. Ziegler und D. Ziegler. *Teubner-Taschenbuch der Mathematik Teil II.* Teubner, Stuttgart, 1996.

[BTT02] E. M. Biglieri, G. Taricco und A. Tulino. *Decoding Space-Time Codes With BLAST-Architectures. IEEE Trans. on Signal Processing*, 50(10), Seite 2547–2551, Oktober 2002.

[Bur01] A. Burr. *Modulation and Coding for Wireless Communications.* Prentice Hall, 2001.

[BV04] Stephen P. Boyd und L. Vandenberghe. *Convex Opimization.* Cambridge University Press, 2004.

[BWKK03] R. Böhnke, D. Wübben, V. Kühn und K.-D. Kammeyer. Reduced Complexity MMSE Detection for BLAST Architectures. In *IEEE Global Conference on Telecommunications (Globecom)*, Seite 2258–2262, San Francisco, USA, Dezember 2003.

[CC81] G.C. Clark und J.B. Cain. *Error Correction Coding for Digital Communications.* Plenum Press, New York, 1981.

[CCB95] P.S. Chow, J.M. Cioffi und J.A.C. Bingham. A Practical Discrete Multitone Transceiver Loading Algorithm for Data Transmission Over Spectrally Shaped Channels. In *IEEE Transactions on Communications*, Volume 43, Seite 773–775, Februar 1995.

[CCR02] A.B. Carlson, P.B. Crilly und J.C. Rutledge. *Communication Systems.* McGraw-Hill, New York, 4. Auflage, 2002.

[CL02] A. Chan und I. Lee. A New Reduced-Complexity Sphere Decoder for Multiple Antenna Systems. In *Proc. IEEE International Conference on Communications (ICC)*, Seite 460–464, New York, USA, April 2002.

[CNM92] Y.C. Chow, A.R. Nix und J.P. McGeehan. *Analysis of 16-APSK Modulation in AWGN and Rayleigh Fading Channel. Electronic Letters*, 28(17), Seite 1608–1610, 1992.

[Coa82] R.F.W. Coates. *Modern Communication Systems.* The Macmillan Press, London, 1982.

[COS89] COST. *Abschlußbericht COST 207*, 1989.

[CR83] R.E. Crochiere und L.R. Rabiner. *Multirate Signal Processing.* Prentice-Hall, Englewood Cliffs, New Jersey, 1983.

[CT65] J.W. Cooley und J.W. Tukey. *An Algorithm for the Machine Calculation of Complex Fourier Series. Math. Computation*, 19, Seite 297–301, 1965.

[Dam95] P. Dambacher. *Digitale Technik für Hörfunk und Fernsehen.* R.v. Decker, Heidelberg, 1995.

[dB72] R. de Buda. *Coherent Demodulation of Frequency Shift Keying with Low Deviation Ratio. IEEE Trans. on Communications*, COM-20, Seite 429–435, 1972.

[DB02] K. David und T. Benkner. *Digitale Mobilfunksysteme.* Teubner Verlag, Stuttgart, 2. Auflage, 2002.

[Dek00] A. Dekorsy. Kanalcodierungskonzepte für Mehrträger-Codemultiplex in Mobilfunksystemen. Forschungsberichte aus dem Arbeitsbereich Nachrichtentechnik der Universität Bremen, Shaker Verlag, Band 6, Juni 2000.

[Dic97] G. Dickmann. Analyse und Anwendung des DTM-Mehrträgerverfahrens zur digitalen Datenübertragung. Fortschritts-Berichte VDI, Reihe 10: Informatik/Kommunikationstechnik, Nr.530, VDI-Verlag, Düsseldorf, 1997.

[DL98] Z. Ding und G. Li. Linear Blind Channel Equalization for GSM Receivers. In *Proc. International Conf. on Communications*, Volume III, Seite 355–359, Atlanta, USA, Juni 1998.

[DL01] Z. Ding und G. Li. *Blind Equalization and Identification.* Signal Processing and Communications, CRC Press, Boca Raton, 2001.

[Don99] A. Donder. Beiträge zur OFDM-Übertragung im Mobilfunk. Fortschritts-Berichte VDI, Reihe 10: Informatik/Kommunikationstechnik, Nr.595, VDI-Verlag, Düsseldorf, 1999.

[DS93] V.M. DaSilva und E.S. Sousa. Performance of Orthogonal CDMA Codes for Quasi-Synchronous Communication Systems. In *IEEE Proc. International Conference on Universal Personal Communications*, Seite 995–999, Oktober 1993.

[Dur60] J. Durbin. *The Fitting of Time Series Models. Review of the International Institute of Statistics*, 28, Seite 233–244, 1960.

[EGH93] L. Erup, F. M. Gardner und R. A. Harris. *Interpolation in Digital Modems - Part II: Implementation and Performance. IEEE Trans. on Communications*, 41(6), Seite 998–1008, Juni 1993.

[ER95] V. Engels und H. Rohling. *Multilevel Differential Modulation Techniques (64-DAPSK) for Multicarrier Transmission Systems. ETT*, 6(6), Seite 633–640, November-Dezember 1995.

[ETS95] ETSI. *Radio Broadcasting Systems: Digital Audio Broadcasting (DAB) to Mobile, Portable and Fixed Receivers. European Telecommunication Standard, ETS 300-401*, Februar 1995.

[ETS97] ETSI. *Digital Video Broadcasting: Framing Structure, Channel Coding and Modulation for Digital Terrestrial Television. European Telecommunication Standard, ETS 300-744*, August 1997.

[ETS98] ETSI. *Criteria for Comparision. Technical Report: 30701F, ETSI EP BRAN WG3 meeting #9, Wijk*, 1998.

[ETS00] ETSI. *HIPERLAN Type 2 Functional Specification Part 1 - Physical PHY Layer. Technical Report: DTS/BRAN030003-1, ETSI EP BRAN*, April 2000.

[ETS01a] ETSI. *Digital Broadcasting Systems for Television, Sound and Data Services; Framing Structure, Channel Coding and Modulation for Digital Terrestrial Television. ETSI, Sophia-Antipolis*, 2001.

[ETS01b] ETSI. *Radio Broadcasting Systems: Digital Audio Broadcasting (DAB) to Mobile, Portable and Fixed Receivers. ETSI, Sophia-Antipolis*, 2001.

[FABSE02] D. Falconer, S.L. Ariyavisitakul, A. Benyamin-Seeyar und B. Edison. *Frequency-Domain Equalization for Single Carrier Broadband Wireless Systems. IEEE Communications Magazine*, Seite 58–66, April 2002.

[Fan70] G. Fant. *Acoustics Theory of Speech Production.* The Hague, Mouton, 1970.

[FB08] T. Frey und M. Bossert. *Signal- und Systemtheorie.* Vieweg+Teubner-Verlag, Wiesbaden, 2. Auflage, 2008.

[Fet77] A. Fettweis. *On the Significance of Group Delay in Communication Systems. AEÜ*, Bd. 31(Heft 9), Seite 342–348, 1977.

[Fet90] A. Fettweis. *Elemente nachrichtentechnischer Systeme.* Teubner-Verlag, Stuttgart, 1990.

[FF97] K. Fazel und G. Fettweis. *Multi-Carrier Spread Spectrum.* Kluwer Academic, Boston, 1997.

[FG98] G. J. Foschini und M. J. Gans. *On Limits of Wireless Communications in a Fading Environment when Using Multiple Antennas*, Volume 6 of *Wireless Personal Communications*, Seite 311–335. Springer, März 1998.

[FGVW99] G.J. Foschini, G.D. Golden, A. Valenzela und P.W. Wolniansky. *Simplified Processing for High Spectral Efficiency Wireless Communications Emplying Multi-Element Arrays. IEEE Journal on Selected Areas in Communications*, 17(11), Seite 1841–1852, November 1999.

[FH96] R. Fischer und J. Huber. A New Loading Algorithm for Discrete Multitone Transmission. In *IEEE Global Conference on Telecommunications (Globecom)*, Seite 724–728, London, November 1996.

[FHKK03] M. Feuersänger, F. Hasenknopf, V. Kühn und K.-D. Kammeyer. Comparison of Pilot Multiplexing Schemes for ML Channel Estimation in Coded OFDM-CDMA. In *4th International Workshop on Multi-Carrier Spread-Spectrum (MC-SS 2003)*, Oberpfaffenhofen, Germany, September 2003.

[Fin97] A. Finger. *Pseudorandom-Signalverarbeitung.* Teubner, Stuttgart, 1997.

[Fis02] R.F.H. Fischer. *Precoding and Signal Shaping for Digital Transmission.* Wiley & Sons, New York, 2002.

[FK00] K. Fazel und S. Kaiser. *Multi-Carrier Spread-Spectrum & Related Topics.* Kluwer, Boston, 2000.

[FK01] K. Fazel und S. Kaiser. *Multi-Carrier Spread-Spectrum & Related Topics.* Third International Workshop, Oberpfaffenhofen, Germany, Kluwer, Boston, September 2001.

[FK03] K. Fazel und S. Kaiser. *Multi-Carrier Spread-Spectrum.* Fourth International Workshop, Oberpfaffenhofen, Germany, Kluwer, Boston, September 2003.

[FL83] W. Fischer und I. Lieb. *Funktionentheorie.* Vieweg-Verlag, Braunschweig, 1983.

[Fli91] N. Fliege. *Systemtheorie.* Teubner-Verlag, Stuttgart, 1991.

[Fli92] N. Fliege. *Orthogonal Multicarrier Data Transmission. European Transactions on Telecommunications*, Bd. 3(3), Seite 35–44, 1992.

[Fli93] N. Fliege. *Multiraten-Signalverarbeitung.* Teubner-Verlag, Stuttgart, 1993.

[FM73] D.D. Falconer und F.R. Magee. *Adaptive Channel Memory Truncation for Maximum-Likelihood-Sequence-Estimation. Bell Syst. Tech. J.*, 52, Seite 1541–1562, 1973.

[FM91] S. Fechtel und H. Meyr. Channel Information in Coded and Bandwidth Efficient Transmission. In *Channel Information in Coded and Bandwidth Efficient Transmission*, Seite 367–377, Tirrenia, Italy, September 1991.

[FM94] S. Fechtel und H. Meyr. *Optimal Parametric Feedforward Estimation of Frequency-Selective Fading Radio Channels. IEEE Trans. on Communications*, 42, Seite 1639–1650, 1994.

[Föl08] O. Föllinger. *Regelungstechnik.* Hüthig Verlag, Heidelberg, 10. Auflage, 2008.

[For70] G.D. Forney. *Coding and its Application in Space Communications. IEEE Spectrum*, 7, Seite 47–58, 1970.

[For72] G.D. Forney. *Maximum-Likehood Sequence Estimation for Digital Sequences in the Presence of Intersymbol Interference. IEEE Trans. on Information Theory*, IT-18, Seite 363–378, 1972.

[For73] G.D. Forney. *The Viterbi Algorithm. Proceeding of the IEEE*, 61, Seite 268–278, 1973.

[Fos96] G.J. Foschini. *Layered Space-Time Architecture for Wireless Communication in a Fading Environment when Using Multiple Antennas. Bell Labs Technical Journal*, 1(2), Seite 41–59, 1996.

[FP93] K. Fazel und L. Papke. On the Performance of Convolutionally-Coded CD-MA/OFDM for Mobile Radio Communication Systems. In *Proc. IEEE Int. Symp. on Personal, Indoor and Mobile Radio Communications (PIMRC)*, Seite 468–472, Yokohama, Japan, 1993.

[Fri96] B. Friedrichs. *Kanalcodierung.* Springer Verlag, Berlin, 1996.

[FV93] J.A.R. Fonollosa und J. Vidal. *System Identification Using a Linear Combination of Cumulant Slices. IEEE Trans. on Signal Processing*, SP-41(7), Seite 2405–2412, 1993.

[Gar79] F.M. Gardener. *Phaselock Techniques.* Wiley & Sons, New York, 1979.

[Gar86] F. M. Gardner. *A BPSK/QPSK Timing-Error Detector for Sampled Receivers. IEEE Trans. on Communications*, 34(5), Seite 423–429, Mai 1986.

[Gar89] W.A. Gardner. *Introduction to Random Processes: With Applications to Signals and Systems.* McGraw-Hill, New York, 2. Auflage, 1989.

[Gar93] F. M. Gardner. *Interpolation in Digital Modems – Part I: Fundamentals. IEEE Trans. on Communications*, 41(3), Seite 501–507, März 1993.

[Gar94] W.A. Gardner. *Cyclostationarity in Communications and Signal Processing.* IEEE Press, New Jersey, 1994.

[Ger83] P. Gerdsen. *Digitale Übertragungstechnik.* Teubner-Verlag, Stuttgart, 1983.

[GG04] I.A. Glover und P.M. Grant. *Digital Communications.* Pearson Prentice Hall, 2. Auflage, 2004.

[GL96] G.H. Golub und C.F. Van Loan. *Matrix Computations.* John Hopkins University, Maryland, 3. Auflage, 1996.

[Gol67a] R. Gold. *Optimal Binary Sequences for Spread Spectrum Multiplexing. IEEE Trans. Info. Theory*, IT-13, Seite 619–621, 1967.

[Gol67b] S.W. Golomb. *Shift Register Sequences.* Holden-Day, San Francisco, 1967.

[Gri77] L. Griffith. A Continuously Adaptive Filter Implemented as a Lattice Structure. In *Proc. Int. Conf. on Acoustics, Speech and Signal Processing (ICASSP)*, Seite 683–686, Hartford. Conn., Mai 1977.

[Gri78] L. Griffith. An Adaptive Lattice Structure for Noise Cancelling Applications. In *Proc. Int. Conf. on Acoustics, Speech and Signal Processing (ICASSP)*, Seite 87–90, Tulsa Okla., April 1978.

[Gut03] M.H. Gutknecht. *Lineare Algebra.* Vorlesungsskript Studiengang Informatik. ETH Züürich, Schweiz, 2003.

[Hag80] J. Hagenauer. Viterbi Decoding of Convolutional Codes for Fading and Burst Channels. In *Proceedings of the 1980 Zurich Seminar on Digital Communications, IEEE Cat. No. 80CH1521-4*, Seite G2.1–G2.7, 1980.

[Hag88] J. Hagenauer. *Rate Compatible Punctured Convolutional Codes (RCPC Codes) and Their Applications. IEEE Trans. on Communications*, 36(4), Seite 389–400, April 1988.

[Hag89] J. Hagenauer. A Viterbi Algorithm with Soft-Decision Outputs and its Application. In *IEEE Global Conference on Telecommunications (Globecom)*, Volume 3, Seite 1680–1686, Dallas, Texas, 1989.

[Hau83] W. Haussmann. *Verfahren und Schaltungsanordnung zum Demodulieren zeitdiskreter, frequenzmodulierter Signale.* Europäisches Patentamt Offenlegungsschrift, 1983.

[Hay83] S. Haykin. *Communication Systems.* Wiley & Sons, 1983.

[Hay02] S. Haykin. *Adaptive Filter Theory.* Prentice Hall, New Jersey, 4. Auflage, 2002.

[HBD00] J.S. Hammerschmidt, C. Brunner und C. Drewes. Eigenbeamforming - A Novel Concept in Array Signal Processing. In *Proceedings of VDE/ITG European Wireless Conference, Dresden/Germany,* September 2000.

[HCS01] L. Hanzo, P.J. Cherriman und J. Streit. *Wireless Video Communications.* IEEE Press, New Jersey, 2001.

[Hes96] W. Hess. *Pitch Determination of Speech Signals.* Springer, Berlin, 1996.

[HGST01a] Y. Hua, G.B. Giannakis, P. Stoica und L. Tong. *Signal Processing Advances in Wireless and Mobile Communications,* Volume 1: Trends in Channel Estimation and Equalization. Prentice Hall, New York, 2001.

[HGST01b] Y. Hua, G.B. Giannakis, P. Stoica und L. Tong. *Signal Processing Advances in Wireless and Mobile Communications,* Volume 2: Trends in Channel Estimation and Equalization. Prentice Hall, New York, 2001.

[HH89] D. Hughes-Hartogs. Ensemble Modem Structure for Imperfect Transmission Media, US-Patente 4 679 227 (July 1987), 4 731 816 (March 1988) und 4 883 706 (May 1989), 1989.

[HH00] J.S. Hammerschmidt und A.A. Hutter. Spatio-Temporal Channel Models for the Mobile Station: Concept, Parameters, and Canonical Implementation. In *IEEE Proc. Vehicular Technology Conference (VTC),* Tokyo, Japan, Mai 2000.

[HHV98] U. Heute, W. Hess und P. Vary. *Digitale Sprachsignalverarbeitung.* Teubner, Stuttgart, 1998.

[Hin97] A. Hinrichs. Analysen zur skalierbaren OFDM-Übertragung für drahtlose, ATM-basierte Zugangssysteme. Diplomarbeit, Universität Bremen, Arbeitsbereich Nachrichtentechnik, September 1997.

[Hir81] B. Hirosaki. *An Orthogonally Multiplexed QAM System Using the Discrete Fourier Transform. IEEE Trans. Communications,* COM-29(7), Seite 982–989, Juli 1981.

[HKR97] P. Hoeher, S. Kaiser und P. Robertson. Two Dimensional Pilot-Symbol-Aided Channel Estimation by Wiener Filtering. In *Proc. Int. Conf. on Acoustics, Speech and Signal Processing (ICASSP),* Seite 1845–1848, München, April 1997.

[HKW00] L. Hanzo, T. Keller und W.T. Webb. *Single- and Multi-Carrier Quadrature Amplitude Modulation.* Wiley & Sons, New York, 2000.

[HL04] W. Hoeg und T. Lauterbach. *Digital Audio Broadcasting. Principles and Applications.* Wiley & Sons, New York, 2. Auflage, 2004.

[HM72] H. Harashima und H. Miyakawa. Matched Transmission Technique for Channels with Intersymbol Interference. In *IEEE Transactions on Communicaions,* Seite 774–780, August 1972.

[HM84] M.L. Honig und D.G. Messerschmitt. *Adaptive Filters.* Kluwer, Boston, 1984.

[HM04] S. Haykin und M. Moher. *Modern Wireless Communications.* Prentice Hall, 2004.

[HMCK03] L. Hanzo, M. Münster, B.J. Choi und T. Keller. *OFDM and MC-CDMA for Broadband Multi-User Communications, WLANs and Broadcasting.* IEEE Press, John Wiley and Sons, 2003.

[HMPS98] A. Hinrichs, R. Mann-Pelz und H. Schmidt. Proposal for HIPERLAN Type 2 Physical Layer. Technical report, ETSI EP BRAN WG3 Meeting 9, Technical Report: 3bos093.doc, Juli 1998.

[Hoe91] P. Hoeher. TCM on Frequency-Selective Land-Mobile Fading Channels. In *Proc. 5th Tirrenia Int. Workshop on Dig. Comm.*, Seite 317–328, Tirrenia, Italy, September 1991.

[Hoe92] P. Hoeher. *A Statistical Discrete-Time Model for WSSUS Multipath Channels. IEEE Trans. Veh. Technol.*, 41(4), Seite 461–468, November 1992.

[Hol90] J.K. Holmes. *Spread Spectrum Systems.* Robert E. Krieger Publishing Company, Malabor, Florida, 1990.

[HR76] E. Herter und W. Röcker. *Nachrichtentechnik.* Carl Hanser Verlag, München, Wien, 1976.

[HS99] L. Hanzo und R. Steele. *Mobile Radio Communications.* Wiley & Sons, New York, 2. Auflage, 1999.

[HT00] M. Honig und M. K. Tsatsanis. *Adaptive Techniques for Multiuser CDMA Receivers. IEEE Signal Processing Magazine*, 17(3), Seite 49–61, Mai 2000.

[Hub92] J. Huber. *Trelliscodierung.* Springer-Verlag, Berlin, 1992.

[Hue99] M. Huemer. Frequenzbereichsentzerrung für hochratige Einträger-Übertragungssysteme in Umgebungen mit ausgeprägter Mehrwegeausbreitung. Dissertation, Universität Linz, 1999.

[HW94] L. Hanzo und W.T. Webb. *Modern Quadrature Amplitude Modulation.* IEEE Press, New Jersey, 1994.

[HWY02] L. Hanzo, C.H. Wong und M.S. Yee. *Adaptive Wireless Transceivers.* Wiley & Sons, New York, 2002.

[Jel95] B. Jelonnek. Referenzdatenfreie Entzerrung und Kanalschätzung auf der Basis von Statistik höherer Ordnung. Dissertation, Arbeitsbereich Nachrichtentechnik, TU Hamburg-Harburg, Deutschland, März 1995.

[JK94] B. Jelonnek und K.-D. Kammeyer. *A Closed-Form Solution to Blind Equalization. Elsevier Signal Processing, Special Issue on Higher Order Statistics*, 36(3), Seite 251–259, April 1994.

[JN84] N.S. Jayant und P. Noll. *Digital Coding of Waveforms.* Prentice-Hall, Englewood Cliffs, 1984.

[Joh99] M. Johnson. *HIPERLAN/2 - The Broadcast Radio Transmission Technology Operating in the 5 GHz Band, Version 1.0. HIPERLAN/2 Global Forum (www.hiperlan2.com)*, 1999.

[Jon06] F. Jondral. *Nachrichtensysteme.* Schlembach Fachverlag, Weil der Stadt, 2. Auflage, 2006.

[JS62] J. Jess und H.W. Schüßler. *Über Filter mit günstigem Einschwingverhalten. AEÜ*, Bd. 16, Seite 117–128, 1962.

[Jun97] P. Jung. *Analyse und Entwurf digitaler Mobilfunksysteme.* Teubner Verlag, Stuttgart, 1997.

[Kai98] S. Kaiser. *Multi-Carrier CDMA Mobile Radio Systems - Analysis and Optimization of Detection, Decoding, and Channel Estimation.* Number 531 in 10. VDI-Verlag, Fortschritt-Berichte VDI, Januar 1998.

[Kam86] K.-D. Kammeyer. Digitale Signalverarbeitung im Bereich konventioneller FM-Empfänger. Wissenschaftliche Beiträge zur Nachrichtentechnik und Signalverarbeitung Nr. 2, hrsg. von N. Fliege und K.-D. Kammeyer, TU Hamburg-Harburg, 1986.

[Kam87] K.-D. Kammeyer. *Lineare und nichtlineare Verzerrungen bei FM-Übertragung.* *AEÜ*, Bd. 41(Heft 9), Seite 103–110, 1987.

[Kam88] K.-D. Kammeyer. *Konstant-Modulus-Algorithmen zur Einstellung adaptiver Empfangsfilter.* *AEÜ*, Bd. 42, Seite 25–35, 1988.

[Kam95] K.-D. Kammeyer. *Time Truncation of Channel Impulse Responses by Linear Filtering: A Method to Reduce the Complexity of Viterbi Equalization.* *AEÜ*, 48(5), Seite 237–243, 1995.

[Kan85] M. Kanefsky. *Communication Technics for Digital and Analog Signals.* Harper & Row, New York, 1985.

[Kay99] S.M. Kay. *Modern Spectral Estimation: Theory and Application.* Prentice-Hall, Englewood Cliffs, 1999.

[KB92] A. Klein und P.W. Baier. Simultaneous Cancellation of Cross Interference and ISI in CDMA Mobile Radio Communications. In *Proc. 3rd IEEE Int. Symp. on Personal, Indoor, and Mobile Radio Communications*, Seite 118–122, Boston, USA, Oktober 1992.

[KBK02] V. Kühn, R. Böhnke und K.-D. Kammeyer. *Multi-User Detection in Multicarrier-CDMA. Elektrotechnik und Informationstechnik (e&i)*, 11, Seite 395–402, November 2002.

[KC03] G. Kutz und A. Chass. On the Performance of a Practical Downlink CDMA Generalized RAKE Receiver. In *IEEE Semiannual Vehicular Technology Conference (VTC) Fall 2002*, Vancouver, Canada, Oktober 2003.

[KDK00] V. Kühn, A. Dekorsy und K.-D. Kammeyer. Channel Coding Aspects in an OFDM-CDMA System. In *3rd ITG Conference Source and Channel Coding*, Seite 31–36, Munich, Januar 2000.

[Ket64] E. Kettel. *Einseitenbandsignale und das Problem einer Einseitenbandmodulation, bei der die Nachricht in der Enveloppe liegt. Telefunken-Zeitung*, 37, Seite 247–259, 1964.

[Ket67] E. Kettel. *Das Spektrum und die Empfangsverzerrungen einer Einseitenbandmodulation, bei der die Nachricht in der Enveloppe liegt. Telefunken-Zeitung*, 40, Seite 99–106, 1967.

[KF02] V. Kühn und M. Feuersänger. Multi-User Detection for Coded Multirate OFDM-CDMA Systems. In *4th International ITG Conference on Source and Channel Coding*, Berlin, Germany, Januar 2002.

[KJ94] K.-D. Kammeyer und B. Jelonnek. A New Fast Algorithm for Blind MA-System Identification Based on Higher Order Cumulants. In *Proc. SPIE Advanced Signal Proc.: Algorithms, Architectures and Implementations V*, Volume 2296, Seite 162–173, San Diego, USA, Juli 1994.

[KK01] K.-D. Kammeyer und V. Kühn. *MATLAB in der Nachrichtentechnik.* J. Schlembach Fachverlag, Weil der Stadt, 2001.

[KK09] K.-D. Kammeyer und K. Kroschel. *Digitale Signalverarbeitung.* Vieweg+Teubner-Verlag, Wiesbaden, 7. Auflage, 2009.

[KKP01] K.-D. Kammeyer, V. Kühn und T. Petermann. *Blind and Non-Blind Turbo Estimation for Fast Fading Channels. IEEE Journal on Selected Areas in Communications, Special Issue on The Turbo Principle: From Theory to Practice*, 19(9), Seite 1718–1728, September 2001.

[KKP09] K.-D. Kammeyer, P. Klenner und M. Petermann. *Übungen zur Nachrichtenübertragung.* Vieweg+Teubner Verlag, Wiesbaden, März 2009.

[Kle83] P. Kleiner. *Theorie und Anwendung des analytischen Signals in der Nachrichtentechnik.* Dissertation, ETH Zürich, 1983.

[Kle96] A. Klein. *Multi-User Detection of CDMA Signals-Algorithms and Their Applications to Cellular Mobile Radio. Fortschritt-Berichte VDI, VDI-Verlag, Düsseldorf*, Reihe 10, No. 423, 1996.

[Kle04] P. Klenner. *Inkohärente Sequenzschätzung differentiell kodierter Signale über Mobilfunkkanäle.* Diplomarbeit, Universität Bremen, März 2004.

[Klo78] K. Klotzbücher. *Eine systematische Untersuchung der Verfahren zur Trägerrückgewinnung.* Hochschul-Verlag, Stuttgart, 1978.

[KMT87] K.-D. Kammeyer, R. Mann und W. Tobergte. *A Modified Adaptive FIR Equalizer for Multipath Echo Cancellation in FM Transmission. IEEE Journal on Selected Areas of Communications*, SAC-5, Seite 227–237, 1987.

[KN96] K.-D. Kammeyer und D. Nikolai. A New CDMA-Concept Using Hybrid Modulation with Noncoherent Detection. In *Proc. of the IEEE Fourth Symposium on Communications and Vehicular Technology in the Benelux (SCVT-96)*, Seite 102–107, University of Gent, Belgium, 1996.

[Kno09] K. Knoche. Empfänger-Strukturen für die UMTS-Abwärtsstrecke. Forschungsberichte aus dem Arbeitsbereich Nachrichtentechnik der Universität Bremen, Shaker Verlag, 2009.

[Kol81] H. Kolb. Untersuchungen über ein digitales Mehrfrequenzverfahren zur Datenübertragung. Ausgewählte Arbeiten über Nachrichtensysteme, Nr. 50, hrsg. von H.W. Schüßler, Erlangen, 1981.

[KRJ00] B. S. Krongold, K. Ramchandran und D. L. Jones. Computationally Efficient Optimal Power Allocation Algorithms for Multicarrier Communication Systems. In *IEEE Transactions on Communications*, Volume 48, Seite 23–27, Januar 2000.

[Kro91] K. Kroschel. *Datenübertragung.* Springer-Verlag, Berlin, 1991.

[KRS11] K. Kroschel, G. Rigoll und B. Schuller. *Statistische Informationstechnik. Signal- und Mustererkennung, Parameter- und Signalschätzung.* Springer-Verlag, Berlin, 5. Auflage, 2011.

[KRW04] K.-D. Kammeyer, J. Rinas und D. Wübben. *Smart Antennas in Europe – State-of-the-Art*, chapter Architectures for Reference-Based and Blind Multilayer Detection. Eurasip Book. Hindawi, Sylvania, USA, 2004.

[KS79] K.-D. Kammeyer und H. Schenk. *Ein flexibles Experimentiersystem für die Datenübertragung über Fernsprechkanäle. Frequenz*, Bd. 33, Seite 141–145 (Teil 1), 1979.

[KS80a] K.-D. Kammeyer und H. Schenk. Digitale Modems zur schnellen Datenübertragung über Fernsprechkanäle. Ausgewählte Arbeiten über Nachrichtensysteme, Nr. 39, hrsg. von H.W. Schüßler, Erlangen, 1980.

[KS80b] K.-D. Kammeyer und H. Schenk. *Ein analytisches Modell für die Taktableitung in digitalen Modems. AEÜ*, Band 34, Seite 80–84, 1980.

[KS80c] K.-D. Kammeyer und H. Schenk. *Meßtechnische Untersuchungen zur Datenübertragung mit Hilfe eines flexiblen Experimentiersystems. Frequenz*, Bd. 34, Seite 109–117, 1980.

[KS80d] K.-D. Kammeyer und H. Schenk. *Theoretische und meßtechnische Untersuchungen zur Trägerphasenreglung in digitalen Modems. AEÜ*, Bd. 34, Seite 1–6, 1980.

[KSTB92] K.-D. Kammeyer, H. Schulze, U. Tuisel und H. Bochmann. *Digital Multicarrier-Transmission of Audio Signals Over Mobile Radio Channels. European Transactions on Telecommunications*, 3(3), Seite 23–33, 1992.

[KT86] K.-D. Kammeyer und W. Tobergte. *Nichtrekursive Systeme zur Unterdrückung reflektierter Wellen bei FM-Mehrwegeübertragung. AEÜ*, Band 40, Seite 75–82, 1986.

[Küh70] F. Kühne. *Modulationssysteme mit Sinusträger. AEÜ*, Band 24, Seite 139–150, 1970.

[Küh01] V. Kühn. Combined MMSE-PIC in Coded OFDM-CDMA Systems. In *IEEE Global Conference on Telecommunications (Globecom)*, San Antonio, USA, November 2001.

[Küh03] V. Kühn. Iterative-Interference Cancellation and Channel Estimation for Coded OFDM-CDMA. In *International Conference on Communications (ICC)*, Anchorage, Alaska, USA, Mai 2003.

[Küh04] V. Kühn. Digital Communications over Vector Channels - Applications to CDMA and Multiple Antenna Systems. Habilitationsschrift, Universität Bremen, 2004.

[Küh06] V. Kühn. *Wireless Communications over MIMO Channels: Applications to CDMA and Multiple Antenna Systems.* Wiley, 2006.

[Küp74] K. Küpfmüller. *Die Systemtheorie der elektrischen Nachrichtenübertragung.* S. Hirzel Verlag, Stuttgart, 1974.

[Lat83] B.P. Lathi. *Modern Digital and Analog Communication Systems.* Holt Saunders Internat. Editions, New York, 1983.

[Lau86] P.A. Laurent. *Exact and Approximate Construction of Digital Phase Modulations by Superposition of Amplitude Modulated Pulses (AMP). IEEE Trans. on Communications*, COM-34, Seite 150–160, Februar 1986.

[LC81] W.C. Lindsey und C.M. Chie. A Survey of Digital Phase-Locked-Loops. In *Proc. of the IEEE*, Volume 69(4), Seite 410–431, April 1981.

[Leu74] P.E. Leuthold. *Die Bedeutung der Hilberttransformation in der Nachrichtentechnik. Sciencia Electrica*, 20, Seite 127–157, 1974.

[Lev47] N. Levinson. *The Wiener RMS (Root Mean Square) Error Criterion in Filter Design and Prediction. Journal Math. Phys.*, 25, Seite 261–278, 1947.

[LGB03] P. Lusina, E.M. Gabidulin und M. Bossert. *Maximum Rank Distance Codes as Space-Time Codes. IEEE Trans. on Information Theory*, 49(10), Seite 2757–2760, Oktober 2003.

[LH02] A. Lampe und J. Huber. *Iterative Interference Cancellation for DS-CDMA Systems with High System Loads Using Reliability-Dependent Feedback. IEEE Transactions on Vehicular Technology*, 51(3), Seite 445–452, Mai 2002.

[Lin73] W.C. Lindsey. *Telecommunication Systems Engineering.* Pretice-Hall, Englewood Cliffs, New Jersey, 1973.

[Lor85] R.W. Lorenz. *Zeit- und Frequenzabhängigkeit der Übertragungsfunktion eines Funkkanals bei Mehrwegeausbreitung mit besonderer Berücksichtigung des Mobilfunkkanals. Der Fernmelde-Ingenieur*, 39, 1985.

[LS83] L. Ljung und T. Söderström. *Theory and Practice of Recursive Identification.* M.I.T. Press, 1983.

[Luc66] R.W. Lucky. *Techniques for Adaptive Equalization for Digital Communication. Bell Syst. Techn. Journal*, No. 45, Seite 225–286, 1966.

[Lük92] H.D. Lüke. *Korrelationssignale.* Springer-Verlag, Berlin, 1992.

[Man85] R. Mann. *Untersuchungen zur adaptiven Entzerrung von Mehrwegeempfang in einem digitalen FM-Demodulator.* Diplomarbeit, Universität-GH Paderborn, Fachgebiet Nachrichtentechnik, 1985.

[Man90] R. Mann. Komplexwertige Systeme zur Korrektur von linear verzerrten winkelmodulierten Signalen. Wissenschaftliche Beiträge zur Nachrichtentechnik und Signalverarbeitung Nr. 10, hrsg. von N. Fliege und K.-D. Kammeyer, TU Hamburg-Harburg, 1990.

[Mar87] S.M. Marple. *Digital Spectral Analysis.* Prentice Hall, Englewood Cliffs, 1987.

[Mat98] K. Matheus. Generalized Coherent Multicarrier Systems for Mobile Communications. Forschungsberichte aus dem Arbeitsbereich Nachrichtentechnik der Universität Bremen, Shaker Verlag, Band 1, Juni 1998.

[Mäu76] R. Mäusl. *Modulationsverfahren in der Nachrichtentechnik.* Hüthig-Verlag, Heidelberg, 1976.

[Mäu85] R. Mäusl. *Digitale Modulationsverfahren.* Hüthig-Verlag, Heidelberg, 1985.

[MBK94] R. Mann, M. Benthin und K.-D. Kammeyer. *Digital Video and Speech Transmission in Existing Land Mobile Networks. European Transactions on Telecommunications*, 5(6), Seite 59–72, 1994.

[MC58] R.R. Mosier und R.G. Clabaugh. *Kineplex, A Bandwidth Efficient Binary Transmission System. AIEE Trans. (Part I: Communications and Electronics)*, 76, Seite 723–728, 1958.

[MD97] U. Mengali und A.N. D'Andrea. *Synchronization Techniques for Digital Receivers.* Plenum Publishing Corporation, 1997.

[MDCM95] E. Moulines, P. Duhamel, J.-F. Cardoso und S. Mayrargue. *Subspace Methods for the Blind Identification of Multichannel FIR Filters. IEEE Trans. on Signal Processing*, SP-43(2), Seite 516–525, Februar 1995.

[Mee83] K. Meerkötter. Antimetric Wave Digital Filters Derived from Complex Reference Circuits. In *Proc. Euro. Conf. Circuit Theory Design*, Seite 217 – 220, Stuttgart, 1983.

[Men91] J.M. Mendel. Tutorial on Higher-Order Statistics (Spectra) in Signal Processing and System Theory: Theoretical Results and Some Applications. In *Proceedings of the IEEE*, Volume 79(3), Seite 278–305, April 1991.

[Mer10] A. Mertins. *Signaltheorie.* Vieweg+Teubner-Verlag, Wiesbaden, 2. Auflage, 2010.

[MM76] K.H. Mueller und M. Müller. *Timing Recovery in Digital Synchronous Data Receivers. IEEE Trans. on Communucations*, Com-24, Seite 516–531, Mai 1976.

[MMF90] H. Meyr, M. Moeneclaey und S. A. Fechtel. *Phase-, Frequency-Locked Loops, and Amplitude Control*, Volume 1 of *Digital Communication Receivers.* Wiley & Sons, 1990.

[MMF97] H. Meyr, M. Moeneclaey und S.A. Fechtel. *Synchronization, Channel Estimation, and Signal Processing*, Volume 2 of *Digital Communication Receivers.* Wiley & Sons, New York, 1997.

[Mos96] S. Moshavi. *Multi-User Detection for DS-CDMA Communications. IEEE Communications Magazine*, Seite 124–136, Oktober 1996.

[MP92] M. Mouly und M.B. Pautet. *The GSM System for Mobile Communications.* Telecom Publishing, Olympia, WA, 1992.

[MR97] T. May und H. Rohling. Reduktion von Nachbarkanalstörungen in OFDM-Funkübertragungssystemen. In *Proc. OFDM-Fachgespräch*, Braunschweig, 1997.

[MV00] S. McLaughlin und S. Verdú. *Information Theory - 50 Years of Discovery.* IEEE Press, New Jersey, 2000.

[MW00] S. Müller-Weinfurtner. *OFDM for Wireless Communications.* Dissertation, University of Erlangen-Nürnberg, Germany, Shaker Verlag, April 2000.

[NFK07] A. Neubauer, J. Freudenberger und V. Küühn. *Coding Theory: Algorithms, Architectures and Applications.* Wiley, 2007.

[Nik99] D. Nikolai. Optimierung höherstufiger Codemultiplex-Systeme zur Mobilfunkübertragung. Forschungsberichte aus dem Arbeitsbereich Nachrichtentechnik der Universität Bremen, Shaker Verlag, Band 2, März 1999.

[NK97] D. Nikolai und K.-D. Kammeyer. BER Analysis of a Novel Hybrid Modulation Scheme for Noncoherent DS-CDMA Systems. In *Proc. IEEE International Symposium on Personal, Indoor and Mobile Radio Communications (PIMRC)*, Volume 2, Seite 256–260, Helsinki, Finland, 1997.

[Nol67] A.M. Noll. *Cepstrum Pitch Determination. The Journal of the Acoustics Society of America*, 41, Seite 293–309, 1967.

[NP93] C.L. Nikias und A.P. Petropulu. *Higher Order Spectra Analysis: A Nonlinear Signal Processing Framework.* Prentice Hall, New York, 1993.

[Nyq28] H. Nyquist. *Certain Topics in Telegraph Transmission Theory. Trans. AIEE*, 47, Seite 617–644, 1928.

[Oer87] M. Oerder. *Derivation of Gardner's Timing-Error Detector from the Maximum Likelihood Principle. IEEE Trans. on Communications*, 35(6), Seite 684–685, Juni 1987.

[OF98] H. Olofsson und A. Furuskär. Aspects of Introducing EDGE in Existing GSM Networks. In *Proc. IEEE International Conf. on Universal Personal Communications (ICUPC)*, Seite 421–426, Florence, Italy, Oktober 1998.

[OL74] W.P. Osborne und M.B. Luntz. *Coherent and Noncoherent Detection of CPFSK. IEEE Trans. on Communications*, COM-22, Seite 1023–1036, 1974.

[OL10] J.R. Ohm und H.D. Lüke. *Signalübertragung.* Springer, Berlin, 10. Auflage, 2010.

[OP98] T. Ojanperae und R. Prasad. *Wideband CDMA for Third Generation Mobile Communications.* Artec House Publishers, 1998.

[Orf85] S. Orfanidis. *Optimum Signal Processing: An Introduction.* Macmillan, New York, 1985.

[Pad94] R. Padovani. *Reverse Link Performance of IS-95 Based Cellular Systems. Trans. on IEEE Personal Communications*, 1(6), Seite 28–34, 1994.

[PAKM00] K.I. Pedersen, J.B. Andersen, J.P. Kermoal und P.E. Mogensen. A Stochastic Multiple-Input-Multiple-Output Radio Channel Model for Evaluation of Space Time Coding Algorithms. In *Proc. IEEE Vehicular Technology Conference VTC*, Volume 2, Seite 893–897, September 2000.

[Pan65] P. Panter. *Modulation, Noise and Spectral Analysis.* McGraw-Hill, New York, 1965.

[Pap62] A. Papoulis. *The Fourier Integral and its Applications.* McGraw-Hill, New York, 1962.

[Pap02] A. Papoulis. *Probability, Random Variables, and Stochastic Processes.* McGraw-Hill, New York, 4. Auflage, 2002.

[Pau99] M. Pauli. *Zur Anwendung des Mehrträgerverfahrens OFDM mit reduzierter Außerbandstrahlung im Mobilfunk.* Dissertation, Universität Hannover, Institut für Allgemeine Nachrichtentechnik, VDI, Juni 1999.

[Pet04] T. Petermann. Über die Anwendbarkeit der blinden Kanalschätzung in mobilen übertragungssystemen. Forschungsberichte aus dem Arbeitsbereich Nachrichtentechnik der Universität Bremen, Shaker Verlag, Band 11, 2004.

[PKK00] T. Petermann, V. Kühn und K.-D. Kammeyer. Iterative Blind and Non-Blind Channel Estimation in GSM Receivers. In *Proc. IEEE Int. Symp. on Personal, Indoor and Mobile Radio Communications (PIMRC)*, Seite 554–559, London, UK, September 2000.

[PM72] T.W. Parks und J. H. McClellan. *A Program for the Design of Finite Impulse Response Digital Filters. IEEE Trans. on Audio Acc.*, Bd. Au-20, Seite 195–199, 1972.

[PM06] J.G. Proakis und D.G. Manolakis. *Digital Signal Processing.* Prentice Hall, Englewood Cliffs, 4. Auflage, 2006.

[PO98] R. Prasad und T. Ojanperä. *An Overview of CDMA Evolution Towards Wideband CDMA. IEEE Communications Surveys*, 1(1), 1998.

[Pre84] K. Preuss. Ein Parallelverfahren zur schnellen Datenübertragung im Ortsnetz. Ausgewählte Arbeiten über Nachrichtensysteme, Nr. 56, hrsg. von H.W. Schüßler, Erlangen, 1984.

[Pre94] H. Preibisch. *GSM-Mobilfunk-Übertragungstechnik.* Schiele & Schön, Berlin, 1994.

[PRL+02] J.G. Proakis, C.M. Rader, F. Ling, C.L. Nikias, M. Moonen und I.K. Proudler. *Algorithms for Statistical Signal Processing.* Prentice Hall, 2002.

[PRLN92] J.G. Proakis, C.M. Rader, F. Ling und C.L. Nikias. *Advanced Digital Signal Processing.* Macmillan, New York, 1992.

[Pro75] E. Prokott. *Modulation und Demodulation.* Elitera-Verlag, Berlin, 1975.

[Pro01] J. Proakis. *Digital Communications.* McGraw-Hill, New York, 4. Auflage, 2001.

[PS00] J.G. Proakis und M. Salehi. *Contemporary Communication Systems Using MATLAB.* Brooks/Cole, California, 2000.

[PS02] J.G. Proakis und M. Salehi. *Communication System Engineering.* Prentice Hall, New Jersey, 2002.

[PS04] J.G. Proakis und M. Salehi. *Grundlagen der Kommunikationstechnik.* Pearson Studium, 2. Auflage, 2004.

[PTVF97] W.H. Press, S.A. Teukolsky, W.T. Vetterling und B.P Flannery. *Numerical Recipes in C.* Cambridge University Press, Cambridge, 1997.

[QF77] S.U.H. Qureshi und G.D. Forney. Performance and Properties of a T/2 Equalizer. In *Nat. Telecom. Conf. Record*, Los Angeles, 1977.

[Qur85] S.U.H. Qureshi. *Adaptive Equalization. Proc. of the IEEE*, 73(9), Seite 1349–1387, 1985.

[Rab77] L.R. Rabiner. *On the Use of Autocorrelation Analysis for Pitch Detection. IEEE Trans. on ASSP*, 26, Seite 24–33, 1977.

[Rap02] T.S. Rappaport. *Wireless Communications.* Prentice Hall, 2002.

[Ray80] S.K. Ray. *A New Method for the Demodulation of FM-Signals. Trans. of the IEEE*, COM-28, Seite 142–144, 1980.

[Rei97a] U. Reimers. *Digitale Fernsehtechnik.* Springer Verlag, Berlin, 1997.

[Rei97b] U. Reimers. *DVB-T: The COFDM-Based System for Terrestrial Television. Electronics and Communication Engineering Journal*, 9(1), Seite 28–32, Februar 1997.

[RFG98] E. Del Re, R. Fantacci und P. Giannoccaro. Practical RAKE Receiver Architecture for the Downlink Communications in a DS-CDMA Mobile System. In *IEE Proceedings - Communications*, Volume 145(5), Seite 277–282, August 1998.

[Ric63] S.O. Rice. Noise in FM Receivers. In *Proc. Inst. Symp. Times Series Analysis, hrsg. von M. Rosenblatt*, Seite 395–422, 1963.

[Rin98] J. Rinas. Übersicht über die Bitfehlerwahrscheinlichkeiten digitaler Modulationsverfahren. Projektarbeit, Universität Bremen, 1998.

[Roh95] H. Rohling. *Einführung in die Informations- und Codierungstheorie.* Teubner-Verlag, Stuttgart, 1995.

[Ros80] M. Rosenblatt. *Linear Processes and Bispectra. J. Appl. Prob.*, 17, Seite 265–270, 1980.

[Ros89] W. Rosenkranz. Digitale Systeme und optimierte Algorighmen zum Empfang frequenzmodulierer Signale. Ausgewählte Arbeiten über Nachrichtensysteme, Nr. 70, hrsg. von H.W. Schüßler, Erlangen, 1989.

[RS82] W. Rupprecht und K. Steinbuch. *Nachrichtentechnik*, Volume Band 2. Springer-Verlag, Berlin, 1982.

[RSAA98] M.C. Reed, C.B. Schlegel, P.D. Alexander und J.A. Asenstorfer. *Iterative Multiuser Detection for CDMA with FEC: Near-Single-User Performance. IEEE Transactions on Communications*, 46(12), Seite 1693–1699, Dezember 1998.

[RSB+04] J. Rinas, R. Seeger, L. Brötje, S. Vogeler, T. Haase und K.-D. Kammeyer. *A Multiple Antenna System for ISM-Band Transmission. Eurasip Journal of Applied Signal Processing*, Seite 1407–1419, August 2004.

[Rüc85] R. Rückriem. Realisierung und meßtechnische Untersuchungen an einem digitalen Parallelverfahren zur Datenübertragung im Fernsprechkanal. Ausgewählte Arbeiten über Nachrichtensysteme, Nr. 59, hrsg. von H.W. Schüßler, Erlangen, 1985.

[Rup87] W. Rupprecht. *Orthogonalfilter und adaptive Datenentzerrung.* Oldenbourg-Verlag, München, 1987.

[Rup93] W. Rupprecht. *Signale und Übertragungssysteme – Modelle und Verfahren für die Informationstechnik.* Springer-Verlag, Berlin, 1993.

[SA79] E.H. Satorius und S.T. Alexander. *Channel Equalization Using Adaptive Lattice Algorithms. IEEE Transactions on Communications*, COM-27(6), Seite 899–905, 1979.

[SA00] M.K. Simon und M.S. Alouni. *Digital Communication over Fading Channels.* John Wiley and Sons, New York, 2000.

[SAE+98] P. Schramm, H. Andreasson, C. Edholm, N. Edvardsson, M. Höök, S. Jäverbring, F. Müller und J. Sköld. Radio Interface Performance of EDGE, A Proposal for Enhanced Data Rates in Existing Digital Cellular Systems. In *IEEE Proc. Vehicular Technology Conference (VTC)*, Seite 1064–1068, Ottawa, Kanada, Mai 1998.

[Sal67] B.R. Saltzberg. *Performance of an Efficient Parallel Data Transmission System. IEEE Trans. on Communications Technology*, COM-15, Seite 805–811, 1967.

[Sat75] Y. Sato. *A Method of Self-Recovering Equalization for Multilevel Amplitude-Modulation Systems. IEEE Trans. on Information Theory*, COM-23, Seite 679–682, Juni 1975.

[Sch68] H. Schlitt. *Stochastische Vorgänge in linearen und nichtlinearen Regelkreisen.* Vieweg-Verlag, Braunschweig, 1968.

[Sch76] H. Schenk. *Eine allgemeine Theorie der Entzerrung von Datenkanälen mit nichtrekursiven Systemen. AEÜ 30*, Seite 377–380, 1976.

[Sch78] H. Schenk. Ein Beitrag zur digitalen Entzerrung und Impulsformung bei der Datenübertragung über lineare Kanäle. Ausgewählte Arbeiten über Nachrichtensysteme, Nr. 30 hrsg. von H.W. Schüßler, Erlangen, 1978.

[Sch79] H. Schenk. *Entwurf von Sende- und Empfangsfiltern für den Einsatz in digitalen Modems. AEÜ 33*, Seite 425–431, 1979.

[Sch83] H.W. Schüßler. Ein digitales Mehrfrequenzverfahren zur Datenübertragung. In *Professorenkonferenz 1983 im FTZ (Stand und Entwicklungsaussichten der Daten- und Textkommunikation*, Seite 179–196, Darmstadt, 1983.

[Sch85] H.W. Schüßler. Nachrichtenübertragung. Skriptum des Lehrstuhls für Nachrichtentechnik der Universität Erlangen-Nürnberg, 1985.

[Sch89] H. Schulze. *Stochastische Modelle und digitale Simulation von Mobilfunkkanälen. Kleinheubacher Berichte*, Seite 473–483, 1989.

[Sch91] H.W. Schüßler. *Netzwerke, Signale und Systeme, Teil 2.* Springer-Verlag, Berlin, 3. Auflage, 1991.

[Sch96a] W. Schulter. Pitchbestimmung bei Sprachsignalen durch Hypothesenvergleich aus der Wavelet-Ereignisdetektion mittels Paliwal-Rao Distanz. Berichte aus der Kommunikationstechnik, Shaker Verlag, Aachen, Dissertation Universität Bremen, August 1996.

[Sch96b] N. Schulz. *Detektion und Kanalschätzung bei Multiträgerübertragung im Mobilfunkbereich. Dissertation im Arbeitsbereich Nachrichtentechnik der TU Hamburg-Harburg*, 1996.

[Sch97] H. Schulze. Das europäische System für den digitalen Hörrundfunk. In *Kleinheubacher Berichte*, Seite 1–10, 1997.

[Sch00] R. Schober. *Noncoherent Detection and Equalization for MDPSK and MDAPSK Signals.* Dissertation, Universität Erlangen-Nürnberg, Shaker Verlag, Juli 2000.

[Sch01] H. Schmidt. OFDM für die drahtlose Datenübertragung innerhalb von Gebäuden. Forschungsberichte aus dem Arbeitsbereich Nachrichtentechnik der Universität Bremen, Shaker Verlag, Band 8, 2001.

[Sch03] J. Schiller. *Mobilkommunikation.* Pearson Studium, 2. Auflage, 2003.

[Sch08] H.W. Schüßler. *Digitale Signalverarbeitung 1: Analyse diskreter Signale und Systeme.* Springer-Verlag, Berlin, 5. Auflage, 2008.

[Ses94] N. Seshadri. *Joint Data and Channel Estimation Using Fast Blind Trellis Search Techniques. IEEE Transactions on Communications*, 42(234), Seite 1000–1011, Februar 1994.

[SG91] A. Salmasi und K. Gilhousen. On the System Design Aspects of Code Division Multiple Access (CDMA) Applied to Digital Cellular and Personal Communication Networks. In *Proc. IEEE Veh. Technol.*, Seite 57–62, St. Louis, USA, Mai 1991.

[Sha48] C.E. Shannon. *A Mathematical Theory of Communication*, Volume 27, Seite 379–423 (Teil 1), Seite 623–656 (Teil 2). Bell Syst. Techn. Journal, 1948.

[Sha93] C.E. Shannon. *Collected Papers.* Wiley-IEEE Press, New Jersey, 1993.

[Sib87] L.H. Sibul. *Adaptive Signal Processing.* IEEE, New Jersey, 1987.

[SK98] H. Schmidt und K.-D. Kammeyer. Reducing the Peak to Average Power Ratio of Multicarrier Signals by Adaptive Subcarrier Selection. In *Proc. IEEE International Conf. on Universal Personal Communications (ICUPC)*, Florence, Italy, Oktober 1998.

[SKJ94] H. Sari, G. Karam und I. Jeanclaude. Frequency-Domain Equalization of Mobile Radio and Terrestrial Broadcast Channels. In *IEEE Global Conference on Telecommunications (Globecom)*, Seite 1–5, San Francisco, USA, 1994.

[SKJ95] H. Sari, G. Karam und I. Jeanclaude. *Transmission Techniques for Digital Terrestrial TV Broadcasting. IEEE Communications Magazine*, 33(2), Seite 100–108, Februar 1995.

[Skl01] B. Sklar. *Digital Communications.* Prentice Hall, 2. Auflage, 2001.

[SL05] H. Schulze und C. Lüders. *Theory and Applications of OFDM and CDMA- Wideband Wireless Communications.* Wiley & Sons, New York, 2005.

[SM68] A.P. Sage und J.L. Melsa. *Estimation Theory - With Applications to Communication and Control.* McGraw-Hill, New York, 1968.

[SSG94] S.V. Schell, D.L. Smith und W.A. Gardner. Blind Channel Identification Using 2nd-Order Cyclostationary Statistics. In *Proc. EUSIPCO-94*, Volume II, Seite 716–719, Edinburgh, U.K., September 1994.

[ST85] G. Söder und K. Tröndle. *Digitale Übertragungssysteme.* Springer-Verlag, Berlin, 1985.

[STP+89] H.W. Schüßler, J. Tielecke, K. Preuss, W. Edler und M. Gerken. *A Digital Frequency-Selective Fading Simulator. Frequenz*, 43, Seite 47–55, 1989.

[SW90] O. Shalvi und E. Weinstein. *New Criteria for Blind Deconvolution of Nonminimum Phase Systems (Channels). IEEE Trans. on Information Theory*, IT-36(2), Seite 312–321, März 1990.

[TA83] J.R. Treichler und B.G. Agee. *A New Approach to Multipath Correction of Constant Modulus Signals. IEEE Trans. on Acoustics, Speech and Signal Processing*, ASSP-31, Seite 349–372, April 1983.

[Tel99] E. Telatar. *Capacity of Multi-Antenna Gaussian Channels. European Transactions on Communications*, 10(6), Seite 585–595, Dezember 1999.

[Til75] R. Till. Ein Beitrag zur übertragung digitaler Signale im Basisband. Ausgewählte Arbeiten über Nachrichtensysteme, Nr. 19, hrsg. von H.W. Schüßler, Erlangen, 1975.

[TJC99] V. Tarokh, H. Jafarkhani und A.R. Calderbank. *Space Time Block Codes from orthogonal Designs. IEEE Trans. on Information Theory*, 45(5), Seite 1456–1467, Juli 1999.

[TK92] U. Tuisel und K.-D. Kammeyer. Carrier Recovery for Multicarrier Transmission Over Mobile Radio Channels. In *Proc. Int. Conf. on Acoustics, Speech and Signal Processing (ICASSP), Band 4*, Seite 677–680, San Francisco, USA, 1992.

[Tob88] W. Tobergte. Eine neue digitale Entzerrerstruktur zur Anwendung bei mehrwegegestörter FM-übertragung. Wissenschaftliche Beiträge zur Nachrichtentechnik und Signalverarbeitung, Nr. 5, hrsg. von N. Fliege und K.-D. Kammeyer, TU Hamburg-Harburg, 1988.

[Tom71] M. Tomlinson. New Automatic Equalizer employing Modulo Arithmetic. In *Electron. Letters*, Seite 138–139, März 1971.

[TS71] H. Taub und D.L. Schilling. *Principles of Communication Systems.* McGraw-Hill, New York, 1971.

[TS00] 3GPP Technical Specification 25.214. Physical layer procedures (FDD), 2000.

[TS02] 3GPP Technical Specification 25.213. Spreading and modulation (FDD), 2002.

[TSC98] V. Tarokh, N. Seshadri und A.R. Calderbank. *Space Time Codes for High Data Rate Wireless Communication: Performance Criterion and Code Construction. IEEE Trans. on Information Theory*, 44(2), Seite 744–765, März 1998.

[Tui92] U. Tuisel. Multiträgerkonzepte für die digitale, terrestrische Hörrundfunkübertragung. Wissenschaftliche Beiträge zur Nachrichtentechnik und Signalverarbeitung, Nr. 14, hrsg. von N. Fliege und K.-D. Kammeyer, TU Hamburg-Harburg, 1992.

[Tur61] G.L. Turin. *On Optimal Diversity Reception. IRE Trans. on Info. Theory*, Juli 1961.

[TW74] K. Tröndle und R. Weiß. *Einführung in die Puls-Code-Modulation.* Oldenbourg-Verlag, München, 1974.

[TXK91] L. Tong, G. Xu und T. Kailath. A New Approach to Blind Identification and Equalization of Multipath Channels. In *Proc. 25th Asilomar Conf. on Signals, Systems, and Computers*, Seite 856–860, Pacific Grove, Kalfornien, USA, November 1991.

[TXK93] L. Tong, G. Xu und T. Kailath. Fast Blind Equalization via Antenna Arrays. In *Proc. Int. Conf. on Acoustics, Speech and Signal Processing (ICASSP)*, Volume IV, Seite 272–275, Minneapolis, Minnesota, USA, April 1993.

[TXK94] L. Tong, G. Xu und T. Kailath. *Blind Identification and Equalization Based on Second-Order Statistcs: A Time Domain Approach. IEEE Trans. on Information Theory*, IT-40(2), Seite 340–349, März 1994.

[Unb90] R. Unbehauen. *Systemtheorie.* Oldenbourg Verlag, 5. Auflage, 1990.

[Ung74] G. Ungerboeck. *Adaptive Maximum-Likelihood Receiver for Carrier-Modulated Transmission Systems. IEEE Trans. on Communications*, COM-22, Seite 154–166, 1974.

[Ung76] G. Ungerboeck. *Fractional Tap-Spacing Equalizer and Consequences for Clock Recovery in Data Modems. IEEE Trans. on Communications*, COM-24, Seite 856–864, 1976.

[Van95] L. Vandendorpe. *Multitone Spread Spectrum Multiple-Access Communication System in a Multipath Ricean Fading Channel. IEEE Trans. on Vehicular Technology*, 44(2), Seite 327–337, Mai 1995.

[VB99] E. Viterbo und J. Boutros. *A Universal Lattice Code Decoder for Fading Channels. IEEE Trans. on Information Theory*, 45(5), Seite 1639–1642, Juli 1999.

[Ver86] S. Verdú. *Multitone Spread Spectrum Multiple-Access Communications System in a Multipath Ricean Fading Channel. IEEE Transactions on Information Theory*, 32(1), Seite 85–96, Januar 1986.

[Ver98] S. Verdú. *Multiuser Detection.* Cambridge University Press, Cambridge, 1998.

[vGea85] J. van Ginderdeuren et. al. *Cordic-Based Hifi Digital FM Demodulator-Algorithm for Compact VLSI Implementation. Electronics Letters*, 21, Seite 1227–1229, 1985.

[Vit67] A.J. Viterbi. *Error Bounds for Convolutional Codes and an Asymptotically Optimum Decoding Algorithm. IEEE Trans. on Communications Technology*, IT-13, Seite 260–269, 1967.

[Vit94] A.J. Viterbi. *The Orthogonal Random Waveform Dichotomy for Digital Mobile Personal Communications. IEEE Personal Communications*, 1(1), Seite 18–24, 1994.

[Vit95] A.J. Viterbi. *CDMA: Principles of Spread Spectrum Communication.* Prentice-Hall, New Jersey, 1995.

[vNAM+99] R. van Nee, G. Awater, M. Morikura, H. Takanashi, M. Webster und K.W. Halford. *New High-Rate Wireless LAN Standards. Communications Magazine*, 37(12), Seite 82–88, Dezember 1999.

[vNP00] R. van Nee und R. Prasad. *OFDM for Wireless Multimedia Communications.* Artech House Publishers, 2000.

[VO79] A.J. Viterbi und J.K. Omura. *Principles of Digital Communication and Coding.* McGraw-Hill, New York, 1979.

[Voe66] H.B. Voelker. *Toward a Unified Theory of Modulation. Proc. IEEE*, 54, Seite 340–353, Seite 459–472 (Teil 1), Seite 737–755 (Teil 2), 1966.

[VSG+88] P. Vary, R. Sluijter, C. Galand, K. Hellwig, M. Rosso und R. Hofmann. Speech Codec for the European Mobile Radio System. In *Proc. Int. Conf. on Acoustics, Speech and Signal Processing (ICASSP)*, Seite 227–230, New York, 1988.

[vT68] H.L. van Trees. *Detection, Estimation, and Modulation Theory*, Volume 1. Wiley & Sons, New York, 1968.

[VVZ93] A.J. Viterbi, A.M. Viterbi und E. Zehavi. *Performance of Power-Controlled Wideband Terrestrial Digital Communication. IEEE Trans. on Comm.*, 41, Seite 559–569, 1993.

[Wal01a] B. Walke. *Mobilfunknetze und ihre Protokolle, Band 1.* Teubner, Stuttgart, 3. Auflage, 2001.

[Wal01b] B. Walke. *Mobilfunknetze und ihre Protokolle, Band 2.* Teubner, Stuttgart, 3. Auflage, 2001.

[WBKK03] D. Wübben, R. Böhnke, V. Kühn und K.-D. Kammeyer. MMSE-Extension of V-BLAST based on Sorted QR Decomposition. In *IEEE Proc. Vehicular Technology Conference (VTC)*, Orlando, Florida, USA, Oktober 2003.

[WBKK04] D. Wübben, R. Böhnke, V. Kühn und K.-D. Kammeyer. Near Maximum-Likelihood Detection of MIMO Systems Using MMSE-Based Lattice Reduction. In *Proc. IEEE International Conference on Communications (ICC)*, Paris, France, Juni 2004.

[WBR+01] D. Wübben, R. Böhnke, J. Rinas, V. Kühn und K.-D. Kammeyer. *Efficient Algorithm for Decoding Layered Space-Time Codes. IEE Electronic Letters*, 37(22), Seite 1348–1350, Oktober 2001.

[WBS+04] D. Wübben, R. Böhnke, A. Scherb, J. Rinas, L. Brötje, S. Vogeler, V. Kühn und K.-D. Kammeyer. Kapazitätssteigerung von Funknetzen mit intelligenten Antennen-, Codierungs- und Modulationskonzepten, Abschlussbericht zum Arbeitsvorhaben "HyEff". Technical report, Universität Bremen, Arbeitsbereich Nachrichtentechnik (ANT), 2004.

[Wei71] S.B. Weinstein. *Data Transmission by Frequency Division Multiplexing Using the Discrete Fourier Transform. IEEE Trans. on Communications*, COM-19, Seite 628–634, 1971.

[WF03] C. Windpassinger und R.F.H. Fischer. Optimum and Sub-Optimum Lattice-Reduction Aided Detection and Precoding for MIMO Communications. In *Proc. Canadian Workshop on Information Theory*, Seite 88–91, Waterloo, Ontario, Kanada, Mai 2003.

[WFGV98] P.W. Wolniansky, G.J. Foschini, G.D. Golden und R.A. Valenzuela. *V-BLAST: An Architecture for Realizing Very High Data Rates Over the Rich-Scattering Wireless Channel. Proc. International Symposium on Signals, Systems, and Electronics (ISSSE)*, Seite 295–300, September 1998.

[Whi93] D.P. Whipple. *North American Cellular CDMA. Hewlett-Packard Journal*, Seite 90–97, Dezember 1993.

[WHS91] W.T. Webb, L. Hanzo und R. Steele. *Bandwidth Efficient QAM Schemes for Rayleigh Fading Channels. Proceedings of the IEEE*, 138, Seite 169–175, Juni 1991.

[Wic95] S.B. Wicker. *Error Control Systems for Digital Communication and Storage.* Prentice Hall, 1995.

[Wie50] N. Wiener. *Extrapolation, Interpolation, and Smoothing of Stationary Time Series.* Wiley, New York, 1950.

[Wit91] A. Wittneben. Basestation Modulation Diversity for digital SIMUL-CAST. In *IEEE Proc. Vehicular Technology Conference (VTC)*, Seite 848–853, St. Louis, USA, Mai 1991.

[Wit93] A. Wittneben. A New Bandwidth Efficient Transmit Antenna Modulation Diversity Scheme for Linear Digital Modulation. In *Proc. IEEE International Conference on Communications (ICC)*, Seite 1630–1634, Geneva, Switzerland, Mai 1993.

[WK03] D. Wübben und K.-D. Kammeyer. *Impulse Shortening and Equalization of Frequency-Selective MIMO Channels with Respect to Layered Space-Time Architectures. EURASIP Signal Processing*, 83(8), Seite 1643–1659, August 2003.

[Wol74] H. Wolf. *Nachrichtenübertragung.* Springer-Verlag, Berlin, 1974.

[Wos60] E.G. Woschni. *Frequenzmodulation - Theorie und Technik.* VEB-Verlag, Technik, Berlin, 1960.

[Wos90] E.G. Woschni. *Informationstechnik.* VEB Verlag Technik, Berlin, 1990.

[WRB+02] D. Wübben, J. Rinas, R. Böhnke, V. Kühn und K.-D. Kammeyer. Efficient Algorithm for Detecting Layered Space-Time Codes. In *Proc. International ITG Conference on Source and Channel Coding*, Seite 399–405, Berlin, Germany, 2002.

[WS85] B. Widrow und S.D. Stearns. *Adaptive Signal Processing.* Prentice-Hall, Englewood Cliffs, 1985.

[Wüb06] D. Wübben. *Effiziente Detektionsverfahren füür Multilayer-MIMO-Systeme.* Dissertation, Universität Bremen, Shaker Verlag, 2006.

[YLF93] N. Yee, P. Linnartz und G. Fettweiss. *Multi-Carrier CDMA in Indoor Wireless Radio Networks. Proc. IEEE Int. Symp. on Personal, Indoor and Mobile Radio Communications (PIMRC)*, Seite 109–113, September 1993.

[ZF97] R. Zurmühl und S. Falk. *Matrizen und ihre Anwendungen.* Springer, Berlin, 1997.

[Zöl05] U. Zölzer. *Digitale Audiosignalverarbeitung.* Vieweg+Teubner-Verlag, Wiesbaden, 3. Auflage, 2005.

Sachverzeichnis

B

C

G

N